金属材料速查手册

第二版

李成栋　刘光启　赵梅　主编

化学工业出版社

·北京·

内容简介

本手册是根据现行标准体系编写的实用工具书，内容以常用金属材料各种数据资料为主线，采用图表结合的形式，不仅对第一版引用的标准进行了全面的筛查和更新，而且增加了特种材料篇，以满足新形势下读者工作的需要。

本手册主要内容包括：基础资料以及各种金属材料（铁及铁合金、结构钢、专用结构钢、工模具钢、不锈钢和耐热钢、粉末冶金材料、铝及铝合金、镁及镁合金、铜及铜合金、其他非铁金属材料、高温合金、耐蚀合金、精密合金、复合材料和纳米材料）的品种、牌号、特性、力学性能、热处理工艺和用途等。全书共分 4 篇 17 章，内容全面，数据齐全，实用性强，查找便捷。书末附有“常用机械零件钢铁材料的选用”“常用机械零件有色金属材料的选用”“常用机械零件塑料品种的选用”等 6 个附录。

本手册可供机械、冶金、建筑、轻工、化工、电力、军工等行业的相关技术、管理和供销人员使用，也可作为高等院校相关专业师生的教学参考书。

图书在版编目（CIP）数据

金属材料速查手册 / 李成栋，刘光启，赵梅主编. 2 版. -- 北京 : 化学工业出版社，2025. 10. -- ISBN 978-7-122-48207-5

Ⅰ. TG14-62

中国国家版本馆 CIP 数据核字第 2025EW5475 号

责任编辑：陈　喆　　　　装帧设计：王晓宇
责任校对：边　涛

出版发行：化学工业出版社
（北京市东城区青年湖南街 13 号　邮政编码 100011）
印　　装：三河市航远印刷有限公司
850mm×1168mm　1/32　印张 45¾　字数 1336 千字
2026 年 3 月北京第 2 版第 1 次印刷

购书咨询：010-64518888　　　　售后服务：010-64518899
网　　址：http://www.cip.com.cn
凡购买本书，如有缺损质量问题，本社销售中心负责调换。

定　　价：198.00 元　

本手册编写人员

主　编： 李成栋　刘光启　赵　梅

副主编： 薛　亮　戚丽丽　李绪超

主　审： 杨　燕

其他参编人员： 姜振华　吴文杰　来文霞

FOREWORD 前言

《金属材料速查手册》（第二版）是一部综合性金属材料类工具书，涉及金属材料及其制品的品种、牌号、特性、力学性能、热处理工艺和用途等方面。

本手册内容按照金属材料的不同分为4篇17章。

第1篇为基础资料，包括金属材料一般常识和常用计算两章；第2篇为钢铁及合金，包括铁及铁合金、结构钢、专用结构钢、工模具钢、不锈钢及耐热钢和粉末冶金材料六章；第3篇为非铁金属及合金，包括铝及铝合金、镁及镁合金、铜及铜合金和其他非铁金属四章；第4篇为特种材料，包括高温合金、耐蚀合金、精密合金、复合材料和纳米材料五章。书末还有6个附录，便于读者查阅使用。

粉末冶金材料一章中，对过滤元件和硬质合金材料的分类、牌号、用途进行了归纳介绍，填补了同类书的空白。

本手册内容强调常用、实用，力求新颖、准确，采用现行国家或行业标准，相关数据多以图表呈现以便于查阅。

与第一版相比，本版的主要修订内容如下：

① 根据近几年金属材料标准更新较多的情况，进行了全面的筛查和更新，更新和新增的标准数约占标准总数的四分之一。

② 增加了特种材料篇，包括高温合金、耐蚀合金、精密合金、复合材料和纳米材料五章，以满足新形势下读者工作的需要。

③ 对第一版的编写格式和层次作了微调，并对其中存在的失误进行了修正。

本版《金属材料速查手册》在原有基础上，内容有了较大提高，更加适合从事机械设计制造、金属材料、材料加工、建筑工程、冶金及相关专业的技术、生产、管理、施工等部门人员阅读参考，还可供物资购销和科研人员、高校师生使用。

本手册在编写过程中，参阅了相关的文献资料和国家标准，得到了相关专家、科研技术人员的鼎力相助，也得到了众多同仁的帮助和指导，在此一并表示衷心的感谢。

由于编者水平和时间所限，难免存在不足之处，恳请广大读者在使用中批评指正。

编者

篇章目录

CONTENTS 目录

第1篇 基础资料

第2篇 钢铁及其合金

第3篇 非铁金属及其合金

第12章 其他非铁金属及其合金 …………………… 1225

第4篇 特种材料

附 录

第1篇

基础资料

第1章 金属材料一般常识

金属材料是指金属元素或以金属元素为主构成的具有金属特性的材料，包括纯金属、合金、金属间化合物和特种金属材料等，具有不透明、金属光泽、良好的导热和导电性以及力学性能等特性。

1.1 金属材料的一般分类

1.1.1 按颜色

通常把金属材料分为黑色金属、非铁金属和特种金属材料。

① 黑色金属　指铁、铁合金和钢，常称为钢铁材料，包括含碳量小于2%的碳钢，以及各种用途的结构钢、不锈钢、耐热钢、高温合金、精密合金等。其中，铸铁和钢均为铁碳合金，其区别是含碳量和内部组织结构不同。

熟铁或纯铁：含碳量小于0.0218%的铁碳合金，熟铁软，塑性好，容易变形，强度和硬度均较低，用途不广。

钢：含碳量在0.0218%～2.11%的铁碳合金；依所含成分可分为碳钢、低合金钢和高合金钢等，性能优良，用途广泛。

生铁或铸铁：含碳量在2.11%～6.69%之间的铁碳合金。含碳量高，硬而脆，几乎没有塑性。含硅、锰、镍或其他元素量特别高的生铁，叫铁合金，常用做炼钢的原料。

② 非铁金属　包括除铁、铬和锰以外的所有金属及其合金，如Cu、Al、Sn、Pb、Mg、Zn以及过渡族金属Ni、Co、Cr、Mo、W、V、Nb等。通常可分为轻金属、重金属、贵金属、半金属、稀有金属和稀土金属等。非铁合金的强度和硬度一般比纯金属高，并且电阻大、电阻温度系数小。其中用得最多的是铝及铝合金，其次是镁及镁合金、铜及铜合金。

③ 特种金属材料　包括各种新型不同用途的结构金属材料和功能金属材料。其中有通过快速冷凝工艺获得的非晶态金属材料，以及准晶、微晶、纳米晶金属材料等；还有隐身、抗氢、超导、形状记忆、耐磨、减振阻尼等特殊功能合金以及金属基复合材料等。

本手册主要介绍常用的黑色金属和非铁金属材料，并增加了粉末冶金、精密合金和金属基复合材料的有关内容，以适应实际生产的需要。

1.1.2 按化学成分

① 纯金属材料　指主要由一种金属元素所组成、杂质很少的金属材料，比如纯铜。金属纯度通常分为工业纯和化学纯两种。

② 合金材料　指由一种基体金属元素和一种以上的金属元素和/或非金属元素所组成的金属材料。由于合金元素的加入可提高和改善基体纯金属的性能，所以，金属材料多以合金材料形式应用。

钢材按化学成分分类见表1-1。

表1-1　钢材按化学成分分类

名称	说明
非合金钢	Si、Mn和其他元素的含量都在GB/T 13304相应规定范围界限以内的钢。通常包括碳素钢和规定电磁等特殊性能的非合金钢
碳素钢	C含量一般为0.02%～2%的铁碳合金。其中含有限量的Si、Mn和P、S及其他微量残余元素。一般统称为非合金钢，但碳素钢的内涵没有非合金钢广泛，不包括具有特殊性能的非合金钢
低碳钢	C含量小于0.25%的碳素钢
中碳钢	C含量为0.25%～0.60%的碳素钢
高碳钢	C含量大于0.60%的碳素钢

续表

名称	说明
微合金化钢	指微合金化低合金高强度钢，是在低碳钢或低合金高强度钢中加入一种或多种能形成碳化物、氮化物或碳氮化物的微量合金元素的钢。常用的微合金元素为Nb、V和Ti，加一种或多种，如加入多种，其总含量一般不大于0.22%
低合金钢	至少应有一种合金元素的含量在GB/T 13304相应规定界限范围内，合金元素总含量大于5%的钢。低合金钢包括可焊接的低合金高强度结构钢、低合金耐候钢、钢筋用低合金钢、铁道用低合金钢、矿用低合金钢及其他低合金钢等
合金钢	至少应有一种合金元素含量在GB/T 13304相应规定界限范围内的钢。合金钢通常包括合金结构钢、合金弹簧钢、合金工具钢、轴承钢等
高合金钢	合金元素含量大于10%的合金钢。高合金钢通常包括不锈钢、耐热钢、铬不锈轴承钢、高速工具钢及部分合金工具钢、无磁钢等

1.1.3 按用途及使用特性

黑色金属材料按用途及使用特性可分为生铁和钢，非铁金属的分类见第9～12章。

① 生铁 按用途分为炼钢生铁和铸造生铁两种。后者按用途又可分为普通铸造用生铁、球墨铸铁用生铁、铸造用低合金耐磨生铁等。

② 钢 按用途及使用特性分类见表1-2。

表1-2 钢材按用途及使用特性分类

名称		说明
结构钢	碳素结构钢	用于建筑、桥梁、船舶、车辆及其他结构，必须有一定的强度，必要时要求冲击性能和焊接性能的碳素钢
	低合金高强度结构钢	用于建筑、桥梁、船舶、车辆、压力容器及其他结构，碳含量(熔炼分析)一般不大于0.20%，合金元素含量总和一般不大于2.5%，屈服强度不小于295MPa，具有较好的冲击韧性和焊接性的低合金钢
	优质碳素结构钢	与普通碳素结构钢比较，S、P及非金属夹杂物含量较低的钢，按C含量和用途不同分为低碳钢、中碳钢和高碳钢三类，主要用于制造机械零部件和弹簧等
	合金结构钢	在碳素结构钢的基础上加入适当的合金元素，主要用于制造截面尺寸较大的机械零件的钢。具有合适的淬透性，经相应热处理后有较高的强度、韧性和疲劳强度，较低的脆性转变温度。这类钢主要包括调质钢、表面硬化钢和冷塑性成型钢

续表

名称		说明
易切削钢		在钢中加入S、P、Pb、Se、Sb、Ca等元素(加入一种或一种以上),明显地改善切削性能,以利于机械加工自动化的钢
冷机械加工用钢		供切削机床(如车、铣、刨、磨等)在常温下切削加工成零件的钢
冷镦钢和铆螺钢		用于在常温下进行镦粗,制造铆钉、螺栓和螺母用的钢。在钢牌号前面加字母“ML”表示。除了化学成分和力学性能外,还要求表面脱碳层和冷顶锻性能等。主要是优质碳素结构钢和合金结构钢
轴承钢		滚动轴承的滚珠、滚柱、内圈、外圈所用的合金钢。要求具有高疲劳强度和耐磨性、纯洁度和组织均匀性。按其成分和用途可分为高碳铬轴承钢、渗碳轴承钢、不锈轴承钢和高温轴承钢四类
弹簧钢		制造各种弹簧和弹性元件的钢。要求具有优异的力学性能(特别是弹性极限、强度极限和屈强比)、疲劳性能、淬透性、物理化学性能(耐热、耐低温、耐腐蚀)、加工成型性能。按化学成分可分为碳素弹簧钢、合金弹簧钢和特殊弹簧钢
热处理钢	渗碳钢	用于表面渗碳的钢,包括碳钢和合金钢。一般含碳量为0.10%~0.25%。表面渗碳后经过淬火和低温回火,提高表面硬度,而心部具有足够的韧性
	氮化钢	含有Cr、Al、Mo、Ti等元素,经渗氮处理后,使表面硬化的钢
	保证淬透性钢	按相关标准规定的端淬法进行端部淬火,保证距离淬火端一定距离内硬度的上下限在一定范围内的钢。这类钢的牌号常用“H”(保证淬透性带的符号)表示
	调质钢	中碳或低碳结构钢先经过淬火后再经过高温回火处理,获得较高的强度和冲击韧性等更好的综合力学性能的钢
非调质钢		在中碳钢中添加V、Nb、Ti等微量元素,通过控制轧制(或锻制)温度和冷却工艺,产生强化相,使塑性变形与固态相变相结合,获得与调质钢相当的良好综合性能的钢
超高强度钢		屈服强度和抗拉强度分别超过1200MPa和1400MPa的钢。其主要特点是具有很高的强度、足够的韧性,能承受很大应力,同时具有很大的比强度,使结构尽可能地减轻自重
焊接用钢		用于对钢材进行焊接的钢(包括焊条、焊丝、焊带)。对化学成分要求比较严格。要控制C含量,限制S、P等有害元素。按化学成分,焊接用钢可以分为非合金钢、低合金钢和合金钢三类
深冲用钢		具有优良冲压成型性能的钢。通常为Al镇静的低碳钢,一般通过降低C、Si、Mn、S、P含量,控制Al含量范围和加工工艺,以获得最佳深冲性能。按冲压级别分为深冲钢和超深冲钢

续表

名称		说明
压力加工用钢		供压力加工(如轧、锻、拉拔等)经过塑性变形制成零件或产品用的钢。按加工前钢是否先经加热分为热压力加工用钢和冷压力加工用钢
建筑结构用钢	建筑结构用钢	用于建造高层和重要建筑结构的钢。要求具有较高的冲击韧性、足够的强度、良好的焊接性能、一定的屈强比,必要时还要求厚度方向性能
	混凝土钢筋钢	用于混凝土构件钢筋的钢。要求具有一定的强度和焊接性能、冷弯性能,常采用低合金钢和碳素钢,有热轧钢筋和冷轧钢筋,外形有带肋和光圆两种
	桥梁钢	用于建造铁路和公路桥梁的钢。要求具有较高的强度和足够的韧性、低的缺口敏感性、良好的低温韧性、抗时效敏感性、抗疲劳性能和焊接性能。主要用钢为 Q235q、Q345q、Q370q、Q420q 等低合金高强度钢
工模具钢	刃具模具用非合金钢	T7～T9 一般用于要求韧性稍高的工具(如冲头、錾子等),T8Mn 淬透性较好,可用于制造断面较大的工具;T10 用于要求中等韧性、高硬度的工具(如手工锯条、丝锥、板牙等),也可用作要求不高的模具;T11、T12 用于制造量具、锉刀、钻头、刮刀等。高级优质碳素工具钢适于制造重要的、要求较高的工具
	量具刃具用钢	用于制造形状复杂、变形小、耐磨性高、低速切削的刀具,如螺纹工具、板牙、丝锥、铰刀、齿轮铣刀及机用冲模、打印模等模具等
	耐冲击工具用钢	可承受较大冲击性动载荷,如冲击钻、电动冲击扳手等
	轧辊用钢	是轧钢机上的重要零件,利用其滚动时产生的压力来轧碾钢材,承受轧制时的动静载荷、磨损,要能耐高温
	高速工具钢	主要用于制造高效率的切削刀具。由于其具有红硬性高、耐磨性好、强度高等特性,也用于制造性能要求高的模具、轧辊、高温轴承和高温弹簧等
	冷作模具用钢	是在常温下使金属材料变形的模具用钢,用于制造冲裁模、冷挤压模、冷镦模、拉深模等
	热作模具用钢	用于热模锻压力机和模锻模具,包括模块、镶块及切边工具。锤锻模受强烈的冲击载荷;模锻压力机速度缓慢,冲击载荷较轻,但由于模具与热坯接触时间长,工作温度较高,热疲劳也较严重
	塑料模具用钢	除以往用的调质型模具钢 45、55 和合金工具钢 40Cr、CrWMo、Cr12MoV 等以外,还有近期开发的耐蚀钢、马氏体时效合金钢和硬质合金钢

续表

名称		说明
耐大气腐蚀钢		加入Cu、P、Cr、Ni等元素提高耐大气腐蚀性能的钢。这类钢分为高耐候钢和焊接结构用耐候钢
压力容器用钢		用于制造石油化工、气体分离和气体储运等设备的压力容器的钢。要求具有足够的强度和韧性、良好的焊接性能和冷热加工性能。常用的钢主要是低合金高强度钢和碳素钢
锅炉用钢		用于制造过热器、主蒸汽管、水冷壁管和锅炉汽包的钢。要求具有良好的室温和高温力学性能、抗氧化和抗碱性腐蚀性能、足够的持久强度和持久断裂塑性。主要用钢有珠光体耐热钢(铬-钼钢)、奥氏体耐热钢(铬-镍钢)、优质碳素钢(20钢)和低合金高强度钢
船体用钢		焊接和其他性能良好,适用于修造船舶和舰艇壳体主要结构的钢。舰艇钢要求具有更高的强度、更好的韧性、抗爆性和抗深水压溃性
低温用钢		用于制造在−20℃以下使用的压力设备和结构,要求具有良好的低温韧性和焊接性的钢。根据使用温度不同,主要用钢有低合金高强度钢、镍钢和奥氏体不锈钢
管线用钢		石油天然气长距离输送管线用钢。要求具有高强度、高韧性、优良的加工性、焊接性和抗腐蚀性等综合性能的低合金高强度钢
*Z*向性能钢		保证厚度方向性能,不易沿厚度方向产生裂纹,抗层状撕裂的钢。按厚度方向断面收缩率,这类钢分为215、225、235等三个级别
CF钢(水电钢)		合金元素含量少,碳含量和碳当量、焊接裂纹敏感指数都很低,纯洁度很高,强度高,主要应用于水电站压力管道。在焊接前不用预热、焊接后不热处理的条件下,不会出现焊接裂纹
锚链用钢		用于制作船舶锚链的圆钢。要求具有较高的强度和韧性。主要用含Mn的低碳钢或中碳钢
矿用钢		以煤炭强化开采为主的矿山用钢,包括巷道支护、液压支架管、槽帮钢、圆环链、刮板钢等。主要采用耐磨低合金钢
车辆用钢	汽车用钢	主要包括车身、车架和车轮用钢,要求有良好的成型性能、焊接性能、耐蚀性能及涂装性能等
	车辆用钢	用于制造铁道货车和客车车厢的钢。要求具有足够的强度、韧性和良好的耐蚀性。主要使用含有P、Cu、Cr、Ni的高耐候低合金钢
	车轮钢	用于制造铁道车轮的钢。要求具有较高的强度、韧性、抗疲劳性、耐磨性和抗热裂性。主要采用低合金钢和碳素钢
	车轴钢	用于制造铁道机车车轴的钢。要求钢具有良好的冲击韧性和很高的抗拉强度。通常采用含Mn量较高的中碳钢

续表

名称		说明
钢轨钢		用于制造重轨、轻轨、起重机轨和其他专用轨的钢。要求具有足够好的强度、硬度、耐磨性和冲击韧性。主要采用含 Mn 较高的高碳钢(轻轨为中碳钢)和含 Mn、Si、V、Cu 的低合金钢
IF 钢(无间隙原子钢)		在含 C 量不大于 0.01%的低碳钢中加入适量的 Ti、Nb,使其吸收钢中间隙原子 C、N,形成碳化物、氮化物粒子,深冲性能极佳的钢
双相钢		一种低合金高强度可成型的钢。显微组织由软的铁素体晶粒基体和硬的弥散马氏体颗粒组成,具有较高的强度和塑性以及较好的成型性能
阀门钢		以 Cr 及 Si、Ni、Mo 为主要合金元素,作为耐热钢主要用于内燃机进气阀、排气阀等
叶片钢		以 Cr 及 Mo、Ni、W、V 等为主要合金元素,制造汽轮机叶片用的钢。根据工作温度不同,要求常温力学性能及高温瞬时力学性能和持久强度及塑性、蠕变强度等
不锈钢		Cr 含量不小于 10.5%的不锈钢和耐酸钢的总称。不锈钢是指在大气、蒸汽和水等弱腐蚀介质中不生锈的钢。耐酸钢是指在酸、碱、盐等侵蚀性较强的介质中能抵抗腐蚀作用的钢
耐热钢		在高温下具有较高的强度和良好的化学稳定性的合金钢。包括抗氧化钢(或称为耐热不起皮钢)和热强钢两类。抗氧化钢一般要求较好的化学稳定性,但承受的载荷较低。热强钢则要求较高的高温强度和相当的抗氧化性
电工用钢	无磁钢	以 C、Mn、Cr、Ni、N 等为主要合金成分,具有稳定的奥氏体组织,没有磁性或磁性极低的合金钢
	电工用 Si 钢	主要用于各种变压器、电动机和发动机铁芯,C 含量极低,Si 含量一般在 0.5%～1.5%的 SiFe 软磁材料。分为晶粒取向 Si 钢和晶粒无取向 Si 钢两类
	晶粒取向 Si 钢	通过形变和再结晶退火使晶粒发生择优取向,晶粒取向沿着轧制方向排列,轧制方向的磁性明显优于垂直轧制方向。一般含 Si 量约 3.2%
	晶粒无取向 Si 钢	沿轧制方向和垂直轧制方向具有大致相同的磁性能的 Si 钢
	电工用纯铁	用于制造电磁元件,C 和其他杂质元素含量都很低,具有磁感强度和磁导率高、矫顽力低等特性的非合金化的铁基软磁材料

1.1.4　按冶炼方法和脱氧程度

① 根据冶炼方法和设备的不同，钢可分为转炉钢和电炉钢两大类（平炉钢已经淘汰）。

转炉钢：转炉的炉体可以转动，用钢板做外壳，里面用耐火材料做内衬。转炉炼钢时不需要再额外加热，因为铁水本来就是高温的，它内部还在继续着发热的氧化反应。这种反应来自铁水中硅、碳以及吹入氧气。因为不需要再用燃料加热，故而降低了能源消耗，所以被普遍应用于炼钢。

电炉钢：是指在电炉中以废钢、合金料为原料，或以初炼钢制成的电极为原料，用电加热方法使炉中原料熔化、精炼制成的钢。电炉钢用电炉冶炼的主要是合金钢。按照电加热方式和炼钢炉型的不同，电炉钢可分为电弧炉钢、非真空感应炉钢、真空感应炉钢、电渣炉钢、真空电弧炉钢（亦称真空自耗炉钢）、电子束炉钢等。

其他：见表1-3。

表1-3　按冶炼方法分类

钢种	说明
转炉钢	用转炉冶炼的钢。按炉衬耐火材料性质分为碱性转炉钢和酸性转炉钢。按气体(氧气)吹入炉内的方式分为顶吹、底吹、侧吹和顶底复合吹转炉钢等
电炉钢	利用电加热的方法在电炉中冶炼的钢。按加热方式和炉型的不同，电炉钢分为电弧炉钢、真空电弧炉钢(真空自耗炉钢)、感应炉钢、真空感应炉钢、电渣炉钢和电子束炉钢等
感应炉钢	利用感应电热效应在感应炉中冶炼的钢。在非真空感应炉中冶炼的钢叫做非真空感应炉钢；在真空感应炉中冶炼的钢叫做真空感应炉钢
电弧炉钢	在电弧炉中利用电极电弧高温冶炼的钢。电弧炉比其他炼钢炉工艺灵活性大，能有效地除去硫、磷等杂质，炉温容易控制，设备占地面积小，适于熔炼优质合金钢
真空自耗钢	用真空自耗工艺冶炼的钢。在真空下利用电弧供热，将预制的成分符合要求的自耗电极重熔，进行精炼。钢的纯度高、成分均匀、偏析少
电渣重熔钢	把转炉、电炉或感应炉冶炼的钢铸造或锻压成电极，通过电渣炉中的熔渣电阻热进行二次重熔的精炼工艺炼出的钢
炉外精炼钢	将电炉或转炉初炼过的钢液，放到钢包或其他专用容器中，进行脱气、脱氧、脱硫、脱碳、去除夹杂物和进行成分微调等精炼工艺冶炼的钢

② 根据脱氧程度的不同，钢可分为镇静钢、半镇静钢和沸腾钢，见表 1-4。

表 1-4　按脱氧程度分类

钢种	说明
镇静钢	浇注前钢液进行充分脱氧，浇注和凝固过程中钢液平静无沸腾的钢。镇静钢组织致密，偏析小，成分均匀
半镇静钢	脱氧程度介于镇静钢与沸腾钢之间的半脱氧的钢。浇注时有微弱沸腾现象，钢的收得率比镇静钢高，偏析比沸腾钢小
沸腾钢	未经脱氧或进行轻度脱氧的钢。钢液在浇注时和没有凝固前，在锭模中发生碳氧反应，排出一氧化碳，产生强烈的沸腾现象。这类钢没有集中缩孔，钢的收得率高，但成分偏析大，质量不均匀

1.1.5 按金相组织

表 1-5　按金相组织分类

名称	说明
奥氏体型钢	固溶退火后在常温下其组织为奥氏体的钢
奥氏体-铁素体型钢	固溶退火后在常温下为奥氏体与铁素体双相组织的钢
铁素体型钢	在所有温度下均为稳定的铁素体组织的钢
马氏体型钢	在高温奥氏体化后冷却到常温能形成马氏体组织的钢
沉淀硬化型钢	通过添加少量的 Al、Ti、Cu 等元素，经热处理后这些元素的化合物在钢的基体上沉淀析出而使基体硬化的钢
珠光体型钢	高温奥氏体（经退火）缓慢冷却到 A_1（共析转变线）以下温度得到珠光体组织的钢
贝氏体型钢	高温奥氏体以一定的冷却速度过冷到 M_s 点（奥氏体开始转变为马氏体的温度）以上一定温度，然后等温一定时间得到贝氏体组织的钢
莱氏体型钢	具有莱氏体组织的钢。高温下莱氏体是奥氏体和渗碳体的共晶体，常温下莱氏体是珠光体和渗碳体的混合物
共析钢	含 C 量为共析成分（一般碳含量为 0.80%）的珠光体组织的钢
亚共析钢	含 C 量低于共析钢成分（一般碳含量为 0.02%～0.8%）的铁素体和珠光体钢
过共析钢	含 C 量高于共析成分（一般碳含量为 0.8%～2.0%）的珠光体和渗碳体组织的钢

1.1.6 按材料形状

工业上使用的金属材料的形状，可分为板材、带材、棒材、丝材、管材和型材等多种。

1.2 金属材料的物理性能

金属材料的物理性能是指在重力、温度、电磁场等物理因素作用下，材料所表现的性能或固有属性。

1.2.1 一般性能

(1) 色泽

当白光照射到不透明的物体表面时，一部分波长的光被物体吸收，一部分波长的光被反射出来。不同波长的光有不同的颜色，被反射的光波是什么颜色的，人们肉眼见到的就是什么颜色。

绝大多数金属都呈现银白色光泽（但金呈黄色、铜呈赤红、铯呈浅黄、铋为淡红、铅为淡蓝除外）。应该注意的是，金属的光泽只在整块时才能表现出来，粉末状时，除个别金属（如镁、铝）外，大部分金属都呈灰色或黑色。

(2) 密度

物质单位体积的质量称为密度，常用单位是 g/cm^3 或 kg/m^3。根据相对密度的大小，可将金属分为轻金属（相对密度小于 4.5，如 Al、Mg 等及其合金）和重金属（相对密度大于 4.5，如 Cu、Fe、Pb、Zn、Sn 等及其合金）。

(3) 热性能

① 熔点　材料在缓慢加热时由固态转变为液态，并有一定潜热吸收或放出时的转变温度称为熔点，常用单位是℃或 K。熔点低的金属（如 Pb、Sn 等）可以用来制造钎焊的钎料、熔丝和铅字等；熔点高的金属（如 Fe、Ni、Cr、Mo 等）可以用来制造高温零件等。

② 线胀系数　固态物质的温度改变 1℃时，其长度的变化与它在 0℃时的长度之比，用 α 表示。

③ 体胀系数　由于温度变化 1℃时所引起体积的变化量与其 0℃时体积之比，用 β 表示。体胀系数约是其线胀系数的 3 倍。

④ 比热容　比热容是单位质量物质的热容量，即单位质量物

体改变单位温度时的吸收或释放的内能，通常用符号 c 表示，常用单位是 J/(kg・K) 或 J/(kg・℃)。

⑤ 热导率　材料传导热量的能力，常用单位是 W/(m・K)。热导率越大，导热性越好。纯金属的导热性比合金好，银、铜的导热性最好，铝次之；非金属中，碳（金刚石）的导热性最好。

(4) 电性能

① 导电性　金属材料传导电流的能力称为导电性，电阻率越小，其导电性越好。纯金属中银的导电性最好，其次是铜、铝。工程中为减少电能损耗常采用纯铜或纯铝作为输电导体；采用导电性差的材料作为加热元件。

② 电阻率　电阻率是表示各种物质电阻特性的物理量，即长度 1m、横截面积是 $1mm^2$ 某种材料在常温（20℃）下导线的电阻，它与温度有关，与导体的长度、横截面积等因素无关。电阻率在国际单位制中的单位是 Ω・m，常用单位为 Ω・cm。

③ 电阻温度系数　电阻温度系数是表示温度改变 1℃时电阻值的相对变化值，单位为 ppm/℃（即 $10^{-6}℃^{-1}$）。

(5) 磁性能

① 磁性　磁性是物质放在不均匀的磁场中会受到磁力的作用。如把铁靠近磁铁时，这些原磁体在磁铁的作用下，整齐地排列起来，使靠近磁铁的一端具有与磁铁极性相反的极性而相互吸引。而铜、铝等金属没有原磁体结构，所以不能被磁铁所吸引。具有显著磁性的材料称为磁性材料。

② 磁导率　磁导率是表示磁性强弱的物理量，是磁场中的线圈流过电流后，产生磁通的阻力或者是其在磁场中导通磁力线的能力，常用符号 μ 表示，常用单位是 H/m。

③ 铁损　铁损包括磁滞损耗和涡流损耗以及剩余损耗，单位为 W/kg。前者是指铁磁材料作为磁介质，在一定励磁磁场下产生的固有损耗；涡流损耗是指感应电流在铁芯电阻上产生的损耗；后者是指除上述两者以外的损耗（由于所占比重较小，可忽略不计）。

④ 矫顽力　使磁化至技术饱和的永磁体的磁感应强度降低至零所需要的反向磁场强度称为磁感矫顽力，它表征永磁材料抵抗外

部反向磁场或其他退磁效应的能力，其单位与磁场强度单位相同，为A/m。

1.2.2 一些金属元素的部分物理性能

由于金属材料的种类繁多，表1-6仅列出一些金属元素的部分物理性能。

表1-6 一些金属元素的部分物理性能

元素符号	名称	色泽	密度/(g/cm³)	熔点/℃	线胀系数/10^{-4}℃$^{-1}$	相对电导率/%	拉抗强度 R_m/MPa	伸长率 A/%	断面收缩率 Z/%	布氏硬度(HB)
Ag	银	银白	10.49	960.5	0.189	100	180	50	90	25
Al	铝	银白	2.70	660.2	0.236	60	80～110	32～40	70～90	25
Au	金	金黄	19.32	1063	0.142	71	140	40	90	20
Be	铍	钢灰	1.85	1285	0.115	27	310～450	2	—	120
Bi	铋	白	9.8	271.2	0.134	1.4	5～20	—	—	9
Cd	镉	苍白	8.65	321	0.310	22	65	20	50	20
Co	钴	钢灰	8.9	1492	0.125	26	250	5	—	125
Cr	铬	灰白	7.19	1855	0.062	12	200～280	9～17	9～23	110
Cu	铜	红	8.9	1083	0.165	95	200～240	45～50	65～75	40
Fe	铁	灰白	7.87	1539	0.118	16	250～330	25～55	70～85	50
Ir	铱	银白	22.4	2454	0.065	32	230	2	—	170
Mg	镁	银白	1.74	650	0.257	36	200	11.5	12.5	36
Mn	锰	灰白	7.43	1244	0.230	0.9	脆	—	—	210
Mo	钼	银白	10.2	2625	0.049	31	700	30	60	160
Nb	铌	钢灰	8.57	2468	0.071	12	300	28	80	75
Ni	镍	白	8.9	1455	0.135	23	400～500	40	70	80
Pb	铅	灰白	11.34	327.4	0.293	7.7	15	45	90	5
Pt	铂	银白	21.45	1772	0.089	17	150	40	90	40
Sb	锑	银白	6.68	630.5	0.113	4.1	5～10	0	0	45
Sn	锡	银白	7.3	231.9	0.230	14	15～20	40	90	5
Ta	钽	钢灰	16.6	2996	0.065	12	350～450	25～40	86	85
Ti	钛	暗灰	4.51	1677	0.090	3.4	380	36	64	115
V	钒	淡灰	6.1	1910	0.083	6.4	220	17	75	264
W	钨	钢灰	19.3	3400	0.043	29	1100	—	—	350
Zn	锌	苍灰	7.14	419.5	0.395	27	120～170	40～50	60～80	35
Zr	锆	浅灰	6.49	1852	0.059	3.8	400～450	20～30	—	125

1.3 金属材料的力学性能

1.3.1 术语

① 应力　试验期间任一时刻的作用力 F_m 除以试样原始横截面积 S_0 之商，单位为 MPa（N/mm^2），包括正应力、切应力、轴向应力和横向应力等。

② 弹性模量　低于比例极限的应力与相应应变的比值，一般用符号“E”表示。

③ 剪切模量　切应力与切应变成线性比例关系范围内切应力与切应变之比，一般用符号“G”表示。

④ 泊松比　低于材料比例极限的轴向应力所产生的横向应变与相应轴向应变的负比值，一般用符号“μ”表示。

⑤ 最大扭矩　屈服阶段之后所能承受的最大扭矩，对于无明显屈服（连续屈服）的金属材料，为试验期间的最大扭矩。

1.3.2 强度

强度是金属在一定温度条件下承受外力作用时，抵抗变形和断裂的极限能力，可分为抗拉强度、抗压强度、抗弯强度、抗扭强度、屈服强度等。

① 抗拉强度 R_m　表示金属在静拉伸条件下的最大承载能力（对于脆性材料，它反映了材料的断裂抗力），单位为 MPa（N/mm^2），以下未注明单位时同此。

② 抗压强度 R_{mc}　指材料在压裂前所能承受最大应力值。对于脆性材料，试样压至破坏过程中的最大压缩应力；对于在压缩中不以粉碎性破裂而失效的塑性材料，则抗压强度取决于规定应变和试样几何形状。

③ 抗剪强度 R_τ　指材料在剪断前所能承受最大应力值。

④ 抗弯强度 R_{bb}　指材料在弯断前所能承受最大应力值，即弯曲试验中试样破坏时拉伸侧表面的最大正应力。

⑤ 抗扭强度 τ_b　指材料在扭断前所能承受最大剪切应力值。

⑥ 屈服强度 R_e　当金属材料呈现屈服现象时，在试验期间达到塑性变形发生而力不增加的应力点，应区分上屈服强度和下屈服强度。

上屈服强度 R_{eH}：试样发生屈服而力首次下降前的最高应力，对应上屈服力 F_{eH}；

下屈服强度 R_{eL}：试样在屈服期间，不计初始瞬时效应时的最低应力，对应下屈服力 F_{eL}。

⑦ 规定非比例延伸强度 R_p　塑性延伸率等于规定的引伸计标距百分率时的应力，使用的符号应附以下脚注说明所规定的百分率，例如 $R_{p0.2}$，表示规定塑性延伸率为0.2%时的应力。

⑧ 疲劳强度 σ_N　很多机械零件在交变应力作用下工作一段时间后会发生断裂，而交变应力大小和断裂循环次数之间有一定的关系。在实际工作中，常把循环次数达到某一数值（常用钢材的循环基数为 10^7，非铁金属和某些超高强度钢的循环基数为 10^8）时不发生断裂的最高应力称为疲劳强度。

1.3.3 塑性

塑性表示金属材料在外力作用下产生永久变形而不破坏的最大能力，通常以伸长率 A 和试样断面收缩率 Z 表示。

① 断后伸长率 A　材料受拉力作用断裂时，试棒伸长的长度（L_u-L_0）与原来长度 L_0 的百分比（%）。

GB/T 228.1—2021 规定，拉伸试样分比例试样和非比例试样两种。比例试样的原始标距 L_0 与原始横截面积 S_0 的关系是 $L_0=k\sqrt{S_0}$。比例系数 $k=5.65$ 时称为短比例试样（国际上使用的比例系数），$k=11.3$ 时称为长比例试样。对于后者，其断后伸长率应标成 $A_{11.3}$。

对于非比例试样，符号 A 应附以下脚注说明所使用的原始标距，mm。例如，A_{80mm} 表示原始标距（L_0）为 80 mm 的断后伸长率。

② 断面收缩率 Z　材料在拉伸断裂后、断面最大缩小面积（S_0-S_u）与原始断面积 S_0 的百分比（%）。断后伸长率和断面收缩率越大，表示材料的延性越好。

GB/T 228.1—2010《金属材料室温拉伸试验方法》中的力学性能名称和符号与 GB/T 228—2002 版标准有所不同，但是与 GB/T 228—1987 版相比差异很大。为了大家在参考其他资料时方便，现将金属材料力学性能名称和符号新旧对照列于表1-7。

表 1-7　力学性能新旧符号对照

GB/T 228.1—2021		GB/T 228—1987	
性能名称	符号	性能名称	符号
断面收缩率	Z	断面收缩率	Ψ
断后伸长率	A $A_{11.3}$ $A_{x\,\mathrm{mm}}$	断后伸长率	δ_5 δ_{10} δ_{mm}
断裂总伸长率	A_t	—	—
最大力下的总伸长率	A_{gt}	最大力下的总伸长率	δ_{gt}
最大力下的非比例伸长率	A_g	最大力下的非比例伸长率	δ_g
屈服点延伸率	A_e	屈服点伸长率	δ_s
抗拉强度	R_m	抗拉强度	σ_b
屈服强度	—	屈服点	σ_s
上屈服强度	R_{eH}	上屈服点	σ_{sU}
下屈服强度	R_{eL}	下屈服点	σ_{sL}
规定非比例延伸强度	R_p（例如 $R_{p0.2}$）	规定塑性伸长应力	σ_p（例如 $\sigma_{p0.2}$）
规定总延伸强度	R_t（例如 $R_{t0.5}$）	规定总伸长应力	σ_t（例如 $\sigma_{t0.5}$）
规定残余延伸强度	R_τ（例如 $R_{\tau0.2}$）	规定残余伸长应力	σ_τ（例如 $\sigma_{\tau0.2}$）

1.3.4　硬度

硬度是材料抵抗变形，特别是压痕或划痕形成的永久变形的能力。常用的有布氏硬度、洛氏硬度和维氏硬度。

（1）布氏硬度 HB

布氏硬度有 HBS 或 HBW 两种表示方法。

HBS 表示压头为淬硬钢球，用于测定布氏硬度值在 450 以下的材料，如软钢、灰铸铁和非铁金属等。

HBW 表示压头为硬质合金，用于测定布氏硬度值在 650 以下的材料。

布氏硬度的表示方法：HBS 或 HBW 之前的数字为硬度值，后面按顺序用数字表示试验条件：压头的球体直径/试验载荷/试验载荷保持的时间（10～15s 不标注）。

例如：170HBS10/1000/30 表示用直径 10mm 的钢球，在 9807N（1000kgf）的试验载荷作用下，保持 30s 时测得的布氏硬度值为170。而530HBW5/750表示用直径5 mm的硬质合金球，在7355N（750kgf）的试验载荷作用下，保持10～15s时测得的布氏硬度值为530。

（2）洛氏硬度HR

材料抵抗通过硬质合金或钢球压头，或对应某一标尺的金刚石圆锥体压头，施加试验力所产生永久压痕变形的度量，其值没有单位。洛氏硬度有三种：HRA（金刚石圆锥压头），适用范围为20～88；HRB（ϕ1.588mm钢球压头），适用范围为20～100；HRC（金刚石圆锥压头），适用范围为20～70。

（3）维氏硬度HV

材料抵抗通过金刚石正四棱锥体压头，施加试验力所产生永久压痕变形的度量单位［HV＝0.102×试验力（N）/永久压痕的表面积（mm^2）］。

这种方法可用于测定很薄金属材料的表面层硬度，测量范围为5～1000。例如640HV30/20表示用30kgf（294.2N）保持20s，测定的维氏硬度值为640（MPa）。它具有布氏、洛氏法的主要优点，而克服了它们的基本缺点，但不如洛氏法简便。

1.3.5 韧性

韧性表示材料在塑性变形和断裂过程中吸收能量的能力，有断裂韧性与冲击韧性之分。

① 断裂韧性　是材料阻止宏观裂纹失稳扩展能力的度量，也是材料抵抗脆性破坏的韧性参数。它是材料固有的特性，只与材料本身、热处理及加工工艺有关，而和裂纹本身的大小、形状及外加应力大小无关。常用断裂前物体吸收的能量或外界对物体所做的功表示。

② 冲击韧性　表示金属材料在冲击载荷作用下抵抗破坏的能力，用摆锤弯曲冲击试验测定。将质量为m的摆锤提升到h_1高度，摆锤由此高度下落时将试样冲断，并升到h_2高度，冲断试样所消耗的功为$A_k=mg(h_1-h_2)$，J。金属的冲击韧性a_k就是冲断试样时在缺口处单位面积所消耗的功，即$a_k=A_k/A$（J/cm^2）（A—试样缺口处原始截面积，cm^2）。

冲击试验中常用到冲击吸收能量，它是指规定形状和尺寸的试样，在摆锤刀刃冲击试验力一次作用下折断时所吸收的能量。U 形缺口时用 KU_x 表示，V 形缺口时用 KV_x（其中“x”表示刀刃宽度，可为 2mm 或 8mm），单位为 J。

1.3.6 弹性

弹性是指物体在外力作用下发生形变，当外力撤消后能恢复原来大小和形状的性质。在固体力学中弹性是指当应力被移除后，材料恢复到变形前的状态。线性弹性材料的形变与外加的载荷成正比。在一定的限度以内，物体所受的外力撤消后，能够恢复原来的大小和形状；在限度以外则不能恢复原状，这个限度叫弹性极限。

1.4 金属材料的化学性能

金属材料在室温或高温下抵抗各种介质化学侵蚀的能力称为金属材料的化学性能。

① 抗腐蚀性　是金属材料抵抗各种介质（大气、酸、碱、盐）侵蚀的能力。

② 抗氧化性　是金属材料抵抗氧化性气氛腐蚀作用的能力。如果金属与空气中的氧进行化合而形成致密氧化层，那么金属就得到了保护，抗氧化性就好，反之亦然。

③ 热稳定性　是金属材料在高温下的化学稳定性，对于在高温下工作的零部件，尤为重要。

1.5 金属材料的工艺性能

金属的工艺性能是指金属的可机加工性，如可切削性、可铸性、可锻性、可冲压性、可焊性和可热处理性等。

① 可切削性　指金属材料被刀具切削加工后而成为合格工件的难易程度。其指标有加工后工件的表面粗糙度、允许的切削速度以及刀具的磨损程度等。

② 可铸性　指金属材料能用铸造的方法获得合格铸件的性能，主要包括流动性、收缩性和偏析。

③ 可锻性　指金属材料在压力加工（锤锻、轧制、拉伸、挤压等）时，能改变形状而不产生裂纹的性能。

④ 可冲压性　金属材料承受冲压变形加工而不破裂的能力。

⑤ 可焊性　主要是指在一定的焊接工艺条件下，获得优质焊接接头的难易程度。它包括焊接后材料的结合性能和使用性能。

⑥ 可热处理性　热处理是通过对金属加热、保温和冷却，改变固态金属的组织，以得到所需要的组织结构和性能的一种工艺。它只改变材料的使用性能和工艺性能，而不改变零件的形状和尺寸。有常规热处理和化学热处理两大类。可热处理性的主要项目有淬透性、二次硬化和回火脆性等。

1.6 黑色金属材料的热处理

1.6.1 金相组织

金相组织是反映金属或合金，在某种化学成分和外界条件时内部结构的资料。表1-8为金相组织的组织及特性。

表1-8　金相组织的组织及特性

名称	组织及特性	说明
铁素体(F)	碳在α铁中的固溶体，呈体心立方晶格	溶碳能力最小，最大为0.02%；硬度和强度低，而塑性和韧性很好。因此，含铁素体多的钢材(软钢)多用来做可压、挤、冲板与耐冲击震动的机件。这类钢有超低碳钢，如：0Cr13、1Cr13、硅钢片等
奥氏体(γ/A)	碳在γ铁中的固溶体，呈面心立方晶格	最高溶碳量为2.06%，在一般情况下，具有高的塑性，但强度和硬度低，奥氏体组织除了在高温转变时产生以外，在常温时亦存在于不锈钢、高铬钢和高锰钢中，如奥氏体不锈钢等
渗碳体(C)	铁和碳的化合物(Fe_3C)，呈复杂的八面体晶格	含碳量为6.67%、硬度很高、耐磨，但脆性很大。因此，渗碳体不能单独应用，而总是与铁素体混合在一起。碳在铁中溶解度很小，所以在常温下，钢铁组织内大部分的碳都是以渗碳体或其他碳化物形式出现
珠光体(P)	铁素体与渗碳体机械混合物。其片层组织的粗细随奥氏体过冷程度而异	奥氏体在约600℃分解成的组织称为细珠光体，在500～600℃分解转变成用光学显微镜不能分辨其片层状的组织称为极细珠光体，它们的硬度较铁素体和奥氏体高，而较渗碳体低，其塑性较铁素体和奥氏体低而较渗碳体高。正火后的珠光体比退火后的珠光体组织细密，弥散度大，故其力学性能较好，但其片状渗碳体在钢材承受负荷时会引起应力集中，故不如索氏体

续表

名称	组织及特性	说明
莱氏体(L)	奥氏体与渗碳体的共晶混合物	铁合金溶液含碳量在 2.06%以上时，缓慢冷到 1130℃便凝固出莱氏体；当温度到达共析温度莱氏体中的奥氏体转变为珠光体。因此，在 723℃以下莱氏体是珠光体与渗碳体机械混合物(共晶混合) 莱氏体硬(>700HB)而脆，组织较粗，不能进行压力加工，如白口铁。铸态含有莱氏体组织的钢有高速工具钢和 Cr12 型高合金工具钢等。一般有较高耐磨性和较好的切削性
马氏体(M)	碳溶于 α-Fe 的过饱和的固溶体，显微组织呈针叶状淬火后获得的不稳定组织	将中、高碳钢加热到一定温度(形成奥氏体)后经迅速冷却(淬火)，得到的能使钢变硬、增强的一种淬火组织。在相变过程中，原子不扩散，化学成分不改变，但晶格发生变化，同时新旧相间维持一定的位向关系并且具有切变共格的特征。具有很高的硬度，而且随含碳量增加而提高，但含碳量超过 0.6%后的硬度值基本不变
贝氏体	将钢件奥氏体化，快冷到一定温度区间保温所得	低合金钢在中温等温下获得的，一种高温转变及低温转变相异的组织，具有较高的强韧性，硬度相同时的贝氏体组织的耐磨性明显优于马氏体
上贝氏体	550～350℃范围内形成的贝氏体称为上贝氏体，金相组织呈羽毛状	光镜下分辨不清楚铁素体与渗碳体两相，渗碳体分布在铁素体条之间，碳含量低时，碳化物沿条间呈不连续的粒状或链珠状分布，碳含量高时，碳化物呈杆状甚至连续状分布。电镜下，条状铁素体大致平行，铁素体条间分布与铁素体轴相平行的细条状渗碳体，铁素体条内有较高的位错密度，为一束大致平行的自奥氏体晶界长入奥氏体晶内的铁素体。脆性，硬度较高
下贝氏体	是过冷奥氏体在 400～240℃等温度转变后的产物，呈黑色针状形态	其中的铁素体呈针状，而碳化物呈现极小的质点以弥散状分布在针状铁素体内，具有较高的硬度(约为 40～55HRC)、良好的塑性和很高的冲击韧性，其综合力学性能比索氏体更好。因此，在要求较大的韧性和高强度相配合时，常以含有适当合金元素的中碳结构钢等温淬火获得贝氏体，以改善钢的力学性能，并减小内应力和变形

1.6.2　铁碳合金相图

铁碳合金相图，是表示不同成分的铁碳合金在极缓慢加热（或极缓慢冷却）情况下，不同温度时所具有的状态或组织的图形，是研究碳钢和铸铁成分、温度、组织和性能之间关系的理论基础，也是制定各种热加工工艺的依据，见图 1-1。

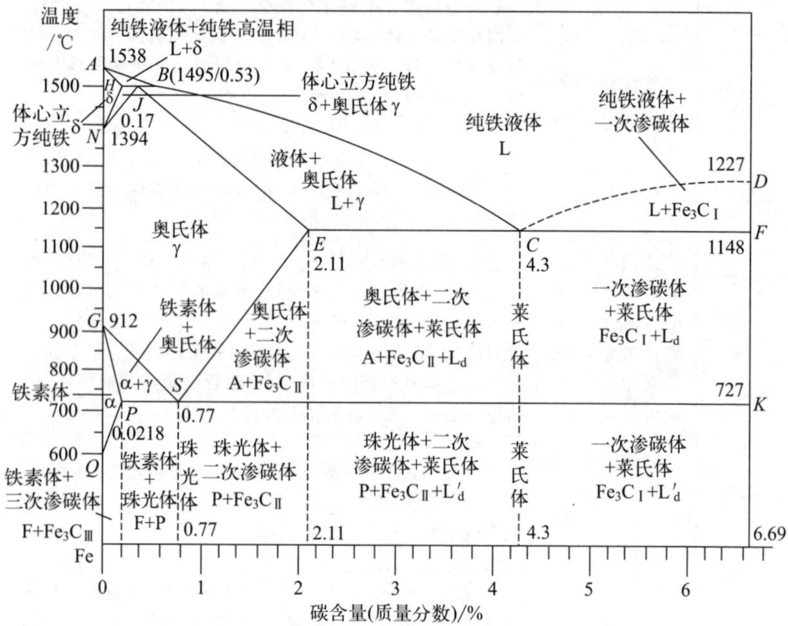

图 1-1　铁碳合金相图

1.6.3　相图中的特征点

A：纯铁的熔点，1538℃，C＝0.0%；

B：发生包晶反应时液相的成分，1495℃，C＝0.53%；

C：共晶点，1148℃，C＝4.3%；

D：渗碳体的熔点，1227℃，C＝6.69%；

E：C 在 γ-Fe 中的最大溶解度，1148℃，C＝2.11%；

F：共晶渗碳体的成分，1148℃，C＝6.69%；

G：纯铁的 α-Fe$\rightleftharpoons$γ-Fe 同素异构转变点，912℃，C＝0.0%；

H：C 在 δ-Fe 中的最大溶解度，1495℃，C＝0.09%；

J：包晶点，1495℃，C＝0.17%；

K：渗碳体，727℃，C＝6.69%；

N：纯铁的 δ-Fe⟺γ-Fe 同素异构转变点，1394℃，C=0.0%；

Q：碳在 α-Fe 中的最大溶解度，室温，C=0.0008%；

P：碳在 α-Fe 中的最大溶解度，727℃，C=0.218%；

S：共析点；727℃，C=0.77%。

1.6.4　主要特征线

ACD 线：液相线，在此线的上方所有的铁碳合金均为液体，称为液相区，用 L 表示。线上的点对应不同成分合金的结晶开始温度。*AC* 线以下结晶出奥氏体，在 *CD* 线以下结晶出渗碳体。

AECF 线：固相线，在此线的下方所有的铁碳合金均为固体，线上的点对应不同成分合金的结晶终了温度。

在 *ACD* 线与 *AECF* 线之间是结晶区，即过渡区。此区域液相与固相并存。*AEC* 区内为液相合金和固相奥氏体，*CDF* 区内为液相合金与固相渗碳体。

GS 线：从 A 中析出 F 的开始线，又称 A_3 线。奥氏体向铁素体的转变是铁发生同素异构转变的结果。

ES 线：C 在 A 中溶解度曲线，又称 A_{cm} 线。在 *AGSE* 区内为单相奥氏体。

ECF 线：共晶线，温度为 1148℃。

PSK 线：共析线，又称 A_1 线，温度为 727℃。

1.6.5　热处理状态代号

表 1-9　热处理状态代号

代号	热处理状态名称	代号	热处理状态名称
A_{c1}	加热时下临界点温度	P	珠光体
A_{c3}	加热时亚共析钢上临界点温度	B	贝氏体
A_{ccm}	加热时过共析钢上临界点温度	M	马氏体
A_{r1}	冷却时下临界点温度	L_d	莱氏体
A_{r3}	冷却时亚共析钢上临界点温度	Fe_3C	渗碳体
A_{rcm}	冷却时过共析钢上临界点温度	S	索氏体
M_f	马氏体转变终了温度	L	液相
M_s	马氏体转变开始温度	G	石墨
A	奥氏体	C	碳化物
F	铁素体	*GS*	A_3 线

1.6.6 常规热处理

热处理可分为常规热处理、化学热处理和真空热处理，前者采用物理方法改变材料的力学性能，见表1-10、表1-11。

表1-10 常规热处理方法

类别	方法	目的
退火	把金属材料加热到适当的温度，保持一定的时间，然后缓慢冷却	降低硬度，提高塑性，以利切削加工或压力加工，减少残余应力，提高组织和成分的均匀化
正火	将钢材或钢件加热到一定温度，保持适当时间后，在静止的空气中冷却	提高低碳钢的力学性能，改善切削加工性，细化晶粒，消除组织缺陷
淬火	将钢件加热到钢的下临界点温度以上某一温度，保持一定的时间，然后以适当的冷却速度，获得马氏体(或贝氏体)组织	使钢件获得马氏体组织，提高工件的硬度、强度和耐磨性，为后道热处理作好组织准备等
回火	将钢件经淬硬后，再加热到某一温度，保温一定时间，然后冷却到室温	消除淬火时所产生的应力，使其具有高硬度和耐磨性，同时具有所需要的塑性和韧性等
调质	将钢材(一般是中碳结构钢和中碳合金结构钢)进行淬火＋高温回火，可获得回火索氏体组织	使钢铁零件获得一定的强度、硬度和良好的塑性、韧性
固溶处理	将合金加热到高温单相区恒温保持，使过剩相充分溶解到固溶体中后快速冷却，以得到过饱和固溶体	主要是改善材料的塑性和韧性，为沉淀硬化处理作好准备等
沉淀硬化	金属在过饱和固溶体中溶质原子偏聚区和/或由之脱溶出微粒弥散分布于基体中	主要是获得很高的强度
时效处理	将合金工件经固溶处理、冷塑性变形或铸造、锻造后，放在较高温度、处理较长时间(人工时效)或室温环境(自然时效)下一定的时间	消除工件的内应力，稳定组织和尺寸，改善力学性能等
振动时效	通过专业的振动时效设备，使被处理的工件产生共振，从而消除和均化工件内部的残余应力	防止工件在加工和使用过程中变形和开裂，保证工件尺寸精度的稳定性

续表

类别	方法	目的
深冷处理	将工件放在－100～－200℃环境中,促使淬火后的残留奥氏体最大限度转变为马氏体。常用于高碳高铬工具钢和高速工具钢	提高工件的耐磨性和尺寸稳定性及使用寿命

表 1-11　常用钢回火后硬度与回火温度的关系

钢号	淬火工艺		淬火硬度(HRC)	回火后硬度(HRC)与对应的回火温度/℃						
	温度/℃	冷却介质		30～35	35～40	40～45	45～50	50～55	50～60	>60
40Cr	840	油	>50	510	470	420	340	200	>160	—
30CrMnSi	890	油	>45	530	500	430	340	180	—	—
50CrV	860	油	>50	560	500	450	380	280	180	—
42CrMo	840	油	>50	580	500	400	300	—	180	—
40CrNiMo	860	油	>50	580	540	480	420	320	—	—
GCr15	840	油	>60	580	530	480	420	380	270	<180
9Mn2V	800	油	>60	—	—	500	400	320	250	<180
9SiCr	850	油	>60	620	580	520	450	380	300	200
CrWMn	850	油	>60	600	540	480	420	350	280	170
Cr12MoV	950～1040	油硝盐	>58	740	670	620	570	530	380	<180
5CrMnMo	840	油	>50	580	520	470	380	250	<200	—
5CrNiMo	850	油	>50	640	550	450	380	280	<200	—
5CrW2Si	860～890	油	>55	570	480	420	360	<300	—	—
3Cr2W8V	1050～1100	水①	>55	—	700	630	540	<200	—	—
20Cr13	980～1050	油空冷	>55	560	520	450	<400	—	—	—
30Cr13	980～1030	油空冷	>55	600	570	540	<500	—	—	—
40Cr13	980～1050	油空冷	>55	610	580	550	500	<400	—	—
95Cr18	1040～1070	油	>55	—	—	—	580	530	220	<150
42Cr9Si2	950～1070	油	>55	—	670	600	540	480	420	<300

① 冷却介质水是指 5%～10% NaCl 水溶液。

注：回火温度根据硬度要求的中值偏上确定。

1.6.7　化学热处理

化学热处理是将金属工件置于一定温度的活性介质中保温，渗入一种或几种元素，以改变其化学成分、组织和性能的热处理工艺，见表 1-12。

表 1-12 常见的化学热处理工艺

类别		方法	注
渗碳	气体渗碳	选用煤油或甲醇作渗碳剂，燃烧时使气体碳原子渗入到钢表面层。用量可根据具体情况进行调整	使低碳钢工件表层有高硬度和耐磨性，而中心部分保持原有韧性和塑性
	液体渗碳	介质以氰化钠（NaCN）为主成分	能渗碳又能氰化
	固体渗碳	渗碳剂为木炭（或其他供碳剂）、碳酸钡（或其他催渗剂）、碳酸钙（填充剂）和适量黏结剂。工件放在填充粒状渗碳剂的密封箱中加温	周期长、能耗大，劳动条件差，渗碳质量较难控制，通常只用于小批量、小零件的、渗碳层要求薄的工件
离子渗氮		在低真空（2kPa）含氮气氛中，利用工件（阴极）和阳极之间产生的辉光放电进行渗氮	可适用于合金结构钢、不锈耐酸钢、耐热钢、合金工具钢、高速工具钢和球墨铸铁等
碳氮共渗（氰化）		可在气体、液体或固体中进行。同时向钢的表层渗入碳和氮。以中温和低温气体碳氮共渗应用较广。前者用于提高钢的硬度、耐磨性和疲劳强度	低温气体碳氮共渗以渗氮为主，主要目的是提高钢的耐磨性和抗咬合性

此外，化学热处理还有渗硼、渗硫、渗铝、渗铬、渗硅、氧氮化、硫氰共渗和碳、氮、硫、氧、硼五元共渗及碳（氮）化钛覆盖等。

1.6.8 真空热处理

真空热处理是真空技术与化学热处理技术相结合的热处理技术（实际上是气氛控制热处理的一种），其真空环境低于一个大气压（包括低真空、中等真空、高真空和超高真空）。与常规热处理相比，可实现工件无氧化、无脱碳、表面光洁，并有脱脂等作用，可大大提高热处理质量。

1.7 合金元素在钢铁材料中的作用

1.7.1 合金元素在合金钢中的作用

表 1-13 合金元素在合金钢中的作用

元素	在合金钢中的作用
C	钢中含碳量增加，屈服点和抗拉强度升高，但塑性和冲击韧性降低，当含碳量超过 0.23%时，钢的焊接性能变坏，因此用于焊接的低合金结构钢，含碳量一般不超过 0.20%。含碳量高还会降低钢的耐大气腐蚀能力，在露天料场的高碳钢就易锈蚀；此外，碳能增加钢的冷脆性和时效敏感性

续表

元素	在合金钢中的作用
Si	能显著提高钢的弹性极限、屈服点和抗拉强度。在调质结构钢中加入1.0%～1.2%的硅，强度可提高15%～20%。硅和钼、钨、铬等结合，有提高抗腐蚀性和抗氧化的作用，可制造耐热钢。含硅1%～4%的低碳钢，具有极高的磁导率，用于电器工业做硅钢片。硅量增加，会降低钢的焊接性能
Mn	含锰0.70%以上碳素钢，较一般锰量的钢不但有足够的韧性，且有较高的强度和硬度，提高钢的淬透性，改善钢的热加工性能。含锰11%～14%的钢有极高的耐磨性；含锰量增高，减弱钢的抗腐蚀能力，降低焊接性能
P	磷会增加钢的冷脆性，使焊接性能变坏，降低塑性和冷弯性
S	硫使钢产生热脆性，降低钢的延展性和韧性，对焊接性能也不利，降低耐腐蚀性。在钢中加入0.08%～0.20%的硫，可以改善切削加工性
Cr	铬在结构钢和工具钢中，能显著提高强度、硬度和耐磨性，但同时降低塑性和韧性。铬在不锈钢中能提高抗氧化性和耐腐蚀性
Ni	镍能提高钢的强度，又能保持良好的塑性和韧性，对酸碱有较高的耐腐蚀能力，在高温下有防锈和耐热能力
Mo	钼能使钢的晶粒细化，提高淬透性和热强性能，在高温时保持足够的强度和抗蠕变能力。结构钢中加入钼，能提高力学性能，还可以抑制合金钢由于淬火而引起的脆性。在工具钢中可提高红硬性
Ti	钛能使钢的内部组织致密，细化晶粒力；降低时效敏感性和冷脆性。改善焊接性能。在Cr18Ni9奥氏体不锈钢中加入适当的钛，可避免晶间腐蚀
V	含0.5%的钒可细化组织晶粒，提高强度和韧性。钒与碳形成的碳化物，在高温高压下可提高抗氢腐蚀能力
W	钨与碳形成碳化钨有很高的硬度和耐磨性。在工具钢中加入钨，可显著提高红硬性和热强性，作切削工具及锻模具用
Nb	铌能细化晶粒和降低钢的过热敏感性及回火脆性，提高强度，但塑性和韧性有所下降。在普通低合金钢中加铌，可提高抗大气腐蚀及高温下抗氢、氮、氨腐蚀能力；可改善焊接性能；在奥氏体不锈钢中加铌，可防止晶间腐蚀现象
Co	钴是稀有的贵重金属，多用于特殊钢和合金中，如热强钢和磁性材料
Cu	铜能提高强度和韧性，特别是大气腐蚀性能，但在热加工时容易产生热脆；铜含量小于0.50%对焊接性无影响，但超过此值时塑性显著降低
Al	钢中含少量铝，可细化晶粒，提高冲击韧性。铝还具有抗氧化性和抗腐蚀性能，铝与铬、硅合用，可显著提高钢的高温不起皮性能和耐高温腐蚀的能力。其缺点是影响钢的热加工性能、焊接性能和切削加工性能

续表

元素	在合金钢中的作用
B	钢中含微量硼可改善钢的致密性和热轧性能，提高强度
N	氮能提高钢的强度、低温韧性和焊接性，增加时效敏感性
RE	钢中含稀土元素，可以改变钢中夹杂物的组成、形态、分布和性质，从而改善钢的各种性能，如韧性、焊接性、冷加工性能
O	氧与钢中某些元素形成氧化物夹杂，使钢易发生热裂、脆性和时效等现象

1.7.2　合金元素对钢工艺性的影响

表 1-14　合金元素对钢工艺性的影响

元素名称	强度	弹性	冲击韧性	屈服强度	硬度	伸长率	断面收缩率	低温韧性	高温强度
Mn①	↑	↑	—	↑	↑	—	—	↑	—
Mn②	↑			↓	↓↓↓	↑↑↑	—	↑	
Cr	↑↑	↑	↓	↑↑	↑↑	↓	↓		↑
Ni①	↑		—	↑	↑	—	—	↑↑	↑
Ni②	↑		↑↑↑	↓	↓↓	↑↑↑	↑↑	↑↑	↑↑↑
Si	↑	↑↑↑	↓	↑↑	↑	↓			
Cu	↑		—	↑↑	↑	—	—		↑
Mo	↑		↓	↑	↑	↓	↓		↑↑
Co	↑		↓	↑	↑	↓	↓		↑↑
V	↑	↑	↓	↑	↑	—	—	↑	↑↑
W	↑		—	↑	↑	↓	↓		↑↑↑
Al	↑		↓	↑	↑		↓	↑	
Ti	↑		↓					↑	↑
S			↓			↓	↓		
P	↑		↓↓↓	↑	↑	↓	↓		

元素名称	耐磨性	可切削性	可锻性	渗碳性	渗氮性	抗氧化	耐蚀性	冷却速度
Mn①	↓↓	↓	↑	—	—	—		↓
Mn②		↓↓↓	↓↓↓			↓↓		↓↓
Cr	↑		↓	↑↑	↑↑	↓↓↓	↑↑↑	↓↓↓

续表

元素名称	耐磨性	可切削性	可锻性	渗碳性	渗氮性	抗氧化	耐蚀性	冷却速度
Ni①	↓↓	↓	↓			↓		↓↓
Ni②		↓↓↓	↓↓↓			↓↓	↑↑	↓↓
Si	↑	↓	↓	↓	↓		↑	↓
Cu		—	↓↓↓			—	↑	
Mo	↑↑	↓	↓	↑↑↑	↑↑↑	↑↑		↓↓
Co	↑↑↑	—	↓			↓		↑↑
V	↑↑		↓	↑↑↑↑	↑	↓	↑	↓↓
W	↑↑↑	↓↓	↓↓	↑↑	↑	↓↓		↓↓
Al			↓↓		↑↑↑	↓↓		
Ti		↑	↓	↑	↑	↑	↑	
S		↑↑↑	↓↓↓				↓	
P		↑↑	↓					

① 在珠光体钢中。
② 在奥氏体钢中。
注：—表示无影响，↓表示降低，↑表示提高，空白处表示“不明”。

1.7.3　微量元素对铸钢组织及性能的影响

表 1-15　微量元素对铸钢组织及性能的影响

微量元素	对铸钢组织及性能的影响
Ti、Nb、V	都可以较好地改善铸钢的铸态组织。Ti、Nb 的含量以 0.05%左右为最佳，V 的含量以 0.16%最佳。三种元素中以 Ti 的作用最佳，它不仅可以有效细化晶粒，消除魏氏组织，使沿晶析出的铁素体不明显，晶内块状铁素体增加，同时还大幅提高等轴晶的比例
Ti、Al	生成的 Ti 的氧化物和氮化物，Al 的氧化物，Ti、Al 的复合氧化物和硫化物等，它们的尺寸比较细小(大都在 3μm 以下)，形状大多呈球状(仅 TiN 呈四边形)，其最佳含量为：Ti 为 0.05%～0.07%，Al 为 0.01%左右。此时经 900℃奥氏体化，保温 60min 的正火是获得晶内针状铁素体的最佳热处理工艺
其他	Ti、Al、O、S、Mn 的复合夹杂物和 Ti_2O_3 夹杂物有很好的形核作用，而原始组织中的 MnS 和硅酸盐夹杂物对周围铁素体组织无影响。夹杂物的颗粒宜在 3μm 以下

1.7.4 合金元素在铸铁中的作用

表 1-16 各种元素对铸铁组织性能的影响

元素	对铸铁组织和性能的影响
C	在灰铸铁中，碳含量为 2.7%～3.8%，主要以片状石墨形式存在，高碳时金相组织为铁素体和粗大的片状石墨，机械强度和硬度较低，但挠度较好；低碳时金相组织为珠光体和细小的片状石墨，有较高的机械强度和硬度，但挠度较差。由于灰铸铁的成分位于共晶点附近，因此具有良好的铸造性能。对于亚共晶范围的灰铸铁，增加碳含量能提高流动性，反之，对于过共晶范围的灰铸铁，只有降低碳含量才能提高流动性 在球墨铸铁中，碳含量高时，析出的石墨数量多，石墨球数多而球径小，圆整度增加，缩松体积和面积减小，使铸件致密(但是含 C 量过高则作用不明显，反而出现严重的石墨漂浮，且为保证球化所需要的残余 Mg 量要增多)
Si	增加硅含量会增加石墨的数量，也会使石墨粗大。所以硅的质量分数在 1.1%～2.7%为宜。一般碳硅含量低可获得较高的机械强度和硬度，但流动性稍差。当薄壁铸件出现白口时，可提高碳硅含量使之变灰；当厚壁铸件出现粗大的石墨时，应适当降低碳硅含量，以达到提高机械强度和硬度的目的。Si 能提高共析转变温度，且在球墨铸铁中使铁素体增加的作用比灰铸铁要大 灰铸铁中 C、Si 都是强烈促进石墨化的元素。提高碳当量促使石墨片变粗、数量增多，强度和硬度下降。降低碳当量可以提高灰铸铁力学性能。但是降低碳当量会导致铸造性能降低、铸件断面敏感性增加，硬度上升、加工困难等问题
Mn	在灰铸铁中，锰含量增加会增大基体组织中的珠光体数量。故锰的质量分数要控制在 0.5%～1.4%。其主要作用，一是中和硫的有害作用，二是稳定和细化珠光体。在此含量范围内，锰含量的增加，会使铸铁的强度、硬度增加，而塑性和韧性降低 在球墨铸铁中，Mn 的作用是形成碳化物和珠光体。对于厚大断面铸件，锰是偏析倾向特别显著的元素，是强烈稳定奥氏体的元素，对稳定珠光体的作用也很显著，在生产珠光体球墨铸铁时，可以利用锰稳定珠光体的作用消除石墨球周围的铁素体(牛眼)组织
S	硫可稳定渗碳体，阻止石墨化。硫少量溶于铁素体及渗碳体中，降低碳在液态铸铁中的溶解度，大部分以 FeS 和 MnS、CeS 的形式存在并分布于晶界上。硫化亚铁能降低铸铁的强度，促进铸铁的收缩，并引起铸铁的过硬和裂纹形成。硫化锰对铸铁的强度无多大影响，但使铁液流动性变差。对于灰铸铁，硫的质量分数控制在低于 0.15%。S 在 QT 中是反石墨化元素，属于有害杂质

续表

元素	对铸铁组织和性能的影响
P	磷使铸铁的共晶点左移，能溶于液态铸铁中，并降低碳在液态铸铁中的溶解度，但在固态铸铁中的溶解度有限，并随着碳含量的增加和温度的降低而减少。对石墨化的影响不大；使铸铁的强度、塑性下降，硬度提高；增加铸铁的流动性和可铸性，但会使铸铁的缩孔、缩松以及开裂倾向增加。对于灰铸铁，磷的质量分数控制在低于 3.0%。磷在球墨铸铁中虽不影响球化，但可以溶解在铁液中降低铁碳合金的共晶含碳量，故是有害元素
Cu	铜使组织致密，并细化和改善石墨的均匀分布，既能降低铸铁的白口倾向，又能降低奥氏体转变临界温度，细化和增加珠光体，对断面敏感性有利。铜具有强化铸铁铁素体和珠光体的倾向，因此能增加铸铁的强度，铸铁的抗拉强度、抗弯强度几乎与所含铜量成比例地增加，在低碳铸铁中尤为显著。在一般铸铁中，铜的质量分数在 3.0%～3.5%以下可使硬度增加；但当铸铁具有形成白口倾向时，或存在着游离碳化物的硬点时，则加入铜会使硬度降低。常用量小于 1.0%
Cr	反石墨化作用属中强，共析转变时稳定珠光体；是缩小 γ 区的元素，含 Cr20%时，γ 区消失。用量为 0.15%～30%。其用量小于 1.0%仍属灰铸铁(可能有少量自由 Fe_3C 出现)，但力学性能有所提高
Sn	为增加珠光体量而加入，一般用量小于 0.1%时可提高铸铁强度，大于 0.1%时有可能使铸铁出现脆性和反球化作用；由于共晶团边界易形成 $FeSn_2$ 的偏析化合物，因此有韧性要求时，注意 Sn 量的控制
Mo	钼含量小于 0.6%时，稳定碳化物的作用比较温和，主要是细化珠光体，亦能细化石墨；Mo 含量小于 0.8%时对铸铁的强化作用较大；用 Mo 作合金化时，含磷量一定要低，否则会出现 P-Mo 四元共晶，增加脆性；含 Mo 量达到 1.8%～2.0%时，可抑制珠光体的转变，而形成针状基体；能使“C”曲线右移，并有形成两个“鼻子”的作用，故易得贝氏体
Ni	镍溶于液体铁及铁素体；共晶期间促进石墨化，其作用相当于 Si 的 1/3；降低奥氏体转变温度，扩大奥氏体区，能细化并增加珠光体；含 Ni 量小于 3.0%，组织呈珠光体型，可提高强度，主要用作耐磨材料；含 Ni3%～8%，组织呈马氏体型，主要用作耐磨材料；含 Ni 量大于 12%，组织呈奥氏体型，主要用作耐腐蚀材料等。对石墨粗细影响较小
Sb	锑强烈促进珠光体形成；含量 0.002%～0.01%时，对球墨铸铁有使石墨球细化的作用，尤其对大断面球墨铸铁件有效；其干扰球化的作用可用稀土元素中和；灰铸铁中的加入量为小于 0.02%，球墨铸铁中的加入量 0.002%～0.010%

表 1-17 合金元素对灰铸铁组织和性能的影响

元素	含量/%	组织	力学性能	使用性能			工艺性能	
				耐磨	耐热	耐蚀	切削性	铸造性能
Ni	0.5～2.0，常与Cr、Cu、Mo合用	促进石墨化，消除白口和游离渗碳体；细化石墨；稳定且细化珠光体，促成索氏体	强度↑ 硬度↑ 冲击韧性↑	↑	↑	↑	优于同硬度和强度的非合金铸铁	减少缩松，提高铸件致密性。断面壁厚差大时尤有效
Cu	0.5～2.0，常与Ni、Cr、Mo、V合用	弱石墨化；细化珠光体和石墨；减少薄断面白口，改善大断面组织敏感性	强度↑ 硬度↑ 韧度↑ 低碳者↑↑	↑	↑	↑。尤耐弱酸和大气腐蚀	改善	改善流动性，提高铸件致密度
Cr	0.2～1.0，常与Cu、Mo、Ni合用	强阻碍石墨化，促成碳化物；细化石墨；细化且稳定珠光体；促成白口	提高强度、硬度；Cr>0.5%，降低塑性、韧性	↑↑。与Cu、Mo、Ni合用更好	↑。铬越多越显著	↑。铬越多越显著	↓。少量影响不大	Cr>1.0，降低流动性；增加收缩，增大白口
Mo	0.3～1.0，常与Ni、Cu、Cr合用	细化石墨；强稳定、增加、细化珠光体；温和促成碳化物；改善大断面组织均匀性	强度、硬度、冲击韧性、疲劳强度、<550℃高温性能和大断面性能↑↑	↑↑	↑	稍改善	改善	减少收缩，改善热处理性能
V	0.1～0.4，常与Ti合加	阻碍石墨化；细化、均化石墨；细化珠光体；强烈促成碳化物；消除大断面的铁素体和枝晶组织	少量V，强度↑↑、硬度↑↑、冲击韧性↑	↑↑。与Cu、Ti合用更好	↑350～650℃的抗生长性		少量V不降低可切削性；难磨削	降低流动性，增加收缩，促进白口、麻口

续表

元素	含量/%	组织	力学性能	使用性能			工艺性能	
				耐磨	耐热	耐蚀	切削性	铸造性能
Ti	0.05～0.15，常与 V 合加	微量，促进石墨化，细化石墨和晶粒；减少白口和硬点；过量，形成 D 型石墨 TiC、TiCN	脱氧、净化和孕育作用大于合金化作用，适量 Ti 提高强度	↑	抗生长性↑	耐酸性↑	少量 Ti，改善可切削性	改善流动性
B	0.02～1.0	细化但减少石墨；促成碳化物；在含磷铸铁中形成复合共晶，硬度＞1000HV	强度↑ 塑性↓ 冲击韧性↓	↑	影响不大		降低	脱氧、去硫；增大白口倾向
Sn	0.04～0.10	减少或消除铁素体，稳定且细化珠光体；改善断面均匀性	强度和硬度↑↑。碳当量高时效果好	↑	↑	改善	改善	Sn0.05%～0.1%，保持铸造性能良好
Sb	0.03～0.08	减少或消除，强促成、稳定细化珠光体	强度↑ 硬度↑	↑	＞700℃时寿命↑		稍差	稍差

注：↑表示提高，↑↑表示显著提高；↓表示降低。

1.7.5　合金元素在非铁合金中的作用

（1）在铝合金中的作用

表 1-18　合金元素在铝合金中的作用

元素	在合金中的作用
Si	硅能显著提高铝合金的流动性，改善抗拉强度（硅含量从 8%～15%）、硬度和高温时强度，而使延伸率降低，更重要的是能提高铝合金的耐磨性能，但是它使铝合金的加工性能变差 硅在 Al-Mg-Si 系锻铝中和在 Al-Si 系焊条及铝硅锻造合金中，均作为合金元素加入，在其他铝合金中，则是常见的杂质元素

续表

元素	在合金中的作用
Cu	铜影响铸造铝合金的强度和硬度,降低铝合金的耐蚀性并增加应力腐蚀开裂敏感性。在铝合金中固溶进铜,可以提高力学性能,改善切削性。不过,耐蚀性降低,容易发生热间裂痕
Mg	镁能够为铝合金提供基体强化,它能提高耐蚀性和焊接性或极高的强度。硅与镁结合形成 Mg_2Si 相可以实现铝合金强化 铝镁合金的耐蚀性最好。作为杂质的镁,在 Al-Cu-Si 材料中,Mg_2Si 使铸件变脆,所以一般标准在 0.3%以内,镁对铝的强化是明显的,镁每增加 1%,抗拉强度大概升高 34MPa
Ni	能提高铝合金的热硬性,主要得益于镍铝化合物
Sn	用于铸造铝合金,可以降低轴承和衬套的摩擦系数并提高耐磨性能
Ti	微量钛可提高合金的力学性能和耐蚀性,但电导率下降。含量不超过 0.015%的钛可以有效地细化铝合金晶粒(有硼存在则减小到 0.01%)
B	硼可用来细化初生铝晶粒(与钛同时采用时效果更好)
Cr	铬在铝中会形成一些金属间化合物,阻碍再结晶的形核和长大过程,对合金有一定的强化作用,还能改善合金韧性和降低应力腐蚀开裂敏感性,但会增加淬火敏感性。铬是 Al-Mg-Si 系、Al-Mg-Zn 系、Al-Mg 系合金中常见的添加元素,在铝合金中的添加量一般不超过 0.35%,并随合金中过渡元素的增加而降低
Mn	当锰的添加量超过 0.5%时,铝合金的抗拉强度和屈服强度均增加,同时不损失塑性。此外还能提高铝合金的低周疲劳性能和耐蚀性 加入 1%以下的锰,能够起到强化效果。因而加锰后可降低镁含量,同时可降低热裂倾向,另外锰还能够使 Mg_5Al_8 化合物均匀沉淀,改善抗蚀性和焊接性能 Mn 能改善含铜、硅合金的高温强度。若超过一定限度,易生成 Al-Si-Fe-Mn 四元化合物,形成硬点并降低导热性。锰能阻碍铝合金的再结晶过程,提高再结晶温度,并能显著细化再结晶晶粒
Zn	锌只在 7×××系铝合金中添加。在其他铝合金中它是杂质元素,高温脆性大,但与汞形成强化 $HgZn_2$ 对合金产生明显强化作用 在铝中同时加入锌和镁,则构成强化相 $MgZn_2$,对合金产生明显的强化效果。$MgZn_2$ 含量从 0.5%提高到 12%时,可显著增加抗拉强度和屈服强度。镁的含量超过形成 $MgZn_2$ 相所需超硬铝合金中,锌和镁的比例控制在 2.7 左右时,应力腐蚀开裂抗力最大
Fe	铁在 Al-Cu-Mg-Ni-Fe 系锻铝合金中,是作为合金元素加的,在其他铝合金中,则是常见的杂质元素。铁在铝合金中会导致形成金属间化合物,降低铝合金的力学性能。含量超过一定临界值以后会极大地损害铝合金的塑性,同时降低成品率;铸铝中铁含量过高时会使铸件产生脆性

续表

元素	在合金中的作用
Sr	用锶元素进行变质处理能改善合金的塑性加工性和最终产品质量。因为锶的变质有效时间长、效果和再现性好等优点，近年来在 Al-Si 铸造合金中取代了钠的使用。对挤压用铝合金中添加 0.015%～0.03%锶，使铸锭中 β-AlFeSi 相变为 α-AlFeSi 相，减少了铸锭均匀化时间 60%～70%，提高材料力学性能和塑性加工性；改善制品表面粗糙度。在高硅(10%～13%)变形铝合金中加入 0.02%～0.07%锶，可使初晶减少至最低限度，力学性能也有一定提高。在过共晶 Al-Si 合金中加入锶，能减小初晶硅粒子尺寸，改善塑性加工性能
Zr	锆也是铝合金的常用添加剂，一般加入量为 0.1%～0.3%。锆和铝形成 $ZrAl_3$ 化合物，可阻碍再结晶过程，细化再结晶晶粒。锆亦能细化锻造组织，但比钛的效果小。有锆存在时，会降低钛和硼细化晶粒的效果。在 Al-Zn-Mg-Cu 系合金中，宜用锆来代替铬和锰细化再结晶组织
RE	稀土元素加入铝合金中，使铝合金熔铸时增加成分过冷，细化晶粒，减少二次晶距，减少合金中的气体和夹杂，并使夹杂相趋于球化。还可降低熔体表面张力，增加流动性，有利于浇注成锭，对工艺性能有着显著的影响。各种稀土添加量约为 0.1%(原子百分数)为好。混合稀土(La-Ce-Pr-Nd 等混合)的增加，使 Al-0.65%Mg-0.61%Si 合金时效 *GP* 区构成的临界温度降低。含镁的铝合金，能激发稀土元素的变质作用
杂质元素	钒在铝合金中构成 VAl_{11} 难熔化合物，在熔铸过程中起细化晶粒效果，但比钛和锆的作用小。钒也有细化再结晶组织、提高再结晶温度的作用 钙在铝合金中固溶度极低，与铝形成 $CaAl_4$ 化合物，钙又是铝合金的超塑性元素，大约 5%钙和 5%锰的铝合金具有超塑性。钙和硅形成 CaSi，不溶于铝，因为减小了硅的固溶量，可稍微提高工业纯铝的导电性能。钙能改善铝合金切削性能。$CaSi_2$ 不能使铝合金热处理强化。微量钙有利于去除铝液中的氢 铅、锡、铋元素是低熔点金属，它们在铝中固溶度不大，略降低合金强度，但能改善切削性能。铋在凝结进程中膨胀，对补缩有利。高镁合金中加入铋可防止钠脆 锑首要用作锻造铝合金中的变质剂，变形铝合金很少运用。仅在 Al-Mg 变形铝合金中代替铋防止钠脆。锑元素加入某些 Al-Zn-Mg-Cu 系合金中，可改善热压与冷压工艺性能 铍在变形铝合金中可改善氧化膜的结构，削减熔铸时的烧损和夹杂。铍是有毒元素，能使人产生过敏性中毒。因而，接触食物和饮料的铝合金中不能含有铍。焊接材料中的铍含量一般控制在 8μg/mL 以下。用作焊接基体的铝合金也应控制铍的含量 钠在铝中几乎不溶解，最大固溶度小于 0.0025%，钠的熔点低(97.8℃)，合金中存在钠时，在凝固过程中吸附在枝晶表面或晶界，热加工时，晶界上的钠形成液态吸附层，发生脆性开裂时，形成 NaAlSi 化合物，无游离钠存在，不发生“钠脆”。当镁含量超 2%时，镁夺取硅，析出游离钠，发生“钠脆”。因此高镁铝合金不允许使用钠盐熔剂。避免“钠脆”的方法有氯化法，使钠构成 NaCl 排入渣中，加铋使之生成 Na_2Bi 进入金属基体；加锑生成 Na_3Sb 或加入稀土亦可起到相同的效果

（2）在镁合金中的作用

表 1-19　合金元素在镁合金中的作用

元素	在合金中的作用
Al	铝含量在10%以下能提高强度并产生沉淀硬化。铝含量在4%以下的镁合金在盐水中的抗蚀性能较低。在镁合金铸件中增大缩松倾向
Ag	在Mg-Zr-RE合金中的含量至3%时，可提高沉淀硬化效应和十分高的强度
B	用作硼化表面硬化处理
Be	微量时（$5\times10^{-6}\sim15\times10^{-6}$）可降低镁合金的表面氧化倾向，同时改善铸造性能并细化晶粒组织
Ca	晶粒细化剂
Cu	由于会损害镁的抗蚀性能，应将其控制到很低
Fe	降低抗蚀性能。可加入Mn消除其有害影响。通常Fe的含量应尽量低
Ga	显著改善抗蚀性能
Ge	显著改善抗蚀性能
H	在Mg-Zn-RE合金中，可利用氢化物的硬化作用
Li	含量低时可改善抗蚀性能。为降低合金密度，Li含量可达9%
Mg	基本元素
Mn	用来控制铁含量的影响时，Mn/Fe质量比应在30以上。改善抗蚀性能。对提高拉伸强度作用不大，会降低疲劳强度
Ni	剧烈降低镁合金的抗蚀性能，为此需将Ni含量控制在很低水平（0.001%～0.002%）
RE（Ce、La、Pr、Nd）	为重要的晶粒细化剂。提高强度，保持韧性，改变蠕变抗力和疲劳强度。改善铸造性能，减少疏松。在Mg-Zn-Zr合金中减少开裂倾向
Si	在合金液中溶解度高，其含量在熔炼及后继工艺过程中基本稳定。极化处理时，表面变灰色
Th	含量至3%可提高高温蠕变抗力和疲劳强度。改善铸造性能，减少疏松。与Zn、Zr一起改善焊接性能。通常不采用
Y	含量可至5.5%，改善抗蚀性能
Zn	含量可至6%，提高强度，与Al和Mn一起提高沉淀硬化效应。与Zr一起可获得很细的晶粒组织和热态下的强度。改善变形合金的冷加工性能。若不同时加RE或Tb，则加Zn会降低焊接性能
Zr	含量可至0.8%。细化晶粒，提高强度，改善高温强度。与Al、Mn一起产生沉淀硬化。改善变形合金的热加工性能

(3) 在钛合金中的作用

表 1-20　合金元素在钛合金中的作用

元素	在合金中的作用
Al	铝在钛合金中是稳定 α 相的主要合金元素。固溶态的铝可提高钛合金的抗拉强度、蠕变强度和弹性模量。含铝量在 6%以上会形成 Ti_3Al，从而引起脆化
Zr	Zr 与 Ti 形成连续固溶体，提高室温至中温时的强度。它是较弱的 β 相稳定元素。含量超过 5%～6%时，会降低韧性和蠕变抗力
Y	在高性能合金中需将含量控制在 0.005%以下
V	含量 2%～20%，稳定 β 相
Sn	含量 2%～6%。比铝较弱的 α 相稳定元素。与铝一起加入可提高强度，避免脆化。在 β 相中也有很大的溶解度
Ti	基本元素
Si	0.05%～0.10% Si 可改善蠕变抗力
N	>800℃时，钛合金强烈吸氮，引起脆化。间隙固溶元素，提高强度，降低韧性。为改善断裂韧性，应将 N、O、H 含量控制到最低。可用于渗氮硬化处理
O	商品纯度合金中，氧含量对强度最具决定作用。钛合金在>700℃时强烈吸收 O，引起脆化。氧可间隙地溶于钛中，提高强度，降低韧性。通常控制在实际的最低值。稳定 α 相。某些牌号合金中故意加入氧与铁作为强化措施
Pd	含量约 0.2%能显著改善合金在弱还原性或还原/氧化波动气氛中的抗蚀性能
Ni	0.6%～0.9% Ni 与 0.2%～0.4%Mo 一起，改善商品纯合金的抗蚀性能
Nb	稳定 β 相元素，改善高温抗氧化性能
Mn	当前商品钛合金中不含 Mn，有试验表明，2%～4% Mn 能改善性能
Mo	含量在 2%～20%时是重要的 β 相稳定元素。提高硬化倾向和短时、高温强度。同时含有 0.2%～0.4% Mo 与 0.6%～0.9% Ni，可改善纯钛的抗蚀能力，代替更昂贵的含钯钛合金
Fe	稳定 β 相的元素。降低蠕变能力
Ga	稳定 α 相的元素

续表

元素	在合金中的作用
Ge	稳定α相的元素
H	钛在>130℃时强烈吸收H,H在钛中扩散很快,引起脆化。其含量控制在超低水平可改善断裂韧性
C	稳定α相的元素,扩大α相和β相之间的转变温度范围,对某些合金使热处理温度范围扩大。由于C在钛合金中有脆化作用,一般含量应尽量低。可应用于表面硬化
Cu	一般含量2%～6%,稳定β相,强化α相和β相。产生沉淀硬化效应

1.8 钢铁及合金材料的统一数字代号（GB/T 17616—2013）

为了便于钢铁及合金产品的设计、生产、使用、标准化和现代化计算机管理，我国于1998年就颁布了GB/T 17616《钢铁及合金牌号统一数字代号体系》，代号ISC(Iron and Steel Code)，主要按钢铁及合金的基本成分、特性和用途，同时照顾到我国现有的习惯分类方法以及各类产品牌号实际数量情况。由于各类钢铁及合金材料的发展和新型材料的出现，2013年又对原版标准做了一些必要的修改。这种表示方法与钢铁牌号同时有效。

统一数字代号由固定的6位符号组成，左边首位用大写的拉丁字母作前缀，后接五位阿拉伯数字，字母和数字之间不留间隙。每一个统一数字代号只对应于一个产品牌号，其结构形式如下：

□	□	□□□□
大写拉丁字母,代表不同的钢铁及合金类型(一般不用“I”和“O”)	第1位阿拉伯数字,代表各类型钢铁及合金细分类	第2～5位阿拉伯数字,代表不同分类内的编组和同一编组内的不同牌号的区别顺序号(各类型材料编组不同)

表 1-21　钢铁及合金材料的类型与统一数字代号

类型	前缀+统一数字代号	主要包含种类
铁合金和生铁 (Ferro alloy and pig iron)	F×××××	铁合金包括锰铁及合金(包括金属锰)、硅铁及合金、铬铁及合金、钒铁、钛铁、铌铁及合金、稀土铁合金、钼铁、钨铁及合金、硼铁、磷铁及合金等;生铁包括炼钢生铁、铸造用生铁、球墨基体锰较高的铸造生铁、球墨铸造用生铁、铸造用磷铜钛低合金耐磨生铁、脱碳低磷粒铁、低碳铸造生铁、合金生铁等
非合金钢 (Unalloy steel)	U×××××	非合金结构钢、非合金铁道用钢、非合金易切削钢(不包括非合金工具钢、电磁纯铁、原料纯铁、焊接用非合金钢、非合金铸钢等)
低合金钢 (Low alloy steel)	L×××××	低合金一般结构钢、低合金专用结构钢、低合金钢筋钢、低合金耐候钢等
合金结构钢 (Alloy structural steel)	A×××××	合金结构钢和合金弹簧钢(但不包括焊接用合金钢、合金铸钢、粉末冶金合金结构钢)
轴承钢 (Bearing steel)	B×××××	高碳铬轴承钢、渗碳轴承钢、高温轴承钢、不锈轴承钢、碳素轴承钢、无磁轴承钢、石墨轴承钢等
工模具钢 (Tool and mould steel)	T×××××	非合金工模具钢、合金工模具钢、高速工具钢(不包括粉末冶金工具钢)
不锈钢和耐热钢 (Stainless steel and heat resisting steel)	S×××××	铁素体型钢、奥氏体-铁素体型钢、奥氏体型钢、马氏体型钢、沉淀硬化型钢五个分类(不包括焊接用不锈钢、不锈钢铸钢、耐热钢铸钢、粉末冶金不锈钢和耐热钢等)
耐蚀合金和高温合金 (Heat resisting and corrosion resisting alloy)	H×××××	变形耐蚀合金和变形高温合金,不包括铸造高温合金和铸造耐蚀合金、粉末冶金高温合金和耐蚀合金、焊接用高温合金和耐蚀合金、弥散强化高温合金、金属间化合物高温材料
电工用钢和纯铁 (Electrical steel and iron)	E×××××	电磁纯铁、冷轧无取向硅钢、冷轧取向硅钢、无磁钢等

续表

类型	前缀+统一数字代号	主要包含种类
铸铁、铸钢及铸造合金(Cast iron、cast steel and cast alloy)	C×××××	铸铁、非合金铸钢、低合金铸钢、合金铸钢、不锈耐热铸钢、铸造永磁钢和合金、铸造高温合金和耐蚀合金等
粉末及粉末冶金材料(Powders and powder metallurgy materials)	P×××××	粉末冶金结构材料、摩擦材料和减摩材料、多孔材料、工具材料、难熔材料、耐蚀材料和耐热材料、电工材料、磁性材料、其他材料和铁、锰等金属粉末等
快淬金属及合金(Quick quench metals and alloys)	Q×××××	快淬软磁合金、快淬永磁合金、快淬弹性合金、快淬膨胀合金、快淬热双金属、快淬精密电阻合金、快淬焊接合金、快淬耐蚀耐热合金等
焊接用钢及合金(Steel and alloy for welding)	W×××××	焊接用非合金钢、焊接用低合金钢、焊接用合金钢、焊接用不锈钢、焊接用高温合金和耐蚀合金、钎焊合金等
金属功能材料(Metallic functional materials)	J×××××	软磁合金、变形永磁合金、弹性合金、膨胀合金、热双金属、电阻合金等(不包括电工用硅钢和纯铁、铸造永磁合金、粉末烧结磁性材料)
杂类材料(Miscellaneous materials)	M×××××	杂类非合金钢(原料纯铁、非合金钢球钢等)、杂类低合金钢、杂类合金钢(锻制轧辊用合金钢、钢轨用合金钢等)、冶金中间产品(五氧化二钒、钒渣、氧化钼等)、杂类铸铁产品用材料(灰口铸铁管、球墨铸铁管、铸铁轧辊、铸铁焊丝、铸铁丸和铸铁砂等)、杂类非合金铸钢产品用材料(一般非合金铸钢、含锰非合金铸钢、非合金铸钢丸等)、杂类合金铸钢产品用材料(合金钢、半钢、石墨钢、高铬钢、高速钢、半高速钢)等

1.9 金属材料的交货状态

表 1-22 钢铁材料的交货状态

名称	说明
热轧（锻）状态	钢材在热轧或锻造后（终止温度一般为 800～900℃）不再对其进行专门热处理，在空气中自然冷却后直接交货。由于表面覆盖有一层氧化铁皮，因而具有一定的耐蚀性，储运保管的要求不像冷拉（轧）状态交货的钢材那样严格，大中型型钢、中厚钢板可以在露天货场或经苫盖后存放
冷拉（轧）状态	经冷拉、冷轧等冷加工成型的钢材，不经任何热处理而直接交货的状态。由于钢材尺寸精度高、表面质量好、表面粗糙度值小，并有较高的力学性能，且表面没有氧化皮，存在很大的内应力，极易遭受腐蚀或生锈，故一般均需在库房内保管，并应注意控制库房内的温湿度
正火状态	钢材出厂前经正火热处理。由于钢材的组织、性能均匀，因而有较高的综合力学性能，并有利于改善低碳钢的魏氏组织和过共析钢的渗碳体网状，可为成品的进一步热处理做好组织准备。碳素结构钢、合金结构钢钢材常采用正火状态交货。某些低合金高强度钢如 14MnMoVBRE、14CrMnMoVB 钢为了获得贝氏体组织，也要求正火状态交货
退火状态	钢材出厂前经退火热处理。消除和改善了前道工序遗留的组织缺陷和内应力，并为后道工序作好组织和性能上的准备。合金结构钢、保证淬透性结构钢、冷镦钢、轴承钢、工具钢、汽轮机叶片用钢、铁素体型不锈耐热钢的钢材常用退火状态交货
高温回火状态	出厂前经高温回火热处理的状态。内应力消除较彻底，塑性和韧性好。碳素结构钢、合金结构钢、保证淬透性结构钢钢材均可采用高温回火状态交货。某些马氏体型高强度不锈钢、高速工具钢和高强度合金钢，由于有很高的淬透性以及合金元素的强化作用，常在淬火（或正火）后进行一次高温回火，使钢中碳化物适当聚集，得到碳化物颗粒较粗大的回火索氏体组织（与球化退火组织相似），因而有很好的切削加工性能
固溶处理状态	出厂前经固溶处理的状态，主要适用于奥氏体型不锈钢材。通过固溶处理，得到单相奥氏体组织，以提高钢的韧性和塑性，为进一步冷加工（冷轧或冷拉）创造条件，也可为进一步沉淀硬化做好组织准备

表 1-23 非铁金属及其合金压延材的交货状态

名称	代号	说明
软状态	M	材料在冷加工后，经过退火的状态，塑性高而强度和硬度都低
硬状态	Y	材料在冷加工后未经退火软化的状态，强度、硬度高而塑性、韧性低。非铁金属材料还具有特硬状态（代号为 T）

续表

名称	代号	说明
半硬状态	Y_1、Y_2 Y_3、Y_4	材料状态介于软状态和硬状态之间。表示材料在冷加工后，有一定程度的退火。按加工变形程度和退火温度的不同，又可分为3/4硬、1/2硬、1/3硬、1/4硬等几种，其代号依次为Y_1、Y_2、Y_3、Y_4
热作（轧、挤）状态	R	材料为热挤压状态。无加工硬化现象，其特性与软状态相似，但尺寸允许偏差和表面精度要求要比软状态低

1.10 金属材料的涂色标记

生产中为了表明金属材料的牌号、规格等，常做一定的标记，如涂色、打印、挂牌等。金属材料的涂色标志是表示钢号、钢种的，涂在材料一端的端面或端部。具体的涂色方法见表1-24和表1-26。

表1-24 钢铁材料的涂色标记

钢种	牌号	标记	钢种	牌号	标记
优质碳素结构钢	Q235	红色	合金结构钢	铬钼钢	绿色+紫色
	05～15	白色		铬锰钼钢	绿色+白色
	20～25	棕色+绿色		铬钼钒钢	紫色+棕色
	30～40	白色+蓝色		铬硅钼钒钢	紫色+棕色
	45～85	白色+棕色		铬铝钢	铝白色
	15Mn～40Mn	白色二条		铬钼铝钢	黄色+紫色
	45Mn～70Mn	绿色三条		铬钨钒铝钢	黄色+红色
合金结构钢	锰钢	黄色+蓝色		硼钢	紫色+蓝色
	硅锰钢	红色+黑色		铬钼钨钒钢	紫色+黑色
	锰钒钢	蓝色+绿色	铬轴承钢	GCr6	绿色一条+白色一条
	铬钢	绿色+黄色		GCr9	白色一条+黄色一条
	铬硅钢	蓝色+红色		GCr9SiMn	绿色二条
	铬锰钢	蓝色+黑色		GCr15	蓝色一条
	铬锰硅钢	红色+紫色		GCr15SiMn	绿色一条+蓝色一条
	铬钒钢	绿色+黑色	高速工具钢	W12Cr4V4Mo	棕色一条+黄色一条
	铬锰钛钢	黄色+黑色		W18Cr4V	棕色一条+蓝色一条
	铬钨钒钢	棕色+黑色		W9Cr4V2	棕色二条
	钼钢	紫色		W9Cr4V	棕色一条

续表

钢种	牌号	标记	钢种	牌号	标记
不锈耐酸钢（铝为宽色条，余为窄色条）	铬钢	铝色＋黑色	耐热不起皮钢及电热合金（前为宽色条，后为窄色条）	铬硅钢	红色＋白色
	铬钛钢	铝色＋黄色		铬钼钢	红色＋绿色
	铬锰钢	铝色＋绿色		铬硅钼钢	红色＋蓝色
	铬钼钢	铝色＋白色		铬钢	铝色＋黑色
	铬镍钢	铝色＋红色		铬钼钒钢	铝色＋紫色
	铬锰镍钢	铝色＋棕色		铬镍钛钢	铝色＋蓝色
	铬镍钛钢	铝色＋蓝色		铬铝硅钢	红色＋黑色
	铬镍铌钢	铝色＋蓝色		铬硅钛钢	红色＋黄色
	铬钼钛钢	铝色＋白色＋黄色		铬硅钼钛钢	红色＋紫色
	铬钼钒钢	铝色＋红色＋黄色		铬硅钼钒钢	红色＋紫色
	铬镍钼钛钢	铝色＋紫色		铬铝钢	红色＋铝色
	铬钼钒钴钢	铝色＋紫色		铬镍钨钼钛钢	红色＋棕色
	铬镍铜钛钢	铝色＋蓝色＋白色		铬镍钨钼钢	红色＋棕色
	铬镍钼铜钛钢	铝色＋黄色＋绿色		铬镍钨钛钢	铝色＋白色＋红色
	铬镍钼铜铌钢	铝色＋黄色＋绿色			

表 1-25　生铁的涂色标记

钢种	牌号	标记	钢种	牌号	标记
铸造用生铁	Z34	绿色一条	炼钢用生铁	L04	白色一条
	Z30	绿色二条		L08	黄色一条
	Z26	红色一条		L10	黄色二条
	Z22	红色二条	球墨铸铁用生铁	Q10	灰色一条
	Z18	红色三条		Q12	灰色二条
	Z14	蓝色一条		Q16	灰色三条

表 1-26　非铁金属材料的涂色标记

锭种	牌号	颜色	锭种	牌号	颜色
铝锭	Al 99.90	红色横线三条	镍板	特号镍	红色
	Al 99.85	红色横线二条		一号镍	蓝色
	Al 99.70A	红色横线一条		二号镍	黄色
	Al 99.70	红色竖线一条	铸造碳化钨管	二号管	绿色
	Al 99.60	红色竖线二条		三号管	黄色
	Al 99.50	红色竖线三条		四号管	白色
	Al 99.70E	绿色竖线一条		六号管	浅蓝色
	Al 99.65E	绿色竖线二条			
锌锭	特一号(Zn-0)	红色二条	铅锭	一号(Pb-1)	红色二条
	一号(Zn-1)	红色一条		二号(Pb-2)	红色一条
	二号(Zn-2)	黑色二条		三号(Pb-3)	黑色二条
	三号(Zn-3)	黑色一条		四号(Pb-4)	黑色一条
	四号(Zn-4)	绿色二条		五号(Pb-5)	绿色二条
	五号(Zn-5)	绿色一条		六号(Pb-6)	绿色一条

1.11 金属材料硬度、强度及其换算

1.11.1 碳钢和合金钢的硬度与强度换算

表 1-27 碳钢和合金钢的硬度与强度换算值（GB/T 1172—1999）

硬度								抗拉强度 R_m/MPa								
洛氏		表面洛氏			维氏	布氏（$F/D^2=30$）		碳钢	铬钢	铬钒钢	铬镍钢	铬钼钢	铬镍钼钢	铬锰硅钢	超高强度钢	不锈钢
HRC	HRA	HR 15N	HR 30N	HR 45N	HV	HBS	HBW									
20.0	60.2	68.8	40.7	19.2	226	225	—	774	742	736	782	747	—	781	—	740
20.5	60.4	69.0	41.2	19.8	228	227	—	784	751	744	787	753	—	788	—	749
21.0	60.7	69.3	41.7	20.4	230	229	—	793	760	753	792	760	—	794	—	758
21.5	61.0	69.5	42.2	21.0	233	232	—	803	769	761	797	767	—	801	—	767
22.0	61.2	69.8	42.6	21.5	235	234	—	813	779	770	803	774	—	809	—	777
22.5	61.5	70.0	43.1	22.1	238	237	—	823	788	779	809	781	—	816	—	786
23.0	61.7	70.3	43.6	22.7	241	240	—	833	798	788	815	789	—	824	—	796
23.5	62.0	70.6	44.0	23.3	244	242	—	843	808	797	822	797	—	832	—	806
24.0	62.2	70.8	44.5	23.9	247	245	—	854	818	807	829	805	—	840	—	816
24.5	62.5	71.1	45.0	24.5	250	248	—	864	828	816	836	813	—	848	—	826
25.0	62.8	71.4	45.5	25.1	253	251	—	875	838	826	843	822	—	856	—	837
25.5	63.0	71.6	45.9	25.7	256	254	—	886	848	837	851	831	850	865	—	847
26.0	63.3	71.9	46.4	26.3	259	257	—	897	859	847	859	840	859	874	—	858
26.5	63.5	72.2	46.9	26.9	262	260	—	908	870	858	867	850	869	883	—	868

续表

硬度								抗拉强度 R_m/MPa								
洛氏		表面洛氏			维氏	布氏（$F/D^2=30$）		碳钢	铬钢	铬钒钢	铬镍钢	铬钼钢	铬镍钼钢	铬锰硅钢	超高强度钢	不锈钢
HRC	HRA	HR15N	HR30N	HR45N	HV	HBS	HBW									
27.0	63.8	72.4	47.3	27.5	266	263	—	919	880	869	876	860	879	893	—	879
27.5	64.0	72.7	47.8	28.1	269	266	—	930	891	880	885	870	890	902	—	890
28.0	64.3	73.0	48.3	28.7	273	269	—	942	902	892	894	880	901	912	—	901
28.5	64.6	73.3	48.7	29.3	276	273	—	954	914	903	904	891	912	922	—	913
29.0	64.8	73.5	49.2	29.9	280	276	—	965	925	915	914	902	923	933	—	924
29.5	65.1	73.8	49.7	30.5	284	280	—	977	937	928	924	913	935	943	—	936
30.0	65.3	74.1	50.2	31.1	288	283	—	989	948	940	935	924	947	954	—	947
30.5	65.6	74.4	50.6	31.7	292	287	—	1002	960	953	946	936	959	965	—	959
31.0	65.8	74.7	51.1	32.3	296	291	—	1014	972	966	957	948	972	977	—	971
31.5	66.1	74.9	51.6	32.9	300	294	—	1027	984	980	969	961	985	989	—	983
32.0	66.4	75.2	52.0	33.5	304	298	—	1039	996	993	981	974	999	1001	—	996
32.5	66.6	75.5	52.5	34.1	308	302	—	1052	1009	1007	994	987	1012	1013	—	1008
33.0	66.9	75.8	53.0	34.7	313	306	—	1065	1022	1022	1007	1001	1027	1026	—	1021
33.5	67.1	76.1	53.4	35.3	317	310	—	1078	1034	1036	1020	1015	1041	1039	—	1034
34.0	67.4	76.4	53.9	35.9	321	314	—	1092	1048	1051	1034	1029	1056	1052	—	1047
34.5	67.7	76.7	54.4	36.5	326	318	—	1105	1061	1067	1048	1043	1071	1066	—	1060
35.0	67.9	77.0	54.8	37.0	331	323	—	1119	1074	1082	1063	1058	1087	1079	—	1074

续表

硬度								抗拉强度 R_m/MPa								
洛氏		表面洛氏			维氏	布氏 ($F/D^2=30$)		碳钢	铬钢	铬钒钢	铬镍钢	铬钼钢	铬镍钼钢	铬锰硅钢	超高强度钢	不锈钢
HRC	HRA	HR 15N	HR 30N	HR 45N	HV	HBS	HBW									
35.5	68.2	77.2	55.3	37.6	335	327	—	1133	1088	1098	1078	1074	1103	1094	—	1087
36.0	68.4	77.5	55.8	38.2	340	332	—	1147	1102	1114	1093	1090	1119	1108	—	1101
36.5	68.7	77.8	56.2	38.8	345	336	—	1162	1116	1131	1109	1106	1136	1123	—	1116
37.0	69.0	78.1	56.7	39.4	350	341	—	1177	1131	1148	1125	1122	1153	1139	—	1130
37.5	69.2	78.4	57.2	40.0	355	345	—	1192	1146	1165	1142	1139	1171	1155	—	1145
38.0	69.5	78.7	57.6	40.6	360	350	—	1207	1161	1183	1159	1157	1189	1171	—	1161
38.5	69.7	79.0	58.1	41.2	365	355	—	1222	1176	1201	1177	1174	1207	1187	1170	1176
39.0	70.0	79.3	58.6	41.8	371	360	—	1238	1192	1219	1195	1192	1226	1204	1195	1193
39.5	70.3	79.6	59.0	42.4	376	365	—	1254	1208	1238	1214	1211	1245	1222	1219	1209
40.0	70.5	79.9	59.5	43.0	381	370	370	1271	1225	1257	1233	1230	1265	1240	1243	1226
40.5	70.8	80.2	60.0	43.6	387	375	375	1288	1242	1276	1252	1249	1285	1258	1267	1244
41.0	71.1	80.5	60.4	44.2	393	380	381	1305	1260	1296	1273	1269	1306	1277	1290	1262
41.5	71.3	80.8	60.9	44.8	398	385	386	1322	1278	1317	1293	1289	1327	1296	1313	1280
42.0	71.6	81.1	61.3	45.4	404	391	392	1340	1296	1337	1314	1310	1348	1316	1336	1299
42.5	71.8	81.4	61.8	45.9	410	396	397	1359	1315	1358	1336	1331	1370	1336	1359	1319
43.0	72.1	81.7	62.3	46.5	416	401	403	1378	1335	1380	1358	1353	1392	1357	1381	1339
43.5	72.4	82.0	62.7	47.1	422	407	409	1397	1355	1401	1380	1375	1415	1378	1404	1361

续表

硬度								抗拉强度 R_m/MPa								
洛氏		表面洛氏			维氏	布氏 ($F/D^2=30$)		碳钢	铬钢	铬钒钢	铬镍钢	铬钼钢	铬镍钼钢	铬锰硅钢	超高强度钢	不锈钢
HRC	HRA	HR 15N	HR 30N	HR 45N	HV	HBS	HBW									
44.0	72.6	82.3	63.2	47.7	428	413	415	1417	1376	1424	1404	1397	1439	1400	1427	1383
44.5	72.9	82.6	63.6	48.3	435	418	422	1438	1398	1446	1427	1420	1462	1422	1450	1405
45.0	73.2	82.9	64.1	48.9	441	424	428	1459	1420	1469	1451	1444	1487	1445	1473	1429
45.5	73.4	83.2	64.6	49.5	448	430	435	1481	1444	1493	1476	1468	1512	1469	1496	1453
46.0	73.7	83.5	65.0	50.1	454	436	441	1503	1468	1517	1502	1492	1537	1493	1520	1479
46.5	73.9	83.7	65.5	50.7	461	442	448	1526	1493	1541	1527	1517	1563	1517	1544	1505
47.0	74.2	84.0	65.9	51.2	468	449	455	1550	1519	1566	1554	1542	1589	1543	1569	1533
47.5	74.5	84.3	66.4	51.8	475	—	463	1575	1546	1591	1581	1568	1616	1569	1594	1562
48.0	74.7	84.6	66.8	52.4	482	—	470	1600	1574	1617	1608	1595	1643	1595	1620	1592
48.5	75.0	84.9	67.3	53.0	489	—	478	1626	1603	1643	1636	1622	1671	1623	1646	1623
49.0	75.3	85.2	67.7	53.6	497	—	486	1653	1633	1670	1665	1649	1699	1651	1674	1655
49.5	75.5	85.5	68.2	54.2	504	—	494	1681	1665	1697	1695	1677	1728	1679	1702	1689
50.0	75.8	85.7	68.6	54.7	512	—	502	1710	1698	1724	1724	1706	1758	1709	1731	1725
50.5	76.1	86.0	69.1	55.3	520	—	510	—	1732	1752	1755	1735	1788	1739	1761	—
51.0	76.3	86.3	69.5	55.9	527	—	518	—	1768	1780	1786	1764	1819	1770	1792	—
51.5	76.6	86.6	70.0	56.5	535	—	527	—	1806	1809	1818	1794	1850	1801	1824	—
52.0	76.9	86.8	70.4	57.1	544	—	535	—	1845	1839	1850	1825	1881	1834	1857	—

续表

硬度								抗拉强度 R_m/MPa								
洛氏		表面洛氏			维氏	布氏 ($F/D^2=30$)		碳钢	铬钢	铬钒钢	铬镍钢	铬钼钢	铬镍钼钢	铬锰硅钢	超高强度钢	不锈钢
HRC	HRA	HR 15N	HR 30N	HR 45N	HV	HBS	HBW									
52.5	77.1	87.1	70.9	57.6	552	—	544	—	—	1869	1883	1856	1914	1867	1892	—
53.0	77.4	87.4	71.3	58.2	561	—	552	—	—	1899	1917	1888	1947	1901	1929	—
53.5	77.7	87.6	71.8	58.8	569	—	561	—	—	1930	1951	—	—	1936	1966	—
54.0	77.9	87.9	72.2	59.4	578	—	569	—	—	1961	1986	—	—	1971	2006	—
54.5	78.2	88.1	72.6	59.9	587	—	577	—	—	1993	2022	—	—	2008	2047	—
55.0	78.5	88.4	73.1	60.5	596	—	585	—	—	2026	2058	—	—	2045	2090	—
55.5	78.7	88.6	73.5	61.1	606	—	593	—	—	—	—	—	—	—	2135	—
56.0	79.0	88.9	73.9	61.7	615	—	601	—	—	—	—	—	—	—	2181	—
56.5	79.3	89.1	74.4	62.2	625	—	608	—	—	—	—	—	—	—	2230	—
57.0	79.5	89.4	74.8	62.8	635	—	616	—	—	—	—	—	—	—	2281	—
57.5	79.8	89.6	75.2	63.4	645	—	622	—	—	—	—	—	—	—	2334	—
58.0	80.1	89.8	75.6	63.9	655	—	628	—	—	—	—	—	—	—	2390	—
58.5	80.3	90.0	76.1	64.5	666	—	634	—	—	—	—	—	—	—	2448	—
59.0	80.6	90.2	76.5	65.1	676	—	639	—	—	—	—	—	—	—	2509	—
59.5	80.9	90.4	76.9	65.6	687	—	643	—	—	—	—	—	—	—	2572	—
60.0	81.2	90.6	77.3	66.2	698	—	647	—	—	—	—	—	—	—	2639	—
60.5	81.4	90.8	77.7	66.8	710	—	650	—	—	—	—	—	—	—	—	—

续表

硬度								抗拉强度 R_m/MPa								
洛氏		表面洛氏			维氏	布氏（$F/D^2=30$）		碳钢	铬钢	铬钒钢	铬镍钢	铬钼钢	铬镍钼钢	铬锰硅钢	超高强度钢	不锈钢
HRC	HRA	HR 15N	HR 30N	HR 45N	HV	HBS	HBW									
61.0	81.7	91.0	78.1	67.3	721	—	—	—	—	—	—	—	—	—	—	—
61.5	82.0	91.2	78.6	67.9	733	—	—	—	—	—	—	—	—	—	—	—
62.0	82.2	91.4	79.0	68.4	745	—	—	—	—	—	—	—	—	—	—	—
62.5	82.5	91.5	79.4	69.0	757	—	—	—	—	—	—	—	—	—	—	—
63.0	82.8	91.7	79.8	69.5	770	—	—	—	—	—	—	—	—	—	—	—
63.5	83.1	91.8	80.2	70.1	782	—	—	—	—	—	—	—	—	—	—	—
64.0	83.3	91.9	80.6	70.6	795	—	—	—	—	—	—	—	—	—	—	—
64.5	83.6	92.1	81.0	71.2	809	—	—	—	—	—	—	—	—	—	—	—
65.0	83.9	92.2	81.3	71.7	822	—	—	—	—	—	—	—	—	—	—	—
65.5	84.1	—	—	—	836	—	—	—	—	—	—	—	—	—	—	—
66.0	84.4	—	—	—	850	—	—	—	—	—	—	—	—	—	—	—
66.5	84.7	—	—	—	865	—	—	—	—	—	—	—	—	—	—	—
67.0	85.0	—	—	—	879	—	—	—	—	—	—	—	—	—	—	—
67.5	85.2	—	—	—	894	—	—	—	—	—	—	—	—	—	—	—
68.0	85.5	—	—	—	909	—	—	—	—	—	—	—	—	—	—	—

1.11.2 低碳钢的硬度与强度换算值

表1-28 低碳钢的硬度与强度换算值（GB/T 1172—1999）

硬度							抗拉强度 R_m /MPa
洛氏	表面洛氏			维氏	布氏 HBS		
HRB	HR15T	HR30T	HR45T	HV	$F/D^2=10$	$F/D^2=30$	
60.0	80.4	56.1	30.4	105	102	—	375
60.5	80.5	56.4	30.9	105	102	—	377
61.0	80.7	56.7	31.4	106	103	—	379
61.5	80.8	57.1	31.9	107	103	—	381
62.0	80.9	57.4	32.4	108	104	—	382
62.5	81.1	57.7	32.9	108	104	—	384
63.0	81.2	58.0	33.5	109	105	—	386
63.5	81.4	58.3	34.0	110	105	—	388
64.0	81.5	58.7	34.5	110	106	—	390
64.5	81.6	59.0	35.0	111	106	—	393
65.0	81.8	59.3	35.5	112	107	—	395
65.5	81.9	59.6	36.1	113	107	—	397
66.0	82.1	59.9	36.6	114	108	—	399
66.5	82.2	60.3	37.1	115	108	—	402
67.0	82.3	60.6	37.6	115	109	—	404
67.5	82.5	60.9	38.1	116	110	—	407
68.0	82.6	61.2	38.6	117	110	—	409
68.5	82.7	61.5	39.2	118	111	—	412
69.0	82.9	61.9	39.7	119	112	—	415
69.5	83.0	62.2	40.2	120	112	—	418
70.0	83.2	62.5	40.7	121	113	—	421
70.5	83.3	62.8	41.2	122	114	—	424
71.0	83.4	63.1	41.7	123	115	—	427
71.5	83.6	63.5	42.3	124	115	—	430
72.0	83.7	63.8	42.8	125	116	—	433
72.5	83.9	64.1	43.3	126	117	—	437
73.0	84.0	64.4	43.8	128	118	—	440
73.5	84.1	64.7	44.3	129	119	—	444
74.0	84.3	65.1	44.8	130	120	—	447
74.5	84.4	65.4	45.4	131	121	—	451
75.0	84.5	65.7	45.9	132	122	152	455

续表

硬度							抗拉强度 R_m /MPa
洛氏	表面洛氏			维氏	布氏 HBS		
HRB	HR15T	HR30T	HR45T	HV	$F/D^2=10$	$F/D^2=30$	
75.5	84.7	66.0	46.4	134	123	155	459
76.0	84.8	66.3	46.9	135	124	156	463
76.5	85.0	66.6	47.4	136	125	158	467
77.0	85.1	67.0	47.9	138	126	159	471
77.5	85.2	67.3	48.5	139	127	161	475
78.0	85.4	67.6	49.0	140	128	163	480
78.5	85.5	67.9	49.5	142	129	164	484
79.0	85.7	68.2	50.0	143	130	166	489
79.5	85.8	68.6	50.5	145	132	168	493
80.0	85.9	68.9	51.0	146	133	170	498
80.5	86.1	69.2	51.6	148	134	172	503
81.0	86.2	69.5	52.1	149	136	174	508
81.5	86.3	69.8	52.6	151	137	—	513
82.0	86.5	70.2	53.1	152	138	—	518
82.5	86.6	70.5	53.6	154	140	—	523
83.0	86.8	70.8	54.1	156	—	—	529
83.5	86.9	71.1	54.7	157	—	—	534
84.0	87.0	71.4	55.2	159	—	—	540
84.5	87.2	71.8	55.7	161	—	—	546
85.0	87.3	72.1	56.2	163	—	—	551
85.5	87.5	72.4	56.7	165	—	—	557
86.0	87.6	72.7	57.2	166	—	—	563
86.5	87.7	73.0	57.8	168	—	—	570
87.0	87.9	73.4	58.3	170	—	—	576
87.5	88.0	73.7	58.8	172	—	—	582
88.0	88.1	74.0	59.3	174	—	—	589
88.5	88.3	74.3	59.8	176	—	—	596
89.0	88.4	74.6	60.3	178	—	—	603
89.5	88.6	75.0	60.9	180	—	—	609
90.0	88.7	75.3	61.4	183	—	176	617
90.5	88.8	75.6	61.9	185	—	178	624
91.0	89.0	75.9	62.4	187	—	180	631
91.5	89.1	76.2	62.9	189	—	182	639

续表

硬度							抗拉强度 R_m /MPa
洛氏	表面洛氏			维氏	布氏 HBS		
HRB	HR15T	HR30T	HR45T	HV	$F/D^2=10$	$F/D^2=30$	
92.0	89.3	76.6	63.4	191	—	184	646
92.5	89.4	76.9	64.0	194	—	187	654
93.0	89.5	77.2	64.5	196	—	189	662
93.5	89.7	77.5	65.0	199	—	192	670
94.0	89.8	77.8	65.5	201	—	195	678
94.5	89.9	78.2	66.0	203	—	197	686
95.5	90.1	78.5	66.5	206	—	200	695
95.0	90.2	78.8	67.1	208	—	203	703
96.0	90.4	79.1	67.6	211	—	206	712
96.5	90.5	79.4	68.1	214	—	209	721
97.0	90.6	79.8	68.6	216	—	212	730
97.5	90.8	80.1	69.1	219	—	215	739
98.0	90.9	80.4	69.6	222	—	218	749
98.5	91.1	80.7	70.2	225	—	222	758
99.0	91.2	81.0	70.7	227	—	226	768
99.5	91.3	81.4	71.2	230	—	229	778
100.0	91.5	81.7	71.7	233	—	232	788

1.11.3 铜合金的硬度与强度换算值（GB/T 3771—1983）

表 1-29 铜合金硬度与强度换算

硬度							抗拉强度 R_m/MPa			
布氏	维氏	洛氏		表面洛氏			黄铜		铍青铜	
HB30D^2	HV	HRB	HRF	HR15T	HR30T	HR45T	板	棒	板	棒
90.0	90.5	53.7	87.1	77.2	50.8	26.7	—	—	—	—
92.0	92.6	54.2	87.4	77.4	51.2	27.2	—	—	—	—
94.0	94.7	54.8	87.7	77.6	51.6	27.7	—	—	—	—
96.0	96.8	55.5	88.1	77.8	52.0	28.4	—	—	—	—
98.0	98.9	56.2	88.5	78.0	52.5	29.1	—	—	—	—
100.0	101.0	57.1	89.1	78.3	53.2	30.1	—	—	—	—
102.0	103.1	58.0	89.6	78.6	53.8	31.0	—	—	—	—

续表

硬度							抗拉强度 R_m/MPa			
布氏 HB30D^2	维氏 HV	洛氏		表面洛氏			黄铜		铍青铜	
		HRB	HRF	HR15T	HR30T	HR45T	板	棒	板	棒
104.0	105.1	58.9	90.1	78.9	54.4	31.9	—	—	—	—
160.0	107.2	60.0	90.7	79.2	55.1	32.9	—	—	—	—
108.0	109.3	61.0	91.3	79.6	55.8	33.9	—	—	—	—
110.0	111.4	62.1	91.9	79.9	56.5	35.0	379	392	—	—
112.0	113.5	63.2	92.6	80.3	57.4	36.2	382	397	—	—
114.0	115.6	64.3	93.2	80.6	58.1	37.2	386	403	—	—
116.0	117.7	65.4	93.8	81.0	58.8	38.2	390	408	—	—
118.0	119.8	66.6	94.5	81.4	59.6	39.4	394	414	—	—
120.0	121.9	67.7	95.1	81.7	60.3	40.5	398	420	—	—
122.0	124.0	68.8	95.8	82.1	61.2	41.7	402	425	—	—
124.0	126.1	69.9	96.4	82.5	61.9	42.7	407	431	—	—
126.0	128.2	71.0	97.0	82.8	62.6	437	412	437	—	—
128.0	130.3	72.1	97.7	83.2	63.4	44.9	417	443	—	—
130.0	132.4	73.1	98.2	83.5	64.0	45.8	422	449	—	—
132.0	134.5	74.1	98.8	83.8	64.7	46.8	428	456	—	—
134.0	136.6	75.1	99.4	84.1	65.5	47.9	434	462	—	—
136.0	138.6	76.1	100.0	84.5	66.2	48.9	440	468	—	—
138.0	140.7	77.0	100.5	84.8	66.8	49.8	446	475	—	—
140.0	142.8	77.9	101.0	85.0	67.4	50.6	453	481	—	—
142.0	144.9	78.8	101.5	85.3	67.9	51.5	460	488	—	—
144.0	147.0	79.7	102.0	85.6	68.5	52.3	467	495	—	—
146.0	149.1	80.5	102.5	85.8	69.1	53.2	474	502	—	—
148.0	151.2	81.2	102.9	86.1	69.6	53.9	482	509	—	—
150.0	153.3	82.0	103.3	86.3	70.1	54.6	489	516	—	—
152.0	155.4	82.7	103.7	86.6	70.6	55.3	498	523	—	—
154.0	157.5	83.3	104.1	86.8	71.0	56.0	506	530	—	—
156.0	159.6	84.0	104.5	87.0	71.5	56.6	514	537	—	—
158.0	161.7	84.6	104.8	87.2	71.9	57.2	523	545	—	—
160.0	163.8	85.2	105.2	87.4	72.3	57.9	532	552	—	—
162.0	165.9	85.8	105.5	87.6	72.7	58.4	541	560	—	—
164.0	168.0	86.3	105.8	87.7	73.1	58.9	551	567	—	—
166.0	170.1	86.8	106.1	87.9	73.4	59.4	561	575	—	—

续表

硬度							抗拉强度 R_m/MPa			
布氏 HB30D^2	维氏 HV	洛氏		表面洛氏			黄铜		铍青铜	
		HRB	HRF	HR15T	HR30T	HR45T	板	棒	板	棒
168.0	172.1	87.4	106.4	88.1	73.8	59.9	571	583	—	—
170.0	174.2	87.9	106.7	88.2	74.1	60.4	581	591	556	662
172.0	176.3	88.4	107.0	88.4	74.5	61.0	591	599	562	667
174.0	178.4	88.8	107.2	88.5	74.7	61.3	602	607	569	673
176.0	180.5	89.3	107.5	88.7	75.1	61.8	613	615	576	678
178.0	182.6	89.8	107.8	88.9	75.4	62.3	624	624	582	683
180.0	184.7	90.3	108.1	89.0	75.8	62.8	636	632	589	689
182.0	186.8	90.8	108.4	89.2	76.1	63.4	648	640	596	694
184.0	188.9	91.3	108.7	89.4	76.5	63.9	659	649	603	700
186.0	191.0	91.8	109.0	89.5	76.9	64.4	672	658	609	705
188.0	193.1	92.3	109.2	89.7	77.1	64.7	684	666	616	711
190.0	195.2	92.8	109.5	89.8	77.5	65.3	697	675	623	717
192.0	197.3	93.3	109.8	90.0	77.8	65.8	710	684	630	722
194.0	199.4	93.9	110.2	90.2	78.3	66.5	723	693	637	728
196.0	201.5	94.4	110.4	90.3	78.5	66.8	736	702	643	734
198.0	203.5	95.0	110.8	90.6	79.0	67.5	750	712	650	740
200.0	205.6	95.6	111.1	90.7	79.4	68.0	764	721	657	746
202.0	207.7	96.2	111.5	90.9	79.8	68.7	—	—	664	752
204.0	209.8	96.8	111.8	91.2	80.2	69.2	—	—	671	758
206.0	211.9	97.5	112.2	91.4	80.7	69.9	—	—	678	764
208.0	214.0	98.1	112.6	91.6	81.1	70.6	—	—	685	770
210.0	216.1	98.8	113.0	91.8	81.6	71.3	—	—	692	776

注：本表只适用于黄铜（H62、HPb59-2 等）和铍青铜。

表 1-30　铜合金硬度与强度换算（续铍青铜部分）

硬度							抗拉强度 R_m/MPa	
布氏 HB30D^2	维氏 HV	洛氏		表面洛氏				
		HRC	HRA	HR15N	HR30N	HR45N	板材	棒材
212.0	218.2	18.0	59.2	67.9	38.9	17.3	699	782
214.0	220.3	18.4	59.4	68.2	39.2	17.8	706	789

续表

硬度							抗拉强度 R_m/MPa	
布氏 HB30D^2	维氏 HV	洛氏		表面洛氏				
		HRC	HRA	HR15N	HR30N	HR45N	板材	棒材
216.0	222.4	18.8	59.6	68.4	39.6	18.3	713	795
218.0	224.5	19.1	59.8	68.5	39.9	18.6	720	801
220.0	226.6	19.5	60.0	68.8	40.3	19.1	727	808
222.0	228.7	19.9	60.2	69.0	40.7	19.6	734	814
224.0	230.8	20.2	60.3	69.2	40.9	19.9	741	820
226.0	232.9	20.6	60.5	69.4	41.3	20.4	748	827
228.0	235.0	20.9	60.7	69.6	41.6	20.7	755	833
230.0	237.0	21.3	60.9	69.8	42.0	21.2	762	840
232.0	239.1	21.7	61.1	70.0	42.4	21.6	769	847
234.0	241.2	22.0	61.3	70.2	42.6	22.0	776	853
236.0	243.3	22.4	61.5	70.4	43.0	22.5	783	860
238.0	245.4	22.7	61.6	70.6	43.3	22.8	790	867
240.0	247.5	23.0	61.8	70.8	43.6	23.2	797	874
242.0	249.6	23.4	62.0	71.0	44.0	23.7	804	880
244.0	251.7	23.7	62.1	71.1	44.3	24.0	812	887
246.0	253.8	24.1	62.3	71.3	44.6	24.4	819	894
248.0	255.9	24.4	62.5	71.5	44.9	24.8	826	901
250.0	258.0	24.7	62.6	71.7	45.2	25.1	833	908
252.0	260.1	25.1	62.8	71.9	45.6	25.6	840	915
254.0	262.2	25.4	63.0	72.1	45.9	26.0	848	922
256.0	264.3	25.7	63.1	72.3	46.2	26.3	855	929
258.0	266.4	26.0	63.3	72.4	46.4	26.7	862	936
260.0	268.5	26.4	63.5	72.6	46.8	27.1	869	943
262.0	270.5	26.7	63.6	72.8	47.1	27.4	877	951
264.0	272.6	27.0	63.8	73.0	47.4	27.8	884	958
266.0	274.7	27.3	64.0	73.2	47.7	28.2	891	965
268.0	276.8	27.6	64.1	73.3	48.0	28.6	899	972
270.0	278.9	27.9	64.3	73.5	48.2	28.9	906	980
272.0	281.0	28.2	64.4	73.7	48.5	29.2	913	987
274.0	283.1	28.6	64.6	73.9	48.9	29.6	921	994
276.0	285.2	28.9	64.8	74.1	49.2	30.0	928	1002
278.0	287.3	29.2	64.9	74.2	49.5	30.3	936	1009

续表

硬度							抗拉强度 R_m/MPa	
布氏 HB30D^2	维氏 HV	洛氏		表面洛氏				
		HRC	HRA	HR15N	HR30N	HR45N	板材	棒材
280.0	289.4	29.5	65.1	74.4	49.8	30.7	943	1017
282.0	291.5	29.8	65.2	74.6	50.0	31.1	950	1024
284.0	293.6	30.1	65.4	74.7	50.3	31.4	958	1032
286.0	295.7	30.4	65.5	74.9	50.6	31.8	965	1039
288.0	297.8	30.7	65.7	75.1	50.9	32.1	973	1047
290.0	299.9	31.0	65.8	75.2	51.2	32.5	980	1054
292.0	301.9	31.2	65.9	75.4	51.4	32.7	988	1062
294.0	304.0	31.5	66.1	75.5	51.7	33.1	995	1070
296.0	306.1	31.8	66.2	75.7	51.9	33.4	1003	1077
298.0	308.2	32.1	66.4	75.9	52.2	33.8	1010	1085
300.0	310.3	32.4	66.5	76.0	52.5	34.1	1018	1093
302.0	312.4	32.7	66.7	76.2	52.8	34.4	1026	1100
304.0	314.5	33.0	66.9	76.4	53.1	34.8	1033	1108
306.0	316.6	33.2	67.0	76.5	53.3	35.0	1041	1116
308.0	318.7	33.5	67.1	76.7	53.6	35.4	1048	1124
310.0	320.8	33.8	67.3	76.8	53.8	35.7	1056	1131
312.0	322.9	34.1	67.4	77.0	54.1	36.1	1064	1139
314.0	325.0	34.3	67.5	77.1	54.3	36.3	1071	1147
316.0	327.1	34.6	67.7	77.3	54.6	36.7	1079	1155
318.0	329.2	34.9	67.8	77.4	54.9	37.0	1087	1163
320.0	331.3	35.2	68.0	77.6	55.2	37.4	1094	1171
322.0	333.4	35.4	68.1	77.7	55.4	37.6	1102	1179
324.0	335.4	35.7	68.2	77.9	55.6	38.0	1110	1187
326.0	337.5	36.0	68.4	78.1	55.9	38.3	1117	1195
328.0	339.6	36.2	68.5	78.2	56.1	38.5	1125	1203
330.0	341.7	36.5	68.6	78.3	56.4	38.9	1133	1210
332.0	343.8	36.7	68.7	78.5	56.6	39.1	1141	1218
334.0	345.9	37.0	68.9	78.6	56.9	39.5	1149	1227
336.0	348.0	37.3	69.0	78.8	57.1	39.8	1156	1235
338.0	350.1	37.5	69.1	78.9	57.3	40.1	1164	1243
340.0	352.2	37.8	69.3	79.1	57.6	40.4	1172	1251
342.0	354.3	38.0	69.4	79.2	57.8	40.6	1180	1259

续表

硬度							抗拉强度 R_m/MPa	
布氏 HB30D^2	维氏 HV	洛氏		表面洛氏			板材	棒材
		HRC	HRA	HR15N	HR30N	HR45N		
344.0	356.4	38.3	69.5	79.3	58.1	41.0	1188	1267
346.0	358.5	38.5	69.7	79.5	58.3	41.2	1196	1275
348.0	360.6	38.8	69.8	79.6	58.6	41.6	1204	1283
350.0	362.7	39.0	69.9	79.8	58.8	41.8	1211	1291
352.0	364.8	39.3	70.1	79.9	59.0	42.2	1219	1299
354.0	366.9	39.5	70.2	80.1	59.2	42.4	1227	1307
356.0	368.9	39.9	70.4	80.2	59.6	42.9	1235	1316
358.0	371.0	40.2	70.5	80.4	59.9	43.2	1243	1324
360.0	373.1	40.4	70.6	80.5	60.1	43.4	1251	1332
362.0	375.2	40.6	70.7	80.7	60.3	43.7	1259	1340
364.0	377.3	40.9	70.9	80.8	60.6	44.0	1267	1348
366.0	379.4	41.1	71.0	80.9	60.8	44.2	1275	1356
368.0	381.5	41.3	71.1	81.0	60.9	44.5	1283	1365
370.0	383.6	41.5	71.2	81.1	61.1	44.7	1291	1373
372.0	385.7	41.7	71.3	81.3	61.3	44.9	1299	1381
374.0	387.8	42.0	71.4	81.4	61.6	45.3	1307	1389
376.0	389.9	42.2	71.5	81.5	61.8	45.5	1315	1397
378.0	392.0	42.4	71.6	81.7	62.0	45.8	1324	1406
380.0	394.1	42.7	71.8	81.8	62.3	46.1	1332	1414
382.0	396.2	42.9	71.9	81.9	62.5	46.3	1340	1422
384.0	398.3	43.2	72.0	82.1	62.7	46.7	1348	1430
386.0	400.3	43.4	72.1	82.2	62.9	46.9	1356	1438
388.0	402.4	43.6	72.2	82.3	63.1	47.2	1364	1447
390.0	404.5	43.9	72.4	82.5	63.4	47.5	1372	1455
392.0	406.6	44.1	72.5	82.6	63.6	47.7	1381	1463
394.0	408.7	44.3	72.6	82.7	63.8	48.0	1389	1471
396.0	410.8	44.6	72.8	82.9	64.1	48.3	1397	1480
398.0	412.9	44.8	72.9	83.0	64.3	48.6	1405	1488
400.0	415.0	45.0	73.0	83.1	64.4	48.8	1413	1496
402.0	417.1	45.3	73.1	83.3	64.7	49.1	1422	1504
404.0	419.2	45.5	73.2	83.4	64.9	49.4	1430	1512
406.0	421.3	45.7	73.3	83.5	65.1	49.6	1438	1521

续表

硬度							抗拉强度 R_m/MPa	
布氏 HB30D^2	维氏 HV	洛氏		表面洛氏				
		HRC	HRA	HR15N	HR30N	HR45N	板材	棒材
408.0	423.4	45.9	73.4	83.6	65.3	49.8	1447	1529
410.0	425.5	46.2	73.6	83.8	65.6	50.2	1455	1537
412.0	427.6	46.4	73.7	83.9	65.8	50.4	1463	1545
414.0	429.7	46.6	73.8	84.0	66.0	50.7	1472	1553
416.0	431.8	46.8	73.9	84.1	66.2	50.9	1480	1562
418.0	433.8	47.0	74.0	84.3	66.4	51.1	1488	1570
420.0	435.9	47.3	74.1	84.4	66.6	51.5	1497	1578

注：本表只适用于铍青铜。

1.12 常用计量单位

表 1-31 SI单位制

量的名称	单位名称	单位符号	SI制表示式
长度	米	m	
面积	平方米	m^2	
体积	立方米	m^3	
容积	立方米 升	m^3 L	$1m^3=1000L$
时间	秒	s	
速度	米/秒	m/s	
转速	转/分	r/min	1r/min=0.16667r/s
角加速度	弧度/秒^2	rad/s^2	
频率	赫[兹]	Hz	1Hz=1/s
密度	千克/米^3	kg/m^3	
力;重力	牛[顿]	N	$1N=1kg\cdot m/s^2$
力矩	牛·米	N·m	
压力、压强、应力	帕[斯卡]	Pa	$1Pa=1N/m^2$
体积流量	米^3/秒	m^3/s	
质量	千克(公斤)	kg	
质量流量	千克/秒	kg/s	
能量、功、热量	焦[耳]	J	1J=1N·m
功率;辐射通量	瓦[特]	W	1W=1J/s

续表

量的名称	单位名称	单位符号	SI 制表示式
热容	焦/开	J/K	
比热容	焦/(千克・开)	J/(kg・K)	
传热系数	瓦/(米^2・开)	W/(m^2・K)	
电位、电压、电动势	伏[特]	V	1V=1W/A
电场强度	伏/米	V/m	
电流密度	安/米^2	A/m^2	
电阻	欧[姆]	Ω	1Ω=1V/A
电阻率	欧・米	Ω・m	
电容	法[拉]	F	1F=1C/V
电感	亨[利]	H	1H=1Wb/A
平面角	弧度	rad	
温度	开[尔文]	K	
电流	安[培]	A	
角度	度	°	

表 1-32　可与国际单位制并用的法定单位

量的名称	单位名称	单位符号	与 SI 制的关系
时间	分	min	1min=60s
	时	h	1h=60min=3600s
	天	d	1d=24h=86400s
体积	升	L	1L=1dm^3=1m^3/1000
质量	吨	t	1t=1000kg
温度	摄氏度	℃	1℃=1K,0℃↔273.15K
平面角	度	°	1°=(π/180)rad=0.017453 rad
	分	′	1′=(1/60)°=(π/10800)rad
	秒	″	1″=(1/60)′=(π/648000)rad
转速	转每分	r/min	1 r/min=0.16667r/s
线密度	特[克斯]	tex	1tex=1g/km
能量、功	瓦・时	W・h	1W・h=3600J
级差	分贝	dB	1dB=0.1B

表 1-33　工业上常见的非法定单位

量的名称	单位名称	单位符号	与 SI 制的关系
重力	千克力	kgf	1kgf=9.807N
	吨力	tf	1tf=9807N

续表

量的名称	单位名称	单位符号	与SI制的关系
压力	工程大气压 标准大气压 毫米汞柱 毫米水柱	at(kgf/cm^2) atm mmHg mmH_2O	$1kgf/cm^2=98.07kPa$ 1atm=101325Pa 1mmHg=133.32Pa $1mmH_2O=9.807Pa$
热量	卡	cal	1cal=4.187J
能、功、热	千克力·米	kgf·m	1kgf·m=9.807J
功率	千克力·米/秒 米制马力	kgf·m/s hp	1kgf·m/s=9.807W 1hp=735.5W=75kgf·m/s
温度	华氏度	℉	1K=5/9(℉+459.67) 1℃=9/5℉

表1-34 计量单位的词头

符号	名称	倍数	符号	名称	倍数	符号	名称	倍数
E	艾	10^{18}	—	(万)	10^4	m	毫	10^{-3}
P	拍	10^{15}	k	千	10^3	μ	微	10^{-6}
T	太	10^{12}	h	百	10^2	n	纳	10^{-9}
G	吉	10^9	da	十	10^1	p	皮	10^{-12}
—	(亿)	10^8	d	分	10^{-1}	F	飞	10^{-15}
M	兆	10^6	c	厘	10^{-2}	a	阿	10^{-18}

注：此表为常用的SI词头，其中“亿”和“万”为编者加入的我国文字和口语中常用词头。

1.13 技术标准代号和编号

1.13.1 我国标准的代号和编号

《中华人民共和国标准化法》将标准划分为四个层次：国家标准、行业标准、地方标准、企业标准。各层次之间有一定的依从关系和内在联系。

① 国家标准 代号为GB和GB/T，其含义分别为强制性国家标准和推荐性国家标准，它是四级标准体系中的主体，其他各级标准不得与之相抵触。

每一种技术标准都有其相应的代号和编号，代号一律用大写的汉语拼音字母（一般为两个字母）表示其类别，编号由两组阿拉伯数字组成，第一组为顺序编号，第二组表示其批准年份，两组之间用横线分开。如“GB 3197—2001”中“GB”代表“国标”，“3197”为该标准的批准顺序号，“2001”为颁布实施的年份；“GB/T 17452—1998”，“GB/T ”代表“推荐性国标”，“17452”为编号，发布的年号为 1998 年。

② 行业标准　行业标准用各行业名称的汉语拼音缩写表示，部分行业的标准代号见表 1-35。

表 1-35　部分行业的标准代号

代号	BB	CB	CECS	CH	CJ	DL	DZ	EJ	FZ
行业	包装	船舶	工程建设	测绘	城建	电力	地质	核工业	纺织
代号	GJB	GY	HB	HG	HY	JB		JC	JG
行业	军用	广电	航空	化工	海洋	机械、电工、仪器		建材	建筑
代号	JJG	JR	JT	JY	LD	LY	MH	MT	MZ
行业	计量	金融	交通	教育	劳动及安全	林业	民航	煤炭	民政
代号	NJ	NY	QB	QC	QJ	SC	SD	SH	SJ
行业	农机	农业	轻工	汽车	航天	水产	水电	石化	电子
代号	SL	SN	SY	TB	WB	WJ	YB	YD	YS
行业	水利	商检	石油天然气	铁道	物资	兵工民品	黑色冶金	通信	非铁冶金

③ 地方标准　地方标准的编号，由地方标准代号、地方标准顺序号和年号三部分组成。也分强制性标准和推荐性标准，其代号为汉语拼音字母“DB”加上省、自治区、直辖市行政区划代码前两位数再加斜线组成。

④ 企业标准　Q＋企业代号。

此外，还有“国家标准化指导性技术文件”，其代号为“GB/Z”，供使用者参考。

1.13.2 部分国外标准代号

表 1-36 部分国外标准代号

<table>
<tr><td>代号</td><td colspan="2">ISO</td><td colspan="2">IEC</td><td colspan="2">IAEA</td><td>ANSI</td><td>AISI</td></tr>
<tr><td>名称</td><td colspan="2">国际标准化组织</td><td colspan="2">国际电工委员会</td><td colspan="2">国际原子能机构</td><td>美国</td><td>美国钢铁</td></tr>
<tr><td>代号</td><td colspan="2">ASTM</td><td>AS</td><td>BS</td><td>CSA</td><td>DIN</td><td>EN</td><td>GOST</td></tr>
<tr><td>名称</td><td colspan="2">美国材料与试验</td><td>澳大利亚</td><td>英国</td><td>加拿大</td><td>德国</td><td>欧洲</td><td>俄罗斯</td></tr>
<tr><td>代号</td><td>IS</td><td>JIS</td><td>KS</td><td>NF</td><td>NZS</td><td>SFS</td><td>S. I.</td><td>ГОСТ</td></tr>
<tr><td>名称</td><td>印度</td><td>日本</td><td>韩国</td><td>法国</td><td>新西兰</td><td>芬兰</td><td>以色列</td><td>苏联</td></tr>
</table>

第2章 常用计算

2.1 常用计算数表

2.1.1 平面基本几何图形的面积

表 2-1 平面基本几何图形的面积

名称	图形	符号	面积 S
任意三角形	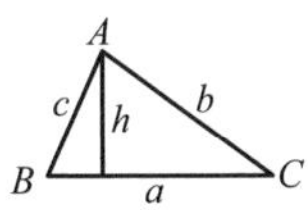	a,b,c—三边长 h—a 边上的高 s—周长的一半 A,B,C—内角 其中 $s=\frac{a+b+c}{2}$	$S=\frac{1}{2}ah$ $=\frac{1}{2}ab\sin C$ $=\sqrt{s(s-a)(s-b)(s-c)}$ $=\frac{a^2\sin B\sin C}{2\sin A}$
直角三角形	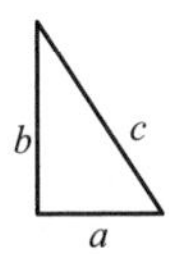	a—直角边长 b—直角边长 c—斜边长 $c^2=a^2+b^2$	$S=\frac{1}{2}ab$
任意四边形	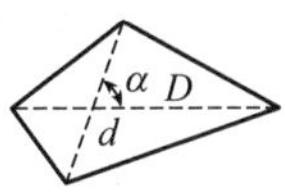	d,D—对角线长 α—对角线夹角	$S=\frac{1}{2}dD\sin\alpha$
平行四边形	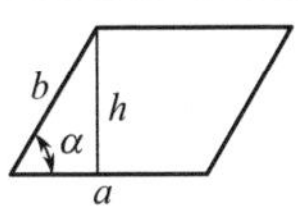	a,b—边长 h—a 边上的高 α—两边夹角	$S=ah$ $=ab\sin\alpha$
菱形	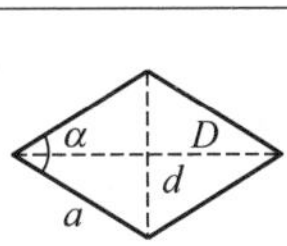	a—边长 α—夹角 D—长对角线长 d—短对角线长	$S=\frac{Dd}{2}=a^2\sin\alpha$

续表

名称	图形	符号	面积 S
长方形	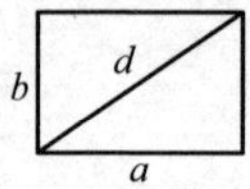	a—长边边长 b—短边边长	$S=ab$ $(a=\sqrt{d^2-b^2})$ $(b=\sqrt{d^2-a^2})$
正方形	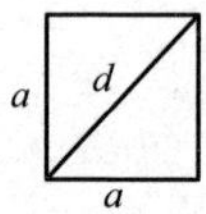	a—边长 d—对角线长	$S=a^2$ $(a=0.7071d)$
梯形	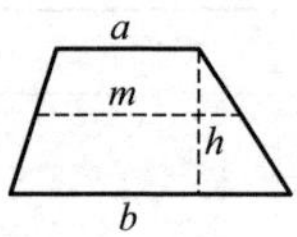	a—上底长 b—下底长 h—高 m—中位线长	$S=\frac{a+b}{2}h$ $=mh$
正多边形	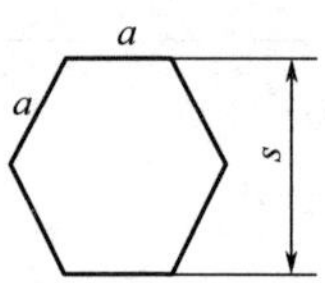	a—边长 s—对边宽	$n=3$　$S=0.433a^2$ $n=4$　$S=1.000a^2=1.000s^2$ $n=5$　$S=1.720a^2$ $n=6$　$S=2.598a^2=0.866s^2$ $n=7$　$S=3.634a^2$ $n=8$　$S=4.282a^2=0.8284s^2$ $n=9$　$S=6.180a^2$ $n=10$　$S=7.694a^2=0.8123s^2$ $n=11$　$S=9.366a^2$ $n=12$　$S=11.20a^2=0.8041s^2$
圆	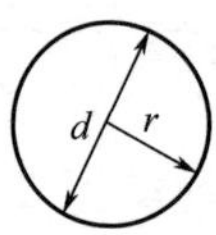	r—半径 d—直径	$S=\pi r^2=\frac{\pi}{4}d^2$
椭圆	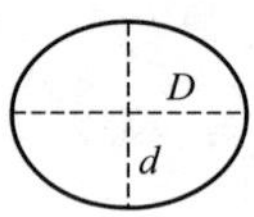	D—长轴 d—短轴	$S=\frac{\pi Dd}{4}$

续表

名称	图形	符号	面积 S
圆环	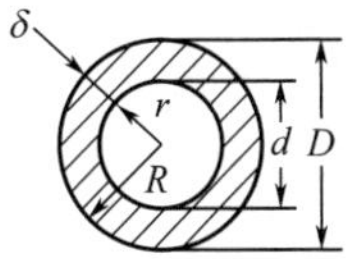	R—外圆半径 r—内圆半径 D—外圆直径 d—内圆直径	$S=\pi(R^2-r^2)$ $=\frac{1}{4}\pi(D^2-d^2)$ $=\pi(d\delta+\delta^2)$
扇形	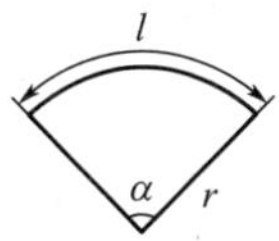	l—弧长，$=\frac{\alpha^\circ}{180^\circ}\pi r$ r—半径 α—圆心角的度数	$S=\frac{\alpha^\circ}{360^\circ}\pi r^2$ $=0.008727r^2\alpha$
抛物线形	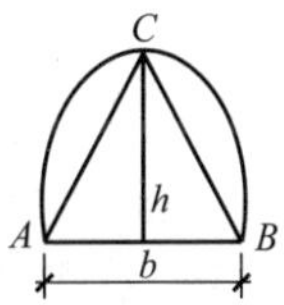	b—底边长 h—高 l—曲线长 F—$\triangle ABC$ 的面积 S—抛物线形面积	$l=\sqrt{b^2+1.3333h^2}$ $S=\frac{2}{3}bh=\frac{4}{3}F$

2.1.2　立体基本几何图形的表面积和体积

表 2-2　立体基本几何图形的表面积和体积

名称	图形	符号	表面积 S，体积 V
正方体	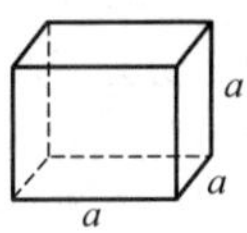	a—棱长	$S=6a^2$ $V=a^3$
长方体	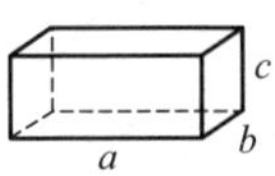	a—长度 b—宽度 c—高度	$S=2(ab+bc+ca)$ $V=abc$
棱柱	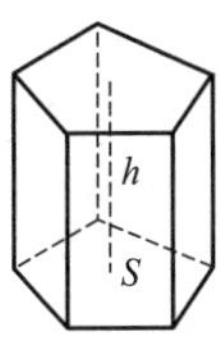	S—底面积 h—高度	$V=Sh$

续表

名称	图形	符号	表面积 S，体积 V
棱锥	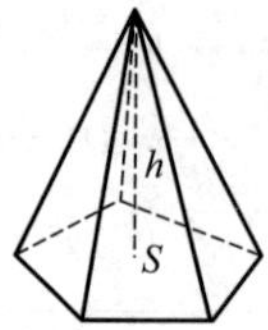	S—底面积 h—高度	$V=\frac{1}{3}Sh$
棱台	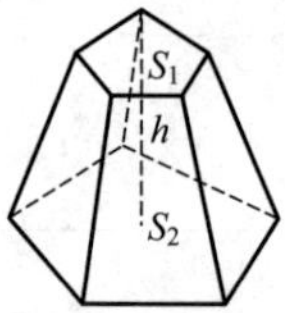	S_1—上底面积 S_2—下底面积 h—高度	$V=\frac{1}{3}h(S_1+S_2+\sqrt{S_1S_2})$
圆柱	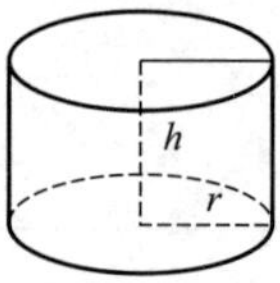	r—底半径 h—高度 S—表面积 S'—侧面积	$S=\pi r(2h+r)$ $V=\pi r^2h$ $S'=2\pi rh$
空心圆柱	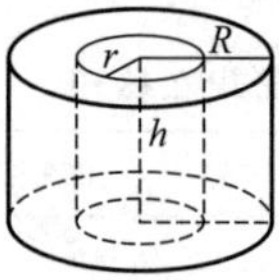	R—外圆半径 r—内圆半径 h—高度	$V=\pi h(R^2-r^2)$
直圆锥	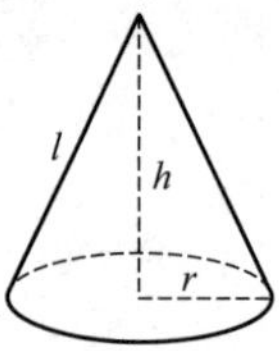	S—表面积 S'—侧面积 r—底半径 h—高度 l—母线长	$S=\pi r(r+l)$ $V=\frac{1}{3}\pi r^2h$ $S'=\pi rl$
圆台	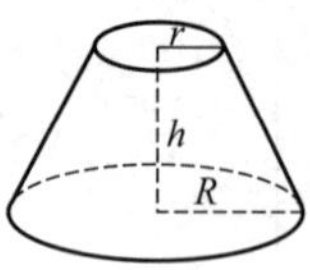	r—上底半径 R—下底半径 h—高度 S—表面积 S'—侧面积	$S'=\pi l(r+R)$ $S=\pi(r^2+R^2)+S'$ $V=\frac{1}{3}\pi h(R^2+Rr+r^2)$ $l=\sqrt{(R-r)^2+h^2}$

续表

名称	图形	符号	表面积 S,体积 V
球	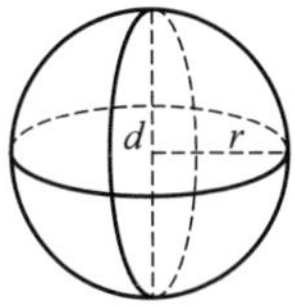	r—半径 d—直径	$V=\frac{4}{3}\pi r^2=\frac{1}{6}\pi d^2$ $S=4\pi r^2$

2.1.3　金属型材的截面积

表 2-3　金属型材的截面积

型材类别	简图	符号	计算公式
钢板、扁钢、带钢	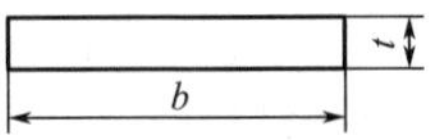	b—宽度 t—厚度	$S=bt$
圆钢	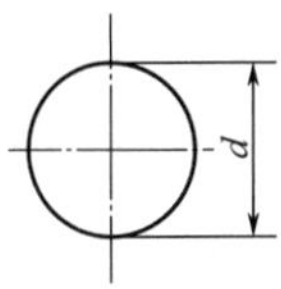	d—直径	$S=0.7854d^2$
圆角扁钢	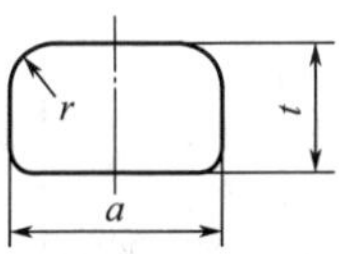	a—宽度 t—厚度 r—圆角半径	$S=at-0.8584r^2$
圆角方钢	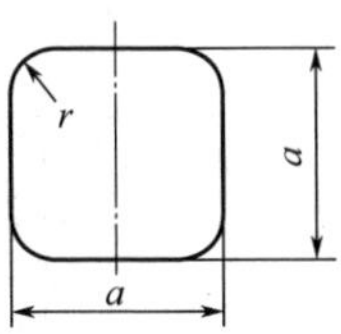	a—边宽 r—圆角半径	$S=a^2-0.8584r^2$
六角钢	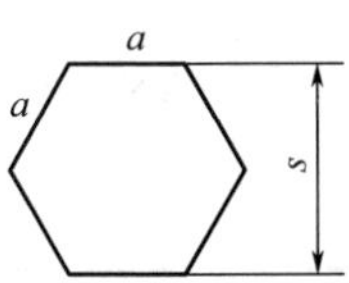	s—对边距离 a—边宽	$S=0.866a^2$ $=2.598s^2$

续表

型材类别	简图	符号	计算公式
八角钢	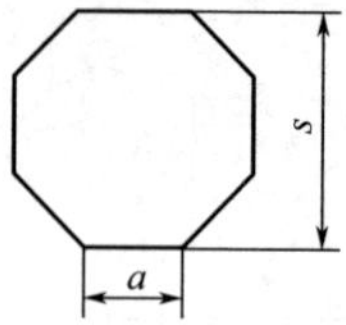	s—对边距离 a—边宽	$S=0.8284a^2$ $=4.8283s^2$
工字钢	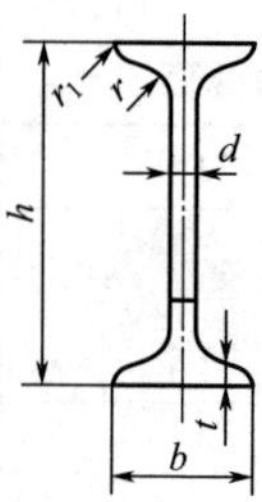	h—高度 b—腿宽 d—腰厚 t—平均厚度 r—内圆角半径 r_1—边端圆角半径	$S=hd+2t(b-d)+$ $0.577(r^2-r_1{}^2)$
槽钢	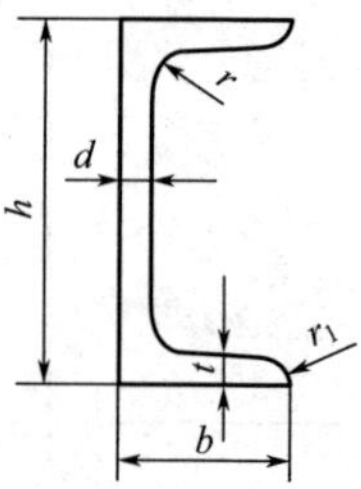	h—高度 b—腿宽 d—腰厚 t—平均厚度 r—内圆角半径 r_1—边端圆角半径	$S=hd+2t(b-d)+$ $0.4292(r^2-r_1{}^2)$
等边 角钢	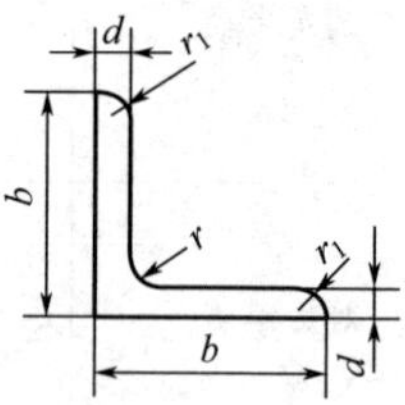	d—边厚 b—边宽 r—内圆角半径 r_1—边端圆角半径	$S=d(2b-d)+$ $0.215(r^2-2r_1{}^2)$

续表

型材类别	简图	符号	计算公式
不等边角钢	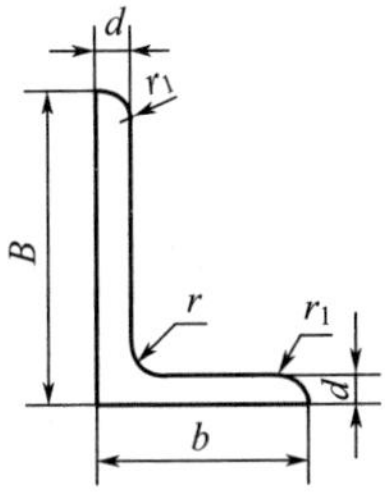	d—边厚 B—长边宽 b—短边宽 r—内圆角半径 r_1—边端圆角半径	$S=d(B+b-d)+0.215(r^2-2r_1{}^2)$
热轧平行腿槽钢	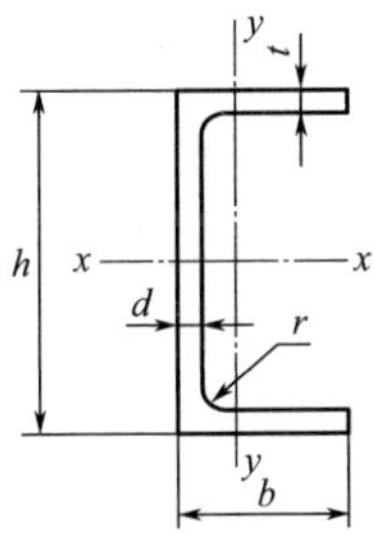	h—高度 b—腿宽 d—腰厚 t—平均腿厚 r—内圆弧半径	$S=hd+2t(b-d)+0.429r^2$
热轧 H 型钢	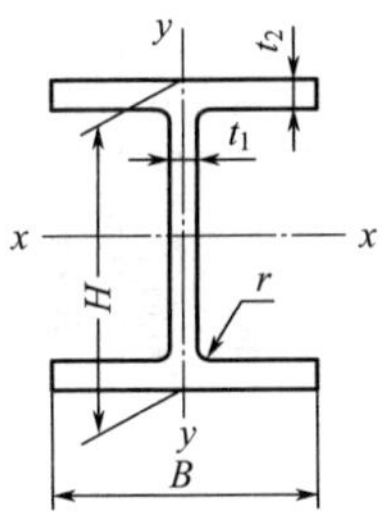	H—高度 B—宽度 t_1—腹板厚度 t_2—翼缘厚度 r—圆角半径	$S=t_1(H-2t_1)+2Bt_2+0.858r^2$
热轧剖分T 型钢	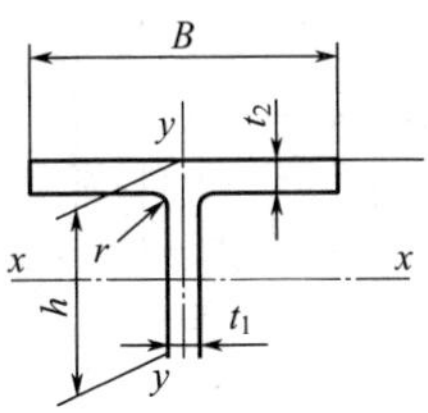	h—高度 B—宽度 t_1—腹板厚度 t_2—翼缘厚度 r—圆角半径	$S=0.5t_1(h-2t_1)+Bt_2+0.429r^2$

2.1.4 金属型材理论线质量

表 2-4 金属型材理论线质量计算公式

简图	材料	线质量/(kg/m)	计算举例
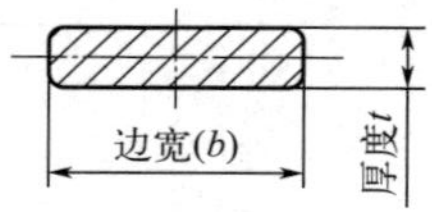	钢板、扁钢	$W=0.00785bt$	边宽 40mm、厚 5mm 的扁钢：$W=0.00785\times40\times5=1.57$kg/m
	铝板	$W=0.00271bt$	
	紫铜板	$W=0.0089bt$	
	黄铜板	$W=0.0085bt$	
	铅板	$W=0.01137bt$	
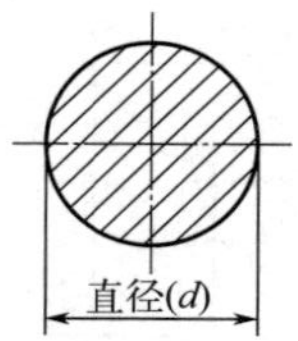	圆钢	$W=0.006165d^2$(不锈钢 $W=0.00623d^2$)	直径 80mm 的圆钢：$W=0.006165\times80^2=39.46$kg/m(钢丝与线材雷同)
	螺纹钢	$W=0.00617d^2$	
	圆铝	$W=0.00220d^2$	
	圆紫铜	$W=0.00698d^2$	
	圆黄铜	$W=0.00668d^2$	
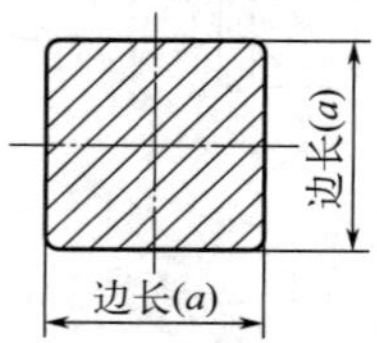	方钢	$W=0.00785a^2$	边长 40mm 的方钢：$W=0.00785\times40^2=12.56$kg/m
	方铝	$W=0.0028a^2$	
	方紫铜	$W=0.0089a^2$	
	方黄铜	$W=0.0085a^2$	

续表

简图	材料	线质量/(kg/m)	计算举例
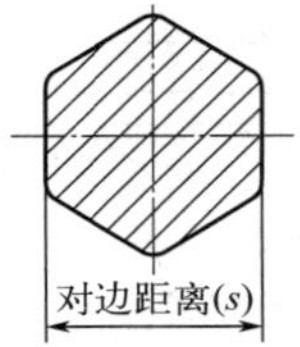	六角钢 六角铝 六角紫铜 六角黄铜	$W=0.0068s^2$ $W=0.00242s^2$ $W=0.0077s^2$ $W=0.00736s^2$	对边距离 50mm 的六角钢：$W=0.006798\times50^2=17$kg/m
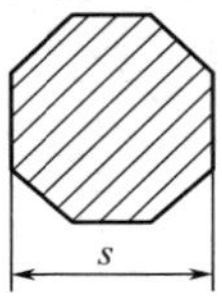	八角钢	$W=0.0065s^2$ s—对边距离	对边距离 50mm 的八角钢：$W=0.0065\times50^2=16.25$kg/m
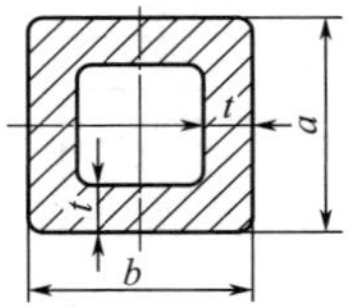	等厚矩形管	$W=0.0157(a+b-2t)t$ a，b—矩形管的两边长 t—矩形管壁厚 对于方管：$W=0.0314(a-t)t$	边长 60mm、壁厚 4mm 的方管：$W=0.0314\times(60-4)\times4=7.03$kg/m
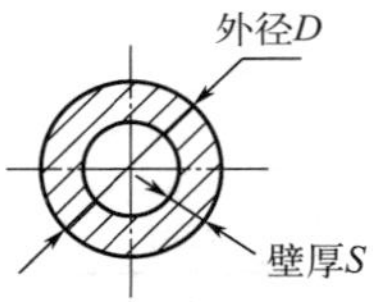	钢管 铝管 紫铜管 黄铜管 铅管	$W=0.02466S(D-S)$ [不锈钢 $W=0.02493S(D-S)$] $W=0.00879S(D-S)$ $W=0.028S(D-S)$ $W=0.0267S(D-S)$ $W=0.0355S(D-S)$	外径 60mm、壁厚 4mm 的无缝钢管：$W=0.02466\times4\times(60-4)=5.52$kg/m

续表

简图	材料	线质量/(kg/m)	计算举例
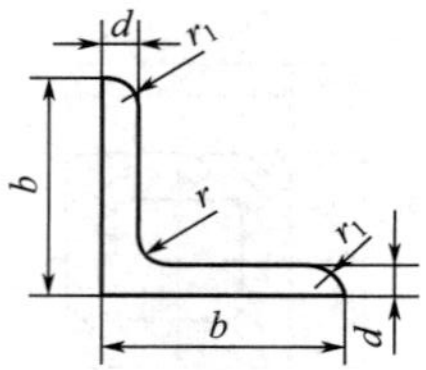	等边角钢	$W=0.00785\times[d(2b-d)+0.215(r^2-2r_1^2)]$ b—边宽 d—边厚 r—内弧半径 r_1—端弧半径 [忽略弧面影响时为： $W=0.00785d(2b-d)$] （不锈钢等边角钢：$W=0.015bd$）	4mm × 20mm 等边角钢：据 GB 9787，$r=3.5$mm，$r_1=1.2$mm，故 $W=0.00785\times[4\times(2\times20-4)+0.215\times(3.5^2-2\times1.2^2)]=1.15$kg/m
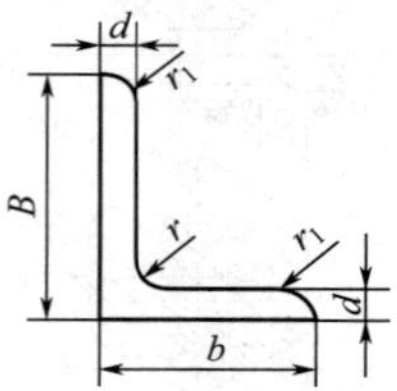	不等边角钢	$W=0.00785[d(B+b-d)+0.215(r^2-2r_1^2)]$ B—长边宽 b—短边宽 d—边厚 r—内弧半径 r_1—端弧半径 [忽略弧面影响时为： $W=0.00785(B+b-d)$]	30mm×20mm×4mm 不等边角钢：据 GB 9788，30mm × 20mm × 4mm，$r=3.5$mm，$r_1=1.2$mm，故 $W=0.00785\times[4\times(30+20-4)+0.215\times(3.5^2-2\times1.2^2)]=1.46$kg/m

续表

简图	材料	线质量/(kg/m)	计算举例
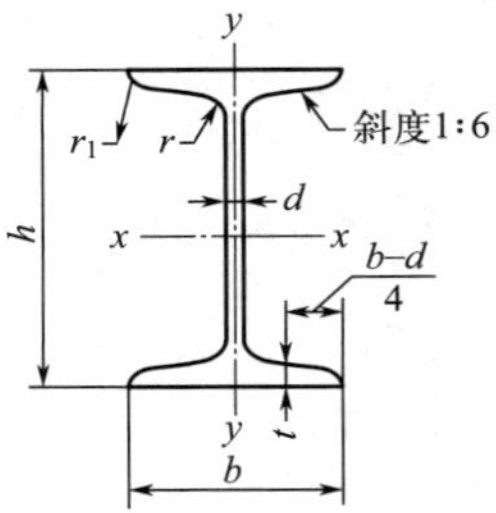	工字钢	$W=0.00785[hd+2t(b-d)+0.8584(r^2-r_1^2)]$ 或 $W=0.00785d[h+e(b-d)]$(经验法) h—高度 b—腿宽 d—腰厚 t—平均腿厚 r—内弧半径 r_1—端弧半径 e——般型号及有后缀 a 者,=3.34 有后缀 b 者,=2.65 有后缀 c 者,=2.26	250mm×118mm×10mm 的 25b 工字钢:据 GB 706,该工字钢 $d=10$mm,$r=10$mm,$r_1=5$mm,$t=13$mm,故 $W=0.00785\times[250\times10+2\times13\times(118-10)+0.8584\times(10^2-5^2)]=42.17$kg/m 或用经验系数法:$W=0.00785\times10\times[250+2.65\times(118-10)]=42.09$kg/m
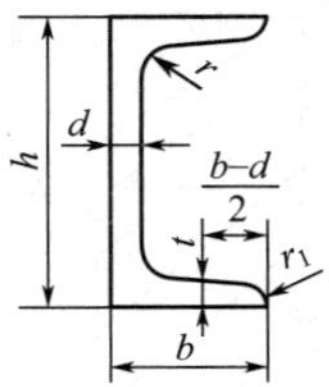	槽钢	$W=0.00785[hd+2t(b-d)+0.349(r^2-r_1^2)]$ 或 $W=0.00785d[h+f(b-d)]$ h—高度 b—腿宽 d—腰厚 t—平均腿厚 r—内弧半径 r_1—端弧半径 f——般型号及有后缀 a 者,=3.26 有后缀 b 者,=2.44 有后缀 c 者,=2.24 (不锈钢槽钢:$W=0.030bd$)	80mm × 43mm × 5mm 的槽钢:从 GB 707 中查出该槽钢 t=8mm,r=8mm,r_1=4mm,故 $W=0.00785\times[80\times5+2\times8\times(43-5)+0.349\times(8^2-4^2)]=8.04kg/m$

注:1. 公式中尺寸单位为 mm,面积单位为 mm^2。

2. 用公式计算的理论质量与实际质量有 0.2%~0.7%的误差。

2.2　金属材料热处理计算

2.2.1　淬火和回火

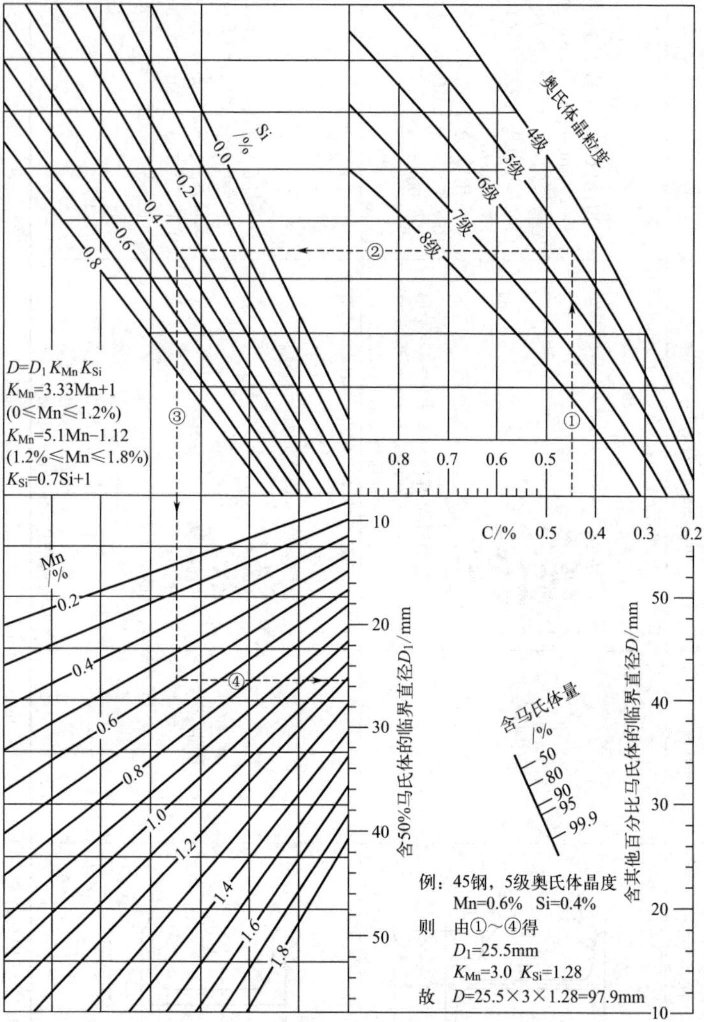

图 2-1　碳钢和低合金钢的淬透性

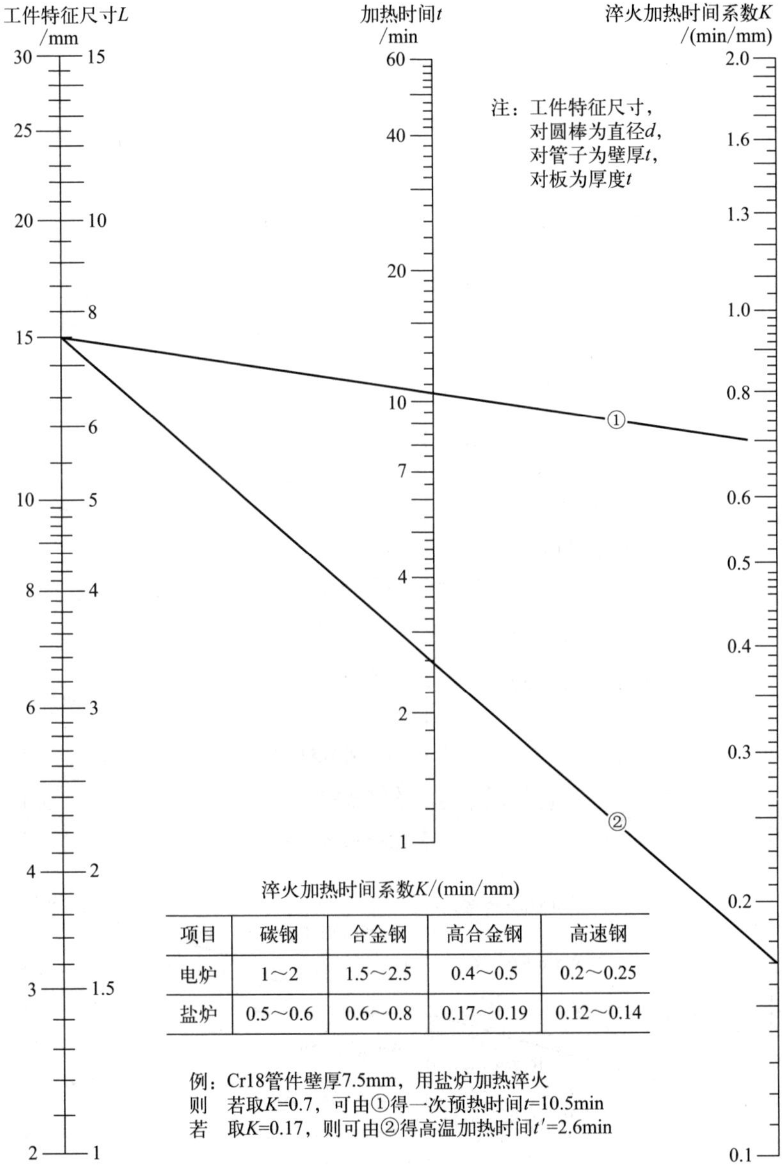

淬火加热时间系数K/(min/mm)

项目	碳钢	合金钢	高合金钢	高速钢
电炉	1～2	1.5～2.5	0.4～0.5	0.2～0.25
盐炉	0.5～0.6	0.6～0.8	0.17～0.19	0.12～0.14

例：Cr18管件壁厚7.5mm，用盐炉加热淬火
则　若取K=0.7，可由①得一次预热时间t=10.5min
若　取K=0.17，则可由②得高温加热时间t'=2.6min

图 2-2　工件淬火的预热和高温加热时间

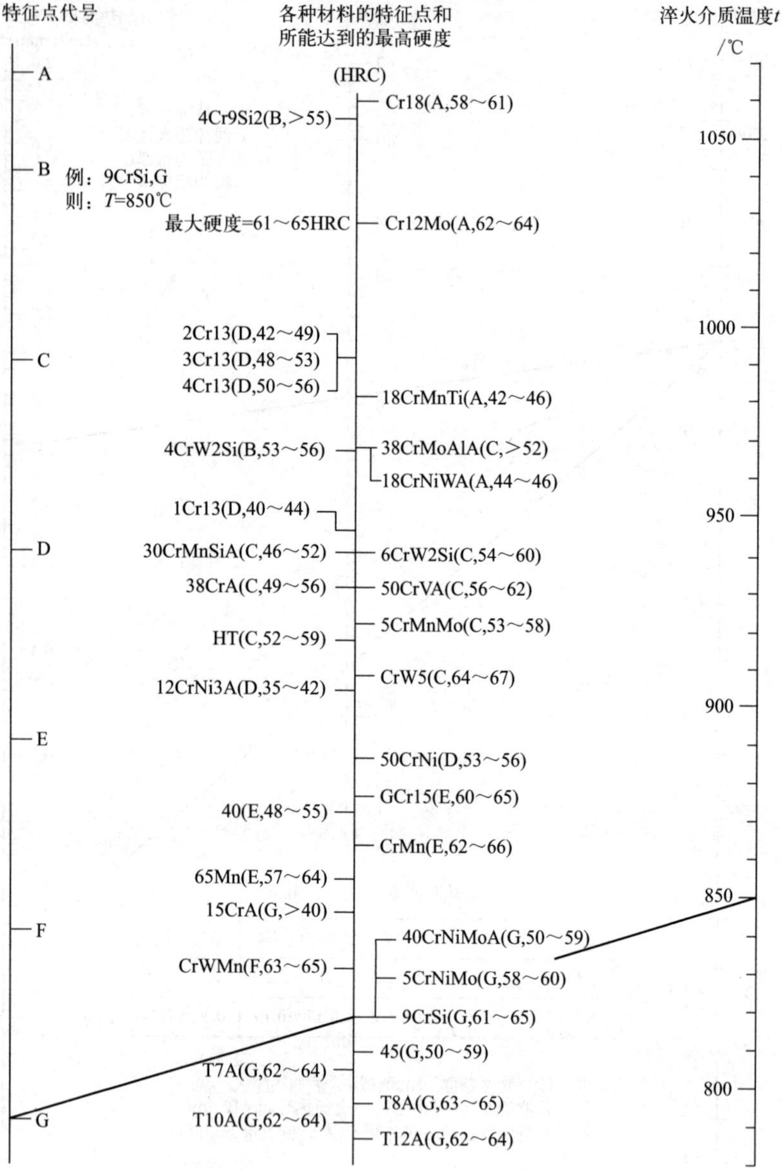

图 2-3 各种材料淬火所能达到的最大硬度及淬火介质温度

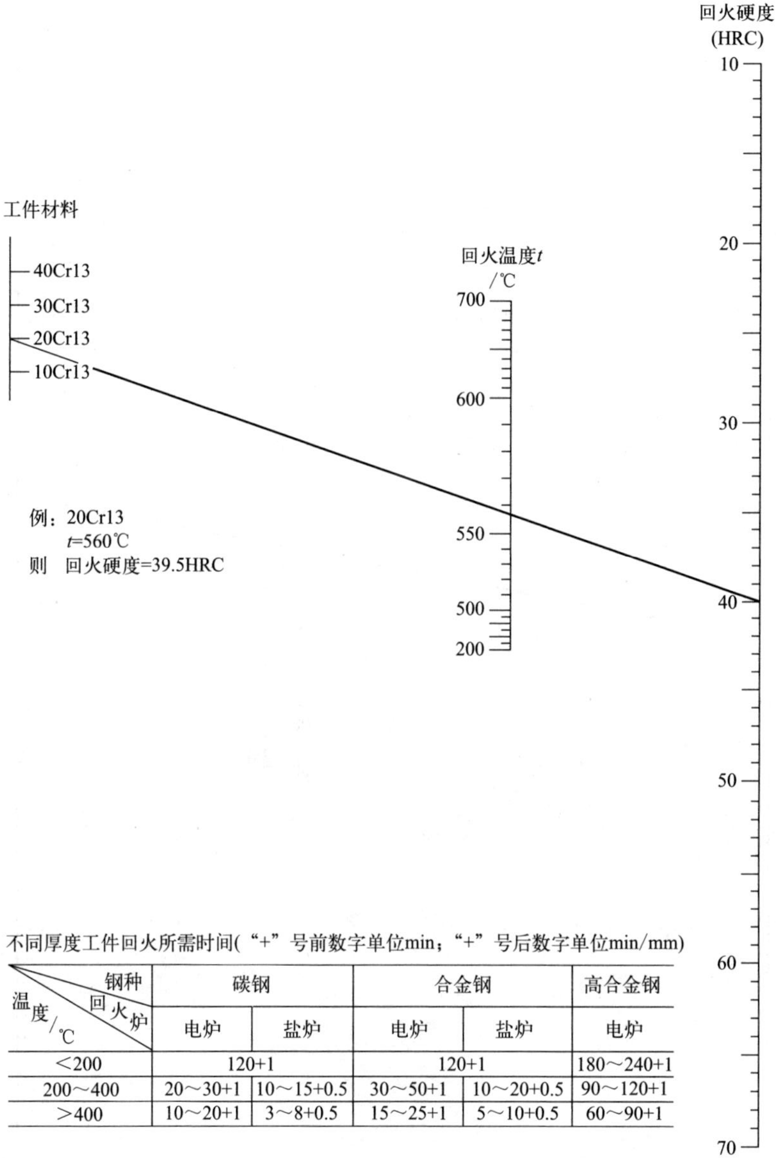

不同厚度工件回火所需时间(“+”号前数字单位min；“+”号后数字单位min/mm)

温度/℃ ＼ 钢种 ＼ 回火炉	碳钢		合金钢		高合金钢
	电炉	盐炉	电炉	盐炉	电炉
＜200	120+1		120+1		180～240+1
200～400	20～30+1	10～15+0.5	30～50+1	10～20+0.5	90～120+1
＞400	10～20+1	3～8+0.5	15～25+1	5～10+0.5	60～90+1

图 2-4　10Cr13、20Cr13、30Cr13、40Cr13 的回火温度和硬度

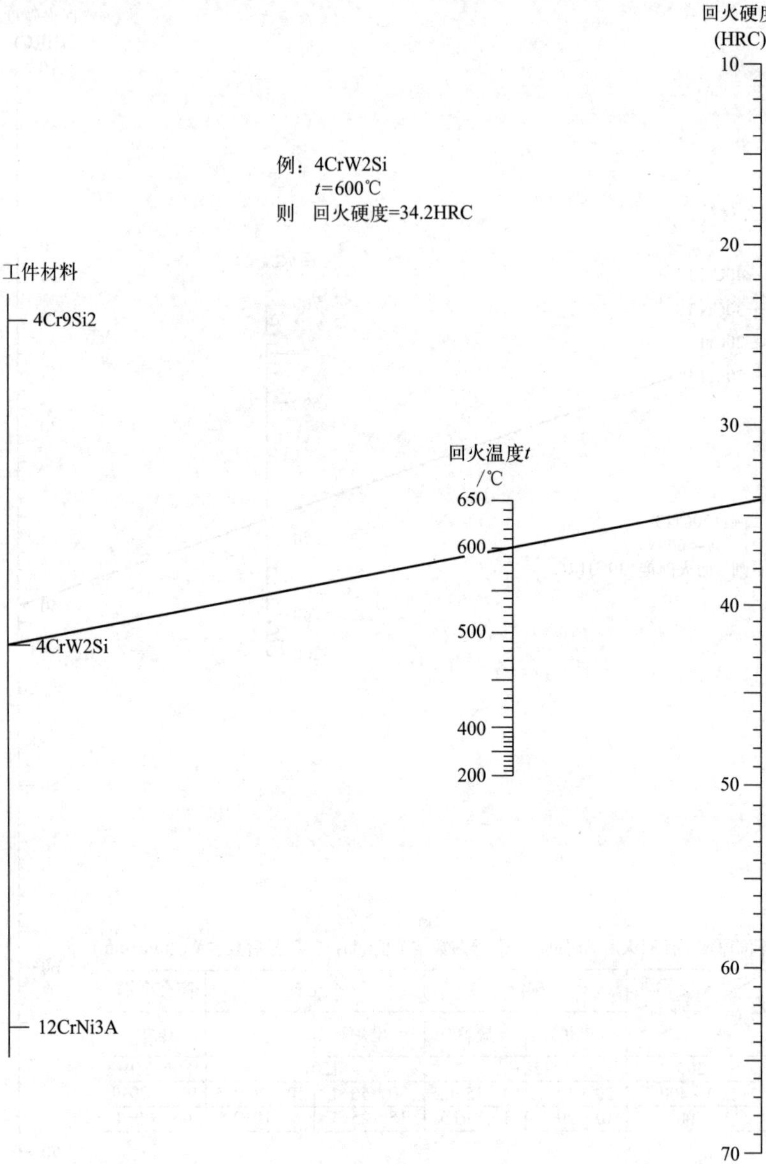

图 2-5 4Cr9Si2、4CrW2Si 和 12CrNi3A 的回火温度和硬度（回火时间见图 2-4）

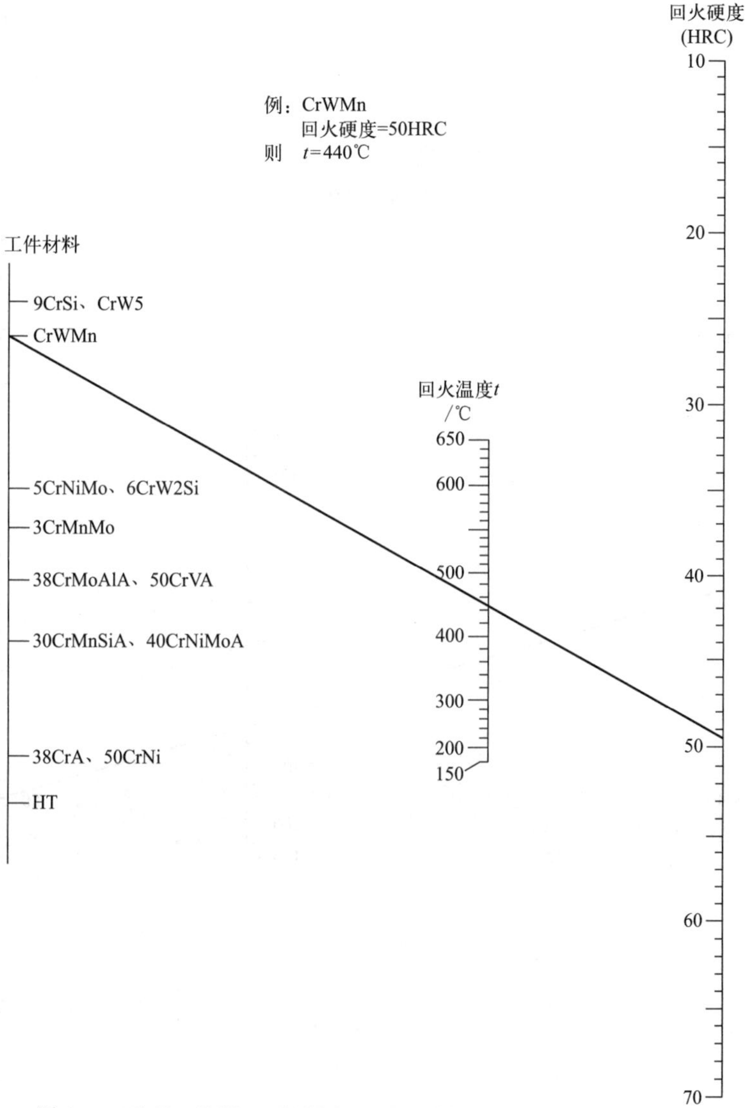

图 2-6　9CrSi、CrW5、CrWMn、5CrNiMo、6CrW2Si、3CrMnMo、38CrMoAlA、50CrVA、30CrMnSiA、40CrNiMoA、38CrA、50CrNi、HT 的回火温度和硬度（回火时间见图 2-4）

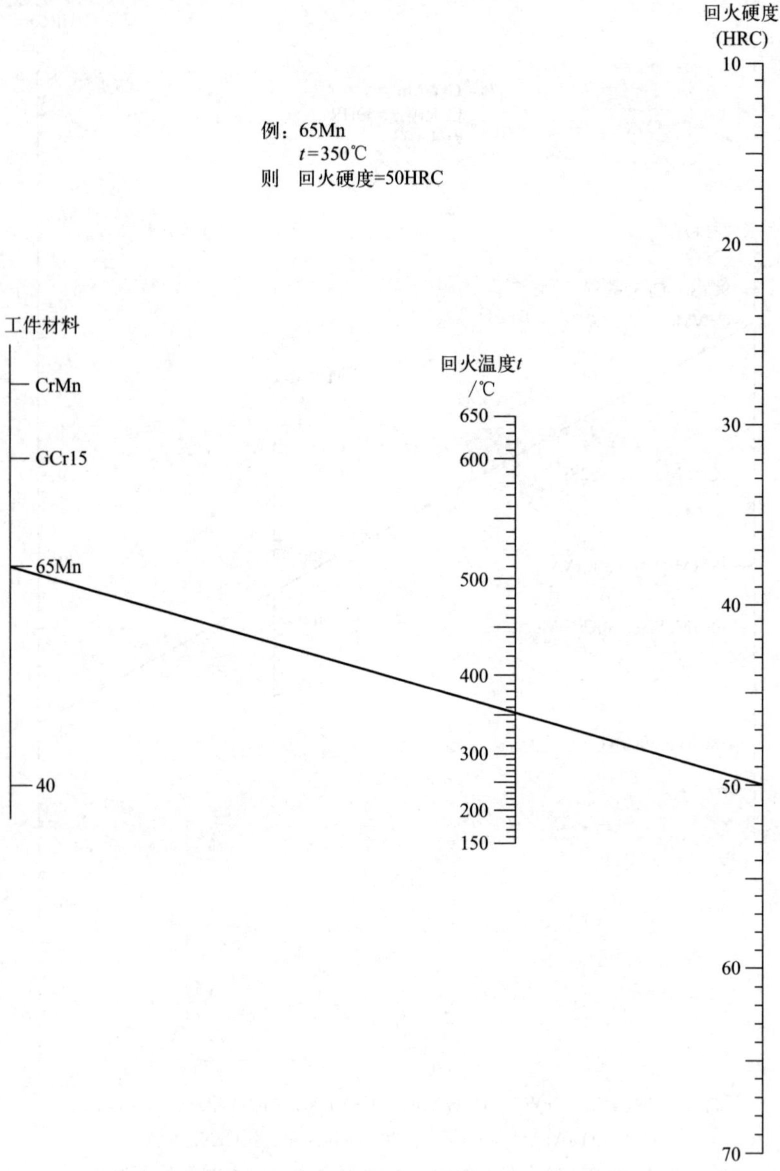

图 2-7　CrMn、GCr15、65Mn、40 钢的回火温度和硬度（回火时间见图 2-4）

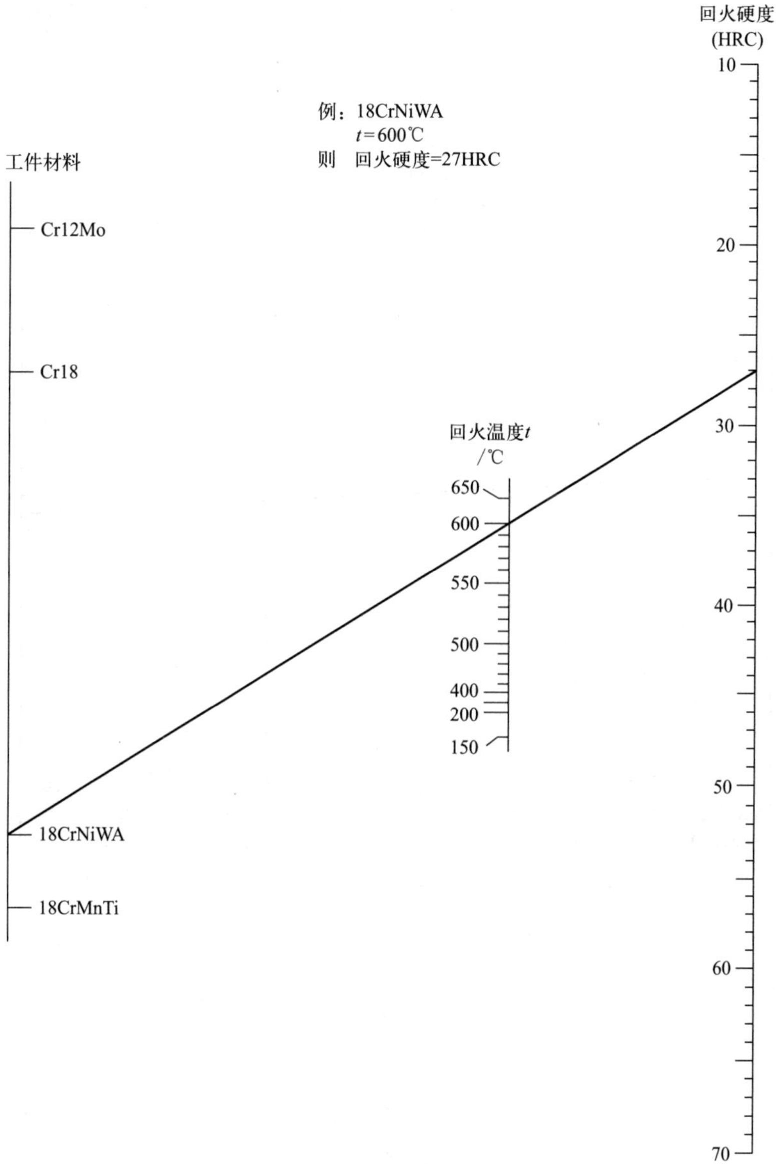

图 2-8　Cr12Mo、Cr18、18CrNiWA、18CrMnTi 的回火温度和硬度（回火时间见图 2-4）

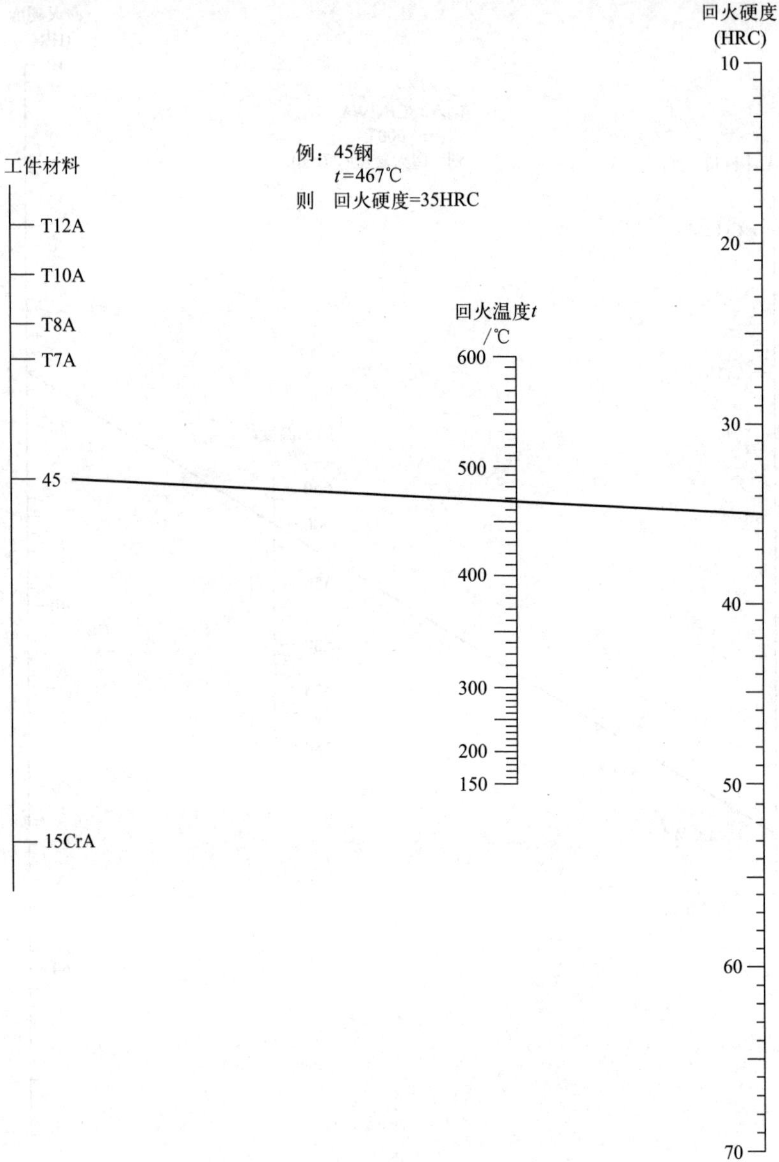

图 2-9 T12A、T10A、T8A、T7A、45、15CrA 的回火温度和硬度（回火时间见图 2-4）

2.2.2 渗碳

（1）渗碳层厚度的估算

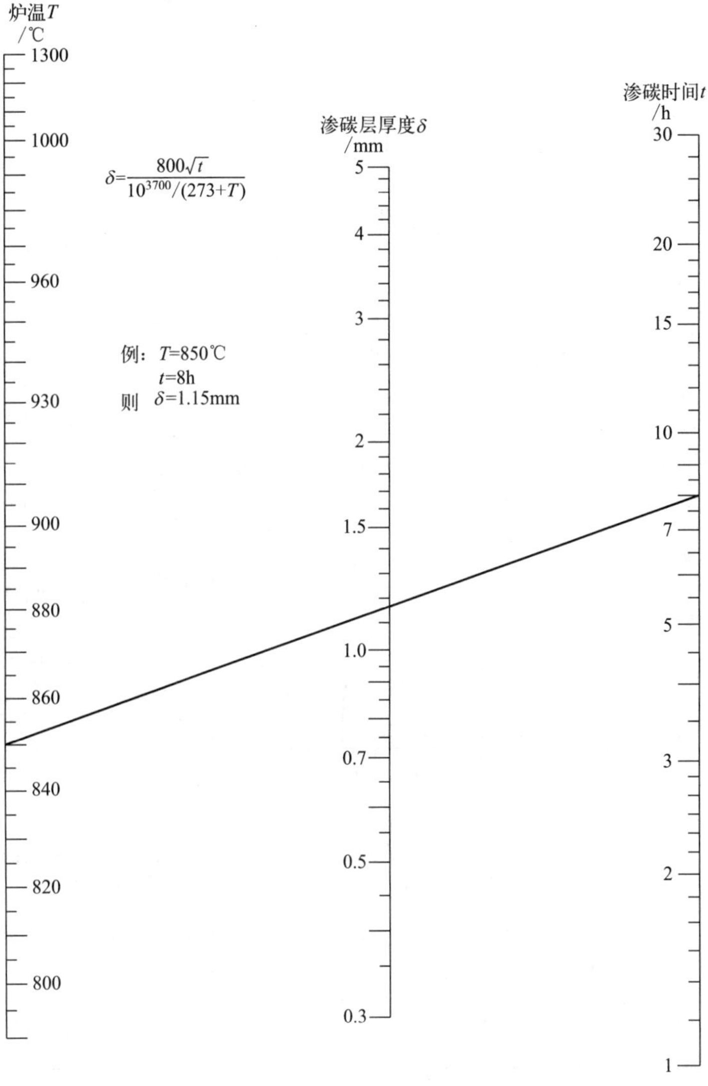

图 2-10　渗碳层厚度的估算

（2）气体渗碳炉内气氛的碳势

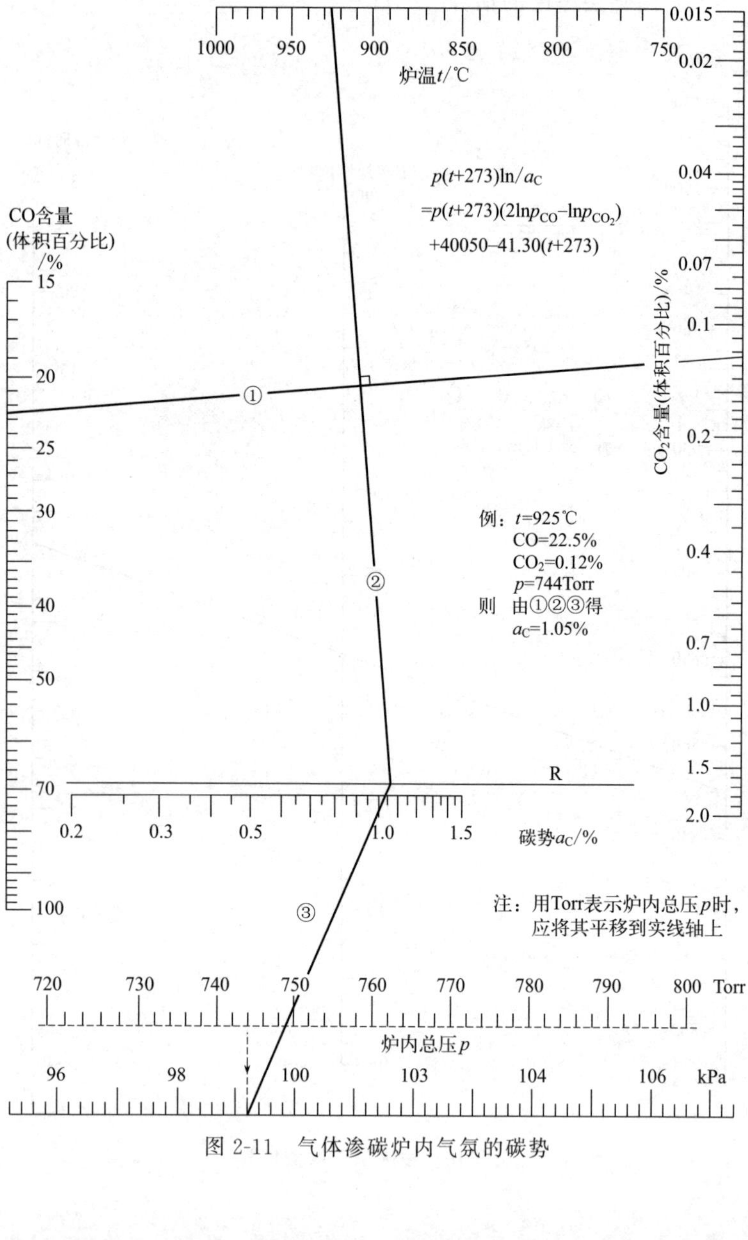

图 2-11 气体渗碳炉内气氛的碳势

(3) 加热时工件表面不脱碳时的碳势

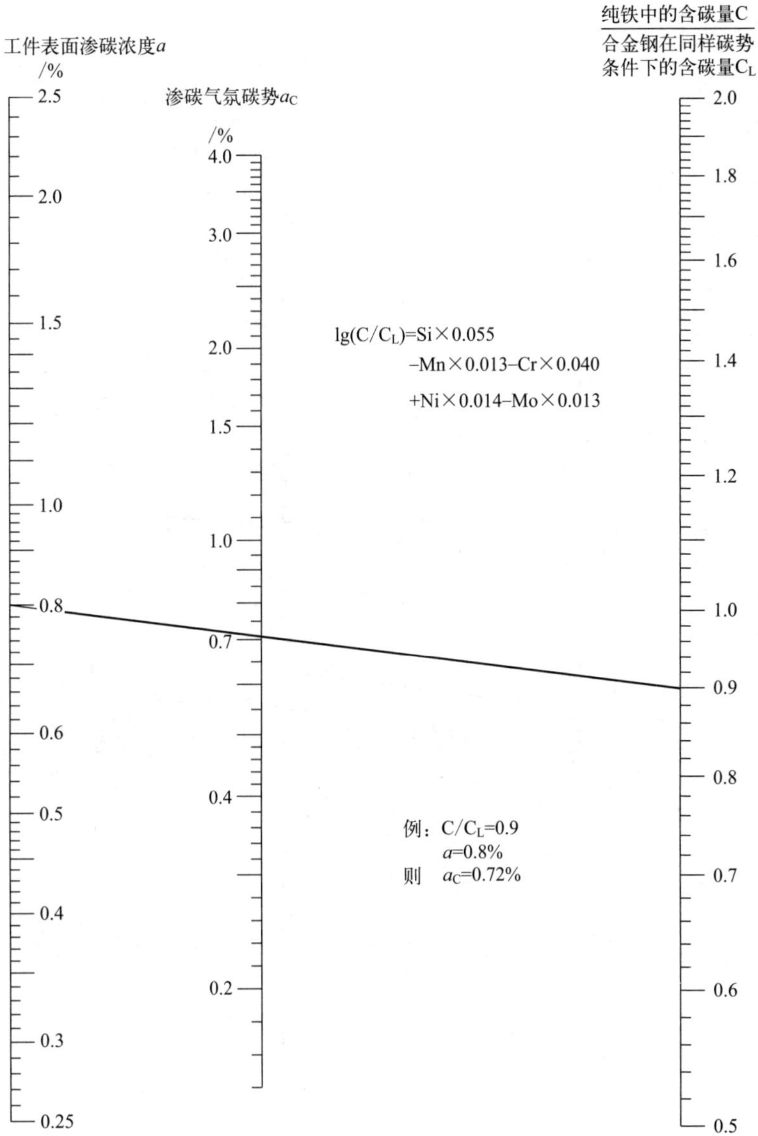

图 2-12　加热时工件表面不脱碳时的碳势

2.2.3 真空热处理

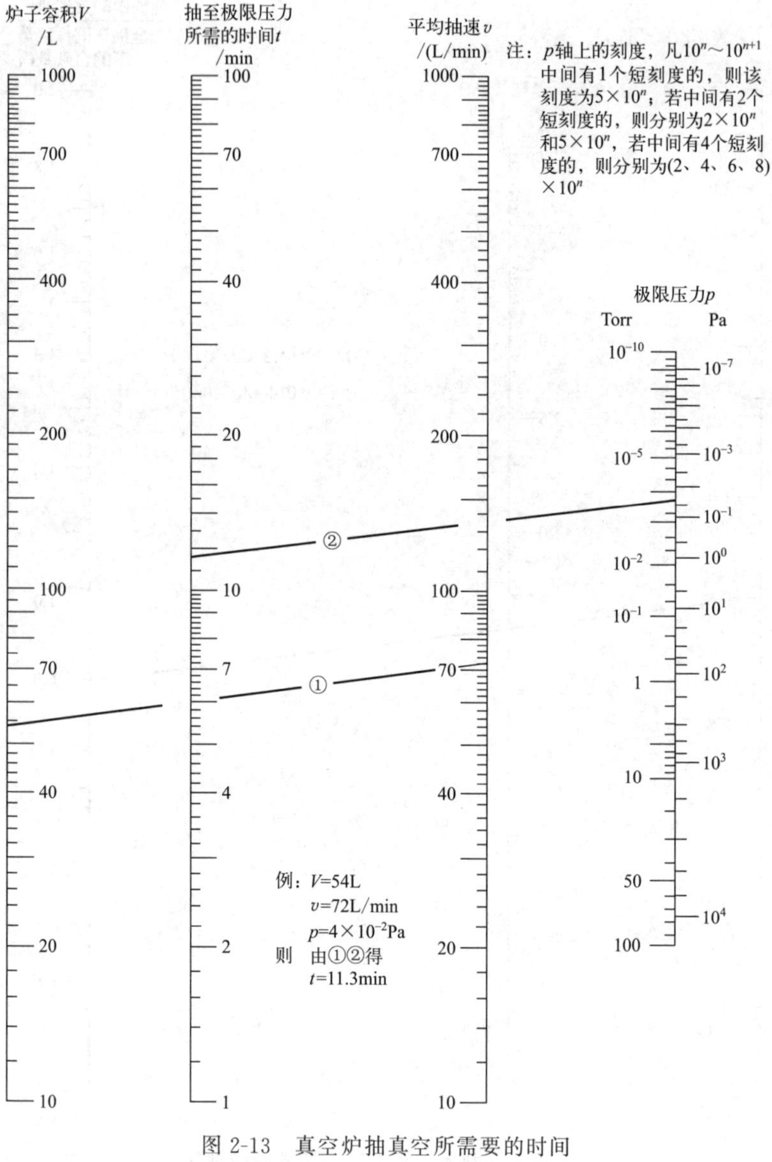

图 2-13 真空炉抽真空所需要的时间

第 2 篇

钢铁及其合金

本篇包括铁及铁合金、结构钢、专用结构钢、工模具钢、不锈钢及耐热钢和粉末冶金材料 6 部分。

第3章 铁及铁合金

本章包括纯铁、生铁、铁合金、铸铁和铸铁件、铸钢和铸钢件 5 部分。

铁包括生铁和纯（熟）铁。生铁是含碳量大于 2.1％的铁碳合金，工业生铁含碳量一般在 2.5％～4％，并含 Si、Mn、S、P 等元素，可用于炼钢和铸造。纯铁是含碳量小于 0.0218％、含铁在 90％以上的铁碳合金。

铸铁是含碳 2％～4％的铁碳合金，大都用于加工铸铁件，一般有良好的切削加工性。具有耐磨性和消震性良好、价格低等特点。

铁合金是指除碳以外的非金属或金属元素与铁组成的合金，用于钢铁及其它金属冶炼和铸造等。也用作脱氧剂、变质剂以及作为合金元素。铁合金的分类方法有：

① 按铁合金中主元素分，主要有硅、锰、铬、钒、钛、钨、

钼等系列铁合金。

② 按铁合金中含碳量分，有高碳、中碳、低碳、微碳、超微碳等品种。

③ 按生产方法分，有高炉铁合金、电炉铁合金、炉外法（金属热法）铁合金、真空固态还原铁合金、电解法铁合金，此外还有氧化物压块与发热铁合金等特殊铁合金。

④ 含有两种或者两种以上合金元素的多元铁合金，如硅铝合金、硅钙合金、锰硅铝合金、硅钙铝合金、硅钡钙合金等。

表 3-1 为铁和铁合金的名称和命名符号。

表 3-1　铁和铁合金的名称和命名符号

类别	产品名称	采用汉字及符号		类别	产品名称	采用汉字及符号	
		采用汉字	采用字母			采用汉字	采用字母
生铁（GB/T 221—2008）	炼钢用生铁	炼	L	铸铁（GB/T 5612—2008）	耐蚀灰铸铁	灰铁蚀	HTS
	铸造用生铁	铸	Z		球墨铸铁	球铁	QT
	球墨铸铁用生铁	球	Q		抗磨球墨铸铁	球铁磨	QTM
	冷铸车辆用生铁	冷	L		蠕墨铸铁	蠕铁	RuT
	耐磨生(粒)铁	耐磨	NM		可锻铸铁	可铁	KT
	脱碳低磷粒铁	脱粒	TL		白口铸铁	白铁	BT
	含钒生铁	钒	F	铸钢（GB/T 5613—2014）	铸造碳钢	铸钢	ZG
纯铁(GB/T 221—2008)	电磁纯铁	电铁	DT		焊接结构用铸钢	铸钢焊	ZGH
	原料纯铁	原铁	YT		耐热铸钢	铸钢热	ZGR
铸铁(GB/T 5612—2008)	灰铸铁	灰铁	HT		耐蚀铸钢	铸钢蚀	ZGS
	耐热灰铸铁	灰铁热	HTR		耐磨铸钢	铸钢磨	ZGM

3.1 纯铁

3.1.1 原料纯铁（GB/T 9971—2017）

用于电热合金、精密合金（包括软磁材料、硬磁材料、弹性合金、膨胀合金等)、低碳超低碳不锈钢及粉末冶金等用途的原料纯铁钢坯、棒材、扁钢及热轧盘条。

① 分类　按产品品种分为连铸坯(连铸板坯、方坯及矩形坯)、热轧钢棒(包括热轧圆钢、方钢、扁钢)及热轧盘条。

② 牌号　通常由两部分组成:第一部分,表示原料纯铁的符号“YT”(分别为“原”和“铁”拼音的首字母);第二部分,以阿拉伯数字表示不同牌号的顺序号,共有 M00108、M00088、M00058、M00038 四个。

③ 化学成分　应符合 GB/T 9971—2017 表 1 的规定。

④ 交货状态　钢棒和盘条应以热轧状态交货,连铸坯应以连铸状态交货。

⑤ 公称尺寸和外形　见表 3-2。

表 3-2　原料纯铁的公称尺寸和外形适用标准

种类	适用标准	种类	适用标准
连铸方坯和矩形坯	YB/T2011—2014	热轧棒材	GB/T 702—2017
连铸板坯	YB/T 2012—2014	热轧盘条	GB/T 14981—2009

3.1.2 电磁纯铁(GB/T 6983—2022)

① 分类　按品种分为热轧(锻)棒(方、圆、扁)、热轧盘条、冷拉圆棒、热轧板(带)和冷轧板(带)。

② 牌号　通常由三部分组成:用“DT”表示电磁纯铁;用阿拉伯数字表示不同牌号的顺序号;用“A”“C”“E”表示不同电磁质量等级性能,例如 DT4A。

DT	□	□
“电”“铁” 拼音首字母	代号 数字 1、2、3、…	磁性能等级 A—高级; C—超级(普通不标);E—特级

③ 化学成分　应符合 GB/T 6983—2022 附录 A 的表 A.1。

④ 尺寸、外形　见表 3-3。

表 3-3 电磁纯铁的尺寸、外形

种类	执行标准	种类	执行标准
热轧棒材	GB/T 702	锻制棒材	GB/T 908
热轧盘条	GB/T 14981	冷拉圆棒	GB/T 905
热轧板(带)	GB/T 709	冷轧板(带)	GB/T 708

⑤ 交货状态 一般以轧制或锻制状态交货，其中冷轧板（带）以软化退火状态交货。

⑥ 电磁性能 见表 3-4。

表 3-4 电磁纯铁的电磁性能

牌号	磁性等级	矫顽力 H_c/(A/m) ≤	矫顽力时效增值 ΔH_c/(A/m) ≤	最大磁导率 μ_m/(H/m) ≥	磁感应强度 B/T≥					
					B_{200}	B_{500}	B_{1000}	B_{2500}	B_{5000}	B_{10000}
DT4	普通	80.0	8.0	0.0088	1.20	140	1.50	1.62	1.71	1.80
DT4A	高级	60.0	6.0	0.0100						
DT4E	特级	48.0	4.8	0.0113	1.21	1.42	1.51	1.64	1.73	1.81
DT4C	超级	32.0	3.2	0.0151	1.23	1.43	1.53	1.65	1.74	1.83

注：B_{200}、B_{500}、B_{1000}、…、B_{10000} 分别表示磁场强度为 200A/m、500A/m、1000A/m、…、10000A/m 时的磁感应强度。

3.2 生铁

生铁是直接由高炉中生产出的粗制铁，可进一步精炼成钢、熟铁或工业纯铁，或再熔化铸造成专门的形状。生铁是含 C>2%，且 Mn≤30.0%，Si≤8.0%，P≤3.0%，Cr≤10.0%，其他合金元素总量≤10.0%的铁-碳合金。生铁坚硬、耐磨、铸造性好，但不能锻压。

① 分类 按用途分，生铁分炼钢生铁、铸造生铁、球墨铸铁用生铁、脱碳低磷粒铁、含钒生铁和耐磨生铁。

② 交货状态 既可以液态铁水的形式交货，也可以铸锭及类似的固体块或颗粒等固态铸铁的形式交货。

3.2.1 牌号和分类

① 牌号 采用规定的符号和阿拉伯数字表示：

□　　　　　　　　　　　□□(数字)

□	□□(数字)
L—炼钢用生铁 Z—铸造用生铁 Q—球墨铸铁用生铁 F—含钒生铁 TL—脱碳低磷生铁 NM—耐磨生铁	表示主要元素平均含量(以千分之几计)的阿拉伯数字。炼钢用、铸造用、球墨铸铁用和耐磨生铁为硅元素平均含量，脱碳低磷粒铁为碳元素平均含量，含钒生铁为钒元素平均含量 例如，含硅量为 0.85%～1.25% 的炼钢用生铁，其牌号表示为 L10；含钒量不小于 0.40% 的含钒生铁，其牌号表示为 F04

② 分类和化学成分　见表 3-5。

表 3-5　生铁的分类和化学成分　　%

<table>
<tr><th colspan="3">分类</th><th>缩写名</th><th>碳含量</th><th>Si</th><th>Mn</th><th>P</th><th>S ≤</th></tr>
<tr><td rowspan="10">非合金生铁</td><td rowspan="3">炼钢生铁(L)</td><td>低磷</td><td>Pig-P2</td><td>(3.3～5.5)</td><td rowspan="3">≤1.25</td><td>≤6.0</td><td>≤0.25</td><td>0.07</td></tr>
<tr><td>高磷</td><td>Pig-P20</td><td>(3.0～5.5)</td><td>≤2.0</td><td>≥1.5～2.5</td><td>0.08</td></tr>
<tr><td>普通含磷</td><td>Pig-P3</td><td>(3.3～5.5)</td><td>≤6.0</td><td>>0.25～0.40</td><td>0.07</td></tr>
<tr><td rowspan="6">铸造生铁(Z)</td><td rowspan="3">(名称由缩写名代替)</td><td>Pig-P1Si
Pig-P3Si</td><td rowspan="3">(3.3～4.5)</td><td rowspan="3">1.25～4.0
(1.5～3.5)</td><td rowspan="3">≤1.5</td><td>≤0.12
>0.12～0.5</td><td rowspan="3">0.06</td></tr>
<tr><td>Pig-P6Si</td><td>>0.5～1.0
(0.5～0.7)</td></tr>
<tr><td>Pig-P12Si
Pig-P17Si</td><td>>1.0～1.4
>1.4～2.0</td></tr>
<tr><td>球墨基体</td><td>Pig-Nod</td><td>—</td><td>≤3.0</td><td>≤0.1</td><td>—</td><td>—</td></tr>
<tr><td>球墨基体锰较高①</td><td>Pig-NoMn</td><td>(3.5～4.6)</td><td><4.0</td><td>>0.1～0.8</td><td>≤0.08</td><td>0.045</td></tr>
<tr><td>低碳</td><td>Pig-L</td><td>>2.0～3.5</td><td>≤3.0</td><td>>0.4～1.5</td><td>≤0.30</td><td>0.06</td></tr>
<tr><td colspan="2">其他非合金生铁</td><td>Pig-SPU</td><td colspan="5">包括不能分在上述类别中的非合金生铁</td></tr>
<tr><td rowspan="2">合金生铁</td><td colspan="2">镜铁</td><td>Pig-Mn</td><td>(4.0～6.5)</td><td>≤1.5</td><td>>6.0～30.0</td><td>≤0.30
(≤0.20)</td><td>0.05</td></tr>
<tr><td colspan="2">其他合金生铁</td><td>Pig-SPA</td><td colspan="5">包括硅的质量分数>4.0%～8.0%和锰的质量分数在>6.0%～30.0%，不能被划为镜铁的生铁等</td></tr>
</table>

① 通常用于珠光体球墨铸铁或可锻铸铁。

注：() 内的值表明该元素的实际含量通常所处的范围。

3.2.2 炼钢用生铁（YB/T 5296—2011）

炼钢生铁中的碳主要以化合物的形式存在，其断面呈白色，通常又叫白口铁。这种生铁性能坚硬而脆，一般都用做炼钢的原料。作为平炉、转炉热装炼钢的原料。

① 牌号和化学成分　见表3-6。

表3-6　炼钢用生铁的牌号和化学成分

牌号		L03	L07	L10
化学成分(质量分数)/%				
C		≥3.50		
Si		≤0.35	>0.35~0.70	>0.70~1.25
Mn	一组	≤0.40		
	二组	>0.40~1.00		
	三组	>1.00~2.00		

牌号		L03	L07	L10
化学成分(质量分数)/%				
P	特级	≤0.100		
	一级	>0.100~0.150		
	二级	>0.150~0.250		
	三级	>0.250~0.400		
S	一类	≤0.030		
	二类	>0.030~0.050		
	三类	>0.050~0.070		

注：1. 需方对硅或砷含量有特殊要求时，由供需双方协商确定。

2. 采用高磷矿石或含铜矿石冶炼时，生铁磷含量允许分别为≤0.85%或≤0.30%。

② 交货状态　小块单重2~7kg，大块单重不大于40kg（铁块上应有2道厚度小于45mm的凹槽）。铁块表面要洁净（允许附有石灰和石墨）。

3.2.3 铸造用生铁（GB/T 718—2024）

铸造生铁含Si较高，碳（一般为1.25%~4.25%）以片状石墨的形式存在，其断口为灰色，通常又叫灰口铁。由于石墨质软，具有润滑作用，因而铸造生铁具有良好的切削、耐磨和铸造性能。但它的抗拉强度不够，故不能锻轧，只能用于制造各种铸件，如铸造各种机床床座、铁管等。

① 分类　按用途分，有灰铸铁用生铁、球墨铸铁用生铁和铸造用高纯生铁三种。

② 牌号和化学成分

a. 灰铸铁用生铁　由代表“铸”字汉语拼音的首字母“Z”和代表硅含量的数字组成，见表3-7。

表 3-7 灰铸铁用生铁的化学成分（质量分数） %

牌号		Z14	Z18	Z22
C		≥3.30		
Si		>1.25～1.60	>1.60～2.00	>2.00～2.40
Mn	一组	≤0.50		
	二组	>0.50～1.00		
P		≤0.12		
S		≤0.12		

b. 球墨铸铁用生铁 由代表“球”字汉语拼音的首字母“Q”和代表硅含量的数字组成，见表 3-8。

表 3-8 球墨铸铁用生铁的化学成分（质量分数） %

<table>
<tr><td colspan="3">牌号</td><td colspan="2">Q8</td><td colspan="2">Q10</td><td>Q12</td></tr>
<tr><td colspan="3">C</td><td colspan="5">≥3.80</td></tr>
<tr><td colspan="3">Si</td><td colspan="2">>0.50～0.80</td><td colspan="2">>0.80～1.00</td><td>>1.00～1.20</td></tr>
<tr><td rowspan="5">常规元素</td><td rowspan="3">Ti</td><td>一挡</td><td>≤0.040</td><td rowspan="5">常规元素</td><td rowspan="3">P</td><td>一级</td><td>≤0.040</td></tr>
<tr><td>二挡</td><td>>0.040～0.050</td><td>二级</td><td>>0.040～0.050</td></tr>
<tr><td>三挡</td><td>>0.050～0.080</td><td>三级</td><td>>0.050～0.080</td></tr>
<tr><td rowspan="2">Mn</td><td>一组</td><td>≤0.20</td><td rowspan="2">S</td><td>一类</td><td>≤0.020</td></tr>
<tr><td>二组</td><td>>0.20～0.50</td><td>二类</td><td>>0.020～0.030</td></tr>
<tr><td rowspan="3">球化干扰元素</td><td colspan="2">Sn</td><td>≤0.010</td><td rowspan="3">球化干扰元素</td><td colspan="2">Bi</td><td>≤0.001</td></tr>
<tr><td colspan="2">Sb</td><td>≤0.005</td><td colspan="2">As</td><td>≤0.008</td></tr>
<tr><td colspan="2">Pb</td><td>≤0.001</td><td colspan="2">Al</td><td>≤0.050</td></tr>
</table>

c. 铸造用高纯生铁 由代表“纯”字汉语拼音的首字母“C”和代表级别的数字组成（有 C1、C2、C3 三级）。它是一种 P、S、Mn、Ti 元素含量低、其他特定微量元素含量很低的铸造用生铁，见表 3-9。

表 3-9 铸造用高纯生铁的化学成分（质量分数） %

牌号	常规元素					
	C	Si	Ti	Mn	P	S
C1	≥3.30	≤0.40	≤0.010	≤0.050	≤0.015	≤0.015
C2	≥3.60	≤0.70	≤0.030	≤0.100	≤0.030	≤0.020

续表

牌号	常规元素					
	C	Si	Ti	Mn	P	S
C3	3.80	≤0.70	≤0.032	≤0.120	≤0.030	≤0.020

牌号	微量元素											
	Cr	V	Mo	Sn	Sb	Pb	Bi	Te	As	B	Al	总和
	≤											
C1	0.012	0.012	0.005	0.003	0.0008	0.0008	0.0005	0.0005	0.0015	0.0008	0.005	0.042
C2	0.015	0.015	0.008	0.003	0.0010	0.0010	0.0006	0.0005	0.0018	0.0010	0.010	0.057
C3	0.015	0.017	0.010	0.003	0.0010	0.0010	0.0008	0.0008	0.0020	0.0012	0.012	0.064

注：微量元素化学成分要求均为最大值。

③ 交货状态　铁块或铁水。铁块单重 2～9kg（大于 9kg 与小于 2kg 的铁块之和，每批中应不超过总重量的 10%）。

3.2.4　球墨铸铁用生铁（GB/T 1412—2005）

球墨铸铁是低硫低磷的铸造生铁，其中的碳为球形石墨，力学性能远高于灰口铁而接近于钢，具有优良的铸造、切削加工和耐磨性能，有一定的弹性，广泛用于制造曲轴、齿轮、活塞等高级铸件以及多种机械零件。适用于经球化处理的铸铁件。

① 牌号　由代表“球”字汉语拼音的首位字母 Q 和代表硅含量的数字组成。

② 化学成分　见表 3-10。

表 3-10　球墨铸铁用生铁的牌号和化学成分

牌号		Q10	Q12	牌号		Q10、Q12
C		≥3.40		P	1级	≤0.050
Si		0.50～1.00	1.00～1.40		2级	>0.050～0.060
Ti	1挡	≤0.050			3级	>0.060～0.080
	2挡	>0.050～0.080		S	1类	≤0.020
Mn	1组	≤0.20			2类	>0.020～0.030
	2组	>0.20～0.50			3类	>0.030～0.040
	3组	>0.50～0.80			4类	≥0.045

③ 交货状态　铁块或铁水。小块单重 2～7kg（超范围铁块之和，每批中应不超过总重量的 10%）；根据需方要求，可供应大块单重不大于 40kg（铁块上应有 1～2 道深度不小于铁锭厚度 2/3 的凹槽）。铁块表面要洁净（允许附有石灰和石墨）。

3.2.5　含钒钛生铁（YB/T 5125—2019）

含钒生铁由钒钛磁铁矿及其他含钒、钛、铁的矿物经高炉冶炼所得。

① 分类　有一般用途含钒钛生铁和铸造用含钒钛生铁两种。前者主要用于提钒后炼钢，后者主要用于生产耐磨损铸铁件、铬钢件。

② 牌号

a. 一般用途含钒钛生铁按含钒量分为 4 个牌号，其牌号由钒元素符号和代表钒含量的数字组成。

b. 铸造用含钒钛生铁按含钒量和含钛量分为 6 个牌号，其牌号由代表“铸”字汉语拼音的首位字母 Z、钒元素符号和代表钒含量的数字以及钛元素符号和代表钛含量的数字组成。

③ 化学成分

a. 一般用途含钒钛生铁　见表 3-11。

表 3-11　一般用途含钒钛生铁的化学成分（质量分数）　%

牌号			V020	V030	V040	V050
指标	V		0.15～<0.25	0.25～<0.35	0.35～<0.45	≥0.45
	C		≥3.80			
	Ti		0.10～0.50			
	Si		≤0.60			
	P	一级	≤0.080			
		二级	>0.080～0.150			
		三级	>0.150～0.200			
	S	一组	≤0.050			
		二组	>0.050～0.070			
		三组	>0.070～0.100			

b. 铸造用含钒钛生铁　见表 3-12。

表 3-12 铸造用含钒钛生铁的化学成分（质量分数） %

牌号		ZV025Ti020	ZV025Ti030	ZV035Ti020	ZV035Ti030	ZV045Ti020	ZV045Ti030
指标	V	0.20～＜0.30	0.20～＜0.30	0.30～＜0.40	0.30～＜0.40	0.40～0.50	0.40～0.50
	Ti	0.15～＜0.25	0.25～0.35	0.15～＜0.25	0.25～0.35	0.15～＜0.25	0.25～0.35
	C	≥3.80					
	Si	≤0.50					
	Mn	≤0.50					

注：含 P、S 化学成分指标的级组划分和含量同一般用途含钒生铁。

④ 交货状态 一般用途含钒钛生铁为块状或铁水。以块状交货时可以生产大小两种块度的铁块。小块生铁的块重应为 2～7kg，大块生铁的块重应不大于 40kg，并有凹口，凹口处厚度应不大于 45mm。

铸造用含钒钛生铁交货状态同一般用途含钒生铁。

3.2.6 脱碳低磷粒铁（YB/T 068—1995）

脱碳低磷粒铁具有低碳低磷的特点，可以代替部分废钢，用于电弧炉炼钢。

① 牌号和化学成分 见表 3-13。

表 3-13 脱碳低磷粒铁的牌号和化学成分

牌号		TL10	TL14	TL18
化学成分（质量分数）/%	C	≤1.20	＞1.20～1.60	＞1.60～2.00
	Si	≤1.25		
	Mn	≤0.80		
	P	≤0.06		
	S	≤0.05		

② 交货状态 粒度为 3～15mm（超范围粒铁之和，每批中应不超过总重量的 5%）。

3.2.7 铸造用磷铜钛低合金耐磨生铁（YB/T 5210—1993）

用于生产内燃机气缸套、火车车轮闸瓦、球磨机铁球、轧辊、拉丝机塔轮和车床床身导轨等耐磨机件。

① 牌号和化学成分 见表 3-14。

表 3-14　铸造用磷铜钛低合金耐磨生铁的牌号和化学成分　%

牌号		NMZ34	NMZ30	NMZ26	NMZ22	NMZ18	NMZ14
C		≥3.30					
Si		>3.2～3.6	>2.8～3.2	>2.4～2.8	>2.00～2.40	>1.60～2.00	>1.25～1.60
Mn		1 组：≤0.50，2 组：>0.50～0.90，3 组：>0.90					
S	1 类	≤0.03					≤0.04
	2 类	≤0.04					≤0.05
	3 类	≤0.05					≤0.05
P		A 级：0.35～0.60，B 级：>0.60～0.90，C 级：>0.90					
Cu		A 级：0.30～0.70，B 级：>0.70					
Ti		≥0.06					

注：牌号中“NMZ”符号为汉字“耐磨铸”三字的汉语拼音第一个字母的组合，牌号中的数字代表平均硅含量的千分之几。

② 交货状态　小块单重 2～9kg（超范围铁块之和，每批中应不超过总重量的 10%）。

3.3 铁合金

铁合金是由 Fe 元素不小于 1% 和一种以上（含一种）金属或非金属元素组成的合金，在钢铁和铸造工业中作为合金添加剂、脱氧剂、脱硫剂和变性剂使用。一般为含硅、锰、镍或其他元素量特别高的生铁，故称为铁合金，如钒铁、锰铁、钼铁、钛铁、铬铁、钨铁、铌铁、硼铁、硅铁、磷铁等，常用做炼钢的原料。在炼钢时加入某些合金生铁，可以改善钢的某些性能，见表 3-15。

表 3-15　铁合金的牌号表示方法（GB/T 7738—2008）

产品名称	第一部分（用汉语拼音字母表示产品名称、用途、工艺方法和特性）	第二部分（用“Fe”表示含铁元素的铁合金产品）	第三部分（表示主元素或化合物及其质量分数）	第四部分（表示主要杂质元素及其最高质量分数或组别）	示例
钒铁		Fe	V40	A	FeV40-A
锰铁		Fe	Mn68	C7.0	FeMn68C7.0
金属锰	J		Mn97	A	JMn97-A
	JC		Mn98		JCMn98

续表

产品名称	第一部分（用汉语拼音字母表示产品名称、用途、工艺方法和特性）	第二部分（用“Fe”表示含铁元素的铁合金产品）	第三部分（表示主元素或化合物及其质量分数）	第四部分（表示主要杂质元素及其最高质量分数或组别）	示例
钼铁		Fe	Mo60	A	FeMo60-A
钛铁		Fe	Ti30	A	FeTi30-A
铬铁		Fe	Cr65	C1.0	FeCr65C1.0
	ZK	Fe	Cr65	C0.010	ZKFeCr65C0.010
金属铬	J		Cr99	A	JCr99-A
钨铁		Fe	W78	A	FeW78-A
铌铁		Fe	Nb60	B	FeNb60-B
硅铁		Fe	Si75	Al1.5-A	FeSi75Al1.5-A
	T	Fe	Si75	A	TFeSi75-A
稀土硅铁合金		Fe	SiRE23		FeSiRE23
稀土镁硅铁合金		Fe	SiMg8RE5		FeSiMg8RE5
硅锰合金		Fe	Mn64Si27		FeMn64Si27
硅钡合金		Fe	Ba30Si35		FeBa30Si35
硅铝合金		Fe	Al52Si5		FeAl52Si5
硅钡铝合金		Fe	Al34Ba6Si20		FeAl34Ba6Si20
硅钙合金			Ca31Si60		Ca31Si60
硅钙钡铝合金		Fe	Ca12Si30-Al16Ba9		FeAl16Ba9Ca12Si30
硅铬合金		Fe	Cr30Si40	A	FeCr30Si40-A
硼铁		Fe	B23	C0.1	FeB23C0.1
磷铁		Fe	P24		FeP24
五氧化二钒			V_2O_5 98		$V_2O_5$98
电解金属锰	DJ		Mn	A	DJMn-A
钒渣	FZ		FZ1		FZ1
钒氮合金			VN12		VN12
氮化钼铁	Y		Mo55.0	A	YMo55.0-A
氮化金属锰	J		MnN	A	JMnN-A
氮化铬铁		Fe	NCr3	A	FeNCr3-A
氮化锰铁		Fe	MnN	A	FeMnN-A

注：金属Cr、金属Mn、V_2O_5不是铁合金，人们习惯上把这几种产品和铁合金一起列表以便于查询。金属Mn也列于锰铁中。

3.3.1　硅铁（GB/T 2272—2020）

硅铁是以焦炭、钢屑、石英（或硅石）为原料，用电炉冶炼制成的铁硅合金。在钢铁工业中用作脱氧剂和合金剂；在铸造行业中用作孕育剂和球化剂；在金属镁行业、铁合金行业作还原剂。

① 分类　按其硅含量和主要杂质元素，分为高硅硅铁、普通硅铁、低铝硅铁和高纯硅铁四类。

② 牌号表示方法

□□	FeSi	□□	×□.□	-(A/B/C/)
GG—高硅硅铁 PG—普通硅铁 DL—低铝硅铁 GC—高纯硅铁	硅铁产品	硅元素控制下限的含量（质量分数）	主要杂质元素和结果控制上限的含量（质量分数）	以次要杂质含量（质量分数）的分类（限用于高纯硅铁）

③ 化学成分　见表 3-16～表 3-18。

表 3-16　高硅硅铁的化学成分

<table>
<tr><th rowspan="3">牌号</th><th colspan="11">化学成分（质量分数）/%</th></tr>
<tr><th rowspan="2">Si</th><th>Al</th><th>Fe</th><th>Ca</th><th>Mn</th><th>Cr</th><th>P</th><th>S</th><th>C</th><th>Ti</th></tr>
<tr><th colspan="9">≤</th></tr>
<tr><td>GG FeSi97 Al1.5</td><td>≥97.0</td><td>1.5</td><td>1.5</td><td>0.3</td><td rowspan="5">0.4</td><td rowspan="5">0.2</td><td rowspan="5">0.040</td><td rowspan="5">0.030</td><td rowspan="5">0.20</td><td rowspan="5">—</td></tr>
<tr><td>GG FeSi95 Al1.5</td><td rowspan="2">95.0～
<97.0</td><td>1.5</td><td>2.0</td><td>0.3</td></tr>
<tr><td>GG FeSi95 Al2.0</td><td>2.0</td><td>2.0</td><td>0.4</td></tr>
<tr><td>GG FeSi93 Al1.5</td><td rowspan="2">93.0～
<95.0</td><td>1.5</td><td>2.0</td><td>0.6</td></tr>
<tr><td>GG FeSi93 Al3.0</td><td>3.0</td><td>2.5</td><td>0.6</td></tr>
<tr><td>GG FeSi90 Al2.0</td><td rowspan="2">90.0～
<93.0</td><td>2.0</td><td>—</td><td>1.5</td><td rowspan="4">0.4</td><td rowspan="4">0.2</td><td rowspan="4">0.040</td><td rowspan="4">0.030</td><td rowspan="4">0.20</td><td rowspan="4">—</td></tr>
<tr><td>GG FeSi90 Al3.0</td><td>3.0</td><td>—</td><td>1.5</td></tr>
<tr><td>GG FeSi87 Al2.0</td><td rowspan="2">87.0～
<90.0</td><td>2.0</td><td>—</td><td>1.5</td></tr>
<tr><td>GG FeSi87 Al3.0</td><td>3.0</td><td>—</td><td>1.5</td></tr>
</table>

表 3-17 普通硅铁和低铝硅铁的化学成分

<table>
<tr><th rowspan="3">类别</th><th rowspan="3">牌号</th><th colspan="9">化学成分(质量分数)/%</th></tr>
<tr><th rowspan="2">Si</th><th>Al</th><th>Ca</th><th>Mn</th><th>Cr</th><th>P</th><th>S</th><th>C</th><th>Ti</th></tr>
<tr><th colspan="8">≤</th></tr>
<tr><td rowspan="10">普通硅铁</td><td>PG FeSi75Al1.5</td><td rowspan="3">75.0～<80.0</td><td>1.5</td><td>1.5</td><td rowspan="3">0.4</td><td rowspan="3">0.3</td><td>0.045</td><td>0.020</td><td>0.10</td><td rowspan="3">0.30</td></tr>
<tr><td>PG FeSi75Al2.0</td><td>2.0</td><td>1.5</td><td rowspan="2">0.040</td><td rowspan="2">0.020</td><td rowspan="2">0.20</td></tr>
<tr><td>PG FeSi75Al2.5</td><td>2.5</td><td>—</td></tr>
<tr><td>PG FeSi72Al1.5</td><td rowspan="3">72.0～<75.0</td><td>1.5</td><td rowspan="2">1.5</td><td rowspan="3">0.4</td><td rowspan="3">0.3</td><td>0.045</td><td rowspan="3">0.020</td><td rowspan="3">0.20</td><td rowspan="3">0.30</td></tr>
<tr><td>PG FeSi72Al2.0</td><td>2.0</td><td rowspan="2">0.040</td></tr>
<tr><td>PG FeSi72Al2.5</td><td>2.5</td><td>—</td></tr>
<tr><td>PG FeSi70Al2.0</td><td rowspan="2">70.0～<72.0</td><td>2.0</td><td rowspan="2">—</td><td rowspan="2">0.5</td><td rowspan="2">0.5</td><td rowspan="2">0.045</td><td rowspan="2">0.020</td><td rowspan="2">0.20</td><td rowspan="2">—</td></tr>
<tr><td>PG FeSi70Al2.5</td><td>2.5</td></tr>
<tr><td>PG FeSi65</td><td>65.0～<70.0</td><td>3.0</td><td>—</td><td>0.5</td><td>0.5</td><td>0.045</td><td>0.020</td><td>—</td><td>—</td></tr>
<tr><td>PG FeSi40</td><td>40.0～<47.0</td><td>—</td><td>—</td><td>0.6</td><td>0.5</td><td>0.045</td><td>0.020</td><td>—</td><td>—</td></tr>
<tr><td rowspan="8">低铝硅铁</td><td>DLFeSi75Al0.3</td><td rowspan="4">75.0～<80.0</td><td>0.3</td><td>0.3</td><td rowspan="4">0.4</td><td rowspan="4">0.3</td><td rowspan="2">0.030</td><td rowspan="4">0.020</td><td rowspan="4">0.10</td><td rowspan="4">0.30</td></tr>
<tr><td>DLFeSi75Al0.5</td><td>0.5</td><td>0.5</td></tr>
<tr><td>DLFeSi75Al0.8</td><td>0.8</td><td>1.0</td><td rowspan="2">0.035</td></tr>
<tr><td>DLFeSi75Al1.0</td><td>1.0</td><td>1.0</td></tr>
<tr><td>DLFeSi72Al0.3</td><td rowspan="4">72.0～<75.0</td><td>0.3</td><td>0.3</td><td rowspan="4">0.4</td><td rowspan="4">0.3</td><td>0.030</td><td rowspan="4">0.020</td><td rowspan="4">0.10</td><td rowspan="4">0.30</td></tr>
<tr><td>DLFeSi72Al0.5</td><td>0.5</td><td>0.5</td><td>0.030</td></tr>
<tr><td>DLFeSi72Al0.8</td><td>0.8</td><td>1.0</td><td>0.035</td></tr>
<tr><td>DLFeSi72Al1.0</td><td>1.0</td><td>1.0</td><td>0.035</td></tr>
</table>

表 3-18 高纯硅铁的化学成分

<table>
<tr><th rowspan="3">牌号</th><th colspan="12">化学成分(质量分数)/%</th></tr>
<tr><th>Si</th><th>Ti</th><th>C</th><th>Al</th><th>P</th><th>S</th><th>Mn</th><th>Cr</th><th>Ca</th><th>V</th><th>Ni</th><th>B</th></tr>
<tr><th>≥</th><th colspan="11">≤</th></tr>
<tr><td>GC FeSi75
Ti0.01-A</td><td rowspan="2">75.0</td><td rowspan="2">0.010</td><td>0.012</td><td>0.01</td><td>0.010</td><td>0.010</td><td>0.1</td><td>0.1</td><td>0.01</td><td>0.010</td><td>0.02</td><td>0.002</td></tr>
<tr><td>GC FeSi75
Ti0.01-B</td><td>0.015</td><td>0.03</td><td>0.015</td><td>0.010</td><td>0.2</td><td>0.1</td><td>0.03</td><td>0.020</td><td>0.03</td><td>0.005</td></tr>
</table>

续表

牌号	化学成分(质量分数)/%											
	Si	Ti	C	Al	P	S	Mn	Cr	Ca	V	Ni	B
	≥	≤										
GC FeSi75 Ti0.015-A	75.0	0.015	0.015	0.01	0.020	0.010	0.1	0.1	0.01	0.015	0.03	—
GC FeSi75 Ti0.015-B			0.020	0.03	0.025	0.010	0.2	0.1	0.03	0.020	0.03	—
GC FeSi75 Ti0.02-A	75.0	0.020	0.015	0.03	0.025	0.010	0.2	0.1	0.03	0.020	0.03	—
GC FeSi75 Ti0.02-B			0.020	0.10	0.030	0.010	0.2	0.1	0.10	0.020	0.03	—
GC FeSi75 Ti0.02-C			0.050	0.50		0.010	0.2	0.1	0.50	0.020	0.03	—
GC FeSi75 Ti0.03-A	75.0	0.030	0.015	0.10	0.030	0.010	0.2	0.1	0.10	0.020	0.03	—
GC FeSi75 Ti0.03-B			0.020	0.20		0.010	0.2	0.1	0.20	0.020	0.03	—
GC FeSi75 Ti0.03-C			0.050	0.50		0.015	0.2	0.1	0.50	0.020	0.03	—
GC FeSi75 Ti0.05-A	75.0	0.050	0.015	0.10	0.025	0.010	0.2	0.1	0.10	0.020	0.03	—
GC FeSi75 Ti0.05-B			0.020	0.20	0.030	0.010	0.2	0.1	0.20	0.020	0.03	—
GC FeSi75 Ti0.05-C			0.050	0.50		0.015	0.2	0.1	0.50	0.020	0.05	—

④ 交货状态　见表 3-19。

表 3-19　硅铁交货状态的规格要求

级别	规格/mm	筛下物(质量分数)/%	筛上物(质量分数)/%
		粒度下限值	二边或三边长度超过粒度上限的 1.15 倍的量
自然块	—	小于 20mm×20mm 的质量≤8	—
加工块	10～50	≤6	≤5

续表

级别	规格/mm	筛下物(质量分数)/%	筛上物(质量分数)/%
		粒度下限值	二边或三边长度超过粒度上限的1.15倍的量
硅粒	3～10	≤6	≤5
硅粉	0～3	—	≤5
	0～1	—	≤10

3.3.2 锰铁(GB/T 3795—2014)

锰铁是锰和铁组成的铁合金，主要用于炼钢作脱氧剂、脱硫剂及合金添加剂，作为合金剂加入钢中，能改善钢的力学性能，增加钢的强度、延展性、韧性及耐磨能力。高碳锰铁还可用于生产中低碳锰铁。

① 分类

a. 按含量不同，分为高碳锰铁（含碳为7%～8%）、中碳锰铁（含碳1.0%～1.5%）、低碳锰铁（含碳0.2%～0.7%）、微碳锰铁（含碳0.05%～0.15%）和金属锰、镜铁、硅锰合金等几种。

b. 按含硅、磷不同，分为Ⅰ、Ⅱ两组。

② 牌号和化学成分　见表3-20、表3-21。

表3-20　电炉锰铁的牌号和化学成分

类别	牌号	化学成分(质量分数)/%						
		Mn	C	Si ≤		P ≤		S ≤
				Ⅰ	Ⅱ	Ⅰ	Ⅱ	
微碳锰铁	FeMn90C0.05	87.0～93.5	0.05	0.5	1.0	0.03	0.04	0.02
	FeMn84C0.05	80.0～87.0						
	FeMn90C0.10	87.0～93.5	0.10	1.0	2.0	0.05	0.10	0.02
	FeMn84C0.10	80.0～87.0						
	FeMn90C0.15	87.0～93.5	0.15	1.0	2.0	0.08	0.10	0.02
	FeMn84C0.15	80.0～87.0						
低碳锰铁	FeMn88C0.2	85.0～92.0	0.2	1.0	2.0	0.10	0.30	0.02
	FeMn84C0.4	80.0～87.0	0.4			0.15		
	FeMn84C0.7	80.0～87.0	0.7			0.20		

续表

<table>
<tr><th rowspan="3">类别</th><th rowspan="3">牌号</th><th colspan="7">化学成分(质量分数)/%</th></tr>
<tr><th rowspan="2">Mn</th><th rowspan="2">C</th><th colspan="2">Si ≤</th><th colspan="2">P ≤</th><th rowspan="2">S ≤</th></tr>
<tr><th>Ⅰ</th><th>Ⅱ</th><th>Ⅰ</th><th>Ⅱ</th></tr>
<tr><td rowspan="3">中碳锰铁</td><td>FeMn82C1.0</td><td>78.0～85.0</td><td>1.0</td><td rowspan="2">1.5</td><td rowspan="2">2.5</td><td rowspan="2">0.20</td><td rowspan="2">0.35</td><td rowspan="2">0.03</td></tr>
<tr><td>FeMn82C1.5</td><td>78.0～85.0</td><td>1.5</td></tr>
<tr><td>FeMn78C2.0</td><td>75.0～82.0</td><td>2.0</td><td rowspan="2">1.5</td><td rowspan="2">2.5</td><td rowspan="2">0.20</td><td>0.40</td><td rowspan="2">0.03</td></tr>
<tr><td rowspan="3">高碳锰铁</td><td>FeMn78C8.0</td><td>75.0～82.0</td><td>8.0</td><td>0.33</td></tr>
<tr><td>FeMn74C7.5</td><td>70.0～77.0</td><td>7.5</td><td>2.0</td><td>3.0</td><td rowspan="2">0.25</td><td>0.38</td><td rowspan="2">0.03</td></tr>
<tr><td>FeMn68C7.0</td><td>65.0～72.0</td><td>7.0</td><td>2.5</td><td>4.5</td><td>0.40</td></tr>
</table>

表 3-21　高炉锰铁的牌号和化学成分

<table>
<tr><th rowspan="3">牌号</th><th colspan="7">化学成分(质量分数)/%</th></tr>
<tr><th rowspan="2">Mn</th><th rowspan="2">C</th><th colspan="2">Si ≤</th><th colspan="2">P ≤</th><th rowspan="2">S ≤</th></tr>
<tr><th>Ⅰ</th><th>Ⅱ</th><th>Ⅰ</th><th>Ⅱ</th></tr>
<tr><td>FeMn78</td><td>75.0～82.0</td><td>7.5</td><td>1.0</td><td>2.0</td><td>0.20</td><td>0.30</td><td>0.03</td></tr>
<tr><td>FeMn73</td><td>70.0～75.0</td><td>7.5</td><td>1.0</td><td>2.0</td><td>0.20</td><td>0.30</td><td>0.03</td></tr>
<tr><td>FeMn68</td><td>65.0～70.0</td><td>7.0</td><td>1.0</td><td>2.0</td><td>0.20</td><td>0.30</td><td>0.03</td></tr>
<tr><td>FeMn63</td><td>60.0～65.0</td><td>7.0</td><td>1.0</td><td>2.0</td><td>0.20</td><td>0.30</td><td>0.03</td></tr>
</table>

③ 牌号表示方法

Fe	Mn□	C□
含铁元素的铁合金产品	Mn 及其百分含量	碳及其百分含量

④ 交货规格　见表 3-22。

表 3-22　锰铁交货规格要求

<table>
<tr><th rowspan="2">粒度级别</th><th rowspan="2">粒度/mm</th><th colspan="2">允许偏差/% ≤</th><th rowspan="2">粒度级别</th><th rowspan="2">粒度/mm</th><th colspan="2">允许偏差/% ≤</th></tr>
<tr><th>筛上物</th><th>筛下物</th><th>筛上物</th><th>筛下物</th></tr>
<tr><td>1</td><td>20～250</td><td rowspan="2">3</td><td rowspan="2">7</td><td>3</td><td>10～50(或 70)</td><td>3</td><td>7</td></tr>
<tr><td>2</td><td>50～150</td><td>4</td><td>0.097～0.45</td><td>5</td><td>30</td></tr>
</table>

注：中碳锰铁可以粉状交货。

3.3.3 铬铁（GB 5683—2008）

铬铁是铬和铁组成的铁合金，适用于炼钢中作为合金加入剂。按含碳量不同，有 28 个牌号。

① 牌号和化学成分 见表 3-23。

表 3-23 铬铁的牌号和化学成分

类别	牌号	化学成分(质量分数)/%										
		Cr			C	Si		P		S		
		范围	I	II		I	II	I	II	I	II	
			≥		≤							
微碳铬铁	FeCr69C0.03	60.0～70.0			0.03	1.0		0.03		0.025		
	FeCr55C0.03		60.0	52.0	0.03	1.5	2.0	0.03	0.04	0.03		
	FeCr69C0.06	60.0～70.0			0.06	1.0		0.03		0.025		
	FeCr55C0.06		60.0	52.0	0.06	1.5	2.0	0.04	0.06	0.03		
	FeCr69C0.10	63.0～70.0			0.10	1.0		0.03		0.025		
	FeCr55C0.10		60.0	52.0	0.10	1.5	2.0	0.04	0.06	0.03		
	FeCr65C0.15	63.0～70.0			0.15	1.0		0.03		0.025		
	FeCr55C0.15		60.0	52.0	0.15	1.5	2.0	0.04	0.06	0.03		
低碳铬铁	FeCr69C0.25	60.0～70.0			0.25	1.5		0.03		0.25		
	FeCr55C0.25		60.0	52.0	0.25	2.0	3.0	0.04	0.06	0.03	0.05	
	FeCr69C0.50	60.0～70.0			0.50	1.5		0.03		0.025		
	FeCr55C0.50		60.0	52.0	0.50	2.0	3.0	0.04	0.06	0.03	0.05	

续表

类别	牌号	化学成分(质量分数)/%									
		Cr			C	Si		P		S	
		范围	I	II		I	II	I	II	I	II
			≥		≤						
中碳铬铁	FeCr65C1.0	60.0～70.0			1.0	1.5		0.03		0.025	
	FeCr55C1.0		60.0	52.0	1.0	2.5	3.0	0.04	0.06	0.03	0.05
	FeCr69C2.0	60.0～70.0			2.0	1.5		0.03		0.025	
	FeCr55C2.0		60.0	52.0	2.0	2.5	3.0	0.04	0.06	0.03	0.05
	FeCr69C4.0	60.0～70.0			4.0	1.5		0.03		0.025	
	FeCr55C4.0		60.0	52.0	4.0	2.5	3.0	0.04	0.06	0.03	0.05
高碳铬铁	FeCr67C6.0	60.0～72.0			6.0	3.0		0.03		0.04	0.06
	FeCr55C6.0		60.0	52.0	6.0	3.0	5.0	0.04	0.06		
	FeCr67C9.5	60.0～72.0			9.5	3.0		0.03			
	FeCr55C10.0		60.0	52.0	10.0	3.0	5.0	0.04	0.06		
真空法微碳铬铁	ZKFeCr65C0.010	—	65.0		0.010	1.0	2.0	0.025	0.03	0.03	
	ZKFeCr65C0.020				0.020						
	ZKFeCr65C0.010				0.010				0.035	0.04	
	ZKFeCr65C0.030				0.030						
	ZKFeCr65C0.050				0.050						
	ZKFeCr65C0.100				0.100						

② 交货状态　每块重量不得大于15kg，尺寸小于20mm×20mm铬铁块的重量不超过铬铁总重量的5%。内部及其表面不得有肉眼显见的非金属夹杂物，但铸锭表面允许有少量涂料存在。

3.3.4 钒铁（GB/T 4139—2012）

含V量在48.0%～82.0%范围内的Fe和V的合金，是钢铁工业重要的合金元素钒的添加剂，用于提高钢的强度、韧性、延展性和耐热性。钒铁按钒及杂质含量不同分为三组九个牌号。

① 化学成分　见表3-24。

表3-24　钒铁的化学成分

牌号	化学成分(质量分数)/%						
	V	C	Si	P	S	Al	Mn
		≤					
FeV50-A	48.0～55.0	0.40	2.0	0.06	0.04	1.5	—
FeV50-B	48.0～55.0	0.60	3.0	0.10	0.06	2.5	—
FeV50-C	48.0～55.0	5.0	3.0	0.10	0.06	0.5	—
FeV60-A	58.0～65.0	0.40	2.0	0.06	0.04	1.5	—
FeV60-B	58.0～65.0	0.60	2.5	0.10	0.06	2.5	—
FeV60-C	58.0～65.0	3.0	1.5	0.10	0.06	0.5	—
FeV80-A	78.0～82.0	0.15	1.5	0.05	0.04	1.5	0.50
FeV80-B	78.0～82.0	0.30	1.5	0.08	0.06	2.0	0.50
FeV80-C	75.0～80.0	0.30	1.5	0.08	0.06	2.0	0.50

② 规格　见表3-25。

表3-25　钒铁的规格要求

粒度组别	粒度/mm	小于下限粒度/%	大于上限粒度/%
		≤	
1	5～15	5	5
2	10～50	5	5
3	10～100	5	5

3.3.5 钼铁（GB/T 3649—2008）

钼铁是钼和铁组成的铁合金，一般含钼50%～60%，主要用途是在炼钢中作为钼元素的加入剂，使钢具有均匀的细晶组织，并提高钢的淬透性，有利于消除回火脆性。在高速钢中，钼可代替一部分钨。钼同其他合金元素配合在一起广泛地应用于生产不锈钢、耐热钢、耐酸钢和工具钢，以及具有特殊物理性能的合金。钼加于铸铁里可增大其强度和耐磨性。

① 牌号和化学成分　钼铁按钼及杂质含量不同分为六个牌号，见表 3-26。

表 3-26　钼铁的牌号和化学成分

牌号	化学成分(质量分数)/%　≤							
	Mo	Si	S	P	C	Cu	Sb	Sn
FeMo70	65.0～75.0	2.0	0.08	0.05	0.10	0.5	—	—
FeMo60-A	60.0～65.0	1.0	0.08	0.04	0.10	0.5	0.04	0.04
FeMo60-B		1.5	0.10	0.05	0.10	0.5	0.05	0.06
FeMo60-C		2.0	0.15	0.05	0.15	1.0	0.08	0.08
FeMo55-A	55.0～60.0	1.0	0.10	0.08	0.15	0.5	0.05	0.06
FeMo55-B		1.5	0.15	0.10	0.20	0.5	0.08	0.08

② 规格　见表 3-27。

表 3-27　钼铁合金的规格要求

等级	粒度/mm	粒度偏差/%　≤		等级	粒度/mm	粒度偏差/%　≤	
		筛上物	筛下物			筛上物	筛下物
1	10～150	5	5	3	10～50	5	5
2	10～100			4	3～10	—	—

3.3.6 钛铁（GB/T 3282—2012）

钛铁用于钢铁或合金材料中作为钛元素添加剂和电焊条涂料。

① 牌号及化学成分　钛铁按钛及杂质含量不同分为 15 个牌号，见表 3-28。

表 3-28　钛铁的牌号及化学成分

牌号	化学成分(质量分数)/%　≤							
	Ti	C	Si	P	S	Al	Mn	Cu
FeTi30-A	25.0～35.0	0.10	4.5	0.05	0.03	8.0	2.5	0.10
FeTi30-B		0.20	5.0	0.07	0.04	8.5	2.5	0.20

续表

牌号	化学成分(质量分数)/% ≤							
	Ti	C	Si	P	S	Al	Mn	Cu
FeTi40-A	>35.0～45.0	0.10	3.5	0.05	0.03	9.0	2.5	0.20
FeTi40-B		0.20	4.0	0.08	0.04	9.5	3.0	0.40
FeTi50-A	>45.0～55.0	0.10	3.5	0.05	0.03	8.0	2.5	0.20
FeTi50-B		0.20	4.0	0.08	0.04	9.5	3.0	0.40
FeTi60-A	>55.0～65.0	0.10	3.0	0.04	0.03	7.0	1.0	0.20
FeTi60-B		0.20	4.0	0.06	0.04	8.0	1.5	0.20
FeTi60-C		0.30	5.0	0.08	0.04	8.5	2.0	0.20
FeTi70-A	>65.0～75.0	0.10	0.50	0.04	0.03	3.0	1.0	0.20
FeTi70-B		0.20	3.5	0.06	0.04	6.0	1.0	0.20
FeTi70-C		0.40	4.0	0.08	0.04	8.0	1.0	0.20
FeTi80-A	>75.0	0.10	0.50	0.04	0.03	3.0	1.0	0.20
FeTi80-B		0.20	3.5	0.06	0.04	6.0	1.0	0.20
FeTi80-C		0.40	4.0	0.08	0.04	7.0	1.0	0.20

② 规格 见表 3-29。

表 3-29 钛铁的规格要求

粒度级别	粒度/mm	小于下限粒度/% ≤	大于上限粒度/% ≤	粒度级别	粒度/mm	小于下限粒度/% ≤	大于上限粒度/% ≤
1	5～100	5	5	4	<20	—	3
2	5～70			5	<2		
3	5～40						

3.3.7 微碳锰铁（YB/T 4140—2005）

微碳锰铁能优化合金，改善钢的内在质量，降低炼钢合金成本。不但适用于低碳合金结构钢，尤其适用于高质量的品种钢。

① 牌号和化学成分 按锰及杂质含量不同分为 6 个牌号，见表 3-30。

表 3-30　微碳锰铁的牌号和化学成分

牌号	化学成分(质量分数)/%				
	Mn	C ≤	Si ≤	P ≤	S ≤
FeMn90C0.05	87.0～93.5	0.05	0.5	0.03	0.02
FeMn84C0.05	80.0～87.0		1.0	0.04	
FeMn90C0.10	87.0～93.5	0.10	0.5	0.03	
FeMn84C0.10	80.0～87.0		1.0	0.04	
FeMn90C0.15	87.0～93.5	0.15	1.5	0.03	
FeMn84C0.15	80.0～87.0		2.0	0.04	

② 交货状态　块状，最大块重应不超过 10kg，小于 10mm×10mm 的数量不应超过总重量的 5%。

3.3.8 金属锰 (GB/T 2774—2006)

金属锰用作冶炼高质量钢种及不锈钢等时锰元素添加剂。按冶炼方法分为电硅热法和电解重熔法两类。

① 牌号和化学成分　按锰及杂质含量的不同，电硅热法有 8 个牌号；电解重熔法有 3 个牌号，见表 3-31。

表 3-31　金属锰的牌号和化学成分

牌号		化学成分(质量分数)/%					
		Mn ≥	C ≤	Si ≤	Fe ≤	P ≤	S ≤
电硅热法生产	JMn98	98.0	0.05	0.3	1.5	0.03	0.02
	JMn97-A	97.0	0.05	0.4	2.0	0.03	0.02
	JMn97-B	97.0	0.08	0.6	2.0	0.04	0.03
	JMn96-A	96.5	0.05	0.5	2.3	0.03	0.02
	JMn96-B	96.0	0.10	0.8	2.3	0.04	0.03
	JMn95-A	95.0	0.15	0.5	2.8	0.03	0.02
	JMn95-B	95.0	0.15	0.8	3.0	0.04	0.03
	JMn93	93.5	0.20	1.5	3.0	0.04	0.03
电解重熔生产	JCMn98	98.0	0.04	0.3	1.5	0.02	0.04
	JCMn97	97.0	0.05	0.4	2.0	0.03	0.04
	JCMn95	95.0	0.06	0.5	3.0	0.04	0.05

② 交货状态　块状，最大块重应不超过 10kg，小于 10mm×10mm 的重量不得超过总重量的 5%（如用户需要可提供 10～

50mm、10～40mm 等不同粒度范围的产品，其筛上物和筛下物的允许量可由供需双方商定）。

3.3.9 电解金属锰（YB/T 051—2023）

适用于冶炼特种钢、化工、电子材料及有色合金时作为锰元素添加剂。

① 牌号组成

DJ	Mn	□
“电解”二字汉语拼音首字母	主元素	牌号 A/B/C/D

② 化学成分 见表 3-32。

表 3-32 电解金属锰的牌号和化学成分

牌号	化学成分(质量分数)/%										
	Mn	C	S	P	Si	Se	Fe	K	Na	Ca	Mg
	≥	≤									
DJMnA	99.9	0.010	0.03	0.0010	0.002	0.0003	0.006	—	—	—	—
DJMnB	99.8	0.020	0.04	0.0015	0.004	0.0400	0.020	0.005	0.005	0.005	0.015
DJMnC	99.8	0.020	0.04	0.0020	0.005	0.0600	0.030	0.005	0.005	0.010	0.030
DJMnD	99.7	0.030	0.05	0.0040	0.005	0.0800	0.040	—	—	—	—

注：表中的“—”表示该牌号产品中无该元素要求。

③ 交货状态 以片状交货，小于 ϕ3mm×3mm 的数量加起来的重量应不超过总重量的 15%；以粉状交货时，具体要求由供需双方另行协商。

电解金属锰片不允许有外来夹杂物。

3.3.10 锰硅合金（GB/T 4008—2008）

主要作为钢铁生产的脱氧剂和合金剂的中间料，也是中低碳锰铁生产的主要原料。

① 牌号和化学成分 按锰、硅及杂质含量的不同分为 8 个牌号，见表 3-33。

② 规格 见表 3-34。

表 3-33　锰硅合金的牌号和化学成分

牌号	化学成分(质量分数)/%						
	Mn	Si	C ≤	P ≤			S ≤
				Ⅰ	Ⅱ	Ⅲ	
FeMn64Si27	60.0～67.0	25.0～28.0	0.5	0.10	0.15	0.25	0.04
FeMn67Si23	63.0～70.0	22.0～25.0	0.7				
FeMn68Si22	65.0～72.0	20.0～23.0	1.2				
FeMn62Si23	60.0～65.0	20.0～25.0	1.2				
FeMn68Si18	65.0～72.0	17.0～20.0	1.8				
FeMn62Si18	60.0～65.0	17.0～20.0	1.8				
FeMn68Si16	65.0～72.0	14.0～17.0	2.5				
FeMn62Si17	60.0～65.0	14.0～20.0	2.5	0.20	0.25	0.30	0.05

表 3-34　锰硅合金的规格要求

粒度级别	粒度/mm	粒度偏差/% ≤		粒度级别	粒度/mm	粒度偏差/% ≤	
		筛上物	筛下物			筛上物	筛下物
1	20～300	5	5	3	10～100	5	5
2	10～150	5	5	4	10～50	5	5

3.3.11　富锰渣（YB/T 2406—2015）

富锰渣是指以锰矿为原料，采用火法冶金工艺生产的锰含量较高的能在锰系铁合金生产中作为含锰原料使用的炉渣。主要分为无溶剂法生产高碳锰铁产出的富锰渣、高渣法生产中低微碳锰铁产出的富锰渣和镜铁或生铁冶炼产出的富锰渣。适用于熔炼锰系铁合金的锰元素添加剂。

① 牌号和化学成分　富锰渣按含锰的质量分数分为 7 个牌号，见表 3-35。

表 3-35　富锰渣的牌号和化学成分

牌号	化学成分									
	Mn（质量分数）/%	Mn/Fe			P/Mn			S/Mn		
		Ⅰ	Ⅱ	Ⅲ	Ⅰ	Ⅱ	Ⅲ	Ⅰ	Ⅱ	Ⅲ
		≥			≤					
FMnZh41	≥40.0	35	25	10	0.0003	0.0015	0.003	0.010	0.030	0.080
FMnZh38	36.0～<40.0									
FMnZh34	32.0～<36.0									

续表

牌号	化学成分									
	Mn（质量分数）/%	Mn/Fe			P/Mn			S/Mn		
		Ⅰ	Ⅱ	Ⅲ	Ⅰ	Ⅱ	Ⅲ	Ⅰ	Ⅱ	Ⅲ
		≥			≤					
FMnZh30	28.0～<32.0	25	15	8	0.0003	0.0015	0.003	0.010	0.030	0.080
FMnZh26	24.0～<28.0									
FMnZh22	20.0～<24.0	8	4	2						
FMnZh18	16.0～<20.0									

② 交货状态　块度为10～250mm，其中大于250mm的量不得超过总量的5%，小于10mm的不得超过总量的5%。不得夹杂铁块等杂物，泡沫渣含量不得超过总量的2%。

3.3.12 氮化铬铁（YB/T 5140—2012）

氮化铬铁用作炼钢中氮、铬元素添加剂。

① 牌号和化学成分　按冶炼方式和碳含量的不同，分为7个牌号。A类适用于渗氮后的重熔产品；B类适用于固态渗氮合金产品，见表3-36。

表3-36 氮化铬铁的牌号和化学成分

牌号	化学成分(质量分数)/%					
	Cr	N	C	Si	P	S
	≥		≤			
FeNCr3-A	60.0	3.0	0.03	1.50	0.030	0.040
FeNCr3-B		5.0	0.03	2.50		
FeNCr6-A		3.0	0.06	1.50		
FeNCr6-B		5.0	0.06	2.50		
FeNCr10-A		3.0	0.10	1.50		
FeNCr10-B		5.0	0.10	2.50		
FeNCr15-B		4.5	0.15	2.50		

② 交货状态　应呈块状，每块重不得大于15kg，粒度小于10mm氮化铬铁的数量不得超过总重量的10%。

3.3.13 低钛高碳铬铁（YB/T 4154—2015）

低钛高碳铬铁用作炼钢中的合金元素添加剂。

① 牌号和化学成分　按钛含量的不同分为10个牌号，见表3-37。

表3-37　低钛高碳铬铁的牌号和化学成分

牌号	化学成分(质量分数)/%					
	Cr	Ti	C	Si	P	S
		≤				
FeCr65C10.0Ti0.010	60.0～70.0	0.010	10.0	1.0	0.04	0.04
FeCr55C10.0Ti0.010	52.0～<60.0	0.010				
FeCr65C10.0Ti0.015	60.0～70.0	0.015				
FeCr55C10.0Ti0.015	52.0～<60.0	0.015				
FeCr65C10.0Ti0.020	60.0～70.0	0.020				
FeCr55C10.0Ti0.020	52.0～<60.0	0.020				
FeCr65C10.0Ti0.025	60.0～70.0	0.025				
FeCr55C10.0Ti0.025	52.0～<60.0	0.025				
FeCr65C10.0Ti0.030	60.0～70.0	0.030				
FeCr55C10.0Ti0.030	52.0～<60.0	0.030				

② 交货状态　块状，每块重量不应大于15kg，尺寸小于20mm×20mm者，重量不超过总重量的5%。内部及其表面不应有目视显见的非金属夹杂物。

3.3.14　硅铬合金（GB/T 4009—2008）

在炼钢及铸造时作还原剂和合金剂，精炼铬铁时作还原剂用。

① 牌号和化学成分　按硅和铬及其杂质含量不同，分为5个牌号；按磷含量的不同，分成Ⅰ、Ⅱ组。见表3-38。

表3-38　硅铬合金的牌号和化学成分

牌号	化学成分(质量分数)/%					
	Si ≥	Cr ≥	C ≤	P ≤		S ≤
				Ⅰ	Ⅱ	
FeCr30Si40-A	40.0	30.0	0.02	0.02	0.04	0.01
FeCr30Si40-B	40.0	30.0	0.04			
FeCr30Si40-C	40.0	30.0	0.06			
FeCr30Si40-D	40.0	30.0	0.10			
FeCr32Si35	35.0	32.0	1.0			

② 规格 见表3-39。

表3-39 硅铬合金的规格要求

<table>
<tr><th>种类</th><th>粒度/mm</th><th colspan="2">粒度偏差/%</th></tr>
<tr><td>一般粒度</td><td>10～200</td><td rowspan="3">筛上物≤5</td><td rowspan="3">筛下物≤10</td></tr>
<tr><td>中粒</td><td>10～100</td></tr>
<tr><td>小粒</td><td>10～50</td></tr>
</table>

3.3.15 硅钙合金（YB/T 5051—2016）

用于炼钢作复合脱氧剂、脱硫剂、合金元素添加剂和铸铁生产中作孕育剂、球化剂。

按钙、硅和杂质含量的不同分为5个牌号。

① 牌号和化学成分 见表3-40。

表3-40 硅钙合金的化学成分

<table>
<tr><th rowspan="3">牌号</th><th colspan="10">化学成分(质量分数)/%</th></tr>
<tr><th>Ca</th><th rowspan="2">Si</th><th colspan="2">C</th><th rowspan="2">Al</th><th rowspan="2">P</th><th rowspan="2">S</th><th rowspan="2">O</th><th rowspan="2">Ca+Si</th></tr>
<tr><th></th><th>Ⅰ</th><th>Ⅱ</th></tr>
<tr><th></th><th>≥</th><th></th><th colspan="7">≤</th><th>≥</th></tr>
<tr><td>Ca31Si60</td><td>31</td><td>58～65</td><td rowspan="5">0.5</td><td rowspan="5">0.8</td><td rowspan="5">1.4</td><td rowspan="5">0.04</td><td rowspan="5">0.04</td><td rowspan="5">2.5</td><td rowspan="3">90</td></tr>
<tr><td>Ca28Si60</td><td>28</td><td>58～65</td></tr>
<tr><td>Ca24Si60</td><td>24</td><td>58～65</td></tr>
<tr><td>Ca20Si55</td><td>20</td><td>55～60</td><td rowspan="2">—</td></tr>
<tr><td>Ca16Si55</td><td>16</td><td>55～60</td></tr>
</table>

注：合金粉剂中水分小于0.5%。

② 交货状态 块状或粉状。块状供货时，小于15mm×15mm的碎块重量不得超过该批重量的10%；粉状供货时，最大粒度不得超过3mm，小于0.1mm粒度不得超过该批重量的15%。

3.3.16 稀土硅铁合金（GB/T 4137—2015）

用作铸钢、铸铁的脱氧、脱硫剂，钢、铁生产中作添加剂、合金剂，也是生产球化剂、蠕化剂、孕育剂的基础材料。

① 牌号和化学成分 按化学成分，轻稀土硅铁合金产品分为7个牌号，重稀土硅铁合金产品分为6个牌号，见表3-41。

表 3-41　稀土硅铁合金的牌号及化学成分

类别	产品牌号		化学成分/%						
	字符	数字	RE	Ce/RE ≥	Si	Mn	Ca	Ti	Al
						≤			
轻稀土硅铁合金	RESiFe-23Ce	195023	21.0≤RE<24.0	46.0	≤44.0	2.5	5.0	1.5	1.0
	RESiFe-26Ce	195026	24.0≤RE<27.0		≤43.0				
	RESiFe-29Ce	195029	27.0≤RE<30.0		≤42.0	2.0			
	RESiFe-32Ce	195032	30.0≤RE<33.0		≤40.0	2.0	4.0	1.0	
	RESiFe-35Ce	195035	33.0≤RE<36.0		≤39.0				
	RESiFe-38Ce	195038	36.0≤RE<39.0		≤38.0				
	RESiFe-41Ce	195041	39.0≤RE<42.0		≤37.0				
重稀土硅铁合金	RESiFe-13Y	195213	10.0≤RE<15.0	45.0	48.0≤Si<50.0	6.0	2.5	1.5	
	RESiFe-18Y	195218	15.0≤RE<20.0		48.0≤Si<50.0				
	RESiFe-23Y	195223	20.0≤RE<25.0		43.0≤Si<48.0				
	RESiFe-28Y	195228	25.0≤RE<30.0		43.0≤Si<48.0		2.0	1.0	
	RESiFe-33Y	195233	30.0≤RE<35.0		40.0≤Si<45.0				
	RESiFe-38Y	195238	35.0≤RE<40.0		40.0≤Si<45.0				

注：Fe 为余量。

② 交货状态　粒度范围为 0～5mm、>5～50mm、>50～150mm。小于下限和大于上限的各不超过总重量的 5%。

产品外观应呈块状，不粉化，断面应呈银灰色。表面及断面均不得带有夹杂物。

3.3.17　稀土镁硅铁合金（GB/T 4138—2015）

用于生产球化剂、蠕化剂、孕育剂。

① 分类　有轻稀土镁硅铁合金和重稀土镁硅铁合金两类，按化学成分各有 13 个牌号。

② 交货状态　产品粒度范围为 5～15mm、5～25mm、5～30mm 和 8～40mm。小于下限和大于上限的都不应超过总重量的 5%。产品外观应呈块状、不粉化，断面应呈银灰色。表面及断面均不得带有夹杂物。

③ 化学成分　见表 3-42。

表 3-42 稀土镁硅铁合金的化学成分 %

<table>
<tr><th rowspan="2">字符</th><th rowspan="2">RE</th><th rowspan="2">Ce/RE
≥</th><th rowspan="2">Mg</th><th rowspan="2">Ca</th><th>Si</th><th>Mn</th><th>Ti</th><th>MgO</th><th>Al</th></tr>
<tr><th colspan="5">≤</th></tr>
<tr><td colspan="10">轻稀土镁硅铁合金</td></tr>
<tr><td>REMgSiFe-01CeA</td><td rowspan="4">0.5≤RE<2.0</td><td rowspan="13">46</td><td>4.5≤Mg<5.5</td><td rowspan="2">1.0≤Ca<3.0</td><td rowspan="8">45.0</td><td rowspan="8">1.0</td><td rowspan="13">1.0</td><td>0.5</td><td rowspan="13">1.0</td></tr>
<tr><td>REMgSiFe-01CeB</td><td>5.5≤Mg<6.5</td><td>0.6</td></tr>
<tr><td>REMgSiFe-01CeC</td><td>6.5≤Mg<7.5</td><td rowspan="2">1.0≤Ca<2.5</td><td>0.7</td></tr>
<tr><td>REMgSiFe-01CeD</td><td>7.5≤Mg<8.5</td><td>0.8</td></tr>
<tr><td>REMgSiFe-03CeA</td><td rowspan="4">2.0≤RE<4.0</td><td rowspan="2">6.0≤Mg<8.0</td><td>1.0≤Ca<2.0</td><td rowspan="2">0.7</td></tr>
<tr><td>REMgSiFe-03CeB</td><td>2.0≤Ca<3.5</td></tr>
<tr><td>REMgSiFe-03CeC</td><td rowspan="6">7.0≤Mg<9.0</td><td>1.0≤Ca<2.0</td><td rowspan="6">0.8</td></tr>
<tr><td>REMgSiFe-03CeD</td><td>2.0≤Ca<3.5</td></tr>
<tr><td>REMgSiFe-05CeA</td><td rowspan="2">4.0≤RE<6.0</td><td>1.0≤Ca<2.0</td><td rowspan="5">44.0</td><td rowspan="5">2.0</td></tr>
<tr><td>REMgSiFe-05CeB</td><td>2.0≤Ca<3.0</td></tr>
<tr><td>REMgSiFe-07CeA</td><td rowspan="3">6.0≤RE<8.0</td><td>1.0≤Ca<2.0</td></tr>
<tr><td>REMgSiFe-07CeB</td><td>2.0≤Ca<3.0</td></tr>
<tr><td>REMgSiFe-07CeC</td><td>9.0≤Mg<11.0</td><td>1.0≤Ca<3.0</td><td>1.0</td></tr>
</table>

续表

字符	RE	Ce/RE ≥	Mg	Ca	Si	Mn	Ti	MgO	Al
					≤				
重稀土镁硅铁合金 [用于高韧性大断面球墨铸铁铸造，适量添加 Ba(<2%)、Bi(<0.5%)、Sb(<0.5%)]									
REMgSiFe-01YA	0.5≤RE<1.5	40	3.5≤Mg<4.5	1.0≤Ca<2.5	48	1	0.5	0.65	1.0
REMgSiFe-01YB			5.5≤Mg<6.5						
REMgSiFe-02YA	1.5≤RE<2.5		3.5≤Mg<4.5						
REMgSiFe-02YB			4.5≤Mg<5.5						
REMgSiFe-02YC			5.5≤Mg<6.5						
REMgSiFe-03YA	2.5≤RE<3.5		5.5≤Mg<6.5						
REMgSiFe-03YB			6.5≤Mg<7.5					0.75	
REMgSiFe-03YC			7.5≤Mg<8.5					0.85	
REMgSiFe-04Y	3.5≤RE<4.5		5.5≤Mg<6.5		46			0.65	
REMgSiFe-05Y	4.5≤RE<5.5		6.0≤Mg<8.0	1.0≤Ca<3.0				0.8	
REMgSiFe-06Y	5.5≤RE<6.5								
REMgSiFe-07Y	6.5≤RE<7.5		7.0≤Mg<9.0					1.0	
REMgSiFe-08Y	7.5≤RE<8.5								

注：Fe为余量。

3.3.18 硅钡合金（YB/T 5358—2008）

在炼钢中用作脱氧剂、脱硫剂，在铸造中用作孕育剂。

① 分类 按钡、硅含量不同，分为七个牌号。

② 化学成分 见表 3-43。

表 3-43 硅钡合金的化学成分

<table>
<tr><th rowspan="2">牌号</th><th colspan="7">化学成分(质量分数)/%</th></tr>
<tr><th>Ba≥</th><th>Si≥</th><th>Al≤</th><th>Mn≤</th><th>C≤</th><th>P≤</th><th>S≤</th></tr>
<tr><td>FeBa30Si35</td><td>30.0</td><td rowspan="2">35.0</td><td rowspan="7">3.0</td><td rowspan="7">0.40</td><td rowspan="4">0.30</td><td rowspan="7">0.040</td><td rowspan="7">0.04</td></tr>
<tr><td>FeBa25Si35</td><td>25.0</td></tr>
<tr><td>FeBa20Si45</td><td>20.0</td><td rowspan="2">45.0</td></tr>
<tr><td>FeBa15Si45</td><td>15.0</td></tr>
<tr><td>FeBa10Si55</td><td>10.0</td><td rowspan="2">55.0</td><td rowspan="3">0.20</td></tr>
<tr><td>FeBa5Si55</td><td>5.0</td></tr>
<tr><td>FeBa2Si65</td><td>2.0</td><td>65.0</td></tr>
</table>

③ 交货状态 硅钡合金产品交货粒度为 10～200mm，其中小于 10mm 的不超过总量的 5%。产品表面洁净，不应有目视可见的非金属夹杂物。

3.3.19 硅铝合金（YB/T 065—2008）

用作炼钢中的脱氧剂、发热剂。

① 分类 按硅、铝含量不同，分为 9 个牌号；按 C、P 含量的不同，分Ⅰ、Ⅱ两组。

② 化学成分 见表 3-44。

表 3-44 硅铝合金的牌号和化学成分

<table>
<tr><th rowspan="3">牌号</th><th colspan="9">化学成分(质量分数)/%</th></tr>
<tr><th rowspan="2">Si≥</th><th rowspan="2">Al≥</th><th rowspan="2">Mn≥</th><th colspan="2">C≤</th><th colspan="2">P≤</th><th rowspan="2">S≤</th><th rowspan="2">Cu≤</th></tr>
<tr><th>Ⅰ</th><th>Ⅱ</th><th>Ⅰ</th><th>Ⅱ</th></tr>
<tr><td>FeAl50Si5</td><td>5.0</td><td>50.0</td><td rowspan="5">0.20</td><td rowspan="4">0.20</td><td rowspan="4">0.20</td><td rowspan="4">0.020</td><td rowspan="4">0.020</td><td rowspan="4">0.02</td><td rowspan="4">0.05</td></tr>
<tr><td>FeAl45Si5</td><td>5.0</td><td>45.0</td></tr>
<tr><td>FeAl40Si15</td><td>15.0</td><td>40.0</td></tr>
<tr><td>FeAl35Si15</td><td>15.0</td><td>35.0</td></tr>
<tr><td>FeAl30Si25</td><td>25.0</td><td>30.0</td><td rowspan="2">0.20</td><td rowspan="2">1.20</td><td rowspan="2">0.020</td><td rowspan="2">0.040</td><td>0.02</td><td rowspan="2">—</td></tr>
<tr><td>FeAl25Si25</td><td>25.0</td><td>25.0</td><td>0.40</td><td>0.03</td></tr>
</table>

续表

<table>
<tr><th rowspan="3">牌号</th><th colspan="10">化学成分(质量分数)/%</th></tr>
<tr><th rowspan="2">Si ≥</th><th rowspan="2">Al≥</th><th rowspan="2">Mn ≥</th><th colspan="2">C ≤</th><th colspan="2">P ≤</th><th rowspan="2">S ≤</th><th rowspan="2">Cu ≤</th></tr>
<tr><th>Ⅰ</th><th>Ⅱ</th><th>Ⅰ</th><th>Ⅱ</th></tr>
<tr><td>FeAl20Si35</td><td>35.0</td><td>20.0</td><td rowspan="3">0.40</td><td rowspan="2">0.40</td><td rowspan="2">0.80</td><td rowspan="2">0.030</td><td rowspan="2">0.060</td><td rowspan="2">0.03</td><td rowspan="2">—</td></tr>
<tr><td>FeAl15Si35</td><td>35.0</td><td>15.0</td></tr>
<tr><td>FeAl10Si40</td><td>40.0</td><td>10.0</td><td>0.40</td><td>0.40</td><td>0.030</td><td>0.080</td><td>0.03</td><td>—</td></tr>
</table>

③ 交货状态　硅钡合金产品交货粒度为10～250mm，其中小于10mm的不超过总量的5%。产品表面洁净，不应有目视可见的非金属夹杂物。

3.3.20 硅钡铝合金（YB/T 066—2008）

硅钡铝合金用作炼钢中的脱氧剂、脱硫剂。

① 分类　按硅、钡、铝含量不同，分为5个牌号。

② 化学成分　见表3-45。

表3-45　硅钡铝合金的化学成分

<table>
<tr><th rowspan="2">牌号</th><th colspan="7">化学成分/%</th></tr>
<tr><th>Si≥</th><th>Ba≥</th><th>Al≤</th><th>Mn≤</th><th>C≤</th><th>P≤</th><th>S≤</th></tr>
<tr><td>FeAl35Ba6Si20</td><td>20.0</td><td>6.0</td><td>35.0</td><td rowspan="3">0.30</td><td rowspan="3">0.20</td><td rowspan="3">0.030</td><td rowspan="3">0.02</td></tr>
<tr><td>FeAl30Ba6Si20</td><td>20.0</td><td>6.0</td><td>30.0</td></tr>
<tr><td>FeAl25Ba9Si30</td><td>30.0</td><td>9.0</td><td>25.0</td></tr>
<tr><td>FeAl15Ba12Si30</td><td>30.0</td><td>12.0</td><td>15.0</td><td rowspan="2">0.30</td><td rowspan="2">0.20</td><td rowspan="2">0.040</td><td rowspan="2">0.03</td></tr>
<tr><td>FeAl10Ba15Si40</td><td>40.0</td><td>15.0</td><td>10.0</td></tr>
</table>

③ 交货状态　硅钡合金产品交货粒度为10～200mm，其中小于10mm的不超过总量的5%。产品表面洁净，不应有目视可见的非金属夹杂物。

3.3.21 硅钙钡铝合金（YB/T 067—2008）

硅钙钡铝合金用作炼钢中的脱氧剂、脱硫剂。

① 分类　按硅、钙、钡、铝含量不同，分为3个牌号。

② 化学成分　见表3-46。

表 3-46 硅钙钡铝合金的化学成分

<table>
<tr><th rowspan="2">牌号</th><th colspan="8">化学成分/%</th></tr>
<tr><th>Si≥</th><th>Ca≥</th><th>Ba≥</th><th>Al≤</th><th>Mn≤</th><th>C≤</th><th>P≤</th><th>S≤</th></tr>
<tr><td>FeAl16Ba9Ca12Si30</td><td>30.0</td><td>12.0</td><td>9.0</td><td>16.0</td><td rowspan="3">0.40</td><td rowspan="3">0.40</td><td rowspan="3">0.040</td><td rowspan="3">0.02</td></tr>
<tr><td>FeAl12Ba9Ca9Si35</td><td>35.0</td><td>9.0</td><td>9.0</td><td>12.0</td></tr>
<tr><td>FeAl8Ba12Ca6Si40</td><td>40.0</td><td>6.0</td><td>12.0</td><td>8.0</td></tr>
</table>

③ 交货状态 硅钡合金产品交货粒度为 10～200mm，其中小于 10mm 的不超过总量的 5%。产品表面洁净，不应有目视可见的非金属夹杂物。

3.3.22 硼铁（GB/T 5682—2015）

硼铁用于炼钢、铸造和供非晶、超微晶合金、钕铁硼合金及其他用途作硼元素加入剂。

① 分类 按硼、碳及杂质元素含量的不同，分为 12 个牌号。

② 化学成分 见表 3-47。

表 3-47 硼铁的牌号和化学成分

<table>
<tr><th rowspan="3">类别</th><th rowspan="3" colspan="2">牌号</th><th colspan="6">化学成分(质量分数)/%</th></tr>
<tr><th rowspan="2">B</th><th>C</th><th>Si</th><th>Al</th><th>S</th><th>P</th></tr>
<tr><th colspan="5">≤</th></tr>
<tr><td rowspan="4">低碳</td><td colspan="2">FeB22C0.05</td><td>21.0～25.0</td><td rowspan="2">0.05</td><td rowspan="4">1.0</td><td rowspan="4">1.5</td><td rowspan="12">0.010</td><td rowspan="4">0.050</td></tr>
<tr><td colspan="2">FeB20C0.05</td><td>19.0～<21.0</td></tr>
<tr><td colspan="2">FeB18C0.1</td><td>17.0～<19.0</td><td rowspan="2">0.10</td></tr>
<tr><td colspan="2">FeB16C0.1</td><td>14.0～<17.0</td></tr>
<tr><td rowspan="8">中碳</td><td colspan="2">FeB20C0.15</td><td>19.0～21.0</td><td>0.15</td><td>1.0</td><td>0.50</td><td>0.050</td></tr>
<tr><td rowspan="2">FeB20C0.5</td><td>A</td><td rowspan="2">19.0～21.0</td><td rowspan="4">0.50</td><td rowspan="4">1.5</td><td rowspan="4">0.05</td><td rowspan="4">0.10</td></tr>
<tr><td>B</td></tr>
<tr><td rowspan="2">FeB18C0.5</td><td>A</td><td rowspan="2">17.0～<19.0</td></tr>
<tr><td>B</td></tr>
<tr><td colspan="2">FeB16C1.0</td><td>15.0～17.0</td><td rowspan="3">1.0</td><td rowspan="3">2.5</td><td rowspan="3">0.50</td><td>0.10</td></tr>
<tr><td colspan="2">FeB14C1.0</td><td>13.0～<15.0</td><td rowspan="2">0.20</td></tr>
<tr><td colspan="2">FeB12C1.0</td><td>9.0～<13.0</td></tr>
</table>

③ 交货状态 硼铁可以呈块状或粉末状交货，粉末粒度为<5mm，块状粒度为 5～100mm。交付时满足规定粒度要求的产品应占交付产品总量的 90%以上。硼铁表面和断面处不得有非

金属夹杂物。

3.3.23　磷铁（YB/T 5036—2012）

用于炼钢及铸造中作磷元素添加剂。

① 分类　按磷含量和杂质含量的不同，分为 6 个牌号。

② 化学成分　见表 3-48。

表 3-48　磷铁的化学成分

<table>
<tr><th rowspan="3">牌号</th><th colspan="10">化学成分(质量分数)/%</th></tr>
<tr><th rowspan="2">P</th><th>Si</th><th colspan="2">C</th><th colspan="2">S</th><th>Mn</th><th colspan="2">Ti</th></tr>
<tr><th></th><th>Ⅰ</th><th>Ⅱ</th><th>Ⅰ</th><th>Ⅱ</th><th></th><th>Ⅰ</th><th>Ⅱ</th></tr>
<tr><th></th><th></th><th colspan="9">≤</th></tr>
<tr><td>FeP29</td><td>28.0～30.0</td><td rowspan="2">2.0</td><td rowspan="3">0.20</td><td rowspan="3">1.00</td><td rowspan="3">0.05</td><td rowspan="3">0.50</td><td rowspan="3">2.0</td><td rowspan="3">0.70</td><td rowspan="3">2.00</td></tr>
<tr><td>FeP26</td><td>25.0～<28.0</td></tr>
<tr><td>FeP24</td><td>23.0～<25.0</td><td>3.0</td></tr>
<tr><td>FeP21</td><td>20.0～<23.0</td><td rowspan="3">3.0</td><td colspan="2" rowspan="3">1.0</td><td colspan="2" rowspan="3">0.5</td><td>2.0</td><td colspan="2" rowspan="3">—</td></tr>
<tr><td>FeP18</td><td>17.0～<20.0</td><td>2.5</td></tr>
<tr><td>FeP16</td><td>15.0～<17.0</td><td>2.5</td></tr>
</table>

③ 交货状态　为块状，最大块重不超过 30kg，小于 20mm 的块度，其数量加起来的重量不得超过该批总重量的 10%。表面不应有目视显见的非金属夹杂物。

3.4　铸铁和铸铁件

铸铁由生铁、废钢和铁合金按比例配合冶炼而成。

① 分类　按化学成分可分为普通铸铁和合金铸铁（耐蚀、耐热、耐磨铸铁），按生产方法和组织性能可分为灰铸铁、蠕墨铸铁、球墨铸铁、可锻铸铁、合金铸铁和特殊性能铸铁。

② 牌号（GB/T 5612—2008）　见表 3-49。

表 3-49　铸铁的牌号表示方法

<table>
<tr><th colspan="2">铸铁名称</th><th>代号</th><th>牌号示例</th></tr>
<tr><td colspan="2">灰铸铁</td><td>HT</td><td>HT100,H215</td></tr>
<tr><td colspan="2">球墨铸铁</td><td>QT</td><td>QT400-17,QT500-7A</td></tr>
<tr><td rowspan="3">可锻铸铁</td><td>黑心可锻铸铁</td><td>KTH</td><td>KTH300-06,TH350-10</td></tr>
<tr><td>白心可锻铸铁</td><td>KTB</td><td>KTB350-04,TB450-07</td></tr>
<tr><td>珠光体可锻铸铁</td><td>KTZ</td><td>KTZ450-06,KTZ700-02</td></tr>
</table>

续表

铸铁名称		代号	牌号示例
蠕墨铸铁		RuT	RuT400，RuT260
特殊性能铸铁	耐磨铸铁	MT	MTCu1PTi-150
	抗磨球墨铸铁	KmTQ	KmTQMn6
	冷硬铸铁	LT	LTCrMoR
	耐蚀铸铁	ST	STSi15R
	耐热铸铁	RT	RTCr2
	耐蚀球墨铸铁	QTS	QTS Ni20 Cr2
	耐热球墨铸铁	QTR	QTR Si5
	冷硬球墨铸铁	QTL	QTLCrMo
	抗磨球墨铸铁	QTM	QTMMn 8-300
	奥氏体球墨铸铁	QTA	QTA Ni30 Cr3
	奥氏体铸铁	AT	L-NiMn137，Ni22(ISO)
	奥氏体灰铸铁	HTA	HTANi20Cr2
	冷硬灰铸铁	HTL	HTL Cr1Ni1Mo
	耐蚀灰铸铁	HTS	HTSNi2Cr
	耐热灰铸铁	HTR	HTR Cr
	耐磨灰铸铁	HTM	HTMCu1Cr Mo
	抗磨白口铸铁	BTM	BTMCr15Mo
	耐热白口铸铁	BTR	BTRCr16
	耐蚀白口铸铁	BTS	BTSCr28

注：1. 牌号中常规碳、锰、硫、磷等元素的代号及含量，只有在有特殊作用时才标注，其含量大于或等于1%时，用整数表示，小于1%时，一般不标注。

2. 牌号中代号后面的一组数字，表示抗拉强度值；有两组数字时，第一组表示抗拉强度值，第二组表示伸长率。

3.4.1　灰铸铁件（GB/T 9439—2023）

为砂型或导热性与砂型相当的铸型中铸造的普通灰铸铁件。含碳量较高（2.7%～4.0%），其特征是强度和塑性较低，有良好的铸造性、减振性、耐磨性、切削加工性和低的缺口敏感性。

① 分类　按基体组织分，有铁素体、铁素体-珠光体和珠光体三类；按抗拉强度值分类有8个牌号，它们主要适用于以抗拉强度作为主要评价指标的灰铸铁件；按硬度值分类有6个牌号，它们主要适用于以切削加工性能或耐磨性能为主要评价指标的灰铸铁件。

② 抗拉强度及应用　见表3-50。

表 3-50 灰铸铁试样的抗拉强度及应用举例

牌号	铸件主要壁厚/mm		抗拉强度 R_m/MPa			应用举例
			单铸试棒或并排试棒(强制值)		附铁试块	
	>	≤	≥	≤	≥	
HT100	5	40	100	200	—	强度较低。用作盖、外罩、油盘、手轮、手把、支架等
HT150	2.5	5	150	250	—	承受中等弯曲应力，摩擦面间压强高于500kPa的铸件，如机床底座，汽车变速器、进排气管等；液压泵进出油管，鼓风机底座，高炉冷却壁，热风炉箅，炼焦炉保护板，轧钢机托辊，夹板，止回阀体、阀盖等
	5	10			—	
	10	20			—	
	20	40			125	
	40	80			110	
	80	150			100	
	150	300			90	
HT200	2.5	5	200	300	—	强度较高。用作机床立柱、气缸、齿轮箱体、底架、机体、飞轮、齿条、衬筒、一般机床铸有导轨的床身及中等压力(8MPa以下)油缸、液压泵和阀的壳体、带轮、刹车毂、鼓风机座、轴承座、轴承盖等
	5	10			—	
	10	20			—	
	20	40			170	
	40	80			155	
	80	150			110	
	150	300			130	
HT225	5	10	225	325	—	强度高。用作阀壳、油缸、气缸、联轴器、机体、齿轮、齿轮箱外壳、飞轮、衬筒、凸轮轴承座
	10	20			—	
	20	40			190	
	40	80			170	
	80	150			155	
	150	300			145	
HT250	5	10	250	350	—	机床床身、立柱、磨床转体、齿轮箱体、容器、塔器、法兰、填料箱本体、压盖、气缸套、齿轮、油缸、泵体、阀体等，炼钢用轨道板，在建筑行业里面也广泛应用
	10	20			—	
	20	40			210	
	40	80			190	
	80	150			170	
	150	300			160	

续表

牌号	铸件主要壁厚/mm		抗拉强度 R_m/MPa			应用举例
			单铸试棒或并排试棒（强制值）		附铁试块	
	>	≤	≥	≤	≥	
HT275	10	20	275	375	—	炼钢用轨道板、气缸套、齿轮、齿轮箱体、机床床身和立柱、磨床转体、油缸、泵体、阀体、塔器、法兰、填料箱本体，以及需经表面淬火的零件
	20	40			230	
	40	80			210	
	80	150			190	
	150	300			180	
HT300	10	20	300	400	—	机床床身、多轴机床主轴箱、卡盘齿轮、高压油缸、泵体、阀体、锥齿轮，大型卷筒、轧钢机座，汽轮机隔板，泵壳，收缩管，轴承支架、环形缸座
	20	40			250	
	40	80			225	
	80	150			210	
	150	300			190	
HT350	10	20	350	450	—	重型机床的床身、机架和大而厚的衬套、齿轮、凸轮；大型发动机的气缸体、缸套；轧钢滑板，辊子，炼焦柱塞，圆筒混合机齿圈，支承轮座等
	20	40			290	
	40	80			250	
	80	150			240	
	150	300			220	

③ 按硬度分类的铸件硬度　见表 3-51。

表 3-51　灰铸铁铸件的硬度

牌号	铸件主要壁厚/mm		铸件上的硬度范围(HBW)		牌号	铸件主要壁厚/mm		铸件上的硬度范围(HBW)	
	>	≤	min	max		>	≤	min	max
HT-HBW155	2.5	5	—	210	HT-HBW175	10	20	125	205
	5	10	—	185		20	40	110	185
	10	20	—	170		40	80	100	175
	20	40	—	160	HT-HBW195	4	5	190	275
	40	80	—	155		5	10	170	260
HT-HBW175	2.5	5	170	260		10	20	150	230
	5	10	140	225		20	40	125	210

续表

牌号	铸件主要壁厚/mm		铸件上的硬度范围(HBW)		牌号	铸件主要壁厚/mm		铸件上的硬度范围(HBW)	
	>	≤	min	max		>	≤	min	max
HT-HBW195	40	80	120	195	HT-HBW235	10	20	200	275
HT-HBW215	5	10	200	275		20	40	180	255
	10	20	180	255		40	80	165	235
	20	40	160	235	HT-HBW55	20	40	200	275
	40	80	145	215		40	80	185	255

注：在供需双方商定的铸件某位置上，铸件硬度差可以控制在 40HBW 范围内。

3.4.2　球墨铸铁（GB/T 1348—2019）

球墨铸铁是指在砂型或导热性与砂型相当的铸型中铸造的普通或低合金铁素体珠光体球墨铸铁件以及固溶强化的铁素体球墨铸铁件。

因浇铸前在铁水中加入球化剂和墨化剂，促使碳呈球状石墨而得名，它兼有铸铁和钢的性能，具有较高的强度，耐磨性、抗氧化性和消震性高于钢，用于铸造一些受力复杂，强度、韧性、耐磨性要求较高的零件，在机械工业上有着广泛的用途。

下列性能对特种铸造方法生产的球墨铸铁件可参照使用，但不适用于球墨铸铁管件、配件和接头，也不适用于奥氏体球墨铸铁(包括等温淬火球墨铸铁)。

① 分类　按基体组织，分为铁素体珠光体球墨铸铁和固溶强化铁素体球墨铸铁两类。

a. 按铁素体珠光体球墨铸铁的力学性能分为 14 个牌号。

b. 按固溶强化铁素体球墨铸铁的力学性能分为 3 个牌号。

② 牌号和力学性能　见表 3-52、表 3-53。

表 3-52　铁素体珠光体球墨铸铁试样的抗拉性能

材料牌号	铸件壁厚 t /mm	屈服强度 $R_{p0.2}$(min)/MPa	抗拉强度 R_m(min)/MPa	断后伸长率 A(min)/%
QT350-22L	$t \leqslant 30$	220	350	22
	$30 < t \leqslant 60$	210	330	18
	$60 < t \leqslant 200$	200	320	15

续表

材料牌号	铸件壁厚 t /mm	屈服强度 $R_{p0.2}$(min)/MPa	抗拉强度 R_m(min)/MPa	断后伸长率 A(min)/%
QT350-22R	$t\leqslant30$	220	350	22
	$30<t\leqslant60$	220	330	18
	$60<t\leqslant200$	210	320	15
QT350-22	$t\leqslant30$	220	350	22
	$30<t\leqslant60$	220	330	18
	$60<t\leqslant200$	210	320	15
QT400-18L	$t\leqslant30$	240	400	18
	$30<t\leqslant60$	230	380	15
	$60<t\leqslant200$	220	360	12
QT400-18R	$t\leqslant30$	250	400	18
	$30<t\leqslant60$	250	390	15
	$60<t\leqslant200$	240	370	12
QT400-18	$t\leqslant30$	250	400	18
	$30<t\leqslant60$	250	390	15
	$60<t\leqslant200$	240	370	12
QT400-15	$t\leqslant30$	250	400	15
	$30<t\leqslant60$	250	390	14
	$60<t\leqslant200$	240	370	11
QT450-10	$t\leqslant30$	310	450	10
	$30<t\leqslant60$	供需双方商定		
	$60<t\leqslant200$			
QT500-7	$t\leqslant30$	320	500	7
	$30<t\leqslant60$	300	450	7
	$60<t\leqslant200$	290	420	5
QT550-5	$t\leqslant30$	350	550	5
	$30<t\leqslant60$	330	520	4
	$60<t\leqslant200$	320	500	3
QT600-3	$t\leqslant30$	370	600	3
	$30<t\leqslant60$	360	600	2
	$60<t\leqslant200$	340	550	1
QT700-2	$t\leqslant30$	420	700	2
	$30<t\leqslant60$	400	700	2
	$60<t\leqslant200$	380	650	1
QT800-2	$t\leqslant30$	480	800	2
	$30<t\leqslant60$	供需双方商定		
	$60<t\leqslant200$			

续表

材料牌号	铸件壁厚 t /mm	屈服强度 $R_{p0.2}$(min)/MPa	抗拉强度 R_m(min)/MPa	断后伸长率 A(min)/%
QT900-2	$t\leqslant30$	600	900	2
	$30<t\leqslant60$	供需双方商定		
	$60<t\leqslant200$			

注：1. 字母“L”表示低温，字母“R”表示室温。

2. 适用于单铸试样、并排浇铸试样和附铸试样。

表 3-53　固溶强化铁素体球墨铸铁铸造试样的抗拉性能

材料牌号	铸件壁厚 t /mm	屈服强度 $R_{p0.2}$(min)/MPa	抗拉强度 R_m(min)/MPa	断后伸长率 A(min)/%
QT450-18	$t\leqslant30$	350	450	18
	$30<t\leqslant60$	340	430	14
	$60<t\leqslant200$	供需双方商定		
QT500-14	$t\leqslant30$	400	500	14
	$30<t\leqslant60$	390	480	12
	$60<t\leqslant200$	供需双方商定		
QT600-10	$t\leqslant30$	470	600	10
	$30<t\leqslant60$	450	580	8
	$60<t\leqslant200$	供需双方商定		

注：适用于单铸试样、附铸试样和并排浇铸试样。

③ 冲击吸收能量　见表 3-54。

表 3-54　铁素体球墨铸铁试样上加工的 V 形缺口试样的最小冲击吸收能量

牌号	铸件壁厚 t/mm	最小冲击吸收能量/J					
		室温(23±5)℃		低温(−20±2)℃		低温(−40±2)℃	
		三个试样平均值	单个值	三个试样平均值	单个值	三个试样平均值	单个值
QT350-22L	$t\leqslant30$	—	—	—	—	12	9
	$30<t\leqslant60$	—	—	—	—	12	9
	$60<t\leqslant200$	—	—	—	—	10	7
QT350-22R	$t\leqslant30$	17	14	—	—	—	—
	$30<t\leqslant60$	17	14	—	—	—	—
	$60<t\leqslant200$	15	12	—	—	—	—

续表

牌号	铸件壁厚 t/mm	最小冲击吸收能量/J					
		室温(23±5)℃		低温(−20±2)℃		低温(−40±2)℃	
		三个试样平均值	单个值	三个试样平均值	单个值	三个试样平均值	单个值
QT400-18L	$t\leqslant30$	—	—	12	9	—	—
	$30<t\leqslant60$	—	—	12	9	—	—
	$60<t\leqslant200$	—	—	10	7	—	—
QT400-18R	$t\leqslant30$	14	11	—	—	—	—
	$30<t\leqslant60$	14	11	—	—	—	—
	$60<t\leqslant200$	12	9	—	—	—	—

注：1. 同表3-52的注。

2. 这些材料牌号也可适用于压力容器。

④ 中锰球墨铸铁的力学性能　见表3-55。

表3-55　中锰球墨铸铁的力学性能（YB/T036.2—1992）

牌号	锰含量 Mn/%	砂型(ϕ30mm试棒)		金属型(ϕ50mm试棒)		冲击吸收功/J	硬度(HRC)
		抗弯强度 R_m/MPa	挠度(300mm)/mm	抗弯强度 R_m/MPa	挠度(300mm)/mm		
MQTMn6	5.5～6.5	510	3.0	390	2.5	8	44
MQTMn7	6.5～7.5	470	3.5	440	3.0	9	41
MQTMn8	7.5～9.0	430	4.0	490	3.5	10	38

注：适用于制造冶金设备铸铁件。

⑤ 特性和用途　见表3-56。

表3-56　球墨铸铁的特性和用途

牌号	特性	用途
QT400-18L QT400-18R QT400-18	为铁素体型球墨铸铁，有良好的韧性和塑性，且有一定的抗温度急变性和耐蚀性能，焊接性和切削性较好，低温冲击值较高，在低温下的韧性和脆性转变温度较低	适用于制造承受高冲击振动、扭转等静负荷和动负荷的部位的零件；制作具有较高韧性和塑性的零件，特别是低温条件下要求一定冲击性能的零件，如汽车、拖拉机中的牵引框、轮毂、驱动桥和离合器或差速器壳体、弹簧吊耳、阀体、压缩机的高低压气缸、输气管、铁道垫板、农机用铧犁、犁柱，犁托、牵引架、收割机导架、护刃器等

续表

<table>
<tr><th>牌号</th><th>特性</th><th>用途</th></tr>
<tr><td>QT400-15</td><td>为铁素体型球墨铸铁，具有良好的塑性和韧性，较好的焊接性和切削性，并有一定的抗温度急变性和耐蚀性能，在低温下有较低的韧性</td><td>适用于制作承受高扭转及冲击振动等静负荷和动负荷，要求塑性及韧性较高的零件，特别适于制作低温条件下要求一定冲击性能的零件，其应用情况与 QT400-18 相近</td></tr>
<tr><td>QT450-10</td><td>为铁素体型球墨铸铁，具有较高的韧性和塑性，低温冲击韧性较高，且有一定的抗温度急变性和耐蚀性，焊接性能和切削性能均较好，与 QT400-18 相比较，其塑性稍低，但强度和小能量冲击力更高</td><td>其应用范围和 QT400-18 相近</td></tr>
<tr><td>QT450-7</td><td>为珠光体加铁素体类型的球墨铸铁，具有一定的强度和韧性，铸造工艺性能较好，切削加工性尚好；耐磨性和减振性能良好，缺口敏感性比钢低，能够采用不同的热处理方法改变其性能</td><td>在机械制造中应用广泛，适用于制作内燃机的机油泵齿轮、汽轮机中温气缸隔板及水轮机的阀门体、铁路机车的轴瓦、输电线路用的联板、机器座架、液压缸体、连杆、传动轴、飞轮、千斤顶座等</td></tr>
<tr><td>QT500-10</td><td>基体组织以铁素体为主，珠光体含量不超过 5%，渗碳体不超过 1%，机械加工性能优于 QT500-7</td><td>适用于要求良好切削性能、较高韧性和强度中等的铸件</td></tr>
<tr><td>QT600-3</td><td>为珠光体（含量大于 65%）类型球墨铸铁，具有较高的综合性能，中高等强度，中等塑性及韧性，良好的耐磨性、减振性及铸造工艺性，可以采用热处理方法改变其性能</td><td rowspan="2">适用于制作强度要求较高的零件，如柴油机和汽油机的曲轴、汽油机的凸轮、气缸套、进排气门座、连杆；农机用的脚踏脱粒机齿条及轻载荷齿轮；机床用主轴；空压机、冷冻机、制氧机的曲轴、缸体、缸套、球磨机齿轮、矿车轮、桥式起重机大小车滚轮、小型水轮机的主轴等</td></tr>
<tr><td>QT700-2
QT800-2</td><td>为珠光体类型球墨铸铁，有较高强度，良好的耐磨性，较高的疲劳极限，且有一定的塑性和韧性</td></tr>
<tr><td>QT900-2</td><td>具有高强度、高耐磨性和一定的韧性，较高的弯曲疲劳强度和接触疲劳强度</td><td>用于制作农机用的犁铧、耙片、低速农用轴承套圈，汽车用的传动轴、转向轴及螺旋锥齿轮，内燃机的凸轮轴及曲轴，拖拉机用减速齿轮等</td></tr>
</table>

3.4.3 可锻铸铁件（GB/T 9440—2010）

可锻铸铁件在砂型（或导热性与砂型相当的铸型）中铸造，它由一定化学成分的铁液浇铸成白口坯件，再经退火而成，有较高的强度、塑性和冲击韧度，可以部分代替碳钢。可锻铸铁的“可锻”只是表示它的塑性比一般铸铁要好，其实并不可以锻造。

① 分类　按其化学成分和热处理工艺的不同，分为黑心可锻铸铁、珠光体可锻铸铁以及白心可锻铸铁。

② 金相组织　黑心可锻铸铁主要是铁素体基体＋团絮状石墨；珠光体可锻铸铁主要是珠光体基体＋团絮状石墨。

白心可锻铸铁的金相组织取决于断面尺寸：表面区域为铁素体，中间区域为珠光体＋铁素体＋退火石墨，心部区域为珠光体（＋铁素体）＋退火石墨。

③ 牌号和力学性能　见表3-57～表3-59。

表3-57　黑心可锻铸铁的牌号和力学性能

牌号	试样直径①② /mm	抗拉强度 R_{mmin} /MPa	屈服强度 $R_{p0.2min}$ /MPa	伸长率 A_{min} $(L_0=3d)$/%	布氏硬度（HBW）	特性和用途
KTH275-05	12或15	275	—	5	≤150	③
KTH300-06		300	—	6		
KTH330-08		330	—	8		④
KTH350-10		350	200	10		⑤
KTH370-12		370	—	12		

① 如果需方没有明确要求，供方可以任意选取两种试棒直径中的一种。

② 试样直径代表同样壁厚的铸件，如果铸件为薄壁件时，供需双方可以协商选取直径6mm或者9mm试样。

③ 专门用于保证压力密封性能，而不要求高强度或者高延展性的工作条件。

④ 有一定的韧性和强度，用于承受中等动负荷和静负荷的工作零件，如车轮壳、机床扳手和钢丝绳扎头等。

⑤ 有较高的韧性和强度，用于承受较高的冲击、振动及扭转负荷下工作的零件，如汽车上的前后轮毂、减速器壳、万向节壳、制动器、运输机零件等。

表 3-58　珠光体可锻铸铁的牌号和力学性能

牌号	试样直径①②/mm	抗拉强度 R_{mmin}/MPa	屈服强度 $R_{p0.2min}$/MPa	伸长率 A_{min} (L_0=3d)/%	布氏硬度(HBW)	特性和用途
KTZ450-06	12或15	450	270	6	150～200	韧性较低，但强度大，耐磨性好，且可加工性好，可代替低碳钢、中碳钢、低合金钢及有色金属；用来制造要求较高强度和耐磨性的重要零件，如曲轴、连杆、齿轮、活塞杆和轴承等
KTZ500-05		500	300	5	165～215	
KTZ550-04		550	340	4	180～230	
KTZ600-03		600	390	3	195～245	
KTZ650-02③④		650	430	2	210～260	
KTZ700-02		700	530	2	240～290	
KTZ800-01④		800	600	1	270～320	

①② 同表 3-57。
③ 油淬加回火。
④ 空冷加回火。

表 3-59　白心可锻铸铁的牌号和力学性能

牌号	试样直径 d/mm	抗拉强度 R_{mmin}/MPa	屈服强度 $R_{p0.2min}$/MPa	伸长率 A_{min}(L_0=3d)/%	布氏硬度(HBW_{max})	特性和用途
KTB350-04	6	270	—	10	230	①薄壁铸件仍有较好的韧性 ②有非常优良的焊接性，可与铜钎焊 ③可加工性好，但工艺复杂，生产周期长，强度及耐磨性较差 在机械工业中少用，适用于制作厚度在15mm以下的薄壁铸件和焊后不需进行热处理的零件
	9	310	—	5		
	12	350	—	4		
	15	360	—	3		
KTB360-12	6	280	—	16	200	
	9	320	170	15		
	12	360	190	12		
	15	370	200	7		
KTB400-05	6	300	—	12	220	
	9	360	200	8		
	12	400	220	5		
	15	420	230	4		
KTB450-07	6	330	—	12	220	
	9	400	230	10		
	12	450	260	7		
	15	480	280	4		

续表

牌号	试样直径 d /mm	抗拉强度 R_{mmin} /MPa	屈服强度 $R_{p0.2min}$ /MPa	伸长率 $A_{min}(L_0=3d)$/%	布氏硬度 (HBW_{max})	特性和用途
KTB500-04	6 9 12 15	— 490 550 570	— 310 340 350	— 5 4 3	250	

注：1. 所有级别的白心可锻铸铁均可以焊接。

2. 对于小尺寸的试样，很难判断其屈服强度，屈服强度的检测方法和数值由供需双方在签订订单时商定。

3. 如果需方没有明确要求，供方可以任意选取两种试棒直径中的一种。

3.4.4 蠕墨铸铁件（GB/T 26655—2022）

在砂型（或导热性与砂型相当的铸型）中铸造，碳主要以蠕虫状石墨形态析出存在于金属基体之中。

通常是铸造以前加蠕化剂（镁或稀土）随后凝固而制得，力学性能介于灰铸铁和球墨铸铁之间，其铸造性能、减振性和导热性都优于球墨铸铁，与灰铸铁相近，在高温下有较高的强度，氧化生长较小、组织致密、热导率高，断面敏感性小。石墨形态介于片状和球状石墨之间。蠕墨铸铁的石墨形态在光学显微镜下看起来像片状，但其片较短而厚、头部较圆（形似蠕虫）。所以可以认为蠕虫状石墨是一种过渡型石墨。

① 牌号　按单铸试样或并排试样上测得的抗拉强度值，将球墨铸铁分为5个牌号。

② 化学成分　由供方自行决定，不作为铸件验收的依据。

③ 力学性能　见表3-60、表3-61。

表3-60 单铸试样的力学性能

牌号	抗拉强度 R_m(min) /MPa	屈服强度 $R_{p0.2}$(min) /MPa	断后伸长率 A/%	典型的布氏硬度范围 (HBW)	主要基体组织
RuT300	300	210	2.0	140～210	铁素体
RuT350	350	245	1.5	160～220	铁素体＋珠光体
RuT400	400	280	1.0	180～240	珠光体＋铁素体
RuT450	450	315	1.0	200～250	珠光体
RuT500	500	350	0.5	220～260	珠光体

注：布氏硬度为指导值，供参考。

表 3-61 并排浇铸试样和附铸试样的力学性能

牌号	主要壁厚 t/mm	抗拉强度 R_m /MPa	屈服强度 $R_{p0.2}$ /MPa	断后伸长率 A/%	布氏硬度（HBW）	主要基体组织	应用举例
RuT300A	t≤30	300	210	2.0	140～210	铁素体	排气歧管，机车、汽车和固定式内燃机缸盖，纺机和农机零件
	30<t≤60	275	195				
	60<t≤200	250	175				
RuT350A	t≤30	350	245	1.5	160～220	铁素体+珠光体	机床底座、托架和联轴器，固定式内燃机缸盖，锭模，焦化炉炉门，变速器箱体，液压件
	30<t≤60	325	230				
	60<t≤200	300	210				
RuT400A	t≤30	400	280	1.0	180～240	珠光体+铁素体	内燃机缸体和缸盖，机床底座和联轴器，卡车制动鼓、液压件，钢锭模、铝锭模、玻璃模具
	30<t≤60	375	260				
	60<t≤200	325	230				
RuT450A	t≤30	450	315	1.0	200～250	珠光体	汽车内燃机缸体和缸盖，气缸套，载重卡车制动盘，泵壳和液压件，玻璃模具，活塞环
	30<t≤60	400	280				
	60<t≤200	375	260				
RuT500A	t≤30	500	300	0.5	220～260	珠光体	高负荷内燃机缸体，气缸套
	30<t≤60	450	315				
	60<t≤200	400	280				

注：1. 牌号后面的“A”表示附铸试样。
2. 布氏硬度为指导值，供参考。

3.4.5 耐热铸铁（GB/T 9437—2009）

耐热铸铁在砂型或导热性与砂型相仿的铸型中浇注而成，其工作温度在1100℃以下。

① 化学成分　应符合 GB/T 9437—2009 表 1 的规定，据此产生了 11 个牌号。

② 力学性能　见表 3-62、表 3-63。

表 3-62　耐热铸铁件的室温力学性能

铸铁牌号	抗拉强度 R_{mmin}/MPa	硬度（HBW）	铸铁牌号	抗拉强度 R_{mmin}/MPa	硬度（HBW）
HTRCr	200	189～288	QTRSi4Mo1	550	200～240
HTRCr2	150	207～288	QTRSi5	370	228～302
HTRCr16	340	400～450	QTRAl4Si4	250	285～341
HTRSi5	140	160～270	QTRAl5Si5	200	302～363
QTRSi4	420	143～187	QTRAl22	300	241～364
QTRSi4Mo	520	188～241	—	—	—

表 3-63　耐热铸铁的高温短时抗拉强度

铸铁牌号	在下列温度时的最小抗拉强度 R_m/MPa				
	500℃	600℃	700℃	800℃	900℃
HTRCr	225	144	—	—	—
HTRCr2	243	166	—	—	—
HTRCr16	—	—	—	144	88
HTRSi5	—	—	41	27	—
QTRSi4	—	—	75	35	—
QTRSi4Mo	—	—	101	46	—
QTRSi4Mo1	—	—	101	46	—
QTRSi5	—	—	67	30	—
QTRAl4Si4	—	—	—	82	32
QTRAl5Si5	—	—	—	167	75
QTRAl22	—	—	—	130	77

③ 使用条件和应用　见表 3-64。

表 3-64　耐热铸铁的使用条件和应用

铸铁牌号	在空气炉气中的最高温度和特性	应用举例
HTRCr	550℃，具有高的抗氧化性和体积稳定性	适用于急冷急热的薄壁、细长件，用于炉条，高炉支梁式水箱、金属型、玻璃模等

续表

铸铁牌号	在空气炉气中的最高温度和特性	应用举例
HTRCr2	600℃，具有高的抗氧化性和体积稳定性	适用于急冷急热的薄壁、细长件，用于煤气炉内灰盆、矿山烧结车挡板等
HTRCr16	900℃，具有高的室温及高温强度，高的抗氧化性，但常温脆性较大，耐硝酸腐蚀	可在室温及高温下作抗磨件使用，用于退火罐、煤粉烧嘴、炉栅、水泥焙烧炉零件、化工机械等零件
HTRSi5	700℃，耐热性较好，承受机械和热冲击能力较差	用于炉条、煤粉烧嘴、锅炉用梳形定位板、换热器针状管、二硫化碳反应瓶等
QTRSi4	650℃，力学性能、抗热性较RQTSi5好	用于玻璃窑烟道闸门、玻璃引上机墙板、加热炉两端管架等
QTRSi4Mo	680℃，高温力学性能较好	用于内燃机排气歧管、罩式退火炉导向器、烧结机中后热筛板、加热炉吊梁等
QTRSi4Mo1	800℃，高温力学性能好	
QTRSi5	800℃，常温及高温性能明显优于RTSi5	用于煤粉烧嘴、炉条、辐射管、烟道闸门、加热炉中间管架等
QTRAl4Si4	900℃，耐热性良好	适用于高温轻载荷下工作的耐热件，用于烧结机箅、炉用件等
QTRAl5Si5	1050℃，耐热性良好	
QTRAl22	1100℃，具有优良的抗氧化能力，较高的室温和高温强度，韧性好，抗高温硫蚀性好	适用于高温(1100℃)、载荷较小、温度变化较缓的工件。用于锅炉用侧密封块、链式加热炉炉爪、黄铁矿焙炉零件等

3.4.6　高硅耐蚀铸铁（GB/T 8491—2009）

耐蚀铸铁是在铸铁中加入硅、铝、铬等元素，可使铸铁表面形成致密的氧化膜，并提高铸铁的电极电位，阻止和延缓铸铁的腐蚀。现在使用最多的是高硅耐蚀铸铁。它的含碳量低于1.20%，含硅量为10%～14.75%，耐蚀性能很好，在硝酸和硫酸中耐蚀能力相当于1Cr18Ni9不锈钢，可用作各种规格的泵、阀、管接头、管道和印染、化纤设备。

① 牌号及化学成分　见GB/T 8491—2009表1。

② 力学性能　见表3-65。

表3-65　高硅耐蚀铸铁的力学性能

牌号	最小抗弯强度σ_{db}/MPa	最小挠度f/mm
HTSSi11Cu2CrR	190	0.80
HTSSi15R	118	0.66
HTSSi15Cr4MoR	118	0.66
HTSSi15Cr4R	118	0.66

③ 性能和应用　见表3-66。

表3-66　常用高硅耐蚀铸铁的性能和应用

牌号	性能和适用条件	应用举例
HTSSi11Cu2CrR	具有较好的力学性能，可以用一般的机械加工方法进行生产。在浓度大于或等于10%的硫酸、浓度小于或等于46%的硝酸或由上述两种介质组成的混合酸、浓度大于或等于70%的硫酸加氯、苯、苯磺酸等介质中具有较稳定的耐蚀性能，但不允许有急剧的交变载荷、冲击载荷和温度突变	卧式离心机、潜水泵、阀门、旋塞、塔罐、冷却排水管、弯头等化工设备和零部件等
HTSSi15R	在氧化性酸（例如：各种温度和浓度的硝酸、硫酸、铬酸等）、各种有机酸和一系列盐溶液介质中都有良好的耐蚀性，但在卤素的酸、盐溶液（如氢氟酸和氯化物等）和强碱溶液中不耐蚀。不允许有急剧的交变载荷、冲击载荷和温度突变	各种离心泵、阀类、旋塞、管道配件、塔罐、低压容器及各种非标准零部件等
HTSSi15Cr4R	具有优良的耐电化学腐蚀性能，并有改善抗氧化性条件的耐蚀性能。高硅铬铸铁中和铬可提高其钝化性和点蚀击穿电位，但不允许有急剧的交变载荷和温度突变	在外加电流的阴极保护系统中，大量用作辅助阳极铸件
HTSSi15Cr4MoR	适用于强氯化物的环境	—

3.4.7　奥氏体合金铸铁件（GB/T 26648—2011）

铁水成分以铁、碳、镍为主，添加硅、锰、铜和铬等元素，在砂型（或导热性与砂型相当的铸型）中铸造，室温组织以奥氏体基体为主并具有稳定性。

① 分类　有一般工程用和特殊用途两大类。

② 化学成分　应符合 GB/T 26648—2011 表 1、表 2 的规定。

③ 金相组织

a. 奥氏体灰铸铁：奥氏体＋少量晶界碳化物＋片状石墨。Ⅰ型石墨≥70％，石墨大小：3～5 级。

b. 奥氏体球墨铸铁：奥氏体＋少量晶界碳化物＋球状石墨。球化级别不低于 4 级，石墨大小：5～7 级。

c. 不允许有条块状碳化物存在，允许用热处理的方法改变碳化物的形态。

④ 力学性能　见表 3-67。

表 3-67　奥氏体合金铸铁的力学性能

材料牌号		抗拉强度 R_m /MPa≥	屈服强度 $R_{p0.2}$ /MPa≥	伸长率 A %≥	冲击功（V 形缺口）/J≥	布氏硬度（HBW）
一般工程用	HTANi15Cu6Cr2	170	—	—	—	120～215
	QTANi20Cr2	370	210	7	13①	140～205
	QTANi20Cr2Nb	370	210	7	13①	140～200
	QTANi22	370	170	20	20	130～170
	QTANi23Mn4	440	210	25	24	153～180
	QTANi35	370	210	20	—	130～180
	QTANi35Si5Cr2	370	200	10	—	130～170
特殊用途	HTANi13Mn7	140	—	—	—	120～150
	QTANi13Mn7	390	210	15	16	120～150
	QTANi30Cr3	370	210	7	—	140～200
	QTANi30Si5Cr5	390	240	—	—	170～250
	QTANi35Cr3	370	210	7	—	140～190

① 非强制要求。

⑤ 特性和用途　见表 3-68。

表 3-68　奥氏体合金铸铁的特性和主要用途

<table>
<tr><th colspan="2">牌号</th><th>特性</th><th>应用举例</th></tr>
<tr><td rowspan="7">一般工程用</td><td>HTANi15Cu6Cr2</td><td>有良好的耐腐蚀性，尤其是在碱、稀酸、海水和盐溶液内；有良好的耐热性、承载性。热膨胀系数高，含低铬时无磁性</td><td>泵、阀、炉子构件、衬套、活塞环托架，无磁性铸件</td></tr>
<tr><td>QTANi20Cr2</td><td>有良好的耐腐蚀性和耐热性，较强的承载性，较高的热膨胀系数，含低铬时无磁性，若增加1%Mo(质量分数)可提高高温力学性能</td><td>泵、阀、压缩机、衬套、涡轮增压器外壳、排气歧管、无磁性铸件</td></tr>
<tr><td>QTANi20Cr2Nb</td><td>适用于焊接产品，其他性能同QTANi20Cr2</td><td>同QTANi20Cr2</td></tr>
<tr><td>QTANi22</td><td>伸长率较高，比QTANi20Cr2的耐蚀性和耐热性低，热膨胀系数高；−100℃仍具韧性，无磁性</td><td>泵、阀、压缩机、衬套、涡轮增压器外壳、排气歧管、无磁性铸件</td></tr>
<tr><td>QTANi23Mn4</td><td>伸长率特别高，−196℃仍具韧性，无磁性</td><td>适用于−196℃的制冷工程用铸件</td></tr>
<tr><td>QTANi35</td><td>热膨胀系数最低，耐热冲击</td><td>要求尺寸稳定性好的机床零件、科研仪器、玻璃模具</td></tr>
<tr><td>QTANi35Si5Cr2</td><td>抗热性好，其伸长率和抗蠕变性能高于QTANi35Cr3，若增加1%Mo(质量分数)抗蠕变能力会更强</td><td>燃气涡轮壳体，排气歧管、涡轮增压器外壳</td></tr>
<tr><td rowspan="2">特殊用途</td><td>HTANi13Mn7</td><td>无磁性</td><td>无磁性铸件，如涡轮发电机端盖、开关设备外壳、绝缘体法兰、终端设备、管道</td></tr>
<tr><td>QTANi13Mn7</td><td>无磁性，与HTANi13Mn7性能相似，力学性能有所改善</td><td>无磁性铸件，如涡轮发电机端盖、开关设备外壳、绝缘体法兰、终端设备、管道</td></tr>
</table>

续表

牌号		特性	应用举例
特殊用途	QTANi30Cr3	力学性能与 QTANi20Cr2Nb 相似,但耐腐蚀性较好,中等热膨胀系数,优良的耐热冲击性,增加 1%Mo(质量分数),具有良好的耐高温性	泵、锅炉、阀门、过滤器零件、排气歧管、涡轮增压器外壳
	QTANi30Si5Cr5	优良的耐腐蚀性和耐热性,中等热膨胀系数	泵、排气歧管、涡轮增压器外壳、工业熔炉铸件
	QTANi35Cr3	与 QTANi35 相似,增加 1%Mo(质量分数),具有良好的耐高温性	燃气轮机外壳,玻璃模具

⑥ 热处理　见表 3-69。

表 3-69　推荐的热处理工艺

目的	热处理工艺
消除应力	①升温速率不大于 150℃/h,加热到 625～650℃,保温 2h ②截面厚度每增加 25mm,保温时间增加 1h ③降温速率不大于 100℃/h,炉内冷却至 200℃出炉空冷
高温稳定化	①升温速率不大于 150℃/h,加热到 905～1040℃,保温 3～5h ②截面厚度每增加 25mm,保温时间增加 1h ③达到规定的保温时间后出炉空冷

注：对于超过 500℃工作温度的工件需进行高温稳定化热处理。

3.4.8　抗磨白口铸铁件（GB/T 8263—2010）

抗磨白口铸铁是金相组织为金属基体加碳化物，并且具有良好抗磨损性能的白口铸铁，用于冶金、建材、电力、建筑、船舶、煤炭、化工和机械等行业的抗磨损零部件。

① 分类　有镍铬合金抗磨白口铸铁和铬合金抗磨白口铸铁两种。

② 化学成分　应符合 GB/T 8263—2010 表 1 的规定。

③ 硬度和特性、应用　见表 3-70。

表 3-70　抗磨白口铸铁件的硬度和特性、应用

牌号	硬度						特性及应用举例	
	铸态或铸态并去应力处理		硬化态或硬化态并去应力处理		软化退火态			
	HRC	HBW	HRC	HBW	HRC	HBW		
BTMNi4Cr2-DT	≥53	≥550	≥56	≥600	—	—	抗磨白口铸铁中，碳主要以碳化物的形式分布于金属基体中，具有优良的磨料磨损性能，适用于制造矿山、冶金、电力、建材和机械制造等行业的易磨损零件	可用于承受中等冲击载荷的易磨损零件
BTMNi4Cr2-GT	≥53	≥550	≥56	≥600	—	—		用于承受较小冲击载荷的易磨损零件
BTMCr9Ni5	≥50	≥500	≥56	≥600	—	—		有很好的淬透性，可用于承受中等冲击载荷的磨损零件
BTMCr2	≥45	≥435	—	—	—	—		用于承受较小冲击载荷的易磨损零件
BTMCr8	≥46	≥450	≥56	≥600	≤41	≤400		有一定的耐蚀性，可用于承受中等冲击载荷的易磨损零件
BTMCr12-DT	—	—	≥50	≥500	≤41	≤400		可用于承受中等冲击载荷的易磨损零件
BTMCr12-GT	≥46	≥450	≥58	≥650	≤41	≤400		用于承受中等冲击载荷的磨料磨损零件
BTMCr15	≥46	≥450	≥58	≥650	≤41	≤400		可用于承受中等冲击载荷的易磨损零件
BTMCr20	≥46	≥450	≥58	≥650	≤41	≤400		有很好的淬透性、较好的耐蚀性，可用于承受较大冲击载荷的易磨损零件
BTMCr26	≥46	≥450	≥58	≥650	≤41	≤400		有很好的淬透性、良好的耐蚀性和抗高温氧化性，可用于承受较大冲击载荷的易磨损零件

注：1. 洛氏硬度值（HRC）和布氏硬度值（HBW）之间没有精确的对应值，因此，这两种硬度值应独立使用。

2. 铸件断面深度40%处的硬度应不低于表面硬度值的92%。

④ 热处理　见表 3-71。

表 3-71　抗磨白口铸铁件热处理规范

<table>
<tr><th rowspan="2">牌号</th><th rowspan="2">软化退火处理</th><th colspan="2">硬化处理</th><th rowspan="2">回火处理</th></tr>
<tr><th>保温</th><th>出炉冷却</th></tr>
<tr><td>BTMNi4Cr2-DT
BTMNi4Cr2-GT</td><td>—</td><td>430～470℃
4～6h</td><td rowspan="2">空冷
或
炉冷</td><td rowspan="2">250～300℃
保温 8～16h，
出炉空冷或炉冷</td></tr>
<tr><td>BTMCr9Ni5</td><td>—</td><td>800～850℃
6～16h</td></tr>
<tr><td>BTMCr8
RTMCr12-DT
BTMCr12-GT
BTMCr15</td><td>920～960℃保温，缓冷至
700～750℃保温，缓冷至
600℃以下出炉空冷或炉冷</td><td>940～980℃
900～980℃
900～980℃
920～1000℃</td><td rowspan="2">以合适
的方式
快速
冷却</td><td rowspan="2">200～550℃
保温，出炉
空冷或炉冷</td></tr>
<tr><td>BTMCr20
BTMCr26</td><td>960～1060℃保温，缓冷至
700～750℃保温，缓冷至
600℃以下出炉空冷或炉冷</td><td>950～1050℃
960～1060℃</td></tr>
</table>

注：1. 热处理规范中保温时间主要由铸件壁厚决定。

2. BTMCr12 经 200～650℃去应力处理。

⑤ 交货状态　分为铸态、铸态去应力处理、硬化态、硬化态去应力处理和软化退火态几种。

3.4.9　铬锰钨系抗磨铸铁件（GB/T 24597—2009）

铬锰钨系抗磨铸铁是含锰、钨的高铬抗磨铸铁，适于冶金、建材、电力等行业在磨料磨损条件下使用。

① 化学成分　应符合 GB/T 24597—2009 表 1 的规定。

② 淬硬深度　见表 3-72。

表 3-72　铬锰钨系抗磨铸铁件淬硬深度

牌号	淬硬深度/mm	牌号	淬硬深度/mm
BTMCr18Mn3W2	100	BTMCr12Mn3W2	80
BTMCr18Mn3W	80	BTMCr12Mn3W	65
BTMCr18Mn2W	65	BTMCr12Mn2W	50

注：淬硬深度指在风冷硬化条件下，铸件芯部硬度分别达到 58HRC 以上（BTM-Cr18Mn3W2、BTMCr18Mn3W、RTMCr18Mn2W）或 56HRC 以上（BTMCr12Mn3W2、BTMCr12Mn3W、BTMCr12Mn2W）的铸件厚度 1/2 处至铸件表面的距离。

③ 铸铁件硬度　见表 3-73。

表 3-73 铬锰钨系抗磨铸铁件的硬度

牌号	硬度(HRC)		牌号	硬度(HRC)	
	软化退火态	硬化态		软化退火态	硬化态
BTMCr18Mn3W2 BTMCr18Mn3W BTMCr18Mn2W	≤45	≥60	BTMCr12Mn3W2 BTMCr12Mn3W BTMCr12Mn2W	≤40	≥58

注：铸件断面深度40%部位的硬度应不低于表面硬度值的96%。

3.4.10 耐磨损球墨铸铁件（JB/T 11843—2014）

耐磨损球墨铸铁是具有良好耐（抗）磨料磨损性能的球墨铸铁。

① 化学成分 应符合JB/T 11843—2014表1的规定。

② 牌号表示方法

QT	M	□	□
"球""铁" 二字拼音 首字母	耐(抗) 磨损	热处理状态 L—连续冷却淬火；D—等温淬火； CD—等温淬火(含碳化物奥氏体组织)	型号 1—1型 2—2型

③ 牌号和硬度 见表3-74。

表 3-74 耐磨损球墨铸铁件的牌号和硬度

牌号	名称	表面硬度(HRC)
QTML-1	奥氏体连续冷却淬火球墨铸铁件	≥50
QTML-2	马氏体连续冷却淬火球墨铸铁件	≥52
QTMD-1	奥氏体等温淬火球墨铸铁件	≥43
QTMD-2	奥氏体低温等温淬火球墨铸铁件	≥48
QTMCD	含碳化物奥氏体等温淬火球墨铸铁件	≥56

注：铸件断面深度40%处的硬度应不低于表面硬度值的90%。

3.4.11 铸铁轧辊（GB/T 1504—2024）

① 分类 有金属材料加工使用的铸铁轧辊和工作层为铸铁材质的复合轧辊（含辊环）两种。

② 硬度和用途 见表3-75。

表 3-75 轧辊工作层表面硬度和推荐用途

类别	名称	代码	牌号	硬度(HSD)		推荐用途
				辊身	辊颈	
冷硬铸铁	铬钼冷硬Ⅰ	LYy	LYCrMo	58～70	32～48	小型型钢、线材轧机
	镍铬钼冷硬Ⅱ	LYc	LYNiCrMo	60～70	32～50	
	镍铬钼冷硬Ⅲ	LYs	LYNi2CrMo	62～75	35～52	
	镍铬钼冷硬离心复合Ⅳ	LYi	LYNi3CrMo	65～80	32～45	
	镍铬钼冷硬离心复合Ⅴ	LYw	LYNi4CrMo	70～85	32～45	
无限冷硬铸铁	铬钼无限冷硬Ⅰ	XLYy	XLCrMo	50～70	35～55	小型型钢棒线轧机、窄带钢轧机
	镍铬钼无限冷硬Ⅱ	XLYc	XLNiCrMo	55～72	35～55	
	镍铬钼无限冷硬Ⅲ	XLYs	XLNi2CrMo	55～72	35～55	
	镍铬钼无限冷硬离心复合Ⅳ	XLYi	XLNi3CrMo	65～78	32～45	中厚板、热带钢轧机、平整机、卷取机
	高镍铬钼无限冷硬离心复合Ⅴ	XLYw	XLNi4Cr2Mo	70～83	32～45	
	高镍铬钼无限冷硬离心复合Ⅵ	XLl	XLNi4Cr2MoV	77～85	32～45	
球墨铸铁	铬钼球墨半冷硬Ⅰ	QLy	QLCrMo	40～55	32～50	线材、型钢、窄带钢轧机
	铬钼球墨无限冷硬Ⅰ	QXy	QXCrMo	50～70	35～55	
	镍铬钼球墨无限冷硬Ⅱ	QXc	QXNiCrMo	50～65	35～55	
	镍铬钼球墨无限冷硬Ⅲ	QXs	QXNiCrMo	55～70	35～55	
	珠光体球墨Ⅰ	QZy	QZNi2CrMo-1	45～55	35～55	方/板坯初轧机、型钢、轨梁、开坯、棒线材、炉卷轧机、窄带钢轧机
	珠光体球墨Ⅱ	QZc	QZNi2CrMo-2	55～65	35～55	
	珠光体球墨Ⅲ	QZs	QZNi32CrMo	62～72	35～55	
	贝氏体球墨离心复合Ⅰ	QBy	QBNi3CrMo	55～78	32～45	
	贝氏体球墨离心复合Ⅱ	QBc	QBNi4CrMo	60～80	32～45	
高铬铁	高铬离心复合Ⅰ	LTy	LTNiCr14Mo	60～75	32～45	冷热带钢轧机和平整机、中厚板轧机、型钢万能轧机
	高铬离心复合Ⅱ	LTc	LTNiCr17Mo	65～80	32～45	
	高铬离心复合Ⅲ	LTs	LTNiCr20Mo2	75～90	32～45	

3.4.12 冷硬铸铁辊筒（HG/T 3108—2012）

冷硬铸铁辊筒用于橡胶塑料压延机，开炼机中炼胶机、压片机、热炼机、破胶机和精炼机。

① 分类和牌号 有普通冷硬铸铁辊筒（HTLG-P)、合金冷硬铸铁辊筒（HTLG-H，包括铬钼合金、镍铬合金和铬铜合金）和离心复合冷硬铸铁辊筒（HTLG-LF，包括镍铬钼合金、镍铬钼合金Ⅱ）三种。

其中“HTL”为 GB/T 5612 中规定的冷硬灰铸铁代号，“G”表示“辊筒”，“P”表示“普通”，“H”表示“合金”，“LF”表示“离心复合”。

② 化学成分 应符合 HG/T 3108—2012 表 B.2 的要求。

③ 白口深度及表面硬度 见表 3-76。

表 3-76 机械加工后的辊筒白口深度及表面硬度

项目		辊筒直径/mm			
		≤250	＞250～400	＞400～500	＞500
白口深度/mm		3～13	4～20	4～22	5～24
工作表面硬度(HSD)	普通冷硬铸铁辊筒	65～72			
	合金冷硬铸铁辊筒	68～78			
	离心复合冷硬铸铁辊筒	70～78			
轴颈表面硬度(HSD)	普通冷硬铸铁辊筒	26～36			
	合金冷硬铸铁辊筒	35～48			
	离心复合冷硬铸铁辊筒	32～45			

注：1. 当辊筒轴颈采用钢套结构时，钢套表面硬度不低于 30HSD。
2. 当辊筒工作面端面采用钻孔结构时，白口深度为 5～20mm。
3. 在辊筒工作面加工成沟槽后，沟底的白口深度下限为 3mm。
4. 离心复合冷硬铸铁辊筒的合金层深度为 15～24mm。

④ 力学性能

a. 采用静态浇铸铸造工艺制造的辊筒，辊筒轴颈抗拉强度应不小于 180MPa。

b. 采用离心复合铸造工艺制造的辊筒，轴颈为灰铸铁者，其抗拉强度应不小于 180MPa；轴颈为球墨铸铁者，其抗拉强度应不小于 350MPa。

c. 橡胶塑料压延机用辊筒轴颈弹性模量为 120～160GPa。根据辊筒不同需求选择相应的轴颈弹性模量数值。

⑤ 辊筒尺寸　见表 3-77～表 3-79。

表 3-77　橡胶塑料压延机用辊筒主要尺寸参数　mm

工作面直径	150	230	360	400	450
工作面长度	320	630	800,900,1120	700,920,1000,1300	600,1000,1200,1350,1430
工作面直径	500	550	610	660	700
工作面长度	1300	1000,1300,1500	1400,1500,1730,1800,2030,2500	2000,2300,2500	1800
工作面直径	750	800	850	900	—
工作面长度	2000,2400	2500	3400	4000	—

表 3-78　炼胶机、压片机和热炼机用辊筒主要尺寸参数　mm

工作面直径	160	250	300	360	400
工作面长度	320	620	700	900	1000
工作面直径	450	550	610	660	710
工作面长度	1200	1500	1830,2000	2130	2200,2540

表 3-79　破胶机和精炼机用辊筒主要尺寸参数　mm

工作面直径	400	450	480	510	560	610
工作面长度	600	620	800	800	800	800

3.4.13　高铬铸铁衬板（JC/T 691—2022）

用于建材工业水泥管磨机或其他行业用高铬铸铁衬板及过流件。

① 分类和铬含量　有 CB Cr12DT、CB Cr12GT（含 Cr＞10%～14%，质量分数，下同）、CB Cr15（＞14%～18%）、CB Cr20（＞18%～23%）和 CB Cr26（＞23%～30%）五种。牌号中“DT”“GT”分别表示“低碳”和“高碳”。

② 化学成分　应符合 JC/T 691—2022 表 2 的规定。

③ 牌号表示方法

CB	Cr	□□	□□
衬板代号	铬元素符号	铬含量/%	DT—低碳,GT—高碳

衬板的硬度：均≥58HRC。

注：1. 含铬量为13%的低碳高铬铸铁衬板，标记为：高铬铸铁衬板JC/T 691-CB Cr12DT。

2. 含铬量为16%的高铬铸铁衬板，标记为：高铬铸铁衬板JC/T 691-CB Cr15GT。

④ 代号表示方法 在牌号之前加标准号“JC/T 691”和“-”。

⑤ 牌号和力学性能 见表3-80。

表3-80 高铬铸铁衬板的牌号和力学性能

牌号	表面硬度(HRC)	冲击吸收能量/J	牌号	表面硬度(HRC)	冲击吸收能量/J
CBCr12DT	≥50	≥5	CBCr20	≥59	≥3
CBCr12GT	≥55	≥3	CBCr26	≥59	≥4
CBCr15	59	≥3			

注：1. 冲击吸收能量可不作为交货验收依据。

2. 衬板最大厚度中心层处的硬度与表面硬度差应小于4HRC。

3.4.14 低铬合金铸铁磨段（YB/T 093—2019）

用于球磨机作磨矿介质，其含铬量为0.5%～2.5%。

① 分类 按外形分为柱形铸铁磨段（A）和圆台形铸铁磨段（B）两类；按化学成分分为低铬合金铸铁磨段和低铬多元（另含少量V、Ti）合金铸铁磨段。

② 化学成分 应符合YB/T 093—2019表2的规定。

③ 代号表示方法

ZD	Cr	□	□×□
铸铁磨段代号	铬元素符号	分型代号	直径×长度(mm)

注：直径30mm×长度45mm低铬合金圆台铸铁磨段，标记为ZDCrB30×45。

④ 公称直径和长度 有20mm×25mm、25mm×30mm、25mm×35mm、30mm×40mm、30mm×35mm、30mm×45mm、35mm×

45mm、35mm×40mm、40mm×45mm、40mm×50mm、45mm×50mm和50mm×60mm十二种（直径小于20mm及公称长度小于25mm的铸铁磨段，其直径、长度数值由供需方协定）。

圆台铸铁磨段的锥度为（1∶8）～（1∶12）。

⑤ 硬度　低铬多元合金铸铁磨段的表面洛氏硬度应为51HRC以上；低铬合金铸铁磨段的表面洛氏硬度，公称直径＜35mm时，洛氏硬度应不小于48HRC；直径≥35mm时，洛氏硬度应不小于46HRC。

⑥ 质量要求　见表3-81。

表3-81　低铬合金铸铁磨段的质量

<table>
<tr><td colspan="2">项目</td><td colspan="12">技术要求</td></tr>
<tr><td colspan="2">硬度</td><td colspan="12">低铬多元合金铸铁磨段的表面洛氏硬度应为51HRC以上
低铬合金铸铁磨段的表面洛氏硬度，公称直径＜35mm时，洛氏硬度应不小于48HRC；直径≥35mm时，洛氏硬度应不小于46HRC</td></tr>
<tr><td colspan="2">破碎率</td><td colspan="12">应不大于1%</td></tr>
<tr><td colspan="2">内部质量</td><td colspan="12">在通过柱心的剖切面上不允许有影响使用的内部缺陷</td></tr>
<tr><td rowspan="5">铸造表面缺陷</td><td>不允许</td><td colspan="12">有裂纹和影响使用性能的夹渣、砂眼、气孔、铁豆、冷隔等</td></tr>
<tr><td rowspan="4">允许≤</td><td colspan="4" rowspan="2">公称直径/mm</td><td colspan="3" rowspan="2">多肉、少肉/mm</td><td colspan="5">缩陷</td></tr>
<tr><td colspan="2">深度/mm</td><td colspan="3">面积/mm²</td></tr>
<tr><td colspan="4">20、25</td><td colspan="3">2</td><td colspan="2">2</td><td colspan="3">4</td></tr>
<tr><td colspan="4">30、35、40、45、50</td><td colspan="3">3</td><td colspan="2">3</td><td colspan="3">6</td></tr>
<tr><td rowspan="2">铸铁磨段/mm</td><td>公称直径</td><td>20</td><td>25</td><td>25</td><td>30</td><td>30</td><td>30</td><td>35</td><td>35</td><td>40</td><td>40</td><td>45</td><td>50</td></tr>
<tr><td>公称长度</td><td>25</td><td>30</td><td>35</td><td>40</td><td>35</td><td>45</td><td>45</td><td>40</td><td>45</td><td>50</td><td>50</td><td>60</td></tr>
</table>

注：圆台铸铁磨段的锥度为（1∶8）～（1∶12）。铸铁磨段公称直径与长度方向1/2处直径等效。

3.4.15　合金铸铁磨球（YB/T 092—2019）

用于球磨机、半自动磨机等作磨矿介质。

① 分类　有铬系铸铁磨球和球墨铸铁磨球两大类。

a. 铬系合金铸铁磨球，又可按铬含量分为三类：

高铬铸铁磨球：铬含量≥10%，共晶碳化物主要为$(Cr, Fe)_7C_3$。

中铬铸铁磨球：铬含量5%～10%，共晶碳化物主要为$(Cr, Fe)_7C_3$和$(Cr, Fe)_3C$。

低铬铸铁磨球：铬含量1.0%～5.0%，共晶碳化物主要为$(Cr, Fe)_3C$。

b. 球墨铸铁磨球，包括贝氏体的球墨铸铁磨球（B）和马氏体的球墨铸铁磨球（M）。

② 化学成分　应符合YB/T 092—2019表2、表3的规定。

③ 代号表示方法

a. 铬系铸铁磨球：

ZQ	Cr	□	□-	□
铸铁磨球代号	铬元素符号	铬的名义百分含量	分类代号	公称直径

b. 球墨铸铁磨球：

ZQ	□	□
铸铁磨球代号	分类代号	公称直径

④ 力学性能　见表3-82、表3-83。

表3-82　铬系铸铁磨球的力学性能

牌号	表面硬度(HRC)	冲击吸收能量/J	冲击疲劳寿命
ZQCr26G	≥59	≥3	（落球次数）≥8000
ZQCr20G	≥59		
ZQCr12G	≥59	≥3	
ZQCr8Z	≥48		
ZQCr2D	≥48	≥2	

注：1. 落球冲击疲劳试验采用直径100mm的铸铁磨球；这是在标准高度3.5m试验机上试验的结果。

2. 直径大于100mm的高铬铸铁磨球，其表面硬度≥58HRC。

表 3-83 球墨铸铁磨球的力学性能

名称	代号	表面硬度(HRC)	冲击吸收能量/J	冲击疲劳寿命(落球次数)
贝氏体球墨铸铁磨球	ZQB	≥50	≥8	≥10000
马氏体球墨铸铁磨球	ZQM	≥52		

3.4.16 活塞环铸铁

(1) 内燃机活塞环铸铁(GB/T 1149.3—2010)

用于气缸直径小于或等于200mm的往复活塞式内燃机活塞环，见表3-84。

表 3-84 活塞环材料及其力学性能

级别	力学性能/MPa		材料						典型应用
	典型弹性模量	最低抗弯强度	类型	最低硬度①			特殊要求	细分级别	
				HV30	HRB	HRC			
10	90000	300	灰铸铁	200	93	—	不经热处理	MC11	压缩环
	90000	350		205	95	—		MC12	刮环
	100000	390		205	95	—		MC13	油环
20	115000	450	灰铸铁	255	—	23	热处理	MC21	压缩环 刮环
		450		290	—	28		MC22	
		450		390	—	40		MC23	
		500		320	—	32		MC24	
	130000	650		365	—	37		MC25	
30	145000	550	碳化物铸铁	265	—	25	热处理珠光体	MC31	
		500		300		30	热处理马氏体	MC32	
40	160000	600	可锻铸铁	210	95	—	热处理珠光体	MC41	压缩环 刮片环 及薄型 油环
		600		250	—	22	热处理马氏体	MC42	
		600		300	—	30	热处理马氏体	MC43	
		1000		280	—	27	热处理碳化体	MC44	

续表

级别	力学性能/MPa		材料						典型应用
	典型弹性模量	最低抗弯强度	类型	最低硬度①			特殊要求	细分级别	
				HV30	HRB	HRC			
50	160000	1100	球墨铸铁	255	—	23	热处理马氏体	MC51	压缩环刮片环及薄型油环
		1300		255	—	23	热处理马氏体	MC52	
		1300		290	—	28	热处理马氏体	MC53	
		1300		210	95	—	珠光体	MC54	
				225	97	—	铁素体	MC65	
		1300		345	—	35	热处理马氏体	MC56	
60	210000	—	钢	370	—	38	铬钼钒合金	MC61	压缩环
				390	—	40	铬硅合金	MC62	③
				485	—	48	铬硅合金	MC63	压缩环
				150	—	45	铬硅合金	MC64	压缩环
				270	—	26	马氏体(含铬≥11%)	MC65	④
				270	—	26	马氏体(含铬≥17%)	MC66	⑤
				—②	—	—	奥氏体(含铬≥16%)	MC67	衬环
				450②	—	—	非合金	MC88	⑥

① 硬度值是三个测量点（开口、离开口90°和180°处各一点）的平均值，HRB和HRC仅供参考。

② 衬环的硬度值取决于制造工艺，成品衬环的硬度值由供需双方协商决定。

③ 螺旋撑环和压缩环。

④ 压缩环、油环和刮片环。

⑤ 压缩环和刮片环。

⑥ 衬环和刮片环。

（2）活塞环用耐磨铸铁

① 化学成分 见表3-85。

② 力学性能及用途 见表3-86。

表 3-85　活塞环用耐磨铸铁的化学成分

名称	化学成分(质量分数)/%					
	C	Si	Mn	P	S	其他
钨铸铁	3.6～3.9	2.2～2.7	0.6～1.0	0.35～0.5	≤0.1	W0.4～0.65
钨钒钛铸铁	3.6～3.9	2.2～2.5	0.6～1.0	0.3～0.6	≤0.1	W0.3～0.5,V0.15～0.2,Ti0.1～0.2
钨铬钼铸铁	3.6～3.8	2.5～2.7	0.7～0.9	0.3～0.5	≤0.1	W0.35～0.45,Cr0.2～0.3,Mo0.2～0.3
钼铬铸铁	3.7～3.9	2.0～2.5	0.6～0.9	0.3～0.5	≤0.1	Mo0.25～0.45,Cr0.25～0.35
	2.9～3.3	2.0～2.4	0.7～1.0	0.35～0.6	≤0.1	Mo0.6～0.8,Cr0.4～0.6
钼铬铜铸铁	3.0～3.3	1.9～2.4	0.8～1.2	0.35～0.7	≤0.1	Mo0.3～0.6,Cr0.2～0.4,Cu0.7～1.0
	2.8～3.2	1.6～2.0	0.9～1.3	0.25～0.4	≤0.1	Mo0.6～0.8,Cr0.4～0.6,Cu0.9～1.4
钼铬铜钛铸铁	2.9～3.3	2.0～2.4	0.9～1.3	0.35～0.7	≤0.1	Mo0.3～0.6,Cr0.25～0.5, Cu0.7～1.0,Ti0.05～0.15
镍铬钼铸铁	2.9～3.3	2.0～2.4	0.9～1.3	0.35～0.6	≤0.1	Ni0.8～1.2,Cr0.2～0.4,Mo0.3～0.6
镍铬铸铁	3.0～3.3	2.0～2.4	0.8～1.2	0.4～0.6	≤0.1	Ni0.6～1.0,Cr0.3～0.5
铜钒钛铸铁	3.6～3.9	2.5～2.7	0.6～0.9	0.4～0.6	≤0.1	Cu0.4～0.6,V0.15～0.25,Ti0.1～0.2
磷铸铁	3.6～3.8	2.4～2.6	0.8～1.1	0.5～0.8	≤0.1	—
磷稀土铸铁	3.7～3.9	2.4～2.6	0.6～0.9	0.5～0.7	≤0.1	RE0.013

表 3-86 活塞环用耐磨铸铁的力学性能及用途

名称	力学性能						弹力消失率 ψ/%	用途
	硬度(HRB)	硬度差(HRB)	抗弯强度 σ_{bb}/MPa	弹性模量 E/GPa	E/σ_{bb}	残余变形 c/%		
钨铸铁	101～103	3.0	469	88.4	190	5.3	22.6	汽车、拖拉机活塞环
钨钒钛铸铁	100～102		485	95.0	196	4.2	25	
钨铬钼铸铁	98～102		500	76.4～83.4	150～168	5.6～10	25	
钼铬铸铁	99～102		448	74.3	164	6.0	25	
	98～108		≥550	100～140	≤220	<10	≤20	柴油机活塞环
镍铬铝铸铁	98～107		≥550	100～130	≤220	<10	20	①
钼铬铜铸铁	96～107		≥600	100～130	≤220	<10	18	柴油机、压缩机活塞环
	98～105			110～140				大型船用柴油机活塞环
钼铬铜钛铸铁	98～105		≥550	100～140	≤220	<10	18	②
镍铬铸铁	98～106					—	20	冷冻机活塞环
铜钒钛铸铁	103～107		539	94.3	176	4.5	24.6	内燃机活塞环
磷铸铁	101～103		450	90.6	201	5.5	25	内燃机活塞环
磷稀土铸铁	100～102		440	87.0	199	6.6	25	

① 船用或内燃机车柴油机活塞环。
② 工作温度高的活塞环、重要的柴油发动机活塞环。

3.4.17 气缸套用耐磨铸铁

① 化学成分 见表3-87。

表3-87 气缸套用耐磨铸铁的化学成分

名称	化学成分(质量分数)/%					
	C	Si	Mn	P	S	其他
磷铬铸铁	3.0～3.4	2.1～2.4	0.8～1.2	0.55～0.75	<0.1	Cr0.35～0.55
磷铸铁	2.9～3.4	2.2～2.6	0.8～1.2	0.4～0.6	<0.1	—
磷铬铜铸铁	3.2～3.4	2.4～2.6	0.5～0.7	0.25～0.40	≤0.12	Cr0.2～0.3,Cu0.4～0.7
磷钒铸铁	3.2～3.6	2.1～2.4	0.6～0.8	0.4～0.5	≤0.1	V0.15～0.25
磷铬钼铸铁	3.1～3.4	2.2～2.6	0.5～0.8	0.55～0.80	≤0.1	Cr0.35～0.55,Mo0.15～0.35
钼铬铜铸铁	3.2～3.9	1.8～2.0	0.5～0.7	≤0.15	≤0.12	Cr0.3,Mo0.4,Cu0.6
	2.7～3.2	1.5～2.0	0.8～1.1	≤0.15	≤0.10	Cr0.2～0.4,Mo0.8～1.4,Cu0.8～1.2
	2.9～3.3	1.3～1.9	0.7～1.0	0.2～0.4	≤0.12	Cr0.25～0.45,Mo0.3～0.5,Cu0.7～1.3
磷锑铸铁	3.2～3.6	1.9～2.4	0.6～0.8	0.1～0.4	≤0.08	Sb0.06～0.08(加入量)
硼铸铁	3.1～3.3	1.7～1.9	0.6～0.8	0.25～0.35	≤0.12	B0.04～0.08

② 力学性能及用途　见表3-88。

表3-88　气缸套用耐磨铸铁的力学性能及用途

名称	力学性能				用途举例
	抗拉强度 R_m/MPa	抗弯强度 σ_{bb}/MPa	硬度（HBW）	硬度差（HBW）	
磷铬铸铁	＞200	＞400	220～280	＜30	金属型离心铸造汽车、拖拉机缸套
铸铁	＞200	＞400	220	＜30	柴油机缸套
磷铬铜铸铁	＞250	470	190～240	＜30	柴油机缸套
磷钒铸铁	＞200	＞400	＞220	＜30	汽车、拖拉机缸套
磷铬钼铸铁	250	470	240～280	＜30	金属型离心铸造柴油机缸套
铬钼铜铸铁	250	470	—	—	中小型柴油机缸套
	300	540	202～255	—	砂型铸造内燃机车柴油机缸套
	≥280	≥480	190～248	—	大型船用柴油机缸套
磷锑铸铁	200	240	＞190	—	汽车缸套
硼铸铁	250	470	—	—	中小型柴油机缸套

3.4.18　机床灰铸铁件

（1）机床灰铸铁件（JB/T 3997—2011）

① 牌号　机床导轨采用灰铸铁，有HT150、HT200、HT225、HT250、HT275、HT300和HT350七个牌号。选择时应根据铸件对抗拉强度和硬度的要求，按照硬度和抗拉强度之间的关系（见JB/T 3997—2011附录B）以及铸件壁厚与抗拉强度的关系。对于带有导轨的铸件和其他重要铸件一般应选择HT250及其以上牌号。

② 力学性能　见表3-89。

表3-89　灰铸铁的力学性能

牌号	铸件壁厚/mm		最小抗拉强度 R_m（强制性值）/MPa		铸件本体预期抗拉强度 R_m(min)/MPa
	＞	≤	单铸试棒(min)	附铸试棒或试块(min)	
HT150	5	10	150	—	155
	10	20		—	130
	20	40		120	110
	40	80		110	95
	80	150		100	80
	150	300		90	—

续表

牌号	铸件壁厚/mm		最小抗拉强度 R_m(强制性值)/MPa		铸件本体预期抗拉强度 R_m(min)/MPa
	>	≤	单铸试棒(min)	附铸试棒或试块(min)	
HT200	5	10	200	—	205
	10	20		—	180
	20	40		170	155
	40	80		150	130
	80	150		140	115
	150	300		*130*	—
HT225	5	10	225	—	230
	10	20		—	200
	20	40		190	170
	40	80		170	150
	80	150		155	135
	150	300		*145*	—
HT250	5	10	250	—	250
	10	20		—	225
	20	40		210	195
	40	80		190	170
	80	150		170	155
	150	300		*160*	—
HT275	10	20	275	—	250
	20	40		230	220
	40	80		205	190
	80	150		190	175
	150	300		*175*	—
HT300	10	20	300	—	270
	20	40		250	240
	40	80		220	210
	80	150		210	195
	150	300		*190*	—
HT300	10	20	350	—	315
	20	40		290	280
	40	80		260	250
	80	150		230	225
	150	300		*210*	—

注：1. 当铸件壁厚超过 300mm 时，其力学性能由供需双方商定。

2. 当某牌号的铁液浇铸壁厚均匀、形状简单的铸件时，壁厚变化引起抗拉强度的变化，可从本表查出参考数据；当铸件壁厚不均匀，或有型芯时，此表只能给出不同壁厚处大致的抗拉强度值，铸件的设计应根据关键部位的实测值进行。

3. 表中斜体字数值表示指导值，其余抗拉强度值均为强制性值，铸件本体预期抗拉强度值不作为强制性值。

(2) 机床导轨用耐磨铸铁

① 化学成分 见表 3-90。

表 3-90 机床导轨用耐磨铸铁的化学成分

名称	牌号	化学成分(质量分数)/%								
		C	Si	Mn	P ≤	S ≤	Cr	Mo	Cu	其他
钒钛耐磨铸铁	MTVTi20	3.3～3.7	1.4～2.2	0.5～1.0	0.3	0.12	—	—	—	V≥0.15 Ti≥0.05
	MTVTi25	3.1～3.5	1.3～2.0	0.5～1.1						
	MTVTi30	2.9～3.3	1.2～1.8	0.5～1.1						
磷铜钛耐磨铸铁	MTPCuTi15	3.2～3.5	1.8～2.5	0.5～0.9	0.35～0.6	0.12	—	—	0.6～1.0	Ti:0.09～0.15
	MTPCuTi20	3.0～3.4	1.5～2.0							
	MTPCuTi25	3.0～3.3	1.4～1.8							
	MTPCuTi30	2.9～3.2	1.2～17							
高磷耐磨铸铁	MTP15	3.2～3.5	1.6～2.2	0.5～0.9	0.4～0.65	0.12	—	—	—	—
	MTP20	3.1～3.4	0.5～0.9	0.4～0.65	0.35～0.6					
	MTP25	3.0～3.2	1.4～1.8	0.5～0.9	0.4～0.65					
	MTP30	2.9～3.2	1.2～1.7	0.5～0.9	0.4～0.65					
铬钼铜耐磨铸铁	MTCrMoCu25	3.3～3.6	18～2.5	0.7～0.9	0.15	0.12	0.10～0.20	0.20～0.35	0.7～0.9	—
	MTCrMoCu30	3.0～3.2	1.6～2.1	0.8～1.0			0.10～0.25	0.25～0.45	0.8～1.1	
	MTCrMoCu35	2.9～3.1	1.5～2.0	0.8～1.0			0.15～0.25	0.35～0.50	1.0～1.2	
铬铜耐磨铸铁	MTCrCu25	3.2～3.5	1.7～2.0	0.7～0.9	0.30	0.12	0.15～0.25	—	0.6～0.8	—
	MTCrCu30	3.0～3.2	1.5～1.8	0.8～1.0	0.25		0.20～0.35	—	0.7～1.0	
	MTCrCu35	2.9～3.1	1.4～1.7	0.8～1.0	0.25		0.25～0.35	—	0.9～1.1	

② 力学性能　见表 3-91。

表 3-91　机床导轨用耐磨铸铁的力学性能

名称	牌号	力学性能				用途举例
		抗拉强度 R_m/MPa≥	抗弯强度 σ_{bb}/MPa≥	挠度 f /mm≥	硬度（HBW）	
钒钛耐磨铸铁	MTVTi20	200	400	3.0	160～240	各类中小型机床的导轨铸件
	MTVTi25	250	470		160～240	
	MTVTi30	300	540		170～240	
磷铜钛耐磨铸铁	MTPCuTi15	150	330	2.5	170～229	精密机床的床身、立柱、工作台等
	MTPCuTi20	200	400	2.8	187～235	
	MTPCuTi25	250	470		187～241	
	MTPCuTi30	300	540		187～255	
高磷耐磨铸铁	MTP15	150	330	2.5	170～229	普通机床的床身、溜板、工作台等
	MTP20	200	400	2.8	179～235	
	MTP25	250	470		187～241	
	MTP30	300	540		187～255	
铬钼铜耐磨铸铁	MTCrMoCu25	250	470	3.0	185～230	中小型精密机床、仪表机床床身等导轨铸件
	MTCrMoCu30	300	540		200～250	
	MTCrMoCu35	350	610	3.5	220～260	
铬铜耐磨铸铁	MTCrCu25	250	470	3.0	185～230	
	MTCrCu30	300	540		200～240	
	MTCrCu35	350	610	3.2	210～250	

3.5　铸钢和铸钢件

铸钢是用于生产铸件的铁基合金（含碳小于 2%）的总称，其性能虽不及锻钢，但成本较低，适用于外形较复杂的零件，可分为以下几类：焊接结构用铸钢、耐热铸钢、耐蚀铸钢和耐磨铸钢。

3.5.1　牌号表示方法

根据 GB/T 5613—2014，铸钢的牌号表示方法有 2 种。

① 以强度表示　在“ZG”后面加屈服强度值和抗拉强度值两组数字组成。

ZG　　　　200-　　　　400

铸钢代号　　屈服强度最低值，MPa　　抗拉强度最低值，MPa

② 以化学成分表示 在“ZG”后面加上表示含碳量和所含合金元素的符号、数字组成，共有3个类型。

ZG	15	Cr	2	Mo	V
铸钢代号	碳的名义含量0.15%	铬的元素符号	铬的名义百分含量2%	钼的元素符号其平均含量小于1.5%	钒的元素符号其平均含量小于1.5%

ZGS	06	Cr	19	Ni	10
耐蚀铸钢代号	碳的名义含量0.06%	铬的元素符号	铬的名义百分含量19%	镍的元素符号	镍的名义含量10%

ZGM	120	Mn	13	Cr	2	RE
耐磨铸钢代号	碳的名义含量1.20%	锰的元素符号	锰的名义百分含量13%	铬的元素符号	铬的名义百分含量2%	稀土元素平均含量<1.50%

3.5.2 一般工程用铸造碳钢（GB/T 11352—2009）

① 牌号 有五个。

② 化学成分 应符合GB/T 11352—2009表1的规定。

③ 力学性能 见表3-92。

表3-92 一般工程用铸造碳钢件的力学性能

牌号	规定塑性延伸强度 $R_{p0.2}$/MPa	抗拉强度 R_m/MPa	伸长率 A/%	根据合同选择		
				收缩率 Z/%	冲击性能	
					A_k/J	a_k/(J/cm^2)
ZG 200-400	200	400	25	40	30	6.0
ZG 230-450	230	450	22	32	25	4.5
ZG 270-500	270	500	18	25	22	3.5
ZG 310-570	310	570	15	21	15	3
ZG 340-640	340	640	10	18	10	2

④ 特性和用途 见表3-93。

表 3-93　一般工程用铸造碳钢的特性和用途

类别	牌号	特性	用途
低碳	ZG200-400	有良好的塑性、韧性和焊接性	用于受力不大、要求韧性的各种机械零件，如机座、变速器壳等
	ZG230-450	有一定的强度和较好的塑性，韧性、焊接性好，切削加工性尚可	用于受力不大、要求韧性好的各种机械零件，如砧座、外壳、轴承座、底板、阀体等
中碳	ZG270-500	有较高的强度和较好的塑性，铸造性、焊接性、切削加工性好	用途广泛，用作轧钢机机架、轴承座、连杆、箱体、曲拐、缸体等
	ZG310-570	有较高强度，切削加工性良好，塑性、韧性较低	用于负荷较高的零件，如大齿轮、缸体、制动轮、辊子等
高碳	ZG340-640	高强度、硬度和耐磨性，切削加工性中等，焊接性较差，流动性好，裂纹敏感性较大	用作起重运输机齿轮、联轴器、齿轮、棘轮、车轮、叉头等

3.5.3　一般工程与结构用低合金铸钢（GB/T 14408—2014）

广泛用于铁路机车、货车和客车的部件中，在汽车、船舶、蒸汽机、内燃机以及兵工、化工、拖拉机、水压机等领域都广泛使用。

① 牌号　有 10 种。

② 化学成分　应符合 GB/T 14408—2014 表 1 的规定。

③ 力学性能　见表 3-94。

表 3-94　低合金铸钢的力学性能

牌号	规定塑性延伸强度 $R_{p0.2}$/MPa ≥	抗拉强度 R_m /MPa ≥	伸长率 A /% ≥	收缩率 Z /% ≥	冲击吸收能量 KV/J ≥
ZGD270-480	270	480	18	35	25
ZGD290-510	290	510	16	35	25
ZGD345-570	345	570	14	35	20
ZGD410-620	410	620	13	35	20
ZGD535-720	535	720	12	30	18
ZGD650-830	650	830	10	25	18
ZGD730-910	730	910	8	22	15
ZGD840-1030	840	1030	6	20	15
ZGD1030-1240	1030	1240	5	20	22
ZGD1240-1450	1240	1450	4	15	18

④ 热处理　铸件均须进行热处理，常见的工艺有退火、正火、正火＋回火和淬火＋回火。

3.5.4 大型低合金钢铸件（JB/T 6402—2018）

适用于砂型铸造（或导热性与砂型相仿的铸型）中浇注出的铸件。

① 牌号 共有 26 个。

② 化学成分 应符合 JB/T 6402—2018 表 1 的规定。

③ 力学性能和应用 见表 3-95。

表 3-95 大型低合金钢铸件的力学性能和应用

材料牌号	热处理状态	R_{eH} /MPa ≥	R_m /MPa	A/% ≥	Z/% ≥	KU_2 或 KU_8/J ≥	KV_2 或 KV_8/J ≥	A_{kDVM}/J ≥	硬度 (HBW)	应用举例
ZG20Mn	正火+回火	285	≥495	18	30	39	—	—	≥145	焊接及流动性良好，用于水压机缸、叶片、喷嘴体、阀、弯头等
	调质	300	500～650	22	—	—	45	—	150～190	
ZG25Mn	正火+回火	295	≥490	20	35	47	—	—	156～197	
ZG30Mn	正火+回火	300	≥550	18	30	—	—	—	≥163	
ZG35Mn	正火+回火	345	≥570	12	20	24	—	—	—	用于承受摩擦的零件
	调质	415	≥640	12	25	27	—	27	200～260	
ZG40Mn	正火+回火	350	≥640	12	30	—	—	—	≥163	用于承受摩擦和冲击的零件，如齿轮等
ZG65Mn	正火+回火	—	—	—	—	—	—	—	187～241	用于球磨机衬板等
ZG40Mn2	正火+回火	395	≥590	20	35	30	—	—	≥179	用于承受摩擦的零件，如齿轮等
	调质	635	≥790	13	40	35	—	35	220～270	

续表

材料牌号	热处理状态	R_{eH} /MPa ≥	R_m /MPa	A/% ≥	Z/% ≥	KU_2 或 KU_8/J ≥	KV_2 或 KV_8/J ≥	A_{kDVM}/J ≥	硬度（HBW）	应用举例
ZG45Mn2	正火＋回火	392	≥637	15	30	—	—	—	≥179	用于模块、齿轮等
ZG50Mn2	正火＋回火	445	≥785	18	37	—	—	—	—	用于高强度零件，如齿轮、齿轮缘等
ZG35SiMnMo	正火＋回火	395	≥640	12	20	24	—	—	—	用于承受负荷较大的零件
	调质	490	≥690	12	25	27	—	27	—	
ZG35CrMnSi	正火＋回火	345	≥690	14	30	—	—	—	≥217	用于承受冲击、摩擦的零件，如齿轮、滚轮等
ZG20MnMo	正火＋回火	295	≥490	16	—	39	—	—	≥156	用于受压容器，如泵壳等
ZG30Cr1MnMo	正火＋回火	392	≥686	15	30	—	—	—	—	用于拉坯和立柱
ZG55CrMnMo	正火＋回火	—	—	—	—	—	—	—	197～241	用于热模具钢，如锻模等
ZG40Cr1	正火＋回火	345	≥630	18	26	—	—	—	≥212	用于高强度齿轮
ZG34Cr2Ni2Mo	调质	700	950～1000	12	—	—	32	—	240～290	①
ZG15Cr1Mo	正火＋回火	275	≥490	20	35	24	—	—	140～220	用于汽轮机
ZG15Cr1Mo1V	正火＋回火	345	≥590	17	30	24	—	—	140～220	用于汽轮机蒸汽室、气缸等

续表

材料牌号	热处理状态	R_{eH} /MPa ≥	R_m /MPa	A/% ≥	Z/% ≥	KU_2 或 KU_8/J ≥	KV_2 或 KV_8/J ≥	A_{kDVM}/J ≥	硬度 (HBW)	应用举例
ZG20CrMo	正火+回火	245	≥460	18	30	30	—	—	135～180	用于齿轮、锥齿轮及高压缸零件等
	调质	245	≥460	18	30	24	—	—	—	
ZG20CrMoV	正火+回火	315	≥590	17	30	24	—	—	140～220	②
ZG35Cr1Mo	正火+回火	392	≥588	12	20	23.5	—	—	—	用于齿轮、电炉支承轮轴套、齿圈等
	调质	490	≥686	12	25	31	—	27	≥201	
ZG42Cr1Mo	正火+回火	410	≥569	12	20	—	12	—	—	用于承受高负荷零件、齿轮、锥齿轮等
	调质	510	690～830	11	—	—	15	—	200～250	
ZG50Cr1Mo	调质	520	740～880	11	—	—	—	34	200～260	③
ZG28NiCrMo	—	420	≥630	20	40	—	—	—	—	适用于直径大于300mm的齿轮铸件
ZG30NiCrMo	—	590	≥730	17	35	—	—	—	—	
ZG35NiCrMo	—	660	≥830	14	30	—	—	—	—	

① 用于特别要求的零件，如锥齿轮、小齿轮、吊车行走轮、轴等。

② 用于570℃以下工作的高压阀门。

③ 用于减速器零件、齿轮、小齿轮等。

注：需方无特殊要求时，KU_2 或 KU_8、KV_2 或 KV_8、A_{kDVM} 由供方任选一种。

3.5.5　焊接结构用碳素钢铸件（GB/T 7659—2010）

适用于一般工程结构上，焊接性好的碳素钢铸件。共有 5 个牌号（末尾的“H”为“焊”字汉语拼音首字母）。

① 化学成分　应符合 GB/T 7659—2010 表 1 的规定。

② 热处理　由供方自定。

③ 牌号和力学性能　见表 3-96。

表 3-96　焊接结构用碳素钢铸件的室温力学性能（单铸试块）

牌号	拉伸性能(min)			根据合同选择(min)	
	上屈服强度 R_{eH}/MPa	抗拉强度 R_m /MPa	断后伸长率 A/%	断面收缩率 Z/% ≥	冲击吸收功 KV_2/J
ZG200-400H	200	400	25	40	45
ZG230-450H	230	450	22	35	45
ZG270-480H	270	480	20	35	40
ZG300-500H	300	500	20	21	40
ZG340-550H	340	550	15	21	35

注：当无明显屈服时，测定规定非比例延伸强度 $R_{p0.2}$。

3.5.6　承压钢铸件（GB/T 16253—2019）

适用于碳钢和合金钢制造的承压钢铸件。

① 牌号和化学成分　应符合 GB/T 16253—2019 表 1 的规定。共有 34 个牌号。

② 热处理　见表 3-97、表 3-98。

表 3-97　承压钢铸件的热处理方式

牌号	热处理方式①	热处理温度②	
		正火温度或淬火温度或固溶温度/℃	回火温度/℃
ZGR240-420③	+N④	900～980	—
	+QT	900～980	600～700
ZGR280-480③	+N④	900～980	—
	+QT	900～980	600～700
ZG18	+QT	890～980	600～700
ZG20③	+N④	900～980	—
	+QT	900～980	610～660
ZG18Mo	+QT	900～980	600～700
ZG19Mo	+QT	920～980	650～730
ZG18CrMo	+QT	920～960	680～730
ZG17Cr2Mo	+QT	930～970	680～740

续表

牌号	热处理方式①	热处理温度②	
		正火温度或淬火温度或固溶温度/℃	回火温度/℃
ZG13MoCrV	+QT	950～1000	680～720
ZG18CrMoV	+QT	920～960	680～740
ZG26CrNiMo③	+QT1	970～960	600～700
	+QT2	870～960	600～680
ZG26Ni2CrMo③	+QT1	850～920	600～650
	+QT2	850～920	600～650
ZG17Ni3Cr2Mo	+QT	890～930	600～640
ZG012Ni3	+QT	830～890	600～650
ZG012Ni4	+QT	820～900	590～640
ZG16Cr5Mo	+QT	930～990	680～730
ZG10Cr9MoV	+NT	1040～1080	730～800
ZG16Cr9Mo	+QT	960～1020	680～730
ZG12Cr9Mo2CoNiVNbNB③	+QT	1040～1130	700～750+700～750
ZG010Cr12Ni③	+QT1	1000～1060	680～730
	+QT2	1000～1060	600～680
ZG23Cr12MoV	+QT	1030～1080	700～750
ZG05Cr13Ni4⑤	+QT	1000～1050	670～690+590～620
ZG06Cr13Ni4	+QT	1000～1050	590～620
ZG06Cr16Ni5Mo	+QT	1020～1070	580～630
ZG03Cr19Ni11N	+AT	1050～1150	—
ZG07Cr19Ni10	+AT	1050～1150	—
ZG07Cr19Ni11Nb⑥	+AT	1050～1150	—
ZG03Cr19Ni11Mo2N	+AT	1080～1150	—
ZG07Cr19Ni11Mo2	+AT	1080～1150	—
ZG07Cr19Ni11Mo2Nb⑥	+AT	1080～1150	—
ZG03Cr22Ni5Mo3N⑦	+AT	1120～1150	—
ZG03Cr26Ni6Mo3Cu3N⑦	+AT	1120～1150	—
ZG03Cr26Ni7Mo4N⑦	+AT	1140～1180	—
ZG03Ni28Cr21Mo2	+AT	1100～1180	—

① 热处理方式为强制性，热处理方式代号的含义：+N：正火；+QT：淬火加回火；+AT：固溶处理。

② 热处理温度仅供参考。

③ 应根据拉伸性能要求在钢牌号中增加热处理方式的代号。

④ 允许回火处理。

⑤ 铸件应进行二次回火，且第二次回火温度不得高于第一次回火。

⑥ 为提高材料的抗腐蚀能力，ZG07Cr19Ni11Nb 可在 600～650℃下进行稳定化处理，而 ZG07Cr19Ni11Mo2Nb 可在 550～600℃下进行稳定化处理。

⑦ 铸件固溶处理时可降温至 1010～1040℃后再进行快速冷却。

表 3-98 承压钢铸件热处理后的室温拉伸性能和冲击性能

牌号	热处理方式[①]	室温拉伸性能				冲击吸收能量 KV_2（室温）/J
		规定非比例延伸强度 $R_{p0.2}$/MPa	规定非比例延伸强度 $R_{p1.0}$/MPa	抗拉强度 R_m/MPa	断后伸长率 A/%	
ZGR240-420	+N[②]	≥240	—	420～600	≥22	≥27
	+QT	≥240	—	420～600	≥22	≥40
ZGR280-480	+N[②]	≥280	—	480～640	≥22	≥27
	+QT	≥280	—	480～640	≥22	≥40
ZG18	+QT	≥240	—	450～600	≥24	—
ZG20	+N[②]	≥300	—	480～620	≥20	—
	+QT	≥300	—	500～650	≥22	—
ZG18Mo	+QT	≥240	—	440～590	≥23	—
ZG19Mo	+QT	≥245	—	440～690	≥22	≥27
ZG18CrMo	+QT	≥315	—	490～690	≥20	≥27
ZG17Cr2Mo	+QT	≥400	—	590～740	≥18	≥40
ZG13MoCrV	+QT	≥295	—	510～660	≥17	≥27
ZG18CrMoV	+QT	≥440	—	590～780	≥15	≥27
ZG26CrNiMo	+QT1	≥415	—	620～795	≥18	≥27
	+QT2	≥585	—	725～865	≥17	≥27
ZG26Ni2CrMo	+QT1	≥485	—	690～860	≥18	≥27
	+QT2	≥690	—	860～1000	≥15	≥40
ZG17Ni3Cr2Mo	+QT	≥600	—	750～900	≥15	—
ZG012Ni3	+QT	≥280	—	480～630	≥24	—

续表

牌号	热处理方式①	室温拉伸性能				冲击吸收能量 KV_2（室温）/J
		规定非比例延伸强度 $R_{p0.2}$/MPa	规定非比例延伸强度 $R_{p1.0}$/MPa	抗拉强度 R_m/MPa	断后伸长率 A/%	
ZG012Ni4	+QT	≥360	—	500～650	≥20	—
ZG16Cr5Mo	+QT	≥420	—	630～760	≥16	≥27
ZG10Cr9MoV	+NT	≥415	—	585～760	≥16	—
ZG16Cr9Mo	+QT	≥415	—	620～795	≥18	≥27
ZG12Cr9Mo2CoNiVNbNB	+QT	≥500	—	630～750	≥15	≥30
ZG010Cr12Ni	+QT1	≥355	—	540～690	≥18	≥45
	+QT2	≥500	—	600～800	≥16	≥40
ZG23Cr12MoV	+QT	≥540	—	740～880	≥15	≥27
ZG05Cr13Ni4	+QT	≥500	—	700～900	≥15	≥50
ZG06Cr13Ni4	+QT	≥550	—	760～960	≥15	≥50
ZG06Cr16Ni5Mo	+QT	≥540	—	760～960	≥15	≥60
ZG03Cr19Ni11N	+AT	—	≥230	440～640	≥30	—
ZG07Cr19Ni10	+AT	—	≥200	440～640	≥30	—
ZG07Cr19Ni11Nb	+AT	—	≥200	440～640	≥25	—
ZG03Cr19Ni11Mo2N	+AT	—	≥230	440～640	≥30	—
ZG07Cr19Ni11Mo2	+AT	—	≥210	440～640	≥30	—
ZG07Cr19Ni11Mo2Nb	+AT	—	≥210	440～640	≥25	—
ZG03Cr22Ni5Mo3N	+AT	≥420	—	600～800	≥20	—
ZG03Cr26Ni6Mo3Cu3N	+AT	≥480	—	650～850	≥22	—
ZG03Cr26Ni7Mo4N	+AT	≥480	—	650～850	≥22	—
ZG03Ni28Cr21Mo2	+AT	—	≥190	430～630	≥30	—

① 热处理方式为强制性，热处理方式代号的含义：+N：正火；+QT：淬火加回火；+AT：固溶处理。

② 允许回火处理。

3.5.7　耐磨铸钢件（GB/T 26651—2011）

适用于冶金、建材、电力、建筑、铁路、船舶、煤炭、化工和机械等行业的耐磨钢铸件，共有 11 个牌号。

① 牌号和化学成分　应符合 GB/T 26651—2011 表 1 的规定。

② 交货状态　淬火并回火处理。

③ 力学性能　见表 3-99。

表 3-99　耐磨铸钢及其铸件的力学性能

牌号	表面硬度(HRC) ≥	冲击吸收能量 KV_2/J ≥	冲击吸收能量 KN_2/J ≥	牌号	表面硬度(HRC) ≥	冲击吸收能量 KV_2/J ≥	冲击吸收能量 KN_2/J ≥
ZG30Mn2Si	45	12	—	ZG45Cr2Mo	50	—	25
ZG30Mn2SiCr	45	12	—	ZG30Cr5Mo	42	12	—
ZG30CrMnSiMo	45	12	—	ZG40Cr5Mo	44	—	25
ZG30CrNiMo	45	12	—	ZG50Cr5Mo	46	—	15
ZG40CrNiMo	50	—	25	ZG60Cr5Mo	48	—	10
ZG42Cr2Si2MnMo	50	—	25				

注：1. 冲击吸收能量的 V、N 分别代表 V 形缺口和无缺口试样。

2. 铸件断面深度 40%处的硬度应不低于表面硬度值的 92%。

④ 特点和用途　见表 3-100。

表 3-100　常用低合金耐磨钢的特点和用途

钢号	主要特性	热处理	用途举例
40Mn2 45Mn2 50Mn2	具有较好的综合力学性能，淬透性较好，有过热倾向及回火脆性	淬火+回火	主要制造轴类、齿轮零件，拖拉机和推土机的支重轮、导向轮，钻探机械的岩心管、锁接头等
42SiMn 50SiMn	良好的综合力学性能，淬透性较好，耐磨性较好，有回火脆性及过热倾向	淬火+回火	拖拉机驱动轮、导向轮、支重轮等耐磨零件，矿山机械中的齿轮
40SiMn2	淬透性较好，耐磨性好，有较高的综合力学性能，有回火脆性	调质	拖拉机、推土机的履带板

续表

钢号	主要特性	热处理	用途举例
55SiMnRE 65SiMnRE	强度较高，耐磨性、抗氧化、脱碳性良好，淬透性较好，回火稳定性良好	淬火 +回火	农机具、犁铧
41Mn2SiRE	耐磨性良好，韧度较高，热处理工艺性良好	淬火 +回火	制造大型履带式拖拉机履带板
31Si2CrMoB	有很好的强度和韧度		推土机刀刃
25Cr5Cu	有良好的耐磨、耐蚀性，薄板轧后退火，中板轧后热处理		制造水轮机叶片，大型泥浆泵、水泥搅拌机等易损件
36CuPCr	具有良好的耐磨、耐蚀性，使用寿命比碳钢轻轨约提高0.5倍		用于煤矿井下、冶金矿山和森林开发的运输铁道线路的轻轨
31Si2CrMoB	推土机刀刃用钢，有很好的强韧性，使用寿命较长	淬火 +回火	推土机刀刃
36CuPCr 55PV	具有良好的耐磨、耐蚀性，使用寿命比碳素钢轻轨约提高0.5倍		用于煤矿井下、冶金矿山和森林开发的运输铁道线路的轻轨

3.5.8 大型高锰钢铸件（JB/T 6404—2017）

用于普通工程。

① 牌号和化学成分　应符合 JB/T 6404—2017 表 1 的规定。共有 6 个牌号。

② 热处理　铸件均应进行水韧处理。在此前附铸试块不应与铸件本体脱离。铸件应均匀地加热和保温，水韧处理的温度不低于1040℃，确保铸件中的碳化物均匀、固溶。

③ 力学性能　见表 3-101。

表 3-101　水韧处理后高锰铸钢试样的力学性能

材料牌号	R_m/MPa	A/%	KU_2/J	HBW
ZG100Mn13	≥735	≥35	≥184	≤229
ZG110Mn13	≥686	≥25	≥184	≤229
ZG120Mn13	≥637	≥20	≥184	≤229

续表

材料牌号	R_m/MPa	A/%	KU_2/J	HBW
ZG120Mn13Cr	≥690	≥30	—	≤300
ZG120Mn13Cr2	≥735	≥20	—	≤300
ZG110Mn13Mo	≥755	≥30	≥147	≤300

3.5.9 奥氏体锰钢铸件（GB/T 5680—2023）

用于受冲击负荷的耐磨损奥氏体锰钢铸件。

① 牌号　依据碳、锰、铬、钼等合金元素含量，将奥氏体锰钢和奥氏体锰钢铸件材料分为 ZG120Mn7Mo、ZG110Mn13Mo、ZG100Mn13、ZG120Mn13、ZG120Mn13Cr2、ZG120Mn13W、ZG120Mn13CrMo、ZG120Mn13Ni3、ZG90Mn14Mo、ZG120Mn18、ZG120Mn18Cr2 共 11 个牌号。

② 化学成分　应符合 GB/T 5680—2023 表 1 的规定。

③ 热处理　铸件应进行水韧处理（水淬固溶处理），铸件水韧处理时应均匀地加热和保温，且应快速入水处理，铸件入水后水温不应超过 50℃。

当铸件厚度小于 45mm 且含碳量低于 0.8%时，ZG90Mn14Mo 可不经过热处理而直接供货。其他所有牌号的铸件应进行水韧处理，水韧处理温度不低于 1040℃。

④ 硬度　室温条件下铸件布氏硬度应不高于 300HBW。

⑤ 拉伸和冲击性能　见表 3-102。

表 3-102　奥氏体锰钢铸件的室温拉伸和冲击性能

牌号	屈服强度 $R_{p0.2}$/MPa	抗拉强度 R_m/MPa	断后伸长率 A/%	冲击吸收能量 KU_2/J
ZG120Mn13	≥370	≥700	≥25	≥118
ZG120Mn13Cr2	≥390	≥735	≥20	≥96
ZG120Mn13W	≥370	≥700	≥25	≥118
ZG120Mn13CrMo	≥390	≥735	≥20	≥96
ZG120Mn13Ni3	≥370	≥700	≥25	≥118
ZG120Mn18	≥370	≥700	≥25	≥118
ZG120Mn18Cr2	≥390	≥735	≥20	≥96

⑥ 特性和应用　见表 3-103。

表 3-103 高锰钢铸件的特性和应用

<table>
<tr><th>牌号</th><th>特性</th><th>应用举例</th></tr>
<tr><td>ZG100Mn13
ZG110Mn13</td><td rowspan="3">铸造高锰钢具有高强度，塑性和韧性均良好，在承受冲击和大压力而塑性变形时，产生高耐磨的表面层，此时其里层仍具有优良的韧性，故具有优良的抗冲击载荷的性能，适用于铸造各种耐冲击、抗磨损零件。高锰钢铸件的焊接性差，切削加工性也较差，奥氏体高锰钢为非磁性，可作抗磁化零件</td><td>制作形状简单、低冲击耐磨零件，如辊套、齿板，衬板、铲齿及破碎壁等</td></tr>
<tr><td>ZG120Mn13</td><td>ZGMn13-4 的抗冲击性优于 ZGMn3-3，制作形状复杂、冲击大、韧性良好的零件，如提梁、履带板、斗前壁等</td></tr>
<tr><td>ZG110Mn13Mo</td><td>适于高要求的特殊耐磨铸钢件</td></tr>
</table>

3.5.10 通用耐蚀钢铸件（GB/T 2100—2017）

适用于各种腐蚀工况下的零部件，共有 27 个牌号。

① 化学成分　应符合 GB/T 2100—2017 表 1 的规定。

② 热处理　见表 3-104。

表 3-104 通用耐蚀钢铸件的热处理工艺

牌号	热处理工艺
ZG15Cr13	加热到 950～1050℃，保温，空冷；并在 650～750℃，回火，空冷
ZG20Cr13	加热到 950～1050℃，保温，空冷或油冷；并在 680～740℃，回火，空冷
ZG10Cr13Ni2Mo	加热到 1000～1050℃，保温，空冷；并在 620～720℃，回火，空冷或炉冷
ZG06Cr13Ni4Mo	加热到 1000～1050℃，保温，空冷；并在 570～620℃，回火，空冷或炉冷
ZG06Cr13Ni4	加热到 1000～1050℃，保温，空冷；并在 570～620℃，回火，空冷或炉冷
ZG06Cr16Ni5Mo	加热到 1020～1070℃，保温，空冷；并在 580～630℃，回火，空冷或炉冷
ZG10Cr12Ni1	加热到 1020～1060℃，保温，空冷；并在 680～730℃，回火，空冷或炉冷
ZG03Cr19Ni11	加热到 1050～1150℃，保温，固溶处理，水淬。也可根据铸件厚度空冷或用其他快冷方法

续表

牌号	热处理工艺
ZG03Cr19Ni11N	加热到 1050～1150℃，保温，固溶处理，水淬。也可根据铸件厚度空冷或用其他快冷方法
ZG07Cr19Ni10	加热到 1050～1150℃，保温，固溶处理，水淬。也可根据铸件厚度空冷或用其他快冷方法
ZG07Cr19Ni11Nb	加热到 1050～1150℃，保温，固溶处理，水淬。也可根据铸件厚度空冷或用其他快冷方法
ZG03Cr19Ni11Mo2	加热到 1080～1150℃，保温，固溶处理，水淬。也可根据铸件厚度空冷或用其他快冷方法
ZG03Cr19Ni11Mo2N	加热到 1080～1150℃，保温，固溶处理，水淬。也可根据铸件厚度空冷或用其他快冷方法
ZG05Cr26Ni6Mo2N	加热到 1120～1150℃，保温，固溶处理，水淬。为防止形状复杂的铸件开裂，可随炉冷却至 1010～1040℃时再固溶处理，水淬
ZG07Cr19Ni11Mo2	加热到 1080～1150℃，保温，固溶处理，水淬。也可根据铸件厚度空冷或用其他快冷方法
ZG07Cr19Ni11Mo2Nb	加热到 1080～1150℃，保温，固溶处理，水淬。也可根据铸件厚度空冷或用其他快冷方法
ZG03Cr19Ni11Mo3	加热到≥1120℃，保温，固溶处理，水淬。也可根据铸件厚度空冷或用其他快冷方法
ZG03Cr19Ni11Mo3N	加热到≥1120℃，保温，固溶处理，水淬。也可根据铸件厚度空冷或用其他快冷方法
ZG03Cr22Ni6Mo3N	加热到 1120～1150℃，保温，固溶处理，水淬。为防止形状复杂的铸件开裂，可随炉冷却至 1010～1040℃时再固溶处理，水淬
ZG03Cr25Ni7Mo4WCuN	加热到 1120～1150℃，保温，固溶处理，水淬。为防止形状复杂的铸件开裂，可随炉冷却至 1010～1040℃时再固溶处理，水淬
ZG03Cr26Ni7Mo4CuN	加热到 1120～1150℃，保温，固溶处理，水淬。为防止形状复杂的铸件开裂，可随炉冷却至 1010～1040℃时再固溶处理，水淬
ZG07Cr19Ni12Mo3	加热到 1120～1180℃，保温，固溶处理，水淬。也可根据铸件厚度空冷或用其他快冷方法

续表

牌号	热处理工艺
ZG025Cr20Ni25Mo7Cu1N	加热到1200～1240℃，保温，固溶处理，水淬
ZG025Cr20Ni19Mo7CuN	加热到1080～1150℃，保温，固溶处理，水淬。也可根据铸件厚度空冷或用其他快冷方法
ZG03Cr26Ni6Mo3Cu3N	加热到1120～1150℃，保温，固溶处理，水淬。为防止形状复杂的铸件开裂，也可随炉冷却至1010～1040℃时再固溶处理，水淬
ZG03Cr26Ni6Mo3Cu1N	加热到1120～1150℃，保温，固溶处理，水淬。为防止形状复杂的铸件开裂，也可随炉冷却至1010～1040℃时再固溶处理，水淬
ZG03Cr26Ni6Mo3N	加热到1120～1150℃，保温，固溶处理，水淬。为防止形状复杂的铸件开裂，也可随炉冷却至1010～1040℃时再固溶处理，水淬

③ 力学性能　见表3-105。

表3-105　通用耐蚀钢铸件的室温力学性能

牌号	厚度 t/mm ≤	屈服强度 $R_{p0.2}$/MPa ≥	抗拉强度 R_m/MPa ≥	伸长率 A/% ≥	冲击吸收能量 KV_2/J ≥
ZG15Cr13	150	450	620	15	20
ZG20Cr13	150	390	590	15	20
ZG10Cr13Ni2Mo	300	440	590	15	27
ZG06Cr13Ni4Mo	300	550	760	15	50
ZG06Cr13Ni4	300	550	750	15	50
ZG06Cr16Ni5Mo	300	540	760	15	60
ZG10Cr12Ni1	150	355	540	18	45
ZG03Cr19Ni11	150	185	440	30	80
ZG03Cr19Ni11N	150	230	510	30	80
ZG07Cr19Ni10	150	175	440	30	60
ZG07Cr19Ni11Nb	150	175	440	25	40
ZG03Cr19Ni11Mo2	150	195	440	30	80
ZG03Cr19Ni11Mo2N	150	230	510	30	80
ZG05Cr26Ni6Mo2N	150	420	600	20	30
ZG07Cr19Ni11Mo2	150	185	440	30	60
ZG07Cr19Ni11Mo2Nb	150	185	440	25	40

续表

牌号	厚度 t/mm ≤	屈服强度 $R_{p0.2}$ /MPa ≥	抗拉强度 R_m/MPa ≥	伸长率 A /% ≥	冲击吸收能量 KV_2/J ≥
ZG03Cr19Ni11Mo3	150	180	440	30	80
ZG03Cr19Ni11Mo3N	150	230	510	30	80
ZG03Cr22Ni6Mo3N	150	420	600	20	30
ZG03Cr25Ni7Mo4WCuN	150	480	650	22	50
ZG03Cr26Ni7Mo4CuN	150	480	650	22	50
ZG07Cr19Ni12Mo3	150	205	440	30	60
ZG025Cr20Ni25Mo7Cu1N	50	210	480	30	60
ZG025Cr20Ni19Mo7CuN	50	260	500	35	50
ZC03Cr26Ni6Mo3Cu3N	150	480	650	22	50
ZG03Cr26Ni6Mo3Cu1N	200	480	650	22	60
ZG03Cr26Ni6Mo3N	150	480	650	22	50

④ 特点及用途　见表 3-106。

表 3-106　通用耐蚀钢铸件的特点及用途

牌号	性能特点	用途举例
ZG15Cr13	铸造性能较好，力学性能良好，在大气、水、弱腐蚀介质（如盐水溶液、稀硝酸及某些浓度不高的有机酸）和温度不高的情况下，均有良好的耐蚀性	可用于承受冲击载荷、要求韧性高的铸件，如泵壳、阀、叶轮、水轮机转轮或叶片、螺旋桨等
ZG20Cr13	基本性能与 ZG15Cr12 相似，由于含碳量比 ZG15Cr12 高，故具有更高的硬度，但耐蚀性较低，焊接性能较差	与 ZG15Cr12 相似，可用作较高硬度的铸件，如热油油泵、阀门等
ZG10Cr13Ni2Mo	铸造性能较差，晶粒易粗大，韧性较低，但在氧化性酸中具有良好的耐蚀性，如温度不太高的工业用稀硝酸、大部分有机酸（醋酸、蚁酸、乳酸）及有机酸盐水溶液，但在草酸中不耐蚀	主要用于硝酸生产和食品、化纤工业设备，一般在退火后使用，不宜用于 304kPa 以上或受冲击的零件
ZG06Cr13Ni4	铸造工艺性能与 ZG10Cr12NiMo 相似，晶粒易粗大，韧性较低，在磷酸与沸腾的醋酸等还原性介质中，具有良好的耐蚀性	主要用于沸腾温度下各种浓度的醋酸介质中不受冲击的铸件，代替部分 ZG03Cr19Ni11Mo2N 和 ZG06Cr12Ni4

续表

牌号	性能特点	用途举例
ZG03Cr19Ni11	冶炼要求高，在氧化性介质（如硝酸）中具有良好的耐蚀性及良好的抗晶间腐蚀性能，焊后不出现刀口腐蚀	主要用于化学、化肥、化纤及国防工业上重要的耐蚀铸件和铸焊结构件等
ZG03Cr19Ni11N	铸造性能较好，耐蚀性良好，固溶处理后抗晶间腐蚀性能良好，但在敏化状态下的抗晶间腐蚀性能会显著下降	主要用于硝酸、有机酸、化工石油等工业用泵阀等铸件
ZG07Cr19Ni10	与ZG03Cr18Ni10N相似，由于含碳量稍高，故耐蚀性和抗晶间腐蚀性较低	与ZG03Cr18Ni10N相同
ZG07Cr19Ni11Nb	含有稳定元素钛，抗晶间腐蚀能力高，但铸造性能比ZG03Cr18Ni10N差，易产生夹杂、缩松、冷隔等铸造缺陷	主要用于硝酸、有机酸等化工、石油、原子能工业的泵、阀、离心机铸件
ZG03Cr19Ni11Mo2	与ZG08Cr18Ni10Nb相似，因含碳量较高，故抗晶间腐蚀性能稍低	同ZG07Cr19Ni19
ZG03Cr19Ni11Mo2N	铸造性能与ZG03Cr19Ni11Mo2相似，由于含钼，明显提高了对还原性介质和各种有机酸、碱、盐类的耐蚀性，抗晶间腐蚀性较好	主要制造常温硫酸、较低浓度的沸腾磷酸、蚁酸、醋酸介质中用的铸件
ZG07Cr19Ni11Mo2	同ZG03Cr19Ni11Mo2N，但由于含碳量较高，故其耐蚀性较差	用于制造低酸性介质中用的铸件
ZG07Cr19Ni11Mo2Nb	具有良好的铸造性能、力学性能和加工性能，在60℃以下各种浓度硫酸介质和某些有机酸、磷酸、硝酸等酸液中均具有很好的耐蚀性	主要用于制作硫酸、硫铵、磷酸、硝酸等工业用的泵、叶轮等铸件
ZG03Cr19Ni11Mo3	铸造工艺较稳定，力学性能好，在硝酸及若干有机酸中具有良好的耐蚀性	可部分代替ZG07Cr19Ni9及ZG07Cr19Ni10Nb铸件
ZG03Cr19Ni11Mo3N	是节镍的铬锰氮不锈耐酸铸钢，其耐蚀性与ZG07Cr19Ni11Mo2基本相同，而在硫酸和含氧离子的介质中具有比它更好的耐蚀和抗点蚀性能，抗晶间腐蚀性较好，冶炼和铸造及焊接性能良好	主要用于代替ZG07Cr19Ni11Mo2在硫酸、维尼纶、聚丙烯腈等介质中的泵、阀和离心机铸件

续表

牌号	性能特点	用途举例
ZG07Cr19Ni12Mo3	在大多数化工介质中的耐蚀性能相当或优于ZG03Cr19Ni11Mo2，尤其是在腐蚀与磨损兼存的条件下比ZG1Cr18Ni9Ti更优，力学性能和铸造性能好，但气孔敏感性比ZG07Cr19Ni11Mo2大	主要用于代替ZG03Cr19Ni11Mo2在硝酸、有机酸等化工工业中的泵、阀、离心机等铸件
ZG03Cr22Ni6Mo3N	在40%（质量分数）以下的硝酸、10%（质量分数）盐酸（30℃）和浓缩醋酸介质中具有良好的耐蚀性，是强度高、韧性好、较耐磨的沉淀型马氏体不锈铸钢	主要用于化工、造船、航空等具有一定耐蚀性的耐磨和高强度的铸件

3.5.11　耐磨耐蚀钢铸件（GB/T 31205—2014）

用于冶金、建材、电力、建筑、化工和机械等行业的以磨料磨损为主的湿态腐蚀磨料磨损工况易磨蚀零部件。共有15个牌号。

① 牌号表示方法

ZG	MS	□	□	□
铸钢代号	耐磨耐蚀代号 M—磨损 S—腐蚀	铸钢碳元素的名义含量 （以万分之几计）	主要合金元素符号	主要合金元素名义百分含量

② 化学成分　应符合GB/T 31205—2014表1的规定。

③ 硬度和冲击吸收能量　见表3-107。

表3-107　耐磨耐蚀钢铸件的硬度和冲击吸收能量

牌号	表面硬度		冲击吸收能量		
	HRC	HBW	KV_2	KU_2	KN_2
ZGMS30Mn2SiCr	≥45	—	≥12	—	—
ZGMS30CrMnSiMo	≥45	—	≥12	—	—
ZGMS30CrNiMo	≥45	—	≥12	—	—
ZGMS40CrNiMo	≥50	—	—	—	≥25
ZGMS30Cr5Mo	≥42	—	≥12	—	—

续表

牌号	表面硬度		冲击吸收能量		
	HRC	HBW	KV_2	KU_2	KN_2
ZGMS50Cr5Mo	≥46	—	—	—	≥15
ZGMS60Cr2MnMo	≥30	—	—	—	≥25
ZGMS85Cr2MnMo	≥32	—	—	—	≥15
ZGMS25Cr10MnSiMoNi	≥40	—	—	—	≥50
ZGMS110Mn13Mo1	—	≤300	—	≥118	—
ZGMS120Mn13	—	≤300	—	≥118	—
ZGMS120Mn13Cr2	—	≤300	—	≥90	—
ZGMS120Mn13Ni3	—	≤300	—	≥118	—
ZGMS120Mn18	—	≤300	—	≥118	—
ZGMS120Mn18Cr2	—	≤300	—	≥90	—

注：1. V、U、N分别代表V形缺口、U形缺口和无缺口试样。

2. 奥氏体锰钢铸件之外的铸件断面深度40%处的硬度应不低于表面硬度值的92%。

3.5.12 耐磨损复合材料铸件（GB/T 26652—2011）

耐磨损复合材料铸件是以铸造方法制备出的，由两种或两种以上的材料相互冶金结合，具有良好耐磨损性能的复合材料零部件，用于冶金、建材、电力、建筑、船舶、化工、煤炭和机械等行业。

① 分类　按铸造工艺分为镶铸合金复合材料、双液铸造双金属复合材料和铸渗合金复合材料3个类别。

② 牌号　耐磨损复合材料铸件代号用“铸”和“复”二字的汉语拼音的第一个大写正体字母“ZF”表示。用ZF后面附加“-”和阿拉伯数字表示耐磨损复合材料铸件牌号，见表3-108。

表3-108　耐磨损复合材料铸件的牌号及组成

牌号	名称	复合材料组成	铸件耐磨损增强体材料
ZF-1	镶铸合金复合材料Ⅰ铸件	硬质合金/铸钢或铸铁	硬质合金
ZF-2	镶铸合金复合材料Ⅱ铸件	抗磨白口铸铁块/铸钢或铸铁	抗磨白口铸铁
ZF-3	双液铸造双金属复合材料	抗磨白口铸铁层/铸钢或铸铁层	抗磨白口铸铁
ZF-4	铸渗合金复合材料铸件	硬质相颗粒/铸钢或铸铁	①

① 硬质合金、抗磨白口铸铁、WC和（或）TiC等金属陶瓷。

③ 硬度　见表 3-109。

表 3-109　耐磨损复合材料铸件硬度

名称	牌号	铸件耐磨损增强体硬度(HRC)	铸件耐磨损增强体硬度(HRA)
镶铸合金复合材料Ⅰ铸件	ZF-1	≥56(硬质合金)	≥79(硬质合金)
镶铸合金复合材料Ⅱ铸件	ZF-3	≥56(抗磨白口铸铁)	—
双液铸造双金属复合材料铸件	ZF-3	≥56(抗磨白口铸铁)	—
铸渗合金复合材料铸件	ZF-4	≥62(硬质合金)	≥82(硬质合金)
		≥56(抗磨白口铸铁)	—
		≥62[WC 和(或)TiC 等金属陶瓷]	≥82[WC 和(或)TiC 等金属陶瓷]

注：硬度 HRC 和 HRA 中任选一项。

3.5.13　铸钢轧辊（GB/T 1503—2008）

用于金属材料加工使用的铸钢轧辊和工作层为铸钢材质的复合轧辊（含辊环）。

① 化学成分　应符合 GB/T 1503—2008 表 1 的规定。

② 表面硬度和用途　见表 3-110。

表 3-110　铸钢轧辊表面硬度和用途

材质类别	材质代码	表面硬度(HSD)		推荐用途
		辊身	辊颈	
合金钢	AS40	45～55①	≤45	热轧带钢支承辊、粗轧辊；板钢粗轧辊；带钢冷轧及平整支承辊
	AS50	60～70	≤45	
	AS60	35～45①	≤45	型钢、棒线材粗轧机；轨梁、型钢万能开坯机；粗轧辊；中板粗轧辊；带钢支承辊、立辊
	AS60Ⅰ	35～45	≤45	
	AS65	35～45	≤45	
	AS65Ⅰ	35～45	≤45	
	AS70	32～42	≤42	中小型型钢、棒线材粗轧机
	AS70Ⅰ	35～45	≤45	
	AS70Ⅱ	35～45	≤45	
	AS75	35～45	≤45	方/板坯粗轧机；大中型型钢、轨梁、型钢万能开坯机；热轧带钢破鳞机和粗轧机
	AS75Ⅰ	32～42	≤45	

续表

材质类别	材质代码	表面硬度(HSD)		推荐用途
		辊身	辊颈	
半钢	AD140	35～45	≤45	中小型型钢、棒线材粗轧、中轧机架;无缝钢管粗轧机;带钢支承辊、立辊
	AD140Ⅰ	35～45	≤45	
	AD160	35～45 40～50	≤45	
	AD160	40～50①	≤50	型钢、棒线材粗轧机;大型中型型钢、轨梁、钢坯轧机、型钢万能轧机;热轧板带钢粗轧辊、支承辊、立辊
	AD180	45～55①	≤50	
	AD190	55～65	≤50	
	AD200	50～60①	≤50	
石墨钢	GS140	36～46	≤46	型钢、棒线材轧机;钢坯轧机;热轧板带钢粗轧辊、立辊;型钢万能轧机
	GS150	40～50	≤50	
	GS160	45～55	≤50	
	GS190	50～60①	≤50	
高铬钢	HCrS	70～85	35～45	热轧带钢粗轧辊、立辊;型钢万能轧机
高速钢	HSS	75～95	30～45	热轧带钢、棒材精轧辊;型钢万能轧机;高速线材预精轧
半高速钢	S-HSS	75～85 80～98	30～45	热轧带钢粗轧工作辊;冷轧带钢工作辊、中间辊

① 其上下限范围可增大10。如45～55可为55～65。其他类同。

注：1. 高速钢：Co≤8.00%、Nb≤5.00%。

2. 轧辊芯部可采用球墨铸铁、石墨钢、低合金钢或锻钢等材质。

3. 表中同栏有两组表面硬度的轧辊，根据用途选择。

③ 材质代码与钢号、力学性能　见表3-111。

表3-111　材质代码与钢号、力学性能

材质类别	材质代码	原国标钢号	抗拉强度 R_m/MPa
合金钢	AS60	ZU60CrMnMo	≥650
	AS65Ⅰ	ZU65CrNiMo	≥650
	AS70	ZU70Mn	≥600
	AS70Ⅰ	ZU70Mn2	≥600
	AS70Ⅱ	ZUT70Mn2Mo	≥680
	AS75	ZU75CrMo	≥680
	AS75Ⅰ	ZU75CrNiMnMo	≥700

续表

材质类别	材质代码	原国标钢号	抗拉强度 R_m/MPa
半钢	AD140	ZUB140CrMo	≥590
	AD140Ⅰ	ZUB140CrNiMo	≥590
	AD160	ZUB160CrMo	≥490
	AD160Ⅰ	ZUB160CrNiMo	≥490
石墨钢	GS140	ZUS140SiCrMo	≥540
	GS150	ZUS150SiCrNiMo	≥500

第4章 结构钢

结构钢是指具有一定强度和可成型的钢，一般多用于制造各种工程结构和机械零部件，用以承受各种载荷，所以它的强度是一个重要指标。它可以细分为碳素结构钢、优质碳素结构钢、低合金高强度结构钢、合金结构钢、保证淬透性结构钢、非调质机械结构钢、易切削钢、耐候结构钢、轴承钢和弹簧钢等。表 4-1 为钢铁材料的名称、用途、特性和工艺方法命名符号。

表 4-1 钢铁材料的名称、用途、特性和工艺方法命名符号（GB/T 221—2008，注明者除外）

类别	产品名称	采用符号及汉字	
		字母	汉字
碳素结构钢和低合金结构钢	碳素结构钢和低合金结构钢	Q	屈(屈服强度值)
	脱氧方式(第三位)：		
	沸腾钢	F	沸
	半镇静钢	b	半镇
	镇静钢	Z	镇
	特殊镇静钢	TZ	特镇
	锅炉和压力容器用钢	R①	容
	低温压力容器用钢	DR①	低容
	锅炉用钢(管)	G①	锅
	桥梁用钢	Q①	桥
	耐候钢	NH①	耐候
	高耐候钢	GNH①	高耐候
	汽车大梁用钢	L①	梁
	高性能建筑结构用钢	GJ①	高建
	低焊接裂纹敏感性钢	CF①	—
	保证淬透性钢	H①	—
	矿用钢	K①	矿
	船用钢	采用国际符号	

续表

类别	产品名称	采用符号及汉字	
		字母	汉字
机加用钢	易切削钢	Y	易
	非调质机械结构钢	F	非
	冷镦钢(铆螺钢)	ML	铆螺
	焊接用钢	H	焊
工模具钢	非合金工具钢	T	碳
	合金工具钢	—	—
	非合金模具钢	SM	—
	合金模具钢	—	—
轴承钢	碳素轴承钢	G	(滚)
	渗碳轴承钢	G	(滚)
	高碳铬轴承钢	G	(滚)
	高碳铬不锈轴承钢	G	(滚)
	高温轴承钢	G	(滚)
铁道及车轴用钢	钢轨钢	U	—
	机车车轴用钢	JZ	机轴
	车辆车轴用钢	LZ	辆轴
专用钢	热轧光圆钢筋	HPB	—
	热轧带肋钢筋	HRB	—
	细晶粒热轧带肋钢筋	HRBF	—
	冷轧带肋钢筋	CRB	—
	预应力混凝土用螺纹钢筋	PSB	—
	焊接气瓶用钢	HP	焊瓶
	管线用钢	L	—
	船用锚链钢	CM	船锚
	煤机用钢	M	煤
粉末冶金材料(GB/T 4309—2009)	结构材料类	F0	—
	摩擦材料类和减摩材料类	F1	—
	多孔材料类	F2	—
	工具材料类	F3	—

续表

类别	产品名称	采用符号及汉字	
		字母	汉字
粉末冶金材料 (GB/T 4309—2009)	难熔材料类	F4	—
	耐蚀材料和耐热材料类	F5	—
	电工材料类	F6	—
	磁性材料类	F7	—
	其他材料类	F8	—
铁合金产品 (GB/T 7738—2008)	金属锰(电硅热法)、金属铬	J	金
	金属锰(电解重熔法)	JC	—
	真空法微碳铬铁	ZK	真空
	电解金属锰	DJ	电金
	钒渣	FZ	钒渣
	氧化钼块	Y	氧
高温合金和 金属间化合物 高温材料 (GB/T 14992—2005)	变形高温合金	GH	高合
	等轴晶铸造高温合金	K	—
	定向凝固柱晶高温合金	DZ	定柱
	单晶高温合金	DD	定单
	焊接用高温合金丝	HGH	焊高
	粉末冶金高温合金	FGH	粉高
	弥散强化高温合金	MGH	弥高
	金属间化合物高温材料	JG	金高
耐蚀合金 (GB/T 15007—2008)	变形耐蚀合金	NS	耐蚀
	焊接用变形耐蚀合金丝	HNS	焊耐蚀
	铸造耐蚀合金	ZNS	铸耐蚀

① 牌号尾（其余为牌号头）。

4.1 碳素结构钢（GB/T 700—2006）

通常用于焊接、铆接、栓接工程结构。有热轧钢板、钢带、型钢和钢棒等几种产品，一般以热轧、控轧或正火状态交货，且一般在交货状态下使用。

这类钢主要保证力学性能，通常在热轧状态使用，一般无需进行热处理。

4.1.1　碳素结构钢的牌号

碳素结构钢分通用和专用两大类。

（1）通用碳素结构钢

通用碳素结构钢的牌号前缀，用屈服强度的拼音字母“Q”，加屈服强度数值，必要时后面可标出表示质量等级、方法的符号和产品用途、特性和工艺方法。

第一部分	第二部分（必要时）	第三部分（必要时）	第四部分（必要时）
前缀符号＋强度值（N/mm^2 或 MPa） Q—通用结构钢前缀（专用结构钢的前缀见下述）	钢的质量等级① Q195 不分等级 Q215 分 A、B 级 Q235、Q275 分 A、B、C、D 级	脱氧方式代号 F—沸腾钢 b—半镇静钢 Z—镇静钢（可略） TZ—特殊镇静钢（可略）	产品用途、特性和工艺方法代号，见第 5 章“专用结构钢”

① A 级只要求保证化学成分和力学性能，B 级还要求做常温冲击试验，C、D 级另外要求做重要焊接结构试验（D 级为优质，其余为普通级）。

（2）专用结构钢

专用结构钢的牌号也有前缀，其表示方法是：热轧光圆钢筋—HPB，热轧带筋钢筋—HRB，细晶粒热轧带肋钢筋—HRBF，冷轧带肋钢筋—CRB，预应力混凝土用螺纹钢筋—PSB，焊接气瓶用钢—HP，管线用钢—L，船用锚链钢—CM，煤机用钢—M。

若要在钢号最后附加表示产品用途、特性和工艺方法时，用汉语（黑体字）拼音首字母表示：R—锅炉和压力容器用钢，G—锅炉用钢（管），DR—低温压力容器用钢，Q—桥梁用钢，NH—耐候钢，GNH—高耐候钢，L—汽车大梁用钢，GJ—高性能建筑结构用钢，CF—低焊接裂纹敏感性钢，H—保证淬透性钢，K—矿用钢，船用钢—采用国际符号。

这部分钢种的规格将在第 5 章中详述。

4.1.2 碳素结构钢的力学性能

表 4-2 碳素结构钢的力学性能

牌号	质量等级	拉伸试验											
		上屈服强度 R_{eH}/MPa ≥						抗拉强度 R_m/MPa	断后伸长率 A/% ≥				
		厚度(或直径)							厚度(或直径)				
		≤16	>16~40	>40~60	>60~100	>100~150	>150~200		≤40	>40~60	>60~100	>100~150	>150~200
Q195	—	195	185	—	—	—	—	315~430	33	—	—	—	—
Q215	A B	215	205	195	185	175	165	335~450	31	30	29	27	26
Q235	A B C D	235	225	215	215	195	185	370~500	26	25	24	22	21
Q275	A B C D	275	265	255	245	225	215	410~540	22	21	20	18	17

续表

牌号	等级	冲击试验(V形缺口)		冷弯试验180°,宽度 B/厚度 $a=2$		
		温度/℃	冲击吸收功(纵向)/J ≥	试样方向	钢材厚度或直径/mm ≤60 压头直径 d	钢材厚度或直径/mm 60~100 压头直径 d
Q195	—	—	—	纵	0	—
Q215	A	—	—	纵	0.5a	1.5a
	B	+20	27	横	a	2a
Q235	A	—	—	纵	a	2a
	B	+20	27	横	1.5a	2.5a
	C	0				
	D	−20				
Q275	A	—	—	纵	1.5a	2.5a
	B	+20	27	横	2a	3a
	C	0				
	D	−20				

4.1.3 碳素结构钢的特性和用途

表 4-3 碳素结构钢的特性和用途

牌号	特性	用途举例
Q195	含碳量低，有一定的强度，塑性、韧性、压力加工性能和焊接性能好	用于冷、热轧薄钢板及以其为原料制成的镀锌、镀锡及塑料复合薄钢板，大量用于屋面板、装饰板、通用除尘管道、包装容器、铁桶、仪表壳、开关箱、防护罩、火车车厢等；也可制作农业机械如打谷机、压碎机、犁片及一些焊接件
Q215	性能与 Q195 基本相同，强度比 Q195 高一些，塑性略差一些	用途与 Q195 基本相同。此外还大量用作焊接钢管、镀锌焊管、炉撑、地脚螺钉、螺栓、圆钉、木螺钉、冲制铁铰链等五金零件
Q235	含碳量适中，有较高的强度和硬度，塑性稍低，综合性能较好，用途最广泛。大多数在热轧状态下使用	常轧制成盘条或圆钢、方钢、扁钢、角钢、工字钢、槽钢、窗框钢等型钢和中厚钢板。大量用于建筑及工程结构，制作钢筋或建造厂房房架、高压输电铁塔、桥梁、车辆、锅炉、容器、船舶等，也大量用作对性能要求不太高的机械零件，如农业机械上的犁、锄，一般机械上的螺栓、连杆、芯轴、拉杆，也可用作不重要的焊接件。C、D 级钢还可作某些专业用钢使用
Q255	强度比 Q235 稍有提高，有一定的耐磨性，但塑性低，一般在热轧状态下使用	制作要求有较高强度和一定耐磨性的机械零件，如制造机械上重要的轴、车轮、钢轨、拖拉机犁，也用作铆接和焊接结构等，应用不如 Q235 广泛
Q275	强度、耐磨性比 Q255 高，塑性比 Q255 低	用途与 Q255 基本相同，用于制造轴类、农业机具、耐磨零件、钢轨接头夹板、垫板、车轮、轧辊等

4.2 优质碳素结构钢（GB/T 699—2015）

优质碳素结构钢的有害杂质较少，其强度、塑性、韧性均比碳素结构钢好。主要用于制造较重要的机械零件。

分类：钢材按使用加工方法分为压力加工用钢（UP）、热压力加工用钢（UHP）、顶锻用钢（UF）、冷拔坯料用钢（UCD）和切削加工用钢（UC）；按表面种类分为压力加工表面（SPP）、酸洗（SA）、喷丸（SS）、剥皮（SF）、磨光（SP）。

4.2.1 优质碳素结构钢的牌号

优质碳素结构钢的牌号通常由五部分组成（GB/T 221—2008）：

第一部分	第二部分（必要时）	第三部分（必要时）	第四部分（必要时）	第五部分（必要时）
以两位阿拉伯数字表示平均碳含量（以万分之几计）	较高含锰量者（0.7%～1.2%）加元素符号 Mn	钢材材质 A—高级优质钢 E—特级优质钢 （优质钢不标）	脱氧方式 F—沸腾钢 b—半镇静钢 Z—镇静钢 （可略）	产品用途、特性和工艺方法代号，见第 5 章“专用结构钢”

4.2.2 优质碳素结构钢的性能

表 4-4　优质碳素结构钢的力学性能

牌号	试样毛坯尺寸/mm	推荐热处理/℃			力学性能					钢材交货状态硬度（HBS10/3000）≤	
		正火	淬火	回火	R_m/MPa	R_{eL}/MPa	A/%	Z/%	KU_2/J	未热处理	退火
					≥						
08		930	—	—	325	195	33	60	—	131	—
10		930	—	—	335	205	31	55	—	137	—
15		920	—	—	375	225	27	55	—	143	—
20		910	—	—	410	245	25	55	—	156	—
25		900	870	600	450	275	23	50	71	170	—
30		880	860	600	490	295	21	50	63	179	—
35		870	850	600	530	315	20	45	55	197	—
40		860	840	600	570	335	19	45	47	217	187
45	25	850	840	600	600	355	16	40	39	229	197
50		830	830	600	630	375	14	40	31	241	207
55		820	—	—	645	380	13	35	—	255	217
60		810	—	—	675	400	12	35	—	255	229
65		810	—	—	695	410	10	30	—	255	229
70		790	—	—	715	420	9	30	—	269	229
75		—			1080	880	7		—	285	241
80		—	820	480	1080	930	6	30	—	285	241
85		—			1130	980	6		—	302	255

续表

牌号	试样毛坯尺寸/mm	推荐热处理/℃			力学性能					钢材交货状态硬度(HBS10/3000)≤	
		正火	淬火	回火	R_m/MPa	R_{eL}/MPa	A/%	Z/%	KU_2/J		
					≥					未热处理	退火
15Mn	25	920	—	—	410	245	26	55	—	163	—
20Mn	25	910	—	—	450	275	24	50	—	197	—
25Mn	25	900	870	600	490	295	22	50	71	207	—
30Mn	25	880	860	600	540	315	20	45	63	217	187
35Mn	25	870	850	600	560	335	18	45	55	229	197
40Mn	25	860	840	600	590	355	17	45	47	229	207
45Mn	25	850	840	600	620	375	15	40	39	241	217
50Mn	25	830	830	600	645	390	13	40	31	255	217
60Mn	25	810	—	—	695	410	11	35	—	269	229
65Mn	25	830	—	—	735	430	9	30	—	285	229
70Mn	25	790	—	—	785	450	8	30	—	285	229

4.2.3 优质碳素结构钢的特性和用途

表 4-5 优质碳素结构钢的特性和应用

牌号	特性	应用
08F 10F	冷变形塑性好,深冲压性能高,焊接性好,强度和硬度很低,冷作件常经水韧处理及消除应力处理,以消除时效敏感性	用于生产薄板、带钢、冷拉钢丝,适于制作深冲击、深拉伸等零件,如汽车车身、发动机罩、盖壳件,各种储存器具、搪瓷设备、垫片、管子等,还可以制作渗碳、碳氮共渗零件
08	强度和硬度均很低,韧性和塑性优良,焊接性良好,深冲压等变形冷加工性能良好,淬硬性和淬透性均很差,是塑性很好的冷冲压钢	用于生产薄钢板及冷轧钢带;广泛用于制造深冲压、拉延的盖罩件及焊接件,也可制作芯部强度不高而表面硬化的渗碳或氰化零件,如离合器盘、齿轮等
10	塑性和韧性高,焊接性好,在冷状态下,易于挤压成形和压模成形,强度低,淬透性和淬硬性差,在热处理或冷拉处理后切削性能提高	可以采用弯曲、冷冲、热压及焊接等多种方法,制作各种负荷小、要求高韧性的零件(如钢管垫片、摩擦片、汽车车身、容器、防护罩、深冲器具、轴承安全架、冷镦螺栓螺母),以及较小负荷的焊接件、渗碳件(如齿轮、链滚、套筒、链轮)等

续表

牌号	特性	应用
15	塑性和韧性高，焊接性和冷冲压性良好，切削性差，但经水韧处理或正火之后，切削性能提高，强度、淬硬性和淬透性较低	用于制作受载较小且韧性高的零件、渗碳件、紧固件，不需热处理的低负荷零件，焊接性能较好的中小结构件，如螺栓、法兰、小轴、销子、滚子、摩擦片、套筒、起重钩和农机用的链轮、链条、轴套等
15F	性能和 15 钢相近	一般热轧或冷轧为薄钢板。适于制作各种钣金件及冲压件，也用于制作芯部强度要求不高的渗碳或氰化零件，如挡块、支架、短轴、套筒、离合器盘、齿轮、垫片、垫圈、摇杆、吊钩、衬套、螺栓以及农机中的低负荷零件
20	焊接性好，经热处理可得良好切削加工性，无回火脆性，其强度稍高于 15 钢	适于制作韧性较高、负荷不大的各种零件，如杠杆、轴套、螺钉、拉杆、吊钩等；也用于制作要求表面硬度较高而芯部强度较低的渗碳件或氰化零件，如链滚子、轴和不重要的齿轮、链轮等；还用于制作在压力小于 600MPa 及温度低于 450℃的非腐蚀性介质中工作的管路零件
25	具有较好的塑性、韧性、冷冲压性、焊接性和切削性，一般在热轧及正火后使用	用于制作焊接结构件、负荷较小的零件，如轴、辊子、垫圈、螺栓、螺母、连接器；还用于制作压力小于 600MPa、温度低于 450℃的锅炉零件，如应力不大的螺栓、螺母、螺钉，汽车、拖拉机中的冲压板、横梁、车架、脚踏板等
30	具有一定的强度和硬度，塑性和焊接性较好，一般在正火状态下使用，尺寸不大的钢材经调质后可得到良好的综合力学性能和较好的切削性能	适于制作受载不大、温度低于 150℃、截面尺寸小的零件，如化工机械中的螺栓、拉杆、套筒、轴、丝杠；还可制作表面耐磨、芯部强度较高的渗碳或氰化零件、焊接构件及冷镦锻零件等
35	具有良好的塑性和切削加工性，中等强度，焊接性能不佳，一般不用作焊接件；适于冷拉、冷镦、冷冲压加工	广泛用于制作各种锻件、热压件、冷拉及冷镦钢材、无缝钢管，以及负荷较大但截面尺寸较小的各种零件，如曲轴、销轴、横梁、连杆、星轮、轮圈、垫圈、钩环、螺栓等

续表

牌号	特性	应用
40	具有较高强度，切削性能良好；焊接性能差；一般在正火、调质或高频表面淬火后使用	一般用作机器中的运动零件、芯部强度要求不高、表面耐磨的淬火零件，负荷较大的调质小尺寸零件，应力不大的大型正火零件，如传动轴、芯轴、曲轴、柄销、拉杆、辊子、活塞杆、齿轮、链轮等
45	具有较高强度、一定的塑性和韧性，切削性良好，调质后能得到优良的综合力学性能，淬透性较差，焊接性不好，冷变形塑性低，是一种应用广泛的较高强度的中碳钢，一般淬火及回火后使用	适于制作较高强度的运动的零件，如空压机、泵活塞、蒸汽透平机的叶轮、重型机械中的轴、连杆、蜗杆、齿条、销子等；可代替渗碳钢用以制造表面耐磨零件(经高频或火焰表面淬火)，如曲轴、齿轮、机床主轴、活塞销、传动轴等，农机中等负荷的轴、脱粒滚筒、链轮、齿轮及钳工工具等
50	是一种具有高强度的中碳钢，切削性能中等，焊接性差，冷变形时塑性低，淬透性较差，一般于淬火及回火后使用	适于制作耐磨性高、动负荷及冲击作用不大的零件，如锻造齿轮、拉杆、轧辊、摩擦盘、不重要弹簧、发动机曲轴、机床主轴、农机中的掘土犁铧、翻土板、铲子、轴及重载芯轴等
55	高强度中碳钢，弹性性能较高，塑性及韧性低，热处理后可得到高强度、高硬度，中等切削性能，焊接性差，冷变形能力低，一般在正火或淬火回火后使用	适用于制作高强度耐磨零件、弹性零件及铸钢件，如齿轮、拉杆、垫圈、轮缘、扁弹簧、轧辊等
60	具有很高的强度与弹性，冷变形塑性低，切削性能不好，淬透性低，焊接性差，淬火时有产生淬火裂纹的倾向，因此，小工件才采用淬火，大工件多采用正火	适用于制作耐磨、高强度、受力较大及要求良好弹性的零件，如轧辊、轴、弹簧、弹簧圈、垫圈、离合器、凸轮等
65	应用广泛的碳素弹簧钢，经热处理后的疲劳强度与合金弹簧钢相近，并可得到良好的弹性及较高的强度，切削性和淬透性都差，小尺寸零件多采用淬火，大尺寸零件多采用正火或水淬油冷，一般在淬火、中温回火状态下使用，也可在正火状态下使用	适用于制作弹簧垫圈、弹簧环、气门弹簧、小负荷扁弹簧、螺旋弹簧等；在正火状态下，可以用于制造凸轮、轴、轧辊、钢绳等耐磨零件

续表

牌号	特性	应用
70	性能和 65 钢相近，但强度和弹性优于 65 钢，由于淬透性低，直径大于 12～15mm 的工件不能淬透	适于制作强度不高、尺寸较小的扇形、圆形、方形弹簧，以及带钢、钢丝、车轮圈、电车车轮及犁铧等
75、80	性能和 65 钢相近，强度稍高，弹性稍差，一般在淬火回火状态下使用	适于制作强度不高、截面尺寸较小的螺旋弹簧、板弹簧以及承受摩擦负荷的零件
85	耐磨性优良的高碳钢，强度和硬度均优于 65 钢和 70 钢，但弹性稍低，淬透性也差	主要适于制作截面尺寸不大、强度不高的振动弹簧，如普通机器中的扁形弹簧、圆形螺旋弹簧、铁道车辆和汽车、拖拉机中的板簧和螺旋弹簧，以及清棉机锯片、摩擦盘、钢丝、带钢等
15Mn、20Mn	高锰低碳渗碳钢，性能和 15 钢相近，淬透性、强度和塑性均高于 15 钢，切削性良好，低温冲击性及焊接性均好，一般在渗碳、正火或热轧状态下使用，20Mn 的强度和淬透性比 15Mn 稍高	主要用于制作芯部力学性能较高的渗碳或氰化零件，如凸轮轴、曲柄轴、活塞销、齿轮、滚动轴承套圈、圆柱和圆锥轴承中的滚动体；在正火或热轧状态下用于制作韧性高而应力小的零件，如螺钉、螺母、支架、铰链及焊接构件；还可制作低温条件下工作的油罐等容器
25Mn	性能和 20Mn 及 25 钢相近，但强度稍优	适于制作渗碳件及焊接件，如连杆、销、凸轮轴、齿轮、联轴器、铰链等
30Mn	强度及淬透性均比 30 钢高，切削性能良好，冷变形时塑性尚好，焊接性能良好等，有回火脆性倾向，锻后应回火，一般在正火或调质状态下使用	通常用于制造低负荷的零件，如杠杆、拉杆、小轴、刹车踏板、螺栓、螺钉、螺母等；采用冷拉钢可制作高应力的细小零件，如农机的钩环、链环、刀片、横向刹车机齿轮等
35Mn	强度和淬透性均优于 30Mn，切削加工性好，冷变形弹性中等，焊接性较差，常作为调质钢使用	一般用于制作负荷中等的零件，如传动轴、啮合杆、螺栓，采用淬火回火处理后可制作耐磨性能好的零件，如齿轮、芯轴和叉等

续表

牌号	特性	应用
40Mn	经热处理后,综合力学性能优于40钢,淬透性高于40钢,切削性能良好,冷变形时塑性中等,存在回火脆性、过热敏感性,水淬时易于产生裂纹,焊接性差,在正火或淬火回火状态下使用,调质后可代替40Cr	经调质处理后可用于制作疲劳负荷下的零件,如曲轴、连杆、辊子、轴、高应力下的螺栓、螺母和螺钉等
45Mn	强度、韧性及淬透性均优于45钢,是中碳调质钢,调质后可得到较好的综合力学性能,切削加工性尚好,焊接性差,冷变形塑性低,有回火脆性倾向,一般在调质状态下应用,也可在淬火、回火或正火状态下应用	适于制作承受较大负荷及磨损条件下工作的零件,如曲轴、花键轴、轴、连杆、万向节轴、汽车半轴、啮合杆、齿轮、离合器盘、螺栓、螺母等
50Mn	性能与50钢相近,但淬透性较高,经热处理后的强度、硬度及弹性均比50钢好,有过热敏感性及回火脆性倾向,焊接性差,一般在淬火、回火后应用	常用于制作高耐磨性、高应力的零件,如芯轴、齿轮轴、齿轮、摩擦盘、板弹簧等;高频淬火后可用于制造火车轴、蜗杆、连杆及汽车曲轴等
60Mn	强度较高,淬透性良好,脱碳倾向小,有过热敏感性及回火脆性倾向;水淬易产生裂纹,通常在淬火回火后应用	适于制作尺寸较大的螺旋弹簧、各种扁弹簧、圆弹簧、板簧、弹簧片、弹簧环、发条及冷拉钢丝等
65Mn	具有高强度和高硬度,淬透性较好,且弹性良好,是一种高锰弹簧钢,适于油淬,水淬易产生裂纹,退火后的切削性较好,冷作变形塑性差,焊接性差,一般不宜作焊接件,通常在淬火、中温回火状态下应用	经淬火及低温回火或调质、表面淬火处理,用于制造受摩擦、高弹性、高强度的机械零件,如收割机铲、犁,切碎机切刀,翻土板、整地机械圆盘,机床主轴、丝杠,弹簧卡头、钢轨、螺旋滚子、轴承套圈;经淬火、中温回火处理后,用于制造中负荷的板弹簧(厚度5～15mm)、螺旋弹簧、弹簧垫圈、弹簧卡环、弹簧发条、轻型汽车离合器弹簧、制动弹簧、气门弹簧等

续表

牌号	特性	应用
70Mn	淬透性优于 70 钢，热处理后可得到的力学性能高于 70 钢，但冷作变形塑性差，焊接性能低，热处理时易于产生过热敏感性及回火脆性，易于脱碳，水淬易产生裂纹，一般在淬火、回火状态下应用	适于制造耐磨及承受较大负荷的零件，如止推环、离合器盘、弹簧垫圈、锁紧圈、盘簧等

4.3　低合金高强度结构钢（GB/T 1591—2018）

本钢种包括一般结构和工程用低合金高强度结构钢，有钢板、钢带、型钢、钢棒等几种产品。尺寸、外形、质量及允许偏差应符合相应标准的规定。钢材以热轧、控轧、正火、正火轧制或正火加回火、热机械轧（TMCP）或热机械轧制加回火状态交货。

碳的含量一般≤0.18%～0.20%，可用来制造大多数要求不高的机械零件和一般工程构件，如钢板、圆钢、方钢、工字钢、角钢、钢筋等，加入的元素以锰为主（1.7%～2.0%），并辅以硅、钒、铬、镍、铜、钼等，一般合金元素总量<3%。它们都是镇静钢或特殊镇静钢，其牌号中没有表示脱氧方法的符号。

4.3.1　低合金高强度结构钢的牌号

① 牌号　由代表钢屈服强度的符号“Q”、规定上屈服强度数值、交货状态代号、质量等级符号（B、C、D、E、F）四部分组成。

当需方要求钢板具有厚度方向性能时，则在上述规定的牌号后加上代表厚度方向（Z 向）性能级别的符号，如 Q355NDZ25。

Q	□□□	□	□
低合金高强度结构钢	规定的最小上屈服强度/MPa	N—交货状态为正火或正火轧制（热轧代号 AR 或 WAR 省略）	质量等级 B、C、D、E、F

② 化学成分　热轧钢和正火、正火轧制钢以及热机械轧制钢的化学成分应分别符合 GB/T 1591—2018 表 1、表 3 和表 5 的规定。

4.3.2 低合金高强度结构钢的力学性能

① 力学性能 见表4-6～表4-10。

表4-6 热轧低合金高强度结构钢的拉伸性能

牌号		上屈服强度 R_{eH}① /MPa ≥									抗拉强度 R_m/MPa			
		公称厚度或直径/mm												
钢级	质量等级	≤16	>16～40	>40～63	>63～80	>80～100	>100～150	>150～200	>200～250	>250～400	≤100	>100～150	>150～250	>250～400
Q355	B、C	355	345	335	325	315	295	285	275	—	470～630	450～600	450～600	—
	D									265②				450～600②
Q390	B、C、D	390	380	360	340	340	320	—	—	—	490～650	470～620	—	—
Q420③	B、C	420	410	390	370	370	350	—	—	—	520～680	500～650	—	—
Q460③	C	460	450	430	410	410	390	—	—	—	550～720	530～700	—	—

① 当屈服不明显时，可用规定塑性延伸强度 $R_{p0.2}$ 代替上屈服强度。

② 只适用于质量等级为D的钢板。

③ 只适用于型钢和棒材。

表4-7 热轧低合金高强度结构钢的伸长率

牌号		断后伸长率 A/% ≥						
		公称厚度或直径/mm						
钢级	质量等级	试样方向	≤40	>40～63	>63～100	>100～150	>150～250	>250～400
Q355	B、C、D	纵向	22	21	20	18	17	17①
		横向	20	19	18	18	17	17①
Q390	B、C、D	纵向	21	20	20	19	—	—
		横向	20	19	19	18	—	—
Q420②	B、C	纵向	20	19	19	19	—	—
Q460②	C	纵向	18	17	17	17	—	—

① 只适用于质量等级为D的钢板。

② 只适用于型钢和棒材。

表 4-8　正火、正火轧制低合金高强度结构钢的拉伸性能

牌号		上屈服强度 R_{eH}[①]/MPa　≥								抗拉强度 R_m/MPa			断后伸长率 A/%　≥					
钢级	质量等级	公称厚度或直径/mm																
		≤16	>16～40	>40～63	>63～80	>80～100	>100～150	>150～200	>200～250	≤100	>100～200	>200～250	≤16	>16～40	>40～63	>63～80	>80～200	>200～250
Q355N	B、C、D、E、F	355	345	335	325	315	295	285	275	470～630	450～600	450～600	22	22	22	21	21	21
Q390N	B、C、D、E	390	380	360	340	340	320	310	300	490～650	470～620	470～620	20	20	20	19	19	19
Q420N	B、C、D、E	420	400	390	370	360	340	330	320	520～680	500～650	500～650	19	19	19	18	18	18
Q460N	C、D、E	460	440	430	410	400	380	370	370	540～720	530～710	510～690	17	17	17	17	17	16

① 当屈服不明显时，可用规定塑性延伸强度 $R_{p0.2}$ 代替上屈服强度 R_{eH}。

注：正火状态包含正火加回火状态。

表 4-9 热机械轧制低合金高强度结构钢的拉伸性能

牌号		上屈服强度 R_{eH}[1]/MPa ≥						抗拉强度 R_m/MPa					断后伸长率 A/% ≥
钢级	质量等级	公称厚度或直径/mm											
		≤16	>16~40	>40~63	>63~80	>80~100	>100~120	≤40	>40~63	>63~80	>80~100	>100~120[2]	
Q355M	B、C、D、E、F	355	345	335	325	325	320	470~630	450~610	440~600	440~600	430~590	22
Q390M	B、C、D、E	390	380	360	340	340	335	490~650	480~640	470~630	460~620	450~610	20
Q420M	B、C、D、E	420	400	390	380	370	365	520~680	500~660	480~640	470~630	460~620	19
Q460M	C、D、E	460	440	430	410	400	385	540~720	530~710	510~690	500~680	490~660	17
Q500M	C、D、E	500	490	480	460	450	—	610~770	600~760	590~750	540~730	—	17
Q550M	C、D、E	550	540	530	510	500	—	670~830	620~810	600~790	590~780	—	16
Q620M	C、D、E	620	610	600	580	—	—	710~880	690~880	670~860	—	—	15
Q690M	C、D、E	690	680	670	650	—	—	770~940	750~920	730~900	—	—	14

① 当屈服不明显时，可用规定塑性延伸强度 $R_{p0.2}$ 代替上屈服强度 R_{eH}。

② 对于型钢和棒材，厚度或直径不大于 150mm。

注：热机械轧制（TMCP）状态包含热机械轧制（TMCP）加回火状态。

表 4-10　夏比（V 形）冲击试验的试验温度和冲击吸收能

牌号		以下试验温度的冲击吸收能量最小值 KV_2/J									
钢级	质量等级	20℃		0℃		−20℃		−40℃		−60℃	
		纵向	横向	纵向	横向	纵向	横向	纵向	横向	纵向	横向
Q355、Q390、Q420	B	34	27	—	—	—	—	—	—	—	—
Q355、Q390、Q420、Q460	C	—	—	34	27	—	—	—	—	—	—
Q355、Q390	D	—	—	—	—	34①	27①	—	—	—	—
Q355N、Q390N、Q420N	B	34	27	—	—	—	—	—	—	—	—
Q355N、Q390N、Q420N、Q460N	C	—	—	34	27	—	—	—	—	—	—
	D	55	31	47	27	40②	20	—	—	—	—
	E	63	40	55	34	47	27	31③	20③	—	—
Q355N	F	63	40	55	34	47	27	31	20	27	16
Q355M、Q390M、Q420M	B	34	27	—	—	—	—	—	—	—	—
Q355M、Q390M、Q420M、Q460M	C	—	—	34	27	—	—	—	—	—	—
	D	55	31	47	27	40②	20	—	—	—	—
	E	63	40	55	34	47	27	31③	20③	—	—
Q355M	F	63	40	55	34	47	27	31	20	27	16
Q500M、Q550M、Q620M、Q690M	C	—	—	55	34	—	—	—	—	—	—
	D	—	—	—	—	47②	27	—	—	—	—
	E	—	—	—	—	—	—	31③	20③	—	—

① 仅适用于厚度大于 250mm 的 Q355D 钢板。

② 当需方指定时，D 级钢可做−30℃冲击试验时，冲击吸收能量纵向不小于 27J。

③ 当需方指定时，E 级钢可做−50℃冲击时，冲击吸收能量纵向不小于 27J、横向不小于 16J。

注：当需方未指定试验温度时，正火、正火轧制和热机械轧制的 C、D、E、F 级钢材分别做 0℃、−20℃、−40℃、−60℃冲击。冲击试验取纵向试样。经供需双方协商，也可取横向试样。

② 工艺性能　见表 4-11。

表 4-11　低合金高强度结构钢的 180°弯曲试验

试样方向	公称厚度或直径/mm	
	≤16	>16～100
对于公称宽度不小于 600mm 的钢板及钢带，取横向试样；其他钢材取纵向试样	$D=2a$	$D=3a$

注：D=压头直径，a=试棒厚度（直径）。

4.3.3 低合金高强度结构钢的特性和用途

表 4-12 低合金高强度结构钢的特性和用途

牌号	主要特性	应用举例
Q345	含 Nb 镇静钢,性能与 14MnNb 钢相近	起重机、鼓风机、化工机械等
Q345	耐大气腐蚀钢,低温冲击韧性好,可焊性、冷热加工性都好	潮湿多雨地区和腐蚀气氛环境的各种机械
Q345	工作温度为-70℃低温用钢	冷冻机械,低温下工作的结构件
Q345	性能与 18Nb 钢相近	工作温度为-20~450℃的容器及其他结构件
Q345	综合力学性能好,低温性能、冷冲压性能、焊接性能和可切削性能都好	矿山、运输、化工等各种机械
Q390	耐海水及大气腐蚀性好	抗大气和海水腐蚀的各种机械
Q390	性能优于 Q345	高压锅炉锅筒、石油化工容器、高应力起重机械、运输机械构件
Q390	性能与 15MnV 基本相同	与 15MnV 钢相同
Q390	综合力学性能比 Q345 钢高,焊接性、热加工性和低温冲击韧性都好	大型焊接结构,如容器、管道及重型机械设备
Q420	综合力学性能、焊接性能良好。低温冲击韧性特别好	与 16MnNb 钢相同
Q420	强度虽高,但韧性、塑性较低。焊接时,脆化倾向大。冷热加工性尚好,但缺口敏感性较大	大型船舶、桥梁、电站设备、起重机械、机车车辆、中压或高压锅炉及容器及其大型焊接构件等
Q460	强度最高,在正火或淬火加回火状态有很高的综合力学性能,全部用铝补充脱氧	质量等级有 C、D、E 级,可保证钢的良好韧性的备用钢种。用于各种大型工程结构及要求强度高、载荷大的轻型结构

4.4　合金结构钢（GB/T 3077—2015）

合金结构钢是在优质碳素钢的基础上加入合金元素而成，其特点是由于合金元素与铁、碳以及合金元素之间的相互作用，改变了钢的内部组织结构，从而提高和改善钢的性能。

① 分类

a. 按冶金质量分为优质钢、高级优质钢（A）和特级优质钢（E）三种。

b. 按使用加工方法分为：压力加工用钢（UP），包括热压力加工用钢（UHP）、顶锻用钢（UF）、冷拔坯料用钢（UCD）；切削加工用钢（UC）。

c. 钢棒按表面种类分为：压力加工表面（SPP）、酸洗（SA）、喷丸/砂（S）、剥皮（SF）和磨光（SP）。

② 化学成分　应符合 GB/T 3077—2015 表 1 的规定。

③ 尺寸、外形、重量　热轧和锻制圆钢和方钢的尺寸、外形、重量应分别符合 GB/T 702 和 GB/T 908 的有关规定；其他形状钢材的尺寸、外形、重量应符合相关标准的有关规定。

4.4.1　合金结构钢的牌号

合金结构钢的牌号通常由四部分组成（GB/T 221—2008）：

第一部分	第二部分	第三部分	第四部分(必要时)
以两位阿拉伯数字表示平均碳含量（以万分之几计）	合金元素平均含量<1.50%时，仅标明元素符号 2—1.50%～2.49% 3—2.50%～3.49% 4—3.50%～4.49% 5—4.50%～5.49% ……	钢材材质 A—高级优质钢 E—特级优质钢 （优质钢不标）	产品用途、特性和工艺方法代号，见第 5 章“专用结构钢”

4.4.2 合金结构钢的力学性能

(1) 热处理制度

表 4-13 合金结构钢的热处理制度

<table>
<tr><th rowspan="4">钢组</th><th rowspan="4">牌号</th><th rowspan="4">试样毛坯尺寸/mm</th><th colspan="5">热处理</th></tr>
<tr><th colspan="3">淬火</th><th colspan="2">回火</th></tr>
<tr><th colspan="2">加热温度/℃</th><th rowspan="2">冷却剂</th><th rowspan="2">加热温度/℃</th><th rowspan="2">冷却剂</th></tr>
<tr><th>第一次淬火</th><th>第二次淬火</th></tr>
<tr><td rowspan="7">Mn</td><td rowspan="2">20Mn2</td><td rowspan="2">15</td><td>850</td><td>—</td><td>水、油</td><td>200</td><td>水、空</td></tr>
<tr><td>880</td><td>—</td><td>水、油</td><td>440</td><td>水、空</td></tr>
<tr><td>30Mn2</td><td>25</td><td>840</td><td>—</td><td>水</td><td>500</td><td>水</td></tr>
<tr><td>35Mn2</td><td>25</td><td>840</td><td>—</td><td>水</td><td>500</td><td>水</td></tr>
<tr><td>40Mn2</td><td>25</td><td>840</td><td>—</td><td>水、油</td><td>540</td><td>水</td></tr>
<tr><td>45Mn2</td><td>25</td><td>840</td><td>—</td><td>油</td><td>550</td><td>水、油</td></tr>
<tr><td>50Mn2</td><td>25</td><td>820</td><td>—</td><td>油</td><td>550</td><td>水、油</td></tr>
<tr><td>MnV</td><td>20MnV</td><td>15</td><td>880</td><td>—</td><td>水、油</td><td>200</td><td>水、空</td></tr>
<tr><td rowspan="3">SiMn</td><td>27SiMn</td><td>25</td><td>920</td><td>—</td><td>水</td><td>450</td><td>水、油</td></tr>
<tr><td>35SiMn</td><td>25</td><td>900</td><td>—</td><td>水</td><td>570</td><td>水、油</td></tr>
<tr><td>42SiMn</td><td>25</td><td>880</td><td>—</td><td>水</td><td>590</td><td>水</td></tr>
<tr><td rowspan="3">SiMnMoV</td><td>20SiMn2MoV</td><td>试样</td><td>900</td><td>—</td><td>油</td><td>200</td><td>水、空</td></tr>
<tr><td>25SiMn2MoV</td><td>试样</td><td>900</td><td>—</td><td>油</td><td>200</td><td>水、空</td></tr>
<tr><td>37SiMn2MoV</td><td>25</td><td>870</td><td>—</td><td>水、油</td><td>650</td><td>水、空</td></tr>
<tr><td rowspan="3">B</td><td>40B</td><td>25</td><td>840</td><td>—</td><td>水</td><td>550</td><td>水</td></tr>
<tr><td>45B</td><td>25</td><td>840</td><td>—</td><td>水</td><td>550</td><td>水</td></tr>
<tr><td>50B</td><td>20</td><td>840</td><td>—</td><td>油</td><td>600</td><td>空</td></tr>
<tr><td rowspan="4">MnB</td><td>25MnB</td><td>25</td><td>850</td><td>—</td><td>油</td><td>500</td><td>水、油</td></tr>
<tr><td>35MnB</td><td>25</td><td>850</td><td>—</td><td>油</td><td>500</td><td>水、油</td></tr>
<tr><td>40MnB</td><td>25</td><td>850</td><td>—</td><td>油</td><td>500</td><td>水、油</td></tr>
<tr><td>45MnB</td><td>25</td><td>840</td><td>—</td><td>油</td><td>500</td><td>水、油</td></tr>
<tr><td>MnMoB</td><td>20MnMoB</td><td>15</td><td>880</td><td>—</td><td>油</td><td>2000</td><td>油、空</td></tr>
<tr><td rowspan="3">MnVB</td><td>15MnVB</td><td>15</td><td>860</td><td>—</td><td>油</td><td>200</td><td>水、空</td></tr>
<tr><td>20MnVB</td><td>15</td><td>860</td><td>—</td><td>油</td><td>200</td><td>水、空</td></tr>
<tr><td>40MnVB</td><td>25</td><td>850</td><td>—</td><td>油</td><td>520</td><td>水、油</td></tr>
<tr><td rowspan="2">MnTiB</td><td>20MnTiB</td><td>15</td><td>860</td><td>—</td><td>油</td><td>200</td><td>水、空</td></tr>
<tr><td>25MnTiBRE</td><td>试样</td><td>860</td><td>—</td><td>油</td><td>200</td><td>水、空</td></tr>
</table>

续表

钢组	牌号	试样毛坯尺寸/mm	热处理				
			淬火			回火	
			加热温度/℃		冷却剂	加热温度/℃	冷却剂
			第一次淬火	第二次淬火			
Cr	15Cr	15	880	780～820	水、油	200	水、空
	20Cr	15	880	780～820	水、油	200	水、空
	30Cr	25	860	—	油	500	水、油
	35Cr	25	860	—	油	500	水、油
	40Cr	25	850	—	油	520	水、油
	45Cr	25	840	—	油	520	水、油
	50Cr	25	830	—	油	520	水、油
CrSi	38CrSi	25	900	—	油	600	水、油
CrMo	12CrMo	30	900	—	空	650	空
	15CrMo	30	900	—	空	650	空
	20CrMo	15	880	—	水、油	500	水、油
	25CrMo	25	870	—	水、油	600	水、油
	30CrMo	25	880	—	水、油	540	水、油
	35CrMo	25	850	—	油	550	水、油
	42CrMo	25	850	—	油	560	水、油
	50CrMo	25	840	—	油	560	水、油
CrMoV	12CrMoV	30	970	—	空	750	空
	35CrMoV	25	900	—	油	630	水、油
	12Cr1MoV	30	970	—	空	750	空
	25Cr2MoVA	25	900	—	油	640	空
	25Cr2Mo1VA	25	1040	—	空	700	空
CrMoAl	38CrMoAl	30	940	—	水、油	640	水、油
CrV	40CrV	25	880	—	油	650	水、油
	50CrVA	25	860	—	油	500	水、油
CrMn	15CrMn	15	880	—	油	200	水、空
	20CrMn	15	850	—	油	200	水、空
	40CrMn	25	840	—	油	550	水、油
CrMnSi	20CrMnSi	25	880	—	油	480	水、油
	25CrMnSi	25	880	—	油	480	水、油
	30CrMnSi	25	880	—	油	520	水、油

续表

钢组	牌号	试样毛坯尺寸/mm	热处理				
			淬火			回火	
			加热温度/℃		冷却剂	加热温度/℃	冷却剂
			第一次淬火	第二次淬火			
CrMnSi	30CrMnSiA	25	880	—	油	540	水、油
	35CrMnSiA	试样	加热到880℃，于280～310℃等温淬火				
			950	890	油	230	空、油
CrMnMo	20CrMnMo	15	850	—	油	200	水、空
	40CrMnMo	25	850	—	油	600	水、油
CrMnTi	20CrMnTi	15	880	870	油	200	水、空
	30CrMnTi	试样	880	850	油	200	水、空
CrNi	20CrNi	25	850	—	水、油	460	水、油
	40CrNi	25	820	—	油	500	水、油
	45CrNi	25	820	—	油	530	水、油
	50CrNi	25	820	—	油	500	水、油
	12CrNi2	15	860	780	水、油	200	水、空
	34CrNi2	25	840	—	水、油	530	水、油
	12CrNi3	15	860	780	油	200	水、空
	20CrNi3	25	830	—	水、油	480	水、油
	30CrNi3	25	820	—	油	500	水、油
	37CrNi3	25	820	—	油	500	水、油
	12Cr2Ni4	15	860	780	油	200	水、空
	20Cr2Ni4	15	880	780	油	200	水、空
CrNiMo	15CrNiMo	15	850	—	油	200	空
	20CrNiMo	15	850	—	油	200	空
	30CrNiMo	25	850	—	油	500	水、油
	40CrNiMo	25	850	—	油	600	水、油
	40CrNi2Mo	25	正火	850	油	560～580	空气
		试样	890	850	油	220两次回火	
	30Cr2Ni2Mo	25	850	—	油	520	水、油
	34Cr2Ni2Mo	25	850	—	油	540	水、油
	30Cr2Ni2Mo	25	850	—	油	560	水、油
	35Cr2Ni4Mo	25	850	—	油	560	水、油

续表

钢组	牌号	试样毛坯尺寸/mm	热处理				
			淬火			回火	
			加热温度/℃		冷却剂	加热温度/℃	冷却剂
			第一次淬火	第二次淬火			
CrMnNiMo	18CrMnNiMoA	15	830	—	油	200	空
CrNiMoV	45CrNiMoVA	试样	860	—	油	460	油
CrNiW	18Cr2Ni4WA	15	950	850	空	200	水、空
	25Cr2Ni4WA	25	850	—	油	550	水、油
CrMnNiMo	18CrMnNiMoA	15	830	—	油	200	空
CrNiMoV	45CrNiMoVA	试样	860	—	油	460	油
CrNiW	18Cr2Ni4WA	15	950	850	空	200	水、空
	25Cr2Ni4WA	25	850	—	油	550	水、油

（2）力学性能

表 4-14　钢材的纵向力学性能和硬度

钢组	牌号	试样毛坯尺寸①/mm	力学性能					退火或高温回火硬度布氏硬度(HBW) ≤
			抗拉强度 R_m/MPa	下屈服极限强度②/MPa	断后伸长率 A/%	断面收缩率 Z/%	冲击吸收功 $KU_2$③/J	
			≥					
Mn	20Mn2	15	785	590	10	40	47	187
	25Mn2	15	785	590	10	40	47	187
	30Mn2	25	785	635	12	45	63	207
	35Mn2	25	835	685	12	45	55	207
	40Mn2	25	885	735	12	45	55	217
	45Mn2	25	885	735	10	45	47	217
	50Mn2	25	930	785	9	40	39	229
MnV	20MnV	15	785	590	10	40	55	187
SiMn	27SiMn	25	980	835	12	40	39	217
	35SiMn	25	885	735	15	45	47	229
	42SiMn	25	885	735	15	40	47	229

续表

钢组	牌号	试样毛坯尺寸[①]/mm	力学性能					退火或高温回火硬度布氏硬度(HBW) ≤
			抗拉强度 R_m/MPa	下屈服极限强度[②]/MPa	断后伸长率 A/%	断面收缩率 Z/%	冲击吸收功 KU_2[③]/J	
			≥					
SiMnMoV	20SiMn2MoV	试样	1380	—	10	45	55	269
	25SiMn2MoV	试样	1470	—	10	40	47	269
	37SiMn2MoV	25	980	835	12	50	63	269
B	40B	25	785	635	12	45	55	207
	45B	25	835	685	12	45	47	217
	50B	20	785	540	10	45	39	207
MnB	25MnB	25	835	635	10	45	47	207
	35MnB	25	930	735	10	45	39	207
	40MnB	25	980	785	10	45	47	207
	45MnB	25	1030	835	9	40	39	217
MnMoB	20MnMoB	15	1080	885	10	50	55	207
MnVB	15MnVB	15	885	635	10	45	55	207
	20MnVB	15	1080	885	10	45	55	207
	40MnVB	25	980	785	10	45	47	207
MnTiB	20MnTiB	15	1130	930	10	45	55	187
	25MnTiBRE	试样	1380	—	10	40	47	229
Cr	15Cr	15	735	490	11	45	55	179
	20Cr	15	835	540	10	40	47	179
	30Cr	25	885	685	11	45	47	187
	35Cr	25	930	735	11	45	47	207
	40Cr	25	980	785	9	45	47	207
	45Cr	25	1030	835	9	40	39	217
	50Cr	25	1080	930	9	40	39	229
CrSi	38CrSi	25	980	835	12	50	55	255
CrMo	12CrMo	30	410	265	24	60	110	179
	15CrMo	30	440	295	22	60	94	179
	20CrMo	15	885	685	12	50	78	197
	25CrMo	25	900	600	14	55	68	229
	30CrMo	25	930	785	12	50	63	229

续表

钢组	牌号	试样毛坯尺寸①/mm	力学性能					退火或高温回火硬度布氏硬度(HBW) ≤
			抗拉强度 R_m/MPa	下屈服极限强度②/MPa	断后伸长率 A/%	断面收缩率 Z/%	冲击吸收功 $KU_2$③/J	
			≥					
CrMo	35CrMo	25	980	835	12	45	63	229
	42CrMo	25	1080	930	12	45	63	217
	50CrMo	25	1130	930	11	45	48	248
CrMoV	12CrMoV	30	440	225	22	50	78	241
	35CrMoV	25	1080	930	10	50	71	241
	12Cr1MoV	30	490	245	22	50	71	179
	25Cr2MoVA	25	930	785	14	55	63	241
	25Cr2Mo1VA	25	735	590	16	50	47	241
CrMoAl	38CrMoAl	30	980	835	14	50	71	229
CrV	40CrV	25	885	735	10	50	71	241
	50CrVA	25	1280	1130	10	40	—	255
CrMn	15CrMn	15	785	590	12	50	47	179
	20CrMn	15	930	735	10	45	47	187
	40CrMn	25	980	835	9	45	47	229
CrMnSi	20CrMnSi	25	785	635	12	45	55	207
	25CrMnSi	25	1080	885	10	40	39	217
	30CrMnSi	25	1080	885	10	45	39	229
	30CrMnSiA	25	1080	835	10	45	39	229
	35CrMnSiA	试样	1620	1280	9	40	31	241
CrMnMo	20CrMnMo	15	1180	885	10	45	55	217
	40CrMnMo	25	980	785	10	45	63	217
CrMnTi	20CrMnTi	15	1080	850	10	45	55	217
	30CrMnTi	试样	1470	—	9	40	47	229
CrNi	20CrNi	25	785	590	10	50	63	197
	40CrNi	25	980	785	10	45	55	241
	45CrNi	25	980	785	10	45	55	255
	50CrNi	25	1080	835	8	40	39	255
	12CrNi2	15	785	590	12	50	63	207

续表

钢组	牌号	试样毛坯尺寸①/mm	力学性能					退火或高温回火硬度布氏硬度（HBW）≤
			抗拉强度 R_m/MPa	下屈服极限强度②/MPa	断后伸长率 A/%	断面收缩率 Z/%	冲击吸收功 $KU_2$③/J	
			≥					
CrNi	34CrNi2	25	930	735	11	45	71	241
	12CrNi3	15	930	685	11	50	71	217
	20CrNi3	25	930	735	11	55	78	241
	30CrNi3	25	980	785	9	45	63	241
	37CrNi3	25	1130	980	10	50	47	269
	12Cr2Ni4	15	1080	835	10	50	71	269
	20Cr2Ni4	15	1180	1080	10	45	63	269
CrNiMo	15CrNiMo	15	930	750	10	40	46	197
	20CrNiMo	15	980	785	9	40	47	197
	30CrNiMo	25	980	785	10	50	63	269
	40CrNiMo	25	980	835	12	55	78	269
	40CrNi2Mo	25	1050	980	12	45	48	269
		试样	1790	1500	6	25		
	30Cr2Ni2Mo	25	980	835	10	50	71	269
	34Cr2Ni2Mo	25	1080	930	10	50	71	269
	30Cr2Ni4Mo	25	1080	930	10	50	71	269
	35Cr2Ni4Mo	25	980	980	10	50	71	269
CrMnNiMo	18CrMnNiMoA	15	1180	885	10	45	71	269
CrNiMoV	45CrNiMoVA	试样	1470	1330	7	35	31	269
CrNiW	18Cr2Ni4WA	15	1180	835	10	45	78	269
	25Cr2Ni4WA	25	1080	930	11	45	71	269

① 钢棒尺寸小于试样毛坯尺寸时，用原尺寸钢棒进行热处理。

② 当屈服现象不明显时，可用规定非比例延伸强度 $R_{p0.2}$ 代替。

③ 直径小于 16mm 的圆钢和厚度小于 12mm 的方钢、扁钢，不做冲击试验。

注：1. 表中所列热处理温度允许调整范围：淬火±15℃，低温回火±20℃，高温回火±50℃。

2. 钢在淬火前可先经正火，正火温度应不高于其淬火温度，铬锰钛钢第一次淬火可用正火代替。

4.4.3 合金结构钢的特性和应用

表 4-15　合金结构钢的特性和应用

牌号	特性	用途举例
20Mn2	具有中等强度,冷变形时塑性高,切削加工性能良好,低温冲击韧性和焊接性均优于 20Cr。当截面尺寸较小时,20Mn2 性能和 20Cr 相近,淬透性比相应的碳钢高,热处理时有过热、脱碳敏感性及回火脆性倾向	适于制作截面尺寸小于 50mm 的渗碳零件,如小齿轮、小轴、十字头销、活塞销、柴油机套筒、气门顶杆、变速齿轮操纵杆等,热轧及正火状态下用于制造螺栓、螺母以及铆焊件等
30Mn2	具有高强度和高韧性,优良的耐磨性能,拉丝、冷镦及热处理工艺性良好,中等切削加工性能,当截面尺寸小时可得到良好的静强度和疲劳强度,淬透性较高,淬火变形小,有过热、脱碳敏感性及回火脆性,焊接性能不佳,一般不宜制作焊接件,通常在调质处理后应用	适于制造汽车拖拉机支架、纵横梁、变速箱齿轮、轴、冷镦螺栓、较大截面的调质件,以及芯部强度要求较高的渗碳件,如起重机的后车轴等
35Mn2	强度、耐磨性、淬透性均高于 30Mn2,塑性稍低,冷变形时塑性尚好,具有一定的切削加工性,焊接性差,水淬易产生裂纹,一般在调质或正火状态下使用	适于制作直径小于 20mm 的较小零件,可以代替 40Cr,用于制作小尺寸的冷镦螺栓、小轴、轴套、小连杆、操纵杆、曲轴、风机配件、农机用锄铲柄、锄铲、D 级高强度抽油杆等
40Mn2	强度、磁性及耐磨性均优于 40 钢,具有良好的热处理工艺性及切削加工性,焊接性差,水淬易产生裂纹,一般在调质状态下使用	适于制作重负荷的各种零件,如曲轴、半轴、轴、杠杆、操纵杆、蜗杆、活塞杆、加固环、弹簧、承载螺栓;可替代 40Cr 制造 40mm 以下的重要零件
45Mn2	具有较高强度、耐磨性及淬透性,调质后综合力学性能良好,适于油淬再高温回火,可在调质状态或正火状态下使用,切削性尚好,焊接性差,冷变形塑性低,热处理有过热敏感性和回火脆性倾向,水淬易产生裂纹	用于制造承受高应力及耐磨性好的零件,还可代替 40Cr 用于制造直径小于 60mm 的零件,在汽车、拖拉机及通用机械中应用较多,如制造车轴、齿轮轴、蜗杆、齿轮、摩擦盘、电车轴、蒸汽机车轴、重负荷机架、重要螺柱等

续表

牌号	特性	用途举例
50Mn2	具有高强度、高弹性、高耐磨性能，切削性能较好，淬透性较高，冷变形塑性低，焊接性能低，水淬易产生裂纹，调质处理后综合力学性能得到提高，可在调质或正火或回火状态下使用	适于制造大应力、高磨损的大型零件，如通用机械的齿轮轴、曲轴、连杆、蜗杆、花键轴、承受强大冲击的芯轴、重型机器主轴、大齿轮、板弹簧等，还可代替40Cr用于制造直径小于80mm的零件
27SiMn	具有较高的强度和耐磨性，淬透性高，冷变形塑性中等，切削加工性能良好，焊接性能尚可，综合性能优于30Mn2，水淬时能保持较高的韧性	可在调质、正火或热轧供货状态下，用于制造高韧性、高耐磨性的热冲压件；无需热处理或正火状态下使用的拖拉机的履带销等，还可作铸钢件
35SiMn	性能良好，调质处理后具有高的静强度、疲劳强度和耐磨性，韧性及淬透性良好，冷变形时塑性中等，切削性良好，焊接性差，可以代替40Cr或部分代替40CrNi使用	在调质状态下用于制造中速、中载零件，在淬火、回火状态下用于制造高负荷、小冲击的零件，截面较大、表面淬火的零件，如汽轮机主轴、叶轮及各种重要的紧固件、传动轴、主轴、齿轮、蜗杆、曲轴、飞轮、各种锻件
42SiMn	强度、耐磨性及淬透性均优于35SiMn，其他性能与之相近，强度和耐磨性比40Cr好，可代替40CrNi使用	高频淬火及中温回火状态下用于制造中速、中载齿轮传动件；调质后高频淬火、低温回火状态下用于制造较大截面、表面高硬、具有较高耐磨性的零件；淬火后低、中温回火状态下用于制造中速重载零件
20SiMn2MoV 25SiMn2MoV	淬透性较高，油淬变形及裂纹倾向小，锻造工艺性良好，焊接性较好，复杂形状零件焊接前应预热，焊后缓冷，切削性差，一般在淬火及低温回火后使用，代替调质的35CrMo、35CrNi3MoA、40CrNi3MoA等中碳合金结构钢	适于制造较重负荷、应力状况复杂或低温下长期工作的零件，如石油机械中的吊卡、吊环、射孔器及较大截面的连接件

续表

牌号	特性	用途举例
37SiMn2MoV	具有优良的综合力学性能，是一种高级调质钢，热处理工艺性良好，淬透性好、稳定性高，回火脆性倾向很小，高温强度较好，低温韧性较高，调质处理能得到高强度和高韧性。一般在调质状态下使用	适于制造重载、大截面的重要零件，如重型机械中的齿轮、轴、连杆、转子等，石油化工用的高压容器及大螺栓，高温条件下的大螺栓等在 450℃ 以下的紧固件；淬火低温回火后可作超高强度钢，还可代替 35CrMo、40CrNiMo
40B	调质后的综合力学性能良好，可代替 40Cr 使用，其硬度、韧性、淬透性均优于 40 钢，一般在调质状态下使用	用于制作截面大且性能要求高的零件，如轴、拉杆、齿轮、凸轮、拖拉机曲柄等
45B	强度、耐磨性、淬透性均高于 45 钢，一般在调质状态下使用	用于制造截面较大、强度要求高的零件，如拖拉机连杆、曲轴等，可代替 40Cr 用于制造小尺寸零件
50B	经调质处理的综合力学性能高于 50 钢，淬透性好，正火时硬度偏低，切削性能尚可	可代替 50、50Mn、50Mn2 用于制造强度较高、淬透性较好的小尺寸零件，如凸轮、轴齿轮、拉杆等
40MnB	高强度、高硬度、良好的韧性和塑性，经高温回火后，其低温冲击韧性良好，调质或淬火低温回火后，承受动载荷能力有所提高，淬透性良好，冷热加工性良好，工作温度范围为 −20～425℃，一般在调质状态下使用	用于制造汽车、拖拉机及其他通用机械中直径小于 70mm 的调质零件，如汽车半轴、转向轴、机床轴、齿轮轴等，可代替 40Cr 制造中等截面的零件，如卷扬机中轴，还可代替 40CrNi 用于制造小尺寸零件和需经表面硬化处理的机械零件
45MnB	强度和淬透性均高于 40Cr，塑性和韧性稍低，热加工和切削加工性良好，热处理变形小	用于代替 40Cr、45Cr 和 45Mn2 制造中、小截面的耐磨调质件及高频淬火零件，如钻床主轴、拖拉机曲轴、机床齿轮、凸轮、花键轴等

续表

牌号	特性	用途举例
20MnMoB	强度高，耐磨性优良，疲劳强度高，综合力学性能好，淬透性与20CrNi3相近，是常用的渗碳钢	用于中负荷的芯部强度要求较高的渗碳齿轮及其他渗碳零件，如齿轮轴、油泵转子、活塞销等，可替代12CrNi3A或20CrMnTi
20MnV	具有良好的性能，淬透性好，焊接性较好，有一定的切削加工性，其强度、韧性及塑性均优于15Cr和20Mn2，可代替20Cr、20CrNi使用	适于制作高压容器，锅炉、大型高压管道的工作温度不超过450～475℃的焊接构件，还用于制造冷轧、冷冲压零件，如齿轮、自行车链条、活塞销等
15MnVB	焊接性能良好，淬透性好，经淬火低温回火后，可得到较高的强度、良好的塑性及低温冲击韧性	采用淬火低温回火可以制造高强度的重要连接零件，如汽车上的气缸盖螺栓、半轴螺栓、连杆螺栓以及中负荷的渗碳零件
20MnVB	具有高强度、高耐磨性及良好的淬透性能，切削加工性、渗碳及热处理工艺性均良好，可替代20CrMnTi、20CrNi使用，高温时脱碳较严重	适于制作较大负荷的中小渗碳件，如重型机床上的轴、大模数齿轮、汽车桥的主、从动齿轮等
40MnVB	具有高强度、高韧性和良好的塑性，淬透性良好，较小的过热敏感性，冷拉和切削加工性均好。综合性能优于40 Cr，调质状态下使用	适于代替40Cr、45Cr及38CrSi制作低温回火、中温或高温回火状态的零件，还可以部分代替42CrMo、40CrNi制造重要的调质零件，如机床和汽车上齿轮和轴等
20MnTiB	具有良好的力学性能和工艺性能，正火后切削性能良好，热处理后的疲劳强度较高	用于制作汽车、拖拉机上尺寸较小、中负荷的齿轮及渗碳零件，还可替代20CrMnTi，制造冲击耐磨、高速的汽车、拖拉机重要零件
25MnTiBRE	具有良好的工艺性能，淬透性较好，冷热加工性良好，综合性能优于20CrMnTi，正火后切削性良好，低温冲击性较好	常用于代替20CrMnTi、20CrMo使用，制造中负荷的拖拉机齿轮、推土机齿轮、汽车变速箱齿轮、轴等渗碳氰化零件

续表

牌号	特性	用途举例
15Cr	强度和淬透性均高于 15 钢，冷弯塑性高，焊接性良好，退火后切削性良好，热处理变形较大	一般作为渗碳钢用于制造表面耐磨、芯部强度和韧性较高、尺寸较小的各种渗碳零件，如曲轴、联轴器、小齿轮、活塞、衬套、轴承圈等，还可作为淬火钢用于制造有一定强度和韧性要求的小型零件
20Cr	强度和淬透性均优于 15Cr 和 20 钢，淬火低温回火后，能得到良好的综合力学性能及低温冲击性能，冷弯时塑性较高，热处理后切削性良好，焊接性较好，一般作为渗碳钢使用	适于制造小尺寸截面、形状简单、转速较高、负荷较小、表面耐磨、芯部强度较高的各种渗碳件或氰化零件，如小齿轮、小轴、阀、活塞销、衬套、棘轮、凸轮、蜗杆、爪形离合器等，还可以作为调质钢制造低速中负荷的零件
30Cr	强度和淬透性比 30 钢高，冷弯变形塑性中等，热处理后切削加工性良好，焊接性中等，一般在调质后使用，也可正火后使用	用于制造耐磨性要求高或受冲击的各种零件，如齿轮、轴、连杆、螺栓等，高频表面淬火可制造表面高硬度且耐磨的零件
35Cr	强度和韧性较高，力学性能和 30Cr 相近，淬透性稍高于 30Cr，强度高于 35 钢	用途和 30Cr 基本相同，用于制作耐磨性要求高或受冲击的各种零件，如轴类、齿轮、滚子、螺栓及其他重要的调质件
40Cr	具有良好的综合力学性能和较高的疲劳强度，淬透性良好，低温冲击性能较好，油淬可以提高疲劳强度，水淬时形状复杂的零件易产生裂纹，冷弯塑性中等，切削性能良好，焊接性较差，一般在调质状态下使用，也可氰化和高频淬火，是应用最广泛的钢种	经调质并高频表面淬火处理可用于制造表面高硬度、高耐磨的零件，如齿轮、轴、主轴、曲轴、连杆、进气阀等；经调质处理可用于制造中速中载的零件，如机床齿轮、蜗杆、花键轴等；经淬火及中温回火处理可用于制造重载、中速、冲击的零件，如油泵转子、滑块等；经淬火及低温回火处理可用于制造重载、低冲击、耐磨的零件，如蜗杆、轴类；经氰化处理可用于制造尺寸较大、低温韧性较高的传动零件，如轴、齿轮等

续表

牌号	特性	用途举例
45Cr	综合性能与40Cr相近，强度、耐磨性及淬透性均优于40Cr，但韧性稍低于40Cr	应用和40Cr相似，主要用于制造表面高频淬火的零件，如齿轮、轴、销、套筒等
50Cr	切削性能良好，淬透性好，冷弯时塑性低，焊接性不好；在油淬及回火后可得到高硬度、高强度，水淬易产生裂纹，一般在淬火及回火或调质状态下使用	用于制造重载、耐磨零件，如重型矿山机械中的油膜轴承套、齿轮、热轧辊、传动轴、柴油机连杆、离合器、螺栓等；还可以制造高频淬火零件、中等弹性的弹簧等
38CrSi	高强度，淬透性好，较高的耐磨性及韧性，低温冲击性较好，回火稳定性好，焊接性差，一般在淬火回火后使用	用于制造强度和耐磨性较高的各种零件，如小模数齿轮、履带轴、小轴、起重钩、进气阀、铆钉机压头、螺栓等
12CrMo	耐热钢，热强度高，无热脆性，冷变形塑性及切削性良好，焊接性能尚可，一般在正火及高温回火后使用	制造工作温度510℃的锅炉、汽轮机主汽管、管壁温度低于540℃的各种导管、过热器管等，淬火回火后还可制造各种高温弹性零件
15CrMo	耐热性和韧性均低于12CrMo，但强度却比其高，在500～550℃以下，持久强度较高，切削性及冷应变塑性良好，焊接性能尚可(焊前预热焊后热处理)	一般在正火及高温回火状态下使用，用于制造510℃的锅炉过热器、中压、高压蒸气导管、主汽管；淬火回火后，可用于制造常温条件下的各种重要零件
20CrMo	热强性能较高，在500～520℃温度时仍能保持良好的热强度，淬透性较好，无回火脆性，冷应变塑性、焊接性及切削加工性均良好，一般在调质或渗碳淬火状态下使用	用于制造化工设备中非腐蚀介质及250℃以下氮氢介质的高压管及各种紧固件，汽轮机及锅炉中的叶片、隔板、锻件，一般机器中的齿轮、轴等重要渗碳零件；替代12Cr13制造中、低压汽轮机叶片

续表

牌号	特性	用途举例
30CrMo 30CrMoA	高强度，高韧性，在 500℃以下温度，具有良好的高温强度，切削性能好，冷变形塑性中等，淬透性较高，焊接性能良好，一般在调质状态下使用	用于制造 30MPa、400℃以下的导管、锅炉和汽轮机中低于 450℃的紧固件；工作温度低于 500℃高压用螺母及法兰，通用机械中受载荷大的主轴、齿轮、螺栓、操纵轮，化工设备中低于 250℃、氮氢介质中的高压导管以及焊接件
35CrMo	低温韧性好，高温下持久强度和蠕变强度高，可在 500～－110℃间工作；静强度及冲击性均高，疲劳强度较高，淬透性良好，淬火变形小，切削性能中等，焊接性差，一般调质处理后使用，也可在高中频表面淬火或淬火后低、中温回火后使用	适于制造承受冲击、弯扭、高负荷的各种重要零件，如轧机人字齿轮、曲轴、连杆、汽轮发电机主轴、发动机传动零件、大型电机轴、工作温度不高于 400℃的锅炉用螺栓，还可代替 40CrNi 用于制造高负荷的传动轴、发电机转子、大截面齿轮等
42CrMo	性能和用途与 35CrMo 相近，但强度和淬透性均高于 35CrMo	用于制造强度比 35CrMo 更高的重要零件，如齿轮、连杆、发动机气缸、1200～2000mm 石油钻杆接头；可代替含镍较高的调质钢使用
12CrMoV	具有良好的高温力学性能，冷变形时塑性高，切削性良好，焊接性尚可，可在－40～560℃温度中使用，一般要经过高温回火	用于制造 540℃的汽轮机主汽管道、转向导叶环，温度低于 570℃的各种过热器管等
12Cr1MoV	热强性及抗氧化性高于 12CrMoV，蠕变极限与持久强度相近，有一定的焊接性能，一般在正火及高温回火后使用	用于制造使用温度不高于 585℃的高压设备中的过热管、导管、散热器管及有关的锻件
25Cr2MoVA	中碳耐热钢，具有高的室温强度和韧性，高温性能良好，松弛稳定性高，无热脆倾向，淬透性良好，冷变形塑性尚可	用于制造低于 550℃高温且长期工况下的螺母，低于 530℃下工作的螺栓，510℃以下长期工作的其他连接件，也用于制作汽轮机整体转子、套筒、主汽阀和调节阀等

续表

牌号	特性	用途举例
25Cr2Mo1VA	中碳耐热钢，Cr、Mo、V含量均高于25Cr2MoVA，因此，耐热性能和热强性均优于25Cr2	用于制作蒸汽温度高达565℃的汽轮机前气缸、阀杆、螺栓等高温工况下的零件
38CrMoAl	高级氮化钢，具有优良的氮化性能和很高的力学性能，耐热性和耐蚀性均良好，氮化处理可得到高表面硬度、高疲劳强度及良好的抗过热性，工作温度不高于500℃，焊接性和淬透性均差，一般在调质及氮化后使用	用于制造高疲劳强度、高耐磨性、热处理后尺寸精度极少降低的小型氮化零件，如气缸套、底盖、活塞螺栓、检验规、精密磨床主轴、车床主轴、镗杆、高精度丝杠、齿轮、高压阀门、汽轮机调速器、塑料挤压机上的耐磨零件等
35CrMoV	较高强度，淬透性良好，焊接性差；冷变形时塑性低，调质处理使用	制造高应力的重要零件，如500～520℃以下工作的汽轮机叶轮，高级涡轮鼓风机的转子、盖盘、发电机轴等
40CrV	调质钢，高强度、高屈服点，综合性能高于40Cr，有一定的冷变形塑性及切削加工工艺性	用于制造变载、高负荷的各种重要零件，如机车连杆、曲轴，螺旋桨，横梁、螺栓，不渗碳的齿轮、高压气缸等
50CrVA	较高级的合金弹簧钢，具有良好的力学性能，淬透性好，回火稳定性良好，疲劳强度高，工作温度可达500℃，低温冲击韧性良好，焊接性差，切削性尚好，冷应变塑性低，热加工时有形成白点的敏感性，一般在淬火、中温回火后使用	多用于制造工作温度低于210℃的各种弹簧、大截面的高负荷的重要弹簧，如内燃机气门弹簧、锅炉安全阀弹簧、轿车缓冲弹簧等，也可在非腐蚀条件下用于制作工作温度低于400℃的其他大截面调质零件
15CrMn	渗碳钢，淬透性较好，切削性良好，低温冲击性较高，渗碳、淬火后使用	用于制造齿轮、蜗轮、塑料模、密封轴套等
20CrMn	渗碳钢，也可作为调质钢，低温冲击性好，淬火变形小，切削性能良好，焊接性差	可制造渗碳零件或大负荷的调质零件，如轴、齿轮、套筒、变速用摩擦轮等

续表

牌号	特性	用途举例
40CrMn	强度高，切削性良好，淬透性较高，淬火变形小，调质状态下使用	用于制造高速重载荷但冲击较小的零件(如齿轮、轴、离合器、水泵转子等)，高速及弯曲载荷的零件，如连杆、轴等
20CrMnSi	具有较高的强度和韧性，抗冲击性强，良好的耐磨性及低温冲击韧性，有较高的塑性和良好的焊接性，经淬火、200℃回火后综合力学性能优于调质态，淬透性较低，热处理时回火脆性较大，冷变形塑性高，冷作工艺性良好	用于制作强度较高的焊接件、薄板冲压件、冷拉零件、矿山设备的链条、高强度的圆环链、高强度螺栓等
25CrMnSi	与 20CrMnSi 相比，强度稍高、韧性略降。热处理后综合性能良好，可替代相应的铬钼钢	用于制作高强度的焊接结构件、重要的焊接和冲压件、拉杆等
30CrMnSi	具有高强度和高韧性，淬透性较高，冷变形塑性中等，切削加工性良好，焊接性能较好，水淬和油淬零件的断面尺寸可以分别到 100mm 和 50mm；断面尺寸小于或等于 25mm 的零件，推荐采用等温淬火(应注意控制冷却介质的温度)，得到下贝氏体组织，提高综合性能，变形最小，缺口敏感性降低；有回火脆性倾向	用于制造各种重要用途的零件，高速重载、耐磨但工作温度不高的零件，变负荷的焊接构件，如中小型齿轮、高压鼓风机叶片、轴套、轴、阀板、螺栓、螺母及无腐蚀管道等
35CrMnSiA	综合性能良好，强度高，韧性好，淬透性和焊接性均较好，耐蚀和抗氧化性能低，工作温度不超过 200℃	一般在低温回火或等温淬火后使用，用于制造高强度、重载、中速零件，如飞机起落架、高压鼓风机叶片等
20CrMnMo	高强度渗碳钢，塑性及韧性较高，热处理后具有良好的综合力学性能	常用于制造高强度、高硬度、高韧性的重要渗碳零件，如曲轴、凸轮轴、连杆、齿轮、齿轮轴、销轴等，还可以代替 12Cr2Ni4 使用
40CrMnMo	淬透性良好，回火稳定性较高，调质后具有良好的综合力学性能	用于制造重载及截面较大的齿轮、齿轮轴、卡车后桥半轴、偏心轴、连杆等

续表

牌号	特性	用途举例
20CrMnTi	淬火低温回火后综合力学性能良好，低温冲击性也佳，渗碳可以得到良好的抗弯强度和耐磨性，冷热加工性均较好，淬透性好，焊接性中等，渗碳及淬火后具有硬度高且耐磨性好的表面及坚韧的芯部，加热时过热敏感性小，渗碳后在不低于800℃时可直接淬火，淬火后变形小	是一种很常用的齿轮材料，适用于制造中载或重载、冲击耐磨、高速的汽车、拖拉机齿轮及其他重要零件，如十字轴、蜗杆、齿轮、轴齿轮、爪牙离合器等，可代替20SiMnVB使用
30CrMnTi	渗碳钢，也可做调质钢，热处理工艺性好，淬火变形小，渗碳及淬火后耐磨性好，静强度高	适用于制造芯部强度很高的渗碳零件(如齿轮轴、齿轮、蜗杆等)、调质件(如较大截面的主动齿轮)
20CrNi	高强度，高韧性，良好的淬透性，渗碳及淬火后芯部韧性好，表面硬度高，冷变形时塑性中等，切削性能尚可，焊接性差，一般渗碳及淬火后使用	用于制造重载、大型重要的渗碳零件，如花键轴、键齿轮、活塞销等，还可以制造高冲击韧性的调质零件
40CrNi	合金调质钢，高强度，高韧性，良好的淬透性，调质处理后综合力学性能好，低温冲击性良好，水淬易产生裂纹，切削性能较好，焊接性差，一般均调质后使用	用于制造锻造和冷冲压且截面尺寸较大的重要零件，如连杆、曲轴、齿轮轴、螺钉等，与45CrNi性能相近，强度和淬透性稍低，可以互相代替使用
45CrNi	与40CrNi相近，强度和淬透性有所提高，冲击韧度稍有下降	用于制造重要的调质件，如内燃机曲轴、汽车及拖拉机主轴、变速箱轴、气门、螺栓、螺杆等
50CrNi	高级调质钢，高强度，高韧性，高塑性，淬透性良好	用于制造截面较大的重要调质零件，如机床主轴、齿轮、曲轴等
12CrNi2	低碳合金渗碳钢，高强度、高韧性及高淬透性，冷加工塑性中等，切削性、低温韧性及焊接性均较好	适于制造芯部韧性较高、强度要求不高的中小重要渗碳件或氰化零件，如活塞销、轴套、推杆、小轴、齿轮、齿套等

续表

牌号	特性	用途举例
12CrNi3	高级渗碳钢,具有高强度、高淬透性,韧性良好,切削性和焊接性尚好,冷变形塑性中等,白点敏感性较高,有回火脆性,渗碳后需二次淬火,特殊要求需作冷处理	可用做合金结构钢的调质件或渗碳件,制造截面大、载荷高、韧性好、缺口不敏感,冲击耐磨、表面硬度高、芯部韧性好的各种重要零件,如主轴、凸轮轴、连杆、齿轮、轴套、油泵转子、重要螺杆等
20CrNi3	低温冲击韧性良好,有白点敏感性和回火脆性倾向,经调质或淬火低温回火后具有良好的综合力学性能。切削加工性较好,中等焊接性能,主要在调质后使用,也可作为渗碳钢应用	用于制造高负荷的重要零件,如齿轮、凸轮、机床主轴、蜗杆、螺栓、销钉等
30CrNi3	高淬透性,较高强度和韧性,淬火回火后具有良好的力学性能,切削加工性良好,冷变形塑性低,焊接性差	一般用于制造大型、较高负荷的重要零件或锻件、热冲压件,如轴、蜗杆、连杆、曲轴、传动轴、齿轮、螺杆等
37CrNi3	高韧性,淬透性能良好,一般在调质后使用	用于制造重载、冲击截面较大的零件,低温受冲击的零件,热锻热冲压的零件,如转子轴、叶轮、重要的紧固件等
12Cr2Ni4	高强度,高韧性,淬透性良好,渗碳淬火后表面硬度高、耐磨性好,冷变形塑性中等,切削加工性较好,焊接性差,一般采用渗碳及二次淬火、低温回火	用于制造高负荷的大型渗碳件,如齿轮、蜗轮、蜗杆、轴等,采用淬火及低温回火后用于制造高强度、高韧性的机械零件
20Cr2Ni4	强度、韧性及淬透性均高于12Cr2Ni4,冷变形塑性中等,切削性尚好,焊接性差	用于制造性能要求高于12Cr2Ni4的大型渗碳零件,如大齿轮轴,也可用作强度和韧性均高的调质件
40CrNiMoA	具有高强度、高韧性及良好的淬透性,又有抗过热的稳定性,但白点敏感性高,有回火脆性,焊接性较差,一般在调质后使用	一般用于制作强度高、塑性好的重要零件,如轴、齿轮、紧固件等

续表

牌号	特性	用途举例
20CrNiMo	淬透性与20CrNi相近,强度高于20CrNi,是引进美国的钢种	一般用作中小型汽车、拖拉机齿轮;替代12CrNi3制造芯部性能要求较高的渗碳和碳氮共渗零件,如冶金采矿用牙轮钻头的牙爪和牙轮体
45CrNiMoVA	具有一定的韧性,适用于成型加工,但冷变形塑性较低,焊接性较差,淬透性高,经调质其强度和综合力学性能较好(优于40CrNiMoA),抗蚀性能较低。因受回火温度影响,使用温度不宜过高,一般在淬火、低温或中温回火后使用	一般用于制造强度高或承受高载荷的大尺寸零件,如飞机发动机曲轴、起落架、大梁,压力容器类高强度结构零件,在机械工程中用于重型机械的重负荷的扭力轴、变速箱轴、摩擦离合器轴等。作为高强度钢应用时,需经淬火、低或中温回火
18Cr2Ni4WA	强度和韧性均高,淬透性良好,力学性能优于12Cr2Ni4,经渗碳及二次淬火并低温回火后,表面硬度和耐磨性较高,芯部强度和韧性很高。工艺性能较低,锻造时变形抗力较大,锻件正火后硬度较高,低温回火可软化,切削性较差。通常渗碳后淬火、回火使用,也可在调质状态下使用	一般用于制造要求高强度、韧性良好、缺口敏感性低的大截面渗碳零件,如大型齿轮、传动轴、曲轴、花键轴、活塞销、高精度机床进刀蜗轮等;调质后渗碳可用于制作大功率高速发动机的曲轴;制作重负荷及振动且高强度的调质件,如中型或重型机器的连杆、减速器轴、曲轴等
25Cr2Ni4WA	性能与18Cr2Ni4WA相近,综合力学性能良好,能在较高温度下工作,可用于渗碳或碳氮共渗处理	多用于动负荷工作的大截面零件,如挖掘机轴、齿轮、汽轮机主轴、叶轮、连杆、曲轴、减速器轴等,也可参照18Cr2Ni4WA

4.5 非调质机械结构钢(GB/T 15712—2016)

本钢种包括非调质机械结构钢热轧钢材和银亮钢材。按使用方法分为直接切削加工用非调质机械结构钢(UC)和热压力加工用非调质机械结构钢(UHP)两种。

热轧钢材的尺寸、外形应符合GB/T 702的有关规定,尺寸精度要求应于合同中注明，否则按 2 级精度执行；银亮钢材的尺寸、外形及其允许偏差应符合 GB/T 3207 的有关规定，尺寸精度要求应于合同中注明，否则按 11 级精度执行。

4.5.1 非调质机械结构钢的牌号

非调质机械结构钢牌号通常由四部分组成（GB/T 221—2008）：

第一部分	第二部分	第三部分	第四部分(必要时)	牌号示例
F—非调质机械结构钢表示符号	C:0.32%～0.39%以两位阿拉伯数字表示平均碳含量（以万分之几计）	V:0.06%～0.13%合金元素含量，以化学元素符号及阿拉伯数字表示，表示方法同合金结构钢第二部分	S:0.035%～0.075%改善切削性能的非调质机械结构钢加硫元素 S 的含量	F35VS

4.5.2 非调质机械结构钢的力学性能

表 4-16　直接切削加工用非调质机械结构钢力学性能

牌号	钢材直径或边长 /mm	抗拉强度 R_m/MPa ≥	下屈服强度 R_{eL}/MPa ≥	断后伸长率 A /% ≥	断后收缩率 Z/% ≥	冲击吸收能量 KU_2/J
F35VS	≤40	590	390	18	40	47
F40VS	≤40	640	420	16	35	37
F45VS	≤40	685	440	15	30	35
F30MnVS	≤60	700	450	14	30	实测
F35MnVS	≤40	735	460	17	35	37
	40～60	710	440	15	33	35
F38MnVS	≤60	800	520	12	25	实测
F40MnVS	≤40	785	490	15	33	32
	40～60	760	470	13	30	28
F45MnVS	≤40	835	510	13	28	28
	40～60	810	490	12	28	25
F49MnVS	≤60	≥780	≥450	≥8	≥20	实测

4.5.3 非调质机械结构钢的特性及应用

表 4-17 非调质机械结构钢的特性及应用举例

钢号	特性	应用举例
F35VS F40VS	热轧空冷后具有良好的综合力学性能，加工性能优于调质态40钢	用于制造一些发动机和空气压缩机的连杆及其他零件，可代替40钢
F45VS	属于685MPa级易切削非调质钢，比F35VS钢有更高的强度	用于制造汽车发动机曲轴、凸轮轴、连杆，以及机械行业的轴类、蜗杆等零件，可代替45钢
F35MnVS	与F35VS钢相比，有更好的综合力学性能	用于制造CA6102发动机的连杆及其他零件，可代替55钢
F40MnVS	强度比F35MnVS钢更高，塑性和疲劳性能均优于调质态的45钢，加工性能优于45、40Cr、40MnB钢	可代替45、40Cr和40MnB钢，制造汽车、拖拉机和机床的零部件
F45MnVS	属于785MPa级易切削非调质钢，与F40MnVS钢相比，耐磨性较高，韧性稍低，加工性能优于调质态的45钢，疲劳性能和耐磨性亦佳	主要取代调质态的45钢，用来制造拖拉机、机床等的轴类零件

4.6 易切削结构钢（GB/T 8731—2008）

易切削结构钢是利用钢中某些元素的作用改善钢的切削加工性能，以适于在自动机床上进行高速切削的钢种。常用改善切削加工性的元素有S、Pb、Ca等，其中以S最常用，S在钢中形成MnS夹杂，质脆并有一定润滑作用，因而切屑易于碎断，工件表面光洁度高，减少刀具磨损，提高切削速度。虽然钢中含S、P较多，但在这类钢中是作为有益元素加入或保存下来，因此，属于优质钢。用作生产标准件（如小型螺栓、螺母）、油泵、机床光杠、丝杠等，一般不需热处理。

本钢种适用于机械切削加工用条钢、盘条、钢丝、钢板及钢带等钢材。分压力加工用钢（UP）和切削加工用钢（UC）。钢材以热轧、热锻或冷轧、冷拉、银亮等状态交货（交货状态应在合同中注明）。根据需方要求也可按其他状态交货。

4.6.1 易切削结构钢的牌号

易切削结构钢牌号通常由三部分组成：

Y	第二部分	第三部分
易切削钢符号	以两位阿拉伯数字表示平均碳含量（以万分之几计）	易切削元素符号 加硫和加硫磷易切削钢，不加元素符号 S、P 牌号尾部加 S 时表示该钢种含有较高的硫 含 Mn 量较高（1.20%～1.55%）的易切削钢，要标明“Mn”

例：含碳量为 0.15%的易切削钢，其牌号表示为“Y15”。含碳量为 0.42%～0.50%、钙含量为 0.002%～0.006%的易切削结构钢，其牌号表示为 Y45Ca。含碳量为 0.40%、含锰量为 1.20%～1.55%的易切削钢，其牌号表示为“Y40Mn”。表 4-18 为易切削钢应符合的标准。

表 4-18 易切削钢应符合的标准

类别	应符合的标准	类别	应符合的标准
热轧钢板和钢带	GB/T 709	热轧钢六角、八角棒	GB/T 702
冷轧钢板和钢带	GB/T 708	冷拉圆钢、方钢、六角钢	GB/T 905
锻制钢棒	GB/T 908	冷拉圆钢丝、方钢丝、六角钢丝	GB/T 342
热轧盘条	GB/T 14981		

4.6.2 易切削结构钢的硬度和力学性能

表 4-19 热轧状态易切削钢条钢和盘条的硬度和力学性能

牌号	布氏硬度[①]（HBW） ≤	抗拉强度 R_m/MPa	断后伸长率 A/% ≥	断后收缩率 Z/% ≥
硫系易切削钢条钢和盘条				
Y08	163	360～570	25	40
Y12	170	390～540	22	36
Y15	170	390～540	22	36
Y20	175	450～600	20	30
Y30	187	510～655	15	25
Y35	187	510～655	14	22

续表

牌号	布氏硬度[①] (HBW) ≤	抗拉强度 R_m/MPa	断后伸长率 A/% ≥	断后收缩率 Z/% ≥
硫系易切削钢条钢和盘条				
Y45	229	560～800	12	20
Y08MnS	165	350～500	25	40
Y15Mn	170	390～540	22	36
Y35Mn	229	530～790	16	22
Y40Mn	229	590～850	14	20
Y45Mn	241	610～900	12	20
Y45MnS	241	610～900	12	20
铅系易切削钢条钢和盘条				
Y08Pb	165	360～570	25	40
Y12Pb	170	360～570	22	36
Y15Pb	170	390～540	22	36
Y45MnSPb	241	610～900	12	20
锡系易切削钢条钢和盘条				
Y08Sn	165	350～500	25	40
Y15Sn	165	390～540	22	36
Y45Sn	241	600～745	12	26
Y45MnSn	241	610～850	12	26
钙系易切削钢条钢和盘条(热轧状态)				
Y45Ca	241	600～745	12	26

钙系易切削钢条钢和盘条(经热处理毛坯制成)

牌号	下屈服强度 R_{eL}/MPa ≥	抗拉强度 R_m/MPa	断后伸长率 A/% ≥	断后收缩率 Z/% ≥	冲击吸收能量 KV_2/J ≥
Y45Ca	355	600	16	40	39

① 交货时硬度。

表4-20 冷拉状态易切削钢条钢和盘条的硬度和力学性能

牌号	抗拉强度 R_m/MPa			断后伸长率 A/% ≥	布氏硬度 (HBW)
	公称尺寸/mm				
	8～20	>20～30	>30		
硫系易切削钢条钢和盘条					
Y08	480～810	460～710	360～710	7.0	140～217
Y12	530～755	510～735	490～685	7.0	152～217

续表

牌号	抗拉强度 R_m/MPa			断后伸长率 A/% ≥	布氏硬度（HBW）
	公称尺寸/mm				
	8～20	>20～30	>30		
硫系易切削钢条钢和盘条					
Y15	530～755	510～735	490～685	7.0	152～217
Y20	570～785	530～745	510～705	7.0	167～217
Y30	600～825	560～765	540～735	6.0	174～223
Y35	625～845	590～785	570～765	6.0	176～229
Y45	695～980	655～880	580～880	6.0	196～255
Y08MnS	480～810	460～710	360～710	7.0	140～217
Y15Mn	530～755	510～735	490～685	7.0	152～217
Y45Mn	695～980	655～880	580～880	6.0	196～255
Y45MnS	695～980	655～880	580～880	6.0	196～255
铅系易切削钢条钢和盘条					
Y08	480～810	460～710	360～710	7.0	140～217
Y12	530～755	510～735	490～685	7.0	152～217
Y15	530～755	510～735	490～685	7.0	152～217
Y20	570～785	530～745	510～705	7.0	167～217
Y30	600～825	560～765	540～735	6.0	174～223
Y35	625～845	590～785	570～765	6.0	176～229
Y45	695～980	655～880	580～880	6.0	196～255
Y08MnS	480～810	460～710	360～710	7.0	140～217
Y15Mn	530～755	510～735	490～685	7.0	152～217
Y45Mn	695～980	655～880	580～880	6.0	196～255
Y45MnS	695～980	655～880	580～880	6.0	196～255
锡系易切削钢条钢和盘条					
Y08	480～810	460～710	360～710	7.0	140～217
Y12	530～755	510～735	490～685	7.0	152～217
Y15	530～755	510～735	490～685	7.0	152～217
Y20	570～785	530～745	510～705	7.0	167～217
Y30	600～825	560～765	540～735	6.0	174～223
Y35	625～845	590～785	570～765	6.0	176～229
Y45	695～980	655～880	580～880	6.0	196～255
Y08MnS	480～810	460～710	360～710	7.0	140～217
Y15Mn	530～755	510～735	490～685	7.0	152～217

续表

牌号	抗拉强度 R_m/MPa			断后伸长率 A/% ≥	布氏硬度(HBW)
	公称尺寸/mm				
	8～20	>20～30	>30		
锡系易切削钢条钢和盘条					
Y45Mn	695～980	655～880	580～880	6.0	196～255
Y45MnS	695～980	655～880	580～880	6.0	196～255
钙系易切削钢条钢和盘条					
Y45Ca	695～920	655～855	635～835	6.0	196～255
Y40Mn冷拉条钢(高温回火状态)					
Y45Mn	590～785			≥17	179～229

4.6.3 易切削结构钢的特性及应用

表 4-21 易切削钢的加工特性和用途

牌号	加工特性	用途
Y12	切削性较15钢明显改善,力学性能有明显的各向异性,冷拉钢材纵向力学性能接近冷拉15钢	常代替15钢制造对力学性能要求不高的零件,如螺栓、销钉、轴、管接头外套等
Y12Pb	被切削加工性好,不存在性能上的方向性,并有较高的力学性能	常用于制造较重要的机械零件、精密仪表零件等
Y15	切削性明显高于Y12,生产效率比Y12高,攻螺纹时丝锥寿命比Y12提高两倍以上	攻螺纹性能特别好,用于制造不重要的标准件,如螺栓、螺母、管接头、弹簧座等
Y15Pb	切削加工性能较Y15更好	常用于制造较重要的机械和精密仪表零件
Y20	切削性能优于20钢而低于Y12,但力学性能高于Y12。成品可进行渗碳处理	用来制造表面硬、中心韧性高的仪器仪表零件及轴类耐磨件
Y30	切削性能优于30钢,热处理工艺基本相同,淬裂敏感相当或稍差,可根据零件外形、复杂程度选择淬火介质	用于制造强度较高的非热处理标准件,也可制造热处理件。小零件可调质

续表

牌号	加工特性	用途
Y35	同 Y30 钢，可调质处理	制造要求抗拉强度的部件，一般以冷拉状态使用
Y40Mn	有较好的切削性能，与 45 钢相比，可提高刀具寿命和生产效率，强度和硬度较高	适于加工要求刚性高的零件，如丝杠、光杆、齿条和花键轴等
Y45Ca	有优良的切削性能，适合于高速切削加工，正常加工时，速度比 45 钢提高一倍以上。热处理后具有良好的力学性能	用于制造较重要零件，如齿轮轴、花键轴及拖拉机传动轴等，也常用于自动机床上加工高强度螺栓、螺母

4.7　耐候结构钢（GB/T 4171—2008）

耐候结构钢可分为高耐候钢和焊接耐候钢，是介于普通钢和不锈钢之间的低合金钢系列，由普通碳素钢添加少量铜、磷、铬、镍等耐腐蚀元素（也可添加少量的钼、钒、钛、锆等细化晶粒元素）而成，具有优质钢的强韧、塑延、成型、焊割、磨蚀、高温、抗疲劳等特性；其耐候性为普通碳素钢的 2～8 倍，涂装性为普碳钢的 1.5～10 倍。主要用于铁道、车辆、桥梁、塔架等长期暴露在大气中使用的钢结构。

4.7.1　耐候性结构钢的分类、牌号及用途

耐候性结构钢牌号的标记方法：

Q	□□	□□□	□□
屈服强度中“屈”字汉语拼音的首位字母	(G)NH—(高)耐候的汉语拼音首字母	钢的屈服强度下限值	质量等级 A、B、C、D、E

表 4-22　耐候性结构钢的分类、牌号及用途

类别	牌号	生产方式	用途
高耐候钢	Q295GNH、Q355GNH	热轧	用于车辆、集装箱、建筑、塔架或其他结构件等，与焊接耐候钢相比具有较好的耐大气腐蚀性能
	Q265GNH、Q310GNH	冷轧	

续表

类别	牌号	生产方式	用途
焊接耐候钢	Q235NH、Q295NH、Q355NH、Q415NH、Q460NH、Q500NH、Q550NH	热轧	用于车辆、桥梁、集装箱、建筑或其他结构件等结构，与高耐候钢相比具有较好的焊接性

4.7.2 耐候性结构钢的力学性能

表 4-23 耐候性结构钢的力学性能

牌号	下屈服强度 R_{eL} /MPa ≥				抗拉强度 R_m /MPa	断后伸长率 A/% ≥				180°弯曲试验时的压头直径		
	厚度/mm					厚度/mm						
	≤16	>16~40	>40~60	>60		≤16	>16~40	>40~60	>60	≤6	>6~16	>16
Q235NH	235	225	215	215	360~510	25	25	24	23	a	a	$2a$
Q295NH	295	285	275	255	430~560	24	24	23	22	a	$2a$	$3a$
Q355NH	355	345	335	325	490~630	22	22	21	20	a	$2a$	$3a$
Q415NH	415	405	395	—	520~680	22	22	20	—	a	$2a$	$3a$
Q460NH	460	450	440	—	570~730	20	20	19	—	a	$2a$	$3a$
Q500NH	500	490	480	—	600~760	18	16	15	—	a	$2a$	$3a$
Q550NH	550	540	530	—	620~780	16	16	15	—	a	$2a$	$3a$
Q265GNH	265	—	—	—	≥410	27	—	—	—	a	—	—
Q295GNH	295	285	—	—	430~560	24	24	—	—	a	$2a$	$3a$
Q310GNH	310	—	—	—	≥450	26	—	—	—	a	—	—
Q355GNH	355	345	—	—	490~630	22	22	—	—	a	$2a$	$3a$

注：a 为厚度。

4.7.3 结构用高强度耐候焊接钢管用钢（YB/T 4112—2013）

用于建筑结构中使用的桩柱、塔架、支柱、网架结构及其他结构，其钢管的通常长度应为 3000~12500mm。

① 化学成分　应符合 GB/T 4171《耐候性结构钢》的 Q265GNH、Q295GNH、Q310GNH、Q355GNH、Q235NH、Q295NH、Q355NH、Q415NH、Q460NH 的规定。

② 力学性能 见表 4-24。

表 4-24 结构用高强度耐候焊接钢管用钢的力学性能

牌号	统一数字代号	屈服强度 R_{eL}/MPa ≥			抗拉强度 R_m /MPa	断后伸长率 A/% ≥	焊接接头强度 R_m /MPa ≥	冲击试验		
		壁厚/mm						质量等级	试验温度/℃	冲击吸收能量 KV_2/J
		≤16	>16~40	>40~60						
Q265GNH	L52651	265	—	—	410~540	21	410	B C	200	≥47 ≥34
Q295GNH	L52951	295	—	—	430~560	20	430	B C	200	≥47 ≥34
Q310GNH	L53101	310	—	—	450~590	20	450	B C	200	≥47 ≥34
Q355GNH	L53551	355	—	—	490~630	18	490	B C	200	≥47 ≥34
Q235NH	L52350	235	225	215	360~510	21	360	B C	200	≥47 ≥34
Q295NH	L52950	295	285	275	430~560	20	430	B C	200	≥47 ≥34
Q355NH	L53550	355	345	335	490~630	18	490	B C	200	≥47 ≥34
Q415NH	L54150	415	405	395	520~680	18	520	B C	200	≥47 ≥34
Q460NH	L54600	460	450	440	570~730	16	570	B C	200	≥47 ≥34

4.8 结构用高强度调质钢板（GB/T 16270—2009）

钢板的尺寸、外形和重量应符合 GB/T 709 的规定。

4.8.1 结构用高强度调质钢板的牌号

牌号标记方法：

Q	□□□	□
代表屈服强度的汉语拼音首位字母	规定最小屈服强度数值/MPa	质量等级符号（C、D、E、F）

4.8.2 结构用高强度调质钢板的性能和选用

表 4-25 结构用高强度调质钢板的力学及工艺性能

牌号	拉伸试验(横向试样)							冲击试验(纵向试样)			
	上屈服强度 R_{eH}/MPa ≥			抗拉强度 R_m/MPa			断后伸长率 A/%	冲击吸收能量 KV_2/J			
	厚度/mm			厚度/mm				试验温度/℃			
	≤50	>50~100	>100~150	≤50	>50~100	>100~150		0	−20	−40	−60
Q460C Q460D Q460E Q460F	460	440	400	550~720		500~670	17	47	47	34	34
Q500C Q500D Q500E Q500F	500	480	440	590~770		540~720	17	47	47	34	34
Q550C Q550D Q550E Q550F	550	530	490	640~820		590~770	16	47	47	34	34
Q620C Q620D Q620E Q620F	620	580	560	700~890		650~830	15	47	47	34	34
Q690C Q690D Q690E Q690F	690	650	630	770~940	760~930	710~900	14	47	47	34	34
Q800C Q800D Q800E Q800F	800	740	—	840~1000	800~1000	—	13	34	34	27	27
Q890C Q890D Q890E Q890F	890	830	—	940~1100	880~1100	—	11	34	34	27	27
Q960C Q960D Q960E Q960F	960	—	—	980~1150	—	—	10	34	34	27	27

4.9　保证淬透性结构钢（GB/T 5216—2014）

此类钢材具备足够的淬透性，保证结构件通过淬火获得良好的力学性能。

分类：按钢类分为优质碳素结构钢和合金结构钢，按冶金质量分为优质钢和高级优质钢（后者在牌号后加“A”），按使用加工方法分为压力加工用钢和切削加工用钢。

4.9.1　保证淬透性结构钢的牌号

保证淬透性钢的代号为“H”，按淬透性级别分为基准带（LH）、上 2/3 带（HH）、下 2/3 带（HL）。

保证淬透性结构钢的尺寸、外形及重量：热轧圆钢和方钢应符合 GB/T 702 的规定；热锻圆钢和方钢应符合 GB/T 908 的规定；其他品种应符合相应标准或供需双方协议。

4.9.2　保证淬透性结构钢的硬度

表 4-26　保证淬透性结构钢退火或高温回火状态的硬度

牌号	硬度（HBW）≤	牌号	硬度（HBW）≤	牌号	硬度（HBW）≤
45H	197	16CrMnH	207	20CrMnTiH	217
20CrH	179	20CrMnH	217	17Cr2Ni2H	229
28CrH	217	20CrMnMoH	217	20CrNi3H	241
40CrH	207	45MnBH	217	12Cr2Ni4H	269
45CrH	217	20MnVBH	207	20CrNiMoH	197
40MnBH	207	20MnTiBH	187	18Cr2Ni2MoH	229

注：未列入的牌号如果以退火或高温回火状态交货，其钢材的硬度由供需双方协商。

4.9.3　保证淬透性结构钢的主要特性和用途

表 4-27　保证淬透性结构钢的特性和应用

牌号	主要特性	应用举例
45H	—	—
15CrH	特性与 15Cr 相同，但具有符合标准规定的淬透性，可以使机器零件通过热处理获得稳定尺寸	主要用于制造汽车、拖拉机等用的齿轮、轴类等零件

续表

牌号	主要特性	应用举例
20CrH	特性与20Cr相同，但具有符合标准规定的稳定的淬透性，可以使机器零件在热处理后具有稳定的尺寸	主要用于制造汽车、拖拉机等用的齿轮和轴类，由于尺寸稳定、精度高、零部件啮合性好、噪声小、耐磨性强，延长了使用寿命
20Cr1H	特性基本与20CrH相同，但由于Cr含量稍高，所以其淬透性比20CrH要高	用途与20CrH相似
40CrH	特性与40Cr相同，但具有符合标准规定的稳定的淬透性，可以使机器零件在热处理后具有稳定的尺寸	主要用于制造汽车、拖拉机等用的齿轮和轴类，由于尺寸稳定、精度高、零部件啮合性好、噪声小、耐磨性强，延长了使用寿命
45CrH	特性与45Cr相同，但具有符合标准规定的稳定的淬透性，可以使机器零件在热处理后具有稳定的尺寸	主要用于制造汽车、拖拉机等用的齿轮和轴类，由于尺寸稳定、精度高、零部件啮合性好、噪声小、耐磨性强，延长了使用寿命
16CrMnH	淬透性好的渗碳钢，渗碳后经淬火处理，可得到高的表面硬度，耐磨性好	用于制造汽车、拖拉机等机械用的齿轮、蜗轮、轴套等
20CrMnH	淬透性好的渗碳钢，渗碳后经淬火处理，变形小，强度和韧性高，切削加工性较好。一般在渗碳淬火或调质后使用	用于制造汽车、拖拉机等机械用的齿轮、轴、摩擦轮等
15CrMnBH	特性与15CrMn相近，由于含有硼，淬透性更好	用途与15CrMn相似
17CrMnBH	特性与15CrMn相近，但碳含量稍高，且含有硼，淬透性、耐磨性更好，强度更高。一般在渗碳淬火后使用	用途与15CrMn相似
40MnBH	特性与40MnB相同，但具有符合标准规定的稳定的淬透性，可以使机器零件在热处理后具有稳定的尺寸	主要用于制造汽车、拖拉机等用的齿轮和轴类，由于尺寸稳定、精度高、零部件啮合性好、噪声小、耐磨性强，延长了使用寿命

续表

牌号	主要特性	应用举例
45MnBH	特性与45MnB相同，但具有符合标准规定的稳定的淬透性，可以使机器零件在热处理后具有稳定的尺寸	主要用于制造汽车、拖拉机等用的齿轮和轴类，由于尺寸稳定、精度高、零部件啮合性好、噪声小、耐磨性强，延长了使用寿命
20MnVBH	特性与20MnVB相同，但具有符合标准规定的稳定的淬透性，可以使机器零件在热处理后具有稳定的尺寸	主要用于制造汽车、拖拉机等用的齿轮和轴，由于尺寸稳定、精度高、零部件啮合性好、噪声小、耐磨性强，延长了使用寿命
20MnTiBH	特性与20MnTiB相同，但具有符合标准规定的稳定的淬透性，可以使机器零件在热处理后具有稳定的尺寸	主要用于制造汽车、拖拉机等用的齿轮和轴，由于尺寸稳定、精度高、零部件啮合性好、噪声小、耐磨性强，延长了使用寿命
15CrMoH	特性与15CrMo相同	主要用于制造汽车、拖拉机等机械用的齿轮、轴等零件
20CrMoH	特性和用途与20CrMo相当	主要用于制造汽车、拖拉机等机械用齿轮、轴等重要渗碳零件
22CrMoH	特性与20CrMoH相近，但碳含量和钼含量稍高，因此淬透性、耐磨性更好，强度更高	用途与20CrMo相似
42CrMoH	特性与42CrMo相当	用途与42CrMo相似
20CrMnMoH	特性与20CrMnMo相同，但具有符合标准规定的稳定的淬透性，可以使机器零件在热处理后具有稳定的尺寸	主要用于制造汽车、拖拉机等用的齿轮和轴类，由于尺寸稳定、精度高、零部件啮合性好、噪声小、耐磨性强，延长了使用寿命
20CrMnTiH	特性与20CrMnTi相同，但具有符合标准规定的稳定的淬透性，可以使机器零件在热处理后具有稳定的尺寸	主要用于制造汽车、拖拉机等用的齿轮和轴类，由于尺寸稳定、精度高、零部件啮合性好、噪声小、耐磨性强，延长了使用寿命
20CrNi3H	特性与20CrNi3相同，但具有符合标准规定的稳定的淬透性，可以使机器零件在热处理后具有稳定的尺寸	主要用于制造汽车、拖拉机等用的齿轮和轴类，由于尺寸稳定、精度高、零部件啮合性好、噪声小、耐磨性强，延长了使用寿命

续表

牌号	主要特性	应用举例
12Cr2Ni4H	特性与12Cr2Ni4相同，但具有符合标准规定的稳定的淬透性，可以使机器零件在热处理后具有稳定的尺寸	主要用于制造汽车、拖拉机等用的齿轮和轴类，由于尺寸稳定、精度高、零部件啮合性好、噪声小、耐磨性强，延长了使用寿命
20CrNiMoH	特性与20CrNiMo相同，但具有符合标准规定的稳定的淬透性，可以使机器零件在热处理后具有稳定的尺寸	主要用于制造汽车、拖拉机等用的齿轮和轴类，由于尺寸稳定、精度高、零部件啮合性好、噪声小、耐磨性强，延长了使用寿命
20CrNi2MoH	特性与20CrNiMo相近，但Ni和Mo含量较之要高，淬透性更好，强度高，耐磨性好	主要用于制造汽车、拖拉机的发动机和传动系统的齿轮等零件

4.10 冷镦和冷挤压用钢（GB/T 6478—2001）

本钢种适用于直径为5～40mm的冷镦和冷挤压用非合金钢、合金钢热轧盘条和直径为12～100mm的冷镦和挤压用非合金钢、合金钢热轧圆钢。

4.10.1 冷镦和冷挤压用钢的牌号

其牌号通常由三部分组成：第一部分，冷镦钢（铆螺钢）表示符号“ML”；第二部分，以阿拉伯数字表示平均碳含量，优质碳素结构钢的同优质碳素结构钢第一部分，合金结构钢的同合金结构钢第一部分；第三部分，合金元素含量，以化学元素符号及阿拉伯数字表示，其方法同合金结构钢第二部分。表4-28为冷镦钢牌号表示示例。

表4-28 冷镦钢牌号表示示例

产品名称	第一部分	第二部分	第三部分	牌号示例
冷镦钢	ML	C：0.26%～0.34%	Cr：0.80%～1.10% Mo：0.15%～0.25%	ML30CrMo

冷镦和冷挤压用钢按使用状态，分为非热处理型、表面硬化型和调质型。

热轧圆钢和热轧盘条的尺寸、外形及重量应分别符合GB/T

702 和 GB/T 14981 的规定；其他规格热轧盘条的尺寸、外形、重量及允许偏差由供需双方协商。

4.10.2　冷镦和冷挤压用钢的力学性能

表 4-29　表面硬化型及调质型冷镦和冷挤压用钢的硬度

牌号	淬火温度/℃	硬度(HRC)	牌号	淬火温度/℃	硬度(HRC)
ML20Cr	900±5	23～38	ML15MnB	880±5	≥28
ML37Cr	850±5	25～43	ML20MnB	880±5	20～41
ML40Cr	850±5	41～58	ML35MnB	850±5	36～55
ML35Mn	870±5	≤28	ML15MnVB	880±5	≥30
ML20B	880±5	≤37	ML20MnVB	880±5	≥32
ML28B	850±5	22～44	ML37CrB	850±5	30～54
ML35B	850±5	24～52			

表 4-30　冷镦和冷挤压用钢的力学性能

类别	牌号	抗拉强度 R_m/MPa ≥	断后收缩率 Z/% ≥	类别	牌号	抗拉强度 R_m/MPa ≥	断后收缩率 Z/% ≥
非热处理型	ML04Al	440	60	表面硬化型及调质型(退火态)①	ML20Cr	560	60
	ML08Al	470	60		ML25Mn	540	60
	ML10Al	490	55		ML30Mn	550	59
	ML15Al	530	50		ML35Mn	560	58
	ML15	530	50		ML37Cr	600	60
	ML20Al	580	45		ML40Cr	620	58
	ML20	580	45		ML20B	500	64
表面硬化型及调质型(退火态)①	ML10Al	450	65		ML28B	530	62
	ML15Al	470	64		ML35B	570	62
	ML15	470	64		ML20MnB	520	62
	ML20Al	490	63		ML35MnB	600	60
	ML20	490	63		ML37CrB	600	60

① 热轧状态交货的钢材一般不做力学性能检验。

注：表面硬化型及调质型钢材直径不大于 12mm 时，断面收缩率可降低 2%。

4.10.3 冷镦和冷挤压用钢的特性和应用

表 4-31 冷镦和冷挤压用钢的特性和应用

牌号	主要特性	应用举例
ML04Al	含碳量很低，具有很高的塑性，冷镦和冷挤压成型性极好	制作铆钉、强度要求不高的螺钉、螺母及自行车用零件等
ML08Al	具有很高的塑性，冷镦和冷挤压性能好	制作铆钉、螺母、螺栓及汽车和自行车用零件
ML10Al	塑性和韧性高，冷镦和冷挤压成型性好，需通过热处理改善可加工性	制作铆钉、螺母、半圆头螺钉、开口销等
ML15Al	具有很好的塑性和韧性，冷镦和冷挤压性能良好	制作铆钉、开口销、弹簧插销、螺钉、法兰盘、摩擦片、农机用链条等
ML15	与ML15Al钢基本相同	与ML15Al钢基本相同
ML20Al	塑性、韧性好，强度较ML15钢稍高，可加工性低，无回火脆性	制作六角螺钉、铆钉、螺栓、弹簧座、固定销等
ML20	与ML20Al钢基本相同	与ML20Al钢基本相同
ML18Mn	特性与ML15钢相似，但淬透性、强度、塑性均较之有所提高	制作螺钉、螺母、铰链、销、套圈等
ML22Mn	与ML18Mn钢基本相近	与ML18Mn钢基本相近
ML20Cr	冷变形塑性好，无回火脆性，可加工性尚好	制作螺栓、活塞销等
ML25	冷变形塑性高，无回火脆性倾向	制作螺栓、螺母、螺钉、垫圈等
ML30	具有一定的强度和硬度，塑性较好，在调质处理后可得到较好的综合力学性能	制作螺钉、丝杠、拉杆、键等
ML35	具有一定的强度、良好的塑性，冷变形塑性高，冷镦和冷挤压性较好，淬透性差，在调质状态下使用	制作螺钉、螺母、轴销、垫圈、钩环等
ML40	强度较高，冷变形塑性中等，加工性好，淬透性低，多在正火或调质或高频淬火热处理状态下使用	制作螺栓、轴销、链轮等

续表

牌号	主要特性	应用举例
ML45	具有较高的强度、一定的塑性和韧性，进行球化退火热处理后具有较好的冷变形塑性，在调质处理后可获得很好的综合力学性能	制作螺栓、活塞销等
ML15Mn	高锰低碳调质型冷镦和冷挤压用钢，强度较高，冷变形塑性尚好	制作螺栓、螺母、螺钉等
ML25Mn	与 ML25 钢相近	与 ML25 钢相近
ML35Cr	具有较高的强度和韧性，淬透性良好，冷变形塑性中等	制作螺栓、螺母、螺钉等
ML40Cr	调质处理后具有良好的综合力学性能，缺口敏感性低，淬透性良好，冷变形塑性中等，经球化热处理后具有好的冷镦性能	制作螺栓、螺母、连杆螺钉等
ML30CrMo	具有高的强度和韧性，在低于 500℃温度时具有良好的高温强度，淬透性较高，冷变形塑性中等，在调质状态下使用	用于制造锅炉和汽轮机中工作温度低于 450℃的紧固件，工作温度低于 500℃高压用的螺母及法兰，通用机械中受载荷大的螺栓、螺柱等
ML35CrMo	具有高的强度和韧性，在高温下有高的蠕变强度和持久强度，冷变形塑性中等	用于制造锅炉中工作温度低于 480℃的螺栓、工作温度低于 510℃的螺母，轧钢机的连杆、紧固件等
ML40CrMo	具有高的强度和韧性，淬透性较高，有较高的疲劳极限和较强的抗多次冲击能力	用于制造比 ML35CrMo 钢的强度要求更高，断面尺寸较大的螺栓、螺母等零件
ML20B	调质型低碳硼钢，塑性、韧性好，冷变形塑性高	制作螺钉、铆钉、销子等
ML28B	淬透性好，具有良好的塑性、韧性和冷变形成型性能，在调质状态下使用	制作螺钉、螺母、垫片等
ML35B	比 ML35 钢具有更好的淬透性和力学性能，冷变形塑性好，在调质状态下使用	制作螺钉、螺母、轴销等
ML15MnB	调质处理后强度高，塑性好	制作较为重要的螺栓、螺母等零件

续表

牌号	主要特性	应用举例
ML20MnB	具有一定的强度和良好的塑性，冷变形塑性好	制作螺钉、螺母等
ML35MnB	调质处理后强度较 ML35Mn 钢高，塑性稍低，淬透性好，冷变形塑性尚好	制作螺钉、螺母、螺栓等
ML37CrB	具有良好的淬透性，调质处理后综合性能好，冷塑性变形中等	制作螺钉、螺母、螺栓等
ML20MnTiB	调质后具有高的强度、良好的韧性和低温冲击韧度，晶粒长大倾向小	用于制造汽车、拖拉机的重要螺栓
ML15MnVB	经淬火加低温回火后，具有较高的强度、良好的塑性及低温冲击韧度，较低的缺口敏感性，淬透性较好	用于制造高强度的重要螺栓，如汽车用气缸盖螺栓、半轴螺栓、连杆螺栓等
ML20MnVB	具有高强度、高耐磨性及较高的淬透性	用于制造汽车、拖拉机上的螺栓、螺母等

4.11 锻件用结构钢

4.11.1 锻件用结构钢的力学性能（GB/T 17107—1997)

包括冶金、矿山、船舶、工程机械等设备中经整体热处理后取样测定力学性能的一般锻件，不包括电站设备中高温高速转动的主轴、转子、叶轮和压力容器等锻件。

锻件用结构钢可分为碳素结构钢和合金结构钢，前者包括15～50碳钢，后者包括锰钢、硅锰钢、铬钢、铬钼钢等。

力学性能见表4-32、表4-33。

表4-32 锻件用碳素结构钢的力学性能

牌号	热处理状态	截面尺寸（直径或厚度）/mm	试样方向	力学性能 ≥					硬度（HB）
				R_m /MPa	R_{eL} /MPa	A /%	Z /%	KU /J	
15	正火＋回火	300～500	纵向	300	145	24	45	43	97～143
20	正火或正火＋回火	≤100	纵向	340	215	24	50	43	103～156
		100～250		330	195	23	45	39	
		250～500		320	185	22	40	39	
		500～1000		300	175	20	35	35	

续表

牌号	热处理状态	截面尺寸（直径或厚度）/mm	试样方向	力学性能 ≥					硬度（HB）
				R_m /MPa	R_{eL} /MPa	A /%	Z /%	KU /J	
25	正火或正火＋回火	≤100	纵向	420	235	22	50	39	112～170
		100～250		390	215	20	48	31	
		250～500		380	205	18	40	31	
30	正火或正火＋回火	≤100	纵向	470	245	19	48	31	126～179
		100～300		460	235	19	46	27	
		300～500		450	225	18	40	27	
		500～800		440	215	17	35	28	
35	正火或正火＋回火	≤100	纵向	510	265	18	43	28	149～187
		100～300		490	255	18	40	24	
		300～500		470	235	17	37	24	
		500～750		450	225	16	32	20	
		750～1000		430	215	15	28	20	
	调质	≤100	纵向	550	295	19	48	47	156～207
		100～300		530	275	18	40	39	
	正火＋回火	100～300	切向	470	245	13	30	20	—
		300～500		450	225	12	28	20	
		500～750		430	215	11	24	16	
		750～1000		410	205	10	22	16	
40	正火＋回火	≤100	纵向	550	275	17	40	24	143～207
		100～250		530	265	17	36	24	
		250～500		510	255	16	32	20	
		500～1000		490	245	15	30	20	
	调质	≤100	纵向	615	340	18	40	39	196～241
		100～250		590	295	17	35	31	189～229
		250～500		560	275	17	—	—	163～219
45	正火或正火＋回火	≤100	纵向	590	295	15	38	23	170～217
		100～300		570	285	15	35	19	163～217
		300～500		550	275	14	32	19	163～217
		500～1000		530	265	13	30	15	156～217
	调质	≤100	纵向	630	370	17	40	31	207～302
		100～250		590	345	18	35	31	197～286
		250～500		590	345	17	—	—	187～255
	正火＋回火	100～300	切向	540	275	10	25	16	—
		300～500		520	265	10	23	16	—

续表

牌号	热处理状态	截面尺寸(直径或厚度)/mm	试样方向	力学性能 ≥					硬度(HB)
				R_m/MPa	R_{eL}/MPa	A/%	Z/%	KU/J	
45	正火+回火	500～750	切向	500	255	9	21	12	—
		750～1000		480	245	8	20	12	—
50	正火+回火	≤100	纵向	610	310	13	35	23	—
		100～300		590	295	12	33	19	—
		300～500		570	285	12	30	19	—
		500～750		550	265	12	28	15	—
	调质	≤16	纵向	700	500	14	30	31	—
		16～40		650	430	16	35	31	—
		40～100		630	370	17	40	31	—

表 4-33 锻件用合金结构钢的力学性能

牌号	热处理状态	截面尺寸(直径或厚度)/mm	试样方向	力学性能 ≥					硬度(HB)
				R_m/MPa	R_{eL}/MPa	A/%	Z/%	KU/J	
30Mn2	调质	≤100	纵向	685	440	15	50	—	—
		100～300		635	410	16	45	—	—
35Mn2	正火+回火	≤100	纵向	620	315	18	45	—	207～241
		100～300		580	295	18	43	23	207～241
	调质	≤100	纵向	745	590	16	50	47	229～269
		100～300		690	490		45		
45Mn2	正火+回火	≤100	纵向	690	355	16	38	—	187～241
		100～300		670	335	16	35	—	187～241
20SiMn	正火+回火	≤600	纵向	470	265	15	30	39	—
		600～900		450	255	14	30	39	—
		900～1200		440	245	14	30	39	—
		≤300	切向	490	275	14	30	27	—
		300～500		470	265	13	28	23	—
		500～750		440	245	11	24	19	—
		750～1000		410	225	10	22	19	—
35SiMn	调质	≤100	纵向	785	510	15	45	47	229～286
		100～300		735	440	14	35	39	217～265
		300～400		685	390	13	30	35	215～255
		400～500		635	375	11	28	31	196～255

续表

牌号	热处理状态	截面尺寸（直径或厚度）/mm	试样方向	力学性能　≥					硬度（HB）
				R_m/MPa	R_{eL}/MPa	A/%	Z/%	KU/J	
42SiMn	调质	≤100	纵向	785	510	15	45	31	229～286
		100～200		735	460	14	35	23	217～269
		200～300		685	440	13	30	23	217～255
		300～500		635	375	10	28	20	196～255
50SiMn	调质	≤100	纵向	835	540	15	40	39	229～286
		100～200		735	490	15	35	39	217～269
		200～300		685	440	14	30	31	207～255
20MnMo	调质	≤300	纵向	500	305	14	40	39	—
		300～500		470	275	14	40	39	—
		≤300	切向	500	305	14	32	31	—
		300～500		470	275	13	30	31	—
20MnMoNb	调质	100～300	纵向	635	490	15	45	47	187～229
		300～500		590	440	15	45	47	187～229
		500～800		490	345	15	45	39	—
		100～300	切向	610	430	12	32	31	—
		300～500		570	400	12	30	24	—
42MnMoV		100～300	纵向	765	590	12	40	31	241～286
		300～500		705	540	12	35	23	229～269
		500～800		635	490	12	35	23	217～241
50SiMnMoV	调质	100～300	纵向	885	735	12	40	31	269～302
		300～500		885	635	12	38	31	255～286
		500～800		835	610	12	35	23	241～286
37SiMn2MoV	调质	100～200	纵向	865	685	14	40	31	269～302
		200～400		815	635	14	40	31	241～286
		400～600		765	590	14	40	31	229～269
15Cr	正火＋回火	≤100	纵向	390	195	26	50	39	111～156
		100～300		390	195	23	45	35	111～156
20Cr	正火＋回火	≤100	纵向	430	215	19	40	31	123～179
		100～300		430	215	18	35	31	123～167
	调质	≤100	纵向	470	275	20	40	35	137～179
		100～300		470	245	19	40	31	137～197
30Cr	调质	≤100	纵向	615	395	17	40	43	187～229
35Cr	调质	100～300	纵向	615	395	15	35	39	187～229

续表

牌号	热处理状态	截面尺寸（直径或厚度）/mm	试样方向	力学性能 ≥					硬度（HB）
				R_m /MPa	R_{eL} /MPa	A /%	Z /%	KU /J	
40Cr	调质	≤100	纵向	735	540	15	45	39	241～286
		100～300		685	490	14	45	31	241～286
		300～500		685	440	10	35	23	229～269
		500～800		590	345	8	30	16	217～255
50Cr	调质	≤100	纵向	835	540	10	40	—	241～286
		100～300		785	490	10	40	—	241～286
12CrMo	正火+回火	≤100	纵向	440	275	20	50	55	≤159
		100～300		440	275	20	45	55	≤159
15CrMo	淬火+回火	≤100	切向	440	275	20	—	55	116～179
		100～300		440	275	20	—	55	116～179
		300～500		430	255	19	—	47	116～179
25CrMo	调质	17～40	纵向	780	600	14	55	—	—
		40～100		690	450	15	60	—	—
		100～160		640	400	16	60	—	—
30CrMo	调质	≤100	纵向	620	410	16	40	49	196～240
		100～300		590	390	15	40	44	196～240
35CrMo	调质	≤100	纵向	735	540	15	45	47	207～269
		100～300		685	490	15	40	39	207～269
		300～500		635	440	15	35	31	207～269
		500～800		590	390	12	30	23	—
		100～300	切向	635	440	11	30	27	—
		300～500		590	390	10	24	24	—
		500～800		540	345	9	20	20	—
42CrMo	调质	≤100	纵向	900	650	12	50	—	—
		100～160		800	550	13	50	—	—
		160～250		750	500	14	55	—	—
		250～500		690	460	15	—	—	—
		500～750		590	390	16	—	—	—
50CrMo	调质	≤100	纵向	900	700	12	50	—	—
		100～160		850	650	13	50	—	—
		160～250		800	550	14	50	—	—
		250～500		740	540	14	—	—	—
		500～750		690	490	15	—	—	—

续表

牌号	热处理状态	截面尺寸（直径或厚度）/mm	试样方向	力学性能　≥					硬度（HB）
				R_m /MPa	R_{eL} /MPa	A /%	Z /%	KU /J	
34CrMo1	调质	100～300	纵向	765	590	15	40	47	—
		300～500		705	540	15	40	39	—
		500～750		665	490	14	35	31	—
		750～1000		635	440	13	35	31	—
16CrMn	渗碳＋淬火＋回火	≤30	纵向	780	590	10	40	—	—
		30～63		640	440	11	40	—	—
20CrMn	渗碳＋淬火＋回火	≤30	纵向	980	680	8	35	—	—
		30～63		790	540	10	35	—	—
20CrMnTi	调质	≤100	纵向	615	395	17	45	47	—
20CrMnMo	渗碳＋淬火＋回火	≤30	纵向	1080	785	7	40	—	—
		30～100		835	490	15	40	31	—
35CrMnMo	调质	＞100～300	纵向	785	590	14	45	43	207～269
		300～500		735	540	13	40	39	207～269
		500～800		685	490	12	35	31	207～269
40CrMnMo	调质	≤100	纵向	885	735	12	40	39	—
		100～250		835	640	12	30	39	—
		250～400		785	530	12	40	31	—
		400～500		735	480	12	35	23	—
20CrMnMoB	调质	≤100	纵向	900	785	13	40	39	277～331
		100～300		880	735	13	40	39	225～302
		300～500		835	685	13	40	39	241～286
		500～800		785	635	13	40	39	241～286
		100～300	切向	845	735	12	35	39	269～302
		300～600		805	685	12	35	39	255～286
30CrMn2MoB	调质	100～300	纵向	880	715	12	40	31	255～302
		300～500		835	665	12	40	31	255～302
		500～800		785	615	12	40	31	241～286
32Cr2MnMo	调质	100～300	纵向	830	685	14	45	59	255～302
		300～500		785	635	12	40	49	255～302
		500～750		735	590	12	35	30	241～286
30CrMnSi	调质	≤100	纵向	735	590	12	35	35	235～293
		100～300		685	460	13	35	35	228～269

续表

牌号	热处理状态	截面尺寸（直径或厚度）/mm	试样方向	力学性能 ≥					硬度（HB）
				R_m /MPa	R_{eL} /MPa	A /%	Z /%	KU /J	
35CrMnSi	调质	≤100	纵向	785	640	12	35	31	241～293
		100～300		685	540	12	35	31	223～269
12CrMoV	正火＋回火	≤100	纵向	470	245	22	48	39	143～179
		100～300		430	215	20	40	39	123～167
12Cr1MoV	正火＋回火	≤100	纵向	440	245	19	50	39	123～167
		100～300		430	215	19	48	39	123～167
		300～500		430	215	18	40	35	123～167
		500～800		430	215	16	35	31	123～167
24CrMoV	调质	100～300	纵向	735	590	16	—	47	—
		300～500		685	540	16	—	47	—
35CrMoV	调质	100～200	切向	880	745	12	40	47	—
		200～240		860	705	12	35	47	—
30Cr2MoV	调质	≤150	纵向	830	735	15	50	47	219～277
		150～250		735	590	16	50	47	219～277
		250～500		635	440	16	50	47	219～277
28Cr2Mo1V	调质	≤100	纵向	835	735	15	50	47	269～302
		100～300		735	635	15	40	47	269～302
		300～500		685	565	14	35	47	269～302
40CrNi	调质	≤100	纵向	735	590	14	45	47	223～277
		100～300		685	540	13	40	39	207～262
		300～500		635	440	13	35	39	197～235
		500～800		615	395	11	30	31	187～229
40CrNiMo	淬火＋回火	≤80	纵向	980	835	12	55	78	—
		80～100		980	835	11	50	74	—
		100～150		980	835	10	45	70	—
		150～250		980	835	9	40	66	—
	调质	100～300	纵向	785	640	12	38	39	241～293
		300～500		685	540	12	33	35	207～262
34CrNi1Mo	调质	≤100	纵向	850	735	15	45	55	277～321
		100～300		765	635	14	40	47	262～311
		300～500		685	540	14	35	39	235～277
		500～800		635	490	14	32	31	212～248
34CrNi3Mo	调质	≤100	纵向	900	785	14	40	55	269～341

续表

牌号	热处理状态	截面尺寸（直径或厚度）/mm	试样方向	力学性能 ≥					硬度（HB）
				R_m /MPa	R_{eL} /MPa	A /%	Z /%	KU /J	
34CrNi3Mo	调质	100～300	纵向	850	735	14	38	47	262～321
		300～500		805	685	13	35	39	241～302
		500～800		755	590	12	32	32	241～302
15Cr2Ni2	渗碳＋淬火＋回火	≤30	纵向	880	640	9	40	—	—
		30～63		780	540	10	40	—	—
20Cr2Ni4	调质	试样毛坯尺寸 ϕ15	纵向	1175	1080	10	45	62	—
17Cr2Ni2Mo	渗碳＋淬火＋回火	≤30	纵向	1080	790	8	35	—	—
		30～63		980	690	8	35	—	—
30Cr2Ni2Mo	调质	≤100	纵向	1100	900	10	45	—	—
		100～160		1000	800	11	50	—	—
		160～250		900	700	12	50	—	—
		250～500		830	635	12	—	—	—
		500～1000		780	590	12	—	—	—
34Cr2Ni2Mo	调质	≤100	纵向	1000	800	11	50	—	—
		100～160		900	700	12	55	—	—
		160～250		800	600	13	55	—	—
		250～500		740	540	14	—	—	—
		500～1000		690	490	15	—	—	—
15CrNiMoV	调质	100～300	纵向	685	585	15	60	110	190～240
		300～500		635	535	14	55	100	190～240
34CrNi3MoV	调质	≤100	纵向	900	785	14	40	47	269～321
		100～300		855	735	14	38	39	248～311
		300～500		805	685	13	33	31	235～293
		500～800		735	590	12	30	31	212～262
37CrNi3MoV	调质	≤100	纵向						

4.11.2　大型碳素结构钢锻件（JB/T 33083—2016）

用于一般用途的碳素结构钢锻件（不适用于有专门技术要求或特殊用途的锻件），见表 4-34。

表 4-34 大型碳素结构钢锻件的力学性能

材料牌号	热处理状态	截面尺寸/mm	力学性能					硬度值(HBW)
			R_m/MPa	R_{eL}/MPa ≥	A/% ≥	Z/% ≥	KU_2/J ≥	
10	—	>100～250	≥320	195	30	52	—	—
		>250～500	≥320	185	30	52	—	
15	—	>100～250	≥320	205	25	50	—	—
		>250～500	≥320	195	25	45	—	
20	正火或正火＋回火	>100～250	380～520	210	25	50	39	112～156
		>250～500	380～520	210	25	45	39	
		>500～1000	380～520	205	24	45	35	
25 或 30	正火或正火＋回火	>100～250	390～530	215	20	48	31	126～170
		>250～500	380～520	205	18	40	31	
		>500～1000	380～520	205	17	35	27	
35 或 40	正火或正火＋回火	>100～250	480～670	245	17	40	38	143～187
		>250～500	470～630	235	16	37	34	
		>500～1000	460～610	225	15	30	31	
	调质	>100～250	490～640	295	22	40	40	189～229
		>250～500	470～640	275	21	—	38	163～219
45 或 50	正火或正火＋回火	>100～250	570～750	275	15	—	—	163～217
		>250～500	560～720	265	14	—	—	
		>500～1000	550～720	255	13	—	—	
	调质	>100～250	620～740	345	18	35	31	197～269
		>250～500	590～720	315	17	—	—	187～255
55 或 60	正火或正火＋回火	>100～250	640～880	375	12	—	—	200～240
		>250～500	620～830	345	11	—	—	
		>500～1000	600～800	315	10	—	—	
	调质	>100～250	630～780	365	17	—	—	207～302
		>250～500	630～780	335	16	—	—	197～269
16Mn	正火或正火＋回火	>100～250	≥500	295	16	32	25	148～188
		>250～500	≥470	275	15	30	22	138～178
		>500～750	≥440	255	13	28	19	130～170
40Mn	正火或正火＋回火	<250	≥590	350	17	45	47	≥207
50Mn		<250	≥645	390	13	40	31	≥217
60Mn		<250	≥695	410	11	35	—	≥229

注：锻件只要求硬度时，同一锻件的硬度偏差不超过40HB，同一批锻件的硬度相对差不超过50HB。但当锻件同时要求拉伸、冲击时，其硬度绝对值不作为验收依据。

4.11.3 大型锻件用优质碳素结构钢和合金结构钢（GB/T 32289—2015）

① 牌号及化学成分　应符合 GB/T 699、GB/T 3077 的规定，见表 4-35。

② 公称尺寸　圆钢直径大于 250～1500mm，方钢边长大于 250～1300mm，扁钢厚度大于 250～1000mm，且宽度大于 250～1700mm。

③ 分类与代号　按冶金质量等级分为优质钢、高级优质钢（牌号后加“A”）和特级优质钢（牌号后加“E”）；按表面种类分为压力加工表面（SPP）、磨光（SP）和剥皮（SF）；按热处理状态分为退火（A）、高温回火（T）、正火（N）和正火＋回火（N＋T）；按使用加工方法分为热压力加工用钢（UHP）和切削加工用钢（UC）。

④ 交货状态　通常以退火状态交货（根据需方要求，并在合同中注明，也可以按其他状态交货）。

⑤ 力学性能　锻材的交货硬度应符合 GB/T 699、GB/T 3077 的规定。

表 4-35　优质碳素结构钢锻材成品化学成分允许偏差

元素	规定化学成分上限/%	横截面积/cm²				
		≤1300	>1300～2600	>2600～5200	>5200～10400	>10400
		超过上限或低于下限的允许偏差量(质量分数)/%				
C	≤0.25	0.03	0.03	0.04	0.05	0.05
	0.26～0.55	0.04	0.04	0.05	0.06	0.06
	>0.55	0.05	0.05	0.06	0.07	0.07
Si	≤0.37	0.03	0.04	0.04	0.05	0.06
	>0.37	0.06	0.06	0.07	0.07	0.09
Mn	≤0.90	0.04	0.05	0.06	0.07	0.08
	>0.90	0.06	0.07	0.08	0.08	0.09
P	≤0.050	0.008	0.010	0.010	0.015	0.015
S	≤0.050	0.005	0.005	0.006	0.006	0.006
	>0.050	0.010	0.10	0.015	0.015	0.015

4.12 轴承钢

轴承钢一般可分为5类：碳素轴承钢、渗碳轴承钢、高碳铬轴承钢、不锈轴承钢和高温轴承钢（后者多用于制造航空发动机轴承，在专用钢中叙述）。适用于制作轴承套圈和滚动体用高碳铬轴承钢、热轧或锻制圆钢、盘条、冷拉（轧）圆钢（直条或盘状）和钢管。

4.12.1 碳素轴承钢（GB/T 28417—2023）

碳素轴承钢是用于制造汽车轮毂轴承单元的热轧棒材。

① 尺寸　应符合GB/T 701—2008中第2组的规定。钢材通常长度为3000～9000mm。

② 交货状态　热轧。每捆中最长与最短钢材的长度差应不大于1000mm。

③ 牌号　有G55、G55Mn和G70Mn。

④ 化学成分　应符合GB/T 28417—2023表1的规定。

⑤ 力学性能　见表4-36。

表4-36　碳素轴承钢的力学性能

牌号	试样毛坯直径/mm	正火温度/℃	下屈服强度 R_{eL}/MPa ≥	抗拉强度 R_m/MPa ≥	断后伸长率 A/% ≥	断面收缩率 Z/% ≥
G55	25	820±10	380	645	13	35
G55Mn	25	820±10	400	650	9	30
G70Mn	25	790±10	450	785	8	30

4.12.2 渗碳轴承钢（GB/T 3203—2016）

牌号表示方法：在头部加符号“G”，采用合金结构钢的牌号表示方法。高级优质渗碳轴承钢，在牌号尾部加“A”。例如：碳含量为0.17%～0.23%、铬含量为0.35%～0.65%、镍含量为0.40%～0.70%、钼含量为0.15%～0.30%的高级优质渗碳轴承钢，其牌号表示为“G20CrNiMoA”。

渗碳轴承钢的牌号有7个，当按高级优质钢供货时，其硫、磷含量应不大于0.020%，并在牌号后面标以字母“A”。表4-37为渗碳轴承钢的纵向力学性能。表4-38为渗碳轴承钢的特性和用途。

表 4-37　渗碳轴承钢的纵向力学性能

<table>
<tr><th rowspan="3">牌号</th><th rowspan="3">毛坯直径/mm</th><th colspan="3">淬火</th><th colspan="2">回火</th><th colspan="4">力学性能</th></tr>
<tr><th colspan="2">温度/℃</th><th rowspan="2">冷却剂</th><th rowspan="2">温度/℃</th><th rowspan="2">冷却剂</th><th>抗拉强度 R_m/MPa</th><th>断后伸长率 A/%</th><th>断面收缩率 Z/%</th><th>冲击吸收能量 KU_2/J</th></tr>
<tr><th>一次</th><th>二次</th><th colspan="4">≥</th></tr>
<tr><td>G20CrMo</td><td>15</td><td rowspan="3">860～900</td><td rowspan="2">770～810</td><td rowspan="7">油</td><td rowspan="4">150～200</td><td rowspan="7">空气</td><td>880</td><td>12</td><td rowspan="5">45</td><td rowspan="5">63</td></tr>
<tr><td>G20CrNiMo</td><td>15</td><td>1180</td><td>9</td></tr>
<tr><td>G20CrNi2Mo</td><td>25</td><td>780～820</td><td>980</td><td>13</td></tr>
<tr><td>G20Cr2Ni4</td><td>15</td><td>850～890</td><td>770～810</td><td>1180</td><td>10</td></tr>
<tr><td>G10CrNi3Mo</td><td>15</td><td rowspan="3">860～900</td><td>770～810</td><td>180～200</td><td>1080</td><td>9</td></tr>
<tr><td>G20Cr2Mn2Mo</td><td>15</td><td>790～830</td><td rowspan="2">150～200</td><td>1280</td><td>9</td><td rowspan="2">40</td><td rowspan="2">55</td></tr>
<tr><td>G23Cr2Ni2Si1Mo</td><td>15</td><td>790～830</td><td>1180</td><td>10</td></tr>
</table>

注：表中所列力学性能适用于公称直径小于或等于 80mm 的钢材。公称直径 81～100mm 的钢材，允许其断后伸长率、断面收缩率及冲击吸收能量，较表中的规定分别降低 1%（绝对值）、5%（绝对值）及 5%；公称直径 101～150mm 的钢材，允许其断后伸长率、断面收缩率及冲击吸收能量，较表中的规定分别降低 3%（绝对值）、15%（绝对值）及 15%；公称直径大于 150mm 的钢材，其力学性能指标由供需双方协商。

表 4-38　渗碳轴承钢的特性和用途

牌号	性能特点	用途举例
G20CrMo	低合金渗碳钢，渗碳后表面硬度较高，耐磨性较好，而心部硬度低，韧性好，适于制作耐冲击载荷的轴承及零部件	常用作汽车、拖拉机的承受冲击载荷的滚子轴承，也用作汽车齿轮、活塞杆、螺栓等
G20CrNiMo	有良好的塑性、韧性和强度，渗碳或碳氮共渗后表面有相当高的硬度，耐磨性好，接触疲劳寿命明显优于 GCr15，而心部含碳量低，有足够的韧性承受冲击载荷	制造冲击载荷轴承的良好材料，用作承受冲击载荷的汽车轴承和中小型轴承，也用作汽车、拖拉机齿轮及牙轮钻头的牙爪和牙轮体

续表

牌号	性能特点	用途举例
G20CrNi2Mo	渗碳后表面硬度高，耐磨性好，具有中等表面硬化性，心部韧性好，可耐冲击载荷，钢的冷热加工塑性较好，能加工成棒、板、带及无缝钢管	用于承受较高冲击载荷的滚子轴承，可用作汽车齿轮、活塞杆、万向节轴、圆头螺栓等
G10CrNi3Mo	渗碳后表面碳含量高，具有高硬度，耐磨性好，而心部碳含量低，韧性好，可耐冲击载荷	用于承受冲击载荷较高的大型滚子轴承，如轧钢机轴承等
G20Cr2Ni4A	常用的渗碳结构钢用于制作轴承。渗碳表面有相当高的硬度、耐磨性和接触疲劳强度，而心部韧性好，可耐强烈冲击载荷，焊接性中等，有回火脆性倾向，对白点形成较敏感	制作耐冲击载荷的大型轴承，如轧钢机轴承等，也用作其他大型渗碳件，如大型齿轮、轴等，还可用于制造要求强韧性高的调质件
G20Cr2Mn2MoA	渗碳后表面硬度高，而心部韧性好，可耐强烈冲击载荷。与G20Cr2Ni4A相比，渗碳速度快，渗碳层较易形成粗大碳化物，不易扩散消除	用于高冲击载荷条件下工作的特大型和大、中型轴承零件，以及轴、齿轮等

4.12.3　高碳铬轴承钢（GB/T 18254—2016）

用于制作轴承套圈和滚动体。

① 牌号　高碳铬轴承钢牌号通常由三部分组成：

第一部分	第二部分	第三部分	牌号示例
G （不标明碳含量）	铬含量 Cr：1.40%～1.65%	其他合金元素含量 Si：0.45%～0.75% Mn：0.95%～1.25%	GCr15SiMn

高碳铬轴承钢牌号有5个：G8Cr15、GCr15、GCr15SiMn、GCr15SiMo、GCr18Mo。

② 尺寸　见表4-39。

表 4-39 高碳铬轴承钢的尺寸

钢材种类	冶金质量	直径及其允许偏差	通常长度/mm
热轧圆钢	优质钢和高级优质钢 特级优质钢	GB/T 702—2008 表 1 中第 2 组 GB/T 702—2008 表 1 中第 1 组	3000～8000
锻制圆钢	—	GB/T 908—2008 中第 1 组	2000～6000
冷拉圆钢	—	GB/T 905—1994 中 h11 级	3000～6000
圆盘条	优质钢和高级优质钢 特级优质钢	GB/T 14981—2009 中 B 级精度 GB/T 14981—2009 中 C 级精度	符合 GB/T 14981—2009

③ 硬度 见表 4-40。

表 4-40 高碳铬轴承钢的退火后硬度

牌号	球化退火硬度(HBW)	软化退火硬度(HBW)≤	牌号	球化退火硬度(HBW)	软化退火硬度(HBW)≤
G8Cr15 GCr15 GCr15SiMn	179～207 179～207 179～217	245	GCr15SiMo GCr18Mo	179～217 179～207	245

④ 交货状态 见表 4-41。

表 4-41 高碳铬轴承钢的交货状态

钢材种类	交货状态	代号
热轧圆钢	热轧不退火 热轧软化退火 热轧软化退火剥皮	WHR(或 AR) WHR+SA WHR+SA+SF
	热轧球化退火 热轧球化退火剥皮	WHR+G WHR+G+SF
锻制圆钢	热锻不退火 热锻软化退火 热锻软化退火剥皮	WHF WHF+SA WHF+SA+SF
冷拉圆钢	冷拉 冷拉磨光	WCD WCD+SP
圆盘条	热轧不退火 热轧球化退火	WHR(或 AR) WHR+G

⑤ 特性和应用 见表4-42。

表4-42 高碳铬轴承钢的特性和应用

牌号	硬度(HBW)	性能特点	应用举例
G8Cr15	179～207	—	—
GCr15	179～207	高碳铬轴承钢的代表钢种，综合性能良好，淬火与回火后具有高而均匀的硬度，良好的耐磨性和高的接触疲劳寿命，热加工变形性能和切削加工性能均好，但焊接性差，对白点形成较敏感，有回火脆性倾向	用于制造壁厚≤12mm、外径≤250mm的各种轴承套圈，也用作尺寸范围较宽的滚动体，如钢球、圆锥滚子、圆柱滚子、球面滚子、滚针等；还用于制造模具、精密量具以及其他要求高耐磨性、高弹性极限和高接触疲劳强度的机械零件
GCr15SiMn	179～217	在GCr15钢的基础上适当增加硅、锰含量，其淬透性、弹性极限、耐磨性均有明显提高，冷加工塑性中等，切削加工性能稍差，焊接性能不好，对白点形成较敏感，有回火脆性倾向	用于制造大尺寸的轴承套圈、钢球、圆锥滚子、圆柱滚子、球面滚子等，轴承零件的工作温度小于180℃；还用于制造模具、量具、丝锥及其他要求硬度高且耐磨的零部件
GCr15SiMo	179～217	在GCr15钢的基础上提高硅含量，并添加钼而开发的新型轴承钢。综合性能良好，淬透性高，耐磨性好，接触疲劳寿命高，其他性能与GCr15SiMn相近	用于制造大尺寸的轴承套圈、滚珠、滚柱，还可用于制造模具、精密量具以及其他要求硬度高且耐磨的零部件
GCr18Mo	179～207	相当于瑞典SKF24轴承钢。是在GCr15钢的基础上加入钼，并适当提高铬含量，从而提高了钢的淬透性。其他性能与GCr15钢相近	用于制造各种轴承套圈，壁厚从不超过16mm增加到不超过20mm，扩大了使用范围；其他用途和GCr15钢基本相同

4.12.4 高碳铬不锈轴承钢（GB/T 3086—2019）

① 公称直径 热轧、锻制、冷拉、剥皮及磨光圆钢为5～160mm；盘条公称直径为5～40mm；钢丝公称直径为1～16mm。

② 分类 按使用加工方法，分为压力加工用钢（UP）和切

削加工用钢（UC）两种（钢棒的使用加工方法应在合同中注明，否则按切削加工用钢供货）。按最终用途，分为滚动体用（钢球用 GQ，滚子用 GZ）和套圈用两类（合同中未注明者按套圈用供货）。

③ 牌号表示方法　在头部加符号“G”，采用不锈钢和耐热钢的牌号表示方法。例如：碳含量为 0.90%～1.00%、铬含量为 17.0%～19.0%的高碳铬不锈轴承钢，其牌号表示为 G95Cr18；碳含量为 0.75%～0.85%、铬含量为 3.75%～4.25%、钼含量为 4.00%～4.50%的高温轴承钢，其牌号表示为 G80Cr4Mo4V。

④ 尺寸及外形　见表 4-43。

表 4-43　钢材的尺寸及外形

钢材品种	尺寸、外形	钢材品种	尺寸、外形
热轧圆钢	GB/T 702—2017 中第 2 组	剥皮和磨光圆钢	GB/T 3207—2008 中 h11 级
锻制圆钢	GB/T 908—2019 中第 1 组		
冷拉圆钢	GB/T 905—1994 中 h11 级	热轧盘条	GB/T 14981—2009 中 B 级

注：钢丝最小盘重：直径 1～3mm，正常重量和最小重量分别为 5kg 和 1.5kg；直径>3～5mm，正常重量和最小重量分别为 10kg 和 4kg；直径>5mm，正常重量和最小重量分别为 15kg 和 6kg。

⑤ 力学性能　见表 4-44。

表 4-44　高碳铬不锈轴承钢的力学性能

直径	力学性能	
	退火状态	磨光状态
≤16mm	抗拉强度 590～835MPa	可波动+10%
>16mm	布氏硬度 197～255MPa	可波动+10%

⑥ 交货状态　见表 4-45。

表 4-45　高碳铬不锈轴承钢的交货状态

钢材种类	交货状态	代号	钢材种类	交货状态	代号
热轧圆钢	退火	WHR+SA	锻制圆钢	退火	WHR+SA
	退火剥皮	WHR+SA+SF		退火剥皮	WHR+SA+SF
	退火磨光	WHR+SA+SP		退火磨光	WHR+SA+SP
冷拉圆钢或钢丝	冷拉退火	WCD+SA	热轧圆盘条	退火	WHR+SA
	冷拉退火磨光	WCD+SA+SP			

4.12.5 高碳铬轴承钢无缝钢管（YB/T4146—2016）

用于制作滚动轴承零件用热轧（挤压）和冷拔（轧）高碳铬轴承钢无缝钢管。

① 尺寸 热轧（挤压）钢管的外径范围为48～194mm，壁厚范围为5.0～30mm；钢管的通常长度为3000～12000mm。冷拔（轧）钢管的外径范围为14～120mm，壁厚范围为2.0～15mm；通常长度为3000～9000mm。表4-46为高碳铬轴承钢无缝钢管尺寸。

表4-46 高碳铬轴承钢无缝钢管尺寸 mm

钢管种类	外径 D	壁厚 S	长度
热轧(挤压)	48～194	5.0～30	3000～12000
冷拔(轧)	12～159	1.5～15.0	3000～9000

注：钢管直径分普通级和高级两种公差。

② 硬度 以球化退火状态交货的热轧（挤压）钢管，布氏硬度应为179～217HBW；以退火状态交货的冷拔（轧）钢管，布氏硬度应为179～220HBW；同一批钢管的布氏硬度值差应≤15HBW；钢管同一截面的布氏硬度值差应≤10HBW。

4.12.6 高温轴承钢（GB/T 38886—2020）

用于制作耐300～550℃温度高温轴承用热轧、锻制、冷拉圆钢及钢丝。

① 牌号 有GW9Cr4V2Mo、GW18Cr5V、GCr4Mo4V、GW6Mo5Cr4V2和GW2Mo9Cr4VCo8五种。

② 尺寸 见表4-47。

表4-47 高温轴承钢的尺寸 mm

钢材种类	直径	长度	钢材种类	直径	长度
热轧圆钢	10～140	2000～7000	冷拉圆钢	6～40	2000～6000
锻制圆钢	55～150	2000～6000	冷拉钢丝	1～20	2000～4000

注：退火状态硬度应不超过269HBW。

③ 交货硬度 见表4-48。

表 4-48 高温轴承钢的交货硬度

牌号	交货硬度(HBW)	钢材直径不大于 10mm 时抗拉强度 R_m/MPa
GW9Cr4V2Mo	≤260	≤910
GW18Cr5V	≤269	≤950
GCr4Mo4V	197～241	650～850
GW6Mo5Cr4V2	≤255	≤890
GW2Mo9Cr4VCo8	≤269	≤950

4.12.7 高温渗碳轴承钢（GB/T 38936—2020）

用于制作耐 300～400℃温度、耐冲击轴承套圈。

① 品种　热轧、锻制、冷拉及银亮圆钢。

② 牌号　有 G13Cr4Mo4Ni4V 和 G20W10Cr3NiV 两种。

③ 尺寸　见表 4-49。

表 4-49 高温渗碳轴承钢的尺寸　mm

钢材种类	直径	长度	钢材种类	直径	长度
热轧圆钢	30～140	2000～7000	冷拉圆钢	20～40	2000～6000
锻制圆钢	55～150	2000～6000	银亮圆钢	20～120	2000～7000

注：退火状态硬度应不超过 269HBW。

④ 淬硬性　见表 4-50。

表 4-50 高温渗碳轴承钢的淬硬性

牌号	试样热处理制度			洛氏硬度(HRC)
	淬火	冷处理	回火	
G13Cr4Mo4Ni4V	1110℃±10℃，每毫米保温 1.5min，油冷	—	550℃±10℃，保温 2h，空冷	≥35
G20W10Cr3NiV	1110℃±10℃，每毫米保温 1.5min，油冷	－70～80℃，保温 15min，空冷	560℃±10℃，保温 2h，空冷	≥40

4.12.8 铁路货车用轴承钢（YB/T 4100—1998）

用于生产铁路货车用轴承的套圈。

① 分类　有渗碳轴承钢（G20CrNi2MoA）和冷拉轴承钢（GCr15）两种。

② 通常长度　不小于3000mm（上限根据需方要求在合同中注明）。

③ 交货状态　渗碳轴承钢钢棒以热轧或退火状态交货，以退火状态交货的钢棒硬度应不大于229HBS10/3000。冷拉轴承钢钢棒以退火状态交货，其布氏硬度应符合表4-51规定。

表4-51　铁路货车冷拉轴承钢钢棒以退火状态交货时的布氏硬度值

布氏硬度	一组	二组
HBS　10/3000	179～207	201～235

注：订货时供需双方要协商并在合同中注明组别，未注明者按一组交货。

④ 力学性能　见表4-52。

表4-52　铁路货车渗碳轴承钢用热处理毛坯制成的试样测定钢棒纵向力学性能

试样毛坯直径/mm	热处理工艺		力学性能　≥			
	淬火	回火	抗拉强度 R_m/MPa	断后伸长率 A/%	断面收缩率 Z/%	冲击吸收功KV/J
25	880℃±20℃油冷 800℃±20℃油冷	170～200℃ 空冷	980	13	45	63

注：力学性能适用于直径等于80mm的钢棒。尺寸81～100mm的钢棒，允许其伸长率、断面收缩率及冲击吸收功较表中的规定分别降低1个单位、5个单位及5%；尺寸101～130mm的钢棒，允许其伸长率、断面收缩率及冲击吸收功较表中的规定分别降低2个单位、10个单位及10%。

⑤ 热处理制度和硬度　见表4-53。

表4-53　铁路货车渗碳轴承钢的热处理制度和硬度

牌号	热处理制度	距下列末端距离处的硬度(HRC)	
		1.5mm	9mm
G20CrNi2MoA	920℃±20℃正火 920℃±20℃水冷	41～48	≥30

4.12.9　部分常用滚动轴承钢的特性和用途

表 4-54　常用滚动轴承钢的特性和用途

牌号	特性	用途举例
GCr9	耐磨性和淬透性均比 GCr6 钢高，可切削性尚好，冷变形塑性中等；但焊接性差，对白点形成也比较敏感，热处理时有回火脆性倾向	用于制造滚动轴承上小尺寸钢球和滚子，也可用于制造要求高耐磨性、高弹性极限、高接触疲劳强度的其他零件
GCr15	为高碳铬轴承钢的代表钢种，综合性能良好，淬火和回火后，硬度高且均匀，耐磨性能好，接触疲劳强度高。钢的冷、热加工性好，球化退火后有良好的可切削性，但对白点形成较敏感，有回火脆性倾向	用于制造壁厚≤12mm、外径≤250mm 的各种轴承套圈和尺寸范围比较宽的滚动体，如钢球、滚针和各种滚子；也可制造钢球直径≤50mm 和圆锥、球面滚子直径≤22mm 及所有尺寸的滚针；还可用于制造量具、模具、木工刀具模具、量具及其他要求高耐磨、高接触疲劳强度的零件
GCr18	淬火后具有高硬度、高耐磨性和较好的耐蚀性，耐高、低温的尺寸稳定性。可锻、但焊接性能差	可制作在海水、河水、蒸馏水、硝酸、蒸气以及海洋等腐蚀介质中工作的轴承，在－253～350℃以下工作的耐高、低温轴承。还可用作高质量的刀具和其他耐磨损、耐腐蚀的零件
GCr9SiMn	力学性能与耐磨性与 GCr15 钢相近，但有较高的淬透性和良好的工艺性能，焊接性差，冷变形塑性中等，对白点形成敏感，有回火脆性倾向	适用于代替 GCr15 钢制造大尺寸的轴承套圈
GCr15SiMn	在 GCr15 钢中增加了 Si、Mn 合金元素，淬透性和弹性极限、耐磨性也比 GCr15 好。冷加工塑性中等，可切削性稍差，对白点形成亦较敏感，有回火脆性倾向	用于制造壁厚＞12mm、外径＞280mm 的轴承套圈；钢球直径＞50mm 和圆锥、圆柱及球面滚子直径＞22mm 以及所有尺寸的滚针；还可用于制造模具、量具以及其他要求高硬度且耐磨的零件。轴承零件的工作温度小于 180℃
GCr15SiVMo	在 GCr15 钢中增加了 Si、Mo 合金元素，综合性能良好，淬透性高，耐磨性好，接触疲劳寿命高，其他性能与 GCr15SiMn 相近	用于制造大尺寸的轴承套圈、滚珠、滚柱，还用于制造模具、精密量具以及其他要求硬度高而耐磨的零件

续表

牌号	特性	用途举例
GCr18VMo	成分相当于瑞典 SKF24 轴承钢，淬透性高，其他性能与 GCr15 钢相似	用于制造各种壁厚≤20mm 的大尺寸轴承套圈
G20CrMo	为低合金渗碳轴承钢。渗碳后表面硬度高、耐磨性好，芯部强韧性好	适用于制造汽车、拖拉机上承受冲击载荷的轴承零部件。也用于汽车齿轮等
G10CrNi3Mo G20CrNiMo G20CrNi2Mo	低合金渗碳轴承钢。经渗碳或碳氮共渗后表面硬度高，具有高耐磨性，接触疲劳寿命明显高于 GCr15，淬透性好于 G20CrMo，芯部强韧性好	制造承受高冲击载荷的轴承，汽车、铁路货车的轴承和其他中小型轴承；也可制造汽车、拖拉机齿轮、活塞杆等。G10CrNi3Mo 用于制造高冲击载荷的大型轴承（如轧钢机轴承）
G9Cr18 G9Cr18Mo	为高碳马氏体型不锈钢。具有高硬度和高耐磨性，在大气、水及某些酸类和盐类的水溶液中具有优良的不锈与耐蚀性，加工性极优，经热处理后硬度可达 58HRC	主要用于制造在海水、河水以及海洋性腐蚀介质中工作的轴承，工作温度可达 250～350℃，还可做某些仪器、仪表上的微量轴承、弹簧、滚动轴承套圈及滚动体和高档刀具

4.12.10 烧结金属含油轴承材料的特性及用途

烧结金属含油轴承材料多种多样，包括 Cu 基、Fe 与 FeC 基、Fe-Cu 基、Fe-Cu-C 基、Fe-青铜基、Fe-石墨基等，见表 4-55～表 4-57。

表 4-55 烧结金属含油轴承材料的种类、特性及用途

种类	特性及用途
Cu 基	铜基轴承材料应用广泛，尤其以烧结锡青铜最甚。适用于要求耐蚀场合及低负荷-高速工况条件下。烧结锡青铜材料具有良好的耐蚀性能、较高的强度，能承受一定的冲击和振动负荷，适用于制造和轴承一体化的零件，如在办公机械、农具、计算机、机床及分马力电动机中应用，并且效果好。为了强化润滑，可添加石墨、MoS_2 及 Pb 等固体润滑剂，对于重负荷、振动、间歇转动及高温条件的工况，应选用添加石墨的青铜烧结轴承材料。最常用的合金系有 Cu-Sn、Cu-Sn-C、Cu-Sn-Pb-C、Cu-Sn-Pb-Zn-C 等，国内的 6-6-3 青铜轴承材料应用最广泛

续表

种类	特性及用途
Fe 与 FeC 基	Fe 基含油轴承材料强度高，可承受高负荷，其硬度高于 Cu 基材料，对轴的磨合性较差，耐蚀性不好，但其价格较低。密度为 5.5～6.0g/cm^3 的纯 Fe 轴承材料可用作中等负荷轴承。与铁化合的 C 材料制成的轴承，其强度比纯 Fe 材料高，径向压溃强度较高，耐磨性较好，抗压强度较高。化合 C 含量大于 0.3%的 Fe-C 轴承材料，进行热处理可以进一步提高轴承力学性能
Fe-Cu 基	Fe-Cu 基材料将 Cu 混合于 Fe 中，改进了力学性能，提高了强度和硬度，一般 Cu 的加入量为 2%、10%和 20%，加入 20%的 Fe-Cu 合金均比 90-10 青铜的强度和硬度高，并且有好的振动负荷能力。Fe-Cu 基材料更适于需要结构要求和轴承特性的应用场合
Fe-Cu-C 基	C 的添加量为 0.3%～0.9%时，可明显强化 Fe-Cu 合金轴承材料。添加 C 还可用热处理进一步改进力学性能。Fe-Cu-C 材料具有优良的耐磨性和高的抗压强度，适于要求较高的工况场合之用，如运输机械用轴承、齿轮传动电动机轴承等
Fe-青铜基	Fe-青铜基轴承材料耐磨性近于 Fe 基材料，较 Cu 基轴承材料优越，在高 pV 值条件下使用，耐磨性优于青铜基轴承材料，提高了轴承的寿命。Fe-青铜材料一般含有 0.5%～1.3%的石墨，自润滑性能好。适合在轻-中等负荷和中-高速条件下应用。如分马力电动机和器械中的轴承以及汽车、家电、音响设备、事务机器轴承等。可作为青铜轴承材料的经济替代用品
Fe-石墨基	石墨含量在 4%～5%(质量分数)的 Fe-石墨材料，称为烧结金属石墨材料。将石墨与 Fe 粉相混合，烧结到低的化合 C 含量，从而使大部分石墨可作润滑剂。为改进自润滑性能，还可将轴承浸以润滑油。这种 Fe-石墨轴承具有优异的阻尼特性，且运转平稳。如日本烧结金属含油轴承 SBF3118、SBF4118 的 C 均为化合 C，且含量都较低，是性能优良的含油轴承材料

表 4-56　烧结金属含油轴承的各种特性

合金系（主要成分）	使用特性														
	pV_{max} /MPa·m/min	轴回转				负荷			音响	高温	被切削加工性	铆接性	防锈能力	尺寸精度	价格
		高速	低速	断续	摇动	高	低	冲击							
Cu-Sn	100	○	•	•	•	•	○	•	*	•	○	*	○	○	±
Cu-Sn-Pb-C	100	○	○	○	○	•	○	○	•	•	○	△	○	○	±
Cu-Sn-C	100	*	○	•	•	•	○	○	○	•	○	△	○	○	±

续表

合金系（主要成分）	pV_{max} /MPa·m/min	使用特性													
		轴回转				负荷			音响	高温	被切削加工性	铆接性	防锈能力	尺寸精度	价格
		高速	低速	断续	摇动	高	低	冲击							
Cu-Sn-Pb	20	•	○	•	•	△	○	•	*	•	*	•	○	*	±
Cu-Sn-Pb-C	300	*	○	○	*	*	*	○	○	○	○	△	△	△	++
Cu-Sn-Pb	100	○	*	*	○	○	*	○	*	○	○	•	○	○	++
Fe-Cu-C	200	•	•	•	•	*	○	○	△	•	△	△	△	•	=
Fe-Cu-Pb	150	○	○	•	•	•	○	△	•	•	•	○	○	○	=
Fe-Cu-Pb-C	200	○	○	○	○	•	○	•	○	•	*	○	○	○	=
Fe-Cu-Sn	150	○	•	•	•	•	○	○	○	•	○	○	○	○	=
Fe-Cu-C	150	•	•	○	○	△	○	•	△	○	○	△	△	△	=
Fe-Cu-Zn	100	○	•	•	•	○	○	•	○	•	•	△	○	○	=

注：1. *—优秀，○—良好，•—可，△—不适。

2. 关于极限 pV 值，调整内径面的孔隙时，比表中所列数值小。

3. ++—高价，±—中等，=—便宜。

表 4-57　烧结金属含油轴承材料的特点与对轴材质的适合性

合金系（主要成分）	适用例	特点	轴的材质				
			一般钢材			不锈钢	
			不进行热处理	调质	淬火-低温回火	奥氏体系	马氏体系
Cu-Sn	微型电动机、步进电动机	广泛用作音响设备、家用电器等的轴承	△	○	*	△	○
Cu-Sn-Pb-C	换气扇、办公机械、运输机械	作为铜基的标准材质用于各个领域	+	○	*	△	○
Cu-Sn-C	音响电动机办公机械	耐烧轴性好，用于高速场合	+	○	○	△	○
Cu-Sn-Pb	磁带录音机输送辊轴承	磨合好，适用于作低摩擦材料	+	○	○	△	○

续表

合金系（主要成分）	适用例	特点	轴的材质				
			一般钢材			不锈钢	
			不进行热处理	调质	淬火-低温回火	奥氏体系	马氏体系
Cu-Sn-Pb-C	启动机、电动工具 VTR 用的各种轴承	适用于油膜难以形成的高温环境 高速、高负荷条件	△	○	○	△	○
Cu-Sn-Pb	输送辊电动机和主轴电动机用的轴承	磨合性、耐磨性好	△	○	○	△	○
Fc-Cu-C	垫圈、隔片 齿轮传动电动机	强度高、适合于 pV 值高的条件	△	+	○	△	+
Fe-Cu-Pb	小型通用电动机 缝纫机轴承	一般 Fe 基的标准材质，广泛用于各个领域	+①	○	○	△	○
Fe-Cu-Pb-C	家用电器电动机的轴承	可替代铜基轴承	+①	○	○	△	○
Fe-Cu-Sn	办公机械、家用电器用轴承	耐久性好的廉价轴承	△	○	○	△	○
Fe-Cu-C	运输机械用轴承	配合有大量的石墨，耐烧轴性好	△	○	○	△	○
Fe-Cu-Zn	各种微型电动机用输送辊轴承用	可替代 Cu 基轴承	+①	○	○	△	○

① 轴表面粗糙度大于 0.2μm，则属于低负荷条件。

注：* —优秀，○—良好，+—可，△—不适。

4.13 弹簧钢

弹簧钢是具有弹性特性且用于制造弹簧或弹性元件的钢种，具有高的弹性极限和疲劳极限以及足够的塑性和韧性。

4.13.1 弹簧钢（GB/T 1222—2016）

① 公称尺寸　圆钢和方钢（棒材）的直径或边长不大于 120mm；扁钢的公称宽度不大于 160mm 且公称厚度不大于 60mm；盘条的公称直径不大于 40mm。

② 尺寸及外形　热轧棒材应符合 GB/T 702，锻制棒材应符合

GB/T 908，热轧盘条应符合 GB/T 14981，热轧扁钢应符合 GB/T 1222 中附录 A，冷拉棒材应符合 GB/ T905，银亮钢应符合 GB/ T 3207。

③ 牌号 有表 4-58 所列的 26 种。

④ 力学性能 见表 4-58。

表 4-58 弹簧钢的纵向力学性能

牌号	热处理制度			力学性能 ≥				
	淬火温度（±20℃）/℃	淬火介质	回火温度（±50℃）/℃	抗拉强度 R_m /MPa	下屈服强度 R_{eL} /MPa	断后伸长率		断面收缩率 Z /%
						A /%	$A_{11.3}$ /%	
65	840	油	500	980	785	—	9.0	35
70	830	油	480	1030	835	—	8.0	30
80	820	油	480	1080	930	—	6.0	30
85	820	油	480	1130	980	—	6.0	30
65Mn	830	油	540	980	785	—	8.0	30
70Mn	正火 790±30	—	—	785	450	8.0	—	30
28SiMnB	900	水或油	320	1275	1180	—	5.0	24
40SiMnVBE	880	油	320	1800	1680	9.0	—	40
55SiMnVB	860	油	460	1375	1225	—	5.0	30
38Si2	880	水	450	1300	1150	8.0	—	35
60Si2Mn	870	油	440	1570	1375	—	5.0	20
55CrMn	840	油	485	1225	1080	9.0	—	20
60CrMn	840	油	490	1225	1080	9.0	—	20
60CrMnB	840	油	490	1225	1080	9.0	—	20
60CrMnMo	860	油	450	1450	1300	6.0	—	30
55SiCr	860	油	450	1450	1300	6.0	—	25
60Si2Cr	870	油	420	1765	1570	6.0	—	20
56Si2MnCr	860	油	450	1500	1350	6.0	—	25
52SiCrMnNi	860	油	450	1450	1300	6.0	—	35
55SiCrV	860	油	400	1650	1600	5.0	—	35
60Si2CrV	850	油	410	1860	1665	6.0	—	20
60Si2MnCrV	860	油	400	1700	1650	5.0	—	30
50CrV	850	油	500	1275	1130	10.0	—	40

续表

牌号	热处理制度			力学性能 ≥				
	淬火温度（±20℃）/℃	淬火介质	回火温度（±50℃）/℃	抗拉强度 R_m /MPa	下屈服强度 R_{eL} /MPa	断后伸长率 A /%	断后伸长率 $A_{11.3}$ /%	断面收缩率 Z /%
51CrMnV	850	油	450	1350	1200	6.0	—	30
52CrMnMoV	860	油	450	1450	1300	6.0	—	35
30W4Cr2V	1075	油	600	1470	1325	7.0	—	40

⑤ 交货状态　见表 4-59。

表 4-59　弹簧钢的交货状态

牌号	交货状态	代码	布氏硬度（HBW） ≤
65、70、80	热轧	WHR	285
85、65Mn、70Mn、28SiMnB			302
60Si2Mn、50CrV、55SiMnVB、55CrMn、60CrMn			321
60Si2Cr、60Si2CrV、60CrMnB、55SiCr、30W4Cr2V、40SiMnVBE	热轧 热轧＋去应力退火	WHR WHR＋A	供需双方协商 321
38Si2	热轧 去应力退火 软化退火	WHR A SA	321 280 217
56Si2MnCr、51CrMnV、55SiCrV、60Si2MnCrV、52SiCrMnNi、52CrMnMoV、60CrMnMo	热轧 去应力退火 软化退火	WHR A SA	供需双方协商 280 248
所有牌号	冷拉＋去应力退火 冷拉	WCD＋A WCD	321 供需双方协商

⑥ 加工和热处理方式　见表 4-60。

表 4-60　压力加工方式、热处理方式、表面粗糙度及代码

压力加工方式		热处理方式		表面粗糙度	
名称	代码	名称	代码	名称	代码
热轧	WHR	不处理	无或 NA	无要求	无或 NF
冷拉	WCD	去应力退火	A	1 级	FB
锻制	WHF	软化退火	SA	2 级	FA

⑦ 特性和用途 见表 4-61。

表 4-61 常用弹簧钢的特性和主要用途

牌号	特性	主要用途举例
65、70、80、85	经热处理可得到较高的强度和适当的韧性、塑性；在相同表面状态和安全淬透情况下，疲劳极限与合金弹簧钢相似，但淬透性低	应用非常广泛，但多用于工作温度不高的小型弹簧或不太重要的较大尺寸弹簧及一般机械用弹簧
65Mn、70Mn	锰提高淬透性，表面脱碳倾向比硅钢小，热处理后综合力学性能优于碳钢，但有过热敏感性和回火脆性	制造各种小截面弹簧，圆簧、发条等，亦可制弹簧环、气门簧、减震器和离合器簧片、刹车簧等
28SiMnB	与 60Si2Mn 相比，脱碳倾向小，热处理工艺简单，冶炼成本低等	制造汽车钢板弹簧
38Si2	经热处理后具有较高的强度与弹性	主要用于制造轨道扣件用弹条和工作温度不高的小型弹簧或不重要的大截面弹簧
40SiMnVBE 55SiMnVB	合金元素含量低，淬透性比 60Si2Mn 高，韧性、塑性也较高，脱碳倾向小，回火稳定性良好，热加工性能好，成本低	制作重型、中、小型汽车的板簧，亦可制作其他中型断面的板簧和螺旋弹簧
55CrMn 60CrMn	具有较高强度、塑性和韧性，淬透性较好，过热敏感性比锰钢低，脱碳倾向比硅锰钢小，回火脆性大	用于制作汽车稳定杆，亦可用作较大规格的板簧、螺旋弹簧
55SiCr	强度、弹性和淬透性较 55Si2Mn 稍高	用于制作汽车悬挂用螺旋弹簧、气门弹簧
60CrMnB	较高强度、塑性和韧性，淬透性较好	适用于制造较厚的钢板弹簧、汽车导向臂等
60CrMnMo	经热处理后具有和 60CrMnA 钢相同的综合力学性能，此外，它具有更好的淬透性，且无回火脆性倾向	大型土木建筑、重型车辆、机械等使用的超大型弹簧

续表

牌号	特性	主要用途举例
60Si2Cr	淬透性和回火稳定性高，过热敏感性较硅锰钢低，热处理工艺性和强度、屈强比均优于硅锰钢	多用于制造载荷大的重要弹簧、工程机械弹簧等
60Si2Mn	钢的强度和弹性极限较55Si2Mn稍高，淬透性也较高，在油中临界淬透直径为35～73mm，其他性能和55Si2Mn钢相同	主要制造各种弹簧，如汽车、机车、拖拉机的板簧、螺旋弹簧，一般要求的汽车稳定杆、低应力的货车转向架弹簧，轨道扣件用弹条
60Si2CrV	铬、钒提高钢的淬透性和回火稳定性，降低钢的过热敏感性和脱碳倾向，细化晶粒。故其热处理工艺性和强度、屈强比均优于硅锰钢	用于制造高强度级别的变截面板簧、货车转向架用螺旋弹簧，亦可制造载荷大的重要大型弹簧、工程机械弹簧等
50CrV 51CrMnV	具有良好的弹性和回弹性能，经过适当的热处理后，具有较高的屈服强度和抗拉强度、良好的抗疲劳性能	适宜制造工作应力高、疲劳性能要求严格的螺旋弹簧、汽车板簧等，亦可用作较大截面的高负荷重要弹簧及工作温度小于300℃的阀门弹簧、活塞弹簧、安全阀弹簧
52CrMnMoV	具有优异的力学性能和耐磨性，耐热性和抗疲劳性好	用作汽车板簧、高速客车转向架弹簧、汽车导向臂等
52SiCrMnNi	具有高强度和耐磨性、耐腐蚀性	铬硅锰镍钢，欧洲客户用于制作载重卡车用大规格稳定杆
55SiCrV	具有高强度、高韧性和高耐磨性	用于制作汽车悬挂用螺旋弹簧、气门弹簧
56Si2MnCr	具有优异的弹性和耐疲劳性能，使用过程中的可靠性和耐久性好	一般用于冷拉钢丝、淬回火钢丝制作悬架弹簧，或板厚大于10～15mm的大型板簧
60Si2MnCrV	具有很高的抗拉强度和良好的耐磨性能及热处理性能	可用于制作大载荷的汽车板簧

续表

牌号	特性	主要用途举例
30W4Cr2V	室温和高温力学性能好，淬透性特别高，回火稳定性甚佳，热加工性良好，适宜在调质状态下使用	主要用于工作温度500℃以下的耐热弹簧，如汽轮机主蒸汽阀弹簧、锅炉安全阀弹簧等

4.13.2 弹簧钢热轧钢板（GB/T 3279—2009）

① 尺寸　弹簧钢热轧钢板的厚度不大于15mm。厚度3～15mm钢板的尺寸、外形应符合GB/T 709—2006的规定；厚度大于0.35mm、小于3mm钢板的宽度尺寸为600～1500mm。

② 力学性能　见表4-62。

表4-62　弹簧钢热轧钢板的力学性能

牌号	厚度<3mm		厚度为3～15mm	
	抗拉强度 R_m/MPa ≤	断后伸长率 $A_{11.3}$/% ≥	抗拉强度 R_m/MPa ≤	断后伸长率 $A_{11.3}$/% ≥
85	800	10	785	10
65Mn	850	12	850	12
60Si2Mn	950	12	930	12
60Si2MnA	950	13	930	13
60Si2CrVA	1100	12	1080	12
50CrVA	950	12	930	12

4.13.3 弹簧钢、工具钢冷轧钢带（YB/T 5058—2005）

用于制造弹簧、刀具、带尺等制品。

① 尺寸　宽度小于600mm，尺寸、外形、重量应符合GB/T 15391的相应规定。

② 分类　见表4-63。

表4-63　弹簧钢、工具钢冷轧钢带的分类

按边缘状态	按厚度精度		按宽度精度		按表面质量		按软硬程度		
	普通	较高	普通	较高	普通	较高	冷硬	退火	球化退火
不切边EM 切边EC	PT. A	PT. B	PW. A	PW. B	FA	FB	H	TA	TG

③ 力学性能 见表4-64。

表4-64 弹簧钢、工具钢冷轧钢带力学性能

牌号	钢带厚度/mm	退火钢带		冷硬钢带抗拉强度/MPa
		抗拉强度/MPa ≥	断后伸长率/% ≥	
65Mn	≤1.5	635	20	735～1175
T7、T7A、T8、T8A	>1.5	735	15	
T8Mn、T8MnA、T9、T9A、T10、T10A、T11、T11A、T12、T12A、85	0.10～3.00	735	10	
T13、T13A		880	—	—
Cr06		930	—	785～1175
60Si2Mn、60Si2MnA、50CrVA		880	10	
70Si2CrA		830	8	

注：厚度不大于0.2mm的退火钢带伸长率指标不作为交货条件。

4.13.4 热处理弹簧钢带（YB/T 5063—2007）

① 热处理弹簧钢带的尺寸 厚度不大于1.50mm、宽度不大于100mm。

② 钢带的尺寸外形 应符合GB/T 15391的相应规定。

③ 分类 按边缘状态分有切边（EC）和不切边（EM），按尺寸精度分有普通厚度精度（PT.A）、较高厚度精度（PT.B）、普通宽度精度（PW.A）、较高宽度精度（PW.B），按力学性能分有Ⅰ组强度钢带（Ⅰ）、Ⅱ组强度钢带（Ⅱ）和Ⅲ组强度钢带（Ⅲ），按表面状态分有抛光钢带（SB）、光亮钢带（SL）、经色调处理钢带（SC）和灰暗色钢带（SD）。

④ 原料 钢带应采用T7A、T8A、T9A、T10A、65Mn、60Si2MnA、70Si2CrA钢轧制。T7A、T8A、T9A、T10A的化学成分应符合GB 1298的规定。表4-65为热处理弹簧钢带的抗拉强度。

表 4-65 热处理弹簧钢带的抗拉强度

强度级别	抗拉强度 R_m/MPa	强度级别	抗拉强度 R_m/MPa	强度级别	抗拉强度 R_m/MPa
Ⅰ	1270～1560	Ⅱ	>1560～1860	Ⅲ	>1860

注：根据需方要求，经双方协议，Ⅲ级强度的钢带，其强度值可以规定上限。

4.13.5 淬火回火弹簧钢丝（GB/T 18983—2017）

用于制造各种碳素和低合金淬火-回火圆形截面钢丝机械弹簧。

① 分类 按工作状态分为静态级（FD，一般用途）、中疲劳级（TD，一般强度合金弹簧、悬架弹簧等）和高疲劳级（VD，激烈运动场合，例如用于阀门弹簧等）三类；按供货抗拉强度分为低强度、中强度、高强度和超高强度四级。表4-66为钢丝的分类、代号和直径范围。

表 4-66 钢丝的分类、代号和直径范围

分类		静态级	中疲劳级①	高疲劳级
抗拉强度	低强度	FDC	TDC	VDC
	中强度	FDCrV、FDSiMn	TDSiMn	VDCrV
	高强度	FDSiCr	TDSiCr-A	VDSiCr
	超高强度	—	TDSiCr-B、TDSiCr-C	VDSiCrV
直径范围/mm		0.50～18.00	0.50～18.00	0.50～10.00

① TDSiCr-B和TDSiCr-C直径范围为8.0～18.0mm。

② 牌号 见表4-67。

表 4-67 钢丝的代号与钢的牌号的对应关系

钢丝代号	常用代表性牌号	钢丝代号	常用代表性牌号
FDC、TDC、VDC	65、70、65Mn	FDSiCr、TDSiCr-A TDSiCr-B、TDSiCr-C、VDSiCr	55SiCr
FDCrV、TDCrV、VDCrV	50CrV		
FDSiMn、TDSiMn	60Si2Mn	VDSiCrV	65Si2CrV

③ 力学性能 见表4-68、表4-69。

表 4-68 静态级和中疲劳级钢丝的力学性能

直径范围/mm	抗拉强度 R_m/MPa						断面收缩率 $Z^{①}$/%≥	
	FDC TDC	FDCrV-A TDCrV-A	FDSiMn TDSiMn	FDSiCr TDSiCr-A	TDSiCr-B	TDSiCr-C	FD	TD
0.50～0.80	1800～2100	1800～2100	1850～2100	2000～2250	—	—	—	
>0.80～1.00	1800～2060	1780～2080	1850～2100	2000～2250	—	—	—	
>1.00～1.30	1800～2010	1750～2010	1850～2100	2000～2250	—	—	45	45
>1.30～1.40	1750～1950	1750～1990	1850～2100	2000～2250	—	—		
>1.40～1.60	1740～1890	1710～1950	1850～2100	2000～2250	—	—		
>1.60～2.00	1720～1890	1710～1890	1820～2000	2000～2250	—	—		
>2.00～2.50	1670～1820	1670～1830	1800～1950	1970～2140	—	—		
>2.50～2.70	1640～1790	1660～1820	1780～1930	1950～2120	—	—		
>2.70～3.00	1620～1770	1630～1780	1760～1910	1930～2100	—	—		
>3.00～3.20	1600～1750	1610～1760	1740～1890	1910～2080	—	—	40	45
>3.20～3.50	1580～1730	1600～1750	1720～1870	1900～2060	—	—		
>3.50～4.00	1550～1700	1560～1710	1710～1860	1870～2030	—	—		
>4.00～4.20	1540～1690	1540～1690	1700～1850	1860～2020	—	—		
>4.20～4.50	1520～1670	1520～1670	1690～1840	1850～2000	—	—		

续表

直径范围/mm	抗拉强度 R_m/MPa						断面收缩率 Z[①]/%≥	
	FDC TDC	FDCrV-A TDCrV-A	FDSiMn TDSiMn	FDSiCr TDSiCr-A	TDSiCr-B	TDSiCr-C	FD	TD
>4.50~4.70	1510~1660	1510~1660	1680~1830	1840~1990	—	—	40	45
>4.70~5.00	1500~1650	1500~1650	1670~1820	1830~1980				
>5.00~5.60	1470~1620	1460~1610	1660~1810	1800~1950	—	—	35	40
>5.60~6.00	1460~1610	1440~1590	1650~1800	1780~1930				
>6.00~6.50	1440~1590	1420~1570	1640~1790	1760~1910				
>6.50~7.00	1430~1580	1400~1550	1630~1780	1740~1890				
>7.00~8.00	1400~1550	1380~1530	1620~1770	1710~1860				
>8.00~9.00	1380~1530	1370~1520	1610~1760	1700~1850	1750~1850	1850~1950	30	35
>9.00~10.00	1360~1510	1350~1500	1600~1750	1660~1810				
>10.00~12.00	1320~1470	1320~1470	1580~1730	1660~1810				
>12.00~14.00	1280~1430	1300~1450	1560~1710	1620~1770				
>14.00~15.00	1270~1420	1290~1440	1550~1700	1620~1770				
>15.00~17.00	1250~1400	1270~1420	1540~1690	1580~1730				

① FDSiMn 和 TDSiMn 直径不大于 5.00mm 时，$Z \geq 35\%$；直径大于 5.00~14.00mm 时，$Z \geq 30\%$。

表 4-69　高疲劳级钢丝的力学性能

直径范围/mm	抗拉强度 R_m/MPa				断面收缩率 Z/% ≥
	VDC	VDCrV-A	VDSiCr	VDSiCrV	
0.50～0.80	1700～2000	1750～1950	2080～2230	2230～2380	—
>0.80～1.00	1700～1950	1730～1930	2080～2230	2230～2380	—
>1.00～1.30	1700～1900	1700～1900	2080～2230	2230～2380	45
>1.30～1.40	1700～1850	1680～1860	2080～2230	2210～2360	45
>1.40～1.60	1670～1820	1660～1860	2050～2180	2210～2360	45
>1.60～2.00	1650～1800	1640～1800	2010～2110	2160～2310	45
>2.00～2.50	1630～1780	1620～1770	1960～2060	2100～2250	45
>2.50～2.70	1610～1760	1610～1760	1940～2040	2060～2210	45
>2.70～3.00	1590～1740	1600～1750	1930～2030	2060～2210	45
>3.00～3.20	1570～1720	1580～1730	1920～2020	2060～2210	45
>3.20～3.50	1550～1700	1560～1710	1910～2010	2010～2160	45
>3.50～4.00	1530～1680	1540～1690	1890～1990	2010～2160	45
>4.00～4.20	1510～1660	1520～1670	1860～1960	1960～2110	45
>4.20～4.50	1510～1660	1520～1670	1860～1960	1960～2110	45
>4.50～4.70	1490～1640	1500～1650	1830～1930	1960～2110	45
>4.70～5.00	1490～1640	1500～1650	1830～1930	1960～2110	45
>5.00～5.60	1470～1620	1480～1630	1800～1900	1910～2060	40
>5.60～6.00	1450～1600	1470～1620	1790～1890	1910～2060	40
>6.00～6.50	1420～1570	1440～1590	1760～1860	1910～2060	40
>6.50～7.00	1400～1550	1420～1570	1740～1840	1860～2010	40
>7.00～8.00	1370～1520	1410～1560	1710～1810	1860～2010	40
>8.00～9.00	1350～1500	1390～1540	1690～1790	1810～1960	35
>9.00～10.00	1340～1490	1370～1520	1670～1770	1810～1960	35

4.13.6　冷拉碳素弹簧钢丝（GB/T 4357—2022）

用于制造静载荷和动载荷应用的圆形横截面机械弹簧。

① 分类　按弹簧应力水平，可分为低抗拉强度（L）、中等抗拉强度（M）和高抗拉强度（H）三种强度等级；按弹簧承受的载荷类型，可分为 S 级（适用静载荷）和 D 级（适用动载荷或以动载荷为主，或旋绕比小，或成型时要经受剧烈弯曲）两种。表 4-70 为

钢丝分类及代号。

表 4-70　钢丝分类及代号

钢丝抗拉强度水平	弹簧载荷类型及钢丝代号		表面状态
	S 级	D 级	
低抗拉强度	SL	—	磷化(PH) 镀锌(ZN) 镀锌铝合金(ZA) 镀铜(CU)
中等抗拉强度	SM	DM	
高抗拉强度	SH	DH	

② 力学性能　见表 4-71。

表 4-71　钢丝的力学性能

钢丝公称直径(*d*)/mm	抗拉强度/MPa					所有级别的最小断面收缩率/%	所有级别的最小扭转次数
	SL 级	SM 级	DM 级	SH 级	DH 级		
0.05	—	—	—	—	2800～3520	—	
0.06	—	—	—	—	2800～3520	—	
0.07	—	—	—	—	2800～3520	—	
0.08	—	—	2780～3100	—	2800～3480	—	
0.09	—	—	2740～3060	—	2800～3430	—	
0.10	—	—	2710～3020	—	2800～3380	—	
0.11	—	—	2690～3000	—	2800～3350	—	做卷簧
0.12	—	—	2660～2960	—	2800～3320	—	试验，
0.14	—	—	2620～2910	—	2800～3250	—	试验后
0.16	—	—	2570～2860	—	2800～3200	—	试样表
0.18	—	—	2530～2820	—	2800～3160	—	面应无
0.20	—	—	2500～2790	—	2800～3110	—	缺陷，
0.22	—	—	2470～2760	—	2770～3080	—	应不出
0.25	—	—	2420～2710	—	2720～3010	—	现撕裂
0.28	—	—	2390～2670	—	2680～2970	—	或裂纹，
0.30	—	2370～2650	2370～2650	2660～2940	2660～2940	—	
0.32	—	2350～2630	2350～2630	2640～2920	2640～2920	—	
0.34	—	2330～2600	2330～2600	2610～2890	2610～2890	—	
0.36	—	2310～2580	2310～2580	2590～2890	2590～2890	—	
0.38	—	2290～2560	2290～2560	2570～2850	2570～2850	—	
0.40	—	2270～2550	2270～2550	2560～2830	2560～2830	—	
0.43	—	2250～2520	2250～2520	2530～2800	2530～2800	—	

续表

钢丝公称直径(*d*)/mm	抗拉强度/MPa					所有级别的最小断面收缩率/%	所有级别的最小扭转次数
	SL 级	SM 级	DM 级	SH 级	DH 级		
0.45	—	2240～2500	2240～2500	2510～2780	2510～2780	—	目视节距应均匀且直径一致
0.48		2220～2480	2220～2480	2490～2760	2490～2760		
0.50		2200～2470	2200～2470	2480～2740	2480～2740		
0.53		2180～2450	2180～2450	2460～2720	2460～2720		
0.56		2170～2430	2170～2430	2440～2700	2440～2700		
0.60		2140～2400	2140～2400	2410～2670	2410～2670		
0.63		2130～2380	2130～2380	2390～2650	2390～2650		
0.65		2120～2370	2120～2370	2380～2640	2380～2640		
0.70		2090～2350	2090～2350	2360～2610	2360～2610		
0.80		2050～2300	2050～2300	2310～2560	2310～2560		50
0.85		2030～2280	2030～2280	2290～2530	2290～2530		
0.90		2010～2260	2010～2260	2270～2510	2270～2510		
0.95		2000～2240	2000～2240	2250～2490	2250～2490		
1.00	1720～1970	1980～2220	1980～2220	2230～2470	2230～2470	40	25
1.05	1710～1950	1960～2220	1960～2220	2210～2450	2210～2450		
1.10	1690～1940	1950～2190	1950～2190	2200～2430	2200～2430		
1.20	1670～1910	1920～2160	1920～2160	2170～2400	2170～2400		
1.25	1660～1900	1910～2130	1910～2130	2140～2380	2140～2380		
1.30	1640～1890	1900～2130	1900～2130	2140～2370	2140～2370		
1.40	1620～1860	1870～2100	1870～2100	2110～2340	2110～2340		
1.50	1600～1840	1850～2080	1850～2080	2090～2310	2090～2310		
1.60	1590～1820	1830～2050	1830～2050	2060～2290	2060～2290		
1.70	1570～1800	1810～2030	1810～2030	2040～2260	2040～2260		
1.80	1550～1780	1790～2010	1790～2010	2020～2240	2020～2240		
1.90	1540～1760	1770～1990	1770～1990	2000～2220	2000～2220		
2.00	1520～1750	1760～1970	1760～1970	1980～2200	1980～2200		
2.10	1510～1730	1740～1960	1740～1960	1970～2180	1970～2180		22
2.25	1490～1710	1720～1930	1720～1930	1940～2150	1940～2150		
2.40	1470～1690	1700～1910	1700～1910	1920～2130	1920～2130		
2.50	1460～1680	1690～1890	1690～1890	1900～2110	1900～2110		
2.60	1450～1660	1670～1880	1670～1880	1890～2100	1890～2100		
2.80	1420～1640	1650～1850	1650～1850	1860～2070	1860～2070		
3.00	1410～1620	1630～1830	1630～1830	1840～2040	1840～2040		

续表

钢丝公称直径(d)/mm	抗拉强度/MPa					所有级别的最小断面收缩率/%	所有级别的最小扭转次数
	SL级	SM级	DM级	SH级	DH级		
3.20	1390～1600	1610～1810	1610～1810	1820～2020	1820～2020		22
3.40	1370～1580	1590～1780	1590～1780	1790～1990	1790～1990		
3.50	1360～1570	1580～1770	1580～1770	1780～1980	1780～1980	40	20
3.60	1350～1560	1570～1760	1570～1760	1770～1970	1770～1970		
3.80	1340～1540	1550～1740	1550～1740	1750～1950	1750～1950		
4.00	1320～1520	1530～1730	1530～1730	1740～1930	1740～1930		
4.25	1310～1500	1510～1700	1510～1700	1710～1900	1710～1900		18
4.50	1290～1490	1500～1680	1500～1680	1690～1880	1690～1880		
4.75	1270～1470	1480～1670	1480～1670	1680～1840	1680～1840		
5.00	1260～1450	1460～1650	1460～1650	1660～1830	1660～1830		
5.30	1240～1430	1440～1630	1440～1630	1640～1820	1640～1820	35	9
5.60	1230～1420	1430～1610	1430～1610	1620～1800	1620～1800		
6.00	1210～1390	1400～1580	1400～1580	1590～1770	1590～1770		
6.30	1190～1380	1390～1560	1390～1560	1570～1750	1570～1750		9
6.50	1180～1370	1380～1550	1380～1550	1560～1740	1560～1740		（参考值）
7.00	1160～1340	1350～1530	1350～1530	1540～1710	1540～1710		
7.50	1140～1320	1330～1500	1330～1500	1510～1680	1510～1680		
8.00	1120～1300	1310～1480	1310～1480	1490～1660	1490～1660		
8.50	1110～1280	1290～1460	1290～1460	1470～1630	1470～1630		
9.00	1090～1260	1270～1440	1270～1440	1450～1610	1450～1610		
9.50	1070～1250	1260～1420	1260～1420	1430～1590	1430～1590		
10.00	1060～1230	1240～1400	1240～1400	1410～1570	1410～1570	30	—
10.50		1220～1380	1220～1380	1390～1550	1390～1550		
11.00		1210～1370	1210～1370	1380～1530	1380～1530		
12.00	—	1180～1340	1180～1340	1350～1500	1350～1500		
12.50		1170～1320	1170～1320	1330～1480	1330～1480		
13.00		1160～1310	1160～1310	1320～1470	1320～1470		

4.14 电工钢带（片）

分类：电工钢按成分可分为低碳低硅（碳含量很低，硅含量小于0.5%）电工钢和硅钢两类；按最终加工成型的方法可分为热轧硅钢和冷轧硅钢两大类；按磁各向异性可分为取向电工钢和无取向电工钢。

热轧硅钢均为无取向硅钢，而冷轧电工钢则有取向与无取向之分。无取向电工钢用于制造电机转子等；取向电工钢用于制造变压器等。

冷轧电工钢带按工艺分有半工艺和全工艺两种。前者是生产厂没有进行最终退火，而后者则是已经退火的电工钢带。无取向钢带含硅量为0.5%～3.0%，工艺要求比取向硅钢片低，饱和磁感应强度值要高于取向硅钢带；钢片供应态厚度多为0.35mm和0.5mm。取向钢带含硅量在3.0%以上，它要求含碳量必须为0.03%～0.05%，钢中氧化物夹杂含量低，且必须含抑制剂（为阻止初次再结晶晶粒长大和促进二次再结晶的发展），其铁损要比无取向钢带低很多。

4.14.1 半工艺冷轧无取向电工钢带（GB/T 17951.2—2014）

半工艺无取向电工钢是由冶金生产厂生产出符合冲片性能要求、用户在冲片后进行消除应力退火而形成满足磁性要求的电工钢。该品种多用于生产低碳低硅（≤1.5%Si）电工钢，是适应微、小电机以及压缩机等高效率、节能要求而发展的。

① 尺寸　公称厚度为0.35mm和0.50mm；公称宽度一般不大于1300mm（切边或毛边）。

② 牌号表示方法　半工艺冷轧无取向电工钢带牌号表示方法：

□□	WB	□□□
厚度值(mm)的100倍	W—无取向电工钢 B—半工艺	磁极化强度 $P_{1.5/50}$ 时的最大比总损耗值的100倍(W/kg)

③ 磁特性值和参考热处理温度　见表4-72。

表4-72　磁特性值和参考热处理温度

牌号	公称厚度/mm	参考热处理温度(±10℃)/℃	最大比总损耗 $P_{1.5}$/(W/kg)		下列磁场强度 H 值(A/m)时的最小磁极化强度 J/T			常规密度/(g/mm³)
			50Hz	60Hz	2500	5000	10000	
50WB340	0.50	840	3.40	4.32	1.54	1.62	1.72	7.65
50WB390			3.90	4.97	1.56	1.64	1.74	7.70

续表

牌号	公称厚度/mm	参考热处理温度(±10℃)/℃	最大比总损耗 $P_{1.5}$/(W/kg)		下列磁场强度 H 值(A/m)时的最小磁极化强度 J/T			常规密度/(g/mm^3)
			50Hz	60Hz	2500	5000	10000	
50WB450	0.50	790	4.50	5.67	1.57	1.65	1.75	7.75
50WB560			5.60	7.03	1.58	1.66	1.76	7.80
50WB660			6.60	8.38	1.58	1.68	1.77	7.85
50WB890			8.90	11.30	1.60	1.69	1.78	7.85
50WB1050			10.50	13.34	1.62	1.70	1.79	7.85
65WB390	0.65	840	3.90	5.07	1.54	1.62	1.72	7.65
65WB450			4.50	5.86	1.56	1.64	1.74	7.70
65WB520		790	5.20	6.72	1.57	1.65	1.75	7.75
65WB630			6.30	8.09	1.58	1.66	1.76	7.80
65WB800			8.00	10.16	1.62	1.70	1.79	7.85
65WB1000			10.00	12.70	1.60	1.68	1.78	7.85
65WB1200			12.00	15.24	1.57	1.65	1.77	7.85

注：1. 磁特性值为测试试样在脱碳气氛中消除应力热处理之后测得的值。

2. 在5000A/m交变磁场（峰值）、频率为50Hz时，规定的最小磁极化强度值 J_{5000}（峰值）应符合本表规定。

3. 在磁极化强度为1.5T、频率为50Hz时，规定的最大比总损耗值 $P_{1.5/50}$ 应符合本表规定。

4. 比总损耗和磁极化强度的各向异性应由供需双方协商，并在合同中注明。

4.14.2 全工艺冷轧无取向电工钢带（片）（GB/T 2521.1—2016）

① 牌号表示方法　全工艺冷轧无取向电工钢带牌号表示方法：

□□	W	□□□
厚度值(mm)的100倍	W—无取向电工钢	最大总损耗值 $P_{1.5/50}$ 的100倍(W/kg)

② 尺寸　公称厚度为0.35mm、0.50mm和0.65mm；公称宽度不大于1250mm（切边或毛边）。

③ 磁性能和技术特性　见表4-73。

表 4-73　钢带（片）的磁性能和技术特性

牌号	公称厚度 /mm	约定密度 /(kg/dm³)	最大比总损耗 P /(W/kg)		最小磁极化强度 J (50Hz 或 60Hz)/T			比总损耗的各向异性 T/%	最小弯曲次数	最小叠装系数
			$P_{1.5/50}$	$P_{1.5/50}$	J_{2500}	J_{5000}	J_{10000}			
35W210	0.35	7.60	2.10	2.65	1.49	1.62	1.70	±17	2	0.95
35W230		7.60	2.30	2.90	1.49	1.62	1.70		2	
35W250		7.60	2.50	3.14	1.49	1.62	1.70		2	
35W270		7.65	2.70	3.36	1.49	1.62	1.70		2	
35W300		7.65	3.00	3.74	1.49	1.62	1.70		3	
35W360		7.65	3.60	4.55	1.51	1.63	1.72		5	
35W440		7.70	4.40	5.60	1.53	1.65	1.74		5	
50W230	0.50	7.60	2.30	3.00	1.49	1.62	1.70	±17	2	0.97
50W250		7.60	2.50	3.21	1.49	1.62	1.70	±17	2	
50W270		7.60	2.70	3.47	1.49	1.62	1.70	±17	2	
50W290		7.60	2.90	3.71	1.49	1.62	1.70	±17	2	
50W310		7.65	3.10	3.95	1.49	1.62	1.70	±14	3	
50W350		7.65	3.50	4.45	1.50	1.62	1.70	±12	5	
50W400		7.70	4.00	5.10	1.53	1.64	1.73	±12	5	
50W170		7.70	4.70	5.90	1.54	1.65	1.71	±10	10	
50W600		7.75	6.00	7.55	1.57	1.67	1.76	±10	10	
50W800		7.80	8.00	10.10	1.60	1.70	1.78	±10	10	
50W1000		7.85	10.00	12.60	1.62	1.73	1.81	±8	10	
65W310	0.65	7.60	3.10	4.08	1.49	1.63	1.70	±15	2	0.97
65W350		7.60	3.50	4.57	1.49	1.63	1.70	±14	2	
65W400		7.65	4.00	5.20	1.52	1.65	1.72	±14	2	
65W470		7.65	4.70	6.13	1.53	1.65	1.73	±12	5	
65W530		7.70	5.30	6.84	1.54	1.65	1.74	±12	5	
65W600		7.75	6.00	7.71	1.56	1.68	1.76	±10	10	
65W800		7.80	8.00	10.26	1.60	1.70	1.78	±10	10	

4.14.3　高磁感冷轧无取向电工钢带（片）（GB/T 25046—2010）

高磁感取向硅钢表面涂以应力涂层，使钢板中产生拉应力，通过细化磁畴使铁损和磁致伸缩明显降低。由于磁性高，可节省大量电能。

① 型号表示方法　高磁感冷轧无取向电工钢带（片）型号表

示方法：

第一部分	第二部分	第三部分
公称厚度（mm）的100倍	种类代号 W—无取向电工钢 G—高磁感	磁极化强度在1.5T和频率在50Hz，以W/kg为单位及相应厚度产品的最大比总损耗的100倍

② 磁特性和工艺特性 见表4-74。

表4-74 高磁感冷轧无取向电工钢带（片）的磁特性和工艺特性

牌号	统一数字代号	公称厚度/mm	理论密度/(kg/dm³)	最大比总损耗 $P_{1.5/50}$/(W/kg)	最小磁极化强度 B_{5000}/T	最小弯曲次数	最小叠装系数	硬度 HV_5
35WG230	E33523	0.35	7.65	2.30	1.66	2	0.95	—
35WG250	E33525			2.50	1.67	2		
35WG300	E33530		7.70	3.00	1.69	3		
35WG360	E33536			3.60	1.70	5		
35WG400	E33540		7.75	4.00	1.71	5		
35WG440	E33544			4.40	1.71	5		
50WG250	E35025	0.50	7.65	2.50	1.67	2	0.97	—
50WG270	E35027			2.70	1.67	2		
50WG300	E35030			3.00	1.67	3		
50WG350	E35035		7.70	3.50	1.70	5		
50WG400	E35041			4.00	1.70	5		
50WG470	E35047		7.75	4.70	1.72	10		≥120
50WG530	E35053			5.30	1.72	10		≥105
50WG600	E35060			6.00	1.72	10		
50WG700	E35070		7.80	7.00	1.73	10		≥100
50WG800	E35080			8.00	1.74	10		
50WG1000	E35090		7.85	10.00	1.75	10		≥100
50WG1300	E35093			13.00	1.76	10		

4.14.4 中频用电工钢薄带（YB/T 5224—2014）

① 公称厚度 0.05～0.20mm。

② 供应状态 退火，卷状。

③ 牌号标记方法 厚度＋特征字符＋最大比总损耗值。

□□	□	□□□
钢带公称厚度的 100 倍 /mm	W—无取向钢带 Q—取向钢带	钢带比总损耗值的 100 倍 W/kg

④ 磁性和工艺特性　见表 4-75、表 4-76。

表 4-75　冷轧取向电工钢带的磁性和工艺特性

牌号	公称厚度/mm	最大比总损耗 P /(W/kg)			最小磁极化强度 J $H=800A/m$		最小叠装系数	最小弯曲次数
		$P_{1.0/400}$	$P_{1.5/400}$	$P_{1.0/1000}$	T	频率/Hz		
5Q1900	0.05	—	14.5	19.0	1.70	1000	0.89	3
5Q2000		—	15.0	20.0	1.70			
5Q2200		—	16.0	22.0	1.64			
5Q2400		—	17.0	24.0	1.60			
10Q1450	0.10	—	14.5	—	1.78	400	0.92	3
10Q1500		—	15.0	—	1.73			
10Q1600		—	16.0	—	1.68			
10Q1700		—	17.0	—	1.64			
15Q1600	0.15	—	16.0	—	1.70	400	0.93	
15Q1650		—	16.5	—	1.73			
15Q1700		—	17.0	—	1.73			
15Q1800		—	18.0	—	1.73			
20Q760	0.20	7.6	—	—	1.73	400	0.94	3
20Q820		8.2	—	—	1.72			
20Q900		9.0	—	—	1.68			
20Q1000		10.0	—	—	1.64			

注：公称厚度为 0.05mm 系列牌号 $P_{1.5/400}$ 为参考值，不作交货依据。

表 4-76　冷轧无取向电工钢带的磁性和工艺特性

牌号	公称厚度/mm	最大比总损耗 P /(W/kg)		最小磁极化强度 J /T	最小叠装系数	最小弯曲次数
		1.0T	频率/Hz	$H=2000A/m,50Hz$		
5W4500	0.05	45	1000	—	0.89	2
10W1300	0.10	13	400	—	0.92	
15W1400	0.15	14	400	1.40	0.93	
20W1500	0.20	15	400	1.40	0.94	
20W1700	0.20	17	400	1.40	0.94	

4.15 热轧钢板和钢带

4.15.1 热轧钢板和钢带（GB/T 709—2019）

轧制宽度不小于600mm的单张轧制钢板和钢带有单轧钢板和宽钢带、纵切钢带、连轧钢板。

① 分类　热轧钢带按钢带边缘状态分为切边（EC）和不切边（EM）。按厚度偏差种类分为N类偏差（上偏差和下偏差相等）、A类偏差（按公称厚度规定下偏差）、B类偏差（固定下偏差为－0.30mm）、C类偏差（固定下偏差为0.00mm）。按厚度精度分为普通厚度精度（PT.A）和较高厚度精度（PT.B）。

按不平度精度分为普通不平度精度（PF.A）和较高不平度精度（PF.B）。

② 公称尺寸　见表4-77、表4-78。

表4-77　热轧钢板和钢带的公称尺寸范围　mm

产品名称	公称厚度	公称宽度	公称长度
单轧钢板	3.00～450	600～5300	2000～25000
宽钢带	≤25.40	600～2200	—
连轧钢板	≤25.40	600～2200	2000～25000
纵切钢带	≤25.40	120～900	—

表4-78　推荐的热轧钢板和钢带的公称尺寸

产品名称	公称厚度	公称宽度	公称长度
单轧钢板	厚度小于30mm的钢板按0.5mm倍数进级 厚度不小于30mm的钢板按1mm倍数进级	按10mm或50mm倍数进级	按50mm或100mm倍数进级
钢带（包括连轧钢板）	按0.1mm倍数进级	按10mm倍数进级	

注：指在标准规定的尺寸范围内。

4.15.2 热轧碳素结构钢和低合金结构钢钢带（GB/T 3524—2015）

轧制厚度不大于12mm、宽度不大于600mm的碳素结构钢和低合金结构钢热轧钢带。

① 分类　热轧钢带按钢带边缘状态分为切边（EC）和不切边（EM）。按厚度精度分为普通厚度精度（PT. A）和较高厚度精度（PT. B）。

② 化学成分　采用碳素结构钢轧制时，其化学成分应符合 GB/T 700，采用低合金结构钢轧制时，其化学成分应符合 GB/T 1591。

③ 牌号和力学性能　见表 4-79。

表 4-79　钢带牌号和力学性能

牌号	下屈服强度 R_{eL}/MPa ≥	抗拉强度 R_m/MPa	断后伸长率 A/% ≥	180°弯曲试验 a——试样厚度 D——弯曲压头直径
Q195	(195)①	315～430	33	$D=0$
Q215	215	335～450	31	$D=0.5a$
Q235	235	375～500	26	$D=1.0a$
Q275	275	415～540	22	$D=1.5a$
Q345	345	470～630	21	$D=2a$
Q390	390	490～650	20	$D=2a$
Q420	420	520～680	19	$D=2a$
Q460	460	550～720	17	$D=2a$

① 牌号 Q195 的下屈服强度仅供参考，不作交货条件。

4.15.3　热轧碳素结构钢和低合金结构钢钢板和钢带（GB/T 3274—2017）

① 厚度　不大于 400mm。

② 材质　碳素结构钢和低合金结构钢。

③ 尺寸、外形、重量　应符合 GB/T 709 的规定。

④ 牌号和化学成分　应符合 GB/T 700 和 GB/T 1591 的规定。

⑤ 交货状态　材质可以是热轧、控轧或经热处理的，边缘可以是切边或不切边的。

表 4-80 为热轧钢板和钢带的质量和性能。

表 4-80 热轧钢板和钢带的质量和性能

项目		要求
质量	表面质量	①断面不应有目视可见分层，表面不应有结疤、裂纹、折叠、夹杂、气泡和氧化铁皮压入等对使用有害的缺陷 ②表面允许有不影响使用的薄层氧化铁皮、铁锈和轻微的麻点、划痕等局部缺陷，其凹凸度不得超过钢板和钢带厚度公差之半，并应保证钢板和钢带允许的最小厚度 ③在保证钢板的允许最小厚度前提下，钢板表面可以有平缓无棱角的缺陷清理处 ④允许钢带带缺陷交货，但有缺陷部分不得超过每卷钢带总长度的6%
	内在质量	当需方不允许钢板和钢带内部有分层等缺陷时，应在订货时提出无损检测要求，其检测方法和合格级别由供需双方协商确定
性能	力学性能	①厚度小于3mm的钢板和钢带的抗拉强度和断后伸长率应符合GB/T 700、GB/T 1591的规定，断后伸长率允许比GB/T 700或GB/T 1591的规定降低5%（绝对值） ②厚度不小于3mm的钢板和钢带的力学性能和工艺性能应符合GB/T 700、GB/T 1591的规定
	工艺性能	钢板和钢带应做180°弯曲试验，试样弯曲压头直径应符合GB/T 700、GB/T 1591的规定。如供方能保证冷弯试验合格，可不作检验

4.15.4 热轧优质碳素结构钢钢板和钢带（GB/T 711—2017）

① 厚度和宽度 厚度不大于100mm、宽度不小于600mm。

② 尺寸、外形、重量 应符合GB/T 709的规定。

③ 牌号 08、08Al、10、15、20、25、30、35、40、45、50、55、60、65、70；20Mn、25Mn、30Mn、35Mn、40Mn、45Mn、50Mn、55Mn、60Mn、65Mn、70Mn共26种。

④ 交货状态 钢带及剪切钢板以热轧状态交货，含碳量0.55%以下的单张轧制钢板交货状态为热轧或热处理，含碳量0.6%以上的按热处理交货。钢带通常不切边交货，钢板应切边交货（或供需双方协议）。若以酸洗状态交货时，则通常涂油供货。

⑤ 力学性能 见表4-81、表4-82。

表 4-81 热轧钢板和钢带的力学性能

牌号	抗拉强度 R_m/MPa	断后伸长率 A/%	牌号	抗拉强度 R_m/MPa	断后伸长率 A/%
	≥			≥	
08	325	33	65①	695	10
08Al	325	33	70①	715	9
10	335	32	20Mn	450	24
15	370	30	25Mn	490	22
20	410	28	30Mn	540	20
25	450	24	35Mn	560	18
30	490	22	40Mn	590	17
35	530	20	45Mn	620	15
40	570	19	50Mn	650	13
45	600	17	55Mn	675	12
50	625	16	60Mn①	695	11
55①	645	13	65Mn①	735	9
60①	675	12	70Mn①	785	8

① 热处理指正火、退火或高温回火。

注：经供需双方协商，45、45Mn 及以上牌号的力学性能可按实际值交货（本表中的指标仅供参考）。

表 4-82 热轧钢板和钢带的冲击试验

牌号	纵向 V 形冲击吸收能量 KV_2/J ≥	
	20℃	−20℃
10、15、20	34	27

⑥ 工艺性能 见表 4-83。

表 4-83 热轧钢板和钢带的冷弯 180°试验

牌号	钢板厚度/mm		牌号	钢板厚度/mm	
	≤20	>20		≤20	>20
	弯曲压头直径 D			弯曲压头直径 D	
08、08Al、10	0	a	20	a	$2a$
15	$0.5a$	$1.5a$	25、30、35	$2a$	$3a$

注：如供方能保证合格，可不作检验。

4.15.5 热轧优质碳素结构钢钢带（GB/T 8749—2021）

① 尺寸 宽度小于600mm、厚度不大于12mm。

② 分类与代号 按钢带边缘状态分为切边（EC）和不切边（EM）；按厚度精度分为普通厚度精度（PT. A）和较高厚度精度（PT. B）。

③ 化学成分 应符合GB/T 699的规定。

④ 牌号和力学性能 见表4-84。

表4-84 热轧钢带的牌号和力学性能

牌号	抗拉强度 R_m/MPa	断后伸长率 A/%	牌号	抗拉强度 R_m/MPa	断后伸长率 A/%	牌号	抗拉强度 R_m/MPa	断后伸长率 A/%
	≥			≥			≥	
08Al	290	35	45	600	17	30Mn	540	20
08	325	33	50	625	16	35Mn	560	18
10	335	32	55	615	13	40Mn	590	17
15	370	30	60	675	12	45Mn	620	15
20	410	28	65	695	10	50Mn	650	13
25	450	24	70	715	9	60Mn	695	11
30	490	22	15Mn	410	26	65Mn	735	9
35	530	20	20Mn	450	24	70Mn	785	8
40	570	19	25Mn	490	22			

⑤ 工艺性能 见表4-85。

表4-85 180°横向冷弯试验

牌号	弯曲压头直径 D		牌号	弯曲压头直径 D	
	钢带厚度 a			钢带厚度 a	
	≤6mm	>6mm		≤6mm	>6mm
08、08Al	0	0.5a	15	a	1.5a
10	0.5a	a	20、25、30、35	2a	3a

4.15.6 热轧合金结构钢厚钢板及钢带（GB/T 11251—2020）

① 规格 钢板厚度为4～200mm；钢带为厚度不大于12mm、

宽度小于 600mm。

② 尺寸及外形　应符合 GB/T 709—2019 的规定。

③ 化学成分　应符合 GB/T 3077。

④ 牌号和力学性能　见表 4-86。

表 4-86　合金结构钢热轧厚钢板的牌号和力学性能

牌号	力学性能		牌号	力学性能	
	抗拉强度 R_m /MPa	断后伸长率 A/% ≥		抗拉强度 R_m /MPa	断后伸长率 A/% ≥
45Mn2	600～850	13	30Cr	500～700	19
27SiMn	550～800	18	35Cr	550～750	18
40B	500～700	20	40Cr	550～800	16
45B	550～750	18	20CrMnSiA	450～700	21
50B	550～750	10	25CrMnSiA	500～700	20
15Cr	400～600	21	30CrMnSiA	550～750	19
20Cr	400～650	20	35CrMnSiA	600～800	16

⑤ 工艺性能　供冲压用厚度不大于 10mm 的钢板应进行 180°弯曲试验，弯曲压头直径 $D=2a$（a 为试样厚度）。试样弯曲处的外表面不应有裂纹或分层。

4.15.7　合金结构钢薄钢板（YB/T 5132—2007）

① 规格　厚度不大于 4mm。

② 尺寸外形　冷轧钢板应符合 GB/T 708 的规定；热轧钢板应符合 GB/T 709 的规定。

③ 材料　为优质钢或高级优质钢。

a. 优质钢：40B、45B、50B、15Cr、20Cr、30Cr、35Cr、40Cr、50Cr、12CrMo、15CrMo、20CrMo、30CrMo、35CrMo、12Cr1MoV、12CrMoV、20CrNi、40CrNi、20CrMnTi 和 30CrMnSi 共 20 种。

b. 高级优质钢：12Mn2A、16Mn2A、45Mn2A、50BA、15CrA、38CrA、20CrMnSiA、25CrMnSiA、30CrMnSiA 和 35CrMnSiA 共 10 种。

④ 化学成分　应符合 GB/T 3077 的规定。12Mn2A、16Mn2A 和 38CrA 的化学成分应符合 YB/T 5132—2007 规定。

⑤ 力学性能　经退火或回火供应的钢板，交货状态力学性能

见表4-87。

表 4-87 经退火或回火供应的钢板交货状态力学性能

牌号	抗拉强度 R_m /MPa	断后伸长率 $A_{11.2}$/% ≥	牌号	抗拉强度 R_m /MPa	断后伸长率 $A_{11.2}$/% ≥
12Mn2A	390～570	22	30Cr	490～685	17
16Mn2A	490～635	18	35Cr	540～735	16
45Mn2A	590～835	12	38CrA	510～735	16
35B	490～635	19	40Cr	540～785	14
40B	510～650	18	20CrMnSiA	440～685	18
45B	540～685	16	25CrMnSiA	490～685	18
50B(A)	540～715	14	30CrMnSi(A)	490～735	16
15Cr(A)	390～590	19	35CrMnSiA	590～785	14
20Cr	300～500	18			

注：1. 表中未列牌号的力学性能由供需双方协议规定。

2. 正火和不热处理交货的钢板，在保证断后伸长率的情况下，抗拉强度上限允许较表中规定的数值提高50MPa。

⑥ 工艺性能 见表4-88。

表 4-88 冷冲压用钢板杯突试验的冲压深度 mm

钢板公称厚度	牌号			钢板公称厚度	牌号		
	12Mn2A	16Mn2A、25CrMnSiA	30CrMnSiA		12Mn2A	16Mn2A、25CrMnSiA	30CrMnSiA
	冲压深度 ≥				冲压深度 ≥		
0.5	7.3	6.6	6.5	0.8	8.5	7.5	7.2
0.6	7.7	7.0	6.7	0.9	8.8	7.7	7.5
0.7	8.0	7.2	7.0	1.0	9.0	8.0	7.7

注：钢板厚度在表中所列厚度之间时，冲压深度应采用相邻较小厚度的指标。

4.15.8 低焊接裂纹敏感性高强度钢板（YB/T 4137—2013）

主要用于制作对焊接性要求高的水电站压力钢管、工程机械、铁路车辆、桥梁、高层及大跨度建筑等。

① 厚度 5～100mm。

② 尺寸、外形及重量 应符合GB/T 709的规定。

③ 交货状态 热机械控制轧制（TMCP）、TMCP＋回火或淬

火＋回火。

④ 牌号标记方法

Q	□□□	CF	□
屈服强度汉语拼音首字母	规定屈服强度最小值/MPa	“低焊接裂纹敏感性”英文缩写	质量等级（C、D、E）

⑤ 力学性能　见表 4-89。

表 4-89　钢板的拉伸、冲击、弯曲性能

牌号	质量等级	拉伸试验（横向）				弯曲试验（横向）	夏比 V 形冲击试验（纵向）②	
		上屈服强度① R_{eH}/MPa 厚度/mm		抗拉强度 R_m /MPa	断后伸长率 A /% ≥	弯曲 180° d＝压头直径 a＝试样厚度	温度 /℃	冲击吸收能量 KV_2/J ≥
		≤50	＞50～100					
Q460CF	C D E	460	440	550～710	17	$d=3a$	0 －20 －40	60
Q500CF	C D E	500	480	610～770	17		0 －20 －40	
Q550CF	C D E	550	530	670～830	16		0 －20 －40	
Q620CF	C D E	620	600	710～880	15		0 －20 －40	
Q690CF	C D E	690	670	770～940	14		0 －20 －40	
Q800CF	C D E	800	协议	880～1050	12		0 －20 －40	

① 屈服现象不明显时，应测量塑性伸长应力 $R_{p0.2}$ 来代替 R_{eH}。

② 经供需双方商定并在合同中注明，冲击试验试样方向可为横向以代替纵向。

注：钢板的冲击试验结果按一组 3 个试样的算术平均值计算，允许其中 1 个试样值比表中规定值低，但不得低于规定值的 70%。

4.15.9 工程机械用高强度耐磨钢板（GB/T 24186—2022）

用于矿山、建筑、农业等工程机械耐磨损结构部件（也适用于其他领域）。

① 厚度　单轧板不大于120mm，钢带和剪切钢板不大于25.4mm。

表4-90　钢板厚度范围　　mm

牌号	厚度 ≤	牌号	厚度 ≤
NM300(NM300D/E)	120	NM500(NM500D/E)	100
NM360(NM360D/E)	120	NM550(NM550D/E)	100
NM400(NM400D/E)	120	NM600(NM600D/E)	60
NM450(NM450D/E)	120		

② 牌号表示方法

NM	□□□	□
“耐磨”的汉语拼音首字母	表面布氏硬度值	质量等级D/E（仅对低温韧性有要求者）

③ 尺寸、外形和重量　应符合GB/T 709—2019规定。

④ 交货状态　淬火、淬火＋回火、TMCP＋回火，或热处理前热轧状态交货。

⑤ 力学性能　见表4-91、表4-92。

表4-91　钢板的布氏硬度

牌号	厚度/mm	表面布氏硬度(HBW)	截面中心布氏硬度(HBW)
NM300	≤80	270～330	240～330
NM300D/E	>80～120	270～340	—
NM360	≤80	330～400	295～400
NM360D/E	>80～120	330～400	—
NM400	≤80	370～430	330～430
NM400D/E	>80～120	360～440	—
NM450	≤80	420～480	375～480
NM450D/E	>80～120	410～480	—

续表

牌号	厚度/mm	表面布氏硬度(HBW)	截面中心布氏硬度(HBW)
NM500 NM500D/E	≤70 >70～100	470～540 450～540	420～540 —
NM550 NM550D/E	≤70 >70～100	520～580 500～580	475～580 —
NM600 NM600D/E	≤60	570～640	510～640

表 4-92 钢板的夏比冲击试验和横向拉伸性能

牌号	夏比冲击试验		横向拉伸性能	
	厚度/mm	纵向冲击吸收能量①②/J ≥	抗拉强度① R_m/MPa≥	断后伸长率① A_{50}/% ≥
NM300D/E	≤80 >80～120	24 21	1000	14
NM360D/E	≤80 >80～120	24 21	1100	12
NM400D/E	≤80 >80～120	24 21	1200	10
NM450D/E	≤80 >80～120	24 21	1250	8
NM500D/E	≤60 >60～100	21 18	1350	7

① NM550D/E 和 NM600D/E 的纵向冲击吸收能量可由供需双方协商确定。

② D级钢冲击试验温度为−20℃，E级钢冲击试验温度为−40℃。

注：夏比（V形缺口）冲击试验仅对低温韧性有要求的钢板和钢带。

⑥ 工艺性能 见表 4-93。

表 4-93 钢板的弯曲试验 mm

试样方向	90°弯曲试验①②
对于公称宽度不小于600mm的钢板及钢带，弯曲试验采取横向试样	$D=6a$

① 弯曲试验不适用于≤4mm的钢板和钢带，也不适用于 NM550、NM550D/E、NM600 和 NM600D/E 钢板。

② 试样宽度（b）为 20mm，D 为弯曲压头直径，a 为试样厚度。

注：弯曲试验仅对有折弯要求的钢板和钢带进行。

4.16 冷轧钢板和钢带

冷轧钢表面光亮，质量好，可以直接用来加工成品，应用十分广泛。但是其要求轧机功率大，轧制效率低，而且轧制过程中为了能消除加工硬化还要进行中间退火，成本较高。

4.16.1 冷轧钢板和钢带品种、尺寸及允许偏差（GB/T 708—2019）

① 规格　见表4-94。

表4-94　冷轧钢板和钢带的标准和规格　mm

厚度		宽度		长度	
公称值	推荐值	公称值	推荐值	公称值	推荐值
≤4.00	$t<1$　级差0.05 $t\geqslant1$　级差0.10	600～2150	级差10	1000～6000	级差50

注：本标准规定的尺寸、外形、重量和允许偏差同样适用于下列品种钢板和钢带：优质碳素结构钢冷轧钢带（GB 3522—1983）、优质碳素结构钢冷轧薄钢板和钢带（GB/T 13237—2013）、碳素结构钢冷轧薄钢板和钢带（GB/T 11253—2019）、低碳钢冷轧钢板和钢带（GB/T 5213—2019）、合金结构钢薄钢板（YB/T 5132—2007）。

② 分类及代号　见表4-95。

表4-95　冷轧钢板和钢带的分类及代号

产品形态	边缘状态	厚度精度		宽度精度		长度精度		不平度精度	
		普通	较高	普通	较高	普通	较高	普通	较高
钢带	不切边EM	PT.A	PT.B	PW.A	—	—	—	—	—
	切边EC				PW.B				
钢板	不切边EM	PT.A	PT.B	PW.A	—	PL.A	PL.B	PF.A	PF.B
	切边EC				PW.B				
纵切钢带	切边EC	PT.A	PT.B	PW.A	—	—	—	—	—

4.16.2 冷轧低碳钢钢板及钢带（GB/T 5213—2019）

用于汽车、家电等行业冷成型。

① 产品分类　可按用途、表面质量和表面结构分类。

按用途可分为一般用（DC01)、冲压用（DC03)、深冲用（DC04)、特深冲用（DC05)、超深冲用（DC06）和特超深冲用（DC07）6 种；按表面质量可分为较高级（FB)、高级（FC）和超高级（FD)；按表面结构可分为光亮表面（B）和麻面（D)。

② 厚度　0.30～3.5mm。

③ 尺寸、外形、重量　应符合 GB/T 708 的规定。

④ 牌号　钢板及钢带的牌号由三部分组成：

D	C	0□
冷成型用钢板及钢带	冷轧	数字序列号（见产品分类）

⑤ 力学性能　见表 4-96。

表 4-96　钢板及钢带的力学性能

牌号	屈服强度① R_{eL} 或 $R_{p0.2}$ /MPa ≤	抗拉强度 R_m/MPa	断后伸长率④ A_{80} (L_0=80mm, b_0=20mm)/% ≥			r_{90}② ≥	n_{90}② ≥
			0.30～0.50	>0.50～0.70	>0.70		
DC01	280③	270～410	24	26	28	—	—
DC03	240	270～370	30	32	34	1.3	—
DC04	210	270～350	34	36	38	1.6	0.18
DC05	180	270～330	35	38	40	1.9	0.20
DC06	170	270～330	37	39	41	2.1	0.22
DC07	150	250～310	40	42	44	2.5	0.23

① 无明显屈服时采用 $R_{p0.2}$，否则采用 R_{eL}。当厚度大于 0.50mm 且不大于 0.70mm 时，屈服强度上限值可以增加 20MPa；当厚度不大于 0.50mm 时，屈服强度上限值可以增加 40MPa。

② r_{90} 值和 n_{90} 值的要求仅适用于厚度不小于 0.50mm 的产品，当厚度大于 2.0mm 时，n_{90} 值可以降低 0.2。

③ DC01 的屈服强度上限值的有效期仅为从生产完成之日起 8 天内。

④ 公称厚度小于 0.3mm 钢板及钢带的断后伸长率由供需双方协商确定。

4.16.3 冷轧低碳钢钢带（YB/T 5059—2013）

适用于制造冲压零件、钢管和其他金属制品，轧制宽度小于 600mm，厚度不大于 3mm。

① 分类

a. 按切边状态分：切边（EC）、不切边（EM）。

b. 按尺寸精度分：普通厚度精度（PT. A）、较高厚度精度（PT. B）、普通宽度精度（PW. A）、较高宽度精度（PW. B）。

c. 按表面等级分：较高级（FB，表面允许有少量不影响成型性及溶镀附着力的缺陷，如轻微的划伤、压痕、麻点、辊印及氧化色等）、高级（FC，产品两面中较好的一面无目视可见的明显缺陷，另一面至少应达FB的要求）、超高级（FD，产品两面中较好的一面不应有影响喷涂后的外观质量或者电镀后的外观质量的缺陷，另一面应至少达到FB的要求）。所有级别钢带表面均不得有结疤、裂纹、夹杂等对使用有害的缺陷，钢带不得有分层。钢带允许带缺陷交货，但缺陷部分总长度不得超过每卷总长度的3%。

d. 按表面状态分：麻面（D，平均粗糙度 Ra 大于0.6μm且不大于1.9μm）、光亮表面（B，平均粗糙度 Ra 为不大于0.9μm）。

e. 按交货状态分：特软钢带（S2）、软钢带（S）、半软钢带（S1/2）、低冷硬（Hl/4）、冷硬（H）。

② 尺寸、外形、重量　应符合GB/T 15391的相应规定，钢带按实际重量交货。

③ 化学成分　采用08、10、08Al钢轧制，应符合GB/T 699的规定。

④ 力学性能　见表4-97。

表4-97　钢带交货状态的力学性能

钢带交货状态	抗拉强度 R_m /MPa	断后伸长率 A/% ≥	维氏硬度（HV）
特软　S2	275～390	30	≤105
软　S	325～440	20	≤130
半软　S1/2	370～490	10	105～155
低冷硬　H1/4	410～540	4	125～172
冷硬　H	490～785	不测定	140～230

注：厚度小于0.2mm的钢带，不测定断后伸长率。

⑤ 工艺性能　见表4-98。

表 4-98　钢带最小杯突深度　mm

钢带厚度	钢带宽度＞70		30≤钢带宽度≤70	
	特软(S2)	软(S)	特软(S2)	软(S)
0.20	7.5	6.8	5.1	4.0
0.25	7.8	7.1	5.3	4.2
0.30	8.1	7.3	5.5	4.4
0.35	8.3	7.5	5.7	4.6
0.40	8.5	7.7	5.9	4.8
0.45	8.7	7.9	6.3	5.0
0.50	8.9	8.1	6.5	5.2
0.60	9.2	8.4	6.7	5.5
0.70	9.5	8.6	6.9	5.7
0.80	9.7	8.8	6.9	5.9
0.90	9.9	9.0	7.1	6.1
1.00	10.1	9.2	7.3	6.3
1.20	10.5	9.6	7.7	6.7
1.40	10.9	10.0	8.1	7.1
1.60	11.2	10.4	8.5	7.5
1.80	11.5	10.7	8.9	7.8
2.00	11.7	10.9	9.2	8.1

注：1. 其他厚度钢带的杯突深度参照表中与其厚度最相近的杯突深度，中间厚度钢带最小杯突值，按相邻较小厚度钢带的规定。

2. 宽度小于 30mm 的钢带以及半软（S1/2)、低硬（H1/4）和硬（H）钢带不作杯突试验。

3. 宽度 30～70mm 的钢带作杯突试验时，取宽度为 30mm 的试样，冲头直径为 14mm，钢带厚度不大于 1.3mm 者，采用 17mm 的冲模，钢带厚度大于 1.3mm 者，采用 21mm 冲模。

4.16.4　冷轧碳素结构钢钢板及钢带（GB/T 11253—2019）

① 规格

a. 厚度不大于 4mm，包括宽度不小于 600mm 钢板及剪切钢板、纵切钢带。

b. 宽度范围为 250～＜600mm 的冷轧窄钢带及剪切钢板。

② 分类　按表面质量分为较高级表面（FB）和高级表面（FC)；按表面结构分为超平滑（b)、光亮表面（B）和麻面（D)。

③ 牌号组成　Q＋屈服强度值。共有 Q195、Q215、Q235、

Q275 和 Q325 五个。

④ 尺寸、外形及重量 应符合 GB/T 708 的规定。

⑤ 交货状态 退火后平整状态。

⑥ 力学性能 见表 4-99。

表 4-99 冷轧碳素结构钢钢板及钢带的力学性能

牌号	下屈服强度 R_{eL}/MPa	抗拉强度 R_m/MPa	断后伸长率/%		弯曲试验	
			A_{50}	A_{80}	试样方向	弯曲压头直径 D/mm
Q195	≥195	315～430	≥26	≥24	横向	0.5a
Q215	≥215	335～450	≥24	≥22	横向	0.5a
Q235	≥235	370～500	≥22	≥20	横向	a
Q275	≥275	410～540	≥20	≥18	横向	a
Q325	≥325	510～680	≥18	≥16	—	—

4.16.5 冷轧优质碳素结构钢钢带（GB3522—1983）

用于制造机器零件、结构件等。

① 分类

a. 按尺寸精度分为：普通精度钢带（P），宽度较高精度钢带（K），厚度较高精度钢带（H），厚度高精度钢带（J），宽度、厚度较高精度钢带（KH）。

b. 按表面精度分为：Ⅰ组钢带和Ⅱ组钢带。

c. 按边缘状态分为：切边钢带（Q）和不切边钢带（BQ）。

d. 按材料状态分为：冷硬钢带（Y）和退火钢带（T）。

② 尺寸 厚度为 0.10～4.00mm，宽度为 4～200mm。

③ 牌号 15、20、25、30、35、40、45、50、55、60、65、70 钢，化学成分符合 GB 699—2015。

④ 力学性能 见表 4-100。

表 4-100 冷轧优质碳素结构钢钢带的力学性能

钢号	冷硬钢带(Y)	退火钢带(T)		钢号	冷硬钢带(Y)	退火钢带(T)	
	抗拉强度 R_m /MPa	抗拉强度 R_m/MPa	伸长率 A/%≥		抗拉强度 R_m/MPa	抗拉强度 R_m/MPa	伸长率 A/%≥
15	450～800	320～500	22	25	550～900	350～600	18
20	500～850	320～550	20	30	650～950	400～600	16

续表

钢号	冷硬钢带(Y) 抗拉强度 R_m /MPa	退火钢带(T) 抗拉强度 R_m/MPa	退火钢带(T) 伸长率 $A/\%\geqslant$	钢号	冷硬钢带(Y) 抗拉强度 R_m/MPa	退火钢带(T) 抗拉强度 R_m/MPa	退火钢带(T) 伸长率 $A/\%\geqslant$
35	650～950	400～650	16	55	750～1100	450～150	12
40	650～1000	450～700	15	60	750～1150	450～750	12
45	700～1050	450～700	15	65	750～1150	450～750	10
50	750～1100	450～750	13	70	750～1150	450～750	10

⑤ 交货条件　钢带应成卷交货。冷硬钢带和厚度不大于 0.3mm 的退火钢带卷的内径不得小于 150mm；厚度大于 0.3mm 的退火钢带卷的内径不得小于 200mm。

4.16.6　冷轧优质碳素结构钢薄钢板和钢带（GB/T 13237—2013）

① 规格　厚度不大于 4mm，宽度不小于 600mm。

② 分类　按表面质量分为较高级表面（FB）、高级表面（FC）和超高级表面（FD）；按边缘状态分为切边（EC）和不切边（EM）。

③ 尺寸、外形及重量　应符合 GB/T 708 的规定。

④ 化学成分　应符合 GB/T 13237—2013 表 1 的规定。

⑤ 力学性能　见表 4-101。

表 4-101　优质碳素结构钢冷轧薄钢板和钢带力学性能

牌号	抗拉强度 R_m ①② /MPa	以下公称厚度(mm)的断后伸长率 A_{80} (L_0=80mm, b=20mm)/% ≥					
		≤0.6	>0.6～1.0	>1.0～1.5	>1.5～2.0	>2.0～≤2.5	>2.5
08Al	275～410	21	24	26	27	28	30
08	275～410	21	24	26	27	28	30
10	295～430	21	24	26	27	28	30
15	335～470	19	21	23	24	25	26
20	355～500	18	20	22	23	24	25
25	375～490	18	20	21	22	23	24
30	390～510	16	18	19	21	21	22

续表

牌号	抗拉强度 R_m①② /MPa	以下公称厚度(mm)的断后伸长率 A_{80} ($L_0=80mm,b=20mm$)/% ≥					
		≤0.6	>0.6~1.0	>1.0~1.5	>1.5~2.0	>2.0~≤2.5	>2.5
35	410~530	15	16	18	19	19	20
40	430~550	14	15	17	18	18	19
45	450~570	—	14	15	16	16	17
50	470~590	—	—	13	14	14	15
55	490~610	—	—	11	12	12	13
60	510~630	—	—	10	10	10	11
65	530~650	—	—	8	8	8	9
70	550~670	—	—	6	6	6	7

① 拉伸试验取横向试样。

② 需方同意时，25、30、35、40、45、50、55、60、65和70牌号钢板和钢带的抗拉强度上限值，可比规定值提高50MPa。

⑥ 工艺性能　见表4-102。

表4-102　优质碳素结构钢冷轧薄钢板和钢带弯曲试验

牌号	180°弯曲试验①② 以下公称厚度(mm)的弯曲压头直径 d		结果
	≤2	>2	
08Al、08、10、15、20、25	0	a	试样弯曲外表面不得有目视可见的裂纹、断裂或起层

① 试样的宽度 $b≥20mm$，仲裁时 $b=20mm$。

② 弯曲试验取横向试样，a 为试样厚度。

注：本试验在需方要求时进行。

4.16.7　冷轧电镀锡钢板及钢带（GB/T 2520—2017）

可防锈、耐腐蚀、无毒，主要用于制作金属包装，包括罐头食品、饮料、化工、医药、卫生、涂料、油漆、喷雾剂和化妆品瓶盖等。

① 规格　包括公称厚度为0.14~0.80mm的一次冷轧以及公称厚度为0.12~0.36mm的二次冷轧电镀锡钢板及钢带。

② 尺寸　钢板及钢带的公称厚度小于0.50mm时，按0.01mm的倍数进级；公称厚度大于等于0.50mm时，按0.05mm的倍数进级。钢卷内径可为406mm、420mm、450mm或508mm。

③ 分类及代号　见表4-103。

表4-103　冷轧电镀锡钢板和钢带的分类及代号

分类方式	类别	代号
原板钢种	—	MR、L、D
调质度	一次冷轧钢板及钢带	T-1、T-1.5、T-2、T-2.5、T-3、T-3.5、T-4、T-5
	二次冷轧钢板及钢带	DR-7M、DR-8、DR-8M、DR-9、DR-9M、DR-10
退火方式	连续退火	CA
	罩式退火	BA
差厚镀锡标识	薄面标识方法	D
	厚面标识方法	A
表面状态	光亮表面	B
	粗糙表面	R
	银色表面	S
	无光表面	M
钝化方式	化学钝化	CP
	电化学钝化	CE
	低铬钝化	LCr
边部形状	直边	SL
	花边	WL

④ 原板钢种　见表4-104。

表4-104　原板钢种类型和特性

原板钢种类型	特性
MR	较低的残余元素含量，具有良好的耐蚀性，适用于大多数用途
L	较低的残余元素限定，具有优异的耐蚀性，用于某些对耐蚀性有较高要求的食品罐
D	较低的残余元素含量，用于包括深冲压或其他复杂的、易于产生滑移线的成型

⑤ 牌号标记方法　见表4-105。

表 4-105 牌号标记方法

用途	标记方法			
	原板钢种	调质度代号	退火方式	代号
普通用途	MR、LT	T-2.5、T-3、DR	BA、CA	—
制作二片罐	D			DI
制作耐酸食品罐	L			K
制作低铬钝化处理的食品罐	MR、L			LCr

⑥ 镀锡规格 见表 4-106。

表 4-106 钢板及钢带的镀锡量代号、公称镀锡量及最小平均镀锡量

镀锡方式	镀锡量代号	公称镀锡量/(g/m²)	最小平均镀锡量/(g/m²)	镀锡方式	镀锡量代号	公称镀锡量/(g/m²)	最小平均镀锡量/(g/m²)
等厚镀锡	1.1/1.1	1.1/1.1	0.90/0.90	差厚镀锡	8.4/2.8	8.4/2.8	7.55/2.45
	2.2/2.2	2.2/2.2	1.80/1.80		2.8/8.4	2.8/8.4	2.45/7.55
	2.8/2.8	2.8/2.8	2.45/2.45		8.4/5.6	8.4/5.6	7.55/5.05
	5.6/5.6	5.6/5.6	5.05/5.05		5.6/8.4	5.6/8.4	5.05/7.55
	8.4/8.4	8.4/8.4	7.55/7.55		11.2/2.8	11.2/2.8	10.1/2.45
	11.2/11.2	11.2/11.2	10.1/10.1		2.8/11.2	2.8/11.2	2.45/10.1
差厚镀锡	2.8/1.1	2.8/1.1	2.45/0.90		11.2/5.6	11.2/5.6	10.11/5.05
	1.1/2.8	1.1/2.8	0.90/2.45		5.6/11.2	5.6/11.2	5.05/10.1
	2.8/2.2	2.8/2.2	2.45/1.80		11.2/8.4	11.2/8.4	10.1/7.55
	2.2/2.8	2.2/2.8	1.80/2.45		8.4/11.2	8.4/11.2	7.55/10.1
	5.6/1.1	5.6/1.1	5.05/0.90		15.1/2.8	15.1/2.8	13.6/2.45
	1.1/5.6	1.1/5.6	0.90/5.05		2.8/15.1	2.8/15.1	2.45/13.6
	5.6/2.8	5.6/2.8	5.05/2.45		15.1/5.6	15.1/5.6	13.6/5.05
	2.8/5.6	2.8/5.6	2.45/5.05		5.6/15.1	5.6/15.1	5.05/13.6

4.16.8 冷轧电镀铬钢板及钢带（GB/T 24180—2020）

经电镀铬处理后，保证产品表面光洁、平整，不生锈，且可增加硬度（65HR以上），耐高温达500℃，耐腐蚀、防酸、耐磨损。

① 分类 公称厚度为0.14～0.80mm的一次冷轧电镀铬钢板及钢带，以及公称厚度为0.12～0.36mm的二次冷轧电镀铬钢板及钢带。

② 尺寸 钢板及钢带的公称厚度小于0.50mm时，按0.005mm的倍数进级，否则按0.05mm的倍数进级。

钢板的尺寸表示方法为：厚度×宽度×长度（mm）。如果要求标记轧制宽度方向，可在数字后面加上字母 W。

③ 原板钢种　见表 4-107。

表 4-107　原板钢种类型和特性

原板钢种类型	特性
MR	绝大多数食品包装和其他用途镀铬板钢基板，非金属夹杂物含量与 L 类钢相近，残余元素含量的限定没有 L 类钢严格
L	高耐蚀性用镀铬板钢基板，非金属夹杂物含量及残余元素含量低，能改善某些食品罐内壁的耐蚀性
D	铝镇静钢，超深冲耐时效用镀铬板钢基板，能使垂直于弯曲方向的折痕和拉伸变形现象减至最低程度

④ 分类及代号　见表 4-108。

表 4-108　冷轧电镀锡钢板和钢带的分类及代号

分类方式	类别		代号
原板钢种	—		MR、L、D
调质度	一次冷轧		T-1、T-1.5、T-2、T-2.5、T-3、T-3.5、T-4、T-5
	二次冷轧		DR-7、DR-7M、DR-8、DR-8M、DR-9、DR-9M、DR-10
退火方式	连续退火		CA
	罩式退火		BA
表面状态	一次冷轧基板	光亮表面	B
		粗糙表面	R
		无光表面	M
	二次冷轧基板	粗糙表面	R

⑤ 牌号　通常由电镀铬钢板代号 SPTFS、原板钢种代号、调质度代号和退火方式代号（罩式退火可省略）构成。如 SPTFS MR T-2.5 CA。

⑥ 硬度　见表 4-109。

表 4-109 钢板及钢带的硬度

一次冷轧钢板及钢带				二次冷轧钢板及钢带	
调质度代号	表面硬度(HR30TSm)			调质度代号	表面硬度(HR30TSm)
	厚度 t/mm				
	≤0.210	>0.210～0.280	>0.280		
T-1	50±4	49±4	48±4	DR-7	69±4
T-1.5	52±4	51±4	50±4	DR-7M	71±4
T-2	54±4	53±4	52±4	DR-8	72±4
T-2.5	56±4	55±4	54±4	DR-8M	73±4
T-3	58±4	57±4	56±4	DR-9	75±4
T-3.5	60±4	59±4	58±4	DR-9M	76±4
T-4	62±4	61±4	60±4	DR-10	79±4
T-5	66±4	65±4	64±4		

注：1. 硬度为2个试样的平均值，允许其中1个试验值超出规定允许范围1个单位。

2. 冷轧钢板及钢带可为无时效或存在时效（200℃保温20min）。

4.16.9 冷轧汽车用低碳加磷高强度钢板及钢带（YB/T 166—2012）

磷能明显增加钢的强度，但使钢的塑性和韧性显著降低，焊接性也降低，尤其在低温下使钢严重变脆，因此含磷量要严格控制（CR180P和CR220P为≤0.08%，CR260P和CR300P为≤0.10%）。

① 规格 厚度为0.5～3.0mm。尺寸、外形、重量及允许偏差应符合GB/T 708的规定。

② 牌号 有CR180、CR220、CR260、CR300，由英文字母CR（英文“冷轧”的首字母）+阿拉伯数字（下屈服强度数值的最小值/MPa）组成。

③ 交货状态 热处理（退火）+平整+涂油。

④ 力学性能 见表4-110。

表 4-110　钢板和钢带的力学性能

牌号	下屈服强度① R_{eL}/MPa	抗拉强度 R_m/MPa	断后伸长率② A_{80}/%≥	塑性应变比③ r_{90}≥	拉伸应变硬化指数 n_{90}≥
CR180P	180～230	280～360	34	1.6	0.17
CR220P	220～270	320～400	32	1.3	0.16
CR260P	260～320	360～440	29	—	—
CR300P	300～360	400～480	26	—	—

① 当无明显屈服点时，R_{eL} 采用 $R_{p0.2}$ 值。
② 当产品厚度小于 0.7mm 时，最小断后伸长率（A_{80}）值允许降低 2%。
③ 当产品厚度大于 2.0mm 时，r_{90} 值允许降低 0.2。

⑤ 表面质量

a. 钢板及钢带表面不允许有分层、裂纹、结疤、折叠、气泡和夹杂等影响使用的缺陷。

b. 钢板及钢带的级别和要求应符合表 4-111 的规定。

表 4-111　钢板及钢带的级别和要求

级别	代号	要求
较高级精整表面	FB	表面允许有少量不影响成型性或涂、镀附着力的欠缺，如轻微的划伤、压痕、麻点、辊印及氧化色等
高级精整表面	FC	产品两面中较好的一面允许有微小的欠缺，另一面应至少达到 FB 级表面要求
超高级精整表面	FD	产品两面中较好的一面不得有任何可能影响涂漆后外观质量或电镀后外观质量的欠缺，另一面应至少达到 FB 级表面要求

c. 允许钢带带缺陷交货，但有缺陷部分不应超过每卷总长度的 6%。

4.16.10　连续热镀锌和锌合金镀层钢板及钢带（GB/T 2518—2019）

主要用于制作汽车、建筑、家电等行业。

① 尺寸范围　见表 4-112。

表 4-112　钢板及钢带的公称尺寸范围

项目		公称尺寸/mm
公称厚度		0.20～6.0
公称宽度	钢板及钢带	600～2050
	纵切钢带	＜600
公称长度	钢板	1000～8000
公称内径	钢带及纵切钢带	610 或 508

注：钢板及钢带的公称厚度包含基板厚度和镀层厚度。

② 牌号标记方法

□	□	□	D+	□□
产品用途代号（表 4-113）	钢级代号（或序列号）（表 4-114）	钢种特性（如有）（表 4-114）	热镀代号	镀层种类代号 Z—纯锌镀层 ZF—锌铁合金镀层 ZA—锌铝合金镀层 AZ—铝锌合金镀层

例：钢级序列号为 57，冷成型用冷轧基板扁平钢材，锌铁合金镀层热镀钢板表示为：DC57D+ZF。

表 4-113　产品用途代号

冷成型用扁平钢材 D	S	冷成型用高强度扁平钢材 H
DX—基板轧制状态不规定 DC—基板规定为冷轧基板 DD—基板规定为热轧基板	结构钢	HX—基板轧制状态不规定 HC—基板规定为冷轧基板 HD—基板规定为热轧基板

表 4-114　钢级代号（或序列号）和钢种特性

钢级代号(或序列号)

2 位数字	3～4 位数字
51～57：代表钢级序列号	180～1180：代表钢级代号；根据牌号命名方法的不同，一般为规定的最小屈服强度或最小屈服强度和最小抗拉强度，MPa

钢种特性

Y	LA	B	DP	TR	CP	DH	G
高强度无间隙原子钢	低合金钢	烘烤硬化钢	双相钢	相变诱导塑性钢	复相钢	增强成型性双相钢	特性不定

③ 分类 按表面质量分类：普通级表面（FA）、较高级表面（FB）、高级表面（FC）。

④ 牌号及钢种特性 见表4-115～表4-117。

表4-115 钢板及钢带的牌号及钢种特性

牌号	钢种特性
DX51D+Z,DX51D+ZF,DX51D+ZA,DX51D+AZ DX52D+Z,DX52D+ZF,DX52D+ZA,DX52D+AZ	低碳钢
DX53D+Z,DX53D+ZF,DX53D+ZA,DX53D+AZ DX54D+Z,DX54D+ZF,DX54D+ZA,DX54D+AZ DX56D+Z,DX56D+ZF,DX56D+ZA,DX56D+AZ DX57D+Z,DX57D+ZF,DX57D+ZA,DX57D+AZ	无间隙原子钢
S220GD+Z,S220GD+ZF,S220GD+ZA,S220GD+AZ S250GD+Z,S250GD+ZF,S250GD+ZA,S250GD+AZ S280GD+Z,S280GD+ZF,S280GD+ZA,S280GD+AZ S300GD+Z,S300GD+ZF,S300GD+ZA,S300GD+AZ S320GD+Z,S320GD+ZF,S320GD+ZA,S320GD+AZ S350GD+Z,S350GD+ZF,S350GD+ZA,S350GD+AZ S390GD+Z,S390GD+ZF,S390GD+ZA,S390GD+AZ S420GD+Z,S420GD+ZF,S420GD+ZA,S420GD+AZ S450GD+Z,S450GD+ZF,S450GD+ZA,S450GD+AZ S550GD+Z,S550GD+ZF,S550GD+ZA,S550GD+AZ	结构钢
HX260LAD+Z,HX260LAD+ZF,HX260LAD+ZA,HX260LAD+AZ HX300LAD+Z,HX300LAD+ZF,HX300LAD+ZA,HX300LAD+AZ HX340LAD+Z,HX340LAD+ZF,HX340LAD+ZA,HX340LAD+AZ HX380LAD+Z,HX380LAD+ZF,HX380LAD+ZA,HX380LAD+AZ HX420LAD+Z,HX420LAD+ZF,HX420LAD+ZA,HX420LAD+AZ HX460LAD+Z,HX460LAD+ZF,HX460LAD+ZA,HX460LAD+AZ HX500LAD+Z,HX500LAD+ZF,HX500LAD+ZA,HX500LAD+AZ HD550LAD+Z,HD550LAD+ZF,HD550LAD+ZA,HD550LAD+AZ	低合金钢
HX180YD+Z,HX180YD+ZF,HX180YD+ZA,HX180YD+AZ HX220YD+Z,HX220YD+ZF,HX220YD+ZA,HX220YD+AZ HX260YD+Z,HX260YD+ZF,HX260YD+ZA,HX260YD+AZ	高强度无间隙原子钢

续表

牌号	钢种特性
HX180BD+Z,HX180BD+ZF,HX180BD+ZA,HX180BD+AZ HX220BD+Z,HX220BD+ZF,HX220BD+ZA,HX220BD+AZ HX260BD+Z,HX260BD+ZF,HX260BD+ZA,HX260BD+AZ HX300BD+Z,HX300BD+ZF,HX300BD+ZA,HX300BD+AZ	烘烤硬化钢
HC260/450DPD+Z,HC260/450DPD+ZF,HC260/450DPD+ZA HC290/490DPD+Z,HC290/490DPD+ZF,HC290/490DPD+ZA HC330/590DPD+Z,HC330/590DPD+ZF,HC330/590DPD+ZA HC440/780DPD+Z,HC440/780DPD+ZF,HC440/780DPD+ZA HC500/780DPD+Z,HC500/780DPD+ZF,HC500/780DPD+ZA HC590/980DPD+Z,HC590/980DPD+ZF,HC590/980DPD+ZA HC700/980DPD+Z,HC700/980DPD+ZF,HC700/980DPD+ZA HC740/1180DPD+Z,HC740/1180DPD+ZF,HC740/1180DPD+ZA HC820/1180DPD+Z,HC820/1180DPD+ZF,HC820/1180DPD+ZA	双相钢
HC380/590TRD+Z,HC380/590TRD+ZF,HC380/590TRD+ZA HC400/690TRD+Z,HC400/690TRD+ZF,HC400/690TRD+ZA HC450/780TRD+Z,HC450/780TRD+ZF,HC450/780TRD+ZA	相变诱导塑性钢
HC350/600CPD+Z,HC350/600CPD+ZF,HC350/600CPD+ZA HC570/780CPD+Z,HC570/780CPD+ZF,HC570/780CPD+ZA HC780/980CPD+Z,HC780/980CPD+ZF,HC780/980CPD+ZA HD660/760CPD+Z,HD660/760CPD+ZF,HD660/760CPD+ZA	复相钢
HC330/590DHD+Z,HC330/590DHD+ZF,HC330/590DHD+ZA HC440/780DHD+Z,HC440/780DHD+ZF,HC440/780DHD+ZA HC550/980DHD+Z,HC550/980DHD+ZF,HC550/980DHD+ZA HC700/980DHD+Z,HC700/980DHD+ZF,HC700/980DHD+ZA	增强成型性双相钢

注：对DX、HX系列的牌号，用户可以根据需要选择DC、DD、HC、HD系列牌号。

表4-116 表面质量分类和代号

级别	代号	级别	代号	级别	代号
普通级表面	FA	较高级表面	FB	高级表面	FC

表 4-117　镀层种类、镀层表面结构、表面处理的分类和代号

<table>
<tr><th>分类项目</th><th colspan="3">种类</th><th colspan="2">代号</th></tr>
<tr><td rowspan="4">镀层种类</td><td colspan="3">纯锌镀层</td><td colspan="2">Z</td></tr>
<tr><td colspan="3">锌铁合金镀层</td><td colspan="2">ZF</td></tr>
<tr><td colspan="3">锌铝合金镀层</td><td colspan="2">ZA</td></tr>
<tr><td colspan="3">铝锌合金镀层</td><td colspan="2">AZ</td></tr>
<tr><td rowspan="6">镀层表面结构</td><td rowspan="3">纯锌镀层(Z)</td><td colspan="2">普通锌花</td><td colspan="2">N</td></tr>
<tr><td colspan="2">小锌花</td><td colspan="2">M</td></tr>
<tr><td colspan="2">无锌花</td><td colspan="2">F</td></tr>
<tr><td>锌铁合金镀层(ZF)</td><td colspan="2">锌铁合金</td><td colspan="2">R</td></tr>
<tr><td>锌铝合金镀层(ZA)</td><td colspan="2">普通锌花</td><td colspan="2">N</td></tr>
<tr><td>铝锌合金镀层(AZ)</td><td colspan="2">普通锌花</td><td colspan="2">N</td></tr>
<tr><td rowspan="8">表面处理</td><td>铬酸钝化</td><td>C</td><td colspan="2">磷化+涂油</td><td>PO</td></tr>
<tr><td>涂油</td><td>O</td><td colspan="2">耐指纹膜</td><td>AF</td></tr>
<tr><td>铬酸钝化+涂油</td><td>CO</td><td colspan="2">三价铬耐指纹膜</td><td>AF3</td></tr>
<tr><td>三价铬钝化</td><td>C3</td><td colspan="2">无铬耐指纹膜</td><td>AFN</td></tr>
<tr><td>三价铬钝化+涂油</td><td>CO3</td><td colspan="2">自润滑膜</td><td>SL</td></tr>
<tr><td>无铬钝化</td><td>CN</td><td colspan="2">三价铬自润滑膜</td><td>SL3</td></tr>
<tr><td>无铬钝化+涂油</td><td>CON</td><td colspan="2">无铬自润滑膜</td><td>SLN</td></tr>
<tr><td>磷化</td><td>P</td><td colspan="2">不处理</td><td>U</td></tr>
</table>

⑤ 力学性能　见表 4-118～表 4-127。

表 4-118　低碳钢和无间隙原子钢的力学性能

牌号	下屈服强度 R_{eL}/MPa	抗拉强度 R_m/MPa	断后伸长率 A_{80}/% ≥	塑性应变比 r_{90} ≥	横向拉伸应变硬化指数 n_{90} ≥
DX51D+Z,DX51D+ZF, DX51D+ZA,DX51D+AZ	—	270～500	22	—	—
DX52D+Z,DX52D+ZF, DX52D+ZA,DX52D+AZ	140～300	270～420	26	—	—
DX53D+Z,DX53D+ZF, DX53D+ZA,DX53D+AZ	140～260	270～380	30	—	—

续表

牌号	下屈服强度 R_{eL}/MPa	抗拉强度 R_m/MPa	断后伸长率 A_{80}/% ≥	塑性应变比 r_{90} ≥	横向拉伸应变硬化指数 n_{90} ≥
DX54D+Z	120～220	260～350	36	1.6	0.18
DX54D+ZF,DX54D+ZA,DX54D+AZ			34	1.4	0.18
DX56D+Z	120～180	260～350	39	1.9	0.21
DX56D+ZF,DX56D+ZA,DX56D+AZ			37	1.7	0.20
DX57D+Z	120～170	260～350	41	2.1	0.22
DX57D+ZF,DX57D+ZA,DX57D+AZ			39	1.9	0.21

表 4-119 结构钢的力学性能

牌号	上屈服强度 R_{eH}/MPa ≥	抗拉强度 R_m/MPa ≥	断后伸长率 A_{80}/% ≥
S220GD+Z,S220GD+ZF,S220GD+ZA,S220GD+AZ	220	300	20
S250GD+Z,S250GD+ZF,S250GD+ZA,S250GD+AZ	250	330	19
S280GD+Z,S280GD+ZF,S280GD+ZA,S280GD+AZ	280	360	18
S300GD+Z,S300GD+ZF,S300GD+ZA,S300GD+AZ	300	370	18
S320GD+Z,S320GD+ZF,S320GD+ZA,S320GD+AZ	320	390	17
S350GD+Z,S350GD+ZF,S350GD+ZA,S350GD+AZ	350	420	16
S390GD+Z,S390GD+ZF,S390GD+ZA,S390GD+AZ	390	460	16
S420GD+Z,S420GD+ZF,S420GD+ZA,S420GD+AZ	420	480	15
S450GD+Z,S450GD+ZF,S450GD+ZA,S450GD+AZ	450	510	14
S550GD+Z,S550GD+ZF,S550GD+ZA,S550GD+AZ	550	560	—

表 4-120 高强度无间隙原子钢的力学性能

牌号	下屈服强度 R_{eL}/MPa	抗拉强度 R_m/MPa	断后伸长率 A_{80}/% ≥	塑性应变比 r_{90} ≥	横向拉伸应变硬化指数 n_{90} ≥
HX180YD+Z	180～240	330～390	34	1.7	0.18
HX180YD+ZF,HX180YD+ZA,HX180YD+AZ			32	1.5	0.18
HX220YD+Z	220～280	340～420	32	1.5	0.17
HX220YD+ZF,HX220YD+ZA,HX220YD+AZ			30	1.3	0.17
HX260YD+Z	260～320	380～440	30	1.4	0.16
HX260YD+ZF,HX260YD+ZA,HX260YD+AZ			28	1.2	0.16

表 4-121 烧烤硬化钢的力学性能

牌号	下屈服强度 R_{eL}/MPa	抗拉强度 R_m/MPa	断后伸长率 A_{80}/% ≥	塑性应变比 r_{90} ≥	横向拉伸应变硬化指数 n_{90}≥	烘烤硬化值 BH_3/MPa ≥
HX180BD+Z	180～240	290～390	34	1.5	0.16	30
HX180BD+ZF,HX180BD+ZA,HX180BD+AZ			32	1.3	0.16	30
HX220BD+Z	220～280	320～400	32	1.2	0.15	30
HX220BD+ZF,HX220BD+ZA,HX220BD+AZ			30	1.0	0.15	30
HX260BD+Z	260～320	360～440	28	—	—	30
HX260BD+ZF,HX260BD+ZA,HX260BD+AZ			26	—	—	30
HX300BD+Z	300～360	400～480	26	—	—	30
HX300BD+ZF,HX300BD+ZA,HX300BD+AZ			24	—	—	30

表 4-122 低合金钢的力学性能

牌号	下屈服强度 R_{eL}/MPa	抗拉强度 R_m/MPa	断后伸长率 A_{80}/%≥
HX260LAD+Z	260～330	350～430	26
HX260LAD+ZF,HX260LAD+ZA,HX260LAD+AZ			24
HX300LAD+Z	300～380	380～480	23
HX300LAD+ZF,HX300LAD+ZA,HX300LAD+AZ			21
HX340LAD+Z	340～420	410～510	21
HX340LAD+ZF,HX340LAD+ZA,HX340LAD+AZ			19
HX380LAD+Z	380～480	440～560	19
HX380LAD+ZF,HX380LAD+ZA,HX380LAD+AZ			17
HX420LAD+Z	420～520	470～590	17
HX420LAD+ZF,HX420LAD+ZA,HX420LAD+AZ			15
HX460LAD+Z	460～560	500～640	15
HX460LAD+ZF,HX460LAD+ZA,HX460LAD+AZ			13
HX500LAD+Z	500～620	530～690	13
HX500LAD+ZF,HX500LAD+ZA,HX500LAD+AZ			11
HD550LAD+Z	550～670	610～750	12
HD550LAD+ZF,HD550LAD+ZA,HD550LAD+AZ			10

表 4-123　双相钢的力学性能

牌号	下屈服强度 R_{eL}/MPa	抗拉强度 R_m/MPa ≥	断后伸长率/%≥		纵向拉伸应变硬化指数 n_0≥	烘烤硬化值 BH_3/MPa ≥
			A_{80}	A_{50}		
HC260/450DPD+Z	260～340	450	27	—	0.16	30
HC260/450DPD+ZF，HC260/450DPD+ZA			25	—		30
HC290/490DPD+Z	290～380	490	23	—	0.15	30
HC290/490DPD+ZF，HC290/490DPD+ZA			21	—		30
HC330/590DPD+Z	330～430	590	20	—	0.14	30
HC330/590DPD+ZF，HC330/590DPD+ZA			18	—		30
HC440/780DPD+Z	440～550	780	14	—	—	30
HC440/780DPD+ZF，HC440/780DPD+ZA			12	—		30
HC500/780DPD+Z	500～650	780	10	—	—	30
HC500/780DPD+ZF，HC500/780DPD+ZA			8	—	—	30
HC590/980DPD+Z	590～750	980	10	11	—	30
HC590/980DPD+ZF，HC590/980DPD+ZA			8	9	—	30
HC700/980DPD+Z	700～900	980	8	9	—	30
HC700/980DPD+ZF，HC700/980DPD+ZA			6	7	—	30
HC740/1180DPD+Z	740～980	1180	5	6	—	30
HC740/1180DPD+ZF，HC740/1180DPD+ZA			3	4	—	30
HC820/1180DPD+Z	820～1150	1180	5	6	—	30
HC820/1180DPD+ZF，HC820/1180DPD+ZA			3	4	—	30

表 4-124 相变诱导塑性钢的力学性能

牌号	下屈服强度 R_{eL}/MPa	抗拉强度 R_m/MPa ≥	断后伸长率 A_{80}/% ≥	纵向拉伸应变硬化指数 n_0≥	烘烤硬化值 BH_3/MPa ≥
HC380/590TRD+Z	380～480	590	25	0.20	40
HC380/590TRD+ZF HC380/590TRD+ZA			23		40
HC400/690TRD+Z	400～520	690	23	0.19	40
HC400/690TRD+ZF HC400/690TRD+ZA			21		40
HC450/780TRD+Z	450～570	780	21	0.16	40
HC450/780TRD+ZF HC450/780TRD+ZA			19		40

表 4-125 复相钢的力学性能

牌号	下屈服强度 R_{eL}/MPa	抗拉强度 R_m/MPa ≥	断后伸长率 A_{80}/% ≥	烘烤硬化值 BH_3/MPa ≥
HC350/600CPD+Z	350～500	600	16	30
HC350/600CPD+ZF HC350/600CPD+ZA			14	
HC570/780CPD+Z	570～720	780	11	30
HC570/780CPD+ZF HC570/780CPD+ZA			9	
HC780/980CPD+Z	780～950	980	7	30
HC780/980CPD+ZF HC780/980CPD+ZA			5	
HD660/760CPD+Z	660～820	760	11	30
HD660/760CPD+ZF HD660/760CPD+ZA			9	

表 4-126　增强成型性双相钢的力学性能

牌号	下屈服强度 R_{eL}/MPa	抗拉强度 R_m/MPa ≥	断后伸长率 A_{80}/% ≥	纵向拉伸应变硬化指数 n_0≥	烘烤硬化值 BH_3/MPa ≥
HC330/590DHD+Z	330～430	590	26	0.16	30
HC330/590DHD+ZF HC330/590DHD+ZA			24		
HC440/780DHD+Z	440～550	780	18	0.13	30
HC440/780DHD+ZF HC440/780DHD+ZA			16		
HC550/980DHD+Z	550～750	980	15	—	30
HC550/980DHD+ZF HC550/980DHD+ZA			13		
HC700/980DHD+Z	700～900	980	13	—	30
HC700/980DHD+ZF HC700/980DHD+ZA			11		

表 4-127　推荐的公称镀层质量

种类	形式	镀层质量 (g/m^2)	种类	形式	镀层质量 (g/m^2)	种类	形式	镀层质量 (g/m^2)
Z	等厚镀层	60	ZF	等厚镀层	60	ZA	等厚镀层	275
		80			90			350
		100			120	AZ	等厚镀层	60
		120			140			80
		150	ZA	等厚镀层	60			100
		180			80			120
		200			100			150
		220			120			180
		250			150			200
		275			180	Z	差厚镀层	30/40
		350			200			40/60
		450			220			40/100
		600			250			

注：镀层代号和镀层质量/(g/m^2) 相同。

4.16.11 连续镀锌、锌镍合金镀层钢板及钢带（GB/T 15675—2008）

① 用途 用于汽车、家电、电子等行业。

② 牌号 由基板牌号和镀层种类两部分组成，中间用“+”连接。

③ 尺寸、外形 应符合 GB/T 708 的规定。

④ 分类 按表面质量区分有普通级表面（FA）、较高级表面（FB）、高级表面（FC）；按镀层种类分有纯锌镀层（ZE）和锌镍合金镀层（ZN）；按镀层形式分有等厚镀层、差厚镀层及单面镀层（分数形式，分子表示钢板上表面或钢带外表面，分母表示钢板下表面或钢带内表面，单位为 g/m^2）。

表 4-128 为表面处理的类别和代号。

表 4-128 表面处理的类别和代号

类别	代号	类别	代号
铬酸钝化	C	磷化(含铬封闭处理)	PC
铬酸钝化+涂油	CO	磷化(含铬封闭处理)+涂油	PCO
无铬钝化	C5	磷化(含无铬封闭处理)	PC5
无铬钝化+涂油	CO5	磷化(含无铬封闭处理)+涂油	PCO5
无铬耐指纹	AF5	磷化(不含铬封闭处理)	PC
涂油	O	磷化(不含无铬封闭处理)+涂油	PO
不处理	U		

基板：可采用 GB/T 5213、GB/T 20564.1～20564.3 等国家标准中产品作为基板，镀层有电镀锌/锌镍合金。表 4-129 为纯锌镀层及锌镍合金镀层的质量。

表 4-129 纯锌镀层及锌镍合金镀层的质量 g/m^2

镀层形式	镀层种类	
	纯锌镀层(单面)	锌镍合金镀层(单面)
等厚	3～90	10～40
差厚	3～90,两面差值最大为 40	10～40,两面差值最大为 20
单面	10～110	10～40

注：50g/m^2 纯锌镀层的厚度约为 7.1μm，50g/m^2 锌镍合金镀层的厚度约为 6.8μm。

4.16.12 连续热镀铝锌合金镀层钢板及钢带（GB/T 14978—2008）

① 用途　主要用于建筑、家电、电子电气和汽车等行业。

② 分类　按表面质量分为普通表面（FA）和较高级表面（FB）。

③ 厚度　0.30～3.0mm。

④ 牌号标记方法

D□	□	G	D+	AZ
产品用途代号	钢级代号	不规定	热镀	铝锌合
冷成型用扁平钢材：C—冷轧基板；D—热轧基板；X—基板的轧制状态不规定 S—结构用钢	250～550（规定的最小屈服强度/MPa）（或序列号 51～54）	钢种特性	代号	金镀层

⑤ 牌号、分类及力学性能　见表 4-130～表 4-132。

表 4-130　连续热镀铝锌合金镀层钢板和钢带的牌号及特性

钢种特性	牌号	钢种特性	牌号
低碳钢或无间隙原子钢	DX51D+AZ DX52D+AZ DX53D+AZ DX54D+AZ	结构钢	S250GD+AZ S280GD+AZ S300GD+AZ S320GD+AZ S350GD+AZ S550GD+AZ

表 4-131　镀层种类、镀层表面结构、表面处理的分类和代号

项目	分类	代号	项目	分类	代号
镀层种类	铝锌合金镀层	AZ	表面处理	铬酸钝化处理+涂油	CO
镀层表面结构	普通锌花	N		无铬钝化+涂油	CO5
表面处理	铬酸钝化	C		耐指纹膜	AF
	无铬钝化	C5		无铬耐指纹膜	AF5
	涂油	O		不处理	U

表 4-132　连续热镀铝合金镀层钢板及钢带的力学性能

牌号	拉伸试验①		
	屈服强度② R_{eL} 或 $R_{p0.2}$/MPa≤	抗拉强度 R_m /MPa≤	断后伸长率③ A_{80}≥
DX51D+AZ	—	500	22
DX52D+AZ④	300	420	26
DX53D+AZ	260	380	30
DX54D+AZ	220	350	36
S250GD+AZ	250	330	19
S280GD+AZ	280	360	18
S300GD+AZ	300	380	17
S320GD+AZ	320	390	17
S350GD+AZ	350	420	16
S550GD+AZ	550	560	—

① 试样为 GB/T 228 中的 P6 试样，试样方向为横向。

② 当屈服现象不明显时采用 $R_{p0.2}$，否则采用 R_{eL}。

③ 当产品公称厚度 t 为 0.5～0.7mm 时，断后伸长率允许下降 2%；否则，断后伸长率允许下降 4%。

④ 屈服强度值适用于光整的 FB 级表面的钢板及钢带。

4.16.13　连续热镀铝硅合金钢板和钢带（YB/T 167—2000）

在铝硅合金镀层连续热镀机组上，对冷轧钢带连续热浸镀所得，它是一种高耐蚀的钢板，具有综合的优异性能，主要用作建筑耐候材料，并可用于工业耐热防护部件。

① 规格　厚度 0.4～3.0mm，宽度 600～1500mm，钢板长度 1000～6000mm，钢带内卷 508mm、610mm。

② 牌号标记方法

□	S	□	□	□×	□×	□	YB/T167—2000
镀层重量/(g/m²)	平整	加工性能	表面处理	厚度/mm	宽度/mm	长度（钢带无）	标准号

③ 分类和代号　见表 4-133。

表 4-133　连续热镀铝硅合金钢板和钢带的分类和代号

分类项目	类别	代号	分类项目	类别	代号
加工性能	普通级 冲压级 深冲级 超深冲级	01 02 03 04	镀层质量/(g/m^2)	80 60 40	080 060 040
镀层质量/(g/m^2)	200 150 120 100	200 150 120 100	表面处理	铬酸钝化 涂油 铬酸钝化＋涂油	L Y LY
			表面状态	平整	S

④ 镀层质量　见表 4-134。

表 4-134　热镀铝硅合金钢板和钢带的镀层质量　　g/m^2

镀层代号	最小镀层质量极限		镀层代号	最小镀层质量极限	
	三点试验	单点试验		三点试验	单点试验
200	200	150	080	080	60
150	150	115	060	060	45
120	120	60	040	040	30
100	100	75			

⑤ 力学性能和工艺性能　见表 4-135。

表 4-135　钢板和钢带的力学性能和工艺性能

基体金属品级		抗拉强度 R_m /MPa	断后伸长率 A (L_0＝50mm)/%	180°弯曲压头直径 (a＝试样厚度)
代号	名称			
01	普通级	—	—	a
02	冲压级	≤430	≥30	—
03	深冲级	≤410	≥34	
04	超深冲级	≤410	≥40	

注：1. 02、03 及 04 级的最小抗拉强度一般为 260MPa，所有抗拉强度值均应精确至 10MPa。

2. 对于厚度小于或等于 0.6mm 的钢材，表中规定的伸长率应减 2%。

3. 弯曲试验后的试样，弯曲部分的外侧应无裂纹、裂缝、断裂及起层。

4.16.14 连续热镀宽度小于700mm锌钢带（YB/T 5356—2006）

① 牌号及化学成分　由供方选择。需方有要求时，可提供化学成分；经供需双方协议，需方亦可指定牌号。

② 牌号标记方法

□　□　□　□　□　□×□　YB/T 0347—2006

锌层质量	加工性能	表面结构	表面处理	尺寸精度	钢带尺寸/mm	标准号
□	□	□	□	□	□×□	YB/T 0347—2006

③ 分类　见表4-136。

表4-136　宽度小于700mm连续热镀锌钢带的分类

分类方法		类别	符号	分类方法	类别	符号
按加工性能		普通用途	PT	按表面质量	Ⅰ、Ⅱ	
		机械咬合	JY	按表面结构	正常锌花	Z
		深冲	SC		小锌花	X
		超深冲	CS		光整锌花	GZ
		耐时效结构	JG		锌铁合金	XT
按锌层质量/(g/m^2)	锌	001、100 200、275 360、450 600		按尺寸精度	普通精度 较高精度	P J
	锌铁合金	001、90 120、150		按表面处理	铬酸钝化 涂油 铬酸钝化加涂油	L T LT

④ 力学性能及工艺性能　见表4-137、表4-138。

表4-137　宽度小于700mm连续热镀锌钢带的力学性能及工艺性能

加工性能	锌层		钢基			
	锌层符号	180°冷弯试验 d—弯芯直径 a—试样厚度	抗拉强度 R_m/MPa	下屈服强度 R_{eL}/MPa	断后伸长率 A/%	180°冷弯试验 d—弯芯直径 a—试样厚度
PT	① 450、600	$d=a$ $d=2a$	—	—	—	$d=a$
JY	①	$d=0$	270～500	—	—	$d=0$

续表

加工性能	锌层		钢基			
	锌层符号	180°冷弯试验 d—弯芯直径 a—试样厚度	抗拉强度 R_m/MPa	下屈服强度 R_{eL}/MPa	断后伸长率 A/%	180°冷弯试验 d—弯芯直径 a—试样厚度
SC	②	$d=0$	270～380	—	≥30	—
CS	②	$d=0$	270～380	—	≥30	—
JG	① 450、600	$d=a$ $d=2a$	≥370	≥240	≥18	—

① 001、90、100、120、180、200、275、350。

② 001、100、200、275。

表 4-138　杯突试验　mm

公称厚度	杯突试验冲压深度 ≥		公称厚度	杯突试验冲压深度 ≥	
	加工性能			加工性能	
	SC	CS		SC	CS
0.5	7.4	8.1	1.3	9.6	10.1
0.6	7.8	8.5	1.4	9.7	10.3
0.7	8.1	8.8	1.5	9.9	10.5
0.8	8.4	9.1	1.6	10.0	10.6
0.9	8.7	9.3	1.7	10.1	10.7
1.0	9.0	9.6	1.8	10.3	10.9
1.1	9.2	9.8	1.9	10.4	11.0
1.2	9.4	10.0	2.0	10.5	11.1

⑤ 锌层质量　见表 4-139。

表 4-139　锌层质量　g/m²

镀层种类	符号	三点试验平均值(双面)≥	三点试验最低值	
			双面	单面
锌	001	—	—	—
	100	100	85	34
	200	200	170	68
	275	275	235	94
	350	350	300	120
	450	450	385	154
	600	600	510	204

续表

镀层种类	符号	三点试验平均值(双面)≥	三点试验最低值	
			双面	单面
锌铁合金	001	—	—	—
	90	90	76	30
	120	120	102	41
	180	180	153	61

注：1. 001号锌层质量小于100g/m²，具体质量按供需双方协议。

2. 需方对锌层质量无具体要求时，除锌铁合金镀层按120g/m²供货外，其他均按275g/m²供货。

4.17 热轧型钢

钢材：主要是普通碳素钢和低合金钢。前者的特点是冶炼容易、成本低廉、强度适中、塑性和可焊性较好，后者的特点是重量轻、钢材省、便于同其他构件组合和连接等。

种类：有钢棒（圆钢、方钢、扁钢、八角钢）和型钢（工字钢、槽钢、等边角钢、不等边角钢、L型钢）等。

4.17.1 热轧圆钢和方钢（GB/T 702—2017）

① 尺寸范围　热轧圆钢的直径为5.5～380mm，热轧方钢的边长为5.5～300mm。

② 规格、截面积和理论质量　见表4-140。

表4-140　热轧圆钢和方钢的规格和理论质量

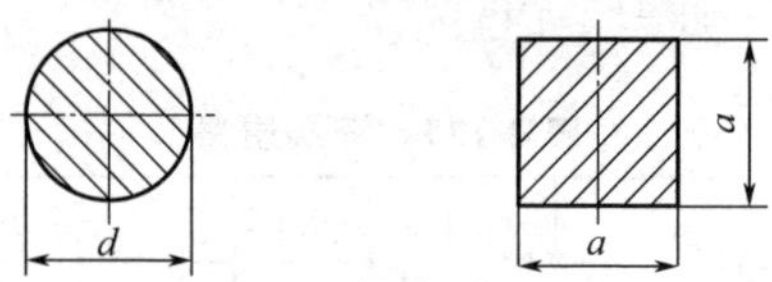

d或a/mm	截面积/cm²		理论质量/(kg/m)		d或a/mm	截面积/cm²		理论质量/(kg/m)	
	圆钢	方钢	圆钢	方钢		圆钢	方钢	圆钢	方钢
5.5	0.238	0.30	0.187	0.237	9	0.636	0.81	0.499	0.636
6	0.283	0.36	0.222	0.283	10	0.785	1.00	0.617	0.785
6.5	0.332	0.42	0.260	0.332	11	0.950	1.21	0.746	0.950
7	0.385	0.49	0.302	0.385	12	1.131	1.44	0.888	1.130
8	0.503	0.64	0.395	0.502	13	1.327	1.69	1.042	1.327

续表

d 或 a /mm	截面积/cm^2		理论质量/(kg/m)		d 或 a /mm	截面积/cm^2		理论质量/(kg/m)	
	圆钢	方钢	圆钢	方钢		圆钢	方钢	圆钢	方钢
14	1.539	1.96	1.208	1.539	65	33.18	42.25	26.05	33.17
15	1.767	2.25	1.387	1.766	68	36.32	46.24	28.51	36.30
16	2.011	2.56	1.578	2.010	70	38.49	49.00	30.21	38.46
17	2.270	2.89	1.782	2.269	75	44.18	56.25	34.68	44.16
18	2.545	3.24	1.998	2.543	80	50.27	64.00	39.46	50.24
19	2.835	3.61	2.226	2.834	85	56.75	72.25	44.54	56.72
20	3.142	4.00	2.466	3.140	90	63.62	81.00	49.94	63.58
21	3.464	4.41	2.719	3.462	95	70.88	90.25	55.64	70.85
22	3.801	4.84	2.984	3.799	100	78.54	100.0	61.65	78.50
23	4.155	5.29	3.261	4.153	105	86.59	110.3	67.97	86.55
24	4.524	5.76	3.551	4.522	110	95.03	121.0	74.60	94.99
25	4.909	6.25	3.853	4.906	115	103.9	132.3	81.54	103.8
26	5.309	6.76	4.168	5.307	120	113.1	144.0	88.78	113.0
27	5.726	7.29	4.495	5.723	125	122.7	156.3	96.33	122.7
28	6.158	7.84	4.834	6.154	130	132.7	169.0	104.2	132.7
29	6.605	8.41	5.185	6.602	135	143.1	182.3	112.4	143.1
30	7.069	9.00	5.549	7.065	140	153.9	196.0	120.8	153.9
31	7.548	9.61	5.925	7.544	145	165.1	210.3	129.6	165.0
32	8.043	10.24	6.313	8.038	150	176.7	225.0	138.7	176.6
33	8.553	10.89	6.714	8.549	155	188.7	240.3	148.1	188.6
34	9.079	11.56	7.127	9.075	160	201.1	256.0	157.8	201.0
35	9.621	12.25	7.553	9.616	165	213.8	272.3	167.9	213.7
36	10.18	12.96	7.990	10.17	170	227.0	289.0	178.2	226.9
38	11.34	14.44	8.903	11.34	180	254.5	324.0	199.8	254.3
40	12.57	16.00	9.865	12.56	190	283.5	361.0	222.6	283.4
42	13.85	17.64	10.88	13.85	200	314.2	400.0	246.6	314.0
45	15.90	20.25	12.48	15.90	210	346.4	441.0	271.9	346.2
48	18.10	23.04	14.21	18.09	220	380.1	484.0	298.4	379.9
50	19.64	25.00	15.41	19.62	230	415.5	529.0	326.1	415.3
53	22.06	28.09	17.32	22.05	240	452.4	576.0	355.1	452.2
55	23.76	30.25	18.65	23.75	250	490.9	625.0	385.3	490.6
56	24.63	31.36	19.33	24.62	260	530.9	676.0	416.8	530.7
58	26.42	33.64	20.74	26.41	270	572.6	729.0	449.5	572.3
60	28.27	36.00	22.20	28.26	280	615.8	784.0	483.4	615.4
63	31.17	39.69	24.47	31.16	290	660.5	841.0	518.5	660.2

续表

d 或 a /mm	截面积/cm^2		理论质量/(kg/m)		d 或 a /mm	截面积/cm^2		理论质量/(kg/m)	
	圆钢	方钢	圆钢	方钢		圆钢	方钢	圆钢	方钢
300	706.9	900.0	554.9	706.5	350	962.1	1225		
310	754.8	961.0			360	1018	1296		
320	804.3	1024			370	1075	1369		
330	855.3	1089			380	1134	1444		
340	907.9	1156							

注：表中质量按 $\rho=7.85g/cm^3$ 计算。

4.17.2 热轧扁钢（GB/T 702—2017）

① 分类 有一般用途热轧扁钢和热轧工具钢扁钢两类。

② 尺寸范围 前者的厚度为3～60mm、宽度为10～200mm；后者的厚度为4～100mm、宽度为10～310mm。

③ 规格、截面积和理论质量 见表4-141、表4-142。

表4-141 一般用途热轧扁钢的规格和质量

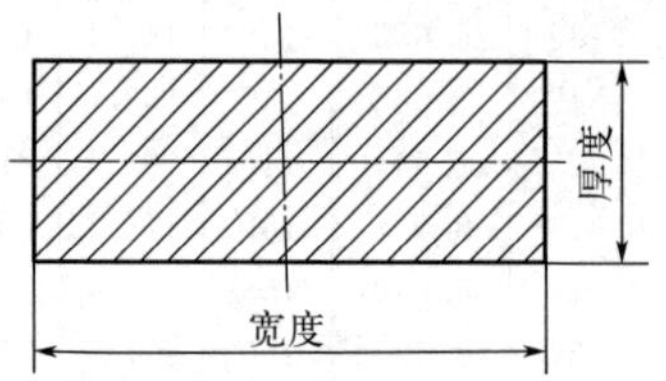

公称宽度/mm	厚度/mm											
	3	4	5	6	7	8	9	10	11	12	14	16
	理论质量/(kg/m)											
10	0.24	0.31	0.39	0.47	0.55	0.63						
12	0.28	0.38	0.47	0.57	0.66	0.75						
14	0.33	0.44	0.55	0.66	0.77	0.88						
16	0.38	0.50	0.63	0.75	0.88	1.00	1.15	1.26				
18	0.42	0.57	0.71	0.85	0.99	1.13	1.27	1.41				
20	0.47	0.63	0.78	0.94	1.10	1.26	1.41	1.57	1.73	1.88		
22	0.52	0.69	0.86	1.04	1.21	1.38	1.55	1.73	1.90	2.07		
25	0.59	0.78	0.98	1.18	1.37	1.57	1.77	1.96	2.16	2.36	2.75	3.14
28	0.66	0.88	1.10	1.32	1.54	1.76	1.98	2.20	2.42	2.64	3.08	3.53

续表

公称宽度/mm	厚度/mm											
	3	4	5	6	7	8	9	10	11	12	14	16
	理论质量/(kg/m)											
30	0.71	0.94	1.18	1.41	1.65	1.88	2.12	2.36	2.59	2.83	3.30	3.77
32	0.75	1.00	1.26	1.51	1.76	2.01	2.26	2.55	2.76	3.01	3.52	4.02
35	0.82	1.10	1.37	1.65	1.92	2.20	2.47	2.75	3.02	3.30	3.85	4.40
40	0.94	1.26	1.57	1.88	2.20	2.51	2.83	3.14	3.45	3.77	4.40	5.02
45	1.06	1.41	1.77	2.12	2.47	2.83	3.18	3.53	3.89	4.24	4.95	5.65
50	1.18	1.57	1.96	2.36	2.75	3.14	3.53	3.93	4.32	4.71	5.50	6.28
55		1.73	2.16	2.59	3.02	3.45	3.89	4.32	4.75	5.18	6.04	6.91
60		1.88	2.36	2.83	3.30	3.77	4.24	4.71	5.18	5.65	6.59	7.54
65		2.04	2.55	3.06	3.57	4.08	4.59	5.10	5.61	6.12	7.14	8.16
70		2.20	2.75	3.30	3.85	4.40	4.95	5.50	6.04	6.59	7.69	8.79
75		2.36	2.94	3.53	4.12	4.71	5.30	5.89	6.48	7.07	8.24	9.42
80		2.51	3.14	3.77	4.40	5.02	5.65	6.28	6.91	7.54	8.79	10.05
85			3.34	4.00	4.67	5.34	6.01	6.67	7.34	8.01	9.34	10.68
90			3.53	4.24	4.95	5.65	6.36	7.07	7.77	8.48	9.89	11.30
95			3.73	4.47	5.22	5.97	6.71	7.46	8.20	8.95	10.44	11.93
100			3.92	4.71	5.50	6.28	7.06	7.85	8.64	9.42	10.99	12.56
105			4.12	4.95	5.77	6.59	7.42	8.24	9.07	9.89	11.54	13.19
110			4.32	5.18	6.04	6.91	7.77	8.64	9.50	10.36	12.09	13.82
120			4.71	5.65	6.59	7.54	8.48	9.42	10.36	11.30	13.19	15.07
125				5.89	6.87	7.85	8.83	9.81	10.79	11.78	13.74	15.70
130				6.12	7.14	8.16	9.18	10.20	11.23	12.25	14.29	16.33
140					7.69	8.79	9.89	10.99	12.09	13.19	15.39	17.58
150					8.24	9.42	10.60	11.78	12.95	14.13	16.48	18.84
160					8.79	10.05	11.30	12.56	13.82	15.07	17.58	20.10
180					9.89	11.30	12.72	14.13	15.54	16.96	19.78	22.61
200					10.99	12.56	14.13	15.70	17.27	18.84	21.98	25.12

公称宽度/mm	厚度/mm												
	18	20	22	25	28	30	32	36	40	45	50	56	60
	理论质量/(kg/m)												
30	4.24	4.71											
32	4.52	5.02											
35	4.95	5.50	6.04	6.87	7.69								

续表

公称宽度/mm	厚度/mm												
	18	20	22	25	28	30	32	36	40	45	50	56	60
	理论质量/(kg/m)												
40	5.65	6.28	6.91	7.85	8.79								
45	6.36	7.07	7.77	8.83	9.89	10.60	11.30	12.72					
50	7.06	7.85	8.64	9.81	10.99	11.78	12.56	14.13					
55	7.77	8.64	9.50	10.79	12.09	12.95	13.82	15.54					
60	8.48	9.42	10.36	11.78	13.19	14.13	15.07	16.96	18.84	21.20			
65	9.18	10.20	11.23	12.76	14.29	15.31	16.33	18.37	20.41	22.96			
70	9.89	10.99	12.09	13.74	15.39	16.49	17.58	19.78	21.98	24.73			
75	10.60	11.78	12.95	14.72	16.48	17.66	18.84	21.20	23.55	26.49			
80	11.30	12.56	13.82	15.70	17.58	18.84	20.10	22.61	25.12	28.26	31.40	35.17	
85	12.01	13.34	14.68	16.68	18.68	20.02	21.35	24.02	26.69	30.03	33.36	37.37	40.04
90	12.72	14.13	15.54	17.66	19.78	21.20	22.61	25.43	28.26	31.79	35.32	39.56	42.39
95	13.42	14.92	16.41	18.64	20.88	22.37	23.86	26.85	29.83	33.56	37.29	41.76	44.74
100	14.13	15.70	17.27	19.62	21.98	23.55	25.12	28.26	31.40	35.32	39.25	43.96	47.10
105	14.84	16.48	18.13	20.61	23.08	24.73	26.38	29.67	32.97	37.09	41.21	46.16	49.46
110	15.54	17.27	19.00	21.59	24.18	25.90	27.63	31.09	34.54	38.86	43.18	48.36	51.81
120	16.96	18.84	20.72	23.55	26.38	28.26	30.14	33.91	37.68	42.39	47.10	52.75	56.52
125	17.66	19.62	21.58	24.53	27.48	29.44	31.40	35.32	39.25	44.16	49.06	54.95	58.88
130	18.37	20.41	22.45	25.51	28.57	30.62	32.66	36.74	40.82	45.92	51.02	57.15	61.23
140	19.78	21.98	24.18	27.48	30.77	32.97	35.17	39.56	43.96	49.46	54.95	61.54	65.94
150	21.20	23.55	25.90	29.44	32.97	35.32	37.68	42.39	47.10	52.99	58.88	65.94	70.65
160	22.61	25.12	27.63	31.40	35.17	37.68	40.19	45.22	50.24	56.52	62.80	70.34	75.36
180	25.43	28.26	31.09	35.32	39.56	42.39	45.22	50.87	56.52	63.58	70.65	79.13	84.78
200	28.26	31.40	34.54	39.25	43.96	47.10	50.24	56.52	62.80	70.65	78.50	87.92	94.20

表 4-142　热轧工具钢扁钢的规格和质量

公称宽度/mm	扁钢公称厚度/mm										
	4	6	8	10	13	16	18	20	23	25	28
	理论质量/(kg/m)										
10	0.31	0.47	0.63								
13	0.41	0.61	0.82	1.02							
16	0.50	0.75	1.00	1.26	1.63						
20	0.63	0.94	1.26	1.57	2.04	2.51	2.83				

续表

公称宽度/mm	扁钢公称厚度/mm										
	4	6	8	10	13	16	18	20	23	25	28
	理论质量/(kg/m)										
25	0.79	1.18	1.57	1.96	2.55	3.14	3.53	3.93	4.51		
32	1.00	1.51	2.01	2.51	3.27	4.02	4.52	5.02	5.78	6.28	7.03
40	1.26	1.88	2.51	3.14	4.08	5.02	5.65	6.28	7.22	7.85	8.79
50	1.57	2.36	3.14	3.93	5.10	6.28	7.07	7.85	9.03	9.81	10.99
63	1.98	2.97	3.96	4.95	6.43	7.91	8.90	9.89	11.37	12.36	13.85
71	2.23	3.34	4.46	5.57	7.25	8.92	10.03	11.15	12.82	13.93	15.61
80	2.51	3.77	5.02	6.28	8.16	10.05	11.30	12.56	14.44	15.70	17.58
90	2.83	4.24	5.65	7.07	9.18	11.30	12.72	14.13	16.25	17.66	19.78
100	3.14	4.71	6.28	7.85	10.21	12.56	14.13	15.70	18.06	19.63	21.98
112	3.52	5.28	7.03	8.79	11.43	14.07	15.83	17.58	20.22	21.98	24.62
125	3.93	5.89	7.85	9.81	12.76	15.70	17.66	19.63	22.57	24.53	27.48
140	4.40	6.59	8.79	10.99	14.29	17.58	19.78	21.98	25.28	27.48	30.77
160	5.02	7.54	10.05	12.56	16.33	20.10	22.61	25.12	28.89	31.40	35.17
180	5.65	8.48	11.30	14.13	18.37	22.61	25.43	28.26	32.50	35.33	39.56
200	6.28	9.42	12.56	15.70	20.41	25.12	28.26	31.40	36.11	39.25	43.96
224	7.03	10.55	14.07	17.58	22.86	28.13	31.65	35.17	40.44	43.96	49.24
250	7.85	11.78	15.70	19.63	25.51	31.40	35.33	39.25	45.14	49.06	54.95
280	8.79	13.19	17.58	21.98	28.57	35.17	39.56	43.96	50.55	54.95	61.54
310	9.73	14.60	19.47	24.34	31.64	38.94	43.80	48.67	55.97	60.84	68.14

公称宽度/mm	扁钢公称厚度/mm										
	32	36	40	45	50	56	63	71	80	90	100
	理论质量/(kg/m)										
40	10.05	11.30									
50	12.56	14.13	15.70	17.66							
63	15.83	17.80	19.78	22.25	24.73	27.69					
71	17.84	20.06	22.29	25.08	27.87	31.21	35.11				
80	20.10	22.61	25.12	28.26	31.40	35.17	39.56	44.59			
90	22.61	25.43	28.26	31.79	35.33	39.56	44.51	50.16	56.52		
100	25.12	28.26	31.40	35.33	39.25	43.96	49.46	55.74	62.80	70.65	
112	28.13	31.65	35.17	39.56	43.96	49.24	55.39	62.42	70.34	79.13	87.92
125	31.40	35.33	39.25	44.16	49.06	54.95	61.82	69.67	78.50	88.31	98.13
140	35.17	39.56	43.96	49.46	54.95	61.54	69.24	78.03	87.92	98.91	109.90

续表

公称宽度/mm	扁钢公称厚度/mm										
	32	36	40	45	50	56	63	71	80	90	100
	理论质量/(kg/m)										
160	40.19	45.22	50.24	56.52	62.80	70.34	79.13	89.18	100.48	113.04	125.60
180	45.22	50.87	56.52	63.59	70.65	79.13	89.02	100.32	113.04	127.17	141.30
200	50.24	56.52	62.80	70.65	78.50	87.92	98.91	111.47	125.60	141.30	157.00
224	56.27	63.30	70.34	79.13	87.92	98.47	110.78	124.85	140.67	158.26	175.84
250	62.80	70.65	78.50	88.31	98.13	109.90	123.64	139.34	157.00	176.63	196.25
280	70.34	79.13	87.92	98.91	109.90	123.09	138.47	156.06	175.84	197.82	219.80
310	77.87	87.61	97.34	109.51	121.68	136.28	153.31	172.78	194.68	219.02	243.35

4.17.3　热轧六角钢和八角钢（GB/T 702—2017）

① 尺寸范围　六角钢的对边距离为8～70mm，八角钢的对边距离为16～40mm。

② 规格、截面积和理论质量　见表4-143。

表4-143　热轧六角钢和八角钢的截面积和理论质量

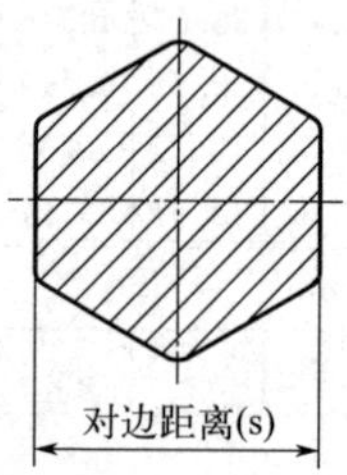

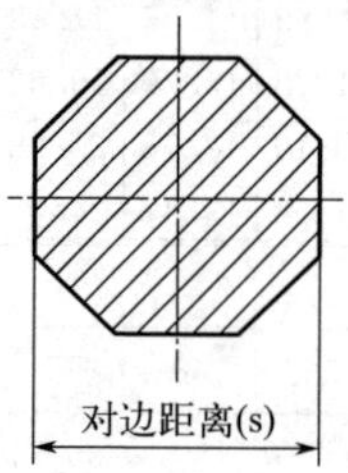

对边距离 s/mm	六角钢		八角钢		对边距离 s/mm	六角钢		八角钢	
	A /cm²	G /(kg/m)	A /cm²	G /(kg/m)		A /cm²	G /(kg/m)	A /cm²	G /(kg/m)
8	0.5543	0.435	—	—	14	1.697	1.33	—	—
9	0.7015	0.551	—	—	15	1.949	1.53	—	—
10	0.8660	0.680	—	—	16	2.217	1.74	2.120	1.66
11	1.048	0.823	—	—	17	2.503	1.96	—	—
12	1.247	0.979	—	—	18	2.806	2.20	2.683	2.16
13	1.464	1.15	—	—	19	3.126	2.45	—	—

续表

对边距离 s/mm	六角钢		八角钢		对边距离 s/mm	六角钢		八角钢	
	A /cm²	G /(kg/m)	A /cm²	G /(kg/m)		A /cm²	G /(kg/m)	A /cm²	G /(kg/m)
20	3.464	2.72	3.312	2.60	40	13.86	10.88	13.25	10.40
21	3.819	3.00	—	—	42	15.28	11.99	—	—
22	4.192	3.29	4.008	3.15	45	17.54	13.77	—	—
23	4.581	3.60	—	—	48	19.95	15.66	—	—
24	4.988	3.92	—	—	50	21.65	17.00	—	—
25	5.413	4.25	5.175	4.06	53	24.33	19.10	—	—
26	5.854	4.60	—	—	56	27.16	21.32	—	—
27	6.314	4.96	—	—	58	29.13	22.87	—	—
28	6.790	5.33	6.49	5.10	60	31.18	24.50	—	—
30	7.794	6.12	7.46	5.85	63	34.37	26.98	—	—
32	8.868	6.96	8.48	6.66	65	36.59	28.72	—	—
34	10.01	7.86	9.58	7.51	68	40.04	31.43	—	—
36	11.22	8.81	10.74	8.42	70	42.43	33.30	—	—
38	12.50	9.82	11.96	9.39					

4.17.4 热轧工字钢（GB/T 706—2016）

① 化学成分　应符合 GB/T 706 或 GB/T 1591 的有关规定。

② 力学性能　应符合 GB/T 706 或 GB/T 1591 的有关规定。

③ 规格和理论质量　见表 4-144。

表 4-144　热轧工字钢的规格和理论质量

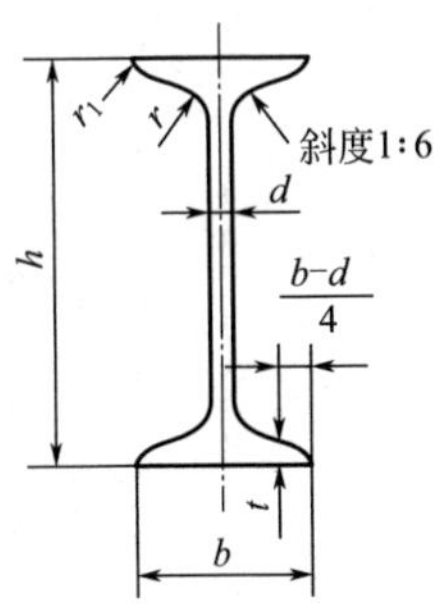

h—高度；
b—腿宽；
d—腰厚；
t—平均腿厚；
r—内圆弧半径；
r_1—腿端圆弧半径

续表

型号	尺寸/mm						截面面积 /cm^2	理论质量 /(kg/m)
	h	b	d	t	r	r_1		
10	100	68	4.5	7.6	6.5	3.4	14.35	11.26
12	120	74	5.0	8.4	7.0	3.5	17.82	13.99
12.6	126	74	5.0	8.4	7.0	3.5	18.12	14.22
14	140	80	5.5	9.1	7.5	3.8	21.52	16.89
16	160	88	6.0	9.9	8.0	4.0	26.13	20.51
18	180	94	6.5	10.7	8.5	4.3	30.76	24.14
20a	200	100	7.0	11.4	9.0	4.5	35.58	27.93
20b		102	9.0				39.58	31.07
22a	220	110	7.5	12.3	9.5	4.8	42.13	33.07
22b		112	9.5				46.53	36.52
24a	240	116	8.0	13.0	10.0	5.0	47.74	37.48
24b		118	10.0				52.54	41.25
25a	250	116	8.0	13.0	10.0	5.0	48.54	38.10
25b		118	10.0				53.54	42.03
27a	270	122	8.5	13.7	10.5	5.3	54.55	42.82
27b		124	10.5				59.95	47.06
28a	280	122	8.5	13.7	10.5	5.3	55.40	43.49
28b		124	10.5				61.00	47.89
30a	300	126	9.0	14.4	11.0	5.5	61.25	48.08
30b		128	11.0				67.25	52.79
30c		130	13.0				73.25	57.50
32a	320	130	9.5	15.0	11.5	5.8	67.16	52.72
32b		132	11.5				73.56	57.74
32c		134	13.5				79.96	62.76
36a	360	136	10.0	15.8	12.0	6.0	76.48	60.04
36b		138	12.0				83.68	65.69
36c		140	14.0				90.88	71.34
40a	400	142	10.5	16.5	12.5	6.3	86.11	67.60
40b		144	12.5				94.11	73.88
40c		146	14.5				102.1	80.16
45a	450	150	11.5	18.0	13.5	6.8	102.5	80.42
45b		152	13.5				111.5	87.48
45c		154	15.5				120.5	94.55
50a	500	158	12.0	20.0	14.0	7.0	119.3	93.65
50b		160	14.0				129.3	101.5
50c		162	16.0				139.3	109.4
55a	550	168	12.5	21.0	14.5	7.3	134.2	105.3
55b		168	14.5				145.2	114.0
55c		170	16.5				156.2	122.6
56a	560	166	12.5	21.0	14.5	7.3	135.4	106.3
56b		168	14.5				146.6	115.1
56c		170	16.5				157.8	123.9

续表

型号	尺寸/mm						截面面积/cm^2	理论质量/(kg/m)
	h	b	d	t	r	r_1		
63a	630	176	13.0	22.0	15.0	7.5	154.7	121.4
63b		178	15.0				167.3	131.3
63c		180	17.0				179.9	141.2

4.17.5 热轧槽钢（GB/T 706—2016）

① 化学成分　应符合 GB/T 706 或 GB/T 1591 的有关规定。

② 力学性能　应符合 GB/T 706 或 GB/T 1591 的有关规定。

③ 规格和理论质量　见表 4-145。

表 4-145　热轧普通槽钢规格和理论质量

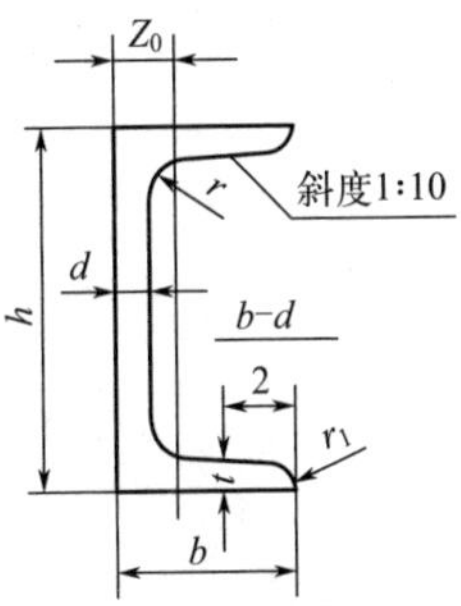

h—高度；
b—腿宽；
d—腰厚；
t—平均腿厚；
r—内圆弧半径；
r_1—腿端圆弧半径，($=d/3$)；
Z_0—重心距离

型号	尺寸/mm						截面面积/cm^2	理论质量/(kg/m)
	h	b	d	t	r	r_1		
5	50	37	4.5	7.0	7.0	3.5	6.928	5.44
6.3	63	40	4.8	7.5	7.5	3.8	8.451	6.63
6.5	65	40	4.3	7.5	7.5	3.8	8.547	6.51
8	80	43	5.0	8.0	8.0	4.0	10.25	8.04
10	100	48	5.3	8.5	8.5	4.2	12.75	10.0
12	120	53	5.5	9.0	9.0	4.5	15.36	12.1
12.6	126	53	5.5	9.0	9.0	4.5	15.69	12.3
14a	140	58	6.0	9.5	9.5	4.8	18.51	14.5
14b		60	8.0				21.31	16.7
16a	160	63	6.5	10.0	10.0	5.0	21.95	17.2
16b		65	8.5				25.15	19.8

续表

型号	尺寸/mm						截面面积/cm^2	理论质量/(kg/m)
	h	b	d	t	r	r_1		
18a	180	68	7.0	10.5	10.5	5.2	25.70	20.2
18b		70	9.0				29.30	23.0
20a	200	73	7.0	11.0	11.0	5.5	28.84	22.6
20b		75	9.0				32.83	25.8
22a	220	77	7.0	11.5	11.5	5.8	31.85	25.0
22b		79	9.0				36.25	28.45
24a	240	78	7.0	12.0	12.0	6.0	34.22	26.86
24b		80	9.0				39.02	30.63
24c		82	11.0				43.82	34.40
25a	250	78	7.0	12.0	12.0	6.0	34.92	27.41
25b		80	9.0				39.92	31.34
25c		82	11.0				44.92	35.26
27a	270	82	7.5	12.5	12.5	6.2	39.28	30.84
27b		84	9.5				44.68	35.08
27c		86	11.5				50.08	39.32
28a	280	82	7.5	12.5	12.5	6.2	40.03	31.43
28b		84	9.5				45.63	35.82
28c		86	11.5				51.23	40.22
30a	300	85	7.5	13.5	13.5	6.8	43.90	34.46
30b		87	9.5				49.90	39.17
30c		89	11.5				55.90	43.83
32a	320	88	8.0	14.0	14.0	7.0	48.51	38.08
32b		90	10.0				54.91	43.11
32c		92	12.0				61.31	48.13
36a	360	96	9.0	16.0	16.0	8.0	60.91	41.81
36b		98	11.0				68.11	53.47
36c		100	13.0				75.31	59.93
40a	400	100	10.5	18.0	18.0	9.0	75.07	58.93
40b		102	12.5				83.07	65.21
40c		104	14.5				91.07	71.49

4.17.6 热轧等边角钢（GB/T 706—2016）

① 化学成分 应符合 GB/T 706 或 GB/T 1591 的有关规定。

② 力学性能 应符合 GB/T 706 或 GB/T 1591 的有关规定。

③ 规格和理论质量　见表4-146。

表4-146　热轧等边角钢规格和理论质量

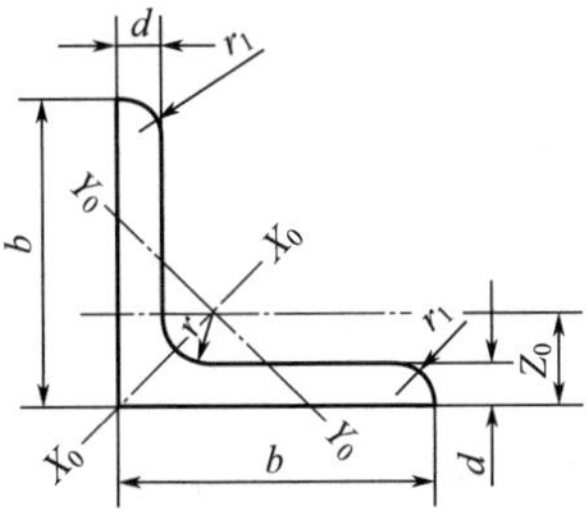

b—边宽；
d—边厚；
r—内圆弧半径；
r_1—边端圆弧半径，(=d/3)；
Z_0—重心距离

型号	尺寸/mm			截面面积/cm²	理论质量/(kg/m)	外表面积/(m²/m)	Z_0/cm
	b	d	r				
2.0	20	3	3.5	1.132	0.889	0.078	0.60
		4		1.459	1.145	0.077	0.64
2.5	25	3	3.5	1.432	1.124	0.098	0.73
		4		1.859	1.459	0.097	0.76
3.0	30	3	4.5	1.749	1.373	0.117	0.85
		4		2.276	1.786	0.117	0.89
3.6	36	3	4.5	2.109	1.656	0.141	1.00
		4		2.756	2.163	0.141	1.04
		5		3.382	2.654	0.141	1.07
4	40	3	5.0	2.359	1.852	0.157	1.09
		4		3.086	2.422	0.157	1.13
		5		3.791	2.976	0.156	1.17
4.5	45	3	5.0	2.659	2.088	0.177	1.22
		4		3.486	2.736	0.177	1.26
		5		4.292	3.369	0.176	1.30
		6		5.076	3.985	0.176	1.33
5	50	3	5.5	2.971	2.332	0.197	1.34
		4		3.897	3.059	0.197	1.38
		5		4.803	3.770	0.196	1.42
		6		5.688	4.465	0.196	1.46
5.6	56	3	6.0	3.343	2.624	0.221	1.48
		4		4.390	3.446	0.220	1.53
		5		5.415	4.251	0.220	1.57
		6		6.420	5.040	0.220	1.61
		7		7.404	5.812	0.219	1.64
		8		8.367	6.568	0.219	1.68

续表

型号	尺寸/mm			截面面积/cm^2	理论质量/(kg/m)	外表面积/(m^2/m)	Z_0/cm
	b	d	r				
6.0	60	5	6.5	5.829	4.576	0.236	1.67
		6		6.914	5.427	0.235	1.70
		7		7.977	6.262	0.235	1.74
		8		9.020	7.081	0.235	1.78
6.3	63	4	7.0	4.978	3.907	0.248	1.70
		5		6.143	4.822	0.248	1.74
		6		7.288	5.721	0.247	1.78
		7		8.412	6.603	0.247	1.82
		8		9.515	7.469	0.247	1.85
		10		11.66	9.151	0.246	1.93
7	70	4	8.0	5.570	4.372	0.275	1.86
		5		6.875	5.397	0.275	1.91
		6		8.160	6.406	0.275	1.95
		7		9.424	7.398	0.275	1.99
		8		10.67	8.373	0.274	2.03
7.5	75	5	9.0	7.412	5.818	0.295	2.04
		6		8.797	6.905	0.294	2.07
		7		10.16	7.976	0.294	2.11
7.5	75	8	9.0	11.50	9.030	0.294	2.15
		9		12.82	10.07	0.294	2.18
		10		14.13	11.09	0.293	2.22
8	80	5	9.0	7.912	6.211	0.315	2.15
		6		9.397	7.376	0.314	2.19
		7		10.86	8.525	0.314	2.23
		8		12.30	9.658	0.314	2.27
		9		13.72	10.77	0.314	2.31
		10		15.13	11.87	0.313	2.35
9	90	6	10	10.64	8.350	0.354	2.44
		7		12.30	9.656	0.354	2.48
		8		13.94	10.95	0.353	2.52
		9		15.57	12.22	0.353	2.56
		10		17.17	13.48	0.353	2.59
		12		20.31	15.94	0.352	2.67
10	100	6	12	11.93	9.366	0.393	2.67
		7		13.80	10.83	0.393	2.71
		8		15.64	12.28	0.393	2.76

续表

型号	尺寸/mm			截面面积/cm^2	理论质量/(kg/m)	外表面积/(m^2/m)	Z_0/cm
	b	d	r				
10	100	9	12	17.46	13.71	0.392	2.80
		10		19.26	15.12	0.392	2.84
		12		22.80	17.12	0.391	2.91
		14		26.26	20.61	0.391	2.99
		16		29.63	23.26	0.390	3.06
11	110	7	12	15.20	11.93	0.433	2.96
		8		17.24	13.53	0.433	3.01
		10		21.26	16.69	0.432	3.09
		12		25.20	19.78	0.431	3.16
		14		29.06	22.81	0.431	3.24
12.5	125	8	14	19.75	15.50	0.492	3.37
		10		24.37	19.13	0.491	3.45
		12		28.91	22.70	0.491	3.53
		14		33.37	26.19	0.490	3.61
		16		37.74	29.62	0.489	3.68
14	140	10	14	27.37	21.49	0.551	3.82
		12		32.51	25.52	0.551	3.90
		14		37.57	29.49	0.550	3.98
		16		42.54	33.39	0.549	4.06
15	150	8	14	23.75	18.64	0.592	3.99
		10		29.37	23.06	0.591	4.08
		12		34.91	27.41	0.591	4.15
		14		40.37	31.69	0.590	4.23
		15		43.06	33.80	0.590	4.27
		16		45.74	35.90	0.589	4.31
16	160	10	16	31.50	24.73	0.630	4.31
		12		37.44	29.39	0.630	4.39
		14		43.30	33.99	0.629	4.47
		16		49.07	38.52	0.629	4.55
18	180	12	16	42.24	33.16	0.710	4.89
		14		48.90	38.38	0.709	4.97
		16		55.47	43.54	0.709	5.05
		18		61.95	48.63	0.708	5.13
20	200	14	18	54.64	42.89	0.788	5.46
		16		62.01	48.68	0.788	5.54
		18		69.30	54.40	0.787	5.62

续表

型号	尺寸/mm			截面面积/cm^2	理论质量/(kg/m)	外表面积/(m^2/m)	Z_0/cm
	b	d	r				
20	200	20	18	76.50	60.06	0.787	5.69
		24		90.66	71.17	0.785	5.87
22	220	16	21	68.64	53.90	0.866	6.03
		18		76.75	60.25	0.866	6.11
		20		84.76	66.53	0.865	6.18
		22		92.68	72.75	0.865	6.28
		24		100.51	78.90	0.864	6.33
		26		108.26	84.99	0.864	6.41
25	250	18	24	87.84	68.96	0.985	6.84
		20		97.05	76.18	0.984	6.92
		24		115.2	90.43	0.983	7.07
		26		124.2	97.46	0.982	7.15
		28		133.0	104.4	0.982	7.22
		30		141.8	111.3	0.981	7.30
		32		150.5	118.2	0.981	7.37
		35		163.4	128.3	0.980	7.48

4.17.7　热轧不等边角钢（GB/T 706—2016）

① 化学成分　应符合 GB/T 706 或 GB/T 1591 的有关规定。

② 力学性能　应符合 GB/T 706 或 GB/T 1591 的有关规定。

③ 规格和理论质量　见表 4-147。

表 4-147　热轧不等边角钢的规格和理论质量

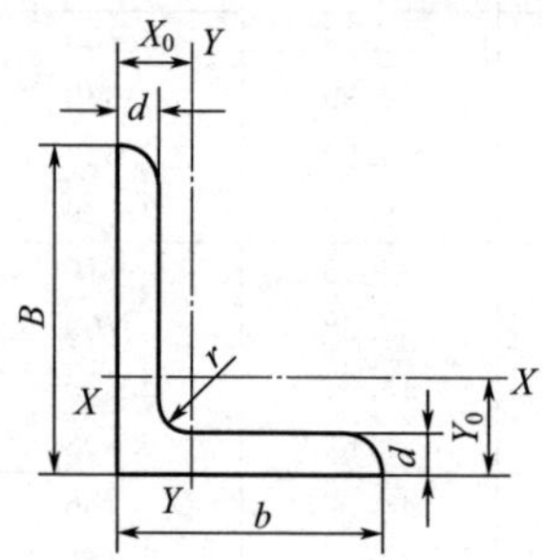

B—长边宽度；
b—短边宽度；
d—边厚度；
r—内圆弧半径；
X_0—重心距离；
Y_0—重心距离

续表

型号	尺寸/mm				截面面积/cm^2	理论质量/(kg/m)	外表面积/(m^2/m)	X_0/cm	Y_0/cm
	B	b	d	r					
2.5/1.6	25	16	3	3.5	0.42	0.912	0.080	0.42	0.86
			4		0.46	1.176	0.079	0.46	0.90
3.2/2	32	20	3		0.49	1.171	0.102	0.49	1.08
			4		0.53	1.522	0.101	0.53	1.12
4/2.5	40	25	3	4	1.890	1.484	0.127	0.59	1.32
			4		2.467	1.936	0.127	0.63	1.37
4.5/2.8	45	28	3	5	2.149	1.687	0.143	0.64	1.47
			4		2.806	2.203	0.143	0.68	1.51
5/3.2	50	32	3	5.5	2.431	1.908	0.161	0.73	1.60
			4		3.177	2.494	0.160	0.77	1.65
5.6/3.6	56	36	3	6	2.743	2.153	0.181	0.80	1.78
			4		3.590	2.818	0.180	0.85	1.82
			5		4.415	3.466	0.180	0.88	1.87
6.3/4	63	40	4	7	4.058	3.185	0.202	0.92	2.04
			5		4.993	3.920	0.202	0.95	2.08
			6		5.908	4.638	0.201	0.99	2.12
			7		6.802	5.339	0.201	1.03	2.15
7/4.5	70	45	4	7.5	4.547	3.570	0.226	1.02	2.24
			5		5.609	4.403	0.225	1.06	2.28
			6		6.647	5.218	0.225	1.09	2.32
			7		7.657	6.011	0.225	1.13	2.36
7.5/5	75	50	5	8	6.125	4.808	0.245	1.17	2.40
			6		7.260	5.699	0.245	1.21	2.44
			8		9.467	7.431	0.244	1.29	2.52
			10		11.59	9.098	0.244	1.36	2.60
8/5	80	50	5	8.5	6.375	5.005	0.255	1.14	2.60
			6		7.560	5.935	0.255	1.18	2.65
			7		8.724	6.848	0.255	1.21	2.69
			8		9.867	7.745	0.254	1.25	2.73
9/5.6	90	56	5	9	7.212	5.661	0.287	1.25	2.91
			6		8.557	6.717	0.286	1.29	2.95
			7		9.880	7.756	0.286	1.33	3.00
			8		11.18	8.779	0.286	1.36	3.04

续表

型号	尺寸/mm				截面面积/cm^2	理论质量/(kg/m)	外表面积/(m^2/m)	X_0/cm	Y_0/cm
	B	b	d	r					
10/6.3	100	63	6	10	9.617	7.550	0.320	1.43	3.24
			7		11.11	8.722	0.320	1.47	3.28
			8		12.58	9.878	0.319	1.50	3.32
			10		15.47	12.14	0.319	1.58	3.40
10/8	100	80	6	10	10.64	8.350	0.354	1.97	2.95
			7		12.30	9.656	0.354	2.01	3.00
			8		13.94	10.946	0.353	2.05	3.04
			10		17.17	13.476	0.353	2.13	3.12
11/7	110	70	6	10	10.64	8.350	0.354	1.57	3.53
			7		12.30	9.656	0.354	1.61	3.57
			8		13.94	10.95	0.353	1.65	3.62
			10		17.17	13.48	0.353	1.72	3.70
12.5/8	125	80	7	11	14.10	11.07	0.403	1.80	4.01
			8		15.99	12.55	0.403	1.84	4.06
			10		19.71	15.47	0.402	1.92	4.14
			12		23.35	18.33	0.402	2.00	4.22
14/9	140	90	8	12	18.04	14.16	0.453	2.04	4.50
			10		22.26	17.48	0.452	2.12	4.58
			12		26.40	20.72	0.451	2.19	4.66
			14		30.46	23.91	0.451	2.27	4.74
15/9	150	90	8	12	18.84	14.79	0.473	1.97	4.92
			10		23.26	18.26	0.472	2.05	5.01
			12		27.60	21.67	0.471	2.12	5.09
			14		31.86	25.01	0.471	2.20	5.17
			15		33.95	26.65	0.471	2.24	5.21
			16		36.03	28.28	0.470	2.27	5.25
16/10	160	100	10	13	25.32	19.87	0.512	2.28	5.24
			12		30.05	23.59	0.511	2.36	5.32
			14		34.71	27.25	0.510	2.43	5.40
			16		39.28	30.84	0.510	2.51	5.48
18/11	180	110	10	14	28.37	22.27	0.571	2.44	5.89
			12		33.71	26.46	0.571	2.52	5.98
			14		38.97	30.59	0.570	2.59	6.06
			16		44.14	34.65	0.569	2.67	6.14

续表

型号	尺寸/mm				截面面积/cm^2	理论质量/(kg/m)	外表面积/(m^2/m)	X_0/cm	Y_0/cm
	B	b	d	r					
20/12.5	200	125	12	14	37.91	29.76	0.641	2.83	6.54
			14		43.87	34.44	0.640	2.91	6.62
			16		49.74	39.05	0.639	2.99	6.70
			18		55.53	43.59	0.639	3.06	6.78

4.17.8　热轧船用 L 型钢（YB/T 4562—2016）

L 型钢除用于大型船舶外，也可用于海洋工程结构和要求较高的建筑工程结构。

① 化学成分　应符合 GB/T 706 或 GB/T 1591 的有关规定。

② 力学性能　应符合 GB/T 706 或 GB/T 1591 的有关规定。

③ 规格和理论质量　见表 4-148。

表 4-148　热轧 L 型钢的尺寸和质量

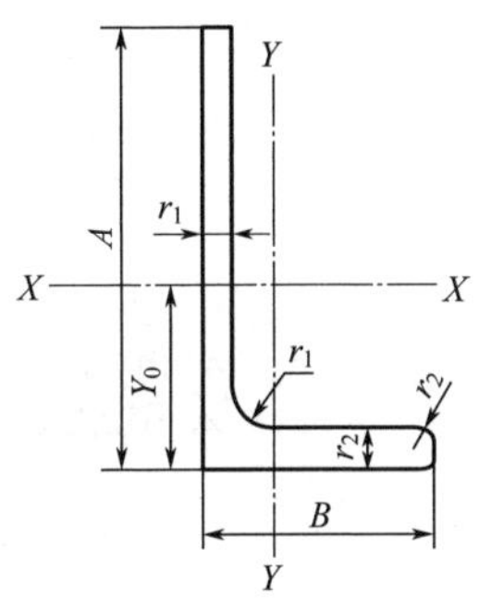

A—长边宽度；
B—短边宽度；
t_1—长边厚度；
t_2—短边厚度；
Y_0—重心距离；
r_1—内圆弧半径；
r_2—圆角半径

型号 ($A\times B\times t_1\times t_2$)	截面尺寸/mm						截面面积/cm^2	理论质量/(kg/m)	重心距离 Y_0/cm
	A	B	t_1	t_2	r_1	r_2			
L200×90×9×14	200	90	9	14	14	7	29.66	23.3	6.36
L250×90×10×15	250	90	10	15	17	8.5	37.47	29.4	8.61
L250×90×12×16	250	90	12	16	17	8.5	42.95	33.7	8.99
L300×90×11×16	300	90	11	16	19	9.5	46.22	36.3	11.0
L300×90×13×17	300	90	13	17	19	9.5	52.67	41.3	11.3

续表

型号 ($A\times B\times t_1\times t_2$)	截面尺寸/mm						截面面积 /cm^2	理论质量 /(kg/m)	重心距离 Y_0/cm
	A	B	t_1	t_2	r_1	r_2			
L350×100×12×17	350	100	12	17	22	11	57.74	45.3	13.0
L400×100×11.5×16	400	100	11.5	16	24	12	61.09	47.9	15.3
L400×100×13×18	400	100	13	18	24	12	68.59	53.8	15.4
L450×125×11.5×18	450	125	11.5	18	24	12	73.11	57.4	16.2

注：仅列出常用规格。

4.17.9 热轧平行腿槽钢（YB/T 4705—2018）

① 化学成分 应符合 GB/T 706 或 GB/T 1591 的有关规定。

② 力学性能 应符合 GB/T 706 或 GB/T 1591 的有关规定。

③ 规格和理论质量 见表 4-149。

表 4-149 热轧平行腿槽钢规格和理论质量

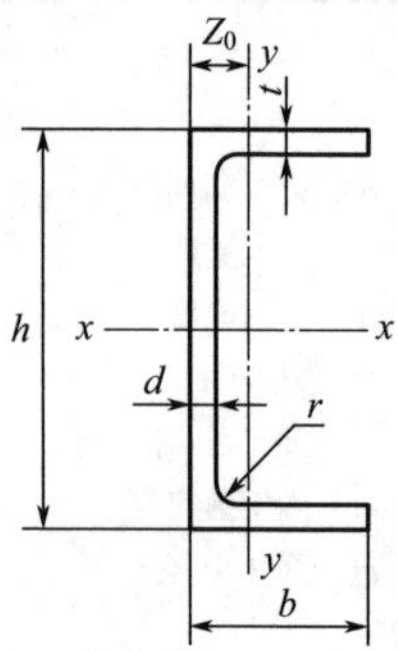

h—高度；
b—腿宽；
d—腰厚；
t—平均腿厚；
r—内圆弧半径；
Z_0—重心距离

型号	截面尺寸/mm					截面面积 /cm^2	理论质量 /(kg/m)	重心距离 Z_0/cm
	h	b	d	t	r			
8	80	43	5	8	8	10.35	8.13	1.52
10	100	48	5.3	8.5	8.5	12.87	10.1	1.63
12	120	53	5.5	9	9	15.50	12.2	1.75
12.6	126	53	5.5	9	9	15.83	12.4	1.72
14a	140	58	6.0	9.5	9.5	18.67	14.7	1.85
14b		60	8.0			21.47	16.9	1.79

续表

型号	截面尺寸/mm					截面面积 /cm^2	理论质量 /(kg/m)	重心距离 Z_0/cm
	h	b	d	t	r			
16a	160	63	6.5	10.0	10.0	22.13	17.4	1.94
16b		65	8.5			25.33	19.9	1.89
18a	180	68	7.0	10.5	10.5	25.88	20.3	2.04
18b		70	9.0			29.48	23.1	1.98
20a	200	73	7.0	11.0	11.0	29.04	22.8	2.19
20b		75	9.0			33.04	25.9	2.11
22a	220	77	7.0	11.5	11.5	32.07	25.2	2.29
22b		79	9.0			36.47	28.6	2.20
24a	240	78	7.0	12.0	12.0	34.46	27.0	2.29
24b		80	9.0			39.26	30.8	2.20
24c		82	11.0			44.06	34.6	2.15
25a	250	78	7.0	12.0	12.0	35.16	27.6	2.25
25b		80	9.0			40.16	31.5	2.16
25c		82	11.0			45.16	35.4	2.11
27a	270	82	7.5	12.5	12.5	39.55	31.0	2.32
27b		84	9.5			44.95	35.3	2.23
27c		86	11.5			50.35	39.5	2.18
28a	280	82	7.5	12.5	12.5	40.30	31.6	2.28
28b		84	9.5			45.90	36.0	2.19
28c		86	11.5			51.50	40.4	2.14
30a	300	85	7.5	13.5	13.5	44.21	34.7	2.40
30b		87	9.5			50.21	39.4	2.30
30c		89	11.5			56.21	44.1	2.24
32a	320	88	8.0	14.0	14.0	48.84	38.3	2.43
32b		90	10.0			55.24	43.4	2.34
32c		92	12.0			61.64	48.4	2.28
36a	360	96	9.0	16.0	16.0	61.34	48.2	2.64
36b		98	11.0			68.54	53.8	2.55
36c		100	13.0			75.74	59.5	2.50
40a	400	100	10.5	18.0	18.0	75.61	59.4	2.67
40b		102	12.5			83.61	65.6	2.61
40c		104	14.5			91.61	71.9	2.57

4.17.10 热轧H型钢和剖分T型钢（GB/T 11263—2017）

常用于要求承载能力大、截面稳定性好的大型建筑（厂房、高层建筑等）以及桥梁、船舶、起重运输机械、机械基础、支架、基础桩等。

H型钢和剖分T型钢的牌号和化学成分（熔炼分析）及力学性能应符合GB/T 706、GB/T 712、GB/T 714、GB/T 1591、GB/T 4171、GB/T 19879等标准的有关规定。

① 分类

a. H型钢分为4类：宽翼缘（HW）、中翼缘（HM）、窄翼缘（HN）和薄壁（HT）。

b. 剖分T型钢分为3类：宽翼缘（TW）、中翼缘（TM）和窄翼缘（TN）。

其中“W”“M”“N”“T”分别为英文“宽”“中”“窄”“薄”的首字母。

② 交货状态　热轧（剖分T型钢由热轧H型钢剖分而成）。

③ 力学性能　应符合GB/T 706、GB/T 712、GB/T 714、GB/T 1591或GB/T 4171的有关规定。

④ 截面尺寸、截面面积和理论质量　见表4-150、表4-151。

表4-150 常用H型钢的截面尺寸、截面面积和理论质量

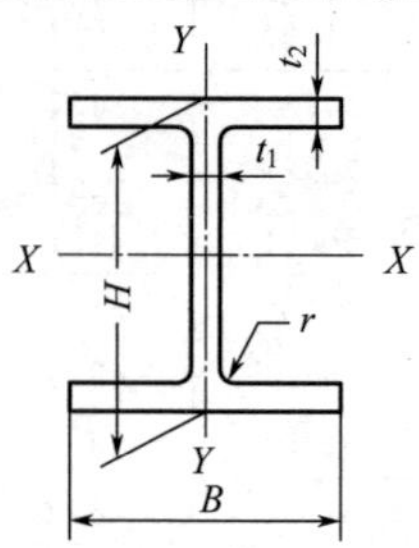

H—高度；
B—宽度；
t_1—腹板厚度；
t_2—翼缘厚度；
r—圆角半径

类别	型号（高度×宽度）/mm	截面尺寸/mm					截面面积/cm^2	理论质量/(kg/m)
		H	B	t_1	t_2	r		
HW	100×100	100	100	6	8	8	21.58	16.9

续表

类别	型号（高度×宽度）/mm	截面尺寸/mm					截面面积/cm^2	理论质量/(kg/m)
		H	B	t_1	t_2	r		
HW	125×125	125	125	6.5	9	8	30.00	23.6
	150×150	150	150	7	10	8	39.64	31.1
	175×175	175	175	7.5	11	13	51.42	40.4
	200×200	200	200	8	12	13	63.53	49.9
	250×250	250	250	9	14	13	91.43	71.8
	300×300	300	300	10	15	13	118.5	93.0
	350×350	350	350	12	19	13	171.9	135
	400×400	400	400	13	21	22	218.7	172
HM	150×100	148	100	6	9	8	26.34	20.7
	200×150	194	150	6	9	8	38.10	29.9
	250×175	244	175	7	11	13	55.49	43.6
	300×200	294	200	8	12	13	71.05	55.8
	350×250	340	250	9	14	13	99.53	78.1
	400×300	390	300	10	16	13	133.3	105
	450×300	440	300	11	18	13	153.9	121
	500×300	488	300	11	18	13	159.2	125
	600×300	588	300	12	20	13	187.2	147
HN	150×75	150	75	5	7	8	17.84	14.0
	175×90	175	90	5	8	8	22.89	18.0
	200×100	200	100	5.5	8	8	26.66	20.9
	250×125	250	125	6	9	8	36.96	29.0
	300×150	300	150	6.5	9	13	46.78	36.7
	350×175	350	175	7	11	13	62.91	49.4
	400×150	400	150	8	13	13	70.37	55.2
	400×200	400	200	8	13	13	83.37	65.4
	450×150	450	151	8	14	13	77.49	60.8
	450×200	450	200	9	14	13	95.43	74.9
	475×150	482	153.5	10.5	19	13	106.4	83.5
	500×150	504	153	10	18	13	103.3	81.1
	500×200	500	200	10	16	13	112.3	88.1
	550×200	550	200	10	16	13	117.3	92.0
	600×200	600	200	11	17	13	131.7	103
	625×200	630	200	15	20	13	170.0	133

续表

类别	型号（高度×宽度）/mm	截面尺寸/mm					截面面积/cm^2	理论质量/(kg/m)
		H	B	t_1	t_2	r		
HN	700×300	700	300	13	24	18	231.5	182
	800×300	800	300	14	26	18	263.5	207
	900×300	900	300	16	28	18	305.8	240
HT	100×50	95	48	3.2	4.5	8	7.620	5.98
		97	49	4	5.5	8	9.370	7.36
	100×100	96	99	4.5	6	8	16.20	12.7
	125×60	118	58	3.2	4.5	8	9.250	7.26
		120	59	4	5.5	8	11.39	8.94
	125×125	119	123	4.5	6	8	20.12	15.8
	150×75	145	73	3.2	4.5	8	11.47	9.00
		147	74	4	5.5	8	14.12	11.1
	150×100	139	97	3.2	4.5	8	13.43	10.6
		142	99	4.5	6	8	18.27	14.3
	150×150	144	148	5	7	8	27.76	21.8
		147	149	6	8.5	8	33.67	26.4
	175×90	168	88	3.2	4.5	8	13.55	10.6
		171	89	4	6	8	17.58	13.8
	175×175	167	173	5	7	13	33.32	26.2
		172	175	6.5	9.5	13	44.64	35.0
	200×100	193	98	3.2	4.5	8	15.25	12.0
		196	99	4	6	8	19.78	15.5
	200×150	188	149	4.5	6	8	26.34	20.7
	200×200	192	198	6	8	13	43.69	34.3
	250×125	244	124	4.5	6	8	25.86	20.3
	250×175	238	173	4.5	8	13	39.12	30.7
	300×150	294	148	4.5	6	13	31.90	25.0
	300×200	286	198	6	8	13	49.33	38.7
	350×175	340	173	4.5	6	13	36.97	29.0
	400×150	390	148	6	8	13	47.57	37.3
	400×200	390	198	6	8	13	55.57	43.6

表 4-151　剖分 T 型钢的截面尺寸、截面面积、理论质量

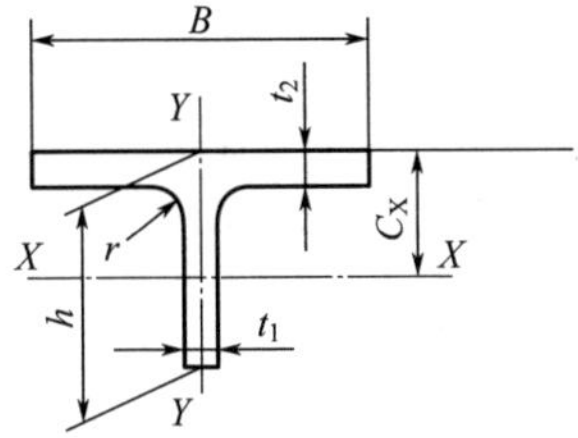

h—高度；
B—宽度；
t_1—腹板厚度；
t_2—翼缘厚度；
r—圆角半径；
C_X—重心

类别	型号（高度×宽度）/mm	截面尺寸/mm					截面面积/cm^2	理论质量/(kg/m)	重心 C_X /cm	对应 H 型钢系列型号
		h	B	t_1	t_2	r				
TW	50×100	50	100	6	8	8	10.79	8.47	1.00	100×100
	62.5×125	62.5	125	6.5	9	8	15.00	11.8	1.19	125×125
	75×150	75	150	7	10	8	19.82	15.6	1.37	150×150
	87.5×175	87.5	175	7.5	11	13	25.71	20.2	1.55	175×175
	100×200	100	200	8	12	13	31.76	24.9	1.73	200×200
		100	204	12	12	13	35.76	28.1	2.09	
	125×250	125	250	9	14	13	45.71	35.9	2.08	250×250
		125	255	14	14	13	51.96	40.8	2.58	
	150×300	147	302	12	12	13	53.16	41.7	2.85	300×300
		150	300	10	15	13	59.22	46.5	2.47	
		150	305	15	15	13	66.72	52.4	3.04	
	175×350	172	348	10	16	13	72.00	56.5	2.67	350×350
		175	350	12	19	13	85.94	67.5	2.87	
	200×400	194	402	15	15	22	89.22	70.0	3.70	400×400
		197	398	11	18	22	93.40	73.3	3.01	
		200	400	13	21	22	109.3	85.8	3.21	
		200	408	21	21	22	125.3	98.4	4.07	
		207	405	18	28	22	147.7	116	3.68	
		214	407	20	35	22	180.3	142	3.90	
TM	75×100	74	100	6	9	8	13.17	10.3	1.56	150×100
	100×150	97	150	6	9	8	19.05	15.0	1.80	200×150
	125×175	122	175	7	11	13	27.74	21.8	2.28	250×175
	150×200	147	200	8	12	13	35.52	27.9	2.85	300×200
		149	201	9	14	13	41.01	32.2	2.92	
	175×250	170	250	9	14	13	49.76	39.1	3.11	350×250

续表

类别	型号(高度×宽度)/mm	截面尺寸/mm					截面面积/cm^2	理论质量/(kg/m)	重心C_X/cm	对应H型钢系列型号
		h	B	t_1	t_2	r				
TM	200×300	195	300	10	16	13	66.62	52.3	3.43	400×300
	225×300	220	300	11	18	13	76.94	60.4	4.09	450×300
	250×300	241	300	11	15	13	70.58	55.4	5.00	500×300
		244	300	11	18	13	79.58	62.5	4.72	
	275×300	272	300	11	15	13	73.99	58.1	5.96	550×300
		275	300	11	18	13	82.99	65.2	5.59	
	300×300	291	300	12	17	13	84.60	66.4	6.51	600×300
		294	300	12	20	13	93.60	73.5	6.17	
		297	302	14	23	13	108.5	85.2	6.41	
TN	50×50	50	50	5	7	8	5.920	4.65	1.28	100×50
	62.5×60	62.5	60	6	8	8	8.340	6.55	1.64	125×60
	75×75	75	75	5	7	8	8.920	7.00	1.79	150×75
	87.5×90	85.5	89	4	6	8	8.790	6.90	1.86	175×90
		87.5	90	5	8	8	11.44	8.98	1.93	
	100×100	99	99	4.5	7	8	11.34	8.90	2.17	200×100
		100	100	5.5	8	8	13.33	10.5	2.31	
	125×125	124	124	5	8	8	15.99	12.6	2.66	250×125
		125	125	6	9	8	18.48	14.5	2.81	
	150×150	149	149	5.5	8	13	20.40	16.0	3.26	300×150
		150	150	6.5	9	13	23.39	18.4	3.41	
	175×175	173	174	6	9	13	26.22	20.6	3.72	350×175
		175	175	7	11	13	31.45	24.7	3.76	
	200×200	198	199	7	11	13	35.70	28.0	4.20	400×200
		200	200	8	13	13	41.68	32.7	4.26	
	225×150	223	150	7	12	13	33.49	26.3	5.54	450×150
		225	151	8	14	13	38.74	30.4	5.62	
	225×200	223	199	8	12	13	41.48	32.6	5.15	450×200
		225	200	9	14	13	47.71	37.5	5.19	
	237.5×150	235	150	7	13	13	35.76	28.1	7.50	475×150
		237.5	151.5	8.5	15.5	13	43.07	33.8	7.57	
		241	153.5	10.5	19	13	53.20	41.8	7.67	
	250×150	246	150	7	12	13	35.10	27.6	6.36	500×150
		250	152	9	16	13	46.10	36.2	6.53	
		252	153	10	18	13	51.66	40.6	6.62	

续表

类别	型号(高度×宽度)/mm	截面尺寸/mm					截面面积/cm^2	理论质量/(kg/m)	重心C_X/cm	对应H型钢系列型号
		h	B	t_1	t_2	r				
TN	250×200	248	199	9	14	13	49.64	39.0	5.97	500×200
		250	200	10	16	13	56.12	44.1	6.03	
		253	201	11	19	13	64.65	50.8	6.00	
	275×200	273	199	9	14	13	51.89	40.7	6.85	550×200
		275	200	10	16	13	58.62	46.0	6.89	
	300×200	298	199	10	15	13	58.87	46.2	7.92	600×200
		300	200	11	17	13	65.85	51.7	7.95	
		303	201	12	20	13	74.88	58.8	7.88	
	312.5×200	312.5	198.5	13.5	17.5	13	75.28	59.1	9.15	625×200
		315	200	15	20	13	84.97	66.7	9.21	
		319	202	17	24	13	99.35	78.0	9.26	
	325×300	323	299	12	18	18	91.81	72.1	7.36	650×300
		325	300	13	20	18	101.0	79.3	7.40	
		327	301	14	22	18	110.3	86.59	7.45	
	350×300	346	300	13	20	18	103.8	81.5	8.09	700×300
		350	300	13	24	18	115.8	90.9	7.63	
	400×300	396	300	14	22	18	119.8	94.0	9.78	800×300
		400	300	14	26	18	131.8	103	9.27	
	450×300	445	299	15	23	18	133.5	105	11.7	900×300
		450	300	16	28	18	152.9	120	11.4	
		456	302	18	34	18	180.0	141	11.3	

4.18 热轧盘条

4.18.1 热轧圆盘条（GB/T 14981—2009）

用于拉丝等深加工和其他一般用途。

① 尺寸、外形　应符合GB/T 14981的规定。

② 质量　每卷盘条的质量不应小于1000kg，每批允许有5%的盘数（不足2盘的允许有2盘）由两根组成，但每根盘条的重量不少于300kg。

③ 规格　见表4-152。

表 4-152 热轧圆盘条的规格

公称直径/mm	横截面积/mm²	理论质量/(kg/m)	公称直径/mm	横截面积/mm²	理论质量/(kg/m)	公称直径/mm	横截面积/mm²	理论质量/(kg/m)
5	19.63	0.154	16	201.1	1.58	38	1134	8.90
5.5	23.76	0.187	17	227.0	1.78	39	1195	9.38
6	28.27	0.222	18	254.5	2.00	40	1257	9.87
6.5	33.18	0.260	19	283.5	2.23	41	1320	10.36
7	38.48	0.302	20	314.2	2.47	42	1385	10.88
7.5	44.18	0.347	21	346.3	2.72	43	1452	11.40
8	50.26	0.395	22	380.1	2.98	44	1521	11.94
8.5	56.74	0.445	23	415.5	3.26	45	1590	12.48
9	63.62	0.499	24	452.4	3.55	46	1662	13.05
9.5	70.88	0.556	25	490.9	3.85	47	1735	13.62
10	78.54	0.617	26	530.9	4.17	48	1810	14.21
10.5	86.59	0.680	27	572.6	4.49	49	1886	14.80
11	95.03	0.746	28	615.7	4.83	50	1964	15.41
11.5	103.9	0.816	29	660.5	5.18	51	2042	16.03
12	113.1	0.888	30	706.9	5.55	52	2123	16.66
12.5	122.7	0.963	31	754.8	5.92	53	2205	17.31
13	132.7	1.04	32	804.2	6.31	54	2289	17.97
13.5	143.1	1.12	33	855.3	6.71	55	2375	18.64
14	153.9	1.21	34	907.9	7.13	56	2462	19.32
14.5	165.1	1.30	35	962.1	7.55	57	2550	20.02
15	176.7	1.39	36	1018	7.99			
15.5	188.7	1.48	37	1075	8.44			

4.18.2 低碳钢热轧圆盘条（GB/T 701—2008）

用于拉丝等深加工和一般用途。

① 尺寸及外形 应符合 GB/T 14981 的规定，盘卷应规整。每卷盘条的重量不应小于 1000kg，每批允许有 5%的盘数（不足 2 盘的允许有 2 盘）由两根组成，但每根盘条的重量不少于 300kg，并且有明显标识。

② 材料 Q195、Q215、Q235 和 Q275。

③ 力学性能和工艺性能 见表 4-153。

表 4-153　低碳钢热轧圆盘条的力学性能和工艺性能

牌号	力学性能		冷弯试验 180° d=压头直径 a=试样直径
	抗拉强度 R_m/MPa≤	断后伸长率 $A_{11.3}$/%≤	
Q195	410	30	$d=0$
Q215	435	28	$d=0$
Q235	500	23	$d=0.5a$
Q275	540	21	$d=1.5a$

4.18.3　焊接用钢盘条（GB/T 3429—2015）

用于焊条电弧焊、埋弧焊、电渣焊、气焊和气体保护焊等用途的焊条。

① 交货状态　热轧。

② 牌号　分 17 组 79 种。通常由两部分组成：焊接用钢表示符号“H”＋各类焊接用钢牌号。见表 4-154、表 4-155。

表 4-154　焊接用钢产品的牌号示例

第一部分	第二部分	牌号示例
H	C：≤0.10%的高级优质碳素结构钢	H08A
	C：≤0.10%，Cr：0.80%～1.10%，Mo：0.40%～0.60%的高级优质合金结构钢	H08CrMoA

表 4-155　焊接用钢产品的组号和牌号

组号	序号	牌号	组号	序号	牌号
1	1	H04E	3	14	H08MnSi
	2	H08A		15	H08Mn2Si
	3	H08E		16	H09MnSi
	4	H08C		17	H09Mn2Si
	5	H15		18	H10MnSi
2	6	H08Mn		19	H11MnSi
	7	H10Mn		20	H11Mn2Si
	8	H10Mn2	4	21	H10MnSi3
	9	H11Mn		22	H10Mn2Si
	10	H12Mn		23	H11MnSi
	11	H13Mn2	5	24	H08MnMo
	12	H15Mn		25	H08Mn2Mo
	13	H15Mn2		26	H08Mn2MoV

续表

组号	序号	牌号	组号	序号	牌号
5	27	H10MnMo	10	54	H10MnSiMo
	28	H10Mn2Mo		55	H10MnSiMoTi
	29	H10Mn2MoV		56	H10Mn2SiMo
	30	H11MnMo		57	H10Mn2SiMoTi
	31	H11Mn2Mo		58	H10Mn2SiNiMoTi
6	32	H08CrMo	11	59	H08MnSiTi
	33	H08CrMoV		60	H13MnSiTi
	34	H10CrMo	12	61	H05SiCrMo
	35	H10Cr3Mo		62	H05SiCr2Mo
	36	H11CrMo		63	H10SiCrMo
	37	H13CrMo		64	H10SiCr2Mo
	38	H18CrMo	13	65	H08MnSiCrMo
7	39	H08MnCr5Mo		66	H08MnSiCrMoV
	40	H08MnCr9Mo		67	H10MnSiCrMo
	41	H10MnCr9MoV	14	68	H10MnMoTiB
8	42	H05Mn2Ni2Mo		69	H11MnMoTiB
	43	H08Mn2Si2Mo	15	70	H10MnCr9NiMoV
	44	H08Mn2Si3Mo		71	H13Mn2CrNi3Mo
	45	H10MnNiMo		72	H15Mn2Ni2CrMo
	46	H11MnNiMo		73	H20MnCrNiMo
	47	H13Mn2NiMo	16	74	H08MnCrNiCu
	48	H14Mn2NiMo		75	H10MnCrNiCu
	49	H15MnNi2Mo		76	H10Mn2NiMoCu
9	50	H10MnSiNi	17	77	H05MnSiTiZrAl
	51	H10MnSiNi2		78	H08CrNi2Mo
	52	H10MnSiNi3		79	H30CrMnSi
10	53	H09MnSiMo			

4.19　锻制型钢

4.19.1　锻制圆钢和方钢（GB/T 908—2019）

① 规格

a. 锻制圆钢：直径 40～1000mm。

b. 锻制方钢：边长 40～1000mm。

② 分类　按交货的表面状态分为三类。

a. 热锻钢棒：以原始表面（或经酸洗，喷砂处理）交货。

b. 磨光制棒：表面经磨削加工处理，以金属光泽表面交货的圆形棒材。

c. 机加工钢棒：表面经车铣削加工处理，以金属光泽表面交货。

③ 规格和理论质量　见表 4-156。

表 4-156　锻制圆钢和方钢的规格和理论质量

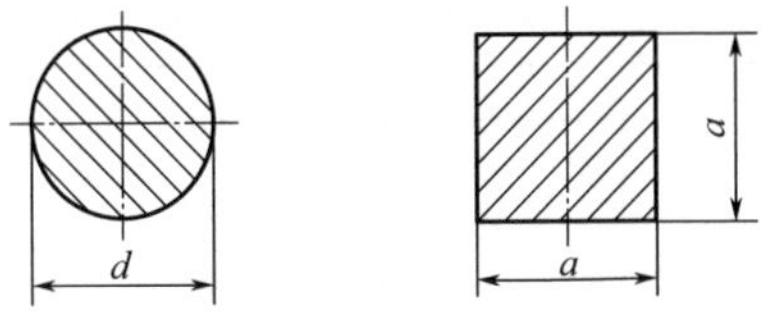

圆钢直径 d 方钢边长 a /mm	理论质量/(kg/m)		圆钢直径 d 方钢边长 a /mm	理论质量/(kg/m)		圆钢直径 d 方钢边长 a /mm	理论质量/(kg/m)	
	圆钢	方钢		圆钢	方钢		圆钢	方钢
40	9.9	12.6	125	96.3	123	260	417	531
50	15.4	19.6	130	104	133	270	449	572
55	18.6	23.7	135	112	143	280	483	615
60	22.2	28.3	140	121	154	290	518	660
65	26.0	33.2	145	130	165	300	555	707
70	38.5	30.2	150	139	177	310	592	754
75	44.2	34.7	160	158	201	320	631	804
80	50.2	39.5	170	178	227	330	671	855
85	56.7	44.5	180	200	254	340	712	908
90	49.9	63.6	190	223	283	350	755	962
95	55.6	70.8	200	247	314	360	799	1017
100	61.7	78.5	210	272	346	370	844	1075
105	68.0	86.5	220	298	380	380	890	1134
110	74.6	95.0	230	326	415	390	937	1194
115	81.5	104	240	355	452	400	986	1256
120	88.8	113	250	385	491			

注：1. 理论质量按密度 7.85g/cm^3 计算。

2. a、d 其他尺寸的数值可根据此表直接推出。

4.19.2 锻制扁钢（GB/T 908—2019）

① 规格 厚度 20～800mm、宽度 40～1500mm。

② 分类 按交货的表面状态分为两类。

a. 热锻钢棒：以原始表面（或经酸洗，喷砂处理）交货。

b. 机加工钢棒：表面经车铣削加工处理，以金属光泽表面交货。

③ 规格和理论质量 见表 4-157。

表 4-157 锻制扁钢的规格及理论质量

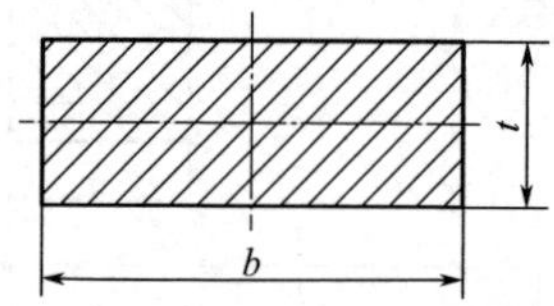

公称宽度 b/mm	公称厚度 t/mm										
	20	25	30	35	40	45	50	55	60	65	70
	理论质量/(kg/m)										
40	6.28	7.85	9.42								
45	7.06	8.83	10.6								
50	7.85	9.81	11.8	13.7	15.7						
55	8.64	10.8	13.0	15.1	17.3						
60	9.42	11.8	14.1	16.5	18.8	21.1	23.6				
65	10.2	12.8	15.3	17.8	20.4	23.0	25.5				
70	11.0	13.7	16.5	19.2	22.0	24.7	27.5	30.2	33.0		
75	11.8	14.7	17.7	20.6	23.6	26.5	29.4	32.4	35.3		
80	12.6	15.7	18.8	22.0	25.1	28.3	31.4	34.5	37.7	40.8	44.0
90	14.1	17.7	21.2	24.7	28.3	31.8	35.3	38.8	42.4	45.9	49.4
100	15.7	19.6	23.6	27.5	31.4	35.3	39.2	43.2	47.1	51.0	55.0
110	17.3	21.6	25.9	30.2	34.5	38.8	43.2	47.5	51.8	56.1	60.4
120	18.8	23.6	28.3	33.0	37.7	42.4	47.4	51.8	56.5	61.2	65.9
130	20.4	25.5	30.6	35.7	40.8	45.9	51.0	56.1	61.2	66.3	71.4
140	22.0	27.5	33.0	38.5	44.0	49.4	55.0	60.4	65.9	71.4	76.9
150	23.6	29.4	35.3	41.2	47.1	53.0	58.9	64.8	70.7	76.5	82.4
160	25.1	31.4	37.7	44.6	50.2	56.5	62.8	69.1	75.4	81.6	87.9
170	26.7	33.4	40.0	46.7	53.4	60.0	66.7	73.4	80.1	86.7	93.4
180	28.3	35.3	42.4	49.4	56.5	63.6	70.6	77.7	84.8	91.8	98.9

续表

公称宽度 b/mm	公称厚度 t/mm										
	20	25	30	35	40	45	50	55	60	65	70
	理论质量/(kg/m)										
190						67.1	74.6	82.0	89.5	96.9	104
200						70.6	78.5	86.4	94.2	102	110
210						74.2	82.4	90.7	98.9	107	115
220						77.7	86.4	95.0	103.6	112	121

公称宽度 b/mm	公称厚度 t/mm										
	75	80	85	90	100	110	120	130	140	150	160
	理论质量/(kg/m)										
100	58.9	62.8	66.7								
110	64.8	69.1	73.4								
120	70.6	75.4	80.1								
130	76.5	81.6	66.7								
140	82.4	87.9	93.4	98.9	110						
150	88.3	94.2	100	106	118						
160	94.2	100	107	113	126	138	151				
170	100	107	113	120	133	147	160				
180	106	113	120	127	141	155	170	184	198		
190	112	119	127	134	149	164	179	194	209		
200	118	127	133	141	157	173	188	204	220		
210	124	132	140	148	165	181	198	214	231	247	264
220	130	138	147	155	173	190	207	224	242	259	276
230	135	144	153	162	180	199	217	235	253	271	289
240	141	151	160	170	188	207	226	245	264	283	301
250	147	157	167	177	196	216	235	255	275	294	314
260	153	163	173	184	204	224	245	265	286	306	326
280	165	176	187	198	220	242	264	286	308	330	352
300	177	188	200	212	236	259	283	306	330	353	377

注：1. 理论质量按密度 7.85g/cm^3 计算。

2. t、b 的其他尺寸数值可根据此表直接推出。

4.19.3　银亮钢（GB/T 3207—2008）

银亮钢是表面经剥皮（SF）、磨光（SP）和抛光（SB）的无轧制缺陷和脱碳层，并且光亮的高质量圆钢。在建筑、汽车、工具和家居等领域得到广泛应用。

① 牌号及化学成分 应符合相应技术标准的规定。

② 规格和理论质量 见表 4-158。

表 4-158 银亮钢的规格、截面面积和理论质量

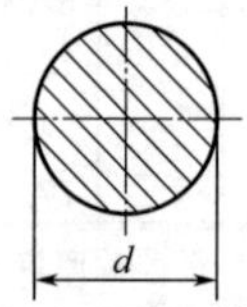

直径 /mm	截面面积 /mm^2	理论质量 /(kg/km)	直径 /mm	截面面积 /mm^2	理论质量 /(kg/km)	直径 /mm	截面面积 /mm^2	理论质量 /(kg/km)
1.0	0.785	6.165	9.5	70.88	556.4	36	1018	7.990
1.1	0.950	7.460	10.0	78.54	616.5	38	1134	8.903
1.2	1.131	8.878	10.5	86.59	679.7	40	1257	9.865
1.4	1.539	12.08	11.0	95.03	746.0	42	1385	10.88
1.5	1.767	13.87	11.5	103.9	815.4	45	1590	12.48
1.6	2.011	15.78	12	113.1	887.8	48	1810	14.21
1.8	2.545	19.98	13	132.7	1.042	50	1963	15.41
2.0	3.142	24.66	14	153.9	1.208	53	2206	17.32
2.2	3.801	29.84	15	176.7	1.387	55	2376	18.65
2.5	4.909	38.53	16	201.1	1.578	56	2463	19.33
2.8	6.158	48.34	17	227.0	1.782	58	2642	20.74
3.0	7.069	55.49	18	254.5	1.998	60	2827	22.20
3.2	8.042	63.13	19	283.5	2.226	63	3117	24.47
3.5	9.621	75.53	20	314.2	2.466	65	3318	26.05
4.0	12.57	98.65	21	346.4	2.719	68	3632	28.51
4.5	15.90	124.8	22	380.1	2.984	70	3848	30.21
5.0	19.63	154.1	24	452.4	3.551	75	4418	34.68
5.5	23.76	186.5	25	490.9	3.853	80	5027	39.46
6.0	28.27	222.0	26	530.9	4.168	85	5675	44.54
6.5	33.18	260.5	28	615.8	4.834	90	6362	49.94
7.0	38.48	302.1	30	706.9	5.549	95	7088	55.64
7.5	44.18	346.8	32	804.2	6.313	100	7854	61.65
8.0	50.27	394.6	33	855.3	6.714	105	8659	67.97
8.5	56.75	445.4	34	907.9	7.127	110	9503	74.60
9.0	63.62	499.4	35	962.1	7.553	115	10387	81.54

续表

直径 /mm	截面面积 /mm²	理论质量 /(kg/km)	直径 /mm	截面面积 /mm²	理论质量 /(kg/km)	直径 /mm	截面面积 /mm²	理论质量 /(kg/km)
120	11310	88.78	145	16513	129.6	170	22698	178.2
125	12272	96.33	150	17671	138.7	175	24053	188.8
130	13273	104.2	155	18869	148.1	180	25447	199.8
135	14314	112.4	160	20106	157.8			
140	15394	120.8	165	21382	167.9			

4.20 冷拉、冷拔型钢

4.20.1 冷拉圆钢、方钢、六角钢（GB/T 905—1994）

规格：尺寸为 30～80mm。通常长度为 2000～6000mm。表 4-159 为冷拉圆钢、方钢、六角钢的尺寸、截面积和理论质量。

表 4-159　冷拉圆钢、方钢、六角钢的尺寸、截面积和理论质量

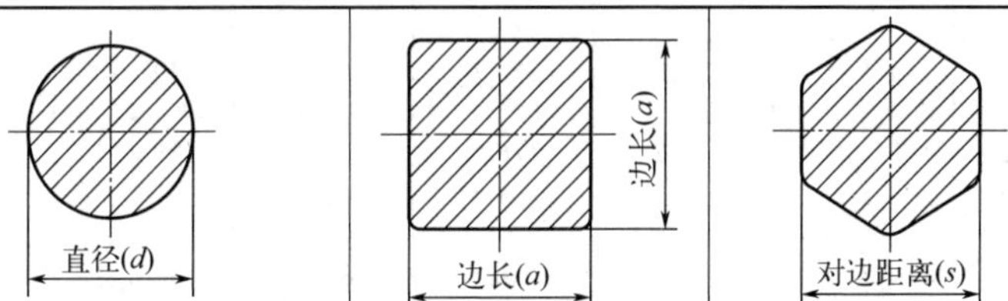

圆钢　　方钢　　六角钢

尺寸 d(a)(s)/mm	圆钢 截面面积 /mm²	圆钢 理论质量 /(kg/m)	方钢 截面面积 /mm²	方钢 理论质量 /(kg/m)	六角钢 截面面积 /mm²	六角钢 理论质量 /(kg/m)
3.0	7.069	0.0555	9.000	0.0706	7.794	0.0612
3.2	8.042	0.0631	10.24	0.0804	8.868	0.0696
3.5	9.621	0.0755	12.25	0.0962	10.61	0.0833
4.0	12.57	0.0986	16.00	0.126	13.86	0.109
4.5	15.90	0.125	20.25	0.159	17.54	0.138
5.0	19.63	0.154	25.00	0.196	21.65	0.170
5.5	23.76	0.187	30.25	0.237	26.20	0.206
6.0	28.27	0.222	36.00	0.283	31.18	0.245
6.3	31.17	0.245	39.69	0.312	34.37	0.270
7.0	38.48	0.302	49.00	0.385	42.44	0.333
7.5	44.18	0.347	56.25	0.442	—	—
8.0	50.27	0.395	64.00	0.502	55.43	0.435
8.5	56.75	0.445	72.25	0.567	—	—
9.0	63.62	0.499	81.00	0.636	10.15	0.551

续表

尺寸 $d(a)$ (s)/mm	截面面积 /mm²	理论质量 /(kg/m)	截面面积 /mm²	理论质量 /(kg/m)	截面面积 /mm²	理论质量 /(kg/m)
9.5	70.88	0.556	90.25	0.708	—	—
10.0	78.54	0.617	100.0	0.785	86.60	0.680
10.5	86.59	0.680	110.2	0.865	—	—
11.0	95.03	0.746	121.0	0.950	104.8	0.823
11.5	103.9	0.815	132.2	1.04	—	—
12.0	113.1	0.888	144.0	1.13	124.7	0.979
13.0	132.7	1.04	169.0	1.33	146.4	1.15
14.0	153.9	1.21	196.0	1.54	169.7	1.33
15.0	176.7	1.39	225.0	1.77	194.9	1.53
16.0	201.1	1.58	256.0	2.01	221.7	1.74
17.0	222.0	1.78	289.0	2.27	250.3	1.96
18.0	254.0	2.00	324.0	2.54	280.6	2.20
19.0	283.5	2.23	361.0	2.83	312.6	2.45
20.0	314.2	2.47	400.0	3.14	346.4	2.72
21.0	346.4	2.72	441.0	3.46	381.9	3.00
22.0	380.1	2.98	484.0	3.80	419.2	3.29
24.0	452.4	3.55	576.0	4.52	498.8	3.92
25.0	490.9	3.85	625.0	4.91	541.3	4.25
26.0	530.9	4.17	676.0	5.31	585.4	4.60
28.0	615.8	4.83	784.0	6.15	679.0	5.33
30.0	706.9	5.55	900.0	7.06	779.4	6.12
32.0	804.2	6.31	1024	8.04	886.8	6.96
34.0	907.9	7.13	1156	9.07	1001	7.86
35.0	962.1	7.55	1225	9.62	—	—
36.0	—	—	—	—	1122	8.81
38.0	1134	8.90	1444	11.3	1251	9.82
40.0	1275	9.86	1600	12.6	1386	10.9
42.0	1385	10.9	1764	13.8	1528	12.0
45.0	1590	12.5	2025	15.9	1754	13.8
48.0	1810	14.2	2304	18.1	1995	15.7
50.0	1968	15.4	2500	19.6	2165	17.0
52.0	2206	17.3	2809	22.0	2433	19.1
55.0	—	—	—	—	2620	20.5
56.0	2463	19.3	3136	24.6	—	—
60.0	2827	22.2	3600	28.3	3118	24.5
63.0	3117	24.5	3969	31.2	—	—
65.0	—	—	—	—	3654	28.7
67.0	3526	27.7	4489	35.2	—	—
70.0	3848	30.2	4900	38.5	4244	33.3
75.0	4418	34.7	5625	44.2	4871	38.2
80.0	5027	39.5	6400	50.2	5543	43.5

4.20.2　优质碳素结构钢冷拉钢材（GB/T 3078—2019）

① 种类　优质结构钢和合金结构钢，其牌号和化学成分应分别符合 GB/T 699 和 GB/T 3077 的规定。

② 分类　按使用加工用途分类：压力加工用钢和切削加工用钢（UC）。其中压力加工用钢分为热压力加工用钢（UHP）、冷顶镦加工用钢（UCF）、热顶锻加工用钢（UHF）。

③ 形状　圆钢、方钢、六角钢、扁钢和异形钢管。

④ 交货状态　见表 4-160、表 4-161。

表 4-160　钢材的交货状态

交货状态		代码	交货状态		代码
冷拉		WCD	冷拉后热处理	正火	WCD+N
冷拉磨光		WCD+SP		高温回火	WCD+HT
冷拉后热处理	退火	WCD+A		正火后回火	WCD+NT
	光亮退火	WCD+L			

注：合同中未注明时，以冷拉状态交货。

表 4-161　优质结构钢冷拉钢材交货状态的硬度

牌号	交货状态硬度(HBW)≤		牌号	交货状态硬度(HBW)≤	
	冷拉、冷拉磨光①	退火、光亮退火、高温回火或正火后回火		冷拉、冷拉磨光①	退火、光亮退火、高温回火或正火后回火
10	229	179	25Mn	241	197
15	229	179	30Mn	241	197
20	229	179	35Mn	255	207
25	229	179	40Mn	269	217
30	229	179	45Mn	269	229
35	241	187	50Mn	269	229
40	241	207	60Mn	(285)	255
45	255	229	65Mn	(285)	269
50	255	229	20Mn2	241	197
55	269	241	35Mn2	255	207
60	269	241	40Mn2	269	217
65	(285)	255	45Mn2	269	229
15Mn	207	163	50Mn2	285	229
20Mn	229	187	27SiMn	255	217

续表

牌号	交货状态硬度(HBW)≤		牌号	交货状态硬度(HBW)≤	
	冷拉、冷拉磨光①	退火、光亮退火、高温回火或正火后回火		冷拉、冷拉磨光①	退火、光亮退火、高温回火或正火后回火
35SiMn	269	229	35CrMoV	285	255
42SiMn	(285)	241	38CrMoAl	269	229
20MnV	229	187	15Cr	229	179
40B	241	207	20Cr	229	179
45B	255	229	30Cr	241	187
50B	255	229	35Cr	269	217
40MnB	269	217	40Cr	269	217
45MnB	269	229	45Cr	269	229
40MnVB	269	217	20CrNi	255	207
40CrV	269	229	40CrNi	(285)	255
38CrSi	269	255	45CrNi	(285)	269
20CrMnSi	255	217	12CrNi2	269	217
25CrMnSi	269	229	12CrNi3	269	229
30CrMnSi	269	229	20CrNi3	269	241
35CrMnSi	285	241	30CrNi3	(285)	255
20CrMnTi	255	207	37CrNi3	(285)	269
15CrMo	229	187	12Cr2Ni4	(285)	255
20CrMo	241	197	20Cr2Ni4	(285)	269
30CrMo	269	229	40CrNiMo	(285)	269
35CrMo	269	241	45CrNiMoV	(285)	269
42CrMo	285	255	18Cr2Ni4W	(285)	269
20CrMnMo	269	229	25Cr2Ni4W	(285)	269
40CrMnMo	269	241			

① 括号内为参考值，不作为判定依据。

⑤ 力学性能　见表4-162。

表4-162　优质结构钢冷拉钢材交货状态的力学性能

牌号	冷拉状态			退火状态		
	抗拉强度 R_m/MPa	断后伸长率 A/%	断后收缩率 Z/%	抗拉强度 R_m/MPa	断后伸长率 A/%	断后收缩率 Z/%
10	440	8	50	295	26	55
15	470	8	45	345	28	55

续表

牌号	冷拉状态			退火状态		
	抗拉强度 R_m/MPa	断后伸长率 A/%	断后收缩率 Z/%	抗拉强度 R_m/MPa	断后伸长率 A/%	断后收缩率 Z/%
20	510	7.5	40	390	21	50
25	540	7	40	410	19	50
30	560	7	35	440	17	45
35	590	6.5	35	470	15	45
40	610	6	35	510	14	40
45	635	6	30	540	13	40
50	655	6	30	560	12	40
15Mn	490	7.5	40	390	21	50
50Mn	685	5.5	30	590	10	35
50Mn2	735	5	25	635	9	30

4.20.3 优质结构钢冷拉扁钢（YB/T 037—2005）

① 分类　优质碳素结构钢冷拉扁钢和合金结构钢冷拉扁钢。

② 尺寸　见表 4-163，通常长度为 2～8m。

③ 化学成分　应符合 GB/T 699、GB/T 3077 的规定。

④ 硬度　应符合 GB/T 3078—2008 的规定。

⑤ 标记　用 45 优质碳素结构钢制成尺寸允许偏差为 h11 级，厚度为 10mm，宽度为 30mm 的扁钢标记为：

$$扁钢\frac{11\text{-}10\times30\text{-YB/T 037—2005}}{45\text{-GB/T 699}}$$

表 4-163　优质结构钢冷拉扁钢的规格和质量

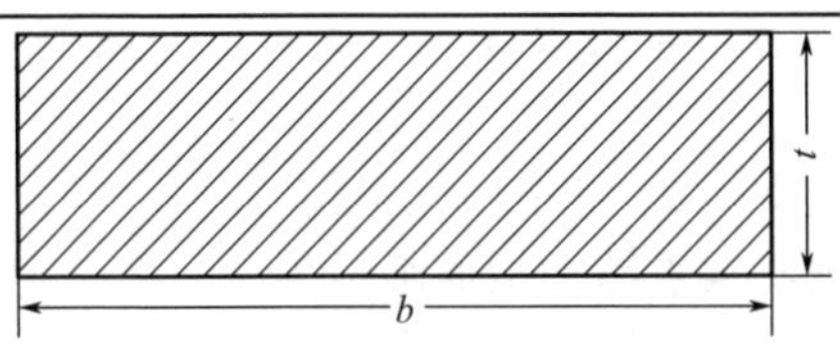

宽度 b /mm	下列厚度 t 时的质量/(kg/m)														
	5	6	7	8	9	10	11	12	14	15	16	18	20	25	30
8	0.31	0.38	0.44												
10	0.39	0.47	0.55	0.63	0.71										

续表

宽度 b /mm	下列厚度 t 时的质量/(kg/m)														
	5	6	7	8	9	10	11	12	14	15	16	18	20	25	30
12	0.47	0.55	0.66	0.75	0.85	0.94	1.04								
13	0.51	0.61	0.71	0.82	0.92	1.02	1.12								
14	0.55	0.66	0.77	0.88	0.99	1.10	1.21	1.32							
15	0.59	0.71	0.82	0.94	1.06	1.18	1.29	1.41							
16	0.63	0.75	0.88	1.00	1.13	1.26	1.38	1.51	1.76						
18	0.71	0.85	0.99	1.13	1.27	1.41	1.55	1.70	1.96	2.12	2.26				
20	0.78	0.94	1.10	1.26	1.41	1.57	1.73	1.88	2.28	2.36	2.51	2.63			
22	0.86	1.04	1.21	1.38	1.55	1.73	1.90	2.07	2.42	2.69	2.76	3.11	3.45		
24	0.94	1.13	1.32	1.51	1.69	1.88	2.07	2.26	2.64	2.83	3.01	3.39	3.77		
25	0.98	1.18	1.37	1.57	1.77	1.96	2.16	2.36	2.75	2.94	3.14	3.53	3.92		
28	1.10	1.32	1.54	1.76	1.98	2.20	2.42	2.64	3.08	3.28	3.52	3.96	4.40	5.49	
30	1.18	1.41	1.65	1.88	2.12	2.36	2.59	2.83	3.30	3.53	3.77	4.24	4.71	5.59	
32		1.51	1.76	2.01	2.26	2.51	2.76	3.01	3.52	3.77	4.02	4.52	5.02	6.28	7.54
35		1.65	1.92	2.19	2.47	2.75	3.02	3.29	3.85	4.12	4.39	4.95	5.49	6.87	8.24
36		1.70	1.98	2.26	2.54	2.83	3.11	3.39	3.96	4.24	4.52	5.09	5.65	7.06	8.48
38			2.09	2.39	2.68	2.98	3.28	3.58	4.18	4.47	4.77	5.37	5.97	7.46	8.95
40			2.20	2.51	2.83	3.14	3.45	3.77	4.40	4.71	5.02	5.65	6.20	7.85	9.42
45				2.83	3.18	3.53	3.89	4.24	4.95	5.29	5.56	6.36	7.06	8.83	10.60
50					3.53	3.92	4.32	4.71	5.50	5.89	6.28	7.06	7.85	9.81	11.78

4.20.4 冷拔异形钢管（GB/T 3094—2012）

① 分类　按钢管截面形状分为正方形钢管（D-1）、矩形钢管（D-2）、椭圆形钢管（D-3）、平椭圆形钢管（D-4）、内外六角形钢管（D-5）和直角梯形钢管（D-6）。本节仅介绍前两者的尺寸和理论质量。

② 长度　通常为2000～9000mm。

③ 牌号　优质碳素结构钢的牌号为10、20、35和45，其化学成分应符合GB/T 699的规定。碳素结构钢的牌号为Q195、Q215和Q235，其化学成分应符合GB/T 700的规定。低合金高强度结构钢的牌号为Q345和Q390，其化学成分应符合GB/T 1591的规定。

④ 尺寸和理论质量　见表4-164、表4-165。

表 4-164　冷拔正方形无缝钢管的尺寸和理论质量

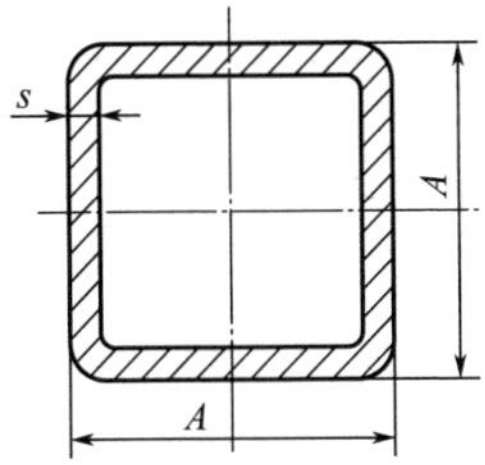

基本尺寸/mm A	基本尺寸/mm s	截面面积 F/cm^2	理论质量 $G/(kg/m)$
12	0.8	0.347	0.273
	1.0	0.423	0.332
14	1.0	0.503	0.395
	1.5	0.711	0.558
16	1.0	0.583	0.458
	1.5	0.831	0.653
18	1.0	0.663	0.520
	1.5	0.951	0.747
	2.0	1.211	0.951
20	1.0	0.743	0.583
	1.5	1.071	0.841
	2.0	1.371	1.076
	2.5	1.643	1.290
22	1.0	0.823	0.646
	1.5	1.191	0.935
	2.0	1.531	1.202
	2.5	1.843	1.447
25	1.5	1.371	1.077
	2.0	1.771	1.390
	2.5	2.143	1.682
	3.0	2.485	1.951
30	2.0	2.171	1.704
	3.0	3.085	2.422
	3.5	3.500	2.747
	4.0	3.885	3.050
32	2.0	2.331	1.830
	3.0	3.325	2.611
	3.5	3.780	2.967
	4.0	4.205	3.301
35	2.0	2.571	2.018
	3.0	3.685	2.893
	3.5	4.200	3.297
	4.0	4.685	3.678
36	2	2.651	2.084
	3	3.805	2.987
	4	1.845	3.804
	5	5.771	4.530
40	2	2.971	2.332
	3	4.285	3.364
	4	5.485	4.306
	5	6.571	5.158
42	2	3.131	2.458
	3	4.525	3.553
	4	5.805	4.557
	5	6.971	5.472
45	2	3.371	2.646
	3	4.885	3.835
	4	6.285	4.934
	5	7.571	5.943
50	2	3.771	2.960

续表

基本尺寸/mm		截面面积	理论质量
A	s	F/cm²	G/(kg/m)
50	3	5.485	4.306
	4	7.085	5.562
	5	8.571	6.728
55	2	4.171	3.274
	3	6.085	4.777
	4	7.885	6.190
	5	9.571	7.513
60	3	6.685	5.248
	4	8.685	6.818
	5	10.57	8.298
	6	12.34	9.688
65	3	7.285	5.719
	4	9.485	7.446
	5	11.57	9.083
	6	13.54	10.63
70	3	7.885	6.190
	4	10.29	8.074
	5	12.57	9.868
	6	14.74	11.57
75	4	11.09	8.702
	5	13.57	10.65
	6	15.94	12.51
	8	19.79	15.54
	—	—	—
80	4	11.89	9.330
	5	14.57	11.44
	6	17.14	13.46
	8	21.39	16.79
90	4	13.49	10.59
	5	16.57	13.01
	6	19.54	15.34
	8	24.59	19.30
100	5	18.57	14.58
	6	21.94	17.22
100	8	27.79	21.82
	10	33.42	26.24
108	5	20.17	15.83
	6	23.86	18.73
	8	30.35	23.83
	10	36.62	28.75
120	6	26.74	20.99
	8	34.19	26.84
	10	41.42	32.52
	12	48.13	37.78
125	6	27.94	21.93
	8	35.79	28.10
	10	13.42	34.09
	12	50.53	39.67
130	6	29.14	22.88
	8	37.39	29.35
	10	45.42	35.66
	12	52.93	41.55
140	6	31.54	24.76
	8	40.59	31.86
	10	49.42	38.80
	12	57.73	45.32
150	8	43.79	34.38
	10	53.42	41.94
	12	62.53	49.09
	14	71.11	55.82
160	8	46.99	36.89
	10	57.42	45.08
	12	67.33	52.86
	14	76.71	60.22
180	8	53.39	41.91
	10	65.42	51.36
	12	76.93	60.39
	14	87.91	69.01

续表

基本尺寸/mm		截面面积	理论质量	基本尺寸/mm		截面面积	理论质量
A	s	F/cm^2	$G/(kg/m)$	A	s	F/cm^2	$G/(kg/m)$
200	10	73.42	57.64	250	14	127.1	99.78
	12	86.53	67.93		16	143.2	112.4
	14	99.11	77.80	280	10	105.4	82.76
	16	111.2	87.27		12	124.9	98.07
250	10	93.42	73.34		14	143.9	113.0
	12	110.5	86.77		16	162.1	127.5

注：钢的密度按 7.85g/cm³ 计算。

表 4-165　冷拔矩形无缝钢管的尺寸、理论质量和物理参数

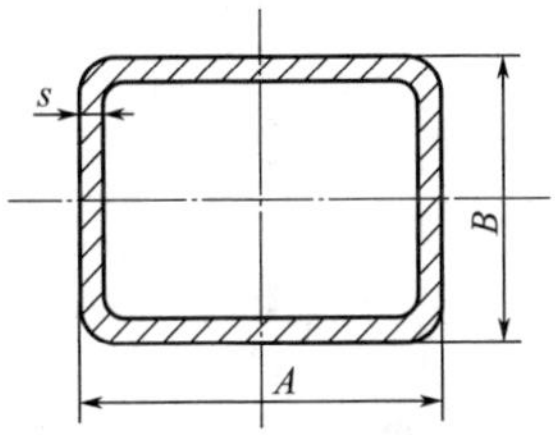

基本尺寸/mm			截面面积	理论质量	基本尺寸/mm			截面面积	理论质量
A	B	s	F/cm^2	$G/(kg/m)$	A	B	s	F/cm^2	$G/(kg/m)$
10	5	0.8	0.203	0.160	18	9	1.0	0.483	0.379
		1.0	0.243	0.191			1.5	0.681	0.535
12	6	0.8	0.251	0.197			2.0	0.851	0.668
		1.0	0.303	0.238		14	1.0	0.583	0.458
14	7	1.0	0.362	0.285			1.5	0.831	0.653
		1.5	0.501	0.394			2.0	1.051	0.825
		2.0	0.611	0.480	20	10	1.0	0.543	0.426
	10	1.0	0.423	0.332			1.5	0.771	0.606
		1.5	0.591	0.464			2.0	0.971	0.762
		2.0	0.731	0.574		12	1.0	0.583	0.458
16	8	1.0	0.423	0.332			1.5	0.831	0.653
		1.5	0.591	0.464			2.0	1.051	0.825
		2.0	0.731	0.574	25	10	1.0	0.643	0.505
	12	1.0	0.502	0.395			1.5	0.921	0.723
		1.5	0.711	0.558			2.0	1.171	0.919
		2.0	0.891	0.700		18	1.0	0.803	0.630

续表

基本尺寸/mm			截面面积	理论质量
A	B	s	F/cm²	G/(kg/m)
25	18	1.5	1.161	0.912
		2.0	1.491	1.171
30	15	1.5	1.221	0.959
		2.0	1.571	1.233
		2.5	1.893	1.486
	20	1.5	1.371	1.007
		2.0	1.771	1.390
		2.5	2.143	1.682
35	15	1.5	1.371	1.077
		2.0	1.771	1.390
		2.5	2.143	1.682
	25	1.5	1.671	1.312
		2.0	2.171	1.704
		2.5	2.642	2.075
40	20	2.0	2.171	1.704
		2.5	2.642	2.075
		3.0	3.085	2.422
	30	2.0	2.571	2.018
		2.5	3.143	2.467
		3.0	3.685	2.893
50	25	2	2.771	2.175
		3	3.985	3.129
		4	5.085	3.992
	40	2	3.371	2.646
		3	4.885	3.835
		4	6.285	1.934
60	30	2	3.371	2.646
		3	4.885	3.835
		4	6.285	1.934
	40	2	3.771	2.960
		3	5.485	4.306
		4	7.085	5.562
70	35	2	3.971	3.117
		3	5.785	1.542
		4	7.485	5.876

基本尺寸/mm			截面面积	理论质量
A	B	s	F/cm²	G/(kg/m)
70	50	3	6.685	5.248
		4	8.685	6.818
		5	10.57	8.298
80	40	3	6.685	5.218
		4	8.685	6.818
		5	10.57	8.298
	60	4	10.29	8.074
		5	12.57	9.868
		6	14.74	11.57
90	50	3	7.885	6.190
		4	10.29	8.074
		5	12.57	9.868
	70	4	11.89	9.330
		5	14.57	11.44
		6	15.94	12.51
100	50	3	8.485	6.661
		4	11.09	8.702
		5	13.57	10.65
	80	4	13.49	10.59
		5	16.57	13.01
		6	19.54	15.34
120	60	4	13.49	10.59
		5	16.57	13.01
		6	19.54	15.34
	80	4	15.09	11.84
		6	21.94	17.22
		8	27.79	21.82
140	70	6	23.14	18.17
		8	29.39	23.07
		10	35.43	27.81
	120	6	29.14	22.88
		8	37.39	29.35
		10	45.43	35.66
150	75	6	24.94	19.58
		8	31.79	24.96

续表

基本尺寸/mm			截面面积	理论质量	基本尺寸/mm			截面面积	理论质量
A	B	s	F/cm²	G/(kg/m)	A	B	s	F/cm²	G/(kg/m)
150	75	10	38.43	30.16	220	110	8	48.59	38.15
	100	6	27.94	21.93			12	69.73	54.74
		8	35.79	28.10			14	79.51	62.42
		10	13.43	31.09		200	10	77.43	60.78
160	60	6	24.34	19.11			12	91.33	71.70
		8	30.99	24.33			14	104.7	82.20
		10	37.43	29.38	250	150	10	73.43	57.64
	80	6	26.74	20.99			12	86.53	67.93
		8	34.19	26.84			14	99.11	17.80
		10	41.43	32.52		200	10	83.43	65.49
180	80	6	29.14	22.88			12	98.53	77.35
		8	37.39	29.35			14	113.1	88.79
		10	45.43	35.66	300	150	10	83.43	65.49
	100	8	40.59	31.87			14	113.1	88.79
		10	49.43	38.80			16	127.2	99.83
		12	57.73	45.32		200	10	93.43	73.34
200	80	8	40.59	31.87			14	127.1	99.78
		12	57.73	45.32			16	143.2	112.39
		14	65.51	51.43	400	200	10	113.4	89.04
	120	8	46.99	36.89			14	155.1	121.76
		12	67.33	52.86			16	175.2	137.51
		14	76.71	60.22					

注：钢的密度按 7.85g/cm³ 计算。

⑤ 力学性能　见表 4-166。

表 4-166　热处理状态时钢管的力学性能

牌号	质量等级	抗拉强度 R_m/MPa≥	下屈服强度 R_{eL}/MPa≥	断后伸长率 A/%≥	冲击试验	
					温度/℃	吸收能量 KV_2/J ≥
10	—	335	205	24	—	—
20	—	410	245	20	—	—
35	—	510	305	17	—	—
45	—	590	335	14	—	—
Q195	—	315～430	195	33	—	—

续表

牌号	质量等级	抗拉强度 R_m/MPa≥	下屈服强度 R_{eL}/MPa≥	断后伸长率 A/%≥	冲击试验	
					温度/℃	吸收能量 KV_2/J ≥
Q215	A	335～450	215	30	—	—
	B				+20	27
Q235	A	370～500	235	25	—	—
	B				+20	27
	C				0	
	D				−20	
Q345	A	470～630	345	20	—	—
	B				+20	34
	C			21	0	
	D				−20	
	E				−40	27
Q390	A	490～650	390	18	—	—
	B				+20	34
	C			19	0	
	D				−20	
	E				−40	27

注：1. 冷拉状态交货的钢管，不作力学性能试验。

2. 合金结构钢的纵向力学性能应符合 GB/T 3077 的规定。

3. 以热处理状态交货的 Q195、Q215、Q235、Q345 和 Q390 钢管，当周长不小于 240mm 且壁厚不小于 10mm 时，应进行冲击试验，冲击试样宽度应为 10mm、7.5mm 或 5mm 中尽可能的较大尺寸；如无法截取宽度为 5mm 的试样时，可不进行冲击试验。

4.21 通用冷弯开口型钢

通用冷弯开口型钢是冷轧或热轧钢带在连续辊式冷弯机组上生产的型钢。

① 种类 按 GB/T 6723—2017，开口型钢有等边角钢（JD）、不等边角钢（JB）、等边槽钢（CD）、不等边槽钢（CB）、内卷边槽钢（CN）、外卷边槽钢（CW）、Z 型钢（Z）、卷边 Z 型钢（ZJ）和卷边等边角型钢（JJ）9 种。

② 长度　型钢通常长度为 4000～16000mm。

③ 型钢的牌号和化学成分、力学性能、工艺性能及表面质量应符合 GB/T 6725 的规定。

④ 标记　用牌号为 Q345 制成高度为 160mm、中腿边长为 60mm、小腿边长为 20mm、壁厚为 3mm 的冷弯内卷边槽钢，其标记为：

$$冷弯内卷边槽钢\frac{\text{CN160}\times 60\times 20\times 3\text{-GB/T 6723—2017}}{\text{Q345-GB/T 1591—2008}}$$

4.21.1 冷弯等边角钢（GB/T 6723—2017）

表 4-167　冷弯等边角钢的规格和质量

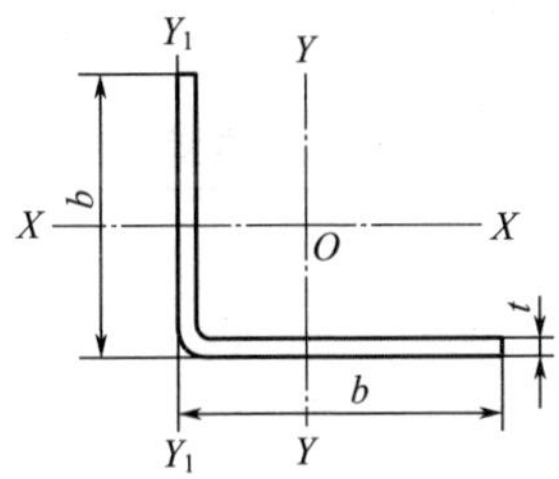

b—宽度；
t—厚度

规格 b×b×t	尺寸/mm		截面面积 /cm²	理论质量 /(kg/m)	规格 b×b×t	尺寸/mm		截面面积 /cm²	理论质量 /(kg/m)
	b	t				b	t		
20×20×1.2	20	1.2	0.451	0.354	60×60×2.0	60	2.0	2.321	1.822
20×20×2.0		2.0	0.721	0.566	60×60×2.5		2.5	2.870	2.250
30×30×1.6	30	1.6	0.909	0.714	60×60×3.0		3.0	3.423	2.687
30×30×2.0		2.0	1.121	0.880	60×60×4.0		4.0	4.486	3.522
30×30×3.0		3.0	1.623	1.274	70×70×3.0	70	3.0	4.023	3.158
40×40×1.6	40	1.6	1.229	0.965	70×70×4.0		4.0	5.286	4.150
40×40×2.0		2.0	1.521	1.194	75×75×2.5	75	2.5	3.620	2.840
40×40×2.5		2.5	1.870	1.470	75×75×3.0		3.0	4.310	3.390
40×40×3.0		3.0	2.223	1.745	80×80×4.0	80	4.0	6.086	4.778
50×50×2.0	50	2.0	1.921	1.508	80×80×5.0		5.0	7.510	5.895
50×50×2.5		2.5	2.370	1.860	100×100×4.0	100	4.0	7.686	6.034
50×50×3.0		3.0	2.823	2.216	100×100×5.0		5.0	9.510	7.465
50×50×4.0		4.0	3.686	2.894	150×150×6.0	150	6.0	17.254	13.458

续表

规格 $b\times b\times t$	尺寸/mm		截面面积/cm^2	理论质量/(kg/m)	规格 $b\times b\times t$	尺寸/mm		截面面积/cm^2	理论质量/(kg/m)
	b	t				b	t		
150×150×8.0	150	8.0	22.673	17.685	250×250×10	250	10	47.927	37.383
150×150×10		10	27.927	21.783	250×250×12		12	57.015	44.472
200×200×6.0	200	6.0	23.254	18.138	300×300×10	300	10	57.927	45.183
200×200×8.0		8.0	30.673	23.925	300×300×12		12	69.016	53.832
200×200×10		10	37.927	29.583	300×300×14		14	79.616	62.022
250×250×8.0	250	8.0	38.672	30.164	300×300×16		16	90.124	70.312

注：钢材计算密度为 7.85g/cm^3（下同）

4.21.2 冷弯不等边角钢（GB/T 6723—2017）

表 4-168 冷弯不等边角钢的规格和质量

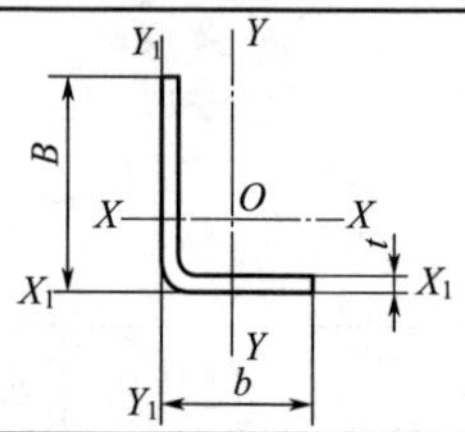

b—宽度；
B—高度；
t—厚度

规格 $B\times b\times t$	尺寸/mm			截面面积/cm^2	理论质量/(kg/m)	规格 $B\times b\times t$	尺寸/mm			截面面积/cm^2	理论质量/(kg/m)
	B	b	t				B	b	t		
30×20×2.0	30	20	2.0	0.921	0.723	150×120×6.0	150	120	6.0	15.45	12.05
30×20×3.0			3.0	1.323	1.039	150×120×8.0			8.0	20.27	15.81
50×30×2.5	50	30	2.5	1.877	1.473	150×120×10			10	24.93	19.44
50×30×4.0			4.0	2.886	2.266	200×160×8.0	200	160	8.0	27.47	21.43
60×40×2.5	60	40	2.5	2.377	1.866	200×160×10			10	33.93	24.46
60×40×4.0			4.0	3.686	2.894	200×160×12			12	40.22	31.37
70×40×3.0	70	40	3.0	3.123	2.452	250×220×10	250	220	10	44.93	35.04
70×40×4.0			4.0	4.086	3.208	250×220×12			12	53.42	41.66
80×50×3.0	80	50	3.0	3.723	2.923	250×220×14			14	61.32	47.83
80×50×4.0			4.0	4.886	3.836	300×260×12	300	260	12	64.22	50.09
100×60×3.0	100	60	3.0	4.623	3.629	300×260×11			14	73.92	57.65
100×60×4.0			4.0	6.086	4.778	300×260×16			16	83.74	65.32
100×60×5.0			5.0	7.510	5.895						

4.21.3　冷弯等边槽钢（GB/T 6723—2017）

表 4-169　冷弯等边槽钢的规格和质量

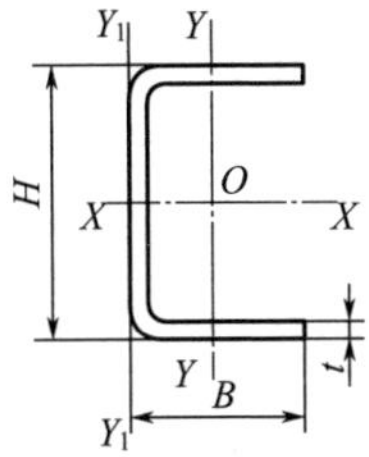

B—宽度；
H—高度；
t—厚度

规格 $H\times B\times t$	尺寸/mm			截面面积/cm^2	理论质量/(kg/m)	规格 $H\times B\times t$	尺寸/mm			截面面积/cm^2	理论质量/(kg/m)
	H	B	t				H	B	t		
20×10×1.5	20	10	1.5	0.511	0.401	200×80×5.0	200	80	5.0	17.021	13.361
20×10×2.0			2.0	0.643	0.505	200×80×6.0			6.0	20.190	15.849
50×30×2.0	50	30	2.0	2.043	1.604	250×130×6.0	250	130	6.0	29.107	22.703
50×30×3.0		30	3.0	2.947	2.314	250×130×8.0			8.0	38.147	29.755
50×50×3.0		50	3.0	4.147	3.256	300×150×6.0	300	150	6.0	34.507	26.915
60×30×2.5	60	30	2.5	2.74	2.15	300×150×8.0			8.0	45.347	35.371
80×40×2.5	80	40	2.5	3.74	2.94	300×150×10			10	55.854	43.566
80×40×3.0			3.0	4.34	3.48	350×180×8.0	350	180	8.0	54.147	42.235
100×40×2.5	100	40	2.5	4.24	3.33	350×180×10			10	66.854	52.146
100×40×3.0			3.0	5.03	3.95	350×180×12			12	79.230	61.799
100×50×3.0	100	50	3.0	5.647	4.433	400×200×10	400	200	10	75.854	59.166
100×50×4.0			4.0	7.373	5.788	400×200×12			12	90.030	70.223
120×40×2.5	120	40	2.5	4.74	3.72	400×200×14			14	103.033	80.366
120×40×3.0			3.0	5.63	4.42	450×220×10	450	220	10	84.854	66.186
140×50×3.0	140	50	3.0	6.83	5.36	450×220×12			12	100.830	78.647
140×50×3.5			3.5	7.89	6.20	450×220×14			14	115.633	90.194
140×60×3.0	140	60	3.0	7.447	5.846	500×250×12	500	250	12	114.030	88.943
140×60×4.0			4.0	9.773	7.672	500×250×14			14	131.033	102.206
140×60×5.0			5.0	12.021	9.436	550×280×12	550	280	12	127.230	99.239
160×60×3.0	160	60	3.0	8.03	6.30	550×280×14			14	146.433	114.218
160×60×3.5			3.5	9.29	7.20	600×300×14	600	300	14	159.033	124.046
200×80×4.0	200	80	4.0	13.773	10.812	600×300×16			16	180.287	140.624

4.21.4 冷弯不等边槽钢（GB/T 6723—2017）

表 4-170 冷弯不等边槽钢的规格和质量

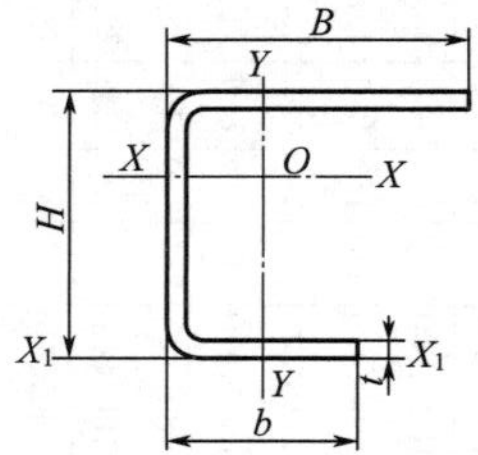

B—长边宽度；
b—短边宽度；
H—高度；
t—厚度

规格 $H\times B\times b\times t$	尺寸/mm				截面面积/cm^2	理论质量/(kg/m)	规格 $H\times B\times b\times t$	尺寸/mm				截面面积/cm^2	理论质量/(kg/m)
	H	B	b	t				H	B	b	t		
50×32×20×2.5	50	32	20	2.5	2.344	1.84	300×90×80×8.0	300	90	80	8.0	34.947	27.259
50×32×20×3.0				3.0	2.764	2.169	350×100×90×6.0	350	100	90	6.0	30.907	24.107
80×40×20×2.5	80	40	20	2.5	3.294	2.586	350×100×90×8.0				8.0	40.547	31.627
80×40×20×3.0				3.0	3.904	3.064	400×150×100×8.0	400	150	100	8.0	49.347	38.491
100×60×30×3.0	100	60	30	3.0	5.404	4.242	400×150×100×10				10	60.854	47.466
150×60×50×3.0	150		50	3.0	7.504	5.890	450×200×150×10	450	200	150	10	75.854	59.166
200×70×60×4.0	200	70	60	4.0	12.605	9.832	450×200×150×12				12	90.030	70.223
200×70×60×5.0				5.0	15.463	12.061	500×250×200×12	500	250	200	12	108.03	84.263
250×80×70×5.0	250	80	70	5.0	18.963	14.791	500×250×200×14				14	124.03	96.746
250×80×70×6.0				6.0	22.507	17.555	550×300×250×14	550	300	250	14	145.03	113.13
300×90×80×6.0	300	90	80	6.0	26.707	20.831	550×300×250×16				16	164.29	128.14

4.21.5 冷弯内卷边槽钢（GB/T 6723—2017）

表 4-171 冷弯内卷边槽钢的规格和质量

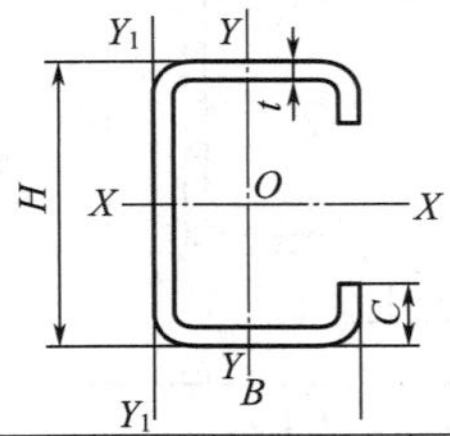

B—边宽度；
H—高度；
C—内卷边高度；
t—边厚度

规格 H×B×C×t	尺寸/mm H	B	C	t	截面面积 /cm²	理论质量 /(kg/m)	规格 H×B×C×t	尺寸/mm H	B	C	t	截面面积 /cm²	理论质量 /(kg/m)
60×30×10×2.5	60	30	10	2.5	3.010	2.363	160×60×20×2.0	160	60	20	2.0	6.07	4.76
60×30×10×3.0	60	30	10	3.0	3.495	2.743	160×60×20×2.5	160	60	20	2.5	7.48	5.87
80×40×15×2.0	80	40	15	2.0	3.47	2.72	160×70×20×3.0	160	70	20	3.0	9.45	7.42
100×50×15×2.5	100	50	15	2.5	5.23	4.11	180×60×20×3.0	180	60	20	3.0	9.495	7.453
100×50×20×2.5	100	50	20	2.5	5.510	4.325	180×70×20×3.0	180	70	20	3.0	10.095	7.924
100×50×20×3.0	100	50	20	3.0	6.495	5.098	180×70×20×2.0	180	70	20	2.0	6.87	5.39
120×50×20×2.5	120	50	20	2.5	5.98	4.70	180×70×20×2.5	180	70	20	2.5	9.48	6.66
120×60×20×3.0	120	60	20	3.0	7.65	6.01	200×60×20×3.0	200	60	20	3.0	10.095	7.924
140×50×20×2.0	140	50	20	2.0	5.27	4.14	200×70×20×2.0	200	70	20	2.0	7.27	5.71
140×50×20×2.5	140	50	20	2.5	6.48	5.09	200×70×20×2.5	200	70	20	2.5	8.98	7.05
140×60×20×2.5	140	60	20	2.5	7.010	5.503	200×70×20×3.0	200	70	20	3.0	10.695	8.395
140×60×20×3.0	140	60	20	3.0	8.295	6.511	220×75×20×2.0	220	75	20	2.0	7.87	6.18

续表

规格 $H\times B\times C\times t$	尺寸/mm				截面面积 /cm^2	理论质量 /(kg/m)	规格 $H\times B\times C\times t$	尺寸/mm				截面面积 /cm^2	理论质量 /(kg/m)
	H	B	C	t				H	B	C	t		
220×75×20×2.5	220	75	20	2.5	9.73	7.64	500×100×40×10	500	100	40	10	69.708	54.372
250×40×15×3.0	250	40			10.095	7.924	550×120×50×8.0				8.0	65.893	51.397
300×40×15×3.0	300	40	15	3.0	11.595	9.102	550×120×50×10	550	120	50	10	80.708	62.952
400×50×15×3.0	400	50			15.195	11.928	550×120×50×12				12	94.859	73.990
450×70×30×6.0	450	70	30	6.0	36.015	28.092	600×150×60×12				12	110.459	86.158
450×70×30×8.0				8.0	46.693	36.421	600×150×60×14	600	150	60	14	124.865	97.395
500×100×40×6.0	500	100	40	6.0	43.815	34.176	600×150×60×16				16	139.775	109.025
500×100×40×8.0				8.0	57.093	44.533							

4.21.6 冷弯外卷边槽钢(GB/T 6723—2017)

表 4-172 冷弯外卷边槽钢的规格和质量

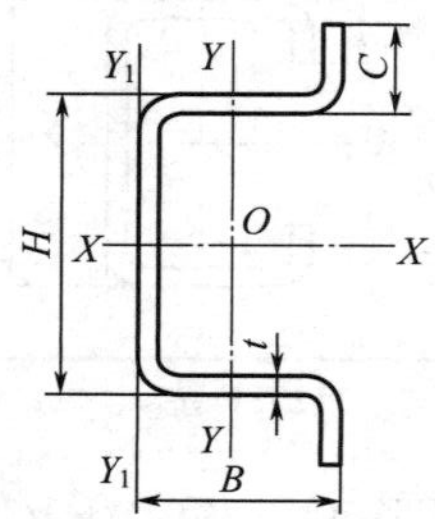

B—边宽度；
H—高度；
C—外卷边高度；
t—边厚度

续表

规格 $H\times B\times C\times t$	尺寸/mm				截面面积/cm^2	理论质量/(kg/m)	规格 $H\times B\times C\times t$	尺寸/mm				截面面积/cm^2	理论质量/(kg/m)
	H	B	C	t				H	B	C	t		
30×30×16×2.5	30	30	16	2.5	2.560	2.009	300×70×50×8.0	300	70	50	8.0	37.893	29.557
50×20×15×3.0	50	20	15	3.0	2.895	2.272	350×80×60×6.0	350	80	60	6.0	34.815	27.156
60×25×32×2.5	60	25	32	2.5	3.860	3.030	350×80×60×8.0				8.0	45.093	35.173
60×25×32×3.0	60	25	32	3.0	4.515	3.544	400×90×70×8.0	400	90	70	8.0	59.293	40.789
80×40×20×4.0	80	40	20	4.0	6.746	5.296	400×90×70×10				10	63.708	49.692
100×30×15×3.0	100	30	15	3.0	4.995	3.921	450×100×80×8.0	450	100	80	8.0	59.493	46.405
150×40×20×4.0	150	40	20	4.0	9.611	7.497	450×100×80×10				10	72.708	56.712
150×40×20×5.0				5.0	11.427	8.913	500×150×90×10	500	150	90	10	89.708	69.972
200×50×30×4.0	200	50	30	4.0	13.211	10.305	500×150×90×12				12	105.659	82.414
200×50×30×5.0				5.0	15.927	12.423	550×200×100×12	550	200	100	12	126.059	98.326
250×60×40×5.0	250	60	40	5.0	20.427	15.933	550×200×100×14				14	143.065	111.591
250×60×40×6.0				6.0	24.015	18.732	600×250×150×14	600	250	150	14	178.065	138.891
300×70×50×6.0	300	70	50	6.0	29.415	22.944	600×250×150×16				16	200.575	156.449

4.21.7 冷弯Z型钢（GB/T 6723—2017）

表 4-173　冷弯 Z 型钢的规格和质量

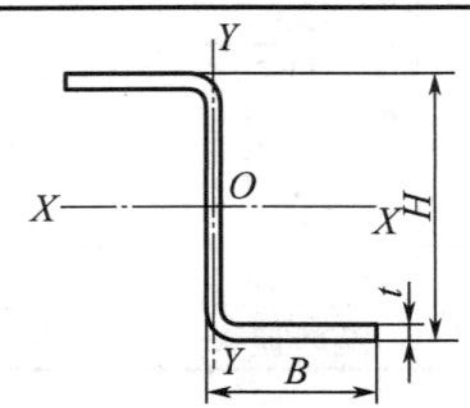

B—边宽度；
H—高度；
t—边厚度

续表

规格 $H\times B\times t$	尺寸/mm			截面面积 /cm²	理论质量 /(kg/m)	规格 $H\times B\times t$	尺寸/mm			截面面积 /cm²	理论质量 /(kg/m)
	H	B	t				H	B	t		
80×40×2.5	80	40	2.5	3.755	2.947	200×100×3.0	200	100	3.0	11.665	9.099
80×40×3.0			3.0	4.447	3.491	200×100×4.0			4.0	15.405	12.016
100×50×2.5	100	50	2.5	4.755	3.732	300×120×4.0	300	120	4.0	21.005	16.384
100×50×3.0			3.0	5.647	4.433	300×120×5.0			5.0	25.963	20.251
140×70×3.0	140	70	3.0	8.065	6.291	400×150×6.0	400	150	6.0	40.507	31.595
140×70×4.0			4.0	10.605	8.272	400×150×8.0			8.0	53.347	41.611

4.21.8 冷弯卷边Z型钢（GB/T 6723—2017）

表 4-174 冷弯卷边 Z 型钢的规格和质量

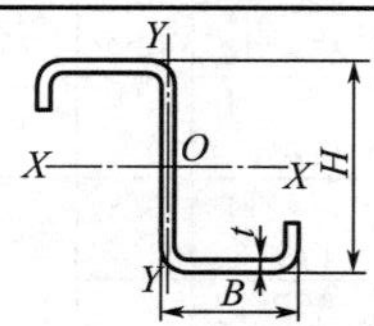

B—边宽度；
H—高度；
t—边厚度

规格 $H\times B\times t$	尺寸/mm			截面面积 /cm²	理论质量 /(kg/m)	规格 $H\times B\times t$	尺寸/mm			截面面积 /cm²	理论质量 /(kg/m)
	H	B	t				H	B	t		
80×40×2.5	80	40	2.5	3.755	2.947	200×100×3.0	200	100	3.0	11.665	9.099
80×40×3.0			3.0	4.447	3.491	200×100×4.0			4.0	15.405	12.016
100×50×2.5	100	50	2.5	4.755	3.732	300×120×4.0	300	120	4.0	21.005	16.384
100×50×3.0			3.0	5.647	4.433	300×120×5.0			5.0	25.963	20.251
140×70×3.0	140	70	3.0	8.065	6.291	400×150×6.0	400	150	6.0	40.507	31.595
140×70×4.0			4.0	10.605	8.272	400×150×8.0			8.0	53.347	41.611

4.21.9　卷边等边角钢（GB/T 6728—2017）

表 4-175　卷边等边角钢的规格和质量

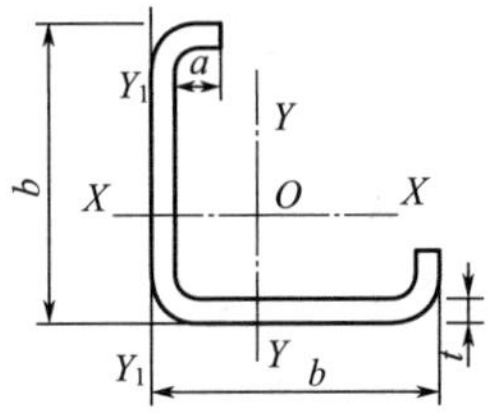

b—边宽度；
t—边厚度；
a—卷边高度

规格 b×a×t	尺寸/mm			截面面积 /cm²	理论质量 /(kg/m)	规格 b×a×t	尺寸/mm			截面面积 /cm²	理论质量 /(kg/m)
	b	a	t				b	a	t		
40×15×2.0	40	15	2.0	1.95	1.53	75×20×2.0	75	20	2.0	3.55	2.79
60×20×2.0	60	20	2.0	2.95	2.32	75×20×2.5	75	20	2.5	4.36	3.42

4.21.10　结构用冷弯空心型钢（GB/T 6728—2017）

结构用冷弯空心型钢用冷轧或热轧钢板和钢带，在连续辊式冷弯机组上生产。

① 分类　按外形形状分为方形（代号 F）、矩形（代号 J）、圆形（代号 Y、ϕ）。

② 标记　用 GB/T 700 中规定的碳素结构钢 Q235 制造的尺寸为 150mm×100mm×6mm 冷弯矩形空心型钢的标记为：

$$\text{冷弯空心型钢(矩形管)}\frac{\text{J150×100×6-GB/T 6728—2017}}{\text{Q235-GB/T 700}}$$

③ 规格和理论质量　见表 4-176～表 4-178。

表 4-176　结构用方形冷弯空心型钢的规格和理论质量

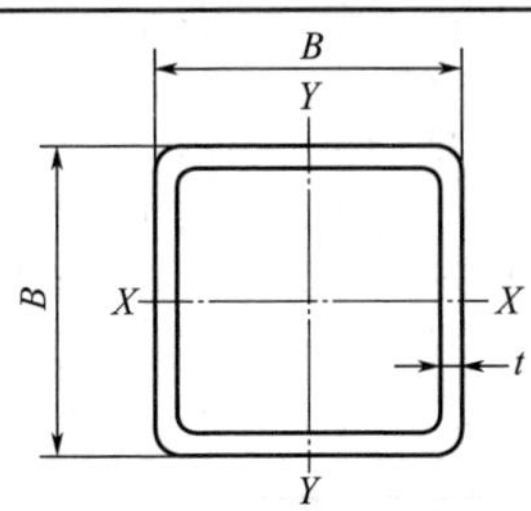

B—边长；
t—壁厚

续表

边长 B /mm	壁厚 t /mm	理论质量 M /(kg/m)	截面面积 A/cm^2	边长 B /mm	壁厚 t /mm	理论质量 M /(kg/m)	截面面积 A/cm^2	边长 B /mm	壁厚 t /mm	理论质量 M /(kg/m)	截面面积 A/cm^2
20	1.2	0.679	0.865	80	2.5	5.957	7.589	170	4.0	20.526	26.148
	1.5	0.826	1.052		3.0	7.071	9.008		5.0	25.400	32.356
	1.75	0.941	1.199		4.0	9.222	11.747		6.0	30.170	38.433
	2.0	1.050	1.340		5.0	11.269	14.356		8.0	38.969	49.642
25	1.2	0.867	1.105	90	3.0	8.013	10.208	180	4.0	21.800	27.70
	1.5	1.061	1.352		4.0	10.478	13.347		5.0	27.000	34.40
	1.75	1.215	1.548		5.0	12.839	16.356		6.0	32.100	40.80
	2.0	1.363	1.736		6.0	15.097	19.232		8.0	41.500	52.80
30	1.5	1.296	1.652	100	4.0	11.734	11.947	190	4.0	23.00	29.30
	1.75	1.490	1.898		5.0	14.409	18.356		5.0	28.50	36.40
	2.0	1.677	2.136		6.0	16.981	21.632		6.0	33.90	43.20
	2.5	2.032	2.589	110	4.0	12.99	16.548		8.0	44.00	56.00
	3.0	2.361	3.008		5.0	15.98	20.356	200	4.0	24.30	30.90
40	1.5	1.767	2.525		6.0	18.866	24.033		5.0	30.10	38.40
	1.75	2.039	2.598	120	4.0	14.246	18.147		6.0	35.80	45.60
	2.0	2.305	2.936		5.0	17.549	22.356		8.0	46.50	59.20
	2.5	2.817	3.589		6.0	20.749	26.432		10	57.00	72.60
	3.0	3.303	4.208		8.0	26.840	34.191	220	5.0	33.2	42.4
	4.0	4.198	5.347	130	4.0	15.502	19.748		6.0	39.6	50.4
50	1.5	2.238	2.852		5.0	19.120	24.356		8.0	51.5	65.6
	1.75	2.589	3.298		6.0	22.634	28.833		10	63.2	80.6
	2.0	2.933	3.736		8.0	28.921	36.842		12	73.5	93.7
	2.5	3.602	4.589	140	4.0	16.758	21.347	250	5.0	38.0	48.4
	3.0	4.245	5.408		5.0	20.689	26.356		6.0	45.2	57.6
	4.0	5.454	6.947		6.0	24.517	31.232		8.0	59.1	75.2
60	2.0	3.560	4.540		8.0	31.864	40.591		10	72.7	92.6
	2.5	4.387	5.589	150	4.0	18.014	22.948		12	84.8	108
	3.0	5.187	6.608		5.0	22.26	28.356	280	5.0	42.7	54.4
	4.0	6.710	8.547		6.0	26.402	33.633		6.0	50.9	64.8
	5.0	8.129	10.356		8.0	33.945	43.242		8.0	66.6	84.8
70	2.5	5.170	6.590	160	4.0	19.270	24.547		10	82.1	104.6
	3.0	6.129	7.808		5.0	23.829	30.356		12	96.1	122.5
	4.0	7.966	10.147		6.0	28.285	36.032		8.0	66.6	84.8
	5.0	9.699	12.356		8.0	36.888	46.991		10	82.1	104.6

续表

边长 B /mm	壁厚 t /mm	理论质量 M /(kg/m)	截面面积 A/cm²	边长 B /mm	壁厚 t /mm	理论质量 M /(kg/m)	截面面积 A/cm²	边长 B /mm	壁厚 t /mm	理论质量 M /(kg/m)	截面面积 A/cm²
280	12	96.1	122.5	350	12	123	156	450	14	185	236
300	6.0	54.7	69.6	400	8.0	96.7	123	500	8.0	122	155
	8.0	71.6	91.2		10	120	153		10	151	193
	10	88.4	113		12	141	180		12	179	228
	12	104	132		14	163	208		14	207	264
350	6.0	64.1	81.6	450	8.0	109	139		16	235	299
	8.0	84.2	107		10	135	173				
	10	104	133		12	160	204				

注：表中理论质量按密度 $7.85g/cm^3$ 计算。

表 4-177　结构用矩形冷弯空心型钢的规格和质量

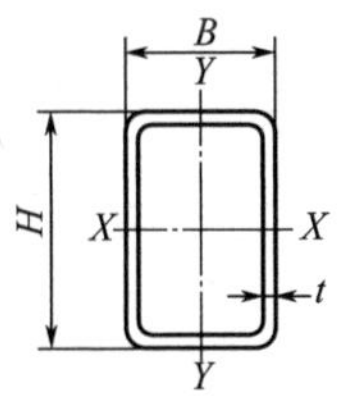

H—长边；
B—短边；
t—壁厚

边长/mm		壁厚 t/mm	理论质量 M /(kg/m)	截面面积 A/cm²	边长/mm		壁厚 t/mm	理论质量 M /(kg/m)	截面面积 A/cm²
H	B				H	B			
30	20	1.5	1.06	1.35	40	30	1.5	1.53	1.95
		1.75	1.22	1.55			1.75	1.77	2.25
		2.0	1.36	1.74			2.0	1.99	2.54
		2.5	1.64	2.09			2.5	2.42	3.09
40	20	1.5	1.30	1.65			3.0	2.83	3.61
		1.75	1.49	1.90	50	25	1.5	1.65	2.10
		2.0	1.68	2.14			1.75	1.90	2.42
		2.5	2.03	2.59			2.0	2.15	2.74
		3.0	2.36	3.01			2.5	2.62	2.34
40	25	1.5	1.41	1.80			3.0	3.07	3.91
		1.75	1.63	2.07	50	30	1.5	1.767	2.252
		2.0	1.83	2.34			1.75	2.039	2.598
		2.5	2.23	2.84			2.0	2.305	2.936
		3.0	2.60	3.31			2.5	2.817	3.589

续表

边长/mm H	边长/mm B	壁厚 t/mm	理论质量 M/(kg/m)	截面面积 A/cm²	边长/mm H	边长/mm B	壁厚 t/mm	理论质量 M/(kg/m)	截面面积 A/cm²
50	30	3.0	3.303	4.206	90	40	3.0	5.658	7.208
		4.0	4.198	5.347			4.0	7.338	9.347
50	40	1.5	2.003	2.552			5.0	8.914	11.356
		1.75	2.314	2.948	90	50	2.0	4.190	5.337
		2.0	2.619	3.336			2.5	5.172	6.589
		2.5	3.210	4.089			3.0	6.129	7.808
		3.0	3.775	4.808			4.0	7.966	10.147
		4.0	4.826	6.148			5.0	9.699	12.356
55	25	1.5	1.767	2.252	90	55	2.0	4.346	5.536
		1.75	2.039	2.598			2.5	5.368	6.839
		2.0	2.305	2.936	90	60	3.0	6.600	8.408
55	40	1.5	2.121	2.702			4.0	8.594	10.947
		1.75	2.452	3.123			5.0	10.484	13.356
		2.0	2.776	3.536	95	50	2.0	4.347	5.537
55	50	1.75	2.726	3.473			2.5	5.369	6.839
		2.0	3.090	3.936	100	50	3.0	6.690	8.408
60	30	2.0	2.620	3.337			4.0	8.594	10.947
		2.5	3.209	4.089			5.0	10.484	13.356
		3.0	3.774	4.808	120	50	2.5	6.350	8.089
		4.0	4.826	6.147			3.0	7.543	9.608
60	40	2.0	2.934	3.737	120	60	3.0	8.013	10.208
		2.5	3.602	4.589			4.0	10.478	13.347
		3.0	4.245	5.408			5.0	12.839	16.356
		4.0	5.451	6.947			6.0	15.097	19.232
70	50	2.0	3.562	4.537	120	80	3.0	8.955	11.408
		3.0	5.187	6.608			4.0	11.734	11.947
		4.0	6.710	8.547			5.0	14.409	18.356
		5.0	8.129	10.356			6.0	16.981	21.632
80	40	2.0	3.561	4.536	140	80	4.0	12.990	16.547
		2.5	4.387	5.589			5.0	15.979	20.356
		3.0	5.187	6.608			6.0	18.865	24.032
		4.0	6.710	8.547	150	100	4.0	14.874	18.947
		5.0	8.129	10.356			5.0	18.334	23.356
80	60	4.0	7.966	10.147			6.0	21.691	27.632
		5.0	9.699	12.356			8.0	28.096	35.791

续表

边长 /mm H	边长 /mm B	壁厚 t/mm	理论质量 M /(kg/m)	截面面积 A/cm^2
160	60	3	9.898	12.608
		4.5	14.498	18.469
160	80	4.0	14.216	18.117
		5.0	17.519	22.356
		6.0	20.749	26.433
		8.0	26.810	33.644
180	65	3.0	11.075	14.108
		4.5	16.264	20.719
180	100	4.0	16.758	21.317
		5.0	20.689	26.356
		6.0	24.517	31.232
		8.0	31.861	40.391
200	100	4.0	18.014	22.941
		5.0	22.259	28.356
		6.0	26.101	33.632
		8.0	34.376	43.791
200	120	4.0	19.3	24.5
		5.0	23.8	30.4
		6.0	28.3	36.0
		8.0	36.5	46.4
200	150	4.0	21.2	26.9
		5.0	26.2	33.4
		6.0	31.1	39.6
		8.0	40.2	51.2
220	140	4.0	21.8	27.7
		5.0	27.0	34.4
		6.0	32.1	40.8
		8.0	41.5	52.8
250	150	4.0	24.3	30.9
		5.0	30.1	38.4
		6.0	35.8	45.6
		8.0	46.5	59.2
260	180	5.0	33.2	42.4
		6.0	39.6	50.4
		8.0	51.5	65.6
		10	63.2	80.6
300	200	5.0	38.0	48.4
		6.0	45.2	57.6
		8.0	59.1	75.2
		10	72.7	92.6
350	250	5.0	45.8	58.4
		6.0	54.7	69.6
		8.0	71.6	91.2
		10	88.4	113
400	200	5.0	45.8	58.4
		6.0	54.7	69.6
		8.0	71.6	91.2
		10	88.4	113
		12	104	132
400	250	5.0	49.7	63.4
		6.0	59.4	75.6
		8.0	77.9	99.2
		10	96.2	122
		12	113	144
450	250	6.0	64.1	81.6
		8.0	84.2	107
		10	104	133
		12	123	156
500	300	6.0	73.5	93.6
		8.0	96.7	123
		10	120	153
		12	141	180
550	350	8.0	109	139
		10	135	173
		12	160	204
		14	185	236
600	400	8.0	122	155
		10	151	193
		12	179	228
		14	207	264
		16	235	299

表 4-178 结构用圆形冷弯空心型钢的规格和质量

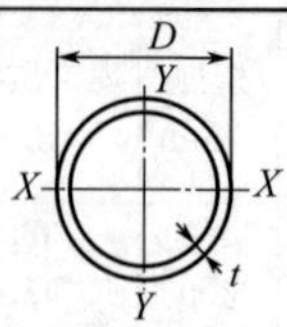

D—外径；
t—壁厚

外径 D /mm	壁厚 t /mm	理论质量 M/(kg/m)	截面面积 A/cm²
21.3 (21.3)	1.2	0.59	0.76
	1.5	0.73	0.93
	1.75	0.84	1.07
	2.0	0.95	1.21
	2.5	1.16	1.48
	3.0	1.35	1.72
26.8 (26.9)	1.2	0.76	0.97
	1.5	0.94	1.19
	1.75	1.08	1.38
	2.0	1.22	1.56
	2.5	1.50	1.91
	3.0	1.76	2.24
33.5 (33.7)	1.5	1.18	1.51
	2.0	1.55	1.98
	2.5	1.91	2.43
	3.0	2.26	2.87
	3.5	2.59	3.29
	4.0	2.91	3.71
42.3 (42.4)	1.5	1.51	1.92
	2.0	1.99	2.53
	2.5	2.45	3.13
	3.0	2.91	3.7
	4.0	3.78	4.81
48 (48.3)	1.5	1.72	2.19
	2.0	2.27	2.89
	2.5	2.81	3.57
	3.0	3.33	4.24
	4.0	4.34	5.53
	5.0	5.30	6.75
60 (60.3)	2.0	2.86	3.64
	2.5	3.55	4.52
	3.0	4.22	5.37
	4.0	5.52	7.04
	5.0	6.78	8.64
75.5 (76.1)	2.5	4.50	5.73
	3.0	5.36	6.83
	4.0	7.05	8.98
	5.0	8.69	11.07
88.5 (88.9)	3.0	6.33	8.06
	4.0	8.34	10.62
	5.0	10.30	13.12
	6.0	12.21	15.55
114 (114.3)	4.0	10.85	13.82
	5.0	13.44	17.12
	6.0	15.98	20.36
140 (139.7)	4.0	13.42	17.09
	5.0	16.65	21.21
	6.0	19.83	25.26
165 (168.3)	4	15.88	20.23
	5	19.73	25.13
	6	23.53	29.97
	8	30.97	39.46
219.1 (219.1)	5	26.4	33.6
	6	31.53	40.17
	8	41.6	53.1
	10	51.6	65.7
273 (273)	5	33.0	42.1
	6	39.5	50.3
	8	52.3	66.6
	10	64.9	82.6
325 (323.9)	5	39.5	50.3
	6	47.2	60.1
	8	62.5	79.7
	10	77.7	99
	12	92.6	118
355.6 (355.6)	6	51.7	65.9
	8	68.6	87.4
	10	85.2	109
	12	101.7	130
406.4 (406.4)	8	78.6	100
	10	97.8	125
	12	116.7	149
457 (457)	8	88.6	113
	10	110	140
	12	131.7	168

续表

外径 D /mm	壁厚 t /mm	理论质量 M/(kg/m)	截面面积 A/cm²	外径 D /mm	壁厚 t /mm	理论质量 M/(kg/m)	截面面积 A/cm²
508 (508)	8	98.6	126	610	10	148	189
	10	123	156		12.5	184.2	235
	12	146.8	187		16	234.4	299
610	8	118.8	151				

注：括号内为 ISO 4019 所列规格。

4.22 无缝钢管

无缝钢管可以按材料分为碳钢钢管和不锈钢钢管；按用途分为普通用、结构用和输送流体用等；按尺寸精度分为一般精度无缝钢管和精密无缝钢管。

4.22.1 普通无缝钢管（GB/T 17395—2024）

① 分类

a. 普通钢管尺寸　分为普通和精密两个尺寸组。

b. 普通钢管外径　分为三个系列：系列 1—通用（推荐选用）系列；系列 2—非通用系列；系列 3—专用系列。精密钢管的外径不分系列。

② 通常长度　3000～12000mm。

③ 外径和壁厚规格

a. 普通无缝钢管　见表 4-179。

表 4-179　普通无缝钢管规格　mm

外径			壁厚范围
系列 1	系列 2	系列 3	
$S\leqslant65$			
—	6	—	0.25～2.0
—	7、8	—	0.25～2.5
—	9	—	0.25～2.8
10	11	—	0.25～3.5
—	12	—	0.25～4.0
	13(12.7)		0.25～4.0
13.5	—	14	0.25～4.0
—	16	—	0.25～5.0
17(17.2)	—	18	0.25～5.0
—	19、20	—	0.25～6.0

续表

外径			壁厚范围
系列1	系列2	系列3	
21	—	22	0.4～6.0
	25	25.4	0.4～7.0
27	28		0.4～7.0
		30	0.4～8.0
	32(31.8)	—	0.4～8.0
34(33.7)	—		0.4～8.0
—	—	35	0.4～9.0
—	38、40	—	0.4～10
42(42.4)	—	—	1.0～10
		45	1.0～12
48(48.3)	51		1.0～12
		54	1.0～14
—	57		1.0～14
60(60.3)	63(63.5)	—	1.0～15
—	65,68	—	1.0～15
—	70	—	1.0～17
—	—	73	1.0～19
76(76.1)	—	—	1.0～20
—	77、80	—	1.4～20
		83	1.4～22
—	85		1.4～22
89(88.9)	95	—	1.4～24
—	102(101.6)	—	1.4～28
—	—	108	1.4～30
114(114.3)	—	—	1.5～30
—	121	—	1.5～32
—	127	—	1.6～32
—	133	—	1.6～36
140(139.7)	—	142(141.3)	1.6～36
—	146	152(152.4)	1.6～40
—	—	159	1.6～45
	165	—	1.6～45
168(168.3)		—	1.6～45
—	—	180(177.8)	1.6～50
—	—	194(193.7)	1.8～50
219(219.1)	203	216	1.8～55
—	—	232	2.0～65
—	—	245(244.5)	2.0～75
—	—	267(267.4)	2.0～75

续表

外径			壁厚范围
系列1	系列2	系列3	
273(273.1)	—	—	2.0～85
—	299(298.5)	302	2.5～100
—	—	318.5	2.5～100
325(324.9)	340(339.7)	—	2.5～100
—	351	368	2.5～100
356(355.6)	377	—	2.5～100
—	402	—	2.5～100
406(406.4)	—	—	2.5～100
—	—	419	3.2～100
—	426,450	—	3.2～100
457	473,480	—	3.2～100
	500	—	3.2～110
508	—	—	3.2～110
—	530	560(559)	3.2～120
610	—	—	3.2～120
—	630	—	4.0～120
—	—	660,699	4.0～120
711	720	—	4.0～150
—	762	788.5	4.0～150
813	—	864	4.0～150
914	—	965	4.0～150
1016	—	—	4.0～150
1067	—	—	5.0～150
1118	1168	—	5.0～120
1219	1321	—	5.0～120
1422	—	—	5.5～120
1524	—	—	6.5～120
1626	—	—	6.5～65
1829	1727	—	7.0～65
—	1939,2020	—	8.0～65
2032	—	—	8.0～65
—	2134	—	9.0～65
2235	—	—	9.0～65
—	2337	—	10～65
—	2438	—	10～65
2540	—	—	10～65
$S>65$			
—	—	245(244.5)	70、75
—	—	267(267.4)	70、75

续表

外径			壁厚范围
系列 1	系列 2	系列 3	
273(273.1)	—	—	70～85
—	299(298.5)	302,318.5	70～120
325(323.9)	340(339.7)		70～120
—	351	—	70～120
356(335.6)	—	368	70～120
—	373,402	—	70～120
406(406.4)	—	419	70～120
—	426,450	—	70～120
457	473,480	—	70～120
—	500	—	70～120
508	530	560(559)	70～120
610	630	660,690	70～120
711	720	—	70～150
—	762	788.5	70～150
813	—	864	70～150
914	—	965	70～150
1016,1067	—	—	70～150
1118	1168	—	70～120
1219	1321	—	70～120
1422	—	—	70～120

注：1. 壁厚系列（mm）：0.25，0.30，0.40，0.50，0.60，0.80，1.0，1.2，1.4，1.5，1.6，1.8，2.0，2.2（2.3），2.5（2.6），2.8，3.0，3.2，3.5（3.6），3.8，4.0，4.3，4.5，4.8，5.0，(5.4) 5.5，6.0，6.5，7.0，7.5，8.0，8.5，(8.8) 9.0，9.5，10，11，12（12.5），13，14（14.2），15，16，17（17.5），18，19，20，22（22.2），24，25，26，28，30，32，34，36，38，40，42，45，48，50，55，60，65，70，75，80，85，90，95，100，110，120，130，140，150。

2. 括弧中的数值表示 ISO4200 中的规格；为使本表尽量整洁，壁厚范围一栏中的括弧未标出。

b. 精密无缝钢管 见表 4-180。

表 4-180 精密无缝钢管规格 mm

外径	壁厚范围	外径	壁厚范围
4,5	0.5～1.2	15	0.5～4.5
6,7	0.5～2.0	16,18,20,22	0.5～6.0
8,10	0.5～2.5	25	0.5～7.0
12,12.7	0.5～3.0	28,30,32,35	0.5～8.0
14	0.5～3.5	38,40	0.5～10.0

续表

外径	壁厚范围	外径	壁厚范围
42,45	(0.8)～10	100,110,120	(1.2)～25
42	(0.8)～10	130,140,150	(1.8)～25
45,48,50,51	(0.8)～12.5	160,170,180	(1.8)～25
55	(0.8)～14	190,200	(3.5)～25
60,63,65	(0.8)～16	220	(4.5)～25
70,76	(0.8)～16	240,260,280	6.0～25
80,85	(0.8)～18	300,320,340	(7.0)～25
90,95	(1.2)～22	360,380	(7.0)～25

注：1. 壁厚系列（mm）：0.5，(0.8)，1.0，(1.2)，1.5，(1.8)，2.0，(2.2)，2.5，(2.8)，3.0，(3.5)，4，(4.5)，5.0，(5.5)，6.0，(7.0)，8.0，(9.0)，10，(11)，12.5，(14)，16，(18)，20，(22)，25。

2. 括号内尺寸不推荐使用。

c. 不锈钢管　见表 4-181。

表 4-181　不锈钢管的规格　mm

外径			壁厚范围
系列 1	系列 2	系列 3	
	6,7		0.3～1.2
	8		0.3～1.5
	9	9.5	0.3～1.6
10(10.2)	12		0.3～2.0
	12.7		0.3～3.2
13(13.5)			0.5～3.2
		14,15	0.5～4.0
	16		0.5～5.0
17(17.2)		18	0.5～5.0
	19	19.5	0.5～6.0
	20		0.5～6.0
21(21.3)		22	0.5～6.0
	24,25	25.4	0.5～6.0
27(26.9)		28,30	0.5～8.0
	32(31.8)		0.5～10
34(33.7)		35,36	0.8～10
	38,40		0.8～12
42(42.1)		45(44.5)	0.8～12
48(48.3)	51	54	0.8～12
	57		0.8～12
60(60.3)	64(63.5)		0.8～12
	68,70,73		0.8～12
76(76.1)		80	0.8～12

续表

外径			壁厚范围
系列1	系列2	系列3	
		83(82.5)	1.2～20
89(88.9)	95		1.2～20
	102(101.8)		1.2～20
	108		1.6～26
		125	1.6～28
114(114.3)	127		1.6～28
	133		1.6～35
140(139.7)			1.6～35
		141.3	1.6～38
	146,152	154	1.6～38
	159		1.6～40
168(168.3)	180,194		1.6～40
219(219.1)	245	250	1.6～48
273(273.1)			1.6～55
325(323.9)	351		2.5～60
355.6(356)	377	400	2.5～64
406(406.1)	426	450	2.5～64
457	473		2.5～64
	480	500	2.8～68
508	530	550	2.8～88
		558.8	2.8～88
559			2.8～88
		600	3.2～88
610	630	660	3.2～88
711	720,762		3.2～88
813		864	3.2～88
914		966	3.2～88
1016,1067			3.2～88
1118	1168		3.2～88
1219	1321		3.2～88
1422	1524		3.2～88
1626	1727		3.2～88
1829			3.2～88
	1930		12～88
2032			45～88

注：1. 壁厚系列（mm）：0.3，0.4，0.5，0.6，0.7，0.8，0.9，1.0，1.2，1.4，1.5，1.6，1.8，2.0，2.2（2.3），2.5（2.6），2.8（2.9），3.0，3.2，3.5（3.6），4.0，4.5，5.0，5.5（5.6），6.0，6.5，7.0（7.1），7.5，8.0，8.5，9.0，9.5，10，11，12，14（14.2），15，16，17（17.5），18，20，22（22.2），24，25，26，28，30，32，35，38，40，42，45，48，50，52，55，58，60，62，64，66，68，73，77，80，88。

2. 括号内尺寸表示由相应英制规格换算成的公制规格。

4.22.2 结构用无缝钢管（GB/T 8162—2018）

用于机械结构和一般工程结构。

① 分类 按加工方法分，有热轧（扩）钢管和冷拔（轧）钢管两种。按加工材料分，有优质碳素结构钢和低合金高强度结构钢两种。

② 化学成分

a. 优质碳素结构钢，其牌号和化学成分应符合 GB/T 699 的规定。

b. 低合金高强度结构钢，其牌号和化学成分应符合 GB/T 8162 的相关规定。

c. 合金结构钢，其牌号和化学成分应符合 GB/T 3077 的规定。

③ 规格 结构用无缝钢管的外径和壁厚应符合 GB/T 17395 的规定。通常长度为 3000～12000mm。见表 4-182、表 4-183。

表 4-182 热轧（扩）无缝钢管的规格 mm

外径	壁厚	外径	壁厚	外径	壁厚	外径	壁厚
32	2.5～8	76	3.0～19	152	4.5～36	377	9～75
38	2.5～8	83	3.5～19	159	4.5～36	402	9～75
42	2.5～10	89	3.5～24	168	5～45	406	9～75
45	2.5～10	95	3.5～24	180	5～45	450	9～75
50	2.5～10	102	3.5～24	194	5～45	(465)	9～75
54	3～11	108	4～28	203	6～50	480	9～75
57	3～13	114	4～28	219	6～50	500	9～75
60	3～14	121	4～28	245	6.5～50	530	9～75
63.5	3～14	127	4～30	273	6.5～50	(550)	9～75
68	3～16	133	4～32	299	7.5～75	560	9～24
70	3～16	140	4.5～36	325	7.5～75	600	9～24
73	3～19	146	4.5～36	351	8.0～75	630	9～24

注：1. 壁厚系列为 2.5，3.0，3.5，4.0，4.5，5.0，5.5，6.0，6.5，7.0，7.5，8.0，8.5，9.0，9.5，10，11，12，13，14，15，16，17，18，19，20，22，(24)，25，(26)，28，30，32，(34)，(35)，36，(38)，40，(42)，(45)，(48)，(50)，56，60，63，(65)，70，75。

2. 有括号的不推荐使用。

表 4-183　冷拔（轧）钢管的规格　mm

外径	壁厚	外径	壁厚	外径	壁厚	外径	壁厚
6	0.25～2.0	(24)	0.40～7.0	53	1.0～12	100	2.0～12
7	0.25～2.5	25	0.40～7.0	54	1.0～12	(102)	2.0～12
8	0.25～2.5	27	0.40～7.0	56	1.0～12	108	2.0～12
9	0.25～2.8	28	0.40～7.0	57	1.0～13	110	2.0～12
10	0.25～3.5	29	0.40～7.5	60	1.0～14	120	2.0～12
11	0.25～3.5	30	0.40～8.0	63	1.0～12	125	2.0～12
12	0.25～4.0	32	0.40～8.0	65	1.0～12	130	2.5～12
(13)	0.25～4.0	34	0.40～8.0	(68)	1.0～14	133	2.5～12
14	0.25～4.0	(35)	0.40～8.0	70	1.0～14	140	3.0～12
(15)	0.25～5.0	36	0.40～8.0	73	1.0～14	150	3.0～12
16	0.25～5.0	38	0.40～9.0	75	1.0～12	160	3.5～12
(17)	0.25～5.0	40	0.40～9.0	76	1.0～14	170	3.5～12
18	0.25～5.0	42	1.0～9.0	80	2.0～12	180	3.5～12
19	0.25～6.0	44.5	1.0～9.0	(83)	2.0～14	190	4.0～12
20	0.25～6.0	45	1.0～10	85	2.0～12	200	4.0～12
(21)	0.40～0.40	48	1.0～10	89	2.0～14		
22	0.40～0.40	50	1.0～12	90	2.0～12		
(23)	0.40～0.40	51	1.0～12	95	2.0～12		

注：1. 壁厚系列为 0.25，0.30，0.40，0.50，0.60，0.80，1.0，1.2，1.4，1.5，1.6，1.8，2.0，2.2，2.5，2.8，3.0，3.2，3.5，4.0，4.5，5.0，5.5，6.0，6.5，7.0，7.5，8.0，8.5，9.0，9.5，10，11，12，13，14。

2. 有括号的不推荐使用。

3. 通常长度为 2～10.5m。

标注例：用 10 钢制造的外径为 73mm、壁厚 3.5mm 的冷拔钢管，直径为较高级精度，壁厚为普通级精度，长度为 5000mm 倍尺。标注为：10-73×3.5×5000 倍尺-GB/T 8162—2008。

④ 力学性能　见表 4-184、表 4-185。

表 4-184　优质碳素结构钢和低合金高强度结构钢钢管的力学性能

牌号	质量等级	抗拉强度 R_m/MPa	下屈服强度 R_{eL}/MPa ≥			断后伸长率 A/%	冲击试验	
			公称壁厚 S/mm				温度/℃	吸收能量 KV_2/J ≥
			≤16	>16～30	>30			
10	—	≥335	205	195	185	24	—	—
15	—	≥375	225	215	205	22	—	—
20	—	≥410	245	235	225	20	—	—

续表

牌号	质量等级	抗拉强度 R_m/MPa	下屈服强度 R_{eL}/MPa ≥			断后伸长率 A/%	冲击试验	
			公称壁厚 S/mm				温度/℃	吸收能量 KV_2/J ≥
			≤16	>16～30	>30			
25	—	≥450	275	265	255	18	—	—
35	—	≥510	305	295	285	17	—	—
45	—	≥590	335	325	315	14	—	—
20Mn	—	≥450	275	265	255	20	—	—
25Mn	—	≥490	295	285	275	18	—	—
Q345	A	470～630	345	325	295	20	—	—
	B						+20	34
	C					21	0	
	D						−20	
	E						−40	27
Q390	A	490～650	390	370	350	18	—	—
	B						+20	34
	C					19	0	
	D						−20	
	E						−40	27
Q420	A	520～680	420	400	380	18	—	—
	B						+20	34
	C					19	0	
	D						−20	
	E						−40	27
Q460	C	550～720	460	440	420	17	0	34
	D						−20	
	E						−40	27
Q500	C	610～770	500	480	440	17	0	55
	D						−20	47
	E						−40	31

续表

牌号	质量等级	抗拉强度 R_m/MPa	下屈服强度 R_{eL}/MPa ≥			断后伸长率 A/%	冲击试验	
			公称壁厚 S/mm				温度/℃	吸收能量 KV_2/J ≥
			≤16	>16～30	>30			
Q550	C	670～830	550	530	490	16	0	55
	D						−20	47
	E						−40	31
Q620	C	710～880	620	590	550	15	0	55
	D						−20	47
	E						−40	31
Q690	C	770～940	690	660	620	14	0	55
	D						−20	47
	E						−40	31

表 4-185 合金结构钢钢管的力学性能

牌号	推荐的热处理制度①					拉伸性能② ≥			钢管退火或高温回火交货状态布氏硬度(HBW) ≤
	淬火(正火)			回火		抗拉强度 R_m /MPa	下屈服强度⑦ R_{eL} /MPa	断后伸长率 A /%	
	温度/℃		冷却剂	温度/℃	冷却剂				
	第一次	第二次							
40Mn2	840	—	水、油	540	水、油	885	735	12	217
45Mn2	840	—	水、油	550	水、油	885	735	10	217
27SiMn	920	—	水	450	水、油	980	835	12	217
40MnB③	850	—	油	500	水、油	980	785	10	207
45MnB③	840	—	油	500	水、油	1030	835	9	217
20Mn2B③⑥	880	—	油	200	水、空	980	785	10	187
20Cr④⑥	880	800	水、油	200	水、空	835	540	10	179
						785	490	10	179
30Cr	860	—	油	500	水、油	885	685	11	187
35Cr	860	—	油	500	水、油	930	735	11	207
40Cr	850	—	油	520	水、油	980	785	9	207
45Cr	840	—	油	520	水、油	1030	835	9	217
50Cr	830	—	油	520	水、油	1080	930	9	229
38CrSi	900	—	油	600	水、油	980	835	12	255
20CrMo④⑥	880	—	水、油	500	水、油	885	685	11	197
						845	635	12	197

续表

牌号	推荐的热处理制度[①] 淬火(正火) 温度/℃ 第一次	淬火(正火) 温度/℃ 第二次	淬火(正火) 冷却剂	回火 温度/℃	回火 冷却剂	拉伸性能[②]≥ 抗拉强度 R_m/MPa	下屈服强度[⑦] R_{eL}/MPa	断后伸长率 A/%	钢管退火或高温回火交货状态布氏硬度(HBW)≤
35CrMo	850	—	油	550	水、油	980	835	12	229
42CrMo	850	—	油	560	水、油	1080	930	12	217
38CrMoAl[④]	940	—	水、油	640	水、油	980	835	12	229
						930	785	14	229
50CrVA	860	—	油	500	水、油	1275	1130	10	255
20CrMn	850	—	油	200	水、空	930	735	10	187
20CrMnSi[⑥]	880	—	油	480	水、油	785	635	12	207
30CrMnSi[⑥]	880	—	油	520	水、油	1080	885	8	229
						980	835	10	229
35CrMnSiA[⑥]	880	—	油	230	水、空	1620	—	9	229
20CrMnTi[⑤⑥]	880	870	油	200	水、空	1080	835	10	217
30CrMnTi[⑤⑥]	880	850	油	200	水、空	1470	—	9	229
12CrNi2	860	780	水、油	200	水、空	785	590	12	207
12CrNi3	860	780	油	200	水、空	930	685	11	217
12Cr2Ni4	860	780	油	200	水、空	1080	835	10	269
40CrNiMoA	850	—	油	600	水、油	980	835	12	269
45CrNiMoVA	860	—	油	460	油	1470	1325	7	269

① 表中所列热处理温度允许调整范围：淬火±15℃，低温回火±20℃，高温回火±50℃。

② 拉伸试验时，可截取横向或纵向试样，有异议时，以纵向试样为仲裁依据。

③ 含硼钢在淬火前可先正火，正火温度应不高于其淬火温度。

④ 按需方指定的一组数据交货，当需方未指定时，可按其中任一组数据交货。

⑤ 含铬锰钛钢第一次淬火可用正火代替。

⑥ 于 280～320℃等温淬火。

⑦ 拉伸试验时，如不能测定 R_{eL}，可测定 $R_{p0.2}$ 代替 R_{eL}。

4.22.3 冷拔或冷轧精密无缝钢管（GB/T 3639—2021）

适用于制造机械结构、液压设备、汽车零部件等具有特殊尺寸精度和高表面质量要求的冷拔或冷轧精密无缝钢管。

① 分类　按交货状态分为冷加工/硬状态（+C）；冷加工/软状态（+LC）；消除应力退火状态（+SR）；退火状态（+A）；正

火状态（+N）五类。

② 牌号和化学成分　应分别符合GB/T 699中10、20、35、45、25Mn，GB/T 1591中Q355B、Q420B和GB/T 3077中25CrMo、42CrMo的规定，其中P、S含量均应不大于0.025%。

③ 长度　通常长度为3000～12000mm。

④ 规格　见表4-186。

表4-186　冷拔或冷轧精密无缝钢管的规格　　mm

外径	壁厚								
	0.5	0.8	1	1.2	1.5	1.8	2	2.2	2.5
	内径								
4	3	2.4	2	1.6	—	—	—	—	—
5	4	3.4	3	2.6	—	—	—	—	—
6	5	4.4	4	3.6	3	2.4	2	—	—
7	6	5.4	5	4.6	4	3.4	3	—	—
8	7	6.4	6	5.6	5	4.4	4	3.6	3
9	8	7.4	7	6.6	6	5.4	5	4.6	4
10	9	8.4	8	7.6	7	6.4	6	5.6	5
12	11	10.4	10	9.6	9	8.4	8	7.6	7
14	13	12.4	12	11.6	11	10.4	10	9.6	9
15	14	13.4	13	12.6	12	11.4	11	10.6	10
16	15	14.4	14	13.6	13	12.4	12	11.6	11
18	17	16.4	16	15.6	15	14.4	14	13.6	13
20	19	18.4	18	17.6	17	16.4	16	15.6	15
22	21	20.4	20	19.6	19	18.4	18	17.6	17
25	24	23.4	23	22.6	22	21.4	21	20.6	20
26	25	24.4	24	23.6	23	22.4	22	21.6	21
28	27	26.4	26	25.6	25	24.4	24	23.6	23
30	29	28.4	28	27.6	27	26.4	26	25.6	25
32	31	30.4	30	29.6	29	28.4	28	27.6	27
35	34	33.4	33	32.6	32	31.4	31	30.6	30
38	37	36.4	36	35.6	35	34.4	34	33.6	33
40	39	38.4	38	37.6	37	36.4	36	35.6	35
42	—	—	40	39.6	39	38.4	38	37.6	37
45	—	—	43	42.6	42	41.4	41	40.6	40
48	—	—	46	45.6	45	44.4	44	43.6	43

续表

外径	壁厚								
	0.5	0.8	1	1.2	1.5	1.8	2	2.2	2.5
	内径								
50	—	—	48	47.6	47	46.4	46	45.6	45
55			53	52.6	52	51.4	51	50.6	50
60	—	—	58	57.6	57	56.4	56	55.6	55
65			63	62.6	62	61.4	61	60.6	60
70			68	67.6	67	66.4	66	65.6	65
75			73	72.6	72	71.4	71	70.6	70
80			78	77.6	77	76.4	76	75.6	75
85	—	—	—	—	82	81.4	81	80.6	80
90					87	86.4	86	85.6	85
95					—	—	91	90.6	90
100							96	95.6	95
110							106	105.6	105
120							116	115.6	115
130							—	—	125
140									135

外径	壁厚								
	2.8	3	3.5	4	4.5	5	5.5	6	7
	内径								
9	3.4	—	—	—	—	—	—	—	—
10	4.4	4	—	—					
12	6.4	6	5	4					
14	8.4	8	7	6	5				
15	9.4	9	8	7	6	5			
16	10.4	10	9	8	7	6	5	4	
18	12.4	12	11	10	9	8	7	6	
20	14.4	14	13	12	11	10	9	8	6
22	16.4	16	15	14	13	12	11	10	8
25	19.4	19	18	17	16	15	14	13	11
26	20.4	20	19	18	17	16	15	14	12
28	22.4	22	21	20	19	18	17	16	14
30	24.4	24	23	22	21	20	19	18	16
32	26.4	26	25	24	23	22	21	20	18

续表

外径	壁厚								
	2.8	3	3.5	4	4.5	5	5.5	6	7
	内径								
35	29.4	29	28	27	26	25	24	23	21
38	32.4	32	31	30	29	28	27	26	24
40	34.4	34	33	32	31	30	29	28	26
42	36.4	36	35	34	33	32	31	30	28
45	39.4	39	38	37	36	35	34	33	31
48	42.4	42	41	40	39	38	37	36	34
50	44.4	44	43	42	41	40	39	38	36
55	49.4	49	48	47	46	45	44	43	41
60	54.4	54	53	52	51	50	49	48	46
65	59.4	59	58	57	56	55	54	53	51
70	64.4	64	63	62	61	60	59	58	56
75	69.4	69	68	67	66	65	64	63	61
80	74.4	74	73	72	71	70	69	68	66
85	79.4	79	78	77	76	75	74	73	71
90	84.4	84	83	82	81	80	79	78	76
95	89.4	89	88	87	86	85	84	83	81
100	94.4	94	93	92	91	90	89	88	86
110	104.4	104	103	102	101	100	99	98	96
120	114.4	114	113	112	111	110	109	108	106
130	124.4	124	123	122	121	120	119	118	116
140	134.4	134	133	132	131	130	129	128	126
150	—	144	143	142	141	140	139	138	136
160	—	154	153	152	151	150	149	148	146
170	—	164	163	162	161	160	159	158	156
180	—	—	173	172	171	170	169	168	166
190	—	—	183	182	181	180	179	178	176
200	—	—	193	192	191	190	189	188	186
220					211	210	209	208	206
240					231	230	229	228	226
260						250	249	248	246
280							269	268	266
300								288	286
320								308	306

续表

外径	壁厚									
	8	9	10	12	14	16	18	20	22	25
	内径									
25	9	—	—							
26	10	—	—							
28	12	—	—							
30	14	12	10							
32	16	14	12							
35	19	17	15	—	—	—	—	—	—	—
38	22	20	18							
40	24	22	20							
42	26	24	22							
45	29	27	25							
48	32	30	28							
50	34	32	30							
55	39	37	35	31	—	—				
60	44	42	40	36	—	—				
65	49	47	45	41	37	—				
70	54	52	50	46	42	—	—	—	—	—
75	59	57	55	51	47	43				
80	64	62	60	56	52	48				
85	69	67	65	61	57	53				
90	74	72	70	66	62	58				
95	79	77	75	71	67	63	59			
100	84	82	80	76	72	68	64			
110	94	92	90	86	82	78	74	—	—	—
120	104	102	100	96	92	88	84			
130	114	112	110	106	102	98	94			
140	124	122	120	116	112	108	104			
150	134	132	130	126	122	118	114	110	—	—
160	144	142	140	136	132	128	124	120	—	—
170	154	152	150	146	142	138	134	130	—	—
180	164	162	160	156	152	148	144	140	—	—
190	174	172	170	166	162	158	154	150	—	—
200	184	182	180	176	172	168	164	160	—	—
220	204	202	200	196	192	188	184	180	176	170

续表

外径	壁厚									
	8	9	10	12	14	16	18	20	22	25
	内径									
240	224	222	220	216	212	208	204	200	196	190
260	244	242	240	236	232	228	224	220	216	210
280	264	262	260	256	252	248	244	240	236	230
300	284	282	280	276	272	268	264	260	256	250
320	304	302	300	296	292	288	284	280	276	270
340	324	322	320	316	312	308	304	300	296	290
360	344	342	340	336	332	328	324	320	316	310
380	364	362	360	356	352	348	344	340	336	330

⑤ 力学性能　见表4-187。

表4-187　冷拔或冷轧精密无缝钢管的力学性能

牌号	交货状态												
	冷加工/硬(+C)		冷加工/软(+LC)		冷加工后消除应力退火(+SR)			退火(+A)		正火(+N)		
	抗拉强度 R_m /MPa	断后伸长率 A /%	抗拉强度 R_m /MPa	断后伸长率 A /%	抗拉强度 R_m /MPa	上屈服强度 R_{eH} /MPa	断后伸长率 A /%	抗拉强度 R_m /MPa	断后伸长率 A /%	抗拉强度 R_m /MPa	上屈服强度 R_{eH} /MPa	断后伸长率 A /%
	≥											
10	430	8	380	10	400	300	16	335	24	320～450	215	27
20	550	5	520	8	520	375	12	390	21	440～570	255	21
35	590	5	550	7	—	—	—	510	17	≥460	280	21
45	645	4	630	6	—	—	—	590	14	≥540	340	18
Q355B	640	4	580	7	580	450	10	450	22	490～630	355	22
Q420B	750	4	620	8	—	—	—	—	—	—	—	—
25CrMo	720	4	670	6	—	—	—	—	—	—	—	—
42 CrMo	720	4	670	6	—	—	—	—	—	—	—	—

⑥ 交货状态　见表4-188。

表 4-188　冷拔或冷轧精密无缝钢管的交货状态

交货状态	代号	说明
冷加工/硬	+C	最终冷加工之后钢管不进行热处理
冷加工/软	+LC	最终热处理之后进行适当的冷加工
冷加工后消除应力退火	+SR	最终冷加工之后，钢管在控制气氛中进行去应力退火
退火	+A	最终冷加工之后，钢管在控制气氛中进行完全退火
正火	+N	最终冷加工之后，钢管在控制气氛中进行正火

4.22.4　输送流体用无缝钢管（GB/T 8163—2018）

输送流体用无缝钢管采用热轧（扩）或冷拔（轧）方法制造，用于输送普通流体。

① 牌号化学成分　10、20、Q345、Q390、Q420、Q460。

② 化学成分（熔炼分析）　10、20 钢的化学成分应符合 GB/T 699 的规定；Q295、Q345、Q390、Q420 和 Q460 钢的化学成分应符合 GB/T 1591 的规定（质量等级为 A、B、C 级钢的磷、硫含量均应不大于 0.030%）。

③ 尺寸　钢管的外径和壁厚应符合 GB/T 17395 的规定，钢管的通常长度为 3000～12000mm。

④ 交货状态　热轧（扩）钢管应以热轧（扩）状态或热处理状态交货；冷拔（轧）钢管应以退火或高温回火状态交货。

⑤ 力学性能　见表 4-189。

表 4-189　输送流体用无缝钢管的力学性能

<table>
<tr><th rowspan="2">牌号</th><th rowspan="2">质量等级</th><th colspan="3">拉伸性能</th><th colspan="2">冲击试验</th></tr>
<tr><th>抗拉强度 R_m /MPa≥</th><th>下屈服强度 R_{eL} /MPa≥</th><th>断后伸长率 A /%≥</th><th>试验温度 /℃</th><th>吸收能量 KV_2 /J≥</th></tr>
<tr><td>10</td><td>—</td><td>335～475</td><td>205</td><td>24</td><td>—</td><td>—</td></tr>
<tr><td>20</td><td>—</td><td>410～530</td><td>245</td><td>20</td><td>—</td><td>—</td></tr>
<tr><td rowspan="5">Q345</td><td>A</td><td rowspan="5">470～630</td><td rowspan="5">345</td><td rowspan="2">20</td><td>—</td><td>—</td></tr>
<tr><td>B</td><td>+20</td><td rowspan="3">34</td></tr>
<tr><td>C</td><td rowspan="3">21</td><td>0</td></tr>
<tr><td>D</td><td>−20</td></tr>
<tr><td>E</td><td>−40</td><td>27</td></tr>
</table>

续表

<table>
<tr><th rowspan="2">牌号</th><th rowspan="2">质量等级</th><th colspan="3">拉伸性能</th><th colspan="2">冲击试验</th></tr>
<tr><th>抗拉强度 R_m /MPa≥</th><th>下屈服强度 R_{eL} /MPa≥</th><th>断后伸长率 A /%≥</th><th>试验温度 /℃</th><th>吸收能量 KV_2 /J≥</th></tr>
<tr><td rowspan="5">Q390</td><td>A</td><td rowspan="5">490～650</td><td rowspan="5">390</td><td rowspan="2">18</td><td>—</td><td>—</td></tr>
<tr><td>B</td><td>+20</td><td rowspan="3">34</td></tr>
<tr><td>C</td><td rowspan="3">19</td><td>0</td></tr>
<tr><td>D</td><td>−20</td></tr>
<tr><td>E</td><td>−40</td><td>27</td></tr>
<tr><td rowspan="5">Q420</td><td>A</td><td rowspan="5">520～680</td><td rowspan="5">420</td><td rowspan="2">18</td><td>—</td><td>—</td></tr>
<tr><td>B</td><td>+20</td><td rowspan="3">34</td></tr>
<tr><td>C</td><td rowspan="3">19</td><td>0</td></tr>
<tr><td>D</td><td>−20</td></tr>
<tr><td>E</td><td>−40</td><td>27</td></tr>
<tr><td rowspan="3">Q460</td><td>C</td><td rowspan="3">550～720</td><td rowspan="3">460</td><td rowspan="3">17</td><td>0</td><td rowspan="2">34</td></tr>
<tr><td>D</td><td>−20</td></tr>
<tr><td>E</td><td>−40</td><td>27</td></tr>
</table>

注：拉伸试验时，如不能测定屈服强度，可测定规定非比例延伸强度 $R_{p0.2}$ 代替 R_{eL}。

4.22.5 高压给水加热器用无缝钢管（GB/T 24591—2019）

高压给水加热器管坯应采用热轧（锻）方法制造，并符合 YB/T 5137 规定。

① 分类　按产品形状分，有直管、U形管和蛇形管。

② 钢管的公称外径范围　通常为 12～32mm；壁厚范围通常为 1.5～5mm。

③ 材料和牌号　优质碳素结构钢（20、20Mn）、合金结构钢（15Mo、15CrMo、12Cr2Mo）、奥氏体不锈钢（06Cr19Ni10、06Cr19Ni10N）。

④ 热处理制度　见表 4-190。

表 4-190　无缝钢管的热处理制度

牌号	热处理制度
20、20Mn	正火：正火温度 880～940℃
15Mo	正火：正火温度 890～950℃
15CrMo	正火加回火：正火温度 900～960℃，回火温度 680～730℃
12Cr2Mo	正火加回火：正火温度 900～960℃，回火温度 700～750℃
06Cr19Ni10(N)	固溶：固溶温度 1040～1150℃，急冷

⑤ 交货状态　保护气氛热处理。

⑥ 力学性能　见表 4-191。

表 4-191　无缝钢管的力学性能

牌号	拉伸性能			硬度　≥	
	抗拉强度 R_m /MPa≥	下屈服强度 R_{eL} /MPa≥	断后伸长率 A/%≥	HRBW	HV
20	410	245	30	84	160
20Mn	480	280	30	87	170
15Mo	450	280	30	89	180
15CrMo	440	295	30	89	180
12Cr2Mo	450	280	30	89	180
06Cr19Ni10	520	205	35	90	200
06Cr19Ni10N	550	240	35	95	220

4.23　焊接钢管

焊接钢管可分为普通焊接钢管、精密焊接钢管和不锈钢焊接钢管三种。

4.23.1　焊接钢管尺寸（GB/T 21835—2008）

① 尺寸

a. 外径　分为系列 1（通用系列）、系列 2（非通用系列）和系列 3（特殊用途）；精密焊接钢管的外径分为系列 2 和系列 3，不锈钢焊接钢管的外径分为系列 1、系列 2 和系列 3。

b. 壁厚：分为系列 1（优先选用系列）和系列 2（非优先选用系列）。

c. 通常长度为 3000～12500mm。

② 规格和理论质量

a. 普通焊接钢管见表 4-192～表 4-197。

表 4-192　普通焊接钢管的规格和理论质量（壁厚 0.5～5.16mm，外径 10.2～40mm）

系列			壁厚/mm													
系列 1			0.5	0.6	0.8	1.0	1.2	1.4		1.6		1.8		2.0		2.3
系列 2									1.5		1.7		1.9		2.2	
外径/mm			单位长度理论质量/(kg/m)													
系列 1	系列 2	系列 3														
10.2			0.120	0.142	0.185	0.227	0.266	0.304	0.322	0.339	0.356	0.373	0.389	0.404	0.434	0.448
	12		0.142	0.169	0.221	0.271	0.320	0.366	0.388	0.410	0.432	0.453	0.473	0.493	0.532	0.550
	12.7		0.150	0.179	0.235	0.289	0.340	0.390	0.414	0.438	0.461	0.484	0.506	0.528	0.570	0.590
13.5			0.160	0.191	0.251	0.308	0.364	0.418	0.444	0.470	0.495	0.519	0.544	0.567	0.613	0.635
		14	0.166	0.198	0.260	0.321	0.379	0.435	0.462	0.489	0.516	0.542	0.567	0.592	0.640	0.664
	16		0.191	0.228	0.300	0.370	0.438	0.504	0.536	0.568	0.600	0.630	0.661	0.691	0.749	0.777
17.2			0.206	0.246	0.324	0.400	0.474	0.546	0.581	0.616	0.650	0.684	0.717	0.750	0.814	0.845
		18	0.216	0.257	0.339	0.419	0.497	0.573	0.610	0.647	0.683	0.719	0.754	0.789	0.857	0.891
	19		0.228	0.272	0.359	0.444	0.527	0.608	0.647	0.687	0.725	0.764	0.801	0.838	0.911	0.947
	20		0.240	0.287	0.379	0.469	0.556	0.642	0.684	0.726	0.767	0.808	0.848	0.888	0.966	1.00
21.3			0.256	0.306	0.404	0.501	0.595	0.687	0.732	0.777	0.822	0.866	0.909	0.952	1.04	1.08
		22	0.265	0.317	0.418	0.518	0.616	0.711	0.758	0.805	0.851	0.897	0.942	0.986	1.07	1.12
	25		0.302	0.361	0.477	0.592	0.704	0.815	0.869	0.923	0.977	1.03	1.082	1.13	1.24	1.29
		25.4	0.307	0.367	0.485	0.602	0.716	0.829	0.884	0.939	0.994	1.05	1.10	1.15	1.26	1.31
26.9			0.326	0.389	0.515	0.639	0.761	0.880	0.940	0.998	1.06	1.11	1.17	1.23	1.34	1.40
		30	0.364	0.435	0.576	0.715	0.852	0.987	1.05	1.12	1.19	1.25	1.32	1.38	1.51	1.57

续表

系列			壁厚/mm													
系列 1			0.5	0.6	0.8	1.0	1.2	1.4		1.6		1.8		2.0		2.3
系列 2									1.5		1.7		1.9		2.2	
外径/mm			单位长度理论质量/(kg/m)													
系列 1	系列 2	系列 3														
	31.8		0.386	0.462	0.612	0.760	0.906	1.05	1.12	1.19	1.26	1.33	1.40	1.47	1.61	1.67
	32		0.388	0.465	0.616	0.765	0.911	1.06	1.13	1.20	1.27	1.34	1.41	1.48	1.62	1.68
33.7			0.409	0.490	0.649	0.806	0.962	1.12	1.19	1.27	1.34	1.42	1.49	1.56	1.71	1.78
		35	0.425	0.509	0.675	0.838	1.00	1.16	1.24	1.32	1.40	1.47	1.55	1.63	1.78	1.85
	38		0.462	0.553	0.734	0.912	1.09	1.26	1.35	1.44	1.52	1.61	1.69	1.78	1.94	2.02
	40		0.487	0.583	0.773	0.962	1.15	1.33	1.42	1.52	1.61	1.70	1.79	1.87	2.05	2.14

系列			壁厚/mm														
系列 1				2.6		2.9		3.2		3.6		4.0		4.5		5.0	
系列 2			2.4		2.8		3.1		3.4		3.8		4.37		4.78		5.16
外径/mm			单位长度理论质量/(kg/m)														
系列 1	系列 2	系列 3															
10.2			0.462	0.487	0.511	0.522											
	12		0.568	0.603	0.635	0.651	0.680										
	12.7		0.610	0.648	0.684	0.701	0.734										
13.5			0.657	0.699	0.739	0.758	0.795										
		14	0.687	0.731	0.773	0.794	0.833										
	16		0.805	0.859	0.911	0.937	0.986	1.01	1.06	1.10	1.14						

续表

系列			壁厚/mm														
系列 1				2.6		2.9		3.2		3.6		4.0		4.5		5.0	
系列 2			2.4		2.8		3.1		3.4		3.8		4.37		4.78		5.16
外径/mm			单位长度理论质量/(kg/m)														
系列 1	系列 2	系列 3															
17.2			0.876	0.936	0.994	1.02	1.08	1.10	1.16	1.21	1.26						
		18	0.923	0.987	1.05	1.08	1.14	1.17	1.22	1.28	1.33						
	19		0.983	1.05	1.12	1.15	1.22	1.25	1.31	1.37	1.42						
	20		1.04	1.12	1.19	1.22	1.29	1.33	1.39	1.46	1.52	1.58	1.68				
21.3			1.12	1.20	1.28	1.32	1.39	1.43	1.50	1.57	1.64	1.71	1.82	1.86	1.95		
		22	1.16	1.24	1.33	1.37	1.44	1.48	1.56	1.63	1.71	1.78	1.90	1.94	2.03		
	25		1.34	1.44	1.53	1.58	1.67	1.72	1.81	1.90	1.99	2.07	2.22	2.28	2.38	2.47	
		25.4	1.36	1.46	1.56	1.61	1.70	1.75	1.84	1.94	2.02	2.11	2.27	2.32	2.43	2.52	
26.9			1.45	1.56	1.66	1.72	1.82	1.87	1.97	2.07	2.16	2.26	2.43	2.49	2.61	2.70	2.77
		30	1.63	1.76	1.88	1.94	2.06	2.11	2.23	2.34	2.46	2.56	2.76	2.83	2.97	3.08	3.16
	31.8		1.74	1.87	2.00	2.07	2.19	2.26	2.38	2.50	2.62	2.74	2.96	3.03	3.19	3.30	3.39
	32		1.75	1.89	2.02	2.08	2.21	2.27	2.40	2.52	2.64	2.76	2.98	3.05	3.21	3.33	3.42
33.7			1.85	1.99	2.13	2.20	2.34	2.41	2.54	2.67	2.80	2.93	3.16	3.24	3.41	3.54	3.63
		35	1.93	2.08	2.22	2.30	2.44	2.51	2.65	2.79	2.92	3.06	3.30	3.38	3.56	3.70	3.80
	38		2.11	2.27	2.43	2.51	2.67	2.75	2.90	3.05	3.21	3.35	3.62	3.72	3.92	4.07	4.18
	40		2.23	2.40	2.57	2.65	2.82	2.90	3.07	3.23	3.39	3.55	3.84	3.94	4.15	4.32	4.43

表 4-193　普通焊接钢管的规格和理论质量（壁厚 0.5～8.74mm，外径 42.4～159mm）

系列			壁厚/mm												
系列 1			0.5	0.6	0.8	1.0	1.2	1.4		1.6		1.8		2.0	
系列 2									1.5		1.7		1.9		2.2
外径/mm			单位长度理论质量/(kg/m)												
系列 1	系列 2	系列 3													
42.4			0.517	0.619	0.821	1.02	1.22	1.42	1.51	1.61	1.71	1.80	1.90	1.99	2.18
		44.5	0.543	0.650	0.862	1.07	1.28	1.49	1.59	1.69	1.79	1.90	2.00	2.10	2.29
48.3				0.706	0.937	1.17	1.39	1.62	1.73	1.84	1.95	2.06	2.17	2.28	2.50
	51			0.746	0.990	1.23	1.47	1.71	1.83	1.95	2.07	2.18	2.30	2.42	2.65
		54		0.79	1.05	1.31	1.56	1.82	1.94	2.07	2.19	2.32	2.44	2.56	2.81
	57			0.835	1.11	1.38	1.65	1.92	2.05	2.19	2.32	2.45	2.58	2.71	2.97
60.3				0.883	1.17	1.46	1.75	2.03	2.18	2.32	2.46	2.60	2.74	2.88	3.15
	63.5			0.931	1.24	1.54	1.84	2.14	2.29	2.44	2.59	2.74	2.89	3.03	3.33
	70				1.37	1.70	2.04	2.37	2.53	2.70	2.86	3.03	3.19	3.35	3.68
		73			1.42	1.78	2.12	2.47	2.64	2.82	2.99	3.16	3.33	3.50	3.84
76.1					1.49	1.85	2.22	2.58	2.76	2.94	3.12	3.30	3.48	3.65	4.01
		82.5			1.61	2.01	2.41	2.80	3.00	3.19	3.39	3.58	3.78	3.97	4.36
88.9					1.74	2.17	2.60	3.02	3.23	3.44	3.66	3.87	4.08	4.29	4.70

续表

系列			壁厚/mm												
系列1			0.5	0.6	0.8	1.0	1.2	1.4		1.6		1.8		2.0	
系列2									1.5		1.7		1.9		2.2
外径/mm			单位长度理论质量/(kg/m)												
系列1	系列2	系列3													
	101.6						2.97	3.46	3.70	3.95	4.19	4.43	4.67	4.91	5.39
		108					3.16	3.68	3.94	4.20	4.46	4.71	4.97	5.23	5.74
114.3							3.35	3.90	4.17	4.45	4.72	4.99	5.27	5.54	6.08
	127									4.95	5.25	5.56	5.86	6.17	6.77
	133									5.18	5.50	5.82	6.14	6.46	7.10
139.7										5.45	5.79	6.12	6.46	6.79	7.46
		141.3								5.51	5.85	6.19	6.53	6.87	7.55
		152.4								5.95	6.32	6.69	7.05	7.42	8.15
		159								6.21	6.59	6.98	7.36	7.74	8.51
42.4			2.27	2.37	2.55	2.73	2.82	3.00	3.09	3.27	3.44	3.62	3.79	4.10	4.21
		44.5	2.39	2.49	2.69	2.88	2.98	3.17	3.26	3.45	3.63	3.81	4.00	4.32	4.44
48.3			2.61	2.72	2.93	3.14	3.25	3.46	3.56	3.76	3.97	4.17	4.37	4.73	4.86
	51		2.76	2.88	3.10	3.33	3.44	3.66	3.77	3.99	4.21	4.42	4.64	5.03	5.16

续表

系列			壁厚/mm												
系列 1			2.3		2.6		2.9		3.2		3.6		4.0		4.5
系列 2				2.4		2.8		3.1		3.4		3.8		4.37	
外径/mm			单位长度理论质量/(kg/m)												
系列 1	系列 2	系列 3													
		54	2.93	3.05	3.30	3.54	3.65	3.89	4.01	4.24	4.47	4.70	4.93	5.35	5.49
	57		3.10	3.23	3.49	3.74	3.87	4.12	4.25	4.49	4.74	4.99	5.23	5.67	5.83
60.3			3.29	3.43	3.70	3.97	4.11	4.37	4.51	4.77	5.03	5.29	5.55	6.03	6.19
	63.5		3.47	3.62	3.90	4.19	4.33	4.62	4.76	5.04	5.32	5.59	5.87	6.37	6.55
	70		3.84	4.00	4.32	4.64	4.80	5.11	5.27	5.58	5.90	6.20	6.51	7.07	7.27
		73	4.01	4.18	4.51	4.85	5.01	5.34	5.51	5.84	6.16	6.48	6.81	7.40	7.60
76.1			4.19	4.36	4.71	5.06	5.24	5.58	5.75	6.10	6.44	6.78	7.11	7.73	7.95
		82.5	4.55	4.74	5.12	5.50	5.69	6.07	6.26	6.63	7.00	7.38	7.74	8.42	8.66
88.9			4.91	5.12	5.53	5.95	6.15	6.56	6.76	7.17	7.57	7.98	8.38	9.11	9.37
	101.6		5.63	5.87	6.35	6.82	7.06	7.53	7.77	8.23	8.70	9.17	9.63	10.48	10.78
		108	6.00	6.25	6.76	7.26	7.52	8.02	8.27	8.77	9.27	9.76	10.26	11.17	11.49
114.3			6.35	6.62	7.16	7.70	7.97	8.50	8.77	9.30	9.83	10.36	10.88	11.85	12.19
	127		7.07	7.37	7.98	8.58	8.88	9.47	9.77	10.36	10.96	11.55	12.13	13.22	13.59
	133		7.41	7.73	8.36	8.99	9.30	9.93	10.24	10.87	11.49	12.11	12.73	13.86	14.26

续表

系列			壁厚/mm												
系列 1			2.3		2.6		2.9		3.2		3.6		4.0		4.5
系列 2				2.4		2.8		3.1		3.4		3.8		4.37	
外径/mm			单位长度理论质量/(kg/m)												
系列 1	系列 2	系列 3													
139.7			7.79	8.13	8.79	9.45	9.78	10.44	10.77	11.43	12.08	12.74	13.39	14.58	15.00
		141.3	7.88	8.22	8.89	9.56	9.90	10.57	10.90	11.56	12.23	12.89	13.54	14.76	15.18
		152.4	8.51	8.88	9.61	10.33	10.69	11.41	11.77	12.49	13.21	13.93	14.64	15.95	16.41
		159	8.89	9.27	10.03	10.79	11.16	11.92	12.30	13.05	13.80	14.54	15.29	16.66	17.15

表 4-194 普通焊接钢管的规格和理论质量（壁厚 1.6～7.92mm，外径 165～965mm）

系列			壁厚/mm														
系列 1			1.6		1.8		2.0		2.3		2.6		2.9		3.2		3.6
系列 2				1.7		1.9		2.2		2.4		2.8		3.1		3.4	
外径/mm			单位长度理论质量/(kg/m)														
系列 1	系列 2	系列 3															
		165	6.45	6.85	7.24	7.64	8.04	8.83	9.23	9.62	10.41	11.20	11.59	12.38	12.77	13.55	14.33
168.3			6.58	6.98	7.39	7.80	8.20	9.01	9.42	9.82	10.62	11.43	11.83	12.63	13.03	13.83	14.62
		177.8			7.81	8.24	8.67	9.53	9.95	10.38	11.23	12.08	12.51	13.36	13.78	14.62	15.47

续表

系列			壁厚/mm														
系列1			1.6		1.8		2.0		2.3		2.6		2.9		3.2		3.6
系列2				1.7		1.9		2.2		2.4		2.8		3.1		3.4	
外径/mm			单位长度理论质量/(kg/m)														
系列1	系列2	系列3															
		190.7			8.39	8.85	9.31	10.23	10.69	11.15	12.06	12.97	13.43	14.34	14.80	15.70	16.61
		193.7			8.52	8.99	9.46	10.39	10.86	11.32	12.25	13.18	13.65	14.57	15.03	15.96	16.88
219.1					9.65	10.18	10.71	11.77	12.30	12.83	13.88	14.94	15.46	16.51	17.04	18.09	19.13
		244.5					11.96	13.15	13.73	14.33	15.51	16.69	17.28	18.46	19.04	20.22	21.39
273.1							13.37	14.70	15.36	16.02	17.34	18.66	19.32	20.64	21.30	22.61	23.93
323.9											20.60	22.17	22.96	24.53	25.31	26.87	28.44
355.6											22.63	24.36	25.22	26.95	27.81	29.53	31.25
406.4											25.89	27.87	28.86	30.83	31.82	33.79	35.76
457															35.81	38.03	40.25
508															39.84	42.31	44.78
		559													43.86	46.59	49.31
610															47.89	50.86	53.84

续表

系列			壁厚/mm														
系列 1				4.0		4.5		5.0		5.4		5.6		6.3		7.1	
系列 2			3.8		4.37		4.78		5.16		5.56		6.02		6.35		7.92
外径/mm			单位长度理论质量/(kg/m)														
系列 1	系列 2	系列 3															
		165	15.11	15.88	17.31	17.81	18.89	19.73	20.34	21.25	21.86	22.01	23.60	24.66	24.84	27.65	30.68
168.3			15.42	16.21	17.67	18.18	19.28	20.14	20.76	21.69	22.31	22.47	24.09	25.17	25.36	28.23	31.33
		177.8	16.31	17.14	18.69	19.23	20.40	21.31	21.97	22.96	23.62	23.78	25.50	26.65	26.85	29.88	33.18
		190.7	17.52	18.42	20.08	20.66	21.92	22.90	23.61	24.68	25.39	25.56	27.42	28.65	28.87	32.15	35.70
		193.7	17.80	18.71	20.40	21.00	22.27	23.27	23.99	25.08	25.80	25.98	27.86	29.12	29.34	32.67	36.29
219.1			20.18	21.22	23.14	23.82	25.26	26.40	27.22	28.46	29.28	29.49	31.63	33.06	33.32	37.12	41.25
		244.5	22.56	23.72	25.88	26.63	28.26	29.53	30.46	31.84	32.76	32.99	35.41	37.01	37.29	41.57	46.21
273.1			25.24	26.55	28.96	29.81	31.63	33.06	34.10	35.65	36.68	36.94	39.65	41.45	41.77	46.58	51.79
323.9			30.00	31.56	34.44	35.45	37.62	39.32	40.56	42.42	43.65	43.96	47.19	49.34	49.73	55.47	61.72
355.6			32.97	34.68	37.85	38.96	41.36	43.23	44.59	46.64	48.00	48.34	51.90	54.27	54.69	61.02	67.91
406.4			37.73	39.70	43.33	44.60	47.34	49.50	51.06	53.40	54.96	55.35	59.44	62.16	62.65	69.92	77.83
457			42.47	44.69	48.78	50.23	53.31	55.73	57.50	60.14	61.90	62.34	66.95	70.02	70.57	78.78	87.71
508			47.25	49.72	54.28	55.88	59.32	62.02	63.99	66.93	68.89	69.38	74.53	77.95	78.56	87.71	97.68
		559	52.03	54.75	59.77	61.54	65.33	68.31	70.48	73.72	75.89	76.43	82.10	85.87	86.55	96.64	107.64
610			56.81	59.78	65.27	67.20	71.34	74.60	76.97	80.52	82.88	83.47	89.67	93.80	94.53	105.57	117.60

续表

系列			壁厚/mm														
系列1				4.0		4.5		5.0		5.4		5.6		6.3		7.1	
系列2			3.8		4.37		4.78		5.16		5.56		6.02		6.35		7.92
外径/mm			单位长度理论质量/(kg/m)														
系列1	系列2	系列3															
		660		64.71	70.66	72.75	77.24	80.77	83.33	87.17	89.74	90.38	97.09	101.56	102.36	114.32	127.36
711				69.74	76.15	78.41	83.25	87.06	89.82	93.97	96.73	97.42	104.66	109.49	110.35	123.25	137.32
	762			74.77	81.65	84.06	89.26	93.34	96.31	100.76	103.72	104.46	112.23	117.41	118.34	132.18	147.29
813				79.80	87.15	89.72	95.27	99.63	102.80	107.55	110.71	111.51	119.81	125.33	126.32	141.11	157.25
		864		84.84	92.64	95.38	101.29	105.92	109.29	114.34	117.71	118.55	127.38	133.26	134.31	150.04	167.21
914				89.76	98.03	100.93	107.18	112.09	115,65	121.00	124.56	125.45	134.80	141.03	142.14	158.80	176.97
		965		94.80	103.53	106.59	113.19	118.38	122.14	127.79	131.56	132.50	142.37	148.95	150.13	167.73	185.94

表 4-195　普通焊接钢管的规格和理论质量（壁厚 8.0～965mm，外径 165～965mm）

系列			壁厚/mm											
系列1			8.0		8.8		10		11		12.5		14.2	
系列2				8.74		9.53		10.31		11.91		12.70		15.09
外径/mm			单位长度理论质量/(kg/m)											
系列1	系列2	系列3												
		165	30.97	33.68										
168.3			31.63	34.39	34.61	37.31	39.04	40.17	42.67	45.93	48.03	48.73		

续表

系列			壁厚/mm											
系列 1			8.0		8.8		10		11		12.5		14.2	
系列 2				8.74		9.53		10.31		11.91		12.70		15.09
外径/mm			单位长度理论质量/(kg/m)											
系列 1	系列 2	系列 3												
		177.8	33.50	36.44	36.68	39.55	41.38	42.59	45.25	48.72	50.96	51.71		
		190.7	36.05	39.22	39.48	42.58	44.56	45.87	48.75	52.51	54.93	55.75		
		193.7	36.64	39.87	40.13	43.28	45.30	46.63	49.56	53.40	55.86	56.69		
219.1			41.65	45.34	45.64	49.25	51.57	53.09	56.45	60.86	63.69	64.64	71.75	
		244.5	46.66	50.82	51.15	55.22	57.83	59.55	63.34	68.32	71.52	72.60	80.65	
273.1			52.30	56.98	57.36	61.95	64.88	66.82	71.10	76.72	80.33	81.56	90.67	
323.9			62.34	67.93	68.38	73.88	77.41	79.73	84.88	91.64	95.99	97.47	108.45	114.92
355.6			68.58	74.76	75.26	81.33	85.23	87.79	93.48	100.95	105.77	107.40	119.56	126.72
406.4			78.60	85.71	86.29	93.27	97.76	100.71	107.26	115.87	121.43	123.31	137.35	145.62
457			88.58	96.62	97.27	105.17	110.24	113.58	120.99	130.73	137.03	139.16	155.07	164.45
508			98.65	107.61	108.34	117.15	122.81	126.54	134.82	145.71	152.75	155.13	172.93	183.43
		559	108.71	118.60	119.41	129.14	135.39	139.51	148.66	160.69	168.47	171.10	190.79	202.41
610			118.77	129.60	130.47	141.12	147.97	152.48	162.49	175.67	184.19	187.07	208.65	221.39
		660	128.63	140.37	141.32	152.88	160.30	165.19	176.06	190.36	199.60	202.74	226.15	240.00
711			138.70	151.37	152.39	164.86	172.88	178.16	189.89	205.34	215.33	218.71	244.01	258.98
	762		148.76	162.36	163.46	176.85	185.45	191.12	203.73	220.32	231.05	234.68	261.87	277.96

续表

系列			壁厚/mm											
系列 1			8.0		8.8		10		11		12.5		14.2	
系列 2				8.74		9.53		10.31		11.91		12.70		15.09
外径/mm			单位长度理论质量/(kg/m)											
系列 1	系列 2	系列 3												
813			158.82	173.35	174.53	188.83	198.03	204.09	217.56	235.29	246.77	250.65	279.73	296.94
		864	168.88	184.34	185.60	200.82	210.61	217.06	231.40	250.27	262.49	266.63	297.59	315.92
914			178.75	195.12	196.45	212.57	222.94	229.77	244.96	264.96	277.90	282.29	315.10	334.52
		965	188.81	206.11	207.52	224.56	235.52	242.74	258.80	279.94	293.63	298.26	332.96	353.50

系列			壁厚/mm											
系列 1			16		17.5		20		22.2		25		28	
系列 2				16.66		19.05		20.62		23.83		26.19		28.58
外径/mm			单位长度理论质量/(kg/m)											
系列 1	系列 2	系列 3												
323.9			121.49	126.23	132.23									
355.6			134.00	139.26	145.92									
406.4			154.05	160.13	167.84	181.98	190.58	196.18	210.34	224.83	235.15	245.57	261.29	266.30
457			174.01	180.92	189.68	205.75	215.54	221.91	238.05	254.57	266.34	278.25	296.23	301.96
508			194.14	201.87	211.69	229.71	240.70	247.84	265.97	283.54	297.79	311.19	331.45	337.91
		559	214.26	222.83	233.70	253.67	265.85	273.78	293.89	314.51	329.23	344.13	366.67	373.85
610			234.38	243.78	255.71	277.63	291.01	299.71	321.81	344.48	360.67	377.07	401.88	409.80

续表

系列			壁厚/mm											
系列 1			16		17.5		20		22.2		25		28	
系列 2				16.66		19.05		20.62		23.83		26.19		28.58
外径/mm			单位长度理论质量/(kg/m)											
系列 1	系列 2	系列 3												
		660	254.11	264.32	277.29	301.12	315.67	325.14	349.19	373.87	391.50	409.37	436.41	445.04
711			274.24	285.28	299.30	325.08	340.82	351.07	377.11	403.84	422.94	442.31	471.63	480.99
	762		294.36	306.23	321.31	349.04	365.98	377.01	405.03	433.81	454.39	475.25	506.84	516.93
813			314.48	327.18	343.32	373.00	391.13	402.94	432.95	463.78	485.83	508.19	542.06	552.88
		864	334.61	348.14	365.33	396.96	416.29	428.88	460.87	493.75	517.27	541.13	577.28	588.83
914			354.34	368.68	386.91	420.45	440.95	454.30	488.25	523.14	548.10	573.42	611.80	624.07
		965	374.46	389.64	408.92	444.41	466.10	480.24	516.17	553.11	579.55	606.36	647.02	660.01

系列			壁厚/mm											
系列 1			30		32		36		40	45	50	55	60	65
系列 2				30.96		34.93		38.1						
外径/mm			单位长度理论质量/(kg/m)											
系列 1	系列 2	系列 3												
406.4			278.48											
457			315.91											
508			353.65	364.23	375.64	407.51	419.05	441.52	461.66	513.82	564.75	614.44	662.90	710.12
		559	391.37	403.17	415.89	451.45	464.33	489.44	511.97	570.42	627.64	683.62	738.37	791.88

续表

系列			壁厚/mm											
系列 1			30		32		36		40	45	50	55	60	65
系列 2				30.96		34.93		38.1						
外径/mm			单位长度理论质量/(kg/m)											
系列 1	系列 2	系列 3												
610			429.11	442.11	456.14	495.38	509.61	537.36	562.28	627.02	690.52	752.79	813.83	873.63
		660	466.10	480.28	495.60	538.45	554.00	584.34	611.61	682.51	752.18	820.61	887.81	953.78
711			503.83	519.22	535.85	582.38	599.27	632.26	661.91	739.11	815.06	889.79	963.28	1035.54
	762		541.57	558.16	576.09	626.32	644.55	680.18	712.22	795.70	877.95	958.96	1038.74	1117.29
813			579.30	597.10	616.34	670.25	689.83	728.10	762.53	852.30	940.84	1028.14	1114.21	1199.04
		864	617.03	636.04	656.59	714.18	735.11	776.02	812.84	908.90	1003.72	1097.31	1189.67	1280.22
914			654.02	674.22	696.05	757.25	779.50	823.00	862.17	964.39	1065.38	1165.13	1263.66	1360.94
		965	691.76	713.16	736.29	801.19	824.78	870.92	912.48	1020.99	1128.26	1234.31	1339.12	1442.70

表 4-196　普通焊接钢管的规格和理论质量（壁厚 4.0～20.62mm，外径 1016～2540mm）

系列			壁厚/mm													
系列 1			5.0		5.4		5.6		6.3		7.1		8.0		8.8	
系列 2				5.16		5.56		6.02		6.35		7.92		8.74		9.53
外径/mm			单位长度理论质量/(kg/m)													
系列 1	系列 2	系列 3														
1016			124.66	128.63	134.5	138.55	139.54	149.94	156.87	158.11	176.66	196.90	198.87	217.11	218.58	236.54

续表

系列			壁厚/mm													
系列 1			5.0		5.4		5.6		6.3		7.1		8.0		8.8	
系列 2				5.16		5.56		6.02		6.35		7.92		8.74		9.53
外径/mm			单位长度理论质量/(kg/m)													
系列 1	系列 2	系列 3														
1067			130.95	135.12	141.3	145.54	146.58	157.52	164.80	166.10	185.58	206.86	208.93	228.10	229.65	248.53
1118			137.24	141.61	148.1	152.54	153.63	165.09	172.72	174.08	194.51	216.82	218.99	239.09	240.72	260.52
	1168		143.41	147.98	154.8	159.39	160.53	172.51	180.49	181.91	203.27	226.59	228.86	249.87	251.57	272.27
1219			149.70	154.47	161.6	166.38	167.58	180.08	188.41	189.90	212.20	236.55	238.92	260.86	262.64	284.25
	1321						181.66	195.22	204.26	205.87	230.06	256.47	259.04	282.85	284.78	308.23
1422							195.61	210.22	219.95	221.69	247.74	276.20	278.97	304.62	306.69	331.96
	1524								235.80	237.66	265.60	296.12	299.09	326.60	328.83	355.94
1626									251.65	253.64	283.46	316.04	319.22	348.59	350.97	379.91
	1727										301.15	335.77	339.14	370.36	372.89	403.65
1829											319.01	355.69	359.27	392.34	395.02	427.62
	1930												379.20	414.11	416.94	451.36
2032													399.32	436.10	439.08	475.33
	2134														461.21	499.30
2235															483.13	523.04

续表

系列			壁厚/mm													
系列 1			10		11		12.5		14.2		16		17.5		20	
系列 2				10.31		11.91		12.70		15.09		16.66		19.05		20.62
外径/mm			单位长度理论质量/(kg/m)													
系列 1	系列 2	系列 3														
1016			248.09	255.71	272.63	294.92	309.35	314.23	350.82	372.48	394.58	410.59	430.93	468.37	491.26	506.17
1067			260.67	268.67	286.47	309.90	325.07	330.21	368.68	391.46	414.71	431.54	452.94	492.33	516.41	532.11
1118			273.25	281.64	300.30	324.88	340.79	346.18	386.54	410.44	434.83	452.50	474.95	516.29	541.57	558.04
	1168		285.58	294.35	313.87	339.56	356.20	361.84	404.05	429.05	454.56	473.04	496.53	539.78	566.23	583.47
1219			298.16	307.32	327.70	354.54	371.93	377.81	421.91	448.03	474.68	493.99	518.54	563.74	591.38	609.40
	1321		323.31	333.26	355.37	384.50	403.37	409.76	457.63	485.98	514.93	535.90	562.56	611.66	641.69	661.27
1422			348.22	358.94	382.77	414.17	434.50	441.39	493.00	523.57	554.79	577.40	606.15	659.11	691.51	712.63
	1524		373.38	384.87	410.44	444.13	465.95	473.34	528.72	561.53	595.03	619.31	650.17	707.03	741.82	764.50
1626			398.53	410.81	438.11	474.09	497.39	505.29	564.44	599.49	635.28	661.21	694.19	754.95		
	1727		423.44	436.49	465.51	503.75	528.53	536.92	599.81	637.07	675.13	702.71	737.78	802.40		
1829			448.59	462.42	493.18	533.71	559.97	568.87	635.53	675.03	715.38	744.62	781.80	850.32		
	1930		473.50	488.10	520.58	563.38	591.11	600.50	670.90	712.62	755.23	786.12	825.39	897.77		
2032			498.66	514.04	548.25	593.34	622.55	632.45	706.62	750.58	795.48	828.02	869.41	945.69	992.38	1022.83
	2134		523.81	539.97	575.92	623.30	653.99	664.39	742.34	788.54	835.73	869.93	913.43	993.61	1042.69	1074.70
2235			548.72	565.65	603.32	652.96	685.13	696.03	777.71	826.12	875.58	911.43	957.02	1041.06	1092.50	1126.06

续表

系列			壁厚/mm													
系列 1			10		11		12.5		14.2		16		17.5		20	
系列 2				10.31		11.91		12.70		15.09		16.66		19.05		20.62
外径/mm			单位长度理论质量/(kg/m)													
系列 1	系列 2	系列 3														
	2337		573.87	591.58	630.99	682.92	716.57	727.97	813.43	864.08	915.93	953.34	1001.04	1088.98	1142.81	1177.93
	2438		598.78	617.26	658.39	712.59	747.71	759.61	848.80	901.67	955.68	994.83	1044.63	1136.43	1192.63	1229.29
2540			623.94	643.20	686.06	742.55	779.15	791.55	884.52	939.63	995.93	1036.74	1088.65	1184.35	1242.94	1821.16

注：壁厚（mm）为4.0、(4.37)、4.5、(4.78)时，其单位长度理论质量（kg/m）分别为99.83、109.02、112.25、119.20。括号内尺寸不推荐使用。

表 4-197 普通焊接钢管的规格和理论质量（壁厚 22.2～65mm，外径 1016～2540mm）

系列			壁厚/mm								
系列 1			22.2		25		28		30		32
系列 2				23.83		26.19		28.58		30.96	
外径/mm			单位长度理论质量/(kg/m)								
系列 1	系列 2	系列 3									
1016			544.09	583.08	610.99	639.30	682.24	695.96	729.49	752.10	776.54
1067			572.01	613.05	642.43	672.24	717.45	731.91	767.22	791.04	816.79
1118			599.93	643.03	673.88	705.18	752.67	767.85	804.95	829.98	857.04
	1168		627.31	672.41	704.70	737.48	787.20	803.09	841.94	868.15	896.49

续表

系列			壁厚/mm								
系列 1			22.2		25		28		30		32
系列 2				23.83		26.19		28.58		30.96	
外径/mm			单位长度理论质量/(kg/m)								
系列 1	系列 2	系列 3									
1219			655.23	702.38	736.15	770.42	822.41	839.04	879.68	907.09	936.74
	1321		711.07	762.33	799.03	836.30	892.84	910.93	955.14	984.97	1017.24
1422			766.37	821.68	861.30	901.53	962.59	982.12	1029.86	1062.09	1096.94
	1524		822.21	881.63	924.19	967.41	1033.02	1054.01	1105.33	1139.97	1177.44
1626			878.06	941.57	987.08	1033.29	1103.45	1125.90	1180.79	1217.85	1257.93
	1727		933.35	1000.92	1049.35	1098.53	1173.20	1197.09	1255.52	1294.96	1337.64
1829			989.20	1060.87	1112.23	1164.41	1243.63	1268.98	1330.98	1372.84	1418.13
	1930		1044.49	1120.22	1174.50	1229.64	1313.37	1340.17	1405.71	1449.95	1497.84
2032			1100.34	1180.17	1237.39	1295.52	1383.81	1412.06	1481.17	1527.83	1578.34
	2134		1156.18	1240.11	1300.28	1361.40	1454.24	1483.95	1556.63	1605.71	1658.83
2235			1211.48	1299.47	1362.55	1426.64	1523.98	1555.14	1631.36	1682.83	1738.54
	2337		1267.32	1359.41	1425.43	1492.52	1594.42	1627.03	1706.82	1760.71	1819.03
	2438		1322.61	1418.77	1487.70	1557.75	1664.16	1698.22	1781.55	1837.82	1898.74
2540			1378.46	1478.71	1550.59	1623.63	1734.59	1770.11	1857.01	1915.70	1979.23

续表

系列			壁厚/mm								
系列 1				36		40	45	50	55	60	65
系列 2			34.93		38.1						
外径/mm			单位长度理论质量/(kg/m)								
系列 1	系列 2	系列 3									
1016			845.12	870.06	918.84	962.78	1077.58	1191.15	1303.48	1414.58	1524.45
1067			889.05	915.34	966.76	1013.09	1134.18	1254.04	1372.66	1490.05	1606.20
1118			932.98	960.61	1014.68	1063.40	1190.78	1316.92	1441.83	1565.51	1687.96
	1168		976.06	1005.01	1061.66	1112.73	1246.27	1378.58	1509.65	1639.50	1768.11
1219			1019.99	1050.28	1109.58	1163.04	1302.87	1441.46	1578.83	1714.96	1849.86
	1321		1107.85	1140.84	1205.42	1263.66	1416.06	1567.24	1717.18	1865.89	2013.36
1422			1194.86	1230.51	1300.32	1363.29	1528.15	1691.78	1854.17	2015.34	2175.27
	1524		1282.72	1321.07	1396.16	1463.91	1641.35	1817.55	1992.53	2166.27	2338.77
1626			1370.59	1411.62	1492.00	1564.53	1754.54	1943.33	2130.88	2317.19	2502.28
	1727		1457.59	1501.29	1586.90	1664.16	1866.63	2067.87	2267.87	2466.64	2664.18
1829			1545.46	1591.85	1682.74	1764.78	1979.83	2193.64	2406.22	2617.57	2827.69
	1930		1632.46	1681.52	1777.64	1864.41	2091.91	2318.18	2543.22	2767.02	2989.59
2032			1720.33	1772.08	1873.47	1965.03	2205.11	2443.95	2681.57	2917.95	3153.10
	2134		1808.19	1862.63	1969.31	2065.65	2318.30	2569.72	2819.92	3068.88	3316.60
2235			1895.20	1952.30	2064.21	2165.28	2430.39	2694.27	2956.91	3218.33	3478.50

续表

系列			壁厚/mm								
系列1				36		40	45	50	55	60	65
系列2			34.93		38.1						
外径/mm			单位长度理论质量/(kg/m)								
系列1	系列2	系列3									
	2337		1983.06	2042.86	2160.05	2265.90	2543.59	2820.04	3095.26	3369.25	3642.01
	2438		2070.07	2132.53	2254.95	2365.53	2656.17	2944.58	3232.26	3518.70	3803.91
2540			2157.93	2223.09	2350.79	2466.15	2768.87	3070.36	3370.61	3669.63	3967.42

b. 精密焊接钢管见表4-198。

表4-198　精密焊接钢管的规格和理论质量

外径/mm		壁厚/mm											
		0.5	(0.8)	1.0	(1.2)	1.5	(1.8)	2.0	(2.2)	2.5	(2.8)	3.0	(3.5)
系列2	系列3	单位长度理论质量/(kg/m)											
8		0.092	0.142	0.173	0.201	0.240	0.275	0.296	0.315				
10		0.117	0.182	0.222	0.260	0.314	0.364	0.395	0.423	0.462			
12		0.142	0.221	0.271	0.320	0.388	0.453	0.493	0.532	0.586	0.635	0.666	
	14	0.166	0.260	0.321	0.379	0.462	0.542	0.592	0.640	0.709	0.773	0.814	0.906
16		0.191	0.300	0.370	0.438	0.536	0.630	0.691	0.749	0.832	0.911	0.962	1.08
	18	0.216	0.309	0.419	0.497	0.610	0.719	0.789	0.857	0.956	1.05	1.11	1.25
20		0.240	0.379	0.469	0.556	0.684	0.808	0.888	0.966	1.08	1.19	1.26	1.42

续表

外径/mm		壁厚/mm											
		0.5	(0.8)	1.0	(1.2)	1.5	(1.8)	2.0	(2.2)	2.5	(2.8)	3.0	(3.5)
系列2	系列3	单位长度理论质量/(kg/m)											
	22	0.265	0.418	0.518	0.616	0.758	0.897	0.988	1.07	1.20	1.33	1.41	1.60
25		0.302	0.477	0.592	0.704	0.869	1.03	1.13	1.24	1.39	1.53	1.63	1.86
	28	0.339	0.517	0.666	0.793	0.980	1.16	1.28	1.40	1.57	1.74	1.85	2.11
	30	0.364	0.576	0.715	0.852	1.05	1.25	1.38	1.51	1.70	1.88	2.00	2.29
32		0.388	0.616	0.765	0.911	1.13	1.34	1.48	1.62	1.82	2.02	2.15	2.46
	35	0.425	0.675	0.838	1.00	1.24	1.47	1.63	1.78	2.00	2.22	2.37	2.72
38		0.462	0.704	0.912	1.09	1.35	1.61	1.78	1.94	2.19	2.43	2.59	2.98
40		0.487	0.773	0.962	1.15	1.42	1.70	1.87	2.05	2.31	2.57	2.74	3.15
	45		0.872	1.09	1.30	1.61	1.92	2.12	2.32	2.62	2.91	3.11	3.58
50			0.971	1.21	1.44	1.79	2.14	2.37	2.59	2.93	3.26	3.48	4.01
	55		1.07	1.33	1.59	1.98	2.36	2.61	2.86	3.24	3.60	3.85	4.45
60			1.17	1.46	1.74	2.16	2.58	2.86	3.14	3.55	3.95	4.22	4.88
70			1.35	1.70	2.04	2.53	3.03	3.35	3.68	4.16	4.64	4.96	5.74
80			1.56	1.95	2.33	2.90	3.47	3.05	4.22	4.78	5.33	5.70	6.60
	90				2.63	3.27	3.92	4.34	4.76	5.39	6.02	6.44	7.47
100					2.92	3.64	4.36	4.83	5.31	6.01	6.71	7.18	8.33
	110				3.22	4.01	4.80	5.33	5.85	6.63	7.40	7.92	9.19
120							5.25	5.82	6.39	7.24	8.09	8.66	10.06

续表

外径/mm		壁厚/mm											
		0.5	(0.8)	1.0	(1.2)	1.5	(1.8)	2.0	(2.2)	2.5	(2.8)	3.0	(3.5)
系列2	系列3	单位长度理论质量/(kg/m)											
	140						6.13	6.81	7.48	8.48	9.47	10.14	11.78
160							7.02	7.79	8.56	9.71	10.86	11.62	13.51

外径/mm		壁厚/mm											
		4.0	(4.5)	5.0	(5.5)	6.0	(7.0)	8.0	(9.0)	10.0	(11.0)	12.5	(14)
系列2	系列3	单位长度理论质量/(kg/m)											
	14												
16		1.18											
	18	1.38	1.50										
20		1.58	1.72										
	22	1.78	1.94	2.10									
25		2.07	2.28	2.47	2.64								
	28	2.37	2.61	2.84	3.05								
	30	2.56	2.83	3.08	3.32	3.55	3.97						
32		2.76	3.05	3.33	3.59	3.85	4.32	4.74					
	35	3.06	3.38	3.70	4.00	4.29	4.83	5.33					
38		3.35	3.72	4.07	4.41	4.74	5.35	5.92	6.44	6.91			
40		3.55	3.94	4.32	4.68	5.03	5.70	6.31	6.88	7.40			

续表

外径/mm		壁厚/mm											
		4.0	(4.5)	5.0	(5.5)	6.0	(7.0)	8.0	(9.0)	10.0	(11.0)	12.5	(14)
系列2	系列3	单位长度理论质量/(kg/m)											
	45	4.04	4.49	4.93	5.36	5.77	6.56	7.30	7.99	8.63			
50		4.54	5.05	5.55	6.04	6.51	7.42	8.29	9.10	9.86			
	55	5.03	5.60	6.17	6.71	7.25	8.29	9.27	10.21	11.10	11.94		
60		5.52	6.16	6.78	7.39	7.99	9.15	10.26	11.32	12.33	13.29		
70		6.51	7.27	8.01	8.75	9.47	10.88	12.23	13.54	14.80	16.01		
80		7.50	8.38	9.25	10.11	10.95	12.60	14.21	15.76	17.26	18.72		
	90	8.48	9.49	10.48	11.46	12.43	14.33	16.18	17.98	19.73	21.43		
100		9.47	10.60	11.71	12.82	13.91	16.05	18.15	20.20	22.20	24.14		
	110	10.46	11.71	12.95	14.17	15.39	17.78	20.12	22.42	24.66	26.86	30.06	
120		11.44	12.82	14.18	15.53	16.87	19.51	22.10	24.64	27.13	29.57	33.14	
	140	13.42	15.04	16.65	18.24	19.83	22.96	26.04	29.08	32.06	34.99	39.30	
160		15.39	17.26	19.11	20.96	22.79	26.41	29.99	33.51	36.99	40.42	45.47	
	180			21.58	23.67	25.75	29.87	33.93	37.95	41.92	45.85	51.64	
200						28.71	33.32	37.88	42.39	46.86	51.27	57.80	
	220						36.77	41.83	46.83	51.79	56.70	63.97	71.12
	240						40.22	45.77	51.27	56.72	62.12	70.13	78.03
	260						43.68	49.72	55.71	61.65	67.55	76.30	84.93

注：() 内壁厚不推荐使用。

4.23.2 低压流体输送用焊接钢管（GB/T 3091—2015）

用于输送低压水、空气、采暖蒸汽和燃气等流体。

① 种类　有直缝电焊钢管、直缝埋弧焊（SAWL）钢管和螺旋缝埋弧焊（SAWH）钢管。

② 牌号和化学成分　应符合 GB/T 700 中牌号 Q195、Q215A、Q215B、Q235A、Q235B、Q275A、Q275B 和 GB/T 1591 中牌号 Q345A、Q345B 的规定。

③ 公称尺寸　见表 4-199。

表 4-199　低压流体输送用焊接钢管的公称尺寸　mm

公称口径（DN）	外径（D）			最小公称壁厚	公称口径（DN）	外径（D）			最小公称壁厚
	系列 1	系列 2	系列 3			系列 1	系列 2	系列 3	
6	10.2	10.0	—	2.0	50	60.3	59.5	59.0	3.0
8	13.5	12.7	—	2.0	65	76.1	75.5	75.0	3.0
10	17.2	16.0	—	2.2	80	88.9	88.5	88.0	3.25
15	21.3	20.8	—	2.2	100	114.3	114.0	—	3.25
20	26.9	26.0	—	2.2	125	130.7	141.3	140.0	3.5
25	33.7	33.0	32.5	2.5	150	165.1	168.33	159.0	3.5
32	42.4	42.0	41.5	2.5	200	219.1	219.0	—	4.0
40	48.3	48.0	47.5	2.75					

注：1. 系列 1 属推荐选用系列，系列 2 是非通用系列，系列 3 是少数特殊专用系列。

2. 外径大于 219.1mm 的钢管按公称外径和公称壁厚交货，其公称外径和公称壁厚应符合　GB/T 21835 的规定。

④ 通常长度　2000～12000mm。

⑤ 力学性能　见表 4-200。

表 4-200　焊接钢管的力学性能

牌号	下屈服强度 R_{eL}/MPa　≥		抗拉强度 R_m /MPa≥	断后伸长率 A/%	
	t≤16mm	t>16mm		D≤168.3mm	D>168.3mm
Q195①	195	185	315		
Q215A、Q215B	215	205	335	15	20
Q235A、Q235B	235	225	370		
Q275A、Q275B	275	265	410	13	18
Q345A、Q345B	345	325	470		

① Q195 的屈服强度值仅供参考，不作交货条件。

4.23.3　直缝电焊钢管（GB/T 13793—2016）

用于机械、建筑等结构，且外径不大于 711mm 者，也可用于一般流体输送。

① 分类

a. 按外径精度等级分有：普通精度（PD. A）、较高精度（PD. B）和高精度（PD. C）。

b. 按壁厚精度等级分有：普通精度（PT. A）、较高精度（PT. B）和高精度（PT. C）。

c. 按弯曲度精度等级分有：普通精度（PS. A）、较高精度（PS. B）和高精度（PS. C）。

② 牌号和化学成分　应分别符合下列标准之一的规定。

a. GB/T 699—2015 中 08、10、15、20。

b. GB/T 700—2006 中 Q195、Q215A、Q215B、Q235A、Q235B、Q235C、Q275A、Q275B、Q275C。

c. GB/T 1591—2008 中 Q345A、Q345B、Q345C、Q390A、Q390B、Q390C、Q420A、Q420B、Q420C、Q460C、Q460D。

③ 公称外径 D 和公称厚度　应符合 GB/T 21835 的规定。

④ 通常长度　$D \leqslant 30$mm 时为 4000～6000mm；$D > 30$～70mm 时为 4000～8000mm；$D > 70$mm 时为 4000～12000mm。

⑤ 交货状态　焊接状态或热处理状态。

⑥ 力学性能　见表 4-201。

表 4-201　直缝电焊钢管的力学性能

<table>
<tr><th rowspan="3">牌号</th><th>下屈服强度①</th><th>抗拉强度</th><th colspan="2">断后伸长率 A/%</th></tr>
<tr><th>R_{eL}/MPa</th><th>R_m/MPa</th><th>$D \leqslant 168.3$mm</th><th>$D > 168.3$mm</th></tr>
<tr><th colspan="4">≥</th></tr>
<tr><td>08、10</td><td>195</td><td>315</td><td colspan="2">22</td></tr>
<tr><td>15</td><td>215</td><td>355</td><td colspan="2">20</td></tr>
<tr><td>20</td><td>235</td><td>390</td><td colspan="2">19</td></tr>
<tr><td>Q195②</td><td>195</td><td>315</td><td rowspan="3">15</td><td rowspan="3">20</td></tr>
<tr><td>Q215A、Q215B</td><td>215</td><td>335</td></tr>
<tr><td>Q235A、Q235B、Q235C</td><td>235</td><td>370</td></tr>
</table>

续表

牌号	下屈服强度① R_{eL}/MPa	抗拉强度 R_m/MPa	断后伸长率 A/%	
			D≤168.3mm	D>168.3mm
	≥			
Q275A、Q275B、Q275C	275	410	13	18
Q345A、Q345B、Q345C	345	470		
Q390A、Q390B、Q390C	390	490	19	
Q420A、Q420B、Q420C	420	520	19	
Q460C、Q460D	460	550	17	

① 当屈服不明显时，可测量 $R_{p0.2}$ 或 $R_{t0.5}$ 代替下屈服强度。

② Q195 的屈服强度值仅作为参考，不作交货条件。

4.23.4 锅炉和热交换器用焊接钢管（GB/T 28410—2012）

用于热交换器和中低压锅炉。

① 外径和壁厚　应符合 GB/T 21835 的规定。

② 通常长度　4000～12000mm。

③ 材料和力学性能　见表 4-202、表 4-203。

表 4-202　锅炉和热交换器用钢管的室温力学性能

牌号	下屈服强度 R_{eL}/MPa			抗拉强度 R_m/MPa			断后伸长率 A/%	冲击吸收能量 KV_2/J	
	壁厚/mm			壁厚/mm				试验温度/℃	三个试样平均值
	≤16	>16～≤36	>36～≤60	≤16	>16～≤36	>36～≤60			
10	≥205			335～475			≥28	0	≥31
20	≥245			410～550			≥24		
Q245R	≥245	≥235	≥225	400～520			≥25	0	≥31
Q345R	≥345	≥325	≥315	510～640	500～630	490～620	≥21	0	≥34
Q370R	≥370	≥360	≥340	530～630		520～620	≥20	−20	≥34
18MnMoNbR	—	—	≥400	—		570～720	≥17	0	≥41

续表

牌号	下屈服强度 R_{eL}/MPa 壁厚/mm			抗拉强度 R_m/MPa 壁厚/mm			断后伸长率 A/%	冲击吸收能量 KV_2/J	
	≤16	>16～≤36	>36～≤60	≤16	>16～≤36	>36～≤60		试验温度/℃	三个试样平均值
13MnNiMoR	—	—	≥390	—		570～720	≥18	0	≥41
15CrMoR	≥295			450～590			≥19	20	≥31
14Cr1MoR	≥310			520～680					≥34
12Cr2Mo1R	≥310			520～680					≥34
12Cr1MoVR	≥245			440～590					≥34

表 4-203　锅炉和热交换器用钢管的高温力学性能

牌号	壁厚/mm	试验温度/℃						
		200	250	300	350	400	450	500
		规定塑性延伸强度最小值 $R_{p0.2}$/MPa						
10	—	165	145	122	111	109	107	—
20	—	188	170	149	137	134	132	—
Q245R	>20～36	186	167	153	139	129	121	—
	>36～60	178	161	147	133	123	116	—
Q345R	>20～36	255	235	215	200	190	180	—
	>36～60	240	220	200	185	175	165	—
Q370R	>20～36	290	275	260	245	230	—	—
	>36～60	280	270	255	240	225	—	—
18MnMoNbR	30～60	360	355	350	340	310	275	—
13MnNiMoR	30～60	355	350	345	335	305	—	—
15CrMoR	>20～60	240	225	210	200	189	179	174
14Cr1MoR	>20～60	255	245	230	220	210	195	176
12Cr2Mo1R	>20～60	260	255	250	245	240	230	215
12Cr1MoVR	>20～60	200	190	176	167	157	150	142

④ 热处理制度　见表 4-204。

表 4-204 锅炉和热交换器用钢管的热处理制度

<table>
<tr><th rowspan="2">牌号</th><th colspan="2">钢管</th><th rowspan="2">热处理制度</th></tr>
<tr><th>钢管类型</th><th>壁厚/mm</th></tr>
<tr><td rowspan="4">10、20、Q245R、Q345R、Q370R</td><td rowspan="2">电熔焊</td><td>≤19</td><td>焊态</td></tr>
<tr><td>>19</td><td>整管退火处理,保温温度590～650℃,每毫米壁厚最少保温时间为2.4min,且不少于1h,加热和冷却速度不大于335℃/h</td></tr>
<tr><td rowspan="2">高频焊</td><td>≤19</td><td>焊缝在线正火处理</td></tr>
<tr><td>>19</td><td>整管退火处理,保温温度590～650℃,每毫米壁厚最少保温时间为2.4min,且不少于1h,加热和冷却速度不大于335℃/h</td></tr>
<tr><td>18MnMoNbR、13MnNiMoR</td><td colspan="2">电熔焊</td><td>整管退火处理,保温温度590～720℃,每毫米壁厚最少保温时间为2.4min,且不少于1h,加热和冷却速度不大于335℃/h</td></tr>
<tr><td>15CrMoR、14Cr1MoR、12Cr2Mo1R</td><td colspan="2">电熔焊</td><td>整管退火处理,保温温度700～750℃,每毫米壁厚最少保温时间为2.4min,且不少于2h,加热和冷却速度不大于335℃/h</td></tr>
<tr><td>12Cr1MoVR</td><td colspan="2">电熔焊</td><td>整管退火处理.保温温度700～760℃,每毫米壁厚最少保温时间为2.4min,且不少于2h,加热和冷却速度不大于335℃/h</td></tr>
</table>

4.23.5 机械结构用冷拔或冷轧精密焊接钢管（GB/T 31315—2014）

用于机械制造、车辆制造、家具制品和一般工程行业所使用的具有特殊尺寸精度和高表面质量要求的场合，用冷拔或冷轧焊接方法生产。

① 分类　按交货状态分为冷加工/硬状态（+C）；冷加工/软状态（+LC）；消除应力退火状态（+SR）；退火状态（+A）；正火状态（+N）五类。

② 牌号和化学成分　应分别符合 GB/T 700 中 Q195、Q215、Q235、Q275 和 GB/T 1591 中 Q345 的规定。

③ 通常长度　3000～12000mm。

④ 尺寸　见表 4-205。

表 4-205 精密焊接钢管的尺寸 mm

外径	壁厚																				
	0.5	0.8	1.0	1.2	1.5	1.8	2.0	2.2	2.5	2.8	3.0	3.5	4.0	4.5	5.0	5.5	6.0	7.0	8.0	9.0	10
	内径																				
4	√	√	√																		
5	√	√	√																		
6	√	√	√																		
7	√	√	√	√	√																
8	√	√	√	√	√																
9	√	√	√	√	√																
10	√	√	√	√	√	√	√														
12	◇	√	√	√	√	√	√														
14	◇	√	√	√	√	√	√	√	√												
15	◇	√	√	√	√	√	√	√	√												
16	◇	◇	√	√	√	√	√	√	√												
18	◇	◇	√	√	√	√	√	√	√	√	√	√									
20	◇	◇	√	√	√	√	√	√	√	√	√	√	√								
22	√	◇	◇	√	√	√	√	√	√	√	√	√	√								
25	√	◇	◇	◇	√	√	√	√	√	√	√	√	√	√							
26	√	◇	◇	◇	√	√	√	√	√	√	√	√	√	√							
28	√	◇	◇	◇	√	√	√	√	√	√	√	√	√	√							
30	√	◇	◇	◇	√	√	√	√	√	√	√	√	√	√	√						
32	√	√	◇	◇	◇	√	√	√	√	√	√	√	√	√	√						
35	√	√	◇	◇	◇	√	√	√	√	√	√	√	√	√	√						
38	√	√	◇	◇	◇	◇	√	√	√	√	√	√	√	√	√	√					
40	√	√	◇	◇	◇	◇	√	√	√	√	√	√	√	√	√	√					
42			√	◇	◇	◇	◇	√	√	√	√	√	√	√	√	√					
45			√	◇	◇	◇	◇	◇	√	√	√	√	√	√	√	√	√				
48			√	◇	◇	◇	◇	◇	√	√	√	√	√	√	√	√	√				

续表

外径	壁厚																				
	0.5	0.8	1.0	1.2	1.5	1.8	2.0	2.2	2.5	2.8	3.0	3.5	4.0	4.5	5.0	5.5	6.0	7.0	8.0	9.0	10
	内径																				
50			√	√	◇	◇	◇	◇	√	√	√	√	√	√	√	√	√				
55			√	√	◇	◇	◇	◇	◇	√	√	√	√	√	√	√	√	√			
60			√	√	◇	◇	◇	◇	◇	◇	√	√	√	√	√	√	√	√			
65			√	√	√	◇	◇	◇	◇	◇	◇	√	√	√	√	√	√	√			
70			√	√	√	◇	◇	◇	◇	◇	◇	√	√	√	√	√	√	√			
75			√	√	√	√	◇	◇	◇	◇	◇	◇	√	√	√	√	√	√	√		
80			√	√	√	√	◇	◇	◇	◇	◇	◇	√	√	√	√	√	√	√		
85					√	√	√	◇	◇	◇	◇	◇	◇	√	√	√	√	√	√		
90					√	√	√	√	◇	◇	◇	◇	◇	√	√	√	√	√	√		
95							√	√	◇	◇	◇	◇	◇	◇	√	√	√	√	√		
100							√	√	◇	◇	◇	◇	◇	◇	√	√	√	√	√	√	√
110							√	√	√	◇	◇	◇	◇	◇	◇	√	√	√	√	√	√
120							√	√	√	√	◇	◇	◇	◇	◇	◇	√	√	√	√	√
130									√	√	√	◇	◇	◇	◇	◇	√	√	√	√	√
140									√	√	√	◇	◇	◇	◇	◇	◇	√	√	√	√
150											√	√	◇	◇	◇	◇	◇	◇	√	√	√

注："◇" 表示常用规格，"√" 表示有此规格。

⑤ 交货状态　见表 4-206。

表 4-206　精密焊接钢管的交货状态

代号	交货状态	说明
+C	冷拔或冷轧/硬	最终冷拔或冷轧后，不进行热处理
+LC	冷拔或冷轧/软	最终热处理后，进行适当的冷拔或冷轧
+SR	冷拔或冷轧后消除应力退火	最终冷拔或冷轧后，钢管采用可控气氛炉消除应力退火
+A	退火	最终冷拔或冷轧后，钢管采用可控气氛炉退火
+N	正火	最终冷拔或冷轧后，钢管采用可控气氛炉正火

⑥ 力学性能　见表4-207。

表4-207　精密焊接钢管的力学性能

牌号	+C		+LC		+SR			+A		+N		
	抗拉强度 R_m/MPa	断后伸长率 A/%	抗拉强度 R_m/MPa	断后伸长率 A/%	抗拉强度 R_m/MPa	下屈服强度① R_{eL}/MPa	断后伸长率 A/%	抗拉强度 R_m/MPa	断后伸长率 A/%	抗拉强度 R_m/MPa	下屈服强度① R_{eL}/MPa	断后伸长率 A/%
	≥										≥	
Q195	420	6	370	10	370	260	18	290	28	300～400	195	28
Q215	450	6	400	10	400	290	16	300	26	315～430	215	26
Q235	490	6	440	10	440	325	14	315	25	340～480	235	25
Q275	560	5	510	8	510	375	12	390	22	410～550	275	22
Q345	640	4	590	6	590	435	10	450	22	490～630	345	22

① 外径不大于30mm且壁厚不大于3mm的钢管，其最小屈服强度可降低10MPa。

4.23.6　冷拔精密单层焊接钢管（GB/T 24187—2023）

用于制冷、汽车、电热电器等工业中制作冷凝器、蒸发器、燃料管、润滑油管、电热管、冷却器管以及一般配管。

① 分类

a. 按尺寸精度分：有普通精度（PA）、高级精度（PC）。

b. 按力学性能分：有普通钢管（MA）、软态钢管（MB）。

c. 按材质分：有冷轧低碳钢带和冷轧超低碳钢带。

d. 按表面状态分：见表4-208。

表4-208　精密焊接钢管的表面种类、状态和代号

种类	状态	代号
光亮表面	钢管内外表面无镀层	SL
镀铜表面	钢管的外表面镀铜	Cu
镀锌表面①	钢管的外表面镀锌或锌合金	Zn

续表

种类	状态	代号
双面镀铜表面②	钢管的内外表面均镀铜	Cu/Cu
外镀锌内镀铜表面③	钢管的外表面镀锌或锌合金，内表面镀铜	Zn/Cu
聚酰胺表面	钢管的外表面包覆聚酰胺保护层	HPPA
聚丙烯表面	钢管的外表面包覆聚丙烯保护层	HPPP

① 采用电镀、化学镀或热浸镀的方法。

② 采用双面镀铜的钢带制造，焊缝处的镀层要求由供需双方协商确定。

③ 采用双面镀铜的钢带制造，外表面锌、锌合金采用电镀、化学镀或热浸镀的方法。

② 外径和壁厚　见表4-209。

表4-209　精密焊接钢管的外径、壁厚和理论质量

公称外径(D)/mm	公称壁厚(S)/mm									
	0.30	0.40	0.50	0.60	0.65	0.70	0.80	0.90	1.00	1.30
	理论质量①/(kg/m)									
3.18	0.0213	0.0274	0.0330							
4.00	0.0274	0.0355	0.0432	0.0503						
4.76	0.0330	0.0430	0.0525	0.0616	0.0659	0.0701				
5.00	0.0348	0.0454	0.0555	0.0651	0.0697	0.0742				
6.00	0.0422	0.0552	0.0678	0.0799	0.0858	0.0915	0.1026	0.1132	0.1233	
6.35	0.0448	0.0587	0.0721	0.0851	0.0914	0.0975	0.1095	0.1210	0.1319	
7.94	0.0565	0.0744	0.0917	0.1086	0.1169	0.1250	0.1409	0.1563	0.1712	0.2129
8.00	0.0570	0.0750	0.0925	0.1095	0.1178	0.1260	0.1421	0.1576	0.1726	0.2148
9.53	0.0683	0.0901	0.1113	0.1321	0.1423	0.1524	0.1722	0.1915	0.2104	0.2639
10.00	0.0718	0.0947	0.1171	0.1391	0.1499	0.1605	0.1815	0.2020	0.2220	0.2789
12.00	0.0866	0.1144	0.1418	0.1687	0.1819	0.1951	0.2210	0.2464	0.2713	0.3430
12.70	0.0917	0.1213	0.1504	0.1790	0.1932	0.2072	0.2348	0.2619	0.2885	0.3655
14.00	0.1014	0.1342	0.1665	0.1983	0.2140	0.2296	0.2604	0.2908	0.3206	0.4072
15.88	0.1153	0.1527	0.1896	0.2261	0.2441	0.2621	0.2975	0.3325	0.3670	0.4674
16.00	0.1162	0.1539	0.1911	0.2279	0.2461	0.2641	0.3000	0.3352	0.3699	0.4713
18.00	0.1310	0.1736	0.2158	0.2575	0.2781	0.2987	0.3393	0.3795	0.4192	0.5354

① 钢的密度按7.85g/cm^3。

③ 通常长度 1.5～4m。

④ 化学成分 应符合GB/T 24187—2023表6规定。

⑤ 交货状态 长度不大于8m的钢管以条状交货，大于8m的钢管以盘状交货。

⑥ 力学性能 见表4-210。

表4-210 精密焊接钢管的力学性能

类别	抗拉强度 R_m/MPa	下屈服强度 R_{eL}/MPa	断后伸长率 A/%
普通钢管(MA)	≥300	≥180	≥18
软态钢管(MB)	250～340	≥150	≥35

4.24 钢丝

钢丝按用途分，有一般用途钢丝和重要用途钢丝；按材料分，有碳素工具钢钢丝、合金结构钢钢丝和合金弹簧钢钢丝；按形状分，有圆钢丝、方钢丝、六角钢丝。

4.24.1 一般用途低碳钢丝（YB/T 5294—2009）

用于一般的捆绑、制钉、编织及建筑等。

① 分类 钢丝按交货状态分，有冷拉钢丝（WCD）、退火钢丝（TA）和镀锌钢丝（SZ）三种。按用途分，有普通用、制钉用和建筑用三类。

② 材料 选用GB/T 701或其他低碳钢盘条，牌号由供方确定。

③ 规格 见表4-211。

表4-211 一般用途低碳钢丝的规格

钢丝直径/mm	标准捆			非标准捆最低质量/kg
	捆重/kg	每捆根数 ≤	单根最低质量/kg	
≤0.30	5	6	0.5	0.5
>0.30～0.50	10	5	1	1
>0.50～1.00	25	4	2	2
>1.00～1.20	25	3	3	3
>1.20～3.00	50	3	4	4
>3.00～4.50	50	2	6	10
>4.50～6.00	50	2	6	12

④ 力学性能　见表 4-212。

表 4-212　一般用途低碳钢丝的力学性能

<table>
<tr><th rowspan="3">公称直径
/mm</th><th colspan="5">抗拉强度/MPa</th><th colspan="2">弯曲试验
(180°)/次</th><th colspan="2">伸长率
(标距 100mm)/%</th></tr>
<tr><th colspan="3">冷拉钢丝</th><th rowspan="2">退火
钢丝</th><th rowspan="2">镀锌
钢丝</th><th colspan="2">冷拉钢丝</th><th rowspan="2">冷拉建筑
用钢丝</th><th rowspan="2">镀锌
钢丝</th></tr>
<tr><th>普通用</th><th>制钉用</th><th>建筑用</th><th>普通用</th><th>建筑用</th></tr>
<tr><td>≤0.30</td><td>≤980</td><td>—</td><td>—</td><td rowspan="10">295～540</td><td rowspan="10">295～510</td><td rowspan="2">供需协商</td><td rowspan="2">—</td><td rowspan="2">—</td><td rowspan="2">≥10</td></tr>
<tr><td>>0.30～0.80</td><td>≤980</td><td>—</td><td>—</td></tr>
<tr><td>>0.80～1.20</td><td>≤980</td><td>880～1320</td><td>—</td><td rowspan="3">≥6</td><td rowspan="3">—</td><td rowspan="3">—</td><td rowspan="8">≥12</td></tr>
<tr><td>>1.20～1.80</td><td>≤1060</td><td>785～1220</td><td>—</td></tr>
<tr><td>>1.80～2.50</td><td>≤1010</td><td>735～1170</td><td>—</td></tr>
<tr><td>>2.50～3.50</td><td>≤960</td><td>685～1120</td><td>≥550</td><td rowspan="3">≥4</td><td rowspan="3">≥4</td><td rowspan="3">≥2</td></tr>
<tr><td>>3.50～5.00</td><td>≤890</td><td>590～1030</td><td>≥550</td></tr>
<tr><td>>5.00～6.00</td><td>≤790</td><td>540～930</td><td>≥550</td></tr>
<tr><td>>6.00</td><td>≤690</td><td>—</td><td>—</td><td>—</td><td>—</td><td>—</td></tr>
</table>

4.24.2 冷拉圆钢丝、方钢丝、六角钢丝（GB/T 342—2017）

① 规格　冷拉圆钢丝（R）直径 0.05～20mm，冷拉方钢丝（S）边长 0.50～10mm，冷拉六角钢丝（H）对边距离 1.60～10mm。

② 分级　按允许偏差级别分为 12 级，圆钢丝适用于 8～12 级，方钢丝和六角钢丝适用于 10～12 级。直条钢丝按平直度允许偏差分为Ⅰ级、Ⅱ级和Ⅲ级。

③ 规格　见表 4-213。

表 4-213　冷拉圆钢丝、方钢丝、六角钢丝的规格

公称尺寸/mm	圆形		公称尺寸/mm	圆形	
	截面面积/mm²	理论质量/(kg/km)		截面面积/mm²	理论质量/(kg/km)
0.050	0.0020	0.016	0.16	0.0201	0.158
0.055	0.0024	0.019	0.18	0.0254	0.199
0.063	0.0031	0.024	0.20	0.0314	0.246
0.070	0.0038	0.030	0.22	0.0380	0.298
0.080	0.0050	0.039	0.25	0.0491	0.385
0.090	0.0064	0.050	0.28	0.0616	0.484
0.10	0.0079	0.062	0.32	0.0804	0.631
0.11	0.0095	0.075	0.35	0.096	0.7514
0.12	0.0113	0.089	0.40	0.126	0.9890
0.14	0.0154	0.121	0.45	0.159	1.248

公称尺寸/mm	圆形		方形		六角形	
	截面面积/mm²	理论质量/(kg/km)	截面面积/mm²	理论质量/(kg/km)	截面面积/mm²	理论质量/(kg/km)
0.50	0.196	1.539	0.250	1.962	—	—
0.55	0.238	1.868	0.302	2.371	—	—
0.63	0.312	2.447	0.397	3.116	—	—
0.70	0.385	3.021	0.490	3.846	—	—
0.80	0.503	3.948	0.640	5.024	—	—
0.90	0.636	4.993	0.810	6.358	—	—
1.00	0.785	6.162	1.000	7.850	—	—
1.10	0.950	7.458	1.210	9.498	—	—
1.20	1.131	8.878	1.440	11.30	—	—
1.40	1.539	12.08	1.960	15.39	—	—
1.60	2.011	15.79	2.560	20.10	2.217	17.40
1.80	2.545	19.98	3.240	25.43	2.806	22.03
2.00	3.142	24.66	4.000	31.40	3.464	27.20
2.20	3.801	29.84	4.840	37.99	4.192	32.91
2.50	4.909	38.54	6.250	49.06	5.413	42.49
2.80	6.158	48.34	7.840	61.54	6.790	53.30
3.15	7.793	61.18	9.923	77.89	8.593	67.16
3.55	9.898	77.70	12.60	98.93	10.91	85.68
4.00	12.57	98.67	16.00	125.6	13.86	108.8

续表

公称尺寸/mm	圆形		方形		六角形	
	截面面积/mm^2	理论质量/(kg/km)	截面面积/mm^2	理论质量/(kg/km)	截面面积/mm^2	理论质量/(kg/km)
4.50	15.90	124.8	20.25	159.0	17.54	137.7
5.00	19.64	154.2	25.00	196.2	21.65	170.0
5.60	24.63	193.3	31.36	246.2	27.16	213.2
6.30	31.17	244.7	39.69	311.6	34.38	269.9
7.10	39.59	310.8	50.41	395.7	43.66	342.7
8.00	50.27	394.6	64.00	502.4	55.43	435.1
9.00	63.62	499.4	81.00	635.8	70.15	550.7
10.0	78.54	616.5	100.00	785.0	86.61	679.9
11.0	95.03	746.0	—	—	—	—
12.0	113.1	887.8	—	—	—	—
14.0	153.9	1208.1	—	—	—	—
16.0	201.1	1578.6	—	—	—	—
18.0	254.5	1997.8				
20.0	314.2	2466.5				

注：1. 表中的理论质量是按密度为7.85g/cm^3计算的，对特殊合金钢丝，在计算理论质量时应采用相应牌号的密度。

2. 表内尺寸一栏，对于圆钢丝表示直径；对于方钢丝表示边长；对于六角钢丝表示对边距离，以下各表相同。

3. 直条钢丝的通常长度为300mm起。

4.24.3 重要用途碳素弹簧钢丝（YB/T 5311—2010）

用于制造承受动载荷、阀门等重要用途弹簧。弹簧成型后不需进行淬火-回火处理，仅需进行低温去除应力处理。

① 分类　按用途分为E、F、G三组，前者主要用于制造承受中等应力的动载荷的弹簧，中者主要用于制造承受较高应力的动载荷的弹簧，后者主要用于制造承受振动载荷的阀门弹簧。

② 规格　见表4-214。

表4-214 重要用途碳素弹簧钢丝的规格

分类名称	直径范围/mm	直径允许偏差
E组、F组	0.10～7.00	符合GB/T 342—2017表2中10级允差的规定
G组	1.00～7.00	符合GB/T 342—2017表2中11级允差的规定

③ 最小盘重 见表 4-215。

表 4-215 每盘钢丝的最小盘重

钢丝直径/mm	最小盘重/kg	钢丝直径/mm	最小盘重/kg
0.10	0.1	>0.80～1.80	2.0
>0.10～0.20	0.2	>1.80～3.00	5.0
>0.20～0.30	0.5	>3.00～7.00	8.0
>0.30～0.80	1.0		

④ 力学性能 见表 4-216。

表 4-216 重要用途碳素弹簧钢丝力学性能

直径/mm	抗拉强度 R_m/MPa			直径/mm	抗拉强度 R_m/MPa		
	E组	F组	G组		E组	F组	G组
0.10	2440～2890	2900～3380	—	0.90	2070～2400	2410～2740	—
0.12	2440～2860	2870～3320	—	1.00	2020～2350	2360～2660	1850～2110
0.14	2440～2840	2850～3250	—	1.20	1940～2270	2280～2580	1820～2080
0.16	2440～2840	2850～3200	—	1.40	1880～2200	2210～2510	1780～2040
0.18	2390～2770	2780～3160	—	1.60	1820～2140	2150～2450	1750～2010
0.20	2390～2750	2760～3110	—	1.80	1800～2120	2060～2360	1700～1960
0.22	2370～2720	2730～3080	—	2.00	1790～2090	1970～2250	1670～1910
0.25	2340～2690	2700～3050	—	2.20	1700～2000	1870～2150	1620～1860
0.28	2310～2660	2670～3020	—	2.50	1680～1960	1830～2110	1620～1860
0.30	2290～2640	2650～3000	—	2.80	1630～1910	1810～2070	1570～1810
0.32	2270～2620	2630～2980	—	3.00	1610～1890	1780～2040	1570～1810
0.35	2250～2600	2610～2960	—	3.20	1560～1840	1760～2020	1570～1810
0.40	2250～2580	2590～2940	—	3.50	1500～1760	1710～1970	1470～1710
0.45	2210～2560	2570～2920	—	4.00	1470～1730	1680～1930	1470～1710
0.50	2190～2540	2550～2900	—	4.50	1420～1680	1630～1880	1470～1710
0.55	2170～2520	2530～2880	—	5.00	1400～1650	1580～1830	1420～1660
0.60	2150～2500	2510～2850	—	5.50	1370～1610	1550～1800	1400～1640
0.63	2130～2480	2490～2830	—	6.00	1350～1580	1520～1770	1350～1590
0.70	2100～2460	2470～2800	—	6.50	1320～1550	1490～1740	1350～1590
0.80	2080～2430	2440～2770	—	7.00	1300～1530	1460～1710	1300～1540

4.24.4 六角钢丝（YB/T 5186—2006）

用于制造结构件及螺栓、螺母等。

① 分类 按交货状态分为冷拉（L）、退火（T）、油淬火-回火（Zh）三类。

② 材料 优质碳素结构钢、弹簧钢、合金结构钢、易切削结

构钢。

③ 化学成分 应分别符合GB/T 699、GB/T 1222、GB/T 3077和GB/T 8731的规定。55CrSi钢的化学成分应符合YB/T 5186—2006表2的规定。

④ 力学性能 见表4-217、表4-218。

表4-217 冷拉和退火状态六角钢丝的力学性能

牌号	冷拉状态		退火状态抗拉强度 R_m/MPa≥	牌号	冷拉状态		退火状态抗拉强度 R_m/MPa≥
	抗拉强度 R_m /MPa≥	断后伸长率 A /%			抗拉强度 R_m /MPa≥	断后伸长率 A /%	
10～20	440	7.5	540	Y12	660	7.0	—
25～35	540	7.0	635	20Cr、40Cr	440	—	715
40～50	610	6.0	735	30CrMnSiA	540	—	795

表4-218 油淬火-回火状态六角钢丝的力学性能

六角钢丝对边距离/mm	抗拉强度 R_m/MPa			断面收缩率 Z /% ≥
	65Mn	60Si2Mn	55CrSi	
1.6～3.0	1620～1890	1750～2000	1950～2250	40
>3.0～6.0	1460～1750	1650～1890	1780～2080	40
>6.0～10.0	1360～1590	1600～1790	1660～1910	30
>10.0	1250～1470	1540～1730	1580～1810	30

注：断面收缩率仅作为参考，不作为交货验收依据。

4.24.5 冷镦钢丝（GB/T 5953—2009）

冷镦钢丝分热处理型冷镦钢丝、非热处理型冷镦钢丝和非调质型冷镦钢丝三种。

（1）热处理型冷镦钢丝

用于制造铆钉、螺栓、螺钉和螺柱等紧固件及冷成型件，分优质碳素结构钢钢丝和合金结构钢钢丝。紧固件或冷成型件经冷镦或冷挤压成型后，需要进行表面渗碳、渗氮、调质等热处理。

① 分类 按紧固件和冷成型件热处理状态，冷镦钢丝用钢可分为：

a. 表面硬化型，紧固件冷镦成型后需经表面渗碳（渗氮）处理，然后再进行淬火+低温回火处理。

b. 调质型（包括含硼钢），紧固件冷镦成型后，先正火然后再经淬火＋高温回火处理，或直接进行淬火＋高温回火处理。

② 公称直径　1.00～45.00mm。

③ 牌号及化学成分　应符合合同注明的相关标准。

④ 钢丝盘重　直径1.00～2.00mm的为10kg；＞2.00～4.00mm的为15kg；＞4.00～9.00mm的为30kg；＞9.00mm的为50kg。

⑤ 交货状态　冷拉（HD）、冷拉＋球化退火＋轻拉（SALD）、退火＋冷拉＋球化退火＋轻拉（ASALD）、冷拉＋球化退火（SA）四种状态之一。

⑥ 力学性能　见表4-219～表4-222。

表4-219　表面硬化型冷镦钢丝的力学性能

牌号	钢丝公称直径/mm	SALD			SA		
		抗拉强度 R_m/MPa	断面收缩率 Z/%	洛氏硬度(HRB)	抗拉强度 R_m/MPa	断面收缩率 Z/%	洛氏硬度(HRB)
ML10	≤6.00	420～620	≥55	—	300～450	≥60	≤75
	＞6.00～12.00	380～560	≥55	—			
	＞12.00～25.00	350～500	≥50	≤81			
ML15 ML15Mn ML18 ML18Mn ML20	≤6.00	440～640	≥55	—	350～500	≥60	≤80
	＞6.00～12.00	400～580	≥55	—			
	＞12.00～25.00	380～530	≥50	≤83			
ML20Mn ML16CrMn ML20MnA ML22Mn ML15Cr ML20Cr ML18CrMo	≤6.00	440～640	≥55	—	370～520	≥60	≤82
	＞6.00～12.00	420～600	≥55	—			
	＞12.00～25.00	400～550	≥50	≤85			
ML20CrMoA ML20CrNiMo	≤25.00	480～680	≥45	≤93	420～620	≥58	≤91

注：以HD状态交货的钢丝，其力学性能由供需双方协商确定。

表 4-220　调质型冷镦钢丝的力学性能

牌号	钢丝公称直径/mm	SALD			SA		
		抗拉强度 R_m/MPa	断面收缩率 Z/%	洛氏硬度（HRB）	抗拉强度 R_m/MPa	断面收缩率 Z/%	洛氏硬度（HRB）
ML25 ML25Mn	≤6.00	490～690	≥55	—			
ML30Mn	>6.00～12.00	470～650	≥55	—	380～560	≥60	≤86
ML30 ML35	>12.00～25.00	450～600	≥50	≤89			
	≤6.00	550～730	≥55	—			
ML40 ML35Mn	>6.00～12.00	500～670	≥55	—	430～580	≥60	≤87
	>12.00～25.00	450～600	≥50	≤89			
	≤6.00	590～760	≥55	—			
ML45 ML42Mn	>6.00～12.00	570～720	≥55	—	450～600	≥60	≤89
	>12.00～25.00	470～620	≥50	≤96			

表 4-221　调质型合金钢丝的力学性能

牌号	钢丝公称直径/mm	SALD			SA		
		抗拉强度 R_m/MPa	洛氏硬度（HRB）	断面收缩率 Z/%	抗拉强度 R_m/MPa	断面收缩率 Z/%	洛氏硬度（HRB）
	≤6.00	600～750	—				
ML30CrMnSi	>6.00～12.00	580～730	—	≥50	460～660	≥55	≤93
	>12.00～25.00	550～700	≤95				
	≤6.00	530～730	—				
ML38CrA ML40Cr	>6.00～12.00	500～650	—	≥50	430～600	≥55	≤89
	>12.00～25.00	480～630	≤91				
	≤6.00	580～780	—	≥40			
ML30CrMo ML35CrMo	>6.00～12.00	540～700	—	≥35	450～620	≥55	≤91
	>12.00～25.00	500～650	≤92	≥35			
	≤6.00	590～790	—				
ML42CrMo ML40CrNiMo	>6.00～12.00	560～760	—	≥50	480～730	≥55	≤97
	>12.00～25.00	540～690	≤95				

注：直径小于 3.00mm 的钢丝断面收缩率仅供参考。

表 4-222　含硼钢丝的力学性能

牌号	SALD			SA		
	抗拉强度 R_m/MPa	断面收缩率 Z/%	洛氏硬度 (HRB)	抗拉强度 R_m/MPa	断面收缩率 Z/%	洛氏硬度 (HRB)
ML20B	≤600	≥55	≤89	≤550	≥65	≤85
ML28B	≤620	≥55	≤90	≤570	≥65	≤87
ML35B	≤630	≥55	≤91	≤580	≥65	≤88
ML20MnB	≤630	≥55	≤91	≤580	≥65	≤88
ML30MnB	≤660	≥55	≤93	≤610	≥65	≤90
ML35MnB	≤680	≥55	≤94	≤630	≥65	≤91
ML40MnB	≤680	≥55	≤94	≤630	≥65	≤91
ML15MnVB	≤660	≥55	≤93	≤610	≥65	≤90
ML20MnVB	≤630	≥55	≤91	≤580	≥65	≤88
ML20MnTiB	≤630	≥55	≤91	≤580	≥65	≤88

注：1. 直径小于 3.00mm 的钢丝断面收缩率仅供参考。

2. 表中为公称直径不大于 25.0mm 的含硼钢丝交货状态的力学性能，公称直径大于 25.0mm 时由供需双方协商确定。

3. 钢丝以直条或磨光状态交货时，力学性能允许有 10%的波动。

（2）非热处理型冷镦钢丝（GB/T 5953.2—2009）

用于制造铆钉、螺栓和螺柱等紧固件及冷成型件。紧固件和其他冷成型件经冷锻或冷挤压成型后，一般不需要进行热处理。

① 分类　按交货状态分为冷拉（HD）、冷拉＋球化退火＋轻拉（SALD）。

通常以盘卷状交货，也可以直条状交货。以直条状交货，通常长度为 2000～6000mm，其平直度应不大于 2mm/m。

以盘卷状交货时的盘重：直径 1.00～2.00mm 的为 20kg；＞2.00～5.00mm 的为 30kg；＞5.00～6.50mm 的为 50kg；＞6.50mm 的为 100kg。

② 牌号及化学成分　应符合合同注明的相关标准。

③ 直径范围　1.00～45.00mm。

④ 力学性能　见表 4-223、表 4-224。

表 4-223　冷拉钢丝的力学性能

牌号	钢丝公称直径 d/mm	抗拉强度 R_m/MPa	断面收缩率 Z/%	洛氏硬度(HRB)
ML04Al ML08Al ML10Al	≤3.00	≥460	≥50	—
	>3.00～4.00	≥360	≥50	—
	>4.00～5.00	≥330	≥50	—
	>5.00～25.00	≥280	≥50	≤85
ML15Al ML15	≤3.00	≥590	≥50	—
	>3.00～4.00	≥490	≥50	—
	>4.00～5.00	≥420	≥50	—
	>5.00～25.00	≥400	≥50	≤89
ML18MnAl ML20Al ML20 ML22MnAl	≤3.00	≥850	≥35	—
	>3.00～4.00	≥690	≥40	—
	>4.00～5.00	≥570	≥45	—
	>5.00～25.00	≥480	≥45	≤97

注：钢丝公称直径大于 20mm 时，断面收缩率可以降低 5%。

表 4-224　冷拉＋球化退火＋轻拉钢丝的力学性能

牌号	抗拉强度 R_m/MPa≥	断面收缩率 Z/%	洛氏硬度(HRB)	牌号	抗拉强度 R_m/MPa≥	断面收缩率 Z/%	洛氏硬度(HRB)
ML04Al ML08Al ML10Al	300～450	≥70	≤76	ML18Mn ML20Al ML20 ML22Mn	450～570	≥65	≤90
ML15Al ML15	340～500	≥65	≤81				

注：1. 钢丝公称直径大于 20mm 时，断面收缩率可以降低 5%。

2. 硬度值仅供参考。

(3) 非调质型冷镦钢丝（GB/T 5953.3—2009）

① 公称直径　4.00～19.00mm。

② 牌号及化学成分　应符合合同注明的相关标准。

③ 交货状态　拉拔（HD）。

通常以盘卷状交货，也可以直条状交货。以直条状交货，通常长度为 2000～6000mm，其平直度应不大于 2.0mm/m；最小盘重为 200kg。

④ 力学性能　见表 4-225。

表 4-225 非调质型冷镦钢丝力学性能

性能等级	力学性能 ≥				
	R_m/MPa	$R_{p0.2}$/MPa	断后伸长率 A/%	断面收缩率 Z/%	洛氏硬度 (HRC)
MFT8	810	640	12	52	22
MFT9	900	720	10	48	28
MFT10	1040	940	9	48	32

4.24.6 冷拉碳素弹簧钢丝（GB/T 4357—2022）

适用于制造静载荷和动载荷应用的机械弹簧，不适用于制造高疲劳强度弹簧。

① 分类

a. 按抗拉强度水平和弹簧载荷类型：按弹簧应力水平，分低抗拉强度（L）、中等抗拉强度（M）和高抗拉强度（H）三个等级；按弹簧受载类型，分S级（适用静载荷）和D级（适用动载荷或以动载荷为主，或旋绕比小，或成型时要经受剧烈弯曲）。故一共有SL、SM、DM、SH和DH五级（无SD级），见表4-226。

表 4-226 不同分类弹簧钢丝的推荐用途

弹簧钢丝等级	用途
SL	拉、压或扭簧，主要受低静载荷
SM	拉、压或扭簧，中高静载荷，或极少动载应力的情况
DM	拉、压或扭簧，中高动载荷，需要剧烈弯曲的线成型
SH	拉、压或扭簧，高静载荷，或轻度动载荷
DH	拉、压或扭簧，或线成型，承受高静载负荷或中等水平动载

b. 按表面状态分为磷化（PH）、镀锌（ZN）、镀锌铝合金（ZA）及镀铜（CU）等。

c. 按交货形式，分为盘卷及直条。

② 材料

a. 钢丝用盘条：SL、SM及SH级应符合GB/T 24242.1、GB/T 24242.2或质量相当的其他标准的规定；DM及DH级应符合GB/T 24242.1、GB/T 24242.4或质量相当的其他标准的规定。

b. 化学成分：应符合GB/T 4357—2022中表4的规定。

③ 强度和载荷　见表 4-227。

表 4-227　冷拉碳素弹簧钢丝的强度等级和载荷

强度等级	静载荷	公称直径范围/mm	动载荷	公称直径范围/mm
低抗拉强度	SL 型	1.00～10.00	—	—
中抗拉强度	SM 型	0.30～13.00	DM 型	0.08～13.00
高抗拉强度	SH 型	0.30～13.00	DH 型	0.05～13.00

④ 抗拉强度　见表 4-228。

表 4-228　冷拉碳素弹簧钢丝规格和抗拉强度

公称直径①/mm	抗拉强度②/MPa			公称直径①/mm	抗拉强度②/MPa		
	SL 型	DM、SM 型	DH③、SH 型		SL 型	DM、SM 型	DH③、SH 型
0.05	—		2800～3520△	0.48	—	2220～2480	2490～2760
0.06	—		2800～3520△	0.50	—	2200～2470	2480～2740
0.07	—		2800～3520△	0.53	—	2180～2450	2460～2720
0.08	—	2780～3100*	2800～3480△	0.56	—	2170～2430	2440～2700
0.09	—	2740～3060*	2800～3430△	0.60	—	2140～2400	2410～2670
0.10	—	2710～3020*	2800～3380△	0.63	—	2130～2380	2390～2650
0.11	—	2690～3000*	2800～3350△	0.65	—	2120～2370	2380～2640
0.12	—	2660～2960*	2800～3320△	0.70	—	2090～2350	2360～2610
0.14	—	2620～2910*	2800～3250△	0.80	—	2050～2300	2310～2560
0.16	—	2570～2860*	2800～3200△	0.85	—	2030～2280	2290～2530
0.18	—	2530～2820*	2800～3160△	0.90	—	2010～2260	2270～2510
0.20	—	2500～2790*	2800～3110△	0.95	—	2000～2240	2250～2490
0.22	—	2470～2760*	2770～3080△	1.00	1720～1970	1980～2220	2230～2470
0.25	—	2420～2710*	2720～3010△	1.05	1710～1950	1960～2220	2210～2450
0.28	—	2390～2670*	2680～2970△	1.10	1690～1940	1950～2190	2200～2430
0.30	—	2370～2650	2660～2940	1.20	1670～1910	1920～2160	2170～2400
0.32	—	2350～2630	2640～2920	1.25	1660～1900	1910～2130	2140～2380
0.34	—	2330～2600	2610～2890	1.30	1640～1890	1900～2130	2140～2370
0.36	—	2310～2580	2590～2890	1.40	1620～1860	1870～2100	2110～2340
0.38	—	2290～2560	2570～2850	1.50	1600～1840	1850～2080	2090～2310
0.40	—	2270～2550	2560～2830	1.60	1590～1820	1830～2050	2060～2290
0.43	—	2250～2520	2530～2800	1.70	1570～1800	1810～2030	2040～2260
0.45	—	2240～2500	2510～2780	1.80	1550～1780	1790～2010	2020～2240

续表

公称直径①/mm	抗拉强度②/MPa			公称直径①/mm	抗拉强度②/MPa		
	SL型	DM、SM型	DH③、SH型		SL型	DM、SM型	DH③、SH型
1.90	1540～1760	1770～1990	2000～2220	5.30	1240～1430	1440～1630	1640～1820
2.00	1520～1750	1760～1970	1980～2200	5.60	1230～1420	1430～1610	1620～1800
2.10	1510～1730	1740～1960	1970～2180	6.00	1210～1390	1400～1580	1590～1770
2.25	1490～1710	1720～1930	1940～2150	6.30	1190～1380	1390～1560	1570～1750
2.40	1740～1690	1700～1910	1920～2130	6.50	1180～1370	1380～1550	1560～1740
2.50	1460～1680	1690～1890	1900～2110	7.00	1160～1340	1350～1530	1540～1710
2.60	1450～1660	1670～1880	1890～2100	7.50	1140～1320	1330～1500	1510～1680
2.80	1420～1640	1650～1850	1860～2070	8.00	1120～1300	1310～1480	1490～1660
3.00	1410～1620	1630～1830	1840～2040	8.50	1110～1280	1290～1460	1470～1630
3.20	1390～1600	1610～1810	1820～2020	9.00	1090～1260	1270～1440	1450～1610
3.40	1370～1580	1590～1780	1790～1990	9.50	1070～1250	1260～1420	1430～1590
3.60	1350～1560	1570～1760	1770～1970	10.00	1060～1230	1240～1400	1410～1570
3.80	1340～1540	1550～1740	1750～1950	10.50		1220～1380	1390～1550
4.00	1320～1520	1530～1730	1740～1930	11.00		1210～1370	1380～1530
4.25	1310～1500	1510～1700	1710～1900	12.00		1180～1340	1350～1500
4.50	1290～1490	1500～1680	1690～1880	12.50		1170～1320	1330～1480
4.75	1270～1470	1480～1670	1680～1840	13.00		1160～1310	1320～1470
5.00	1260～1450	1460～1650	1660～1830				

① 中间尺寸钢丝抗拉强度值按表中相邻较大钢丝的规定执行。

② 对特殊用途的钢丝，可商定其他抗拉强度。

③ 对直径为0.08～0.18mm的DH型钢丝，经供需双方协商，其抗拉强度波动值范围可规定为300MPa。

注：直条定尺钢丝的极限强度最多可能低10%；矫直和切断作业也会降低扭转值。*—SM型钢丝无此规格；△—SH型钢丝无此规格。

4.24.7　油淬火-回火弹簧钢丝（GB/T 18983—2017）

用于制造各种机械弹簧。

① 材料　碳素钢和低合金钢。

② 分类　按弹簧工作状态分为静态级、中疲劳级和高疲劳级三类；按供货抗拉强度分为低强度、中强度、高强度和超高强度四级。见表4-229。

表 4-229　钢丝的分类及代号

分类		静态级	中疲劳级	高疲劳级
抗拉强度	低强度	FDC	TDC	VDC
	中强度	FDCrV、FDSiMn	TDSiMn	VDCrV
	高强度	FDSiCr	TDSiCr-A	VDSiCr
	超高强度	—	TDSiCr-B、TDSiCr-C	VDSiCrV
直径范围/mm		0.50～18.00	0.50～18.00	0.50～10.00

注：1. 静态级钢丝适用于一般用途弹簧，以 FD 表示。

2. 中疲劳级钢丝适用于离合器弹簧、悬架弹簧等，以 TD 表示。

3. 高疲劳级钢丝适用于剧烈运动的场合，例如用于阀门弹簧，以 VD 表示。

③ 钢的化学成分　应符合 GB/T 18983—2017 中表 3 的规定。

④ 直径和允许偏差　见表 4-230。

表 4-230　钢丝直径和允许偏差　mm

公称直径	允许偏差(±)		公称直径	允许偏差(±)	
	TD VD	FD		TD VD	FD
0.50～0.80	0.010	0.015	>5.50～7.00	0.040	
>0.80～1.00	0.015	0.020	>7.00～9.00	0.045	
>1.00～1.80	0.020	0.025	>9.00～10.00	0.050	
>1.80～2.80	0.025	0.030	>10.00～11.00	0.070	—
>2.80～4.00	0.030		>11.00～14.50	0.080	—
>4.00～5.50	0.035		>14.50～18.00	0.090	—

TDSiCr-B 和 TDSiCr-C 的直径范围为 8.0～18.0mm。

⑤ 钢丝代号与钢的牌号　见表 4-231。

表 4-231　钢丝代号与钢的牌号对照

钢丝代号	常用代表性牌号
FDC、TDC、VDC	65、70、65Mn
FDCrV、TDCrV、VDCrV	50CrV
FDSiMn、TDSiMn	60Si2Mn
FDSiCr、TDSiCr-A、TDSiCr-B、TDSiCr-C、VDSiCr	55SiCr
VDSiCrV	65Si2CrV

⑥ 力学性能　见表 4-232、表 4-233。

表 4-232 静态级和中疲劳级弹簧钢丝的力学性能

直径范围 /mm	抗拉强度 R_m /MPa						断面收缩率 Z①/%≥	
	FDC TDC	FDCrV-A TDCrV-A	FDSiMn TDSiMn	FDSiCr TDSiCr-A	TDSiCr-B	TDSiCr-C	FD	TD
0.50～0.80	1800～2100	1800～2100	1850～2100	2000～2250	—	—	—	
>0.80～1.00	1800～2060	1780～2080	1850～2100	2000～2250	—	—	—	
>1.00～1.30	1800～2010	1750～2010	1850～2100	2000～2250	—	—		
>1.30～1.40	1750～1950	1750～1990	1850～2100	2000～2250	—	—		
>1.40～1.60	1740～1890	1710～1950	1850～2100	2000～2250	—	—		
>1.60～2.00	1720～1890	1710～1890	1820～2000	2000～2250	—	—	45	45
>2.00～2.50	1670～1820	1670～1830	1800～1950	1970～2140	—	—		
>2.50～2.70	1640～1790	1660～1820	1780～1930	1950～2120	—	—		
>2.70～3.00	1620～1770	1630～1780	1760～1910	1930～2100	—	—		
>3.00～3.20	1600～1750	1610～1760	1740～1890	1910～2080	—	—		
>3.20～3.50	1580～1730	1600～1750	1720～1870	1900～2060	—	—	40	45
>3.50～4.00	1550～1700	1560～1710	1710～1860	1870～2030	—	—		
>4.00～4.20	1540～1690	1540～1690	1700～1850	1860～2020	—	—		
>4.20～4.50	1520～1670	1520～1670	1690～1840	1850～2000	—	—	40	45
>4.50～4.70	1510～1660	1510～1660	1680～1830	1840～1990	—	—		
>4.70～5.00	1500～1650	1500～1650	1670～1820	1830～1980	—	—		

续表

直径范围/mm	抗拉强度 R_m/MPa						断面收缩率 Z①/%≥	
	FDC TDC	FDCrV-A TDCrV-A	FDSiMn TDSiMn	FDSiCr TDSiCr-A	TDSiCr-B	TDSiCr-C	FD	TD
>5.00～5.60	1470～1620	1460～1610	1660～1810	1800～1950	—	—	35	40
>5.60～6.00	1460～1610	1440～1590	1650～1800	1780～1930	—	—		
>6.00～6.50	1440～1590	1420～1570	1640～1790	1760～1910	—	—		
>6.50～7.00	1430～1580	1400～1550	1630～1780	1740～1890	—	—		
>7.00～8.00	1400～1550	1380～1530	1620～1770	1710～1860	—	—		
>8.00～9.00	1380～1530	1370～1520	1610～1760	1700～1850	1750～1850	1850～1950	30	35
>9.00～10.00	1360～1510	1350～1500	1600～1750	1660～1810	1750～1850	1850～1950		
>10.00～12.00	1320～1470	1320～1470	1580～1730	1660～1810	1750～1850	1850～1950		
>12.00～14.00	1280～1430	1300～1450	1560～1710	1620～1770	1750～1850	1850～1950		
>14.00～15.00	1270～1420	1290～1440	1550～1700	1620～1770	1750～1850	1850～1950		
>15.00～17.00	1250～1400	1270～1420	1540～1690	1580～1730	1750～1850	1850～1950		

① FDSiMn 和 TDSiMn 直径不大于 5.00mm 时，$Z\geqslant35\%$；直径大于 5.00～14.00mm 时，$Z\geqslant30\%$。

表 4-233　高疲劳级弹簧钢丝的力学性能

直径范围/mm	抗拉强度 R_m/MPa				断面收缩率 Z/% ≥
	VDC	VDCrV-A	VDSiCr	VDSiCrV	
0.50～0.80	1700～2000	1750～1950	2080～2230	2230～2380	—
>0.80～1.00	1700～1950	1730～1930	2080～2230	2230～2380	—
>1.00～1.30	1700～1900	1700～1900	2080～2230	2230～2380	45
>1.30～1.40	1700～1850	1680～1860	2080～2230	2210～2360	45

续表

直径范围/mm	抗拉强度 R_m/MPa				断面收缩率 Z/% ≥
	VDC	VDCrV-A	VDSiCr	VDSiCrV	
>1.40～1.60	1670～1820	1660～1860	2050～2180	2210～2360	45
>1.60～2.00	1650～1800	1640～1800	2010～2110	2160～2310	45
>2.00～2.50	1630～1780	1620～1770	1960～2060	2100～2250	45
>2.50～2.70	1610～1760	1610～1760	1940～2040	2060～2210	45
>2.70～3.00	1590～1740	1600～1750	1930～2030	2060～2210	45
>3.00～3.20	1570～1720	1580～1730	1920～2020	2060～2210	45
>3.20～3.50	1550～1700	1560～1710	1910～2010	2010～2160	45
>3.50～4.00	1530～1680	1540～1690	1890～1990	2010～2160	45
>4.00～4.20	1510～1660	1520～1670	1860～1960	1960～2110	45
>4.20～4.50	1510～1660	1520～1670	1860～1960	1960～2110	45
>4.50～4.70	1490～1640	1500～1650	1830～1930	1960～2110	45
>4.70～5.00	1490～1640	1500～1650	1830～1930	1960～2110	45
>5.00～5.60	1470～1620	1480～1630	1800～1900	1910～2060	40
>5.60～6.00	1450～1600	1470～1620	1790～1890	1910～2060	40
>6.00～6.50	1420～1570	1440～1590	1760～1860	1910～2060	40
>6.50～7.00	1400～1550	1420～1570	1740～1840	1860～2010	40
>7.00～8.00	1370～1520	1410～1560	1710～1810	1860～2010	40
>8.00～9.00	1350～1500	1390～1540	1690～1790	1810～1960	35
>9.00～10.00	1340～1490	1370～1520	1670～1770	1810～1960	35

4.24.8 合金结构钢丝（YB/T 5301—2010）

主要用于阀门弹簧、机械用弹簧等。

① 分类 按截面形状分，有圆钢丝、方钢丝、六角钢丝；按交货状态分，有冷拉（WCD）钢丝和退火（A）钢丝。

② 牌号及化学成分 应符合 GB/T 3077 的规定。

③ 尺寸 应符合 GB/T 342 的规定。

④ 盘重 见表 4-234。

表 4-234 合金结构钢盘状钢丝盘重

钢丝公称直径/mm	每盘质量/kg≥	钢丝公称直径/mm	每盘质量/kg≥
<3.00	10	≥3.00	15
马氏体及半马氏体钢丝	10		

⑤ 力学性能 见表 4-235。

表 4-235　合金结构钢丝的力学性能（YB/T 5301—2010）

交货状态	公称尺寸＜5.00mm	公称尺寸≥5.00mm
	抗拉强度 R_m/MPa	硬度(HBW)
冷拉	≤1080	≤302
退火	≤930	≤296

4.24.9　合金弹簧钢丝（YB/T 5318—2010）

用于制造承受中、高应力的机械弹簧。

① 公称直径　0.50～14.00mm。

② 分类　按成品形状分，有直条和盘状两种；按材质处理分，有冷拉（WCD）、退火（A）、正火（N）和银亮（ZY）四种；按交货状态分，有盘卷和直条两种（按直条交货时应在合同中注明，其长度一般为 2～4m）。

③ 盘重　见表 4-236。

表 4-236　合金弹簧钢丝盘重

钢丝公称直径/mm	每盘质量/kg　≥	钢丝公称直径/mm	每盘质量/kg　≥
0.5～1.00	1.0	＞6.00～9.00	15.0
＞1.00～3.00	5.0	＞9.00～14.00	30.0
＞3.00～6.00	10.0		

④ 牌号及化学成分　应符合 YB/T 5318—2010 表 2 的规定。

⑤ 抗拉强度　公称直径大于 5.00mm 的冷拉钢丝不大于 1030MPa。经供需双方协商，也可用布氏硬度代替抗拉强度，其硬度值不大于 302HBW。

4.24.10　弹簧垫圈用梯形钢丝（YB/T 5319—2010）

用于制造标准弹簧垫圈和轻型弹簧垫圈。

① 分类　按交货状态分为轻拉钢丝（LD）和退火钢丝（A）；按用途分为标准弹簧垫圈钢丝和轻型弹簧垫圈钢丝两种。

② 牌号　有 65Mn、65 和 70 三种。

③ 化学成分　应符合 YB/T 5319—2010 表 4 规定。

④ 规格　见表 4-237。

表 4-237 垫圈用冷轧钢丝规格

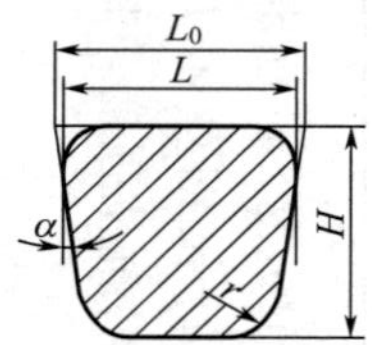

H—公称高度；
L_0—梯形大底长；
L—可测量底长；
r—圆角半径；
α—梯形夹角

规格 型号	钢丝尺寸 H/mm	L_0/mm	L/mm	α/(°)	r/H
TD0.8	0.80	0.90	0.85	5.0	0.25
TD1.1	1.11	1.20	1.15		
TD1.3	1.31	1.45	1.40		
TD1.6	1.62	1.75	1.70		
TD2.1	2.12	2.30	2.20	4.5	
TD2.6	2.62	2.80	2.70		
TD3.1	3.13	3.35	3.25		0.20
TD3.6	3.63	3.90	3.80		
TD4.1	4.13	4.45	4.30		
TD4.5	4.54	4.85	4.70	4.0	
TD5.0	5.04	5.35	5.20		
TD5.5	5.55	5.00	5.75		
TD6.0	6.05	6.45	6.30		
TD6.8	6.86	7.30	7.10		
TD7.5	7.56	8.05	7.85		0.18
TD8.5	8.56	9.10	8.90		
TD9.0	9.07	9.65	9.45		
TD10.0	10.07	10.65	10.45	3.5	0.16
TD10.5	10.57	11.15	10.95		
TD11.0	11.08	11.70	11.45	3.5	0.16
TD12.0	12.08	12.75	12.50		
轻型弹簧垫圈用梯形钢丝					
TD1.0×0.6	1.01	0.70	0.65	4.0	0.25
TD1.2×0.8	1.21	0.90	0.85		
TD1.5×1.1	1.52	1.20	1.15		
TD2.0×1.3	2.02	1.45	1.35	3.5	
TD2.5×1.6	2.52	1.75	1.63		
TD3.0×2.0	3.02	2.20	2.10		
TD3.5×2.5	3.52	2.75	2.65		0.20
TD4.0×3.0	4.03	3.25	3.15		
TD4.5×3.2	4.53	3.45	3.35	3.0	
TD5.0×3.6	5.03	3.90	3.75		
TD5.5×4.0	5.53	4.30	4.15		
TD6.0×4.5	6.05	4.85	4.70		
TD7.0×5.0	7.10	5.40	5.25		0.18
TD8.0×5.5	8.10	5.95	5.75		
TD9.0×6.0	9.15	6.50	6.30		

⑤ 盘重　见表 4-238。

表 4-238　盘重

钢丝公称尺寸 H/mm	正常盘重/kg	较轻盘重/kg
	≥	
<3.0	10	5
3.0～6.0	20	10
>6.0	25	12

⑥ 力学性能　见表 4-239。

表 4-239　弹簧垫圈用梯形钢丝的力学性能

交货状态	力学性能	
	抗拉强度 R_m/MPa	布氏硬度(HB)
退火	590～785	157～217
轻拉	700～900	205～269

4.25　水、煤气管及软管

4.25.1　水、煤气管

表 4-240　水、煤气管规格及理论质量

公称直径		外径/mm	普通管		加厚管		每 1m 钢管分配的管接头质量(以每 6m 一个管接头计算)/kg
mm	in		壁厚/mm	理论质量/(kg/m)	壁厚/mm	理论质量/(kg/m)	
6	1/4	10.0	2.00	0.39	2.50	0.46	—
8	1/3	13.5	2.25	0.62	2.75	0.73	—
10	3/8	17.0	2.25	0.82	2.75	0.97	—
15	1/2	21.25	2.75	1.25	3.25	1.44	0.01
20	3/4	26.75	2.75	1.63	3.50	2.01	0.02
25	1	33.50	3.25	2.42	4.00	2.91	0.03
32	1¼	42.25	3.25	3.13	4.00	3.77	0.04
40	1½	48.0	3.50	3.84	4.25	4.58	0.06
50	2	60.0	3.50	4.88	4.50	6.16	0.08

续表

公称直径		外径/mm	普通管		加厚管		每1m钢管分配的管接头质量(以每6m一个管接头计算)/kg
mm	in		壁厚/mm	理论质量/(kg/m)	壁厚/mm	理论质量/(kg/m)	
70	2½	75.5	3.75	6.64	4.50	7.88	0.13
80	3	88.5	4.00	8.34	4.75	9.81	0.20
100	4	114	4.00	10.85	5.00	13.44	0.40
125	5	140	4.50	15.04	5.50	18.24	0.60
150	6	165	4.50	17.81	5.5	21.63	0.80

注：1. 镀锌钢管比不镀锌钢管重3%～6%。钢管一般用材料为Q215A、Q235A、Q255A。

2. 除镀锌钢管外，户外也有用三元乙丙橡胶（乙烯、丙烯以及非共轭二烯烃的三元共聚物，EPDM）的。

4.25.2 无缝铜水管和铜气管（GB/T 18033—2017）

无缝铜管具有优良的耐腐蚀性和抗菌性，用于输送一定压力的流体；也常用于制造电气零件、仪器仪表、船舶、汽车等机械设备的配件。

① 管材的牌号、状态、规格 见表4-241。

表4-241 无缝铜水管和铜气管的牌号、状态、规格

<table>
<tr><th rowspan="2">牌号</th><th rowspan="2">代号</th><th rowspan="2">状态</th><th rowspan="2">种类</th><th colspan="3">规格/mm</th></tr>
<tr><th>外径</th><th>壁厚</th><th>长度</th></tr>
<tr><td rowspan="5">TP1
TP2
TU1
TU2
TU3</td><td rowspan="5">C12000
C12200
T10150
T10180
C10200</td><td>拉拔(硬)(H80)
拉拔(H58)</td><td rowspan="3">直管</td><td>6～325</td><td rowspan="5">0.6～8</td><td rowspan="3">≤6000</td></tr>
<tr><td>轻拉(H55)</td><td>6～159</td></tr>
<tr><td>软化退火(O60)
轻退火(O50)</td><td>6～108</td></tr>
<tr><td>软化退火(O60)</td><td>盘管</td><td>≤28</td><td>—</td></tr>
</table>

② 尺寸、理论质量和最大工作压力 见表4-242。

表 4-242　管材的尺寸、理论质量和最大工作压力

公称通径 DN /mm	公称外径 /mm	壁厚/mm			理论质量/(kg/m)			最大工作压力 p/MPa								
								H80			H55 H58			O60 O50		
		A 型	B 型	C 型	A 型	B 型	C 型	A 型	B 型	C 型	A 型	B 型	C 型	A 型	B 型	C 型
4	6	1.0	0.8	0.6	1.140	0.117	0.091	24.00	18.8	13.70	19.23	14.9	10.9	15.8	12.3	8.95
6	8	1.0	0.8	0.6	0.197	0.162	0.125	17.50	13.70	10.00	13.89	10.9	7.98	11.4	8.95	6.57
8	10	1.0	0.8	0.6	0.253	0.207	0.158	13.70	10.70	2.94	10.87	8.55	6.30	8.95	7.04	5.19
10	12	1.2	0.8	0.6	0.364	0.252	0.192	13.67	8.87	6.65	10.87	7.04	5.21	8.96	5.80	4.29
15	15	1.2	1.0	0.7	0.465	0.393	0.281	10.79	8.87	6.11	8.55	7.04	4.85	7.04	5.80	3.99
	18	1.2	1.0	0.8	0.566	0.477	0.386	8.87	7.31	5.81	7.04	5.81	4.61	5.80	4.79	3.80
20	22	1.5	1.2	0.9	0.864	0.701	0.535	9.08	7.19	5.32	7.21	5.70	4.22	6.18	4.70	3.48
25	28	1.5	1.2	0.9	1.116	0.903	0.685	7.05	5.59	4.62	5.60	4.44	3.30	4.61	3.65	2.72
32	35	2.0	1.5	1.2	1.854	1.411	1.140	7.64	5.54	4.44	5.98	4.44	3.52	4.93	3.65	2.90
40	42	2.0	1.5	1.2	2.247	1.706	1.375	6.23	4.63	3.68	4.95	3.68	2.92	4.08	3.03	2.41
50	54	2.5	2.0	1.2	3.616	2.921	1.780	6.06	4.81	2.85	4.81	3.77	2.26	3.96	3.14	1.85
65	67	2.5	2.0	1.5	4.529	3.652	2.759	4.85	3.85	2.87	3.85	3.06	2.27	3.17	3.05	1.88
80	76	2.5	2.0	1.5	5.161	4.157	3.140	4.26	3.38	2.52	3.38	2.69	2.00	2.80	2.68	1.65
	89	2.5	2.0	1.5	6.074	4.887	3.696	3.62	2.88	2.15	2.87	2.29	1.71	2.35	2.28	1.41
100	108	3.5	2.5	1.5	10.274	7.408	4.487	4.19	2.97	1.77	3.33	2.36	1.40	2.74	1.94	1.16
125	133	3.5	2.5	1.5	12.731	9.164	5.54	3.38	2.40	1.43	2.68	1.91	1.14	—	—	—
150	159	4.0	3.5	2.0	17.415	15.287	8.820	3.23	2.82	1.60	—	—	—	—	—	—
200	219	6.0	5.0	4.0	35.898	30.055	24.156	3.53	2.93	2.33	—	—	—	—	—	—
250	267	7.0	5.5	4.5	51.122	40.399	33.180	3.37	2.64	2.15	—	—	—	—	—	—
	273	7.5	5.8	5.0	55.932	43.531	37.640	3.54	2.16	1.53	—	—	—	—	—	—
300	325	8.0	6.5	5.5	71.234	58.151	49.359	3.16	2.56	2.16	—	—	—	—	—	—

注：质量的计算依据是加工铜，ρ=8.94g/cm^3。

③ 力学性能 见表4-243。

表4-243 无缝铜水管和铜气管的力学性能

牌号	状态	公称外径/mm	抗拉强度/MPa ≥	断后伸长率 A/% ≥	维氏硬度(HV5)
TP1 TP2 TU1 TU2 TU3	H80	≤100	315	3	>100
		>100～200	295		
		>200	255		>80
	H58	—	250	—	>75
	H55	≤67	250	30	75～100
		>67～159	250	20	
	O60、O50	≤108	205	40	40～75

注：维氏硬度仅供选择性试验。

④ 耐久性标识 直管在长度方向上，要用规定颜色作标识，并每隔1.0m重复印制。规定的颜色是，铜水管：A型壁厚绿色，B型壁厚蓝色，C型壁厚红色；铜燃气管：黄色。

4.25.3 P3型镀锌金属软管（YB/T 5306—2006）

P3型镀锌金属软管用镀锌低碳钢带卷成，可作为电线电缆保护管。表4-244为软管的尺寸和理论质量。

表4-244 软管的尺寸和理论质量

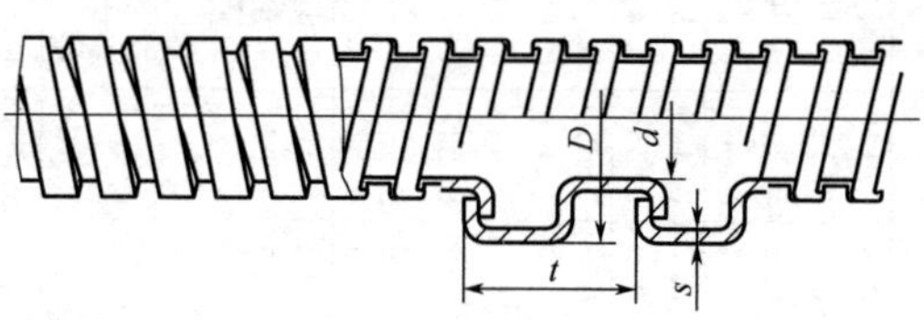

公称内径 d/mm	最小内径 $d_{\rm mim}$/mm	外径 D/mm	节距 t/mm	钢带厚度 s/mm	自然弯曲直径 R/mm	轴向拉力 /N≥	理论质量 /(g/m)
8	7.70	11.00	4.00	0.30	45	480	111.7
10	9.70	13.50	4.70	0.30	55	600	139.0
12	11.65	15.50	4.70	0.30	60	720	162.3
20	19.60	24.30	6.40	0.40	100	120	342.0
25	24.55	30.30	8.70	0.40	115	150	420.2

续表

公称内径 d/mm	最小内径 d_{mim}/mm	外径 D/mm	节距 t/mm	钢带厚度 s/mm	自然弯曲直径 R/mm	轴向拉力 /N≥	理论质量 /(g/m)
38	37.40	45.00	11.40	0.50	160	228	804.3
51	50.00	58.00	11.40	0.50	190	306	1054.6
64	62.50	72.50	14.80	0.60	280	384	1522.5
75	73.00	83.50	14.20	0.60	320	450	1841.2
100	97.00	108.50	14.20	0.60	380	600	2420.4

第5章 专用结构钢

专用结构钢可按用途分为建筑用钢、铁路及车辆用钢、汽车和农机用钢、船舶及海洋工程用钢、桥梁用钢、锅炉和压力容器用钢、动力机械用钢、化工设备用钢、机械用钢、通信家电、电力用钢和轻工用钢等。

5.1 建筑用钢

5.1.1 建筑结构用钢板（GB/T 19879—2023）

建筑结构用钢板是一种高性能热轧钢板，适用于制造建筑结构、大跨度结构及其他结构，厚度为6～200mm。

① 牌号　表示方法是：

Q	□□□	GJ	□	Z□□
表示屈服强度	最小屈服强度数值/MPa	表示高性能建筑结构用钢	质量等级符号（B、C、D、E）	厚度方向性能级别（仅用于厚度方向性能钢板）（Z15、Z25或Z35）

具体牌号见表5-1和表5-2。

② 尺寸、外形、重量　应符合GB/T 709—2006的规定。

③ 化学成分　应符合GB/T 19879—2023表1规定。

④ 力学性能　见表5-1、表5-2。

表5-1　Q235GJ、Q355GJ、Q390GJ、Q420GJ、Q460GJ钢板的拉伸性能

牌号	质量等级	上屈服强度（R_{eH}）/MPa				抗拉强度（R_m）/MPa			屈强比（R_{eH}/R_m）		断后伸长率（A）/%
		钢板公称厚度/mm									
		6～16	＞16～100	＞100～150	＞150～200	≤100	＞100～150	＞150～200	6～150	＞150～200	
Q235GJ	B、C、D、E	≥235	235～345	215～325	—	400～510	380～510	—	≤0.80	—	≥23

续表

牌号	质量等级	上屈服强度(R_{eH})/MPa				抗拉强度(R_m)/MPa			屈强比(R_{eH}/R_m)		断后伸长率(A)/%
		钢板公称厚度/mm									
		6~16	>16~100	>100~150	>150~200	≤100	>100~150	>150~200	6~150	>150~200	
Q355GJ	B、C、D、E	≥355	355~475	335~455	325~445	490~610	470~600	470~600	≤0.83	≤0.83	≥22
Q390GJ		≥390	390~510	370~490	—	510~660	490~640	—	≤0.83	—	≥20
Q420GJ		≥420	420~540	400~520	—	530~680	510~660	—	≤0.85	—	≥20
Q460GJ		≥460	460~590	440~570	—	570~720	550~700	—	≤0.85	—	≥18

表 5-2　Q500GJ、Q550GJ、Q620GJ、Q690GJ 钢板的拉伸性能

牌号	质量等级	拉伸试验				
		上屈服强度(R_{eH})/MPa		抗拉强度(R_m)/MPa	断后伸长率(A)/%≥	屈强比(R_{eH}/R_m)
		厚度/mm				
		12~20	>20~50			
Q500GJ	C D E	≥500	500~640	610~770	17	协商
Q550GJ		≥550	550~690	670~830	17	协商
Q620GJ		≥620	620~770	730~900	17	协商
Q690GJ		≥690	690~860	770~940	14	协商

注：1. 伸长率按有关标准进行换算时，伸长率（A）等于 17%与定标距是 50mm 的伸长率（A_{50}）等于 20%相当。

2. 屈服现象不明显时取 $R_{p0.2}$。

⑤ 夏比冲击试验　见表 5-3。

表 5-3　夏比冲击试验温度和冲击吸收能量

牌号	质量等级	夏比(V形缺口)冲击试验		
		试验温度/℃	试样方向	冲击吸收能量/J
Q235GJ、Q355GJ、Q390GJ、Q420GJ、Q460GJ	B	20	纵向	≥47
	C	0		
	D	−20		
	E	−40		

续表

牌号	质量等级	夏比(V形缺口)冲击试验		
		试验温度/℃	试样方向	冲击吸收能量/J
Q500GJ、Q550GJ、Q620GJ、Q690GJ	C	0	纵向	≥55
	D	−20		≥47
	E	−40		≥47

5.1.2 高层建筑结构用钢板（YB 4104—2000）

用于建造高层建筑结构和其他重要建筑结构，厚度为 6～100mm。

① 牌号　表示方法同 5.1.1 节“建筑结构用钢板”。

② 尺寸　应符合 GB/T 709 的规定。

③ 交货状态　热轧、正火或温度-形变控制轧制（TMCP）。

④ 力学性能　见表 5-4。

表 5-4　高层建筑结构用钢板的拉伸、冲击、弯曲性能

牌号	质量等级	上屈服强度 R_{eL}/MPa 钢板厚度/mm				抗拉强度 R_m/MPa	伸长率 A/% ≥	冲击吸收功（纵向）		180°弯曲试验 钢板厚度/mm		屈强比 ≤
		6～16	>16～35	>35～50	>50～100			温度/℃	/J ≥	≤16	>16～100	
Q235GJ	C	≥235	235～345	225～335	215～325	400～510	23	0	34	压头直径 $d=2a$	压头直径 $d=3a$	0.80
	D							−20				
	E							−40				
Q345GJ	C	≥345	345～455	335～445	325～435	490～610	22	0				
	D							−20				
	E							−40				
Q235GJZ	C	—	235～345	225～335	215～325	400～510	23	0				
	D							−20				
	E							−40				
Q345GJZ	C	—	345～455	335～445	325～435	490～610	22	0				
	D							−20				
	E							−40				

注：a—钢板厚度，mm。

5.1.3 建筑用压型钢板（GB/T 12755—2008）

用于屋面、墙面与楼盖等部位的各类型板（图 5-1）。原板应采用冷轧、热轧板或钢带。

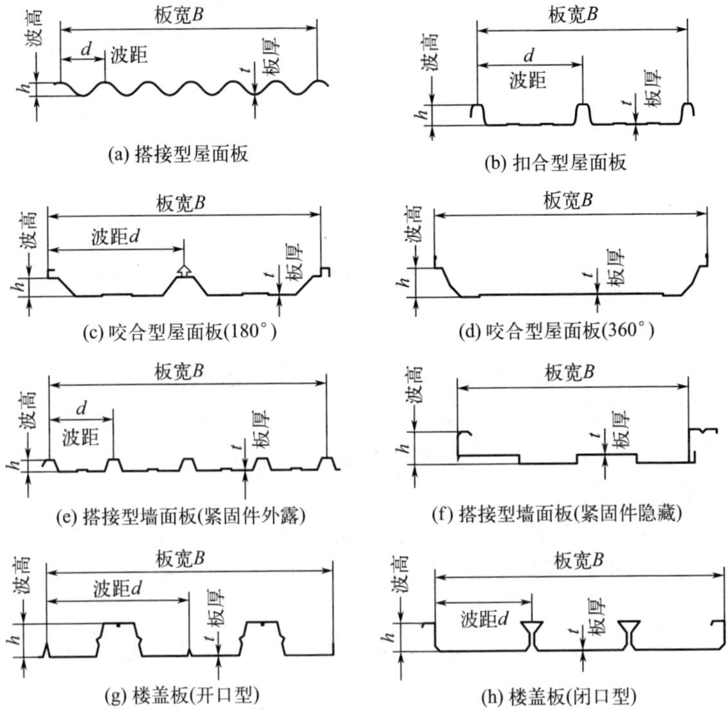

图 5-1　建筑用压型钢板

① 尺寸及外形　应符合 GB/T 708 或 GB/T 709 的压型钢板，板型的展开宽度（基板宽度）宜符合 600mm、1000mm 或 1200mm 系列（基本尺寸的常用宽度宜为 1000mm）。

② 牌号标记方法

Y　□　□-□

- Y：压型代号
- □：用途代号（W—屋面板；Q—墙面板；L—楼盖板）
- □-□：板型特征代号（波高尺寸(mm)-覆盖宽度(mm)）

③ 力学性能 见表5-5。

表5-5 建筑用压型钢板的力学性能

牌号	下屈服强度 R_{eL}/MPa	抗拉强度 R_m /MPa	断后伸长率 $A(L_0=80mm,b=20mm)/\%$	
			公称厚度≤0.70mm	公称厚度＞0.70mm
Y250	250	330	17	19
Y280	280	360	16	18
Y320	320	390	15	17
Y350	350	420	14	16
Y550	550	560	—	—

注：1. 拉伸试验试样的方向为纵向（沿压制方向）。
2. 屈服现象不明显时采用 $R_{p0.2}$。

5.1.4 冷弯波形钢板（YB/T 5327—2006）

冷弯波形钢板在连续辊式冷弯成型机组上生产，用于生产冷弯槽钢、角钢、Z型钢、冷弯波形钢板、方管、矩形管、电焊异形钢管、卷帘门等。

① 分类 按截面形状分为A和B两类；按截面边缘形状分为K、L、N和R四类（图5-2）。通常长度为4～12m。

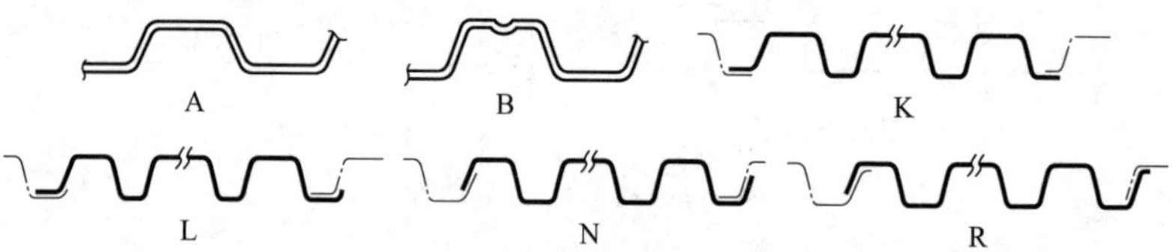

图5-2 波形钢板的截面形状和边缘形状

② 材料牌号及化学成分 采用原料钢带的牌号和化学成分，应符合GB700—2006《碳素结构钢》、GB4171—2008《高耐候性结构钢》及GB2518—2008《连续热镀锌钢板和钢带》的规定。镀锌波形钢板主要采用JG镀锌钢带。

③ 型号 前两个字母分别表示其截面形状代号和截面边缘形状代号，第三个字母表示截面形状及截面边缘形状相同，而其他各部尺寸不同的产品。

④ 截面尺寸及质量 见表5-6。

表 5-6　波形钢板截面尺寸及理论质量（内弯曲半径 $r=t$）

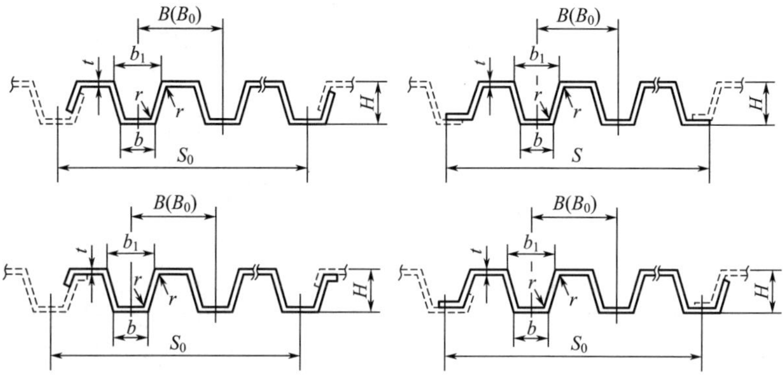

代号	尺寸/mm							断面积/cm²	理论质量/(kg/m)
	高度 H	宽度 B	宽度 B_0	槽距 S	槽底尺寸 b	槽口尺寸 b_1	厚度 t		
AKA15	12	370	—	110	36	50	1.5	6.00	4.71
AKB12	14	488		120	50	70	1.2	6.30	4.95
AKC12	15	378					1.2	5.02	3.94
AKD12	15	488		100	41.9	58.1	1.2	6.58	5.17
AKD15	15						1.5	8.20	6.44
AKE05	25	830	—	90	40	50	0.5	5.87	4.61
AKE08							0.8	9.32	7.32
AKE10							1.0	11.57	8.08
AKE12							1.2	13.79	10.83
AKF05	25	650	—	90	40	50	0.5	4.58	3.60
AKF08							0.8	7.29	5.72
AKF10							1.0	9.05	7.10
AKF12							1.2	10.78	8.46
AKG10	30	690	—	96	38	58	1.0	9.60	7.54
AKG16							1.6	15.04	11.81
AKG20							2.0	18.60	14.60
ALA08	50	—	800	200	60	74	0.8	9.28	7.28
ALA10							1.0	11.56	9.07
ALA12							1.2	13.82	10.85
ALA18							1.6	18.30	14.37

续表

代号	尺寸/mm 高度 H	宽度 B	宽度 B_0	槽距 S	槽底尺寸 b	槽口尺寸 b_1	厚度 t	断面积 /cm²	理论质量 /(kg/m)
ALB12	50	—	614	204.7	38.6	58.6	1.2	10.46	8.21
ALB16							1.6	13.85	10.88
ALC08				205	40	60	0.8	7.04	5.53
ALC10							1.0	8.76	6.88
ALC12							1.2	10.47	8.22
ALC16							1.6	13.87	10.89
ALD08	50	—	614	205	50	70	0.8	7.04	5.53
ALD10							1.0	8.76	6.88
ALD12							1.2	10.47	8.22
ALD16							1.6	13.87	10.89
ALE08	50	—	614	205	92.5	112.5	0.8	7.04	5.53
ALE10							1.0	8.76	6.88
ALE12							1.2	10.47	8.22
ALE16							1.6	13.87	10.89
ALF12				204.7	90	110	1.2	10.46	8.21
ALF16							1.6	13.86	10.88
ALG08	60	—	600	200	80	100	0.8	7.49	5.88
ALG10							1.0	9.33	7.32
ALG12							1.2	11.17	8.77
ALG16							1.6	14.79	11.61
ALH08	75	—	600	200	58	65	0.8	8.42	6.61
ALH10							1.0	10.49	8.23
ALH12							1.2	12.55	9.115
ALH16							1.6	16.62	13.05
ALI08	75	—	600	200	58	73	0.8	8.38	6.58
ALI10							1.0	10.45	8.20
ALI12							1.2	12.52	9.83
ALI16							1.6	16.60	13.03
ALJ08	75	—	600	200	58	80	0.8	8.13	6.38
ALJ10							1.0	10.12	7.94
ALJ12							1.2	12.11	9.51
ALJ16							1.6	16.05	12.60
ALJ23							2.3	22.81	17.91

续表

代号	尺寸/mm							断面积/cm^2	理论质量/(kg/m)
	高度 H	宽度		槽距 S	槽底尺寸 b	槽口尺寸 b_1	厚度 t		
		B	B_0						
ALK08	75	—	600	200	58	88	0.8	8.06	6.33
ALK10							1.0	10.02	7.87
ALK12							1.2	11.95	9.38
ALK16							1.6	15.84	12.43
ALK23							2.3	22.53	17.69
ALL08	75	—	690	230	88	95	0.8	9.18	7.21
ALL10							1.0	10.44	8.20
ALL12							1.2	13.69	10.75
ALL16							1.6	18.14	14.24
ALM08	75	—	690	230	88	110	0.8	8.93	7.01
ALM10							1.0	11.12	8.73
ALM12							1.2	13.31	10.45
ALM16							1.6	17.65	13.86
ALM23							2.3	25.09	19.70
ALN08	75	—	690	230	88	118	0.8	8.74	6.86
ALN10							1.0	10.89	8.55
ALN12							1.2	13.03	10.23
ALN16							1.6	17.28	13.56
ALN23							2.3	24.60	19.31
ALO10	80	—	600	200	40	72	1.0	10.18	7.99
ALO12							1.2	12.19	9.57
ALO16							1.6	18.15	12.68
ANA05	25	—	360	90	40	50	0.5	2.64	2.07
ANA08							0.8	4.21	3.30
ANA10							1.0	5.23	4.11
ANA12							1.2	6.26	4.91
ANA16							1.6	8.29	6.51
ANB08	40	—	600	150	15	18	0.8	7.22	5.67
ANB10							1.0	8.99	7.06
ANB12							1.2	10.70	8.40
ANB16							1.6	14.17	11.12
ANB23							2.3	20.03	15.72

续表

代号	尺寸/mm							断面积/cm^2	理论质量/(kg/m)
	高度 H	宽度		槽距 S	槽底尺寸 b	槽口尺寸 b_1	厚度 t		
		B	B_0						
ARA08	50	—	614	205	40	60	0.8	7.04	5.53
ARA10							1.0	8.76	6.88
ARA12							1.2	10.47	8.22
ARA16							1.6	13.87	10.89
BLA05	50	—	614	204.7	50	70	0.5	4.69	3.68
BLA08							0.8	7.46	5.86
BLA10							1.0	9.29	7.29
BLA12							1.2	11.10	8.71
BLA15							1.5	13.78	10.82
BLB05	75	—	690	230	88	103	0.5	5.73	4.50
BLB08							0.8	9.13	7.17
BLB10							1.0	11.37	8.93
BLB12							1.2	13.61	10.68
BLB16							1.6	18.04	14.16
BLC05	75	—	600	200	58	88	0.5	5.05	3.96
BLC08							0.8	8.04	6.31
BLC10							1.0	10.02	7.87
BLC12							1.2	11.99	9.41
BLC16							1.6	15.88	12.47
BLC23							2.3	22.60	17.74
BLD05	75	—	690	230	88	118	0.5	5.50	4.32
BLD08							0.8	8.76	5.88
BLD10							1.0	10.92	8.57
BLD12							1.2	13.07	10.26
BLD16							1.6	17.33	13.60
BLD23							2.3	24.67	19.37

5.1.5 热轧花纹钢板和钢带（YB/T 4159—2007）

用于工厂要求防滑的场合，如某些踏板等。

① 牌号和化学成分　应符合 GB/T 700、GB/T 712、GB/T 4171 的规定。

② 分类　按边缘状态分为切边（EC）和不切边（EM）；按花

纹形状分为菱形（LX）、扁豆形（BD）、圆豆形（YD）和组合形（ZH）。

菱形花纹　扁豆形花纹　圆豆形花纹　组合形花纹

图 5-3　花纹种类

③ 交货状态　热轧，通常不切边。

④ 尺寸和理论质量　见表 5-7、表 5-8。

表 5-7　钢板和钢带的尺寸　　mm

基本厚度	宽度	长度	
2.0～10.0	600～1500	钢板	2000～12000
		钢带	未规定

表 5-8　热轧花纹钢板的理论质量

基本厚度/mm	理论质量/(kg/m)				基本厚度/mm	理论质量/(kg/m)			
	菱形	圆豆形	扁豆形	组合形		菱形	圆豆形	扁豆形	组合形
2.0	17.7	16.1	16.8	16.5	5.0	42.2	39.8	40.1	40.3
2.5	21.6	20.4	20.7	20.4	5.5	46.6	43.8	44.9	44.4
3.0	25.9	24.0	24.8	24.5	6.0	50.5	47.7	48.8	48.4
3.5	29.9	27.9	28.8	28.4	7.0	58.4	55.6	56.7	56.2
4.0	34.4	31.9	32.8	32.4	8.0	67.1	63.6	64.9	64.4
4.5	38.3	35.9	36.7	36.4	10.0	83.2	79.3	80.8	80.27

⑤ 力学性能　需方要求时可进行拉伸、弯曲试验，其性能指标应符合 GB/T 700、GB712、GB/T 4171 的规定或按双方协议。

5.1.6　粉末彩色涂层钢板及钢带（T/SSEA 0084—2020）

用于建筑内、外装饰。家电、交通运输及其他行业可参考使用。

① 标记　粉末彩涂板的牌号由粉末彩涂代号“FT”（“粉、涂”汉语拼音首字母）加基板牌号组成。例如基板牌号为 DX51D+Z 的

粉末彩涂板，其牌号为 FTDX51D+Z。

② 分类　见表 5-9。

表 5-9　粉末彩色涂层钢板分类及代号

分类	项目	代号	分类	项目	代号
用途	建筑外用	JW	涂层表面状态	普通涂层板	TC
	建筑内用	JN		磨砂板	S
	家电	JD		皱纹板	W
	其他	QT		珠光板	ZH
基板类型	冷轧基板	C	涂层功能	普通	—
	热镀锌基板	Z		自洁	AP
	热镀锌铁合金基板	ZF		抗静电	AS
	热镀锌合金基板	AZ		抗菌	AB
	热镀锌铝合金基板	ZA		隔热	AH
	热镀铝硅合金基板	AS	热镀锌基板表面结构	小锌花	MS
	热镀锌铝镁合金基板	ZM		无锌花	FS
	电镀件基板	ZE	耐中性盐雾性能	1 级(600h)	S1
涂层结构	正面 2 层、反面 1 层	2/1		2 级(960h)	S2
	正面 1 层、反面 1 层	1/1		3 级(1440h)	S3
	正面 1 层、反面 0 层①	1/0		4 级(1920h)	S4
粉末种类	聚酯	PE	紫外灯加速老化性能	1 级	U1
	耐久性聚酯	SPE		2 级	U2
	高耐久性聚酯	HDP		3 级	U3
	聚偏二氟乙烯	PVDF		4 级	U4

① 基板为非冷轧板。

③ 弯曲性能　见表 5-10。

表 5-10　彩涂板的弯曲性能

级别	T 弯值≤	级别	T 弯值≤	级别	T 弯值≤
A	2T	B	1T	C	0T

④ 尺寸范围　见表 5-11。

表 5-11　彩涂板的尺寸范围　　mm

项目	公称尺寸	项目	公称尺寸
公称厚度	0.20～2.0	钢板公称长度	1000～6000
公称宽度	600～1600	钢卷内径	450、508 或 610

注：彩涂板的厚度为基板（不含涂层）的厚度。

⑤ 环境性能　见表5-12、表5-13。

表5-12　钢板及钢带耐酸碱性能　h

耐酸碱级别	耐5%浓盐酸时间　≥	耐5%氢氧化钠时间　≥	耐30%浓盐酸时间　≥	耐30%氢氧化钠时间　≥
1级	72	48	12	12
2级	96	96	24	24
3级	168	168	48	48
4级	360	240	168	96

表5-13　紫外灯加速老化性能　h

紫外灯加速老化性能级别	不同光源下试验时间≥		变色≤	失光≤
	UVA-340	UVB-313		
1级	720	480	4级	—
2级	960	600	4级	—
3级	1200	720	3级	3级
4级	2200	1200	2级	2级

5.1.7　连续热镀铝硅合金钢板和钢带（YB/T 167—2000）

用于民用和工业用建筑的屋顶、外墙、车库门等。

① 尺寸　公称厚度为0.4～3.0mm，公称宽度为600～1500mm。

② 标记方法

AS　□　S　02　□　□×□　YB/T 167—2000

AS——“铝”“硅”英文首字母

□——镀层质量，g/m²（表5-14）

S——光整代号

02——冲压级代号

□——表面状态（表5-14）

□×□——规格/mm　带：厚×宽，板：厚×宽×长

YB/T 167—2000——标准号

表5-14　产品的分类与代号

分类方法	类别	代号	分类方法	类别	代号
按加工性能	普通级	01	按加工性能	深冲级	03
	冲压级	02		超深冲级	04

续表

分类方法	类别	代号	分类方法	类别	代号
按表面处理	铬酸钝化 涂油 铬酸钝化加涂油	L Y LY	按镀层质量/(g/m^2)	120 100 80 60 40	120 100 080 060 040
按表面状态	光整	S			
按镀层质量/(g/m^2)	200 150	200 150			

③ 公称尺寸 见表5-15。

表5-15 钢板和钢带的公称尺寸 mm

名称	公称尺寸	名称	公称尺寸
厚度	0.4～3.0	钢板长度	1000～6000
宽度	600～1500	钢带内卷	508～610

④ 力学性能和工艺性能 见表5-16。

表5-16 钢板和钢带的力学性能和工艺性能

基体金属品级		抗拉强度 R_m /MPa	断后伸长率 A (L_0=50mm)/%	180°弯曲压头直径 a—试样厚度
代号	名称			
01	普通级	—	—	a
02	冲压级	≤430	≥30	—
03	深冲级	≤410	≥34	
04	超深冲级	≤410	≥40	

注：02、03及04级的最小抗拉强度一般为260MPa。所有抗拉强度值均应精确至10MPa。对于厚度小于或等于0.6mm的钢材，表中规定的伸长率应减2%。

⑤ 弯曲试件 热镀之后（进一步加工之前）采取的弯曲试件，应能经受任一方向的180°弯曲，在弯曲的外侧没有镀层剥落，距试样侧边7mm内不出现镀层剥落。表5-17为弯曲试验时的压头直径。

表5-17 弯曲试验时的压头直径

镀层代号	180°压头直径 D(a—试样厚度,试样宽度≥50mm)			
	<1.25mm		≥1.25mm	
	普通级	冲压级	普通级	冲压级
040	a	a	$2a$	$2a$
060	a	a	$2a$	$2a$

续表

镀层代号	180°压头直径 D(a—试样厚度,试样宽度≥50mm)			
	<1.25mm		≥1.25mm	
	普通级	冲压级	普通级	冲压级
080	a	a	$2a$	$2a$
100	a	a	$2a$	$2a$
120	a	a	$2a$	$2a$
150	$2a$	$2a$	$3a$	$3a$
200	$3a$	—	$3a$	—

5.1.8　连续热浸镀层钢板和钢带（GB/T 25052—2017）

包括公称厚度不大于6.5mm的连续热浸镀层宽钢带、纵切钢带和剪切钢板。

① 分类　见表5-18。

表5-18　产品的种类和代号

产品形态	分类及代号								
	边缘状态	厚度精度		宽度精度		长度精度		不平度精度	
宽钢带	不切边EM	PT.A	PT.B	—	—	—	—	—	—
	切边EC	PT.A	PT.B	PW.A	PW.B	—	—	—	—
钢板	不切边EM	PT.A	PT.B	—	—	PL.A	PL.B	PF.A	PF.B
	切边EC	PT.A	PT.B	PW.A	PW.B	PL.A	PL.B	PF.A	PF.B
纵切钢带	切边EC	PT.A	PT.B	PW.A	PW.B	—	—	—	—

② 尺寸

a. 公称厚度：不大于6.5mm，厚度小于1mm者推荐按0.05mm倍数进阶，不小于1mm者按0.1mm倍数进阶。

b. 公称宽度：不大于2030mm，推荐按10mm倍数进阶。

c. 公称长度：1000～10000mm，推荐按50mm倍数进阶。

5.1.9　预应力混凝土用钢棒（GB/T 5223.3—2017）

用于制作预应力混凝土构件。

① 分类　按表面形状分为光圆钢棒（P）、螺旋槽钢棒（HG）、螺旋肋钢棒（HR）、带肋钢棒（R）、应力低松弛钢棒（L）。

② 原材料　制造钢棒用原材料为低合金钢热轧圆盘条，其尺寸、外形及允许偏差应符合GB/T 14981—2009中B级精度规定。

③ 牌号和化学成分　应符合 GB/T 24587 的规定。

④ 钢棒用盘条的尺寸、外形　应符合 GB/T 14981—2009 中 B 级精度规定，表面质量应符合 GB/T 24587 的规定。

⑤ 标记方法

PCB	□-	□-	□-	□	GB/T 5223.3—2017
预应力钢棒	公称直径/mm	公称抗拉强度/MPa	延性级别 35 或 25	松弛级 L—低松弛	标准号

⑥ 尺寸　见表 5-19～表 5-23。

表 5-19　光圆钢棒的尺寸和理论质量

公称直径/mm	公称截面积/mm^2	理论质量/(g/m)	公称直径/mm	公称截面积/mm^2	理论质量/(g/m)
6	18.3	222	12	113	887
7	38.5	302	13	133	1014
8	50.3	395	14	154	1209
9	63.6	499	15	177	1389
10	78.5	616	16	201	1578
11	95.0	746			

表 5-20　螺旋槽钢棒的尺寸和理论质量

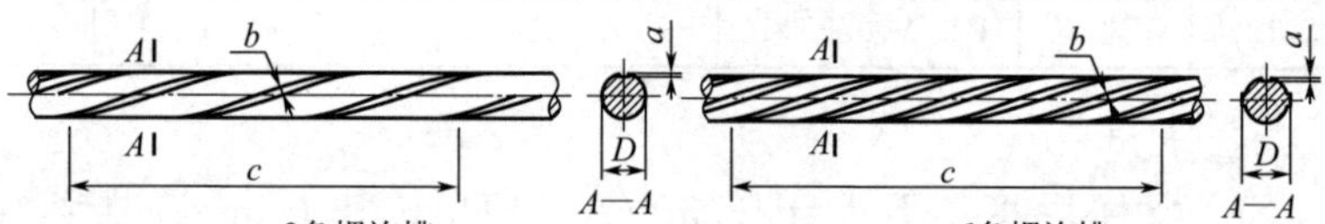

3条螺旋槽　　6条螺旋槽

公称直径/mm	公称横截面积/mm^2	理论质量/(g/m)	质量/(g/m)		螺旋槽数量/条	外轮廓直径 D	螺旋槽尺寸		导程 c
			最大	最小			深度 a	宽度 b	
7.1	40	314	327	306	3	7.25	0.20	1.70	公称直径的10倍
9.0	64	502	522	490	6	9.25	0.30	1.50	
10.7	90	707	735	689		11.10	0.30	2.00	
12.6	125	981	1021	957		13.10	0.45	2.20	
14.0	154	1209	1257	1179		14.30	0.45	2.30	

表 5-21　螺旋筋钢棒的尺寸和理论质量

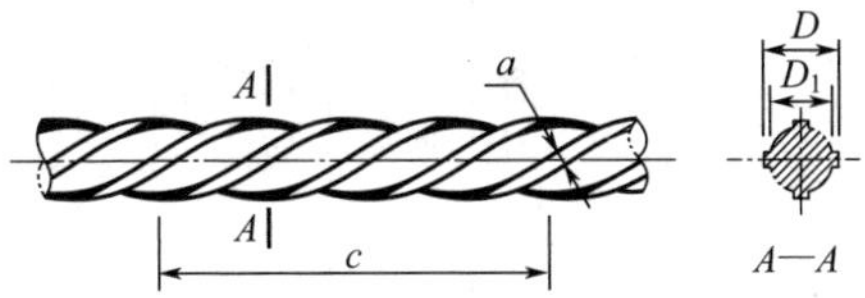

公称直径/mm	公称横截面积/mm^2	理论质量/(g/m)	质量/(g/m)		螺旋肋数量/条	基圆直径 D_1/mm	外轮廓直径 D/mm	单肋宽度 a/mm	螺旋肋导程 c/mm
			最大	最小					
6	28.3	222	231	217		5.80	6.30	2.20～2.60	40～50
7	38.5	302	314	295		6.73	7.46	2.60～3.00	50～60
8	50.3	395	411	385		7.75	8.45	3.00～3.40	60～70
9	63.6	499	519	487		8.75	9.45	3.40～3.80	65～75
10	78.5	616	641	601		9.75	10.45	3.60～4.20	70～85
11	95.0	746	776	727		10.75	11.45	4.00～4.60	75～90
12	113	887	923	865	4	11.70	12.50	4.20～5.00	85～100
13	133	1044	1086	1018		12.75	13.45	4.60～5.40	95～110
14	154	1209	1257	1179		13.75	14.40	5.00～5.80	100～115
16	201	1578	1641	1538		15.75	16.70	3.50～4.50	65～75
18	254	1994	2074	1944		17.68	18.68	4.00～5.00	80～90
20	314	2465	2563	2403		19.62	20.82	4.50～5.50	90～100
22	380	2983	3102	2908		21.60	23.20	5.50～6.50	100～110

注：16～22mm 预应力螺旋肋钢棒主要用于矿山支护用钢棒。

表 5-22　有纵筋带肋钢棒的尺寸和理论质量

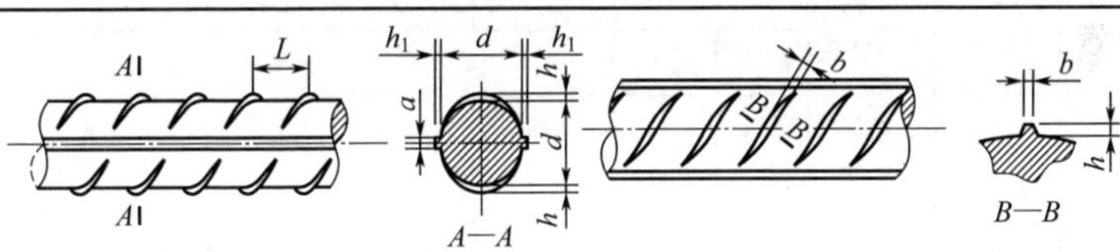

公称直径/mm	公称横截面积/mm^2	理论质量/(g/m)	质量/(g/m)		公称内径 d	公称横肋高 h	公称纵肋高 h_1	横肋宽 b	纵肋宽 a	公称间距 L	横肋末端最大间隙（公称周长的10%弦长）
			最大	最小	mm						
6	28.3	222	231	217	5.8	0.5	0.6	0.4	1.0	4.0	1.8
8	50.3	395	411	385	7.7	0.7	0.8	0.6	1.2	5.5	2.5

续表

公称直径/mm	公称横截面积/mm²	理论质量/(g/m)	质量/(g/m)		公称内径 d	公称横肋高 h	公称纵肋高 h_1	横肋宽 b	纵肋宽 a	公称间距 L	横肋末端最大间隙（公称周长的10%弦长）
			最大	最小	mm						
10	78.5	616	641	601	9.6	1.0	1.0	1.0	1.5	7.0	3.1
12	113	887	923	865	11.5	1.2	1.2	1.2	1.5	8.0	3.7
14	154	1209	1257	1179	13.4	1.4	1.4	1.2	1.8	9.0	4.3
16	201	1578	1641	1538	15.4	1.5	1.5	1.2	1.8	10.0	5.0

注：1. 纵肋斜角为0°～30°。

2. 尺寸 a、b 为参考数据。

表5-23 无纵筋带肋钢棒的尺寸和理论质量

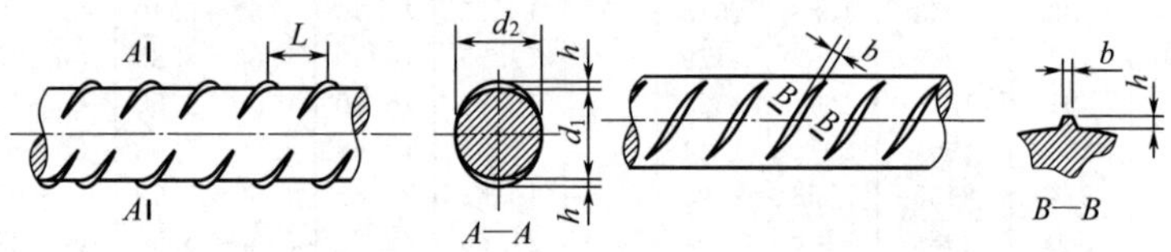

公称直径/mm	公称横截面积/mm²	理论质量/(g/m)	质量/(g/m)		垂直内径 d_1	水平内径 d_2	横肋高 h	横肋宽 b	间距 L
			最大	最小	mm				
6	28.3	222	231	217	5.7	6.2	0.5	0.4	4.0
8	50.3	395	411	385	7.5	8.3	0.7	0.6	5.5
10	78.5	616	641	601	9.4	10.3	1.0	1.0	7.0
12	113	887	923	865	11.3	12.3	1.2	1.2	8.0
14	154	1209	1257	1179	13.0	14.3	1.4	1.2	9.0
16	201	1578	1641	1538	15.0	16.3	1.5	1.2	10.0

注：尺寸 b 为参考数据。

⑦ 力学性能和工艺性能　见表5-24、表5-25。

表 5-24　预应力混凝土用钢棒的力学性能和工艺性能

<table>
<tr><th rowspan="2">表面形状类型</th><th rowspan="2">公称直径/mm</th><th rowspan="2">抗拉强度 R_m/MPa ≥</th><th rowspan="2">规定塑性延伸强度 $R_{p0.2}$/MPa ≥</th><th colspan="2">弯曲性能</th><th colspan="2">应力松弛性能</th></tr>
<tr><th>性能要求</th><th>弯曲半径/mm</th><th>初始应力为公称抗拉强度的百分数/%</th><th>1000h 应力松弛率 r/% ≥</th></tr>
<tr><td rowspan="2">光圆</td><td>6
7
8
9
10</td><td rowspan="2">1080
1230
1420
1570</td><td rowspan="2">930
1080
1280
1420</td><td>反复弯曲不小于 4 次</td><td>15
20
20
25
25</td><td rowspan="2">60
70
80</td><td rowspan="2">1.0
2.0
4.5</td></tr>
<tr><td>11　12
13　14
15　16</td><td>弯曲 160°～180°后弯曲处无裂纹</td><td>弯曲压头直径为钢棒公称直径的 10 倍</td></tr>
<tr><td>螺旋槽</td><td>7.1
9.0
10.7
12.6
14.0</td><td>1080
1230
1420
1570</td><td>930
1080
1280
1420</td><td colspan="2">—</td><td rowspan="5">60
70
80</td><td rowspan="5">1.0
2.0
4.5</td></tr>
<tr><td rowspan="3">螺旋肋</td><td>6
7
8
9
10</td><td rowspan="2">1080
1230
1420
1570</td><td rowspan="2">930
1080
1280
1420</td><td>反复弯曲不小于 4 次/180°</td><td>15
20
20
25
25</td></tr>
<tr><td>11　12
13　14</td><td rowspan="2">弯曲 160°～180°后弯曲处无裂纹</td><td rowspan="2">弯曲压头直径为钢棒公称直径的 10 倍</td></tr>
<tr><td>16　18
20　22</td><td>1080
1270</td><td>930
1140</td></tr>
<tr><td>带肋钢棒</td><td>6　8
10　12
14　16</td><td>1080
1230
1420
1570</td><td>930
1080
1280
1420</td><td colspan="2">—</td></tr>
</table>

表 5-25　钢棒的伸长特性

延长级别	最大力总伸长率 A_{gt} (L_0=200mm)/%	断后伸长率 $A(L_0=8d_a)$/%	延长级别	最大力总伸长率 A_{gt} (L_0=200mm)/%	断后伸长率 $A(L_0=8d_a)$/%
延性 35	≥3.5	≥7.0	延性 25	≥2.5	≥5.0

注：L_0 为试样全长；d_a 为试样直径。

5.1.10 建筑结构用冷弯矩形钢管（JG/T 178—2005）

Ⅰ级钢管适用于建筑、桥梁等结构中的主要构件及承受较大动力荷载的场合，Ⅱ级钢管适用于建筑结构中一般承载能力的场合。

① 分类

a. 按产品截面形状分为：冷弯正方形钢管、冷弯长方形钢管。

b. 按产品屈服强度等级分为：235、345、390。见表5-26。

c. 按产品性能和质量要求等级分为：较高级（Ⅰ级）—在提供原料的化学性能和产品的力学性能前提下，还必须保证原料的碳当量（产品的低温冲击性能、疲劳性能及焊缝无损检测可作为协议条款）；普通级（Ⅱ级）—仅提供原料的化学性能和力学性能。

d. 按产品成型方式分为：直接成方（Z，方变方），先圆后方（X，圆变方）。

② 牌号标记方法

Q□□□	□×□×□	I/Z	JG/T 178—2005
原料钢种牌号	长×宽×壁厚	产品等级/成型方式	产品标准号

表5-26 屈服强度等级与国内常用原料钢种标准牌号的对应关系

产品屈服强度等级	对应国内原料牌号
235	Q235B、Q235C、Q235D、Q235qC、Q235qD
345	Q345A、Q345B、Q345C、Q345D、Q345qC、Q345qD、StE355、B480GNQR
390	Q390A、Q390B、Q390C

③ 力学性能 见表5-27、表5-28。

表5-27 建筑结构用冷弯矩形钢管的力学性能

产品屈服强度等级	壁厚/mm	规定非比例延伸强度 $R_{p0.2}$/MPa	抗拉强度 R_m/MPa≥	断后伸长率 Z/%≥	冲击吸收能量/J≥
235	4～12 ＞12～22	235	375	23	— 27
345	4～12 ＞12～22	345	470	21	— 27
390	4～12 ＞12～22	390	490	19	— 27

表 5-28　较高级建筑结构用冷弯矩形钢管的屈强比

产品屈服强度等级	外周长/mm	壁厚/mm	屈强比/%	
			直接成方	先圆后方
235 345	≥800	12～22	80	90
390			85	

注：当外周长小于800mm时，屈强比可由供需双方协商确定。

④ 外形尺寸和理论质量　见表5-29、表5-30。

表 5-29　冷弯正方形钢管外形尺寸和理论质量

边长/mm	壁厚/mm	截面面积/cm^2	理论质量/(kg/m)	边长/mm	壁厚/mm	截面面积/cm^2	理论质量/(kg/m)
100	4.0	11.9	11.7	135	10	46.6	36.6
	5.0	18.4	14.4		12	52.8	41.5
	6.0	21.6	17.0		13	56.2	44.1
	8.0	27.2	21.4	140	4.0	21.3	16.7
	10	32.6	25.5		5.0	26.4	20.7
110	4.0	16.5	13.0		6.0	31.2	24.5
	5.0	20.4	16.0		8.0	40.6	31.8
	6.0	24.0	18.8		10	48.6	38.1
	8.0	30.4	23.9		12	55.3	43.4
	10	36.5	28.7		13	58.8	46.1
120	4.0	18.1	14.2	150	4.0	22.9	18.0
	5.0	22.4	17.5		5.0	28.4	22.3
	6.0	26.4	20.7		6.0	33.6	26.4
	8.0	34.2	26.8		8.0	43.2	33.9
	10	40.6	31.8		10	52.6	41.3
130	4.0	19.8	15.5		12	60.1	47.1
	5.0	24.4	19.1		14	67.7	53.2
	6.0	28.8	22.6	160	4.0	24.5	19.3
	8.0	36.8	28.9		5.0	30.4	23.8
	10	44.6	35.0		6.0	36.0	28.3
	12	50.4	39.6		8.0	47.0	36.9
135	4.0	20.5	16.1		10	56.6	44.4
	5.0	25.3	19.9		12	64.8	50.9
	6.0	30.0	23.6		14	73.3	57.6
	8.0	38.4	30.2	170	4.0	26.1	20.5

续表

边长/mm	壁厚/mm	截面面积/cm^2	理论质量/(kg/m)
170	5.0	32.3	25.4
	6.0	38.4	30.1
	8.0	49.6	38.9
	10	60.5	47.5
	12	69.6	54.6
	14	78.9	62.0
180	4.0	27.7	21.8
	5.0	34.4	27.0
	6.0	40.8	32.1
	8.0	52.8	41.5
	10	64.6	50.7
	12	74.5	58.4
	14	84.5	66.4
190	4.0	29.3	23.0
	5.0	36.4	28.5
	6.0	43.2	33.9
	8.0	56.0	44.0
	10	68.6	53.8
	12	79.3	62.2
	14	90.2	70.8
200	4.0	30.9	24.3
	5.0	38.4	30.1
	6.0	45.6	35.8
	8.0	59.2	46.5
	10	72.6	57.0
	12	84.1	66.0
	14	95.7	75.2
	16	107	83.8
220	5.0	42.4	33.2
	6.0	50.4	39.6
	8.0	65.6	51.5
	10	80.6	63.2
	12	93.7	73.5
	14	107	83.9
	16	119	93.9
250	5.0	48.4	38.0
	6.0	57.6	45.2
	8.0	75.2	59.1
	10	92.6	72.7
	12	108	84.8
	14	124	97.1
	16	139	109
280	5.0	54.4	42.7
	6.0	64.8	50.9
	8.0	84.8	66.6
	10	104	82.1
	12	122	96.1
	14	140	110
	16	158	124
300	6.0	69.6	54.7
	8.0	91.2	71.6
	10	113	88.4
	12	132	104
	14	153	119
	16	172	135
	19	198	156
320	6.0	74.4	58.4
	8.0	97	76.6
	10	120	94.6
	12	141	111
	14	163	128
	16	183	144
	19	213	167
350	6.0	81.6	64.1
	7.0	94.4	74.1
	8.0	108	84.2
	10	133	104
	12	156	124
	14	180	141
	16	203	159
	19	236	185

续表

边长/mm	壁厚/mm	截面面积/cm^2	理论质量/(kg/m)	边长/mm	壁厚/mm	截面面积/cm^2	理论质量/(kg/m)
380	8.0	117	91.7	450	14	236	185
	10	144	113		16	267	209
	12	170	134		19	312	245
	14	197	154		22	355	279
	16	222	174	480	9.0	166	130
	19	259	203		10	184	144
	22	294	231		12	218	171
400	8.0	123	96.5		14	252	198
	9.0	138	108		16	285	224
	10	153	120		19	334	262
	12	180	141		22	382	300
	14	208	163	500	9.0	174	137
	16	235	184		10	193	151
	19	274	215		12	228	179
	22	312	245		14	264	207
450	9.0	156	122		16	299	235
	10	173	135		19	350	275
	12	204	160		22	400	314

表 5-30　冷弯长方形钢管外形尺寸和理论质量

边长/mm	壁厚/mm	截面面积/cm^2	理论质量/(kg/m)	边长/mm	壁厚/mm	截面面积/cm^2	理论质量/(kg/m)
120×80	4.0	11.9	11.7	150×100	6.0	27.6	21.7
	5.0	18.3	14.4		8.0	35.8	28.1
	6.0	21.6	16.9		10	42.6	33.4
	7.0	24.4	19.1	160×60	4.0	16.5	13.0
	8.0	27.2	21.4		4.5	18.5	14.5
140×80	4.0	16.5	13.0		6.0	24.0	18.9
	5.0	20.4	15.9	160×80	4.0	18.1	14.2
	6.0	24.0	18.8		5.0	22.4	17.5
	8.0	30.4	23.9		6.0	26.4	20.7
150×100	4.0	18.9	14.9		8.0	33.6	26.8
	5.0	23.3	18.3	180×65	4.0	18.5	14.5

续表

边长/mm	壁厚/mm	截面面积/cm^2	理论质量/(kg/m)	边长/mm	壁厚/mm	截面面积/cm^2	理论质量/(kg/m)
180×65	4.5	20.7	16.3	250×150	10	72.6	57.0
	6.0	27.0	21.2		12	84.1	66.0
180×100	4.0	21.3	16.7		14	95.7	75.2
	5.0	26.3	20.7	250×200	5.0	43.4	34.0
	6.0	31.2	24.5		6.0	51.6	40.5
	8.0	40.4	31.5		8.0	67.2	52.8
	10	48.5	38.1		10	82.6	64.8
200×100	4.0	22.9	18.0		12	96.1	75.4
	5.0	28.3	22.3		14	110	86.1
	6.0	33.6	26.1		16	123	96.4
	8.0	43.8	34.4	260×180	5.0	42.4	33.2
	10	52.6	41.2		6.0	50.4	39.6
200×120	4.0	24.5	19.3		8.0	65.6	51.5
	5.0	30.4	23.8		10	80.6	63.2
	6.0	36.0	28.3		12	93.7	73.5
	8.0	46.4	36.5		14	107	84.0
	10	56.6	44.4	300×200	5.0	48.4	38.0
200×150	4.0	26.9	21.2		6.0	57.6	45.2
	5.0	33.4	26.2		8.0	75.2	59.1
	6.0	39.6	31.1		10	92.6	72.7
	8.0	51.2	40.2		12	108	84.8
	10	62.6	49.1		14	124	97.1
	12	72.1	56.6		16	139	109
	14	81.7	64.2	350×200	5.0	53.4	41.9
220×140	4.0	27.7	21.8		6.0	63.6	49.9
	5.0	34.4	27.0		8.0	83.2	65.3
	6.0	40.8	32.1		10	102	80.5
	8.0	52.8	41.5		12	120	94.2
	10	64.6	50.7		14	138	108
	12	74.5	58.5		16	155	121
	13	79.6	62.5	350×250	5.0	58.4	45.8
250×150	4.0	30.9	24.3		6.0	69.6	54.7
	5.0	38.4	30.1		8.0	91.2	71.6
	6.0	45.6	35.8		10	113	88.4
	8.0	59.2	46.5		12	132	104

续表

边长/mm	壁厚/mm	截面面积/cm^2	理论质量/(kg/m)
350×250	14	152	119
	16	171	134
350×300	7.0	87.4	68.6
	8.0	99.2	77.9
	10	122	96.2
	12	144	113
	14	166	130
	16	187	146
	19	217	170
400×200	6.0	69.6	54.7
	8.0	91.2	71.6
	10	113	88.4
	12	132	104
	14	152	119
	16	171	134
400×250	5.0	63.4	49.7
	6.0	75.6	59.4
	8.0	99.2	77.9
	10	122	96.2
	12	144	113
	14	166	130
	16	187	146
400×300	7.0	94.4	74.1
	8.0	107	84.2
	10	133	104
	12	156	122
	14	180	141
	16	203	159
	19	236	185
450×250	6.0	81.6	64.1
	8.0	107	84.2
	10	133	104
	12	156	123
	14	180	141
	16	203	159
450×350	7.0	108	85.1
	8.0	123	96.7
	10	153	120
	12	180	141
	14	208	163
	16	235	184
	19	274	215
450×400	9.0	147	115
	10	163	127
	12	192	151
	14	222	174
	16	251	197
	19	293	230
	22	334	262
500×200	9.0	120	94.2
	10	133	104
	12	156	123
	14	180	141
	16	203	159
500×250	9.0	129	101
	10	143	112
	12	168	132
	14	194	152
	16	219	172
500×300	10	153	120
	12	180	141
	14	208	163
	16	235	184
	19	274	215
500×400	9.0	156	122
	10	173	135
	12	204	160
	14	236	185
	16	267	209
	19	312	245
	22	356	279

续表

边长/mm	壁厚/mm	截面面积/cm^2	理论质量/(kg/m)	边长/mm	壁厚/mm	截面面积/cm^2	理论质量/(kg/m)
500×450	10	183	143	500×480	10	189	148
	12	216	170		12	223	175
	14	250	196		14	258	203
	16	283	222		16	292	229
	19	331	260		19	342	269
	22	378	297		22	391	307

5.1.11 护栏波形梁用冷弯型钢（YB/T 4081—2007）

由可冷加工变形的冷轧或热轧钢带在连续辊式冷弯机组上生产。

① 型号标记

a. 护栏波形梁的型号，由代表护栏的代号的“HL”和型式分类的字母“A”或“B”两个部分按顺序组成。

b. 护栏波形梁用冷弯型钢的型号，由护栏波形梁的型号、规格和标准号作分子，材料及其标准号作分母表示。如用Q235A制成的A型310×83×3护栏波形梁用冷弯型钢标记为：

$$护栏波形梁用冷弯型钢\frac{HLA310\times83\times3\text{-}YB4081}{Q235A\text{-}GB/T700}$$

② 牌号及化学成分　应符合GB/T 700中的Q235A或Q235B的规定。

③ 交货状态　冷加工状态（经双方协商也可以热镀锌或其他镀层状态交货）。

④ 力学性能　应符合GB/T 6725的规定。

⑤ 尺寸及理论质量　见表5-31。

表5-31　护栏波形梁用冷弯型钢的尺寸及理论质量

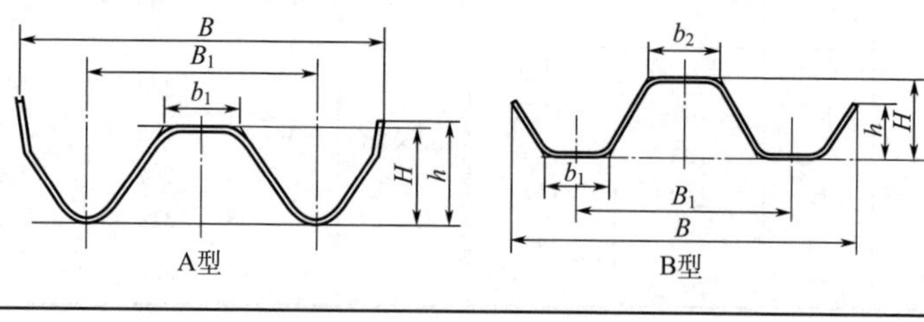

续表

尺寸						截面面积/cm^2	理论质量/(kg/m)
H	h	B	B_1	b_1	b_2		
83	85	310	192	—	28	14.5	11.4
75	55	350	214	63	69	18.6	14.6
75	53	350	218	68	75	18.7	14.7
79	42	350	227	45	60	17.8	14.0
53	34	350	223	63	63	13.2	10.4
52	33	350	224	63	63	9.4	7.4

5.1.12 电梯导轨用热轧型钢（YB/T 157—2022）

用于机械加工电梯 T 形导轨。

① 牌号　为 Q235B 镇静钢，其化学成分应符合 GR/T 700 的有关规定。

② 型号表示方法

T —— 导轨型钢代号

□□□ —— 轨底宽度

□ —— 1—第一种尺寸；2—第二种尺寸

③ 型钢尺寸和理论质量　见表 5-32、表 5-33。

表 5-32　电梯导轨型钢的尺寸　mm

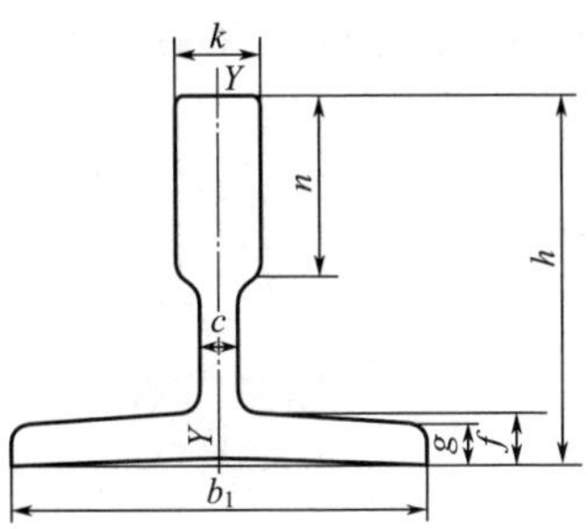

型号	b_1	h	k	n	c	g	f
T70	70	67.5	12.8	36	6.5	6	8
T75	75	64	14	32	8	7	9
T78	78	58	14	28	7	6	8.5
T82	82.5	59.5	13	27.5	7.5	6	8.25
T82-1	82.5	64	13	27.5	7	6	8
T82-3	82	64	20	32	8	7.5	10
T89-1	89	64	20	34	8	7	9
T89	89	64	20	35.5	10	7.9	11.1
T90	90	77	20	44	10	8	10
T114	114	91	20	40	9.5	8	11
T125	125	84	20	44	10	8	12
T127-1	127	91	20	46.5	10	8	11
T127-2	127	91	20	52.8	10	12.7	15.9
T140-1	140	110	23	52.8	12.7	12.7	15.9
T140-2	140	104	32.6	52.8	17.5	14.5	17.5
T140-3	140	129	36	59.2	19	17.5	25.4

表 5-33　导轨型钢理论质量

型号	T70	T75	T78	T82	T82-1	T82-2	T89	T89-1
截面面积/cm^2	11.324	12.739	11.581	12.999	11.906	15.631	17.571	15.631
理论质量/(kg/m)	8.889	10.000	9.091	10.204	9.346	12.270	13.793	12.270
型号	T90	T114	T125	T127-1	T127-2	T140-1	T140-2	T140-3
截面面积/cm^2	20.546	24.856	24.978	25.478	31.847	38.838	48.808	64.339
理论质量/(kg/m)	16.129	19.512	19.608	20.000	25.000	30.488	38.314	50.506

注：理论质量按密度 7.85g/cm^3 计算。

④ 力学性能　见表 5-34。

表 5-34　导轨型钢的力学性能

牌号	抗拉强度 R_m/MPa	断后伸长率 A/%	硬度
Q235B	≥410～520	≥24	≤143HB

5.1.13　铁塔用热轧角钢（YB/T 4163—2016）

用于制造铁塔。

① 分类　按规定最小屈服强度数值分为 235、275、345、420、460 级。

② 化学成分　应符合 YB/T 4163—2016 表 6 的规定。

③ 牌号　有 Q235AT、Q235BT、Q235CT、Q235DT、Q275AT、Q275BT、QT275CT、Q275DT、Q345AT、Q345BT、Q345CT、Q345DT、Q345ET、Q420AT、Q420BT、Q420CT、Q420DT、Q420ET、Q460AT、Q460BT、Q460CT、Q460DT、Q460ET 共 23 种。

表示方法：

□□□	□	T
屈服强度数值/MPa	质量等级（A、B、C、D、E）	铁塔的“塔”字汉语拼音的首字母

④ 几何参数和质量　见表 5-35。

表 5-35　角钢的尺寸、截面面积、理论质量

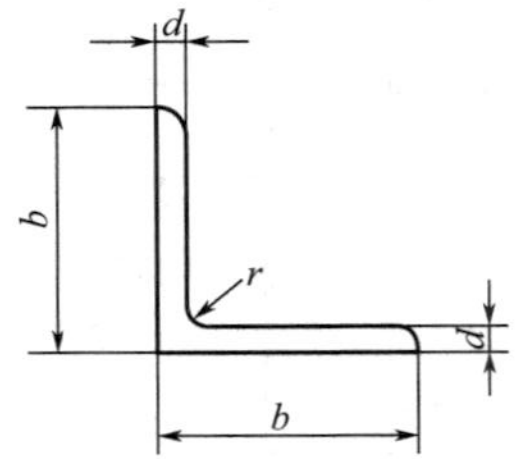

型号	截面尺寸/mm			截面面积/cm^2	理论质量/(kg/m)	外表面积/(m^2/m)
	b	d	r			
4	40	3	5	2.359	1.852	0.157
		4		3.086	2.422	0.157
		5		3.791	2.976	0.156
4.5	45	3		2.659	2.088	0.177
		4		3.486	2.736	0.177
		5		4.292	3.369	0.176
		6		5.076	3.985	0.176
5	50	3	5.5	2.971	2.332	0.197
		4		3.897	3.059	0.197
		5		4.803	3.770	0.196
		6		5.688	4.465	0.196
5.6	56	3	6	3.343	2.624	0.221
		4		4.390	3.446	0.220
		5		5.415	4.251	0.220
		6		6.420	5.040	0.220
		7		7.404	5.812	0.219
		8		8.367	6.568	0.219
6	60	5	6.5	5.829	4.576	0.236
		6		6.914	5.427	0.235
		7		7.977	6.262	0.235
		8		9.020	7.081	0.235
6.3	63	4	7	4.978	3.907	0.248

续表

型号	截面尺寸/mm			截面面积/cm^2	理论质量/(kg/m)	外表面积/(m^2/m)
	b	*d*	*r*			
6.3	63	5	7	6.143	4.822	0.248
		6		7.288	5.721	0.247
		7		8.412	6.603	0.247
		8		9.515	7.469	0.247
		10		11.657	9.151	0.246
7	70	4	8	5.570	4.372	0.275
		5		6.875	5.397	0.275
		6		8.160	6.406	0.275
		7		9.424	7.398	0.275
		8		10.667	8.373	0.274
7.5	75	5	9	7.412	5.818	0.295
		6		8.797	6.905	0.294
		7		10.160	7.976	0.294
		8		11.503	9.030	0.294
		9		12.825	10.068	0.294
		10		14.126	11.089	0.293
8	80	5	9	7.912	6.211	0.315
		6		9.397	7.376	0.314
		7		10.860	8.525	0.314
		8		12.303	9.658	0.314
		9		13.725	10.774	0.314
		10		15.126	11.874	0.313
9	90	6	10	10.637	8.350	0.354
		7		12.301	9.656	0.354
		8		13.944	10.946	0.353
		9		15.566	12.219	0.353
		10		17.167	13.476	0.353
		12		20.306	15.940	0.352
10	100	6	12	11.932	9.366	0.393
		7		13.796	10.830	0.393
		8		15.638	12.276	0.393
		9		17.462	13.708	0.392
		10		19.261	15.120	0.392
		12		22.800	17.898	0.391
		14		26.256	20.611	0.391
		16		29.627	23.257	0.390
11	110	7	12	15.196	11.928	0.433
		8		17.238	13.535	0.433
		10		21.261	16.690	0.432
		12		25.200	19.782	0.431
		14		29.056	22.809	0.431

续表

型号	截面尺寸/mm b	截面尺寸/mm d	截面尺寸/mm r	截面面积/cm^2	理论质量/(kg/m)	外表面积/(m^2/m)
12.5	125	8	14	19.750	15.504	0.492
		10		24.373	19.133	0.491
		12		28.912	22.696	0.491
		14		33.367	26.193	0.490
		16		37.739	29.625	0.489
14	140	10		27.373	21.488	0.551
		12		32.512	25.522	0.551
		14		37.567	29.490	0.550
		16		42.539	33.393	0.549
15	150	8	14	23.750	18.644	0.592
		10		29.373	23.058	0.591
		12		34.912	27.406	0.591
		14		40.367	31.688	0.590
		15		43.063	33.804	0.590
		16		45.739	35.905	0.589
		18		51.026	40.055	0.589
16	160	10	16	31.502	24.729	0.630
		12		37.441	29.391	0.630
		14		43.296	33.987	0.629
		16		49.067	38.518	0.629
18	180	12	16	42.241	33.159	0.710
		14		48.896	38.383	0.709
		16		55.467	43.542	0.709
		18		61.055	48.634	0.708
20	200	12	18	47.187	37.042	0.789
		14		54.642	42.894	0.788
		16		62.013	48.680	0.788
		18		69.301	54.401	0.787
		20		76.505	60.056	0.787
		22		83.624	65.645	0.786
		24		90.661	71.168	0.785
		25		94.147	73.906	0.785
		26		97.613	76.626	0.785
		28		104.481	82.018	0.784
		30		111.266	87.344	0.784
22	220	16	21	68.664	53.901	0.866
		18		76.752	60.250	0.866
		20		84.756	66.533	0.865
		22		92.676	72.751	0.865
		24		100.512	78.902	0.864
		26		108.264	84.987	0.864

续表

型号	截面尺寸/mm			截面面积/cm²	理论质量/(kg/m)	外表面积/(m²/m)
	b	d	r			
25	250	18	24	87.842	68.956	0.985
		20		97.045	76.180	0.984
		22		106.165	83.340	0.983
		24		115.201	90.433	0.983
		25		119.688	93.955	0.983
		26		124.154	97.461	0.982
		28		133.022	104.422	0.982
		30		141.807	111.318	0.981
		32		150.508	118.149	0.981
		35		163.402	128.271	0.980
28	280	20	26	109.260	85.769	1.103
		22		119.580	93.870	1.103
		24		129.816	101.906	1.102
		26		139.968	109.875	1.101
		28		150.037	117.779	1.101
		30		160.022	125.617	1.100
		32		169.922	133.389	1.100
		35		184.617	144.924	1.099
30	300	20	28	117.492	92.231	1.182
		22		128.612	100.960	1.182
		24		139.648	109.624	1.181
		26		150.600	118.221	1.181
		28		161.469	126.753	1.180
		30		172.253	135.219	1.179
		32		182.954	143.619	1.179
		35		198.848	156.096	1.178
32	320	22	28	137.412	107.868	1.262
		24		149.248	117.160	1.261
		26		161.000	126.385	1.261
		28		172.669	135.545	1.260
		30		184.253	144.639	1.259
		32		195.754	153.667	1.259
		35		212.848	167.086	1.258
36	360	24	30	168.697	132.427	1.420
		26		182.049	142.908	1.420
		28		195.318	153.324	1.419
		30		208.502	163.674	1.419
		32		221.603	173.958	1.418
		35		241.097	189.261	1.417

⑤ 力学性能和工艺性能　见表 5-36。

表 5-36　铁塔用热轧角钢的力学性能和工艺性能

牌号	拉伸试验 屈服强度 R_{eL}/MPa≥ 厚度/mm ≤16	拉伸试验 屈服强度 R_{eL}/MPa≥ 厚度/mm >16～35	抗拉强度 R_m/MPa	断后伸长率 A/% ≥	冲击吸收能量 KV_2/J ≥ +20℃	冲击吸收能量 KV_2/J ≥ 0℃	冲击吸收能量 KV_2/J ≥ −20℃	冲击吸收能量 KV_2/J ≥ −40℃	180°弯曲试验 d(弯芯直径)/mm a(试样厚度)/mm 厚度/mm ≤16	180°弯曲试验 厚度/mm >16～35
Q235AT	235	225	370～500	26	—	—	—	—	d=a	
Q235BT				26	27	—	—	—		
Q235CT				26	—	27	—	—		
Q235DT				26	—	—	27	—		
Q275AT	275	265	410～540	26	—	—	—	—	d=a	
Q275BT				26	27	—	—	—		
Q275CT				26	—	27	—	—		
Q275DT				26	—	—	27	—		
Q345AT	345	335	470～630	21	—	—	—	—	d=2a	d=3a
Q345BT				21	34	—	—	—		
Q345CT				22	—	34	—	—		
Q345DT				22	—	—	34	—		
Q345ET				22	—	—	—	34		
Q420AT	420	400	520～680	20	—	—	—	—	d=2a	d=3a
Q420BT				20	34	—	—	—		
Q420CT				20	—	34	—	—		
Q420DT				20	—	—	34	—		
Q420ET				20	—	—	—	27		
Q460AT	460	440	550～720	18	—	—	—	—	d=2a	d=3a
Q460BT				18	34	—	—	—		
Q460CT				18	—	34	—	—		
Q460DT				18	—	—	34	—		
Q460ET				18	—	—	—	27		

5.1.14 冷轧带肋钢筋（GB/T 13788—2017）

冷轧带肋钢筋有预应力混凝土用、普通钢筋混凝土用和焊接用三种，有CRB550、CRB650、CRB800、CRB600H、CRB680H、CRB800H六个牌号。

① 分类 按延性高低分，有冷轧带肋钢筋（CRB）和高延性冷轧带肋钢筋（CRB＋抗拉强度特征值＋H）两类（C、R、B、H分别为冷轧、带肋、钢筋、高延性四个英文词的首字母）。

按钢筋上筋的分布分，有二面肋、三面肋和四面肋三种。

按用途分，有普通钢筋混凝土用钢筋（CRB550、CRB600H）、预应力混凝土用钢筋（CRB650、CRB800、CRB800H），CRB680H对两种混凝土均适用。

② 牌号标记方法

CRB —— 冷轧带肋钢筋

□□□ —— 规定的屈服强度最小值

③ 直径 CRB550、CRB600H、CRB680H钢筋的公称直径范围为4～12mm，CRB650、CRB800、CRB800H的公称直径为4mm、5mm、6mm。

④ 规格尺寸和质量 见表5-37、表5-38。

表5-37 二面肋和三面肋钢筋的规格和质量

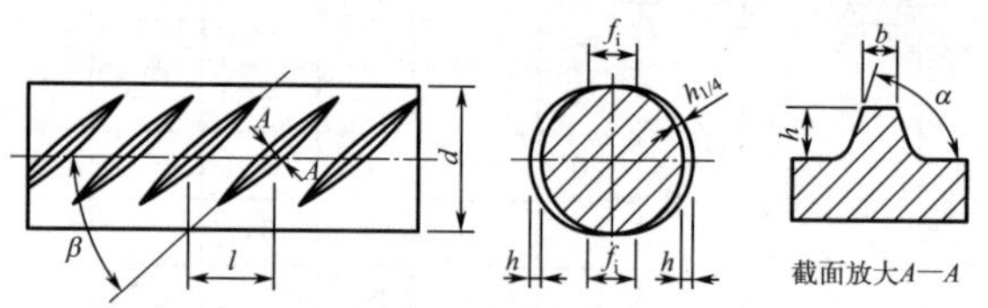

(a) 二面肋钢筋

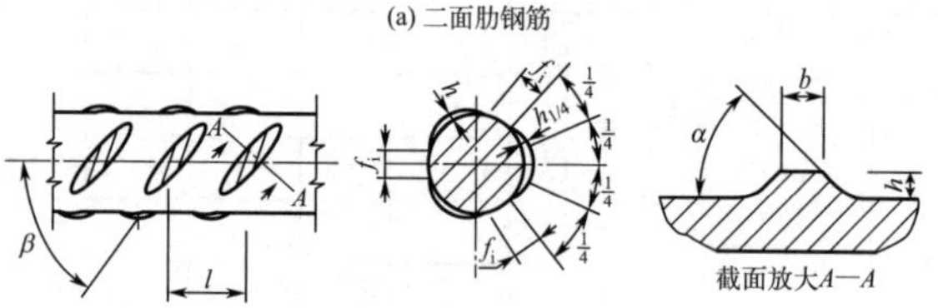

(b) 三面肋钢筋

续表

公称直径 d /mm	公称横截面积 /mm^2	理论质量 /(kg/m)	横肋中点高 h /mm	横肋 1/4 处高 $h_{1/4}$ /mm	横肋顶宽 b /mm	横肋间距 l /mm	相对肋面积 f_r/mm^2 ≥
4	12.6	0.099	0.30	0.24	0.2d	4.0	0.036
4.5	15.9	0.125	0.32	0.26		4.0	0.039
5	19.6	0.154	0.32	0.26		4.0	0.039
5.5	23.7	0.186	0.40	0.32		5.0	0.039
6	28.3	0.222	0.40	0.32		5.0	0.039
6.5	33.2	0.261	0.46	0.37		5.0	0.045
7	38.5	0.302	0.46	0.37		5.0	0.045
7.5	44.2	0.347	0.55	0.44		6.0	0.045
8	50.3	0.395	0.55	0.44		6.0	0.045
8.5	56.7	0.445	0.55	0.44		7.0	0.045
9	63.6	0.499	0.75	0.60		7.0	0.052
9.5	70.8	0.556	0.75	0.60		7.0	0.052
10	78.5	0.617	0.75	0.60		7.0	0.052
10.5	86.5	0.679	0.75	0.60		7.4	0.052
11	95.0	0.746	0.85	0.68		7.4	0.056
11.5	103.8	0.815	0.95	0.76		8.4	0.056
12	113.1	0.888	0.95	0.76		8.4	0.056

表 5-38　四面筋钢筋的规格尺寸和质量

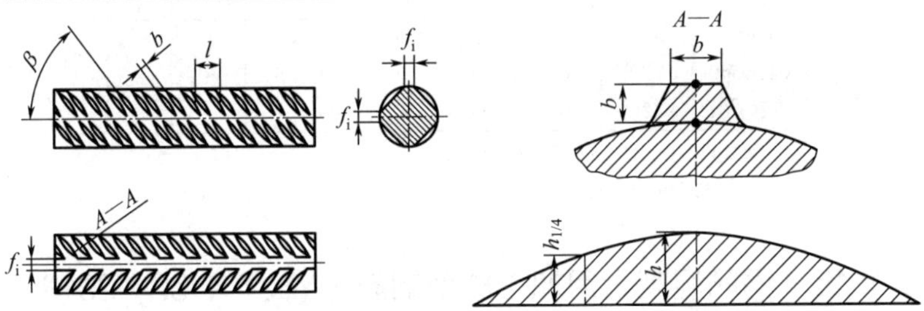

公称直径 /mm	公称横截面积 /mm^2	理论质量 /(kg/m)	横肋中点高 h /mm	横肋 1/4 处高 $h_{1/4}$ /mm	横肋顶宽 b /mm	横肋间距 l /mm	相对肋面积 f_r/mm^2 ≥
6.0	28.3	0.222	0.39	0.28	0.2d	5.0	0.039
7.0	38.5	0.302	0.45	0.32		5.3	0.045
8.0	50.3	0.395	0.52	0.36		5.7	0.045

续表

公称直径/mm	公称横截面积/mm^2	理论质量/(kg/m)	横肋中点高 h/mm	横肋1/4处高 $h_{1/4}$/mm	横肋顶宽 b/mm	横肋间距 l/mm	相对肋面积 f_r/mm^2 ≥
9.0	63.6	0.499	0.59	0.41	0.2d	6.1	0.052
10.0	78.5	0.617	0.65	0.45		6.5	0.052
11.0	95.0	0.746	0.72	0.50		6.8	0.056
12.0	113	0.888	0.78	0.54		7.2	0.056

⑤ 力学性能及工艺性能　见表5-39。

表5-39　钢筋的力学性能及工艺性能

分类	牌号	规定塑性延伸强度 $R_{p0.2}$/MPa ≥	抗拉强度 R_m/MPa ≥	R_m/$R_{p0.2}$ ≥	断后伸长率/%≥		最大力总伸长率/% ≥	弯曲试验180°	反复弯曲次数	应力松弛初始应力应相当于公称抗拉强度的70%，1000h/% ≤
					A	A_{100}	A_{gt}			
普通钢筋混凝土用	CRB550	500	550	1.05	11.0	—	2.5	$D=3d$	—	—
	CRB600H	540	600	1.05	14.0	—	5.0	$D=3d$	—	—
	CRB680H	600	680	1.05	14.0	—	5.0	$D=3d$	4	5
预应力混凝土用	CRB650	585	650	1.05	—	4.0	2.5	—	3	8
	CRB800	720	800	1.05	—	4.0	2.5	—	3	8
	CRB800H	720	800	1.05	—	7.0	4.0	—	4	5

注：1. D—弯芯直径，d—钢筋公称直径。

2. 反复弯曲试验的弯曲半径：钢筋公称直径为4mm、5mm、6mm时，其弯曲半径分别为10mm、15mm、15mm。

5.1.15　钢筋混凝土用加工成型钢筋（YB/T 4162—2018）

用于制作钢筋混凝土预制板中的扣筋、受力筋和分布筋。

① 分类　有单件制品和组合成型制品两类。

② 材料牌号、尺寸、化学成分、力学性能　应符合GB 1499、GB 13014、GB 13788、GB 33953、GB/T 33959、YB/T 4260、YB/T 4657标准的规定。

③ 规格尺寸及理论质量　见表5-40。

表 5-40　钢筋混凝土用加工成型钢筋的规格尺寸及理论质量

公称直径/mm	公称横截面面积/mm^2	理论质量/(kg/m)	公称直径/mm	公称横截面面积/mm^2	理论质量/(kg/m)
6	28.27	0.222	20	314.2	2.47
(6.5)	(33.18)	(0.260)	22	380.1	2.98
8	50.27	0.395	25	490.9	3.85
10	78.54	0.617	28	615.8	4.83
12	113.1	0.888	32	804.2	6.31
14	153.9	1.21	36	1018	7.99
16	201.1	1.58	40	1257	9.87
18	254.5	2.00	50	1964	15.42

注：() 内为过渡性产品。

④ 形状代码

a. 单件成型钢筋制品的形状代码（表 5-41）编制方法：

□ □ □□

弯曲次数(不含端头弯曲)
1～7——一般情况弯曲
8—调弧头或螺旋状连续弯曲
9—所有其他弯折(曲)类型

端头弯钩特征
0—无弯钩
1——一端弯钩
2—两端弯钩

制品形状

表 5-41　单件成型钢筋制品的形状及代码

形状代码	形状示意图	形状代码	形状示意图	形状代码	形状示意图
0000		2010	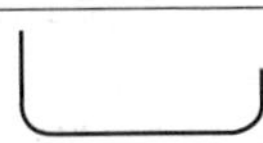	2031	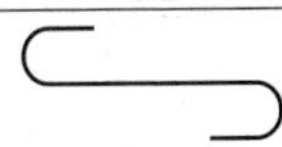
1000	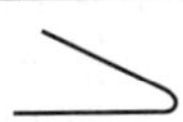	2011	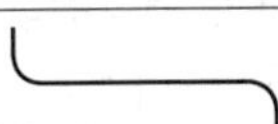	2040	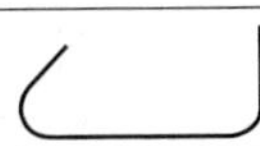
1010	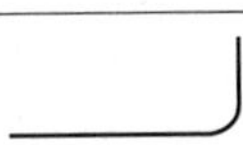	2020		2041	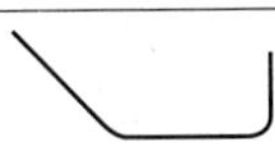
1020		2021		2050	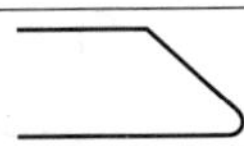
1030	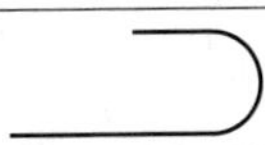	2030	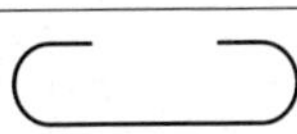	2060	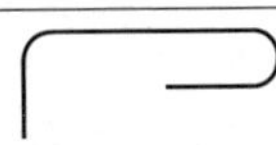

续表

形状代码	形状示意图	形状代码	形状示意图	形状代码	形状示意图
3010		4030		5031	
3011		4031		5032	
3012		4040		5033	
3013		5010		6010	
3020		5011		6011	
3021		5012		6012	
3022		5013		6013	
3030		5020		6020	
3031		5021		6021	
4010		5022		6022	
4011		5023		6023	
4012		5024		7010	
4013		5025		7011	
4020		5026		7012	
4021		5030		8010	

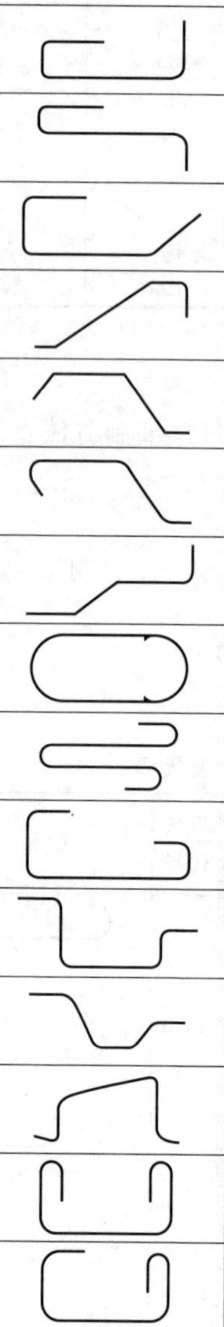
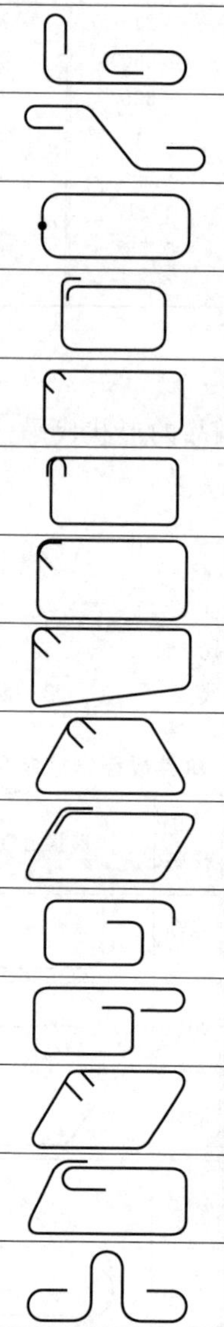
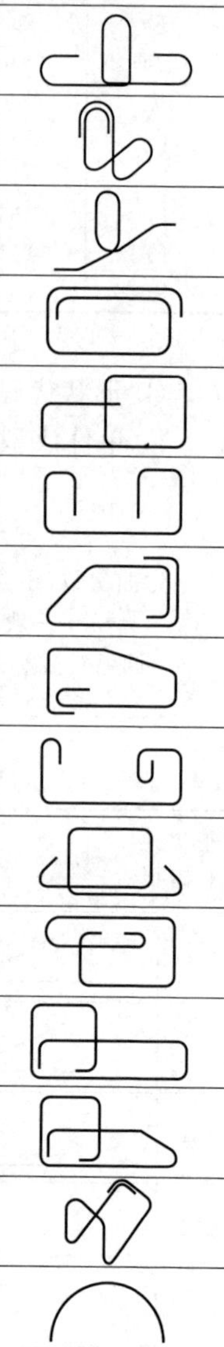

续表

形状代码	形状示意图	形状代码	形状示意图	形状代码	形状示意图
8020		8031		8050	
8021	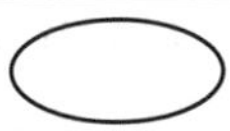	8040		8051	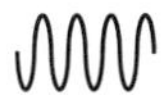
8030	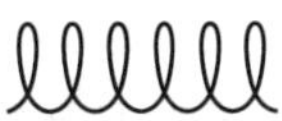	8041			

b. 组合钢筋制品形状代码（表 5-42）编制方法：

Z	□	□	□	□	□
"组合"一词拼音首字母	大写英文字母	大写英文字母	阿拉伯数字	阿拉伯数字	阿拉伯数字

表 5-42　组合成型钢筋制品的形状及代码

形状代码	形状示意图	形状代码	形状示意图
ZGY100	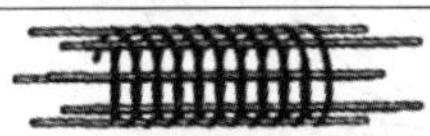	ZGD100	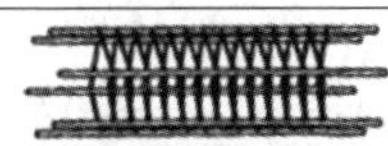
ZGY 200		ZGD200	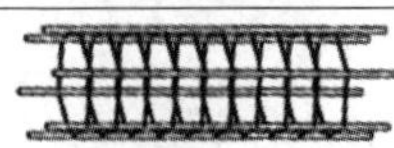
ZGJ100		ZGT100	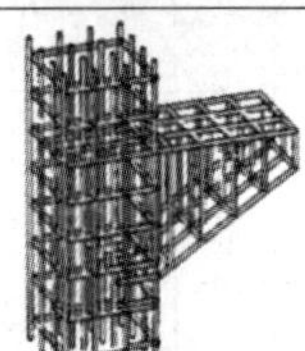
ZGF100	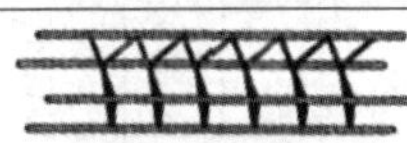		
ZGF110		ZGT200	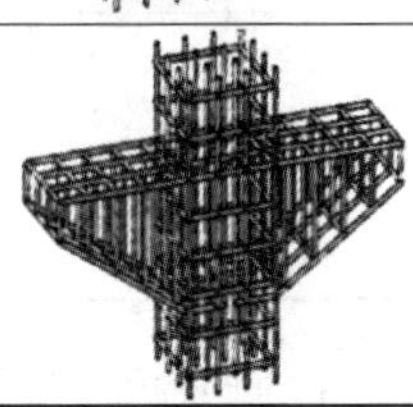
ZGF200	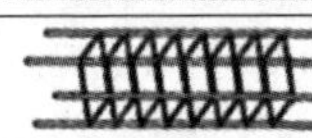		
ZGF210	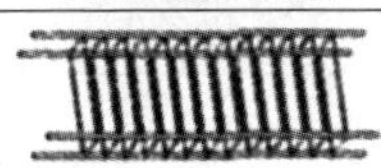		

注：其他图样代码可由生产者参照表中格式自定义。

5.1.16 预应力混凝土用螺纹钢筋（GB/T 20065—2016）

用于制作预应力混凝土构件。这种螺纹钢筋采用热轧、轧后余热处理或热处理等工艺生产。

① 规格 公称直径范围为18～50mm（推荐采用25mm、32mm）。

② 牌号 用屈服强度级别代号“PSB”＋规定屈服强度最小值表示，例如PSB830表示屈服强度最小值为830MPa的钢筋。P、S、B分别为“预应力”“螺纹”“钢筋”三词的英文首字母。

③ 化学成分 硫、磷含量不大于0.035%。若需方要求，经双方协商，PSB1080级及以上级别的钢筋可进行非金属夹杂物检验，各类夹杂物合格级别应分别不高于2.0级。

④ 形状尺寸 见表5-43。

表5-43 预应力混凝土用螺纹钢筋的形状尺寸 mm

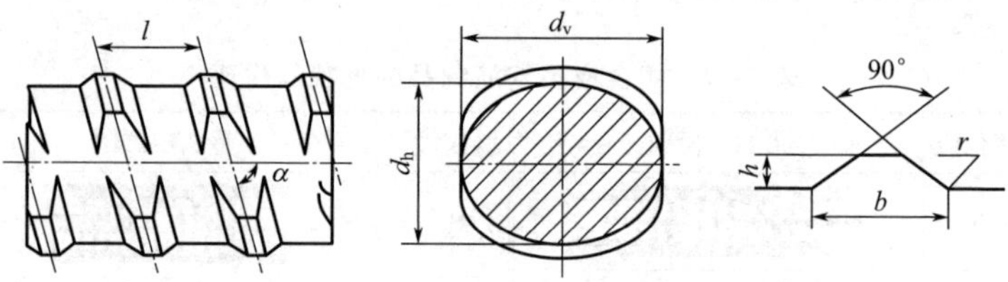

公称直径	d_h	d_v	h	b	l	r	α	公称直径	d_h	d_v	h	b	l	r	α
15	14.7	14.4	1.0	4.2	10.0	0.5	78.5°	50	50.0	50.0	3.0	9.0	24.0	2.5	81.8°
18	18.0	18.0	1.2	4.5	10.0	0.5	80.5°	60	60.0	60.0	3.0	10.0	22.0	2.5	83.7°
25	25.0	25.0	1.6	6.0	12.0	1.5	81°	63.5	63.5	63.5	3.0	12.0	22.0	2.5	84°
32	32.0	32.0	2.0	7.0	16.0	2.0	81.5°	65	65.0	65.0	3.0	12.0	22.0	2.5	84.1°
36	36.0	36.0	2.2	8.0	18.0	2.5	81.5°	70	70.0	70.0	3.0	12.0	22.0	2.5	84.5°
40	40.0	40.0	2.5	8.0	20.0	2.5	81.5°	75	75.0	75.0	3.0	12.0	20.0	2.5	85°

⑤ 截面面积及理论质量 见表5-44。

表 5-44　预应力混凝土用螺纹钢筋的公称截面面积及理论质量

公称直径/mm	公称截面面积/mm^2	理论截面面积/mm^2	理论质量/(kg/m)	公称直径/mm	公称截面面积/mm^2	理论截面面积/mm^2	理论质量/(kg/m)
15	177	183.2	1.40	50	1963	2066	16.28
18	255	268.4	2.11	60	2827	2976	23.36
25	491	522.3	4.10	63.5	3167	3369	26.50
32	804	846.3	6.65	65	3318	3493	27.40
36	1018	1072	8.41	70	3848	4051	31.80
40	1257	1323	10.34	75	4418	4700	36.90

⑥ 力学性能　见表 5-45。

表 5-45　预应力混凝土用螺纹钢筋的力学性能

<table>
<tr><th rowspan="3">级别</th><th>屈服强度 R_{eL}/MPa</th><th>抗拉强度 R_m/MPa</th><th>断后伸长率 A/%</th><th>最大力下总伸长率 A_{gt}/%</th><th colspan="2">应力松弛性能</th></tr>
<tr><th colspan="4" rowspan="2">≥</th><th rowspan="2">初始应力</th><th rowspan="2">1000h 后应力松弛率 V/%</th></tr>
<tr></tr>
<tr><td>PSB785</td><td>785</td><td>980</td><td>8</td><td rowspan="5">3.5</td><td rowspan="5">$0.7R_{eL}$</td><td rowspan="5">≤4.0</td></tr>
<tr><td>PSB830</td><td>830</td><td>1030</td><td>7</td></tr>
<tr><td>PSB930</td><td>930</td><td>1080</td><td>7</td></tr>
<tr><td>PSB1080</td><td>1080</td><td>1230</td><td>6</td></tr>
<tr><td>PSB1200</td><td>1200</td><td>1330</td><td>6</td></tr>
</table>

注：无明显屈服时，用规定非比例延伸强度 $R_{p0.2}$ 代替。

5.1.17　钢筋混凝土用热轧光圆钢筋（GB/T 1499.1—2017）

用于制作预应力混凝土构件。

① 公称直径范围：6～22mm，推荐的钢筋公称直径为 6mm、8mm、10mm、12mm、16mm、20mm。

② 化学成分　符合 GB/T 1499.1—2017 表 5 规定。

③ 牌号标记方法

HPB　　　　□□□

“热轧光圆钢筋”的英文缩写　　屈服强度值(MPa)特征值

④ 规格及质量　见表 5-46。

表 5-46　钢筋混凝土用热轧光圆钢筋的规格尺寸及理论质量

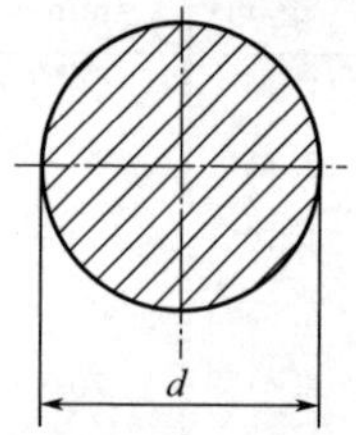

公称直径 d/mm	公称横截面积/mm²	理论质量/(kg/m)	公称直径 d/mm	公称横截面积/mm²	理论质量/(kg/m)
6	28.27	0.222	14	153.9	1.21
(6.5)	(33.18)	(0.260)	16	201.1	1.58
8	50.27	0.395	18	254.5	2.00
10	78.54	0.617	20	314.2	2.47
12	113.1	0.888	22	380.1	2.98

注：按密度为 7.85g/cm³ 计算。

⑤ 力学性能及工艺性能　见表 5-47。

表 5-47　钢筋混凝土用热轧光圆钢筋的力学性能及工艺性能

牌号	下屈服强度 R_{eL}/MPa	抗拉强度 R_m/MPa	断后伸长率 A/%　≥	最大力下总伸长率 A_{gt}/%	冷弯试验 180°钢筋受弯曲部位表面不得产生裂纹
HPB300	300	420	25	10.0	$d=a$

注：屈服强度特征值为 300 级。

5.1.18　钢筋混凝土用热轧带肋钢筋（GB/T 1499.2—2018）

用于制作预应力混凝土构件。

① 公称直径范围　为 6～50mm。

② 化学成分　符合 GB/T 1499.2—2018 表 5 规定。根据需要，钢中还可加入 V、Nb、Ti 等元素。

③ 分类　按晶粒级别分，有普通热轧钢筋和细晶粒热轧钢筋两种；按有无筋肋分，有带纵肋和不带纵肋两种。

④ 牌号标记方法

HRB□　　　　　　　　　　　　□□□

HRB—普通热轧带肋钢筋（“热轧带肋钢筋”）　　规定的屈服强度最小值

HRBF—细晶粒热轧带肋钢筋　　（后面加“E”时表示抗震）

（“F”为英文“细”首字母）

⑤ 形状尺寸　见表 5-48、表 5-49。

表 5-48　钢筋混凝土用热轧带肋圆钢筋的形状尺寸　　mm

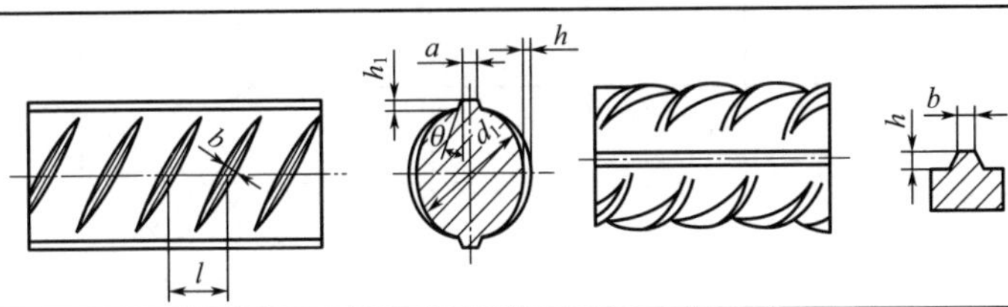

公称直径 d	d_1	h	$h_1 \leqslant$	b	a	l	公称直径 d	d_1	h	$h_1 \leqslant$	b	a	l
6	5.8	0.6	0.8	0.4	1.0	4.0	22	21.3	1.9	2.4	1.3	2.5	10.5
8	7.7	0.8	1.1	0.5	1.5	5.5	25	24.2	2.1	2.6	1.5	2.5	12.5
10	9.6	1.0	1.3	0.6	1.5	7.0	28	27.2	2.2	2.7	1.7	3.0	12.5
12	11.5	1.2	1.6	0.7	1.5	8.0	32	31.0	2.4	3.0	1.9	3.0	14.0
14	13.4	1.4	1.8	0.8	1.8	9.0	36	35.0	2.6	3.2	2.1	3.5	15.0
16	15.4	1.5	1.9	0.9	1.8	10.0	40	38.7	2.9	3.5	2.2	3.5	15.0
18	17.3	1.6	2.0	1.0	2.0	10.0	50	48.5	3.2	3.8	2.5	4.0	16.0
20	19.3	1.7	2.1	1.2	2.0	10.0							

注：1. 纵肋斜角 θ 为 0°～30°。

2. 尺寸 a、b 为参考数据。

表 5-49　钢筋混凝土用热轧带肋圆钢筋的规格及理论质量

公称直径 d/mm	公称横截面积/mm²	理论质量/(kg/m)	公称直径 d/mm	公称横截面积/mm²	理论质量/(kg/m)
6	28.27	0.222	22	380.1	2.98
8	50.27	0.395	25	490.9	3.85
10	78.54	0.617	28	615.8	4.83
12	113.1	0.888	32	804.2	6.31
14	153.9	1.21	36	1018	7.99
16	201.1	1.58	40	1257	9.87
18	254.5	2.00	50	1964	15.42
20	314.2	2.47			

注：按密度为 7.85g/cm³ 计算。

⑥ 力学性能 见表5-50、表5-51。

表5-50 钢筋混凝土用热轧带肋钢筋的力学性能

牌号	下屈服强度 R_{eL}/MPa	抗拉强度 R_m/MPa	断后伸长率 A/%	最大力总伸长率 A_{gt}/%	R_m^o/R_{eL}^o	R_{eL}^o/R_{eL}
	≥					≤
HRB400 HRBF400	400	540	16	7.5	—	—
HRB400E HRBF400E			—	9.0	1.25	1.30
HRB500 HRBF500	500	630	15	7.5	—	—
HRB500E HRBF500E			—	9.0	1.25	1.30
HRB600	600	730	14	7.5	—	—

注：R_m^o 为钢筋实测抗拉强度；R_{eL}^o 为钢筋实测下屈服强度。

表5-51 钢筋混凝土用热轧带肋钢筋的弯曲性能 mm

正向弯曲			反向弯曲
牌号	公称直径 d	弯曲压头直径 D	
HRB400 HRBF400 HRB400E HRBF400E	6～25 28～40 >40～50	$4d$ $5d$ $6d$	①对牌号带E的钢筋应进行反向弯曲试验，经反向弯曲试验后，钢筋受弯曲部位表面不得产生裂纹 ②根据需方要求，其他牌号钢筋也可进行反向弯曲试验 ③可用反向弯曲试验代替弯曲试验 ④反向弯曲试验的弯曲压头直径比弯曲试验相应增加一个钢筋公称直径
HRB500 HRBF500 HRB500E HRBF500E	6～25 28～40 >40～50	$6d$ $7d$ $8d$	
HRB600	6～25 28～40 >40～50	$6d$ $7d$ $8d$	

5.1.19 钢筋混凝土用余热处理钢筋（GB/T 13014—2013)

用于制作预应力混凝土构件，经过表面淬火并自回火处理。

① 分类 按屈服强度特征值分，有400级、500级两种；按用途分，有可焊和非可焊两种。

② 牌号　有 RRB400、RRB500 和 RRB400W 三种。其标记方法是：

RRB　　　　　　　　　　□□□

"余热处理钢筋"英文名词缩写　　规定的屈服强度特征值（有后缀"W"时表示可焊）

③ 规格　公称直径范围为 8～50mm。RRB400、RRB500 的推荐值为 8mm、10mm、12mm、16mm、20mm、25mm、32mm、40mm、50mm；RRB400W 钢筋推荐直径为 8mm、10mm，12mm、16mm、20mm、25mm、32mm、40mm。

④ 横截面积及理论质量　见表 5-52。

表 5-52　钢筋混凝土用热轧光圆钢筋的规格尺寸及理论质量

公称直径 /mm	公称横截面积/mm^2	理论质量 /(kg/m)	公称直径 /mm	公称横截面积/mm^2	理论质量 /(kg/m)
8	50.27	0.395	22	380.1	2.98
10	78.54	0.617	25	490.9	3.85
12	113.1	0.888	28	615.8	4.83
14	153.9	1.21	32	804.2	6.31
16	201.1	1.58	36	1018	7.99
18	254.5	2.00	40	1257	9.87
20	314.2	2.47	50	1964	15.42

注：质量按密度为 7.85g/cm^3 计算。

⑤ 力学性能及工艺性能　见表 5-53。

表 5-53　钢筋混凝土用余热处理钢筋的力学性能及工艺性能

牌号	下屈服强度 R_{eL}/MPa	抗拉强度 R_m/MPa	断后伸长率 A/%	最大力下总伸长率 A_{gt}/%
	≥			
RRB400	400	540	14	5.0
RRB500	500	630	13	
RRB400W	430	570	16	7.5

注：1. 时效后检验结果。

2. 直径 28～40mm 各牌号钢筋的断后伸长率 A 可降低 1%；直径大于 40mm 各牌号钢筋的断后伸长率可降低 2%。

3. 对于没有明显屈服强度的钢，屈服强度特性值 R_{eL} 应采用规定非比例延伸强度 $R_{p0.2}$。

5.1.20 预应力钢丝及钢绞线用热轧盘条（GB/T 24238—2017）

用于生产预应力钢丝及钢绞线。

① 规格 尺寸、外形及允许偏差应符合GB/T 14981—2009中B级及以上精度的规定（未明确时按B级精度执行）。

② 重量 应符合GB/T 14981—2009规定，每盘盘条应由一根组成，允许有5%的盘条由两根组成。

③ 牌号 由YL（“应力”的汉语拼音首字母）、平均含碳量（以万分之几计）和锰含量符号B组成。共有YL72B、YL77B、YL82B和YL87B四个。

④ 化学成分 应符合GB/T 24238—2017表1规定。

⑤ 交货状态 热轧盘条，每盘一根。

⑥ 力学性能 见表5-54。

表5-54 预应力钢丝及钢绞线用热轧盘条的力学性能

牌号	拉伸试验			
	抗拉强度 R_m/MPa	断面收缩率 Z/%	抗拉强度 R_m/MPa	断面收缩率 Z/%
	直径5.5～10.0mm		直径10.5～16.0mm	
YL72B	990～1110	≥30	970～1090	≥25
YL77B	1120～1250		1100～1230	
YL82B	1150～1300		1130～1290	
YL87B	协议		协议	

注：表中性能值为盘条自然时效后数值。直径为5.5～10.0mm小规格盘条时效期15d，直径为10.5～16.0mm大规格盘条时效期20d。直径小于5.5mm或直径大于16.0mm的盘条力学性能由供需双方协商。

5.1.21 制丝用非合金钢盘条

制丝用非合金钢盘条分一般用途盘条、沸腾钢和沸腾钢替代品低碳钢盘条及特殊用途盘条三种。

（1）一般用途盘条（GB/T 24242.2—2020）

用于制造一般性能要求的冷拔或冷轧钢丝。

① 牌号 有如下两种表示方法：一种以含碳量表示，另一种以抗拉强度表示。

C —— 英文“碳”首字母

□□ —— 平均含碳量

D —— 英文“拉伸”首字母

T —— 英文“抗拉强度”首字母

□□□□ —— 抗拉强度范围中值

用第一种表示方法的牌号有：C4D、C7D、C9D、C10D、C12D、C15D、C18D、C20D、C26D、C32D、C38D、C42D、C48D、C50D、C52D、C56D、C58D、C60D、C62D、C66D、C68D、C70D、C72D、C76D、C78D、C80D、C82D、C86D、C88D和C92D共30种；用第二种表示方法的牌号有T800、T900、T1000、T1100和T1200共5种。

② 力学性能　由供需双方协商确定，并在合同中注明。

(2) 沸腾钢和沸腾钢替代品低碳钢盘条（GB/T 24242.3—2014）

用于生产拉拔或冷轧钢丝。

牌号：

C —— 英文“碳”首字母

□□ —— 平均含碳量

D —— 英文“拉伸”首字母

1 —— 沸腾钢和沸腾钢替代品

有C2D1、C3D1和C4D1三种，抗拉强度见表5-55。

表5-55　替代品低碳钢盘条的抗拉强度　MPa

牌号	抗拉强度 R_m	牌号	抗拉强度 R_m	牌号	抗拉强度 R_m
C2D1	≤360	C3D1	≤390	C4D1	供需双方协商

(3) 特殊用途盘条（GB/T 24242.4—2020）

用于生产较高性能要求的拉拔和（或）冷轧钢丝。

① 牌号　有如下两种表示方法：一种以含碳量表示，另一种以抗拉强度表示。

C	□□	D	2
英文“碳”首字母	平均含碳量	英文“拉伸”首字母	特殊用途

其牌号有 C3D2、C5D2、C8D2、C10D2、C12D2、C15D2、C18D2、C20D2、C26D2、C32D2、C36D2、C38D2、C40D2、C42D2、C46D2、C48D2、C50D2、C52D2、C56D2、C58D2、C60D2、C62D2、C66D2、C68D2、C70D2、C72D2、C76D2、C78D2、C80D2、C82D2、C86D2、C88D2、C92D2、C98D2 共 34 种。

T	□□□□	S
英文“抗拉强度”首字母	抗拉强度范围中值	英文“特殊用途”首字母

其牌号有 T750、T850、T950、T1050、T1150 和 T1250 共 6 种。

② 力学性能 由供需双方协商确定，并在合同中注明。表 5-56 为抗拉强度的波动范围推荐值。

表 5-56 抗拉强度的波动范围推荐值

含碳量（质量分数）/%	抗拉强度的波动范围/MPa	
	公称直径≤13mm	公称直径>13mm
≤0.20	100	120
>0.20～≤0.60	120	140
>0.60	140	150

5.1.22 混凝土预应力用冷拉钢丝（GB/T 5223—2014）

用于生产预应力混凝土构件。

① 分类 按加工状态分为冷拉钢丝（WCD，仅用于压力管道）和低松弛钢丝（WLR）；按外形分为光圆钢丝（P）、螺旋肋钢丝（H）和刻痕钢丝（I）三种。

② 牌号 标记方法是：

预应力钢丝	□	□	□	□	GB/T 5223—2014
名称	直径/mm	抗拉强度/MPa	WCD 或 WLR 或 WNR	P 或 H 或 I	标准号

③ 化学成分　应符合 YB/T 146 或 YB/T 170 的规定，也可采用其他牌号制造，成分不作为交货条件。

④ 尺寸及参考质量　见表 5-57。

表 5-57　光圆钢丝尺寸及每米参考质量

公称直径/mm	公称横截面积/mm	每米参考质量/(g/m)	公称直径/mm	公称横截面积/mm	每米参考质量/(g/m)
4.00	12.57	98.6	7.50	44.18	347
4.80	18.10	142	8.00	50.26	394
5.00	19.63	154	9.00	63.62	499
6.00	28.27	222	10.00	78.54	616
6.25	30.68	241	11.00	95.03	746
7.00	38.48	302	12.00	113.1	888

注：螺旋肋数量为 4 条。

⑤ 力学性能　见表 5-58、表 5-59。

表 5-58　压力管道用冷拉钢丝的力学性能

公称直径/mm	公称抗拉强度 R_m/MPa≥	最大力的特征值 F_m/kN	最大力的最大值 F_{mmax}/kN	0.2%屈服力 $F_{p0.2}$/kN≥	每 210mm 扭矩的扭转次数 N≥	断面收缩率 Z/%≥
4.00	1470	18.48	20.99	13.86	10	35
5.00		28.86	32.79	21.65	10	35
6.00		41.56	47.21	31.17	8	30
7.00		56.57	64.27	42.42	8	30
8.00		73.88	83.93	55.41	7	30
4.00	1570	19.73	22.24	14.80	10	35
5.00		30.82	34.75	23.11	10	35
6.00		44.38	50.03	33.29	8	30
7.00		60.41	68.11	45.31	8	30
8.00		78.91	88.96	59.18	7	30

续表

公称直径/mm	公称抗拉强度 R_m/MPa≥	最大力的特征值 F_m/kN	最大力的最大值 F_{mmax}/kN	0.2%屈服力 $F_{p0.2}$/kN≥	每210mm扭矩的扭转次数 N≥	断面收缩率 Z/%≥
4.00	1670	20.99	23.50	15.74	10	35
5.00		32.78	36.71	24.59	10	35
6.00		47.21	52.86	35.41	8	30
7.00		64.26	71.96	48.20	8	30
8.00		83.93	93.99	62.95	6	30
4.00	1770	22.25	24.76	16.69	10	35
5.00		34.75	38.68	26.06	10	35
6.00		50.69	55.69	37.53	8	30
7.00		68.11	75.81	51.08	6	30

注：1. 氢脆敏感性能负载为70%最大力时的断裂时间为75h。

2. 应力松弛性能初始应力为70%最大力时，1000h应力松弛率 r≤7.5%。

表5-59 消除应力光圆及螺旋肋钢丝的力学性能

公称直径/mm	抗拉强度 R_m/MPa≥	最大力的特征值 F_m/kN	最大力的最大值 F_{mmax}/kN	0.2%屈服力 $F_{p0.2}$/kN≥	反复弯曲性能	
					弯曲次数/(次/180°)≥	弯曲半径/mm
4.00	1470	18.48	20.99	16.22	3	10
4.80		26.61	30.23	23.35	4	15
5.00		28.86	32.78	25.32	4	15
6.00		41.56	47.21	36.47	4	15
6.25		45.10	51.24	39.58	4	20
7.00		56.57	64.26	49.64	4	20
7.50		64.94	73.78	56.99	4	20
8.00		73.88	83.93	64.84	4	20
9.00		93.52	106.2	82.07	4	25
9.50		104.2	118.4	91.44	4	25
10.00		115.5	131.2	101.3	4	25
11.00		139.7	158.7	122.6	—	—
12.00		166.3	188.9	145.9	—	—
4.00	1570	19.73	22.24	17.37	3	10
4.80		28.41	32.03	25.00	4	15
5.00		30.82	34.75	27.12	4	15
6.00		44.38	50.03	39.06	4	15
6.25		48.17	54.31	42.39	4	20

续表

公称直径/mm	抗拉强度 R_m/MPa≥	最大力的特征值 F_m/kN	最大力的最大值 F_{mmax}/kN	0.2%屈服力 $F_{p0.2}$/kN≥	反复弯曲性能	
					弯曲次数/(次/180°)≥	弯曲半径/mm
7.00	1570	60.41	68.11	53.16	4	20
7.50		69.36	78.20	61.04	4	20
8.00		78.91	88.96	69.44	4	20
9.00		99.88	112.6	87.89	4	25
9.50		111.3	125.5	97.93	4	25
10.00		123.3	139.0	108.5	4	25
11.00		149.2	168.2	131.3	—	—
12.00		177.6	200.2	156.3	—	—
4.00	1670	20.99	23.50	18.47	3	10
5.00		32.78	36.71	28.85	4	15
6.00		47.21	52.86	41.54	4	15
6.25		51.24	57.38	45.09	4	20
7.00		64.26	71.96	56.55	4	20
7.50		73.78	82.62	64.93	4	20
8.00		83.93	93.98	73.86	4	20
9.00		106.2	119.0	93.50	4	25
4.00	1770	22.25	24.76	19.58	3	10
5.00		34.75	38.68	30.58	4	15
6.00		50.04	55.69	44.03	4	15
7.00		68.11	75.81	59.94	4	20
7.50		78.20	87.04	68.81	4	20
4.00	1860	23.38	25.89	20.57	3	10
5.00		36.51	40.44	32.13	4	15
6.00		52.58	58.23	46.27	4	15
7.00		71.57	79.27	62.98	4	20

注：1. 最大力总伸长率（L_0=200mm）A_{gt} 为 3.5%。

2. 应力松弛性能：初始应力相当于实际最大力的百分数为 70%或 80/%；1000h 应力松弛率 r≤2.5%或 4.5/%。

3. 0.2%屈服力 $F_{p0.2}$ 应不小于最大力的特征值 F_m 的 88%。

4. 刻痕钢丝的力学性能同本表，但其弯曲次数均应不小于 3 次。

5.1.23　混凝土制品用冷拔低碳钢丝（JC/T 540—2006）

用于生产混凝土制品（如预应力管、自应力管、排水管、电杆、管桩及市政水泥制品的受力筋或构造筋），是以低碳钢热轧圆盘条为母材，经一次或多次冷拔制成的光面钢丝。

① 分级 有甲、乙两级，前者适用于作预应力筋，后者适用于作焊接网、焊接骨架、箍筋和构造钢筋。

② 材料 拔丝用热轧圆盘条应符合 GB/T 701 的规定，甲级冷拔低碳钢丝应采用 GB/T 701 规定的供拉丝用盘条。

③ 代号 CDW（英文冷拔低碳钢丝的缩写），其牌号标记方法是：

×级冷拔低碳钢丝	□	□□□	CDW	JC/T 540—2006
冷拔低碳钢丝名称	公称直径/mm	抗拉强度/MPa	代号	标准号

④ 公称直径及截面积 见表 5-60。

表 5-60 冷拔低碳钢丝的公称直径及公称截面积

公称直径/mm	公称截面积/mm^2	公称直径/mm	公称截面积/mm^2
3.0	7.07	5.0	19.63
4.0	12.57	6.0	28.57

⑤ 力学性能 见表 5-61。

表 5-61 冷拔低碳钢丝的力学性能

级别	公称直径/mm	抗拉强度 R_m/MPa	断后伸长率 $A_{100}\geqslant$	反复弯曲次数/(次 180°)≥
甲级	5.0	650、600	3.0	4
	4.0	700、650	2.5	4
乙级	3.0、4.0、5.0、6.0	550	2.0	4

注：甲级冷拉低碳钢丝作预应力筋用时，如经机械调直，抗拉强度标准值应降低 50MPa。

5.1.24 预应力混凝土用中强度钢丝（GB/T 30828—2014）

用于制造预应力混凝土构件。强度范围为 650～1370MPa，冷加工后经稳定化热处理。

① 分类

a. 按表面形状，分为螺旋肋钢丝（H）和刻痕（可双面、三面和四面）钢丝（I）两类。

b. 按抗拉强度，分为650MPa、800MPa、970MPa、1270MPa和1370MPa五个级别。

② 化学成分　宜选用符合GB/T 24242.2、GB/T 24242.4、GB/T 24238和GB/T 4354规定的牌号。

③ 尺寸、外形和质量

a. 变形钢丝见表5-62，其公称直径相当于横截面积相等的光圆钢丝的公称直径。

表5-62　变形钢丝的质量

公称直径/mm	公称截面积/mm^2	每米理论质量/(g/m)	公称直径/mm	公称截面积/mm^2	每米理论质量/(g/m)
4.00	12.57	98.6	9.00	63.62	499
4.50	15.91	125	10.00	78.54	617
5.00	19.63	154	11.00	95.03	746
6.00	28.27	222	12.00	113.10	888
7.00	38.48	302	14.00	153.94	1208
8.00	50.27	395			

注：计算密度为7.85g/cm^3。

b. 螺旋肋钢丝见表5-63。

表5-63　螺旋肋钢丝的尺寸　mm

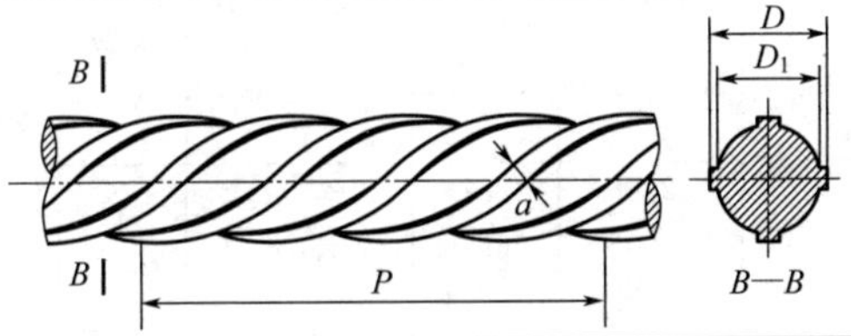

公称直径	螺旋肋数量/条	基圆尺寸 D_1	外轮廓直径 D	单肋宽度 a	螺旋肋导程 P
4.00	4	3.85	4.25	0.90～1.30	24～30
4.00		4.30	4.80	1.30～1.70	28～36
5.00		4.80	5.30	1.30～1.70	28～36
6.00		5.80	6.30	1.60～2.00	30～38
7.00		6.73	7.46	1.80～2.20	35～40
8.00		7.75	8.45	2.00～2.40	40～50
9.00		8.75	9.45	2.10～2.70	42～52
10.00		9.75	10.45	2.50～3.00	45～58
11.00		10.76	11.47	2.60～3.10	50～64
12.00		11.78	12.50	2.70～3.20	55～70

c. 三面刻痕钢丝见表 5-64。

表 5-64　三面刻痕钢丝尺寸　　mm

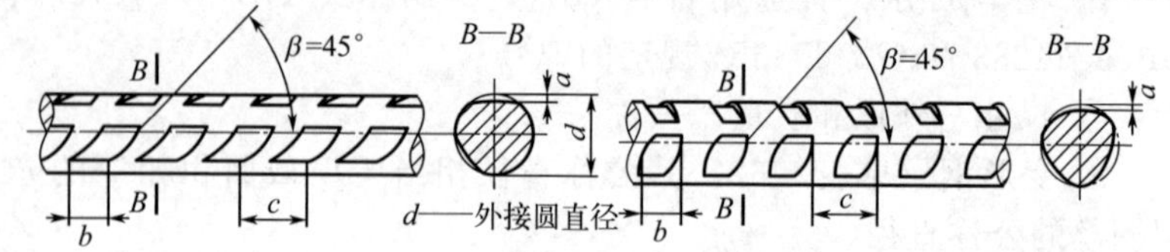

公称钢丝直径	刻痕尺寸		
	深度 a	长度 b	节距 c
≤5.00	0.12	3.5	5.5
>5.00～8.00	0.16	5.0	8.0
>8.00～14.00	0.22	5.0	8.0

④ 盘重　每盘钢丝由 1 根组成，不允许有焊接头，其盘重一般不小于 1000kg。

⑤ 力学性能　见表 5-65。

表 5-65　钢丝的力学性能

公称直径 /mm	公称抗拉强度 R_m /MPa	最大力的特征值 F_m /kN ≥	最大力 $F_{m\,max}$ /kN ≤	0.2%规定非比例延伸力 $F_{p0.2}$/kN ≥	反复弯曲		180° 弯曲试验
					次数 N≥	弯曲半径 R/mm	
8.00	650	32.68	42.73	27.78	4	20	—
10.00		51.05	66.76	43.39		25	—
12.00		73.52	96.14	62.49	—	—	$D=10d$
4.00	800	10.06	12.57	8.55	4	10	—
5.00		15.70	19.63	13.35		15	—
6.00		22.62	28.27	19.23		15	—
7.00		30.78	38.48	26.16		20	—
8.00		40.22	50.26	34.18		20	—
9.00		50.90	63.62	43.27		25	—
10.00		62.83	78.54	53.41		25	—
11.00		76.02	95.03	64.62	—	—	$D=10d$
12.00		90.48	113.10	76.91	—	—	$D=10d$
14.00		123.15	153.94	104.68	—	—	$D=10d$

续表

公称直径/mm	公称抗拉强度 R_m/MPa	最大力的特征值 F_m/kN ≥	最大力 $F_{m\ max}$/kN ≤	0.2%规定非比例延伸力 $F_{p0.2}$/kN ≥	反复弯曲		180°弯曲试验
					次数 N≥	弯曲半径 R/mm	
4.00	970	12.19	14.71	10.36	4	10	—
5.00		19.04	22.97	16.18		15	—
6.00		27.42	33.08	23.31		15	—
7.00		37.33	45.02	31.73		20	—
8.00		48.76	58.80	41.45		20	—
9.00		61.71	74.44	52.45		25	—
10.00		76.18	91.89	64.75		25	—
11.00		92.18	111.19	78.35	—	—	$D=10d$
12.00		109.71	132.33	93.25	—	—	$D=10d$
14.00		149.32	180.11	126.92	—	—	$D=10d$
4.00	1270	15.96	18.48	13.57	4	10	—
5.00		24.93	28.86	21.19		15	—
6.00		35.90	41.56	30.52		15	—
7.00		48.87	56.57	41.54		20	—
8.00		63.84	73.88	54.27		20	—
9.00		80.80	93.52	68.68		25	—
10.00		99.75	115.45	84.79		25	—
11.00		120.69	139.69	102.59	—	—	$D=10d$
12.00		143.64	166.26	122.09	—	—	$D=10d$
14.00		195.50	226.29	166.18	—	—	$D=10d$
4.00	1370	17.22	19.73	14.64	4	10	—
4.50		21.78	24.97	18.52		15	—
5.00		26.89	30.82	22.86		15	—
6.00		38.73	44.38	32.92		15	—
7.00		52.72	60.41	44.81		20	—
8.00		68.87	78.91	58.54		20	—
9.00		87.16	99.88	74.09		25	—
10.00		107.60	123.31	91.46		25	—
11.00		130.19	149.20	110.66	—	—	$D=10d$
12.00		154.95	177.57	131.71	—	—	$D=10d$
14.00		210.90	241.69	179.26	—	—	$D=10d$

5.1.25　城市桥梁缆索用钢丝（CJ/T 495—2016）

用于生产城市桥梁工程用缆索。

① 分类　按表面状态可分为光面钢丝（B）、镀锌钢丝（Zn）、锌-5%铝-混合稀土合金镀层钢丝（Zn-Al）和环氧涂层钢丝（EC）四类；按松弛性能可分为普通松弛（Ⅰ级）和低松弛（Ⅱ级）。每一种表面状态和松弛性能都含有两种尺寸规格和两种强度级别。

② 牌号　制造钢丝用盘条的钢牌号由制造厂选择，但其硫、磷含量不得超过0.025%，铜含量不得超过0.20%，且盘条应经索氏体化处理。

③ 规格　见表5-66。

表5-66　钢丝的规格

公称直径/mm	公称截面积/mm^2	镀层钢丝线质量/(g/m)	公称直径/mm	公称截面积/mm^2	镀层钢丝线质量/(g/m)
5.0	19.6	153	7.0	38.5	301

④ 标记方法

□	□	□	□	CJ/T 495—2016
钢丝表面状态代号	钢丝公称直径/mm	钢丝强度/MPa	松弛性能代号	标准号

⑤ 力学性能　见表5-67。

表5-67　钢丝的力学性能

公称直径 d/mm	强度级别(抗拉强度最小值) R_m MPa	规定塑性延伸强度 $R_{p0.2}$/MPa ≥		伸长率(L_0=250mm) ≥	弹性模量/MPa	弯曲次数		扭转/次	缠绕	松弛率		
		Ⅰ级松弛	Ⅱ级松弛			次数/180° ≥	弯曲半径/mm		3d×8圈	初始载荷与公称载荷之比/%	1000h应力损失/%≤ Ⅰ级松弛	Ⅱ级松弛
5.0	1670	1340	1490	4	(2.0±0.1)×10^5	4	15	8	不断裂	70	7.5	2.5
	1770	1420	1580									
	1860	1490	1660									
	1960	1570	1750									
7.0	1670	—	1490			5	20				—	
	1770		1580									
	1860		1660									

5.1.26　电梯钢丝绳用钢丝（YB/T 5198—2015）

用于制造电梯钢丝绳。

① 原料　盘条应符合GB/T4354的规定，牌号由制造厂选择。公称直径为0.15～3.50mm。

② 力学性能　见表5-68～表5-70。

表5-68　钢丝的公称抗拉强度级别和抗拉强度

钢丝公称抗拉强度级别	公称直径 d /mm	允许差值/MPa	
		外股的外层钢丝	其他钢丝
1320MPa、1370MPa、1570MPa、1620MPa、1770MPa、1960MPa	0.15≤d<0.50	300	390
	0.50≤d<1.00	280	350
	1.00≤d<1.50	260	320
	1.50≤d<2.00	230	290
	2.00≤d<3.50	230	260
	3.50	230	250

表5-69　钢丝的单向扭转次数

钢丝公称直径 d /mm	公称抗拉强度级别/MPa			
	1320、1370	1570、1620	1770	1960
	最小扭转次数(试验钳口标距为100d)≥			
0.50≤d<1.00	34	30	28	25
1.00≤d<1.30	33	29	26	23
1.30≤d<1.80	33	28	25	22
1.80≤d<2.30	31	27	24	21
2.30≤d<3.00	29	26	22	19
3.00≤d<3.50	28	25	21	18
3.50	26	23	19	16

表5-70　钢丝的反复弯曲次数

钢丝公称直径 d /mm	弯曲圆弧半径/mm	公称抗拉强度级别/MPa			
		1320、1370	1570、1620	1770	1960
		反复弯曲次数　≥			
0.50≤d<0.55	1.75	16	15	14	13
0.55≤d<0.60		15	14	13	12
0.60≤d<0.65		13	12	11	10
0.65≤d<0.70		12	11	10	9

续表

钢丝公称直径 d /mm	弯曲圆弧半径/mm	公称抗拉强度级别/MPa			
		1320、1370	1570、1620	1770	1960
		反复弯曲次数 ≥			
0.70≤d<0.75	2.50	19	17	16	15
0.75≤d<0.80		18	16	15	14
0.80≤d<0.85		16	14	13	12
0.85≤d<0.90		15	13	12	11
0.90≤d<0.95		14	12	11	10
0.95≤d<1.00		13	11	10	9
1.00≤d<1.10	3.75	20	18	17	16
1.10≤d<1.20		19	17	16	15
1.20≤d<1.30		18	16	15	14
1.30≤d<1.40		16	14	13	12
1.40≤d<1.50		14	12	11	10
1.50≤d<1.60	5.0	16	15	14	13
1.60≤d<1.70		15	14	13	12
1.70≤d<1.80		14	12	11	11
1.80≤d<1.90		13	11	10	10
1.90≤d<2.00		11	10	9	8
2.00≤d<2.10	7.5	16	15	14	13
2.10≤d<2.20		15	14	13	12
2.20≤d<2.30		14	13	12	11
2.30≤d<2.40		14	13	12	11
2.40≤d<2.50		13	12	11	10
2.50≤d<2.60		12	11	10	9
2.60≤d<2.70		12	11	10	9
2.70≤d<2.80		11	10	9	8
2.80≤d<2.90		11	10	9	8
2.90≤d<3.00		10	9	8	7
3.00≤d<3.10	10	15	14	13	12
3.10≤d<3.20		14	13	12	11
3.20≤d<3.30		13	12	11	10
3.30≤d<3.40		12	11	10	9
3.40≤d<3.50		11	10	9	8
3.50		10	9	8	7

5.1.27　钢丝网架夹芯板用钢丝（YB/T 126—1997）

用于生产钢丝网架夹芯板。

① 原料　钢丝用盘条应符合 GB 701 的规定，牌号由制造厂选定。

② 分类

a. 按用途，分为板条拼接夹芯板用钢丝（USC）和插丝夹芯板用钢丝（UIC），其中 S、C、T 分别是“板”“芯”“插丝”英文的首字母。钢丝直径见表 5-71。

表 5-71　板条网架夹芯板用钢丝和插丝夹芯板用钢丝的直径

mm

类别	钢丝直径	类别	钢丝直径
板条网架夹芯板用钢丝	2.03	插丝夹芯板用钢丝	3.00、3.20 3.50、3.80 4.00
插丝夹芯板用钢丝	2.00、2.20 2.50、2.80		

b. 按交货状态，分为冷拉钢丝（WCD）和镀锌钢丝（SZ）。

③ 捆重　见表 5-72。

表 5-72　每捆钢丝的质量、焊点数及每捆最小质量

钢丝直径/mm	标准捆			非标准捆
	捆重/kg	每捆焊接点数≤	焊接前每捆钢丝最低质量/kg	每捆最小质量/kg
2.00～3.00	50	2	1	10
3.00～4.00	50	2	2	15

④ 力学性能　见表 5-73。

表 5-73　钢丝的力学性能

类别	钢丝直径/mm	抗拉强度/MPa			反复弯曲次数(180°)
		A	B	C	
板条拼接夹芯板用	2.03	590～740	590～850	850～950	≥6
插丝夹芯板用	2.00～4.00	≥550			≥6

5.1.28　预应力混凝土用结构钢绞线（GB/T 5224—2023）

用于生产预应力混凝土构件。

① 种类 有冷拉光圆钢丝、刻痕钢丝及螺旋肋钢丝三种绞线。

② 结构 有如下9种。

1×2 用两根冷拉光圆钢丝捻制成的标准型钢绞线。

1×3 用三根冷拉光圆钢丝捻制成的标准型钢绞线。

1×3I 用三根含有刻痕钢丝捻制成的刻痕钢绞线。

1×7 用七根冷拉光圆钢丝捻制成的标准型钢绞线。

1×7I 用六根含有刻痕钢丝和一根冷拉光圆中心钢丝捻制成的刻痕钢绞线。

1×7H 用六根含有螺旋钢丝和一根冷拉光圆中心钢丝捻制成的螺旋肋钢绞线。

(1×7) C 用七根冷拉光圆钢丝捻制后再经冷拔成的模拔型钢绞线。

1×19S 用十九根冷拉光圆钢丝捻制的1＋9＋9西鲁式钢绞线。

1×19W 用十九根冷拉光圆钢丝捻制的1＋6＋6/6瓦林吞式钢绞线。

③ 型号标记方法

预应力钢绞线	□	□-	□-	GB/T 5224—2023
名称	结构代号 1×2,…	公称直径 /mm	强度级别 /MPa	标准编号

④ 公称直径和理论质量 见表5-74～表5-77。

表5-74 1×2结构钢绞线尺寸及公称横截面积、每米理论质量

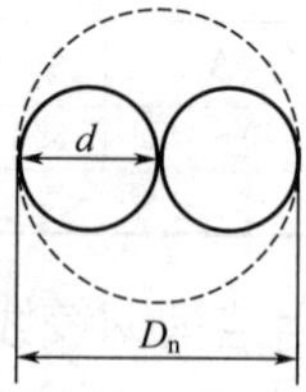

续表

公称直径		钢绞线公称横截面积/mm^2	每米理论质量/(g/m)	公称直径		钢绞线公称横截面积/mm^2	每米理论质量/(g/m)
钢绞线直径 D_n/mm	钢丝直径 d/mm			钢绞线直径 D_n/mm	钢丝直径 d/mm		
5.00	2.50	9.82	77.1	10.00	5.00	39.3	309
5.80	2.90	13.2	104	12.00	6.00	56.5	444
8.00	4.00	25.1	197				

表 5-75　1×3 结构钢绞线尺寸及公称横截面积、每米理论质量

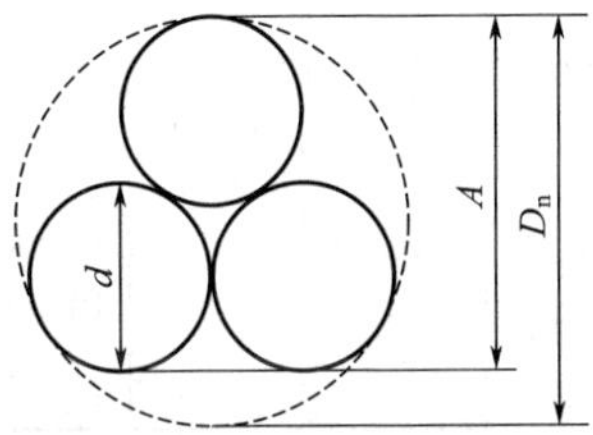

钢绞线结构	公称直径		钢绞线测量尺寸 A/mm	绞线公称横截面积/mm^2	每米理论质量/(g/m)
	钢绞线直径 D_n/mm	钢丝直径 d/mm			
1×3	6.20	2.90	5.41	19.8	155
	6.50	3.00	5.60	21.2	166
	8.60	4.00	7.46	37.7	296
	8.74	4.05	7.56	38.6	303
	10.80	5.00	9.33	58.9	462
	12.90	6.00	11.20	84.8	666
1×3I	8.70	4.04	7.54	38.5	302

表 5-76　1×7 结构钢绞线尺寸及公称横截面积、每米理论质量

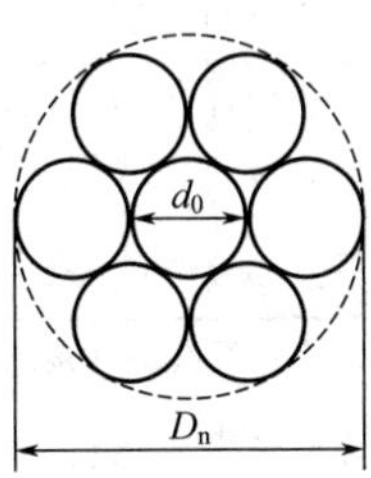

续表

钢绞线结构	公称直径 D_n /mm	公称横截面积 /mm²	公称质量 /(g/m)	中心钢丝直径 d_0 加大比/% ≥
1×7	9.50	54.8	430	2.5
	11.10	74.2	582	
	12.70	98.7	775	
	15.20	140	1101	
	15.70	150	1178	
	17.80	191	1500	
	18.90	220	1727	
	21.60	285	2237	
(1×7)C	12.70	112	890	
	15.20	165	1295	

钢绞线结构	公称直径 D_n /mm	公称横截面积 /mm²	公称质量 /(g/m)	中心钢丝直径 d_0 加大比/% ≥
(1×7)C	18.00	223	1750	2.5
1×7I 1×7H	9.50	54.8	430	
	11.10	74.2	582	
	12.70	98.7	775	
	15.20	140	1101	
	15.70	150	1178	
	17.80	191	1500	
	18.90	220	1727	
	21.60	285	2237	

表 5-77　1×19 结构钢绞线尺寸及公称横截面积、每米理论质量

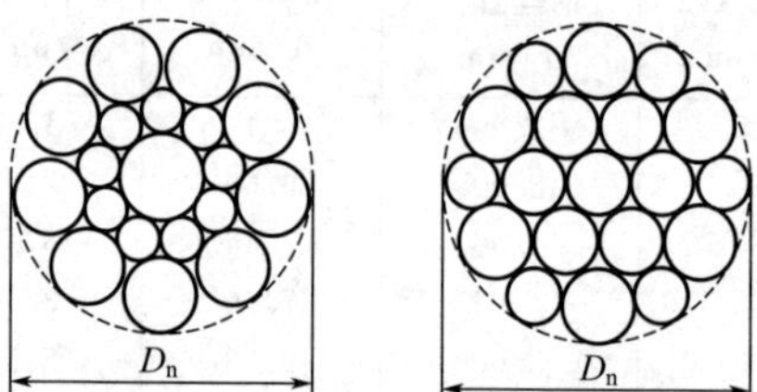

西鲁式　　　　瓦林吞式

钢绞线结构	公称直径 D_n/mm	绞线公称横截面积 /mm²	每米理论质量 /(g/m)
1×19S (1+9+9)	17.8	208	1652
	19.3	244	1931
	20.3	271	2149
1×19S (1+9+9)	21.8	313	2482
	28.6	532	4229
1×19W (1+6+6/6)	28.6	532	4229

注：1×19 的钢绞线的公称直径为钢绞线的外接圆直径。

⑤ 力学性能　见表 5-78～表 5-81。

表 5-78　1×2 结构钢绞线的力学性能

钢绞线公称直径 D_n /mm	公称抗拉强度 R_m /MPa	整根钢绞线的最大力 F_m/kN≥	整根钢绞线最大力的最大值 F_{mmax} /kN	0.2%屈服力 $F_{p0.2}$ /kN≥	最大力总伸长率 (L_0≥400mm) A_{gt}/%≥	应力松弛性能	
						初始负荷相当于实际最大力的百分数/%	1000h 应力松弛率 r/%≤
5.00	1720	16.9	18.9	14.9	对所有直径 3.5	对所有直径 70 80	对所有直径 2.5 4.5
5.80		22.7	25.3	20.0			
8.00		43.2	48.2	38.0			
10.00		67.6	75.5	59.5			
12.00		97.2	108	85.5			
5.00	1860	18.3	20.2	16.1			
5.80		24.6	27.2	21.6			
8.00		46.7	51.7	41.1			
10.00		73.1	81.0	64.3			
12.00		105	116	92.5			
5.00	1960	19.2	21.2	16.9			
5.80		25.9	28.5	22.8			
8.00		49.2	54.2	43.3			
10.00		77.0	84.9	67.8			

注：0.2%屈服力 $F_{p0.2}$ 值应为整根钢绞线实际最大力 F_{max} 的 88%～95%。

表 5-79　1×3 结构钢绞线力学性能

钢绞线结构	钢绞线公称直径 D_n /mm	公称抗拉强度 R_m /MPa	整根钢绞线最大力 F_m /kN ≥	整根钢绞线最大力的最大值 F_{mmax}/kN	0.2%屈服力 $F_{p0.2}$ /kN ≥	最大力总伸长率 (L_0≥400mm) A_{gt}/%≥	应力松弛性能	
							初始负荷相当于实际最大力的百分数/%	1000h 应力松弛率 r/% ≤
1×3	6.20	1720	34.1	38.0	30.0	对所有直径 3.5	对所有直径 70 80	对所有直径 2.5 4.5
	6.50		36.5	40.7	32.1			
	8.60		64.8	72.4	57.0			
	10.80		101	113	88.9			
	12.90		146	163	128			
	6.20	1860	36.8	40.8	32.4			
	6.50		39.4	43.7	34.7			
	8.60		70.1	77.7	61.7			
	10.80		110	121	96.8			
	12.90		158	175	139			
	6.20	1960	38.8	42.8	34.1			
	6.50		41.6	45.8	36.6			
	8.60		73.9	81.4	65.0			
	10.80		115	127	101			
	12.90		166	183	146			
1×3I	8.70	1720	66.2	73.9	58.3			
		1860	71.6	79.3	63.0			

表 5-80 1×7 结构钢绞线力学性能

钢绞线结构	钢绞线公称直径 D_n/mm	公称抗拉强度 R_m/MPa	整根钢绞线最大力 F_m/kN ≥	整根钢绞线最大力的最大值 F_{mmax}/kN	0.2%屈服力 $F_{p0.2}$/kN ≥	最大力总伸长率（L_0≥400mm）A_{gt}/%≥	应力松弛性能	
							初始负荷相当于实际最大力的百分数/%	1000h 应力松弛率 r/% ≤
1×7 1×7I 1×7H	21.60	1770	504	561	444	对所有直径 3.5	对所有直径 70 80	对所有直径 2.5 4.5
	9.50	1860	102	113	89.8			
	11.10		138	153	121			
	12.70		184	203	162			
	15.20		260	288	229			
	15.70		279	309	246			
	17.80		355	391	311			
	18.90		409	453	360			
	21.60		530	587	466			
1×7	9.50	1960	107	118	94.2			
	11.10		145	160	128			
	12.70		193	213	170			
	15.20		274	302	241			
	15.70		294	324	259			
	17.80		374	413	329			
	18.90		431	475	379			
	21.60		559	616	492			
	9.50	2160	118	129	104			
	11.10		160	175	141			
	12.70		213	233	187			
	15.20		302	330	266			
	15.70		324	354	285			
	9.50	2230	122	133	107			
	11.10		165	180	145			
	12.70		220	240	194			
	15.20		312	340	275			
	15.70		335	365	295			
	9.50	2360	129	140	114			
	11.10		175	190	154			
	12.70		233	253	205			
	15.20		330	358	290			
(1×7)C	12.70	1860	208	231	183			
	15.20	1820	300	333	264			
	18.00	1720	384	428	338			

表 5-81　1×19 结构钢绞线力学性能

钢绞线结构	钢绞线公称直径 D_n /mm	公称抗拉强度 R_m /MPa	整根钢绞线最大力 F_m /kN ≥	整根钢绞线最大力的最大值 F_{mmax} /kN	0.2%屈服力 $F_{p0.2}$ /kN ≥	最大力总伸长率（L_0≥400mm）A_{gt}/%≥	应力松弛性能 初始负荷相当于实际最大力的百分数/%	应力松弛性能 1000h 应力松弛率 r/% ≤
1×19S（1+9+9）	21.8	1770	554	617	488	对所有直径 3.5	对所有直径 70	对所有直径 2.5
	28.6		942	1048	829		80	4.5
	17.8	1860	387	428	341			
	19.3		454	503	400			
	20.3		504	558	444			
	21.8		583	645	513			
	28.6		990	1096	871			
	17.8	1960	408	449	359			
	19.3		478	527	421			
	20.3		531	585	467			
	21.8		613	676	539			
	28.6		1043	1149	918			
1×19W（1+6+6/6）	28.6	1770	942	1048	829			
		1860	990	1096	871			
		1960	1043	1149	918			

5.1.29　高强度低松弛预应力热镀锌钢绞线（YB/T 152—1999）

用于桥梁拉索，提升、固定拉力构件的建筑物及不直接与混凝土砂浆接触的预应力结构，由 7 根（6 根边缘钢丝紧密地螺旋在 1 根中心钢丝上）热镀锌圆钢丝组成。

① 原料　应符合 YB/T 146 的规定（或不低于该标准的相应原料），捻制前要进行热镀锌，捻制后需经连续稳定化处理。

② 绞线尺寸　见表 5-82。

表 5-82　高强度低松弛预应力热镀锌钢绞线的尺寸

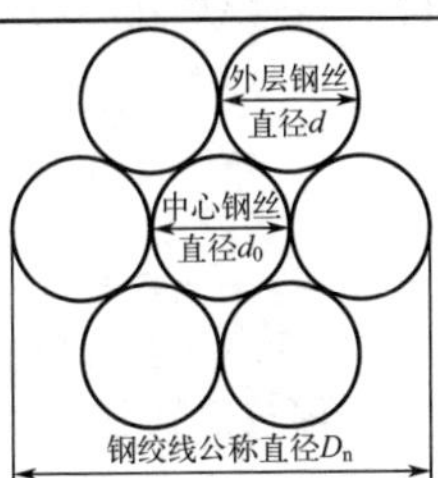

公称直径 /mm	钢铰线公称截面面积 /mm^2	理论质量 /(kg/km)	中心钢丝直径加大范围/% ≥
12.5	93	730	2.0
12.9	100	785	
15.2	139	1091	
15.7	150	1178	

③ 力学性能 见表5-83。

表 5-83 高强度低松弛预应力热镀锌钢绞线的力学性能

公称直径/mm	强度级别/MPa	最大载荷 F_b/kN	规定塑性延伸力 $F_{p0.2}$/kN	断后伸长率 A/%	应力松弛	
					初载荷/公称载荷	1000h应力松弛损失 R_{1000}/%
12.5	1770	164	146	≥3.5	70%	≤2.5
	1860	173	154			
12.9	1770	177	158			
	1860	186	166			
15.2	1770	246	220			
	1860	259	230			
15.7	1770	265	236			
	1860	279	248			

5.2 铁路及车辆用钢

5.2.1 铁路用热轧钢轨（GB 2585—2021）

为连铸坯生产，用于38～75kg/m对称断面热轧钢轨和在线热处理钢轨。

① 分类 按运营速度分成200km/h以下钢轨和200km/h及以上钢轨。

② 轨型 包括38kg/m、43kg/m、50kg/m、60kg/m（60、60N）、75kg/m（75、75N）五种，其理论质量分别为38.73kg/m、44.56kg/m、51.46kg/m、60.76kg/m、60.45kg/m（60N）、74.60kg/m和74.25kg/m（75N）。

③ 牌号 有U77MnCr、U77MnCrH、U78CrV、U78CrVH、U76CrRE、U76CrREH、U71Mn、U71MnH、U75V和U75VH共10种。其表示方法是：

第一部分	第二部分	第三部分
U（钢轨钢表示符号）	以阿拉伯数字表示平均碳含量	合金元素含量以化学元素符号及阿拉伯数字表示

表 5-84 为钢轨钢牌号表示示例。

表 5-84　钢轨钢牌号表示示例

产品名称	第一部分	第二部分	第三部分
U77MnCr	U	C：0.71%～0.82%	Mn：0.80%～1.10% Cr：0.25%～0.40%

④ 长度

a. 标准钢轨的定尺长度：

38kg/m、43kg/m 轨型为 12.5m 和 25m。

50kg/m、60kg/m 轨型为 12.5m、25m 和 100m。

75kg/m 轨型为 25m、75m 和 100m。

b. 曲线缩短钢轨的长度：

12.5m 钢轨为 12.46m、12.42m 和 12.38m。

25m 钢轨为 24.96m、24.92m 和 24.84m。

c. 短尺钢轨长度：

12.5m 钢轨为 9m、9.5m、11m、11.5m 和 12m。

25m 钢轨为 21m、22m、23m、24m 和 24.5m。

75m 钢轨为 71m、72m、73m 和 74m。

100 钢轨为 95m、96m、97m 和 99m。

⑤ 化学成分及残余元素　应符合 GB 2585—2021 表 4、表 5 以及 7.2.2、7.2.3 的规定。

⑥ 交货状态　热轧或热处理。

⑦ 牌号和力学性能　见表 5-85。

表 5-85　钢轨的力学性能

牌号	抗拉强度 R_m(热轧)/MPa	断后伸长率 A/%	轨头顶面中心线硬度(HBW10/3000)
热轧钢轨			
U71Mn	≥880	≥10	260～300
U75V	≥980	≥10	280～320
U77MnCr	≥980	≥9	290～330
U78CrV	≥1080	≥9	310～360
U76CrRE	≥1080	≥9	310～360

续表

牌号	抗拉强度 R_m(热轧) /MPa	断后伸长率 A/%	轨头顶面中心线硬度 (HBW10/3000)
热处理钢轨			
U71MnH	≥1080	≥10	320～380
U75VH	≥1180	≥10	340～400
U77MnCrH	≥1280	≥10	370～420
U78CrVH	≥1280	≥10	370～420
U76CrREH	≥1180	≥10	350～410

注：同一根钢轨上的硬度变化范围应不大于30HBW。

5.2.2　高速铁路用钢轨（TB/T 3276—2018）

用于运营速度为200km/h以上高速铁路（为60kg/m热轧钢轨），运营速度为160～200km/h的铁路钢轨可参照执行。

① 分级　按钢中非金属夹杂物的含量多少分为A和B两个等级。

② 牌号　有U71MnG和U75VC两个。前者用于250km/h以上高速铁路和200～250km/h高速客运铁路，后者用于200～250km/h高速客货混运铁路。250km/h以上高速铁路用钢轨非金属夹杂物应采用A级；200～250km/h高速铁路用钢轨非金属夹杂物应采用B级。

其化学成分及残留元素应符合TB/T 3276—2018表3及表4的规定。

③ 长度　标准钢轨的定尺长度为100m，短尺钢轨长度为95m、96m、97m和99mm。

④ 力学性能　见表5-86。

表5-86　钢轨的力学性能

牌号	抗拉强度 R_m/MPa　≥	伸长率 A/%　≥	轨头顶面硬度①(HBW)
U71MnG	880	10	260～300
U75VC	980	10	280～320

① 轨头顶面中心线硬度，HBW 10/3000。

5.2.3　铁路机车、车辆车轴用钢（GB/T 5068—2019）

用于制造铁路机车、车辆车轴。

① 分类　按化学成分分，有优质碳素结构钢和合金结构钢两种；按截面形状分，有方钢和圆钢两种。

② 牌号　有 LZ35、LZ40、LZ45、LZ50、25CrMoA、30CrMoA、35CrMoA、42CrMoA、30CrNi3 MoV 共 9 个。其化学成分应符合 GB/T 5068—2019 表 4 的要求。

③ 截面尺寸　方钢为 220mm × 220mm、230mm × 230mm、240mm×240mm、250mm×250mm、260mm×260mm、280mm×280mm、300mm×300mm、320mm×320mm、350mm×350mm；圆钢为 ϕ210～310mm。

④ 交货状态　热轧或锻造。

⑤ 截面尺寸和理论质量　见表 5-87。

表 5-87　机车、车辆车轴用钢的截面尺寸和理论质量

截面尺寸/mm	理论质量/(kg/m)	截面尺寸/mm	理论质量/(kg/m)	截面尺寸/mm	理论质量/(kg/m)
220×220	372.7	280×280	603.7	ϕ230	326.1
230×230	407.3	300×300	693.1	ϕ240	355.1
240×240	443.6	320×320	788.6	ϕ260	416.8
250×250	481.3	350×350	943.4	ϕ270	449.4
260×260	520.6	ϕ210	271.9	ϕ310	592.5

⑥ 力学性能　见表 5-88、表 5-89。

表 5-88　优质碳素结构钢车轴钢坯力学性能

牌号	下屈服强度 R_{eL}/MPa	抗拉强度 R_m/MPa	伸长率 A/%	断面收缩率 Z/%	冲击吸收能量 KU_2/J①	
					纵向	横向
经一次正火热处理						
LZ35、JZ35	≥320	550～650	≥22	≥35	≥30	≥25
LZ40、JZ40	≥335	550～700	≥21	≥35	—	—
LZ45、JZ45	≥345	≥610	≥20	≥35	—	—
LZ50、JZ50	≥365	≥645	≥19	≥35	—	—
经淬火＋回火热处理						
LZ35、JZ35	≥350	550～700	≥22	≥40	≥40	≥25
LZ50、JZ50	≥365	≥645	≥19	≥39	—	—

① 20℃下，深度 5mm 的 U 形缺口。

表 5-89 合金结构钢车轴钢坯力学性能

牌号	下屈服强度 R_{eL} /MPa	抗拉强度 R_m/MPa	伸长率 A/%	断面收缩率 Z/%	冲击吸收能量 KU_2/J			
					20℃①		−40℃②	
					纵向	横向	纵向	横向
25CrMoA	≥420	650～800	≥18	≥60	≥50	≥25	—	—
30CrMoA	≥420	650～800	≥18	≥60	≥50	≥25	—	—
35CrMoA	≥421	≥647	≥17	≥53	≥42	≥20	—	—
42CrMoA	≥510	730～880	≥14	≥50	≥25	≥13	—	—
30CrNi3MoV	≥850	950～1079	≥15	≥60	≥50	≥30	≥40	≥25

① 深度 5mm 的 U 形缺口。

② 深度 2mm 的 U 形缺口。

5.2.4 热轧轻轨（GB/T 11264—2012）

用于建造矿业、林业、建筑等专用轨道。

① 型号 有 9kg/m、12kg/m、15kg/m、18kg/m、22kg/m、24kg/m、30kg/m。

② 牌号 有 50Q、55Q、45SiMnP、50SiMnP。

③ 长度 12.0～5.0（间隔 0.5）m。

④ 几何参数和理论质量 见表 5-90。

表 5-90 热轧轻轨的几何参数和理论质量

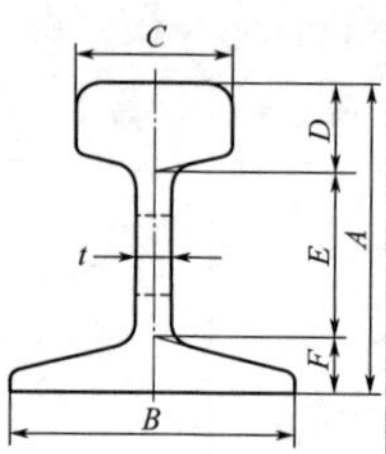

型号/(kg/m)	截面尺寸/mm							截面面积 A/cm^2	理论质量 W/(kg/m)
	轨高 A	底宽 B	头宽 C	头高 D	腰高 E	底高 F	腰厚 t		
9	63.50	63.50	32.10	17.48	35.72	10.30	5.90	11.39	8.94
12	69.85	69.85	38.10	19.85	37.70	12.30	7.54	15.54	12.20
15	79.37	79.37	42.86	22.22	43.65	13.50	8.33	19.33	15.20
18	90.00	80.00	40.00	32.00	42.30	15.70	10.00	23.07	18.06
22	93.66	93.66	50.80	26.99	50.00	16.67	10.72	28.39	22.30
24	107.00	92.00	51.00	32.00	58.00	17.00	10.90	31.24	24.46
30	107.95	107.95	60.33	30.95	57.55	19.45	12.30	38.32	30.10

⑤ 力学性能和工艺性能 见表 5-91。

表 5-91　热轧轻轨的力学性能和工艺性能

牌号	型号/(kg/m)	抗拉强度 R_m/MPa	布氏硬度(HBW)
50Q	≤12	≥569	—
50Q	≤12 15～30	≥685	— ≥197
45SiMnP	≤12	≥569	—
50SiMnP	≤12 15～30	≥685	— ≥197

5.2.5　起重机用钢轨（YB/T 5055—2014）

用于建造起重机大车及小车轨道。

① 牌号　有 U71Mn、U75V、U78CrV、U77MnCr、U76CrRE。化学成分符合 YB/T 5055—2014 表 4 要求。

② 长度　定尺长度为 9～12.5m（按 0.5m 进级），短尺轨为 6～8.9m（按 100mm 进级）。

③ 截面尺寸　见图 5-4。

④ 截面积、理论质量和重心　见表 5-92。

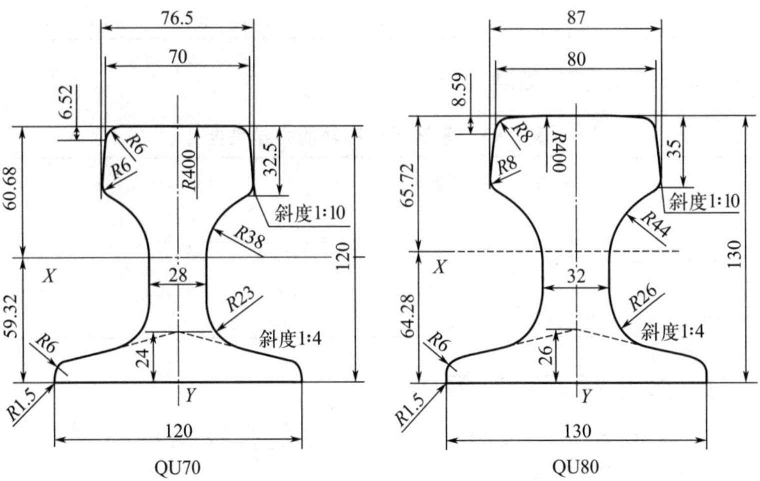

图 5-4

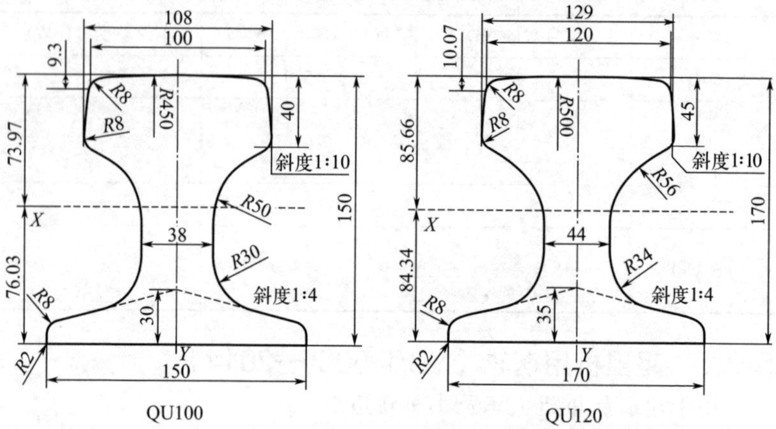

图 5-4 起重机用钢轨的形状和截面尺寸

表 5-92 起重机用钢轨的截面积、理论质量和重心

型号	横截面积/cm^2	理论质量/(kg/m)	重心距轨底距离/cm	重心距轨头距离/cm	型号	横截面积/cm^2	理论质量/(kg/m)	重心距轨底距离/cm	重心距轨头距离/cm
QU70	67.22	52.77	5.93	6.07	QU100	113.44	89.05	7.63	7.37
QU80	82.05	64.41	6.49	6.51	QU120	150.95	118.50	8.70	8.30

⑤ 力学性能 见表 5-93。

表 5-93 起重机用钢轨的力学性能

牌号	抗拉强度 R_m/MPa	断后伸长率 A/%	牌号	抗拉强度 R_m/MPa	断后伸长率 A/%
U71Mn	≥880	≥9	U77MnCr	≥980	≥9
U75V	≥980	≥9	U76CrRE	≥1080	≥9
U78CrV	≥1080	≥8			

5.3 汽车和农机用钢

5.3.1 汽车用冷成型高屈服强度钢板和钢带（GB/T 20887.1—2017）

包括冷成型用高屈服强度热连轧钢带以及由钢带横切成的钢板

和纵切成的纵切钢带。

① 分类　按表面状态分为热轧表面（无代号）和热轧酸洗表面（P）；按质量分为普通级表面（FA）和较高级表面（FB）。

② 尺寸、外形、质量　应符合 GB/T 709 的规定。钢的厚度不大于 20mm。

③ 化学成分　应符合 GB/T 20887.1—2017 表 1 规定。

④ 牌号　由“HR”（“热”“轧”的英文首位字母）＋规定最小屈服强度值（MPa）＋“F”（“成型”的英文首位字母）三部分组成。共有表 5-94 中的 12 个。

⑤ 交货状态　钢板及钢带均为热轧。

⑥ 力学性能和工艺性能　见表 5-94。

表 5-94　钢板及钢带的力学性能和工艺性能

牌号	拉伸试验①				弯曲试验④ d—压头直径，mm a—试样厚度，mm
	最小屈服强度 R_{eH}② /MPa	抗拉强度 R_m /MPa	断后伸长率/% ≥		
			A_{80}③	A	
			厚度＜3.0	厚度≥3.0	
HR315F	315	390～510	20	26	180°，$d=0$
HR355F	355	430～550	19	25	180°，$d=0.5a$
HR380F	380	450～590	18	23	180°，$d=0.5a$
HR420F	420	480～620	16	21	180°，$d=0.5a$
HR460F	460	520～670	14	19	180°，$d=a$
HR500F	500	550～700	12	16	180°，$d=a$
HR550F	550	600～760	12	16	180°，$d=1.5a$
HR600F	600	650～820	11	15	180°，$d=1.5a$
HR650F⑤	650	700～880	10	14	180°，$d=2.0a$
HR700F⑤	700	750～950	10	13	180°，$d=2.0a$
HR900F	900	930～1200	8	7	90°，$d=8.0a$
HR960F	960	980～1250	9	8	90°，$d=9.0a$

① 拉伸试验试样为纵向。

② 当屈服现象不明显时，可采用规定非比例延伸强度 $R_{p0.2}$ 代替。

③ 试样为 GB/T 228.1—2010 中的 P6 试样（$L_0=80$mm，$B=20$mm）。

④ 弯曲试验适用于横向试样，弯曲试样宽度 $b \geqslant 35$mm，仲裁试验时试样宽度为 35mm。

⑤ 厚度大于 8.0mm 的钢板及钢带，其最小屈服强度允许降低 20MPa。

注：弯曲试验后，试样的外侧表面不应有目视可见的裂纹。

5.3.2 汽车用高强度热连轧高扩孔钢板和钢带（GB/T 20887.2—2022）

高扩孔钢是具有较高的抗拉强度、较高的成型性能和良好的凸缘圈边成型性能，显微组织主要为铁素体和贝氏体组织，也称为铁素体贝氏体钢（FB）或高凸缘翻边高强钢（SF）。包括厚度不大于6mm的具有高扩孔性能的热连轧钢带以及由此横切成的钢板及纵切成的纵切钢带。

① 分类 按钢板及钢带的表面状态分为热轧表面（无代号）和热轧酸洗表面（P）；按质量分为普通级表面（FA）和较高级表面（FB）。

② 尺寸、外形、质量 应符合GB/T 709的规定。钢的厚度不大于6mm。

③ 牌号 由“热轧”的英文首位字母“HR”＋规定最小屈服强度值/规定的最小抗拉强度值（MPa）＋“扩孔钢”的英文首位字母“HE”三部分组成。共有表5-95中的3个。

④ 化学成分 应符合GB/T 20887.2—2022附录A的规定。

⑤ 力学性能和工艺性能 见表5-95。

表5-95 钢板及钢带的力学性能和工艺性能

牌号	拉伸试验①			扩孔率 /%≥
	下屈服强度② R_{eL}/MPa	抗拉强度 R_m/MPa ≥	断后伸长率 A (L_0=80mm, b=20mm)/%≥	
HR300/450HE	300～400	450	24	80
HR440/580HE	440～620	580	14	75
HR600/780HE	600～800	780	12	55

① 拉伸试样规定值适用于纵向试样。

② 无明显屈服时采用 $R_{p0.2}$。

注：经供需双方协商同意，对屈服强度下限值可不作要求。

5.3.3 汽车用高强度热连轧双相钢板及钢带（GB/T 20887.3—2022）

双相钢的显微组织主要为铁素体和马氏体（以岛状弥散分布在铁素体基体上）。

① 分类　按钢板及钢带的表面状态分为热轧表面和热轧酸洗表面（P）；按钢板及钢带的表面质量分为普通表面（FA）和较高级表面（FB）。

② 尺寸、外形、质量　应符合 GB/T 709 的规定。钢的厚度不大于 6mm。

③ 牌号　由“热轧”的英文首位字母“HR”＋规定最小屈服强度值/规定的最小抗拉强度值（MPa）＋“双相钢”的英文首位字母“DP”三部分组成。共有表 5-96 中的 2 个。

④ 交货状态　热轧（热轧酸洗表面通常涂油）或控轧。

⑤ 力学性能和工艺性能　见表 5-96。

表 5-96　钢板及钢带的力学性能和工艺性能

牌号	拉伸试验[①]			拉伸应变硬化指数 n 值 ≥
	下屈服强度[②] R_{eL}/MPa	抗拉强度 R_m /MPa ≥	断后伸长率 A (L_0=80mm, b=20mm)/% ≥	
HR330/580DP	330～470	580	19	0.14
HR450/780DP	450～610	780	14	0.11

① 拉伸试验试样方向为纵向。

② 无明显屈服时采用 $R_{p0.2}$。

5.3.4 汽车用高强度热连轧相变诱导塑性钢板及钢带（GB/T 20887.4—2022）

相变诱导塑性钢的显微组织为铁素体、贝氏体和残余奥氏体。在成型过程中，残余奥氏体可相变为马氏体组织。该钢具有较高的加工硬化率、均匀伸长率和抗拉强度。与同等抗拉强度的双相钢相比，具有更高的伸长率。

① 分类　按钢板及钢带的表面状态，分为热轧表面和热轧酸洗表面（P）；按表面质量高低，分为普通级表面（FA）和较高级表面（FB）。

② 尺寸、外形、质量　应符合 GB/T 709 的规定。钢的厚度不大于 6mm。

③ 牌号　由“热轧”的英文首位字母“HR”＋规定最小屈服强度值/规定的最小抗拉强度值（MPa）＋“相变诱导塑性”的英

文首位字母“TR”三部分组成。共有表5-97中的2个。

④ 交货状态 热轧或控轧。

⑤ 力学性能和工艺性能 见表5-97。

表5-97 钢板及钢带的力学性能和工艺性能

牌号	拉伸试验①			n值 (10%～20%) ≥
	下屈服强度② R_{eL}/MPa ≥	抗拉强度 R_m /MPa	断后伸长率A (L_0=80mm, b=20mm)/% ≥	
HR400/590TR	400	590	24	0.19
HR450/780TR	450	780	20	0.15

① 拉伸试验试样为纵向。

② 无明显屈服时采用 $R_{p0.2}$。

5.3.5 汽车用高强度热连轧马氏体钢板及钢带（GB/T 20887.5—2022）

马氏体钢的显微组织几乎全部为马氏体组织，具有较高的强度和一定的成型性能。

① 分类 按钢板及钢带的表面状态，分为热轧表面和热轧酸洗表面（P）；按表面质量高低，分为普通级表面（FA）和较高级表面（FB）。

② 尺寸、外形、质量 应符合GB/T 709的规定。钢的厚度不大于6mm。

③ 牌号 由“热轧”的英文首位字母“HR”＋规定最小屈服强度值/规定的最小抗拉强度值（MPa）＋“马氏体”的英文首位字母“MS”三部分组成。共有表5-98中的2个。

④ 交货状态 热轧或控轧。

⑤ 力学性能和工艺性能 见表5-98。

表5-98 钢板及钢带的力学性能和工艺性能

牌号	拉伸试验①			180°弯曲试验② d—压头直径 a—试样厚度
	下屈服强度③④ R_{eL}/MPa	抗拉强度 R_m /MPa ≥	断后伸长率A (L_0=80mm, b=20mm)/% ≥	
HR900/1200MS	900～1150	1200	5	d=8a

续表

牌号	拉伸试验①			180°弯曲试验② d—压头直径 a—试样厚度
	下屈服强度③④ R_{eL}/MPa	抗拉强度 R_m /MPa ≥	断后伸长率 A (L_0=80mm, b=20mm)/% ≥	
HR1050/1400MS	1050～1250	1400	4	$d=8a$

① 拉伸试验试样为纵向。

② 弯曲试验规定值适用于横向试样。

③ 无明显屈服时采用 $R_{p0.2}$。

④ 经供需双方协商同意，对屈服强度下限值可不作要求。

5.3.6 汽车用高强度热连轧复相钢钢板及钢带（GB/T 20887.6—2017）

复相钢的显微组织是铁素体或贝氏体基体上分布少量马氏体、残余奥氏体或珠光体。由低碳钢或低合金高强度钢经临界区热处理或控制轧制后获得。它具有高强度和高延性，是一种新型冲压用钢，常用于制作厚度 8mm 以下的汽车结构件、加强件。

① 分类　按表面状态分，有热轧表面和热轧酸洗表面（P）；按表面质量分，有普通级表面（FA）和较高级表面（FB）。

② 牌号　由 HR（“热”“轧”英文首字母）+规定的最小屈服强度/规定的最小抗拉强度值和 CP（“复”“相”英文首字母）三部分组成。有 HR660/760CP 和 HR720/950CP 两个。

③ 化学成分　参考值参见 GB/T 20887.6—2017 附录 A。

④ 交货状态　热轧，酸洗表面时通常涂油。

⑤ 力学性能　见表 5-99。

表 5-99　复相钢钢板及钢带的力学性能

牌号	拉伸试验			
	下屈服强度 R_{eL}/MPa	抗拉强度 R_m /MPa ≥	断后伸长率 A (L_0=80mm, b=20mm)/% ≥	
			厚度<3.0	厚度≥3.0
HR660/760CP	660～820	760	9	10
HR720/950CP	720～920	950	8	9

5.3.7 汽车用高强度热连轧液相成型用钢板及钢带（GB/T 20887.7—2017）

用于制造厚度不大于6mm的汽车副支架、仪表盘支架等液压成型结构件。

① 分类 按表面状态分，有热轧表面和热轧酸洗表面（P）；按表面质量分，有普通级表面（FA）和较高级表面（FB）。

② 牌号 由HR（“热”“轧”英文首字母）＋规定的最小屈服强度/规定的最小抗拉强度值和HF（“液压”“成型”英文首字母）三部分组成。有HR270HF、HR370HF、HR400HF、HR440HF四个。

③ 化学成分 应符合GB/T 20887.7—2017表1的规定。

④ 交货状态 热轧，酸洗表面时通常涂油。

⑤ 力学性能 见表5-100。

表5-100 液相成型用钢板及钢带的力学性能

牌号	拉伸试验			
	下屈服强度 R_{eL}/MPa	抗拉强度 R_m /MPa	断后伸长率 A (L_0=50mm, b=25mm)/% ≥	n ≥
HR270HF	170～260	270～370	40	0.18
HR370HF	225～305	370～470	38	0.16
HR400HF	250～330	400～500	34	0.15
HR440HF	285～385	440～540	32	0.14

5.3.8 汽车车轮用热轧钢板和钢带（YB/T 4151—2015）

用于制造汽车车轮上的结构件。

① 分类

按边缘状态可分为：切边（EC）和不切边（EM）。

按厚度精度可分为：普通精度（PT.A）和较高精度（PT.B）。

按表面处理方式可分为：轧制表面和酸洗表面。

按表面质量等级可分为：普通级表面（FA）和较高级表面（FB）。

② 尺寸、外形和质量 按GB/T 709的规定。厚度为1.6～20mm。

③ 牌号　最小抗拉强度值+CL（“车”“轮”的汉语拼音首字母）。有 330CL、380CL、440CL、490CL、540CL、590CL 和 650CL 七种。

④ 化学成分　应符合 YB/T 4151—2015 表 1 要求。

⑤ 交货状态　热轧。

⑥ 力学性能和工艺性能　见表 5-101。

表 5-101　汽车车轮用热轧钢板和钢带的力学性能和工艺性能

牌号	拉伸试验①				180°弯曲试验①③
	下屈服强度 R_{eL}/MPa ≥	抗拉强度 R_m②/MPa	断后伸长率/% ≥ 厚度<3mm A_{80}(b=20mm)	断后伸长率/% ≥ 厚度≥3mm A	
330CL	225	330～430	27	33	$D=0.5a$
380CL	235	380～480	23	28	$D=a$
440CL	295	440～550	21	26	$D=a$
490CL	325	490～600	20	24	$D=2a$
540CL	355	540～660	18	22	$D=2a$
590CL	420	590～710	17	20	$D=2a$
650CL	500	650～770	15	18	$D=2a$

① 拉伸试验和弯曲试验采用横向试样。

② 当屈服现象不明显时，可采用 $R_{p0.2}$ 代替 R_m。

③ D 为弯曲压头直径，a 为弯曲试样厚度，弯曲试样宽度 8～35mm。弯曲 180°后，表面不得产生裂纹。

注：厚度 6～10mm 的热连轧钢板和钢带，断后伸长率允许较表中数值降低 1%；厚度大于 10～20mm 的热连轧钢板和钢带断后伸长率允许较表中数值降低 2%（均为绝对值）。

5.3.9 车轮挡圈和锁圈用热轧型钢（YB/T 039—2016）

用于制造各类道路运输车辆、工程机械、路面机械、港口机械、桥梁机械、矿山自卸车辆及特种车辆等轮式车辆所使用的车轮挡圈和锁圈。

① 牌号　Q345 和 50Mn。

② 交货状态　热轧。

③ 型号、截面面积和理论质量　见表 5-102。

表 5-102　型钢的型号、截面面积和理论质量

类别	型号	截面面积 /cm^2	理论质量 /(kg/m)	类别	型号	截面面积 /cm^2	理论质量 /(kg/m)
挡圈	5.50F	3.165	2.485	挡圈	8.5B	8.917	7.000
	6.00G	3.784	2.970	锁圈	7.0	2.993	2.350
	6.5	5.261	4.130		HD	13.682	10.74
	7.00T	4.841	3.800		W	4.255	3.34
	7.50V	6.408	5.030		EM	3.797	2.98
	8.00V	6.408	5.030		Z	3.211	2.52
	8.5A	9.939	7.802		T	1.669	1.31

注：理论质量按密度 7.85g/cm^3 计算。

④ 力学性能　见表 5-103、表 5-104。

表 5-103　挡圈型钢及 7.0 锁圈型钢的力学性能

牌号	下屈服强度 R_{eL}/MPa	抗拉强度 R_m/MPa	断后伸长率 A/%	180°弯曲试验
Q345B	≥345	≥510	≥21	$d=2a$

注：d 为弯芯直径，a 为试样厚度（直径）。

表 5-104　其余锁圈型钢的力学性能

牌号	上屈服强度 R_{eH}/MPa	抗拉强度 R_m/MPa	断后伸长率 A/%	冲击吸收能量 KU_2/J
50Mn	≥390	≥645	≥13	≥31

注：试样不大于 12mm 时不做冲击试验。

5.3.10　车轮轮辋用热轧型钢（YB/T 5227—2016）

用于制造各类道路运输车辆、工程机械、路面机械、港口机械、桥梁机械、矿山自卸车辆及特种车辆等轮式车辆所使用的车轮轮辋。

① 分类　按实际应用区分为二件式、三件式、四件式、五件式轮辋对应的型钢，三件式以上的型钢分为轻型、中型和重型三种。

② 材质　400LW（三件式以上者用 470LW）。

③ 交货状态　热轧。

④ 型号、截面积及理论质量　见表 5-105。

表 5-105　热轧型钢的型号、截面积及理论质量

型号	理论质量 /(kg/m)	截面积 /mm^2	型号	理论质量 /(kg/m)	截面积 /mm^2
5.50F	6.95	885.35	8.0HT	20.30	2585.99
6.00G	9.36	1192.36	8.5A	20.382	2596.43
6.5A	10.812	1377.32	8.5B	19.96	2542.68
6.5B	12.01	1529.94	8.5H	21.958	2797.20
7.00T	12.595	1604.46	8.5HTA	21.397	2725.74
7.00TH	15.10	1923.62	8.5HTB	20.80	2649.69
7.50VA	14.756	1879.76	8.5HZ	21.456	2733.25
7.50VB	15.71	2001.27	8.5HD	21.397	2725.77
7.50VH	16.88	2150.32	9.0	23.00	2929.94
8.00VA	16.788	2138.61	10.0	24.637	3138.476
8.00VB	17.52	2231.85			

⑤ 力学性能　见表 5-106。

表 5-106　交货状态下的力学性能

牌号	上屈服强度 R_{eH} /MPa	抗拉强度 R_m /MPa	伸长率 A /%	180°冷弯曲	冲击吸收能量 KV_2/J
400LW	≥245	400～510	≥30	$d=2a$	≥27

注：d 为弯芯直径，a 为试样厚度（直径）。

5.3.11　汽车大梁用热轧钢板和钢带（GB/T 3273—2015）

用于制造汽车大梁（纵梁、横梁）。

① 分类　按边缘状态分为切边（EC）和不切边（EM）；按厚度精度分为普通精度（PT.A）和较高精度（PT.B）；按表面处理方式分为轧制表面（SR）和酸洗表面（SA）；按表面质量等级分为普通级表面（FA）和较高级表面（FB）。

② 尺寸、外形、质量　应符合 GB/T 709 的规定。厚度范围：1.6～16.0mm。

③ 牌号　抗拉强度下限值（MPa）+L（汉语拼音“梁”的首字母），有 370L、420L、440L、510L、550L、600L、650L、700L、750L 和 800L 共 10 个。

④ 交货状态　热轧状态

⑤ 力学性能和工艺性能　见表 5-107。

表 5-107 钢板和钢带的力学性能和工艺性能

牌号	下屈服强度 R_{eL} /MPa≥	抗拉强度 R_m /MPa	断后伸长率/%≥		180°冷弯试验	
			厚度<3.0mm	厚度≥3.0mm	厚度≤12.0mm	厚度>12.0mm
			A_{80}(b=20mm)	A		
370L	245	370～480	23	28	$D=0.5a$	$D=a$
420L	305	420～540	21	26	$D=0.5a$	$D=a$
440L	330	440～570	21	26	$D=0.5a$	$D=a$
510L	355	510～650	20	24	$D=a$	$D=2a$
550L	400	550～700	19	23	$D=a$	$D=2a$
600L	500	600～760	15	18	$D=1.5a$	$D=2a$
650L	550	650～820	13	16	$D=1.5a$	$D=2a$
700L	600	700～880	12	14	$D=2a$	$D=2.5a$
750L	650	750～950	11	13	$D=2a$	$D=2.5a$
800L	700	800～1000	10	12	$D=2a$	$D=2.5a$

注：1. a 为弯曲试样厚度，弯曲试样宽度 b≥35mm，仲裁试验时试样宽度为35mm。D 为弯曲压头直径。

2. 拉伸试验和弯曲试验采用横向试样。

3. 当屈服现象不明显时，可采用 $R_{p0.2}$ 代替 R_{eL}。

4. 700L、750L、800L 三个牌号，当厚度大于 8.0mm 时，规定的最小屈服强度允许下降 20MPa。

5.3.12 调质汽车曲轴用钢棒（GB/T 24595—2009）

用于制造调质汽车曲轴。

① 钢棒的尺寸、外形、质量 应符合 GB/T 702 的有关规定。

② 牌号 有 45、40Cr、40CrA、42CrMo、42CrMoA 五种，化学成分应符合 GB/T 24595—2009 表 1 要求。

③ 交货状态 热轧，交货硬度应不大于 302HBW。

④ 力学性能 见表 5-108、表 5-109。

表 5-108 45 钢热处理后的力学性能

推荐热处理制度/℃			力学性能≥				
正火（空冷）	淬火（油冷）	回火（油冷）	下屈服强度 R_{eL} /MPa	抗拉强度 R_m/MPa	断后伸长率 A/%	断面收缩率 Z/%	冲击吸收能量 KU_2/J
850±20	840±20	600±20	355	600	16	40	39

注：用于拉伸毛坯制成的试样采用正火处理工艺，用于冲击毛坯制成的试样采用调质处理工艺。

表 5-109　40CrA 和 42CrMoA 热处理后的力学性能

牌号	推荐热处理制度/℃		力学性能≥				
	淬火（油冷）	回火（水冷、油冷）	规定塑性强度 $R_{p0.2}$ /MPa	抗拉强度 R_m /MPa	断后伸长率 A /%	断面收缩率 Z /%	冲击吸收能量 KU_2 /J
40CrA	850±15	520±50	785	980	9	45	47
42CrMoA	850±15	560±50	930	1080	12	45	43

5.3.13　履带用热轧型钢（YB/T 5034—2015）

用于制造挖掘机、推土机等工程机械履带。

① 牌号　有 23MnB、25MnB、30MnTiB、35MnTiB 和 40SiMn2 共 5 个。化学成分应符合 YB/T 5034—2015 表 3 的要求。

② 交货状态　热轧。长度不小于 3m。

③ 标记　由下面 6 项组成：

L	□	□	□□□×	□□×	□□
履带用	齿数（阿拉伯数字）	类别（大写字母）	节距/mm	厚度/mm	齿高/mm

注：类别中，T—拖拉机、推土机履带用；W—挖掘机履带用。

④ 型号、截面面积和理论质量　见表 5-110。

表 5-110　型钢的型号、截面面积和理论质量

型号	截面面积 /cm^2	理论质量 /(kg/m)	型号	截面面积 /cm^2	理论质量 /(kg/m)
L1T-203×14×60	44.70	35.09	L3W-190×10×26	36.72	28.83
L1T-216×16×70	56.15	44.08	L3K-190×8.5×26	33.00	25.90
L3W-135×6×14	13.89	10.90	L3K-190×10×26	36.28	28.48
L3W-171×8×19	23.76	18.65	L3W-216×11×30	46.18	36.25
L3V-171×8×25	29.03	22.79			

⑤ 化学成分　应符合 YB/T 5034—2015 表 3 的规定。

⑥ 热处理制度　见表 5-111。

表 5-111　热处理制度（参考）

牌号	淬火		回火	
	温度/℃	冷却剂	温度/℃	冷却剂
40SiMn2	880±20	水或油	550±30	水或油
30MnTiB	880±20	水	280±30	水
35MnTiB	880±20	水	400±30	水

注：经供需双方协商，30MnTiB 型钢的回火温度可采用（400±30)℃。

5.3.14　子午线轮胎用钢帘线（GB/T 11181—2016）

用于子午线结构轮胎胎体和带束层用的镀黄铜钢丝帘线。

① 分类　按结构类型可分为：普通型钢帘线（无代号）、开放型钢帘线（OC)、密集型钢帘线（CC)、高伸长钢帘线（HE）和高抗冲击型钢帘线（HI)；按抗拉强度等级可分为：普通强度钢帘线（NT)、高强度钢帘线（HT)、超高强度钢帘线（ST）和特高强度钢帘线（UT)。

② 原材料（盘条）　应符合 GB/T 27691 的规定。

③ 结构标记方法

$(N\times F)\times D+$	$(N\times F)\times D+$	$(N\times F)\times D+$	$F\times D$
最内层	中间层	最外层	外缠层

其中，N—股数；F—单丝根数；D—单丝公称直径，mm。各层之间捻距、捻向相同但单丝直径不同用斜杠（/）表示。当 N 或 $F=1$ 时，可省掉格式中的 N 或 F。当捻距无穷大时，捻距和捻向分别用“∞”和“—”表示。

④ 长度　见表 5-112。

表 5-112　钢帘线的长度和允许偏差　　mm

长度	允许偏差	长度	允许偏差	长度	允许偏差
≤2000	±0.75%	>2000～8000	±0.50%	>8000	±0.25%

⑤ 主要结构和性能　见表 5-113。

表 5-113　钢帘线的主要结构和性能

钢帘线结构	捻距（±5%）/mm	捻向	直径（±5%）/mm	最小破断力/N				线密度（±5%）/(g/m)	定长（BS40/BS60）/m
				NT	HT	ST	UT		
2×0.28	14.0	S	0.560	—	—	385	425	0.970	19500
2×0.30	14.0	S	0.600	—	405	445	485	1.120	16300
2×0.30	16.0	S	0.600	—	—	445	485	1.120	16300
2+1×0.25	∞/11.0	—/S	0.630	—	425	470	520	1.160	13600
2+1×0.28	∞/14.0	—/S	0.710	460	510	575	—	1.455	13000
2+1×0.30	∞/14.0	—/S	0.750	520	610	670	—	1.670	10000
3×0.27	14.0	S	0.580	—	470	550	—	1.350	14000
3×0.28	16.0	S	0.600	—	480	575	—	1.460	13000
3×0.30	16.0	S	0.650	520	610	670	—	1.680	12500
3×0.30CC	16.0	S	0.670	520	610	670	—	1.680	12500
3×0.38	20.0	S	0.800	—	—	980	—	2.670	7150
2+2×0.25	∞/14.0	—/S	0.650	490	570	630	—	1.550	12500
2+2×0.28	∞/16.0	—/S	0.740	615	680	770	—	1.950	10000
2+2×0.30	∞/16.0	—/S	0.780	690	810	880	—	2.230	8150
2+2×0.32	∞/16.0	—/S	0.830	800	890	1000	—	2.570	7000
2+2×0.35	∞/16.0	—/S	0.940	900	1025	1175	1275	3.030	6000
2+2×0.38	∞/16.0	—/S	1.000	1040	1165	—	—	3.600	5000
2+3×0.30	∞/16.0	—/S	0.900	—	1010	1110	—	2.790	6000
2+4×0.17	∞/10.0	—/S	0.480	—	—	—	475	1.080	17000
2+4×0.22	∞/14.0	—/S	0.680	—	655	—	—	1.810	10000
5×0.30	16.0	S	0.810	—	1010	—	—	2.800	7300
5×0.35	17.0	S	0.940	—	1310	—	—	3.820	5500
5×0.38	18.0	S	1.030	—	1505	—	—	4.510	4600
3+2×0.30	∞/16.0	—/S	0.900	—	1010	1115	1210	2.790	6500
3+2×0.35	∞/18.0	—/S	1.070	—	1305	1470	—	3.820	4800
3+3×0.35	∞/18.0	—/S	1.090	—	1565	1765	—	4.527	4000
2+7×0.22	6.3/12.5	S/S	0.830	890	1010	—	—	2.740	7200
2+7×0.22+0.15	6.3/12.5/5.0	S/S/Z	1.080	890	1010	—	—	2.900	5200
2+7×0.25	7.0/14.0	S/S	0.950	—	1285	1430	—	3.530	5500
2+7×0.26	7.5/15.0	S/S	1.050	—	1340	1520	—	3.800	4700
2+7×0.28	8.0/16.0	S/S	1.060	1380	1530	1765	—	4.450	4300
2+7×0.28+0.15	8.0/16.0/3.5	S/S/Z	1.330	1380	1530	—	—	4.640	3300
2+7×0.30	8.0/16.0	S/S	1.160	—	1770	2005	—	5.080	3650
2+7×0.34	8.0/18.0	S/S	1.340	—	2235	—	—	6.530	3000
2+8×0.30	8.0/16.0	S/S	1.210	—	2025	—	—	5.700	3300

续表

钢帘线结构	捻距(±5%)/mm	捻向	直径(±5%)/mm	最小破断力/N				线密度(±5%)/(g/m)	定长(BS40/BS60)/m
				NT	HT	ST	UT		
0.34+6×0.34	17.0	S	1.130	—	1840	—	—	5.030	3700
0.315+6×0.30	16.0	S	0.920	—	1360	1570	—	3.990	4900
0.365+6×0.35	18.0	S	1.080	—	1860	2040	—	5.420	3600
3×0.15+6×0.27	9.0/10.0	Z/S	0.850	1000	—	—	—	3.170	6400
3×0.175+6×0.30	9.5/15.5	Z/S	0.980		1400	—	—	3.950	4700
3×0.175+6×0.32	9.5/15.5	Z/S	1.040	1380	1540	—	—	4.420	4000
3×0.20+6×0.35	10.0/18.0	S/Z	1.130	1550	1850	—	—	5.340	3700
4+3×0.35	∞/18.0	—/S	1.190	—	1825	2055	2260	5.310	3400
4+6×0.30	∞/18.0	—/S	1.180	—	1980	2225	—	5.620	3200
4+6×0.35	∞/20.0	—/S	1.460	—	2430	—	—	7.680	2350
4+6×0.38	∞/22.0	—/S	1.580	—	2815	3350	—	8.950	1850
3+8×0.20	6.3/12.5	S/S	0.850	—	1010	—	—	2.780	6700
3+8×0.22	6.0/12.0	S/S	0.910	—	1240	1370	—	3.330	5600
3+8×0.33	10.0/18.0	S/S	1.350	—	2650	2940	—	7.460	2600
3+8×0.33	10.0/20.0	S/S	1.350	—	2650	2940	—	7.450	2600
3+8×0.35	10.0/20.0	S/S	1.440	—	2860	—	—	8.440	2500
12×0.20+0.15CC	12.5/3.5	S/Z	1.100	995	—	—	—	3.170	5000
12×0.22CC	12.5	S	0.910	1185	1360	—	—	3.640	5800
12×0.22+0.15CC	12.5/3.5	S/Z	1.180	1185	1360	—	—	3.840	4000
3×0.20/9×0.175CC	10.0	S	0.750	835	950	1050	1150	2.490	8000
3×0.20/9×0.175+0.15CC	10.0/3.5	S/Z	1020	835	950	1050	1150	2.650	6000
3×0.22/9×0.20CC	12.5	S	0.850	1050	1185	1320	1445	3.170	7000
3×0.22/9×0.20+0.15CC	12.5/5.0	S/Z	1.110	1050	1185	1320	1445	3.330	5000

续表

钢帘线结构	捻距(±5%)/mm	捻向	直径(±5%)/mm	最小破断力/N				线密度(±5%)/(g/m)	定长(BS40/BS60)/m
				NT	HT	ST	UT		
3×0.24/9×0.225CC	14.0	S	0.940	—	1445	—	—	3.940	5300
3×0.24/9×0.225+0.15CC	12.5/5.0	S/Z	1.170	—	1445	—	—	4.100	4000
3×0.24/9×0.225+0.15CC	14.0/5.0	S/Z	1.170	—	1445	—	—	4.100	4000
3+9×0.22	6.3/12.5	S/S	0.920	1185	1360	1490	—	3.650	5000
3+9×0.22+0.15	6.3/12.5/3.5	S/S/Z	1.140	1185	1360	—	—	3.850	4000
3+9×0.25	7.0/14.5	S/S	1.020	—	1710	1915	—	4.710	4600
3+9×0.25+0.15	7.0/14.5/5.0	S/S/Z	1.310	—	1710	1915	—	4.890	3500
0.20+18×0.175CC	10.0	Z	0.900	1230	1440	1520	—	3.660	6000
0.22+18×0.20CC	12.5	Z	1.020	1580	1805	2010	—	4.840	4700
0.25+18×0.22CC	16.0	Z	1.130	1905	2170	—	—	5.850	4000
0.22+6+12×0.20	6.3/12.5	Z/Z	1.020	—	1775	2010	—	4.860	4700
0.25+6×0.22+12×0.20	6.3/16.0	Z/Z	1.090	—	1975	—	—	5.260	4300
0.25+6+12×0.225	8.0/16.0	Z/Z	1.130	—	2225	2500	—	6.050	3700
0.25+6+12×0.225	7.5/16.0	Z/Z	1.130	—	2225	2500	—	6.050	3700
3+8+13×0.18+0.15	5.0/10.0/16.0/3.5	S/S/Z/S	1.340	—	1680	2010	—	5.100	3200
3+8+13×0.22+0.15	6.0/120/180/35	S/S/Z/S	1.560	—	2550	—	—	7.500	2150
3+9+15×0.175	5.0/10.0/16.0	S/S/Z	1.070	1680	—	—	—	5.200	4000
3+9+15×0.175+0.15	5.0/10.0/16.0/3.5	S/S/Z/S	1.340	1680	—	2130	—	5.420	3100

续表

钢帘线结构	捻距(±5%)/mm	捻向	直径(±5%)/mm	最小破断力/N				线密度(±5%)/(g/m)	定长(BS40/BS60)/m
				NT	HT	ST	UT		
3+9+15×0.22	6.3/12.5/18.0	S/S/Z	1.350	2700	—	—	—	8.270	2050
3+9+15×0.22+0.15	6.3/12.5/18.0/3.5	S/S/Z/S	1.620	2700	—	—	—	8.500	2000
3+9+15×0.22	6.3/12.5/18.0	Z/Z/Z	1.350	—	2945	—	—	8.270	2050
3+9+15×0.22+0.15	6.3/12.5/18.0/3.5	Z/Z/Z/S	1.620	—	2945	—	—	8.500	2000
3+9+15×0.225	6.3/12.5/18.0	Z/Z/Z	1.390	—	3120	3485	—	8.630	2500
3+9+15×0.225+0.15	6.3/12.5/18.0/5.0	Z/Z/Z/S	1.630	—	3120	—	—	8.780	1900
3+9+15×0.245	6.3/12.5/18.0	Z/Z/Z	1.510	—	3730	—	—	10.260	2000
3+9+15×0.245+0.15	6.3/12.5/18.0/5.0	Z/Z/Z/S	1.770	—	3730	—	—	10.480	1600
5×0.30HI	12.5	S	1.030	860	—	—	—	≥5.00	2.820
5×0.35HI	14.0	S	1.190	1130	—	—	—	≥5.00	3.890
5×0.38HI	14.0	S	1.240	1185	—	—	—	≥5.00	4.530
5×0.38HE	6.5	S	1.110	1120	—	—	—	≥4.00	4.600
3×2×0.35HE	3.9/10.0	S/S	1.420	1100	—	—	—	≥3.50	4.890
3×4×0.22HE	3.0/6.3	S/S	1.160	940	—	—	—	≥4.00	3.950
3×6×0.22HE	3.5/6.3	S/S	1.500	1410	—	—	—	≥5.00	6.050
3×7×0.175HE	3.9/6.3	S/S	1.200	1150	—	—	—	≥4.00	4.450
3×7×0.20HE	3.9/6.3	S/S	1.360	1360	—	—	—	≥5.00	5.850
3×7×0.22HE	4.5/8.0	S/S	1.520	1720	—	—	—	≥5.00	6.950
4×2×0.25HE	3.5/6.0	S/S	1.120	870	—	—	—	≥3.50	3.200
4×2×0.34HE	3.0/7.5	S/S	1.500	1330	—	—	—	≥3.50	6.300
4×2×0.35HE	3.5/7.5	S/S	1.550	1400	—	—	—	≥3.50	6.680
4×4×0.20HE	4.0/7.0	S/S	1.240	1090	1270	—	—	≥4.00	4.390
4×4×0.22HE	3.5/5.0	S/S	1.320	1150	—	—	—	≥4.00	5.400
4×4×0.225HE	4.3/7.5	S/S	1.360	1360	1485	—	—	≥4.00	5.410

5.3.15 胎圈用钢丝（GB/T 14450—2016）

用于各类轮胎胎圈用回火圆形钢丝。

① 原料　盘条应符合 YB/T 170.1 的规定，其化学成分应符合 YB/T 170.2、YB/T 170.4 中相应牌号的规定。

② 分类　按强度级别分为普通强度（NT）和高强度（HT）两类。

③ 质量　每盘为 300～600kg。

④ 力学性能　见表 5-114。

表 5-114　胎圈用钢丝的破断力及对应的抗拉强度

公称直径 d /mm	NT		HT	
	破断力 F_N ≥	抗拉强度 R_m/MPa ≥	破断力 F_N ≥	抗拉强度 R_m/MPa ≥
0.890	1180	1900	1340	2150
0.950	1310	1850	1490	2100
0.960	1340	1850	1520	2100
1.000	1450	1850	1630	2080
1.200	2035	1800	2320	2050
1.260	2230	1790	2555	2050
1.300	2375	1790	2720	2050
1.420	2825	1785	3210	2030
1.550	3360	1780	3800	2015
1.600	3580	1780	4040	2010
1.650	3805	1780	—	—
1.830	4650	1770	5270	2005
2.000	5275	1680	5810	1850
2.030	5435	1680	5985	1850
2.200	6190	1630	6915	1820

5.3.16　汽车附件、内燃机、软轴用异形钢丝（YB/T 5183—2023）

用于汽车制造等行业制造玻璃升降器、挡圈、雨刷器、车门、滑块、锁、座椅用调角器等汽车附件，制造内燃机活塞环、卡环、组合油环和软轴。

① 分类　按交货状态分为 3 种：L—冷拉（轧），T—退火（+轻拉），Zh—油淬火-回火；按截面形状分为 4 种：Zb—直边扁钢丝，Hb—弧边扁钢丝，Gb—拱顶扁钢丝，Fs—方形钢丝；按用途分为 3 种：Qf—汽车附件用异形钢丝，Nr—内燃机用异形钢丝，Rz—软轴用异形钢丝。

② 牌号和化学成分　见表 5-115。

表 5-115 异形钢丝的牌号

种类		牌号	化学成分
汽车附件用	玻璃升降器及座椅用调角器	62A、72B、65Mn、50CrVA、60Si2Mn	符合 GB/T1222 的规定
	挡圈、门锁、滑块	15、25、45	符合 GB/T699 的规定
	雨刷器	0Cr18Ni9、1Cr18Ni9	符合 GB/T1220 的规定
		70	符合 GB/T699 的规定
内燃机用		70、65Mn、72A	符合 GB/T1222 的规定
软轴用		45	符合 GB/T699 的规定

③ 交货状态

a. 玻璃升降器及座椅用调角器用弧边扁钢丝：冷轧（拉）或油回火。

b. 挡圈、门锁、滑块用异形钢丝：冷拉（轧）。

c. 雨刷器用不锈钢扁钢丝：冷拉状态交货，碳素钢扁钢丝经淬火-回火处理。

d. 卡环、活塞环用直边扁钢丝：冷拉（轧）状态或热处理。

e. 组合油环用弧边扁钢丝：经淬火-回火处理。

f. 软轴用异形钢丝：冷拉（轧）。

④ 抗拉强度 见表 5-116。

表 5-116 异形钢丝的抗拉强度

用途		牌号	交货状态	抗拉强度/MPa
汽车附件用	玻璃升降器及座椅用调角器	62A、72B、65Mn	冷轧态	1250～1500
		65Mn	淬火-回火	1250～1450
		50VCrA	退火态	600～850
			退火轻拉态	800～1050
			淬火-回火	1250～1450
		60Si2Mn	退火态	700～950
			退火轻拉态	900～1150
			淬火-回火	1300～1500
	挡圈、车门滑块、门锁	15、25、45		≥835
	雨刷器	1Cr18Ni9、0Cr18Ni9		1080～1280
		70		1080～1220

续表

用途		牌号	交货状态	抗拉强度/MPa	
内燃机用	内燃机卡环、活塞环用	70、65Mn、72A		A 组	785～980
				B 组	980～1180
				C 组	1180～1370
	内燃机组合油环用	70、65Mn、72A		A 组	1280～1470
				B 组	1420～1620
				C 组	1570～1760
软轴用异形钢丝		45		1100～1300	

5.4　船舶及海洋工程用钢

5.4.1　船舶及海洋工程用结构钢（GB 712—2022）

用于制造各种船舶及海洋工程结构。

① 尺寸　钢板的厚度不大于 150mm，钢带及剪切板的厚度不大于 25.4mm，型钢的厚度或直径不大于 50mm。

② 分类　按强度高低，分为一般强度、高强度和超高强度结构钢。

③ 尺寸、外形、质量　钢板和钢带应符合 GB/T 709 的规定；型钢应符合相应标准的规定。

④ 牌号　由质量级别代号和屈服强度数值两个部分组成。例如：D36，其中 D—D 级，36—屈服强度数值，MPa。

⑤ 交货状态　分为 AR—热轧；CR—控轧；N—正火；TM（TMCP）—温度-形变控制轧制；QT—调质（淬火＋回火）。表 5-117 为钢材的名称和牌号、Z 向钢级别。

表 5-117　钢材的名称和牌号、Z 向钢级别

名　　称	牌　　号	Z 向钢
一般强度船舶及海洋工程用结构钢	A、B、D、E	Z25、Z35
高强度船舶及海洋工程用结构钢	AH32、DH32、EH32、FH32 AH36、DH36、EH36、FH36 AH40、DH40、EH40、FH40	
超高强度船舶及海洋工程用结构钢	AH420、DH420、EH420、FH420 AH460、DH460、EH460、FH460 AH500、DH500、EH500、FH500 AH550、DH550、EH550、FH550 AH620、DH620、EH620、FH620 AH690、DH690、EH690、FH690	

⑥ 力学性能　见表5-118、表5-119。

表5-118　一般强度和高强度级船体用结构钢的力学性能

牌号	拉伸试验[①②]			V形冲击试验						
	上屈服强度 R_{eH}/MPa ≥	抗拉强度 R_m/MPa	断后伸长率 A/% ≥	试验温度/℃	以下厚度(mm)冲击吸收能量 KV_2/J ≥					
					≤50		>50～70		>70～150	
					纵向	横向	纵向	横向	纵向	横向
A[③]	235	400～520	22	20	—	—	34	24	41	27
B[④]				0	27	20				
D				−20						
E				−40						
A32	315	440～570	22	0	31	22	38	26	46	31
D32				−20						
E32				−40						
F32				−60						
A36	355	490～630	21	0	34	24	41	27	50	34
D36				−20						
E36				−40						
F36				−60						
A40	390	510～660	20	0	41	27	46	31	55	37
D40				−20						
E40				−40						
F40				−60						

① 拉伸试验取横向试样，经船级社同意，A级型钢的抗拉强度可超上限。

② 当屈服不明显时，可测量 $R_{p0.2}$ 代替上屈服强度。

③ 冲击试验取纵向试样，但供方应保证横向冲击性能。型钢不进行横向冲击试验。厚度大于50mm的A级钢，经细化晶粒处理并以正火状态交货时，可不做冲击试验。

④ 厚度不大于25mm的B级钢、以TMCP状态交货的A级钢，经船级社同意可不做冲击试验。

表5-119　超高强度级船体用结构钢的力学性能

牌号	拉伸试验[①②]			V形冲击试验		
	上屈服强度 R_{eH}/MPa ≥	抗拉强度 R_m/MPa	断后伸长率 A/% ≥	试验温度/℃	冲击吸收能量 KV_2/J ≥	
					纵向	横向
AH420	420	530～680	18	20	42	28
DH420				0		
EH420				−20		
FH420				−40		

续表

牌号	拉伸试验[①②]			V 形冲击试验		
	上屈服强度 R_{eH}/MPa ≥	抗拉强度 R_m/MPa	断后伸长率 A/% ≥	试验温度 /℃	冲击吸收能量 KV_2/J ≥	
					纵向	横向
AH460 DH460 EH460 FH460	460	570～720	17	0 −20 −40 −60	46	31
AH500 DH500 EH500 FH500	500	610～770	16	0 −20 −40 −60	50	33
AH550 DH550 EH550 FH550	550	670～830	16	0 −20 −40 −60	55	37
AH620 DH620 EH620 FH620	620	720～890	15	0 −20 −40 −60	62	41
AH690 DH690 EH690 FH690	690	770～940	14	0 −20 −40 −60	69	46

① 拉伸试验取横向试样，冲击试验取纵向试样，但供方应保证横向冲击性能。
② 当屈服不明显时，可测量 $R_{p0.2}$ 代替上屈服强度。

5.4.2　厚度方向性能钢板（GB/T 5313—2023）

厚度方向性能是垂直于钢板表面的变形性能，它反映了钢板抗层状撕裂的能力。这种钢板是用于船体的镇静钢钢板。

① 厚度　15～400mm。

② 分类　按不同厚度方向性能级别，分为 Z15、Z25 和 Z35 三个级别。

③ 牌号 产品原牌号＋要求的厚度方向性能级别。

如：Q355GJDZ25 表示产品的原牌号是最小屈服强度 355MPa、质量等级 D 的高建钢；

Z25 表示厚度方向性能级别，其 3 个试样的断面收缩率最小平均值为 25%。

④ 性能级别指标 见表 5-120。

表 5-120 厚度方向性能级别对应的含硫量和断面收缩率

厚度方向性能级别	含硫量（质量分数）/%	断面收缩率	
		3 个试样最小平均值	单个试样最小值
Z15	0.010	15	10
Z25	0.007	25	15
Z35	0.005	35	25

5.4.3 海洋平台结构用钢板（YB/T 4283—2012）

用于建造海洋平台结构。

① 厚度 不大于 150mm。

② 尺寸、外形、质量 应符合 GB/T 709—2008 的规定。

③ 牌号 由代表屈服强度的汉语拼音字母“Q”＋屈服强度数值（MPa）＋代表“海洋”的汉语拼音首位字母“HY”＋质量等级符号“D、E、F”四个部分组成。例：Q355HYD。

当需方要求钢板具有厚度方向性能时，则在上述规定的牌号后加上代表厚度方向（Z 向）性能级别的符号，例：Q355HYDZ25。

④ 交货状态 见表 5-121。

表 5-121 钢板的交货状态

牌号	交货状态
Q355HY	正火(N)、控轧(CR)、热机械轧制(TMCP)、正火轧制(NR)
Q420HY、Q460HY Q500HY、Q550HY Q620HY、Q690HY	热机械轧制(TMCP)、淬火＋回火(QT) 热机械轧制＋回火(TMCP＋T)

⑤ 力学性能 见表 5-122。

表 5-122　钢板的力学性能

牌号	质量等级	拉伸试验					夏比 V 形冲击试验	
		屈服强度/MPa ≥ 钢板厚度/mm		抗拉强度 R_m/MPa	屈强比 ≤	断后伸长率 A/% ≥	试验温度/℃	冲击吸收能量 KV_2/J ≥
		≤100	>100					
Q355HY	D	355	协商	470～630	0.87	22	−20	50
	E						−40	
	F						−60	
Q420HY	D	420		490～650	0.93	19	−20	60
	E						−40	
	F						−60	
Q460HY	D	460		510～680	0.93	17	−20	60
	E						−40	
	F						−60	
Q500HY	D	500		610～770	—	16	−20	50
	E						−40	
	F						−60	
Q550HY	D	550		670～830	—	16	−20	50
	E						−40	
	F						−60	
Q620HY	D	620		720～890	—	15	−20	50
	E						−40	
	F						−60	
Q690HY	D	690		770～940	—	14	−20	50
	E						−40	
	F						−60	

注：1. 如屈服现象不明显，屈服强度取 $R_{p0.2}$。

2. 冲击试验取横向试样。

3. Q355HY 若交货状态为 TMCP，屈强比不大于 0.93。

5.4.4　船用锚链圆钢（GB/T 18669—2012）

用于生产锚链，供船舶停泊时固定。

① 尺寸　直径范围为 13～190mm，尺寸应符合 GB/T 702 的规定，长度可按定尺、倍尺交货。

② 牌号　由代号和抗拉强度最小值组成。有 CM490 和 CM690 两种。

CM □□□

“船”“锚”汉语拼音首字母 抗拉强度/MPa

③ 化学成分 应符合GB/T 18669—2012表2和6.1.2、6.1.3的规定。

④ 交货状态 热轧。

⑤ 力学性能和工艺性能 见表5-123。

表5-123 船用锚链圆钢的力学性能和工艺性能

牌号	拉伸试验				冲击试验		弯曲试验①180°	试料状态
	屈服强度 R_{eH}/MPa	抗拉强度 R_m/MPa	断后伸长率 A/%	断面收缩率 Z/%	温度/℃	冲击吸收能量 KV_2/J		
CM490	≥295	490～690	≥22	—	0	≥27	$d=1.5a$	热轧或热处理②
CM690	≥410	≥690	≥17	≥40	0 −20	≥60 ≥35	— —	热处理②

① 直径不小于25mm圆钢弯曲试验，如试样不经切削则弯芯直径应较表中所列数据再加一个“a”。当供方可保证弯曲试验合格时，可不做检验。

② 试料热处理制度可为：正火、正火+回火或淬火+回火任一种。

注：1. d 为弯芯直径，a 为试样厚度。

2. 冲击试验温度应在订货时注明，未注明时作0℃冲击试验。

5.4.5 船舶用碳钢和碳锰钢无缝钢管（GB/T 5312—2009）

用于制造船舶用的Ⅰ级承压管系、Ⅱ级承压管系、锅炉及过热器。

① 分类

a. 按设计压力和设计温度分为Ⅰ级、Ⅱ级和Ⅲ级。

b. 按产品制造方式分为热轧WHR（挤压WHEX、扩WHE）钢管和冷拔WCD（轧WCR）钢管。

c. 按用途分为承压管系用无缝钢管和锅炉及过热器用无缝钢管（管壁的工作温度应不超过450℃，钢级后面加“G”）。

② 尺寸　应优先选用 GB/T 17395 表 1 中系列 1。

③ 长度　通常长度、定尺长度和倍尺长度应符合 GB/T 17395 的规定。

④ 化学成分　应符合 GB/T 5312—2009 表 4 的规定。

⑤ 等级　见表 5-124。

表 5-124　船舶用承压管系用无缝钢管的等级

等　级	Ⅰ级		Ⅱ级		Ⅲ级	
介　质	设计压力 /MPa　＞	设计温度 /℃　＞	设计压力 /MPa	设计温度 /℃	设计压力 /MPa　≤	设计温度 /℃　≤
蒸汽和热油	1.6	300	0.7～1.6	170～300	0.7	170
燃　油	1.6	150	0.7～1.6	60～150	0.7	60
其他介质	4.0	300	1.6～4.0	200～300	1.6	200

注：1. 当管系的设计压力和设计温度其中一个参数达到表中Ⅰ级规定时，即定为Ⅰ级管；当管系的设计压力和设计温度两个参数均满足表中Ⅱ级规定时，即定为Ⅱ级管。

2. 其他介质是指空气、水、润滑油和液压油等。

3. Ⅲ级管系用无缝钢管可根据船检部门认可的国家标准制造。

⑥ 力学性能　见表 5-125。

表 5-125　船舶用碳钢和碳锰钢无缝钢管的室温力学性能

钢　级	抗拉强度 R_m /MPa	上屈服强度 R_{eH} /MPa　≥	断后伸长率 A /%　≥
320	320～440	195	25
360	360～480	215	24
410	410～530	235	22
460	460～580	265	21
490	490～610	285	21

5.4.6 船舰用钢管（CB/T 3075—2011）

船舰用钢管的简选系列公称尺寸为 DN10～1000。钢管外径有一、二两个系列，壁厚有 A、B、C 三种。

（1）船用钢管

表 5-126　船用钢管的基本尺寸、壁厚及质量

公称尺寸 DN	钢管外径/mm		A		B		C	
	第一系列	第二系列	壁厚 /mm	理论质量 /(kg/m)	壁厚 /mm	理论质量 /(kg/m)	壁厚 /mm	理论质量 /(kg/m)
10	17.2	17	2.5	0.894	—	—	5.0	1.48

续表

公称尺寸DN	钢管外径/mm 第一系列	钢管外径/mm 第二系列	A 壁厚/mm	A 理论质量/(kg/m)		B 壁厚/mm	B 理论质量/(kg/m)		C 壁厚/mm	C 理论质量/(kg/m)	
15	21.3	22	3.0	1.33		4.0	1.68		5.5	2.10	
20	26.9	27		1.78			2.27		6.5	3.11	
25	33.7	34		2.63		4.5	3.27			4.41	
32	42.4	42	3.5	3.32		5.0	4.56		7.0	6.04	
40	48.3	48		3.84			5.30		8.5	8.66	
50	60.3	60	4.0	5.52		5.5	7.39		9.5	11.83	
65	76.1	76	5.0	8.75		7.0	11.91		11.5	18.29	
80	88.9	89	5.5	11.33		7.5	15.07		13.5	25.14	
100	114.3	114	6.0	15.98		8.5	22.12			38.67	
125	139.7	140	6.5	21.40		9.5	30.57			48.93	
150	168.3	168	7.0	27.79		11.0	42.59			59.98	
175	193.7	194	7.5	34.50			56.78			66.22	
200	219.1	219	8.0	41.63			61.26			80.10	
225	—	245	8.5	49.58			72.76			90.36	
250	273			61.73			77.24			101.41	
300	323.9	325		73.92			92.63			121.93	
350	355.6	377		81.18	86.10		101.80	108.02		134.16	142.45
400	406.4	426		92.89	97.58		116.60	122.52		158.89	161.78
450	457	480		104.84	110.23		131.69	138.00	16.0	174.01	183.09
500	508	530		116.79	121.95		146.79	153.30		194.14	202.82
550	659			128.97		12.7	162.17			214.55	
600	610	630	9.5	140.69	145.37		176.97	182.89		234.38	242.28
650	660			152.40			191.77			254.11	
700	711	720		164.35	166.46		206.86	209.52		274.24	277.79
750	762			176.30			234.68			294.36	
800	813	820		188.25	189.89		250.65	252.85		314.48	384.96
850	864			200.20			266.63			334.61	
900	914	920		211.91	213.32		282.29	284.17		354.34	356.70
1000	1016	1020		235.81	236.74		314.23	315.49		394.58	396.16

（2）舰用钢管

表 5-127　舰用钢管的基本尺寸、壁厚及质量

公称尺寸 DN	钢管外径 D	A		B		C	
		壁厚 /mm	理论质量 /(kg/m)	壁厚 /mm	理论质量 /(kg/m)	壁厚 /mm	理论质量 /(kg/m)
10	17	2.0	0.740	2.5	0.894	3.0	1.04
15	22		0.986		1.20		1.41
20	27		1.23		1.51	4.0	2.27
25	34	3.0	2.29	3.0	2.29		2.96
32	42		2.89		3.32	4.5	4.16
40	48		3.33	3.5	3.84	5.0	5.30
50	60		4.22		4.88		6.78
65	76		5.40	4.0	7.10	7.0	11.91
100	114	4.0	10.85	5.0	13.44	8.0	20.91
125	140	4.5	15.04	5.0	16.65	9.0	29.08
150	168	4.5	18.14	6.0	23.97	10.0	38.97
175	194	5.0	23.31	8.0	36.70	11.0	49.64
225	245	6.5	38.23	9.0	52.38	13.0	74.38

5.5　桥梁用结构钢

5.5.1　桥梁用结构钢板和型钢（GB/T 714—2015）

用于制造桥梁各种结构件。

① 尺寸　结构钢板厚度不大于 15mm，钢带及剪切钢板厚度不大于 25.4mm，结构型钢厚度不大于 40mm。

② 尺寸、外形、质量　钢板、钢带及剪切钢板应符合 GB/T 709 的规定；型钢的尺寸、外形、质量应符合 GB/T 706、GB/T 11263 的规定。

③ 牌号　代表屈服强度的汉语拼音字母 Q＋屈服强度数值＋“桥”字的汉语拼音字母 q＋质量等级（C、D、E 等）。桥梁用结构钢的牌号有 Q235q、Q345q、Q370q、Q420q、Q460q；桥梁推荐用结构钢的牌号有 Q500q、Q550q、Q620q、Q690q。

当以热机械轧制状态交货的 D 级钢板，具有耐候性能及厚度方向性能时，则在上述规定的牌号后分别加上耐候（NH）及厚度方向（Z 向）性能级别的代号。

④ 化学成分　应符合 GB/T 714—2015 表1～表5的规定。耐大气腐蚀钢、调质钢的合金元素含量，可根据供需双方协议进行调整。

⑤ 力学性能　见表5-128。

表5-128　桥梁用结构钢的力学性能

<table>
<tr><th rowspan="3">牌号
(统一数字代号)</th><th rowspan="3">质量等级</th><th colspan="5">拉伸试验[1][2]</th><th colspan="2">冲击试验[3]</th></tr>
<tr><th colspan="3">厚度 t 的下屈服强度 R_{eL}/MPa ≥</th><th rowspan="2">抗拉强度 R_m/MPa ≥</th><th rowspan="2">断后伸长率 A/% ≥</th><th rowspan="2">温度/℃</th><th rowspan="2">冲击吸收能量 KV_2/J ≥</th></tr>
<tr><th>$t \leqslant 50$</th><th>$50 < t \leqslant 100$</th><th>$100 < t \leqslant 150$</th></tr>
<tr><td rowspan="3">Q345q
(L1345x)</td><td>C</td><td rowspan="3">345</td><td rowspan="3">335</td><td rowspan="3">305</td><td rowspan="3">490</td><td rowspan="3">20</td><td>0</td><td rowspan="3">120</td></tr>
<tr><td>D</td><td>−20</td></tr>
<tr><td>E</td><td>−40</td></tr>
<tr><td rowspan="3">Q370q
(L1370x)</td><td>C</td><td rowspan="3">370</td><td rowspan="3">360</td><td rowspan="3">—</td><td rowspan="3">510</td><td rowspan="3">20</td><td>0</td><td rowspan="3">120</td></tr>
<tr><td>D</td><td>−20</td></tr>
<tr><td>E</td><td>−40</td></tr>
<tr><td rowspan="3">Q420q
(L1420x)</td><td>D</td><td rowspan="3">420</td><td rowspan="3">410</td><td rowspan="3">—</td><td rowspan="3">540</td><td rowspan="3">19</td><td>0</td><td rowspan="2">120</td></tr>
<tr><td>E</td><td>−20</td></tr>
<tr><td>F</td><td>−40</td><td>47</td></tr>
<tr><td rowspan="3">Q460q
(L1460x)</td><td>D</td><td rowspan="3">460</td><td rowspan="3">450</td><td rowspan="3">—</td><td rowspan="3">570</td><td rowspan="3">18</td><td>0</td><td rowspan="2">120</td></tr>
<tr><td>E</td><td>−20</td></tr>
<tr><td>F</td><td>−40</td><td>47</td></tr>
<tr><td rowspan="3">Q500q
(L1500x)</td><td>D</td><td rowspan="3">500</td><td rowspan="3">480</td><td rowspan="3">—</td><td rowspan="3">600</td><td rowspan="3">18</td><td>0</td><td rowspan="2">120</td></tr>
<tr><td>E</td><td>−20</td></tr>
<tr><td>F</td><td>−40</td><td>47</td></tr>
<tr><td rowspan="3">Q550q
(L1550x)</td><td>D</td><td rowspan="3">550</td><td rowspan="3">530</td><td rowspan="3">—</td><td rowspan="3">660</td><td rowspan="3">16</td><td>0</td><td rowspan="2">120</td></tr>
<tr><td>E</td><td>−20</td></tr>
<tr><td>F</td><td>−40</td><td>47</td></tr>
<tr><td rowspan="3">Q620q
(L1620x)</td><td>D</td><td rowspan="3">620</td><td rowspan="3">580</td><td rowspan="3">—</td><td rowspan="3">720</td><td rowspan="3">15</td><td>0</td><td rowspan="2">120</td></tr>
<tr><td>E</td><td>−20</td></tr>
<tr><td>F</td><td>−40</td><td>47</td></tr>
<tr><td rowspan="3">Q690q
(L1690x)</td><td>D</td><td rowspan="3">690</td><td rowspan="3">650</td><td rowspan="3">—</td><td rowspan="3">770</td><td rowspan="3">14</td><td>0</td><td rowspan="2">120</td></tr>
<tr><td>E</td><td>−20</td></tr>
<tr><td>F</td><td>−40</td><td>47</td></tr>
</table>

① 当屈服不明显时，可测量 $R_{p0.2}$ 下屈服强度。

② 拉伸试验取横向试样。

③ 冲击试验取纵向试样。

注：统一数字代号中的“x”，质量等级“C”对应于“3”，“D”对应于“4”，“E”对应于“5”。

5.5.2 桥梁缆索用热镀锌或锌铝合金钢丝（GB/T 17101—2019）

用于制造桥梁的缆（拉）索、锚固拉力构件、提升和固定用拉力构件的建筑物和土木工程中其他应用的热镀锌圈钢丝构件。

① 分类　按镀层类别分为热镀锌和热镀锌铝合金两种，按松弛性能分为Ⅰ级松弛（普通松弛）和Ⅱ级松弛（低松弛）两级。

② 原料　盘条应符合 YB/T 4264 的规定。

③ 牌号表示方法

□.00-	□	□-	□-	GB/T 17101—2019
公称直径	镀层类别	强度级别	松弛等级	标准号

例如：公称直径为 7mm，镀层类别为 Zn-5％Al，强度级别为 1770MPa，松弛等级为Ⅱ级的热镀锌-5％铝合金钢丝，标记为：7.00-Zn-5％Al-1770-Ⅱ-GB/T 17101—2019。

④ 几何特性和质量　见表 5-129。

表 5-129　桥梁缆索用热镀锌钢丝的几何特性和质量

钢丝公称直径 d_n /mm	不圆度 /mm ≤	公称截面积 S_n /mm^2	参考质量 /(g/m)
5.00	0.06	19.6	153
7.00	0.07	38.5	301

注：钢丝公称直径、公称截面积和每米参考质量均包含镀锌层在内。

⑤ 镀层　热镀锌钢丝单位面积镀层质量应不小于 300g/m^2；热镀锌钢合金钢丝单位面积镀层质量应不小于 260g/m^2。

⑥ 力学性能　见表 5-130。

表 5-130　桥梁缆索用热镀锌钢丝的力学性能

项目		技术指标							
		5mm 系列				7mm 系列			
强度级别[①]/MPa		1670	1770	1860	1960	1670	1770	1860	1960
塑性延伸强度 $R_{p0.2}$/MPa	Ⅰ级松弛	≥1340	≥1420	≥1490	≥1570	≥1340	≥1420	≥1490	≥1570
	Ⅱ级松弛	≥1490	≥1580	≥1660	≥1750	≥1490	≥1580	≥1660	≥1750

续表

项目		技术指标							
		5mm 系列				7mm 系列			
松弛性能 (0.7F_m②, 1000h)/%	Ⅰ级松弛	≤7.5				≤7.5			
	Ⅱ级松弛	≤2.5				≤2.5			
断后伸长率 A (L_0=250mm)/%		≥4.0				≥4.0			
扭转(100d)/(次/360°)	Ⅰ级松弛	14	12	10	8	12	10	8	6
	Ⅱ级松弛	供需双方协商							

① 钢丝最大强度不应超过相应强度级别 200MPa。

② F_m 为钢丝公称破断拉力。

5.6　承压设备用钢

承压设备用钢包括锅炉、压力容器、LNG 船、LPG 船、气瓶和压力管道等承压设备用钢板、钢带和管材，其材料多种多样。

5.6.1　规定低温性能的非合金钢和合金钢钢板、钢带（GB/T 713.2—2023）

适用于制造使用温度不低于－20℃、承压设备用厚度不大于 25.4mm 的钢带及卷切钢板和厚度为 3～250mm 的单轧钢板。

① 牌号表示方法　碳素钢和低合金高强度钢的牌号，用“屈”字汉语拼音首字母 Q＋屈服强度数值＋压力容器“容”字的汉语拼音首字母 R 表示，如 Q345R；钼钢、铬-钼钢的牌号用平均含碳量和合金元素字母，压力容器“容”字的汉语拼音首位字母 R 表示，如 15CrMoR。

② 化学成分　应符合 GB/T 713.2—2023 表 1 的规定。

③ 交货状态的性能

a. 力学和工艺性能　见表 5-131。

表 5-131　非合金钢、合金钢板和钢带的力学和工艺性能

牌号	交货状态	钢板公称厚度/mm	拉伸试验			冲击试验		180°弯曲试验 $b=2a$
			抗拉强度 R_m/MPa	下屈服强度 R_{eL}/MPa ≥	断后伸长率 A/% ≥	温度/℃	冲击吸收能量 KV_2/J ≥	
Q245R	热轧、正火轧制或正火	3～16	400～520	245	25	0	34	$D=1.5a$
		＞16～36		235				
		＞36～60		225				
		＞60～100	390～510	205	24			$D=2a$
		＞100～150	380～500	185				
		＞150～250	370～490	175				
Q345R	热轧、正火轧制、正火或正火＋回火	3～16	510～640	345	21	0	41	$D=2a$
		＞16～36	500～630	325				$D=3a$
		＞36～60	490～620	315				
		＞60～100	490～620	305	20			
		＞100～150	480～610	285				
		＞150～250	470～600	265				
Q370R	正火或正火＋回火	6～16	530～630	370	20	−20	47	$D=2a$
		＞16～36		360				$D=3a$
		＞36～60	520～620	340				
		＞60～100	510～610	330				
Q420R		6～20	590～720	420	18	−20	60	$D=3a$
		＞20～30	570～700	400				
Q460R		6～20	630～750	460	17			
		＞20～30	610～730	440				
18MnMoNbR	正火＋回火	30～60	570～720	400	18	0	47	$D=3a$
		＞60～100		390				
13MnNiMoR		6～100	570～720	390				
		＞100～150		380				
15CrMoR		6～60	450～590	295	19	20	47	
		＞60～100		275				
		＞100～200	440～580	255				
14Cr1MoR		6～100	520～680	310				
		＞100～200	510～670	300				
12Cr2Mo1R		6～200	520～680	310				

续表

牌号	交货状态	钢板公称厚度/mm	拉伸试验			冲击试验		180°弯曲试验 $b=2a$
			抗拉强度 R_m/MPa	下屈服强度R_{eL}/MPa ≥	断后伸长率 A/%≥	温度/℃	冲击吸收能量 KV_2/J≥	
12Cr1MoVR	正火+回火	6～60	440～590	245	19	20	47	$D=3a$
		>60～100	430～580	235				
12Cr2Mo1VR		6～200	590～760	415	17	−20	60	
07Cr2AlMoR		6～36	420～580	260	21	20	47	
		>36～60	410～570	250				

注：1. 表中，D 为弯曲压头直径；b 为试样宽度；a 为试样厚度。

2. 当屈服现象不明显时，可采用规定塑性延伸强度 $R_{p0.2}$ 代替。

3. 18MnMoNbR、13MnNiMoR 钢板的回火温度应不低于 620℃，15GrMoR、14Cr1MoR 钢板的回火温度应不低于 650℃；12Cr2Mo1R、12Cr1MoVR、12Cr2Mo1Mo1VR 和 07Cr2AlMoR 钢板的回火温度应不低于 680℃。

4. 经需方同意，厚度大于 50mm 的正火加回火的钢板可正火（允许加速冷却）加回火交货。

b. 高温力学性能　见表 5-132。

表 5-132　非合金钢、合金钢板和钢带的高温力学性能

牌号	厚度/mm	试验温度/℃								
		100	150	200	250	300	350	400	450	500
		R_{eL}(或 $R_{p0.2}$)/MPa ≥								
Q245R	>20～36	210	200	186	167	153	139	129	121	—
	>36～60	200	191	178	161	147	133	123	116	—
	>60～100	184	176	164	147	135	123	113	106	—
	>100～150	168	160	150	135	120	110	105	95	—
	>150～250	160	150	145	130	115	105	100	90	—
Q345R	>20～36	295	275	255	235	215	200	190	180	—
	>36～60	285	260	240	220	200	185	175	165	—
	>60～100	275	250	225	205	185	175	165	155	—
	>100～150	260	240	220	200	180	170	160	150	—
	>150～250	245	230	215	195	175	165	155	145	—

续表

牌号	厚度/mm	试验温度/℃								
		100	150	200	250	300	350	400	450	500
		R_{eL}(或 $R_{p0.2}$)/MPa　≥								
Q370R	>20～36	330	310	290	275	260	245	230	—	—
	>36～60	310	290	275	260	250	235	220	—	—
	>60～100	290	270	265	250	245	230	216	—	—
Q420R	>6～20	380	355	330	305	280	255	240	—	—
	>20～30	365	340	315	290	270	245	230	—	—
Q460R	>6～20	420	390	865	325	300	280	260	—	—
	>20～30	405	375	345	315	290	270	250	—	—
18MnMoNbR	30～60	376	365	360	355	350	340	310	275	—
	>60～100	370	360	355	350	345	335	305	270	—
13MnNiMoR	6～100	370	360	355	350	345	335	305	—	—
	>100～150	360	350	345	340	335	325	300	—	—
15CrMoR	>20～60	270	255	240	225	210	200	189	179	174
	>60～100	250	235	220	210	196	186	176	167	162
	>100～200	235	220	210	199	185	175	165	156	150
14Cr1MoR	>20～200	280	270	255	245	230	220	210	195	176
12Cr2Mo1R	>20～200	280	270	260	255	250	245	240	230	215
12Cr1MoVR	>20～100	220	210	200	190	176	167	157	150	142
12Cr2Mo1VR	>20～200	395	380	370	365	360	355	350	340	325
07Cr2AlMoR	>20～60	215	205	195	185	175	—	—	—	—

注：当屈服现象不明显时，可采用规定塑性延伸强度 $R_{p0.2}$ 代替。

5.6.2　规定低温性能的低合金钢板和钢带（GB/T 713.3—2023）

适用于制造使用温度不低于－70℃、承压设备用厚度为 5～120mm 的低合金钢板。

① 牌号表示方法　低合金钢板和钢带的牌号有 7 个（见表 5-133）。

a. 以强度命名：

Q	□□□	DR
屈服强度	规定的最小下屈服强度数值/MPa	“低”和“容”的汉语拼音首字母

b. 以化学成分命名：

□□	□□□	DR
|	|	|
平均含碳量 （以万分之几计）	合金元素字母	“低”和“容”的 汉语拼音首字母

② 化学成分　应符合 GB/T 713.3—2023 表1的规定。

③ 力学和工艺性能　见表5-133。

表5-133　低合金钢板和钢带的力学和工艺性能

牌号	交货状态	钢板公称厚度/mm	拉伸试验			冲击试验		180°弯曲试验 $b=2a$
			抗拉强度 R_m/MPa	下屈服强度 R_{eL}/MPa≥	断后伸长率 A/%≥	温度/℃	冲击吸收能量 KV_2/J≥	
16MnDR	正火或正火＋回火	5～16	490～620	315	20	−40	47	$D=2a$
		＞16～36	470～600	295				$D=3a$
		＞36～60	460～590	285				
		＞60～100	450～580	275				
		＞100～120	440～570	265				
Q420DR		6～20	590～720	420	19	−40	60	
		＞20～30	570～700	400				
Q460DR		6～20	630～730	460	18	−40	60	
15MnNiNbDR		6～16	530～630	370	20	−50	60	
		＞16～36	530～630	360				
		＞36～60	520～620	340				
13MnNiDR		5～36	490～610	345	22	60	60	
		＞36～60		335				
		＞60～100		325				
09MnNiDR		6～16	440～570	300	23	−70	60	$D=2a$
		＞16～36	430～560	280				
		＞36～60	430～560	270				
		＞60～80	420～550	260				
		＞80～120	420～550	260		−60	60	
11MnNiMoDR	淬火＋回火	5～60	560～670	420	19	−70	60	$D=3a$
		＞60～80		400				
		＞80～100		380				

注：1. 表中，D 为弯曲压头直径；b 为试样宽度；a 为试样厚度。

2. 当屈服现象不明显时，可采用规定塑性延伸强度 $R_{p0.2}$ 代替。

3. 由双方协商，厚度大于36mm的正火＋回火钢板，可以正火（允许加速冷却）＋回火交货。

5.6.3　规定低温性能的镍合金钢板和钢带（GB/T 713.4—2023）

适用于使用温度不低于－196℃、厚度不大于 150mm 的规定低温性能的镍合金钢板。

① 牌号表示方法

□□	Ni□	DR
平均含碳量（以万分之几计）	镍元素符号及其平均含量/%	“低”和“容”的汉语拼音首字母

② 化学成分　应符合 GB/T 713.4—2023 表 1 的规定。

③ 牌号及交货状态

a. 08Ni3DR 钢板以正火或正火＋回火状态交货；经需方同意，可以采用淬火＋回火状态交货。

b. 07Ni5DR、06Ni7DR、06Ni9DR 钢板以淬火＋回火或淬火＋淬火＋回火状态交货。

c. 06Ni7DR、06Ni9DR 钢板热处理后，应进行喷丸处理以去除钢板表面氧化铁皮。

④ 力学和工艺性能　见表 5-134。

表 5-134　镍合金钢板和钢带的力学和工艺性能

牌号	钢板公称厚度/mm	拉伸试验			V 形冲击试验		180°弯曲试验 $b=2a$
		下屈服强度 R_{eL}/MPa≥	抗拉强度 R_m/MPa	断后伸长率 A/%≥	温度/℃	冲击吸收能量 KV_2/J≥	
08Ni3DR	6～60	320	490～620	21	－100	60	$D=3a$
	＞60～100	300	480～610				
	＞100～150	290	470～600				
07Ni5DR	6～30	370	530～700	20	－120	80	
	＞30～50	360					
	＞50～80	350					
06Ni7DR	5～30	550	680～820	18	－196		
	＞30～50	550					
	＞50～80	540					

续表

牌号	钢板公称厚度/mm	拉伸试验			V形冲击试验		180°弯曲试验 $b=2a$
		下屈服强度 R_{eL}/MPa≥	抗拉强度 R_m/MPa	断后伸长率 A/% ≥	温度/℃	冲击吸收能量 KV_2/J ≥	
06Ni9DR	5～30 >30～50 >50～80	600 550 540	680～820	18	−196	80	$D=3a$

注：1. 表中，D 为弯曲压头直径；b 为试样宽度；a 为试样厚度。
2. 当屈服现象不明显时，可采用规定塑性延伸强度 $R_{p0.2}$ 代替。
3. 拉伸及冲击试验取横向试样。
4. 弯曲试验取横向试样，试样宽度为2倍板厚，并保证最小宽度不小于20mm。

5.6.4 规定低温性能的高锰钢板和钢带（GB/T 713.5—2023）

适用于使用温度不低于−196℃、厚度为5～60mm的规定低温性能的高锰钢板。

① 牌号表示方法

Q —— 屈服强度

400 —— 规定的最小屈服强度（规定塑性延伸强度）/MPa

GMDR —— “高”“锰”和“低”“容”的汉语拼音首字母

② 化学成分 应符合GB/T 713.5—2023表1的规定。

③ 交货状态 热机械轧制状态。

④ 力学和工艺性能 见表5-135。

表5-135 高锰合金钢板和钢带的力学和工艺性能

牌号	横向室温拉伸试验			横向夏比（V形缺口）冲击试验			180°弯曲试验 $b=2a$
	规定塑性延伸强度 $R_{p0.2}$/MPa	抗拉强度 R_m/MPa	断后伸长率 A/%	试验温度/℃	吸收能量 KV_2/J	侧膨胀值/mm	
Q400GMDR	≥400	800～950	≥35	−196	≥60	≥0.53	$D=3a$

注：1. 表中，D 为弯曲压头直径；b 为试样宽度；a 为试样厚度。

2. 经供需双方协商，对于厚度大于36mm的钢板，可在厚度1/2处增加一组冲击试样，夏比（V形缺口）冲击吸收能量由供需双方协商确定。

5.6.5　调质高强度钢板和钢带（GB/T 713.6—2023）

适用于厚度为 10～80mm 的承压设备用调质高强度钢板。

① 牌号表示方法　牌号有 Q490R、Q490DRL.1、Q490DRL.2、Q490RW、Q580R、Q580DR、Q690R、Q690DR，其表示方法是：

Q	□□□	DR	L□
屈服强度	规定的最小屈服强度(规定塑性延伸强度)数值/MPa	DR 表示“低”“容”	L1 代表温度－40℃ L2 代表温度－50℃

对于大线能量焊接要求的钢，则在上述规定的牌号后加上代表大线能量焊接“焊”字的英文单词“Weld”首位字母“W”。

② 化学成分　应符合 GB/T 713.6—2023 表 1 的规定。

③ 交货状态　淬火＋回火的调质热处理状态，其回火温度不低于 600℃。

④ 力学和工艺性能　见表 5-136。

表 5-136　调质高强度钢板和钢带的力学和工艺性能

<table>
<tr><th rowspan="2">牌号</th><th rowspan="2">钢板公称厚度/mm</th><th colspan="3">拉伸试验</th><th colspan="3">冲击试验</th><th rowspan="2">180°弯曲试验 $b=2a$</th></tr>
<tr><th>下屈服强度 R_{eL} /MPa ≥</th><th>抗拉强度 R_m/MPa</th><th>断后伸长率 A/%</th><th>温度/℃</th><th>冲击吸收能量 KV_2 /J ≥</th><th>侧膨胀值/mm</th></tr>
<tr><td>Q490R</td><td rowspan="4">10～60</td><td rowspan="4">≥190</td><td rowspan="4">610～730</td><td rowspan="4">≥17</td><td>－20</td><td rowspan="8">80</td><td rowspan="4">—</td><td rowspan="8">$D=3a$</td></tr>
<tr><td>Q490DRL.1</td><td>－40</td></tr>
<tr><td>Q490DRL.2</td><td>－50</td></tr>
<tr><td>Q490RW</td><td>－20</td></tr>
<tr><td>Q580R</td><td>10～60</td><td rowspan="2">≥580</td><td rowspan="2">690～820</td><td rowspan="2">≥16</td><td>－20</td><td rowspan="4">≥0.64</td></tr>
<tr><td>Q580DR</td><td>10～50</td><td>－50</td></tr>
<tr><td>Q690R</td><td>10～80</td><td rowspan="2">≥690</td><td rowspan="2">800～920</td><td rowspan="2">≥16</td><td>－20</td></tr>
<tr><td>Q690DR</td><td>10～80</td><td>－40</td></tr>
</table>

注：1. 表中，D 为弯曲压头直径；b 为试样宽度；a 为试样厚度。

2. 当屈服现象不明显时，可采用规定塑性延伸强度 $R_{p0.2}$ 代替。

5.6.6　低温管道用无缝钢管（GB/T 18984—2016）

用于－45～－196℃级低温压力容器管道以及低温热交换器管道。

① 分类　按产品加工方式分为热轧（扩）钢管（W-H）和冷拔（轧）钢管（W-C）两类，钢牌号后的字母“DG”分别是“低温”“管道”汉语拼音的首字母。

② 尺寸　长度通常为4000～12000mm；外径和壁厚应符合GB/T 17395—2008规定。

③ 牌号　有16MnDG、10MnDG、09DG、09Mn2VDG、06Ni3MoDG和06Ni9DG六种。化学成分应符合GB/T 18984—2016表2规定的成分要求。

④ 交货状态　06Ni9DG钢管为淬火＋回火，或二次正火＋回火；其余钢管为正火、正火＋回火或淬火＋回火。

⑤ 力学性能　见表5-137、表5-138。

表5-137　低温管道用无缝钢管的纵向力学性能

牌号	抗拉强度 R_m /MPa	下屈服强度 R_{eL} 或规定非比例延伸强度 $R_{p0.2}$/MPa ≥		断后伸长率① A/% ≥		
		厚度≤16mm	厚度＞16mm	1号试样	2号试样②	3号试样
16MnDG	490～665	325	315	30		23
10MnDG	≥400	240		35		29
09DG	≥385	210		35		29
09Mn2VDG	≥450	300		30		23
06Ni3MoDG	≥455	250		30		23
06Ni9DG	≥690	520		22		18

① 外径小于20mm的钢管，其断后伸长率值由供需双方商定。

② 壁厚小于8mm的钢管，用2号试样进行拉伸试验时，壁厚每减少1mm，其断后伸长率的最小值应从表中规定最小断后伸长率中减去1.5%，并按数字修约规则修约为整数。

表5-138　钢管的纵向低温冲击吸收能量（夏比纵向V形缺口）

试样尺寸(高×宽)/mm	冲击吸收能量KV/J ≥		
	一组(3个)的平均值	至少2个的单个值	1个的最低值
10×10	21(40)	21(40)	15(28)
7.5×10	18(35)	18(35)	13(25)
5×10	14(26)	14(26)	10(15)
2.5×10	7(13)	7(13)	5(9)

注：1. 对不能采用2.5mm×10mm冲击试样尺寸的钢管，冲击功由供需双方协商。
2.（ ）中的数值为06Ni9DG钢管的冲击吸收能量。
3. 试验温度：16MnDG、09DG和10MnDG为−45℃，09Mn2VDG为−70℃，06Ni3MoDG为−100℃，06Ni9DG为−196℃。

5.6.7　低中压锅炉用无缝钢管（GB/T 3087—2022）

用于制造低压和中压锅炉。

① 牌号　10、20优质碳素结构钢。

② 化学成分　应符合GB/T 3087—2022表5的规定。

③ 外径和壁厚　应符合 GB/T 17395 的规定。

④ 通常长度　4000～12000mm。

⑤ 交货状态　热轧（扩）或正火；冷拔（轧）正火。

⑥ 力学性能　见表 5-139、表 5-140。

表 5-139　低中压锅炉用无缝钢管的力学性能

牌号	抗拉强度 R_m /MPa	下屈服强度 R_{eL}/MPa ≥		断后伸长率 A /% ≥
		厚度≤16mm	厚度>16mm	
10	335～475	205	195	24
20	410～550	245	235	20

表 5-140　低中压锅炉过热蒸汽管的规定非比例延伸强度最小值

牌号	试样状态	规定非比例延伸强度最小值 $R_{p0.2}$/MPa					
		试　验　温　度/℃					
		200	250	300	350	400	450
10	交货状态	165	145	122	111	109	107
20		188	170	149	137	134	132

5.6.8　高压锅炉用无缝钢管（GB 5310—2023）

用于制造高压及超高压蒸汽锅炉、管道等。

① 分类　按产品制造方式，分为热轧（挤压、扩）（W-H）和冷拔（轧）（WC）两类。

② 外径和壁厚　应符合 GB/T 17395 的规定。

③ 长度　通常长度为 4000～12000mm。

④ 钢种和牌号

a. 优质碳素结构钢，其牌号有 20G、20MnG 和 25MnG。

b. 合金结构钢，其牌号有 15MoG、20MoG、12CrMoG、15CrMoG、12Cr2MoG、12Cr1MoVG、12Cr2MoWVTiB、07Cr2MoW2VNbB、12Cr3MoVSiTiB、15Ni1MnMoNbCu、10Cr9Mo1VNbN、10Cr9MoW2VNbBN、08Cr9W3Co3VNbCuBN。

c. 不锈（耐热）钢，其牌号有 07Cr19Ni10、10Cr18Ni9NbCu3BN、07Cr23Ni15Cu4NbN、07Cr25Ni21、07Cr25Ni21NbN、07Cr22Ni25W3Cu3Co2MoNbN、07Cr19Ni11Ti、07Cr18Ni11Nb 和 08Cr18Ni11NbFG。

⑤ 化学成分　应符合 GB 5310—2023 表 4 的规定。

⑥ 交货状态　优质碳素钢管和合金钢钢管经热处理；不锈（耐热）钢钢管还要再加酸洗钝化。

⑦ 力学性能　见表 5-141。

表 5-141 高压锅炉用无缝钢管的力学性能

牌号	拉伸性能				冲击吸收功 A_k/J ≥		硬度		
	抗拉强度 R_m /MPa	R_{eL} 或 $R_{p0.2}$ /MPa ≥	断后伸长率 A/% ≥				HBW	HV	HRC HRBW
			纵向	横向	纵向	横向			
20G	410～550	245	24	22	40	27	120～160	125～170	—
20MnG	415～560	240	22	20	40	27	125～170	130～180	—
25MnG	485～640	275	20	18	40	27	130～180	135～190	—
15MoG	450～600	270	22	20	40	27	125～180	130～190	—
20MoG	415～665	220	22	20	40	27	125～180	130～190	—
12CrMoG	410～560	205	21	19	40	27	125～170	130～180	—
15CrMoG	440～640	295	21	19	40	27	125～195	130～205	—
12Cr2MoG	450～600	280	22	20	40	27	125～180	130～190	—
12Cr1MoVG	470～640	255	21	19	40	27	135～195	140～205	—
12Cr2MoWVTiB	540～735	345	18	—	40	—	160～220	170～230	85～97HRBW
07Cr2MoW2VNbB	≥510	400	22	18	40	27	150～220	160～230	80～97HRBW
12Cr3MoVSiTiB	610～805	440	16	—	40	—	180～250	190～265	≤25HRC
15Ni1MnMoNbCu	620～780	440	19	17	40	27	190～255	200～270	≤25HRC
10Cr9Mo1VNbN	≥585	415	20	16	40	27	190～250	200～265	≤25HRC
10Cr9MoW2VNbBN	≥620	440	20	16	40	27	190～250	200～265	≤25HRC
08Cr9W3Co3VNbCuBN	≥660	480	20	16	40	27	195～250	195～265	—
07Cr19Ni10	≥515	205	35	—	—	—	140～192	150～200	75～90HRBW

续表

牌号	拉伸性能				冲击吸收功 A_k/J ≥		硬度		
	抗拉强度 R_m /MPa	R_{eL} 或 $R_{p0.2}$ /MPa ≥	断后伸长率 A/% ≥				HBW	HV	HRC HRBW
			纵向	横向	纵向	横向			
10Cr18Ni9NbCu3BN	≥590	235	35	—	—	—	150～219	160～230	80～95HRBW
07Cr23Ni15Cu4NbN	≥655	295	35	—	—	—	140～219	150～230	75～95HRBW
07Cr25Ni21	≥515	205	35	—	—	—	140～192	150～200	75～90HRBW
07Cr25Ni21NbN	≥655	295	30	—	—	—	150～256	160～270	80～100HRBW
07Cr22Ni25W3Cu3Co2MoNbN	≥670	310	40	—	—	—	≤230	≤240	≤100HRBW
07Cr19Ni11Ti	≥515	205	35	—	—	—	125～192	130～200	70～90HRBW
07Cr18Ni11Nb	≥520	205	35	—	—	—	125～192	130～200	70～90HRBW
08Cr18Ni11NbFG	≥550	205	35	—	—	—	140～192	150～200	75～90HRBW

⑧ 理论质量　见表 5-142、表 5-143。

表 5-142　高压锅炉热轧（挤压）用无缝钢管的质量

公称外径/mm	公称壁厚/mm														
	2.0	2.5	2.8	3.0	3.2	3.5	4.0	4.5	5.0	5.5	6.0	(6.5)	7.0	(7.5)	8.0
	理论质量/(kg/m)														
22	0.99	1.20	1.33	1.41	1.48										
25	1.13	1.39	1.53	1.63	1.72	1.86									

续表

公称外径/mm	公称壁厚/mm														
	2.0	2.5	2.8	3.0	3.2	3.5	4.0	4.5	5.0	5.5	6.0	(6.5)	7.0	(7.5)	8.0
	理论质量/(kg/m)														
28		1.57	1.74	1.85	1.96	2.11									
32			2.02	2.15	2.27	2.46	2.76	3.05	3.33						
38			2.43	2.59	2.75	2.98	3.35	3.72	4.07	4.41					
42			2.71	2.89	3.06	3.32	3.75	4.16	4.56	4.95	5.83				
48			3.12	3.33	3.54	3.84	4.34	4.83	5.30	5.76	6.21	6.65	7.08		
51			3.33	3.55	3.77	4.10	4.64	5.16	5.67	6.17	6.66	7.13	7.60	8.05	8.48
57						4.62	5.23	5.83	6.41	6.98	7.55	8.09	8.63	9.16	9.67
60						4.88	5.52	6.16	6.78	7.89	7.99	8.53	9.15	9.71	10.26
76						6.26	7.10	7.93	8.75	9.56	10.36	11.14	11.91	12.67	13.42
83							7.79	8.71	9.62	10.51	11.39	12.26	13.12	13.96	14.80
89							8.38	9.38	10.36	11.33	12.28	13.22	14.15	15.07	15.98
102								10.82	11.96	13.09	14.20	15.31	16.40	17.48	18.54
108								11.49	12.70	13.90	15.09	16.27	17.43	18.59	19.73
114									13.44	14.72	15.98	17.23	18.47	19.70	20.91
121									14.30	15.67	17.02	18.35	19.68	20.99	22.29
133									15.78	17.29	18.79	20.28	21.75	23.21	24.66
146											20.71	22.36	23.99	25.62	27.22
159											22.64	24.44	26.24	28.02	29.79
168												25.89	27.79	29.68	31.56
194													32.28	34.49	36.69
219														39.12	41.63

续表

公称外径/mm	公称壁厚/mm															
	9.0	10	11	12	13	14	(15)	16	(17)	18	(19)	20	22	(24)	25	26
	理论质量/(kg/m)															
51	9.32															
57	10.65	11.59	12.48	13.32												
60	11.32	12.33	13.29	14.20												
76	14.87	16.28	17.63	18.94	20.20	21.40	22.56	23.67	24.73	25.74	26.00					
83	16.42	18.00	19.53	21.01	22.44	23.82	25.15	26.44	27.67	28.85	29.99	31.07				
89	17.76	19.48	21.16	22.79	24.36	25.89	27.37	28.80	30.18	31.52	32.80	34.03				
102	20.64	22.69	24.68	26.63	28.53	30.38	32.18	33.93	35.63	37.29	38.89	40.44	43.40			
108	21.97	24.17	26.31	28.41	30.46	32.45	34.40	36.30	38.15	39.95	41.70	43.40	46.66	49.71	51.17	52.58
114	23.30	25.65	27.94	30.18	32.38	34.52	36.62	38.67	40.66	42.61	44.51	46.36	49.91	53.27	54.87	56.42
121	24.86	27.37	29.84	32.26	34.62	36.94	39.21	41.43	43.60	45.72	47.79	49.81	53.71	57.41	59.18	60.91
133	27.52	30.33	33.09	35.81	38.47	41.08	43.65	46.16	48.63	51.05	53.41	55.73	60.22	64.51	66.58	68.60
146	30.41	33.54	36.62	39.65	42.64	45.57	48.46	51.29	54.08	56.82	59.50	62.14	67.27	72.20	74.60	76.94
159	33.29	36.74	40.15	43.50	46.80	50.06	53.27	56.42	59.53	62.59	65.60	68.55	74.33	79.90	82.61	85.27
168	35.29	38.96	42.59	46.16	49.69	53.17	56.59	59.97	63.30	66.58	69.81	72.99	79.21	85.22	88.16	91.04
194	41.06	45.37	49.64	53.86	58.02	62.14	66.21	70.23	74.20	78.12	81.99	85.82	93.31	100.6	104.2	107.7
219	46.61	51.54	56.42	61.26	66.04	70.77	75.46	80.10	84.68	89.22	93.71	98.15	106.9	115.4	119.6	123.7
245	52.38	57.95	63.47	68.95	74.37	79.75	85.08	90.35	95.58	100.8	105.9	111.0	121.0	130.8	135.6	140.4
273	58.59	64.86	71.07	77.24	83.35	89.42	95.43	101.4	107.3	113.2	119.0	124.8	136.2	147.4	152.9	158.4
299	64.36	71.27	78.12	84.93	91.69	98.39	105.1	111.7	118.2	124.7	131.2	137.6	150.3	162.8	168.9	175.0
325					100.0	107.4	114.7	121.9	129.1	136.3	143.4	150.4	164.4	178.1	185.0	191.7

续表

公称外径/mm	公称壁厚/mm															
	9.0	10	11	12	13	14	(15)	16	(17)	18	(19)	20	22	(24)	25	26
	理论质量/(kg/m)															
351					108.4	116.4	124.3	132.2	140.0	147.8	155.6	163.2	178.5	193.5	201.0	208.4
377					116.7	125.3	133.9	142.4	150.9	159.4	167.7	176.1	192.6	208.9	217.0	225.0
426						142.2	152.0	161.8	171.5	181.1	190.7	200.2	219.2	237.9	247.2	256.5
450						150.5	160.9	171.2	181.5	191.8	201.9	212.1	232·2	252.1	262.0	271.8
480						160.9	172.0	183.1	194.1	205.1	216.0	226.9	248.5	269.9	280.5	291.1
500						167.8	179.4	191.0	202.5	214.0	225.4	236.7	259.3	281.7	292.8	303.9
530						178.1	190.5	202.8	215.1	227.3	239.4	251.5	275.6	299.5	311.3	323.1

公称外径/mm	公称壁厚/mm															
	28	30	32	(34)	36	38	40	(42)	45	(48)	50	56	60	63	(65)	70
	理论质量/(kg/m)															
133	72.50	76.20	79.70													
146	81.48	85.82	89.96	93.91	97.65											
159	90.45	95.43	100.2	104.8	109.2											
168	96.67	102.1	107.3	112.4	117.2	121.8	126.3									
194	114.6	121.3	127.8	134.2	140.3	146.2	151.9	157.4	165.4							
219	131.9	139.8	147.6	155.1	162.5	169.6	176.6	183.3	193.1	202.4	208.4					
245	149.8	159.1	168.1	176.9	185.5	194.0	202.2	210.3	221.9	233.2	240.4					
273	169.2	179.8	190.2	200.4	210.4	220.2	229.8	239.3	253.0	266.3	275.0					
299	187.1	199.0	210.7	222.2	233.5	244.6	255.5	266.2	281.9	297.1	307.0	335.6	353.6			

续表

公称外径/mm	公称壁厚/mm															
	28	30	32	(34)	36	38	40	(42)	45	(48)	50	56	60	63	(65)	70
	理论质量/(kg/m)															
325	205.1	218.2	231.2	244.0	256.6	268.9	281.1	293.1	310.7	327.9	339.1	371.5	392.1			
351	223.0	237.5	251.7	265.8	279.6	293.3	306.8	320.0	339.6	358.7	371.1	407.4	430.6			
377	241.0	256.7	272.3	287.6	302.7	317.7	332.4	347.0	368.4	389.4	403.2	443.3	469.0	487.8	500.1	529.9
426	274.8	293.0	310.9	328.7	346.2	363.6	380.8	397.7	422.8	447.4	463.6	511.0	541.5	564.0	578.7	614.5
450	291.4	310.7	329.9	348.8	367.5	386.1	404.4	422.6	449.4	475.8	493.2	544.1	577.0	601.2	617.1	656.0
480	312.1	332.9	353.5	373.9	394.2	414.2	434.0	453.7	482.7	511.4	530.2	585.5	621.4	647.8	665.2	707.7
500	325.9	347.7	369.3	390.7	411.9	432.9	453.7	474.4	504.9	535.0	554.9	613.2	651.0	678.9	697.3	742.3
530	346.6	369.9	393.0	415.9	438.6	461.0	483.3	505.4	538.2	570.5	591.8	654.6	695.4	725.5	745.4	794.1

注：钢管理论质量的计算按 GB/T 17395 的规定，08Cr9W3Co3VNbCuBN 的密度按 7.90kg/dm^3，其余优质碳素钢和合金钢的密度按 7.85kg/dm^3，不锈（耐热）钢的密度按下表。

牌号	密度/(kg/dm^3)	牌号	密度/(kg/dm^3)
07Cr19Ni10	7.90	07Cr25Ni21NbN	7.97
10Cr18Ni9NbCu3BN	7.94	07Cr22Ni25W3Cu3Co2MoNbN	8.10
07Cr23Ni15Cu4NbN	7.92	07Cr19Ni11Ti,07Cr18Ni11Nb	8.03
07Cr25Ni21	7.98	08Cr18Ni11NbFG	8.00

表 5-143 高压锅炉用冷拔（轧）无缝钢管的质量

公称外径/mm	公称壁厚/mm										
	2.0	2.2	2.5	2.8	3.0	3.2	3.5	4.0	4.5	5.0	5.5
	理论质量/(kg/m)										
10	0.395	0.423	0.462								
12	0.493	0.532	0.586	0.635	0.666						
16	0.690	0.749	0.830	0.911	0.962	1.01	1.08	1.18			
22	0.986	1.07	1.20	1.33	1.41	1.48	1.60	1.78	1.94	2.10	2.24
25	1.13	1.24	1.39	1.53	1.63	1.72	1.86	2.07	2.27	2.47	2.64
28	1.28	1.40	1.57	1.74	1.85	1.96	2.11	2.37	2.61	2.84	3.05
32	1.48	1.62	1.82	2.02	2.15	2.27	2.46	2.76	3.05	3.33	3.59
38	1.78	1.94	2.19	2.43	2.59	2.75	2.98	3.35	3.72	4.07	4.41
42			2.44	2.71	2.89	3.06	3.32	3.75	4.16	4.56	4.95
48			2.80	3.12	3.33	3.54	3.84	4.34	4.83	5.30	5.76
51			2.99	3.33	3.55	3.77	4.10	4.64	5.16	5.67	6.17
57			3.36	3.74	3.99	4.25	4.62	5.23	5.83	6.41	6.98
60						4.48	4.88	5.52	6.16	6.78	7.39
63						4.72	5.14	5.82	6.49	7.15	7.80
70						5.27	5.74	6.51	7.27	8.01	8.75
76								7.60	7.93	8.75	9.56
83								7.79	8.71	9.62	10.51
89								8.38	9.38	10.36	11.33
102									10.82	11.96	13.09
108									11.49	12.70	13.90
114									12.15	13.44	14.72

公称外径/mm	公称壁厚/mm									
	6.0	6.5	7.0	7.5	8.0	9.0	10	11	12	13
	理论质量/(kg/m)									
25	2.81									
28	3.26	3.45	3.62							
32	3.85	4.09	4.32	4.53	4.73					
38	4.73	5.05	5.35	5.64	5.92	6.44				
42	5.33	5.69	6.04	6.38	6.71	7.32				

续表

公称外径/mm	公称壁厚/mm									
	6.0	6.5	7.0	7.5	8.0	9.0	10	11	12	13
	理论质量/(kg/m)									
48	6.21	6.65	7.08	7.49	7.89	8.66	9.37			
51	6.66	7.13	7.60	8.05	8.48	9.32	10.11	10.85	11.54	
57	7.55	8.09	8.63	9.16	9.67	10.65	11.59	12.48	13.32	
60	7.99	8.58	9.15	9.71	10.26	11.32	12.33	13.29	14.20	
63	8.43	9.06	9.67	10.26	10.85	11.98	13.07	14.11	15.09	
70	9.47	10.18	10.88	11.56	12.23	13.54	14.80	16.00	17.16	18.27
76	10.36	11.14	11.91	12.67	13.42	14.87	16.28	17.63	18.94	20.20
83	11.39	12.26	13.12	13.96	14.80	16.42	18.00	19.52	21.01	22.44
89	12.28	13.22	14.15	15.07	15.98	17.76	19.48	21.16	22.79	24.36
102	14.20	15.31	16.40	17.48	18.54	20.64	22.69	24.68	26.63	
108	15.09	16.27	17.43	18.59	19.73	21.97	24.17	26.31	28.41	
114	12.15	13.44	14.72	15.98	17.23	18.49	25.65	27.94		

注：同挤压用无缝钢管表注。

5.6.9 高温用锻造镗孔厚壁无缝钢管（YB/T 4173—2021）

用于制造高压及超高压蒸汽锅炉、管道。

① 尺寸　公称外径应大于或等于 219mm，公称壁厚应大于或等于 20mm。通常长度为 4000～12000mm。

② 牌号　20G、20MnG、25MnG、12CrMoG、15CrMoG、12Cr2MoG、12Cr1MoVG、07Cr2MoW2VNbB、15Ni1MnMoNbCu、10Cr9Mo1VNbN、10Cr9MoW2VNbBN、10Cr11MoW2VNbCu1BN、11Cr9MoW1VNbBN。

③ 化学成分　应符合 YB/T 4173—2021 表 3 的规定。

④ 交货状态　锻造管坯粗加工后应进行热处理并精加工为成品钢管。

⑤ 热处理制度　见表 5-144。

⑥ 力学性能　见表 5-145、表 5-146。

表 5-144 锻造镗孔厚壁无缝钢管的热处理制度

牌号	热处理制度	
	厚度≤30mm	厚度>30mm
20G、20MnG、25MnG	900～940℃正火	
12CrMoG	900～960℃正火+680～730℃回火	
07Cr2MoW2VNbB	1040～1080℃正火+750～780℃回火	
15CrMoG	900～960℃正火+680～730℃回火	不低于900℃淬火+680～750℃回火或900～960℃正火[①],680～730℃回火
12Cr2MoG	900～960℃正火+700～750℃回火	不低于900℃淬火+700～750℃回火或900～960℃正火[①]+700～750℃回火
12Cr1MoVG	980～1020℃正火+720～760℃回火	950～990℃淬火+720～760℃回火或980～1020℃正火[①]+720～760℃回火
15Ni1MnMoNbCu	880～980℃正火+610～680℃回火	不低于900℃淬火+610～680℃回火或880～980℃正火[①]+610～680℃回火

牌号	热处理制度	
	厚度≤70mm	厚度>70mm
10Cr9Mo1VNbN 11Cr9MoW1VNbBN	1040～1080℃正火+750～780℃回火	不低于1040℃淬火+750～780℃回火
10Cr9MoW2VNbBN 10Cr11MoW2VNbCu1BN	1040～1080℃正火+760～790℃回火	不低于1040℃淬火+760～790℃回火

① 正火后应进行快速冷却。

表 5-145　锻造镗孔厚壁无缝钢管的力学性能

牌号	纵向力学性能				横向力学性能			
	抗拉强度 R_m /MPa	下屈服强度 R_{eL} 或规定非比例延伸强度 $R_{p0.2}$ /MPa	断后伸长率 A /%	冲击吸收能量 KV_2 /J	抗拉强度 R_m /MPa	下屈服强度 R_{eL} 或规定非比例延伸强度 $R_{p0.2}$ /MPa	断后伸长率 A /%	冲击吸收能量 KV_2 /J
20G	410～550	≥245	≥24	≥40	410～550	≥245	≥22	≥27
20MnG	415～560	≥240	≥22		415～560	≥240	≥20	
25MnG	485～640	≥245	≥20		485～640	≥275	≥18	
12CrMoG	410～560	≥205	≥21		410～560	≥205	≥19	
15CrMoG	440～640	≥295	≥21		440～640	≥295	≥19	
12Cr2MoG	450～600	≥280	≥22		450～600	≥280	≥20	
12Cr1MoVG	470～640	≥255	≥21		470～640	≥255	≥19	
07Cr2MoW2VNbB	≥510	≥400	≥22		≥510	≥400	≥18	
15Ni1MnMoNbCu	620～780	≥440	≥19		620～780	≥440	≥17	
10Cr9Mo1VNbN	≥585	≥415	≥20		≥585	≥415	≥16	
10Cr9MoW2VNbBN	≥620	≥440	≥20		≥620	≥440	≥16	
10Cr11MoW2VNbCu1BN	≥620	≥400	≥20		≥620	≥400	≥16	
11Cr9MoW1VNbBN	≥620	≥440	≥20		≥620	≥440	≥16	

表 5-146　锻造镗孔厚壁无缝钢管的硬度

牌号	硬度		
	HBW	HV	HRC 或 HRBW
20G	120～160	120～160	—
20MnG	125～170	125～170	
25MnG	130～180	130～180	
12CrMoG	125～170	125～170	
15CrMoG	125～195	125～195	
12Cr2MoG	125～180	125～180	
12Cr1MoVG	135～195	135～195	
07Cr2MoW2VNbB	150～220	150～230	85～97HRBW

续表

牌号	硬度		
	HBW	HV	HRC 或 HRBW
15Ni1MnMoNbCu	185～255	185～270	≤25HRC
10Cr9Mo1VNbN	185～250	185～265	
10Cr9MoW2VNbBN	185～250	185～265	
10Cr11MoW2VNbCu1BN	185～250	185～265	
11Cr9MoW1VNbBN	185～250	185～265	

5.6.10 气瓶用无缝钢管（GB/T 18248—2021）

用于制造气瓶和蓄能器壳体。

① 尺寸 钢管的外径和壁厚应符合 GB/T 17395 的规定；通常长度为 4000～12000mm。

② 牌号 有 37Mn、30CrMo、35CrMo、42CrMo、30CrMnSiA。其化学成分应符合 GB/T 18248—2021 表 3 的规定。

③ 交货状态 热轧（扩）钢管为热轧（扩），冷轧（拔）钢管为冷轧（拔）、正火或退火。

④ 力学性能（选项Ⅰ和选项Ⅱ任选其一） 见表 5-147、表 5-148。

表 5-147 力学性能选项Ⅰ的参考值

牌号	推荐热处理制度				纵向力学性能				
	淬火(正火)		回火		抗拉强度 R_m /MPa	下屈服强度 R_{eL} /MPa	断后伸长率 A/%	冲击吸收能量	
	温度/℃	冷却剂	温度/℃	冷却剂	≥			试验温度/℃	KV_2 /J ≥
37Mn	820～860	水	550～650	空	750	630	16	−50	27
	830～870	空	—	—	700	520	16	−20	27
30CrMo	860～900	水、油	490～590	水、油	930	785	12	−50	27
35CrMo	830～870	水、油	500～600	水、油	980	835	12	−50	27
42CrMo	830～870	油	510～610	水、油	1080	930	12	−50	27
30CrMnSiA	860～900	油	470～570	水、油	1080	885	10	室温	27

表 5-148　力学性能选项Ⅱ的拉伸性能参考值

牌号	推荐的热处理状态	纵向拉伸性能			
		抗拉强度 R_m/MPa	下屈服强度 R_{eL}/MPa	断后伸长率 A%	屈强比 R_{eL}/R_m
		≥			≤
37Mn	正火	700	520	20①	0.80
	调质	730	610	14②	0.92
30CrMo	调质	800	680	14②	0.92
35CrMo	调质	865	740	14②	0.92
42CrMo	调质	930	760	14②	0.92

① 为全壁厚纵向弧形试样。当采用圆形横截面试样时，断后伸长率不小于 22%。

② 为全壁厚纵向弧形试样。当采用圆形横截面试样时，断后伸长率不小于 16%。

5.6.11　承压设备用碳素钢和合金钢锻件（NB/T 47008—2017）

用于设计温度不低于−20℃、设计压力小于 100MPa 的承压设备。

① 分级　锻件分为Ⅰ、Ⅱ、Ⅲ和Ⅳ四个级别。Ⅰ级锻件仅适用于公称厚度小于或等于 100mm 的 20、35 和 16Mn 钢锻件。

② 化学成分　锻件用钢应符合 NB/T 47008—2017 表 1 的规定；配套阀门和专用构件锻件用钢可参照该标准附录 A。

③ 交货状态　按热处理状态分为：N—正火（双方协商，允许加速冷却）、Q—淬火、T—回火三种。

④ 牌号和力学性能　见表 5-149。

5.6.12　锅炉和热交换器用焊接钢管（GB/T 28413—2012）

用于中低压锅炉和热交换器，不适用于不锈钢焊接钢管。

① 尺寸　外径 D 和壁厚 S 应符合 GB/T 21835 的规定。通常长度应为 4000～12000mm。

② 牌号　有 10、20、Q245R、Q345R、Q370R、18MnMoNbR、13MnNiMoR、15CrMoR、14Cr1MoR、12Cr2Mo1R、12Cr1MoVR 共 11 种。其化学成分应符合 GB/T 28413—2012 表 4 的规定。

③ 原料　钢板或钢带的制造方法及力学性能应符合 GB/T 699 或 GB 713 的规定。

④ 常用规格　见表 5-150。

表 5-149 锻件的牌号和力学性能

材料牌号	公称厚度/mm	热处理状态	回火温度/℃≥	拉伸性能			冲击吸收能量		硬度（HBW）
				R_m/MPa	R_{eL}/MPa ≥	A/% ≥	温度/℃	KV_2/J ≥	
20	≤100 >100～200 >200～300	N N+T	620	410～560 400～550 380～530	235 225 205	24	0	34	110～160
35	≤100 >100～300	N N+T	590	510～670 490～640	265 245	18	20	41	136～192
16Mn	≤100 >100～200 >200～300	N N+T Q+T	620	480～630 470～620 450～600	305 295 275	20	0	41	128～180
08Cr2AlMo	≤200	N+T	680	400～540	250	25	20	47	—
09CrCuSb	≤200	N	—	390～550	245	25	20	34	—
20MnMo	≤300 >300～500 >500～850	Q+T	620	530～700 510～680 490～660	370 350 330	18	0	47	—
20MnMoNb	≤300 >300～500	Q+T	630	620～790 610～780	470 460	16	0	47	—
20MnNiMo	≤500	Q+T	620	620～790	450	16	−20	47	—
15NiCuMoNb	≤500	N+T Q+T	640	610～780	440	17	20	47	185～255
12CrMo	≤100	N+T Q+T	620	410～570	255	21	20	47	121～174

续表

材料 牌号	公称 厚度 /mm	热处理 状态	回火 温度 /℃≥	拉伸性能			冲击吸收能量		硬度 (HBW)
				R_m /MPa	R_{eL} /MPa ≥	A /% ≥	温度 /℃	KV_2 /J ≥	
15CrMo	≤300 >300～500	N+T Q+T	620	480～640 470～630	280 270	20	20	47	118～180 115～178
12Cr1MoV	≤300 >300～500	N+T Q+T	680	470～630 460～620	280 270	20	20	47	118～195 115～195
14Cr1Mo	≤300 >300～500	N+T Q+T	620	490～660 480～650	290 280	19	20	47	—
12Cr2Mo1	≤300 >300～500	N+T Q+T	680	510～680 500～670	310 300	18	20	47	125～180
12Cr2Mo1V	≤300 >300～500	N+T Q+T	680	590～760 580～750	420 410	17	−20	60	—
12Cr3Mo1V	≤300 >300～500	N+T Q+T	680	590～760 580～750	420 410	17	−20	60	—
12Cr5Mo	≤500	N+T Q+T	680	590～760	390	18	20	47	—
10Cr9Mo1VNbN	≤300	N+T Q+T	740	585～755	415	18	20	47	185～250
10Cr9MoW2VNbBN	≤300	N+T Q+T	740	620～790	440	18	20	41	185～250
30CrMo	≤300	Q+T	580	620～790	440	15	0	41	—
35CrMo	≤300 >300～500	Q+T	580	620～790 610～780	440 430	15	0	41	—
35CrNi3MoV	≤300	N+Q+T	540	1070～1230	960	16	−20	47	—
36CrNi3MoV	≤300	N+Q+T	540	1000～1150	895	16	−20	47	—

表 5-150 锅炉和热交换器用焊接钢管常用规格（外径第1系列）

mm

外径 *D*	壁厚 *S*														
	1.4	1.6	1.8	2.0	2.3	2.6	2.9	3.2	3.6	4.0	4.5	5.0	5.5	6.3	7.1
11.2															
13.5															
17.2															
21.3															
26.9			常												
33.7															
42.4															
48.3															
60.3						用									
76.1															
88.9															
114.3															
139.7															
168.3									规						
219.1															
273															
323.9															
355.6															
406.4													格		
457															
508															
610															
711															
813															
914															

续表

外径 D	壁厚 S														
	1.4	1.6	1.8	2.0	2.3	2.6	2.9	3.2	3.6	4.0	4.5	5.0	5.5	6.3	7.1
1016															
1067													常	用	
1118													规	格	
1219															
1422															

外径 D	壁厚 S															
	8	8.8	10	11	13	14	16	18	20	22	25	28	30	32	35	40
33.7																
42.4																
48.3																
60.3																
76.1																
88.9		常														
114.3																
139.7																
168.3																
219.1		用														
273																
323.9																
355.6																
406.4				规												
457																
508																
610																
711							格									
813																

续表

外径 D	壁厚 S															
	8	8.8	10	11	13	14	16	18	20	22	25	28	30	32	35	40
914																
1016				常												
1067							用									
1118										规						
1219													格			
1422																

注：锅炉和热交换器用焊接钢管外径分为3个系列，系列1为用于管道系统的所有附件都要标准化的尺寸；系列2为用于不是所有附件都要标准化的尺寸；系列3为用于只存在极少数标准化附件的特殊应用尺寸。

⑤ 交货状态　见表5-151。

表5-151　钢管的交货状态

牌号	钢管		热处理制度
	钢管类型	壁厚/mm	
10(U20102) 20(U20202) Q245R	电熔焊	≤19	焊态
		>19	整管退火处理：保温温度590～650℃，1mm壁厚最少保温时间为2.4min，且不少于1h，加热和冷却速度不大于335℃/h
Q345R Q370R	高频焊	≤19	焊缝在线正火处理
		>19	整管退火处理：590～650℃，1mm壁厚最少保温时间为2.4min，且不少于1h，加热和冷却速度不大于335℃/h
18MnMoNbR 13MnNiMoR	电熔焊		整管退火处理：保温温度590～720℃，1mm壁厚最少保温时间为2.4min，且不少于1h，加热和冷却速度不大于335℃/h
15CrMoR 14Cr1MoR 12Cr2Mo1R	电熔焊		整管退火处理：保温温度700～750℃，1mm壁厚最少保温时间为2.4min，且不少于2h，加热和冷却速度不大于335℃/h

续表

牌号	钢管		热处理制度
	钢管类型	壁厚/mm	
12Cr1MoVR	电熔焊		整管退火处理：保温温度 700～760℃，1mm 壁厚最少保温时间为 2.4min，且不少于 2h，加热和冷却速度不大于 335℃/h

注：1. 经供需双方协商，可采用其他热处理工艺。

2. 对于采用热张力减径工艺制造的高频焊管，可按轧制状态交货。

⑥ 力学性能　见表 5-152、表 5-153。

表 5-152　钢管的力学性能

牌号	下屈服强度 R_{eL}/MPa			抗拉强度 R_m/MPa			断后伸长率 A/% ≥	冲击吸收能量 KV_2/J	
	壁厚/mm			壁厚/mm				试验温度/℃	三个试样平均值[①]≥
	≤16	>16～≤36	>36～≤60	≤16	>16～≤36	>36～≤60			
10	≥205			335～475			28	0	31
20	≥245			410～550			24	0	31
Q245R	≥245	≥235	≥225	400～520			25	0	31
Q345R	≥345	≥325	≥315	510～640	500～630	490～620	21	0	34
Q370R	≥370	≥360	≥340	530～630		520～620	20	−20	34
18MnMoNbR	—	—	≥400	—		570～720	17	0	41
13MnNiMoR	—	—	≥390	—		570～720	18	0	41
15CrMoR	≥295			450～590			19	20	31
14Cr1MoR	≥310			520～680			19	20	34
12Cr2Mo1R	≥310			520～680			19	20	34
12Cr1MoVR	≥245			440～590			19	20	34

① 允许其中有 1 个试样的值（单个值）低于规定值，但应不低于规定值的 70%。

表 5-153　钢管的高温力学性能

牌号	壁厚/mm	试验温度/℃						
		200	250	300	350	400	450	500
		规定非比例延伸强度最小值 $R_{p0.2}$/MPa						
10	—	165	145	122	111	109	107	—

续表

牌号	壁厚/mm	试验温度/℃						
		200	250	300	350	400	450	500
		规定非比例延伸强度最小值 $R_{p0.2}$/MPa						
20	—	188	170	149	137	134	132	—
Q245R	>20～36	186	167	153	139	129	121	—
	>36～60	178	161	147	133	123	116	—
Q345R	>20～36	255	235	215	200	190	180	—
	>36～50	140	220	200	185	175	165	—
Q370R	>20～36	290	275	260	245	230	—	—
	>36～60	280	270	255	240	225	—	—
18MnMoNbR	30～60	360	355	350	340	310	275	—
13MnNiMoR	30～60	355	350	345	335	305	—	—
15CrMoR	>20～60	240	225	210	200	189	179	174
14Cr1MoR	>20～60	255	245	230	220	210	195	176
12Cr2Mo1R	>20～60	260	255	250	245	240	230	215
12Cr1MoVR	>20～60	200	190	176	167	157	150	142

5.6.13 焊接气瓶用钢板和钢带（GB 6653—2017）

用于生产焊接气瓶。

① 规格　热轧钢板和钢带厚度为2.0～14.0mm，冷轧钢板和钢带的厚度为1.5～4.0mm。

② 牌号　由“焊”和“瓶”两字的汉语拼音首位字母“H”和“P”及下屈服强度下限值（MPa）两部分组成。有HP235、HP265、HP295、HP325、HP345五个，其化学成分应符合GB 6653—2017表1规定。

③ 尺寸、外形、质量　热轧钢板和钢带及冷轧钢板和钢带的尺寸、外形、质量应分别符合GB/T 709和GB/T 708的规定。

④ 交货状态　热轧钢板和钢带为热轧、控轧或热处理状态；冷轧钢板和钢带为退火。

⑤ 力学性能和工艺性能　见表5-154、表5-155。

表 5-154　钢板和钢带的力学性能和工艺性能

牌号	拉伸试验				180°弯曲试验压头直径（$b\geqslant$35mm）
	下屈服强度 R_{eL} /MPa ≥	抗拉强度 R_m /MPa	断后伸长率/% ≥		
			A_{80}① 厚度＜3mm	A 厚度≥3mm	
HP235	235	380～500	23	29	1.5a
HP265	265	410～520	21	27	1.5a
HP295	295	440～560	20	26	2.0a
HP325	325	490～600	18	22	2.0a
HP345	345	510～620	17	21	2.0a

① L_0＝80mm，b＝20mm。

注：a 为钢材厚度。

表 5-155　钢板和钢带的 V 形冲击试验

牌号	试样方向	试样尺寸/mm	冲击吸收能量 KV_2/J ≥	
			室温	－40℃
HP235				
HP265		10×5×55	23	18
HP295	横向	10×7.5×55	29	23
HP325		10×10×55	34	27
HP345				

注：1. 厚度＜12mm 的钢板和钢带，做冲击试验时应采用辅助试样。
2. 对于厚度＞8～＜12mm 的钢板和钢带采用 10mm×7.5mm×55mm 小尺寸试样。
3. 对于厚度 6～8mm 的钢板和钢带，采用 10mm×5mm×55mm 小尺寸试样。
4. 厚度＜6mm 的钢板和钢带不做冲击试验。

5.6.14　无缝气瓶用钢坯（GB 13447—2008）

用于制造高压无缝气瓶钢坯。

① 尺寸　钢坯边长为 200mm×200mm、230mm×230mm、250mm×250mm、280mm×280mm 四种，通常长度为 4～12m。

② 牌号　有 34Mn2V、37Mn、30CrMo、34CrMo 四个。

③ 化学成分　应符合 GB 13447—2008 表 2 要求。

④ 交货状态　热轧。

⑤ 力学性能　见表 5-156。

表 5-156　无缝气瓶用钢坯的力学性能

牌号	试样状态	下屈服强度 R_{eL}/MPa ≥	抗拉强度 R_m/MPa ≥	断后伸长率 A/% ≥	断后收缩率 Z/% ≥	冲击吸收能量 KV_2/J ≥
34Mn2V	正火	510	745	16	45	55
	调质	550	780	12	45	50

续表

牌号	试样状态	下屈服强度 R_{eL}/MPa ≥	抗拉强度 R_m/MPa ≥	断后伸长率 A/% ≥	断后收缩率 Z/% ≥	冲击吸收能量 KV_2/J ≥
37Mn	正火	350	650	16	—	45
	调质	640	760	16	—	50
30CrMo	调质	785	930	12	50	63
34CrMo	调质	835	980	12	45	63

5.7 电力机械用钢

5.7.1 汽轮机叶片用钢（GB/T 8732—2014）

用于制造汽轮机叶片。

① 分类　有热轧（圆钢、扁钢、方钢）材、锻制材和异形材三类。

a. 热轧材的尺寸、外形：应符合GB/T 702—2008的规定，最短长度应不小于2000mm。厚度大于60mm或宽度大于150mm的热轧扁钢应符合GB/T 8732—2014表2的规定，通常长度为2000～8000mm。

b. 锻制材的圆钢、扁钢和方钢：尺寸、外形应符合GB/T 908—2008的规定，最短长度应不小于1500mm。

c. 异形钢材：型号有JY89、JY114、JY116、JY129、JY131、JY142、JY143、JY169八种（JY为“静”和“叶”汉语拼音首字母，其后数字为异形钢材公称宽度），最短长度应不小于1500mm。

② 化学成分　应符合GB/T 8732—2014表5规定。

③ 牌号和硬度　见表5-157。

表5-157　汽轮机叶片用钢牌号和经批处理后的硬度

牌号	推荐的热处理制度/℃		布氏硬度(HBW)≤
	退火(缓冷)	高温回火(快冷)	
12Cr13	800～900	700～770	200
20Cr13	800～900	700～770	223
12Cr12Mo	800～900	700～770	255
14Cr11MoV	800～900	700～770	200
15Cr12WMoV	800～900	700～770	223
21Cr12MoV	880～930	750～770	255
18Cr11NiMoNbVN	800～900	700～770	255
22Cr12NiWMoV	860～930	750～770	255
05Cr17Ni4Cu4Nb	740～850	660～680	361
14Cr12Ni2WMoV	860～930	650～750	287
14Cr12Ni3Mo2VN	860～930	650～750	287
14Cr11W2MoNiVNbN	860～930	650～750	287

④ 交货状态　退火或高温回火。

⑤ 热处理制度及力学性能　见表 5-158。

表 5-158　汽轮机叶片用钢热处理制度及力学性能

牌号	组别	热处理制度		力学性能					试样硬度(HBW)
		淬火温度冷却方式/℃	回火温度冷却方式/℃	规定塑性延伸强度 $R_{p0.2}$/MPa	抗拉强度 R_m/MPa	断后伸长率 A/%	断面收缩率 Z/%	冲击吸收能量 KV_2/J	
12Cr13	—	980～1040	660～770	≥440	≥620	≥20	≥60	≥35	192～241
20Cr13	Ⅰ组	950～1020*	660～770△	≥490	≥665	≥16	≥50	≥27	212～262
	Ⅱ组	980～1030	640～720	≥500	≥735	≥15	≥50	≥27	229～277
12Cr12Mo	—	950～1000	650～710	≥550	≥685	≥18	≥60	≥78	217～255
14Cr11MoV	Ⅰ组	1000～1050*	700～750	≥400	≥685	≥16	≥56	≥27	212～262
	Ⅱ组	1000～1030	660～700	≥590	≥735	≥15	≥50	≥27	229～277
15Cr12WMoV	Ⅰ组	1000～1050	680～740	≥590	≥735	≥15	≥45	≥27	229～277
	Ⅱ组	1000～1050	660～700	≥635	≥785	≥15	≥45	≥27	248～293
18Cr11NiMoNbVN	—	≥1090	≥640	≥760	≥930	≥12	≥32	≥20	277～331
22Cr12NiWMoV	—	980～1040	650～750	≥760	≥930	≥12	≥32	≥11	277～311
21Cr12MoV	Ⅰ组	1020～1070	≥650	≥700	900～1050	≥13	≥35	≥20	265～310
	Ⅱ组	1020～1050	700～750	590～735	≥930	≥15	≥50	≥27	241～285
14Cr12Ni2WMoV	—	1000～1050	≥640○	≥735	≥920	≥13	≥40	≥48	277～331

续表

<table>
<tr><th rowspan="2">牌号</th><th rowspan="2">组别</th><th colspan="3">热处理制度</th><th colspan="5">力学性能</th><th rowspan="2">试样硬度（HBW）</th></tr>
<tr><th>淬火温度冷却方式/℃</th><th colspan="2">回火温度冷却方式/℃</th><th>规定塑性延伸强度 $R_{p0.2}$/MPa</th><th>抗拉强度 R_m/MPa</th><th>断后伸长率 A/%</th><th>断面收缩率 Z/%</th><th>冲击吸收能量 KV_2/J</th></tr>
<tr><td>14Cr12Ni3Mo2VN</td><td>—</td><td>990～1030</td><td colspan="2">≥560○</td><td>≥860</td><td>≥1100</td><td>≥13</td><td>≥40</td><td>≥54</td><td>331～363</td></tr>
<tr><td>14Cr11W2MoNiVNbN</td><td>—</td><td>≥1100</td><td colspan="2">≥620</td><td>≥760</td><td>≥930</td><td>≥14</td><td>≥32</td><td>≥20</td><td>277～331</td></tr>
<tr><td rowspan="3">05Cr17Ni4Cu4Nb</td><td>Ⅰ组</td><td rowspan="3">1025～1055℃，油，空冷（≥14℃/min，冷却到室温）</td><td>—</td><td>645～655℃，4h</td><td>590～800</td><td>≥900</td><td>≥16</td><td>≥55</td><td>—</td><td>262～302</td></tr>
<tr><td>Ⅱ组</td><td rowspan="2">810～820℃，0.5h，（≥14℃/min，冷却到室温）</td><td>565～575℃，3h</td><td>890～980</td><td>950～1020</td><td>≥16</td><td>≥55</td><td>—</td><td>293～341</td></tr>
<tr><td>Ⅲ组</td><td>600～610℃，5h</td><td>755～890</td><td>890～1030</td><td>≥16</td><td>≥55</td><td>—</td><td>277～321</td></tr>
</table>

注：1. 此为用热处理毛坯（热处理用试样毛坯尺寸为 25mm，直径或厚度小于 25mm 的钢材用原尺寸钢材热处理）制成试样测定钢材的力学性能、热处理制度及力学性能（纵向）指标。

2. 20Cr13、14Cr11MoV 和 15Cr12 WMoV 钢的力学性能按Ⅰ组规定，经供需双方协商也可按Ⅱ组的规定。

3. 21Cr12MoV 钢的订货组别应在合同中注明，未注明时，按Ⅰ组执行。

4. 05Cr17Ni4Cu4Nb 钢的热处理通常按Ⅲ组规定，需方如要求按Ⅰ组或Ⅱ组处理时，应在合同中注明。

5. 淬火冷却方式中，未注明者为油冷，“*”表示油冷、空冷均可。

6. 回火冷却方式中，未注明者为空冷，“○”表示空冷两次，“△”表示油冷、水冷或空冷均可。

5.7.2　涡轮机高温螺栓用钢（GB/T 20410—2006）

用于汽轮机、燃气轮机高温螺栓。

① 分类　有热轧和锻制钢材两种。

② 尺寸、外形　热轧钢材和锻制钢材应分别符合 GB/T 702 和 GB/T 908 的有关规定。

③ 交货状态　退火或高温回火。

④ 化学成分　应符合 GB/T 20410—2006 表 1 规定。

⑤ 牌号和热处理制度及硬度　见表 5-159。

表 5-159　涡轮机高温螺栓用钢的热处理制度及硬度

牌号	推荐热处理制度		硬度（HBW 10/3000）≤
	退火温度/℃	高温回火温度/℃	
35CrMoA	—	690～710	229
42CrMoA	—	690～710	217
21CrMoVA	—	690～710	241
35CrMoVA	—	690～710	241
40CrMoVA	—	690～710	269
20CrMo1VA	—	690～730	241
45Cr1MoVA	—	650～720	269
20Cr1Mo1V1A	—	690～710	241
25Cr2MoVA	—	690～710	241
25Cr2Mo1VA	—	690～710	241
40Cr2MoVA	—	680～720	269
18Cr1Mo1VTiB	—	660～700	248
20Cr1Mo1VTiB	—	660～700	248
20Cr1Mo1VNbTiB	—	680～720	255
2Cr12MoV	880～930	750～770	255
2Cr12NiMo1W1V	860～930	660～700	255
2Cr11NiMoNbVN	800～900	700～770	255
2Cr11Mo1VNbN	850～950	600～770	269
1Cr11MoNiW1VNbN	850～950	600～770	255

⑥ 纵向力学性能　见表 5-160。

表 5-160 涡轮机高温螺栓用钢的纵向力学性能（$\phi=25mm$ 试样）

牌号	淬火[①] 温度 /℃	回火[②] 温度 /℃	规定塑性延伸强度 $R_{p0.2}$/MPa	抗拉强度 R_m /MPa≥	断后伸长率 A /%≥	断面收缩率 Z /%≥	冲击吸收能量 KU_2/J≥	硬度（HBW 10/3000）≤
35CrMoA	850～870	550～610	590	765	14	45	47	241～285
42CrMoA	850	580△	655	795	16	50	50	241～302
21CrMoVA	930～950	700～740	550	700～850	16	60	63[③]	248～293
35CrMoVA	900	630△	930	1080	10	50	71	255～321
40CrMoVA	895	≥650	720	860	18	50	34[③]	255～321
20Cr1Mo1VA	890～940	680～720	550	700～850	16	60	69[③]	210～250
45Cr1MoVA	925～955	≥650	725	825	18	50	34[③]	≤302
20Cr1Mo1V1A	1000	700	735	835	14	50	47	248～293
25Cr2MoVA	900	640	785	930	14	55	63	248～293
25Cr2Mo1VA	1040	660	590	735	16	50	47	248～293
40Cr2MoVA	860	600(油)	930	1125	10	45	47	248～293
18Cr1Mo1VTiB	≥980*	680～720	685	785	15	50	39	241～302
20Cr1Mo1VTiB	1030～1050	680～720	685	785	14	50	39	255～302
20Cr1Mo1VNbTiB	1020～1040*	690～730	670	785	14	50	39	255～302
2Cr12NiMo1W1V	1020～1050	≥650	760	930	12	32	11[③]	277～331
2Cr11NiMoNbVN	≥1090	≥640	760	930	12	32	20[③]	277～331
2Cr11Mo1VNbN	≥1080	≥640	780	965	15	45	11[③]	291～321
1Cr11MoNiW1VNbN	≥1100	≥650	765	930	12	32	20[③]	277～331
2Cr12MoV(Ⅰ组)	1020～1070	≥650	700	900～1050	13	35	20	277～311
2Cr12MoV(Ⅱ组)	1020～1050	700～750	590～735	≤930	15	50	27	241～285

① 淬火冷却方式：未注明者为油冷，“*”表示油冷、水冷均可。

② 回火冷却方式：未注明者为空冷，“△”表示油冷、水冷均可。

③ V形缺口。

5.7.3　柴油机用高压无缝钢管（GB 3093—2021）

用于制造柴油机喷射系统高压油管。

① 分类

a. 按用途：分为 A、B、C 三级。A 级用于一般要求的柴油机和维修配管；B 级用于高精度要求的柴油机；C 级用于柴油机喷射泵试验台和特殊要求场合。

b. 按尺寸精度：分为普通级（PA）和较高级（PC）。

c. 按性能代号交付时，分为 1～6，共 6 类。

② 牌号　10、20、Q355NE。

③ 化学成分　应符合 GB 3093—2021 表 3 要求。

④ 尺寸　见表 5-161。

表 5-161　钢管的外径、内径规格系列　mm

内径 d	外径 D										内径 d	外径 D						
	4	4.5	5	6	6.35	7	8	9	10	12		9	10	12	15	19	24	30
1	√										3.75	√	√	√	√			
1.12	√	√									4.0	√	√	√	√			
1.25	√	√	√								4.25	√	√	√	√			
1.4	√	√	√								4.5	√	√	√	√			
1.5	√	√	√	√							4.75	√	√	√	√	√		
1.6	√	√	√	√							5.0	√	√	√	√	√		
1.7	√	√	√	√	√						5.3			√	√	√		
1.8	√	√	√	√	√	√					5.6			√	√	√		
1.9	√	√	√	√	√	√					6.0			√	√	√	√	
2.0	√	√	√	√	√	√	√				6.3				√	√	√	
2.12	√	√	√	√	√	√	√				6.7				√	√	√	
2.24	√	√	√	√	√	√	√	√			7.1				√	√	√	
2.36			√	√	√	√	√	√			7.5				√	√	√	√
2.5			√	√	√	√	√	√	√		8.0					√	√	√
2.65				√	√	√	√	√	√		8.5					√	√	√
2.8				√	√	√	√	√	√		9.0					√	√	√
3.0				√	√	√	√	√	√	√	9.5					√	√	√
3.15					√	√	√	√	√	√	10.0						√	√
3.5						√	√	√	√	√	10.6						√	√
3.55							√	√	√	√	11.2						√	√
3.75							√	√	√	√	11.8						√	√
4.0							√	√	√	√	12.5							√

注：√表示有此规格，通常长度为 1500～6000mm。

⑤ 交货状态　按牌号订货的钢管应以正火状态交货；按性能代号订货的钢管应以热处理状态交货。

⑥ 力学性能　见表5-162。

表5-162　柴油机用无缝钢管的力学性能

按牌号订货				按性能代号订货				
牌号	抗拉强度 R_m/MPa	上屈服点 R_{eH}/MPa≥	伸长率 A/%≥	性能代号	抗拉强度 R_m/MPa	上屈服点 R_{eH}/MPa ≥	伸长率 A/% ≥	硬度(HV10)
				1	310	205	30	115
10	335～470	205	30	2	360	220	23	150
20	390～540	245	25	3	490	355	22	194
Q355NE	470～630	355	22	4	600	430	15	280
				5	750	670	10	310
				6	850	770	8	340

5.7.4　柴油机高压油管用钢管（JB/T 8120—2011）

用于制造柴油机（压燃式发动机）的高压油管。

分类：有单壁冷拉无缝钢管和复合式钢管两种。

（1）单壁冷拉无缝钢管

标记方法是：

管 JB/T 8120.1　S-　□-　□-　□

- 管 JB/T 8120.1 — 钢管标准号
- S- — 无缝
- □- — 内径/mm
- □- — 外径/mm
- □ — 精度等级（表5-163）

□　S　□　□

- □ — 力学性能代号（表5-164）
- S — 内腔表面质量级别代号（表5-165）
- □ — 外表面处理代号（表5-166）
- □ — 检验证书（要求时）

表5-163　单壁冷拉无缝钢管精度等级　　mm

内径 d			外径 D	
内径 d	$d \leqslant 4$	±0.025(1类管) ±0.05(2类管)	外径 D	$D<8$　±0.06(1、2类管)
	$d>4$	±0.10(2类管)		$D \geqslant 8$　±0.10(1、2类管)

表5-164　单壁冷拉无缝钢管力学性能代号

代号	抗拉强度 R_m/MPa ≥	上屈服强度 R_{eH}/MPa ≥	断后伸长率 A/% ≥	硬度(HV)≤
1	310	205	30	115

续表

代号	抗拉强度 R_m/MPa ≥	上屈服强度 R_{eH}/MPa ≥	断后伸长率 A/% ≥	硬度 (HV)≤
2	360	220	23	150
3	490	355	22	194

表 5-165　单壁冷拉无缝内腔表面质量级别代号

代号		允许缺陷	放大倍数
S（基本级）		内腔经精整加工，用 50 倍放大镜检查时，每根管子横截面上最多允许有 5 个深度 0.08～0.13mm（最深）的缺陷（如开裂、裂纹等）	×50
高级	R	最多允许有 5 个深度 0.05～0.08mm（最深）的缺陷	×100
	Q	最多允许有 5 个深度 0.02～0.05mm（最深）的缺陷	×100
	P	最多允许有 5 个深度 0.01～0.02mm（最深）的缺陷	×200
	O	所有缺陷的深度等于或小于 0.01mm	×500

表 5-166　单壁冷拉无缝外表面处理代号

代号	外表面状况	应用说明
0	不作规定（由制造商自选）	制造商自行选择表面处理方式
1	原加工状态未经任何处理，管子在受控气氛下退火或正火后可能会变色，但不得有疏松氧化皮	优先用于需作进一步表面处理的钢管
2	镀锌层厚度最小为 8μm 并再加无色铬酸盐钝化处理	当要求钢管耐腐蚀时，不推荐用于甲醇等轻醇基燃料
3	镀锌层厚度最小为 8μm 并再加黄色铬酸盐钝化处理	
4～8	（备用）	—
9	按供需双方协议规定	—

表 5-167 为单壁冷拉无缝钢管的优选内径和外径。

表 5-167　单壁冷拉无缝钢管的优选内径和外径　mm

优选内径 d	优选外径 D					优选内径 d	优选外径 D						
	4.5	6	7	8	10		8	10	12	15	19	24	30
1.12	√					3.15	√	√	√				
1.25	√					3.55	√	√	√				

续表

优选内径 d	优选外径 D 4.5	6	7	8	10	优选内径 d	优选外径 D 8	10	12	15	19	24	30
1.4	√					4.0	√	√	√	√			
1.6	√	√				4.5		√		√			
1.8	√	√	√			5.0		√	√	√	√		
2.0	√	√	√	√		5.6			√	√	√		
2.24	√	√	√	√		6.3				√	√	√	
2.5		√	√	√	√	7.1				√	√	√	
2.8		√	√	√	√	8.0					√	√	√
3.15			√	√	√	9.0					√	√	√
3.55				√	√	10.0						√	√
4.0				√	√	11.2						√	√
4.5					√	12.5							√

注：管子直径尺寸按外径对内径之比为2～4倍范围内确定。

(2) 复合式钢管

用于制造柴油机（压燃式发动机）的高压油管。

标记方法是：

管 JB/T 8120.2　CA-　□　□　□　□　□　□　□

- 管 JB/T 8120.2：钢管标准号
- CA-：结构类型
- □：内径/mm
- □：外径/mm
- □：精度等级（表5-168）
- □：力学性能代号（表5-169）
- □：内腔表面质量级别代号（表5-170）
- □：外表面处理代号（表5-171）
- □：检验证书（要求时）

表5-168　复合式无缝钢管精度等级　mm

内径 d	±0.025(1类管) ±0.05(2类管)	外径 D	±0.06(1、2类管)

表5-169　复合式无缝钢管力学性能等级

代号	结构类型	抗拉强度 R_m /MPa	上屈服强度 R_{eH}/MPa	断后伸长率 A/% ≥	硬度 HV5①	硬度 HV1②
1	CB	≥310	≥205	30	≤130	—
2	CA			23		≤170

① 在管子外径上测量。

② 在内（衬）管横截面上测量。

表 5-170　复合式无缝内腔表面质量级别代号

代号		允许缺陷	放大倍数
S（基本级）		内腔经精整加工，用50倍放大镜检查时，每根管子横截面上最多允许有5个深度0.08～0.13mm（最深）的缺陷（如开裂、裂纹等）	×50
高级	R	最多允许有5个深度0.05～0.08mm（最深）的缺陷	×100
	Q	最多允许有5个深度0.02～0.05mm（最深）的缺陷	×100
	P	最多允许有5个深度0.01～0.02mm（最深）的缺陷	×200
	O	所有缺陷的深度等于或小于0.01mm	×500

表 5-171　复合式无缝外表面处理代号

代号	外表面状况	应用说明
0	不作规定（由制造商自选）	制造商自行选择表面处理方式
1	原加工状态未经任何处理，管子在受控气氛下退火或正火后可能会变色，但不得有疏松氧化皮	优先用于需作进一步表面处理的钢管
2	镀锌层厚度最小为8μm并再加无色铬酸盐钝化处理	当要求钢管耐腐蚀时，不推荐用于甲醇等轻醇基燃料
3	镀锌层厚度最小为8μm并再加黄色铬酸盐钝化处理	
4～8	（备用）	—
9	按供需双方协议规定	—

表5-172为复合式钢管优选内径和外径。

表 5-172　复合式钢管优选内径和外径　mm

内径 d	外径 D			内径 d	外径 D		
	4.5	6	7		4.5	6	7
1.12	√			2.0	√	√	√
1.25	√			2.24	√	√	√
1.4	√			2.5		√	√
1.6	√	√		2.8		√	√
1.8	√	√	√	3.15			√

注：管子直径尺寸按外径对内径之比为2～4倍范围内确定。

柴油机高压油管用钢管力学性能见表 5-173。

表 5-173　柴油机高压油管用钢管力学性能

力学性能等级	抗拉强度 R_m/MPa　≥	上屈服强度 R_{eH}/MPa　≥	断后伸长率 A /%　≥	硬度 (HV)　≤
1	310	205	30	115
2	360	220	23	150
3	490	355	22	194

5.7.5　内燃机气阀用钢及合金棒材（GB/T 12773—2021）

用于制造内燃机气阀。

① 尺寸　热轧、锻制棒材直径不大于 120mm；冷拉钢、银亮钢及合金棒材直径不大于 25mm。

② 分类　按组织分，有奥氏体型和马氏体型两种。按成品热处理状态分，有热轧（热锻）或冷拉状态（不热处理状态）、退火状态、固溶热处理状态和调质状态五种。

③ 牌号、交货状态及硬度　见表 5-174。

表 5-174　气阀用钢及合金棒材的交货状态及硬度

类别	牌号	交货状态	硬度≤	类别	牌号	交货状态	硬度≤
马氏体型	40Cr10Si2Mo	退火	269	奥氏体型	20Cr21Ni12N	固溶	300
	42Cr9Si2		269		33Cr23Ni8Mn3N		360
	45Cr9Si3		269		45Cr14Ni14W2Mo		295
	51Cr8Si2		269		50Cr21Mn9Ni4Nb2WN		385
	80Cr20Si2Ni		321		53Cr21Mn9Ni4N		380
	85Cr18Mo2V		300		55Cr21Mn8Ni2N		385
	86Cr18W2VRE		300		61Cr21Mn10Mo1V1Nb1N		385
					GH4751		325
					GH4080A		325

注：马氏体型调质棒材的交货状态硬度均由供需双方协商。

④ 化学成分　应符合 GB/T 12773—2021 表 2 规定。

⑤ 力学性能　见表 5-175～表 5-177。

表 5-175 气阀用钢及合金棒材的热处理制度及室温力学性能

类别	牌号	热处理制度	室温力学性能 ≥				硬度	
			规定塑性延伸强度 $R_{p0.2}$ /MPa	抗拉强度 R_m /MPa	断后伸长率 A /%	断面收缩率 Z /%	HB	HRC
马氏体型	40Cr10Si2Mo	1000～1050℃油冷+700～780℃空冷	680	880	10	35	266～325	—
	42Cr9Si2	1000～1050℃油冷+700～780℃空冷	590	880	19	50	266～325	—
	45Cr9Si3	1000～1050℃油冷+720～820℃空冷	700	900	14	40	266～325	—
	51Cr8Si2	1000～1050℃油冷+650～750℃空冷	685	885	14	35	≥260	—
	80Cr20Si2Ni	1030～1080℃油冷+700～800℃空冷	680	880	10	15	≥295	—
	85Cr18Mo2V	1050～1080℃油冷+700～820℃空冷	800	1000	7	12	290～325	—
	86Cr18W2VRE	1050～1080℃油冷+700～820℃空冷	800	1000	7	12	290～325	—
奥氏体型	20Cr21Ni12N	1100～1200℃固溶+700～800℃空冷	430	820	26	20	—	—
	33Cr23Ni8Mn3N	1150～1200℃固溶+780～820℃空冷	550	850	20	30	—	≥25
	45Cr14Ni14W2Mo	1100～1200℃固溶+720～800℃空冷	395	785	25	35	—	—

续表

类别	牌号	热处理制度	室温力学性能 ≥				硬度	
			规定塑性延伸强度 $R_{p0.2}$ /MPa	抗拉强度 R_m /MPa	断后伸长率 A /%	断面收缩率 Z /%	HB	HRC
奥氏体型	50Cr21Mn9Ni4Nb2WN	1160～1200℃固溶＋760～850℃空冷	580	950	12	15	—	≥28
奥氏体型	53Cr21Mn9Ni4N	1140～1200℃固溶＋760～815℃空冷	580	950	8	10	—	≥28
奥氏体型	55Cr21Mn8Ni2N	1140～1180℃固溶＋760～815℃空冷	550	900	8	10	—	≥28
奥氏体型	61Cr21Mn10Mo1V1Nb1N	1100～1200℃固溶＋720～800℃空冷	800	1000	8	10	—	≥32
高温合金	GH4751	1100～1150℃固溶＋840℃空冷＋700℃×24h空冷	750	1100	12	20	—	≥32
高温合金	GH4080A	1000～1080℃固溶＋690～710℃×16h空冷	725	1100	15	25	—	≥32

表 5-176 气阀用钢的高温短时抗拉强度

牌号	热处理状态	下列温度(℃)时的短时抗拉强度/MPa						
		500	550	600	650	700	750	800
马氏体型								
40Cr10Si2Mo	淬火＋回火	550	420	300	220	(130)	—	—
42Cr9Si2	淬火＋回火	500	360	240	160	—	—	—
45Cr9Si3	淬火＋回火	500	360	250	170	(110)	—	—
51Cr8Si2	淬火＋回火	500	360	230	160	(105)	—	—
80Cr20Si2Ni	淬火＋回火	550	400	300	230	180	—	—
85Cr18Mo2V	淬火＋回火	550	400	300	230	180	(140)	—
86Cr18W2VRE	淬火＋回火	550	400	300	230			

续表

牌号	热处理状态	下列温度(℃)时的短时抗拉强度/MPa						
		500	550	600	650	700	750	800
奥氏体型								
20Cr21Ni12N	固溶+时效	600	550	500	440	370	300	240
33Cr23Ni8Mn3N		600	570	530	470	400	340	280
45Cr14Ni14W2Mo		600	550	500	410	350	270	180
50Cr21Mn9Ni4Nb2WN		680	650	610	550	480	410	340
53Cr21Mn9Ni4N		650	600	550	500	450	370	300
55Cr21Mn8Ni2N		640	590	540	490	440	360	290
61Cr21Mn10Mo1V1Nb1N		800	780	750	680	600	500	400
高温合金								
GH4751	固溶+时效	1000	980	930	850	770	650	510
GH4080A		1050	1030	1000	930	820	680	500

表 5-177　气阀用钢的高温短时屈服强度

牌号	热处理状态	下列温度(℃)时的短时屈服强度/MPa						
		500	550	600	650	700	750	800
马氏体型								
40Cr10Si2Mo	淬火+回火	450	350	260	180	(100)	—	—
42Cr9Si2		400	300	230	110	—	—	—
45Cr9Si3		400	300	240	120	(80)	—	—
51Cr8Si2		400	300	220	110	(75)	—	—
80Cr20Si2Ni		500	370	280	170	120	—	—
85Cr18Mo2V		500	370	280	170	120	(80)	—
86Cr18W2VRE		500	370	280	170	120	(80)	—
奥氏体型								
20Cr21Ni12N	固溶+时效	250	230	210	200	180	160	130
33Cr23Ni8Mn3N		270	250	220	210	190	180	170
45Cr14Ni14W2Mo		250	230	210	190	170	140	100
50Cr21Mn9Ni4Nb2WN		350	330	310	285	260	240	220
53Cr21Mn9Ni4N		350	330	300	270	250	230	200
55Cr21Mn8Ni2N		300	280	250	230	220	200	170
61Cr21Mn10Mo1V1Nb1N		500	480	450	430	400	380	350

续表

牌号	热处理状态	下列温度(℃)时的短时屈服强度/MPa						
		500	550	600	650	700	750	800
高温合金								
GH4751	固溶+时效	725	710	690	660	650	560	425
GH4080A		700	650	650	600	600	500	450

5.8 化工设备用钢

5.8.1 高压化肥设备用无缝钢管（GB 6479—2013）

用于高压化肥设备和管道。

① 牌号　优质碳素钢有10、20，低合金钢有Q345B、Q345C、Q345D、Q345E，合金钢有12CrMo、15CrMo、12Cr2Mo、12Cr5Mo、10MoWVNb和12SiMoVNb，共12种。

② 尺寸　公称外径D和公称壁厚S应符合GB/T 17395的规定。通常长度为4～12m。

③ 化学成分　符合GB 6479—2013表4要求。

④ 交货状态　热处理后。

⑤ 热处理制度　见表5-178。

表5-178　钢管热处理制度

牌号	热处理制度
10、20	880～940℃正火
Q345B(C、D、E)	880～940℃正火
12CrMo、15CrMo	900～960℃正火，670～730℃回火
12Cr2Mo	S≤30mm的钢管正火+回火：正火温度900～960℃，回火温度700～750℃； S>30mm的钢管淬火+回火或正火+回火：淬火温度不低于900℃，回火温度700～750℃；正火温度900～960℃，回火温度700～750℃，但正火后应进行快速冷却
12Cr5Mo	完全退火或等温退火
10MoWVNb	970～990℃正火，730～750℃回火；或800～820℃高温退火
12SiMoVNb	980～1020℃正火，710～750℃回火

⑥ 力学性能　见表5-179。

表5-179　钢管的力学性能

<table>
<tr><td rowspan="3">牌号</td><td rowspan="3">抗拉强度 R_m /MPa</td><td colspan="3">下屈服强度 R_{eL} 或规定非比例延伸强度 $R_{p0.2}$/MPa</td><td colspan="2" rowspan="2">断后伸长率 A/%</td><td rowspan="3">断面收缩率 Z /%</td><td colspan="3">冲击功吸收能量 KV_2/J</td></tr>
<tr><td colspan="3">钢管壁厚/mm</td><td rowspan="2">试验温度 /℃</td><td>纵向</td><td>横向</td></tr>
<tr><td>≤16</td><td>>16～40</td><td>>40</td><td>纵向</td><td>横向</td><td colspan="2">≥</td></tr>
<tr><td></td><td></td><td colspan="6">≥</td><td></td><td></td><td></td></tr>
<tr><td>10</td><td>335～490</td><td>205</td><td>195</td><td>185</td><td>24</td><td>22</td><td>—</td><td>—</td><td>—</td><td>—</td></tr>
<tr><td>20</td><td>410～550</td><td>245</td><td>235</td><td>225</td><td>24</td><td>22</td><td>—</td><td>0</td><td>40</td><td>27</td></tr>
<tr><td>Q345B</td><td>490～670</td><td>345</td><td>335</td><td>325</td><td>21</td><td>19</td><td>—</td><td>20</td><td>40</td><td>27</td></tr>
<tr><td>Q345C</td><td>490～670</td><td>345</td><td>335</td><td>325</td><td>21</td><td>19</td><td>—</td><td>−20</td><td>40</td><td>27</td></tr>
<tr><td>Q345D</td><td>490～670</td><td>345</td><td>335</td><td>325</td><td>21</td><td>19</td><td>—</td><td>−40</td><td>40</td><td>27</td></tr>
<tr><td>Q345E</td><td>490～670</td><td>345</td><td>335</td><td>325</td><td>21</td><td>19</td><td>—</td><td>20</td><td>40</td><td>27</td></tr>
<tr><td>12CrMo</td><td>410～560</td><td>205</td><td>195</td><td>185</td><td>21</td><td>19</td><td>—</td><td>20</td><td>40</td><td>27</td></tr>
<tr><td>15CrMo</td><td>440～640</td><td>295</td><td>285</td><td>275</td><td>21</td><td>19</td><td>—</td><td>20</td><td>40</td><td>27</td></tr>
<tr><td>12Cr2Mo</td><td>450～600</td><td>280</td><td>280</td><td>280</td><td>20</td><td>18</td><td>—</td><td>20</td><td>40</td><td>27</td></tr>
<tr><td>12Cr5Mo</td><td>390～590</td><td>195</td><td>185</td><td>175</td><td>22</td><td>20</td><td>—</td><td>20</td><td>40</td><td>27</td></tr>
<tr><td>10MoWVNb</td><td>470～670</td><td>295</td><td>285</td><td>275</td><td>19</td><td>17</td><td>—</td><td>20</td><td>40</td><td>27</td></tr>
<tr><td>12SiMoVNb</td><td>≥470</td><td>315</td><td>305</td><td>295</td><td>19</td><td>17</td><td>50</td><td>20</td><td>40</td><td>27</td></tr>
</table>

注：12Cr2Mo钢管，当 D≤30mm 且 S≤3mm 时，其下屈服强度或规定塑性延伸强度允许降低10MPa。

5.8.2 石油裂化用无缝钢管（GB 9948—2013）

用于制造石油化工用的炉管、热交换器管和压力管道。

① 分类　按产品制造方式分为：热轧（挤压、扩）钢管（W-H）和冷拔（轧）钢管（W-C）两类。

② 尺寸　外径 D 和壁厚 S 应符合GB/T 17395—2008的规定，通常长度为4～12m。

③ 化学成分　符合GB 9948—2013表3的要求。

④ 交货状态　热处理后。

⑤ 热处理制度　见表5-180。

表 5-180 钢管的热处理制度

钢号	热处理制度
10、20①	正火:正火温度 880℃
12CrMo、15CrMo②	正火加回火:正火温度 900℃
12Cr1Mo②	正火加回火:正火温度 900～960℃,回火温度 680～750℃
12Cr1MoV②	S≤30mm 的钢管,正火+回火:正火温度 980℃ S>30mm 的钢管,淬火+回火或正火+回火:淬火温度 950～990℃,回火温度 720～760℃ 正火温度 980～1020℃,回火温度 720～760℃,但正火后应进行急冷
12Cr2Mo②	S≤30mm 的钢管,正火+回火:正火温度 900℃ S>30mm 的钢管,淬火+回火或正火+回火 正火温度 900～960℃,回火温度 700～750℃,但正火后应进行急冷
12Cr5MoI	完全退火或等温退火
12Cr5MoNT	正火加回火
12Cr9MoI	完全退火或等温退火
12Cr9MoNT	正火加回火:正火温度 890℃
07Cr19Ni10	固溶处理:固溶温度≥1040℃,急冷
07Cr18Ni11Nb	固溶处理:热轧(挤压、扩)钢管固溶温度≥1050℃,冷拔(轧)钢管固溶温度≥1100℃,急冷
07Cr19Ni11Ti	固溶处理:热轧(挤压、扩)钢管固溶温度≥1050℃,冷拔(轧)钢管固溶温度≥1100℃,急冷
022Cr17Ni12Mo2	固溶处理:固溶温度≥1040℃,急冷

① 热轧（挤压、扩）钢管终轧温度在相交临界温度 A_{r1} 至表中规定温度上限的范围内，且钢管是经过空冷时，则应认为钢管是经过正火的。

② 热扩钢管终轧温度在相变临界温度 A_{r3} 至表中规定温度上限的范围内，且钢管是经过空冷时，则应认为钢管是经过正火的；其余钢管在需方同意的情况下，并在合同中注明，可采用符合前述规定的在线正火。

⑥ 力学性能　见表 5-181。

表 5-181 钢管的力学性能

牌号	抗拉强度 R_m/MPa	下屈服强度 R_{eL} 或规定塑性延伸强度 $R_{p0.2}$/MPa ≥	断后伸长率 A/% ≥		冲击吸收能量 KV_2/J ≥		布氏硬度值 (HBW) ≤
			纵向	横向	纵向	横向	
10	335～475	205	25	23	40	27	—
20	410～550	245	24	22			—
12CrMo	410～560	205	21	19			156
15CrMo	440～640	295	21	19			170
12Cr1Mo	415～560	205	22	20			163
12Cr1MoV	470～640	255	21	19	40	27	179
12Cr2Mo	450～600	280	22	20			163
12Cr5Mo1	415～590	205	22	20			163
12Cr5MoNT	480～640	280	20	18			—
12Cr9Mo1	460～640	210	20	18			179
12Cr9MoNT	590～740	390	18	16			—
07Cr19Ni10	≥520	205	35		—	—	187
07Cr18Ni11Nb	≥520	205					
07Cr19Ni11Ti	≥520	205					
022Cr17Ni12Mo2	≥485	170					

注：对于壁厚小于5mm的钢管，可不做硬度试验。

5.8.3 石油天然气输送管件用钢板（GB/T 30060—2013）

用于石油天然气输送用弯头、异径接头、三通、四通、管帽等钢制对焊管件。

① 厚度　6～70mm。

② 牌号　由代表屈服强度的汉语拼音字母“Q”＋规定最小屈服强度数值（MPa）＋“管件”英语首位字母“PF”组成。共有 Q245PF、Q290PF、Q320PF、Q360PF、Q390PF、Q415PF、Q450PF、Q485PF、Q555PF 九种。

③ 尺寸、外形、质量　应符合 GB/T 709—2008 的规定。

④ 化学成分　应符合 GB/T 30060—2013 表1要求。

⑤ 交货状态　热轧（AR）、控轧（CR）、热机械轧制（TMCP）。

⑥ 力学性能和工艺性能　见表 5-182、表 5-183。

表 5-182 试样毛坯经淬火加回火处理后力学性能和工艺性能

牌号	规定总延伸强度 $R_{t0.5}$/MPa	抗拉强度 R_m/MPa	屈服比 ≤	断后伸长率 A/%	冲击试验(横向)		180°弯曲试验
					试验温度/℃	KV_2/J ≥	
Q245PF	245～445	415～755	0.90	23	−30	50	d=2a（a—试样厚度；d—压头直径）
Q290PF	290～495	415～755	0.90	22	−30	55	
Q320PF	320～525	435～755	0.90	21	−30	60	
Q360PF	360～530	460～755	0.90	21	−30	60	
Q390PF	390～545	490～755	0.90	19	−30	60	
Q415PF	415～565	520～755	0.93	19	−30	60	
Q450PF	450～600	535～755	0.93	18	−30	60	
Q485PF	485～630	570～760	0.93	16	−30	60	
Q555PF	555～700	625～825	0.93	16	−30	60	

表 5-183 试样毛坯经淬火加回火处理后的硬度

牌号	维氏硬度(HV10) ≤	牌号	维氏硬度(HV10) ≤	牌号	维氏硬度(HV10) ≤
Q245PF	240	Q360PF	240	Q450PF	245
Q290PF	240	Q390PF	240	Q485PF	260
Q320PF	240	Q415PF	240	Q555PF	265

5.8.4 石油天然气工业管线输送系统用钢管（GB/T 9711—2023）

用于石油天然气输送系统的无缝钢管和焊接钢管。管线钢在使用过程中，除要求具有较高的耐压强度外，还要求具有较高的低温韧性和优良的焊接性能。

① 牌号 有 L245/B、L290/X42、L320/X46、L360/X52、L390/X56、L415/X60、L450/X65、L485/X70、L555/X80 九种（L 后面的数字表示国际单位制屈服强度值/MPa，X 后面的数字表示与它相应的英制强度单位屈服强度值/（klbf/in^2）。

钢管的命名由表示钢级的字母或字母数字和尾随的后缀组成。PSL 2 钢管钢级中的后缀还应包含交货状态的第一个字母（N、Q 或 M）和表示氢气服役条件的第二个字母（H）组成（N 表示钢管经焊缝正火或整体正火处理或经热减径产生正火状态；Q 表示钢管整体经淬火加回火处理；M 表示钢管热机械成型；H 表示氢气）。

② 化学成分　分两种情况。

a. $t \leqslant 25.0$mm 时，其标准钢级的化学成分应符合 GB/T 9711—2023 表 A.1 的要求，中间钢级的化学成分宜协商确定，但宜与表 A.1 标准钢级的规定化学成分协调。

b. $t > 25.0$mm 时，其化学成分宜协商确定，并按该标准表 A.1 的规定对化学成分进行适当的修正。

③ 产品规范水平　有 PSL 1 和 PSL 2 两种。前者是普通质量水平管线钢管，后者是具有更高质量水平的管线钢管（对它有化学成分、硬度、缺口韧性、强度性能和无损检测的强制性要求）。

④ 最小 CVN 吸收能 KV 值　见表 5-184。

表 5-184　最小 CVN 吸收能 KV 的推荐值　J

规定外径 D /mm	钢级								
	L245 /B	L290 /X42	L320 /X46	L360 /X52	L390 /X56	L415 /X60	L450 /X65	L485 /X70	L555 /X80
设计压力为 8MPa、设计系数为 0.625									
≤508	40	40	40	40	40	50	50	60	70
>508～610	40	40	40	40	50	50	60	60	80
>610～711	40	40	40	40	60	60	60	70	90
>711～813	40	40	40	50	50	80	70	70	90
>813～914	40	40	40	50	50	60	70	80	100
>914～1016	40	40	40	50	60	70	70	80	130
>1016～1118	40	40	50	50	60	70	80	90	140
>1118～1219	40	40	50	60	70	70	80	90	150
>1219～1422	40	50	50	60	70	80	90	110	170
设计压力为 10MPa、设计系数为 0.625									
≤508	40	40	40	40	50	50	60	70	80
>508～610	40	40	40	40	50	60	60	70	90
>610～711	40	40	40	50	60	60	70	80	100
>711～813	40	40	40	50	60	70	70	80	120
>813～914	40	40	50	60	60	70	80	90	140
>914～1016	40	40	50	60	70	70	80	100	150
>1016～1118	40	50	50	60	70	80	90	110	160
>1118～1219	40	50	60	70	80	80	100	120	180
>1219～1422	40	50	60	70	80	90	110	130	200

续表

规定外径 D /mm	钢级								
	L245 /B	L290 /X42	L320 /X46	L360 /X52	L390 /X56	L415 /X60	L450 /X65	L485 /X70	L555 /X80
设计压力为8MPa、设计系数为0.72									
≤508	40	40	40	50	50	60	70	80	100
>508～610	40	40	40	50	60	60	70	80	120
>610～711	40	40	50	50	60	70	80	90	140
>711～813	40	40	50	60	70	70	80	100	150
>813～914	40	40	50	60	70	80	90	110	170
>914～1016	40	50	60	70	80	80	100	120	190
>1016～1118	40	50	60	70	80	90	110	130	200
>1118～1219	40	50	60	70	80	90	120	140	—
>1219～1422	40	60	70	80	90	110	130	160	—
设计压力为10MPa、设计系数为0.72									
≤508	40	40	40	50	60	70	80	90	130
>508～610	40	40	50	60	60	70	80	90	150
>610～711	40	40	50	60	70	80	90	110	170
>711～813	40	50	60	70	80	80	100	120	190
>813～914	40	50	60	70	80	90	110	140	—
>914～1016	40	50	60	80	90	100	120	150	—
>1016～1118	40	60	70	80	90	110	130	160	—
>1118～1219	50	60	70	90	100	120	140	170	—
>1219～1422	50	70	80	90	110	130	160	190	—
设计压力为8MPa、设计系数为0.8									
≤508	40	40	50	60	70	70	90	110	170
>508～610	40	40	50	60	70	80	100	120	200
>610～711	40	50	60	70	80	90	110	130	—
>711～813	40	60	60	70	90	100	120	150	—
>813～914	40	60	60	80	90	110	130	160	—
>914～1016	40	60	70	80	100	120	140	180	—
>1016～1118	40	60	70	90	110	130	150	190	—
>1118～1219	50	60	80	90	120	140	170	200	—
>1219～1422	50	70	80	110	130	150	180	—	—

续表

规定外径 D /mm	钢级								
	L245 /B	L290 /X42	L320 /X46	L360 /X52	L390 /X56	L415 /X60	L450 /X65	L485 /X70	L555 /X80
设计压力为 10MPa、设计系数为 0.80									
≤508	40	50	50	70	80	90	110	140	—
>508～610	40	50	60	70	80	100	120	150	—
>610～711	40	50	60	80	90	110	140	170	—
>711～813	40	60	70	90	100	120	150	190	—
>813～914	50	60	70	90	110	130	170	200	—
>914～1016	50	70	80	100	120	150	180	—	—
>1016～1118	50	70	80	110	130	160	100	—	—
>1118～1219	60	70	90	120	150	170	—	—	—
>1219～1422	60	90	110	150	180	—	—	—	—

注：适用于运行压力不大于 10MPa、设计温度不低于 0℃、D≤1422mm 且壁厚 t≤31.8mm、钢级不大于 L555/X 80 的贫气管道。

⑤ PSL2 钢管的硬度　见表 5-185。

表 5-185　PSL2 钢管管体、焊缝和热影响区的硬度

钢管钢级	硬度≤	钢管钢级	硬度≤
不高于 L450/X65	26.5HV10 或 25HRC	L625/X90	300HV10 或 30HRC
L485/X70	275HV10 或 26HRC	L690/X100	310HV10 或 31HRC
L555/X80	285HV10 或 28HRC	L830/X120	供需双方协议确定

5.8.5　石油天然气输送管用热轧宽钢带（GB/T 14164—2013）

用于生产石油、天然气输送管道。

① 尺寸、外形、质量　应符合 GB/T 709 的规定。

② 牌号　由“管线”的英文首位字母 L＋钢管规定的屈服强度最小值＋交货状态组成。对于规定的最小屈服强度为 175MPa 的牌号，其中 P 表示钢中含有规定含量的磷（L175P 比 L175 具有更好的螺纹加工性能，但其弯曲性较差）。另外，用“X”表示管线钢，M 表示交货状态为热机械轧制。

③ 化学成分　PSL 1 钢带和钢板应符合 GB/T 14164—2013 表 2 的要求，PSL 2 钢带和钢板应符合 GB/T 14164—2013 表 3 的

要求。

④ 交货状态 热轧、正火轧制或热机械轧制。

⑤ 质量等级 PSL 1和PSL 2，见表5-186。

表5-186 热轧宽钢带质量等级分类

质量等级	交货状态	牌号	质量等级	交货状态	牌号
PSL1	热轧(R)、正火轧制(N)	L175/A25 L175P/A25P L210/A	PSL2	热轧	L245R/BR、L290R/X42R
				正火轧制(N)	L245N/BN、L290N/X42N、L320N/X46N、X360N/X52N、L390N/X56N、L415N/X60N
	热轧(R)、正火轧制(N)、热机械轧制(M)	L245/B L290/X42 L320/X46 L360/X52 L390/X56 L415/X60 L450/X65 L485/X70		热机械轧制(M)	L245M/BM、L290M/X42M、L320M/X46M、L360M/X52M、L390M/X56M、L415M/X60M、L450M/X65M、L485M/X70M、L555M/X80M、L625M/X90M、L690M/X100M、L830M/X120M

⑥ 力学性能和工艺性能 见表5-187、表5-188。

表5-187 PSL 1钢带和钢板的力学性能和工艺性能

牌号	规定总延伸强度 $R_{t0.5}$/MPa ≥	抗拉强度 R_m/MPa ≥	断后伸长率[①] /% ≥		180°冷弯试验（a—试样厚度，d—压头直径）
			A	A_{50}	
L175/A25	175	310	27	$=1940 S_0^{0.2}/R_m^{0.9}$（详见原标准）	$d=2a$
L170P/A25P	175	310	27		
L210/A	210	335	25		
L245/B	245	415	21		
L290/X42	290	415	21		
L320/X46	320	435	20		
L360/X52	360	460	19		
L390/X56	390	490	18		
L415/X60	415	520	17		
L450/X65	450	535	17		
L485/X70	485	570	16		

① 在供需双方未规定采用何种标距时，按照定标距检验。当发生争议时，以标距为50mm、宽度为38mm的试样进行仲裁。

表 5-188　PSL2 钢带和钢板的力学和工艺性能

<table>
<tr><th rowspan="3">牌号</th><th colspan="5">拉伸试验①</th><th rowspan="3">180°弯曲试验
d—压头直径
a—试样厚度</th></tr>
<tr><th rowspan="2">规定总延伸强度②
$R_{t0.5}$/MPa</th><th rowspan="2">抗拉强度
R_m/MPa</th><th rowspan="2">屈强比
≤</th><th colspan="2">断后伸长率③
A/%≥</th></tr>
<tr><th>A</th><th>A_{50}</th></tr>
<tr><td>L245R/BR、L245N/BN、L245M/BM</td><td>245～450</td><td>415～760</td><td rowspan="3">0.91</td><td>21</td><td rowspan="12">1940
$\times S_0^{0.2}$
$/R_m^{0.9}$
（详见原标准）</td><td rowspan="9">d=2a</td></tr>
<tr><td>L290R/X42R、L290N/X42N、L290M/X42M</td><td>290～495</td><td>415～760</td><td>21</td></tr>
<tr><td>L320N/X46N、L320M/X46M</td><td>320～525</td><td>435～760</td><td>20</td></tr>
<tr><td>L360N/X52N、L360M/X52M</td><td>360～530</td><td>460～760</td><td rowspan="6">0.93</td><td>19</td></tr>
<tr><td>L390N/X56N、L390M/X56M</td><td>390～545</td><td>490～760</td><td>18</td></tr>
<tr><td>L415N/X60N、L415M/X60M</td><td>415～565</td><td>520～760</td><td>17</td></tr>
<tr><td>L450M/X65M</td><td>450～600</td><td>535～760</td><td>17</td></tr>
<tr><td>L485M/X70M</td><td>485～635</td><td>570～760</td><td>16</td></tr>
<tr><td>L555M/X80M</td><td>555～705</td><td>625～825</td><td>15</td></tr>
<tr><td>L625M/X90M</td><td>625～775</td><td>695～915</td><td>0.95④</td><td rowspan="3">协商</td><td rowspan="3">协商</td></tr>
<tr><td>L690M/X100M</td><td>690～840</td><td>760～990</td><td>0.97④</td></tr>
<tr><td>L830M/X120M</td><td>830～1050</td><td>915～1145</td><td>0.99④</td></tr>
</table>

① 表中所列拉伸试验，由需方确定试样方向，并应在合同中注明。一般情况下试样方向为对应钢管横向。

② 需方在选用表中牌号时，由供需双方协商确定合适的拉伸性能范围和屈强比要求，以保证钢管成品拉伸性能符合相应标准要求。

③ 对于 L625/X90 及以上级别钢带和钢板，$R_{p0.2}$ 适用。在供需双方未规定采用何种标距时，生产方按照定标距检验。以标距为 50mm、宽度为 38mm 的试样仲裁。

④ 经需方要求，供需双方可协商规定钢带的屈强比。

5.8.6 耐腐蚀合金管线钢管（SY/T 6601—2017）

用于石油和天然气行业输送天然气、水和原油，可为无缝钢管、离心铸造管和焊接合金管线钢管，它们具有较好的耐腐蚀性能。

① 公称直径范围　为 25.4～1066.8mm。

② 品种　有无缝、焊接或离心铸造钢管三种。

③ 化学成分　应符合 SY/T 6601—2017 表 4 的要求。

④ 钢级　LC30-1812、LC52-1200、LC65-2205、LC65-2506、LC80-2507、LC30-2242。

⑤ 规格和质量 见表5-189。

表5-189 平端管线的规格和平端质量

外径 D /mm	壁厚 /mm	内径 /mm	平端质量 /(kg/m)	外径 D /mm	壁厚 /mm	内径 /mm	平端质量 /(kg/m)
33.4	3.4	26.6	2.52	88.9	2.1	84.7	4.50
	4.5	24.4	3.21		2.8	83.3	5.95
	9.1	15.2	5.45		3.2	82.5	6.76
42.2	3.6	35.0	3.43		3.6	81.7	7.57
	4.9	32.1	4.51		4.0	80.9	8.37
	9.7	22.8	7.77		4.4	80.1	9.17
	3.7	40.9	4.07		4.8	79.3	9.95
	5.1	38.1	5.43		5.5	77.9	11.31
	10.2	27.9	9.55		6.4	76.1	13.02
60.3	2.1	56.1	3.01		7.6	73.7	15.24
	2.8	54.7	3.97		15.2	58.5	27.63
	3.2	53.9	4.51	101.6	2.1	97.4	5.15
	3.6	53.1	5.03		2.8	96.0	6.82
	3.9	52.5	5.42		3.2	95.2	7.76
	4.4	51.5	6.07		3.6	94.4	8.70
	4.8	50.7	6.57		4.0	93.6	9.63
	5.5	49.3	7.43		4.4	92.8	10.55
	6.4	47.5	8.51		4.8	92.0	11.46
	7.1	46.1	9.31		5.7	90.2	13.48
	11.1	38.1	13.47		6.4	88.8	15.02
73.0	2.1	68.8	3.67		7.1	87.4	16.55
	2.8	67.4	4.85		8.1	85.4	18.68
	3.2	66.6	5.51	114.3	2.1	110.1	5.81
	3.6	65.8	6.16		3.2	107.9	8.77
	4.0	65.0	6.81		3.6	107.1	9.83
	4.4	64.2	7.44		4.0	106.3	10.88
	4.8	63.4	8.07		4.4	105.5	11.92
	5.2	62.6	8.69		4.8	104.7	12.96
	5.5	62.0	9.16		5.2	103.9	13.99
	6.4	60.2	10.51		5.6	103.1	15.01
	7.0	59.0	11.39		6.0	102.3	16.02
	14.0	45.0	20.37		6.4	101.5	17.03

续表

外径 D /mm	壁厚 /mm	内径 /mm	平端质量 /(kg/m)	外径 D /mm	壁厚 /mm	内径 /mm	平端质量 /(kg/m)
114.3	7.1	100.1	18.77	168.3	14.3	139.7	54.31
	7.9	98.5	20.73		15.9	136.5	59.76
	8.6	97.1	22.42		18.3	131.7	67.69
	11.1	92.1	28.25		19.1	130.1	70.27
	13.5	87.3	33.56		22.2	123.9	79.98
	17.1	80.1	40.99	219.1	3.2	212.7	17.04
141.3	2.1	137.1	7.21		4.0	211.1	21.22
	3.2	134.9	10.90		4.8	209.5	25.37
	4.0	133.3	13.54		5.2	208.7	27.43
	4.8	131.7	16.16		5.6	207.9	29.48
	5.6	130.1	18.74		6.4	206.3	33.57
	6.6	128.1	21.92		7.0	205.1	36.61
	7.1	127.1	23.50		7.9	203.3	41.14
	7.9	125.5	25.99		8.2	202.7	42.65
	8.7	123.9	28.45		8.7	201.7	45.14
	9.5	122.3	30.88		9.5	200.1	49.10
	12.7	115.9	40.28		11.1	196.9	56.94
	15.9	109.5	49.17		12.7	193.7	64.64
	19.1	103.1	57.56		14.3	190.5	72.22
168.3	2.1	164.1	8.61		15.9	187.3	79.67
	2.8	162.7	11.43		18.3	182.5	90.62
	3.2	161.9	13.03		19.1	180.9	94.20
	3.6	161.1	14.62		20.6	177.9	100.84
	4.0	160.3	16.21		22.2	174.7	107.79
	4.4	159.5	17.78		25.4	168.3	121.33
	4.8	158.7	19.35	273.1	4.0	265.1	26.54
	5.2	157.9	20.91		4.8	263.5	31.76
	5.6	157.1	22.47		5.2	262.7	34.35
	6.4	155.5	15.55		5.6	261.9	36.94
	7.1	154.1	28.22		6.4	260.3	42.09
	7.9	152.5	31.25		7.1	258.9	46.57
	8.7	150.9	34.24		7.8	257.5	51.03
	9.5	149.3	37.20		8.7	255.7	56.72
	11.0	146.3	42.67		9.3	254.5	60.50
	12.7	142.9	48.73		11.1	250.9	71.72

续表

外径 D /mm	壁厚 /mm	内径 /mm	平端质量 /(kg/m)
273. 1	12. 7	247. 7	81. 55
	14. 3	244. 5	91. 26
	15. 9	241. 3	100. 85
	18. 3	236. 5	114. 99
	20. 6	231. 9	128. 27
	22. 2	228. 7	137. 36
	23. 8	225. 5	146. 32
	25. 4	222. 3	155. 15
	31. 8	209. 5	189. 22
323. 9	4. 4	315. 1	34. 67
	4. 8	314. 3	37. 77
	5. 2	313. 5	40. 87
	5. 6	312. 7	43. 96
	6. 4	311. 1	50. 11
	7. 1	309. 7	55. 47
	7. 9	308. 1	61. 56
	8. 4	307. 1	65. 35
	8. 7.	306. 5	67. 62
	9. 5	304. 9	73. 65
	10. 3	303. 3	79. 65
	11. 1	301. 7	85. 62
	12. 7	298. 5	97. 46
	14. 3	295. 3	109. 18
	15. 9	292. 1	120. 76
	17. 5	288. 9	132. 56
	19. 1	285. 7	143. 56
	20. 6	282. 7	154. 08
	22. 2	279. 5	165. 17
	23. 8	276. 3	176. 13
	25. 4	273. 1	186. 97
	27. 0	269. 9	197. 68
	28. 6	266. 7	208. 27
	31. 8	260. 3	229. 06
355. 6	4. 8	346. 0	41. 52
	5. 2	345. 2	44. 93
355. 6	5. 3	345. 0	45. 78
	5. 6	344. 4	48. 33
	6. 4	342. 8	55. 11
	7. 1	341. 4	61. 02
	7. 9	339. 8	67. 74
	8. 7	338. 2	74. 42
	9. 5	336. 6	81. 08
	10. 3	335. 0	87. 71
	11. 1	333. 4	94. 30
	11. 9	331. 8	100. 86
	12. 7	330. 2	107. 39
	14. 3	327. 0	120. 36
	15. 9	323. 8	133. 19
	17. 5	320. 6	145. 91
	19. 1	317. 4	158. 49
	20. 6	314. 4	170. 18
	22. 2	311. 2	182. 52
	23. 8	308. 0	194. 74
	25. 4	304. 8	206. 83
	27. 0	301. 6	218. 79
	28. 6	298. 4	230. 63
	31. 8	292. 0	253. 92
406. 4	4. 8	396. 8	47. 54
	5. 2	396. 0	51. 45
	5. 6	395. 2	55. 35
	6. 4	393. 6	63. 13
	7. 1	392. 2	69. 91
	7. 9	390. 6	77. 63
	8. 7	389. 0	85. 32
	9. 5	387. 4	92. 98
	10. 3	385. 8	100. 61
	11. 1	384. 2	108. 20
	11. 9	382. 6	115. 77
	12. 7	381. 0	123. 30
	14. 3	377. 8	138. 27

续表

外径 D /mm	壁厚 /mm	内径 /mm	平端质量 /(kg/m)
406.4	15.9	374.6	153.11
	17.5	371.4	167.83
	19.1	368.2	182.42
	20.6	365.2	195.98
	22.2	362.0	210.33
	22.8	358.8	224.55
	25.4	355.6	238.64
	27.0	352.4	252.61
	28.6	349.2	266.45
	30.2	346.0	280.17
	31.8	342.8	293.76
457.0	4.8	447.4	53.53
	5.6	445.8	62.34
	6.4	444.2	71.12
	7.1	442.8	78.77
	7.9	441.2	87.49
	8.7	439.6	96.18
	9.5	438.0	104.84
	10.3	436.4	113.46
	11.1	434.8	122.05
	11.9	433.2	130.62
	12.7	431.6	139.15
	14.3	428.4	156.11
	15.9	425.2	172.95
	17.5	422.0	189.67
	19.1	418.8	206.25
	20.6	415.8	221.69
	22.2	412.6	238.03
	23.8	409.4	254.25
	25.4	406.2	270.34
	27.0	403.0	286.30
	28.6	399.8	302.14
	30.2	396.6	317.85
	31.8	393.4	333.44
508.0	5.6	496.8	69.38
508.0	6.4	495.2	79.16
	7.1	493.8	87.70
	7.9	492.2	97.43
	8.7	490.6	107.12
	9.5	489.0	116.78
	10.3	487.4	126.41
	11.1	485.8	136.01
	11.9	484.2	145.58
	12.7	482.6	155.12
	14.3	479.0	174.10
	15.9	476.2	192.95
	17.5	473.0	211.68
	19.1	469.8	230.27
	20.6	466.8	247.60
	22.2	463.6	265.95
	23.8	460.4	320.26
	28.6	450.8	338.11
	30.2	447.6	355.83
	31.8	444.4	373.43
	33.3	441.4	389.81
	34.9	438.2	407.17
559.0	5.6	547.8	76.42
	6.4	546.2	87.21
	7.1	544.8	96.63
	7.9	543.2	107.36
	8.7	541.6	118.06
	9.5	540.0	128.73
	10.3	538.4	139.37
	11.1	536.8	149.97
	11.9	535.2	160.55
	12.7	533.6	171.09
	14.3	530.4	192.08
	15.9	527.2	212.95
	17.5	524.0	233.68
	19.1	520.8	254.30

续表

外径 D /mm	壁厚 /mm	内径 /mm	平端质量 /(kg/m)
559.0	20.6	517.8	273.51
	22.2	514.6	293.87
	23.8	511.4	314.11
	25.4	508.2	334.13
	27.0	505.0	351.22
	28.6	501.8	374.08
	30.2	498.6	393.81
	31.8	495.4	413.42
	33.3	492.4	431.69
	34.9	489.2	451.06
	36.5	486.0	470.30
	38.1	482.8	489.41
610.0	6.4	597.2	95.26
	7.1	595.8	105.56
	7.9	594.2	117.30
	8.7	592.6	129.00
	9.5	591.0	140.68
	10.3	589.4	152.32
	11.1	587.8	163.93
	11.9	586.2	175.51
	12.7	584.6	187.06
	14.3	581.4	210.07
	15.9	578.2	232.94
	17.5	575.0	255.69
	19.1	571.8	278.32
	20.6	568.8	299.41
	22.2	565.6	321.79
	23.8	562.4	344.05
	25.4	559.2	366.17
	27.0	556.0	388.17
	28.6	552.8	410.05
	30.2	549.6	431.80
	31.8	546.4	453.42
	33.3	543.4	473.57
	34.9	540.2	494.95
610.0	36.5	537.0	516.20
	38.1	533.8	537.33
	39.7	530.6	558.32
660.0	6.4	647.2	103.15
	7.1	645.8	114.31
	7.9	644.2	127.04
	8.7	642.6	139.73
	9.5	641.0	152.39
	10.3	639.4	165.02
	11.1	637.8	177.62
	11.9	636.2	190.19
	14.3	631.4	227.70
	15.9	628.2	252.55
	17.5	625.0	277.27
	19.1	621.8	301.87
	20.6	618.8	324.81
	22.2	615.6	349.16
	23.8	612.4	373.39
	25.4	609.2	397.49
711.0	6.4	698.2	111.20
	7.1	696.8	123.24
	7.9	695.2	136.97
	8.7	693.6	150.67
	9.5	692.0	164.34
	10.3	690.4	177.98
	11.1	688.8	191.58
	11.9	687.2	205.15
	12.7	685.6	218.69
	14.3	682.4	245.68
	15.9	679.2	272.54
	17.5	676.0	299.28
	19.1	672.8	325.89
	20.6	669.8	350.72
	22.2	666.6	377.08
	23.8	663.4	403.32
	25.4	660.2	429.44

续表

外径 D /mm	壁厚 /mm	内径 /mm	平端质量 /(kg/m)	外径 D /mm	壁厚 /mm	内径 /mm	平端质量 /(kg/m)
762.0	6.4	749.2	119.25	813.0	22.2	768.6	432.93
	7.1	747.8	132.17		23.8	765.4	463.19
	7.9	746.2	146.91		25.4	762.2	493.32
	8.7	744.6	161.61		27.0	759.0	523.33
	9.5	743.0	176.29		28.6	755.8	553.22
	10.3	741.4	190.93		30.2	752.6	582.98
	11.1	739.8	205.54		31.8	749.4	612.61
	11.9	738.2	220.12	864.0	6.4	851.2	135.35
	12.7	736.6	234.67		7.1	849.8	150.03
	14.3	733.4	263.67		7.9	848.2	166.78
	15.9	730.2	292.54		8.7	846.6	183.50
	17.5	727.0	321.29		9.5	845.0	200.18
	19.1	723.8	349.91		10.3	843.4	216.84
	20.6	720.8	376.63		11.1	841.8	233.46
	22.2	717.6	405.00		11.9	840.2	250.05
	23.8	714.4	433.26		12.7	838.6	266.61
	25.4	711.2	461.38		14.3	835.4	299.64
	27.0	708.0	489.38		15.1	832.2	332.53
	28.6	704.8	517.25		17.5	829.0	365.31
	30.2	701.6	544.99		19.1	825.8	397.05
	31.8	698.4	572.61		20.6	822.8	42844
813.0	6.4	800.2	127.30		22.2	819.6	460.85
	7.1	798.8	141.10		23.8	816.4	493.12
	7.9	797.2	156.84		25.4	813.2	525.27
	8.7	795.6	172.56		27.1	810.0	557.29
	9.5	794.0	188.24		28.6	806.8	589.19
	10.3	792.4	203.88		30.2	803.6	620.96
	11.1	795.6	219.50		31.8	800.4	652.60
	11.9	794.0	235.09	914.0	6.4	901.2	143.24
	12.7	787.6	250.64		7.1	899.8	158.79
	14.3	784.4	281.65		7.9	898.2	176.52
	15.9	781.2	312.54		8.7	896.6	194.22
	17.5	778.0	343.30		9.5	895.0	211.90
	19.1	774.8	373.93		10.3	893.4	229.54
	20.6	771.8	402.54		11.1	891.8	247.15

续表

外径 *D* /mm	壁厚 /mm	内径 /mm	平端质量 /(kg/m)	外径 *D* /mm	壁厚 /mm	内径 /mm	平端质量 /(kg/m)
914.0	11.9	890.2	264.72	1016.0	10.3	995.4	255.45
	12.7	888.6	282.27		11.1	993.8	275.07
	14.3	885.4	317.27		11.9	992.2	294.66
	15.9	882.2	352.14		12.7	990.6	314.22
	19.1	875.8	421.50		14.3	987.4	353.24
	20.6	872.8	453.84		15.9	984.2	392.13
	22.2	869.6	488.22		17.5	981.0	430.90
	23.8	866.4	522.47		19.1	977.8	469.55
	25.4	863.2	556.69		20.6	974.8	505.66
	27.0	860.0	590.58		22.2	971.6	544.06
	28.6	856.8	624.45		23.8	968.4	582.33
	30.2	853.6	658.19		25.4	965.2	620.48
	31.8	850.4	691.81		27.0	962.0	658.80
965.0	7.9	949.2	186.46		28.2	958.8	696.39
	8.7	947.6	205.17		30.2	955.6	734.16
	9.5	946.0	223.84		31.8	952.4	771.80
	10.3	944.4	242.49	1067.0	8.7	1049.6	227.05
	11.1	942.8	261.11		9.5	1048.0	247.74
	11.9	941.2	279.69		10.3	1046.4	268.40
	12.7	939.6	298.24		11.1	1044.8	289.03
	14.3	936.4	335.25		11.9	1043.2	309.62
	15.9	933.2	372.14		12.7	1041.6	330.19
	17.5	930.0	410.89		14.3	1038.4	371.22
	19.1	926.8	445.52		15.9	1035.2	412.13
	20.6	923.8	479.75		17.5	1032.0	452.91
	22.2	920.6	516.14		19.1	1028.8	493.57
	23.8	917.4	552.40		20.6	1025.8	531.57
	25.4	914.2	588.53		22.2	1022.6	571.98
	27.0	911.0	624.54		23.8	1019.4	612.26
	28.6	907.8	660.42		25.4	1016.2	652.42
	30.2	904.6	696.18		27.0	1013.0	692.45
	31.8	901.4	731.80		28.6	1009.8	732.36
1016.0	7.9	1000.2	196.39		30.2	1006.6	772.14
	8.7	998.6	216.11		31.8	1003.4	811.79
	9.5	997.0	235.79				

注：1. 直径和壁厚尺寸受偏差影响，内径为公称尺寸，在此仅为参考。

2. 列出的质量为碳素钢质量，合金钢的质量修正系数为：LC30-1812—1.017、LC52-1200—0.990，LC65-2205—0.995，LC65-2506—0.995，LC80-2507—1.000，LC30-2242—1.038。

⑥ 钢级和力学性能　见表 5-190。

表 5-190　耐腐蚀合金管线钢管的力学性能

钢级	屈服强度 /MPa≥	抗拉强度 /MPa≥	断后伸长率 $A_{50.8}$/%≥	硬度 (HRC)≤
LC30-1812	207	482	25	—
LC52-1200	358	455	20	22
LC65-2205	448	621	25	—
LC65-2506	448	656	25	—
LC80-2507	552	758	20	
LC30-2242	207	551	30	—

5.8.7 聚乙烯用高压合金钢管（GB/T 24592—2009）

用于工作压力不大于 260MPa、工作温度不高于 350℃场合。

① 材质　35CrNi3MoV，其化学成分应符合 GB/T 24592—2009 表 2 的规定。

② 尺寸　通常长度为 8～15m。其外径和壁厚见表 5-191。

表 5-191　聚乙烯用高压合金钢管的规格　mm

外径	壁厚	外径	壁厚	外径	壁厚	外径	壁厚
76	23	102	30	127	37	168	48
89	26	108	32	140	40	203	60
95	28	114	32	152	44		

③ 交货状态　经调质热处理和机械加工。

④ 硬度　单支钢管的表面硬度差应不大于 30HBW，每批钢管的表面硬度差应不大于 40HBW。

⑤ 力学性能　见表 5-192。

表 5-192　聚乙烯用高压合金钢管的力学性能

牌号	规定塑性延伸强度 $R_{p0.2}$/MPa	抗拉强度 R_m/MPa	断后伸长率 A/%	断面收缩率 Z/%	40℃夏比 V 形缺口冲击吸收能量 KV_2/J	
	纵向(常温)				纵向	横向
35CrNi3MoV	930～1035	≤1130	≥15	≥50	≥70	≥50

注：冲击试验试样应优先采用横向试样，当无法制取横向试样时，允许采用纵向试样。

5.9 机械用钢

5.9.1 矿用热轧型钢（YB/T 5047—2016）

用于机械化采煤作业面的顶梁和铰接梁上，有周期扁钢及花边钢两种。

① 牌号和化学成分　应符合 GB/T 700、GB/T 1591、GB/T 3077 或 GB/T 3414 的规定。

② 力学性能　应符合 GB/T 700、GB/T 1591、GB/T 3077 或 GB/T 3414 的规定。

③ 交货状态　热轧。

表 5-193 为周期扁钢和花边钢的尺寸、截面面积和理论质量。

表 5-193　周期扁钢和花边钢的尺寸、截面面积和理论质量

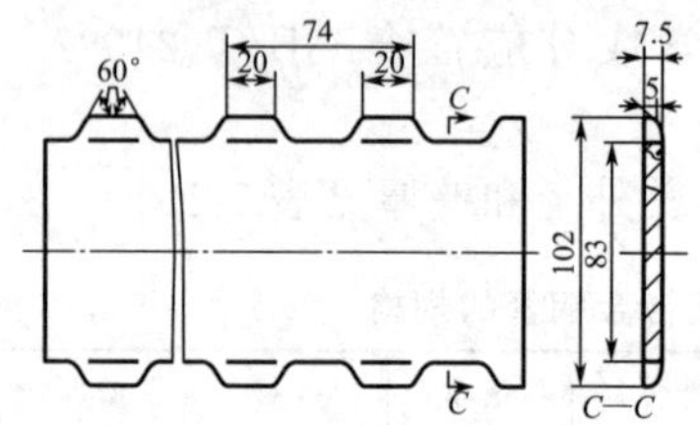

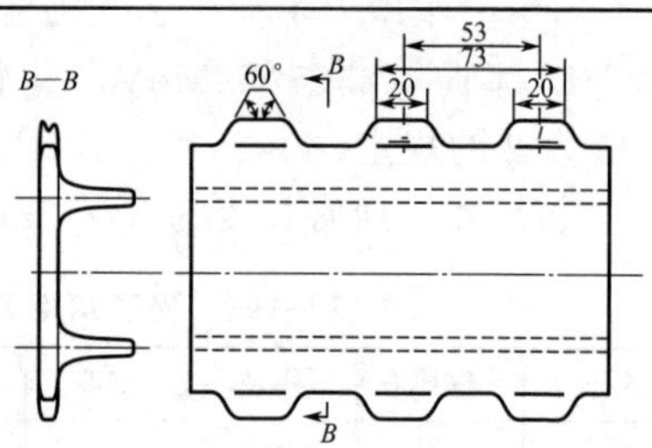

周期扁钢		花边钢		
截面面积 /cm^2	理论质量 /(kg/m)	型号	截面面积 /cm^2	理论质量 /(kg/m)
6.62	5.20	7π 8π	13 10.15	10.2 7.97

5.9.2 矿用高强度圆环链用钢（GB/T 10560—2017）

用于制造煤矿刮板输送机、刨煤机的高强度圆环链，有热轧圆钢、冷拉圆钢及盘条三种。

① 公称直径　10～65mm。

② 冷拉圆钢的外形、质量及尺寸　应符合 GB/T 905 的规定，其尺寸精度及外形应符合 h11、h12 级的规定，精度级别应在合同中注明。

③ 通常交货长度　为 3～10m。

④ 交货状态　20Mn2K，20MnVK、25MnVK、25MnVBK 为热轧态，其他牌号为退火态。

⑤ 热处理和力学性能　见表 5-194。

表 5-194　圆钢的纵向力学性能和交货状态圆钢的冷弯性能及退火硬度

牌号	热处理				力学性能 ≥					180°冷弯试验	钢材布氏硬度(HB)≤	
	淬火		回火		下屈服强度 R_{eL} /MPa	抗拉强度 R_m /MPa	断后伸长率 A /%	断面收缩率 Z /%	冲击功 KV /J		退火态	热轧态
	温度(±20)/℃	冷却剂	温度(±30)/℃	冷却剂								
20Mn2K	850 880	◇	200 440	水或空气	785	590	10	40	47	$d=a^{\triangle}$	— —	— —
20MnVK	880	水	300 370		885	1080	9 10	—	—	$d=a^{\triangle}$	— —	— —
25MnVK	880		370		930	1130	9	—	—	$d=a^{\triangle}$	—	—
25MnVBK	880		370		930	1130	9	—	—	$d=a^{\triangle}$	—	—
25MnSiMoVK	900		350		1080	1275	9	—	—	$d=a^{\blacktriangle}$	217	260
25MnSiNiMoK	900		300		1175	1470	10	50	35	$d=a^{\blacktriangle}$	207	260
20NiCrMoK	880		430	水或油	980	1180	10	50	40	$d=a^{\blacktriangle}$	220	260
15CrNi6K	880		430		945	1050	10	50	60	$d=a^{\blacktriangle}$	210	260
23MnNiCrMo52K	880		430		990	1050	10	50	60	$d=a^{\blacktriangle}$	220	260
23MnNiCrMo53K	880		430		1020	1130	10	50	60	$d=a^{\blacktriangle}$	220	260
23MnNiCrMo54K	880		430		1060	1180	10	50	60	$d=a^{\blacktriangle}$	220	260
20MnNiCrMo32K	880		430		—	—	—	50	60	$d=a^{\blacktriangle}$	210	260
20MnNiCrMo33K	880		430		—	—	—	50	60	$d=a^{\blacktriangle}$	210	260

注：试验毛坯直径为 15mm。◇—水、油；△—热轧材，▲—退火材。

5.9.3 矿山巷道支护用热轧U型钢（GB/T 4697—2017）

用于制造矿山巷道支架热轧U型钢和工字钢。

① 规格

a. U型钢：腰定位有18UY、25UY；耳定位有25U、29U、36U、40U。

b. 工字钢：9、11、12。

c. 通常长度：5～12m。

② 材料：20MnK、25MnK、20MnVK。其化学成分应符合GB/T 4697—2017表6的规定。

③ 截面面积及理论质量 见表5-195。

表5-195 型钢的截面面积及理论质量

规格	截面面积/cm^2	理论质量/(kg/m)	规格	截面面积/cm^2	理论质量/(kg/m)
U型钢					
18UY	24.15	18.96	29U	37.00	29.00
25UY	31.54	24.76	36U	45.69	35.87
25U	31.79	24.95	40U	51.02	40.05
工字钢					
9	22.54	17.69	12	39.72	31.18
11	33.18	26.05			

④ 力学性能和工艺性能 见表5-196。

表5-196 矿山巷道支护用热轧U型钢的力学性能和工艺性能

牌号	规格	拉伸试验			冲击试验		弯曲试验
		抗拉强度 R_m/MPa	屈服强度 R_{eH}/MPa	断后伸长率 A/%	温度	KV_2/J ≥	180° d—弯曲压头直径，mm a—试样厚度，mm
		≥					
20MnK	18UY	490	335	20	—	—	$d=3a$
20MnVK	25UY 25U	570	390	20			
25MnK	29U、9 11、12	530	335	20			
20MnK	36U	530	350	20	20℃	27	$d=3a$

续表

牌号	规格	拉伸试验			冲击试验		弯曲试验
		抗拉强度 R_m/MPa	屈服强度 R_{eH}/MPa	断后伸长率 A/%	温度	KV_2/J ≥	180° d—弯曲压头直径，mm a—试样厚度，mm
		≥					
20MnVK	40U	580	390	20	20℃	27	$d=3a$

注：1. 拉伸试验、弯曲试验和冲击试验取纵向试样。

2. 当屈服现象不明显时，采用 $R_{p0.2}$。

3. 冲击功值为一组三个试样单值的算术平均值，允许其中一个试样的单个值低于规定值，但不得低于规定值的 70%。

5.9.4 矿山矿粉、矿浆输送用电焊钢管（GB/T14291—2016）

用于矿粉、矿浆输送及河道、港口码头疏浚管线。

① 尺寸 公称外径 D 和公称壁厚 t 应符合 GB/T 21835 的规定，且外径应不小于 76.1mm，厚度应不小于 4.0mm。通常长度为 4000～12000mm。

② 原料 钢管的热轧钢卷其 A、B、C、D 各类非金属夹杂物细系和粗细级别，应分别不大于 2.0 级，带状组织应不大于 3.0 级。

③ 牌号 采用双牌号体系，见下面竖线的左右两侧例。

L	□□□	J	X	□□	J
“管线”的英文首字母	规定屈服强度下限/MPa	“浆”字汉语拼音首字母	代表管线钢	规定屈服强度下限/kpsi	“浆”字汉语拼音首字母

共有 L245J/BJ、L290J/X42J、L320J/X46J、L360J/X52J、L390J/X56J、L415J/X60J、L450J/X65J、L485J/X70J 八种。化学成分应符合 GB/T14291—2016 规定。

④ 交货状态 焊缝正火热处理或整管热处理。

⑤ 硬度和拉伸性能 见表 5-197。

表 5-197 钢管的硬度和拉伸性能

牌号	硬度(HV10) ≤	管体				焊接接头
		规定总延伸强度 $R_{p0.2}$/MPa	抗拉强度 R_m/MPa	屈强比 $R_{p0.2}/R_m$ ≤	断后伸长率 A_{50}/% ≥	抗拉强度 R_m/MPa ≥
L245J/BJ	265	245～450	415～760	0.93	8	415
L290J/X42J		290～495	415～760			415
L320J/X46J		320～525	435～760			435
L360J/X52J		360～530	460～760			460
L390J/X56J		390～545	490～760			400
L415J/X60J		115～565	520～760			520
L450J/X65J	275	150～600	535～760			535
L485J/X70J		185～635	570～760			570

⑥ 耐冲击性能 见表 5-198。

表 5-198 全尺寸钢管 CVN 冲击吸收能量

牌号	KV_2/J ≥		牌号	KV_2/J ≥	
	单个值	平均值		单个值	平均值
L245J/BJ	21	27	L390J/X56J	30	40
L290J/X42J	21	27	L415J/X60J	40	50
L320J/X46J	21	27	L450J/X65J	40	50
L360J/X52J	30	40	L480J/X70J	40	50

5.9.5 起重机用钢轨（YB/T5055—2014）

用于起重机大车及小车轨道用 QU70～QU120 钢轨。

① 长度 定尺长度为 9m、9.5m、10m、10.5m、11m、11.5m、12m、12.5m，短尺长度为 6～8m（按 100mm 进级）。

② 牌号、剖面尺寸、截面积和质量 见表 5-199。

③ 化学成分 应符合 YB/T 5055—2014 表 4 规定。

④ 交货状态 热轧。

⑤ 力学性能 见表 5-200。

表 5-199　起重机用钢轨的剖面尺寸、截面积和质量

牌号	剖面尺寸/mm	牌号	剖面尺寸/mm
QU70 (67.22cm^2, 52.77kg/m)	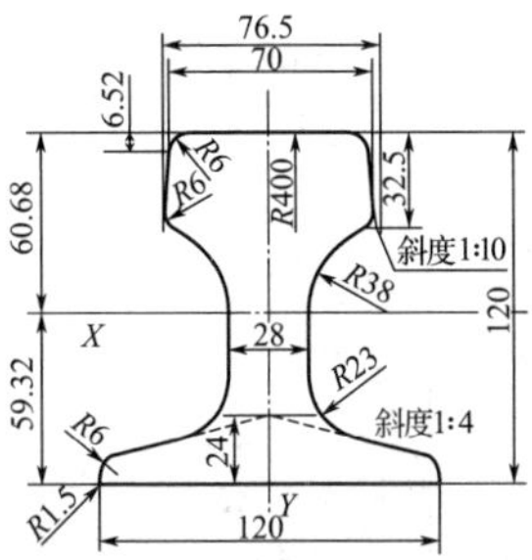	QU100 (113.44cm^2, 89.05kg/m)	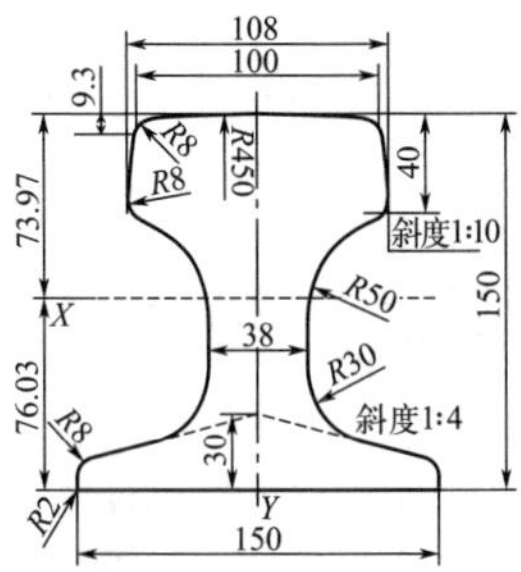
QU80 (82.05cm^2, 64.41kg/m)	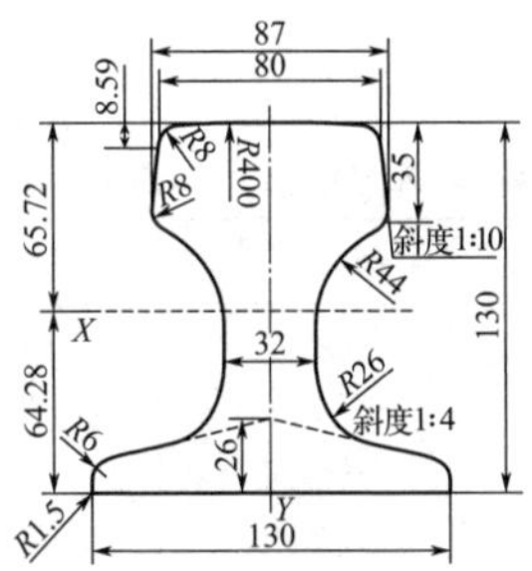	QU120 (150.95cm^2, 118.50kg/m)	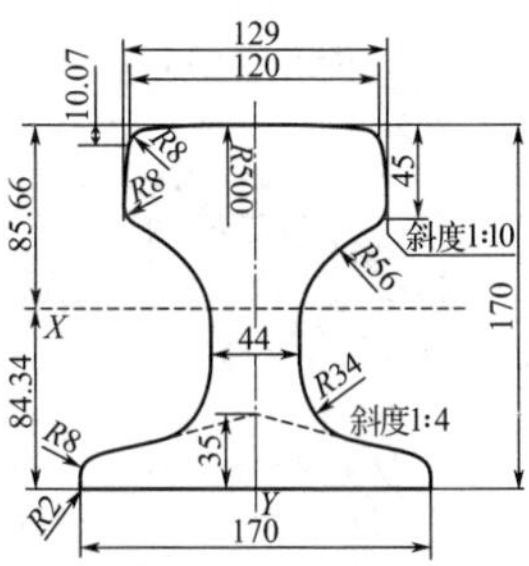

表 5-200　钢轨的抗拉强度和断后伸长率

牌号	抗拉强度 R_m /MPa ≥	断后伸长率 A/% ≥	牌号	抗拉强度 R_m /MPa ≥	断后伸长率 A/% ≥
U71Mn	880	9	U77MnCr	980	9
U75V	980	9	U76CrRE	1080	9
U78CrV	1080	8			

注：热锯取样检验时，允许断后伸长率比规定值降低 1%（绝对值）。

5.9.6　煤机用热轧异型钢（GB/T 3414—2015）

用于制造刮板输送机用刮板和槽帮。

① 牌号　M（“煤”字汉语拼音首字母）+刮板钢和槽帮钢的抗拉强度值/MPa。包括 M510、M540、M565。

② 化学成分　应符合 GB/T 3414—2015 表 3 规定。

③ 型号、截面积及理论质量　见表 5-201。

表 5-201　煤机用热轧异型钢的型号、截面积及理论质量

品种	型号	截面积/m^2	理论质量/(kg/m)	平均腿厚/mm
刮板钢	5	8.56	6.72	—
	6.5	12.59	9.89	—
槽帮钢	D12.5	13.42	10.54	7.50
	D15	24.28	19.06	9.24
	M15	27.74	22.00	9.00
	E15	45.88	36.00	11.00
	M18	36.63	28.80	10.00
	E19	67.53	53.00	14.00
	M22	77.01	60.45	—
	E22	90.54	71.08	—

④ 长度　见表 5-202。

表 5-202　煤机用热轧异型钢的定倍尺长度　　mm

型号	定倍尺长度	型号	定倍尺长度
5	$n\times332$	E15	$n\times1510$
6.5	$n\times444$	M18	$n\times1510$
D12.5	$n\times1215$	E19	$n\times1510$
D15	$n\times1210$	M22	$n\times1210$
M15	$n\times1210$	E22	$n\times1510$

⑤ 交货状态　刮板钢、槽帮钢均为热轧。

⑥ 力学性能　见表 5-203。

表 5-203　钢材的力学性能

牌号	试样状态	屈服点强度 R_{eL}/MPa≥	抗拉强度 R_m/MPa≥	伸长率 A %≥
M510	热轧	355	510	20
M540	热轧	355	540	18
	热处理	590	785	9
M565	热轧	365	565	16
	热处理	625	820	9

注：热处理制度为（850±20)℃油淬，400～450℃回火，水冷。

5.9.7　大型轧辊锻件用钢（JB/T 6401—2017）

用于冷轧、热轧工作辊和支承辊等大型轧辊锻件。

① 热轧工作辊牌号和表面硬度　见表 5-204～表 5-206。

表 5-204　热轧工作辊的表面硬度　HSD

<table>
<tr><th rowspan="2">牌号</th><th colspan="2">粗加工后最终热处理状态</th><th rowspan="2">牌号</th><th colspan="2">粗加工后最终热处理状态</th></tr>
<tr><th>辊身</th><th>辊颈</th><th>辊身</th><th>辊颈</th></tr>
<tr><td rowspan="3">42CrMo、55Cr
60CrMo、60CrMn
60SiMnMo</td><td rowspan="3">33～43</td><td rowspan="3">33～43</td><td>60CrMnMo、60CrMoV</td><td>35～45</td><td rowspan="6">35～45</td></tr>
<tr><td>50Cr3Mo</td><td>45～60</td></tr>
<tr><td>70Cr3Mo、70Cr3NiMo</td><td>35～60</td></tr>
<tr><td rowspan="3">50Cr(2)NiMo
60CrNi(2)Mo
50Cr(2)Mn(2)Mo</td><td rowspan="3">35～45</td><td rowspan="3">35～45</td><td>80Cr3Mo、50Cr4MoV</td><td>45～65</td></tr>
<tr><td>50Cr5MoV</td><td>45～70</td></tr>
<tr><td>65Cr5MoV</td><td>65～85</td></tr>
</table>

注：辊坯状态为硬度≤40HSD。

表 5-205　冷轧工作辊的表面硬度及有效淬硬层深度

辊身直径/mm	辊身表面硬度(HSD)	最小有效淬硬层深度/mm	辊身直径/mm	辊身表面硬度(HSD)	最小有效淬硬层深度/mm	辊身直径/mm	辊身表面硬度(HSD)	最小有效淬硬层深度/mm
≤300	≥95	6	>300～600	≥95	10	>600～900	≥95	8
	90～98	8		90～98	12		90～98	10
	80～90	10		80～90	15		80～90	12

注：辊颈硬度 30～55 HSD。

表 5-206　支承辊的表面硬度及有效淬硬层深度

类型	辊身表面硬度(HSD)	最小有效淬硬层深度/mm	辊颈硬度(HSD)	类型	辊身表面硬度(HSD)	最小有效淬硬层深度/mm	辊颈硬度(HSD)
热轧	60～70	45	35～50	冷轧	65～75	40	35～50
	50～60	50			60～70	45	
	40～50	55			55～65	50	

② 化学成分　热轧工作辊、冷轧工作辊和支承辊的化学成分应分别符合 JB/T 6401—2017 表 1～表 3 的规定。

③ 力学性能　见表 5-207。

表 5-207 热轧工作辊的力学性能

牌号	抗拉强度 R_m /MPa≥	下屈服极限 R_{eH}/MPa ≥	断后伸长率 A/% ≥	断面收缩率 Z/%≥	冲击吸收能量 KU_2/J ≥
42CrMo	590	390	16	—	—
55Cr	690	355	12	30	—
50Cr(2)Mn(2)Mo	785	440	9	25	20
60CrMnMo	930	490	9	25	20
50Cr(2)NiMo	755	—	—	—	—
60CrNi(2)Mo	785	490	8	33	24
60CrMoV	785	490	15	40	24
70Cr3NiMo	880	450	10	20	20

④ 热处理　见表 5-208。

表 5-208 辊颈硬度范围及有效淬硬层深度

冷轧工作辊				支承辊			
辊身直径/mm	辊身表面硬度范围(HS)	有效淬硬层深/mm	辊颈硬度范围(HS)	类别	辊身表面硬度范围(HS)	有效淬硬层深/mm	辊颈硬度范围(HS)
≤300	≥95 90～98 80～90	6 8 10	30～55	热轧	60～70 50～60 40～50	45 50 55	35～50
>300～600	≥95 90～98 80～90	10 12 15		冷轧	65～75 60～70 55～65	40 45 50	
>600～900	≥95 90～98 80～90	8 10 12					

5.9.8 工业链条用冷拉钢（YB/T 5348—2006）

用于制造各种工业设备上的链条。

① 分类　按交货状态分为冷拉状态（L）和退火状态（T），按外形分为圆钢和钢丝。

② 长度、外形　长度应符合 GB 905 的规定，外形应符合 GB 342 的规定。

③ 化学成分　销轴和滚子的化学成分应分别符合 YB/T

5348—2006 表 2、表 3 的规定。

④ 牌号和力学性能 见表 5-209、表 5-210。

表 5-209 工业链条销轴用冷拉钢的力学性能

牌号	钢丝抗拉强度 R_m/MPa		圆钢抗拉强度 R_m/MPa	
	冷拉	退火	冷拉	退火
20CrMo	550～800	450～700	620～870	490～740
20CrMnMo	550～800	500～750	720～970	575～825
20CrMnTi	650～900	500～750	720～970	575～825

表 5-210 工业链条滚子用冷拉钢的力学性能

牌号	统一数字代号	钢丝抗拉强度 R_m/MPa ≥		圆钢抗拉强度 R_m/MPa ≥	
		冷拉	退火	冷拉	退火
08	U20082	540	440	440	295
10	U20102	540	440	440	295
15	U20152	590	490	470	340

⑤ 交货状态 冷拉。要求以退火状态交货时，应在合同中注明。

5.9.9 工业链条用冷轧钢带（YB/T 5347—2016）

用于制造节距为 6.35～31.75mm 的滚子链、套筒链（但不能用于高强度或重载型的特种滚子链和套筒链）。

① 材料 优质碳素结构钢有 GLS17C、GL40Mn；合金结构钢有 GL40Mn2。

② 分类

a. 按厚度精度分为：普通厚度精度（PT. A）、较高厚度精度（PT. B）、高级厚度精度（PT. C）。

b. 按表面质量分为：普通表面（A）、高级表面（B）。

c. 按交货状态分为：退火状态（T）、冷硬状态（Y）。

d. 按边缘状态分为：切边钢带（EC）、不切边钢带（EM）。

e. 按镰刀弯精度分为：普通精度（PC. A）、较高精度（PC. B）。

③ 尺寸 厚度 0.60～4.00mm，宽度 20～200mm。

④ 标记方法

YB/T 5347—2016 □ □ □ □ □

标准号 — 材料牌号 — 表面质量 — 厚度精度 — 边缘状态 — 交货状态

⑤ 牌号和力学性能　见表5-211。

表5-211　冷轧钢带的力学性能

牌号	退火状态			冷硬状态		
	抗拉强度 R_m/MPa	断后伸长率 A_{80}/% ≥	硬度 (HRB)	抗拉强度 R_m/MPa	断后伸长率 A_{80}/% ≥	硬度 (HRB)≥
GLS17C	375～500	26	45～75	650	—	75
GL40Mn	530～650	15	70～95	700	—	80
GL40Mn2①	—	—	—	750	3	85

① 通常以冷硬状态交货。

注：拉伸试样取横向试样。

⑥ 化学成分　应符合YB/T 5347—2016表6的规定。

⑦ 交货状态　冷轧退火状态或冷硬状态。

5.9.10　金属软管用碳素钢冷轧钢带（YB/T 023—1992）

用于制造金属软管及预应力波纹管。

① 分类　按制造精度分有普通精度钢带（P）和较高精度钢带（H）；按力学性能分有软钢带（R）和冷硬钢带（Y）。

② 材料　碳素结构钢Q195F、Q215AF。

③ 化学成分　应符合GB 700的规定。

④ 规格　见表5-212。

表5-212　钢带的厚度和宽度　　mm

钢带厚度	钢带宽度											
	4	6	7.1	8.6	9.5	12.7	15	16	17	21.2	25	35
0.20			√									
0.25	√			√								
0.30		√	√	√	√	√						√
0.35				√	√							
0.40					√	√						

续表

钢带厚度	钢带宽度										
	4	6	7.1	8.6	9.5	12.7	15	16	17	21.2	25	35
0.45							√					
0.50						√	√	√	√		√	
0.60										√		

⑤ 力学性能　见表 5-213。

表 5-213　金属软管用碳素钢冷轧钢带的力学性能

状态	抗拉强度 R_m/MPa	伸长率 A/%	状态	抗拉强度 R_m/MPa	伸长率 A/%
软态	275～440	≥23	冷硬	—	—

⑥ 交货状态　冷硬。根据需方要求，也可供光亮或浅灰氧化色退火状态。

5.9.11　工程机械用高强度耐磨钢板和钢带（GB/T 24186—2022）

用于矿山、建筑、农业等工程机械耐磨损结构部件。

① 厚度　单轧钢板不大于 120mm，钢带及剪切钢板不大于 25.4mm。

② 牌号　由 NM（“耐磨”的汉语拼音首字母）＋规定表面布氏硬度数值两部分组成。若有低温韧性要求者，则要增加质量等级符号（D、E）。

③ 厚度　见表 5-214。

表 5-214　高强度耐磨钢板和钢带的厚度　mm

牌号	厚度范围	牌号	厚度范围
NM300(NM300D/E)	≤120	NM500(NM500D/E)	≤100
NM360(NM360D/E)	≤120	NM550(NM550D/E)	≤100
NM400(NM400D/E)	≤120	NM600(NM600D/E)	≤60
NM450(NM450D/E)	≤120		

④ 化学成分　应符合 GB/T 24186—2022 表 2 或表 3 的规定。

⑤ 交货状态　淬火、淬火+回火、TMCP+回火，或热轧状态（热处理前）。

⑥ 硬度　见表5-215。

表5-215　高强度耐磨钢板和钢带的硬度

牌号	厚度/mm	表面布氏硬度(HBW)	截面中心布氏硬度(HBW)
NM300(NM300D/E)	≤80	270～330	240～330
	>80～120	270～340	—
NM360(NM360D/E)	≤80	330～400	295～400
	>80～120	330～400	—
NM400(NM400D/E)	≤80	370～430	330～430
	>80～120	360～440	—
NM450(NM450D/E)	≤80	420～480	375～480
	>80～120	410～480	—
NM500(NM500D/E)	≤70	470～540	420～540
	>70～100	450～540	—
NM550(NM550D/E)	≤70	520～580	475～580
	>70～100	500～580	—
NM600(NM600D/E)	≤60	570～640	510～640

⑦ 力学性能　见表5-216、表5-217。

表5-216　钢板和钢带的横向拉伸性能

牌号	拉伸强度 R_m/MPa	断后伸长率 A_{50}/%≥
NM300(NM300D/E)	1000	14
NM360(NM360D/E)	1100	12
NM400(NM400D/E)	1200	10
NM450(NM450D/E)	1250	8
NM500(NM500D/E)	1350	7

表5-217　对低温韧性有要求的钢板和钢带冲击试验

牌号	厚度/mm	纵向冲击吸收能量 KV_2/J ≥	牌号	厚度/mm	纵向冲击吸收能量 KV_2/J ≥
NM300D/E	≤80	24	NM360D/E	≤80	24
	>80～120	21		>80～120	21

续表

牌号	厚度/mm	纵向冲击吸收能量 KV_2/J ≥	牌号	厚度/mm	纵向冲击吸收能量 KV_2/J ≥
NM400D/E	≤80	24	NM500D/E	≤60	21
	>80～120	21		>60～100	18
NM450D/E	≤80	24			
	>80～120	21			

注：1. NM550D/E和NM600D/E的纵向冲击吸收能量可由供需双方协商确定。

2. D级钢冲击试验温度为－20℃、E级钢冲击试验温度为－40℃。

5.9.12 液压支柱用热轧无缝钢管（GB/T17396—2022）

用于制造煤矿液压支架油缸和支柱的缸、柱用热轧无缝钢管。

① 尺寸 公称外径和公称壁厚应符合GB/T17395的规定。通常长度为3000～12000mm。

② 化学成分 应符合GB/T17396—2022表2规定。

③ 交货状态 热轧。

④ 牌号和力学性能 见表5-218。

表5-218 液压支柱用热轧无缝钢管的力学性能

牌号	试样热处理制度				拉伸性能					冲击吸收能量 KV_2/J	退火状态布氏硬度(HBW) ≤
	淬火		回火		抗拉强度 R_m/MPa	R_{eL} 或 $R_{p0.2}$/MPa≥			断后伸长率 A/%		
						钢管壁厚 S/mm					
	加热温度(±15)/℃	冷却剂	加热温度(±50)/℃	冷却剂		≤16	>16～30	>30			
35	—	—	—	—	510	305	295	285	17	—	—
45	—	—	—	—	590	335	325	315	14	—	—
27SiMn 27SiMnRE	920	水	450	水/油	980	835			12	39	217
30CrMnSi	880	钠	540	水/油	1080	835			10	39	229
30CrMo	880	油	540	水/油	930	735			12	71	229
30MnNbRE	880	水	450	空气	850	720			13	48	—

5.9.13　钻探用无缝钢管（GB/T 9808—2023）

用于制造地质岩心钻探、水井钻探、水文地质钻探、工程钻探的套管、岩心管及套管接箍料，钢粒钻头，绳索取心钻杆及钻杆接头，钻铤及钻铤锁接头。

① 牌号　由汉语“钻探”拼音首位大写字母“ZT”＋规定非比例延伸强度最小值组成。

② 化学成分　应符合GB/T 9808—2023表5的要求。

③ 钢级　ZT380、ZT490、ZT520、ZT590、ZT640、ZT750、ZT850和ZT950，其化学成分P≤0.030%，S≤0.030%。

④ 外径和壁厚　应符合GB/T 17395的规定。

⑤ 通常长度　4000～12000mm。

⑥ 力学性能　见表5-219。

表5-219　钻探用无缝钢管的力学性能

牌号	规定非比例延伸强度 $R_{p0.2}$/MPa ≥	抗拉强度 R_m/MPa ≥	断后伸长率 A% ≥	冲击吸收能量 KV_2/J ≥	洛氏硬度 (HRC) ≤
ZT380	380	640	14	—	—
ZT490	490	690	12	—	—
ZT520	520	780	12	—	—
ZT590	590	780	12	—	—
ZT640	640	790	12	—	—
ZT750	750	850	14	54	34
ZT850	850	950	14	54	36
ZT950	950	1050	13	54	38

5.9.14　焊管用镀铜钢带（YB/T 069—2007）

用于制作双层或多层铜钎焊钢管以及单层焊管用镀铜钢带，也适用于其他焊管和一般工程用镀铜或不镀铜的精密低碳冷轧薄钢带。

① 分类与符号　见表5-220。

表 5-220　焊管用镀铜钢带分类与符号

<table>
<tr><th>分类方法</th><th>类别</th><th>符号</th><th>分类方法</th><th>类别</th><th>符号</th></tr>
<tr><td rowspan="6">按镀铜厚度
/μm</td><td>1</td><td>Cu1</td><td rowspan="3">按尺寸精度</td><td rowspan="2">高级精度
(一般用于双层焊管)</td><td rowspan="2">PA</td></tr>
<tr><td>2</td><td>Cu2</td></tr>
<tr><td>3</td><td>Cu3</td><td rowspan="2">普通精度
(一般用于单层焊管)</td><td rowspan="2">PB</td></tr>
<tr><td>4</td><td>Cu4</td><td></td></tr>
<tr><td>5</td><td>Cu5</td><td rowspan="4">按表面处理</td><td rowspan="4">钝化
涂油
钝化+涂油</td><td rowspan="4">STC
SO
STC+SO</td></tr>
<tr><td>其他厚度 X</td><td>CuX</td></tr>
<tr><td rowspan="2">按焊管种类</td><td>单层焊管</td><td>DW</td></tr>
<tr><td>双层焊管</td><td>SW</td></tr>
</table>

② 公称厚度　≤0.50～0.70mm。

③ 标记

□W-	Cu□-	表面处理-	□×□-	YB/T069—2007
焊管种类 DW—单层焊管 SW—双层焊管	镀铜厚度 /μm	STC—钝化 SO—涂油 STC+SO—钝化+涂油	钢带尺寸 厚×宽	标准号

④ 化学成分　钢带和单层焊管用超低碳钢带的化学成分，分别见 YB/T069—2007 表 8 和表 9。

⑤ 交货状态　经退火平整并涂油。

⑥ 力学性能　见表 5-221、表 5-222。

表 5-221　焊管用镀铜钢带的力学性能

厚度/mm	抗拉强度 R_m/MPa	屈服强度 R_{eL}/MPa	断后伸长率 A/%
<0.25	≥270	≥180	≥30
0.25～<0.35			≥32
0.35～<0.50			≥34
≥0.50			≥36

表 5-222　单层焊管用超低碳钢带的力学性能

厚度/mm	抗拉强度 R_m/MPa	屈服强度 R_{eL}/MPa	断后伸长率 A/%
≤0.50	≥280	130～250	≥36
>0.50			≥38

5.9.15 双层铜焊钢管（YB/T 4164—2007）

用于汽车、电器以及制冷、电热等工业中，制作刹车管、燃料管、润滑油管、加热或冷却器等工程管道，是以铜为钎焊材料的双层铜焊钢管。

① 材质 镀铜钢带的技术要求应符合 YB/T 069 的规定。

② 长度 通常为 1.5～1000m。

③ 交货状态 长度不大于 6m 的钢管为条状，否则为盘状。

④ 标记方法

双层铜焊钢管	□×	□	□	Zn	□	C	YB/T 4164—2007
名称	外径/mm	壁厚/mm	长度	镀层	厚度/μm	彩虹色	标准号

⑤ 尺寸 直径、壁厚规格见表 5-223，通常长度为 1.5～1000m。

表 5-223 双层铜焊钢管的尺寸及理论质量

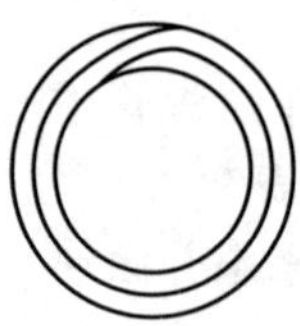

公称外径/mm	壁厚/mm				公称外径/mm	壁厚/mm			
	0.50	0.70	1.00	1.30		0.50	0.70	1.00	1.30
	理论质量(未增添其他镀层)/(kg/m)					理论质量(未增添其他镀层)/(kg/m)			
3.17	0.033	0.042	—	—	10.00	—	0.160	0.221	—
4.00	0.043	0.057	—	—	12.00	—	0.194	0.270	0.342
4.76	0.052	0.070	—	—	14.00	—	0.229	0.319	0.405
5.00	0.055	0.074	—	—	15.00	—	0.246	0.344	0.437
6.00	0.068	0.091	—	—	16.00	—	0.263	0.368	0.469
6.35	0.072	0.097	—	—	17.00	—	—	0.393	0.501
8.00	—	0.125	0.172	—	18.00	—	—	0.417	0.533
9.52	—	0.152	0.209	—					

⑥ 力学性能 见表 5-224。

表 5-224 双层铜焊钢管的力学性能

抗拉强度 R_m/MPa	屈服强度 R_{eL}/MPa	断后伸长率 A/%
≥290	≥180	≥25

5.9.16 轴承保持器用碳素结构钢丝（YB/T 5144—2006）

用于制造滚动轴承保持器支柱与铆钉。

① 公称直径 0.75～12mm。

② 化学成分 应符合 YB/T 5144—2006 表 2 要求。

③ 牌号 ML15 和 ML20。“ML”为“铆螺”汉语拼音的首字母，后面的数字为材料的平均含碳量。

④ 交货状态 冷拉（直径不大于 2mm 的钢丝可以回火或正火）。

⑤ 力学性能 见表 5-225。

表 5-225 轴承保持器用碳素结构钢丝的力学性能

牌号	抗拉强度 R_m/MPa≥	断后伸长率 A_{100}/%≥	牌号	抗拉强度 R_m/MPa≥	断后伸长率 A_{100}/%≥
ML15	390～540	3	NL20	590～735	2

5.9.17 链式葫芦起重圆环链用钢丝（YB/T 5211—1993）

用于制作链式葫芦起重圆环链用冷拉合金结构钢丝。

① 分类 按交货状态分为冷拉状态（L）和退火状态（T）。

② 直径范围 4.0～12.0mm。

③ 化学成分 应符合 YB/T 5211—1993 表 1 要求。

④ 交货状态 20Mn2 和 20MnV 钢丝应以冷拉状态交货（要求以退火状态交货时，应在合同中注明），23Mn2NiCrMoA 和 24Mn2NiCrMoA 钢丝应以退火状态交货。

⑤ 牌号和力学性能 见表 5-226、表 5-227。

表 5-226 链式葫芦起重圆环链用钢丝的力学性能

牌号	冷拉		退火	
	抗拉强度 R_m/MPa	布氏硬度 (HB)	抗拉强度 R_m/MPa	布氏硬度 (HB)
20Mn2、20MnV	725	217	610	187

续表

牌号	冷拉		退火	
	抗拉强度 R_m/MPa	布氏硬度（HB）	抗拉强度 R_m/MPa	布氏硬度（HB）
23Mn2NiCrMoA 24Mn2NiCrMoA	—	—	705	210

表 5-227 钢丝试样热处理后的力学性能试验

牌号	热处理制度				力学性能	
	淬火		回火		抗拉强度 R_m/MPa≥	伸长率 A/%≥
	温度/℃	冷却剂	温度/℃	冷却剂		
20Mn2、20MnV	865～895	水、油	320～420	水、空	980	10
23Mn2NiCrMoA 24Mn2NiCrMoA	785～815	水	350～450	空	1080	10

注：1. 可代替成品钢丝的抗拉强度或硬度试验。

2. 工艺性能：钢丝应进行180°冷弯试验，其弯芯直径等于钢丝直径。

5.9.18 制绳用圆钢丝（YB/T 5343—2015）

用于生产钢丝绳（电梯用钢丝绳除外）。

① 分类　按钢丝表面状态分，有光面和镀层（镀层钢丝分三个级别：B级、AB级和A级）；按钢丝用途分有重要用途和一般用途两种。

② 原料　应符合GB/T 4354规定的盘条，钢的牌号由制造厂选择。

③ 直径　0.08～6.00mm。

④ 公称抗拉强度级别　重要用途钢丝有1570、1670、1770、1870、1960和2160六种，一般用途钢丝有1180、1370、1470、1570、1670、1770、1870、1960、2060、2160、2500、3000和3500（MPa）十三种。

⑤ 扭弯性能　制绳用圆钢丝的最小扭转次数见表5-228和表5-229，最小弯曲次数分别见表5-230和表5-231。

表 5-228　重要用途钢丝最小扭转次数

公称直径 d /mm	光面和 B 级				AB 级			A 级		
	公称抗拉强度级别/MPa									
	1570	1670 1770	1870 1960	2160	1570	1670 1770	1870	1570	1670 1770	1870
0.50≤d<1.00	35	33	27	25	32	30	24	23	21	19
1.00≤d<1.30	33	31	26	24	30	28	22	21	19	17
1.30≤d<1.80	32	29	25	23	29	26	21	20	18	16
1.80≤d<2.30	30	28	23	21	27	24	19	18	16	14
2.30≤d<3.00	28	25	21	20	25	22	17	16	13	11
3.00≤d<3.40	26	23	20	19	23	20	16	14	11	8
3.40≤d<3.70	24	21	18	18	21	18	15	12	9	7
3.70≤d<4.00	23	20	17	16	20	17	14	10	8	6
4.00≤d<4.20	22	19	15	—	19	16	13	8	7	5
4.20≤d<4.40	20	18	13	—	17	15	12	8	6	4
4.40≤d<4.60	20	16	12	—	17	14	10	8	6	4
4.60≤d<4.80	18	14	10	—	15	12	8	7	6	4
4.80≤d<5.20	16	13	9	—	14	10	7	6	5	3
5.20≤d<5.40	14	12	9	—	10	9	7	6	5	3
5.40≤d<5.60	12	10	—	—	10	8	—	6	4	—
5.60≤d<5.80	10	8	—	—	8	6	—	4	4	—
5.80≤d<6.00	8	8	—	—	6	6	—	4	4	—

注：试验钳口标距：100d。

表 5-229 一般用途钢丝最小扭转次数

钢丝公称直径/mm	光面和B级					AB级					A级				
	公称抗拉强度级别/MPa														
	1180 1370	1470 1570	1670 1770	1870 1960	2060 2160	1180 1370	1470 1570	1670 1770	1870	1960	1180 1370	1470 1570	1670 1770	1870	1960
0.50≤d<1.00	34	30	28	25	22	30	27	25	22	22	23	21	19	17	17
1.00≤d<1.30	33	29	26	23	20	29	26	24	21	21	21	19	17	15	15
1.30≤d<1.80	32	28	25	22	19	28	25	23	20	20	20	18	16	14	14
1.80≤d<2.30	31	27	24	21	18	27	24	22	19	19	18	16	14	12	12
2.30≤d<3.00	29	26	22	19	16	26	23	21	18	18	16	14	11	9	9
3.00≤d<3.50	28	25	21	18	15	25	22	20	17	17	14	12	9	7	7
3.50≤d<3.70	26	23	19	16	13	23	20	18	15	15	12	10	7	6	6
3.70≤d<4.00	25	22	18	14	12	21	19	17	14	14	11	9	6	5	5
4.00≤d<4.20	23	21	17	13	11	20	18	16	13	13	9	7	6	4	4
4.20≤d<4.40	21	19	16	11	10	18	16	14	11	11	9	7	5	3	—
4.40≤d<4.60	20	18	14	10	—	17	15	12	9	—	7	6	5	3	—
4.60≤d<4.80	18	16	12	8	—	15	14	10	6	—	7	6	5	3	—
4.80≤d<5.20	16	14	11	7	—	13	12	9	5	—	7	6	5	2	—
5.20≤d<5.40	14	12	10	7	—	11	10	8	5	—	6	6	4	2	—
5.40≤d<5.60	12	10	8	—	—	9	8	6	—	—	5	4	3	—	—
5.60≤d<5.80	10	8	6	—	—	7	6	4	—	—	3	3	3	—	—
5.80≤d<6.00	8	6	6	—	—	5	4	4	—	—	3	3	3	—	—

注：试验钳口标距：100d。

表 5-230　重要用途钢丝最小弯曲次数

<table>
<tr><th rowspan="3">钢丝公称直径/mm</th><th rowspan="3">弯曲半径/mm</th><th colspan="4">光面和 B 级</th><th colspan="3">AB 级</th><th colspan="3">A 级</th></tr>
<tr><th colspan="10">公称抗拉强度级别/MPa</th></tr>
<tr><th>1570</th><th>1670
1770</th><th>1870
1960</th><th>2060
2160</th><th>1570</th><th>1670
1770</th><th>1870</th><th>1570</th><th>1670
1770</th><th>1870</th></tr>
<tr><td>0.50≤d<0.55</td><td rowspan="4">1.75</td><td>18</td><td>17</td><td>16</td><td>15</td><td>15</td><td>14</td><td>13</td><td>13</td><td>12</td><td>11</td></tr>
<tr><td>0.55≤d<0.60</td><td>16</td><td>15</td><td>14</td><td>13</td><td>14</td><td>13</td><td>12</td><td>12</td><td>11</td><td>10</td></tr>
<tr><td>0.60≤d<0.65</td><td>14</td><td>13</td><td>12</td><td>11</td><td>12</td><td>11</td><td>10</td><td>10</td><td>9</td><td>8</td></tr>
<tr><td>0.65≤d<0.70</td><td>12</td><td>12</td><td>11</td><td>10</td><td>11</td><td>10</td><td>9</td><td>9</td><td>8</td><td>7</td></tr>
<tr><td>0.70≤d<0.75</td><td rowspan="4">2.50</td><td>19</td><td>18</td><td>17</td><td>16</td><td>17</td><td>16</td><td>15</td><td>15</td><td>14</td><td>13</td></tr>
<tr><td>0.75≤d<0.80</td><td>18</td><td>17</td><td>16</td><td>14</td><td>16</td><td>15</td><td>14</td><td>14</td><td>13</td><td>12</td></tr>
<tr><td>0.80≤d<0.90</td><td>16</td><td>15</td><td>14</td><td>12</td><td>14</td><td>13</td><td>12</td><td>12</td><td>11</td><td>10</td></tr>
<tr><td>0.90≤d<1.00</td><td>14</td><td>13</td><td>12</td><td>10</td><td>13</td><td>12</td><td>11</td><td>11</td><td>10</td><td>9</td></tr>
<tr><td>1.00≤d<1.10</td><td rowspan="5">3.75</td><td>19</td><td>18</td><td>17</td><td>15</td><td>18</td><td>17</td><td>16</td><td>16</td><td>15</td><td>14</td></tr>
<tr><td>1.10≤d<1.20</td><td>17</td><td>16</td><td>15</td><td>14</td><td>16</td><td>15</td><td>14</td><td>14</td><td>13</td><td>12</td></tr>
<tr><td>1.20≤d<1.30</td><td>15</td><td>14</td><td>13</td><td>13</td><td>14</td><td>13</td><td>12</td><td>12</td><td>11</td><td>10</td></tr>
<tr><td>1.30≤d<1.40</td><td>14</td><td>13</td><td>12</td><td>11</td><td>13</td><td>12</td><td>11</td><td>11</td><td>10</td><td>9</td></tr>
<tr><td>1.40≤d<1.50</td><td>13</td><td>12</td><td>11</td><td>10</td><td>12</td><td>11</td><td>10</td><td>10</td><td>9</td><td>8</td></tr>
<tr><td>1.50≤d<1.60</td><td rowspan="5">5.00</td><td>16</td><td>15</td><td>14</td><td>13</td><td>15</td><td>14</td><td>13</td><td>13</td><td>12</td><td>11</td></tr>
<tr><td>1.60≤d<1.70</td><td>15</td><td>14</td><td>13</td><td>12</td><td>14</td><td>13</td><td>12</td><td>12</td><td>11</td><td>10</td></tr>
<tr><td>1.70≤d<1.80</td><td>14</td><td>13</td><td>12</td><td>11</td><td>13</td><td>12</td><td>11</td><td>11</td><td>10</td><td>9</td></tr>
<tr><td>1.80≤d<1.90</td><td>13</td><td>12</td><td>11</td><td>9</td><td>12</td><td>11</td><td>10</td><td>10</td><td>9</td><td>8</td></tr>
<tr><td>1.90≤d<2.00</td><td>12</td><td>11</td><td>10</td><td>8</td><td>11</td><td>10</td><td>9</td><td>9</td><td>8</td><td>7</td></tr>
<tr><td>2.00≤d<2.10</td><td rowspan="6">7.50</td><td>17</td><td>16</td><td>15</td><td>13</td><td>16</td><td>15</td><td>14</td><td>14</td><td>13</td><td>12</td></tr>
<tr><td>2.10≤d<2.20</td><td>16</td><td>15</td><td>14</td><td>12</td><td>15</td><td>14</td><td>13</td><td>13</td><td>12</td><td>11</td></tr>
<tr><td>2.20≤d<2.30</td><td>15</td><td>14</td><td>13</td><td>11</td><td>14</td><td>13</td><td>12</td><td>12</td><td>11</td><td>10</td></tr>
<tr><td>2.30≤d<2.40</td><td>15</td><td>14</td><td>13</td><td>11</td><td>14</td><td>13</td><td>12</td><td>12</td><td>11</td><td>10</td></tr>
<tr><td>2.40≤d<2.50</td><td>14</td><td>13</td><td>12</td><td>10</td><td>13</td><td>12</td><td>11</td><td>11</td><td>10</td><td>9</td></tr>
<tr><td>2.50≤d<2.60</td><td>13</td><td>12</td><td>11</td><td>9</td><td>12</td><td>11</td><td>10</td><td>10</td><td>9</td><td>8</td></tr>
</table>

续表

钢丝公称直径/mm	弯曲半径/mm	光面和B级				AB级			A级		
		公称抗拉强度级别/MPa									
		1570	1670 1770	1870 1960	2060 2160	1570	1670 1770	1870	1570	1670 1770	1870
2.60≤d<2.70	7.50	12	11	10	8	11	10	9	9	8	7
2.70≤d<2.80		12	11	10	8	11	10	9	9	8	7
2.80≤d<2.90		11	10	9	7	10	9	8	8	7	6
2.90≤d<3.00		11	10	9	7	10	9	8	8	7	6
3.00≤d<3.10	10.0	14	13	12	—	13	12	11	11	10	9
3.10≤d<3.20		14	13	12	—	13	12	11	11	10	9
3.20≤d<3.30		13	12	11	—	12	11	10	10	9	8
3.30≤d<3.40		13	12	11	—	12	11	10	10	9	8
3.40≤d<3.50		12	11	10	—	11	10	9	9	8	7
3.50≤d<3.60		11	10	9	—	10	9	8	9	8	7
3.60≤d<3.70		10	9	7	—	9	8	7	8	7	6
3.70≤d<3.80		9	8	7	—	8	7	6	8	7	6
3.80≤d<3.90		9	8	6	—	8	7	6	7	6	5
3.90≤d<4.00		8	7	6	—	7	6	6	7	6	5
4.00≤d<4.10	15.0	14	13	12	—	13	12	11	9	8	7
4.10≤d<4.20		13	12	11	—	12	11	10	8	7	6
4.20≤d<4.30		12	11	10	—	11	10	9	8	7	6
4.30≤d<4.40		12	11	10	—	11	10	9	8	7	6
4.40≤d<4.50		10	9	8	—	—	—	—	—	—	—
4.50≤d<4.60		8	7	6	—	—	—	—	—	—	—
4.60≤d<4.70		7	6	4	—	—	—	—	—	—	—
4.70≤d<4.80		6	5	—	—	—	—	—	—	—	—
4.80≤d<4.90		5	4	—	—	—	—	—	—	—	—
4.90≤d<5.00		4	3	—	—	—	—	—	—	—	—

表 5-231 一般用途钢丝最小弯曲次数

钢丝公称直径/mm	弯曲半径/mm	光面和B级					AB级				A级				
		公称抗拉强度/MPa													
		1180 1370	1470 1570	1670 1770	1870 1960	2060 2160	1180 1370	1470 1570	1670 1770	1870 1960	1180 1370	1470 1570	1670 1770	1870	1960
0.50≤d<0.55	1.75	17	16	15	14	13	15	14	13	12	13	12	11	10	10
0.55≤d<0.60		16	15	14	12	11	14	13	12	11	11	10	9	8	8
0.60≤d<0.65		14	13	12	11	10	12	11	10	9	9	8	7	6	6
0.65≤d<0.70		12	11	11	10	9	11	10	9	8	8	7	6	5	5
0.70≤d<0.75	2.50	18	17	16	15	14	17	16	15	14	14	13	12	11	11
0.75≤d<0.80		17	16	15	14	13	16	15	14	13	13	12	11	10	10
0.80≤d<0.85		15	14	13	12	11	14	13	12	11	12	10	10	9	9
0.85≤d<0.90		15	14	13	12	10	13	12	11	10	11	10	9	8	8
0.90≤d<0.95		13	12	11	10	9	12	11	10	9	10	9	8	7	7
0.95≤d<1.00		12	12	11	10	8	11	10	9	8	10	9	7	6	6
1.00≤d<1.10	3.75	18	17	16	15	14	18	17	16	15	16	14	14	12	12
1.10≤d<1.20		16	15	14	13	12	17	16	15	14	15	12	13	11	11
1.20≤d<1.30		14	13	12	11	10	16	15	14	13	13	10	11	9	9
1.30≤d<1.40		13	12	11	10	9	14	13	12	11	11	9	9	7	7
1.40≤d<1.50		12	11	10	9	8	12	11	10	9	9	8	7	6	6
1.50≤d<1.60	5.00	15	14	13	13	11	15	14	13	12	12	11	10	9	9
1.60≤d<1.70		14	13	12	12	10	14	13	12	11	11	10	9	8	8
1.70≤d<1.80		13	12	11	11	9	12	11	10	9	10	9	8	7	7
1.80≤d<1.90		12	11	10	10	8	11	10	9	8	9	8	7	6	6
1.90≤d<2.00		11	10	9	9	8	10	9	8	7	8	7	6	5	5

续表

钢丝公称直径/mm	弯曲半径/mm	光面和B级					AB级				A级				
		公称抗拉强度/MPa													
		1180 1370	1470 1570	1670 1770	1870 1960	2060 2160	1180 1370	1470 1570	1670 1770	1870 1960	1180 1370	1470 1570	1670 1770	1870	1960
2.00≤d<2.10	7.5	16	15	14	13	12	15	14	13	12	14	12	12	11	11
2.10≤d<2.20		15	14	13	12	11	14	13	12	11	13	11	11	10	10
2.20≤d<2.40		14	13	12	11	10	13	12	11	10	12	10	10	9	9
2.40≤d<2.50		13	12	11	10	9	12	11	10	9	11	10	9	8	8
2.50≤d<2.60		12	11	10	9	8	10	9	9	8	10	9	8	7	7
2.60≤d<2.80		11	10	9	8	7	10	9	8	7	9	9	7	6	6
2.80≤d<3.00		10	9	8	7	6	9	8	7	6	8	8	6	5	5
3.00≤d<3.10	10.0	13	12	11	10	9	13	12	11	10	11	11	9	8	8
3.10≤d<3.20		13	12	11	10	9	12	11	10	9	10	11	8	7	7
3.20≤d<3.40		12	11	10	9	8	11	10	9	8	9	10	7	6	6
3.40≤d<3.50		11	10	9	8	7	9	8	7	6	8	9	6	5	5
3.50≤d<3.70		9	8	8	7	6	8	7	6	5	7	9	5	4	4
3.70≤d<4.00		8	7	6	5	4	7	6	5	4	6	7	4	3	3
4.00≤d<4.20	15.0	13	12	11	10	9	12	11	10	9	10	9	7	6	6
4.20≤d<4.40		12	11	10	9	8	11	10	9	8	9	8	6	5	—
4.40≤d<4.60		10	9	8	7	—	9	8	7	6	6	5	5	4	—
4.60≤d<4.80		9	8	8	6	—	6	5	4	—	—	—	—	—	—
4.80≤d<5.00		8	7	7	5	—	5	4	4	—	—	—	—	—	—
5.0		7	6	6	4	—	4	3	3	—	—	—	—	—	—

⑥ 锌层质量　见表5-232。

表5-232　钢丝的最小锌层质量　g/m²

公称直径/mm	B级		AB级		A级	
	一般用途	重要用途	一般用途	重要用途	一般用途	重要用途
$0.08 \leqslant d < 0.15$	5	—	—	—	—	—
$0.15 \leqslant d < 0.25$	16	—	—	—	—	—
$0.25 \leqslant d < 0.40$	21	—	—	—	—	—
$0.40 \leqslant d < 0.50$	30	—	61	—	75	—
$0.50 \leqslant d < 0.60$	40	44	70	74	91	110
$0.60 \leqslant d < 0.70$	52	54	87	89	110	116
$0.70 \leqslant d < 0.80$	61	64	87	89	120	128
$0.80 \leqslant d < 1.00$	70	74	97	99	132	138
$1.00 \leqslant d < 1.20$	80	84	110	114	152	158
$1.20 \leqslant d < 1.50$	92	96	118	126	167	175
$1.50 \leqslant d < 1.90$	101	106	132	136	181	190
$1.90 \leqslant d < 2.50$	110	116	150	156	205	215
$2.50 \leqslant d < 3.20$	125	131	165	171	233	245
$3.20 \leqslant d < 4.00$	136	143	190	198	243	265
$4.00 \leqslant d < 4.40$	150	158	200	208	262	275
$4.40 \leqslant d < 5.20$	150	158	200	208	262	275
$5.20 \leqslant d < 6.00$	158	166	210	218	270	283

5.10 冶金用钢

5.10.1 钢铁冶炼工艺炉炉壳用钢板（YB/T 4281—2012）

用于制造高炉、热风炉的壳体（含高炉上升管、下降管、三通管或球节点、除尘器）及炼钢转炉、电炉壳体。

① 厚度　8～100mm（负偏差限定为0.25mm）。

② 牌号　表示方法：

Q	□□□	LK
"屈"字汉语拼音首字母	屈服强度/MPa	"炉壳"的汉语拼音首字母

牌号有Q245LK、Q275LK、Q325LK、Q345LK和Q390LK

五个。

③ 尺寸，外形、质量 应符合GB/T 709的规定。

④ 化学成分 应符合YB/T 4281—2012表1规定。

⑤ 交货状态 Q245LK钢板为热轧，其他均为正火。

⑥ 力学性能和工艺性能 见表5-233。

表5-233 钢板的力学性能和工艺性能

牌号	板厚 t /mm	拉伸试验①			夏比V形冲击试验③ 冲击吸收能量 KV_2/J		180°弯曲试验① a—板厚 d—弯芯直径
		上屈服强度② R_{eH}/MPa ≥	抗拉强度 R_m/MPa	断后伸长率 A /% ≥			
Q245LK	≤16	245	400～510	23	0℃	≥47	$d=2a$
	>16～40	235					
	>40	215					
Q275LK	≤16	275	470～570	21			
	>16～40	275					
	>40	275					
Q325LK	≤16	325	490～610	20			
	>16～40	315		20			
	>40	295		21			
Q345LK	≤16	345	470～630	21	−20℃	≥34	$d=2a$
	>16～40	335		21			$d=3a$
	>40～63	325		20			
	>63～80	315		20			
	>80	305		20			
Q390LK	≤16	390	490～650	20			$d=2a$
	>16～40	370		20			$d=3a$
	>40～63	350		19			
	>63～80	330		19			
	>80	330		19			

① 拉伸、弯曲试验取横向试样。

② 当屈服不明显时，可测量 $R_{p0.2}$ 代替上屈服强度。

③ 冲击试验取纵向试样。

5.10.2 耐火结构用钢板及钢带（GB/T 28415—2012）

用于建筑结构中所有要求耐火的构件。

① 牌号表示方法

Q	□	FR	□
“屈”字汉语拼音首字母	屈服强度值/MPa	英文“耐火”一词的缩写	质量等级

注：当要求钢板具有厚度方向性能时，则在上述规定的牌号后加上代表厚度方向（Z 向）性能级别的符号，如 Q420FRDZ25。

② 牌号　有 Q235FR、Q345FR、Q390FR、Q420FR 和 Q460 五种。化学成分除应符合 GB/T 28415—2012 表 1 规定外，还应符合 GB/T 5313 的规定。

③ 尺寸、外形、质量　应符合 GB/T 709 的规定。

④ 交货状态　见表 5-234。

表 5-234　耐火结构用钢板及钢带的交货状态

牌号	交货状态	牌号	交货状态
Q235FR	AR、CR、N、NR	Q390FR	TMCP、TMCP+T
	TMCP	Q420FR	AR、CR
Q345FR	AR、CR		N、NR
	N、NR		TMCP、TMCP+T
	TMCP、TMCP+T	Q460FR	N、Q+T
Q390FR	AR、CR		
	N、NR		TMCP、TMCP+T

注：AR—热轧；CR—控轧；N—正火；NR—正火轧制；Q+T—淬火+回火（调质）；TMCP—热机械轧制；TMCP+T—热机械轧制+回火。

⑤ 力学性能和工艺性能　见表 5-235、表 5-236。

表 5-235　钢板及钢带的室温力学性能及工艺性能

牌号	质量等级	拉伸试验[①②③]						V 形冲击试验[②]	
		以下厚度(mm)上屈服强度 R_{eH}/MPa			抗拉强度 R_m /MPa	断后伸长率 A%	屈强比 R_{eH}/R_m	试验温度/℃	吸收能量 KV_2/J
		≤16	>16～63	>63～100					
Q235FR	B C D E	≥235	235～355	225～345	≥400	≥23	≤0.80	20 0 20 40	≥34

续表

牌号	质量等级	拉伸试验①②③						V形冲击试验②	
		以下厚度(mm)上屈服强度 R_{eH}/MPa			抗拉强度 R_m /MPa	断后伸长率 A/%	屈强比 R_{eH} /R_m	试验温度/℃	吸收能量 KV_2/J
		≤16	>16～63	>63～100					
Q345FR	B C D E	≥345	345～465	235～455	≥490	≥22	≤0.83	20 0 20 40	≥34
Q390FR	C D E	≥390	390～510	380～500	≥490	≥20	≤0.85	0 20 40	≥34
Q420FR	C D E	≥420	420～550	410～540	≥520	≥19	≤0.85	0 20 40	≥34
Q460FR	C D E	≥460	460～600	450～590	≥550	≥17	≤0.85	0 20 40	≥34

① 当屈服不明显时，可测量 $R_{p0.2}$ 代替上屈服强度。
② 拉伸取横向试样，冲击试验取纵向试样。
③ 厚度不大于12mm的钢材，可不做屈强比。

表5-236　钢板及钢带的高温力学性能

牌号	600℃规定塑性延伸强度 $R_{p0.2}$/MPa		牌号	600℃规定塑性延伸强度 $R_{p0.2}$/MPa	
	厚度/mm			厚度/mm	
	≤63	>63～100		≤63	>63～100
Q235FR	157	150	Q420FR	280	273
Q345FR	230	223	Q460FR	307	300
Q390FR	260	253			

5.11　通信、家电和电力用钢

5.11.1　通信线用镀锌低碳钢丝（GB/T 346—1984）

用于电报、电话、有线广播及信号传递等传输线路。

① 分类　按锌层表面状态可分为经钝化处理（DH）和未经钝化处理，按锌层质量可分为Ⅰ组和Ⅱ组，按钢丝用铜的含铜量可分

为含铜钢（Cu）和普通钢。

② 材料 用GB701—2008《低碳钢热轧圆盘条》制造。

③ 直径 有1.2mm、1.5mm、2.0mm、2.5mm、3.0mm、4.0mm、5.0mm和6.0mm八种。

④ 含铜量 普通钢为Cu≤0.20%，含铜钢为Cu=0.2%～0.4%。

⑤ 力学性能和物理性能 见表5-237。

表5-237 通信用镀锌低碳钢丝的力学性能和物理性能

公称直径/mm	抗拉强度 R_m/MPa	断后伸长率 A_{200}/%	20℃时的电阻率/(Ω·mm²/m)≤	
			普通	含铜
1.2、1.5、2.0	355～540	≥12	0.132	0.146
2.5、3.0、4.0、5.0、6.0	355～490			

⑥ 捆重 见表5-238。

表5-238 通信用镀锌低碳钢丝的捆重

钢丝直径/mm	50kg标准捆			非标准捆	
	每捆钢丝根数 ≤		配捆单根钢丝质量/kg≥	单根钢丝质量/kg≥	
	正常捆	配捆		正常的	最低质量
1.2	1	4	2	10	3
1.5		3	3	10	5
2.0		3	5	20	8
2.5		2	5	20	10
3.0		2	10	25	12
4.0		2	10	40	15
5.0		2	15	50	20
6.0		2	15	50	20

⑦ 镀层 见表5-239。

表 5-239　锌层质量、均匀性（硫酸铜试验）和牢固性（缠绕试验）

<table>
<tr><th rowspan="3">钢丝直径/mm</th><th colspan="3">Ⅰ组</th><th colspan="3">Ⅱ组</th><th colspan="2">缠绕试验</th></tr>
<tr><th rowspan="2">锌层质量/(g/m²)≥</th><th colspan="2">浸入硫酸铜溶液次数≥</th><th rowspan="2">锌层质量/(g/m²)≥</th><th colspan="2">浸入硫酸铜溶液次数≥</th><th rowspan="2">芯轴直径为钢丝直径倍数</th><th rowspan="2">缠绕圈数</th></tr>
<tr><th>60s</th><th>30s</th><th>60s</th><th>30s</th></tr>
<tr><td>1.2</td><td>120</td><td>2</td><td>—</td><td>—</td><td>—</td><td>—</td><td rowspan="5">4</td><td rowspan="8">6</td></tr>
<tr><td>1.5</td><td>150</td><td>2</td><td>—</td><td>230</td><td>2</td><td>1</td></tr>
<tr><td>2.0</td><td>190</td><td>2</td><td>—</td><td>240</td><td>3</td><td>—</td></tr>
<tr><td>2.5</td><td>210</td><td>2</td><td>—</td><td>260</td><td>3</td><td>—</td></tr>
<tr><td>3.0</td><td>230</td><td>3</td><td>—</td><td>275</td><td>3</td><td>1</td></tr>
<tr><td>4.0</td><td>245</td><td>3</td><td>—</td><td>290</td><td>3</td><td>1</td><td rowspan="3">5</td></tr>
<tr><td>5.0</td><td>245</td><td>3</td><td>—</td><td>290</td><td>3</td><td>1</td></tr>
<tr><td>6.0</td><td>245</td><td>3</td><td>—</td><td>290</td><td>3</td><td>1</td></tr>
</table>

5.11.2　铠装电缆用热镀锌及锌铝合金镀层低碳钢丝（GB/T 3082—2020）

用于通信、自控或电力用的海底和地下电缆。

① 分类　按镀层类别分为纯镀锌层、锌-5%铝-混合稀土合金镀层和锌-10%铝-混合稀土合金镀层三种（合金中未注明时为纯镀锌层），按镀层级别和质量分为Ⅰ组和Ⅱ组。

② 原料　钢丝用盘条应符合 GB/T 701《低碳钢热轧圆盘条》的规定。

热镀用锌锭应符合 GB/T 470—1997 中的 Zn99.995、Zn99.99 的规定。

热镀用锌-5%铝或 10%铝-混合稀土合金锭的化学成分应符合 YS 310 的规定。

③ 标记

镀层类别　□　□　GB/T 3082—2020

镀层类别：铠装镀锌钢丝；铠装镀锌-5%铝-混合稀土合金镀层钢丝；铠装镀锌-10%铝-混合稀土合金镀层钢丝

□：镀层直径/mm

□：镀层类别Ⅰ、Ⅱ

GB/T 3082—2020：标准号

④ 力学性能　见表 5-240。

表 5-240　铠装电缆用低碳钢丝的力学性能

公称直径 /mm	抗拉强度 R_m/MPa	断后伸长率 % ≥	断后伸长率 标距 /mm	扭转 次/360° ≥	扭转 标距 /mm	缠绕(韧性试验) 芯棒直径与钢丝公称直径之比	缠绕(韧性试验) 缠绕圈数
>0.8～1.2	345～495	10	250	24	150	—	—
>1.2～1.6		10		22		1	8
>1.6～2.5		10		20			
>2.5～3.2		10		19			
>3.2～4.2		10		15			
>4.2～6.0		10		10			
>6.0～8.0		9		7			

⑤ 镀层质量及缠绕试验　见表 5-241。

表 5-241　钢丝镀层质量及缠绕试验

公称直径 /mm	Ⅰ组 镀层质量 /(g/mm²) ≥	Ⅰ组 缠绕试验 芯棒直径/钢丝直径	Ⅰ组 缠绕试验 缠绕圈数	Ⅱ组 镀层质量 /(g/mm²) ≥	Ⅱ组 缠绕试验 芯棒直径/钢丝直径	Ⅱ组 缠绕试验 缠绕圈数
0.9	112	2	6	150	2	6
1.2	150			200		
1.6	150	4		220	4	
2.0	190			240		
2.5	210			260		
3.2	240			275		
4.0	270	5		290	5	
5.0						
6.0				300		
7.0	280					
8.0						

5.11.3　光缆增强用碳素钢丝（GB/T 24202—2021）

是镀锌和磷化的圆形碳素钢丝，用于光纤光缆用加强件。

① 分类　公称抗拉强度（MPa）分为 1370、1570、1770、1960、2160、2350 和 2550 七个强度级。按表面状态分磷化和镀锌两类。镀锌钢丝依其镀锌质量又分 AB、C、E 三级。

② 标记

光缆用磷化钢丝　□-　□-　□-　GB/T 24202—2021

名　称　直径/mm　抗拉强度/MPa　镀锌质量代号　标准号

③ 原料　钢丝用盘条应符合 GB/T 4354 或 GB/T 24242.2 的规定，牌号由制造厂选择。

钢丝镀锌用锌锭应符合 GB/T 470—2008 的规定，锌锭的牌号为 Zn99.995 或 Zn99.99。

④ 力学性能　见表 5-242～表 5-244。

表 5-242　强度级及适用范围

强度级	公称抗拉强度/MPa	适用直径范围/mm	
		磷化、E级镀层、C级镀层	AB级镀层
1370	1370	0.50～3.00	0.50～2.50
1570	1570	0.50～3.00	0.50～2.50
1770	1770	0.35～3.00	0.50～2.10
1960	1960	0.35～2.50	0.80～1.90
2160	2160	0.35～2.10	0.80～1.60
2350	2350	0.35～1.90	—
2550	2550	0.35～1.60	—

表 5-243　光缆增强用碳素钢丝的最小扭转次数

钢丝公称直径 d/mm	试样标距（钳口距离）/mm	扭转次数 ≥						
		1370级	1570级	1770级	1960级	2160级	2350级	2550级
$0.50 \leqslant d < 1.00$	100d	33	30	28	25	23	20	18
$1.00 \leqslant d < 1.30$		31	29	26	23	21	18	16
$1.30 \leqslant d < 1.80$		30	28	25	22	20	17	15
$1.80 \leqslant d < 2.30$		28	26	24	21	19	16	—
$2.30 \leqslant d \leqslant 3.00$		26	24	22	19	—	—	—

表 5-244　反复弯曲次数

钢丝公称直径 d/mm	圆柱支座半径 r/mm	反复弯曲次数 ≥						
		1370 级	1570 级	1770 级	1960 级	2160 级	2350 级	2550 级
0.50≤d<0.55	1.75	18	16	15	14	12	11	9
0.55≤d<0.60		17	15	14	13	11	10	8
0.60≤d<0.65		15	13	12	11	9	8	6
0.65≤d<0.70		14	12	11	10	8	7	5
0.70≤d<0.75	2.50	18	16	15	14	12	11	9
0.75≤d<0.80		17	15	14	13	11	10	8
0.80≤d<0.85		16	14	13	12	10	9	7
0.85≤d<0.90		14	12	11	10	9	8	6
0.90≤d<0.95		13	11	10	9	8	7	5
0.95≤d<1.00		13	11	10	9	8	7	5
1.00≤d<1.10	3.75	18	16	15	14	12	11	9
1.10≤d<1.20		16	14	13	12	10	9	7
1.20≤d<1.30		15	13	12	11	9	8	6
1.30≤d<1.40		12	11	10	9	8	7	5
1.40≤d<1.50		11	10	9	8	7	7	5
1.50≤d<1.60	5.00	15	13	12	11	10	9	7
1.60≤d<1.70		14	12	11	10	9	8	6
1.70≤d<1.80		13	11	10	9	8	7	—
1.80≤d<1.90		12	10	9	8	7	6	—
1.90≤d<2.00		11	9	8	7	6	5	—
2.00≤d<2.10	7.50	17	14	13	12	11	—	—
2.10≤d<2.20		15	13	12	11	10	—	—
2.20≤d<2.30		14	12	11	10	—	—	—
2.30≤d<2.40		14	12	11	10	—	—	—
2.40≤d<2.50		13	11	10	9	—	—	—
2.50≤d<2.60		12	10	9	8	—	—	—
2.60≤d<2.70		11	9	8	—	—	—	—
2.70≤d<2.80		10	8	7	—	—	—	—
2.80≤d<2.90		10	8	7	—	—	—	—
2.90≤d≤3.00		10	8	7	—	—	—	—

⑤ 镀锌质量 见表5-245。

表5-245 镀锌质量

公称直径/mm	镀锌质量/(g/m²) ≥			公称直径/mm	镀锌质量/(g/m²) ≥		
	AB	C	E		AB	C	E
0.35≤d≤0.40	—	25	12	1.40<d≤1.60	130	70	30
0.40<d≤0.50	60	30	15	1.60<d≤1.80	130	70	30
0.50<d≤0.60	70	35	15	1.80<d≤2.00	155	80	30
0.60<d≤0.80	80	40	15	2.00<d≤2.20	155	80	40
0.80<d≤1.00	90	50	18	2.20<d≤2.50	155	80	40
1.00<d≤1.20	110	60	18	2.50<d≤2.80	165	90	45
1.20<d≤1.40	120	60	18	2.80<d≤3.00	165	90	45

5.11.4 光缆增强用碳素钢绞线（YB/T 098—2012）

用于增强芯、自承式光缆等类似用途光缆。

① 材料 符合GB/T 4354或其他相应标准。

② 牌号 由供方确定镀锌锌锭牌号为Zn99.995或Zn99.99。

③ 分类 按表面状态分为A类（普通锌层和磷化钢绞线）和B类（厚锌层钢绞线），按抗拉强度分为1370MPa、1470MPa、1570MPa、1670MPa和1770MPa五种。

④ 钢绞线结构 1×7，左捻（S）。

⑤ 标记方法

类别	1×7	□	□	□	S
A—A类 B—B类	结构	绞线直径/mm	抗拉强度/MPa	U—磷化 Zn—镀锌	左捻

⑥ 力学性能 见表5-246～表5-248。

表5-246 钢绞线用钢丝公称抗拉强度

	A类			B类
	钢丝公称直径 d/mm	钢丝公称抗拉强度/MPa ≥	强度波动范围/MPa	钢绞线用钢丝公称抗拉强度≥1370MPa
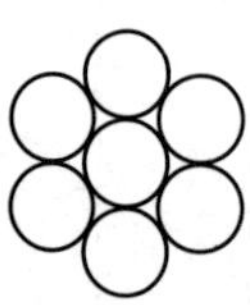	0.30<d<0.50	1770	390	
	0.50<d<1.00	1670	350	
	1.00<d<1.50	1570	320	
	1.50<d<2.00	1470	290	
	2.00<d<2.30	1370	260	

注：公称抗拉强度是钢丝抗拉强度的下限值，其上限值等于公称抗拉强度加上强度波动范围中相应的数值。

表 5-247　钢丝扭转次数

钢丝公称直径 d /mm	试样长度（钳口距离）/mm	最小扭转次数				
		公称抗拉强度/MPa　≥				
		1370	1470	1570	1670	1770
0.50<d<1.00	100d	—	—	30	29	28
1.00<d<1.50		—	30	29	28	—
1.50<d<2.00		30	29	28	—	—
2.00<d<2.30		29	28	—	—	—

表 5-248　钢丝反复弯曲次数

钢丝公称直径 d /mm	弯曲圆柱半径 /mm	最小反复弯曲次数≥				
		公称抗拉强度/MPa				
		1370	1470	1570	1670	1770
0.50	1.75	—	—	—	—	16
0.55					14	
0.60					12	
0.65					10	
0.70	2.50				15	
0.75					10	
0.80					14	
0.85					14	
0.90					13	
0.95					12	
1.00	3.75	—	—	18	—	—
1.05				18		
1.10				18		
1.15				17		
1.20				16		
1.25				15		
1.30				14		
1.35				13		
1.40	7.50	—	—	12	—	—
1.45				11		
1.50	5.00	—	16	—	—	—
1.55			16			
1.60			16			
1.65			15			
1.70			14			
1.75			13			
1.80			13			
1.85			12			
1.90			12			
1.95			11			
2.00	7.50	15	—	—	—	—
2.05		15				
2.10		14				
2.20		13				
2.30		12				

⑦ 综合要求　见表 5-249、表 5-250。

表 5-249 A 类钢绞线综合要求

钢绞线公称直径/mm	横截面积/mm^2	钢绞线最小破断拉力/kN		参考质量/(kg/100m)	钢绞线公称直径/mm	横截面积/mm^2	钢绞线最小破断拉力/kN			参考质量/(kg/100m)
		1670MPa	1770MPa				1370MPa	1470MPa	1570MPa	
0.90	0.49		0.80	0.40	2.70	4.45	6.84			3.60
1.00	0.60		0.98	0.49	2.80	4.76	7.32			3.85
1.10	0.75		1.22	0.61	2.90	5.17	7.95			4.18
1.20	0.88		1.43	0.71	3.00	5.50			7.99	4.45
1.30	1.02		1.66	0.83	3.30	6.65			9.60	5.38
1.40	1.21		1.97	0.98	3.60	7.92			11.44	6.40
1.50	1.37	2.10		1.11	3.90	9.29			13.57	7.51
1.60	1.54	2.37		1.25	4.20	10.78		16.73	15.57	8.72
1.70	1.79	2.75		1.45	4.50	12.37		19.02		10.00
1.80	1.98	3.04		1.60	4.80	14.07		21.49		11.38
1.90	2.18	3.35		1.76	5.10	15.89		24.09		12.85
2.00	2.47	3.79		2.00	5.40	17.87		25.81		14.40
2.10	2.69	4.13		2.18	5.70	19.85				16.05
2.20	2.93	4.50		2.37	6.00	21.99	27.72			17.78
2.30	3.26	5.00		2.64	6.20	23.33	29.40			18.86
2.40	3.52	5.41		2.85	6.30	24.25	30.56			19.61
2.50	3.79	5.81		3.06	6.60	26.61	33.54			21.52
2.60	4.16	6.39		3.36	6.90	29.08	36.65			23.51

表 5-250 B 类钢绞线综合要求和锌层质量

钢丝公称直径 d/mm	钢绞线最小破断拉力/kN	断后伸长率 A (标距 610mm)/%	钢绞线参考质量/(kg/1000m)	锌层质量/(g/m^2)
1.04	8.14	≥4	48	122
1.32	13.08		76	122
1.57	17.75		109	153
1.65	21.39		119	153
1.83	24.02		146	153
2.03	29.58		180	183
2.36	39.81		244	214

注：钢绞线参考质量中钢丝的密度按 7.85g/cm^3 计算。

5.11.5　防振锤用钢绞线内镀锌钢丝（YB/T 4165—2018）

用于制造输电线路中防振锤。推荐采用 1×19 钢绞线断面结构。

① 分类

a. 按钢丝抗拉强度分为普通强度（P）、高强度（G）和特高强度（T）三个级别。

b. 按镀层类别分为锌镀层、锌-5％铝-混合稀土合金镀层和锌-10％铝-混合稀土合金镀层。

c. 按钢绞线内钢丝镀层质量分为 A、AB、C 三个级别。

② 原料　钢绞线钢丝应用符合 YB/T 170.2、GB 4354 规定的盘条制造。

钢丝镀锌用锌锭应符合 GB470 规定，最小含锌量为 Zn99.99。

锌-5％铝-混合稀土合金锭和锌-10％铝-混合稀土合金锭，应分别符合 YB/T 4165—2018 表 4 和表 5 的规定。

③ 材质　镀锌。

④ 标记

□ 　　□-

镀层类别：Zn5Al—锌-5％铝-混合稀土合金；Zn10Al—锌-10％铝-混合稀土合金（锌镀层不标）

结构（推荐采用 1×19 钢绞线）

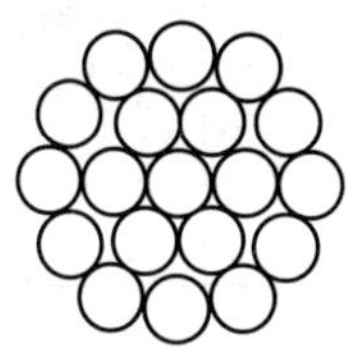

□- 　□- 　□- 　YB/T 4165—2018

直径/mm

镀层：A—A 级；AB—AB 级；C—C 级

强度类别：P—普通；G—高强度；T—特高强度

标准号

⑤ 力学性能　见表 5-251、表 5-252。

表 5-251　防振锤用钢绞线内钢丝的尺寸及性能

钢丝公称直径 d/mm	抗拉强度/MPa	扭转次数 (L=100d)≥	钢丝公称直径 d/mm	抗拉强度/MPa	扭转次数 (L=100d)≥
1.50	普通 1470 高　1570 特高 1670	20	2.30	普通 1470 高　1570 特高 1670	19
1.60		20	2.60		18
1.80		20	2.90		18
2.00		20	3.00		17
2.20		19	3.20		17

注：钢丝强度上偏差不超过200MPa。中心钢丝直径应加粗，其直径偏差为公称直径的4%～10%，强度、扭转指标按0.97系数校正修约成整数后考核。

表 5-252　1×19 结构防振锤用钢绞线破断拉力总和

结构	钢丝公称直径/mm	钢绞线公称直径/mm	钢绞线断面积/mm^2	破断拉力总和/kN ≥			参考质量/(kg/km)
				普通强度	高强度	特高强度	
1×19	1.50	7.5	33.58	51.04	52.72	56.08	267.3
	1.60	8.0	38.20	58.07	59.97	63.79	304.0
	1.80	9.0	48.35	73.49	75.91	80.74	384.9
	2.00	10.0	59.69	90.73	93.71	99.68	475.1
	2.20	11.0	72.22	109.78	113.39	120.61	574.9
	2.30	11.5	78.94	119.99	123.94	131.83	628.4
	2.60	13.0	100.88	153.33	158.38	168.47	803.0
	2.90	14.5	125.50	190.76	197.03	209.58	999.0
	3.00	15.0	134.30	204.14	210.85	224.28	1069.1
	3.20	16.0	152.81	232.27	239.91	255.19	1216.4
	3.50	17.5	182.80	277.86	287.00	350.28	1455.1

5.11.6　镍铬基精密电阻合金丝（YB/T 5260—2013）

用于制作各种仪器、仪表等精密电阻元件及其他特殊用途元件的镍铬基精密电阻合金丝。

① 分类　合金丝按表面状态分为光丝和漆包丝。

② 牌号　有6J22、6J23、6J24。化学成分应符合YB/T 5260—2013表2规定。

③ 规格和质量　见表5-253。

表 5-253　直径和每轴丝质量

公称直径 /mm	每轴丝质量 /g ≥	公称直径 /mm	每轴丝质量 /g ≥	公称直径 /mm	每轴丝质量 /g ≥
0.010	0.2	0.040	30	0.140	120
0.011	0.3	0.045	50	(0.150)	250
0.012	0.5	0.050		0.160	
0.014	1.0	0.056		0.180	
0.016	2.0	(0.060)		0.200	
0.018	5.0	0.063		0.220	500
0.020	6.0	0.070	80	0.250	
0.022	8.0	0.080		0.280	
0.025	12	0.090		(0.300)	
0.028	20	0.100		0.320	
0.032	25	0.112	120	0.350	
0.035	30	0.125		0.400	

④ 力学性能　见表 5-254。

表 5-254　合金丝断后伸长率和破断拉力

公称直径 /mm	断后伸长率 (L_0=100mm) /%≥	破断拉力 /N≥	公称直径 /mm	断后伸长率 (L_0=100mm) /%≥	破断拉力 /N≥
0.010～0.012	4	0.059	0.040～0.050	10	0.981
0.013～0.016	5	0.098	0.056～0.063		1.765
0.018～0.020		0.157	0.071～0.080		2.74
0.022～0.025	7	0.245	0.090～0.100		4.903
0.028～0.030		0.441	0.112～0.400	18	6.374
0.032～0.036		0.637			

⑤ 电性能　见表 5-255。

表 5-255　公称每米电阻值及其允许偏差

公称直径 /mm	公称电阻值 /(Ω/m)	每米电阻值允许偏差/%	漆膜最小厚度/mm	漆包丝最大外径/mm	漆膜击穿电压/V≥
0.010	16900	±15	—	—	—
0.011	14000				
0.012	11800				
0.014	8640				
0.016	6610		0.004	0.028	200
0.018	5230		0.005	0.030	

续表

公称直径/mm	公称电阻值/(Ω/m)	每米电阻值允许偏差/%	漆膜最小厚度/mm	漆包丝最大外径/mm	漆膜击穿电压/V≥
0.020	4230	±12	0.006	0.036	200
0.022	3500			0.038	250
0.025	2710			0.042	250
0.028	2160			0.045	300
(0.030)	1880	±10	0.006	0.048	350
0.032	1650			0.050	
0.036	1310		0.007	0.054	
0.040	1060			0.060	
0.045	836		0.008	0.066	
0.050	677			0.072	
0.055	540	±8	0.009	0.078	500
(0.060)	470			0.085	
0.063	427			0.089	
0.070	346		0.010	0.096	
0.080	265		0.011	0.108	
0.090	209		0.012	0.120	
0.100	169	±6	0.012	0.132	600
0.110	140		0.012	0.144	
0.125	118		0.014	0.156	
0.140	86.4		0.015	0.179	
(0.150)	75.3		0.016	0.191	
0.160	66.2		0.017	0.202	
0.180	52.3		0.018	0.225	
0.200	42.3		0.019	0.248	
0.220	35.0	±5	0.021	0.271	600
0.250	27.1		0.022	0.310	
0.280	21.6		0.024	0.338	
(0.300)	18.9		0.025	0.358	
0.320	16.5		0.026	0.381	
0.350	13.8		—	—	—
0.400	10.6				

5.11.7 电工用铝包钢线（GB/T 17937—2009）

用于铝绞线的加强芯及所有铝包钢绞线，具有良好的信号传输性能，又具有较高的抗拉强度和耐腐蚀性。

① 纯度 包层用铝的纯度最小为99.5%。

② 等级、公称密度和电导率 见表5-256。

表5-256 电工用铝包钢线的公称密度（20℃）

等级	公称密度/(g/cm³)	电导率/%ICAS	等级	公称密度/(g/cm³)	电导率/%ICAS
LB14	7.14	14	LB27	5.91	27
LB20[①]	6.59	20.3	LB30	5.61	30
LB20[②]	6.53		LB35	5.15	35
LB23	6.27	23	LB40	4.64	40

① A型。

② B型。

注：ICAS—国际退火钢标准。

③ 物理常数 见表5-257。

表5-257 电工用铝包钢线的物理常数

等级	实测最终弹性模量/GPa	线胀系数/10^{-6}℃$^{-1}$	定质量电阻温度系数/℃$^{-1}$	等级	实测最终弹性模量/GPa	线胀系数/10^{-6}℃$^{-1}$	定质量电阻温度系数/℃$^{-1}$
LB14	170	12.0	0.0034	LB27	140	13.4	0.0036
LB20[①]	162	13.0	0.0036	LB30	132	13.8	0.0038
LB20[②]	155	12.6	0.0036	LB35	122	14.5	0.0039
LB23	149	12.9	0.0036	LB40	109	15.5	0.0040

① A型。

② B型。

④ 最小铝层厚度 见表5-258。

表5-258 电工用铝包钢线的最小铝层厚度

等级	最小铝层厚度/钢线公称半径/%	等级	最小铝层厚度/钢线公称半径/%
LB14	5	LB27	14
LB20[①]	8	LB30	15
LB20[②]	10	LB35	20
LB23	11	LB40	25

① 公称直径150mm以下。

② 公称直径150mm及以上。

⑤ 电气性能 见表5-259。

表 5-259 电工用铝包钢线的抗拉强度和电阻率（绞合前）

等级	型式	公称直径 d/mm	抗拉强度 R_m/MPa ≥	1%伸长时的应力/MPa ≥	20℃时的电阻率/nΩ·m ≤
LB14	—	$2.25<d\leqslant 3.00$	1590	1410	123.15（对应14% IACS电导率）
		$3.00<d\leqslant 3.50$	1550	1380	
		$3.50<d\leqslant 4.75$	1520	1340	
		$4.75<d\leqslant 5.50$	1500	1270	
LB20	A	$1.24<d\leqslant 3.25$	1340	1200	84.80（对应20.3% IACS电导率）
		$3.25<d\leqslant 3.45$	1310	1180	
		$3.45<d\leqslant 3.65$	1270	1140	
		$3.65<d\leqslant 3.95$	1250	1100	
		$3.95<d\leqslant 4.10$	1210	1100	
		$4.10<d\leqslant 4.40$	1180	1070	
		$4.40<d\leqslant 4.60$	1140	1030	
		$4.60<d\leqslant 4.75$	1100	1000	
		$4.75<d\leqslant 5.50$	1070	1000	
	B	$1.24<d\leqslant 5.50$	1320	1100	
LB23	—	$2.50<d\leqslant 5.00$	1220	980	74.96（对应23%IACS电导率）
LB27	—	$2.50<d\leqslant 5.00$	1080	800	63.86（对应27%IACS电导率）
LB30	—	$2.50<d\leqslant 5.00$	880	650	57.47（对应30%IACS电导率）
LB35	—	$2.50<d\leqslant 5.00$	810	590	49.26（对应35%IACS电导率）
LB40	—	$2.50<d\leqslant 5.00$	680	500	43.10（对应40%IACS电导率）

5.11.8 铝包钢丝（YB/T 123—2017）

用作输电线路中的铝包钢绞线、铝包钢芯铝绞线、光纤复合架空地线、铁路载流承力索等。

① 原料 钢丝用盘条应符合 GB/T 4354 的规定（钢号由制造厂选择），包覆用铝杆的纯度应不小于 99.5%，其性能应符合 GB/T 3954 中的规定。

② 牌号 标记方法：

L	B	G	□□	□□	□□
铝	包覆	芯线为钢丝	公称直径/mm	抗拉强度/MPa	电导率/%IACS

③ 力学性能和电气性能 见表 5-260、表 5-261。

表 5-260　铝包钢丝的力学性能和电气性能

电导率组别	公称直径 D/mm	抗拉强度 R_m/MPa ≥	1%伸长时应力 R_t/MPa	断后伸长率 A（或断裂总延伸率，L_0=250mm）/%	扭转次数（L=100D）N/(次/360°)	20℃时电阻率（最大值）ρ/nΩ·m
14AC	2.25＜d≤3.00	1590	1410	断后≥1.0（或断裂时≥1.5）	≥20	123.15
	3.00＜d≤3.50	1550	1380			
	3.50＜d≤4.75	1520	1340			
	4.75＜d≤5.50	1500	1270			
20AC	1.24＜d≤3.25	1340	1200			84.80
	3.25＜d≤3.45	1310	1180			
	3.45＜d≤3.65	1270	1140			
	3.65＜d≤3.95	1250	1100			
	3.95＜d≤4.10	1210	1100			
	4.10＜d≤4.40	1180	1070			
	4.40＜d≤4.60	1140	1030			
	4.60＜d≤4.75	1100	1000			
	4.75＜d≤5.50	1070	1000			
23AC	2.50＜d≤5.00	1220	—			74.96
27AC	2.50＜d≤5.00	1080	—			63.86
30AC	2.50＜d≤5.00	880	—			57.47
33AC	2.50＜d≤5.00	850	—			52.24
35AC	2.50＜d≤5.00	810	—			49.26
40AC	2.50＜d≤5.00	680	—			43.10

表 5-261　铝包钢丝的铝层厚度

电导率组别	铝层厚度/mm	
	最小值（铝包钢丝公称半径 R）同心度偏差 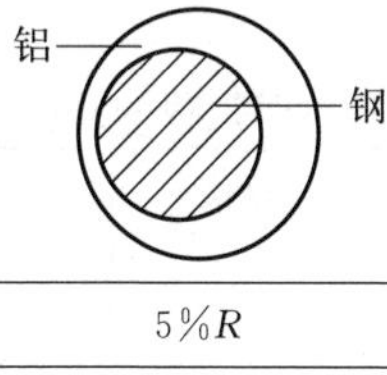	平均值（铝包钢丝公称半径 R）同心厚度 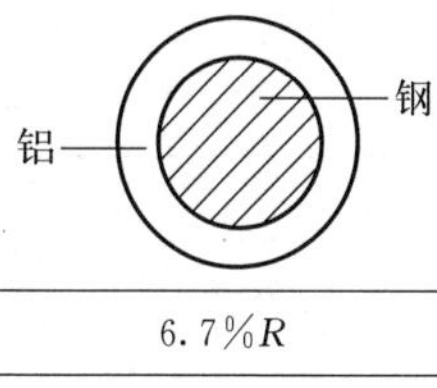
14AC	5%R	6.7%R
20AC	公称直径 D＜1.80mm，8%R 公称直径 D≥1.80mm，10%R	13.4%R

续表

电导率组别	铝层厚度/mm	
	最小值(铝包钢丝公称半径 *R*) 同心度偏差 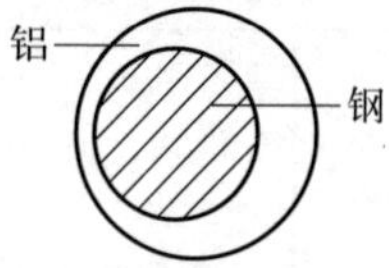	平均值(铝包钢丝公称半径 *R*) 同心厚度 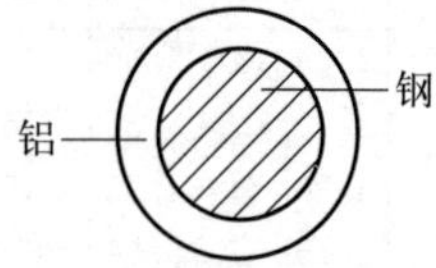
23AC	11%*R*	16.3%*R*
27AC	14%*R*	20.5%*R*
30AC	15%*R*	24.5%*R*
33AC	17%*R*	29.2%*R*
35AC	20%*R*	30.7%*R*
40AC	25%*R*	38.4%*R*

5.11.9 家电用热轧硅钢薄钢板（YB/T 5287—1999）

用于电扇、洗衣机、吸尘器、脱排油烟机等家用电器和微分电机。

① 分类　按钢板的不平度规定分为：甲级品（每米不大于5mm）、乙级品（每米不大于10mm）和丙级品（每米不大于17mm）三种。

② 牌号表示方法

JDR	□□□	□□
"家""电""热" 汉语拼音首字母	铁损值 P15/50 的100倍	厚度值(mm) 的100倍

③ 规格　见表5-262。

表5-262　热轧硅钢薄钢板的规格　mm

厚度	宽度	长度	厚度	宽度	长度
0.5	600	1200	0.5	860	1720
	670	1340		900	1800
	750	1500		1000	2000
	810	1620			

④ 工艺性能　见表 5-263。

表 5-263　家用电器用热轧硅钢薄钢板的电磁和工艺性能

牌号	检验条件	最小磁感应强度/T			最大铁损/(W/kg)	
		B25	B50	B100	P10/50	P15/50
JDR58050	强磁场	1.55	1.65	1.76	2.50	5.80
JDR54050		1.53	1.63	1.74	2.30	5.40
JDR52550		1.52	1.62	1.74	2.20	5.25
JDR51050		1.54	1.64	1.76	2.10	5.10

注：1. 叠装系数应不小于 95%。如供方能保证，则可以不作检验。

2. 最低弯曲次数不小于 10 次。

⑤ 交货状态　热轧硅钢薄钢板一般不经过酸洗。

5.11.10　家电用冷轧钢板和钢带（GB/T 30068—2013）

用于家电制造。

① 分类　见表 5-264。

表 5-264　家电用冷轧钢板和钢带的分类

按用途	按表面结构	按不平度精度
JD1—结构用、JD2——般用 JD3—冲压用、JD4—深冲用	B—光亮 D—麻面	PF. B—较高精度 PF. C—高精度

按表面质量	按涂油种类	
FB—较高级精整 FC—高级精整 FD—超高级精整	GL—普通防锈油轻涂油 GM—普通防锈油中涂油 GH—普通防锈油重涂油 LM—高级润滑防锈油中涂油	LH—高级润滑防锈油中涂油 CL—易清洗防锈油轻涂油 UO—不涂油

② 牌号和用途　见表 5-265。

牌号：由“JD”（“家电”汉语拼音首字母）和数字 1、2、3、4 组成。

表 5-265　家电用冷轧钢板和钢带的牌号和用途

牌号	用途	用途举例
JD1	结构用	冰箱侧板、冰柜面板、空调器侧板等
JD2	一般用	冰箱面板、背板，洗衣机背板、控制器等
JD3	冲压用	微波炉等小家电、空调器面板等
JD4	深冲压用	深冲压件等

③ 力学性能　见表 5-266。

表 5-266　家电用冷轧钢板和钢带的力学性能

牌号	拉伸试验				硬度(参考)	
	R_{eL} /MPa	R_m /MPa≥	断后伸长率/%		HR30T ≥	HV ≥
			A_{50} (b=25mm)	A_{80} (b=20mm)		
JD1	260～360	340	30	26	50	93
JD2	200～300	300	32	30	45	86
JD3	150～240	270	35	33	40	81
JD4	120～190	260	38	36	30	77

④ 交货状态　退火后平整，通常双面涂油。

5.11.11　铠装电缆用钢带（YB/T 024—2021）

用于铠装电缆。

① 分类　按表面状态分有热镀锌钢带（R）、电镀锌钢带（D）两种。

② 规格　见表 5-267。

表 5-267　铠装电缆用钢带规格　　mm

公称厚度	公称宽度									
	15	20	25	30	35	40	45	50	55	60
0.20	√	√	√	√						
0.30		√	√	√	√					
0.50			√	√	√		√			
0.80										√

注：标记“√”处为钢带推荐的标准宽度。

③ 标记

Q□□□-	□	□	□	YB/T 024—2021
钢号	厚度/mm	宽度/mm	电镀各类和锌层质量/(g/m^2)	标准号

④ 材料　采用碳素结构钢制造，牌号和化学成分应符合 GB/T 711 和 GB/T 3274 标准的规定。

⑤ 力学性能　见表 5-268。

表 5-268　铠装电缆用钢带的力学性能

钢带公称厚度 /mm	抗拉强度 R_m /MPa	断后伸长率 A/%	
		A_{50}	A_{80}
0.20	295～430	≥17	—
>0.20～0.30	295～410	≥20	—
>0.30	295～410	—	≥20

5.11.12　碳素结构钢电线套管（YB/T 5305—2020）

用于电气、电信、电力工程等领域做电线电缆套管。

① 分类　钢管按管端加工状态分为平端电线套管、带螺纹钢管和承插口钢管。按状态分为焊接钢管、热浸镀锌钢管、涂覆钢管。

② 尺寸　公称外径 D 和公称壁厚 t 应符合 GB/T 21835 的规定，其中公称壁厚应不小于 1.5mm。通常长度：3000～12000mm。

③ 牌号和化学成分　应分别符合 GB/T 700 中牌号 Q195、Q215A、Q215B、Q235A、Q235B 的规定。

④ 交货状态　焊接。

⑤ 力学性能　根据需方要求，经双方协商，并在合同中注明。

⑥ 镀锌层　见表 5-269。

表 5-269　镀锌层的质量系数

公称壁厚/mm	2.0	2.2	2.3	2.5	2.8	2.9
镀锌层 200g/m²	1.025	1.023	1.022	1.020	1.018	1.018
镀锌层 300g/m²	1.038	1.035	1.033	1.031	1.027	1.026
镀锌层 500g/m²	1.064	1.058	1.055	1.051	1.045	1.044
公称壁厚/mm	3.0	3.2	3.5	3.6	3.8	4.0
镀锌层 200g/m²	1.017	1.016	1.015	1.014	1.013	1.013
镀锌层 300g/m²	1.025	1.024	1.022	1.021	1.020	1.019
镀锌层 500g/m²	1.042	1.040	1.036	1.035	1.034	1.032
公称壁厚/mm	4.5	5.0	5.4	5.5	5.6	6.0
镀锌层 200g/m²	1.011	1.010	1.009	1.009	1.009	1.008
镀锌层 300g/m²	1.017	1.015	1.014	1.014	1.014	1.013
镀锌层 500g/m²	1.028	1.025	1.024	1.023	1.023	1.021

续表

公称壁厚/mm	6.3	7.0	7.1	8.0	8.8	10
镀锌层 200g/m^2	1.008	1.007	1.007	1.006	1.006	1.005
镀锌层 300g/m^2	1.012	1.011	1.011	1.010	1.009	1.008
镀锌层 500g/m^2	1.020	1.018	1.018	1.016	1.014	1.013
公称壁厚/mm	11	12.5	14.2	16	17.5	20
镀锌层 200g/m^2	1.005	1.004	1.004	1.003	1.003	1.003
镀锌层 300g/m^2	1.007	1.006	1.005	1.005	1.004	1.004
镀锌层 500g/m^2	1.012	1.010	1.009	1.008	1.007	1.006

5.12 轻工用钢

5.12.1 包装用钢带（GB/T 25820—2018）

用于金属材料、玻璃、轻工产品、物流运输等包装捆扎。

① 牌号　由最低抗拉强度值（MPa）加后缀“KD”（“捆带”的汉语拼音首字母）组成。

② 分类

a. 按强度分，有普通捆带 830KD、880KD，高强捆带 930KD、980KD，超高强捆带 1150KD、1250KD、1350KD。

b. 按表面状态分，有发蓝（成品表面为氧化膜和蜡保护层）、涂漆（成品表面为漆和蜡保护层）、镀锌（成品表面为锌或锌合金和蜡保护层）。

c. 按缠绕方式分，有单式缠绕和复式缠绕两种。

③ 厚度与宽度　见表 5-270。

表 5-270　捆带的公称宽度和公称厚度　mm

公称厚度	公称宽度			公称厚度	公称宽度			
	12.7	16	19		19	25.4	31.75	40
0.4	√	√		0.8	√	√	√	
0.5	√	√	√	0.9	√	√	√	√
0.6	√	√	√	1.0	√	√	√	√
0.7			√	1.2			√	√

注：“√”表示生产供应的规格。

④ 拉伸性能　见表 5-271。

表 5-271　捆带的拉伸性能和弯曲试验的最少次数

牌号	抗拉强度 R_m /MPa≥	断后伸长率 A_{30}/%		牌号	抗拉强度 R_m /MPa ≥	断后伸长率 A_{30}/%	
		公称厚度 /mm	≤			公称厚度 /mm	≤
830KD	830	0.4～0.6	2	930KD	930	0.7	4
		0.7	4			0.8～1.2	10
		0.8～1.2	10	980KD	980	0.7	9
880KD	880	0.4～0.6	2			0.8～1.2	12
		0.7	4	1150KD①	1150	0.7～1.2	8
		0.8～1.2	10	1250KD①	1250	0.7～1.2	6
930KD	930	0.4～0.6	2	1350KD①	1350	0.7～1.2	6

① 断后伸长率采用比例试样，比例系数 $k=5.65$。

5.12.2　棉花打包用镀锌钢丝（GB/T 21530—2008）

用于棉花打包时捆扎。

① 分类　按镀锌方式分有热镀锌（A）和电镀锌（B）两种。

② 公称直径　2.50mm、2.80mm、3.20mm、3.40mm *、3.75mm * 和 4.00mm（* 优先选用）。

③ 捆重　50kg。A 类根数不大于 2 根，B 类根数为 1 根。

④ 缠绕性能　用直径为钢丝直径 5 倍的试棒，将钢丝缠绕 20 圈后，锌层不应有裂纹、脱落现象。

⑤ 牌号标记方法

镀锌方式	Z	类别	□
R—热镀锌 D—电镀锌	镀层为锌	A—热镀 B—电镀	钢丝公称直径 /mm

⑥ 力学性能　见表 5-272。

表 5-272　棉花打包用镀锌钢丝的力学性能

类别	抗拉强度 /MPa	断后伸长率 (L_0=100mm)/%	反复弯曲次数 /(次/180°) ≥
A	400～510	≥15	15
B	1400～1650	≥4	8

⑦ 镀锌层　见表5-273。

表5-273　镀锌钢丝锌层单位面积的质量　g/m^2

公称直径/mm	2.50	2.80	3.20	3.40	3.75	4.00
热镀锌	55	65	80	85	85	90
电镀锌	25	25	25	25	25	30

5.12.3　棉花打包用镀锌钢丝（YB/T 5033—2001）

用于棉花（也适用于化纤、亚麻等）打包时捆扎。

① 分类　按镀锌方式，分为热镀锌（HZ）和电镀锌（EZ）；按材料含碳量、按抗拉强度，分为A级（低强度）和B级（高强度）。

② 直径　2.50mm、2.80mm、3.00mm、3.20mm、3.40mm、3.80mm、4.00mm、4.50mm。

③ 材质　符合GB/T 701、GB/T 4354和YB/T 170.2中的牌号。

镀锌用锌锭应符合GB/T 470中的0～1号锌。

④ 镀层　热镀锌或电镀锌。

⑤ 捆径与质量　见表5-274。

表5-274　棉花打包用镀锌钢丝的质量

公称直径/mm	标准捆		非标准捆	
	每捆质量/kg	每捆根数 ≤	单根质量/kg ≥	最低质量/kg
2.50、2.80、3.00、3.20	50	2	5	25
3.40、3.80、4.00、4.50			10	50

注：打包钢丝捆的内径为450～700mm。

⑥ 力学性能　见表5-275。

表5-275　棉花打包用钢丝的力学性能

钢丝公称直径/mm	A级			B级		
	抗拉强度/MPa	断后伸长率(L_0=100mm)/%	反复弯曲/(次/180°)	抗拉强度/MPa	断后伸长率(L_0=250mm)/%	反复弯曲/(次/180°)
2.50	400～500	≥15	≥14	≥1400	≥4.0	≥8
2.80				—	—	—

续表

<table>
<tr><th rowspan="2">钢丝公称直径/mm</th><th colspan="3">A 级</th><th colspan="3">B 级</th></tr>
<tr><th>抗拉强度/MPa</th><th>断后伸长率(L_0=100mm)/%</th><th>反复弯曲/(次/180°)</th><th>抗拉强度/MPa</th><th>断后伸长率(L_0=250mm)/%</th><th>反复弯曲/(次/180°)</th></tr>
<tr><td>3.20
3.40
3.80</td><td>—</td><td>—</td><td>—</td><td rowspan="2">≥1400</td><td rowspan="2">≥4.0</td><td rowspan="2">≥8</td></tr>
<tr><td>4.00</td><td rowspan="2">400～500</td><td rowspan="2">≥15</td><td rowspan="2">≥14</td></tr>
<tr><td>4.50</td><td>—</td><td>—</td><td>—</td></tr>
</table>

5.12.4 编织用铝包钢丝（YB/T 4682—2018）

用于编织勾花网、双纹合六边形网。

① 分级　按最小铝层厚度与钢丝公称半径的百分比，分为 A（10%）、B（14%）二级。

② 标记

BLB	□	□	YB/T 4682—2018
编织用铝包钢丝代号	公称直径	级别(A、B)	标准号

③ 规格　盘条应符合 GB/T 701 或 GB/T 24242.2 的规定，铝杆应符合 GB/T 3954 的规定。

④ 力学性能

a. 断后伸长率：标距为 200mm 时，不小于 1%。

b. 抗拉强度：见表 5-276。

表 5-276　钢丝抗拉强度

勾花圈用铝包钢丝		双绞合六边形圈用铬色钢丝	
公称直径 d/mm	抗拉强度 R_m/MPa	公称直径 d/mm	抗拉强度 R_m/MPa
$d \leqslant 2.8$	600～750	$d \leqslant 2.4$	550～700
$d > 2.8$	540～690	$2.4 < d \leqslant 3.5$	500～650
		$d > 3.5$	450～600

c. 扭转性能：在 100 倍铝包钢丝公称直径的长度上，铝包钢丝应经受不少于 20 次的扭转而不断裂；试样扭转断裂后，不应出

现任何裂纹、凹坑、裂缝等表面缺陷，目测铝层不应从钢丝上脱离。

d. 缠绕性能：在4倍直径的铝包钢丝上密绕8圈，镀层表面不得有起层或开裂现象。

⑤ 抗中性盐雾性能　1000h后铝包钢丝表面不得出现红锈，且质量损失不能高于50g/m^2。

5.12.5　自行车链条用冷轧钢带（YB/T 5064—2016）

用于制造各种型号自行车链条内、外片。

① 材质　普通碳素钢、低合金钢。

② 分类　按钢带厚度精度分有普通厚度精度（PT.A）和较高厚度精度（PT.B），按边缘状态分有切边钢带（EC）和不切边钢带（EM），按交货状态分有冷硬状态（Y）和退火状态（T），按镰刀弯精度分有普通精度（PC.A）和较高精度（PC.B）。

③ 尺寸　厚度为0.90～1.30mm。

长度：切头尾钢带或不切头尾钢带的有效长度均应不小于10m。钢带的卷内径应不小于250mm。

④ 牌号　S17C、S35C、S40C、S45C和S17CMn。其标记方法：

YB/T 5064—2016	□	□	□	□
标准号	材料 牌号	厚度精度等级 PT.A—普通 PT.B—较高	边缘状态 EC—切边 EM—不切边	交货状态 Y—冷硬状态 T—退火状态

化学成分应符合YB/T 5064—2016表6的规定。

⑤ 交货状态　冷轧退火状态或冷硬状态。

⑥ 力学性能　见表5-277。

5.12.6　缝纫机针和植绒针用钢丝（YB/T 5187—2004）

用于制造家用缝纫机针（T9A）、工业缝纫机针（GCr15）和无纺业用植绒针。

① 直径　1.42～3.00mm。

表 5-277　钢带的力学性能

牌号	退火状态			冷硬状态	
	抗拉强度/MPa　≥	断后伸长率/%　≥	硬度(HRB)	抗拉强度/MPa　≥	硬度(HRB)≥
S17C	375	26	45～75	700	
S35C	410	18	55～85	800	
S40C	430	17	58～90	800	85
S45C	450	15	62～92	850	
S17CMn	470	20	63～95	850	

注：拉伸取横向试样。

② 化学成分　应符合 YB/T 5187—2004 表 2 的规定。工业缝纫机针用 GCr15 钢制造，家用缝纫机针及植绒针用 T9A 钢制造。

③ 盘重　不得小于 20kg。

④ 交货状态　退火或冷拉。

⑤ 抗拉强度　见表 5-278。

表 5-278　钢丝交货状态的抗拉强度

交货状态	抗拉强度/MPa	交货状态	抗拉强度/MPa
退火	540～685	冷拉	≤880

5.12.7　搪瓷用热轧钢板和钢带（GB/T 25832—2019）

用于生产轻工、家电、冶金、建筑、化工设备、水处理工业等行业的搪瓷制品。

① 牌号

a. 超低碳钢：TCDS（TC 是英文“搪瓷”的首字母，DS 是英文“冲压”钢的首字母）。

b. 其他钢种：牌号由代表屈服强度的字母、规定下限屈服强度最小值和分类代号（省略时为 B 级）按顺序组成。

Q	□□□	GT	□
代表屈服强度的“屈”字汉语拼音首位字母	屈服强度的下屈服强度的下限值/MPa	搪瓷用钢类别 1—日用 2—化工设备用 3—环保设备用	化工设备用质量等级(B、C、D)

② 分类、代号及用途

a. 按用途分，见表5-279。

表5-279　牌号的分类、代号及用途

分类	分类代号	牌号	质量等级	表面状态	用途
日用搪瓷钢（日搪）	RT	Q130RT	—	热轧表面 热轧酸洗表面	厨具、卫具、建筑面板、电烤箱、炉具等
		Q210RT Q245RT Q300RT Q330RT Q360RT			热水器内胆等
化工设备用搪瓷钢（工搪）	GT	Q245GT Q295GT Q345GT	B C D	热轧表面	化工容器换热器及塔类设备等
环保设备用搪瓷钢（环搪）	HT	Q260HT Q310HT Q345HT Q410HT Q480HT	—	热轧表面	拼装型储罐、环保行业罐体、环保水处理工程、自来水工程等

b. 按表面状态，分为热轧表面和热轧酸洗表面（适用于热连轧钢板和钢带）。

c. 按表面质量级别，分为普通级表面（FA）和较高级表面（FB）。

③ 尺寸、外形、质量　应符合GB/T 709的规定。

④ 钢的牌号及化学成分　应符合GB/T 25832—2019表2、表3或表4的规定。

⑤ 交货状态　热轧或正火。

⑥ 力学性能　见表5-280～表5-282。

表5-280　日用搪瓷钢的力学性能

牌号	拉伸试验		
	下屈服强度 R_{eL} /MPa	抗拉强度 R_m /MPa	断后伸长率 A_{50} /%　≥
Q130RT	130～240	270～380	33

续表

牌号	拉伸试验		
	下屈服强度 R_{eL} /MPa	抗拉强度 R_m /MPa	断后伸长率 A_{50} /% ≥
Q210RT	≥210	300～420	28
Q245RT	≥245	340～460	26
Q300RT	≥300	370～490	24
Q330RT	≥330	400～520	22
Q360RT	≥360	440～560	22

表 5-281　化工设备用搪瓷钢的力学性能及工艺性能

牌号		拉伸试验			180°弯曲试验		冲击试验	
钢级	质量等级	下屈服强度 R_{eL}/MPa ≥	抗拉强度 R_m/MPa	断后伸长率 A/% ≥	以下厚度的弯曲压头直径		试验温度 /℃	吸收能量 KV_2/J ≥
					<16mm	≥16mm		
Q245GT	B	245	400～520	26	1.5*a*	2*a*	20	31
	C						0	
	D						−20	
Q295GT	B	295	460～580	24	2*a*	3*a*	20	34
	C						0	
	D						−20	
Q345GT	B	345	510～630	22	2*a*	3*a*	20	34
	C						0	
	D						−20	

注：*a* 为试样厚度。

表 5-282　环保设备用搪瓷钢的力学性能及工艺性能

牌号	拉伸试验			180°弯曲试验	
				以下厚度的弯曲压头直径	
	下屈服强度 R_{eL} /MPa≥	抗拉强度 R_m /MPa≥	断后伸长率 *A* /%≥	<16mm	≥16mm
Q260HT	260	300	19	1.5*a*	2*a*
Q310HT	310	350	19	2*a*	3*a*
Q345HT	345	400	18	2*a*	3*a*
Q410HT	410	490	16	2*a*	3*a*
Q480HT	480	560	15	2*a*	3*a*

注：*a* 为试样厚度。

5.12.8 搪瓷用冷轧低碳钢板及钢带（GB/T 13790—2008）

用于生产日用或工业搪瓷等。

① 尺寸 厚度为0.30～3.0mm，宽度不小于600mm。

② 分类

a. 按冲压成型级别分为一般用（DC01EK）、冲压用（DC03EK）和特深冲压用（DC05EK）。

b. 按表面质量分为较高级精整表面（FB）和高级精整表面（FC）。

c. 按表面结构分为麻面（D）和粗糙表面（R）。

d. 按加工用途分为普通用途搪瓷（EK，采用一层或多层湿粉以及干粉搪瓷加工工艺）和直接面釉搪瓷（对搪瓷钢板有特殊的预处理要求）。

③ 牌号 标记方法：

D	C	□□	□
冷成型用	冷轧	冲压成型级别	搪瓷加工类型代号

④ 化学成分 应符合GB/T 13790—2008表4规定。

⑤ 交货状态 退火后平整。

⑥ 力学性能 见表5-283。

表5-283 搪瓷用冷轧低碳钢板及钢带的力学性能

牌号	下屈服强度 R_{eL}/MPa	抗拉强度 R_m/MPa	断后伸长率 A_{80}/%	塑性应变比 $r_{90}\geqslant$	应变硬化指数 $n_{90}\geqslant$
DC01EK	280	270～410	30	—	—
DC03EK	240	270～370	34	1.3	—
DC05EK	200	270～350	38	1.6	0.18

5.12.9 乐器用钢丝（YB/T 5218—2017）

用于制造钢琴弦及其他乐器弦，也可用于制造照相机和其他精密仪器仪表的弹簧。

① 直径 0.07～3.00mm。

② 分类 按表面状态分为光面钢丝（U）和镀层钢丝（C）。

③ 牌号　C82D2、C86D2、C88D2、C92D2（GB/T 24242.4）。

④ 化学成分　应符合 YB/T 5218—2017 表 3 的规定。

⑤ 标记

□	□	□	YB/T 5218—2017
牌号	钢丝直径/mm	表面状态 U—光面钢丝，C—镀层钢丝	标准号

⑥ 镀层最小质量　见表 5-284。

表 5-284　锌或锌铝合金镀层的最小质量

公称直径 d/mm	镀层质量/(g/m²)	公称直径 d/mm	镀层质量/(g/m²)
0.200≤d<0.250	20	1.000≤d<1.200	60
0.250≤d<0.400	25	1.200≤d<1.400	65
0.400≤d<0.500	30	1.400≤d<1.650	70
0.500≤d<0.600	35	1.650≤d<1.850	75
0.600≤d<0.700	40	1.850≤d<2.150	80
0.700≤d<0.800	45	2.150≤d<2.500	85
0.800≤d<0.900	50	2.500≤d<2.800	95
0.900≤d<1.000	55	2.800≤d≤3.000	100

⑦ 力学性能　见表 5-285、表 5-286。

表 5-285　乐器用钢丝的抗拉强度

钢丝公称直径 d/mm	抗拉强度/MPa	钢丝公称直径 d/mm	抗拉强度/MPa
0.070≤d<0.100	3140～3430	1.000≤d<1.200	2355～2550
0.100≤d<0.150	2940～3285	1.200≤d<1.400	2255～2450
0.150≤d<0.200	2845～3090	1.400≤d<1.600	2205～2405
0.200≤d<0.300	2745～2940	1.600≤d<1.800	2155～2355
0.300≤d<0.400	2650～2845	1.800≤d<2.000	2110～2305
0.400≤d<0.500	2600～2795	2.000≤d<2.250	2060～2205
0.500≤d<0.600	2550～2745	2.250≤d<2.500	2010～2155
0.600≤d<0.700	2500～2695	2.500≤d<2.750	1960～2110
0.700≤d<0.800	2450～2650	2.750≤d≤3.000	1910～2060
0.800≤d<1.000	2405～2600	—	—

表 5-286　乐器用钢丝的反复弯曲试验和最小扭转次数

钢丝公称直径 d/mm	弯曲		扭转
	弯曲钳口半径/mm	反复弯曲次数 ≥	最小扭转次数 ≥
$2.200 \leqslant d < 2.300$	5.0	5	40
$2.300 \leqslant d < 2.500$	7.5	9	30
$2.500 \leqslant d < 2.800$	7.5	7	20
$2.800 \leqslant d < 2.900$	7.5	6	18
$2.900 \leqslant d \leqslant 3.000$	10	9	16

5.12.10　伞骨钢丝（YB/T 097—2021）

用于生产伞的骨架（不适用于断面非圆形的伞用钢丝）。

① 原料　符合 GB/T 4354 或 GB/T 24242.2 或其他符合相应标准要求的盘条。

② 分类　按抗拉强度分为 A、B、C 三级。

③ 标记

YB/T 097　　□　　□

标准号　　公称直径　　抗拉强度级别

④ 公称直径和力学性能　见表 5-287。

表 5-287　伞骨钢丝的力学性能

<table>
<tr><th rowspan="2">公称直径 d/mm</th><th colspan="3">抗拉强度/MPa</th><th rowspan="2">扭转次数(标距 L=100d) ≥</th><th rowspan="2">弯曲试验</th></tr>
<tr><th>A级</th><th>B级</th><th>C级</th></tr>
<tr><td>0.80</td><td>1520～1770</td><td>1770～2010</td><td>2010～2300</td><td rowspan="8">20</td><td rowspan="11">—</td></tr>
<tr><td>0.90</td><td>1520～1770</td><td>1770～2010</td><td>2010～2260</td></tr>
<tr><td>1.00</td><td>1470～1720</td><td>1720～1960</td><td>1960～2210</td></tr>
<tr><td>1.20</td><td>1420～1670</td><td>1670～1910</td><td>1910～2160</td></tr>
<tr><td>1.40</td><td>1370～1620</td><td>1620～1860</td><td>1860～2110</td></tr>
<tr><td>1.60</td><td>1320～1570</td><td>1570～1810</td><td>1810～2060</td></tr>
<tr><td>1.80</td><td>1270～1520</td><td>1520～1770</td><td>1770～2010</td></tr>
<tr><td>2.00</td><td>1270～1470</td><td>1470～1720</td><td>1720～1960</td></tr>
<tr><td>2.30</td><td>1230～1420</td><td>1420～1670</td><td>1670～1910</td><td rowspan="5">16</td></tr>
<tr><td>2.60</td><td>1230～1420</td><td>1420～1670</td><td>1670～1910</td></tr>
<tr><td>2.90</td><td>1180～1370</td><td>1370～1620</td><td>1620～1860</td></tr>
<tr><td>3.20</td><td>1180～1370</td><td>1370～1570</td><td>1570～1810</td><td rowspan="5">钢丝绕自身直径两倍芯棒弯180°成U形时，不应有任何目视可见的裂纹痕迹</td></tr>
<tr><td>3.50</td><td>1180～1370</td><td>1370～1570</td><td>1570～1770</td></tr>
<tr><td>4.00</td><td>1180～1370</td><td>1370～1570</td><td>1570～1770</td><td rowspan="3">14</td></tr>
<tr><td>4.50</td><td>1130～1320</td><td>1320～1520</td><td>1520～1720</td></tr>
<tr><td>5.00</td><td>1130～1320</td><td>1320～1520</td><td>1520～1720</td></tr>
</table>

⑤ 交货状态　冷拉圆钢丝。

⑥ 钢丝盘重　通常为 40～120kg。

第6章 工模具钢

6.1 工模具钢概述

GB/T 1299—2014 中，已经将原先的模具钢和碳素工具钢、合金工具钢和原部分高速工具钢组成一大类，称为工模具钢，它可以是热轧钢、锻制钢、冷拉钢、银亮条钢或机加工钢材。

① 分类　工模具钢按用途分成 8 小类，按使用加工方法分成 2 类，按化学成分分成 4 类，按形状分成 3 种（表 6-1）。

表 6-1　工模具钢的分类

分类方法	工模具钢种类
按用途	刃具模具用非合金钢、量具刃具用钢、耐冲击工具用钢、轧辊用钢、冷作模具用钢、热作模具用钢、塑料模具用钢和特殊用途模具用钢
按使用加工方法	①压力加工用钢：热压力加工用钢（UP）、冷压力加工用钢（UCP） ②切削加工用钢（UC）
按化学成分	非合金工具钢（牌号头带“T”）、合金工具钢、非合金模具钢（牌号头带“SM”）和合金模具钢
按形状	热轧圆钢和方钢、热轧扁钢

② 尺寸　见表 6-2～表 6-4。

表 6-2　工模具钢的尺寸

类　别	尺寸及其允许偏差	通常长度
热轧圆钢和方钢	应符合 GB/T 702—2008 的规定	2～7m
锻制圆钢和方钢	应符合 GB/T 908—2008 的规定	>1m
热轧扁钢	见表 6-3 和表 6-4	—
锻制扁钢	宽度 40～300mm 者应符合 GB/T 908—2008；宽度大于 300～1500mm 者，截面积≤1.2m^2；宽：厚≤6：1	>1m
热轧盘条	应符合 GB/T 14981 的规定	—

续表

类 别	尺寸及其允许偏差	通常长度
冷拉钢棒	应符合 GB/T 905—1994 的规定	—
银亮钢棒	应符合 GB/T 3207—2008 规定	—
机加工钢材	直径、边长或宽度、厚度：≤200～>400mm 均可	—

表 6-3 公称宽度至 310mm 热轧扁钢的尺寸 mm

公称宽度	公称厚度	公称宽度	公称厚度	公称宽度	公称厚度
≤10	≥4～6	>30～50	>14～25	>160～200	>60～100
>10～18	>6～10	>50～80	>25～30	>200～250	—
>18～20	>10～14	>80～160	>30～60	>250～310	—

注：通常长度 2～6m。

表 6-4 公称宽度>310～850mm 热轧扁钢的尺寸 mm

公称宽度	1组		2组	3组
	公称宽度			
	310～455	455～850	300～850	510～850
6～90	√	√	√	协议
>90～200	√	√	√	√

注："√"表示可供货。通常长度 1～6m。

6.2 碳素工具钢

碳素工具钢在 GB/T 1299—2014 中称作刃具模具用非合金钢。

① 牌号 刃具模具用非合金钢分优质钢和高级优质钢，牌号包括 T7、T8、T8Mn、T9、T10、T11、T12 和 T13 以及上述各种高级优质钢（牌号后面加 A，它们含杂质和非金属夹杂物少，适于制造重要的、要求较高的工具）。

牌号通常由四部分组成：

T	第二部分	第三部分（必要时）	第四部分（必要时）
碳素工具钢代号	阿拉伯数字表示平均碳含量（‰）	较高含锰量碳素工具钢加 Mn	钢材材质 A—高级优质碳素工具钢，优质钢不标

牌号 T8MnA 表示示例

第一部分	第二部分	第三部分	第四部分
T	C:0.80～0.90	Mn:0.40%～0.60%	A—高级优质钢

② 硬度 见表6-5。

表6-5 交货状态的硬度值和试棒的淬火硬度值

牌号	退火交货状态的钢材硬度(HBW)≤	试样淬火硬度参数		
		淬火温度/℃	冷却剂	HRC≥
T7	187	800～820	水	62
T8	187	780～800		
T8Mn	187	780～800		
T9	192	760～780		
T10	197	760～780		
T11	207	760～780		
T12	207	760～780		
T13	217	760～780		

注：合金工具钢材退火后冷拉交货的布氏硬度应不大于241HBW。

③ 热处理 见表6-6。

表6-6 刃具模具用非合金钢的性能

牌号	含碳量/%	退火态(HBS)≤	淬火温度/℃	冷却剂	HRC≥
T7、T7A	0.65～0.74	187	800～820	水	62
T8、T8A	0.75～0.84	187	780～800		62
T8Mn、T8MnA	0.80～0.90	187	780～800		62
T9、T9A	0.85～0.94	192	760～780		62
T10、T10A	0.95～1.04	197	760～780		62
T11、T11A	1.05～1.14	207	760～780		62
T12、T12A	1.15～1.24	207	760～800		62
T13、T13A	1.25～1.35	217	760～800		62

④ 特性和用途 随着碳的质量分数增加，硬度和耐磨性提高，而韧性下降，见表6-7。

表6-7 刃具模具用非合金钢的主要特点和用途（GB/T 1299—2014）

牌号	组织	主要特点	主要用途
T7	亚共析钢	具有较好的塑性、韧性和强度，以及一定的硬度，能承受震动和冲击负荷，但切削性能差	用于制造承受冲击负荷不大，且要求具有适当硬度和耐磨性、较好韧性的工具

续表

牌号	组织	主要特点	主要用途
T8	共析钢	淬透性、韧性均优于T10钢，耐磨性也较高，但淬火加热容易过热，变形也大，塑性和强度比较低，大、中截面模具易残存网状碳化物	用于制作小型拉拔、拉伸、挤压模具
T8Mn	共析钢	具有较高的淬透性和硬度，但塑性和强度较低	用于制造断面较大的木工工具、手锯锯条、刻印工具、铆钉冲模、煤矿用凿等
T9	过共析钢	具有较高的强度，但塑性和强度较低	用于制造要求较高硬度，且具有一定韧性的各种工具，如刻印工具、铆钉冲模、冲头、木工工具、凿岩工具等
T10	过共析钢	性能较好的非合金工具钢，耐磨性也较高，淬火时过热敏感性小，经适当热处理可得到较高强度和一定韧性	用于制作要求耐磨性较高而受冲击载荷较小的模具
T11	过共析钢	具有较好的综合力学性能(如硬度、耐磨性和韧性等)，在加热时对晶粒长大和形成碳化物网的敏感性小	用于制造在工作时切削刃口不变热的工具，如锯、丝锥、锉刀、刮刀、扩孔钻、板牙、尺寸不大和断面无急剧变化的冷冲模及木工刀具等
T12	过共析钢	由于含碳量高，淬火后仍有较多的过剩碳化物，所以硬度和耐磨性高，但韧性低，且淬火变形大。不适于制造切削速度高和受冲击负荷的工具	用于制造不受冲击负荷、切削速度不高，切削刃口不变热的工具，如车刀、铣刀、钻头、丝锥、锉刀、刮刀、扩孔钻、板牙、及断面尺寸小的冷切边模和冲孔模等
T13	过共析钢	由于含碳量高，淬火后有更多的过剩碳化物，所以硬度更高，但韧性更差，又由于碳化物数量增加且分布不均匀，故力学性能较差，不适于制造切削速度较高和受冲击负荷的工具	用于制造不受冲击负荷，但要求极高硬度的金属切制工具，如剃刀、刮刀、拉丝工具、锉刀刻纹用工具，以及坚硬岩石加工用工具和雕刻用工具等；不适于制造切削速度较高和受冲击负荷的工具

6.3 合金工具钢

6.3.1 量具刃具用钢（GB/T 1299—2014）

量具刃具钢用于制造形状复杂、变形小、耐磨性高、低速切削的刀具，如钻头、螺纹工具、板牙、丝锥、铰刀、搓丝板、滚丝轮、齿轮铣刀、及机用冲模、打印模等模具，还用于制造冷轧辊、校正辊和细长零件等。

① 牌号　通常由两部分组成：

第一部分	第二部分
平均碳含量<1.00%时，采用一位数字表示碳含量（以千分之几计）。平均碳含量≥1.00%时，不标明含碳量数字	合金元素含量，以化学元素符号及阿拉伯数字表示，表示方法同合金结构钢第二部分。低铬（平均铬含量<1%）合金工具钢，在铬含量（以千分之几计）前加数字“0”

牌号 9SiCr 表示示例

第一部分	第二部分（合金元素含量）
C：0.85%～0.95%	Si：1.20%～1.60%；Cr：0.95%～1.25%

② 硬度　见表 6-8。

表 6-8　量具刃具用钢交货状态的硬度值和试样的淬火硬度值

牌号	退火交货状态的钢材硬度（HBW）	试样淬火硬度		
		淬火温度/℃	冷却剂	HRC≥
9SiCr	197～241①	820～860	油	62
8MnSi	<229	800～820	油	60
Cr06	187～241	780～810	水	64
Cr2	179～229	830～860	油	62
9Cr2	179～217	820～850	油	62
W	187～229	800～830	水	62

① 根据需方要求，并在合同中注明，制造螺纹刃具用钢为 187～229HBW。

③ 特点和用途　见表 6-9。

表 6-9 量具刃具用钢的主要特点和用途（GB/T 1299—2014）

牌号	主要特点	主要用途
9SiCr	具有比铬钢更高的淬透性和淬硬性，且回火稳定性好。ϕ45～50mm的工件在油中可以淬透，耐磨性高。热处理变形小，但脱碳倾向较大。加工性差	适宜制造形状复杂、变形小、耐磨性高的低速切削刃具，如钻头、螺纹工具、手动铰刀、搓丝板及滚丝轮等；也可以制作冷作模具（如冲模、打印模等）、冷轧辊、矫正辊以及细长杆件
8MnSi	在T8钢基础上同时加入Si、Mn，具有较高的回火稳定性、较高的淬透性和耐磨性，热处理变形也较非合金工具钢小	适宜制造木工工具（凿子、锯条等）、冷冲模及冲头、热压锻模、拔丝模；也可制造冷加工用的模具
Cr06	在非合金工具钢基础上添加一定量的Cr，淬透性和耐磨性较非合金工具钢高，冷加工塑性变形和切削加工性能较好	适宜制造木工工具，也可制造简单的冷加工模具，如冲孔模、冷压模、刮刀、刻刀、锉刀等
Cr2	在T10的基础上添加一定的Cr，淬透性提高，硬度、耐磨性也比非合金工具钢高，接触疲劳强度也高，淬火变形小	适宜制造车刀、插刀、铣刀、铰刀和量具、样板，木工工具、冷冲模及冲头，也可用于制作中小尺寸冷作模具
9Cr2	与Cr2钢性能基本相似，但韧性好于Cr2钢	适宜制造木工工具、冷轧辊、冷冲模及冲头、钢印冲孔模等
W	在非合金工具钢基础上添加W，热处理后具有更高的硬度和耐磨性，且过热敏感性小，热处理变形小，回火稳定性好	适宜制造小型麻花钻头，也可用于制造丝锥、锉刀、板牙，以及温度不高、切削速度不快的工具

6.3.2 耐冲击工具用钢（GB/T 1299—2014）

可承受较大冲击性动载荷，如制作冲击钻、电动冲击扳手等。

① 牌号 编制方法同合金工具钢。

② 硬度 见表 6-10。

表 6-10 耐冲击工具用钢交货状态的硬度值和试样的淬火硬度值

牌号	退火交货状态的钢材硬度(HBW)	试样淬火参数		
		淬火温度/℃	冷却剂	HRC≥
4CrW2Si	179～217	860～900	油	53

续表

牌号	退火交货状态的钢材硬度(HBW)	试样淬火参数		
		淬火温度/℃	冷却剂	HRC≥
5CrW2Si	207～255	860～900	油	55
6CrW2Si	229～285	860～900	油	57
6CrMnSi2Mo1①	≤229	②		58
5Cr3MnSiMo1V①	≤235	③		56
6CrW2SiV	≤2255	870～910	油	58

① 试样在盐浴中保持时间为 5min，在炉控气氛中保持时间为 5～15min。

② 667±15℃预热，885℃（盐浴）或 900℃（炉控气氛）±6℃加热，保温（指试样达到加热温度后保持的时间，下同）5～15min 油冷，58～204℃回火。

③ 667±15℃预热，941℃（盐浴）或 955℃（炉控气氛）±6℃加热，保温 5～15min 油冷，56～204℃回火。

③ 特点和用途　见表 6-11。

表 6-11　耐冲击工具用钢的主要特点和用途（GB/T 1299—2014）

牌号	主要特点	主要用途
4CrW2Si	在铬硅钢的基础上添加一定量的钨，具有一定的淬透性和高温强度	适宜制造高冲击载荷下操作的工具，如风动工具、冲裁切边复合模、冲模、冷切用的剪刀等冲剪工具，以及部分小型热作模具
5CrW2Si		适宜制造冷剪金属的刀片、铲搓丝板的铲刀、冷冲裁和切边的凹模，以及长期工作的木工工具
6CrW2Si	在铬硅钢的基础上添加一定量的钨，淬火硬度较高，有一定的高温强度	适宜制造承受冲击载荷而要求耐磨性高的工具，如风动工具、凿子和模具，冷剪机刀片，冲裁切边用凹模，空气锤用工具等
6CrMnSi2Mo1	具有较高的淬透性和耐磨性、回火稳定性，钢种淬火温度较低，模具使用过程很少发生崩刃和断裂	适宜制造在高冲击载荷下操作的工具、冲模、冷冲裁切边用凹模等
5Cr3MnSiMo1V	淬透性较好，有较高的强度和回火稳定性，综合性能良好	适宜制造在较高温度、高冲击载荷下工作的工具、冲模，也可用于制造锤锻模具

续表

牌号	主要特点	主要用途
6CrW2SiV	具有良好的耐冲击和耐磨损性能，同时具有良好的抗疲劳性能和高的尺寸稳定性	适宜制作刀片、冷成型工具和精密冲裁模以及热冲孔工具等

6.3.3 轧辊用钢（GB/T 1299—2014）

轧辊是轧钢机上的重要零件，利用其滚动时产生的压力来轧碾钢材，承受轧制时的动静载荷、磨损，要能耐高温。

① 牌号 编制方法同合金工具钢。

② 热处理和硬度 见表6-12。

表6-12 轧辊用钢交货状态的硬度值和试样的淬火硬度值

牌号	退火交货状态的钢材硬度(HBW)	试样淬火参数		
		淬火温度/℃	冷却剂	HRC≥
9Cr2V	＜229	830～900	空气	64
9Cr2Mo	＜229	830～900		
9Cr2MoV	＜229	880～900		
8Cr3NiMoV	＜269	900～920		
9Cr5NiMoV	＜269	930～950		

③ 特点和用途 见表6-13。

表6-13 轧辊用钢的主要特点和用途（GB/T 1299—2014）

牌号	主要特点	主要用途
9Cr2V	2%Cr系列，高碳含量保证轧辊有高硬度；加铬，可增加钢的淬透性；加钒，可提高钢的耐磨性和细化钢的晶粒	适宜制作冷轧工作辊、支承辊等
9Cr2Mo	2%Cr系列，高碳含量保证轧辊有高硬度；加铬、钼可增加钢的淬透性和耐磨性。该类钢锻造性能良好，控制较低的终锻温度与合适的变形量可细化晶粒，消除沿晶界分布的网状碳化物，并使其均匀分布	适宜制作冷轧工作辊、支承辊和矫正辊
9Cr2MoV	2%Cr系列，但综合性能优于9Cr2系列钢。若采用电渣重熔工艺生产，其辊坯的性能更优良	适宜制造冷轧工作辊、支承辊和矫正辊

续表

牌号	主要特点	主要用途
8Cr3NiMoV	3%Cr系列，经淬火及冷处理后的淬硬层深度可达30mm左右	用于制作冷轧工作辊，使用寿命高于含2%铬钢
9Cr5NiMoV	淬透性高，其成品轧辊单边的淬硬层可达35～40mm(≥85HSD)，耐磨性好	适宜制造要求淬透层深、轧制条件恶劣、抗事故性高的冷轧辊

6.3.4 高速工具钢（GB/T 9943—2008）

主要用于制造高效率的切削刀具。由于其具有红硬性高、耐磨性好、强度高等特性，也用于制造性能要求高的模具、轧辊、高温轴承和高温弹簧等。

① 分类 按化学成分可分为钨系和钨钼系两大类；按性能可分为低合金高速工具钢（HSS-L）、普通高速工具钢（HSS）和高性能高速工具钢（HSS-E）三个基本系列。

② 牌号 表示方法与合金结构钢相同，但其头部一般不标明表示碳含量的阿拉伯数字。为了区别牌号，在牌号头部可以加“C”表示高碳高速工具钢，见表6-14。

表6-14 高速工具钢的牌号表示示例

牌号示例	第一部分（采用字母）/%	第二部分（合金元素含量）/%
W6Mo5Cr4V2	C:0.80～0.90	W:5.50～6.75;Mo:4.50～5.50 Cr:3.80～4.40;V:1.75～2.20
CW6Mo5Cr4V2	C:0.86～0.94	W:5.90～6.70;Mo:4.70～5.20 Cr:3.80～4.50;V:1.75～2.10

③ 热处理 见表6-15。

表6-15 常用高速工具钢的热处理规范

牌号	退火温度/℃	淬火温度/℃	回火温度/℃	回火硬度(HRC)
W18Cr4V	850～870	1270～1285	550～570	≥63
W6Mo5Cr4V2	840～860	1210～1230	540～560	≥63
W6Mo5Cr4V3	840～860	1190～1210	540～560	≥64
W9Mo3Cr4V	840～870	1220～1240	550～570	≥63

续表

牌号	退火温度/℃	淬火温度/℃	回火温度/℃	回火硬度(HRC)
W18Cr4VCo5	淬火:820～870℃预热,1270～1290℃(盐浴炉)或1280～1300℃(箱式炉)加热,油冷		540～560℃ 2次,每次2h	≥63

④ 特点和用途 见表6-16。

表6-16 高速工具钢的特性和用途

牌号	主要特点	主要用途
W18Cr4V	钨系通用性高速钢,具有较高的硬度、热硬性及高温硬度,淬火不易过热,易于切削加工,缺点是热塑性低、韧性稍差	主要用于制作高速切削的车刀、刨刀、铣刀、钻头、铰刀等刀具,还用作板牙、丝锥、扩孔钻、拉丝模、锯片等
W18Cr4VCo5	硬度、耐热性略高于W18Cr4V,耐磨性及热硬性都比较好	制造切削不锈钢、耐热钢材料的刀具,使用寿命长且工件表面光滑
W12Cr4V5Co5	钨系高钒含钴高速钢,引自美国的T15,曾称为"王牌钢",具有较高的硬度,尤其超高耐磨性,但可切削性能差,强度与韧性较差,不宜制作用于高速切削的复杂刀具	适于制作要求特殊耐磨的切削刀具,如梳刀、车刀、铣刀、刮刀、滚刀及成型刀具,还可用于冷作模具
W6Mo5Cr4V2	W-Mo系通用型高速钢,是当今各国用量最大的高速钢钢号(即M2),具有较高的硬度、热硬性及高温硬度,热塑性好,强度和韧性优良;缺点是钢的过热与脱碳敏感性较大	用于制作要求耐磨性和韧性配合良好的并承受冲击力较大的刀具,如插齿刀、锥齿轮刨刀、铣刀、车刀、丝锥、钻头等;还用作高载耐磨工具,如冷作模具等
CW6Mo5Cr4V2	高碳W-Mo系通用型高速钢。由于碳含量提高,淬火后的表面硬度也提高,而且高温硬度、耐磨性和耐热性都比W6Mo5Cr4V2高,但强度和韧性有所降低	适于制作要求切削性能优良的刀具
W6Mo5Cr4V3 CW6Mo5Cr4V3	高碳高钒型高速钢。其耐磨性优于W6Mo5Cr4V2,但可磨削性也变差,脱碳敏感性较大	用于制作要求特别耐磨的工具和一般刀具,如拉刀、滚刀、螺纹梳刀、车刀、刨刀、丝锥、钻头等。由于钢的磨削性差,制作复杂刀具,需用特殊砂轮加工

续表

牌号	主要特点	主要用途
W2Mo9Cr4V2	低钨高钼型钢种，相当于美国的M7，具有较高的热硬性和韧性，耐磨性好，但脱碳敏感性较大	主要用于制作螺纹工具，如丝锥、板牙等；还用作钻头、铣刀及各种车削刀具、各种冷冲模具等
W6Mo5Cr4V2Co5	W-Mo 系一般含钴高速钢，其热硬性、耐磨性均比 W6Mo5Cr4V2 高，故切削性能好，但钢的韧性和强度较差，脱碳敏感性较大	用于制作高速切削机床的刀具和要求耐高温并有一定振动载荷的刀具
W2Mo9Cr4VCo8	W-Mo 系高碳含钴超硬型钢，相当于美国的 M42，是一种用量最大的超硬型高速钢，其硬度可达66～70HRC，具有高的热硬性和高温硬度，易磨削加工，但韧性较差	用于制作各种复杂的高精度刀具，如精密拉刀、成型铣刀、专用车刀、钻头以及各种高硬度刀具，可用于对难加工材料（如钛合金、高温合金、超高强度钢）等的切削加工
W9Mo3Cr4V	兼有 W18Cr4V 和 W6Mo5Cr4V2 优点，并明显减轻了二者的缺点	可代替 W18Cr4V 和 W6Mo5Cr4V2 制作拉刀、铣刀、成型刀具等
W6Mo5Cr4V2Al	是我国研制的 W-Mo 系无钴超硬型高速钢（简称 M2Al 或 501），具有高的硬度、热硬性及高温硬度，切削性能优良，耐磨性和热塑性较好，其韧性优于含钴高速钢，但可磨削性能稍差，钢的过热和脱碳敏感性较大	用于制作各种拉刀、插齿刀、齿轮滚刀、铣刀、刨刀、镗刀、车刀、钻头等切削刀具，刀具使用寿命长，切削一般材料时，其使用寿命为 W18Cr4V 的两倍，切削难加工材料时，接近含钴高速钢

6.3.5 冷作模具用钢（GB/T 1299—2014）

冷作模具钢是在常温下使金属材料变形的模具用钢，用于制造冲裁模、冷挤压模、冷镦模、拉深模等。

① 牌号　编制方法同合金工具钢。

② 硬度　见表 6-17。

表 6-17　交货状态的硬度值和试样的淬火硬度值

牌号	退火交货状态的钢材硬度（HBW）	试样淬火参数		
		淬火温度/℃	冷却剂	洛氏硬度（HRC）≥
9Mn2V	≤229	780～810	油	62

续表

牌号	退火交货状态的钢材硬度(HBW)	试样淬火参数		
		淬火温度/℃	冷却剂	洛氏硬度(HRC)≥
9CrWMn	197～241	800～830	油	62
CrWMn	207～255	800～830	油	62
MnCrWV	≤255	790～820	油	62
7CrMn2Mo	≤235	820～870	空气	61
5Cr8MoVSi	≤229	1000～1050	油	59
7CrSiMnMoV	≤235	870～900℃油冷或空冷，150±10℃回火空冷		60
Cr8Mo2SiV	≤255	1020～1040	油或空气	62
Cr4W2MoV	≤269	960～980或1020～1040	油	60
6Cr4W3Mo2VNb①	≤255	1100～1160	油	60
6W6Mo5Cr4V	≤269	1180～1200	油	60
W6Mo5Cr4V2②	≤255	③		64(盐浴) 63(炉控气氛)
Cr8	≤255	920～980	油	63
Cr12	217～269	950～1000	油	60
Cr12W	≤255	950～980	油	60
7Cr7Mo2V2Si	≤255	1100～1150	油或空气	60
Cr5Mo1V	≤255	④		60
Cr12MoV	207～255	950～1000	油	58
Cr12Mo1V1	≤255	⑤		59

① 试样在盐浴中保持时间为10min，在炉控气氛中保持时间为10～20min。

② 试样在盐浴中保持时间为5min，在炉控气氛中保持时间为5～15min。

③ 730～840℃预热，1210～1230℃（盐浴或炉控气氛）加热，保温5～15min油冷，540～560℃回火2次（盐浴或炉控气氛），每次2h。

④ 790℃±15℃预热，940℃（盐浴）或950℃（炉控气氛）±6℃加热，保温5～15min油冷；200±6℃回火1次，2h。

⑤ 820℃±15℃预热，1000℃（盐浴）±6℃或1010℃（炉控气氛）±6℃加热，保温10～20min空冷，200℃±6℃回火一次，2h。

保温时间是指试样达到加热温度后保持的时间。

③ 特点和用途　见表6-18。

表 6-18　冷作模具用钢的主要特点和用途（GB/T 1299—2014）

牌号	主要特点	主要用途
9Mn2V	具有较高的硬度和耐磨性，淬火时变形较小，淬透性好	适宜制造各种精密量具、样板，也可用于制造尺寸较小的冲模、雕刻模、落料模等，以及机床的丝杆等结构件
9CrWMn	具有一定的淬透性和耐磨性，淬火变形较小，碳化物分布均匀且颗粒细小	适宜制作截面不大而变形复杂的冷冲模
CrWMn	油淬钢，由于钨形成碳化物，在淬火和低温回火后比 9SiCr 钢具有更多的过剩碳化物，有更高的硬度、耐磨性和较好的韧性。但由于对形成碳化物网较敏感，若有网状碳化物的存在，工模具的刃部有剥落的危险，从而降低工模具的使用寿命，有碳化物网的钢必须根据其严重程度进行锻造或正火	适宜制作丝锥、板牙、铰刀、小型冲模等
MnCrWV	国际广泛采用的高碳低合金油淬钢，具有较高的淬透性，热处理变形小，硬度高，耐磨性较好	适宜制作钢板冲裁模、剪切刀、落料模、量具和热固性塑料成型模等
7CrMn2Mo	空淬钢，热处理变形小	适宜制作需要接近尺寸公差的制品（如修边模、塑料模、压弯工具、冲切模和精压模等）
5Cr8MoVSi	ASTMA681 中 A8 钢的改良钢种，具有良好的淬透性、韧性、热处理尺寸稳定性	适宜制作硬度在 55～60HRC 的冲头和冷锻模具，也可用于制作非金属刀具材料
7CrSiMnMoV	火焰淬火钢，淬火温度范围宽，淬透性良好，空冷即可淬硬，硬度达到 62～64HRC，具有淬火操作方便、成本低、过热敏感性小、空冷变形小等优点	适宜制作汽车冷弯模具
Cr8Mo2SiV	高韧性、高耐磨性钢，具有高的淬透性和耐磨性，淬火时尺寸变化小	适宜制作冷剪切模、切边模、量规、拉丝模、搓丝板、冷冲模等
Cr4W2MoV	具有较高的淬透性、淬硬性、耐磨性和尺寸稳定性	适宜制作各种冲模、冷镦模、落料模、冷挤凹模及搓丝板等工模具

续表

牌号	主要特点	主要用途
6Cr4W3Mo2VNb	即65Nb钢,加入铌以提高钢的强韧性和改善工艺性	适宜制作冷挤压、厚板冷冲、冷镦等承受较大载荷的冷作模具,也可用于制作温热挤压模具
6W6Mo5Cr4V	低碳型高速钢,较W6Mo5Cr4V2的碳、钒含量均低,具有较高的韧性	主要用于制作钢铁材料冷挤压模具
W6Mo5Cr4V2	钨钼系高速钢的代表牌号。具有韧性高、热塑性好、耐磨性和红硬性高等特点	用于冷作模具钢,适宜制作各种类型的工具、大型热塑性成型的刀具;还可以制作高负荷下耐磨性零件,如冷挤压模具、温挤压模具等
Cr8	具有较好的淬透性和高的耐磨性,与Cr12相比,具有较好的韧性	适宜制作要求耐磨性较高的各类冷作模具
Cr12	高碳高铬钢,具有较高的强度、耐磨性和淬透性,淬火变形小,较脆;导热性差,高温塑性差	适宜制作受冲击负荷较小的要求较高耐磨性的冷冲模及冲头、冷剪切刀、钻套、量规、拉丝模等
Cr12W	莱氏体钢。具有较高的耐磨性和淬透性,具有良好的强韧性,使其能够承受冲击负荷而不易断裂;有良好的耐腐蚀性能;但塑性较低	适宜制作高强度、高耐磨性且受热不大于300～400℃的工模具,如钢板拉深模、拉丝模、螺纹搓丝板、冷冲模、剪切刀、锯条等
7Cr7Mo2V2Si	比Cr12钢和W6Mn5Cr4V2钢具有更高的强度和韧性,有更好的耐磨性,且冷热加工的工艺性能优良,热处理变形小,通用性强	适宜制作承受高负荷的冷挤压模具、冷镦模具、冷冲模具等
Cr5Mo1V	空淬钢。具有良好的空淬特性,耐磨件介于高碳油淬模具钢和高碳高铬耐磨型模具钢之间,但其韧性较好,通用性强	特别适宜制作既要求好的耐磨性又要求好的韧性的工模具,如下料模、轧辊、冲头、压延模和滚丝模等
Cr12MoV	莱氏体钢。具有高的淬透性和耐磨性,淬火时尺寸变化小,比Cr12钢的碳化物分布均匀并有较高的韧性	适宜制作形状复杂的冲孔模、冷剪切刀、拉深模、拉丝模、搓丝板、冷挤压模、量具等

续表

牌号	主要特点	主要用途
Cr12Mo1V1	莱氏体钢。具有高的淬透性、淬硬性和高的耐磨性；高温抗氧化性能好，热处理变形小	适宜制作各种高精度、长寿命的冷作模具、刃具和量具，如形状复杂的冲孔凹模、冷挤压模、滚丝轮、搓丝板、冷剪切刀和精密量具等

6.3.6　热作模具用钢（GB/T 1299—2014）

用于热模锻压力机和模锻模具，包括模块、镶块及切边工具。锤锻模受强烈的冲击载荷；模锻压力机速度缓慢，冲击载荷较轻，但由于模具与热坯接触时间长，工作温度较高，热疲劳也较严重。

① 牌号　编制方法同合金工具钢。

② 硬度　见表 6-19、表 6-20。

表 6-19　交货状态的硬度值和试样的淬火硬度值

牌号	退火交货状态的钢材硬度（HBW）	试样淬火参数	
		淬火温度/℃	冷却剂
5CrMnMo	197～241	820～850	油
5CrNiMo	197～241	830～860	油
4CrNi4Mo	≤285	840～870	油或空气
4Cr2NiMoV	≤220	910～960	油
5CrNi2MoV	≤255	850～880	油
5Cr2NiMoVSi	≤255	960～1010	油
8Cr3	207～255	850～880	油
4Cr5W2VSi	≤229	1030～1050	油或空气
3Cr2W8V	≤255	1075～1125	油
4Cr5MoSiV	≤229	①	
4Cr3Mo3SiV[①]	≤229	②	
4Cr5Mo5W	≤229	①	
5Cr4Mo3SiMnVA1	≤255	1090～1120	空气
4CrMnSiMoV	≤255	870～930	油
5Cr5WMoSi	≤248	990～1020	油
4Cr5MoWVSi	≤235	1000～1030	油或空气
3Cr3Mo3W2V	≤255	1060～1130	油

续表

牌号	退火交货状态的钢材硬度（HBW）	试样淬火参数	
		淬火温度/℃	冷却剂
5Cr4W5Mo2V	≤269	1100～1150	油
4Cr5Mo2V	≤220	1000～1030	油
3Cr3Mo3V	≤229	1010～1050	油
4Cr5Mo3V	≤229	1000～1030	油或空气
3Cr3Mo3VCo3	≤229	1000～1050	油

① 790±15℃预热，1010℃（盐浴）或1020℃（炉控气氛）±6℃加热，保温5～15min油冷，550±6℃回火两次，每次2h。

② 790±15℃预热，1000℃（盐浴）或1010℃（炉控气氛）±6℃加热，保温5～15min油冷，550±6℃回火两次，每次2h。

注：试样在盐浴中保持时间为5min，在炉控气氛中保持时间为5～15min。

表6-20 一些热锤锻模具钢的淬火工艺

牌号	淬火温度/℃	冷却介质	硬度(HRC)
5CrNiMo	830～860	油	53～58
5CrMnMo	820～850	油	52～58
5Cr2NiMoVSi	960～1010	油	54～61
4CrMnSiMoV	860～880	油	56～58

③ 热处理 见表6-21、表6-22。

表6-21 一些热锻模具钢的回火温度和硬度

牌号	锻模类型	回火温度/℃	硬度(HRC)	模尾回火温度/℃	模尾硬度(HRC)
5CrNiMo	小型	490～510	44～47	620～640	34～37
	中型	520～540	38～42	620～640	34～37
	大型	560～580	34～37	640～660	30～35
5CrMnMo	小型	490～510	41～47	600～620	35～39
	大型	520～540	38～41	620～640	34～37
5Cr2NiMoVSi	大型	600～680	35～48	—	—
4CrMnSiMoV	小型	520～580	44～49	—	—
	中型	580～630	41～44		
	大型	610～650	38～42		
	特大型	620～660	37～40		

表 6-22　常用铬系热作模具钢的热处理规范及性能

牌号	热处理/℃		硬度(HRC)	R_m /MPa	A /%	Z /%	KU_2 /J
	淬火	二次回火					
4Cr5MoSiV	1000	580	51	1745	13.5	45	55
4Cr5MoSiV1	1010	566	51	1830	9.0	28	19
4Cr5W2SiV	1050	580	49	1870	9.5	42.5	34

④ 特点和用途　见表 6-23。

表 6-23　热作模具用钢的主要特点和用途（GB/T 1299—2014）

牌号	主要特点	主要用途
5CrMnMo	具有与 5CrNiMo 相似的性能，淬透性较 5CrNiMo 略差，在高温下工作，耐热疲劳性逊于 5CrNiMo	适宜制作要求具有较高强度和高耐磨性的中小型锻模，边长一般应小于 400mm
5CrNiMo	具有良好的韧性、强度和较高的耐磨性，在加热到 500℃ 时仍能保持硬度在 300HBW 左右。由于含有 Mo 元素，钢对回火脆性不敏感	适宜制作形状复杂、冲击负荷重的各种大型、中型锻模
4CrNi4Mo	具有良好的淬透性、韧性和抛光性能，可空冷硬化	适宜制作热作模具和塑料模具，也可用于制作部分冷作模具
4Cr2NiMoV	5CrMnMo 钢的改进型，具有较高的室温强度及韧性，较好的回火稳定性、淬透性及抗热疲劳性能	适宜制作热锻模具
5CrNi2MoV	与 5CrNiMo 钢类似，具有良好的淬透性和热稳定性	适宜制作大型锻压模具
5Cr2NiMoVSi	具有良好的淬透性和热稳定性	适宜制作各种大型热锻模
8Cr3	过共析钢，淬透性好，具有一定的室温、高温力学性能	适宜制作热冲孔模的冲头，热切边模的凹模镶块，热顶锻模、热弯曲模，以及工作温度低于 500℃、受冲击较小且要求耐磨的工作零件，如热剪刀片等。也可用于制作冷轧工作辊
4Cr5W2VSi	压铸模用钢，在中温下具有较高的热强度、硬度、耐磨性、韧性和较好的热疲劳性能，可空冷硬化	适宜制作热挤压用的模具和芯棒，铝、锌等轻金属的压铸模，热顶锻结构钢和耐热钢用的工具，以及成型某些零件用的高速锤锻模

续表

牌号	主要特点	主要用途
3Cr2W8V	含碳量较低,故导热性良好;同时含有较多的碳化物,在高温下具有高的强度和硬度(650℃时硬度300HBW左右),抗冷热交变疲劳性能较好;相变温度较高,耐热疲劳性良好,淬透性也较好,断面小于100mm可淬透;但其韧性和塑性较差	适宜制作高温下高应力但不受冲击载荷的凸模、凹模,如平锻机上用的凸凹模、镶块、铜合金挤压模、压铸用模具;也可用来制作同时承受大压应力、弯应力、拉应力的模具,如反挤压模具等;还可以制作高温下受力的热金属切刀等
4Cr5MoSiV	具有良好的韧性、热强性和热疲劳性能,可空冷硬化。在较低的奥氏体化温度下空淬,产生的氧化皮倾向较小,且可以抵抗熔融铝的冲蚀作用,热处理变形小	适宜制作铝压铸模、热挤压模和穿孔芯棒、塑料模等
4Cr5MoSiV1	压铸模用钢,具有良好的韧性和较好的热强性、热疲劳性能和一定的耐磨性。可空冷淬硬,热处理变形小	适宜制作铝、铜及其合金铸件用的压铸模、热挤压模、穿孔用的工具、芯棒、压机锻模、塑料模等
4Cr3Mo3SiV	相当于ASTM A581中H10钢,具有非常好的淬透性、很高的韧性和高温强度	适宜制作热挤压模、热冲模、热锻模、压铸模等
5Cr4Mo3SiMnVAl	热作、冷作兼用的模具钢。具有较高的热强性、高温硬度、抗回火稳定性,并具有较好的耐磨性、抗热疲劳性、韧性和热加工塑性,模具工作温度可达700℃,抗氧化性好	用于热作模具钢时,其高温强度和热疲劳性能优于3Cr2W8V钢。用于冷作模具钢时,比Cr12型和低合金模具钢具有较高的韧性,主要用于轴承行业的热挤压模和标准件行业的冷镦模
4CrMnSiMoV	低合金大截面热锻模用钢,具有良好的淬透性、较高的热强性、耐热疲劳性能、耐磨性和韧性,较好的抗回火性能和冷热加工性能等	主要用于制作5CrNiMo钢不能满足要求的、大型锤锻模和机锻模、校正模和弯曲模
5Cr5WMoSi	具有良好的淬透性和韧性、热处理尺寸稳定性和中等的耐磨性	适宜制作硬度在55～60HRC的冲头,也适宜制作冷作模具、非金属刀具材料
4Cr5MoWVSi	具有良好的韧性和热强性,可空冷硬化,热处理变形小,空淬产生的氧化皮倾向较小,而且可以抵抗熔融铝的冲蚀作用	适宜制作铝压铸模、锻压模、热挤压模和穿孔芯棒等

续表

牌号	主要特点	主要用途
3Cr3Mo3W2V	具有高的强韧性和抗冷热疲劳性能，热稳定性好	适宜制作热挤压模、热冲模、热锻模、压铸模等
5Cr4W5Mo2V	具有较高的回火抗力和热稳定性，高的热强性、高温硬度和耐磨性，但其韧性和抗热疲劳性能低于 4Cr5MoSiV1 钢	适宜制作对高温强度和抗磨损性能有较高要求的热作模具，可替代 3Cr2W8V
4Cr5Mo2V	4Cr5MoSiV1 改进型钢，具有良好的淬透性、韧性、热强性、耐热疲劳性，热处理变形小	适宜制作铝、铜及其合金的压铸模具，热挤压模、穿孔用的工具、芯棒
3Cr3Mo3V	具有较高的热强性和韧性，良好的抗回火稳定性和疲劳性能	适宜制作镦锻模、热挤压模和压铸模等
4Cr5Mo3V	具有良好的高温强度、良好的抗回火稳定性和高抗热疲劳性	适宜制作热挤压模、温锻模和压铸模具及其他热成型模具
3Cr3Mo3VCo3	具有高的热强性、良好的回火稳定性和抗热疲劳性等	适宜制作热挤压模、温锻模和压铸模具

6.3.7　塑料模具用钢（GB/T 1299—2014）

除以往用的调质型模具钢 45、55 和合金工具钢 40Cr、CrW-Mo、Cr12MoV 等以外，还有近期开发的耐蚀钢、马氏体时效合金钢和硬质合金钢。

① 牌号　除在头部加符号“SM”外，其余表示方法与优质碳素结构钢和合金工具钢牌号表示方法相同。例如：平均含碳量为 0.45%的碳素塑料模具钢，其牌号表示为“SM45”；平均含碳量为 0.34%，含铬量为 1.70%，含钼量为 0.42%的合金塑料模具钢，其牌号表示为“SM3Cr2Mo”。

② 热处理和硬度　见表 6-24。

表 6-24　塑料模具用钢交货状态的硬度值和试样的淬火硬度值

牌号	交货状态的钢材硬度		试样淬火参数		
	退火硬度（HBW）≤	预硬化硬度（HRC）	淬火温度/℃	冷却剂	洛氏硬度（HRC）≥
SM45	155～215		—	—	—
SM50	165～225		—	—	—
SM55	170～230		—	—	—

续表

牌号	交货状态的钢材硬度		试样淬火参数		
	退火硬度(HBW)≤	预硬化硬度(HRC)	淬火温度/℃	冷却剂	洛氏硬度(HRC)≥
3Cr2Mo	235	28～36	850～880	油	52
3Cr2MnNiMo	235	30～36	830～870	油或空气	48
4Cr2Mn1MoS	235	28～36	830～870	油	51
8Cr2MnWMoVS	235	40～48	860～900	空气	62
5CrNiMnMoVSCa	255	35～45	860～920	油	82
2CrNiMoMnV	235	30～38	850～930	油或空气	48
2CrNi3MoAl	—	38～43	—	—	—
1Ni3MnCuMoAl	—	38～42	—	—	—
06Ni6CrMoVTiAl	255	43～48	850～880℃固溶,油或空冷 500～540℃时效,空冷		实测
00Ni18Co8Mo5TiAl	协议	协议	805～825℃固溶,空冷 460～530℃时效,空冷		协议
2Cr13	220	30～36	1000～1050	油	45
4Cr13	235	30～36	1050～1100	油	50
4Cr13NiVSi	235	30～36	1000～1030	油	50
2Cr17Ni2	285	28～32	1000～1050	油	49
3Cr17Mo	285	33～38	1000～1040	油	46
3Cr17NiMoV	285	33～38	1030～1070	油	50
9Cr18	255	协议	1000～1050	油	55
9Cr18MoV	269	协议	1050～1075	油	55

③ 特点和用途 见表6-25、表6-26。

表6-25 塑料模具用钢的主要特点和用途

牌号	主要特点	主要用途
SM45	非合金塑料模具钢,切削加工性能好,淬火后具有较高的硬度,调质处理后具有良好的强韧性和一定的耐磨性	适宜制作中、小型的中、低档次的塑料模具
SM50	非合金塑料模具钢,切削加工性能好	适宜制作形状简单的小型塑料模具或精度要求不高、使用寿命不需要很长的塑料模具等,但焊接性能、冷变形性能差

续表

牌号	主要特点	主要用途
SM55	非合金塑料模具钢，切削加工性能中等	适宜制作成型简单的小型塑料模具或精度要求不高、使用寿命较短的塑料模具
3Cr2Mo	预硬型钢。相当于 ASTM A681 中的 P2O 钢，其综合性能好，淬透性高，较大的截面钢材也可获得均匀的硬度，并且同时具有很好的抛光性能，模具表面光洁度高	适用于制造塑料模、低熔金属压铸模
3Cr2MnNiMo	预硬型钢。相当于瑞典 ASSAB 公司的 718 钢，其综合力学性能好，淬透性高，大截面钢材在调质处理后具有较均匀的硬度分布，有很好的抛光性能	可以制造大截面、要求调质处理后硬度分布均匀的、产品表面光洁的模具，是国际上广泛应用的塑料模具钢
4Cr2Mn1MoS	易切削预硬化型钢，其使用性能与 3Cr2MnNiMo 相似，具有优良的机械加工性能	
8Cr2MnWMoVS	预硬化型易切削钢，由于淬火硬度高，耐磨性好，综合力学性能好，热处理变形小	适宜制作各种类型的塑料模、胶木模、陶土瓷料模以及印制板的冲孔模，也可用于制作精密的冷冲模具等
5CrNiMnMoVSCa	预硬化型易切削钢。钢中加入 S 元素改善钢的切削加工工艺性能，加入 Ca 元素主要是改善硫化物的组织形态，改善钢的力学性能，降低钢的各向异性	适宜制作各种类型的精密注塑模具、压塑模具和橡胶模具
2CrNiMoMnV	预硬化型镜面塑料模具钢，是 3Cr2MnNiMo 钢的改进型，其淬透性高、硬度均匀，并具有良好的抛光性能、电火花加工性能和蚀花(皮纹加工)性能	适用于渗氮处理，适用于制作大中型镜面塑料模具
2CrNi3MoAl	时效硬化钢。由于固溶处理工序是在切削加工制成模具之前进行的，从而避免了模具的淬火变形，因而模具的热处理变形小，综合力学性能好	适宜制作复杂、精密的塑料模具

续表

牌号	主要特点	主要用途
1Ni3MnCuMoAl	即10Ni3MnCuAl。一种镍铜铝系时效硬化型钢，其淬透性好，热处理变形小，镜面加工性能好	适宜制作高镜面的塑料模具、高外观质量的家用电器塑料模具
06Ni6CrMoVTiAl	低合金马氏体时效钢，简称06Ni钢，经固溶处理(也可在粗加工后进行)后，硬度为25～28HRC。在机械加工成所需要的模具形状和经钳工修整及抛光后，再进行时效处理	用于制作要求硬度高、变形小、精度高和使用寿命长的塑料模具
00Ni18Co8Mo5TiAl	沉淀硬化型超高强度钢，简称18Ni(250)钢，具有高强韧性、低硬化指数、良好的成形性和焊接性	适宜制作铝合金挤压模和铸件模、精密模具及冷冲模等工模具
2Cr13	耐腐蚀型钢，属于Cr13型不锈钢，机械加工性能较好，经热处理后具有优良的耐腐蚀性能、较好的强韧性	适宜制作承受高负荷并在腐蚀介质作用下的塑料模具和透明塑料制品模具等
4Cr13	耐腐蚀型钢，属于Cr13型不锈钢，力学性能较好，经热处理(淬火及回火)后，具有优良的耐腐蚀性能、抛光性能、较高的强度和耐磨性	适宜制作承受高负荷并在腐蚀介质作用下的塑料模具和透明塑料制品模具等
4Cr13NiVSi	耐腐蚀预硬化型钢，属于Cr13型不锈钢，淬回火硬度高，有超镜面加工性，可预硬至31～35HRC，镜面加工性好	适宜制作要求高精度、高耐磨、高耐蚀塑料模具，也用于制作透明塑料制品模具
2Cr17Ni2	耐腐蚀预硬化型钢，具有好的抛光性能；在玻璃模具的应用中具有好的抗氧化性	适宜制作耐腐蚀塑料模具，并且不采用Cr、Ni涂层
3Cr17Mo	耐腐蚀强硬化型钢，属于Cr17型不锈钢，具有优良的强韧性和较高的耐蚀性	适宜制作各种类型的要求高精度、高耐磨，又要求耐蚀性的塑料模具和透明塑料制品模具
3Cr17NiMoV	耐腐蚀预硬化型钢，属于Cr17型不锈钢，具有优良的强韧性和较高的耐蚀性	适宜制作各种要求高精度、高耐磨，又要求耐蚀的塑料模具和压制透明的塑料制品模具
9Cr18	耐磨型钢，属于高碳马氏体钢，淬火后具有很高的硬度和耐磨性，较Cr17型马氏体钢的耐蚀性能有所改善，在大气、水及某些酸类和盐类的水溶液中有优良的不锈耐蚀性	适宜制作要求耐蚀、高强度和耐磨损的零部件，如轴、杆类、弹簧、紧固件等
9Cr18MoV	耐磨型钢，属于高碳铬不锈钢，基本性能和用途与9Cr18钢相近，但热强性和抗回火性能更好	适宜制作承受摩擦并在腐蚀介质中工作的零件，如量具、不锈切片机械刃具及剪切工具、手术刀片、高耐磨设备零件等

表 6-26　一些常用塑料成型热作模具钢的选择

类别	名称	生产批量/万件			
		<10	10~50	50~100	>100
热固性塑料	通用性塑料、酚醛、蜜胺、聚酯等	SM45、SM50、SM55钢、渗碳钢渗碳淬火	SM4Cr5MoSiV1+S、渗碳合金钢渗碳淬火	Cr5MoSiV1、Cr12、Cr12MoV	Cr12MoV、Cr12MoV1、7Cr7Mo2V2Si
	加入纤维或金属粉等增强型塑料	渗碳合金钢渗碳淬火	渗碳合金钢渗碳淬火、Cr5Mo1V、SM4Cr5MoSiV1+S	Cr5Mo1V、Cr12、Cr12MoV	Cr12MoV、SMCr12Mo1V1、7Cr7Mo2V2Si
热塑性塑料	通用型塑料、聚乙烯、聚丙烯、ABS等	SM45、SM55、SM3Cr2Mo、渗碳合金钢渗碳淬火	3Cr2NiMnMo、SM3Cr2Mo、渗碳合金钢渗碳淬火	SM4Cr5MoSiV1+S、5NiCrMnMoVCaS、时效硬化钢SM3Cr2Mo	SM4Cr5MoSiV1+S、时效硬化钢Cr5Mo1V
	尼龙、聚碳酸酯等工程塑料	SM45、SM55钢、3Cr2NiMnMo、SM3Cr2Mo、渗碳合金钢渗碳淬火	SM3Cr2Mo、3Cr2NiMnMo、时效硬化钢、渗碳合金钢渗碳淬火	SM4Cr5MoSiV1+S、5NiCrMnMoVCaS Cr5Mo1V	Cr5Mo1V、Cr12、Cr12MoV、SMCr12Mo1V1、7Cr7Mo2V2Si
	加入增强纤维或金属粉等的增强工程塑料	3Cr2NiMnMo、SM3Cr2Mo、渗碳合金钢渗碳淬火	SM4Cr5MoSiV1+S Cr5Mo1V、渗碳合金钢渗碳淬火	SM4Cr5MoSiV1+S、Cr5Mo1V、Cr12MoV	Cr12、Cr12MoV、SMCr12Mo1V1、7Cr7Mo2V2Si
	添加阻燃剂的塑料、聚氯乙烯	SM3Cr2Mo+镀层	3Cr13、Cr14Mo	9Cr18、Cr18MoV	Cr18MoV+镀层
	氟化塑料	Cr14Mo、Cr18MoV		Cr18MoV	

6.3.8 特殊用途模具用钢（GB/T 1299—2014）

特殊用途模具用钢有 5 种，其性能和用途各异。

① 牌号和钢种

a. 7Mn15Cr2Al3V2WMo 是一种高 Mo-V 系无磁钢。

b. 2Cr25Ni20Si2 是一种奥氏体型耐热钢。

c. 0Cr17Ni4Cu4Nb 是由铜、铌等元素构成的沉淀、硬化、马氏体不锈钢。

d. Ni25Cr15Ti2MoMn 属时效强化型高温合金。

e. Ni53Cr19Mo3TiNb 是一种由镍、铬、钼、钛和铌等多种元素组成的高温合金。

② 硬度 见表 6-27。

表 6-27 交货状态的硬度值和试样的淬火硬度值

<table>
<tr><th>牌号</th><th>退火交货状态的硬度</th><th>热处理制度</th><th>洛氏硬度(HRC)≥</th></tr>
<tr><td>7Mn15Cr2Al3V2WMo</td><td>—</td><td>1170～1190℃固溶,水冷
650～700℃时效,空冷</td><td>45</td></tr>
<tr><td>2Cr25Ni20Si2</td><td>—</td><td>1040～1150℃固溶,水或空冷</td><td rowspan="4">根据需方要求,并在合同中注明,可提供实测值</td></tr>
<tr><td>0Cr17Ni4Cu4Nb</td><td>协议</td><td>1020～1060℃固溶,空冷
470～630℃时效,空冷</td></tr>
<tr><td>Ni25Cr15Ti2MoMn</td><td>≤300</td><td>950～980℃固溶,水或空冷
720～620℃时效,空冷</td></tr>
<tr><td>Ni53Cr19Mo3TiNb</td><td>≤300</td><td>980～1000℃固溶,水、油或空冷
710～730℃时效,空冷</td></tr>
</table>

③ 特点和用途 见表 6-28。

表 6-28 特殊用途模具用钢的主要特点和用途

牌号	主要特点	主要用途
7Mn15Cr2Al3V2WMo	在各种状态下都能保持稳定的奥氏体,具有非常低的磁导率,高的硬度、强度,较好的耐磨性,切削加工比较困难	适宜制作无磁模具、无磁轴承等在强磁场中不产生磁感应的结构零件,或制造 700～800℃下使用的热作模具

续表

牌号	主要特点	主要用途
2Cr25Ni20Si2	具有较好的抗一般耐蚀性能，最高使用温度可达 1200℃，连续使用最高温度为 1150℃，间歇使用最高温度为 1050～1100℃	适宜制作加热炉的各种构件，也用于制造玻璃模具等
0Cr17Ni4Cu4Nb	马氏体沉淀硬化不锈钢，含碳量低，其抗腐蚀性和可焊性比一般马氏体不锈钢好。此钢耐酸性能好、切削性好、热处理工艺简单，在 400℃以上长期使用时有脆化倾向	适宜制作工作温度在 400℃以下，要求耐酸、高强度的部件，或者是在腐蚀介质作用下要求高性能、高精密的塑料模具等
Ni25Cr15Ti2MoMn	即 GH2132B，Fe-25Ni-15Cr 基时效强化型高温合金，加入钼、钛、铝、钒和微量硼综合强化，特点是高温耐磨性好，高温抗变形能力强，高温抗氧化性能优良，无缺口敏感性，热疲劳性能优良	适宜制作在 650℃以下长期工作的高温承力部件和热作模具，如铜排模、热挤压模和内筒等
Ni53Cr19Mo3TiNb	具有出色的高温性能和耐腐蚀性。在高温下具有优异的力学性能、高温强度和抗热腐蚀性能，加工性和可焊接性良好	广泛应用于航空航天、能源、化工、石油等领域，如航空发动机中的涡轮叶片和燃烧室零件、石油钻井平台的管道和阀门

6.4　铸造工具钢（GB/T 41160—2022）

铸造工具钢是一种特殊用途的钢材。

① 化学成分　应符合 GB/T 41160—2022 表 1 的规定。

② 供货状态　退火。

③ 牌号和硬度　见表 6-29。

④ 特性和用途

a. 特性

高硬度：通常具有较高的硬度，以承受切削、磨损和高温等恶劣工作条件。

高耐磨性：在摩擦和磨损环境下能够保持其表面的完整性和硬度，从而延长使用寿命。

表 6-29 铸件的退火温度及布氏硬度

牌号	退火温度/℃	布氏硬度(HBW)	牌号	退火温度/℃	布氏硬度(HBW)
ZG21MnCr	—	≤217	ZG55NiCrMoV	—	≤248
ZG30W9Cr3V	—	≤241	ZG58Si2MnMo	≥775	≤229
ZG32Cr3Mo2V	—	≤229	ZG60Co2CrV	≥790	≤229
ZG35Cr2Mo	—	—	ZG70Mn2MoCr	≥760	≤248
ZG35Cr5MoWV	≥845	≤235	ZG83W6Mo5Cr4V2	≥870	≤241
ZG36Cr5MoV	≥845	≤229	ZG90Mn2CrV	≥760	≤229
ZG37Cr5MoV	≥845	≤229	ZG93MnCrW	≥760	≤212
ZG38Cr17Mo	—	—	ZG100Cr5MoV	≥845	≤229
ZG38Cr5Mo3V	—	≤229	ZG103Cr	≥760	≤223
ZG40Cr2MnNiMo	—	—	ZG105V	≥790	≤212
ZG40Cr4Co4W4V2	—	≤260	ZG148Cr12Co3MoNiV	≥870	≤255
ZG39Cr14	—	≤241	ZG150Cr12MoCoV	≥870	≤255
ZG45Ni4CrMo	—	≤285	ZG205Cr12	≥870	≤248
ZG50Cr3Mo	≥815	≤223	ZG215Cr12W	≥870	≤255
ZG50W2CrV	≥740	≤229			

高强度：具有较高的抗拉强度和屈服强度，能够承受较大的载荷。

高耐热性：能够在高温环境下保持其性能和尺寸稳定性。

良好的加工性能：可以进行切削、锻造和热处理等工艺。

特殊成分：可以根据具体应用需求进行调整，例如添加铬、钼、钨等合金元素，以提高其特定性能，如耐磨性、耐腐蚀性或耐热性。

b. 用途 主要用于制造各种工具，如模具、刀具、剪刀等；如用于制造需要承受重负荷的零件和工具，制造高温部件和工具等。

6.5 工模具钢型材

6.5.1 高速工具钢板材（GB/T 9941—2009）

① 牌号和硬度

a. W6Mo5Cr4V2、W9Mo3Cr4V、W18Cr4V（交货状态硬度均不大于255HBW）。

b. W6Mo5Cr4V2Al、W6Mo5Cr4V2Co5（交货状态硬度均不

大于285HBW）。

② 尺寸、外形　冷轧钢板应符合GB/T 708的规定；热轧钢板：厚度3～10mm应符合GB/T 709—2006的规定，单轧钢板的最小宽度和最小长度均为500mm，见表6-30。

表6-30　厚度小于3mm热轧钢板的规格　mm

公称厚度	宽度		
	500～750	＞750～1000	＞1000～1500
＞0.35～1.10	√	√	—
＞1.10～＜3.00	√	√	√

注：“√”表示有此规格。

6.5.2　合金工模具钢板（GB/T 33811—2017）

① 分类　厚度不大于4mm的冷轧钢板和厚度不大于10mm的热轧钢板。

② 化学成分　应符合GB/T 33811—2017表3的规定或GB/T 1299—2014中的其他牌号。

③ 交货状态　退火态。

④ 交货状态的硬度值　见表6-31。

表6-31　钢材交货状态的硬度值

钢组	牌号	交货硬度（HBW）≤	钢组	牌号	交货硬度（HBW）≤
耐冲击工具钢	5Cr3MnSiMo1	235	冷作模具钢	Cr12MoV	255
冷作模具钢	CrWV	255		Cr12Mo1V1	255
	MnCrWV	255		Cr12MoWV	255
	9CrMn2V	229		7Cr14Mo2VNb	255
	5Cr8MoVSi	229		7Cr17Mo2VNb	255
	Cr8Mo2SiV	255	热作模具钢	4Cr5MoSiV	229
	Cr8	255		4Cr5MoSiV1	229
	Cr12	269	塑料模具钢	9Cr18	255
	Cr12W	255		9Cr18MoV	269
	Cr5Mo1V	255			

⑤ 特性和应用　见表6-32。

表 6-32 合金工模具钢板的特性和应用

牌号	主要特性	应用举例
5Cr3MnSiMo1	相当于 ASTMA681 中 S7 钢，淬透性较好，有较高的强度和回火稳定性，综合性能良好	用于制造在较高温度、高冲击载荷下工作的工具、冲模，也可用于制造锤锻模具
CrWV	油淬钢。由于钨形成碳化物，在淬火和低温回火后比 9SiCr 钢具有更多的过剩碳化物、更高的硬度和耐磨性及较好的韧性	适宜制作丝锥、板牙、铰刀、小型冲模等
MnCrWV	国际广泛采用的高碳低合金油淬钢。具有较高的淬透性，热处理变形小，硬度高，耐磨性较好	适宜制作钢板冲裁模、剪切刀、落料模、量具和热固性塑料成型模等
9CrMn2V	冷作模具钢。易于锻造、退火，切削性能好，韧性、脆性偏低，具有强烈的抵制过热敏感性，以及网状碳化物的析出倾向。具有较高的硬度和耐磨性，淬火时变形较小，具有良好的冲裁能力	可用于厚度小于 6mm 的冲压模具、切纸机刀具等
5Cr8MoVSi	ASTMA681 中 A8 钢的改良钢种，具有良好的淬透性、韧性、热处理尺寸稳定性	适宜制作硬度在 55～60HRC 的冲头和冷锻模具。也可用于制作非金属刀具材料
Cr8Mo2SiV	高韧性、高耐磨性钢，具有高的淬透性和耐磨性，淬火时尺寸变化小	适宜制作冷剪切模、切边模、量规、拉丝模、搓丝板、冷冲模等
Cr8	具有较好的淬透性和高的耐磨性	适宜制作要求耐磨性较高的各类冷作模具钢，与 Cr12 相比具有较好的韧性
Cr12	相当于 ASTMA681 中 D3 钢，具有良好的耐磨性	适宜制作受冲击负荷较小、要求较高耐磨性的冷冲模及冲头、冷剪切刀、钻套、量规、拉丝模等
Cr12W	莱氏体钢。具有较高的耐磨性和淬透性，但塑性、韧性较低	适宜制作高强度、高耐磨性，且受热不大于 300～400℃的工模具，如钢板深拉伸模、拉丝模，螺纹搓丝板、冷冲模、剪切刀、锯条等

续表

牌号	主要特性	应用举例
Cr5Mo1V	空淬钢。具有良好的空淬特性，耐磨性介于高碳油淬模具钢和高碳高铬耐磨型模具钢之间，但其韧性较好，通用性强	特别适宜制作既要求好的耐磨性又要求好的韧性的工模具，如下料模和成型模、轧辊、冲头、压延模、滚丝模等
Cr12MoV	莱氏体钢。具有高的淬透性和耐磨性，淬火时尺寸变化小，比Cr12钢的碳化物分布均匀并有较高的韧性	适宜制作形状复杂的冲孔模、冷剪切刀、拉伸模、拉丝模、搓丝板、冷挤压模、量具等
Cr12Mo1V1	莱氏体钢。具有高的淬透性、淬硬性和高的耐磨性；高温抗氧化性能好，热处理变形小	适宜制作各种高精度、长寿命的冷作模具、刃具和量具，如形状复杂的冲孔凹模、冷挤压模、滚丝轮、搓丝板、冷剪切刀和精密量具等
Cr12MoWV	莱氏体钢。其含碳量比Cr12钢低很多，且加入了钨、钼、钒，使钢的热加工性能、冲击韧性和碳化物分布都得到了明显的改变；具有较高的淬透性、淬硬性、强韧性、热稳定性、抗压强度，微变形和综合性能优良，具有广泛的适应性，亦具有较好的机加工和抗热氧化性能	适宜制造截面大、形状复杂、经受冲击大的冷作模具，如硅钢片冲模、拉丝模、冷切剪刀、切边模、滚边模、拉丝模、搓丝板、冲孔凹模、钢板深拉伸模、冲头等
7Cr14Mo2VNb	高碳高铬钢。具有较高的硬度、高耐磨性、抗回火稳定性和耐腐蚀性能，同时还具有较好的高温尺寸稳定性	可用于制造在腐蚀环境条件下，要求高负荷、高耐磨的材料，可用作各类食品加工用刀具
7Cr17Mo2VNb	高碳高铬钢。其Cr含量比7Cr14Mo2VNb高，淬透性和耐腐蚀性能更好，具有更高的硬度和耐磨性，该钢还具有较好的高温尺寸稳定性	可用于制造在腐蚀环境条件下，要求高负荷、高耐磨的材料，可用作各类食品加工用刀具

续表

牌号	主要特性	应用举例
4Cr5MoSiV	具有良好的韧性、热强性和热疲劳性能，可空冷硬化。在较低的奥氏体化温度下空淬，热处理变形小，空淬时产生的氧化皮倾向较小，且可以抵抗熔融铝的冲蚀作用	适宜制作铝压铸模、热挤压模和穿孔芯棒、塑料模等
4Cr5MoSiV1	压铸模用钢，相当于ASTMA681中H13。具有良好的韧性和较好的热强性、热疲劳性能和一定的耐磨性。可空冷淬硬，热处理变形小	适宜制作铝、铜及其合金铸件用的压铸模、热挤压模、穿孔用的工具、芯体、压机锻模、塑料模等
9Cr18	耐腐蚀、耐磨型钢，属于高碳马氏体钢。淬火后具有很高的硬度和耐磨性，较Cr17型马氏体钢的耐蚀性能有所改善，在大气、水及某些酸类和盐类的水溶液中有优良的不锈耐蚀性	适宜制作要求耐蚀、高强度和耐磨损的零部件，如轴、杆类、弹簧、紧固件等
9Cr18MoV	耐腐蚀、耐磨型钢，属于高碳铬不锈钢。基本性能和用途与9Cr18钢相近，但热强性和抗回火性能更好	适宜制作承受摩擦并在腐蚀介质中工作的零件，如量具、不锈切片机械刃具及剪切工具、手术刀片、高耐磨设备零件等

6.5.3 高速工具钢棒材（GB/T 9943—2008）

① 分类

a. 按化学成分可分为钨系高速工具钢和钨钼系高速工具钢。

b. 按性能可分为低合金高速工具钢（HSS-L）、普通高速工具钢（HSS）和高性能高速工具钢（HSS-E）。

c. 按成型方法可分为热轧、锻制、冷拉等。

d. 按截面可分为圆钢、方钢、扁钢、六角钢、盘条及银亮钢棒。

e. 按尺寸：其直径、边长、厚度或对边距离不大于250mm。

② 牌号和硬度及热处理 见表6-33、表6-34。

表 6-33 交货状态钢棒的硬度及试样淬回火硬度

牌号	交货硬度[④]（退火态）(HBW)≤	试样热处理制度及淬回火硬度					
		预热温度/℃	淬火温度/℃		淬火介质	回火[⑤]温度/℃	硬度(HRC)≥
			盐浴炉	箱式炉			
W3Mo3Cr4V2[①]	255	800～900	1180～1220	1180～1220	油或盐浴	540～560	63
W4Mo3Cr4VSi[①]	255		1170～1190	1170～1190		540～560	63
W18Cr4V[②]	255		1250～1270	1260～1280		550～570	63
W2Mo8Cr4V[②]	255		1180～1220	1180～1220		550～570	63
W2Mo9Cr4V2[②]	255		1190～1210	1200～1220		540～560	64
W6Mo5Cr4V2[②]	255		1200～1220	1210～1230		540～560	64
CW6Mo5Cr4V2[②]	255		1190～1210	1200～1220		540～560	64
W6Mo6Cr4V2[②]	262		1190～1210	1190～1210		550～570	64
W9Mo3Cr4V[②]	255		1200～1220	1220～1240		540～560	64
W6Mo5Cr4V3[③]	262		1190～1210	1200～1220		540～560	64
CW6Mo5Cr4V3[③]	262		1180～1200	1190～1210		540～560	64
W6Mo5Cr4V4[③]	269		1200～1220	1200～1220		550～570	64
W6Mo5Cr4V2Al[③]	269		1200～1220	1230～1240		550～570	65
W12Cr4V5Co5[③]	277		1220～1240	1230～1250		540～560	65
W6Mo5Cr4V2Co5[③]	269		1190～1210	1200～1220		540～560	64
W6Mo5Cr4V3Co8[③]	285		1170～1190	1170～1190		550～570	65
W7Mo4Cr4V2Co5[③]	269		1180～1200	1190～1210		540～560	66
W2Mo9Cr4VCo8[③]	269		1170～1190	1180～1200		540～560	66
W10Mo4Cr4V3Co10[③]	285		1220～1240	1220～1240		550～570	66

① 低合金高速工具钢。

② 普通合金高速工具钢。

③ 高合金高速工具钢。

④ 退火＋冷拉态的硬度，允许比退火态指标高 50HBW。

⑤ 回火温度为 550～570℃时，回火 2 次，每次 1h；回火温度为 540～560℃时，回火 2 次，每次 2h。

表 6-34 高速工具钢的特性和用途

牌号	主要特性	主要用途
W3Mo3Cr4V2	具有优良的耐热性和硬度，具有良好的切削性能，适用于高速切削；热处理后能够获得较高的硬度和耐磨性	制造切削工具、钻头等；制造高精度、高耐磨的模具产品、航空航天领域高温高压下工作的零部件
W4Mo3Cr4VSi	经济型低合金高速工具钢，具有与通用高速钢相当的高硬度、高温硬度、强度、韧性及耐磨性，退火硬度≤255HB	可以替代通用高速钢制作各种刀具和机用锯条、钻头、木工刨刀、机械刀片等，也可用于立铣刀、机用丝锥及要求耐热耐磨的机械零件
W18Cr4V	为钨系高速钢，具有高的硬度、红硬性及高温硬度。其热处理范围较宽，淬火不易过热，热处理过程不易氧化脱碳，磨削加工性能较好。该钢在500℃及600℃时硬度分别保持在57～58HRC及52～53HRC，对于大量的、一般的被加工材料具有良好的切削性能	制作形状复杂的小型刀具
W2Mo8Cr4V	为钨钼系通用型高速钢，易于热处理，较耐磨，热硬度及韧性较高，可磨削性优良，密度较小，易于氧化脱碳	可制作钻头、铣刀、刀片、成型刀具、车削及剥削刀具、丝锥、板牙、锯条及各种冷冲模具等
W2Mo9Cr4V2	为钼系通用高速钢。该钢是在W2Mo9Cr4V2钢的基础上，增加了碳和钒的含量，具有易于热处理、较耐磨、硬度、热硬度及韧性较高、密度小、可磨削性优良等优点	可用于制钻头、铣刀、刀片、成型刀具、车削及剥削工具、丝锥、板牙、锯条以及各种冷冲模具等。切削一般硬度的材料时有良好效果
W6Mo5Cr4V2	是一种适于高速切削的高碳高合金工具钢。其突出特点是具有很高的硬度、耐磨性及热硬性（也称红硬性），当刃具温度高达500～600℃时，硬度仍无明显下降，能以比低合金刃具钢更高的速度进行切削	主要用于制造切削速度高、负荷重、工作温度高的各种切削刀具，如车刀、铣刀、滚刀、刨刀、拉刀、钻头、丝锥等，也可用于制造要求耐磨性高的冷热变形模具、高温弹簧、高温轴承等

续表

牌号	主要特性	主要用途
CW6Mo5Cr4V2	具有一定的高温力学性能、热疲劳性、导热性和耐磨腐蚀性能等	用于制造切削性能较高而冲击不大的刀具，如拉刀、铰刀、滚刀、扩孔刀等
W6Mo6Cr4V2	在钨钼系通用型高速钢W6Mo5Cr4V2的基础上，提高钒含量的高钒高速钢，具有出色的高温硬化性能和切削稳定性	广泛用于制造热变形模具；可用于加工高强度钢、冷轧钢、铸造合金钢和低合金超高强度钢等难加工材料
W9Mo3Cr4V	是一种通用型钨钼系高速钢，含有较高比例的钨、钼、铬和钒等元素。其特点是具有较高的硬度、优异的耐磨性、良好的耐热性、优异的切削性能，抗冷热疲劳性和较好的韧性	用于制造高速切削工具，如铣刀、钻头、车刀等。广泛应用于车削、铣削、切割、冲压等。亦用于加工难加工材料或高速加工的工件
W6Mo5Cr4V3	主要含有钨、钼、铬和钒等增加硬度和耐磨性的元素，能够满足在高速切削、冲压等工艺中的需求，工作中不易变形或软化，使用寿命较长	广泛应用于刀具、冲头、模具等制造领域，尤其适用于高速切削及高强度加工
CW6Mo5Cr4V3	是一种高碳高钒型高速钢，比W6Mo5CrV3高速钢具有更好的耐热性、耐磨性和切削性能，因此使用寿命也更长	制作要求切削性能较高的刀具，如铣刀、切削刀具等(但承受大冲击的性能不如CW6Mo5Cr4V2)
W6Mo5Cr4V4	具有优异的硬度，能够保持刀刃的锋利性和耐磨性。有良好的耐磨性，能够抵抗磨损和摩擦，延长刀具使用寿命。在高温下能保持稳定性能	广泛应用于高速切削、切割、冲模等工作，制作刀具、铣刀、钻头、冲压模具等，尤其适用于高速冲模和热加工操作
W6Mo5Cr4V2Al	是在W6Mo5Cr4V2基础上把含碳量提高0.30%，并加入1% Al而形成的超硬型高速钢，其硬度可达68～69HRC，具有耐磨、红硬性高、高温硬度高、热塑性好等优点	制作成刨刀、滚刀、拉刀等切削工具，用于加工高温合金、超高强度钢等难切削材料，也用于制造高负荷的冷作模具，如冷挤压模具等

续表

牌号	主要特性	主要用途
W12Cr4V5Co5	属高碳高钒含钴高速钢，具有很好的耐磨性，硬度高，抗回火稳定性良好，高温硬度和热硬性均较高，因此工作温度高，工作寿命较其他高速钢成倍提高	适用于加工难加工材料，如高强度钢、中强度钢、冷轧钢、铸造合金钢等；适用于制作车刀、铣刀、齿轮刀具、成型刀具、螺纹加工刀具及冷作模具（但不适于制造高精度的复杂刀具）
W6Mo5Cr4V2Co5	为钨钼系一般含钴型高速钢，较W6Mo5Cr4V2高速钢提高了红硬性、高温硬度和耐磨性，有较好的切削性，但强度和冲击韧性较低，易于氧化脱碳	主要用于齿轮刀具、铣削工具以及冲头、刀头等工具，供切削硬质材料
W6Mo5Cr4V3Co8	在通用高速工具钢的基础上加入一定量的钴，可显著提高钢的硬度、耐磨性和韧性，具有一定的高温力学性能、热疲劳性、导热性和耐磨腐蚀性能等	广泛应用于需要耐高温、高负荷工况的行业中，如航空航天、能源、模具制造等
W7Mo4Cr4V2Co5	为钨钼系超硬型高速钢，钴元素提高了红硬性及高温硬度，改善了耐磨性，有较好的切削性，但强度和冲击韧性较低	制作冷挤压凹模和上下冲头等；切削高温合金、钛合金和超高强度钢等的车刀、刨刀、铣刀等
W2Mo9Cr4VCo8	属高碳含钴超硬型高速钢，刀具高的室温及高温硬度，热硬性高，可磨削性好，刀刃锋利	制作各种高精度复杂刀具，如成型铣刀、精拉刀、专用钻头、车刀、刀头及刀片；亦可加工铸造高温合金、钛合金、超高强度钢等难加工材料
W10Mo4Cr4V3Co10	力学性能（高硬度、高耐磨性和高强度）优异。室温硬度可达65～70HRC，高温下仍能保持在60HRC以上。同时，韧性和塑性良好，能够承受较大的冲击载荷和切削力	广泛应用于制造各种切削工具，如钻头、铣刀、车刀等

6.5.4 高速工具钢热轧窄钢带（YB/T 084—2016）

① 分类　按厚度尺寸分普通精度和较高精度两种。

② 化学成分　符合 YB/T 084—2016 表 6 要求。

③ 规格　见表 6-35、表 6-36。

表 6-35　热轧锯带的常用规格尺寸　mm

长度	宽度	厚度	长度	宽度	厚度	长度	宽度	厚度
332	25.5	1.25	432	40	1.80	537	48	2.50
382	25.5	1.25	482	35	1.60	588	48	2.50
382	35	1.60	482	40	1.80	648	54	2.50
432	35	1.60	537	42	2.00	748	54	2.50

表 6-36　平面直带和热轧宽带的常用规格尺寸　mm

平面直带			热轧宽带		
长度	宽度	厚度	长度	厚度	宽度
≤850	≤52 >52～66	≤2.5 2.5～3.0	≥6000	1.6～2.3	≤52 >52～66

④ 硬度　见表 6-37。

表 6-37　交货状态（退火）硬度

牌号	布氏硬度[①]（HBW）	试样热处理制度及淬回火硬度					
		预热温度/℃	淬火温度/℃		淬火介质	回火温度[②]/℃	洛氏硬度[③]（HRC）≥
			盐浴炉	箱式炉			
W4Mo3Cr4VSi	207～255	800～900	1160～1180	1170～1190	油或盐浴	540～560	63
W6Mo5Cr4V2	207～255		1200～1220	1210～1230		540～560	64
W9Mo3Cr4V	207～255		1200～1220	1210～1230		540～560	64
W6Mo5Cr4V2Al	217～269		1190～1210	1200～1220		550～570	65
W6Mo3Cr4V2	207～255		1180～1200	1190～1210		540～560	64
W3Mo2Cr4V2Si	207～255		1140～1170	1150～1180		540～560	63

① 退火态硬度。

② 试样淬火后回火 2 次，每次 1h。

③ 试样淬回火硬度供方若能保证可不检验。

6.5.5 碳素工具钢热轧钢板（GB/T 3278—2023）

① 分类

a. 钢板和钢带按边缘状态分为切边（EC）和不切边（EM）。

b. 连轧钢板和钢带按厚度精度分为普通厚度精度（PT. A）和较高厚度精度（PT. B）。

c. 钢板和钢带按表面处理方式分为轧制表面（SR）和酸洗表面（SA）。

d. 按化学成分分为碳素钢和合金钢，详见GB/T3278—2023表1和表2。

② 牌号及硬度 见表6-38。

③ 规格 厚度不大于25mm，其他尺寸应符合GB/T 709的规定。

④ 交货状态 通常为热轧状态，需方有要求时可提供退火或酸洗状态。

表6-38 碳素工具钢热轧钢板的硬度

牌号	热轧状态硬度(HRC)	退火状态硬度(HBW)≤	牌号	热轧状态硬度(HRC)	退火状态硬度(HBW)≤
T7A	21～27	207	30CrMo	20～25	229
T8A	22～28	207	40Cr	21～26	207
T8MnA	23～29	207	60CrV	22～27	255
T9A	24～30	223	SiCrV	23～28	260
T10A	25～31	223	75Cr	24～29	277
T11A	26～32	229	75CrV	24～29	277
T12A	27～33	229	80CrV	26～31	287
T13A	28～36	229	9SiCr	27～35	295

注：热轧钢带在取硬度试样时，热轧态硬度值一般高于表中硬度值5～10HRC。

6.5.6 碳素工具钢丝（YB/T 5322—2010）

用于制造碳素钢圆形工具和零件。

① 分类 按交货状态分为冷拉（WCD）、磨光（SP）和退火（A）。可以盘状或直条交货。

② 化学成分 应符合GB/T 1298的规定。

③ 直径范围 1.00～16.00mm。

④ 长度 直条钢丝通常长度见表6-39，盘状交货钢丝质量见表6-40。

表 6-39　碳素工具钢直条钢丝长度　mm

钢丝公称直径	通常长度	短尺	
		长度　≥	数量
1.00～3.00	1000～2000	800	不超过每批质量 15%
>3.00～6.00	2000～3500	1200	
>6.00～16.00	2000～4000	1500	

表 6-40　碳素工具钢盘状钢丝质量

钢丝公称直径/mm	每盘质量/kg　≥	钢丝公称直径/mm	每盘质量/kg　≥
1.00～1.50	1.50	>3.00～4.50	8.00
>1.50～3.00	5.00	>4.50	10.00

⑤ 牌号和热处理　见表 6-41。

表 6-41　碳素工具钢盘状钢丝的硬度

牌号	试样淬火			退火硬度(HBW) ≤
	淬火温度/℃	冷却剂	硬度值(HRC) ≥	
T7(A)	800～820	水	62	187
T8(A),T8Mn(A)	780～800			
T9(A)	760～780	水		192
T10(A)				197
T11(A),T12(A)				207
T13(A)				217

注：1. 直径小于 5mm 的钢丝不做试样淬火硬度和退火硬度检验。
2. 检验退火硬度时，不检验抗拉强度。

⑥ 力学性能　见表 6-42。

表 6-42　钢丝的抗拉强度

牌号	抗拉强度/MPa		牌号	抗拉强度/MPa	
	热处理状态	冷拉状态		热处理状态	冷拉状态
T7(A),T8(A) T8Mn(A),T9(A)	490～685	≤1080	T10(A),T11(A) T12(A),T13(A)	540～735	≤1080

6.5.7　高速工具钢丝（YB/T 5302—2010）

用于制造各类工具，也可用于制造偶件针阀等其他零件。

① 分类 按交货状态分为磨光（SP）和退火（A）两种。

② 直径 1.00～16.00mm。

③ 牌号 有 W3Mo3Cr4V2、W4Mo3Cr4VSi、W18Cr4V、W2Mo9Cr4V2、W6Mo5Cr4V2、CW6Mo5Cr4V2、W9Mo3Cr4V、W6Mo5Cr4V3、CW6Mo5Cr4V3、W6Mo5Cr4V2A1、W6Mo5Cr4V2Co5 和 W2Mo9Cr4VCo8 共12个。

④ 交货状态 退火或磨光的盘状或直条。

⑤ 直条长度或盘状质量 见表6-43、表6-44。

表 6-43 高速工具钢直条钢丝长度 mm

钢丝公称直径	通常长度	短尺	
		长度 ≥	数量
1.00～3.00	1000～3000	800	不超过每批质量10%
>3.00	2000～4000	1200	

表 6-44 高速工具盘状钢丝质量

钢丝公称直径/mm	每盘质量/kg ≥	钢丝公称直径/mm	每盘质量/kg ≥
<3.00	15	≥3.00	30

6.5.8 合金工具钢丝（YB/T 095—2015）

用于制造圆形合金工具和零件。

① 直径范围 1.00～20.0mm（预硬化状态钢丝为3.00～13.0mm）。

② 牌号和硬度 见表6-45。

表 6-45 退火钢丝的布氏硬度值与试样淬火后的洛氏硬度值

牌号	退火交货状态钢丝硬度(HBW)≤	试样淬火硬度		
		淬火温度/℃	冷却剂	淬火硬度(HRC)≥
9SiCr	241	820～860	油	62
5CrW2Si	255	860～900	油	55
5SiMoV	241	840～860	盐水	60
5Cr3MnSiMo1V	235	925～955	空	59

续表

牌号	退火交货状态钢丝硬度(HBW)≤	试样淬火硬度		
		淬火温度/℃	冷却剂	淬火硬度(HRC)≥
Cr12Mo1V1	255	980～1040	油或(空)	62(59)
Cr12MoV	255	1020～1040	油或(空)	61(58)
Cr5Mo1V	255	925～985	空	62
CrWMn	255	820～840	油	62
9CrWMn	255	820～840	油	62
3Cr2W8V	255	1050～1100	油	52
4Cr5MoSiV	235	1000～1030	油	53
4Cr5MoSiVS	235	1000～1030	油	53
4Cr5MoSiV1	235	1020～1050	油	56

注：直径小于5.0mm的钢丝不作退火硬度检验，根据需方要求可作拉伸或其他检验，合格范围由双方协商。

③ 化学成分　5SiMoV和4Cr5MoSiVS钢丝应符合YB/T 095—2015表1规定，其他牌号应符合GB/T 1299—2014的规定。

④ 力学性能　见表6-46。

表6-46　各级别预硬钢丝的硬度和抗拉强度

级别	1	2	3	4
洛氏硬度(HRC)	35～40	40～45	45～50	50～55
抗拉强度/MPa	1080～1240	1240～1450	1450～1710	1710～2050
维氏硬度①(HV)	330～380	380～440	440～510	510～600

① 维氏硬度（HV）仅供参考，不作判定依据。

注：硬度与抗拉强度按GB/T 1172—1999表1中铬硅锰钢的规定换算，四舍五入取整。

6.5.9　高速工具钢锻件（JB/T4290—2011）

高速工具钢锻件是指经镦拔的（其他的新型高速工具钢锻件也可参照使用）。

① 牌号和淬火温度　见表6-47。

表 6-47　高速工具钢锻件试样（盐浴）淬火温度

钢号	淬火温度/℃	钢号	淬火温度/℃
W18Cr4V①	1250～1270	CW6Mo5Cr4V3	1180～1200
W2Mo8Cr4V	1180～1200	W2Mo9Cr4V2	1190～1210
W6Mo5Cr4V4	1200～1220	W6Mo5Cr4V2Co5	1190～1210
W6Mo5Cr4V3Co8	1170～1190	W7Mo4Cr4V2Co5	1180～1200
W6Mo5Cr4V2	1200～1220	W2Mo9Cr4VCo8	1170～1190
CW6Mo5Cr4V2	1190～1210	W9Mo3Cr4V	1200～1220
W6Mo5Cr4V3	1190～1210	W6Mo5Cr4V2Al	1200～1220

① 钨系，其他为钨钼系。

注：680～700℃回火 1h。

② 退火硬度　见表 6-48。

表 6-48　高速工具钢锻件的退火硬度

钢号	硬度（HBW）	钢号	硬度（HBW）
W18Cr4V	≤255	CW6Mo5Cr4V3	≤262
W2Mo8Cr4V	≤255	W2Mo9Cr4V2	≤255
W6Mo5Cr4V4	≤269	W6Mo5Cr4V2Co5	≤269
W6Mo5Cr4V3Co8	≤285	W7Mo4Cr4V2Co5	≤269
W6Mo5Cr4V2	≤255	W2Mo9Cr4VCo8	≤269
CW6Mo5Cr4V2	≤255	W9Mo3Cr4V	≤255
W6Mo5Cr4V3	≤262	W6Mo5Cr4V2Al	≤269

③ 碳化物均匀度合格级别　见表 6-49。

表 6-49　锻件的碳化物均匀度合格级别

刀具名称	刀具直径　D/mm	碳化物均匀度合格级别
直齿插齿刀	＜100	≤3
	≥100～160	≤4
齿轮滚刀、剃前齿轮滚刀、渐开线花键滚刀	≤100	≤4
	＞100～125	≤5
盘型剃齿刀	≤240	≤4

注：1. 带状和弯曲状碳化物均匀度评级合格级别与碳化物均匀度合格级别相同。
2. ≤240mm 是指公称分度圆直径。

第7章 不锈钢及耐热钢

不锈钢通常是在空气、蒸汽、水等弱腐蚀介质和酸、碱、盐等化学侵蚀性腐蚀介质中不起化学反应，即耐蚀而不生锈的高铬（一般为12%～30%）合金钢。不锈钢的耐蚀性随含碳量的增加而降低，因此，大多数不锈钢的含碳量均不大于1.2%，有些钢的含碳量甚至低于0.03%（如00Cr12）；不锈钢中的合金元素Cr含量至少为10.5%；不锈钢中还含有Ni、Mo、Ti、Mn、N、Nb、Si、Cu等元素。

耐热钢是在高温下具有较高的强度和良好的化学稳定性的合金钢。它包括抗氧化钢和热强钢两类。抗氧化钢一般要求具有较好的化学稳定性，但承受的载荷较低。热强钢则要求具有较高的高温强度和相应的抗氧化性。耐热钢常用于制造在高温下工作的零部件，按其正火组织可分为奥氏体耐热钢、马氏体耐热钢、铁素体耐热钢及珠光体耐热钢等。

耐热钢和不锈耐酸钢在使用范围上互有交叉，一些不锈钢兼具耐热钢特性，既可用作不锈耐酸钢，也可作为耐热钢使用。

7.1 牌号、分类、特性和用途

7.1.1 牌号表示方法

采用碳含量最佳控制值和标准规定的合金元素符号+阿拉伯数字组成，合金元素可以有多个：

□□（□） □ □ □ □

合金元素1	合金元素2	合金元素3	……

用2（或3）位数字表示碳含量最佳控制值（以万分之几或十万分之几计）

注：1. 只规定含碳量上限者，当碳含量上限不大于0.10%时，以其上限

的3/4表示碳含量，否则以其上限的4/5表示碳含量。

2. 对超低碳不锈钢（即碳含量不大于0.030%），用三位阿拉伯数字表示碳含量最佳控制值（以十万分之几计）。

3. 规定含碳量上、下限者，以平均碳含量×100表示。

4. 合金元素含量表示方法同合金结构钢，但特意在钢中加入的Nb、Ti、Zr、N等合金元素，虽然含量很低，也应在牌号中标出。

5. 易切削不锈钢前冠以“Y”。

牌号标注例见例1～例4。

例1：牌号06Cr19Ni10表示碳含量不大于0.08%，铬含量为18.00%～20.00%，镍含量为8.00%～11.00%的不锈钢。

例2：牌号为022Cr18Ti表示碳含量不大于0.030%，铬含量为16.00%～19.00%，钛含量为0.10%～1.00%的不锈钢。

例3：牌号为20Cr15Mn15Ni2N表示碳含量为0.15%～0.25%，铬含量为14.00%～16.00%，锰含量为14.00%～16.00%，镍含量为1.50%～3.00%，氮含量为0.15%～0.30%的不锈钢。

例4：牌号为20Cr25Ni20表示碳含量为不大于0.25%，铬含量为24.00%～26.00%，镍含量为19.00%～22.00%的耐热钢。

7.1.2 按金相组织分类

不锈钢和耐热钢可按合金元素的成分、特性、用途等进行分类，也可按金相组织状态分为奥氏体型、铁素体型、奥氏体-铁素体（双相）型、马氏体型和沉淀硬化型5大类，见表7-1。

表7-1 各类金相组织状态的成分和特点

类别	成分	特点
奥氏体型	含铬大于18%，还含有8%左右的镍及少量钼、钛、氮等元素	塑性、韧性、焊接性、耐蚀性能和无磁或弱磁性等综合性能好，可耐多种介质腐蚀
铁素体型	含铬15%～30%，含碳≤0.20%，不能通过热处理或冷加工强化	耐蚀性、韧性和可焊性随含铬量的增加而提高，耐氯化物应力腐蚀性能优于其他种类不锈钢，但力学性能与工艺性能较差

续表

类别	成分	特点
奥氏体-铁素体型	在含 C 较低的情况下，Cr 含量在 18%～28%，Ni 含量在 3%～10%。有些钢还含有 Mo、Cu、Si、Nb、Ti、N 等合金元素	奥氏体和铁素体组织各约占一半，兼有奥氏体和铁素体不锈钢的优点，并具有超塑性，具有优良的耐孔蚀性能，也是一种节镍不锈钢
马氏体型	含铬＞18%，含碳＞1.20%	含碳较高，故具有较高的强度、硬度和耐磨性，但耐蚀性、塑性和可焊性较差
沉淀硬化型	含 Fe、Cr、Ni 和沉淀硬化元素 Cu、Al、Ti、Nb	能通过沉淀硬化(时效)处理使其硬(强)化，具有高强度、足够的韧性和适宜的耐蚀性

7.1.3 适用加工产品形状（GB/T 20878—2007）

（1）奥氏体型不锈钢和耐热钢

表 7-2　奥氏体型不锈钢和耐热钢适用加工产品形状

牌号	形状								
	棒	板	带	管	盘条	丝、绳	角钢	坯	锻件
12Cr17Mn6Ni5N	√		√		√				
10Cr17Mn9Ni4N		√	√						
12Cr18Mn9Ni5N	√	√	√		√				√
20Cr13Mn9W14	√	√	√						√
20Cr15Mn15Ni2N					√				
53Cr21Mn9Ni4N	√			√					
26Cr18Mn12Si2N	√								
22Cr20Mn10Ni2Si2N	√								
12Cr17Ni7	√	√	√						
022Cr17Ni7		√	√						
022Cr17Ni7N		√	√						
17Cr18Ni9	√	√							
12Cr18Ni9	√	√	√	√	√	√	√	√	√
12Cr18Ni9Si3		√	√						
Y12Cr18Ni9	√				√	√			

续表

牌号	形状								
	棒	板	带	管	盘条	丝、绳	角钢	坯	锻件
Y12Cr18NiSe	√					√			
06Cr19Ni10	√	√	√	√	√	√	√	√	√
022Cr19Ni10	√	√	√	√	√	√	√	√	
07Cr19Ni10		√	√					√	
05Cr19Ni10Si2CeN		√	√						
06Cr18N9Cu2					√				
06Cr18Ni9Cu3	√				√	√			
06Cr19Ni10N	√	√	√	√		√			
06Cr19Ni9NbN	√	√	√	√					
022Cr19Ni10N	√	√	√	√					
10Cr18Ni12	√	√	√		√	√			
06Cr18Ni12	√				√				
06Cr16Ni18						√			
06Cr20Ni11		√							
22Cr21Ni12N	√			√					
16Cr23Ni13	√	√		√					
06Cr23Ni13	√	√	√	√	√	√			
14Cr23Ni18	√	√							√
20Cr25Ni20	√	√		√					
06Cr25Ni20	√	√	√	√	√	√		√	√
022Cr25Ni22Mo2N		√	√						
015Cr20Ni18Mo6CuN									
06Cr17Ni12Mo2	√	√	√	√	√	√	√	√	
022Cr17Ni12Mo2	√	√	√	√	√	√	√	√	
07Cr17Ni12Mo2				√		√		√	
06Cr17Ni12Mo2Ti	√	√	√	√					
06Cr17Ni12Mo2Nb		√	√						
06Cr17Ni12Mo2N	√	√	√	√					
022Cr17Ni12Mo2N	√	√	√	√					
06Cr18Ni12Mo2Cu2	√	√	√	√					

续表

牌号	形状								
	棒	板	带	管	盘条	丝、绳	角钢	坯	锻件
022Cr18Ni14Mo2Cu2	√	√	√	√					
022Cr18Ni15Mo3N	√	√	√			√			
015Cr21Ni26Mo5Cu2		√	√						
06Cr19Ni13Mo3	√	√	√	√					
022Cr19Ni13Mo3	√	√	√	√				√	
022Cr18Ni14Mo3	√	√	√			√			
03Cr18Ni16Mo5	√								
022Cr19Ni16Mo5N		√	√						
022Cr19Ni13Mo4N		√	√						
06Cr18Ni11Ti	√	√	√	√	√	√	√	√	
07Cr19Ni11Ti				√					
45Cr14Ni14W2Mo	√								√
015Cr24Ni22Mo8Mn3CuN		√	√						
24Cr18Ni8W2	√								√
12Cr16Ni35	√	√							
022Cr24Ni17Mo5Mn6NbN		√	√						
06Cr18Ni11Nb	√		√	√	√	√	√	√	
07Cr18Ni11Nb			√	√				√	
06Cr18Ni13Si4	√			√					
16Cr20Ni14Si2	√								
16Cr25Ni20Si2	√		√						

注：“√”表示可以生产的加工形状，下同。

（2）奥氏体型-铁素体型不锈钢和耐热钢

表 7-3　奥氏体-铁素体型不锈钢和耐热钢适用加工产品形状

牌号	形状								
	棒	板	带	管	盘条	丝、绳	角钢	坯	锻件
14Cr18Ni11Si4AlTi	√	√	√						√
022Cr19Ni5Mo3Si2N	√	√	√	√					
12Cr21Ni5Ti	√	√	√						√
022Cr22Ni5Mo3N	√	√	√						
022Cr23Ni5Mo3N	√	√	√						

续表

牌号	形状								
	棒	板	带	管	盘条	丝、绳	角钢	坯	锻件
022Cr23Ni4MoCuN		√	√						
022Cr25Ni6Mo2N		√	√						
022Cr25Ni7Mo3WCuN									
03Cr25Ni6Mo3Cu2N		√	√						
022Cr25Ni7Mo4N		√	√						
022Cr25Ni7Mo4WCuN		√	√						

（3）铁素体型不锈钢和耐热钢

表 7-4 铁素体型不锈钢和耐热钢适用加工产品形状

牌号	形状								
	棒	板	带	管	盘条	丝、绳	角钢	坯	锻件
06Cr13Al	√	√	√	√					
06Cr11Ti		√							
022Cr11Ti		√	√						
022Cr11NbTi		√	√						
022Cr12Ni		√	√						
022Cr12		√	√						
10Cr15		√	√	√					
10Cr17	√	√	√	√	√	√	√		
Y10Cr17	√				√	√			
022Cr18Ti		√	√	√					
10Cr17Mo	√	√	√		√				
10Cr17MoNb									
019Cr18MoTi		√	√						
022Cr18NbTi		√	√						
019Cr19Mo2NbTi		√	√	√					
16Cr25N	√	√		√					
008Cr27Mo	√	√	√	√					
008Cr30Mo2	√	√	√						

（4）马氏体型不锈钢和耐热钢

表 7-5　马氏体型不锈钢和耐热钢适用加工产品形状

牌号	形状								
	棒	板	带	管	盘条	丝、绳	角钢	坯	锻件
12Cr12	√	√	√					√	
06Cr13	√	√	√	√	√	√			√
12Cr13	√	√	√	√		√		√	√
04Cr13Ni5Mo		√	√						
Y12Cr13	√				√	√			
20Cr13	√	√	√	√	√	√		√	√
30Cr13	√	√	√	√	√	√		√	√
Y30Cr13	√				√				
40Cr13	√	√	√			√		√	√
Y25Cr13Ni2	√								√
14Cr17Ni2	√	√	√		√	√		√	√
17Cr16Ni2	√	√	√						
68Cr17	√	√	√		√				
85Cr17	√				√				√
108Cr17	√				√				
Y108Cr17	√				√				
95Cr18	√				√	√			√
12Cr5Mo	√			√				√	
12Cr12Mo	√								
13Cr13Mo	√				√			√	
32Cr13Mo	√				√				
102Cr17Mo	√				√	√			
90Cr18MoV	√				√				
14Cr11MoV	√								
158Cr12MoV	√								
21Cr12MoV	√								
18Cr12MoVNbN	√								
15Cr12WMoV	√								
22Cr12NiWMoV	√	√							
13Cr11Ni2W2MoV	√	√			√			√	√

续表

牌号	形状								
	棒	板	带	管	盘条	丝、绳	角钢	坯	锻件
14Cr12Ni2WMoVNb	√							√	
10Cr12Ni3Mo2VN		√							
18Cr11NiMoNbVN	√								
13Cr14Ni3W2VB									√
42Cr9Si2	√			√					
45Cr9Si3	√								
40Cr10Si2Mo	√			√				√	√
80Cr20Si2Ni	√			√					

(5) 沉淀硬化型不锈钢和耐热钢

表 7-6 沉淀硬化型不锈钢和耐热钢适用加工产品形状

牌号	形状								
	棒	板	带	管	盘条	丝、绳	角钢	坯	锻件
04Cr13Ni8Mo2Al		√	√						
022Cr12Ni9Cu2NbTi		√	√						
05Cr15NbCu4Nb	√								
05Cr17Ni4Cu4Nb	√	√	√					√	√
07Cr17Ni7Al	√	√	√		√	√			√
07Cr15Ni7Mo2Al	√	√	√			√			
07Cr12Ni4Mn5Mo3Al		√	√			√			
09Cr17Ni5Mo3N		√	√						
06Cr17Ni7AlTi		√	√						
06Cr15Ni25Ti2MoAlVB	√	√	√						

7.1.4 热处理规范

(1) 退火或高温回火及正火

表 7-7 不完全退火、去应力退火或高温回火及正火的热处理规范

组织类型	钢号	不完全退火			正火			去应力退火或高温回火		
		加热温度/℃	冷却方式	硬度(HB)	加热温度/℃	冷却方式	硬度(HB)	加热温度/℃	冷却方式	硬度(HB)
马氏体型	12Cr13	730～780 830～900	空冷	≤229 ≤170	—	—	—	—	—	—
	20Cr13	870～900	炉冷	≤187				730～780	空冷	≤229
	30Cr13			≤206						
	40Cr13			≤229						
	20Cr13Ni2	840～860		206～285						≤254
	14Cr17Ni2	—	—	—	—	—	—	670～690		≤285
	13Cr11Ni2W2MoV				900～1010	空冷		730～750		197～269
	14Cr12Ni2WMoVNb				1140～1160	空冷		680～720		229～320
	13Cr14Ni3W2VB	—	—	—	930～950	—	—	670～690		197～254
	95Cr18	880～920	炉冷	≤269	—	—		730～790		≤269
	90Cr18MoV			≤241						≤254
	32Cr13Ni7Si2	—	淬火并退火与回火：1040～1070℃，水冷；860～880℃，保温 6h，随炉冷却至 300℃后空冷。600～680℃空冷							—
	40Cr10Si2Mo	等温退火	退火：1000～1040℃，保温 1h，随炉冷却至 750℃，保温 3～4h，空冷							197～269
	20Cr3WMoV	—	—	—	1040～1060	空冷	—	740～760	空冷	187～269
	32Cr13Mo	870～900	炉冷	229	—	—		730～780		≤289

(2) 淬火或固溶处理、回火或时效

表 7-8 淬火或固溶处理、回火或时效的热处理规范

组织类别	钢号	淬火或固溶处理		按强度选择的回火或时效规范			按硬度选择的回火或时效规范		
		加热温度/℃	冷却介质	抗拉强度/MPa	回火或时效温度[①]/℃	冷却介质	布氏硬度(HB)	回火或时效温度[①]/℃	冷却介质
马氏体型	12Cr13	1000～1050	油或空气	780～980	580～650	油或水	254～302	580～650	油或水
				880～1080	560～620		285～341	560～620	
				980～1180	550～530		354～362	550～580	
				1080～1270	520～560		341～388	520～560	
				＞1270	＜300	空气	＞388	＜300	空气
	20Cr13	980～1050	油或空气	690～800	640～690	油或空气	229～269	650～690	油或空气
				880～1080	560～640		254～285	600～650	
				980～1180	540～590		285～341	570～600	
				1080～1270	520～560		341～388	540～570	
				1180～1370	500～540		388～445	510～540	
				＞1370	＜350	空气	＞445	＜350	
	30Cr13	980～1050	油或空气	880～1080	580～620	油或水	254～285	620～680	油或水
				980～1180	560～610		285～341	580～610	
				1080～1270	550～600		341～388	550～600	
				1180～1370	540～590		388～445	520～570	
				1270～1470	530～570		445～514	500～530	
				＞1470	＜350	空气	＞514	＜350	空气

续表

组织类别	钢号	淬火或固溶处理		按强度选择的回火或时效规范			按硬度选择的回火或时效规范		
		加热温度/℃	冷却介质	抗拉强度/MPa	回火或时效温度①/℃	冷却介质	布氏硬度（HB）	回火或时效温度①/℃	冷却介质
马氏体型	40Cr13	1000～1050	油或空气	980～1180	590～640	油或水	285～341	600～650	油或空气
				1080～1270	570～620		341～388	570～610	
				1180～1370	550～600		388～445	530～580	
				1270～1470	540～580		—	—	
				1370～1570	300～357		445～514	300～370	空气
				＞1570	＜350	空气	＞514	＜350	
	20Cr13Ni2	1000～1020	油或空气	880～1080	580～680	油或水	269～302	580～680	油或水
				980～1180	540～630		285～362	540～630	
				1080～1270	520～580		302～388	520～580	
				1180～1370	500～540		362～445	500～540	
		900～930		1370～1570	＜300	空气	≥44HRC	＜300	空气
	14Cr17Ni2	950～1040	油	690～880	580～680	油或水	229～269	580～700	油或空气
				780～900	590～650		254～302	600～680	
				880～1080	540～600		285～341	520～580	
				980～1180	500～560		320～375	480～540	
				1080～1270	480～547		—	—	
				＞1270	300～360	空气	＞375	＜350	空气
	13Cr11Ni2W2MoV	990～1010	油或空气	＜890	680～740	空气	241～258	680～740	空气
				880～1080	640～680		269～320	650～710	
				＞1080	550～590		311～388	550～590	

续表

组织类别	钢号	淬火或固溶处理		按强度选择的回火或时效规范			按硬度选择的回火或时效规范		
		加热温度/℃	冷却介质	抗拉强度/MPa	回火或时效温度①/℃	冷却介质	布氏硬度(HB)	回火或时效温度①/℃	冷却介质
马氏体型	14Cr12Ni2WMoVNb	1140～1160	油或空气	<880	680～740	空气	241～258	680～740	空气
				880～1080	640～680		269～320	650～710	
				>1080	570～600		320～401	570～600	
	13Cr14Ni3W2VB	1040～1060	油或空气	>930	600～680	空气	285～341	600～680	空气
				>1130	500～600		330～388	550～600	
	40Cr10Si2Mo	1010～1050		—	—	—	302～341	700～760	空气
	95Cr18②	1010～1070	油	—	—	—	50～55HRC	250～380	空气
							>55HRC	160～250	
	90Cr18MoV②	1050～1070	油	—	—	—	50～55HRC	260～320	空气
							>55HRC	160～250	
	32Cr13Ni7Si2③	790～810	油	—	—	—	341～401	—	—
	20Cr3WMoV	1030～1080	油	>880	660～700	—	285～341	660～700	空气
奥氏体型	06Cr18Ni9	1050～1100	空气或水	—	—	—	—	—	—
	12Cr18Ni9	1050～1150		—	—	—	—	—	—
	17Cr18Ni9	1100～1150		—	—	—	—	—	—
	12Cr18Ni9Ti④	1050～1150		—	—	—	—	—	—
	20Cr13Ni4Mn9	1120～1150		—	—	—	—	—	—
	45Cr14Ni4W2Mo	1040～1060	水	—	—	—	197～285	620～680	空气
				—	—	—	179～285	810～830	

续表

组织类别	钢号	淬火或固溶处理		按强度选择的回火或时效规范			按硬度选择的回火或时效规范		
		加热温度/℃	冷却介质	抗拉强度/MPa	回火或时效温度①/℃	冷却介质	布氏硬度（HB）	回火或时效温度①/℃	冷却介质
奥氏体型	24Cr18Ni8W2	1020～1060	水	—	—	—	≤276	640～660	空气
		—	—	—	—	—	234～276	810～830	
	12Cr21Ni5Ti	950～1050	空气或水	—	—	—	—	—	—
	12Cr18Mn8Ni5N	940～960		—	—	—	—	—	—
		1060～1080							
	07Cr19Ni11Si4AlTi	980～1020	水	—	—	—	—	—	—
	13Cr14Mn14Ni	1000～1150	空气或水	—	—	—	—	—	—
	13Cr14Mn14Ni3Ti	1050～1100		—	—	—	—	—	—
	14Cr23Ni8	1050～1150		—	—	—	—	—	—
沉淀硬化型	06Cr17Ni4Cu4Nb⑤	1030～1050	空气或水	>930	580～620	空气	30～35HRC	600～620	空气
				>980	550～580		35～40HRC	550～580	
				>1080	500～550		38～43HRC	500～550	
				>1180	480～500		41～45HRC	460～500	

续表

组织类别	钢号	淬火或固溶处理		按强度选择的回火或时效规范			按硬度选择的回火或时效规范		
		加热温度/℃	冷却介质	抗拉强度/MPa	回火或时效温度[①]/℃	冷却介质	布氏硬度(HB)	回火或时效温度[①]/℃	冷却介质
沉淀硬化型	06Cr17Ni7Al[⑥]	Ⅰ:1050～1070	—	—	—	—	—	—	—
		Ⅱ	空气或水	＞1140	—	—	≥39HRC	—	—
		Ⅲ		＞1250	—	—	≥41HRC	—	—
	06Cr15Ni7Mo2Al[⑥]	Ⅰ:1050～1070	—	—	—	—	—	—	—
		Ⅱ	空气或水	＞1210	—	—	≥40HRC	—	—
		Ⅲ		＞1250	—	—	≥41HRC	—	—

① 在保证强度和硬度的前提下，回火温度可适当调整。

② 当采用上限淬火温度时，可进行深冷处理，并低温回火。

③ 可采用930～990℃淬火或850～900℃稳定化退火。

④ 淬火前应经1040～1070℃，水冷，860～880℃保温6h，随炉冷却至300℃空冷，600～680℃空冷。

⑤ 如工件要冷变形时，应适当提高固溶温度，进行调整处理，然后再进行回火处理。

⑥ Ⅰ处理后可进行冷变形。Ⅱ或Ⅲ为连续进行的热处理工艺。

Ⅱ1050～1070℃（空气或水）＋760℃×90min（空气）＋565℃回火×90min(空气)。

Ⅲ1050～1070℃（空气或水）＋950℃×10min（空气）＋深冷处理－70℃×8h，恢复至室温后再加热到510℃回火×(30～60min)，空冷。

7.1.5 热处理制度

(1) 马氏体不锈钢

表 7-9　常用马氏体不锈钢的热处理制度

钢号	淬火		回火		典型用途举例
	淬火温度/℃	冷却方式	回火温度/℃	冷却方式	
12Cr13	1000～1050	油、水	650～790	油、水 空气	汽轮机叶片 和水压机阀
20Cr13	1000～1050	油淬	650～770		
30Cr13	1000～1050	油淬	200～300		热压机阀门
40Cr13	1050～1100	油淬	200～300		手术刀片
10Cr17Ni2	950～1050	油淬	275～350	空气	要求高强度 的耐硝酸工件
95Cr18	950～1050	油淬	150～300	油、空气	
90Cr18MoV	1050～1075	油淬	0～200	空气	高耐磨工件

表 7-10　马氏体不锈钢的退火温度（参考）

钢号	退火温度/℃	钢号	退火温度/℃
12Cr12	750～900	20Cr13	750～900
12Cr13	750～900	68Cr17	750～900
06Cr13	750～900		

注：在作结构钢用时，应在淬火的基础上进行回火（调质状态），马氏体不锈钢有回火脆性，回火温度一般不应低于 580℃。从回火温度冷却时，为避免回火脆性一般采用油冷（有时为了得到较高的屈服极限，也可以采用空冷，但这时结构钢的一个重要力学指标冲击值会下降）。需注意的是，马氏体不锈钢在淬火后，应尽快回火，否则材料易产生裂纹。

(2) 铁素体不锈钢

表 7-11　常用铁素体不锈钢的热处理制度

钢号	加热温度/℃	冷却方式	典型用途举例
0Cr13	1000～1050	油、水	抗水蒸气设备、 食品厂设备
1Cr17	750～800	空气	
Cr17Ti、1Cr17Ti	750～800	空气	
1Cr28、Cr25	700～800	空气	硝酸设备
1Cr27Mo2TiCr28	700～800	空气	硝酸浓缩设备

表 7-12 铁素体不锈钢的退火温度（参考）

钢号	退火温度/℃	钢号	退火温度/℃
10Cr17	750～850	10Cr15	780～850
022Cr12	700～820	10Cr17Mo	780～850
06Cr13Al	780～830		

注：退火处理时，一定要缩短在 370～550℃温度范围内的停留时间。

（3）奥氏体不锈钢

表 7-13 常用奥氏体不锈钢固溶热处理制度

钢号	加热温度/℃	冷却方式	用途举例
00Cr18Ni10	1050～1100	水	耐蚀性好、化工设备
1Cr18Ni9、2Cr18Ni9	1050～1150		耐硝酸等设备
0Cr18Ni9Ti	950～1050		抗磁仪表、医疗器械、耐酸容器设备
1Cr18Ni9Ti	1100～1150		

表 7-14 奥氏体不锈钢固溶热处理加热时间

直径或厚度/mm	6.35	6.35～<25.4	25.4～<51	51～<76	76～<100
升温时间/h	0.5	0.75	1.25	1.75	2.25
保温时间/h	10～20min	0.5	0.5～<1	0.5～<1	0.5～<1

表 7-15 奥氏体不锈钢固溶热处理保温时间

厚度/mm	<1.6	1.6～<3.2	3.2～<12.7	>12.7
保温时间/min	5	15	30	60

表 7-16 常用奥氏体不锈钢退火温度（参考）

钢号	退火温度/℃	钢号	退火温度/℃
0Cr18Ni9	1010～1120	00Cr17Ni12Mo2	1010～1150
00Cr18Ni9	1010～1150	Y1Cr18Ni9	1050～1160
0Cr17Ni12Mo2	1010～1120	0Cr18Ni11Ti	920～1170

（4）奥氏体不锈钢

表 7-17 奥氏体型耐热钢的热处理制度

牌号	固溶处理
12Cr18Ni9	≥1040℃水冷或其他方式快冷
12Cr18Ni9Si3	≥1040℃水冷或其他方式快冷

续表

牌号	固溶处理
06Cr19Ni10	≥1040℃水冷或其他方式快冷
07Cr19Ni10	≥1040℃水冷或其他方式快冷
05Cr19Ni10Si2CeN	1050～1100℃水冷或其他方式快冷
06Cr20Ni11	≥1040℃水冷或其他方式快冷
16Cr23Ni13	≥1040℃水冷或其他方式快冷
06Cr23Ni13	≥1040℃水冷或其他方式快冷
20Cr25Ni20	≥1040℃水冷或其他方式快冷
06Cr25Ni20	≥1040℃水冷或其他方式快冷
06Cr17Ni12Mo2	≥1040℃水冷或其他方式快冷
07Cr17Ni12Mo2	≥1040℃水冷或其他方式快冷
06Cr19Ni13Mo3	≥1040℃水冷或其他方式快冷
06Cr18Ni11Ti	≥1095℃水冷或其他方式快冷
07Cr19Ni11Ti	≥1040℃水冷或其他方式快冷
12Cr16Ni35	1080～1180℃快冷
06Cr18Ni11Nb	≥1040℃水冷或其他方式快冷
07Cr18Ni11Nb	≥1040℃水冷或其他方式快冷
16Cr20Ni14Si2	1060～1130℃水冷或其他方式快冷
16Cr25Ni20Si2	1060～1130℃水冷或其他方式快冷
08Cr21Ni11Si2CeN	1050～1100℃水冷或其他方式快冷

（5）铁素体型耐热钢

表 7-18　铁素体型耐热钢的热处理制度

钢号	退火处理
06Cr13Al	780～830℃快冷或缓冷
022Cr11Ti	800～900℃快冷或缓冷
022Cr11NbTi	800～900℃快冷或缓冷
10Cr17	780～850℃快冷或缓冷
16Cr25N	780～880℃快冷

（6）马氏体型耐热钢

表 7-19　马氏体型耐热钢的热处理制度

钢号	退火处理
12Cr12	约 750℃快冷，或 800～900℃缓冷
12Cr13	约 750℃快冷，或 800～900℃缓冷
22Cr12NiMoWV	—

（7）沉淀硬化型耐热钢

表7-20 沉淀硬化型耐热钢的热处理制度

钢号	固溶处理/℃	沉淀硬化处理
022Cr12Ni9Cu2NbTi	829±15 水冷	480℃±6℃，保温4h，空冷，或510℃±6℃，保温4h，空冷
05Cr17Ni4Cu4Nb	1050±25 水冷	482℃±10℃，保温1h，空冷 496℃±10℃，保温4h，空冷 552℃±10℃，保温4h，空冷 579℃±10℃，保温4h，空冷 593℃±10℃，保温4h，空冷 621℃±10℃，保温4h，空冷 760℃±10℃，保温2h，空冷 621℃±10℃，保温4h，空冷
07Cr17Ni7Al	1065±15 水冷	954℃±8℃，保温10min，快冷至室温，24h内冷至−73℃±6℃，保温≥8h。在空气中加热至室温。加热到510℃±6℃，保温1h，空冷
		760℃±15℃，保温90min，1h内冷却至15℃±3℃。保温≥30min，加热至566℃±6℃，保温90min，空冷
07Cr15Ni7Mo2Al	1040±15 水冷	954℃±8℃，保温10min，快冷至室温，24h内冷至−73℃±6℃，保温不小于8h。在空气中加热至室温。加热到510℃±6℃，保温1h，空冷
		760℃±15℃，保温90min，1h内冷却至15℃±3℃。保温≥30min，加热至566℃±6℃，保温90min，空冷
06Cr17Ni7AlTi	1038±15 空冷	510℃±8℃，保温30min，空冷 538℃±8℃，保温30min，空冷 566℃±8℃，保温30min，空冷
06Cr15Ni25T12MoAlVB	885～915 快冷或965～995 快冷	700～760℃，保温16h，空冷或缓冷

7.1.6 不锈钢的特性和用途

（1）奥氏体型不锈钢

表 7-21　奥氏体型不锈钢的特性和用途

牌号	特性	用途
12Cr17Ni7	亚稳定奥氏体不锈钢，最易冷变形强化。经冷加工有高的强度和硬度，并仍保留足够的塑韧性，在大气条件下具有较好的耐蚀性	主要用于以冷加工状态承受较高负荷，又希望减轻装备重量和不生锈的设备和部件；如铁道车辆、装饰板、传送带、紧固件等
12Cr17Mn6Ni5N	性能与 12Cr17Ni7 相近，在固溶态无磁，冷加工后具有轻微磁性	可代替 12Cr17Ni7，主要用于制造旅馆装备，厨房用具、交通工具等
12Cr18Mn9Ni5N	在 800℃以下具有很好的抗氧化性，且保持较高的强度，可代替 12Cr18Ni9 使用	主要用于制作 800℃以下经受弱介质腐蚀和承受负荷的零件，如炊具、餐具等
12Cr18Ni9	历史最悠久的奥氏体不锈钢，在固溶态具有良好的塑性、韧性和冷加工性，在氧化性酸和大气、水、蒸汽等介质中耐蚀性也好。冷加工后有高的强度，但伸长率比 12Cr17Ni7 稍差	主要用于对耐蚀性和强度要求不高的结构件和焊接件，如建筑物外表装饰材料；也可用于无磁部件和低温装置的部件。但在敏化态和焊后有晶间腐蚀倾向，不宜用作焊接结构材料
Y12Cr18Ni9	是 12Cr18Ni9 改进切削性能钢	最适用于快速切削（如自动车床）制作辊、轴、螺栓、螺母等
Y12Cr18Ni9Se	除调整 12Cr18Ni9 钢的磷、硫含量外，还加入硒，以提高 12Cr18Ni9 钢的切削性能	用于小切削量，也适用于热加工或冷顶锻，如螺钉、铆钉等
03Cr18Ni16Mo5	耐点蚀性能优于 022Cr17Ni12Mo2 和 06Cr17Ni12Mo2Ti，在硫酸、甲酸、醋酸等介质中的耐蚀性要比一般含 2%～4% Mo 的常用 Cr-Ni 钢更好	主要用于处理含氯离子溶液的热变换器、醋酸设备、磷酸设备、漂白装置等，以及 022Cr17Ni2Mo2 和 06Cr17Ni12Mo2Ti 钢不适用环境中使用
06Cr18Ni11Nb	添加铌提高耐晶间腐蚀性能，在酸、碱、盐等腐蚀介质中的耐蚀性同 06Cr18Ni11Ti，焊接性能良好	作耐蚀和耐热钢使用，主要用于火电厂、石油化工等领域，如制作容器、管道、热交换器、轴类等，也可作为焊接材料使用

续表

牌号	特性	用途
06Cr18Ni11Ti	添加钛提高了耐晶间腐蚀性能，并具有良好的高温力学性能，可用超低碳奥氏体不锈钢代替	除专用(高温或抗氢腐蚀)外，一般情况不推荐使用
06Cr18Ni13Si	在06Cr19Ni10中增加镍，添加硅，提高耐应力腐蚀断裂性能	用于含氯离子环境，如汽车排气净化装置等
06Cr18Ni9Cu3	在06Cr19Ni10中加入铜，减少其冷作硬化倾向，故在较小的成型力下可获得最大的冷变形	主要用于制作冷镦紧固件、深拉等冷成型的部件
06Cr19Ni10	塑性、韧性、冷加工性良好，在氧化性酸和大气、水等介质中耐蚀性好，但在敏态或焊接后有晶间腐蚀倾向，耐蚀性优于12Cr18Ni9	可用作薄截面尺寸的焊接件，制造深冲成型部件和输酸管道、容器、结构件等，也可以制造无磁、低温设备和部件
06Cr19Ni10N	加N后提高钢的强度和加工硬化倾向，塑性不降低，改善钢的耐点蚀、晶间腐蚀性	用于有一定耐腐要求，并要求较高强度和减轻重量的设备、结构部件
06Cr19Ni9NbN	加N和Nb提高钢的耐点蚀、晶间腐蚀性能	用途与06Cr19Ni10N相同
05Cr19Ni10Si2N	强度和加工硬化倾向提高，塑性不降低，改善钢的耐点蚀、晶间腐蚀性	可承受重负荷，用于结构上要求强度较高的部件
06Cr23Ni13	耐腐蚀性比06Cr19Ni10好	多作为耐热钢使用
06Cr25Ni20	抗氧化性比06Cr23Ni13好	多作为耐热钢使用
06Cr17Ni12Mo2	在海水和其他各种介质中，耐腐蚀性比06Cr19Ni10好	主要用于耐点蚀材料
06Cr17Ni12Mo2Nb	有较好的耐晶间腐蚀性	用于耐硫酸、磷酸、甲酸、乙酸的设备
06Cr17Ni12Mo2N	在06Cr17Ni12Mo2基础上加入N，提高强度，不降低塑性	用于耐腐蚀性较好的强度较高的部件
06Cr18Ni11Ti	添加Ti提高耐晶间腐蚀性，并有良好的高温力学性能	专用高温或抗氢腐蚀材料，一般不推荐作装饰部件
06Cr18Ni12Mo2Cu2	在06Cr18Ni12Mo2钢中加入铜，耐腐蚀性、耐点蚀性更好	主要用于制作耐硫酸材料，也可用作焊接结构件和管道、容器等

续表

牌号	特性	用途
06Cr19Ni13Mo3	耐点蚀性比06Cr17Ni12Mo2好	用于造纸、印染、石化及耐有机酸腐蚀的设备材料等
06Cr23Ni13	耐腐蚀性比06Cr19Ni10钢好	实际上多作为耐热钢使用
06Cr25Ni20	在氧化性介质中具有优良的耐蚀性，同时高温力学性能良好，抗氧化性优于0Cr23Ni13，耐点蚀和耐应力腐蚀能力优于18-8型不锈钢	既可用于耐蚀部件，又可作为耐热钢使用
10Cr18Ni12	加工硬化性比06Cr19Ni10低	用于旋压加工、特殊拉拔和冷镦等
12Cr17Mn6Ni5N	节镍钢，性能与12Cr17Ni7相近，并可代替它，在固溶态无磁，冷加工后具有轻微磁性	主要用于制造旅馆装备、厨房用具、交通工具等
12Cr18Mn9Ni5N	节镍钢，Cr-Mn-Ni-N系中最典型的钢种。在800℃以下具有很好的抗氧化性，且保持较高的强度	可代替12Cr18Ni9使用，主要用于制作800℃以下经受弱介质腐蚀和承受负荷的零件，如炊具、餐具等
015Cr21Ni26Mo5Cu2	耐硫酸、磷酸、醋酸等腐蚀，耐氯化物孔蚀、缝隙腐蚀和应力腐蚀	主要用于石化、化工、化肥、海洋开发等的塔、槽、管、换热器等
022Cr17Ni12Mo2N	在022Cr17Ni12Mo2钢中加入氮，耐晶间腐蚀性好	主要用于化肥、造纸、制药和高压设备
022Cr18Ni14Mo2Cu2	耐晶间腐蚀性能比06Cr18Ni12Mo2Cu2好	同06Cr18N12Mo2Cu2钢
022Cr19Ni10	含碳量低，除强度稍低于06Cr18Ni9外，其他性能与其相当，但敏化态耐晶间腐蚀性能明显优于它，焊接后不用进行热处理	主要用于需焊接且焊接后又不能进行固溶处理的耐蚀设备和部件，如耐硫酸、磷酸、蚁酸、醋酸的设备
022Cr19Ni10N	是06Cr19Ni10N的超低碳钢，450～900℃加热后耐晶间腐蚀	推荐用于焊接设备构件
022Cr19Ni13Mo3	含碳量比06Cr19Ni13Mo3更低，故耐晶间腐蚀性能更好，在焊接整体件时抑制析出碳	用途与06Cr19Ni13Mo3钢相同

续表

牌号	特性	用途
022Cr25Ni22Mo2N	加N提高钢的耐孔蚀性，且使钢具有更高的强度和稳定性	适用于尿素生产中汽提塔的结构材料，性能远优于022Cr17Ni12Mo2
022Cr19Ni13Mo3	为06Cr19Ni13Mo3的超低碳钢，耐晶间腐蚀，抗蠕变能力优	用于制造耐硫酸、磷酸、蚁酸、醋酸的设备
022Cr19Ni16Mo5N	高Mo不锈钢，耐孔蚀性比一般含2%～4%Mo的常用Cr-Ni钢更好	硫酸、甲酸、醋酸等介质中的耐蚀零部件

(2) 奥氏体-铁素体型不锈钢

表7-22 奥氏体-铁素体型不锈钢的特性和用途

<table>
<tr><th>牌号</th><th>特性</th><th>用途</th></tr>
<tr><td>12Cr21Ni5Ti</td><td>具有较高的强度和耐腐蚀性能，耐酸腐蚀</td><td>用于化学工业、食品工业的容器及设备</td></tr>
<tr><td>14Cr18Ni11Si4AlTi</td><td>含硅使钢的强度和耐浓硝酸腐蚀性能提高，抗高温、耐腐蚀</td><td>用于制作抗高温、浓硝酸介质的零件和设备，如排酸阀门等</td></tr>
<tr><td>03Cr25Ni6Mo3Cu2N</td><td>力学性能和耐局部腐蚀性能良好，尤其是耐磨损腐蚀性能优越，是海水环境中使用的理想材料</td><td>适合作舰船用的螺旋推进器、轴、潜艇密封件等，可在化工、天然气、纸浆、造纸等领域应用</td></tr>
<tr><td>022Cr19Ni5Mo3Si2N</td><td>耐应力腐蚀破裂性能良好，耐点蚀性能与022Cr17Ni14Mo2相当，有较高强度</td><td>适用于含氯离子的环境，如炼油、化肥、造纸、石油、化工等工业制造热交换器、冷凝器等</td></tr>
<tr><td>022Cr22Ni5Mo3N</td><td>耐含硫化氢、二氧化碳、氯化物等介质的侵蚀，可进行冷热加工及成型，焊接性良好</td><td rowspan="2">用于油井管、化工储罐、热交换器、冷凝冷却器等易产生点蚀和应力腐蚀的各种化学装置</td></tr>
<tr><td>022Cr23Ni5Mo3N</td><td>区间特性比022Cr22Ni5Mo3N更窄</td></tr>
</table>

续表

牌号	特性	用途
022Cr23Ni4MoCuN	具有双相组织、优异的耐应力腐蚀断裂和其他形式耐蚀的性能以及良好的焊接性	用于制造储罐和容器
022Cr25Ni6Mo2N	具有高强度、耐氯化物应力腐蚀、耐海水腐蚀性，可焊接等，耐点蚀性能最好	可代替 0Cr26Ni5Mo2 钢使用，用于化工领域制作热交换器、蒸发器和耐海水腐蚀部件等
022Cr25Ni7Mo4WCuN	耐氯化物点蚀和缝隙腐蚀性能比 022Cr25Ni7Mo3N 更佳	主要用于以水（含海水、卤水）为介质的热交换设备
022Cr25Ni7Mo4N	是双相不锈钢中耐局部腐蚀最好的钢，特别是耐点蚀最好，并具有高强度、耐氯化物应力腐蚀、可焊接的特点	非常适用于化工、石油、石化和动力工业中以河水、地下水和海水等为冷却介质的换热设备

(3) 铁素体型不锈钢

表 7-23　铁素体型不锈钢的特性和用途

牌号	特性	用途
06Cr13Al	具有相当于低铬钢的不锈性和抗氧化性，塑性、韧性和冷成型性优于铬含量更高的其他铁素体不锈钢	主要用于 12Cr13 或 10Cr17 由于空气可淬硬而不适用的地方，如石油精制装置、压力容器衬里、蒸汽透平叶片和复合钢板等
10Cr17	耐蚀性良好，用于建筑内装饰、重油燃烧器部件、家庭用具、家用电器部件	脆性转变温度在室温以上，而且对缺口敏感，不适于制作室温以下的承载备件
Y10Cr17	切削性能优于 10Cr17	主要用于大切削量自动车床机加工零件，如螺栓、螺母等
10Cr17Mo 019Cr18MoTi	在钢中加入 Mo，提高钢的耐点蚀、耐缝隙腐蚀性及强度等	海水用设备，化学、染料、造纸、草酸、肥料等生产设备
019Cr19Mo2NbTi	含 Mo 量比 022Cr18MoTi 高，耐腐蚀性提高，耐应力腐蚀破裂性好	用于太阳能热水器、热交换器、食品机器、染色机械等

续表

牌号	特性	用途
022Cr12	焊接部位弯曲性能、加工性能、耐高温氧化性能好	用作汽车排气处理装置，锅炉燃烧室、喷嘴等
022Cr18Ti	降低10Cr17Mo中的C和N，单独或复合加入Ti、Nb或Zr，改善加工性和焊接性	用于建筑内外装饰、车辆部件、厨房用具、餐具
022Cr18NbTi	在10Cr17基础上加入Ti或Nb，降低碳含量，改善加工性、焊接性能	用于热水供应器、卫生器具、家庭耐用机器、自行车轮缘
008Cr27Mo	性能类似于008Cr30Mn2	用于既要求耐蚀性又要求软磁性的场合
008Cr30Mo2	含C、N极低，耐蚀性很好，耐卤离子应力腐蚀破裂、耐点蚀性好	用于制作与醋酸、乳酸等有机酸有关的设备，苛性碱浓缩工程成套设备

（4）马氏体型不锈钢

表7-24 马氏体型不锈钢的特性和用途

牌号	特性	用途
04Cr13Ni5Mo	焊接性能良好	用于大型的水电站转轮和转轮下环等
06Cr13	耐蚀性、加工成型性比12Cr13更优良	用作较高韧性及受冲击负荷的零件，如汽轮机叶片、结构架、衬里、螺栓、螺母和不锈设备等
12Cr12	耐热，强度高	用于汽轮机叶片及高应力部件等
12Cr13	半马氏体型不锈钢，经淬火回火处理后具有较高的强度、韧性、良好的耐蚀性和机加工性能	主要用于韧性要求较高且具有不锈性能的受冲击载荷的部件，如刃具、叶片、紧固件、水压机阀、热裂解抗硫腐蚀设备等，也可制作常温条件耐弱腐蚀介质的设备和部件
Y12Cr13	切削性能最好的不锈钢	用于自动车床切削用零件

续表

牌号	特性	用途
13Cr13Mo	强度高，耐蚀性比12Cr13好	用于制作汽轮机叶片和高温部件等
14Cr17Ni2	热处理后具有较高的力学性能，耐蚀性优于12Cr13和10Cr17	用于既要求高力学性能的可淬硬性，又要求耐硝酸、有机酸腐蚀的轴类、活塞杆、泵、阀等零部件以及弹簧和紧固件
17Cr16Ni2	加工性能明显优于14Cr17Ni2，耐硝酸、有机酸腐蚀性	用于具有较高强度、韧性和塑性的耐硝酸、有机酸腐蚀性零件、容器和设备
20Cr13	其主要性能类似于12Cr13，由于碳含量较高，故其强度、硬度比其更高，而韧性和耐蚀性略低	主要用于制造承受高应力负荷的零件，如汽轮机叶片、热油泵、轴和轴套、叶轮、水压机阀片等，也可用于造纸工业和医疗器械以及刀具、餐具
30Cr13	强度、硬度比12Cr13和20Cr13更高，淬透性更好，但在室温稀硝酸和弱有机酸中的耐蚀性稍差	主要用于高强度部件，以及在承受高应力载荷并在一定腐蚀介质条件下工作的磨损件，如300℃以下的刀具、弹簧，400℃以下的轴、螺栓、阀门和轴承等
Y30Cr13	性能同30Cr13，但切削性能比它更好	用于制造性能与30Cr13相仿而在自动车床上加工的零件
32Cr13Mo	强度和硬度比30Cr13好，增强了二次硬化效应，且耐蚀性更优	用于制造强度、硬度和耐蚀性比30Cr13更好的零件
40Cr13	强度、硬度高于淬火后的30Cr13，而韧性和耐蚀性略低	类似于30Cr13钢，主要用于制造外科医疗用具、轴承、阀门、弹簧等，但其可焊性差，通常不制造焊接部件
68Cr17	淬火硬度比20Cr13高，淬火回火后具有高强度和硬度，并兼有不锈、耐蚀性能	一般用于制造要求具有不锈性或耐稀氧化性酸、有机酸和盐类腐蚀的刀具、量具、轴类、杆件、阀门、钩件等耐磨蚀的部件
85Cr17	类似于68Cr17，但硬度更硬，而韧性比108Cr17好	制造硬度高而韧性好的零件，如刃具、阀座等

续表

牌号	特性	用途
95Cr18	性能与 Cr17 型马氏体不锈钢相似，但耐蚀性有所改善	主要用于制造耐蚀、高强度、耐磨损部件，如轴、泵、阀件、杆类、弹簧、紧固件等
90Cr18MoV 102Cr17Mo	性能与用途类似于 95Cr18，但热强性和抗回火能力更好	主要用来制造承受摩擦并在腐蚀介质中工作的零件，如量具、刃具等
108Cr17	性能类似于 68Cr17，在可淬硬性不锈钢中硬度最高	用途亦类似于 68Cr17，主要用于制作喷嘴、轴承等
Y108Cr17	108Cr17 的改进钢种	在自动车床上加工用

（5）沉淀硬化型不锈钢

表 7-25 沉淀硬化型不锈钢的特性和用途

牌号	特性	用途
05Cr15Ni5Cu4Nb	除高强度外，还具有高的横向韧性和良好的可锻性，耐蚀性与 05Cr17Ni4Cu4Nb 相当	主要应用于具有高强度、良好韧性，又要求有优良耐蚀性的工作环境，如高强度锻件、高压系统阀门部件、飞机部件等
05Cr17Ni4Cu4Nb	可通过改变热处理工艺调整强度，耐蚀性优于 Cr13、95Cr18 和 14Cr17Ni2；抗腐蚀疲劳及抗水滴冲蚀能力优于 12%Cr 马氏体型不锈钢，焊接工艺简便，易于加工制造，但较难进行深度冷成型	主要用于既要求具有不锈性又要求耐弱酸、碱、盐腐蚀的高强度部件，如汽轮机末级动叶片以及在腐蚀环境下工作温度低于 300℃的结构件
07Cr17Ni7Al	是添加 Al 的沉淀硬化钢种，具有良好的冶金和制造加工工艺性能，但热处理工艺复杂	用于 350℃以下长期工作的结构件、容器、管道、弹簧、垫圈等
07Cr15Ni7Mo2Al	综合性能和耐还原性介质腐蚀能力好于 07Cr17Ni7Al	用于宇航、石油化工和能源等领域有一定耐蚀要求的高强度容器、零件及结构件

（6）常用耐酸碱不锈钢的选用

表 7-26　耐硝酸腐蚀不锈钢的选用

介质状况		选用不锈钢牌号
硝酸的质量分数/%	温度/℃	
≤65	—	①18-8 型 Cr-Ni 不锈钢、铁素体不锈钢、马氏体不锈钢：06Cr19Ni10、022Cr19Ni10（硝酸级）、07Cr19Ni11Ti、1Cr18Ni9Ti①、06Cr13、12Cr13、1Cr17Ti①、00Cr17Ti①、10Cr17、0Cr13Si4NbRE①(≤80℃)、07Cr17Ni7Al ②不含 Mo 的双相不锈钢：00Cr25Ni6N①、0Cr21Ni5Ti①、12Cr21Ni5Ti
共沸，≥68.4	—	00Cr25Ni20Nb①(不含 Mo 的双相不锈钢)
≤85	—	00Cr25Ni20Nb①(≤80%)
≥85	≤80	①高 Si(质量分数约为 4%)的 18-8 型 Cr-Ni 不锈钢：0Cr13Si4NbRE①（≤50℃）、1Cr17Ni11Si4AlTi①（≤50℃）、00Cr14Ni14Si4(Ti)①、00Cr17Ni14Si4(Ti、Nb)①、00Cr20Ni24Si4Ti① ②选用 Si 质量分数约为 6%的不锈钢(00Cr17Ni17Si6①)
≥97	≤80	①0Cr13Si4NbRE①、1Cr18Ni11Si4AlTi①、00Cr17Ni14Si4Ti(Nb)① ②Si 质量分数≥5%的 Cr-Ni 不锈钢

① 非国家标准牌号，仅供参考。

表 7-27　耐磷酸腐蚀不锈钢的选用

介质状况	选用不锈钢牌号
纯磷酸(不含杂质)	①18-8 的 Cr-Ni 奥氏体不锈钢：1Cr18Ni9Ti①、022Cr19Ni10、06Cr19Ni10、14Cr17Ni2；铁素体不锈钢：1Cr17Ti、0Cr17Ti；马氏体不锈钢：12Cr13 ②Mo 质量分数为 2%～3%的 Cr-Ni 奥氏体不锈钢更佳：1Cr18Ni12Mo2Ti①、06Cr17Ni12Mo2、022Cr17Ni14Mo2、06Cr17Ni12Mo2Ti、06Cr19Ni13Mo3、022Cr18Ni14Mo3
磷酸中含 F^-、Cl^-杂质	①大量选用 Mo 质量分数为 2%～4%的 Cr-Ni 奥氏体不锈钢：022Cr17Ni14Mo2、06Cr19Ni13Mo3、022Cr19Ni13Mo3 ②Cr≥22%的含 Mo 双相不锈钢：0Cr26Ni6Mo2Cu3①、00Cr22Ni6Mo2N①、00Cr25Ni7Mo3N① ③高 Mo 的 Cr-Ni 奥氏体不锈钢广泛应用：00Cr20Ni25Mo24.5Cu(N)(UB6，2RK65)

续表

介质状况	选用不锈钢牌号
磷酸中含 F^-、Cl^-杂质	④不含 Ni 或含少量 Ni 的高铬铁素体不锈钢：00Cr26Mo1①、008Cr30Mo2、00Cr29Ni2Mo4①、00Cr29Ni4Mo2①
制造 H_3PO_4 浓缩换热器	00Cr27Ni31Mo3Cu(Samicro-28) 其特点是腐蚀速率(mm/a)极低：80℃时为 0.07，90℃时为 0.12，100℃时为 0.21[2RK65 腐蚀速率(mm/a)：80℃时为 0.36，90℃时为 0.80，100℃时为 2.1]

① 非国家标准牌号，仅供参考。

注：介质处于下列工况时，不能选用不锈钢：质量分数为 60%，温度 $t=120$℃；质量分数为 80%，$t=120\sim160$℃；质量分数为 100%，$t=120\sim160$℃。

表 7-28 耐氢氧化钠腐蚀不锈钢的选用

介质状况		选用不锈钢牌号	腐蚀速度/(mm/a)
氢氧化钠质量分数/%	温度/℃		
25	20	00Cr26Mo1①	0.00254
	66	00Cr26Mo1	
	100	00Cr26Mo1	
	106	00Cr26Mo1	
48	100	022Cr17Ni12Mo2	0.10
45	66	00Cr26Mo1	<0.00254
50	35～88	06Cr19Ni10、06Cr17Ni12Mo2、022Cr18Ti	<0.00508、0.0165、0.01
	82	00Cr26Mo1	无
70	100	00Cr26Mo1、00Cr20Ni29Mo3Cu4	<0.00254、0.01
73	99～135	00Cr19Ni10、06Cr17Ni12Mo2、022Cr18Ti	0.4、0.236、≥0.963
75	207	00Cr26Mo1	7.048
10～30	20～沸点	06Cr17Ni12Mo2Ti	<0.1
40～60	120		<0.1
60	160		<3.0
78	120		<0.1
溶体	318		1.0～3.0
混合液 25%NaOH+0.1%NaCl	液温沸点	不锈钢 00Cr26Mo1	<0.00254
混合液 45%NaOH+2.5%NaCl	液温 66℃	不锈钢 00Cr26Mo1	
混合液 50%NaOH+3%NaCl	液温 66℃	不锈钢 00Cr26Mo1	

续表

介质状况		选用不锈钢牌号	腐蚀速度/(mm/a)	
氢氧化钠质量分数/%	温度/℃			
Ⅰ效蒸发器碱液	142	不锈钢　00Cr26Mo1	0.10	流速 4.6m/s
	185	不锈钢　00Cr26Mo1	0.38	

① 非国家标准牌号，仅供参考。

7.1.7　耐热钢的特性和用途

耐热钢在 650℃甚至更高温度下，有抵抗气体（O_2、H_2S、SO_2、H_2）腐蚀的能力和承受机械载荷的能力，适用于制造汽车发动机排气阀、加热炉管道、炉内支架、航空发动机的尾喷管等。

耐热钢按性能可分为抗氧化钢和热强钢两类，前者又称不起皮钢，后者是指在高温下具有良好的抗氧化性能并具有较高的高温强度的钢；按正火组织可分为奥氏体耐热钢、铁素体耐热钢、马氏体耐热钢及沉淀硬化型耐热钢等，表 7-29～表 7-32 是它们的特性和用途介绍。

表 7-29　奥氏体型耐热钢的特性和用途

牌号	特性	用途
53Cr21Mn9Ni4N	Cr-Mn-Ni-N 型奥氏体阀门钢	用于制作以经受高温强度为主的汽油及柴油机用排气阀
45Cr14Ni14W2Mo	中碳奥氏体型阀门钢。在700℃以下有较高的热强性，在 800℃以下有良好的抗氧化性	用于制造 700℃以下工作的内燃机、柴油机重负荷进、排气阀和紧固件，500℃以下工作的航空发动机及其他产品零件
26Cr18Mn12Si2N	有较高的高温强度和一定的抗氧化性，并且有较好的抗硫及抗增碳性	用于吊挂支架、渗碳炉构件、加热炉传送带、料盘、炉爪等
22Cr20Mn10Ni2Si2N	特性同 26Cr18Mn12Si2N	用途亦同 26Cr18Mn12Si2N，还可用作盐浴坩埚和加热炉管道等
22Cr21Ni12N	Cr-Ni-N 型耐热钢，具有良好的抗氧化性、抗燃气腐蚀性和综合的力学性能，高温性能好	制造工作温度 750℃左右、以抗氧化为主的汽油及柴油机用排气阀，制造锅炉、汽轮机、工业炉和航空、石化设备等高温下工作的零部件

续表

牌号	特性	用途
20Cr25Ni20	具有优良的耐腐蚀性和高温强度的抗氧化钢	用作1035℃以下反复加热的部件，如炉用部件、喷嘴、燃烧室
16Cr23Ni13	具有良好的耐腐蚀性和高温强度的抗氧化钢	用作980℃以下反复加热的加热炉部件、重油燃烧器
16Cr25Ni20Si2 16Cr20Ni14Si2	具有较高的高温强度及抗氧化性，对含硫气氛比较敏感，在600～800℃时有析出相的脆化倾向	适用于制作承受应力的各种炉用构件和1050℃以下的冶金电炉部件、锅炉挂件和加热炉构件
12Cr16Ni35	是抗渗碳、易渗氮的钢种	用于1035℃以下反复加热部件，如炉用钢料、石油裂解装置
12Cr18Ni9	有良好的耐热性及抗腐蚀性	用于焊芯、抗磁仪表、医疗器械、耐酸容器及设备衬里输送管道等设备和零件
12Cr18Ni9Si3	耐氧化性优于12Cr18Ni9，在900℃以下具有较好的抗氧化性及强度	用于汽车排气净化装置、工业炉等高温装置部件
08Cr21Ni11Si2CeN	可抗850～1100℃高温，抗氧化温度可达1150℃	制作相应工作温度下的耐热和抗氧化零件
07Cr17Ni12Mo2 07Cr18Ni11Nb	适当控制奥氏体晶粒(一般为7级或更粗)，有助于改善抗高温蠕变、高温持久性能	制作400～900℃腐蚀条件下使用的部件、高温用焊接结构部件；酸碱容器、管道、储罐等
07Cr19Ni10	碳含量比06Cr19Ni10高，奥氏体晶粒可控制为7级或更粗	用于要求抗高温蠕变、高温持久性能较高的场合
07Cr18Ni11Ti	高精度、高强度、高耐压，能够满足复杂环境下的使用要求	广泛应用于石油、化工、食品、制药、环保等领域
06Cr19Ni10	是一种通用耐氧化钢，具有不锈钢、耐热钢的共性	广泛使用于一般化工设备及原子能工业设备，可用作870℃以下反复加热的构件
06Cr20Ni11	力学性能好，抗拉强度高，延伸率好，可焊接；高温下不易产生氧化、脱落和腐蚀；可塑性高	常用于制造锅炉、汽轮机、动力机械、工业炉和航空、石油化工等在高温下服役的零部件
06Cr23Ni13	耐腐蚀性比06Cr19Ni10钢好	用作980℃以下反复加热的炉用材料

续表

牌号	特性	用途
06Cr25Ni20	抗氧化性比 06Cr23Ni13 钢好	用作 1035℃以下反复加热的炉用材料，如炉用部件、喷嘴、燃烧室、汽车排气净化装置等
06Cr17Ni12Mo2	高温具有优良的蠕变强度	用作热交换部件、高温耐蚀螺栓
06Cr19Ni13Mo3	耐点蚀和抗蠕变能力优于 06Cr17Ni12Mo29	用于制作造纸、印染设备、石油化工及耐有机酸腐蚀的装备、热交换用部件等
06Cr18Ni13Si4	具有与 06Cr25N120 相当的抗氧化性	用于含氯离子环境，如汽车排气净化装置等
06Cr18Ni11Ti	具有良好的耐腐蚀性和高温强度	用作在 400～900℃腐蚀条件下的加热炉管、燃烧室筒体和退火炉罩等
06Cr18Ni11Nb	抗蠕变性能、抗氧化性、抗腐蚀性好(能够在常温下耐受硫酸、磷酸、苯酚、甲醛等腐蚀介质的腐蚀)，可焊性良好	用作在 400～900℃腐蚀条件下使用的部件、高温用焊接结构部件
06Cr13Al	其耐蚀性、韧性和可焊性随含铬量的增加而提高，耐氯化物应力腐蚀性能优于其他种类不锈钢	用于制作工作温度 800℃的汽轮机叶片、结构架、不锈设备、衬里、螺栓、螺母等
05Cr19Ni10Si2CeN	在 600～950℃具有较好的高温使用性能，抗氧化温度可达 1050℃，能够抵抗各种强酸、强碱和盐溶液的侵蚀	制作化工行业反应器、换热器、管道等部件；在石油和天然气开采行业中，常被用作井口设备和管道的材料

表 7-30　铁素体型耐热钢的特性和用途

牌号	特性	用途
06Cr13Al	冷加工硬化少	主要用于制作燃气透平压缩机叶片、退火箱、淬火台架等
022Cr12	比 022Cr13 碳含量低，焊接部位弯曲性能、加工性能、耐高温氧化性能好	用于制作汽车排气处理装置，锅炉燃烧室、喷嘴等
022Cr11Ti	添加了钛元素，焊接性及加工性优异	适用于焊接后无需热处理的汽车排气管、集装箱、热交换器等

续表

牌号	特性	用途
022Cr11NbTi	比022Cr11Ti具有更好的焊接性能	用于制造汽车排气阀净化装置
20Cr13Al	冷却硬化少	用于制作退火箱、淬火台架
10Cr17	有抗氧化性能及抗腐蚀的能力，但是有晶间腐蚀倾向	用于制作900℃以下耐氧化用部件、散热器、炉用部件、油喷嘴等
16Cr25N	耐高温腐蚀性强，1082℃以下不产生易剥落的氧化皮	常用于抗硫气氛，如燃烧室、退火箱、玻璃模具、阀、搅拌杆等

表7-31 马氏体型耐热钢的特性和用途

牌号	特性	用途
12Cr13	一种马氏体耐热钢，具有较高的强度、韧性，良好的耐蚀性和机加工性能	用作800℃以下耐氧化部件和模具材料
12Cr12Mo	铬钼马氏体耐热钢	用于制作汽轮机叶片
12Cr5Mo	在中高温下有好的力学性能，能抗石油裂化过程中产生的腐蚀	用作再热蒸汽管、石油裂解管、锅炉吊架、蒸汽轮机气缸衬套，泵的零件、阀、活塞杆、高压加氢设备部件、紧固件
12Cr5Mo1	能抗石油裂化过程中产生的腐蚀	用作再热蒸汽管、石油裂解管、炉内吊架、紧固件等
13Cr13Mo	是耐蚀性高于12Cr13的高强度钢	用于制作汽轮机叶片，高温、高压蒸汽用机械部件等
13Cr11Ni2W2MoV	铬镍钨钼钒马氏体耐热钢。具有良好的韧性和抗氧化性能，在淡水和湿空气中有较好的耐蚀性	用于制作化工设备、储罐和管道，石油、天然气开采和输送设备，高温炉、燃烧器和热处理设备
14Cr11MoV	铬钼马氏体耐热钢。有较高的热强性、良好的减震性及组织稳定性	用于制作透平叶片、高温风机叶片及导向叶片
14Cr17Ni2	具有较高程度的耐硝酸、有机酸腐蚀的能力	用于制作轴类、活塞杆、泵、阀等零部件以及弹簧、紧固件、容器和设备

续表

牌号	特性	用途
15Cr12WMoV	铬钼钨钒马氏体耐热钢。有较高的热强性、良好的减震性及组织稳定性	用于制作透平叶片、紧固件、转子及轮盘
17Cr16Ni2	加工性能优于14Cr17Ni2	可代替14Cr17Ni2钢使用
18Cr12MoVNbN	铬钼钒铌氮马氏体耐热钢	用于制作高温结构部件，如汽轮机叶片、盘、叶轮轴、螺栓等
18Cr11NiMoNbVN	具有良好的强韧性、抗蠕变性能和抗松弛性能	主要用于制作汽轮机高温紧固件和动叶片
20Cr13	淬火状态下硬度高，耐腐蚀性良好	用于制作汽轮机叶片
22Cr12NiWMoV	性能与用途类似于13C11Ni2WMoV	用于制作汽轮机叶片、轴等
42Cr9Si2 45Cr9Si3	铬硅马氏体阀门钢，有较高的热强性。750℃以下耐氧化	制作内燃机进气阀、轻负荷发动机的排气阀、炉子料盘
40Cr10Si2Mo	铬硅钼马氏体阀门钢。经淬火回火后使用。因含有钼和硅，高温强度抗蠕变性能及抗氧化性能比40Cr13高	用于制作进、排气阀门，鱼雷、火箭部件，预燃烧室等，亦用于850℃以下工作的炉用构件
80Cr20Si2Ni	铬硅镍马氏体阀门钢	用于制作以耐磨性为主的进气阀、排气阀、阀座等
05Cr17Ni4Cu4Nb	添加铜和铌的马氏体沉淀硬化型钢	用作燃气透平压缩机叶片、燃气透平发动机周围材料
07Cr17Ni7Al	添加铝的半奥氏体沉淀硬化型钢	用作高温弹簧、膜片、固定器、波纹管
06Cr15Ni25Ti2MoAlVB	奥氏体沉淀硬化型钢。具有高的缺口强度，在温度低于980℃时抗氧化性能与06Cr25Ni20相当	主要用于700℃以下的工作环境，要求具有高强度和优良耐蚀性的部件或设备，如汽轮机转子、叶片、骨架、燃烧室部件和螺栓等

表 7-32 沉淀硬化型耐热钢的特性和用途

牌号	特性	用途
022Cr12Ni9Cu2NbTi	具有良好的高温强度和耐热性能	常用于制造高温容器、高温管道、高温炉具、高温加热器等设备和构件
05Cr17Ni14Cu4Nb	具有耐腐蚀、耐高温特性，铜可以增强材料的导电性和导热性，而铌则可以细化晶粒，提高材料的强度和硬度	制作轴类、汽轮机部件、胶合压板、钢带输送机零件
07Cr17Ni7Al	是添加铝的沉淀硬化型钢种，具有优异的强度和硬度	用于高强度、高硬度和中等耐蚀性的零件，如航空航天零件、弹簧、洗涤设备部件、化工设备等
07Cr15Ni7Mo2Al	是一种半奥氏体沉淀硬化不锈钢，具有优异的耐腐蚀性能和高强度特性	适用于有一定耐蚀要求的高强度容器、零件及结构件
06Cr17Ni7AlTi	具有良好的冶金和制造加工工艺性能	可用于 350℃以下长期服役的不锈钢结构件、容器、弹簧、膜片等
06Cr15Ni25Ti2MoAlVB	具有高的缺口强度，温度低于 980℃ 耐氧化性能与 0Cr25Ni20 相当	适用于耐 700℃高温的汽轮机转子、螺栓、叶片、轴

7.1.8 高温抗氧化钢的力学性能和用途

表 7-33 高温抗氧化钢的力学性能和用途

钢号	热处理	高温力学性能	主要应用
1Cr5Mo	900～950℃油冷 600～700℃空冷	550℃：$\sigma_{10}^{5}=85$MPa $\sigma_{1,10}^{-5}=44$MPa 600℃：$\sigma_{10}^{5}=50$MPa $\sigma_{1,10}^{-5}=21$MPa	锅炉管夹、燃气轮机衬套、石油裂解管、高压加氢设备零件、紧固件等
1Cr6Si2Mo	热轧	600℃：$\sigma_{10}^{5}=35$MPa $\sigma_{1,10}^{-5}=17$MPa 650℃：$\sigma_{10}^{5}=19$MPa $\sigma_{1,10}^{-5}=10$MPa	用途与 1Cr5Mo 相似，最高使用温度可达 750℃，长期使用最好不超过 650℃

续表

钢号	热处理	高温力学性能	主要应用
3Cr18Mn12Si2N	1100～1150℃油冷、水冷或空冷	耐 1000℃高温，长期使用不宜超过 950℃	锅炉吊架及其他炉用件
ZG3Cr18Mn12Si2N	1100～1150℃油冷、水冷或空冷	900℃：σ_{10}^{4}=16MPa	加热炉输送带，退火炉料盘、炉底板，渗碳炉罐等，长期可在 900～950℃使用，短期用于 1000℃
2Cr20Mn9Ni2Si2N	1100～1150℃油冷、水冷或空冷	耐 1000℃高温。1000℃、400～500h 之间平均氧化增重 0.5g/(m^2·h)	锅炉吊架及炉用件，可在 950℃左右长期使用，短期用于 1000～1050℃
ZG2Cr20Mn9Ni2Si2N	1100～1150℃油冷、水冷或空冷	900℃：σ_{10}^{4}=10MPa	加热炉输送带，退火炉料盘、炉底板，渗碳炉罐等，长期可在 950～1000℃使用，短期用于约 1050℃
ZG4Cr22Ni4N	1100～1150℃油冷或水冷	900℃：σ_{10}^{4}=10MPa，抗氧化增重＜0.15g/(m^2·h) 1000℃：抗氧化增重＜0.25g/(m^2·h)	1000℃以下使用，常用作退火炉内罩、炉底板，渗碳炉罐，加热炉底辊、炉爪，合成氨设备支承板等
ZG3Cr24Ni7N	1100～1150℃油冷或水冷	900℃：σ_{10}^{4}=27.4MPa 1000℃：抗氧化增重＜0.25g/(m^2·h)	用途与 ZG4Cr22Ni4N 相似，使用温度可到 1050℃
1Cr20Ni4Si2	1100～1150℃水冷	900℃：抗氧化增重＜0.23g/(m^2·h) 1000℃：抗氧化增重＜0.46g/(m^2·h)	锅炉吊架、热裂解管、传送带，通常在 1000℃以下使用，最高可到 1050℃

续表

钢号	热处理	高温力学性能	主要应用
1Cr25Ni20Si2	1100～1150℃水冷	900℃：抗氧化增重＜0.15g/(m^2·h) 1100℃：抗氧化增重＜0.38～0.56g/(m^2·h)	高温炉管，加热炉辊，燃烧室构件，最高可到1200℃
ZG4Cr25Ni20Si2	1150℃淬火	900℃：σ_{10}^{5}＝13.5MPa 1000℃：σ_{10}^{5}＝5.5MPa 1100℃：σ_{10}^{5}＝2.7MPa	1200℃以下的炉用零件、加热炉炉底辊、转化炉管
3Cr18Ni25Si2	1100～1150℃水冷	900℃：抗氧化增重＜0.1g/(m^2·h) 1100℃：抗氧化增重＜0.65g/(m^2·h)	1100℃以下的各种热处理内构件

7.2 不锈钢型材

不锈钢型材的产品种类有钢板和钢带、管、棒、盘条、钢丝和复合板等。

7.2.1 不锈钢热轧钢板和钢带（GB/T 4237—2015）

① 分类

a. 按品种分，有热轧厚钢板和热轧宽钢带。

b. 按边缘状态分，有切边钢带（EC）和不切边钢带（EM）。

c. 按尺寸、外形精度等级分，有厚度普通精度（PT. A）和厚度较高精度（PT. B）。

d. 按不平度等级分，有普通级（PF. A）和较高级（PF. B）。

② 公称尺寸　钢板和钢带的公称尺寸范围见表7-34。推荐的公称尺寸一般应符合GB/T 709—2006中5.2的规定。

表7-34　钢板和钢带的公称尺寸范围　mm

形态	公称厚度	公称宽度
厚钢板	3.0～200	600～4800
宽钢带、卷切钢板、纵剪宽钢带	2.0～25.4	600～2500
窄钢带、卷切钢带	2.0～13.0	＜600

③ 交货状态　钢板和钢带经热轧后，可经热处理及酸洗或类

似的处理后交货；对于沉淀硬化型钢的热处理，需方应在合同中注明对钢板（带）或试样进行热处理的种类，如未注明，以固溶状态交货。

④ 牌号和力学性能　见表 7-35～表 7-41。

表 7-35　经固溶处理的奥氏体型不锈钢板、钢带的力学性能

牌号	规定塑性延伸强度 $R_{p0.2}$/MPa ≥	抗拉强度 R_m/MPa ≥	断后伸长率 A/% ≥	硬度值 ≤		
				HBW	HRB	HV
022Cr17Ni7	220	550	45	241	100	242
12Cr17Ni7	205	515	40	217	95	220
022Cr17Ni7N	240	550	45	241	100	242
12Cr18Ni9	205	515	40	201	92	210
12Cr18Ni9Si3	205	515	40	217	95	220
022Cr19Ni10	180	485	40	201	92	210
06Cr19Ni10	205	515	40	201	92	210
07Cr19Ni10	205	515	40	201	92	210
05Cr19Ni10Si2CeN	290	600	40	217	95	220
022Cr19Ni10N	205	515	40	217	95	220
06Cr19Ni10N	240	550	30	217	95	220
06Cr19Ni9NbN	275	585	30	241	100	242
10Cr18Ni12	170	485	40	183	88	200
08Cr21Ni11Si2CeN	310	600	40	217	95	220
06Cr23Ni13	205	515	40	217	95	220
06Cr25Ni20	205	515	40	217	95	220
022Cr25Ni22Mo2N	270	580	25	217	95	220
015Cr20Ni18Mo6CuN	310	655	35	223	96	225
022Cr17Ni12Mo2	180	485	40	217	95	220
06Cr17Ni12Mo2	205	515	40	217	95	220
07Cr17Ni12Mo2	205	515	40	217	95	220
022Cr17Ni12Mo2N	205	515	40	217	95	220
06Cr17Ni12Mo2N	240	550	35	217	95	220
06Cr17Ni12Mo2Ti	205	515	40	217	95	220
06Cr17Ni12Mo2Nb	205	515	30	217	95	220
06Cr18Ni12Mn2Cu2	205	520	40	187	90	200
022Cr19Ni13Mo3	205	515	40	217	95	220
06Cr19Ni13Mo3	205	515	35	217	95	220
022Cr19Ni16Mo5N	240	550	40	223	96	225

续表

牌号	规定塑性延伸强度 $R_{p0.2}$/MPa ≥	抗拉强度 R_m /MPa ≥	断后伸长率 A/% ≥	硬度值 ≤		
				HBW	HRB	HV
022Cr19Ni13Mo1N	240	550	40	217	95	220
015Cr21Ni26Mo5Cu2	220	490	35	—	90	200
06Cr18Ni11Ti	205	515	40	217	95	220
07Cr19Ni11Ti	205	515	40	217	95	220
015Cr24Ni22Mo8Mn3CuN	430	750	40	250	—	252
022Cr21Ni17Mo5Mn6NbN	415	795	35	241	100	242
06Cr18Ni11Nb	205	515	40	201	92	210
07Cr18Ni11Nb	205	515	40	201	92	210
022Cr21Ni25Mo7N	310	655	30	241	—	—
015Cr20Ni20Mo7CuN	295	650	35	—	—	—

注：厚度不大于3mm时使用 A_{50} 试样。

表7-36 经固溶处理的奥氏体-铁素体型不锈钢板、钢带的力学性能

牌号	规定塑性延伸强度 $R_{p0.2}$/MPa ≥	抗拉强度 R_m /MPa ≥	断后伸长率 A/% ≥	硬度值 ≤	
				HBW	HRC
14Cr18Ni11Si4AlTi	—	715	25	—	—
022Cr19Ni5Mo3Si2N	440	630	25	290	31
022Cr23Ni5Mo3N	450	655	25	293	31
022Cr21Mn5Ni2N	450	620	25	—	25
022Cr21Ni3Mo2N	450	655	25	293	31
12Cr21Ni5Ti	—	635	20	—	—
022Cr21Mn3Ni3Mo2N	450	620	25	293	31
022Cr22Mn3Ni2MoN	450	603	30	293	31
022Cr22Ni5Mo3N	450	620	25	293	31
03Cr22Mn5Ni2MoCuN	450	650	30	290	—
022Cr23Ni2N	450	650	30	290	—
022Cr24Ni4Mn3Mo2CuN	480	680	25	290	—
022Cr25Ni6Mo2N	450	640	25	295	31
022Cr23Ni4MoCuN	400	600	25	290	31
03Cr25Ni6Mo3Cu2N	550	760	15	302	32
022Cr25Ni7Mo4N	550	795	15	310	32
022Cr25Ni7Mo4WCuN	550	750	25	270	—

注：厚度不大于3mm时使用 A_{50} 试样。

表 7-37　经退火处理的铁素体型不锈钢板、钢带的力学性能

牌号	规定塑性延伸强度 $R_{p0.2}$/MPa ≥	抗拉强度 R_m /MPa ≥	断后伸长率 A/% ≥	180° 冷弯压头直径 D	硬度值 ≤		
					HBW	HRB	HV
022Cr11Ti	170	380	20	$D=2a$	179	88	200
022Cr11NbTi	170	380	20	$D=2a$	179	88	200
022Cr12Ni	280	450	18	—	180	88	200
022Cr12	195	360	22	$D=2a$	183	88	200
06Cr13Al	170	415	20	$D=2a$	179	88	200
10Cr15	205	450	22	$D=2a$	183	89	200
022Cr15NbTi	205	450	22	$D=2a$	183	89	200
10Cr17	205	420	22	$D=2a$	183	89	200
022Cr17NbTi	175	360	22	$D=2a$	183	88	200
10Cr17Mo	240	450	22	$D=2a$	183	89	200
019Cr18MoTi	245	410	20	$D=2a$	217	96	230
022Cr18Ti	205	415	22	$D=2a$	183	89	200
022Cr18NbTi	250	430	18	—	180	88	200
019Cr18CuNb	205	390	22	$D=2a$	192	90	200
019Cr19Mo2NbTi	275	415	20	$D=2a$	217	96	230
022Cr18NbTi	205	415	22	$D=2a$	183	89	200
019Cr21CuTi	205	390	22	$D=2a$	192	90	200
019Cr23Mo2Ti	245	410	20	$D=2a$	217	96	230
019Cr23MoTi	245	410	20	$D=2a$	217	96	230
022Cr27Ni2Mo4NbTi	450	585	18	$D=2a$	241	100	242
008Cr27Mo	275	450	22	$D=2a$	187	90	200
022Cr29Mo4NbTi	415	550	18	$D=2a$	255	25①	257
008Cr30Mo2	295	450	22	$D=2a$	207	95	220

① 为 HRC 硬度值。

注：厚度不大于 3mm 时使用 A_{50} 试样。

表 7-38　经退火处理的马氏体型不锈钢板、钢带的力学性能

牌号	规定塑性延伸强度 $R_{p0.2}$/MPa ≥	抗拉强度 R_m /MPa ≥	断后伸长率 A/% ≥	180° 冷弯压头直径 D	硬度值 ≤		
					HBW	HRB	HV
12Cr12	205	485	20	$D=2a$	217	96	210
06Cr13	205	415	20	$D=2a$	183	89	200
12Cr13	205	450	20	$D=2a$	217	96	210
04Cr13Ni5Mo	620	795	15	—	302	32①	—

续表

牌号	规定塑性延伸强度 $R_{p0.2}$/MPa≥	抗拉强度 R_m /MPa ≥	断后伸长率 A/%≥	180°冷弯压头直径 D	硬度值 ≤		
					HBW	HRB	HV
20Cr13	225	520	18	—	223	97	234
30Cr13	225	540	18	—	235	99	247
40Cr13	225	590	15	—	—	—	—
17Cr16Ni2②	690	880～1080	12	—	262～326	—	—
	1050	1350	10	—	388	—	—
68Cr17	245	590	15	—	255	25①	269
50Cr15MoV	—	≤850	12	—	280	100	280

① 为 HRC 硬度值。

② 表列为淬火、回火后的力学性能。

注：厚度不大于 3mm 时使用 A_{50} 试样。

表 7-39　经固溶处理的沉淀硬化型不锈钢板、钢带试样的力学性能

牌号	钢材厚度 /mm	规定塑性延伸强度 $R_{p0.2}$/MPa ≤	抗拉强度 R_m /MPa ≤	断后伸长率 A/% ≥	硬度值 ≤	
					HRC	HBW
04Cr13Ni8Mo2Al	2.0～102	—	—	—	38	363
022Cr12Ni9Cu2NbTi		1105	1205	3	36	331
07Cr17Ni7Al		450	1035	—	—	—
		380		20	92①	—
07Cr15Ni7Mo2Al		450	1035	25	100①	—
09Cr17Ni5Mo3N		585	1380	8	30	—
				12	30	—
06Cr17Ni7AlTi		515	825	4	32	—
				5	32	—

① 为 HRB 硬度值。

注：厚度不大于 3mm 时使用 A_{50} 试样。

表 7-40　经时效处理后的沉淀硬化型钢试样的力学性能

牌号	钢材厚度 /mm	处理温度① /℃	规定塑性延伸强度 $R_{p0.2}$/MPa ≥	抗拉强度 R_m /MPa ≥	断后伸长率②③ A/% ≥	硬度值	
						HRC	HBW
04Cr13Ni8Mo2Al	2～<5	510±5	1410	1515	8	45	—
	5～<16				10		—
	16～100				10		429

续表

牌号	钢材厚度/mm	处理温度①/℃	规定塑性延伸强度 $R_{p0.2}$/MPa ≥	抗拉强度 R_m/MPa ≥	断后伸长率②③ A/% ≥	硬度值	
						HRC	HBW
04Cr13Ni8Mo2Al	2～<5 5～<16 16～100	540±5	1310	1380	8 10 10	43	— — 401
022Cr12Ni9Cu2NbTi	≥2	480±6 或 510±5	1410	1525	4	44	—
07Cr17Ni7Al	2～<5 5～16	760±15 15±3 566±6	1035 965	1240 1170	6 7	38 38	— 352
	2～<5 5～16	954±8 −73±6 510±6	1310 1240	1450 1380	4 6	44 43	— 401
07Cr15Ni7Mo2Al	2～<5 5～16	760±15 15±3 566±6	1170	1310	5 4	40	— 375
07Cr15Ni7Mo2Al	2～<5 5～16	954±8 −73±6 510±6	1380	1550	4	46	429
09Cr17Ni5Mo3N	2～5	455±10 540±10	1035 1000	1275 1140	8 8	42 36	— —
06Cr17Ni7AlTi	9～<3 ≥3	510±10	1170	1310	5 8	39	— 363
	2～<3 ≥3	510±10	1105	1240	5 8	37 38	— 352
	2～<3 ≥3	565±10	1035	1170	5 8	35 36	— 331

① 为推荐性热处理温度，供方应向需方提供推荐性热处理制度。

② 适用于沿宽度方向的试验，垂直于轧制方向且平行于钢板表面。

③ 厚度不大于 3mm 时使用 A_{50} 试样。

表 7-41　经固溶处理后沉淀硬化型钢板和钢带的弯曲性能

牌号	统一数字代号	厚度/mm	180°弯曲试验弯曲压头直径 D
022Cr12N19Cu2NbTi	S51290	2.0～5.0	$D=6a$

续表

牌号	统一数字代号	厚度/mm	180°弯曲试验弯曲压头直径 D
07Cr17Ni7Al	S51770	2.0～<5.0 5.0～7.0	$D=a$ $D=3a$
07Cr15Ni7Mo2Al	S51570	2.0～<5.0 5.0～7.0	$D=a$ $D=3a$
09Cr17Ni5Mo3N	S51750	2.0～5.0	$D=2a$

注：a 为钢板厚度。

⑤ 化学成分　分别符合 GB/T 4237—2015 表 15～表 19 的规定。

7.2.2 不锈钢冷轧钢板和钢带（GB/T 3280—2015）

包括耐腐蚀不锈钢冷轧宽钢带、冷轧窄钢带，也适用于单张轧制的钢板。

① 分类

a. 按品种分，有冷轧宽钢带及其卷切定尺钢板、纵剪冷轧宽钢带及其卷切定尺钢带，冷轧窄钢带及其卷切定尺钢带。

b. 按形态、状态、边缘状态和精度分，见表 7-42。

表 7-42　不锈钢冷轧钢板和钢带的分类

按形态分	按状态分		按边缘状态分	
	加工硬化状态	符号	状态	符号
宽钢带及其卷切钢板 纵剪宽钢带 卷切钢带Ⅰ 卷切钢带Ⅱ 窄钢带	1/4 冷作硬化 1/2 冷作硬化 3/4 冷作硬化 冷作硬化 特别冷作硬化	H1/4 H1/2 H3/4 H H2	切边钢带 不切边钢带	EC EM

按尺寸、外形精度分			
项目	符号	项目	符号
宽度普通精度	PW. A	长度较高精度	PL. B
宽度较高精度	PW. B	不平度普通级	PF. A
厚度普通精度	PT. A	不平度较高级	PF. B
厚度较高精度	PT. B	镰刀弯普通精度	PC. A
长度普通精度	PL. A	镰刀弯较高精度	PC. B

② 公称尺寸　见表 7-43。

表 7-43　公称尺寸范围　mm

形　　态	公称厚度	公称宽度
宽钢带、卷切钢板	≥0.10～≤8.00	600～2100
纵剪宽钢带、卷切钢带Ⅰ①	≥0.10～≤8.00	<600
窄钢带、卷切钢带Ⅱ	≥0.01～≤3.00	<600

① 由宽度大于 600mm 的宽钢带纵剪（包括纵剪＋横切）成宽度小于 600mm 的钢带或钢板。

③ 交货状态

a. 钢板和钢带经冷轧后，可经热处理及酸洗或类似处理后交货。当进行光亮热处理时，可省去酸洗等处理。

b. 根据需方要求，钢板和钢带可按不同冷作硬化状态交货。

c. 对于沉淀硬化型钢的热处理，需方应在合同中注明热处理的种类，并应说明是对钢带、钢板本身还是对试样进行热处理。

④ 力学性能　见表 7-44～表 7-51。

经固溶处理的奥氏体型钢、经固溶处理的奥氏体-铁素体型钢、经退火处理的铁素体型钢、经退火处理的马氏体型不锈钢试样的力学性能，均与不锈钢热轧钢板和钢带相同。

表 7-44　H1/4 状态的钢板和钢带力学性能

牌号	规定塑性延伸强度 $R_{p0.2}$/MPa ≥	抗拉强度 R_m /MPa ≥	下列厚度的断后伸长率 A①/% ≥		
			<0.4mm	≥0.4～<0.8mm	≥0.8mm
022Cr17Ni7	515	825	25	25	25
12Cr17Ni7	515	860	25	25	25
022Cr17Ni7N	515	825	25	25	25
12Cr18Ni9	515	860	10	10	12
022Cr19Ni10	515	860	8	8	10
06Cr19Ni10	515	860	10	10	12
022Cr19Ni10N	515	860	10	10	12
06Cr19Ni10N	515	860	12	12	12
022Cr17Ni12Mo2	515	860	8	8	8
06Cr17Ni12Mo2	515	860	10	10	10
06Cr17Ni12Mo2N	515	860	12	12	12

① 厚度不大于 3mm 时使用 A_{50} 试样。

表 7-45 H1/2 冷作硬化状态的钢板和钢带力学性能

牌号	规定塑性延伸强度 $R_{p0.2}$/MPa ≥	抗拉强度 R_m/MPa ≥	下列厚度的断后伸长率 A[①]/% ≥		
			<0.4mm	≥0.4~<0.8mm	≥0.8mm
022Cr17Ni7	690	930	20	20	20
12Cr17Ni7	760	1035	15	18	18
022Cr17Ni7N	690	930	20	20	20
12Cr18Ni9	760	1035	9	10	10
022Cr19Ni10	760	1035	5	6	6
06Cr19Ni10	760	1035	6	7	7
022Cr19Ni10N	760	1035	6	7	7
06Cr19Ni10N	760	1035	6	8	8
022Cr17Ni12Mo2	760	1035	5	6	6
06Cr17Ni12Mo2	760	1035	6	7	7
06Cr17Ni12Mo2N	760	1035	6	8	8

① 厚度不大于 3mm 时使用 A_{50} 试样。

表 7-46 H3/4 冷作硬化状态的钢板和钢带力学性能

牌号	规定塑性延伸强度 $R_{p0.2}$/MPa ≥	抗拉强度 R_m/MPa ≥	下列厚度的断后伸长率 A[①]/% ≥		
			<0.4mm	≥0.4~<0.8mm	≥0.8mm
12Cr17Ni7	930	1205	10	12	12
12Cr18Ni9	930	1205	5	6	6

① 厚度不大于 3mm 时使用 A_{50} 试样。

表 7-47 H 状态的钢板和钢带力学性能

牌号	规定塑性延伸强度 $R_{p0.2}$/MPa ≥	抗拉强度 R_m/MPa ≥	下列厚度的断后伸长率 A[①]/% ≥		
			<0.4mm	≥0.4~<0.8mm	≥0.8mm
12Cr17Ni7	965	1275	8	9	9
12Cr18Ni9	965	1275	3	4	4

① 厚度不大于 3mm 时使用 A_{50} 试样。

表 7-48 H2 状态的钢板和钢带力学性能

牌号	规定塑性延伸强度 $R_{p0.2}$/MPa ≥	抗拉强度 R_m/MPa ≥	下列厚度的断后伸长率 A[①]/% ≥		
			<0.4mm	≥0.4~<0.8mm	≥0.8mm
12Cr17Ni7	1790	1860	—	—	—

① 厚度不大于 3mm 时使用 A_{50} 试样。

表 7-49　经固溶处理的沉淀硬化型钢板和钢带的试样的力学性能

牌号	钢材厚度 /mm	规定塑性延伸强度 $R_{p0.2}$/MPa ≤	抗拉强度 R_m /MPa ≤	断后伸长率[①] A/% ≥	硬度 ≤	
					HRC	HBW
04Cr13Ni8Mo2Al	0.1～<8.0	—	—	—	38	363
022Cr12Ni9Cu2NbTi	0.3～8.0	1105	1205	8	36	331
07Cr15Ni7Mo2Al	0.1～8.0	450	1035	25	100[②]	—
07Cr17Ni7Al	0.1～<3.0	450	1035	—	—	—
	0.3～8.0	380	1035	20	92[②]	—
09Cr17Ni5Mo3N	0.1～<3.0	585	1380	8	30	—
	0.3～8.0			12		
06Cr17Ni7AlTi	0.1～<1.5	515	825	4	32	—
	1.5～8.0			5		

① 厚度不大于 3mm 时使用 A_{50} 试样。

② 为 HRB 值。

表 7-50　经时效处理后的沉淀硬化型钢板和钢带试样的力学性能

牌号	钢材厚度 /mm	处理[①]温度 /℃	规定塑性延伸强度 $R_{p0.2}$/MPa ≥	抗拉强度 R_m /MPa ≥	断后伸长率[②③] A/% ≥	硬度值 ≥	
						HRC	HBW
04Cr13Ni8Mo2Al	0.10～<0.50	510±6	1410	1515	6	45	—
	0.50～<5.0				8		
	5.0～8.0				10		
	0.10～<0.50	538±6	1310	1380	6	43	—
	0.50～<5.0				8		
	5.0～8.0				10		
022Cr12Ni9Cu2NbTi	0.10～<0.50	510±6 或 482±6	1410	1525	—	44	—
	0.50～<1.50				3		
	1.50～8.0				4		
07Cr17Ni7Al	0.10～<0.30	760±15	1035	1240	3	38	—
	0.30～<5.0	15±3	1035	1240	5		—
	5.0～8.0	566±6	965	170	7		352
	0.10～<0.30	954±8	1310	1450	1	44	—
	0.30～<5.0	−73±6	1310	1450	3	44	—
	5.0～8.0	510±6	1240	1380	6	43	401

续表

牌号	钢材厚度/mm	处理[①]温度/℃	规定塑性延伸强度 $R_{p0.2}$/MPa ≥	抗拉强度 R_m/MPa ≥	断后伸长率[②③] A/% ≥	硬度值 ≥ HRC	硬度值 ≥ HBW
07Cr17Ni7Al	0.10～<0.30 0.30～<5.0 5.0～8.0	760±15 15±3 566±6	1170	1310	3 5 4	40	— — 375
07Cr15Ni7Mo2Al	0.10～<0.30 0.30～<5.0 5.0～8.0	954±8 −73±6 510±6	1380	1550	2 4 4	46 46 45	— — 429
07Cr15Ni7Mo2Al	0.10～1.2	冷轧 冷轧+482	1205 1580	1380 1655	1 1	41 46	— —
09Cr17Ni5Mo3N	0.10～<0.30 0.30～5.0	455±8	1035	1275	6 8	42	—
09Cr17Ni5Mo3N	0.10～<0.30 0.30～5.0	540±8	1000	1140	6 8	36	—
06Cr17Ni7AlTi	0.10～<0.80 0.80～<1.50 1.50～8.0	538±8	1105	1240	3 4 5	37	—
06Cr17Ni7AlTi	0.10～<0.80 0.80～<1.50 1.50～8.0	566±8	1035	170	3 4 5	35	—

① 为推荐性热处理温度，供方应向需方提供推荐性热处理制度。

② 适用于沿宽度方向的试验，垂直于轧制方向且平行于钢板表面。

③ 厚度不大于3mm时使用 A_{50} 试样。

表 7-51 经固溶处理后沉淀硬化型钢板和钢带的弯曲性能

牌号	厚度/mm	180°弯曲试验 弯曲压头直径 D
022Cr12Ni9Cu2NbTi	0.10～5.0	$D=6a$
07Cr17Ni7Al	0.10～<5.0 5.0～7.0	$D=a$ $D=3a$
07Cr15Ni7Mo2Al	0.10～<5.0 5.0～7.0	$D=a$ $D=3a$
09Cr17Ni5Mo3N	0.10～5.0	$D=2a$

注：a 为弯曲试样厚度。

7.2.3 弹簧用不锈钢冷轧钢带（YB/T 5310—2010）

用于制作片簧、盘簧以及弹性元件。

① 分类 见表7-52。

表7-52 弹簧用不锈钢冷轧钢带的分类方法

按精度分		按状态分	
厚度普通精度	PT. B	低冷作硬化状态	1/4H
厚度较高精度	PT. B	半冷作硬化状态	1/2H
厚度高精度	PT. C	高冷作硬化状态	3/4H
镰刀弯普通精度	PC. A	冷作硬化状态	H
镰刀弯较高精度	PC. B	特别冷作硬化状态	EH
不平度普通精度	PF. A	超特别冷作硬化状态	SEH
不平度较高精度	PF. B		

按金相组织分			
类别	牌号	类别	牌号
奥氏体型	12Cr17Mn6Ni5N 12Cr17Ni7 06Cr19Ni10 06Cr17Ni12Mo2	马氏体型	20Cr13 30Cr13 40Cr13
铁素体型	10Cr17	沉淀硬化型	07Cr17Ni7Al

② 尺寸 厚度0.03～1.60mm，宽度3～<1250mm。

③ 交货状态 奥氏体型钢带以冷轧状态交货；铁素体型、马氏体型钢带以退火状态或冷轧状态交货；沉淀硬化型钢带以固溶处理状态交货。

④ 力学和工艺性能 见表7-53、表7-54。

表7-53 钢带的力学性能和工艺性能

牌号	交货状态	冷轧、固溶处理或退火状态		沉淀硬化处理状态	
		硬度(HV)	冷弯90°	热处理	硬度(HV)
12Cr17Mn6Ni5N	1/4H	≥250	—	—	—
	1/2H	≥310	—	—	—
	3/4H	≥370	—	—	—
	H	≥430	—	—	—

续表

牌号	交货状态	冷轧、固溶处理或退火状态		沉淀硬化处理状态	
		硬度(HV)	冷弯 90°	热处理	硬度(HV)
12Cr17Ni7	1/2H	≥310	$d=4a$	—	—
	3/4H	≥370	$d=5a$	—	—
	H	≥430	—	—	—
	EH	≥490	—	—	—
	SEH	≥530	—	—	—
06Cr19Ni10	1/4H	≥210	$d=3a$	—	—
	1/2H	≥250	$d=4a$	—	—
	3/4H	≥310	$d=5a$	—	—
	H	≥370	—	—	—
06Cr17Ni12Mo2	1/4H	≥200	—	—	—
	1/2H	≥250	—	—	—
	3/4H	≥300	—	—	—
	H	≥350	—	—	—
10Cr17	退火	≤210	—	—	—
	冷轧	≤300	—	—	—
20Cr13	退火	≤240	—	—	—
	冷轧	≤290	—	—	—
30Cr13	退火	≤240	—	—	—
	冷轧	≤320	—	—	—
40Cr13	退火	≤250	—	—	—
	冷轧	≤320	—	—	—
17Ni7Al	固溶	≤200	$d=a$	① ②	≥450 ≥450
	1/2H	≥350	$d=3a$	③	≥380
	3/4H	≥400	—	④	≥450
	H	≥450	—	⑤	≥530

① 固溶＋565℃时效。
② 固溶＋510℃时效。
③ 1/2H＋475℃时效。
④ 3/4H＋475℃时效。
⑤ H＋475℃时效。
注：d—弯芯直径；a—钢带厚度。

表 7-54 钢带厚度小于 0.40mm 时的力学性能

牌号	交货状态	冷轧、固溶状态			沉淀硬化处理状态		
		规定非比例延伸强度 $R_{p0.2}$/MPa	抗拉强度 R_m /MPa	断后伸长率 A/%	热处理工艺	规定非比例延伸强度 $R_{p0.2}$/MPa	抗拉强度 R_m /MPa
12Cr17Ni7	1/2H	≥510	≥930	≥10	—	—	—
	3/4H	≥745	≥1130	≥5	—	—	—
	H	≥1030	≥1320	—	—	—	—
	EH	≥1275	≥1570	—	—	—	—
	SEH	≥1450	≥1740	—	—	—	—
06Cr19Ni10	1/4H	≥335	≥650	≥10	—	—	—
	1/2H	≥470	≥780	≥6	—	—	—
	3/4H	≥665	≥930	≥3	—	—	—
	H	≥880	≥1130	—	—	—	—
07Cr17Ni7Al	固溶	—	≤1030	≥20	①	≥960	≥1140
					②	≥1030	≥1230
	1/2H	—	≥1080	≥5	③	≥880	≥1230
	3/4H	—	≥1180	—	④	≥1080	≥1420
	H	—	≥1420	—	⑤	≥1320	≥1720

① 固溶＋565℃时效。

② 固溶＋510℃时效。

③ 1/2H＋475℃时效。

④ 3/4H＋475℃时效。

⑤ H＋475℃时效。

7.2.4 常用不锈钢管（GB/T 17395—2008）

① 分类 按外径分，有系列 1（推荐选用系列）、系列 2（非通用系列）和系列 3（少数特殊、专用系列）。

② 规格 见表 7-55。

表 7-55 常用不锈钢管的规格 mm

外径			壁厚范围	外径			壁厚范围
系列 1	系列 2	系列 3		系列 1	系列 2	系列 3	
	6、7、8、9		0.5～1.2	17	16		0.5～4.0
10	12		0.5～2.0		19、20	18	0.5～4.5
13	12.7		0.5～3.2	21	24	22	0.5～5.0
		14	0.5～3.5		25		0.5～5.5

续表

外径			壁厚范围	外径			壁厚范围
系列1	系列2	系列3		系列1	系列2	系列3	
27		25.4	1.0～6.0	114	108		1.6～14
	32	30	1.0～6.5		127、133		1.6～14
34	38、40	35	1.0～6.5	140	146		1.6～14
42			1.0～7.5		152、159		1.6～14
48		45	1.0～8.5	168			1.6～18
	51		1.0～9.0	219	180、194		2.0～18
	57	54	1.6～10	273	245		2.0～18
60	64		1.6～10	325	351		2.5～18
76	68、70、73		1.6～12	356	377		2.5～18
89	95	83	1.6～14	406			2.5～18
	102		1.6～14		426		3.2～20

注：1. 壁厚系列为：0.5，0.6，0.7，0.8，0.9，1.0，1.2，1.4，1.5，1.6，1.8，2.0，2.2（2.3），2.5（2.6），2.8（2.9），3.0，3.2，3.5（3.6），4.0，4.5，5.0，5.5（5.6），6.0，（6.3）6.5，7.0（7.1），7.5，8.0，8.5，（8.8）9.0，9.5，10，11，12（12.5），13，14（14.2），15，16，17（17.5），18，20，22（22.2），24，25，26，28。

2. 理论质量计算：0Cr18Ni9、00Cr19Ni10、Cr18Ni10Ti 等 $\rho=7.93$。

$$W=0.02491S(D-S)$$

式中，W 为钢管的理论质量，kg/m；ρ 为钢的密度，kg/m^3；S 为钢管的实际壁厚，mm；D 为钢管的实际外径，mm。

7.2.5　结构用不锈钢无缝钢管（GB/T 14975—2012）

适用于一般结构及机械结构用不锈钢无缝钢管。

① 分类　见表7-56。

表7-56　结构用不锈钢管的类别和代号

按加工方式		按尺寸精度	
热轧(挤、扩)钢管	WH	普通级	PA
冷拔(轧)钢管	WC	高　级	PC

② 交货状态　按公称外径和公称壁厚交货，且应符合 GB/T 17395 的相关规定。

③ 热处理制度、力学性能和硬度　见表7-57。

表 7-57　推荐热处理制度、力学性能和硬度

牌号	推荐热处理制度（*—水冷或其他方式快冷，△—空冷或缓冷）	抗拉强度 R_m /MPa ≥	规定塑性延伸强度 $R_{p0.2}$/MPa ≥	断后伸长率 A/% ≥	硬度(HBW/HV/HRB) ≤
12Cr18Ni9	1010～1150℃ *	520	205	35	192/200/90
06Cr19Ni10		520	205		
022Cr19Ni10		480	175		
06Cr19Ni10N		550	275		
06Cr19Ni9NbN		685	345	35	—
022Cr19Ni10N		550	245	40	192/200/90
06Cr23Ni13		520	205		
06Cr25Ni20	1030～1180℃ *	520	205	40	192/200/90
015Cr20Ni18Mo6CuN	≥1150℃ *	655	310	35	220/230/96
06Cr17Ni12Mo2	1010～1150℃ *	520	205	35	192/200/90
022Cr17Ni12Mo2		480	175		
07Cr17Ni12Mo2	≥1040℃ *	515	205	35	192/200/90
06Cr11Ni12Mo2Ti	1000～1100℃ *	530	205	35	
022Cr17Ni12Mo2N	1010～1150℃ *	550	245	40	192/200/90
06Cr17Ni12Mo2N		550	275	35	
06Cr18Ni12Mo2Cu2		520	205	35	—
022Cr18Ni14Mo2Cu2		480	180		—
015Cr21Ni26Mo5Cu2	≥1100℃ *	490	215	35	192/200/90
06Cr19Ni13Mo3	1010～1150℃ *	520	205		
022Cr19Ni13Mo3		180	175		
06Cr18Ni11Ti	920～1150℃ *	520	205	35	192/200/90
06Cr18Ni11Nb	980～1150℃ *	520	205		
07Cr19Ni11Ti	冷拔(轧) ≥1100℃ *	520	205	35	192/200/90
07Cr18Ni11Nb	热轧(挤/扩) ≥1050℃ *	520	205	35	
16Cr25Ni20Si2	1030～1180℃ *	520	205	20	
06Cr13Al	780～830℃△	415	205	20	207/—/95
10Cr15	780～850℃△	415	240	20	190/—/90
10Cr17		410	245		
022Cr18Ti	780～950℃△	415	205	—	—
019Cr19Mo2NbTi	800～1050℃，空冷	415	275	20	217/230/96

续表

牌号	推荐热处理制度（*—水冷或其他方式快冷，△—空冷或缓冷）	抗拉强度 R_m /MPa ≥	规定塑性延伸强度 $R_{p0.2}$/MPa ≥	断后伸长率 A/% ≥	硬度（HBW/HV/HRB）≤
06Cr13	800～900℃缓冷或750℃空冷	370	180	22	—
12Cr13		410	205	20	207/—/95
20Cr13		470	215	19	—

7.2.6 输送流体用不锈钢无缝钢管（GB/T14976—2012）

① 分类　按产品加工方式分为热轧（挤、扩）钢管（W-H）和冷拔（轧）钢管（W-C）两类；按尺寸精度分为普通级（PA）和高级（PC）。

② 尺寸

a. 公称外径 D：热轧（挤、扩）钢管，68～>159mm；冷拔（轧）钢管，6～>219mm。

b. 通常长度：热轧（挤、扩）钢管为2～12m；冷拔（轧）钢管为1～12m。

③ 交货状态　通常按公称外径 D 和最小壁厚 S_{min} 交货。

④ 热处理和力学性能　见表7-58。

表7-58　推荐热处理制度和钢管力学性能

牌号	推荐热处理制度（未注明者为水冷或其他方式快冷）	力学性能 ≥		
		抗拉强度 R_m/MPa	规定塑性延伸强度 $R_{p0.2}$/MPa	断后伸长率 A/%
12Cr18Ni9	1010～1150℃	520	205	35
06Cr19Ni10		520	205	35
022Cr19Ni10		480	175	35
06Cr19Ni10N		550	275	35
06Cr19Ni9NbN		685	345	35
022Cr19Ni10N		550	245	40
06Cr17Ni12Mo2		520	205	35
022Cr17Ni12Mo2		520	175	35

续表

牌号	推荐热处理制度（未注明者为水冷或其他方式快冷）	力学性能 ≥		
		抗拉强度 R_m/MPa	规定塑性延伸强度 $R_{p0.2}$/MPa	断后伸长率 A/%
06Cr23Ni13	1030～1150℃	685	205	40
06Cr25Ni20	1030～1180℃	550	205	40
07Cr17Ni12Mo2	≥1040℃	520	205	35
06Cr17Ni12Mo2Ti	1000～1100℃	480	175	35
06Cr17Ni12Mo2N	1010～1150℃	550	275	35
022Cr17Ni12Mo2N		550	245	40
06Cr18Ni12Mo2Cu2		550	275	35
022Cr18Ni14Mo2Cu2		480	180	35
06Cr9Ni13Mo3		520	205	35
022Cr19Ni13Mo3		480	175	35
06Cr18Ni11Ti	920～1150℃	520	205	35
06Cr18Ni11Nb	980～1150℃	520	205	35
07Cr19Ni11Ti	热轧(挤)≥1050℃	520	205	35
07Cr18Ni11Nb	冷拔(轧)≥1100℃	520	205	35
06Cr13Al	780～830℃ * △	415	205	20
10Cr15	780～850℃ * △	415	240	20
10Cr17		415	240	20
022Cr18Ti	780～950℃ * △	415	205	20
019Cr19Mo2NbTi	800～1050℃ *	415	275	20
06Cr13	750℃ * 或	370	180	22
12Cr13	800～900℃△	415	205	20

注：*—空冷，△—缓冷。

7.2.7 锅炉和热交换器用不锈钢无缝钢管（GB/T 13296—2023）

① 用途　适用于锅炉、热交换器用不锈钢无缝钢管。

② 分类　按加工方式可分为两类：热轧（挤、扩）钢管（W-H）和冷拔（轧）钢管（W-C）。

③ 尺寸　钢管通常按公称外径 D 和最小壁厚 S_{min} 交货；所有产品的公称外径和公称壁厚不限，通常长度为 2～12m。

④ 化学成分　应符合 GB/T13296—2023 表 3 的规定。

⑤ 牌号、热处理制度和力学性能　见表 7-59。

表 7-59 牌号、热处理制度和力学性能

牌号	热处理制度	力学性能 ≥		
		抗拉强度 R_m /MPa	规定塑性延伸强度 $R_{p0.2}$ /MPa	断后伸长率 A/%
12Cr18Ni9	1010～1150℃,急冷	520	205	35
06Cr19Ni10	1010～1150℃,急冷	520	205	35
022Cr19Ni10	1010～1150℃,急冷	480	175	35
07Cr19Ni10	1010～1150℃,急冷	520	205	35
06Cr19Ni10N	1010～1150℃,急冷	550	240	35
022Cr19Ni10N	1010～1150℃,急冷	515	205	35
16Cr23Ni13	1030～1150℃,急冷	520	205	35
06Cr23Ni13	1030～1150℃,急冷	520	205	35
20Cr25Ni20	1030～1180℃,急冷	520	205	35
06Cr25Ni20	1030～1180℃,急冷	520	205	35
06Cr17Ni12Mo2	1010～1150℃,急冷	520	205	35
022Cr17Ni12Mo2	1010～1150℃,急冷	480	175	40
07Cr17Ni12Mo2	1040～1150℃,急冷	520	205	35
06Cr17Ni12Mo2Ti	1000～1100℃,急冷	530	205	35
06Cr17Ni12Mo2N	1010～1150℃,急冷	550	240	35
022Cr17Ni12Mo2N	1010～1150℃,急冷	515	205	35
06Cr18Ni12Mo2Cu2	1010～1150℃,急冷	520	205	35
022Cr18Ni14Mo2Cu2	1010～1150℃,急冷	480	180	35
015Cr21Ni26Mo5Cu2	1065～1150℃,急冷	490	220	35
06Cr19Ni13Mo3	1010～1150℃,急冷	520	205	35
022Cr19Ni13Mo3	1010～1150℃,急冷	480	175	35
06Cr18Ni11Ti	920～1150℃,急冷	520	205	35
06Cr18Ni11Nb	980～1150℃,急冷	520	205	35
07Cr19Ni11Ti	热轧(挤压)≥1050℃,急冷 冷拔(轧)≥1100℃,急冷	520	205	35
07Cr18Ni11Nb	热轧(挤压)≥1050℃,急冷 冷拔(轧)≥1100℃,急冷	520	205	35
06Cr18Ni13Si4	1010～1150℃,急冷	520	205	35
015Cr20Ni18Mo6CuN	≥1150℃,急冷	675	310	35
022Cr21Ni25Mo7N	≥1110℃,急冷	690	310	30
10Cr17①	780～850℃,空冷或缓冷	410	245	20
008Cr27Mo①	900～1050℃,急冷	410	245	20
06Cr13①	750℃空冷或800～900℃缓冷	410	210	20

① 组织类型为铁素体，其余为奥氏体。

注：热挤压钢管的抗拉强度可降低20%。

⑥ 交货状态　钢管应经热处理并酸洗交货，但经整体磨、镗或经保护气氛热处理的钢管，可不经酸洗交货。

7.2.8 食品工业用无缝钢管（QB/T 2467—2017）

用于食品工业中与食品直接接触的钢管，也适用于其他行业有洁净、卫生要求的钢管。

① 分类　分 A 类（无缝不锈钢管，符合 GB/T 14976 规定）和 B 类（焊接不锈钢管，符合 GB/T 12771 规定）两种。

② 材料　一般应选用 S30408、S30403 和 S31603 奥氏体型不锈钢；接触腐蚀介质时，可选用 S31703 奥氏体型不锈钢；介质中存在氯离子时，可选用 S22053 奥氏体-铁素体双相型不锈钢。

钢管材料的理化指标应符合 GB 9684 的规定；材料牌号和性能应符合 GB/T 20878 的规定；也可选用其他已经证明同样适用的材料。

③ 尺寸　见表 7-60。

表 7-60　食品工业用无缝钢管尺寸　mm

外径 D_0	壁厚 T	外径 D_0	壁厚 T	外径 D_0	壁厚 T	外径 D_0	壁厚 T
6*、8*	1	25	1.2,1.6	70	1.6	168.3△	2.6
10*	1	33.7	1.2,1.6	76.1	1.6	219.1△	2.6
12	1	38	1.2,1.6	88.9	2	273.0△	2.6
12.7	1	40	1.2,1.6	101.6	2	323.9△	2.6
17.2	1	51	1.2,1.6	114.3	2	355.6△	2.6
21.3	1	63.5	1.6	139.7	2	406.4△	3.2

注：*—仅有 A 类管；△—仅有 B 类管。

7.2.9 不锈钢小直径无缝钢管（GB/T3090—2020）

① 用途　航空航天、机电、仪器仪表元件、医用针管等一般用途，属奥氏体不锈钢。

② 分类　按力学性能分为：

a. 软态（经固溶处理）；

b. 硬态（经相当程度冷变形加工，抗拉强度不小于 850MPa）；

c. 半硬态（变形程度小于硬态，力学性能介于软态和硬态之间）。

③ 尺寸

a. 公称直径不大于 6mm。

b. 长度通常为 300～4000mm。

④ 外径和壁厚　见表 7-61。

表 7-61　钢管的外径和壁厚　mm

外径	壁厚														
	0.10	0.15	0.20	0.25	0.30	0.35	0.40	0.45	0.50	0.55	0.60	0.70	0.80	0.90	1.00
0.30	√														
0.35	√														
0.40	√	√													
0.45	√	√													
0.50	√	√													
0.55	√	√													
0.60	√	√	√												
0.70	√	√	√	√											
0.80	√	√	√	√											
0.90	√	√	√	√	√										
1.00	√	√	√	√	√	√									
1.20	√	√	√	√	√	√	√	√							
1.60	√	√	√	√	√	√	√	√	√	√					
2.00	√	√	√	√	√	√	√	√	√	√	√	√			
2.20	√	√	√	√	√	√	√	√	√	√	√	√	√		
2.50	√	√	√	√	√	√	√	√	√	√	√	√	√	√	√
2.80	√	√	√	√	√	√	√	√	√	√	√	√	√	√	√
3.00	√	√	√	√	√	√	√	√	√	√	√	√	√	√	√
3.20	√	√	√	√	√	√	√	√	√	√	√	√	√	√	√
3.40	√	√	√	√	√	√	√	√	√	√	√	√	√	√	√
3.60	√	√	√	√	√	√	√	√	√	√	√	√	√	√	√
3.80	√	√	√	√	√	√	√	√	√	√	√	√	√	√	√
4.00	√	√	√	√	√	√	√	√	√	√	√	√	√	√	√
4.20	√	√	√	√	√	√	√	√	√	√	√	√	√	√	√
4.50	√	√	√	√	√	√	√	√	√	√	√	√	√	√	√
4.80	√	√	√	√	√	√	√	√	√	√	√	√	√	√	√
5.00		√	√	√	√	√	√	√	√	√	√	√	√	√	√
5.00		√	√	√	√	√	√	√	√	√	√	√	√	√	√
6.00		√	√	√	√	√	√	√	√	√	√	√	√	√	√

⑤ 交货形状　通常以直管交货，外径不大于 2.00mm 的钢管可以盘卷交货。

⑥ 交货状态　以软态、硬态、半硬态交货。

⑦ 化学成分　应符合 GB/T3090—2020 表 3 的规定。

⑧ 牌号、推荐的热处理制度和力学性能　见表 7-62。

表 7-62　钢管的牌号、推荐的热处理制度和力学性能

牌号	推荐热处理制度	抗拉强度 R_m /MPa ≥	断后伸长率 A① /% ≥
06Cr19Ni10	1010～1150℃,急冷	520	35
022Cr19Ni10	1010～1150℃,急冷	480	40
06Cr17Ni12Mo2	1010～1150℃,急冷	520	35
022Cr17Ni12Mo2	1010～1150℃,急冷	480	40
06Cr18Ni11Ti	920～1150℃,急冷	520	35

① 对于外径小于 3.2mm 或壁厚小于 0.30mm 的较小直径和较薄壁厚的钢管，断后伸长率应不小于 25%。

7.2.10　不锈钢极薄壁无缝钢管（GB/T 3089—2020）

① 分类　按加工方法可分为旋压或冷轧（拔）两种。

② 通常长度　800～6000mm。

③ 交货状态　通常以固溶热处理状态交货。

④ 外径和壁厚　见表 7-63。

表 7-63　钢管的公称外径和公称壁厚　mm

外径×壁厚	外径×壁厚	外径×壁厚	外径×壁厚	外径×壁厚
7×0.15	35×0.5	60×0.25	75.5×0.25	95.6×0.3
10.3×0.15	40.4×0.2	60×0.35	75.6×0.3	101×0.5
10.4×0.2	40.6×0.3	60×0.5	82.4×0.4	101.2×0.6
12.4×0.2	41×0.5	61×0.35	83.8×0.5	110.9×0.45
15.4×0.2	41.2×0.6	61×0.5	89.6×0.3	125.7×0.35
18.4×0.2	48×0.25	61.2×0.6	89.8×0.4	150.8×0.4
20.4×0.2	50.5×0.25	67.6×0.3	90.2×0.4	250.8×0.4
24.4×0.2	53.2×0.6	67.8×0.4	90.5×0.25	
26.4×0.2	55×0.5	70.2×0.6	90.6×0.3	
32.4×0.2	59.6×0.3	74×0.5	90.8×0.4	

⑤ 化学成分　符合 GB/T 3089—2020 表 4 要求。

⑥ 牌号和力学性能　见表 7-64。

表 7-64　交货状态钢管的力学性能

牌号	抗拉强度 R_m/MPa≥	断后伸长率 A/%≥	牌号	抗拉强度 R_m/MPa≥	断后伸长率 A/%≥
06Cr19Ni10	520	35	06Cr17Ni12Mo2Ti	540	35
06Cr18Ni11Ti	520	40	022Cr17Ni12Mo2	480	40
06Cr17Ni12Mo2	520	35	022Cr19Ni10	480	40

7.2.11　奥氏体-铁素体型双相不锈钢热交换器用无缝钢管（GB/T 21833.1—2020）

① 尺寸　公称直径和壁厚不限制，通常长度为 3000～12000mm。

② 化学成分　应符合 GB/T 21833.1—2020 表 2 的规定。

③ 交货条件　钢管按公称外径（D）和公称壁厚（S）交货。

④ 交货状态　经热处理并酸洗［经保护气氛热处理或整体磨（抛）光的钢管，可不经酸洗］。

⑤ 热处理制度及纵向力学性能　见表 7-65、表 7-66。

表 7-65　热处理制度及室温纵向力学性能

牌号	热处理制度		拉伸性能 ≥			硬度 ≤	
			抗拉强度 R_m/MPa	规定塑性延伸强度 $R_{p0.2}$/MPa	断后伸长率 A/%	HV10	HRC
022Cr19Ni5Mo3Si2N	980～1040℃	急冷	630	440	30	290	30
022Cr22Ni5Mo3N	1020～1100℃	急冷	620	450	25	290	30
022Cr23Ni4MoCuN	925～1050℃	急冷 D≤25mm	690	450	25	—	—
		急冷 D>25mm	600	400	25	290	30
022Cr23Ni5Mo3N	1020～1100℃	急冷	655	485	25	290	30
022Cr24Ni7Mo4CuN	1080～1120℃	急冷	770	550	25	310	32
022Cr25Ni6Mo2N	1050～1100℃	急冷	690	450	25	280	29
022Cr25Ni7Mo3WCuN	1020～1100℃	急冷	690	450	25	290	30

续表

牌号	热处理制度		拉伸性能　≥			硬度　≤	
			抗拉强度 R_m/MPa	规定塑性延伸强度 $R_{p0.2}$/MPa	断后伸长率 A/%	HV10	HRC
022Cr25Ni7Mo4N	1025～1125℃	急冷	800	550	15	300	32
03Cr25Ni6Mo3Cu2N	≥1040℃	急冷	760	550	15	295	31
022Cr25Ni7Mo4WCuN	1070～1140℃	急冷	750	550	25	310	32

表 7-66　部分牌号钢管在固溶状态下的高温规定非比例延伸强度

牌号	$R_{p0.2}$/MPa　≥				
	50℃	100℃	150℃	200℃	250℃
022Cr19Ni5Mo3Si2N	430	370	350	330	325
022Cr22Ni5Mo3N 022Cr23Ni5Mo3N	415	360	335	310	295
022Cr23Ni4MoCuN	370	330	310	290	280
022Cr24Ni7Mo4CuN	485	450	420	400	380
022Cr25Ni7Mo4N	530	480	445	420	405
022Cr25Ni7Mo4WCuN	502	450	420	400	380

7.2.12　奥氏体-铁素体型双相不锈钢流体输送用无缝钢管（GB/T 21833.2—2020）

① 分类　按加工方法，分为热轧（热挤压）钢管和冷拔（轧）钢管两种。

② 尺寸　公称直径和壁厚应符合 GB/T 17395 的规定。热轧（热挤压）钢管最小直径 68mm，冷拔（轧）钢管最小直径 6mm；通常长度为 3000～12000mm。

③ 化学成分　应符合 GB/T 21833.2—2020 表 2 的规定。

④ 交货条件　钢管按公称外径（D）和公称壁厚（S）交货。

⑤ 交货状态　经热处理并酸洗［经保护气氛热处理或整体磨（抛）光的钢管，可不经酸洗］。

⑥ 热处理制度及纵向力学性能　见表 7-67、表 7-68。

表 7-67 热处理制度及室温纵向力学性能

牌号	热处理制度		拉伸性能			硬度	
	温度/℃	冷却方式	抗拉强度 R_m /MPa	规定非比例延伸强度 $R_{p0.2}$/MPa	断后伸长率 A/%	HBW	HRC
022Cr19Ni5Mo3Si2N	980～1040	急冷	630	440	30	290	30
022Cr22Ni5Mo3N	1020～1100	急冷	620	450	25	290	30
022Cr23Ni4MoCuN (①D≤25mm, ②D>25mm)	925～950	急冷①	690	450	25	—	—
		急冷②	600	400	25	290	30
022Cr23Ni5Mo3N	1020～1100	急冷	655	485	25	290	30
022Cr24Ni7Mo4CuN	1080～1120	急冷	770	550	25	310	32
022Cr25Ni6Mo2N	1050～1100	急冷	690	450	25	280	29
022Cr25Ni7Mo3WCuN	1020～1100	急冷	690	450	25	290	30
022Cr25Ni7Mo4N	1025～1125	急冷	800	550	15	300	32
03Cr25Ni6Mo3Cu2N	≥1040	急冷	760	550	15	297	31
022Cr25Ni7 Mo 4WCuN	1070～1140	急冷	750	550	25	300	32
06Cr26Ni4Mo2	925～955	急冷	620	485	20	271	28
12Cr21Ni5Ti	950～1100	急冷	590	345	20	—	—

表 7-68 部分牌号钢管在固溶状态下的高温规定非比例延伸强度

牌号	$R_{p0.2}$/MPa ≥				
	50℃	100℃	150℃	200℃	250℃
022Cr19Ni5Mo3Si2N	430	370	350	330	325
022Cr22Ni5Mo3N 022Cr23Ni5Mo3N	415	360	335	310	295
022Cr23Ni4MoCuN	370	330	310	290	280
022Cr24Ni7Mo4CuN	485	450	420	400	380
022Cr25Ni7Mo4N	530	480	445	420	405
022Cr25Ni7Mo4WCuN	502	450	420	400	380

7.2.13 奥氏体-铁素体型双相不锈钢油气输送用无缝钢管（GB/T 21833.3—2020）

① 分类　按加工方法，分为热轧（热挤压）钢管（W-H）和冷拔（轧）钢管（W-C）两种。

② 尺寸　公称直径和壁厚应符合 GB/T 17395 的规定。热轧

（热挤压）钢管最小直径 68mm，冷拔（轧）钢管最小直径 6mm；通常长度为 3000～12000mm。

③ 化学成分　应符合 GB/T 21833.3—2020 表 2 的规定。

④ 交货条件　钢管按公称外径（D）和公称壁厚（S）交货。

⑤ 交货状态　经热处理并酸洗［经保护气氛热处理或整体磨（抛）光的钢管，可不经酸洗］。

⑥ 热处理制度及室温纵向力学性能　见表 7-69。

表 7-69　热处理制度及室温纵向力学性能

牌号	推荐热处理制度（急冷）	拉伸性能 ≥			硬度	
		抗拉强度 R_m/MPa	规定非比例延伸强度 $R_{p0.2}$/MPa	断后伸长率 A/%	HBW	HRC
022Cr19Ni5Mo3Si2	980～1040℃	630	440	30	290	30
022Cr22Ni5Mo3N	1020～1100℃	620	450	25	290	30
022Cr23Ni4MoCuN①	925～1050℃	690	450	25	—	—
022Cr23Ni4MoCuN②		600	400	25	290	30
022Cr23Ni5Mo3N	1020～1100℃	655	485	25	290	30
022Cr24Ni7Mo4CuN	1080～1120℃	770	550	25	310	32
022Cr25Ni6Mo2N	1050～1100℃	690	450	25	280	29
022Cr25Ni7Mo3WCu	1020～1100℃	690	450	25	290	30
022Cr25Ni7Mo4N	1025～1125℃	800	550	15	300	32
03Cr25Ni6Mo3Cu2N	≥1040℃	760	550	15	297	31
022Cr25Ni7Mo4WCu	1070～1140℃	750	550	25	300	32
06Cr26Ni4Mo2	925～955℃	620	485	20	271	28
12Cr21Ni5Ti	950～1100℃	590	345	20	—	—

① D≤25mm。

② D>25mm。

7.2.14　奥氏体-铁素体型双相不锈钢焊接钢管（GB/T 21832.1—2018）

采用不添加填充金属的自动电熔焊接方法，用于承压设备、流体输送及热交换器。

① 尺寸　外径 D 和壁厚 S 分别不大于 203mm 和 8.0mm，并应符合 GB/T 21835 的规定，通常长度为 3000～12000mm。

② 交货状态　热处理并酸洗（经保护气氛热处理的钢管，可

不经酸洗）。

③ 牌号、热处理及力学性能 见表7-70。

表7-70 牌号、推荐热处理制度及钢管力学性能

牌号	推荐热处理制度（急冷）/℃	拉伸性能 ≥			硬度 ≤	
		抗拉强度 R_m/MPa	规定塑性延伸强度 $R_{p0.2}$/MPa	断后伸长率 A/%	HBW	HRC
022Cr19Ni5Mo3Si2N	980～1040	630	440	30	290	30
022Cr22Ni5Mo3N	1020～1100	620	450	25	290	30
022Cr23Ni5Mo3N	1020～1100	655	485	25	290	30
022Cr23Ni4MoCuN①	925～1050	690	450	25	—	—
022Cr23Ni4MoCuN②		600	400	25	290	30
022Cr25Ni6Mo2N	1050～1100	690	450	25	280	—
022Cr25Ni7Mo3WCuN	1020～1100	690	450	25	290	30
03Cr25Ni6Mo3Cu2N	≥1040	760	550	15	297	31
022Cr25Ni7Mo4N	1025～1125	800	550	15	300	32
022Cr25Ni7Mo3WCuN	1100～1140	750	550	25	300	—

① D≤25mm。

② D>25mm。

注：化学成分应符合GB/T 21832.1—2018表2的要求。

7.2.15 奥氏体-铁素体型双相不锈钢流体输送用焊接钢管（GB/T 21832.2—2018）

① 尺寸 外径D和壁厚S应符合GB/T 21835的规定，通常长度为3000～12000mm。

② 交货状态 热处理并酸洗（经保护气氛热处理的钢管，可不经酸洗）。

③ 牌号、热处理及力学性能 见表7-71。

表7-71 牌号、推荐热处理制度及钢管力学性能

牌号	推荐热处理制度（急冷）	拉伸性能 ≥			硬度 ≤	
		抗拉强度 R_m/MPa	规定塑性延伸强度 $R_{p0.2}$/MPa	断后伸长率 A/%	HBW	HRC
022Cr19Ni5Mo3Si2N	980～1040℃	630	440	30	290	30
022Cr22Ni5Mo3N	1020～1100℃	620	450	25	290	30
022Cr23Ni5Mo3N	1020～1100℃	655	485	25	290	30

续表

牌号	推荐热处理制度（急冷）	拉伸性能 ≥			硬度 ≤	
		抗拉强度 R_m/MPa	规定塑性延伸强度 $R_{p0.2}$/MPa	断后伸长率 A/%	HBW	HRC
022Cr23Ni4MoCuN	925～1050℃	600	400	25	290	30
022Cr25Ni6Mo2N	1050～1100℃	690	450	25	280	—
022Cr25Ni7Mo3WCuN	1020～1100℃	690	450	25	290	30
03Cr25Ni6Mo3Cu2N	≥1040℃	760	550	15	297	31
022Cr25Ni7Mo4N	1025～1125℃	800	550	15	300	32
022Cr25Ni7Mo4WCuN	1100～1140℃	750	550	25	300	—

注：化学成分应符合 GB/T 21832.2—2018 表 2 的要求。

7.2.16 热交换器和冷凝器用铁素体不锈钢焊接钢管（GB/T 30066—2013）

用于热交换器和冷凝器。

① 尺寸　钢管的外径 D 不大于 60mm，壁厚 S 不大于 2.7mm，外径和壁厚应符合 GB/T 21835 的规定。

② 制造方法　以冷轧钢带为原料，采用不添加填充金属的自动焊接。

③ 交货状态　钢管一般应经热处理并酸洗交货（某些可经光亮热处理的钢管例外）。交货长度由供需双方协商确定。

④ 牌号和热处理　见表 7-72。

表 7-72　牌号和钢管的推荐热处理制度

牌号	热处理温度/℃	牌号	热处理温度/℃
06Cr11Ti	≥700	019Cr22Mo	800～1050
022Cr11Ti	800～900	019Cr22Mo2	800～1050
022Cr12Ni	700～820	019Cr24Mo2NbTi	800～1050
06Cr13	780～830	008Cr27Mo	900～1050
06Cr14Ni2MoTi	≥650	019Cr25Mo4Ni4NbTi	≥1000
04Cr17Nb	790～850	022Cr27Mo4Ni2NbTi	950～1100
022Cr18Ti	780～950	008Cr29Mo4	950～1100
022Cr18NbTi	870～930	008Cr29Mo4Ni2	950～1050
022Cr19NbTi	≥650	022Cr29Mo4NbTi	950～1100
019Cr22CuNbTi	800～1050	012Cr28Ni4Mo2Nb	950～1050
019Cr18MoTi	800～1050	008Cr30Mo2	800～1050
019Cr24Mo2NbTi	820～1050		

注：1. 冷却方式均为快冷。

2. 化学成分应符合 GB/T 30066—2013 表 3 的规定。

⑤ 力学性能 见表7-73。

表7-73 钢管的力学性能

牌号	抗拉强度 R_m /MPa	规定塑性延伸强度 $R_{p0.2}$/MPa	断后伸长率① A_{50}/%	硬度		
				HBW	HRB	HV
	≥			≤		
06Cr11Ti	380	170	20	207	95	220
022Cr11Ti	360	175	20	190	90	200
022Cr12Ni	450	280	18	180	88	200
06Cr13	415	205	20	207	95	220
06Cr14Ni2MoTi	550	380	16	180	88	200
04Cr17Nb	420	230	23	180	88	200
022Cr18Ti	360	175	20	190	90	200
022Cr18NbTi	430	250	18	180	88	200
022Cr19NbTi	415	205	22	207	95	220
019Cr22CuNbTi	390	205	22	192	90	200
019Cr18MoTi	410	245	20	207	95	220
019Cr19Mo2NbTi	415	275	20	207	95	220
019Cr22Mo	410	245	25	217	96	230
019Cr22Mo2	410	245	25	217	96	230
019Cr24Mo2NbTi	410	245	25	217	96	230
008Cr27Mo	450	275	20	241	100	251
019Cr25Mo4Ni4NbTi	620	515	20	270	27	279
019Cr27Mo4Ni2NbTi	585	450	20	265	25	266
008Cr29Mo4	550	415	20	241	100	251
008Cr29Mo4Ni2	550	415	20	241	100	251
022Cr29Mo4Ni2	515	415	18	241	100	251
012Cr28Ni4Mo2Nb	600	500	16	240	100	251
008Cr30Mo2	450	295	22	207	95	220

① 不适用于壁厚小于0.4mm的钢管。

7.2.17 机械结构用不锈钢焊接钢管（GB/T 12770—2012）

用于机械设备、汽车、自行车、家具及其他机械部件与结构件。

① 分类 按交货状态可分为焊接状态（H）、热处理状态（T）、冷拔（轧）状态（WC）和磨（抛）状态（SP）；按尺寸精度

可分为高级（PA）、较高级（PB）和普通级（PC）；按组织类型可分为奥氏体型、双相型、铁素体型和马氏体型。

② 尺寸　公称外径 D 和公称壁厚 S 应符合 GB/T 21835 的规定；通常长度为 2000～12000mm。

③ 制造方法　采用添加或少添加填充金属的单面自动电弧焊接或双面自动电弧焊接。

④ 交货状态　热处理并酸洗（经保护气氛热处理的钢管可不经酸洗）。

⑤ 牌号和热处理制度　见表 7-74、表 7-75。

表 7-74　牌号和推荐的热处理制度

类型	牌号	推荐的热处理制度
奥氏体型	12Cr18Ni9	1010～1150℃，水冷或其他方式快冷
	06Cr19Ni10	1010～1150℃，水冷或其他方式快冷
	022Cr19Ni10	1010～1150℃，水冷或其他方式快冷
	06Cr25Ni20	1030～1180℃，水冷或其他方式快冷
	06Cr17Ni12Mo2	1010～1150℃，水冷或其他方式快冷
	022Cr17Ni12Mo2	1010～1150℃，水冷或其他方式快冷
	06Cr18Ni11Ti	920～1150℃，水冷或其他方式快冷
	06Cr18Ni11Nb	980～1150℃，水冷或其他方式快冷
双相型	022Cr22Ni5Mo3N	1020～1100℃，水冷
	022Cr23Ni5Mo3N	1020～1100℃，水冷
	022Cr25Ni7Mo4N	1025～1125℃，水冷
铁素体型	022Cr18Ti	780～950℃，快冷或缓冷
	019Cr19Mo2NbTi	800～1050℃，快冷
	06Cr13Al	780～830℃，快冷或缓冷
	022Cr11Ti	800～900℃，快冷或缓冷
	022Cr12Ni	700～820℃，快冷或缓冷
马氏体型	06Cr13	750℃，快冷；或 800～900℃，缓冷

注：化学成分应符合 GB/T12770—2012 表 5 的规定。

表 7-75　钢管的硬度

组织类型	牌号	硬度 ≤		
		HBW	HRB	HV
奥氏体型	06Cr19Ni10N、22Cr19Ni10N、06Cr17Ni12MoN、022Cr17Ni12Mo2N	217	95	220

续表

组织类型	牌号	硬度 ≤		
		HBW	HRB	HV
奥氏体型	06Cr18Ni13Si4	207	95	218
	其他	187	90	200
铁素体型	10Cr17	183	—	—
	008Cr27Mo	219	—	—
马氏体型	06Cr13	183	—	—

⑥ 力学性能 见表 7-76。

表 7-76 钢管的力学性能

类型	牌号	规定塑性延伸强度 $R_{p0.2}$ /MPa ≥	抗拉强度 R_m /MPa ≥	断后伸长率 A/% ≥	
				热处理状态	非热处理状态
奥氏体型	12Cr18Ni9	210	520	35	25
	06Cr19Ni10	210	520		
	022Cr19Ni10	180	480		
	06Cr25Ni20	210	520		
	06Cr17Ni12Mo2	210	520		
	022Cr17Ni12Mo2	180	480		
	06Cr18Ni11Ti	210	520		
	06Cr18Ni11Nb	210	520		
双相型	022Cr22Ni5Mo3N	450	620	25	—
	022Cr23Ni5Mo3N	485	655	25	—
	022Cr25Ni7Mo4N	550	800	15	—
铁素体型	022Cr18Ti	180	360	20	—
	019Cr19Mo2NbTi	240	410		—
	06Cr13Al	177	410		—
	022Cr11Ti	275	400	18	—
	022Cr12Ni	275	400	18	—
马氏体型	06Cr13	210	410	20	—

7.2.18 输送流体用不锈钢焊接钢管（GB/T 12771—2019）

① 分类

a. 按制造类别分为 6 类：

Ⅰ类—双面自动焊接，且焊缝 100%全长射线探伤；

Ⅱ类—单面自动焊接，且焊缝100%全长射线探伤；

Ⅲ类—双面自动焊接，且焊缝局部射线探伤；

Ⅳ类—单面自动焊接，且焊缝局部射线探伤；

Ⅴ类—双面自动焊接，且焊缝不做射线探伤；

Ⅵ类—单面自动焊接，且焊缝不做射线探伤。

b. 按供货状态：分为焊接状态（+H）、热处理状态（+T）和磨（抛）光状态（+SP）。

② 尺寸　公称外径 D 和公称壁厚 S 应符合 GB/T 21835 的规定；通常长度 3000～12000mm。

③ 焊接方法　应采用以下一种自动电熔焊接方法（由需方指定一种）：

a. 添加填充金属的单面焊接方法；

b. 添加填充金属的双面焊接方法；

c. 不添加填充金属的单面焊接方法；

d. 不添加填充金属的双面焊接方法；

e. 内焊缝不添加填充金属、外焊缝添加填充金属的双面焊接方法。

④ 交货状态　热处理并酸洗。凡经整体磨、镗或保护气氛热处理的钢管可不经酸洗。

⑤ 化学成分　应符合 GB/T 12771—2019 表5的规定。

⑥ 牌号和力学性能　见表7-77。

表7-77　流体输送用不锈钢焊接钢管力学性能

类型	牌号	推荐热处理制度（快冷）（*—快冷或缓冷）	力学性能 ≥			
			抗拉强度 R_m/MPa	规定塑性延伸强度 $R_{p0.2}$/MPa	断后伸长率 A/%	
					热处理	非热处理
奥氏体型	12Cr18Ni9	≥1040℃	515	205	40	35
	022Cr19Ni10	≥1040℃	485	180	40	35
	06Cr19Ni10	≥1040℃	515	205	40	35
	07Cr19Ni10	≥1040℃	515	205	40	35
	022Cr19Ni10N	≥1040℃	515	205	40	35
	06Cr19Ni10N	≥1040℃	550	240	30	25

续表

类型	牌号	推荐热处理制度（快冷）（*—快冷或缓冷）	力学性能 ≥			
			抗拉强度 R_m/MPa	规定塑性延伸强度 $R_{p0.2}$/MPa	断后伸长率 A/%	
					热处理	非热处理
奥氏体型	06Cr23Ni13	≥1040℃	515	205	40	35
	06Cr25Ni20	≥1040℃	515	205	40	35
	015Cr20Ni18Mo6CuN	≥1150℃	655	310	35	30
	022Cr17Ni12Mo2	≥1040℃	485	180	40	35
	06Cr17Ni12Mo2	≥1040℃	515	205	40	35
	07Cr17Ni12Mo2	≥1040℃	515	205	40	35
	022Cr17Ni12Mo2N	≥1040℃	515	205	40	35
	06Cr17Ni12Mo2N	≥1040℃	550	240	35	30
	06Cr17Ni12Mo2Ti	≥1040℃	515	205	40	35
	015Cr21Ni26Mo5Cu2	1030～1180℃	490	220	35	30
	06Cr18Ni11Ti①	≥1040℃	515	205	40	35
	07Cr19Ni11Ti①	≥1095℃	515	205	40	35
	06Cr18Ni11Nb①	≥1040℃	515	205	40	35
	07Cr18Ni11Nb①	≥1095℃	515	205	40	35
铁素体型	022Cr11Ti	800～900℃*	380	170	20	—
	022Cr12Ni	700～820℃*	450	280	18	—
	06Cr13Al	780～830℃*	415	170	20	—
	022Cr18Ti	780～950℃*	415	205	22	—
	019Cr19Mo2NbTi	800～1050℃	415	275	20	—

① 需方规定在固溶处理后进行稳定化热处理时，稳定化热处理温度为850～930℃，进行稳定化热处理的钢管应标识代号“ST”。

7.2.19 供水用不锈钢焊接钢管（YB/T 4204—2020）

用于输送生活饮用净水、热水和消防用水、空调循环水、空调冷冻水。

① 牌号和化学成分　应符合 GB/T 4204 的规定。

② 分类　按交货状态可分为焊接状态（H）、热处理状态（T）和磨（抛）光（SP）状态。

③ 热处理制度　见表 7-78。

表 7-78　以热处理状态交货时推荐的热处理制度

类型	牌号	推荐的热处理制度	
奥氏体型	06Cr19Ni10	固溶处理	≥1040℃，快冷
	022Cr19Ni10		≥1040℃，快冷
	06Cr17Ni12Mo2		≥1040℃，快冷
	022Cr17Ni12Mo2		≥1040℃，快冷
铁素体型	022Cr18Ti	退火处理	780～950℃，快冷或缓冷
	019Cr19Mo2NbTi		800～1050℃，快冷

④ 外径和壁厚　应符合 GB/T 21835 的规定，见表 7-79。

表 7-79　钢管外径和壁厚　mm

钢管外径 D	壁厚 S		钢管外径 D	壁厚 S		钢管外径 D	壁厚 S	
	Ⅰ	Ⅱ		Ⅰ	Ⅱ		Ⅰ	Ⅱ
12.7	0.6	0.8	50.8	1.0	1.2	133	2.0	2.5
16	0.6	0.8	63.5	1.2	1.5	159	2.2	3.0
20	0.7	1.0	76.1	1.5	2.0	219.1	3.0	—
25.4	0.8	1.0	88.9	1.5	2.0	273.1	3.5	—
32	1.0	1.2						
40	1.0	1.2	101.6	1.5	2.0	323.9	4.0	—

注：通常长度为 2500～12000mm。

⑤ 热处理　钢管以热处理状态交货时，推荐热处理制度见表 7-80。

表 7-80　热处理状态交货时推荐的热处理制度

类型	牌号	推荐热处理制度		类型	牌号	推荐热处理制度	
奥氏体型	06Cr19Ni10	固溶处理	≥1040℃，快冷	铁素体型	022Cr18Ti	退火处理	780～950℃，快冷或缓冷
	022Cr19Ni10		≥1040℃，快冷		019Cr19Mo2NbTi		800～1050℃，快冷
	06Cr17Ni12Mo2		≥1040℃，快冷		019Cr23Mo2Ti		850～1050℃，快冷
	022Cr17Ni12Mo2		≥1040℃，快冷		019Cr23MoTi		850～1050℃，快冷

⑥ 交货状态　根据供水用不锈钢焊接钢管的组织，可按规定的任意一种状态交货，若需方指定某一种交货状态时，应在合同中注明。

a. 奥氏体钢管：交货状态可为焊接、焊接并整体磨（抛）光、热处理并酸洗、保护气氛热处理、热处理并整体磨（抛）光。

b. 铁素体钢管：交货状态可为保护气氛热处理、热处理并酸洗、热处理并整体磨（抛）光。

⑦ 力学性能 钢管应进行母材拉伸试验，公称外径大于159mm的钢管还应进行焊接接头的横向拉伸试验，母材和焊缝的抗拉强度应符合要求。见表7-81。

表7-81 钢管室温的抗拉强度

类型	牌号	拉伸性能 ≥			
		规定塑性延伸强度 $R_{p0.2}$ /MPa	抗拉强度 R_m /MPa	断后伸长率 A/%	
				热处理	非热处理
奥氏体型	06Cr19Ni10	205	515	40	35
	022Cr19Ni10	180	485	40	35
	06Cr17Ni12Mo2	205	515	40	35
	022Cr17Ni12Mo2	180	485	40	35
铁素体型	022Cr18Ti	205	415	22	—
	019Cr19Mo2NbTi	275	415	20	—
	019Cr23Mo2Ti	245	410	20	—
	019Cr23MoTi	245	410	20	—

7.2.20 装饰用焊接不锈钢管（YB/T 5363—2016）

用于市政设施、建筑装饰、道桥护栏、汽车、钢结构网架、医疗器械、家具、一般机械结构部件装饰。

① 分类

a. 按表面交货状态，分为未抛光状态（无或SNB）、抛光状态（SB）、磨光状态（SP）和喷砂状态（SS）四种。

b. 按截面形状，分为圆管（R）、方管（S）和矩形管（RE）三种。

c. 按尺寸精度，分为普通级（PA）和高级（PC）两种。

d. 按表面粗糙度，分为普通级（FA）、较高级（FB）和高级（FC）三种。

② 牌号和化学成分

a. 奥氏体型：12Cr17Ni7、06Cr19Ni10和06Cr17Ni12Mo2。

b. 铁素体型：022Cr12和022Cr18Ti。

化学成分应符合 YB/T 5363—2016 表 5 的规定。

③ 尺寸　公称外径 D 和公称壁厚 S 应符合 GB/T 21835 的规定。通常长度为 1000～8000mm。

④ 方管和矩形管规格　见表 7-82～表 7-84。

表 7-82　装饰用焊接不锈钢管方管和矩形管的规格　mm

边长		壁厚																
		0.4	0.5	0.6	0.7	0.8	0.9	1.0	1.2	1.4	1.5	1.6	1.8	2.0	2.2	2.5	2.8	3.0
方管	15×15	√	√	√	√	√	√	√	√									
	20×20		√	√	√	√	√	√	√	√	√	√	√	√				
	25×25			√	√	√	√	√	√	√	√	√	√	√	√	√		
	30×30					√	√	√	√	√	√	√	√	√	√	√		
	40×40						√	√	√	√	√	√	√	√	√	√		
	50×50							√	√	√	√	√	√	√	√	√		
	60×60								√	√	√	√	√	√	√	√		
	70×70									√	√	√	√	√	√	√		
	80×80										√	√	√	√	√	√	√	
	85×85										√	√	√	√	√	√	√	
	90×90											√	√	√	√	√	√	√
	100×100											√	√	√	√	√	√	√
	110×110												√	√	√	√	√	√
	125×125												√	√	√	√	√	√
	130×130													√	√	√	√	√
	140×140													√	√	√	√	√
	170×170														√	√	√	√
矩形管	20×10		√	√	√	√	√	√	√	√	√							
	25×15			√	√	√	√	√	√	√	√	√						
	40×20					√	√	√	√	√	√	√	√					
	50×30						√	√	√	√	√	√	√					
	70×30							√	√	√	√	√	√	√				
	80×40							√	√	√	√	√	√	√				
	90×30							√	√	√	√	√	√	√	√			
	100×40								√	√	√	√	√	√	√			
	110×50									√	√	√	√	√	√			
	120×40									√	√	√	√	√	√			
	120×60										√	√	√	√	√	√		
	130×50										√	√	√	√	√	√		
	130×70											√	√	√	√	√		

续表

边长		壁厚																
		0.4	0.5	0.6	0.7	0.8	0.9	1.0	1.2	1.4	1.5	1.6	1.8	2.0	2.2	2.5	2.8	3.0
矩形管	140×60											√	√	√	√	√		
	140×80												√	√	√	√		
	150×50												√	√	√	√	√	
	150×70												√	√	√	√	√	
	160×40												√	√	√	√	√	
	160×60													√	√	√	√	
	160×90													√	√	√	√	
	170×50													√	√	√	√	
	170×80													√	√	√	√	
	180×70													√	√	√	√	
	180×80													√	√	√	√	√
	180×100													√	√	√	√	√
	190×60													√	√	√	√	√
	190×70														√	√	√	√
	190×90														√	√	√	√
	200×60														√	√	√	√
	200×80														√	√	√	√
	200×140															√	√	√

表 7-83　装饰用不锈钢焊接管的力学性能

类型	牌号	规定塑性延伸强度 $R_{p0.2}$/MPa ≥	抗拉强度 R_m/MPa ≥	断后伸长率 A/% ≥
奥氏体型	12Cr17Ni7	205	515	35
	06Cr19Ni10	205	515	35
	06Cr17Ni12Mo2	205	515	35
铁素体型	022Cr12	195	360	20
	022Cr18Ti	175	360	20

表 7-84　工艺性能

项目	工艺性能
压扁试验	外径不大于 200mm 的圆管应进行压扁试验。外径不大于 50mm 的圆管取环状试样；外径大于 50mm 且不大于 200mm 的圆管取 C 型试样。试验时，焊缝应位于受力方向 90°的位置，压至圆管外径的 1/3；试样压扁后不应出现裂缝和裂口

续表

项目	工艺性能
弯曲试验	方管、矩形管和外径大于 200mm 的圆管应进行弯曲试验。弯曲试验时，弯芯直径为 3 倍试样厚度，弯曲角度为 180°，弯曲后试样焊缝区域不应出现裂缝和裂口

7.2.21　S 型钎焊不锈钢金属软管（YB/T 5307—2006）

用作电缆的防护套管及非腐蚀性的液压油、燃油、滑油和蒸汽系统的输送管道，可以承压，使用温度范围为 0～400℃。

① 材料　1Cr18Ni9Ti 不锈钢带和编织网套用 1Cr18Ni9Ti 钢丝，其技术条件应符合有关标准规定。

② 参数　见表 7-85。

表 7-85　金属软管的参数

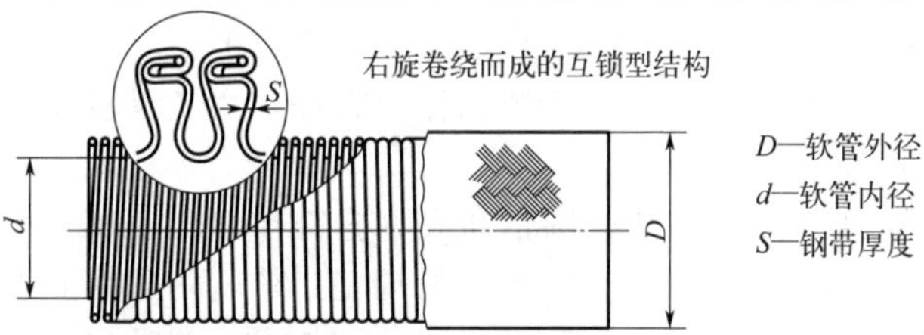

公称内径 d	最小内径 d_{min}	软管外径 D	钢带厚度 S	编织钢丝直径 d_1	20℃时，性能参数/(kgf/cm^2)		理论质量/(kg/m)
mm					工作压力	爆破压力	
6	5.9	10.8	0.13	0.3	150	450	0.209
8	7.9	12.8	0.13	0.3	120	360	0.238
10	9.85	15.6	0.16	0.3	100	300	0.367
12	11.85	18.2	0.16	0.3	95	285	0.434
14	13.85	20.2	0.16	0.3	90	270	0.494
(15)	14.85	21.2	0.16	0.3	85	255	0.533
16	15.85	22.2	0.16	0.3	80	240	0.553
(18)	17.85	24.3	0.16	0.3	75	225	0.630
20	19.85	29.3	0.20	0.3	70	210	0.866
(22)	21.85	31.3	0.20	0.3	65	195	0.946
25	24.80	35.3	0.25	0.3	60	180	1.347

续表

公称内径 d	最小内径 d_{min}	软管外径 D	钢带厚度 S	编织钢丝直径 d_1	20℃时，性能参数/(kgf/cm²)		理论质量/(kg/m)
mm					工作压力	爆破压力	
30	29.80	40.3	0.25	0.3	50	150	1.555
32	31.80	44	0.30	0.3	45	135	1.864
38	37.75	50	0.30	0.3	40	120	2.142
40	39.75	52	0.30	0.3	35	105	2.207
42	41.75	54	0.30	0.3	35	105	2.342
48	47.75	60	0.30	0.3	30	90	2.634
50	49.75	62	0.30	0.3	25	75	2.714
52	51.75	64	0.30	0.3	25	75	2.795

注：1. 软管理论质量不包括接头的质量。理论质量和钢带厚度仅供参考。

2. 表中带括号的规格不推荐使用。

3. 软管长度应不短于500mm，但允许交付长度为300～500mm的软管。

7.2.22 不锈钢棒（GB/T 1220—2007）

① 规格 热轧和锻制不锈钢棒的直径、边长、厚度或对边距离不大于250mm。

② 尺寸与外形 热轧圆钢和方钢应符合GB/T702—2004；热轧扁钢应符合GB/T704—1988中的规定；热轧六角钢和八角钢应符合GB/T705—1985中的规定；锻制圆钢、方钢应符合GB/T908—1987的规定；锻制扁钢应符合GB/T16761—1997的规定。

③ 分类 见表7-86。

表7-86 不锈钢和耐热钢棒的分类

分类方法	按组织特征	按使用加工方法	
		压力加工用钢	切削加工用钢
类别	奥氏体型、铁素体型 奥氏体-铁素体型① 马氏体型、沉淀硬化型	热压力加工(UHP) 热顶锻加工(UHF) 冷拔坯料(UCD)	切削加工(UC)

① 仅不锈钢棒有。

④ 交货状态 有如下4种（未在合同中注明者按不热处理交货）。

a. 切削加工用奥氏体型、奥氏体-铁素体型钢棒应进行固溶处理（经供需双方协商可不处理）。热压力加工用钢捧不进行固溶处理。

b. 铁素体型钢棒应进行退火处理（经供需双方协商可不处理）。

c. 马氏体型钢棒应进行退火处理。

d. 沉淀硬化型钢棒应根据钢的组织选择固溶处理或退火处理（退火温度一般为 650～680℃）。经供需双方协商，沉淀硬化型钢棒（除 05Cr17Ni4Cu4Nb 外）可不进行处理。

⑤ 力学性能　见表 7-87～表 7-91。

表 7-87　经固溶处理的奥氏体型不锈钢棒的力学性能

牌号	规定塑性延伸强度 $R_{p0.2}$	抗拉强度 R_m	断后伸长率 A	断面收缩率 Z	硬度		
					HBW	HRB	HV
	MPa ≥		% ≥		≤		
12Cr17Mn6Ni5N	275	520	40	45	241	100	253
12Cr18Mn9Ni5N	275	520	40	45	207	95	218
12Cr17Ni7	205	520	40	60	187	90	200
12Cr18Ni9	205	520	40	60	187	90	200
Y12Cr18Ni9	205	520	40	50	187	90	200
Y12Cr18Ni9Se	205	520	40	50	187	90	200
06Cr19Ni10	205	520	40	60	187	90	200
022Cr19Ni10	175	480	40	60	187	90	200
06Cr18Ni9Cu3	175	480	40	60	187	90	200
06Cr19Ni10N	275	550	35	50	217	95	220
06Cr19Ni9NbN	345	685	35	50	250	100	260
022Cr19Ni10N	245	550	40	50	217	95	220
10Cr18Ni12	175	480	40	60	187	90	200
06Cr23Ni13	205	520	40	60	187	90	200
06Cr25Ni20	205	520	40	50	187	90	200
06Cr17Ni12Mo2	205	520	40	60	187	90	200
022Cr17Ni12Mo2	175	480	40	60	187	90	200
06Cr17Ni12Mo2Ti	205	530	40	55	187	90	200
06Cr17Ni12Mo2N	275	550	35	50	217	95	220
022Cr17Ni12Mo2N	245	550	40	50	217	95	220
06Cr18Ni12Mo2Cu2	205	520	40	60	187	90	200
022Cr18Ni14Mo2Cu2	175	480	40	60	187	90	200
06Cr19Ni13Mo3	205	520	40	60	187	90	200
022Cr19Ni13Mo3	175	480	40	60	187	90	200

续表

牌号	规定塑性延伸强度 $R_{p0.2}$	抗拉强度 R_m	断后伸长率 A	断面收缩率 Z	硬度		
					HBW	HRB	HV
	MPa ≥		% ≥		≤		
03Cr18Ni16Mo5	175	480	40	45	187	90	200
06Cr18Ni11Ti	205	520	40	50	187	90	200
06Cr18Ni11Nb	205	520	40	50	187	90	200
06Cr18Ni13Si4	205	520	40	60	207	95	218

表 7-88 经固溶处理的奥氏体-铁素体型不锈钢棒的力学性能

牌号	规定塑性延伸强度 $R_{p0.2}$	抗拉强度 R_m	断后伸长率 A	断面收缩率 Z	硬度		
					HBW	HRB	HV
	MPa ≥		% ≥		≤		
14Cr18Ni11Si4AlTi	440	715	25	40	—	—	—
022Cr19Ni5Mo3Si2N	390	590	20	40	290	30	300
022Cr22Ni5Mo3N	450	620	25	—	290	—	—
022Cr23Ni5Mo3N	450	655	25	—	290	—	—
022Cr25Ni6Mo2N	450	620	20	—	260	—	—
03Cr25Ni6Mo3Cu2N	550	750	25	—	290	—	—

表 7-89 经退火处理的铁素体型不锈钢棒的力学性能

牌号	规定塑性延伸强度 $R_{p0.2}$	抗拉强度 R_m	断后伸长率 A	断面收缩率 Z	硬度(HBW) ≤
	MPa ≥		% ≥		
06Cr13Al	175	410	20	60	183
022Cr12	195	360	22	60	183
10Cr17	205	450	22	50	183
Y10Cr17	205	450	22	50	183
10Cr17Mo	205	450	22	60	183
008Cr27Mo	245	410	20	45	219
008Cr30Mo2	295	450	20	45	228

表 7-90　经热处理的马氏体型不锈钢棒的力学性能

牌号	经淬火回火后试样							退火后(HBW)≤
	$R_{p0.2}$	R_m	A	Z	KU_2/J ≥	HBW	HRC	
	MPa ≥		% ≥			≥		
12Cr12	390	590	25	55	118	170	—	200
06Cr13	345	490	24	60	—	—	—	183
12Cr13	345	540	22	55	78	159	—	200
Y12Cr13	345	540	17	45	55	159	—	200
20Cr13	440	640	20	50	63	192	—	223
30Cr13	540	735	12	40	24	217	—	235
Y30Cr13	540	735	8	35	24	217	—	235
40Cr13	—	—	—	—	—	—	50	235
14Cr17Ni2	—	1080	10	—	39	—	—	285
17Cr16Ni2	700	900～1050	12	45	25(KV)	—	—	295
	600	800～950	14	45	25(KV)	—	—	295
68Cr17	—	—	—	—	—	—	54	255
85Cr17	—	—	—	—	—	—	56	255
108Cr17	—	—	—	—	—	—	58	269
Y108Cr17	—	—	—	—	—	—	58	269
95Cr18	—	—	—	—	—	—	55	255
13Cr13Mo	490	690	20	60	78	192	—	200
32Cr13Mo	—	—	—	—	—	—	50	207
102Cr17Mo	—	—	—	—	—	—	55	269
90Cr18MoV	—	—	—	—	—	—	55	269

表 7-91　沉淀硬化型不锈钢棒的力学性能

牌号	热处理制度			$R_{p0.2}$	R_m	A	Z	硬度	
	类型		组别	MPa ≥		% ≥		HBW	HRC
05Cr15Ni5-Cu4Nb	固溶处理		0	—	—	—	—	≤363	≤38
	沉淀硬化	480℃时效	1	1180	1310	10	35	≥375	≥40
		550℃时效	2	1000	1070	12	45	≥331	≥35
		580℃时效	3	865	1000	13	45	≥302	≥31
		620℃时效	4	725	930	16	50	≥277	≥28
05Cr17Ni4-Cu4Nb	固溶处理		0	—	—	—	—	≤363	≤38
	沉淀硬化	480℃时效	1	1180	1310	10	40	≥375	≥40
		550℃时效	2	1000	1070	12	45	≥331	≥35
		580℃时效	3	865	1000	13	45	≥302	≥31
		620℃时效	4	725	930	16	50	≥277	≥28

续表

<table>
<tr><th rowspan="2">牌号</th><th colspan="3">热处理制度</th><th>$R_{p0.2}$</th><th>R_m</th><th>A</th><th>Z</th><th colspan="2">硬度</th></tr>
<tr><th colspan="2">类型</th><th>组别</th><th colspan="2">MPa ≥</th><th colspan="2">% ≥</th><th>HBW</th><th>HRC</th></tr>
<tr><td rowspan="3">07Cr17Ni7Al</td><td colspan="2">固溶处理</td><td>0</td><td>≤380</td><td>≤1030</td><td>20</td><td>—</td><td>≤229</td><td>—</td></tr>
<tr><td rowspan="2">沉淀硬化</td><td>510℃时效</td><td>1</td><td>1030</td><td>1230</td><td>4</td><td>10</td><td>≥388</td><td>—</td></tr>
<tr><td>565℃时效</td><td>2</td><td>960</td><td>1140</td><td>5</td><td>25</td><td>≥363</td><td>—</td></tr>
<tr><td rowspan="3">07Cr15Ni7-Mo2Al</td><td colspan="2">固溶处理</td><td>0</td><td>—</td><td>—</td><td>—</td><td>—</td><td>≤269</td><td>—</td></tr>
<tr><td rowspan="2">沉淀硬化</td><td>510℃时效</td><td>1</td><td>1210</td><td>1320</td><td>6</td><td>20</td><td>≥388</td><td>—</td></tr>
<tr><td>565℃时效</td><td>2</td><td>1100</td><td>1210</td><td>7</td><td>25</td><td>≥375</td><td>—</td></tr>
</table>

7.2.23 不锈钢盘条（GB/T 4356—2016）

用于制造不锈钢丝、不锈顶锻钢丝、不锈弹簧钢丝和钢丝绳。

① 规格 直径为4.5～40.0mm。每卷盘条由一根组成，盘条质量一般应不小于1000kg。

② 交货状态 铁素体钢及06Cr13、12Cr13钢盘条为热轧后酸洗；马氏体钢盘条（06Cr13、12Cr13除外）为退火后酸洗；奥氏体钢及沉淀硬化钢盘条为热轧后酸洗。

③ 牌号和化学成分 奥氏体型、奥氏体-铁素体型、铁素体型、马氏体型和沉淀硬化型不锈钢的牌号和化学成分，分别见GB/T 4356—2016表1～表5。

④ 退火工艺及硬度 见表7-92。

表7-92 铁素体钢和马氏体钢退火工艺（推荐）及硬度

<table>
<tr><th>类型</th><th>牌号</th><th>退火/℃</th><th>硬度(HBW) ≤</th></tr>
<tr><td rowspan="3">铁素体</td><td>10Cr17</td><td>780～850,空冷或缓冷</td><td>183</td></tr>
<tr><td>Y10Cr17</td><td>680～820,空冷或缓冷</td><td>183</td></tr>
<tr><td>10Cr17Mo</td><td>780～850,空冷或缓冷</td><td>183</td></tr>
<tr><td rowspan="9">马氏体</td><td>06Cr13</td><td rowspan="9">800～900,缓冷或约750℃快冷</td><td>183</td></tr>
<tr><td>12Cr13</td><td>200</td></tr>
<tr><td>Y12Cr13</td><td>200</td></tr>
<tr><td>13Cr13Mo</td><td>200</td></tr>
<tr><td>20Cr13</td><td>223</td></tr>
<tr><td>30Cr13</td><td>235</td></tr>
<tr><td>Y30Cr13</td><td>235</td></tr>
<tr><td>32Cr13Mo</td><td>207</td></tr>
<tr><td>40Cr13</td><td>230</td></tr>
</table>

续表

类型	牌号	退火/℃	硬度(HBW) ≤
马氏体	14Cr17Ni2	650～700,空冷	285
	13Cr11Ni2W2MoV	780～850,缓冷	269
	Y25Cr13Ni2	640～720,缓冷	285
	68Cr17	800～920,缓冷	255
	85Cr17		255
	95Cr18		255
	108Cr17		269
	Y108Cr17		269
	102Cr17Mo	800～900,缓冷	269
	90Cr18MoV	800～920,缓冷	269

⑤ 力学性能　见表 7-93。

表 7-93　奥氏体不锈钢盘条固溶状态的力学性能

牌号	组别[①]	抗拉强度 R_m /MPa ≤	断后伸长率[②] A/% ≥	断面收缩率 Z/% ≥
12Cr18Ni9	1	650	40	60
	2	750		50
Y12Cr18Ni9	1	650	40	50
	2	680		50
06Cr19Ni10	1	620	40	60
	2	700		50
022Cr19Ni10	1	620	40	60
	2	700		50
06Cr18Ni9Cu2	1	580	40	60
	2	650		
06Cr18Ni9Cu3	1	580	40	60
	2	650		
06Cr17Ni12Mo2	1	650	40	60
	2	680		
022Cr17Ni12Mo2	1	620	40	60
	2	650		
10Cr18Ni9Ti	1	650	40	60
	2	680	—	—

① 2 组是指非完全固溶。

② 断后伸长率仅供参考，不作判定依据。

7.2.24 焊接用不锈钢盘条（GB/T 4241—2017）

用于制作电焊条焊芯、气体保护焊焊丝、埋弧焊焊丝、电渣焊焊丝等。

① 分类 按组织状态分为奥氏体型、奥氏体＋铁素体（双相）型、马氏体型、铁素体型和沉淀硬化型五种。

② 公称直径 4.5～20mm。

③ 交货状态 马氏体钢盘条为退火酸洗，其他类型钢盘条为热轧酸洗。

④ 盘重 不小于1000kg（每盘盘条由一根组成）。

⑤ 牌号（化学成分应符合GB/T 4241—2017表1的规定）见表7-94。

表7-94 盘条用不锈钢的牌号

组织	牌号	组织	牌号
奥氏体型	H04Cr22Ni11Mn6Mo3VN	奥氏体型	H10Cr24Ni13Mo2
	H08Cr17Ni8Mn8Si4N		H022Cr24Ni13Mo2
	H04Cr20Ni6Mn9N		H021Cr22Ni13Mo3
	H04Cr18Ni5Mn12N		H11Cr26Ni21
	H08Cr21Ni10Mn6		H06Cr26Ni21
	H09Cr21Ni9Mn4Mo		H022Cr26Ni21
	H09Cr21Ni9Mn7Si		H12Cr30Ni9
	H16Cr19Ni9Mn7		H06Cr19Ni12Mo2
	H06Cr21Ni10		H06Cr19Ni12Mo2Si
	H06Cr21Ni10Si		H07Cr19Ni12Mo2
	H07Cr21Ni10		H022Cr19Ni12Mo2
	H022Cr21Ni10		H022Cr19Ni12Mo2Si
	H022Cr21Ni10Si		H022Cr19Ni12Mo2Cu2
	H06Cr20Ni11Mo2		H022Cr20Ni16Mn7Mo3N
	H022Cr20Ni11Mo2		H06Cr19Ni14Mo3
	H10Cr24Ni13		H022Cr19Ni14Mo3
	H10Cr24Ni13Si		H06Cr19Ni12Mo2Nb
	H022Cr24Ni13		H022Cr19Ni12Mo2Nb
	H022Cr22Ni11		H05Cr20Ni34Mo2Cu3Nb
	H022Cr24Ni13Si		H019Cr20Ni34Mo2Cu3Nb
	H022Cr24Ni13Nb		H06Cr19Ni10Ti
	H022Cr21Ni12Nb		H21Cr16Ni35

续表

组织	牌号	组织	牌号
奥氏体型	H06Cr20Ni10Nb H06Cr20Ni10NbSi H022Cr20Ni10Nb H019Cr27Ni32Mo3Cu H019Cr20Ni25Mo1Cu H08Cr16Ni8Mo2 H06Cr19Ni10 H011Cr33Ni31MoCuN H10Cr22Ni21Co18Mo3W3TaAlZrLaN	铁素体型	H06Cr12Ti H10Cr12Nb H08Cr17 H08Cr17Nb H022Cr17Nb H03Cr18Ti H011Cr26Mo
		马氏体型	H10Cr13 H05Cr12Ni4Mo H022Cr13Ni4Mo H32Cr13
奥氏体-铁素体型	H022Cr22Ni9Mo3N H03Cr25Ni5Mo3Cu2N H022Cr25Ni9Mo4N	沉淀硬化型	H04Cr17Ni4Cu4Nb

7.2.25 冷顶锻用不锈钢盘条（YB/T 6141—2023）

用于制造螺栓、螺钉和铆钉等紧固件及冷成型件。

① 分类　按组织状态分为奥氏体型、奥氏体＋铁素体（双相）型、马氏体型、铁素体型和沉淀硬化型五种。

② 公称直径　4.5～20mm。

③ 交货状态　奥氏体型、奥氏体＋铁素体型和沉淀硬化型为固溶酸洗，铁素体型和马氏体型钢盘条为退火酸洗。

④ 盘重　不小于 1000kg（每盘盘条由一根组成）。

⑤ 牌号（化学成分应符合 GB/T 6141—2023 表 1 的规定）见表 7-95。

表 7-95　盘条用不锈钢的牌号

组织	牌号	组织	牌号
奥氏体型	04Cr17Mn7Ni5CuN 04Cr16Mn8Ni12Cu3N 12Cr17Mn7Ni2Cu2N 08Cr19Mn6Ni3Cu2N 05Cr19Mn6Ni5Cu2N 05Cr19Ni6Mn4MoCu2N	奥氏体型	05Cr21Ni10Mn3Mo2CuN 06Cr19Ni10 022Cr19Ni10 06Cr19Ni10Cu 06Cr19Ni10Cu2 022Cr19Ni10Cu3

续表

组织	牌号	组织	牌号
奥氏体型	022Cr18Ni9Cu4	铁素体型	022Cr11Nb
	03Cr18Ni12		022Cr11TiNb
	06Cr17Ni12Mo2		022Cr17
	022Cr17Ni12Mo2		022Cr17Mo
	022Cr17Ni12Mo2Cu2	马氏体型	12Cr13
	06Cr18Ni11Ti		20Cr13
奥氏体-铁素体型	022Cr23Ni15Mo3N		30Cr13
	022Cr21Mn5Ni2N		14Cr17Ni2
铁素体型	022Cr11Ti	沉淀硬化型	06Cr15Ni125Ti2MoAlVB

⑥ 退火工艺和硬度　见表 7-96。

表 7-96　铁素体型和马氏体型盘条的推荐退火工艺和硬度

类型	牌号	退火工艺	硬度(HBW) ≤
铁素体型	022Cr11Ti	780～850℃空冷或缓冷	180
	022Cr11Nb		
	022Cr11NiTiNb		
	022Cr17		
	022Cr17Mo		
马氏体型	12Cr13	800～900℃缓冷或约 750℃快冷	195
	20Cr13		220
	30Cr13		230
	14Cr17Ni2	650～700℃空冷	280

⑦ 力学性能　见表 7-97。

表 7-97　公称直径为 5.5～20.0mm 的固溶交货盘条的力学性能

类型	牌号	抗拉强度 R_m/MPa ≤	断后伸长率 A/% ≥	断面收缩率 Z/% ≥
奥氏体型	04Cr17Mn7Ni5CuN	850	45	65
	04Cr16Mn8Ni2Cu3N	800		
	12Cr17Mn7Ni2Cu2N	850		
	08Cr19Mn6Ni3Cu2N	800		
	05Cr19Mn6Ni5Cu2N			
	05Cr19Ni6Mn4MoCu2N			
	05Cr21Ni10Mn3Mo2Cu2N			

续表

类型	牌号	抗拉强度 R_m/MPa ≤	断后伸长率 A/% ≥	断面收缩率 Z/% ≥
奥氏体型	06Cr19Ni10 022Cr19Ni10 06Cr19Ni10Cu	620	45	65
	06Cr19Ni10Cu2 022Cr19Ni10Cu3 022Cr18Ni9Cu4	580		
	03Cr18Ni12	620		
	06Cr17Ni12Mo2 022Cr17Ni12Mo2	650		
	022Cr17Ni12Mo2Cu2 06Cr18Ni11Ti	620 ≤650		
奥氏体-铁素体型	022Cr23Ni5Mo3N 022Cr21Mn5Ni2N	850	30	50
沉淀硬化型	06Cr15Ni25Ti2MoAlVB	650	35	55

注：其他公称直径的奥氏体型、奥氏体-铁素体型、沉淀硬化型的固溶交货盘条的力学性能由供需双方商定。

7.2.26　奥氏体-铁素体型双相不锈钢盘条（GB/T 39033—2020）

① 公称直径　5.0～40.0mm。

② 交货状态　热轧酸洗或固溶酸洗。

③ 盘重　应符合 GB/T 14981—2009 的规定。

④ 牌号　有 03Cr21Mn5Ni1MoCuN、022Cr22Ni2N、022Cr23Ni4MoCuN、022Cr19Ni5Mo3Si2N、022Cr22Ni5Mo3N、022Cr23Ni5Mo3N、022Cr25Ni7Mo4N、022Cr25Ni7Mo4WCuN 八种。化学成分应符合 GB/T 39033—2020 表 1 的规定。

⑤ 力学性能（直径不大于 20mm）　见表 7-98。

表 7-98　固溶交货盘条的热处理制度和力学性能

牌号	推荐的热处理温度(快冷)	抗拉强度 R_m/MPa	断后伸长率 A/%	断面收缩率 Z/%
03Cr21Mn5Ni1MoCuN 022Cr22Ni2N	1020～1080℃ 980～1100℃	≤850	≥30	≥50

续表

牌号	推荐的热处理温度(快冷)	抗拉强度 R_m/MPa	断后伸长率 A/%	断面收缩率 Z/%
022Cr23Ni4MoCuN	1000～1100℃	≤850	≥30	≥50
022Cr19Ni5Mo3Si2N	950～1050℃			
022Cr22Ni5Mo3N	1020～1100℃			
022Cr23Ni5Mo3N	1020～1100℃			
022Cr25Ni7Mo4N	1050～1120℃	≤900		
022Cr25Ni7Mo4WCuN	1050～1140℃	≤950		

注：公称直径大于 20mm 固溶交货盘条的力学性能由供需双方协商确定。

7.2.27 不锈钢丝（GB/T 4240—2019）

本标准不锈钢丝，不包括奥氏体型和沉淀硬化型不锈弹簧钢丝和冷顶锻用、焊接用不锈钢丝。

① 类别、牌号、交货状态 见表 7-99。

表 7-99 钢丝的类别、牌号、交货状态及代号

类别	牌号	交货状态及代号	类别	牌号	交货状态及代号
奥氏体	12Cr17Mn6Ni5N 12Cr18Mn9Ni5N Y06Cr17Mn6Ni6Cu2 12Cr18Ni9 Y12Cr18Ni9 Y12Cr18Ni9Cu3 06Cr19Ni10 022Cr19Ni10 06Cr17Ni12Mo2 07Cr19Ni10 10Cr18Ni12 06Cr20Ni11 16Cr23Ni13 06Cr23Ni13 06Cr25Ni20 20Cr25Ni20Si2 022Cr17Ni12Mo2 06Cr19Ni13Mo3 06Cr18Ni11Ti 06Cr17Ni12Mo2Ti	软态(S) 轻拉(LD) 冷拉(WCD)	铁素体	06Cr13Al 06Cr11Ti 04Cr11Nb 10Cr17 Y10Cr17 10Cr17Mo 10Cr17MoNb 026Cr24	软态(S) 轻拉(LD) 冷拉(WCD)
			马氏体	06Cr13 12Cr13 Y12Cr13 20Cr13 30Cr13 32Cr13Mo Y30Cr13 Y16Cr17Ni2Mo	软态(S) 轻拉(LD)
				40Cr13 12Cr12Ni2 14Cr17Ni2	软态(S)
			奥氏体-铁素体	022Cr23Ni5Mo3N	软态(S)

注：根据需方要求，可提供直条或磨光状态钢丝。

② 尺寸范围和盘卷内径　见表 7-100。

表 7-100　钢丝公称尺寸范围和盘卷内径　mm

公称尺寸范围	钢丝盘卷内径	
	钢丝公称尺寸	钢丝盘卷内径 ≥
软态钢丝：	0.05～0.50	线轴或 150
0.05～16.0	>0.50～1.50	200
轻拉钢丝：	>1.50～3.00	250
0.30～16.0	>3.00～6.00	400
冷拉钢丝：	>6.00～12.0	600
0.10～12.0	>12.0～16.0	800

③ 牌号和力学性能　化学成分应符合 GB/T 4240—2019 表 3 的要求。见表 7-101～表 7-103。

表 7-101　软态钢丝的力学性能

牌号	公称直径范围 /mm	抗拉强度 R_m /MPa	断后伸长率 A /% ≥
12Cr17Mn6Ni5N 12Cr18Mn9Ni5N 12Cr18Ni9 Y12Cr18Ni9 07 Cr19Ni10 16Cr23Ni13 20Cr25Ni20Si2	0.05～0.10	700～1000	15
	>0.10～0.30	660～950	20
	>0.30～0.60	640～920	20
	>0.60～1.00	620～900	25
	>1.00～3.00	620～880	30
	>3.00～6.00	600～850	30
	>6.00～10.0	580～830	30
	>10.0～16.0	550～800	30
022Cr23Ni5Mo3N	1.00～3.00	700～1000	20
	>3.00～16.0	650～950	30
Y06Cr17Mn6Ni6Cu2 Y12Cr18Ni9Cu3 06Cr19Ni9、022Cr19Ni10 10Cr18Ni12、06Cr17Ni12Mo2 06Cr20Ni11、06Cr23Ni13 06Cr25Ni20、06Cr17Ni12Mo2 022Cr17Ni12Mo2、06Cr19Ni13Mo3 06Cr17Ni12Mo2Ti	0.05～0.10	650～930	15
	>0.10～0.30	620～900	20
	>0.30～0.60	600～870	20
	>0.60～1.00	580～850	25
	>1.00～3.00	570～830	30
	>3.00～6.00	550～800	30
	>6.00～10.0	520～770	30
	>10.0～16.0	500～750	30

续表

牌号	公称直径范围/mm	抗拉强度 R_m/MPa	断后伸长率 A/% ≥
06Cr13Al 06Cr11Ti 04Cr11Nb	1.00～3.00 >3.00～16.0	480～700 460～680	20 20
10Cr17、Y10Cr17 10Cr17Mo、Y10Cr17MoNb	1.00～3.00 >3.00～16.0	480～650 450～650	15 15
026Cr24	1.00～3.00 >3.00～16.0	480～650 450～650	20 20
06Cr13、12Cr13 Y12Cr13	1.00～3.00 >3.00～16.0	470～650 450～650	20 20
20Cr13	1.00～3.00 >3.00～16.0	500～750 480～700	15 15
30Cr13、32Cr13Mo、Y30Cr13 40Cr13、12Cr12Ni2 Y16Cr17Ni2、14Cr17Ni2	1.00～2.00 >2.00～16.0	600～850 600～850	10 15

表 7-102 轻拉钢丝的力学性能

牌号	公称直径范围/mm	抗拉强度 R_m/MPa
12Cr17Mn6Ni5N、12Cr18Mn9Ni5N Y06Cr17Mn6Ni6Cu2、12Cr18Ni9 Y12Cr18Ni9、Y12Cr18Ni9Cu3 06Cr19Ni10、022Cr19Ni10、07Cr19Ni10 10Cr18Ni12、06Cr20Ni11、16Cr23Ni13 06Cr23Ni13、20Cr25Ni20Si2 06Cr17Ni12Mo2、022Cr17Ni13Mo2 06Cr17Ni12Mo2Ti、06Cr25Ni20 06Cr19Ni13Mo3、06Cr18Ni11Ti	0.30～1.00 >1.00～3.00 >3.00～6.00 >6.00～10.0 >10.0～16.0	850～1200 830～1150 800～1100 770～1050 750～1030
06Cr13Al、06Cr11Ti、022Cr11Nb 10Cr17、Y10Cr17、10Cr17Mo 10Cr17MoNb	0.30～3.00 >3.00～6.00 >6.00～16.0	530～780 500～750 480～730
06Cr13、12Cr13 Y12Cr13、20Cr13	1.00～3.00 >3.00～6.00 >6.00～16.0	600～850 580～820 550～800

续表

牌号	公称直径范围/mm	抗拉强度 R_m/MPa
30Cr13、32Cr13Mo Y30Cr13 Y16Cr17Ni2Mo	1.00～3.00 >3.00～6.00 >6.00～16.0	650～900 600～900 600～850

表 7-103　冷拉钢丝的力学性能

牌号	公称直径范围/mm	抗拉强度 R_m/MPa
12Cr17Mn6Ni5N、12Cr18Mn9Ni5N 12Cr18Ni9、06Cr19Ni9 07Cr19Ni10、10Cr18Ni12 06Cr17Ni12Mo2、06Cr18Ni11Ti	0.10～1.00 >1.00～3.00 >3.00～6.00 >6.00～12.0	1200～1500 1150～1450 1100～1400 950～1250

7.2.28　不锈钢弹簧钢丝（GB/T 24588—2019）

用于制作不锈钢弹簧。

① 分类

a. 按金相组织，可分为奥氏体型和沉淀硬化型两种。

b. 按表面状态，可分为雾面、亮面、清洁面和带涂（镀）层四种。

c. 按抗拉强度，可分为 A、B、C、D 四组，见表 7-104。

表 7-104　组别、牌号和直径

组别	牌号	直径范围/mm
A	06Cr19Ni10、07Cr19Ni10、12Cr18Ni9 06Cr17Ni12Mo2、12Cr18Mn9Ni5N 06Cr18Ni11Ti、12Cr18Mn12Ni2N 04Cr12Ni8Cu2TiNb	0.20～10.0
B	07Cr19Ni10、12Cr18Ni9、06Cr19Ni10N、12Cr18Mn9Ni5N	0.20～12.0
C	07Cr17Ni7Al	0.20～10.0
D	12Cr16Mn8Ni3Cu3N(用于一般耐蚀性环境下)	0.20～6.00

注：化学成分应符合 GB/T 24588—2019 表 4 的要求。

② 交货状态　冷拉，主要以盘卷状供货。见表 7-105。

表 7-105　钢丝的盘（轴）重

钢丝公称直径/mm	每盘(轴)重/kg　≥	钢丝公称直径/mm	每盘(轴)重/kg　≥
0.20～0.30	0.3	>0.60～1.50	3.0
>0.30～0.60	1.0	>1.50	5.0

③ 力学性能　见表 7-106～表 7-108。

表 7-106 常规牌号钢丝力学性能

<table>
<tr><th colspan="8">组别</th></tr>
<tr><th colspan="2">A组</th><th>B组</th><th colspan="3">C组</th><th colspan="2">D组</th></tr>
<tr><td colspan="2">06Cr19Ni10
07Cr19Ni10
12Cr18Ni9
06Cr17Ni12Mo2
12Cr18Mn9Ni5N
06Cr18Ni11Ti</td><td>07Cr19Ni10
12Cr18Ni9
06Cr19Ni10N
12Cr18Mn9Ni5N</td><td colspan="3">07Cr17Ni7Al</td><td colspan="2">12Cr16Mn8Ni3Cu3N</td></tr>
<tr><td>公称直径
d/mm</td><td colspan="2">冷拉钢丝抗拉强度
R_m/MPa</td><td>公称直径
d/mm</td><td>冷拉钢丝
抗拉强度
R_m/MPa</td><td>试样时效
抗拉强度①
R_m/MPa</td><td>公称直径
d/mm</td><td>冷拉钢丝抗拉强度
R_m/MPa</td></tr>
<tr><td rowspan="2">0.20～0.25</td><td rowspan="2">1700～2050</td><td rowspan="2">2050～2400</td><td>0.20</td><td>≥1970</td><td>2270～2610</td><td rowspan="2">0.20～0.25</td><td rowspan="2">1750～2050</td></tr>
<tr><td rowspan="2">>0.20～0.30</td><td rowspan="2">≥1950</td><td rowspan="2">2250～2580</td></tr>
<tr><td rowspan="2">>0.25～0.40</td><td rowspan="2">1650～1950</td><td rowspan="2">1950～2300</td><td>>0.25～0.30</td><td>1720～2000</td></tr>
<tr><td>>0.30～0.40</td><td>≥1920</td><td>2220～2550</td><td>>0.30～0.45</td><td>1680～1950</td></tr>
<tr><td rowspan="2">>0.40～0.60</td><td rowspan="2">1600～1900</td><td rowspan="2">1900～2200</td><td>>0.40～0.50</td><td>≥1900</td><td>2200～2530</td><td rowspan="2">>0.45～0.70</td><td rowspan="2">1650～1900</td></tr>
<tr><td>>0.50～0.63</td><td>≥1850</td><td>2150～2470</td></tr>
<tr><td rowspan="2">>0.60～1.0</td><td rowspan="2">1550～1850</td><td rowspan="2">1850～2150</td><td>>0.63～0.80</td><td>≥1820</td><td>2120～2440</td><td rowspan="2">>0.70～1.1</td><td rowspan="2">1620～1870</td></tr>
<tr><td>>0.80～1.0</td><td>≥1800</td><td>2100～2410</td></tr>
<tr><td rowspan="2">>1.0～1.4</td><td rowspan="2">1450～1750</td><td rowspan="2">1750～2050</td><td>>1.0～1.2</td><td>≥1750</td><td>2050～2350</td><td>>1.1～1.4</td><td>1580～1830</td></tr>
<tr><td>>1.2～1.5</td><td>≥1700</td><td>2000～2300</td><td rowspan="3">>1.4～2.2</td><td rowspan="3">1550～1800</td></tr>
<tr><td rowspan="2">>1.4～2.0</td><td rowspan="2">1400～1650</td><td rowspan="2">1650～1900</td><td>>1.5～1.6</td><td>≥1650</td><td>1950～2240</td></tr>
<tr><td>>1.6～2.0</td><td>≥1600</td><td>1900～2180</td></tr>
</table>

续表

组别							
A 组		B 组	C 组			D 组	
06Cr19Ni10 07Cr19Ni10 12Cr18Ni9 06Cr17Ni12Mo2 12Cr18Mn9Ni5N 06Cr18Ni11Ti		07Cr19Ni10 12Cr18Ni9 06Cr19Ni10N 12Cr18Mn9Ni5N	07Cr17Ni7Al			12Cr16Mn8Ni3Cu3N	
公称直径 d/mm	冷拉钢丝抗拉强度 R_m/MPa		公称直径 d/mm	冷拉钢丝抗拉强度 R_m/MPa	试样时效抗拉强度[①] R_m/MPa	公称直径 d/mm	冷拉钢丝抗拉强度 R_m/MPa
>2.0～2.5	1320～1570	1550～1800	>2.0～2.5	≥1550	1850～2140	>2.2～3.0	1510～1760
>2.5～4.0	1230～1480	1450～1700	>2.5～3.0	≥1500	1790～2060		
			>3.0～3.5	≥1450	1740～2000	>3.0～4.0	1480～1730
			>3.5～4.0	≥1400	1680～1930		
>4.0～6.0	1100～1350	1350～1600	>4.0～5.0	≥1350	1620～1870	>4.0～4.5	1400～1650
						>4.5～5.5	1330～1580
			>5.0～6.0	≥1300	1550～1800	>5.5～6.0	1230～1480
>6.0～8.0	1020～1270	1270～1520	>6.0～7.0	≥1250	1500～1750	—	—
			>7.0～8.0	≥1200	1450～1700		
>8.0～9.0	1000～1250	1150～1400	>8.0～10.0	≥1150	1400～1650	—	—
>9.0～10.0	980～1200	1000～1250					
>10.0～12.0	—	1000～1250	—	—	—		

① 推荐试样时效处理工艺制度为：400～500℃，保温 0.5～1.5h，空冷。

表 7-107 04Cr12Ni8Cu2TiNb 钢丝力学性能

公称直径 d/mm	冷拉状态 R_m /MPa ≥	试样时效处理 R_m[①]/MPa	公称直径 d/mm	冷拉状态 R_m /MPa ≥	试样时效处理 R_m[①]/MPa
0.20～1.0	1690	2205～2415	>2.20～2.40	1450	1965～2170
>1.0～1.30	1620	2135～2345	>2.40～2.80	1380	1915～2125
>1.30～1.50	1550	2100～2310	>2.80～3.20	1345	1875～2080
>1.50～1.90	1515	2035～2240	>3.20～3.80	1310	1825～2035
>1.90～2.20	1480	2000～2205	>3.80～12.0	1240	1795～2000

① 时效温度 454℃，保温 0.5h，然后空冷。

注：钢丝以直条或定尺长度交货时，最小抗拉强度为表中规定值的 90%。

表 7-108 12Cr18Mn12Ni2N 钢丝力学性能

公称直径 d/mm	抗拉强度 R_m/MPa	公称直径 d/mm	抗拉强度 R_m/MPa
0.2～0.23	2240～2450	>0.71～0.81	1945～2150
>0.23～0.25	2205～2415	>0.81～0.94	1910～2120
>0.25～0.28	2195～2400	>0.94～1.04	1880～2090
>0.28～0.30	2180～2385	>1.04～1.19	1860～2070
>0.30～0.33	2165～2370	>1.19～1.37	1825～2035
>0.33～0.36	2150～2360	>1.37～2.21	1795～2000
>0.36～0.38	2135～2345	>2.21～3.05	1760～1965
>0.38～0.41	2125～2330	>3.05～4.22	1725～1930
>0.41～0.43	2110～2315	>4.22～4.88	1655～1860
>0.43～0.46	2095～2305	>4.88～5.72	1585～1795
>0.46～0.51	2070～2275	>5.72～7.06	1480～1690
>0.51～0.56	2040～2250	>7.06～8.41	1380～1585
>0.56～0.61	2015～2220	>8.41～10.00	1275～1480
>0.61～0.66	1995～2200	>10.00～12.00	1105～1310
>0.66～0.71	1970～2180		

7.2.29 冷顶锻用不锈钢丝（GB/T 4232—2019）

用于制造螺栓、螺钉和铆钉等紧固件及冷成型件。

① 分类（表 7-109）

a. 按金相组织，可分为奥氏体型、铁素体型和马氏体型三类。

b. 按表面状态，可分为雾面、亮面、清洁面和带涂（镀）层四种。

c. 按交货状态，可分为软态和轻拉两组。

表 7-109　钢丝的类别、牌号、交货状态和公称直径

<table>
<tr><th>类别</th><th>牌号</th><th>交货状态和直径</th><th>类别</th><th>牌号</th><th>交货状态和直径</th></tr>
<tr><td rowspan="2">奥氏体型</td><td rowspan="2">ML04Cr17Mn7Ni5CuN
ML04Cr16Mn8Ni2Cu3N
ML06Cr19Ni9
ML022Cr19Ni10
ML06Cr19Ni10Cu
ML06Cr19Ni9Cu2
ML022Cr18Ni9Cu3
ML03Cr18Ni12
ML06Cr17Ni12Mo2
ML022Cr17Ni12Mo2
ML022Cr18Ni14Mo2Cu2
ML06Cr18Ni11Ti
ML03Cr16Ni18</td><td rowspan="2">软态(S)
0.80～
11.0mm

轻拉(LD)
0.80～
20.0mm</td><td>铁素体型</td><td>ML06Cr12Ti
ML04Cr11Nb
ML022Cr11NiNbTi
ML10Cr15
ML04Cr17
ML06Cr17Mo</td><td rowspan="2">软态(S)
0.80～
11.0mm

轻拉(LD)
0.80～
20.0mm</td></tr>
<tr><td>马氏体型</td><td>ML12Cr13
ML20Cr13
ML30Cr13
ML22Cr14NiMo
ML16Cr17Ni2</td></tr>
</table>

注：化学成分应符合 GB/T 4232—2019 表 3 的规定。

② 力学性能　见表 7-110、表 7-111。

表 7-110　软态不锈钢丝的力学性能

<table>
<tr><th>牌号</th><th>公称直径
/mm</th><th>抗拉强度 R_m
/MPa</th><th>断面收缩率
Z/%　≥</th><th>断后伸长率
A/%　≥</th></tr>
<tr><td rowspan="2">ML04Cr17Mn7Ni5CuN</td><td>0.80～3.00</td><td>700～900</td><td rowspan="6">65</td><td>20</td></tr>
<tr><td>>3.00～11.0</td><td>650～850</td><td>30</td></tr>
<tr><td rowspan="2">ML04Cr16Mn8Ni2Cu3N</td><td>0.80～3.00</td><td>650～850</td><td>20</td></tr>
<tr><td>>3.00～11.0</td><td>620～820</td><td>30</td></tr>
<tr><td rowspan="2">ML06Cr19Ni9
ML022Cr19Ni10</td><td>0.80～3.00</td><td>580～740</td><td>30</td></tr>
<tr><td>>3.00～11.0</td><td>550～710</td><td>40</td></tr>
<tr><td rowspan="2">ML06Cr19Ni10Cu</td><td>0.80～3.00</td><td>570～730</td><td rowspan="2">65</td><td>30</td></tr>
<tr><td>>3.00～11.0</td><td>540～700</td><td>40</td></tr>
<tr><td rowspan="2">ML06Cr18Ni9Cu2</td><td>0.80～3.00</td><td>560～720</td><td rowspan="4">65</td><td>30</td></tr>
<tr><td>>3.00～11.0</td><td>520～680</td><td>40</td></tr>
<tr><td rowspan="2">ML022Cr18Ni9Cu3、
ML03Cr18Ni12</td><td>0.80～3.00</td><td>480～640</td><td>30</td></tr>
<tr><td>>3.0～11.0</td><td>450～610</td><td>40</td></tr>
<tr><td rowspan="2">ML06Cr17Ni12Mo2、
ML022Cr17Ni12Mo2</td><td>0.80～3.00</td><td>560～720</td><td rowspan="2">65</td><td>30</td></tr>
<tr><td>>3.00～11.0</td><td>500～660</td><td>40</td></tr>
</table>

续表

牌号	公称直径/mm	抗拉强度 R_m/MPa	断面收缩率 Z/% ≥	断后伸长率 A/% ≥
ML022Cr18Ni14 Mo2Cu2	0.80～3.00	540～700	65	30
	>3.00～11.0	500～660		40
ML06Cr18Ni11Ti	1.00～3.00	580～730	60	30
	>3.00～11.0	550～700		40
ML03Cr16Ni18	0.80～3.00	480～640	65	30
	>3.00～11.0	440～600		40
ML06Cr11Ti ML04Cr11Nb ML022Cr11NiNbTi ML10Cr15、ML04Cr17 ML06Cr17Mo	0.80～3.00 >3.00～11.0	480～700 460～680	20	15
ML12Cr13	0.80～3.00	440～640	55	—
	>3.00～11.00	400～600		15
ML20Cr13、ML30Cr13	0.80～3.00	600～750		—
	>3.00～11.00	550～700		15
ML22Cr14NiMo	0.80～3.00	540～780		—
	>3.00～11.0	500～740		15
ML16Cr17Ni2	0.80～3.00	560～800		—
	>3.00～11.0	540～780		15

注：公称直径不大于3.0mm的钢丝断面收缩率和断后伸长率仅供参考，不作判定依据。

表7-111　轻拉不锈钢丝的力学性能

牌号	公称直径/mm	抗拉强度 R_m/MPa	断面收缩率 Z/% ≥	断后伸长率 A/% ≥
ML04Cr17Mn7Ni5CuN	0.80～3.00	800～1000	55	15
	>3.00～20.0	750～950		20
ML04Cr16Mn8Ni2Cu3N	0.80～3.00	760～960		15
	>3.00～20.0	720～920		20
ML06Cr19Ni9	0.80～3.00	640～800		20
	>3.00～20.0	590～750		25
ML022Cr19Ni10	0.80～3.00	640～820		20
	>3.00～20.0	630～790		25

续表

牌号	公称直径/mm	抗拉强度 R_m/MPa	断面收缩率 Z/% ≥	断后伸长率 A/% ≥
ML06Cr19Ni10Cu	0.80～3.00	600～780	55	20
	>3.00～20.0	570～730		25
ML06Cr18Ni9Cu2	0.80～3.00	590～760		20
	>3.00～20.0	550～710		25
ML03Cr18Ni12、ML022Cr18Ni9Cu3	0.80～3.00	520～680		25
	>3.00～20.0	480～640		25
ML06Cr17Ni12Mo2	0.80～3.00	600～760		20
	>3.00～20.0	550～710		25
ML022Cr17Ni12Mo2、ML022Cr18Ni14Mo2Cu2	0.80～3.00	580～740	55	20
	>3.00～20.0	550～710		25
ML03Cr16Ni18	0.80～3.00	520～680		20
	>3.00～20.0	480～640		25
ML06Cr12Ti、ML04Cr11Nb	0.80～3.00	≤650		—
	>3.00～20.0			10
ML022Cr11NiNbTi	0.80～3.00	530～700	15	10
	>3.00～20.0	520～680		
ML10Cr15、ML04Cr17	0.80～3.00	≤700	55	—
	>3.00～20.0			10
ML06Cr17Mo	0.80～3.00	≤720		—
	>3.00～20.0			10
ML12Cr13	0.80～3.00	≤740	50	—
	>3.00～20.0			10
ML20Cr13、ML30Cr13	0.80～3.00	≤800		—
	>3.00～20.0			10
ML22Cr14NiMo	0.80～3.00	≤780	50	—
	>3.00～20.0			10
ML16Cr17Ni2	0.80～3.00	≤850		—
	>3.00～20.0			10

注：公称直径不大于 3.0mm 的钢丝断面收缩率和断后伸长率仅供参考，不作判定依据。

7.2.30　焊接用不锈钢丝（YB/T 5092—2016）

制作电焊条焊芯、气体保护焊、埋弧焊、电渣焊等焊条。

① 分类

a. 按交货状态，分为冷拉态(WCD)和软态(S，光亮热处理或热处理后酸洗）两类。

b. 按钢丝组织状态，分为奥氏体型、奥氏体＋铁素体（双相）型、铁素体型、马氏体型和沉淀硬化型五类。

② 直径 0.5～8.0mm。

③ 交货状态 冷拉或软态（合同未注明时为冷拉）。

④ 牌号 见表7-112。

表7-112 钢丝组织状态分类及牌号

类别	牌号	
奥氏体型	H04Cr22Ni11Mn6Mo3VN	H022Cr26Ni21
	H08Cr17Ni8Mn8Si4N	H12Cr30Ni9
	H04Cr20Ni6Mn9N	H06Cr19Ni12Mo2
	H04Cr18Ni5Mn12N	H06Cr19Ni12Mo2Si
	H08Cr21Ni10Mn6	H07Cr19Ni12Mo2
	H09Cr21Ni9Mn4Mo	H022Cr19Ni12Mo2
	H09Cr21Ni9Mn7Si	H022Cr19Ni12Mo2Si
	H16Cr19Ni9Mn7	H022Cr19Ni12Mo2Cu2
	H06Cr21Ni10	H022Cr20Ni16Mn7Mo3N
	H06Cr21Ni10Si	H06Cr19Ni14Mo3
	H07Cr21Ni10	H022Cr19Ni14Mo3
	H022Cr21Ni10	H06Cr19Ni12Mo2Nb
	H022Cr21Ni10Si	H022Cr19Ni12Mo2Nb
	H06Cr20Ni11Mo2	H05Cr20Ni34Mo2Cu3Nb
	H022Cr20Ni11Mo2	H019Cr20Ni34Mo2Cu3Nb
	H10Cr24Ni13	H06Cr19Ni10Ti
	H10Cr24Ni13Si	H21Cr16Ni35
	H022Cr24Ni13	H06Cr20Ni10Nb
	H022Cr22Ni11	H06Cr20Ni10NbSi
	H022Cr24Ni13Si	H022Cr20Ni10Nb
	H022Cr24Ni13Nb	H019Cr27Ni32Mo3Cu
	H022Cr21Ni12Nb	H019Cr20Ni25Mo4Cu
	H10Cr24Ni13Mo2	H08Cr16Ni8Mo2
	H022Cr24Ni13Mo2	H06Cr19Ni10
	H022Cr21Ni13Mo3	H011Cr33Ni31MoCuN
	H11Cr26Ni21	H10Cr22Ni21Co18Mo3W3TaAlZrLaN
	H06Cr26Ni21	
奥氏体＋铁素体（双相）型	H022Cr22Ni9Mo3N	H03Cr25Ni5Mo3Cu2N
	H022Cr25Ni9Mo4N	

续表

类别	牌号	
铁素体型	H06Cr12Ti H10Cr12Nb H08Cr17 H08Cr17Nb	H022Cr17Nb H03Cr18Ti H011Cr26Mo
马氏体型	H10Cr13 H05Cr12Ni4Mo	H022Cr13Ni4Mo H32Cr13
沉淀硬化型	H04Cr17Ni4Cu4Nb	

注：1. 化学成分应符合 YB/T 5092—2016 表 3～表 7 的要求。

2. 冷控状态交货钢丝，应检验抗拉强度，提供实测数值，但不作判定依据。

7.3 耐热钢型材

7.3.1 耐热钢钢板和钢带（GB/T 4238—2015）

① 分类　有热轧和冷轧耐热钢钢板和钢带。

② 尺寸与外形　冷轧钢板和钢带应符合 GB/T 3280 的规定；热轧钢板和钢带应符合 GB/T 4237 的规定。

③ 交货状态　一般经热处理及酸洗或类似处理。

④ 力学性能　见表 7-113～表 7-118。

表 7-113　经固溶处理的奥氏体型耐热钢板和钢带的力学性能

牌号	拉伸试验			硬度试验		
	规定塑性延伸强度 $R_{p0.2}$/MPa ≥	抗拉强度 R_m /MPa ≥	断后伸长率 $A^{①}$/% ≥	HBW ≤	HRB ≤	HV ≤
12Cr18Ni9	205	515	40	201	92	210
12Cr18Ni9Si3				217	95	220
06Cr19Ni10				201	92	210
07Cr19Ni10				201	92	210
05Cr19Ni10Si2CeN	290	600	40	217	95	220
06Cr20Ni11	205	515		183	88	200
08Cr21Ni11Si2CeN	310	600		217	95	220
16Cr23Ni13	205	515	40	217	95	220
06Cr23Ni13						
20Cr25Ni20						
06Cr25Ni20						
06Cr17Ni12Mo2						
07Cr17Ni12Mo2						

续表

牌号	拉伸试验			硬度试验		
	规定塑性延伸强度 $R_{p0.2}$/MPa ≥	抗拉强度 R_m /MPa ≥	断后伸长率 A①/% ≥	HBW ≤	HRB ≤	HV ≤
06Cr19Ni13Mo3 06Cr18Ni11Ti 07Cr19Ni11Ti	205	515	35 40 40	217	95	220
12Cr16Ni35	205	560	—	201	92	210
06Cr18Ni11Nb 07Cr18Ni11Nb	205	515	40	201	92	210
16Cr20Ni14Si2 16Cr25Ni20Si2	220	540	40 35	217	95	220

① 厚度不大于3mm时使用 A_{50} 试样。

表 7-114 经退火处理的铁素体型耐热钢板和钢带的力学性能

牌号	拉伸试验			硬度试验			弯曲试验	
	规定塑性延伸强度 $R_{p0.2}$/MPa ≥	抗拉强度 R_m /MPa ≥	断后伸长率 A①/% ≥	HBW ≤	HRB ≤	HV ≤	弯曲角度/(°)	弯曲压头直径 D
06Cr13Al	170	415	20	179	88	200	180	$D=2a$
022Cr11Ti	170	380	20	179	88	200	180	$D=2a$
022Cr11NbTi	170	380	20	179	88	200	180	$D=2a$
10Cr17	205	420	22	183	89	200	180	$D=2a$
16Cr25N	275	510	20	201	95	210	135	—

① 厚度不大于3mm时使用 A_{50} 试样。

注：a 为钢板和钢带的厚度。

表 7-115 经退火处理的马氏体型耐热钢板和钢带的力学性能

牌号	拉伸试验			硬度试验			弯曲试验	
	规定塑性延伸强度 $R_{p0.2}$ /MPa ≥	抗拉强度 R_m /MPa ≥	断后伸长率 A① /%≥	HBW ≤	HRB ≤	HV ≤	弯曲角度	弯曲压头直径 D
12Cr12	205	485	25	217	88	210	180°	$D=2a$
12Cr13	205	450	20	217	96	210	180°	$D=2a$
22Cr12NiMoWV	275	510	20	200	95	210	—	$a≥3mm, D=a$

① 厚度不大于3mm时使用 A_{50} 试样。

注：a 为钢板和钢带的厚度。

表 7-116　经固溶处理的沉淀硬化型耐热钢板及钢带的力学性能

牌号	钢材厚度 /mm	规定塑性延伸强度 $R_{p0.2}$/MPa	抗拉强度 R_m/MPa	断后伸长率 A①/% ≥	硬度值 ≤	
					HRC	HBW
022Cr12Ni9Cu2NbTi	0.30～100	≤1105	≤1205	3	36	331
05Cr17Ni4Cu4Nb	0.4～100	≤1105	≤1255	3	38	363
07Cr17Ni7Al	0.1～<0.3	≤450	≤1035	—	—	—
	0.3～100	≤380	≤1035	20	92②	—
07Cr15Ni7Mo2Al	0.10～100	≤450	≤1035	25	100②	—
06Cr17Ni7AlTi	0.10～<0.80	≤515	<825	3	32	—
	0.80～<1.50	≤515	≤825	4	32	—
	1.50～100	≤515	<825	5	32	—
06Cr15Ni25Ti2MoAlVB③	<2	—	≥725	25	91②	192
	≥2	≥590	≥900	15	101②	248

① 厚度不大于 3mm 时使用 A_{50} 试样。

② HRB 硬度值。

③ 时效处理后的力学性能。

表 7-117　经时效处理后的耐热钢板和钢带试样的力学性能

牌号	钢材厚度 /mm	处理温度① /℃	规定塑性延伸强度 $R_{p0.2}$ /MPa ≥	抗拉强度 R_m /MPa ≥	断后伸长率 A②③/% ≥	硬度值	
						HRC	HBW
022Cr12Ni9-Cu2NbTi	≥0.10～<0.75	510±10 或 480±6	1410	1525	—	≥44	—
	≥0.75～<1.50				3		
	≥1.50～≤16				4		
05Cr17Ni4-Cu4Nb	≥0.10～<5.0	482±10	1170	1310	5	40～48	—
	≥5.0～<16				8		388～477
	≥16～≤100				10		388～477
	≥0.10～<5.0	496±10	1070	1170	5	38～46	—
	≥5.0～<16				8	38～47	375～477
	≥16～≤100				10	38～47	375～477
	≥0.10～<5.0	552±10	1000	1070	5	35～43	—
	≥5.0～<16				8	33～42	321～415
	≥16～≤100				12	33～42	321～415
	≥0.10～<5.0	579±10	860	1000	5	31～40	—
	≥5.0～<16				9	29～38	293～375
	≥16～≤100				13	29～38	293～375

续表

牌号	钢材厚度/mm	处理温度①/℃	规定塑性延伸强度 $R_{p0.2}$/MPa ≥	抗拉强度 R_m/MPa ≥	断后伸长率 A②③/% ≥	硬度值	
						HRC	HBW
05Cr17Ni4-Cu4Nb	≥0.10～<5.0 ≥5.0～<16 ≥16～≤100	593±10	790	965	5 10 14	31～40 29～38 29～38	— 293～375 293～375
	≥0.10～<5.0 ≥5.0～<16 ≥16～≤100	621±10	725	930	8 10 16	28～38 26～36 26～36	— 269～352 269～352
	≥0.10～<5.0 ≥5.0～<16 ≥16～≤100	760±10 621±10	515	790	9 11 18	26～36 24～34 24～34	255～331 248～321 248～321
07Cr17Ni7Al	≥0.05～<0.30 ≥0.30～<5.0 ≥5.0～≤16	760±15 15±3 566±6	1035 1035 965	1240 1240 1170	3 5 7	≥38 ≥38 ≥38	— — ≥352
	≥0.05～<0.30 ≥0.30～<5.0 ≥5.0～≤16	954±8 −73±6 510±6	1310 1310 1240	1450 1450 1380	1 3 6	≥44 ≥44 ≥43	— — 401
07Cr15Ni7-Mo2Al	≥0.05～<0.30 ≥0.30～<5.0 ≥5.0～≤16	760±15 15±3 566±10	1170	1310	3 5 4	≥40	— — ≥375
	≥0.05～<0.30 ≥0.30～<5.0 ≥5.0～≤16	954±8 −73±6 510±6	1380	1550	2 4 4	≥46 ≥46 ≥45	— — ≥429
06Cr17Ni7-AlTi	≥0.10～<0.80 ≥0.80～<1.50 ≥1.50～≤16	510±8	1170	1310	3 4 5	≥39	—
	≥0.10～<0.80 ≥0.75～<1.50 ≥1.50～≤16	538±8	1105	1240	3 4 5	≥37	—
	≥0.10～<0.80 ≥0.75～<1.50 ≥1.50～≤16	566±8	1035	1170	3 4 5	≥35	—
06Cr15Ni25-Ti2MoAlVB	≥2.0～<8.0	700～760	590	900	15	≥101	≥248

① 表中所列为推荐性热处理温度。供方应向需方提供推荐性热处理制度。
② 适用于沿宽度方向的试验，垂直于轧制方向且平行于钢板表面。
③ 厚度不大于3mm时使用 A_{50} 试样。

表 7-118　经固溶处理的沉淀硬化型耐热钢板和钢带的弯曲试验

牌号	厚度 /mm	冷弯 180° D—弯芯直径
022Cr12Ni9Cu2NbTi	2.0～5.0	$D=6a$
07Cr17Ni7Al	2.0～<5.0 5.0～7.0	$D=a$ $D=3a$
07Cr15Ni7Mo2Al	2.0～<5.0 5.0～7.0	$D=a$ $D=3a$

注：a 为钢板和钢带的厚度。

7.3.2　高温合金热轧钢板（GB/T14995—2010）

用于制造航空、航天、燃气轮机及其他工业用高温承力部件。

① 分类　按轧制精度分为较高精度和普通精度。

② 尺寸　厚度为 4.00～14.00mm；宽度为 600～1000mm；长度为 1000～2000mm。

③ 牌号和热处理　见表 7-119。

表 7-119　板材交货状态的推荐固溶处理制度

牌号	成品板材推荐固溶处理制度	牌号	成品板材推荐固溶处理制度
GH1035	1100～1140℃,空冷	GH3030	980～1020℃,空冷
GH1131	1130～1170℃,空冷	GH3039	1050～1090℃,空冷
GH1140	1050～1090℃,空冷	GH3044	1120～1160℃,空冷
GH2018	1100～1150℃,空冷	GH3128	1140～1140℃,空冷
GH2132	980～1100℃,空冷	GH4099	1080～1140℃,空冷
GH2302	1100～1130℃,空冷		

注：1. 表中所列固溶温度系指板材温度。

2. 化学成分应符合 GB/T14995—2010 表 3 的规定。

④ 交货状态　固溶处理后酸洗、平整、切边。

⑤ 力学性能　见表 7-120。

表 7-120　板材（或试样）的力学性能

牌号	检测试样状态	试验温度 /℃	力学性能		
			抗拉强度 R_m/MPa	断后伸长率 A/%	断面收缩率 Z/%
GH1035	交货状态	室温 700	≥590 ≥345	≥35.0 ≥35.0	实测 实测

续表

牌号	检测试样状态	试验温度/℃	力学性能		
			抗拉强度 R_m/MPa	断后伸长率 A/%	断面收缩率 Z/%
GH1131①	交货状态	室温	≥735	≥34.0	实测
		900	≥180	≥40.0	实测
		1000	≥110	≥43.0	实测
GH1140	交货状态	室温	≥635	≥40.0	≥45.0
		800	≥245	≥40.0	≥50.0
GH2018	交货状态＋时效③	室温	≥930	≥15.0	实测
		800	≥430	≥15.0	实测
GH2132②	交货状态＋时效④	室温	≥880	≥20.0	实测
		650	≥735	≥15.0	实测
		550	≥785	≥16.0	实测
GH2302	交货状态	室温	≥685	≥30.0	实测
	交货状态＋时效⑤	800	≥540	≥6.0	实测
GH3030	交货状态	室温	≥685	≥30.0	实测
		700	≥295	≥30.0	实测
GH3039	交货状态	室温	≥735	≥40.0	≥45.0
		800	≥245	≥40.0	≥50.0
GH3044	交货状态	室温	≥735	≥40.0	实测
		900	≥185	≥30.0	实测
GH3128	交货状态	室温	≥735	≥40.0	实测
	交货状态＋固溶⑥	950	≥175	≥40.0	实测
GH4099	交货状态＋时效⑦	900	≥295	≥23.0	—

① 高温拉伸可由供方任选一组温度，若合同未注明时，按900℃进行检验。

② 高温拉伸可由供方任选一组温度，若合同未注明时，按650℃进行检验。

③ 800℃±10℃，保温16h，空冷。

④ 700～720℃，保温12～16h，空冷。

⑤ 800℃±10℃，保温16h，空冷。

⑥ 1200℃±10℃，空冷。

⑦ 900℃±10℃，保温5h，空冷。

注：当板厚不小于7.0mm时采用圆形试样；否则可以制备非标准圆形试样，供方仅提供力学性能实测数据，不作判定依据，但应在质量证明书中注明。

7.3.3 耐热钢钢棒（GB/T 1221—2007）

① 分类

a. 按组织特征分为奥氏体型、铁素体型、马氏体型和沉淀硬化型4大类。

b. 按加工方法分为压力加工用钢（包括热压力加工UHP、热硬锻用钢UHF和冷拔坯料UCD）和切削加工用钢（UC）两大类。

② 尺寸与外形

a. 热轧圆钢和方钢应符合GB/T702—2004的规定；热轧扁钢应符合GB/T704—1988中的规定；热轧六角钢和八角钢应符合GB/T705—1985中的规定；锻制圆钢、方钢应符合GB/T908—1987的规定；锻制扁钢应符合GB/T16761—1997的规定。其尺寸（直径、边长、厚度或对边距离）不大于250mm。

b. 冷加工钢棒尺寸（直径、边长、厚度或对边距离）不大于120mm。

③ 交货状态　钢棒可以热处理或非热处理状态交货。

a. 切削加工用奥氏体型钢棒应进行固溶处理或退火处理。

b. 铁素体型钢棒应进行退火处理（热压力加工用钢棒除外）。

c. 马氏体型钢棒应进行退火处理。

d. 沉淀硬化型钢棒应根据钢的组织选择固溶处理或退火处理。

e. 经冷拉、磨光、切削制成的钢棒，应根据需方要求经热处理、酸洗后交货。

④ 牌号和化学成分　应符合GB/T 1221—2007表4～表7的规定。

⑤ 热处理和力学性能

a. 奥氏体型钢棒　见表7-121、表7-122。

表7-121　奥氏体型钢棒或试样典型的热处理制度

牌号	典型的热处理制度/℃	牌号	典型的热处理制度/℃
53Cr21Mn9Ni4N	固溶1100～1200,快冷	06Cr25Ni20	固溶1030～1180,快冷
	时效730～780,空冷	06Cr17Ni12Mo2	固溶1010～1150,快冷
26Cr18Mn12Si2N	固溶1100～1150,快冷	06Cr19Ni13Mo3	固溶1010～1150,快冷
22Cr20Mn10Ni2Si2N	固溶1100～1150,快冷	06Cr18Ni11Ti①	固溶920～1150,快冷
06Cr19Ni10	固溶1010～1150,快冷	45Cr14Ni14W2Mo	退火820～850,快冷
22Cr21Ni12N	固溶1050～1150,快冷	12Cr16Ni35	固溶1030～1180,快冷
	时效750～800,空冷	06Cr18Ni11Nb①	固溶980～1150,快冷

续表

牌号	典型的热处理制度/℃	牌号	典型的热处理制度/℃
16Cr23Ni13	固溶 1030～1150,快冷	06Cr18Ni13Si4	固溶 1010～1150,快冷
06Cr23Ni13	固溶 1030～1150,快冷	16Cr20Ni14Si2	固溶 1080～1130,快冷
20Cr25Ni20	固溶 1030～1180,快冷	16Cr25Ni20Si2	固溶 1080～1130,快冷

① 需方在合同中注明时，可进行稳定化处理，此时的热处理温度为850～930℃。

表 7-122 经热处理的奥氏体型耐热钢棒或试样的力学性能

牌号	热处理状态	规定塑性延伸强度 $R_{p0.2}$/MPa≥	抗拉强度 R_m/MPa≥	断后伸长率 A/%≥	断面收缩率 Z/%≥	布氏硬度(HBW)≤
53Cr21Mn9Ni4N	固+时	560	885	8	—	≥302
22Cr21Ni12N		430	820	26	20	269
26Cr18Mn12Si2N	固	390	685	35	45	248
22Cr20Mn10Ni2Si2N		390	635	35	45	248
06Cr19Ni10		205	520	40	60	187
16Cr23Ni13		205	560	45	50	201
06Cr23Ni13		205	520	40	60	187
20Cr25Ni20		205	590	40	50	201
06Cr25Ni20	固	205	520	40	50	187
06Cr17Ni12Mo2	固	205	520	40	60	187
06Cr19Ni13Mo3	固	205	520	40	60	187
06Cr18Ni11Ti	固	205	520	40	50	187
45Cr14Ni14W2Mo	退	315	705	20	35	248
12Cr16Ni35	固	205	560	40	50	201
06Cr18Ni11Nb		205	520	40	50	187
06Cr18Ni13Si4		205	520	40	60	207
16Cr20Ni14Si2		295	590	35	50	187
16Cr25Ni20Si2		295	590	35	50	187

注：固—固溶处理，固+时—固溶+时效，退—退火。

b. 铁素体型钢棒 见表7-123、表7-124。

表 7-123 铁素体型钢棒或试样典型的热处理制度

牌号	退火/℃	牌号	退火/℃
06Cr13Al	780～830,空冷或缓冷	10Cr17	780～850,空冷或缓冷
022Cr12	700～820,空冷或缓冷	16Cr25N	780～880,快冷

表 7-124 经退火的铁素体型耐热钢棒或试样的力学性能

牌号	状态	规定塑性延伸强度 $R_{p0.2}$/MPa ≥	抗拉强度 R_m /MPa ≥	断后伸长率 A/% ≥	断面收缩率 Z /% ≥	布氏硬度（HBW） ≤
06Cr13Al	退火	175	410	20	60	183
022Cr12		195	360	22	60	183
10Cr17		205	450	22	50	183
16Cr25N		275	510	20	40	201

c. 马氏体型钢棒　见表 7-125、表 7-126。

表 7-125 马氏体型钢棒或试样典型的热处理制度

牌号	钢棒的热处理制度	试样的热处理制度	
	退火/℃	淬火/℃	回火/℃
12Cr13	800～900 缓冷或约 750 快冷	950～1000,油冷	700～750,快冷
20Cr13		920～980,油冷	600～750,快冷
14Cr17Ni2	680～700 高温回火,空冷	950～1050,油冷	275～350,空冷
17Cr16Ni2　1	680～800 炉冷或空冷	950～1050,油冷或空冷	600～650,空冷
17Cr16Ni2　2			①
12Cr5Mo	—	900～950,油冷	600～700,空冷,
12Cr12Mo	800～900 缓冷或约 750 快冷	950～1000,油冷	700～750,快冷
13Cr13Mo	830～900 缓冷或约 750 快冷	970～1020,油冷	650～750,快冷
14Cr11MoV	—	1050～1100,空冷	720～740,空冷
18Cr12MoVNbN	800～900 缓冷	1100～1170,油冷或空冷	≥600,空冷
15Cr12WMoV	—	1000～1050,油冷	680～700,空冷
22Cr12N1WMoV	830～900 缓冷	1020～1070,油冷或空冷	≥600,空冷
13Cr11Ni2W2MoV　1	—	1000～1020,正火	660～710,油冷或空冷
13Cr11Ni2W2MoV　2		1000～1020,油冷或空冷	540～600,油冷或空冷
18Cr11NiMoNbVN	800～900 缓冷或 700～770 快冷	≥1090,油冷	≥640,交冷
42Cr9Si2	—	1020～1040,油冷	700～780,油冷
45Cr9Si3	800～900 缓冷	900～1080,油冷	700～850,快冷
40Cr10Si2Mo	—	1010～1040,油冷	720～760,空冷
80Cr20Si2Ni	800～900 缓冷或 720 空冷	1030～1080,油冷	700～800,快冷

① 750～800℃＋650～700℃，空冷。当镍含量在标准规定的下限时，允许采用 620～720℃单回火制度。

表 7-126 经淬火+回火的马氏体型耐热钢棒或试样的力学性能

牌号	规定塑性延伸强度 $R_{p0.2}$/MPa ≥	抗拉强度 R_m /MPa ≥	断后伸长率 A/% ≥	断面收缩率 Z /% ≥	冲击吸收能量 KU_2/J	淬回火后的硬度 (HBW)	退火后的硬度 (HBW)
12Cr13	345	540	22	55	78	159	200
20Cr13	440	640	20	50	63	192	223
14Cr17Ni2	—	1080	10	—	39	—	—
17Cr16Ni2	700	900～1050	12	45	25(KV)	—	295
	600	800～950	14	45	25(KV)	—	295
12Cr5Mo	390	590	18	—	—	—	200
12Cr12Mo	550	685	18	60	78	217～248	255
13Cr13Mo	490	690	20	60	78	192	200
14Cr11MoV	490	685	16	55	47	—	200
18Cr12MoVNbN	685	835	15	30	—	≤321	269
15Cr12WMoV	585	735	15	45	47	—	—
22Cr12NiWMoV	735	885	10	25	—	≤341	269
13Cr11Ni2W2MoV	735	885	15	55	71	269～321	269
	885	1080	12	50	55	311～388	269
18Cr11NiMoNbVN	760	930	12	32	20(KV)	277～331	255
42Cr9Si2	590	885	19	50	—	—	269
45Cr9Si3	685	930	15	35	—	≥269	—
40Cr10Si2Mo	685	885	10	35	—	—	
80Cr20Si2Ni	685	885	10	15	8	≥262	321

d. 沉淀硬化型钢棒 见表 7-127、表 7-128。

表 7-127 沉淀硬化型钢棒或试样典型的热处理制度

牌号	热处理			
	种类		组别	条件
05Cr17Ni4Cu4Nb	固溶处理		1	1020～1060℃,快冷
	沉淀硬化	480℃时效	1	经固溶处理后,470～490℃空冷
		550℃时效	2	经固溶处理后,540～560℃空冷
		580℃时效	3	经固溶处理后,570～590℃空冷
		620℃时效	4	经固溶处理后,610～630℃空冷

续表

<table>
<tr><th rowspan="2">牌号</th><th colspan="4">热处理</th></tr>
<tr><th colspan="2">种类</th><th>组别</th><th>条件</th></tr>
<tr><td rowspan="3">07Cr17Ni7Al</td><td colspan="2">固溶处理</td><td>0</td><td>1000～1100℃，快冷</td></tr>
<tr><td rowspan="2">沉淀硬化</td><td>510℃时效</td><td>1</td><td>经固溶处理后，955℃±10℃保持 10min，空冷到室温，在 24h 内冷却到−73℃±6℃，保持 8h，再加热到 510℃±10℃，保持 1h 后，空冷</td></tr>
<tr><td>565℃时效</td><td>2</td><td>经固溶处理后，于 760℃±15℃保持 90min，在 1h 内冷却到 15℃以下，保持 30min，再加热到 565℃±10℃保持 90min，空冷</td></tr>
<tr><td>06Cr15Ni25Ti2MoAlVB</td><td colspan="2">固溶＋时效</td><td colspan="2">固溶 885～915℃或 965～995℃，快冷，时效 700～760℃，16h，空冷或缓冷</td></tr>
</table>

表 7-128　沉淀硬化型耐热钢棒或试样的力学性能

牌号	热处理类型，时效温度/℃	热处理组别	规定非比例延伸强度 $R_{p0.2}$/MPa ≥	抗拉强度 R_m/MPa ≥	断后伸长率 A/% ≥	断面收缩率 Z/% ≥	硬度(HBW)	硬度(HRC)
05Cr17Ni4Cu4Nb	固溶	0	—	—	—	—	≤363	≤38
	沉淀硬化，480	1	1180	1310	10	40	≥375	≥40
	沉淀硬化，550	2	1000	1070	12	45	≥331	≥35
	沉淀硬化，580	3	865	1000	13	45	≥302	≥31
	沉淀硬化，620	4	725	930	16	50	≥277	≥28
07Cr17Ni7Al	固溶	0	≤380	≤1030	20	—	≤229	—
	沉淀硬化，510	1	1030	1230	4	10	≥388	—
	沉淀硬化，565	2	960	1140	5	25	≥363	—
06Cr15Ni25Ti2MoAlVB	固溶＋时效		590	900	15	18	≥248	—

7.3.4　大型耐热钢铸件（JB/T 6403—2017）

采用感应炉、电弧炉、钢包精炼炉熔炼，在砂型中铸造的普通工程用耐热钢铸件，不包括特殊用途的耐热钢铸件。

① 化学成分　应符合 JB/T 6403—2017 表 1 的规定。

② 牌号和力学性能　见表 7-129、表 7-130。

表 7-129 大型耐热钢铸件的牌号和力学性能

牌号	上屈服强度 R_{eH} /MPa	抗拉强度 R_m /MPa	断后伸长率 A /%	硬度(HBW) ≤	热处理状态
ZG40Cr9Si3(ZG40Cr9Si2)	—	550	—	—	950℃退火
ZG40Cr13Si2	—	—	—	300△	退火
ZG40Cr18Si2(ZG40Cr17Si2)	—	—	—	300△	退火
ZG30Cr21Ni10(ZG30Cr20Ni10)	(235)	490	23	—	—
ZG30Cr19Mn12Si2N(ZG30Cr18Mn12Si2N)	—	490	8	—	□
ZG35Cr24Ni8Si2N(ZG35Cr24Ni7SiN)	(340)	540	12	—	—
ZG20Cr26Ni5	—	590	—	—	—
ZG35Cr26Ni13(ZG35Cr26Ni12)	(235)	490	8	—	—
ZG35Cr28Ni16	(235)	490	8	—	—
ZG40Cr25Ni21(ZG40Cr25Ni20)	(235)	440	8	—	—
ZG40Cr30Ni20	(245)	450	8	—	—
ZG35Ni25Cr19Si2(ZG35Ni24Cr18Si2)	(195)	390	5	—	—
ZG30Ni35Cr15	(195)	440	13	—	—
ZG45Ni35Cr26	(235)	440	5	—	—
ZG40Cr23Ni4N(ZG40Cr22Ni4N)	450	730	10	—	—
ZG30Cr26Ni20(ZG30Cr25Ni20)	240	510	48	—	调质
ZG23Cr19Mn10Ni2Si2N(ZG20Cr20Mn9Ni2SiN)	420	790	40	—	调质
ZG08Cr18Ni12Mo3Ti(ZG08Cr18Ni12Mo2Ti)	210	490	30	—	1150℃水淬

注：△—退火状态最大布氏硬度值，铸态交货时不适用；□—1100～1150℃油冷、水冷或空冷。

表 7-130 大型耐热钢铸件的使用温度、特性和用途

材料牌号	最高使用温度/℃	特性	用途举例
ZG40Cr9Si3 (ZG40Cr9Si2)	800	高温强度低，抗氧化最高至800℃，长期工作的受载件的工作温度低于700℃	用于坩埚、炉门、底板等构件
ZG40Cr13Si2	850	成本低、热效率高、制造方便；铸态比轧态具有较高的热强性	一般工程用途，如大型合成氨转化炉管及乙烯裂解炉管
ZG40Cr18Si2 (ZG40Cr17Si2)	900		一般工程用途

续表

材料牌号	最高使用温度/℃	特性	用途举例
ZG30Cr21Ni10 (ZG30Cr20Ni10)	900	基本不形成σ相	用于炼油厂加热炉、水泥干燥窑、矿石焙烧炉和热处理炉构件
ZG30Cr19Mn12Si2N (ZG30Cr18Mn12Si2N)	950	高温强度和抗热疲劳性较好	用于炉盖和底板、料筐、传送带导轨、支承架、吊架等炉用构件
ZG35Cr24Ni8Si2N (ZG35Cr24Ni7SiN)	1100	抗氧化性能好	用于炉罐、炉辊、通风机叶片、热滑轨、炉底板、玻璃、水泥窑及搪瓷窑等构件
ZG20Cr26Ni5	1050	承载情况下使用温度可达650℃，轻负荷时可达1050℃，在650～870℃范围内易析出σ相	用于矿石焙烧炉，也可用于不需要高温强度的在高硫环境下工作的炉用构件
ZG35Cr26Ni13 (ZG35Cr26Ni12)	1100	高温强度高，抗氧化性好，适当调整其成分，可使组织内含有一些铁素体，也可为单相奥氏体	广泛地用于多种炉子构件，但不宜用于温度急变的场合
ZG35Cr28Ni16	1150	具有较高温度下的抗氧化性能	常用作炉辊、辐射管、钢坯滑板、热处理炉炉辊、管支架、制氢转化管、乙烯裂解管
ZG40Cr25Ni21 (ZG40Cr25Ni20)	1150	具有较高的蠕变和持久强度，抗高温气体腐蚀能力强	
ZG40Cr30Ni20	1150	在高温含硫气体中耐蚀性好	用于气体分离装置、焙烧炉衬板
ZG35Ni25Cr19Si2 (ZG35Ni24Cr18Si2)	1100		用于加热炉传送带、螺杆、紧固件等高温承载构件
ZG30Ni35Cr15	1150	抗热疲劳性好	用于渗碳炉构件、热处理炉板、导轨、轮子、铜焊夹具、蒸馏器、辐射管、玻璃轧辊、搪瓷窑构件以及周期加热的紧固件

续表

材料牌号	最高使用温度/℃	特性	用途举例
ZG45Ni35Cr26	1150	抗氧化及抗渗碳性良好，高温强度高	用于乙烯裂解管、辐射管、弯管、接头、管支架、炉辊及热处理用夹具等
ZG40Cr23Ni4N (ZG40Cr22Ni4N)	—		用于1000℃以上炉用件
ZG30Cr26Ni20 (ZG30Cr25Ni20)	—		用于1000℃以上炉用件
ZG23Cr19Mn10Ni2Si2N (ZG20Cr20Mn9Ni2SiN)	—		用于连铸机吊架等
ZG08Cr18Ni12Mo3Ti (ZG08Cr18Ni12Mo2Ti)	—		用于连铸机零件

7.4 钢铸件

7.4.1 大型不锈钢铸件（JB/T 6405—2018）

为一般用途的大型不锈钢砂型铸件。

① 化学成分 应符合JB/T 6405—2018表3的规定。

② 牌号和力学性能 见表7-131。

表7-131 大型不锈钢铸件力学性能

材料牌号	R_m /MPa	R_{eH} 或 $R_{p0.2}$ /MPa	A /%	Z /%	KV_2 或 KV_8 /J	硬度(HBW)
ZG15Cr13	≥620	≥450	≥18	≥30	—	≤241
ZG20Cr13	≥588	≥392	≥16	≥35	—	170～235
ZG30Cr13	≥690	≥485	≥15	≥25	—	≤269
ZG12Cr18Ni9Ti	≥440	≥195	≥25	≥32	—	—
ZG04Cr13Ni4Mo	≥780	≥580	≥18	≥40	≥80	221～294
ZG04Cr13Ni5Mo	≥780	≥580	≥18	≥40	≥80	221～294
ZG06Cr13Ni4Mo	≥750	≥550	≥15	≥35	≥50	221～294
ZG06Cr13Ni5Mo	≥750	≥550	≥15	≥35	≥50	221～294
ZG06Cr13Ni6Mo	≥750	≥550	≥15	≥35	≥50	221～294
ZG06Cr16Ni5Mo	≥785	≥588	≥15	≥35	≥40	≥220

续表

材料牌号	R_m /MPa	R_{eH} 或 $R_{p0.2}$ /MPa	A /%	Z /%	KV_2 或 KV_8 /J	硬度(HBW)
ZG08Cr19Ni9	≥485	≥205	≥35	—	—	—
ZG08Cr20Ni11Mo4	≥520	≥240	≥25	—	—	—
ZG12Cr22Ni12	≥485	≥195	≥35	—	—	—
ZG20Cr25Ni21	≥450	≥195	≥30	—	—	—
ZG03Cr22Ni6Mo3N	600～800	≥420	≥20	—	—	—
ZG03Cr26Ni7Mo4N	650～850	≥480	≥22	—	—	—
ZG12Cr18Mn9Ni4Mo3Cu2N	≥588	≥294	≥25	≥35	—	—
ZG12Cr19Mn13Mo2CuN	≥588	≥294	≥30	≥40	—	—

③ 热处理规范　见表7-132。

表7-132　大型不锈钢铸件热处理规范

材料牌号	热处理规范
ZG15Cr13 ZG20Cr13 ZG30Cr13	①正火和淬火(加热到≥995℃，空冷)＋回火(≥595℃) ②在≥790℃退火
ZG12Cr18Ni9Ti	加热到≥1040℃，保持足够时间，采用水淬或采用能达到验收条件的其他方式
ZG04Cr13Ni4Mo、ZG04Cr13Ni5Mo、ZG06Cr13Ni4Mo、ZG06Cr13Ni5Mo、ZG06Cr13Ni6Mo、ZG06Cr16Ni5Mo	软化退火(>600℃)＋正火和淬火(A_{c3}点以上)＋二次回火(可加热到A_{c1}点之上，也可加热到A_{c1}点之下)
ZG08Cr19Ni9 ZG08Cr20Ni11Mo4 ZG12Cr22Ni12	加热到≥1040℃，保持足够的时间，采用水淬或用其他快速冷却方式
ZG20Cr25Ni21	加热到≥1093℃，保持足够时间，采用水淬或其他快速冷却方式
ZG03Cr22Ni6Mo3N	加热到1120～1150℃，保持足够时间，采用水淬或其他快速冷却方式
ZG03Cr26Ni7Mo4N	加热到1140～1180℃，保持足够时间，采用水淬或其他快速冷却方式
ZG12Cr18Mn9Ni4Mo3Cu2N ZG12Cr19Mn13Mo2CuN	加热到1100～1150℃，保持足够时间，采用水淬或其他快速冷却方式

7.4.2 大型耐热钢铸件（JB/T 6403—2017）

为在砂型中铸造的普通工程用耐热钢铸件，不包括特殊用途的耐热钢铸件。

① 化学成分 应符合JB/T 6403—2017表1的规定。

② 牌号和力学性能 见表7-133。

表7-133 大型耐热铸钢的力学性能

材料牌号	R_{eH} ($R_{p0.2}$) /MPa ≥	R_m /MPa ≥	A /% ≥	HBW ≤	热处理状态
ZG40Cr9Si3(ZG40Cr9Si2)	—	550	—	—	950℃退火
ZG40Cr13Si2	—	—	—	300①	退火
ZG40Cr18Si2(ZG40Cr17Si2)	—	—	—	300①	退火
ZG30Cr21Ni10(ZG30Cr20Ni10)	(235)	490	23	—	—
ZG30Cr19Mn12Si2N(ZG30Cr18Mn12Si2N)	—	490	8	—	1100～1150℃油冷、水冷或空冷
ZG35Cr24Ni8Si2N(ZG35Cr24Ni7SiN)	(340)	540	12	—	—
ZG20Cr26Ni5	—	590	—	—	—
ZG35Cr26Ni13(ZG35Cr26Ni12)	(235)	490	8	—	—
ZG35Cr28Ni16	(235)	490	8	—	—
ZG40Cr25Ni21(ZG40Cr25Ni20)	(235)	440	8	—	—
ZG40Cr30Ni20	(245)	450	8	—	—
ZG35Ni25Cr19Si2(ZG35Ni24Cr18Si2)	(195)	390	5	—	—
ZG30Ni35Cr15	(195)	440	13	—	—
ZG45Ni35Cr26	(235)	440	5	—	—
ZG40Cr23Ni4N(ZG40Cr22Ni4N)	450	730	10	—	调质
ZG30Cr26Ni20(ZG30Cr25Ni20)	240	510	48	—	调质
ZG23Cr19Mn10Ni2Si2N(ZG20Cr20Mn9Ni2SiN)	420	790	40	—	调质
ZG08Cr18Ni12Mo3Ti(ZG08Cr18Ni12Mo2Ti)	210	490	30	—	1150℃水淬

① 退火状态最大布氏硬度值。铸件也可以铸态交货，此时硬度限制就不再适用。

③ 特性和用途 见表7-134。

表 7-134 大型耐热铸钢的最高使用温度、特性及用途

材料牌号	最高使用温度/℃	特性及用途举例
ZG40Cr9Si3 (ZG40Cr9Si2)	800	高温强度低,抗氧化最高至800℃,长期工作的受载件的工作温度低于700℃,用于坩埚、炉门、底板等构件
ZG40Cr13Si2	850	一般用途
ZG40Cr18Si2 (ZG40Cr17Si2)	900	一般用途
ZG30Cr21Ni10 (ZG30Cr20Ni10)	900	基本不形成σ相,可用于炼油厂加热炉、水泥干燥窑、矿石焙烧炉和热处理炉构件
ZG30Cr19Mn12Si2N (ZG30Cr18Mn12Si2N)	950	高温强度和抗热疲劳性较好,用于炉罐、炉底板、料筐、传送带导轨、支承架、吊架等炉用构件
ZG35Cr24Ni8Si2N (ZG35Cr24Ni7SiN)	1100	抗氧化性能好,用于炉罐、炉辊、通风机叶片、热滑轨、炉底板、玻璃、水泥窑及搪瓷窑等构件
ZG20Cr26Ni5	1050	承载情况下使用温度可达650℃,轻负荷时可达1050℃,在650~870℃范围内易析出σ相,可用于矿石焙烧炉,也可用于不需要高温强度的在高硫环境下工作的炉用构件
ZG35Cr26Ni13 (ZG35Cr26Ni12)	1100	高温强度高,抗氧化性能好。在规格范围内调整其成分,可使组织内含有一些铁素体,也可为单相奥氏体。能广泛地用于多种炉子构件,但不宜用于温度急变的场合
ZG35Cr28Ni16	1150	具有较高温度下的抗氧化性能。用途同ZG40Cr25Ni21
ZG40Cr25Ni21 (ZG40Cr25Ni20)	1150	具有较高的蠕变和持久强度,抗高温气体腐蚀能力强,常用作炉辊、辐射管、钢坯滑板、热处理炉炉辊、管支架、制氢转化管、乙烯裂解管
ZG40Cr30Ni20	1150	在高温含硫气体中耐蚀性好,用于气体分离装置、焙烧炉衬板
ZG35Ni25Cr19Si2 (ZG35Ni24Cr18Si2)	1100	用于加热炉传送带、螺杆、紧固件等高温承载构件

续表

材料牌号	最高使用温度/℃	特性及用途举例
ZG30Ni35Cr15	1150	抗热疲劳性好，用于渗碳炉构件、热处理炉板、导轨、轮子、铜焊夹具、蒸馏器、辐射管、玻璃轧辊、搪瓷窑构件以及周期加热的紧固件
ZG45Ni35Cr26	1150	抗氧化及抗渗碳性良好，高温强度高，用于乙烯裂解管、辐射管、弯管、接头、管支架、炉辊及热处理用夹具等
ZG40Cr23Ni4N (ZG40Cr22Ni4N)	—	用于1000℃以上炉用件
ZG30Cr26Ni20 (ZG30Cr25Ni20)	—	用于1000℃以上炉用件
ZG23Cr19Mn10Ni2Si2N (ZG20Cr20Mn9Ni2SiN)	—	用于连铸机吊架等
ZG08Cr18Ni12Mo3Ti (ZG08Cr18Ni12Mo2Ti)	—	用于连铸机零件

7.4.3 工程结构用中、高强度不锈钢铸件（GB/T 6967—2009）

为工程结构用中高强度马氏体不锈钢铸件。

① 化学成分 应符合GB/T 6967—2009表1的规定。

② 牌号和力学性能 见表7-135。

表7-135 高强度不锈钢铸件牌号和力学性能

铸钢牌号	屈服强度 $R_{p0.2}$/MPa ≥	抗拉强度 R_m/MPa ≥	伸长率 A_5/% ≥	断面收缩率 Z/% ≥	冲击吸收功 A_{kV}/J ≥	布氏硬度(HBW)
ZG15Cr13	345	540	18	40	—	163～229
ZG20Cr13	390	590	16	35	—	170～235
ZG15Cr13Ni1	450	590	16	35	20	170～241
ZG10Cr13NilMo	450	620	16	35	27	170～241
ZG06Cr13Ni4Mo	550	750	15	35	50	221～294
ZG06Cr13Ni5Mo	550	750	15	35	50	221～294
ZG06Cr16Ni5Mo	550	750	15	35	50	221～294

续表

铸钢牌号		屈服强度 $R_{p0.2}$/MPa ≥	抗拉强度 R_m/MPa ≥	伸长率 A_5/% ≥	断面收缩率 Z/% ≥	冲击吸收功 A_{kV}/J ≥	布氏硬度（HBW）
ZG04Cr13Ni4Mo	HT1①	580	780	18	50	80	221～294
	HT2②	830	900	12	35	35	294～350
ZG04Cr13Ni5Mo	HT1①	580	780	18	50	80	221～294
	HT2②	830	900	12	35	35	294～350

① 回火温度应在 600～650℃。

② 回火温度应在 500～550℃。

注：1. ZG15Cr13、ZG20Cr13、ZG15Cr13Ni1 铸钢的力学性能适用于壁厚小于或等于 150mm 的铸件。

2. ZG10Cr13Ni1Mo、ZG06Cr13Ni4Mo、ZG06Cr16Ni5Mo、ZG04Cr13Ni14Mo、ZG04Cr13Ni5Mo 的铸钢适用于壁厚小于或等于 300mm 的铸件。

3. ZG04Cr13Ni4Mo(HT2)、ZG04Cr13Ni5Mo(HT2) 用于大中型铸焊结构铸件时，供需双方应另行商定。

③ 特性和应用　见表 7-136。

表 7-136　工程结构用中、高强度不锈钢铸件的力学性能及应用

铸钢牌号		屈服强度 $R_{p0.2}$/MPa	抗拉强度 R_m/MPa	断后伸长率 A_s/%	断面收缩率 Z/%	冲击吸收能量 KV/J	布氏硬度（HBW）	应用举例
		≥						
ZG15Cr13		345	540	18	40	—	163～229	耐大气腐蚀好，力学性能较好，可用于承受冲击负荷且韧性较高的零件，可耐有机酸水溶液、聚乙烯醇、碳酸氢钠、橡胶液，还可做水轮机转轮叶片、水压机阀
ZG20Cr13		390	590	16	35	—	170～235	
ZG15Cr13Ni1		450	590	16	35	20	170～241	
ZG10Cr13Ni1Mo		450	620	16	35	27	170～241	综合力学性能高，抗大气腐蚀、水中抗疲劳性能均好，钢的焊接性良好，焊后不必热处理，铸造性能尚好，耐泥砂磨损，可
ZG06Cr13Ni4Mo		550	750	15	35	50	221～294	
ZG06Cr13Ni5Mo		550	750	15	35	50	221～294	
ZG06Cr16Ni5Mo		550	750	15	35	50	221～294	
ZG04Cr13Ni4Mo	HT1①	580	780	18	50	80	221～294	
	HT2②	830	900	12	35	35	294～350	

续表

铸钢牌号		屈服强度 $R_{p0.2}$/MPa	抗拉强度 R_m/MPa	断后伸长率 A_s/%	断面收缩率 Z/%	冲击吸收能量 KV/J	布氏硬度(HBW)	应用举例
		≥						
ZG04Cr13Ni5Mo	HT1①	580	780	18	50	80	221～294	用于制作大型水轮机转轮(叶片)
	HT2②	830	900	12	35	35	294～350	

① 回火温度应在 600～650℃。

② 回火温度应在 500～550℃。

注：1. 本表中牌号为 ZG15Cr13、ZG20Cr13、ZG15Cr13Ni1 铸钢的力学性能适用于壁厚小于或等于 150mm 的铸件。牌号为 ZG10Cr13Ni1Mo、ZG06Cr13Ni4Mo、ZG06Cr13Ni5Mo、ZG06Cr16Ni5Mo、ZG04Cr13Ni4Mo、ZG04Cr13Ni5Mo 的铸钢适用于壁厚小于或等于 300mm 的铸件。

2. ZG04Cr13Ni4Mo（HT2）、ZG04Cr13Ni5Mo（HT2）用于大中型铸焊结构铸件时，供需双方应另行商定。

3. 需方要求做低温冲击试验时，其技术要求由供需双方商定。其中 ZG06Cr16Ni5Mo、ZG06Cr13Ni4Mo、ZG04Cr13Ni4Mo、ZG06Cr13Ni5Mo 和 ZG04Cr13Ni5Mo 温度为 0℃ 的冲击吸收能量应符合本表规定。

7.4.4 一般用途耐热钢和合金铸件（GB/T 8492—2014）

在一般工程中不同耐热条件下广泛应用的铸造耐热钢和耐热合金铸件。

① 化学成分 应符合 GB/T 8492—2014 表 1 的规定。

② 牌号和力学性能 见表 7-137。

表 7-137 耐热钢牌号和成品室温力学性能和最高使用温度

牌号	规定塑性延伸强度 $R_{p0.2\,min}$/MPa	抗拉强度 R_{mmin}/MPa	断后伸长率 A_{min}/%	硬度(HB)	最高使用温度/℃
ZG30Cr7Si2				—	750
ZG40Cr13Si2				300	850
ZG40Cr17Si2				300	900
ZG40Cr24Si2				300	1050
ZG40Cr28Si2				320	1100
ZGCr29Si2				400	1100
ZG25Cr18Ni9Si2	230	450	15	—	900

续表

牌号	规定塑性延伸强度 $R_{p0.2\ min}$/MPa	抗拉强度 R_{mmin}/MPa	断后伸长率 A_{min}/%	硬度(HB)	最高使用温度/℃
ZG25Cr20Ni14Si2	230	450	10	—	900
ZG40Cr22Ni10Si2	230	450	8	—	950
ZG40Cr24Ni24Si2Nb	220	400	4	—	1050
ZG40Cr25Ni12Si2	220	450	6	—	1050
ZG40Cr25Ni20Si2	220	450	6	—	1100
ZG45Cr27Ni4Si2	250	400	3	400	1100
ZG40Cr20Co20Ni20Mo3W3	320	400	6	—	1150
ZG10Ni31Cr20Nb1	170	440	20	—	1000
ZG40Ni35Cr17Si2	220	420	6	—	980
ZG40Ni35Cr26Si2	220	440	6	—	1050
ZG40Ni35Cr26Si2Nb1	220	440	4	—	1050
ZG40Ni38Cr19Si2	220	420	6	—	1050
ZG40Ni38Cr19Si2Nb1	220	420	4	—	1100
ZNiCr28Fe17W5Si2C0.4	220	400	3	—	1200
ZNiCr50Nb1C0.1	230	540	8	—	1050
ZNiCr19Fe18Si1C0.5	220	440	5	—	1100
ZNiFe18Cr15Si1C0.5	200	400	3	—	1100
ZNiCr25Fe20Co15W5Si1C0.46	270	180	5	—	1200
ZCoCr28Fe18C0.3	供需双方协商				1200

③ 热处理

a. ZG30Cr7Si2、ZG40Cr13Si2、ZG40Cr17Si2、ZG40Cr24Si2、ZG40Cr28Si2、ZGCr29Si2 可以在 800～850℃ 进行退火处理。ZG30Cr7Si2 也可在铸态下供货。

b. 其他牌号耐热钢和合金铸件，不需要热处理。若需热处理，则热处理工艺由供需双方商定。

④ 特性及用途　见表 7-138。

表 7-138　一般用途耐热钢和合金铸件的特性及用途

牌号	特性	用途举例
ZG40Cr29Si2	高温强度低，抗氧化最高至 800℃，长期受载件温度低于 700℃	用于坩埚、炉门、底板等构件

续表

牌号	特性	用途举例
ZG30Cr18Mn12Si2N	高温强度和抗热疲劳性较好，最高使用温度 950℃	用于炉罐、炉底板、料筐、传送带导轨、支撑架、吊架等炉用构件
ZG35Cr24Ni7SiN	抗氧化性好，最高使用温度 1100℃	用于炉罐、炉辊、通风机叶片、热滑轨、炉底板、炉窑等构件
ZG30Cr26Ni5	使用温度可达 650℃，轻载时可达 1050℃，在 650～870℃析出σ相	可用于矿石焙烧炉和不需要高温强度的高硫环境下工作的炉用构件
ZG30Cr20Ni10	基本上不形成σ相，最高使用温度 900℃	可用于炼油厂加热炉、水泥干燥窑、矿石焙烧炉和热处理炉构件
ZG35Cr26Ni12	高温强度高，抗氧化性能好，最高使用温度 1100℃	广泛用作多类型炉子构件，但不宜用于温度急剧变化的地方
ZG35Cr28Ni16	力学性能同单相 ZG40Cr25Ni12，具有较高温度的抗氧化性，最高使用温度 1150℃	同 ZG40Cr25Ni12、ZG40Cr25Ni20
ZG40Cr25Ni20	具有较高的蠕变和持久强度，抗高温气体腐蚀能力强，最高使用温度 1150℃	常用作炉辊、钢坯滑板、热处理炉炉辊、乙烯裂解管及需要较高蠕变强度的零件
ZG40Cr30Ni20	在高温含硫气体中耐蚀性好，最高使用温度 1150℃	用于气体分离装置、焙烧炉衬板
ZG35Ni24Cr18Si2	耐高温，有一定的强度，最高使用温度 1100℃	可作加热炉传送带、螺杆、紧固件等高温承载零件
ZG30Ni35Cr15	抗热疲劳性好，最高使用温度 1150℃	用于渗碳炉构件、热处理炉板、导轨、搪瓷窑构件及周期加热的紧固件
ZG45Ni35Cr26	抗氧化及抗渗碳性良好，高温强度高，最高使用温度 1150℃	用于乙烯裂解管、辐射管、接头、管支架、炉辊以及热处理用夹具等
ZGCr28	抗氧化性能好，最高使用温度 1050℃	用于无强度要求的炉用构件以及含有硫化物、重金属蒸气的焙烧炉构件

7.4.5 大型不锈、耐酸、耐热钢锻件（JB/T 6398—2018）

适于一般用途的大型不锈、耐酸、耐热钢锻件。

① 化学成分 应符合 GB/T 6398—2018 表 1 的规定。

② 分类 按金相组织，分为奥氏体型和马氏体型。

③ 牌号和力学性能 见表 7-139、表 7-140。

表 7-139 大型不锈、耐酸、耐热钢锻件的牌号和力学性能

类别	材料牌号	热处理	$R_{p0.2}$ /MPa	R_m /MPa	A /%	Z /%	KU_2 /J	硬度（HBW）
奥氏体型	12Cr18Ni9	固溶	≥205	≥520	≥40	≥60	—	≤187
	06Cr19Ni10	固溶	≥205	≥520	≥40	≥60	—	≤187
	06Cr18Ni11Ti	固溶	≥205	≥520	≥40	≥50	—	≤187
	06Cr18Ni11Nb	固溶	≥205	≥520	≥40	≥50	—	≤187
	06Cr25Ni20	固溶	≥205	≥520	≥40	≥50	—	≤187
	20Cr25Ni20	固溶	≥205	≥590	≥40	≥50	—	≤201
马氏体型	12Cr13	淬火和回火	≥345	≥540	≥25	≥55	≥78	≥158
	20Cr13	淬火和回火	≥440	≥635	≥20	≥50	≥63	≥195
	30Cr13	淬火和回火	≥540	≥735	≥12	≥40	≥24	≥240
	40Cr13	淬火和回火	≥735	≥930	≥9	—	—	≥279
	12Cr5Mo	淬火和回火	≥390	≥590	≥18	—	—	≥176
	42Cr9Si2	淬火和回火	≥590	≥885	≥19	≥50	—	≥260
	14Cr17Ni2	淬火和回火	—	≥1080	≥10	—	≥39	≥327

注：以强度为验收依据时，硬度不作为验收依据。对于含有 Nb、Ti 元素的奥氏体型不锈钢锻件，根据需要可进行稳定化处理。

表 7-140 大型不锈、耐酸、耐热钢锻件的特性和用途

牌号	特性	用途举例
12Cr18Ni9	具有良好的耐蚀性和冷加工性。由于含碳量较高，对晶间腐蚀敏感，故不宜制作耐蚀的焊接件	主要用于耐蚀要求较高的部件，如食品加工、化学和印染等工业的设备部件，以及一些一般机械制造业的要求耐蚀不锈的零件
06Cr19Ni10	耐蚀性较 12Cr18Ni9 更好，有一定抗晶间腐蚀的能力，焊接性良好，可承受 870℃以下反复加热	可作为通用耐热不起皮钢。在化工、食品、印染及皮革等工业部门，用于耐蚀设备

续表

牌号	特性	用途举例
06Cr18Ni11Ti 06Cr18Ni11Nb	有很好的耐蚀、耐热性能，抗晶间腐蚀性能良好，有好的焊接性	适用于化工耐蚀件、在400～900℃腐蚀条件下使用的部件、高温用焊接结构部件
06Cr25Ni20	抗氧化性较好	实际上多作为耐热钢使用
20Cr25Ni20	抗氧化钢，可承受1035℃以下反复加热	用于制作喷嘴等
12Cr13、20Cr13 30Cr13、40Cr13	具有良好的抗大气腐蚀性能，在溶液中有一定的耐蚀能力	可用于汽轮机叶片、不锈设备和螺母、螺栓、弹簧以及热裂设备管道附件、喷嘴、阀门等
12Cr5Mo	抗石油裂化过程中产生的腐蚀	用于再热蒸汽管、石油裂解管、锅炉吊架、汽轮机缸体衬套、泵、阀、活塞杆、高压加氢设备部件及紧固件
42Cr9Si2	900℃以下不起皮，在600～700℃有较高的热稳定性和热强性	可用于700℃以下受负荷的部件，如汽车、内燃机、船舶、发动机用阀、挤料杆等，也可用于900℃以下加热炉构件，如料盘、炉底板等
14Cr17Ni2	具有高的强度、硬度和韧性，并有很高的耐蚀性	用于化工设备的芯轴、轴、活塞杆等零件，以及航空和船舶所需的高强度和高耐蚀性部件

7.5 焊接钢管

机械结构用不锈钢焊接钢管（GB/T 12770—2012）用于机械、汽车、自行车、家具及其他机械部件与结构件。

① 分类 钢管按交货状态分为焊接状态（H）、热处理状态（T）、冷拔（轧）状态（WC）和磨（抛）光状态（SP）4类。

② 钢的牌号和化学成分 应符合GB/T 12770的规定。

③ 分类 钢管按尺寸精度分为高级（PA）、较高级（PB）和普通级（PC）3级。

④ 钢管的公称外径（D）和公称壁厚（S）应符合GB/T 21835的规定。

⑤ 长度 钢管的通常长度为2000～12000mm。

⑥ 规格

a. 壁厚 0.3～5.0mm、外径 8～38mm 见表 7-141。

表 7-141　不锈钢焊接钢管的规格　mm

外径			壁厚													
系列 1	系列 2	系列 3	0.3	0.4	0.5	0.6	0.7	0.8	0.9	1.0	1.2	1.4	1.5	1.6	1.8	2.0
	8		√	√	√	√	√	√	√	√	√					
		9.5	√	√	√	√	√	√	√	√	√					
	10		√	√	√	√	√	√	√	√	√	√				
10.2			√	√	√	√	√	√	√	√	√	√	√	√	√	√
	12		√	√	√	√	√	√	√	√	√	√	√	√	√	√
	12.7		√	√	√	√	√	√	√	√	√	√	√	√	√	√
13.5					√	√	√	√	√	√	√	√	√	√	√	√
		14			√	√	√	√	√	√	√	√	√	√	√	√
		15			√	√	√	√	√	√	√	√	√	√	√	√
	16				√	√	√	√	√	√	√	√	√	√	√	√
17.2					√	√	√	√	√	√	√	√	√	√	√	√
		18			√	√	√	√	√	√	√	√	√	√	√	√
	19				√	√	√	√	√	√	√	√	√	√		√
		19.5			√	√	√	√	√	√	√	√	√	√	√	√
	20				√	√	√	√	√	√	√	√	√	√	√	√
21.3					√	√	√	√	√	√	√	√	√	√	√	√
		22			√	√	√	√	√	√	√	√	√	√	√	√
	25				√	√	√	√	√	√	√	√	√	√	√	√
		25.4			√	√	√		√	√	√	√	√	√		√
26.9					√	√	√	√	√	√	√	√	√	√	√	√
		28			√	√	√	√	√	√	√	√	√	√	√	√
		30			√	√	√	√	√	√	√	√	√	√	√	√
	31.8				√	√	√	√	√	√	√	√	√	√	√	√
	32				√	√	√	√	√	√	√	√	√	√	√	√
33.7								√	√	√	√	√	√	√	√	√
		35						√	√	√		√	√	√	√	√
		36						√	√	√		√	√	√		√
	38							√	√		√	√	√	√	√	√

续表

外径			壁厚										
系列1	系列2	系列3	2.2 (2.3)	2.5 (2.6)	2.8 (2.9)	3.0	3.2	3.5 (3.6)	4.0	4.2	4.5 (4.6)	4.8	5.0
13.5			√	√	√	√							
		14	√	√	√	√	√	√					
		15	√	√	√	√	√	√					
	16		√	√	√	√	√	√					
17.2			√	√	√	√	√	√					
		18	√	√	√	√	√	√					
	19		√	√	√	√	√	√					
		19.5	√	√	√	√	√	√					
	20		√	√	√	√	√	√					
21.3			√	√	√	√	√	√	√	√			
		22	√	√	√	√	√	√	√	√			
	25		√	√	√	√	√	√	√	√			
		25.4	√	√	√	√	√	√	√	√			
26.9			√	√	√	√	√	√	√	√	√		
		28	√	√	√	√	√	√	√	√	√		
		30	√	√	√	√	√	√	√	√	√		
	31.8		√	√	√	√	√	√	√	√	√		
	32		√	√	√	√	√	√	√	√	√		
33.7			√	√	√	√	√	√	√	√	√	√	√
		35	√	√	√	√	√	√	√	√	√	√	√
		36	√	√	√	√	√	√	√	√	√	√	√
	38		√	√	√	√	√	√	√	√	√	√	√

注："√"表示有此规格。

b. 壁厚0.8～14.0mm、外径40～250mm见表7-142。

表7-142 不锈钢焊接钢管的规格 mm

外径			壁厚															
系列1	系列2	系列3	0.8	0.9	1.0	1.2	1.4	1.5	1.6	1.8	2.0	2.2 (2.3)	2.5 (2.6)	2.8 (2.9)	3.0	3.2	3.5	4.0
	40		√	√	√	√	√	√	√	√	√	√	√	√	√	√	√	√
42.4		44.5	√	√	√	√	√	√	√	√	√	√	√	√	√	√	√	√
48.3	50.8	54	√	√	√	√	√	√	√	√	√	√	√	√	√	√	√	√
	57		√	√	√	√	√	√	√	√	√	√	√	√	√	√	√	√

续表

外径			壁厚															
系列1	系列2	系列3	0.8	0.9	1.0	1.2	1.4	1.5	1.6	1.8	2.0	2.2 (2.3)	2.5 (2.6)	2.8 (2.9)	3.0	3.2	3.5	4.0
60.3		63	√	√	√	√	√	√	√	√	√	√	√	√	√	√	√	√
	63.5		√	√	√	√	√	√	√	√	√	√	√	√	√	√	√	√
	70		√	√	√	√	√	√	√	√	√	√	√	√	√	√	√	√
76.1		80	√	√	√	√	√	√	√	√	√	√	√	√	√	√	√	√
		82.5				√	√	√	√	√	√	√	√	√	√	√	√	√
88.9	101.6	102				√	√	√	√	√	√	√	√	√	√	√	√	√
		108							√	√	√	√	√	√	√	√	√	√
114.3		125							√	√	√	√	√	√	√	√	√	√
		133							√	√	√	√	√	√	√	√	√	√
139.7		141.3							√	√	√	√	√	√	√	√	√	√
		154							√	√	√	√	√	√	√	√	√	√
		159							√	√	√	√	√	√	√	√	√	√
168.3		193.7							√	√	√	√	√	√	√	√	√	√
219.1		250							√	√	√	√	√	√	√	√	√	√

外径			壁厚																
系列1	系列2	系列3	4.2	4.5 (4.6)	4.8 (5.0)	5.0	5.5 (5.6)	6.0	6.5 (6.3)	7.0 (7.1)	7.5	8.0	8.5	9.0 (8.8)	9.5	10	11	12 (12.5)	14 (14.2)
	40		√	√	√	√	√												
42.4		44.5	√	√	√	√	√												
48.3			√	√	√	√	√												
	50.8	54	√	√	√	√	√	√											
	57		√	√	√	√	√	√											
60.3		63	√	√	√	√	√	√											
	63.5		√	√	√	√	√	√											
	70		√	√	√	√	√	√											
76.1			√	√	√	√	√	√											
		80	√	√	√	√	√	√	√	√	√	√							
		82.5	√	√	√	√	√	√	√	√	√	√							
88.9	101.6	102	√	√	√	√	√	√	√	√	√	√							
		108	√	√	√	√	√	√	√	√	√	√							
114.3			√	√	√	√	√	√	√	√	√	√							
		125	√	√	√	√	√	√	√	√	√	√	√	√	√	√			
		133	√	√	√	√	√	√	√	√	√	√	√	√	√	√			

续表

外径			壁厚																
系列1	系列2	系列3	4.2	4.5(4.6)	4.8(5.0)	5.0	5.5(5.6)	6.0	6.5(6.3)	7.0(7.1)	7.5	8.0	8.5	9.0(8.8)	9.5	10	11	12(12.5)	14(14.2)
139.7			√	√	√	√	√	√	√	√	√	√	√	√	√	√	√		
		141.3	√	√	√	√	√	√	√	√	√	√	√	√	√	√	√	√	
		154	√	√	√	√	√	√	√	√	√	√	√	√	√	√	√	√	
		159	√	√	√	√	√	√	√	√	√	√	√	√	√	√	√	√	
168.3		193.7	√	√	√	√	√	√	√	√	√	√	√	√	√	√	√	√	
219.1		250	√	√	√	√	√	√	√	√	√	√	√	√	√	√	√	√	√

注："√"表示有此规格。

c. 壁厚2.0～28mm、外径273.1～1168mm见表7-143。

表7-143 不锈钢焊接钢管的规格 mm

外径			壁厚																
系列1	系列2	系列3	2.5(2.6)	2.8(2.9)	3.0	3.2	3.5(3.6)	4.0	4.2	4.5(4.6)	4.8	5.0	5.5(5.6)	6.0	6.5(6.3)	7.0(7.1)	7.5	8.0	8.5
273.1			√	√	√	√	√	√	√	√	√	√	√	√	√	√	√	√	√
323.9			√	√	√	√	√	√	√	√	√	√	√	√	√	√	√	√	√
355.6		377	√	√	√	√	√	√	√	√	√	√	√	√	√	√	√	√	√
		400	√	√	√	√	√	√	√	√	√	√	√	√	√	√	√	√	√
406.4			√	√	√	√	√	√	√	√	√	√	√	√	√	√	√	√	√
		426		√	√	√	√	√	√	√	√	√	√	√	√	√	√	√	√
		450		√	√	√	√	√	√	√	√	√	√	√	√	√	√	√	√
457		500		√	√	√	√	√	√	√	√	√	√	√	√	√	√	√	√
508		530		√	√	√	√	√	√	√	√	√	√	√	√	√	√	√	√
		550		√	√	√	√	√	√	√	√	√	√	√	√	√	√	√	√
		558.8		√	√	√	√	√	√	√	√	√	√	√	√	√	√	√	√
		600				√	√	√	√	√	√	√	√	√	√	√	√	√	√
610		630				√	√	√	√	√	√	√	√	√	√	√	√	√	√
		660				√	√	√	√	√	√	√	√	√	√	√	√	√	√
711	762					√	√	√	√	√	√	√	√	√	√	√	√	√	√
813		864				√	√	√	√	√	√	√	√	√	√	√	√	√	√
914		965				√	√	√	√	√	√	√	√	√	√	√	√	√	√
1016						√	√	√	√	√	√	√	√	√	√	√	√	√	√
1067						√	√	√	√	√	√	√	√	√	√	√	√	√	√
1118	1168					√	√	√	√	√	√	√	√	√	√	√	√	√	√

续表

外径			壁厚															
系列1	系列2	系列3	9.0 (8.8)	9.5	10	11	12 (12.5)	14 (14.2)	15	16	17 (17.5)	18	20	22 (22.2)	24	25	26	28
273.1			√	√	√	√	√	√										
323.9			√	√	√	√	√	√	√	√								
355.6			√	√	√	√	√	√	√	√								
		377	√	√	√	√	√	√	√	√								
		400	√	√	√	√	√	√	√	√	√	√	√					
406.4			√	√	√	√	√	√	√	√	√	√	√					
		426	√	√	√	√	√	√	√	√	√	√	√	√	√	√		
457			√	√	√	√	√	√	√	√	√	√	√	√	√	√		
		450	√	√	√	√	√	√	√	√	√	√	√	√	√	√	√	√
		500	√	√	√	√	√	√	√	√	√	√	√	√	√	√	√	√
508			√	√	√	√	√	√	√	√	√	√	√	√	√	√	√	√
		530	√	√	√	√	√	√	√	√	√	√	√	√	√	√	√	√
		550	√	√	√	√	√	√	√	√	√	√	√	√	√	√	√	√
		558.8	√	√	√	√	√	√	√	√	√	√	√	√	√	√	√	√
		600	√	√	√	√	√	√	√	√	√	√	√	√	√	√	√	√
610			√	√	√	√	√	√	√	√	√	√	√	√	√	√	√	√
		630	√	√	√	√	√	√	√	√	√	√	√	√	√	√	√	√
		660	√	√	√	√	√	√	√	√	√	√	√	√	√	√	√	√
711			√	√	√	√	√	√	√	√	√	√	√	√	√	√	√	√
	762		√	√	√	√	√	√	√	√	√	√	√	√	√	√	√	√
813			√	√	√	√	√	√	√	√	√	√	√	√	√	√	√	√
		864	√	√	√	√	√	√	√	√	√	√	√	√	√	√	√	√
914			√	√	√	√	√	√	√	√	√	√	√	√	√	√	√	√
		965	√	√	√	√	√	√	√	√	√	√	√	√	√	√	√	√
1016			√	√	√	√	√	√	√	√	√	√	√	√	√	√	√	√
1067			√	√	√	√	√	√	√	√	√	√	√	√	√	√	√	√
1118			√	√	√	√	√	√	√	√	√	√	√	√	√	√	√	√
	1168		√	√	√	√	√	√	√	√	√	√	√	√	√	√	√	√

注：1. “√”表示有此规格。

2. 外径 273.1mm 的不锈钢焊接钢管，还有壁厚为 2.0mm、2.2（2.3）mm 的规格。

d. 壁厚 3.2～28mm、外径 1219～1829mm 见表 7-144。

表 7-144 不锈钢焊接钢管的规格 mm

外径			壁厚														
系列																	
1	2	3	3.2	3.5(3.6)	4.0	4.2	4.5(4.6)	4.8	5.0	5.5(5.6)	6.0	6.5(6.3)	7.0(7.1)	7.5	8.0	5.5	9.0(8.8)
1219	1321		√	√	√	√	√	√	√	√	√	√	√	√	√	√	√
1422	1524		√	√	√	√	√	√	√	√	√	√	√	√	√	√	√
1626	1727		√	√	√	√	√	√	√	√	√	√	√	√	√	√	√
1829			√	√	√	√	√	√	√	√	√	√	√	√	√	√	√

外径			壁厚														
系列																	
1	2	3	9.5	10	11	12(12.5)	14(14.2)	15	16	17(17.5)	18	20	22(22.2)	24	25	26	28
1219	1321		√	√	√	√	√	√	√	√	√	√	√	√	√	√	√
1422			√	√	√	√	√	√	√	√	√	√	√	√	√	√	√
	1524		√	√	√	√	√	√	√	√	√	√	√	√	√	√	√
1626	1727		√	√	√	√	√	√	√	√	√	√	√	√	√	√	√
1829			√	√	√	√	√	√	√	√	√	√	√	√	√	√	√

注：“√”表示有此规格。

⑦ 牌号和力学性能　见表 7-145。

表 7-145 机械结构用不锈钢焊接钢管的牌号和力学性能

类型	牌号	规定塑性延伸强度 $R_{p0.2}$/MPa ≥	抗拉强度 R_m/MPa ≥	断后伸长率 A/% ≥	
				热处理状态	非热处理状态
奥氏体型	12Cr18Ni9	210	520	35	25
	06Cr19Ni10	210	520		
	022Cr19Ni10	180	480		
	06Cr25Ni20	210	520		
	06Cr17Ni12Mo2	210	520		
	022Cr17Ni12Mo2	180	480		
	06Cr18Ni11Ti	210	520		
	06Cr18Ni11Nb	210	520		
双相钢	022Cr22Ni5Mo3N	450	620	25	—
	022Cr23Ni5Mo3N	485	655	25	—
	022Cr25Ni7Mo4N	550	800	15	—

续表

类型	牌号	规定塑性延伸强度 $R_{p0.2}$/MPa ≥	抗拉强度 R_m/MPa ≥	断后伸长率 A/% ≥	
				热处理状态	非热处理状态
铁素体型	022Cr18Ti	180	360	20	—
	019Cr19Mo2NbTi	240	410		
	06Cr13Al	177	410		
	022Cr11Ti	275	400	18	—
	022Cr12Ni	275	400	18	
马氏体型	06Cr13	210	410	20	—

⑧ 热处理制度　见表 7-146。

表 7-146　机械结构用不锈钢焊接钢管推荐的热处理制度

牌号	推荐热处理制度		牌号	推荐热处理制度	
12Cr18Ni9	1010～1150℃	水冷或其他方式快冷	022Cr22Ni5Mo3N	1020～1100℃	水冷
06Cr19Ni10	1010～1150℃		022Cr23Ni5Mo3N	1020～1100℃	
022Cr19Ni10	1010～1150℃		022Cr25Ni7Mo4N	1025～1125℃	
06Cr25Ni20	1030～1180℃		019Cr19Mo2NbTi	800～1050℃	快冷
06Cr17Ni12Mo2	1010～1150℃		022Cr18Ti	780～950℃	快冷或缓冷
022Cr17Ni12Mo2	1010～1150℃		06Cr13Al	780～830℃	
06Cr18Ni11Ti	920～1150℃		022Cr11Ti	800～900℃	
06Cr18Ni11Nb	980～1150℃		022Cr12Ni	700～820℃	
06Cr13	750℃，快冷；或 800～900℃，缓冷		—	—	

第8章 粉末冶金材料

粉末冶金是制取金属粉末或用金属粉末（或金属粉末与非金属粉末的混合物）作为原料，经过成型和烧结，制造金属材料、复合材料以及各种类型制品的工艺技术。目前，粉末冶金技术已广泛应用于交通、机械、电子、航空航天、兵器、生物、新能源、信息和核工业等诸多领域，具有节能、省材、性能优异、产品精度高且稳定性好等一系列优点，非常适合于大批量生产。

烧结是粉末冶金过程中最重要的工序。在烧结过程中，由于温度的变化，粉末坯块颗粒之间发生黏结等物理化学变化，从而增加了烧结制品的电阻率、强度、硬度和密度，减小了孔隙度并使晶粒结构致密化。

根据用途，粉末冶金材料可以分为多孔材料、减摩材料、摩擦材料、结构零件、工模具材料、电磁材料和高温材料等。

8.1 粉末冶金材料分类和牌号表示方法（GB/T 4309—2009）

材料的牌号采用汉语拼音字母F＋阿拉伯数字组成的五位符号体系表示，见表8-1。

表8-1 粉末冶金材料分类

大类	编号	小类	编号	＋顺序号00～99
结构材料类	F0	铁及铁基合金	0	例:“F02××”表示一种合金结构钢
		碳素结构钢	1	
		合金结构钢	2	
		铜及铜合金	6	
		铝合金	7	

续表

大类	编号	小类	编号	+顺序号 00～99
摩擦材料类和减摩材料类	F1	铁基摩擦材料	0	例:“F16××”表示一种铜基减摩材料
		铜基摩擦材料	1	
		镍基摩擦材料	2	
		钨基摩擦材料	3	
		铁基减摩材料	5	
		铜基减摩材料	6	
		铝基减摩材料	7	
多孔材料类	F2	铁及铁基合金	0	例:“F24××”表示一种镍合金
		不锈钢	1	
		铜及铜基合金	2	
		钛及钛合金	3	
		镍及镍合金	4	
		钨及钨合金	5	
		难熔化合物多孔材料	6	
工具材料类	F3	钢结硬质合金	0	例:“F30××”表示一种钢结硬质合金
		金属陶瓷和陶瓷	6	
		工具钢	7	
难熔材料类	F4	钨及钨合金	0	例:“F40××”表示一种钨及钨合金
		钼及钼合金	2	
		钽及其合金	4	
		铌及其合金	5	
		锆及其合金	6	
		铪及其合金	7	
耐蚀材料和耐热材料类	F5	不锈钢和耐热钢	0	例:“F58××”表示一种金属陶瓷
		高温合金	2	
		钛及钛合金	5	
		金属陶瓷	8	
电工材料类	F6	钨基电触头材料	0	例:“F63××”表示一种银基电触头材料
		钼基电触头材料	1	
		铜基电触头材料	2	
		银基电触头材料	3	
		集电器材料	5	
		电真空材料	8	
磁性材料类	F7	软磁性铁氧体	0	例:“F75××”表示一种硬磁性合金
		硬磁性铁氧体	1	
		特殊磁性铁氧体	2	
		软磁性金属和合金	4	
		硬磁性合金	5	
		特殊磁性合金	7	

续表

大类	编号	小类	编号	＋顺序号 00～99
其他材料类	F8	铍材料	0	例："F85××"表示一种功能材料
		储氢材料	2	
		功能材料	5	
		复合材料	7	

8.2　粉末冶金材料与元件

8.2.1　粉末冶金用还原铁粉（YB/T 5308—2011）

还原铁粉的外观应呈银灰色，表面无氧化锈迹，无外来夹杂物；用显微镜观察时为颗粒状的不规则海绵体。

① 牌号表示方法

FHY	□	·	□	(□)
粉末冶金用还原铁粉	产品过筛目数	分隔圆点	产品松装密度值的100倍	级别

② 化学成分　应符合 YB/T 5308—2011 表1的规定。

③ 物理和工艺性能　应符合 YB/T 5308—2011 表2的规定。

④ 牌号和主要用途　见表8-2。

表8-2　粉末冶金用还原铁粉主要适用对象

牌号	主要适用对象	牌号	主要适用对象
FHY80·240	低、中密度的铁基材料和制品	FHY100·255	中、高密度的铁基材料和制品
FHY80·255	一般中密度的铁基材料和制品	FHY100·270	高密度的铁基材料和制品
FHY80·270	中、高密度的铁基材料和制品	FHY200	金刚石、硬质合金材料和制品
FHY100·240	低、中密度的铁基材料和制品		

8.2.2　粉末冶金用水雾化纯铁粉、合金钢粉（GB/T 19743—2018）

水雾化纯铁粉、合金钢粉的外观应呈银灰色，不应有结块，表面无氧化锈迹，粉中无外来杂物，颗粒呈不规则状近球状。

① 分类　有水雾化纯铁粉、水雾化预合金钢粉、水雾化扩散型合金钢粉和易切削钢粉四大类。水雾化纯铁粉、合金钢粉的化学

成分应符合 GB/T 19743—2018 表 2 的规定。

② 水雾化纯铁粉、合金钢粉的物理-工艺性能　应符合 GB/T 19743—2018 表 3 的规定。

③ 牌号表示方法

F□□	150	·	30
FSW—水雾化纯铁粉 FYH—水雾化预合金钢粉 FKH—水雾化扩散型合金钢粉 FQH—易切削钢粉	产品过筛的筛孔径	分隔圆点	产品松装密度值的 10 倍

注：1. 水雾化纯铁粉牌号最后有“H”时，表示高压缩性。

2. 水雾化预合金钢粉牌号最后有“A_1”时，表示不同种类的排列序号；有“M1”时，表示含钼不同种类的排列序号。

3. 水雾化扩散型合金钢粉牌号最后有“D_1”时，表示其不同种类的排列序号。

4. 易切削钢粉牌号最后有“S_1”时，表示水雾化易切削钢粉其不同种类的排列序号。

④ 主要用途　见表 8-3。

表 8-3　水雾化纯铁粉、合金钢粉的主要用途

分类	牌号	主要用途
水雾化纯铁粉	FSW 100 · 30 FSW 100 · 30H	密度在 6.8g/cm^3 以上粉末冶金结构零件、锻造零件
水雾化预合金钢粉	FYH 100 · 30A_1	高强度烧结零件，粉末冶金锻造零件
	FYH 100 · 30A_2	高强度烧结零件，粉末冶金锻造零件
	FYH 100 · 30A_3	高强度烧结零件、耐磨烧结零件
	FYH 100 · 30M_1 FYH 100 · 30M_2 FYH 100 · 30M_3	高淬透性、热处理性能要求较高的烧结零件
水雾化扩散型合金钢粉	FKH 100 · 32D_1 FKH 100 · 32D_2	高压缩性、高强度的烧结零件
易切削钢粉	FQH 100 · 30S_1 FQH 100 · 30S_2	高强度、高密度易切削加工性能零部件

⑤ 物理-工艺性能　见表 8-4。

表 8-4 水雾化纯铁粉、合金钢粉的物理-工艺性能

分类	牌号	松装密度/(g/cm³)	流动性/(s/50g) ≤	压缩性(600MPa)/(g/cm³) ≥	粒度组成(质量分数)/%			
					≥180μm <200μm	≥100μm <180μm	≥45μm <100μm	<45μm
水雾化纯铁粉	FSW 100·30	2.90～3.10	28	7.08	≤1	≤10	余量	10～30
	FSW 100·30H			7.15				
水雾化预合金钢粉	FYH 100·$30A_1$	2.90～3.15		6.90				
	FYH 100·$30A_2$			6.75				
	FYH 100·$30A_3$			6.85				
	FYH 100·$30M_1$			7.00	≤1			
	FYH 100·$30M_2$							
	FYH 100·$30M_3$				—			
水雾化扩散型合金钢粉	FKH 100·$32D_1$	3.00～3.30		7.08	≤1			
	FKH 100·$32D_2$							
易切削钢粉	FQH 100·$30S_1$	2.90～3.10	30	6.70 (490MPa)	≤1			
	FQH 100·$30S_2$							

8.2.3　冶金用铌粉（YS/T 258—2011）

用粉末冶金法制得的铌粉，主要供原料加工和生产电焊条等用。

① 外观　深灰色，无目视可见的夹杂物。

② 分类　按化学成分和物理性能的不同，分成 FNb-0、FNb-1、FNb-2 和 FNb-3 四个牌号。

③ 化学成分　应符合 YS/T 258—2011 表 1 的规定。

④ 粒度组成　见表 8-5。

表 8-5　产品的粒度组成

牌号	粒度组成/%	牌号	粒度组成/%
FNb-0	通过 150μm 的筛下物：≥95	FNb-2	通过 150μm 的筛下物：≥95
FNb-1	通过 150μm 的筛下物：≥95	FNb-3	通过 180μm 的筛下物：=100

8.2.4　冶金用钽粉（YS/T 259—2012）

用粉末冶金法制得的钽粉，产品主要用作合金添加剂和钽加工原材料等。

① 外观　深灰色或黑色，无目视可见的夹杂物。

② 分类　按化学成分和物理性能的不同，分成 FTa-1、FTa-2、FTa-3、FTa-4、FTaNb-3 和 FTaNb-20 共 6 个牌号。

③ 化学成分　应符合 YS/T 259—2012 表 1 的规定。

④ 物理性能　见表 8-6。

表 8-6　产品的松装密度、费氏平均粒径和筛分粒度

牌号	松装密度/(g/cm^3)	费氏平均粒径/μm	筛分粒度/μm
FTa-1	提供实测值	2.0～10.0	154μm 筛下物的数量≥95%
FTa-2	3.0～5.0	3.0～10.0	
FTa-3	2.3～5.0	2.5～8.5	
FTa-4	2.3～5.0	2.5～8.5	315μm 筛下物的数量≥95%
FTaNb-3	—	—	100μm 筛下物的数量≥95%
FTaNb-20	—	—	

8.2.5　粉末冶金用再生镍粉（YS/T 889—2013）

利用各种再生废料生产的镍粉，主要用于粉末冶金领域。

① 外观　呈灰黑色粉末状，无其他颜色混杂；产品洁净、干

燥、均匀、无结块及目视可见的夹杂物。

② 分类　按化学成分分为FNiR-1、FNiR-2、FNiR-3三个牌号；按费氏粒度、松装密度、中位径、氧含量的要求分为a、b、c三个规格。

③ 化学成分　应符合YS/T 889—2013表2的规定。

④ 牌号表示方法

F	Ni	R-	①	②
交货状态为粉末	主要成分为镍	再生	化学成分和等级（表8-7）	产品规格a、b、c（表8-8）

表8-7　粉末冶金用再生镍粉的化学成分　　%

化学成分（质量分数）		牌号 FNiR-1	FNiR-2	FNiR-3	化学成分（质量分数）		牌号 FNiR-1	FNiR-2	FNiR-3
余量	Ni	≥99.9	≥99.9	≥99.8	杂质元素≤	Mg	0.003	0.008	0.010
杂质元素≤	Co	0.002	0.005	0.010		Mn	0.002	0.005	0.005
	Cu	0.002	0.005	0.008		Si	0.001	0.003	0.010
	Fe	0.005	0.008	0.010		Al	0.002	0.005	0.005
	Pb	0.003	0.005	0.005		S	0.005	0.008	0.010
	Zn	0.002	0.005	0.010		C	0.03	0.03	0.02
	Cd	0.002	0.005	0.005		杂质总和	0.1	0.1	0.2
	Ca	0.005	0.008	0.010					

注：1. 镍含量用杂质减量法计算得到，差减元素为表中所列杂质元素。
2. 杂质总和为表中所列杂质元素实测值之和。

表8-8　粉末的松装密度

规格	费氏粒度/μm	松装密度ρ_0/(g/cm³)	中位径D_{50}/μm	含氧量(质量分数)/%
a	1.00～1.50	0.60～0.80	≤7.00	≤0.50
b	>1.50～2.50	>0.80～1.10	≤10.00	≤0.40
c	>2.50～5.00	>1.10～1.90	≤15.00	≤0.30

8.2.6　粉末冶金用再生钴粉（YS/T 890—2013）

含钴废料回收的再生钴粉，供粉末冶金领域使用。

① 外观　为灰黑色粉末，产品洁净、干燥、均匀、无结块及目视可见的夹杂物。

② 分类　按化学成分和费氏粒度分为 FCoR-1、FCoR-2、FCoR-3 共三个牌号。

③ 牌号表示方法

F	Co	R-	□	□
交货状态为粉末	主要成分为钴	产品是再生的	化学成分等级（表 8-9）	产品粒度等级（表 8-10）

表 8-9　粉末冶金用再生镍粉的化学成分　%

化学成分（质量分数）		牌号			化学成分（质量分数）		牌号		
		FCoR-1	FCoR-2	FCoR-3			FCoR-1	FCoR-2	FCoR-3
余量	Co	≥99.9	≥99.8	≥99.7	杂质元素≤	Mg	0.004	0.008	0.010
杂质元素≤	Ni	0.003	0.01	0.02		Mn	0.005	0.008	0.010
	Cu	0.002	0.008	0.015		Na	0.005	0.008	0.015
	Fe	0.005	0.01	0.02		Si	0.005	0.010	0.015
	Pb	0.003	0.004	0.005		Al	0.005	0.020	0.030
	Zn	0.002	0.006	0.010		S	0.005	0.008	0.010
	Cd	0.002	0.005	0.010		Mo	0.005	0.008	0.020
	Ca	0.005	0.010	0.015		C	0.025	0.03	0.05
	Cr	0.005	0.010	0.015					

注：钴含量用杂质减量法（不含氧）计算得到。

表 8-10　产品粒度等级

粒度等级	费氏粒度 /μm	松装密度 ρ_a/(g/cm^3)	中位径 D_{50}/μm	氧含量（质量分数）/%
a	≤0.60	0.60～0.80	≤7	≤0.80
b	>0.60～0.70			≤0.75
c	>0.70～0.80			≤0.70
d	>0.80～1.00		≤8	≤0.60
e	>1.00～1.50	0.70～1.00	≤10	≤0.50
f	>1.50～2.00	0.60～1.20	≤12	≤0.40
g	>2.00		≤15	

8.2.7　深冲用粉末冶金钽板（GB/T 26037—2010）

用于制作喷丝头或有其他深冲要求的零件。

① 牌号　FTa-1，交货状态为退火。

② 规格 厚度0.1～3.0mm，宽度25～150mm，长度75～2000mm。

③ 化学成分 应符合GB/T 26037—2010的要求。

④ 产品标记方法

板	FTa-1	M	厚×宽×长	GB/T 26037—2010
产品名称	牌号	退火状态	规格	标准编号

⑤ 室温力学性能 见表8-11。

表8-11 产品室温力学性能

牌号	状态	厚度/mm	抗拉强度 R_m/MPa	规定非比例延伸强度 $R_{p0.2}$/MPa	断后伸长率 A/%
FTa-1	M	0.1～0.5 >0.5～3.0	≥207	≥137	≥25 ≥30

⑥ 产品的晶粒度、杯突值和维氏硬度 见表8-12。

表8-12 产品的晶粒度、杯突值和维氏硬度

牌号	状态	晶粒度/级	杯突值/mm	维氏硬度
FTa-1	M	≥7.5	≥7.5	95～130

8.3 硬质合金

硬质合金是以难熔的金属碳化物（碳化钨、碳化钛等）为基体，钴、镍等金属为黏结剂，用粉末冶金的方法制成的一种合金材料，其特性是具有高硬度、高耐磨性、高热硬性，但有一定的脆性，难于加工。

与其他粉末冶金材料不同，硬质合金有单独的分类和牌号体系，且与相应的ISO标准接轨，其分类和牌号分为三部分。

8.3.1 硬质合金圆棒毛坯（GB/T 11101—2020）

用于切削工具、冲压工具和耐磨测量工具等用的硬质合金圆棒毛坯。

① 外观 产品表面不允许有起皮、鼓泡、砂眼、分层、裂纹、未压好、严重粘料等缺陷。

② 分类　分为印制电路板微钻用圆棒和其他实芯圆棒两类。

③ 尺寸　直径 0.5～≤42mm，长度 1.0～≤660.0mm。

④ 化学成分　由供需双方协商确定。

⑤ 型号表示方法

B	ϕ□	×□
硬质合金圆棒毛坯	圆棒直径/mm	圆棒长度值/mm

⑥ 化学成分　供需双方协商。

⑦ 物理力学性能、组织结构　见表 8-13。

表 8-13　洛氏硬度、横向断裂强度、孔隙度、非化合碳、η 相及宏观孔洞

洛氏硬度(HRA)	横向断裂强度[①] /MPa	孔隙度	非化合碳	η 相	宏观孔洞(>25μm) /(个/cm²)
≥86.5	≥1800	≤A02B00	C00	0	0

① 横向断裂强度采用 C 试样。

8.3.2　切削工具用硬质合金（GB/T 18376.1—2008）

① 分类　按使用领域的不同分成 P、M、K、N、S、H 六类，根据其耐磨性和韧性分成若干个组，用 01、10、20、…两位数字表示组号（必要时，可在两个组号之间插入一个补充组号，用 05、15、25、…表示）。见表 8-14。

表 8-14　切削工具用硬质合金分类

类别	使用领域
P	长切屑材料的加工，如钢、铸钢、长切削可锻铸铁等的加工
M	通用合金，用于不锈钢、铸钢、锰钢、可锻铸铁、合金钢、合金铸铁等的加工
K	短切屑材料的加工，如铸铁、冷硬铸铁、短切屑可锻铸铁、灰口铸铁等的加工
N	非铁金属、非金属材料的加工，如铝、镁、塑料、木材等的加工
S	耐热和优质合金材料的加工，如耐热钢，含镍、钴、钛的各类合金材料的加工
H	硬切削材料的加工，如淬硬钢、冷硬铸铁等材料的加工

② 牌号　由类别代码、分组号、细分号（需要时使用）组成：

□　　　　□□　　　　□

类别代码　　分组号　　细分号(需要时使用)

③ 基本成分及力学性能　见表 8-15。

表 8-15　各组别的基本成分及力学性能要求

组别		基本成分	力学性能		
类别	分组号		洛氏硬度 HRA ≥	维氏硬度 HV_3 ≥	抗弯强度 R_{tr}/MPa ≥
P	01	以 TiC、WC 为基，以 Co(Ni+Mo、Ni+Co)作黏结剂的合金/涂层合金	92.3	1750	700
	10		91.7	1680	1200
	20		91.0	1600	1400
	30		90.2	1500	1550
	40		89.5	1400	1750
M	01	以 WC 为基，以 Co 作黏结剂，添加少量的 TiC(TaC、NbC)的合金/涂层合金	92.3	1730	1200
	10		91.0	1600	1350
	20		90.2	1500	1500
	30		89.9	1450	1650
	40		88.9	1300	1800
K	01	以 WC 为基，以 Co 作黏结剂，或添加少量的 TaC、NbC 的合金/涂层合金	92.3	1750	1350
	10		91.7	1680	1460
	20		91.0	1600	1550
	30		89.5	1400	1650
	40		88.5	1250	1800
N	01	以 WC 为基，以 Co 作黏结剂，或添加少量的 TaC、NbC 或 CrC 的合金/涂层合金	92.3	1750	1450
	10		91.7	1680	1560
	20		91.0	1600	1650
	30		90.0	1450	1700
S	01	以 WC 为基，以 Co 作黏结剂，或添加少量的 TaC、NbC 或 TiC 的合金/涂层合金	92.3	1730	1500
	10		91.5	1650	1580
	20		91.0	1600	1650
	30		90.5	1550	1750
H	01	以 WC 为基，以 Co 作黏结剂，或添加少量的 TaC、NbC 或 TiC 的合金/涂层合金	92.3	1730	1000
	10		91.7	1680	1300
	20		91.0	1600	1650
	30		90.5	1520	1500

注：1. 洛氏硬度和维氏硬度任选一项。

2. 以上数据为非涂层硬质合金要求，涂层产品可按对应的维氏硬度下降 30%～50%。

④ 作业条件　见表 8-16。

表 8-16　切削工具用硬质合金作业条件推荐

<table>
<tr><th rowspan="2">组别</th><th colspan="2">作业条件</th></tr>
<tr><th>被加工材料</th><th>适用的加工条件</th></tr>
<tr><td>P01</td><td rowspan="2">钢、铸钢</td><td>高切削速度、小切屑界面，无震动条件下精车、精镗</td></tr>
<tr><td>P10</td><td>高切削速度、中小切屑截面条件下的车削、仿形车削、车螺纹和铣削</td></tr>
<tr><td>P20</td><td rowspan="2">钢、铸钢、长切屑可锻铸铁</td><td>中等切削速度、中等切屑截面下的车削、仿形车削和铣削，小切屑截面的刨削</td></tr>
<tr><td>P30</td><td>中或低等切削速度、中等或大切屑截面条件下的车削、铣削、刨削和不利条件下的加工</td></tr>
<tr><td>P40</td><td>钢、含砂眼和气孔的铸钢件</td><td>低切削速度、大切削角大切屑截面以及不利条件下的车、刨削、切槽和自动机床上加工</td></tr>
<tr><td>M01</td><td>不锈钢、铁素体钢、铸钢</td><td>高切削速度、小载荷，无震动条件下精车、精镗</td></tr>
<tr><td>M10</td><td rowspan="4">不锈钢、铸钢、锰钢、合金钢、合金铸铁、可锻铸铁</td><td>中和高等切削速度、中和小切屑截面条件下的车削</td></tr>
<tr><td>M20</td><td>中等切削速度、中等切屑截面下的车削、铣削</td></tr>
<tr><td>M30</td><td>中和高等切削速度、中等或大切屑截面条件下的车削、铣削、刨削</td></tr>
<tr><td>M40</td><td>车削、切断、强力铣削加工</td></tr>
<tr><td>K01</td><td rowspan="5">铸铁和短切屑的可锻铸铁</td><td>车削、精车、铣削、镗削、刮削(冷硬铸铁亦可)</td></tr>
<tr><td>K10</td><td>车削、铣削、镗削、刮削、拉削(>220HB 时)</td></tr>
<tr><td>K20</td><td>用于中等切削速度下、轻载荷粗加工、半精加工的车削、铣削、镗削等(<220HB 时，灰口铸铁亦可)</td></tr>
<tr><td>K30</td><td>用于在不利条件下可能采用大切削角的车削、铣削、刨削、切槽加工，对刀片的韧性有一定的要求</td></tr>
<tr><td>K40</td><td>用于在不利条件下的粗加工，采用低的切削速度、大的进给量</td></tr>
<tr><td>N01</td><td rowspan="2">非铁金属、塑料、木材、玻璃</td><td>高切削速度下，非铁金属铝、铜、镁、塑料、木材等非金属材料的精加工</td></tr>
<tr><td>N10</td><td>较高切削速度下，非铁金属铝、铜、镁、塑料、木材等非金属材料的精加工或半精加工</td></tr>
</table>

续表

组别	作业条件	
	被加工材料	适用的加工条件
N20	非铁金属、塑料	中等切削速度下,非铁金属铝、铜、镁、塑料、木材等非金属材料的半精加工或粗加工
N30		中等切削速度下,非铁金属铝、铜、镁、塑料、木材等非金属材料的粗加工
S01	耐热和优质合金:含镍、钴、钛的各类合金材料	中等切削速度下,耐热钢和钛合金的精加工
S10		低切削速度下,耐热钢和钛合金的半精加工或粗加工
S20		较低切削速度下,耐热钢和钛合金的半精加工或粗加工
S30		较低切削速度下,耐热钢和钛合金的连续切削,适于半精加工或粗加工
H01	淬硬钢、冷硬铸铁	低切削速度下,淬硬钢和冷硬铸铁的连续轻载精加工
H10		同上,亦可进行半精加工
H20		低切削速度下,淬硬钢和冷硬铸铁的连续轻载半精加工、粗加工
H30		

注：性能提高方向：切削性能—首行的切削速度最高，进给量最低，耐磨性最高，韧性最低；合金性能—末行的切削速度最低，进给量最高，耐磨性最低，韧性最高。

8.3.3 地质、矿山工具用硬质合金（GB/T18376.2—2014）

① 分类 按用途分为凿岩钎片用（A），地质勘探用（B），煤炭采掘用（C），矿山、油田钻头用（D），复合片基体用（E），铲雪片用（F），挖掘齿用（W），其他用（Z）8种。

② 型号组成

G	分类代号	分组号	细分号
特征代号	A～F、W、Z	05、10～60	1、2、…

③ 基本成分及力学性能 见表8-17。

表 8-17　各组基本化学成分及力学性能

分组号	基本化学成分/%			力学性能		
	Co	其他	WC	洛氏硬度 HRA ≥	维氏硬度 HV ≥	抗弯强度 /MPa ≥
05	3～6			88.5	1250	1800
10	5～9			87.5	1150	1900
20	6～11			87.0	1140	2000
30	8～12	<1	余量	86.5	1080	2100
40	10～15			86.0	1050	2200
50	12～17			85.5	1000	2300
60	15～25			84.0	820	2400

注：洛氏硬度和维氏硬度任选一项。

④ 作业条件　见表 8-18。

表 8-18　凿岩钎片的作业条件

牌号	作业条件	合金性能
GA05	适于单轴抗压强度小于 60MPa 的软岩或中硬岩	↑耐磨性↑　↓韧性↓
GA10	适于单轴抗压强度为 60～120MPa 的中硬岩	
GA20、GA30	适于单轴抗压强度为 120～200MPa 的中硬岩或硬岩	
GA40	适于单轴抗压强度为 120～200MPa 的中硬岩或坚硬岩	
GA50、GA60	适于单轴抗压强度为大于 200MPa 的坚硬岩或极坚硬岩	

8.3.4　耐磨零件用硬质合金（GB/T18376.3—2015）

① 分类　按材料用途分为：金属线、棒、管拉制用硬质合金（LS），冲压模具用硬质合金（LT），高温高压构件用硬质合金（LQ）和线材轧制辊环用硬质合金（LV）四类。

② 组别号　10、20、30、40（必要时，可在两个组别号之间插入中间补充组号）。

③ 牌号标记方法

L	□	□□	□□
特征代号	分类代号（见表 8-19）	分组号（见表 8-19）	细分代号（字母，可跟数字）

④ 化学成分及力学性能　见表 8-19。

表 8-19　各组基本化学成分及力学性能

分类及代号	组别号	基本化学成分/%			力学性能		
		Co	其他	WC	洛氏硬度 HRA ≥	维氏硬度 HV ≥	抗弯强度 /MPa ≥
金属线、棒、管拉制用硬质合金(S)	10	3～6	余量	微量	90.0	1550	1300
	20	5～9			89.0	1400	1600
	30	7～12			88.0	1200	1800
	40	11～17			87.0	1100	2000
冲压模具用硬质合金(T)	10	13～18			85.0	950	2000
	20	17～25			82.5	850	2100
	30	23～30			79.0	650	2200
高温高压构件用硬质合金(Q)	10	5～7			89.0	1300	2600
	20	6～9			88.0	1200	2700
	30	8～15			86.5	1200	2800
线材轧制辊环用硬质合金(V)	10	14～18			85.0	950	2100
	20	17～22			82.5	850	2200
	30	20～26			81.0	750	2250
	40	25～30			79.0	650	2300

注：洛氏硬度和维氏硬度任选一项。

⑤ 作业条件推荐　见表 8-20。

表 8-20　作业条件推荐

分类分组代号		作业条件推荐
LS	10	金属线、棒材直径小于 6mm 的拉制用模具、密封环等
	20	金属线、棒材直径小于 20mm，管材直径小于 10mm 的拉制用模具、密封环等
	30	金属线、棒材直径小于 50mm，管材直径小于 35mm 的拉制用模具
	40	大应力、大压缩力的拉制用模具
LT	10	M9 以下小规格标准紧固件冲压用模具
	20	M12 以下中、小规格标准紧固件冲压用模具
	30	M20 以下大、中规格标准紧固件、钢球冲压用模具
LQ	10	人工合成金刚石用顶锤
	20	人工合成金刚石用顶锤
	30	人工合成金刚石用顶锤、液压缸
LV	10	高速线材高水平轧制精轧机组用辊环
	20	高速线材较高水平轧制精轧机组用辊环
	30	高速线材一般水平轧制精轧机组用辊环
	40	高速线材预精轧机组用辊环

8.3.5　量规、量具用硬质合金毛坯（GB/T 3612—2008）

① 分类　按用途分为量规（LG)、环规（LH)、塞规（LS)、卡规（LK)、千分尺测量头（LC）共五个系列。

② 量规毛坯系列

a. 型号表示方法

LG	30-	10.5
量规毛坯代号	规格代号 表示固定尺寸为 30.5mm×9.5mm	可变尺寸(*L*) 表示 10.5mm

b. 推荐尺寸　见表 8-21、表 8-22。

表 8-21　LG30 型量规毛坯的推荐尺寸　mm

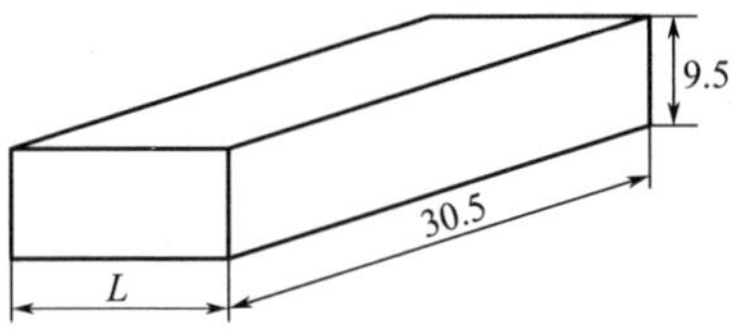

型号	*L*	型号	*L*	型号	*L*
LG30-2	2.0	LG30-8	8.0	LG30-10	10.0
LG30-3	3.0	LG30-4	4.0	LG30-10.5	10.5
LG30-6	6.0	LG30-5	5.0		
LG30-7	7.0	LG30-9	9.0		

表 8-22　LG35 型量规毛坯的推荐尺寸　mm

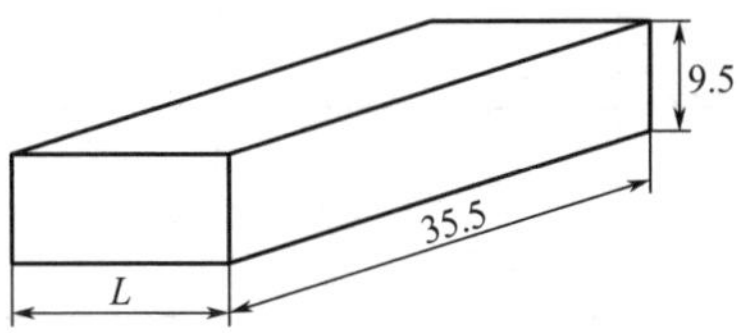

续表

型号	L	型号	L	型号	L
LG35-7	7.0	LG35-18	18.0	LG35-41	41.0
LG35-8.5	8.5	LG35-19	19.0	LG35-51	51.0
LG35-10	10.0	LG35-20	20.0	LG35-52	52.0
LG35-11	11.0	LG35-21	21.0	LG35-61	61.0
LG35-12	12.0	LG35-22	22.0	LG35-71	71.0
LG35-13	13.0	LG35-23	23.0	LG35-76	76.0
LG35-14	14.0	LG35-24	24.0	LG35-77	77.0
LG35-15	15.0	LG35-25	25.0	LG35-81	81.0
LG35-16	16.0	LG35-26	26.0	LG35-91	91.0
LG35-17	17.0	LG35-31	31.0	LG35-103	103.0

③ 环规毛坯系列

a. 型号表示方法

LH	030	07	05
环规毛坯代号	毛坯内径尺寸表示 3.0mm	毛坯外径尺寸表示 7.0mm	毛坯高度尺寸表示 5.0mm

b. 推荐尺寸　见表 8-23。

表 8-23　LH 型环规毛坯的推荐尺寸　　mm

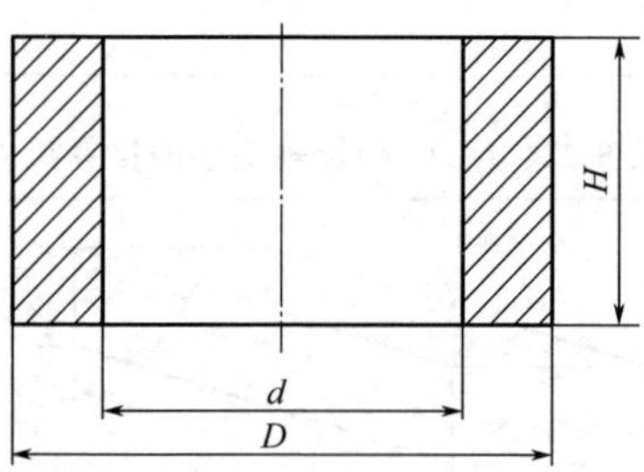

续表

型号	公称尺寸			型号	公称尺寸		
	d	*D*	*H*		*d*	*D*	*H*
LH0300705	3.0	7.0	5.0	LH1602208	16.0	22.0	8.0
LH0350705	3.5			LH1702710	17.0	27.0	10.0
LH0400905	4.0	9.0		LH1802710	18.0		
LH0450905	4.5			LH1902710	19.0		
LH0401005	4.0	10.0		LH2002710	20.0		
LH0451005	4.5			LH2103210	21.0	32.0	
LH0501005	5.0			LH2203210	22.0		
LH0551006	5.5		6.0	LH2303210	23.0		
LH0601206	6.0	12.0		LH2403210	24.0		
LH0651206	6.5			LH2503710	25.0	37.0	
LH0701206	7.0			LH2603710	26.0		
LH0751206	7.5			LH2703710	27.0		
LH0801206	8.0		6.0	LH2803710	28.0		
LH0851206	8.5			LH2903710	29.0		
LH0901606	9.0	16.0		LH3004514	30.0	45.0	14.0
LH0951606	9.5			LH3104514	31.0		
LH1001608	10.0		8.0	LH3205014	32.0	50.0	
LH1102008	11.0	20.0		LH3305014	33.0		
LH1202008	12.0			LH3405514	34.0	55.0	
LH1302008	13.0			LH3505514	35.0		
LH1402208	14.0	22.0		LH3706014	37.0	60.0	
LH1502208	15.0			LH3906014	39.0		

④ 塞规毛坯系列

a. 型号表示方法

LS	06	03	04
塞规毛坯代号	毛坯外径尺寸表示 6.0mm	毛坯内径尺寸表示 3.0mm	毛坯高度尺寸表示 4.0mm

b. 推荐尺寸　见表 8-24。

表 8-24 LS 型塞规毛坯的推荐尺寸 mm

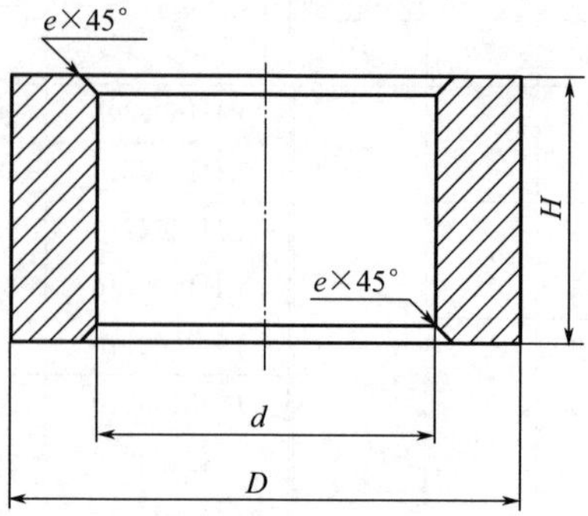

<table>
<tr><th rowspan="2">型号</th><th colspan="4">公称尺寸</th><th rowspan="2">型号</th><th colspan="4">公称尺寸</th></tr>
<tr><th>D</th><th>d</th><th>H</th><th>e</th><th>D</th><th>d</th><th>H</th><th>e</th></tr>
<tr><td>LS060304</td><td rowspan="3">6.6</td><td rowspan="6">3.5</td><td>4.0</td><td rowspan="9">—</td><td>LS120805</td><td rowspan="3">12.8</td><td rowspan="12">8.0</td><td>5.0</td><td rowspan="12">0.4</td></tr>
<tr><td>LS060306</td><td>6.0</td><td>LS120806</td><td>6.0</td></tr>
<tr><td>LS060308</td><td>8.0</td><td>LS120810</td><td>10.0</td></tr>
<tr><td>LS070304</td><td rowspan="3">7.6</td><td>4.0</td><td>LS130805</td><td rowspan="3">13.8</td><td>5.0</td></tr>
<tr><td>LS070306</td><td>6.0</td><td>LS130810</td><td>6.0</td></tr>
<tr><td>LS070308</td><td>8.0</td><td>LS130810</td><td>10.0</td></tr>
<tr><td>LS080504</td><td rowspan="3">8.6</td><td rowspan="6">5.0</td><td>4.0</td><td>LS140805</td><td rowspan="3">14.8</td><td>5.0</td></tr>
<tr><td>LS080506</td><td>6.0</td><td>LS140806</td><td>6.0</td></tr>
<tr><td>LS080510</td><td>10.0</td><td>LS140810</td><td>10.0</td></tr>
<tr><td>LS090504</td><td rowspan="3">9.6</td><td>4.0</td><td rowspan="9">0.4</td><td>LS150806</td><td rowspan="3">15.8</td><td>6.0</td></tr>
<tr><td>LS090506</td><td>6.0</td><td>LS150808</td><td>8.0</td></tr>
<tr><td>LS090510</td><td>10.0</td><td>LS150812</td><td>12.0</td></tr>
<tr><td>LS100604</td><td rowspan="3">10.8</td><td rowspan="6">6.0</td><td>4.0</td><td>LS161006</td><td rowspan="3">16.8</td><td rowspan="6">10.0</td><td>6.0</td><td rowspan="6">0.8</td></tr>
<tr><td>LS100606</td><td>6.0</td><td>LS161008</td><td>8.0</td></tr>
<tr><td>LS100610</td><td>10.0</td><td>LS161012</td><td>12.0</td></tr>
<tr><td>LS110605</td><td rowspan="3">11.8</td><td>5.0</td><td>LS171006</td><td rowspan="3">17.8</td><td>6.0</td></tr>
<tr><td>LS110606</td><td>6.0</td><td>LS171008</td><td>8.0</td></tr>
<tr><td>LS110610</td><td>10.0</td><td>LS171012</td><td>12.0</td></tr>
</table>

续表

型号	公称尺寸			
	D	*d*	*H*	*e*
LS181306	18.8	13.0	6.0	0.8
LS181308			8.0	
LS181312			12.0	
LS191306	19.8		6.0	
LS191308			8.0	
LS191312			12.0	
LS201506	20.8	15.0	6.0	
LS201508			8.0	
LS201512			12.0	
LS211506	21.8		6.0	
LS211508			8.0	
LS211512			12.0	
LS221706	22.8	17.0	5.0	
LS221708			6.0	
LS221712			10.0	
LS231706	23.8		5.0	
LS231708			6.0	
LS231712			10.0	
LS241806	24.8	18.0	6.0	1.0
LS241808			8.0	
LS241812			12.0	
LS251808	25.8		8.0	
LS251810			10.0	
LS251816			16.0	
LS262008	26.8	20.0	8.0	
LS262010			10.0	
LS262016			16.0	
LS282008	28.8		8.0	
LS282010			10.0	
LS282016			16.0	
LS302408	30.8	24.0	8.0	
LS302410			10.0	
LS302412			12.0	
LS302416			16.0	

型号	公称尺寸			
	D	*d*	*H*	*e*
LS322508	32.8	25.0	8.0	1.0
LS322512			12.0	
LS322516			16.0	
LS322520			20.0	
LS342508	34.8		8.0	1.2
LS342512			12.0	
LS342516			16.0	
LS342520			20.0	
LS352608	35.8	26.0	8.0	
LS352612			12.0	
LS352616			16.0	
LS352620			20.0	
LS372808	37.8	28.0	8.0	
LS372812			12.0	
LS372816			16.0	
LS372820			20.0	
LS382808	38.8		8.0	
LS382812			12.0	
LS382816			16.0	
LS382820			20.0	
LS393012	39.8	30.0	12.0	
LS393016			16.0	
LS393020			20.0	
LS393025			25.0	
LS403212	40.8	32.0	12.0	
LS403216			16.0	
LS403220			20.0	
LS403225			25.0	
LS423212	42.8		12.0	
LS423216			16.0	
LS423220			20.0	
LS423225			25.0	

⑤ 卡规毛坯系列

a. 型号表示方法

LK	025	05	02
卡规毛坯代号	毛坯宽度尺寸表示 2.5mm	毛坯长度尺寸表示 5.0mm	毛坯厚度尺寸表示 2.0mm

b. 推荐尺寸　见表 8-25。

表 8-25　LK 型量规毛坯的推荐尺寸　mm

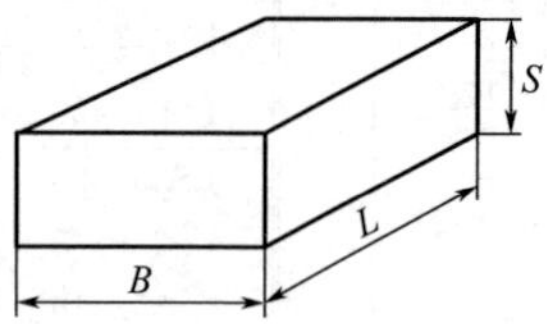

型号	公称尺寸			型号	公称尺寸		
	B	*L*	*S*		*B*	*L*	*S*
LK0250502	2.5	5.0	2.0	LK0401002	4.0	10.0	2.5
LK0250602		6.0		LK0401003			3.0
LK0250802		8.0		LK0401202		12.0	2.5
LK0251002		10.0		LK0401602		16.0	2.5
LK0251602		16.0		LK0401603			3.5
LK0300503	3.0	5.0	3.0	LK0402004		20.0	4.0
LK0300602		6.0	2.5	LK0402504		25.0	
LK0300603			3.0	LK0500503	5.0	5.0	3.0
LK0300802		8.0	2.5	LK0500603		6.0	
LK0301002		10.0		LK0501003		10.0	
LK0301003			3.0	LK0501203		12.0	3.5
LK0301202		12.0	2.5	LK0501603		16.0	3.0
LK0301203			3.0	LK0501604			4.0
LK0301602		16.0	2.5	LK0502003		20.0	3.5
LK0301603			3.0	LK0502004			4.0
LK0400503	4.0	5.0		LK0502503		25.0	3.5
LK0400602		6.0	2.5	LK0502504			4.0
LK0400603			3.0	LK0600603	6.0	6.0	3.0
LK0400803		8.0		LK0600803		8.0	

续表

<table>
<tr><th rowspan="2">型号</th><th colspan="3">公称尺寸</th><th rowspan="2">型号</th><th colspan="3">公称尺寸</th></tr>
<tr><th>*B*</th><th>*L*</th><th>*S*</th><th>*B*</th><th>*L*</th><th>*S*</th></tr>
<tr><td>LK0601003</td><td rowspan="7">6.0</td><td>10.0</td><td>3.0</td><td>LK0953006</td><td rowspan="3">9.5</td><td rowspan="4">30.5</td><td>6.0</td></tr>
<tr><td>LK0601203</td><td>12.0</td><td rowspan="5">3.5</td><td>LK0953007</td><td>7.0</td></tr>
<tr><td>LK0601603</td><td>16.0</td><td>LK0953008</td><td>8.0</td></tr>
<tr><td>LK0601803</td><td>18.0</td><td>LK1203004</td><td>12.0</td><td rowspan="3">4.0</td></tr>
<tr><td>LK0602003</td><td>20.0</td><td>LK1402804</td><td>14.0</td><td>28.0</td></tr>
<tr><td>LK0602503</td><td rowspan="2">25.0</td><td>LK1501804</td><td>15.0</td><td>18.0</td></tr>
<tr><td>LK0602504</td><td>4.0</td><td>LK1802505</td><td rowspan="3">18.0</td><td>25.0</td><td rowspan="3">5.0</td></tr>
<tr><td>LK0801603</td><td rowspan="3">8.0</td><td>16.0</td><td rowspan="2">3.5</td><td>LK1803005</td><td>30.5</td></tr>
<tr><td>LK0802503</td><td rowspan="2">25.0</td><td>LK1803505</td><td>35.0</td></tr>
<tr><td>LK0802504</td><td>4.0</td><td>LK2003010</td><td rowspan="2">20.0</td><td>30.5</td><td rowspan="5">10.0</td></tr>
<tr><td>LK0953002</td><td>9.0</td><td>12.0</td><td>2.5</td><td>LK2003510</td><td rowspan="3">35.0</td></tr>
<tr><td>LK0953003</td><td rowspan="3">9.5</td><td rowspan="3">30.5</td><td>3.0</td><td>LK2503510</td><td>25.0</td></tr>
<tr><td>LK0953004</td><td>4.0</td><td>LK3003510</td><td>30.0</td></tr>
<tr><td>LK0953005</td><td>5.0</td><td>LK3504010</td><td>35.0</td><td>40.0</td></tr>
</table>

⑥ 千分尺测量头毛坯系列

a. 型号表示方法

LC	070	13
千分尺测量头毛坯代号	毛坯外径尺寸表示 7.0mm	毛坯厚度尺寸表示 1.3mm

b. 推荐尺寸　见表 8-26。

表 8-26　LC 型量规毛坯的推荐尺寸　mm

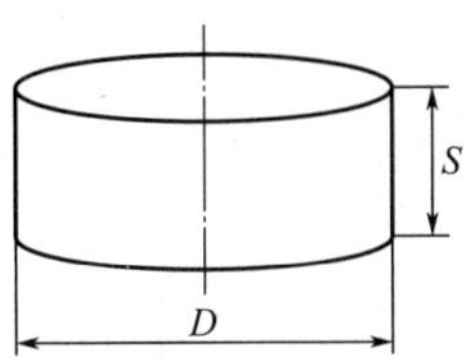

<table>
<tr><th rowspan="2">型号</th><th colspan="2">公称尺寸</th></tr>
<tr><th>*D*</th><th>*S*</th></tr>
<tr><td>LC07013</td><td>7.0</td><td>1.3</td></tr>
<tr><td>LC08515</td><td>8.5</td><td rowspan="2">1.5</td></tr>
<tr><td>LC10515</td><td>10.5</td></tr>
</table>

8.3.6　标准螺栓缩径模具用硬质合金毛坯（YS/T 291—2012）

用于 M3～M20 标准螺栓缩径模具。

① 外观　表面不得有起皮、鼓泡、分层、裂纹、脏化、粘料、堵孔、氧化等影响使用的缺陷，并应进行喷砂处理。

② 化学成分　由供需双方协商确定。

③ 物理性能、力学性能、组织结构　由供需双方按 GB/T 5242 协商确定。

④ 型号表示方法

BS	□	□	□
类别代号	内径 d/mm	外径 D/mm	高度 H/mm

⑤ 型号和尺寸　见表 8-27。

表 8-27　型号和基本尺寸　　mm

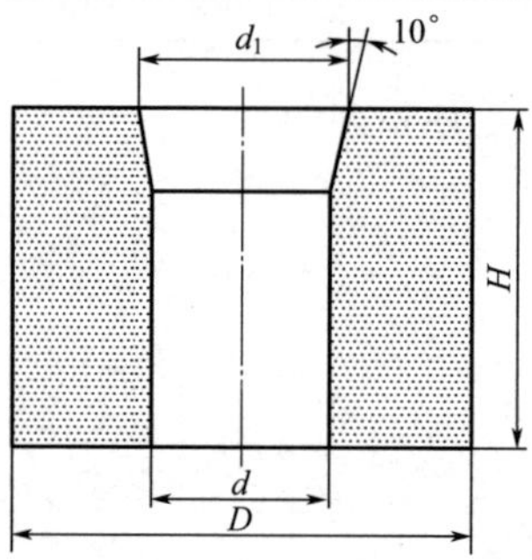

<table>
<tr><th rowspan="2">型号</th><th colspan="3">基本尺寸</th><th>参考尺寸</th><th rowspan="2">适用范围</th></tr>
<tr><th>d</th><th>D</th><th>H</th><th>d₁</th></tr>
<tr><td>BS2.1×14.0×15.0</td><td rowspan="3">2.1</td><td rowspan="2">14.0</td><td>15.0</td><td rowspan="3">2.5</td><td rowspan="3">M3</td></tr>
<tr><td>BS2.1×14.0×30.0</td><td>30.0</td></tr>
<tr><td>BS2.1×16.0×30.0</td><td>16.0</td><td>30.0</td></tr>
<tr><td>BS3.1×14.0×15.0</td><td rowspan="4">3.1</td><td rowspan="2">14.0</td><td>15.0</td><td rowspan="4">3.5</td><td rowspan="4">M4</td></tr>
<tr><td>BS3.1×14.0×30.0</td><td>30.0</td></tr>
<tr><td>BS3.1×16.0×15.0</td><td rowspan="2">16.0</td><td>15.0</td></tr>
<tr><td>BS3.1×16.0×30.0</td><td>30.0</td></tr>
</table>

续表

型号	基本尺寸			参考尺寸 d_1	适用范围
	d	D	H		
BS3.9×14.0×15.0	3.9	14.0	15.0	4.5	M5
BS3.9×14.0×20.0			20.0		
BS3.9×14.0×35.0			35.0		
BS3.9×16.0×15.0		16.0	15.0		
BS3.9×16.0×20.0			20.0		
BS3.9×16.0×35.0			35.0		
BS4.7×16.0×15.0	4.7	16.0	15.0	5.4	M6
BS4.7×16.0×35.0			35.0		
BS4.7×18.0×20.0		18.0	20.0		
BS4.7×18.0×35.0			35.0		
BS6.5×20.0×20.0	6.5	20.0	20.0	7.2	M8
BS6.5×20.0×42.0			42.0		
BS6.5×22.0×20.0		22.0	20.0		
BS6.5×22.0×42.0			42.0		
BS8.4×26.0×25.0	8.4	26.0	25.0	9.3	M10
BS8.4×26.0×54.0			54.0		
BS8.4×30.0×25.0		30.0	25.0		
BS8.4×30.0×40.0			40.0		
BS8.4×30.0×54.0			54.0		
BS10.2×28.0×25.0	10.2	28.0	25.0	11.4	M12
BS10.2×28.0×54.0			54.0		
BS10.2×30.0×25.0		30.0	25.0		
BS10.2×30.0×54.0			54.0		
BS11.9×40.0×30.0	11.9	40.0	30.0	13.2	M14
BS11.9×40.0×40.0			40.0		
BS14.0×40.0×30.0	14.0	40.0	30.0	15.4	M16
BS14.0×40.0×35.0			35.0		
BS14.0×40.0×40.0			40.0		
BS17.5×45.0×30.0	17.5	45.0	30.0	19.3	M20
BS17.5×45.0×40.0			40.0		
BS17.5×45.0×50.0			50.0		
BS17.5×45.0×54.0			54.0		

8.3.7 标准螺栓镦粗模具用硬质合金毛坯（YS/T 293—2011）

① 外观　毛坯表面不得有起皮、鼓泡、分层、裂纹等影响使用的缺陷；毛坯上下端面麻孔（面）深度不超过0.3mm，且毛坯高度减去麻孔（面）深度后应符合相应高度允许偏差要求。

② 化学成分　由供需双方协商确定。

③ 物理性能、力学性能、组织结构　由供需双方按GB/T 5242协商确定。

④ 型号表示方法

BD	□	□	□
类别代号	内径 d/mm	外径 D/mm	高度 H/mm

⑤ 型号和尺寸　见表8-28。

表8-28　标准螺栓镦粗模具用硬质合金毛坯型号和尺寸　mm

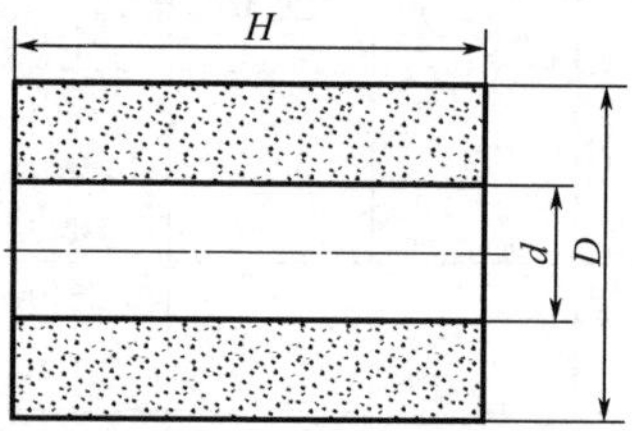

型号(内径 d×外径 D×高度 H)	型号(内径 d×外径 D×高度 H)	型号(内径 d×外径 D×高度 H)
BD0.7×10.0×15.0	BD1.5×13.0×20.0	BD2.0×20.0×45.0
BD0.7×10.0×25.0	BD1.5×13.0×25.0	BD2.8×13.0×10.0
BD0.7×10.0×30.0	BD1.5×13.0×30.0	BD2.8×13.0×20.0
BD1.0×10.0×15.0	BD1.5×13.0×35.0	BD2.8×13.0×25.0
BD1.0×10.0×20.0	BD2.0×13.0×15.0	BD2.8×13.0×30.0
BD1.0×10.0×25.0	BD2.0×13.0×20.0	BD2.8×13.0×35.0
BD1.5×10.0×15.0	BD2.0×13.0×25.0	BD2.8×20.0×25.0
BD1.5×10.0×20.0	BD2.0×13.0×30.0	BD2.8×20.0×30.0
BD1.5×10.0×25.0	BD2.0×13.0×30.0	BD2.8×20.0×40.0
BD1.5×10.0×30.0	BD2.0×20.0×30.0	BD2.8×20.0×50.0
BD1.5×13.0×15.0	BD2.0×20.0×40.0	BD2.8×25.0×30.0

续表

型号(内径 d×外径 D×高度 H)	型号(内径 d×外径 D×高度 H)	型号(内径 d×外径 D×高度 H)
BD2.8×25.0×40.0	BD6.4×22.0×50.0	BD9.2×30.0×45.0
BD2.8×25.0×50.0	BD6.4×22.0×55.0	BD9.2×30.0×50.0
BD2.8×25.0×60.0	BD6.4×22.0×60.0	BD9.2×30.0×55.0
BD3.8×22.0×20.0	BD6.4×25.0×30.0	BD9.2×30.0×60.0
BD3.8×22.0×25.0	BD6.4×25.0×40.0	BD9.2×35.0×25.0
BD3.8×22.0×30.0	BD6.4×25.0×50.0	BD9.2×35.0×30.0
BD3.8×22.0×35.0	BD7.2×25.0×25.0	BD9.2×35.0×35.0
BD3.8×22.0×40.0	BD7.2×25.0×30.0	BD9.2×35.0×40.0
BD3.8×22.0×45.0	ED7.2×25.0×35.0	BD10.0×30.0×25.0
BD3.8×22.0×50.0	BD7.2×25.0×40.0	BD10.0×30.0×30.0
BD3.8×22.0×55.0	BD7.2×30.0×20.0	BD10.0×30.0×35.0
BD4.6×22.0×20.0	BD7.2×30.0×25.0	BD10.0×30.0×40.0
BD4.6×22.0×25.0	BD7.2×30.0×30.0	BD10.0×30.0×45.0
BD4.6×22.0×30.0	BD7.2×30.0×35.0	BD10.0×30.0×50.0
BD4.6×22.0×35.0	BD7.2×30.0×40.0	BD10.0×30.0×55.0
BD4.6×22.0×40.0	BD7.2×30.0×45.0	BD10.0×30.0×60.0
BD4.6×22.0×45.0	BD7.2×30.0×50.0	BD11.2×30.0×30.0
BD4.6×22.0×50.0	BD7.2×30.0×55.0	BD11.2×30.0×40.0
BD4.6×22.0×55.0	BD7.2×30.0×60.0	BD11.2×30.0×50.0
BD5.4×22.0×35.0	BD8.2×25.0×40.0	BD11.2×40.0×20.0
BD5.4×22.0×40.0	BD8.2×25.0×50.0	BD11.2×40.0×25.0
BD5.4×22.0×45.0	BD8.2×25.0×50.0	BD11.2×40.0×30.0
BD5.4×22.0×50.0	BD8.2×30.0×20.0	BD11.2×40.0×35.0
BD5.4×22.0×55.0	BD8.2×30.0×25.0	BD11.2×40.0×40.0
BD5.4×22.0×60.0	BD8.2×30.0×30.0	BD11.2×40.0×45.0
BD6.0×22.0×30.0	BD8.2×30.0×35.0	BD11.2×40.0×50.0
BD6.0×22.0×35.0	BD8.2×30.0×40.0	BD11.2×40.0×55.0
BD6.0×22.0×40.0	BD8.2×30.0×45.0	BD11.2×40.0×60.0
BD6.0×22.0×45.0	BD8.2×30.0×50.0	BD11.2×40.0×60.0
BD6.0×22.0×50.0	BD8.2×30.0×55.0	BD11.8×40.0×30.0
BD6.0×22.0×55.0	BD8.2×30.0×60.0	BD11.8×40.0×35.0
BD6.0×22.0×60.0	BD9.2×30.0×20.0	BD11.8×40.0×40.0
BD6.4×22.0×30.0	BD9.2×30.0×25.0	BD11.8×40.0×45.0
BD6.4×22.0×35.0	BD9.2×30.0×30.0	BD11.8×40.0×50.0
BD6.4×22.0×40.0	BD9.2×30.0×35.0	BD11.8×40.0×55.0
BD6.4×22.0×45.0	BD9.2×30.0×40.0	BD11.8×40.0×60.0

续表

型号(内径 $d\times$ 外径 $D\times$ 高度 H)	型号(内径 $d\times$ 外径 $D\times$ 高度 H)	型号(内径 $d\times$ 外径 $D\times$ 高度 H)
BD11.8×40.0×65.0	BD15.4×45.0×40.0	BD18.4×45.0×30.0
BD11.8×45.0×30.0	BD15.4×45.0×45.0	BD18.4×45.0×35.0
BD11.8×45.0×40.0	BD15.4×45.0×50.0	BD18.4×45.0×40.0
BD11.8×45.0×45.0	BD15.4×45.0×55.0	BD18.4×45.0×45.0
BD11.8×45.0×50.0	BD15.4×45.0×60.0	BD18.4×45.0×50.0
BD13.2×40.0×30.0	BD15.4×45.0×65.0	BD18.4×45.0×55.0
BD13.2×40.0×35.0	BD16.4×45.0×30.0	BD18.4×45.0×60.0
BD13.2×40.0×40.0	BD16.4×45.0×35.0	BD18.4×45.0×65.0
BD13.2×40.0×45.0	BD16.4×45.0×40.0	BD19.4×45.0×30.0
BD13.2×40.0×50.0	BD16.4×45.0×45.0	BD19.4×45.0×35.0
BD13.2×40.0×55.0	BD16.4×45.0×50.0	BD19.4×45.0×40.0
BD13.2×40.0×60.0	BD16.4×45.0×55.0	BD19.4×45.0×45.0
BD13.2×40.0×65.0	BD16.4×45.0×60.0	BD19.4×45.0×50.0
BD14.4×45.0×30.0	BD16.4×45.0×65.0	BD19.4×45.0×55.0
BD14.4×45.0×35.0	BD17.4×45.0×30.0	BD19.4×45.0×60.0
BD14.4×45.0×40.0	BD17.4×45.0×35.0	BD19.4×45.0×65.0
BD14.4×45.0×45.0	BD17.4×45.0×40.0	BD21.0×45.0×35.0
BD14.4×45.0×50.0	BD17.4×45.0×45.0	BD21.0×45.0×45.0
BD14.4×45.0×55.0	BD17.4×45.0×50.0	BD21.0×45.0×60.0
BD14.4×45.0×60.0	BD17.4×45.0×55.0	BD21.0×45.0×65.0
BD14.4×45.0×65.0	BD17.4×45.0×60.0	BD21.0×50.0×30.0
BD15.4×40.0×30.0	BD17.4×45.0×65.0	BD21.0×50.0×35.0
BD15.4×40.0×40.0	BD17.4×50.0×30.0	BD21.0×50.0×40.0
BD15.4×40.0×45.0	BD17.4×50.0×35.0	BD21.0×50.0×45.0
BD15.4×40.0×50.0	BD17.4×50.0×40.0	BD21.0×50.0×50.0
BD15.4×40.0×60.0	BD17.4×50.0×50.0	BD21.0×50.0×55.0
BD15.4×40.0×65.0	BD17.4×50.0×55.0	BD21.0×50.0×60.0
BD15.4×45.0×30.0	BD17.4×50.0×60.0	BD21.0×50.0×65.0
BD15.4×45.0×35.0		

8.3.8 六方螺母冷镦模具用硬质合金毛坯（YS/T 292—2013）

① 外观　毛坯表面不得有起皮、鼓泡、分层、裂纹、脏化、粘料、堵孔、氧化等影响使用的缺陷；毛坯上下端面麻孔（面）深度不超过0.3mm，且毛坯高度减去麻孔（面）深度后应符合相应

高度允许偏差要求。

② 化学成分　由供需双方协商确定。

③ 物理性能、力学性能、组织结构　由供需双方按 GB/T 5242 协商确定。

④ 型号表示方法

BF	□	□	□
类别代号	内径 d/mm	外径 D/mm	高度 H/mm

⑤ 型号和尺寸　见表 8-29。

表 8-29　毛坯的产品型号　　mm

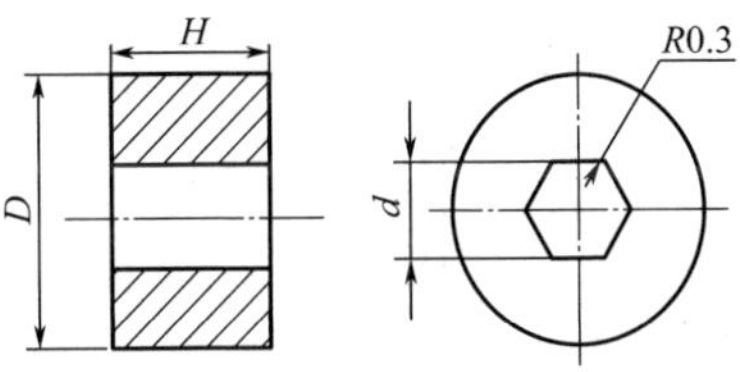

型号	d	D	H	型号	d	D	H
BF2.6×12.0×10.0	2.6	12.0	10.0	BF12.1×32.0×10.0	12.1	32.0	10.0
BF3.4×12.0×10.0	3.4	12.0	10.0	BF12.1×32.0×20.0	12.1	32.0	20.0
BF4.4×16.0×12.0	4.4	16.0	12.0	BF13.2×26.0×28.0	13.2	26.0	28.0
BF4.8×16.0×12.0	4.8	16.0	12.0	BF15.0×40.0×24.0	15.0	40.0	24.0
BF6.3×20.0×16.0	6.3	20.0	16.0	BF16.2×40.0×30.0	16.2	40.0	30.0
BF7.2×24.0×16.0	7.2	24.0	16.0	BF17.0×44.0×30.0	17.0	44.0	30.0
BF8.2×26.0×28.0	8.2	26.0	28.0	BF19.0×40.0×30.0	19.0	40.0	30.0
BF9.2×30.0×16.0	9.2	30.0	16.0	BF19.9×52.0×36.0	19.9	52.0	36.0
BF11.2×26.0×28.0	11.2	26.0	28.0	BF22.8×58.0×42.0	22.8	58.0	42.0

8.3.9　钢球用冷镦模具用硬质合金毛坯（YS/T 241—2013）

① 外观　毛坯表面不得有起皮、鼓泡、分层、裂纹、脏化、粘料、堵孔、氧化等影响使用的缺陷；毛坯上下端面麻孔（面）深度不超过 0.3mm，且毛坯高度减去麻孔（面）深度后应符合相应高度允许偏差要求。

② 化学成分　由供需双方协商确定。

③ 物理性能、力学性能、组织结构 由供需双方按 GB/T 5242 协商确定。

④ 型号表示方法

BG □ □ □ □

类别代号 球面直径/mm 外径/mm 高度/mm 内径/mm

⑤ 型号和尺寸 见表 8-30。

表 8-30 产品的型号和尺寸 mm

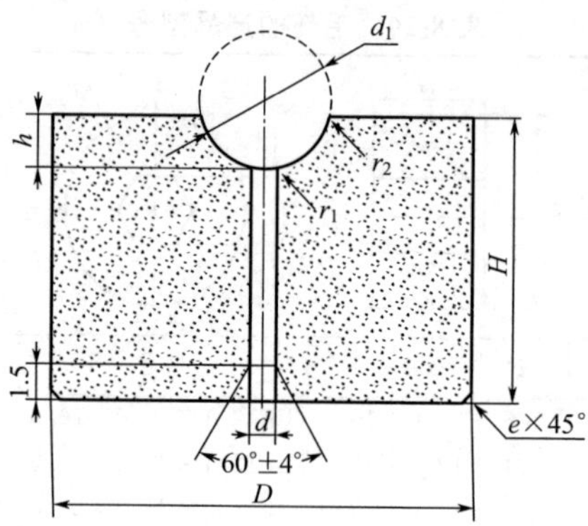

型号	基本尺寸				参考尺寸			
	d_1	D	H	d	h	r_1	r_2	e
BG1.8×12.2×10.2×0.8	1.8	12.2	10.2	0.8	0.5	0.1	1.0	1.2
BG2.2×12.2×10.2×0.8	2.2				0.7			
BG2.6×12.2×10.2×0.9	2.6			0.9	0.9			
BG3.0×12.2×10.2×0.9	3.0				1.2			
BG3.4×12.2×10.2×0.9	3.4				1.3			
BG3.8×12.2×10.2×0.9	3.8				1.5			
BG4.2×12.2×10.2×0.9	4.2				1.7			
BG4.8×12.2×10.2×0.9	4.8				2.0			
BG5.2×15.2×12.2×0.9	5.2	15.2	12.2		2.2	0.6	1.5	
BG5.6×15.2×12.2×1.3	5.6			1.3	2.3			
BG6.0×15.2×12.2×1.3	6.0				2.5			
BG6.5×15.2×12.2×1.3	6.5				2.8			

续表

型　号	基本尺寸				参考尺寸			
	d_1	D	H	d	h	r_1	r_2	e
BG7.3×20.2×15.2×1.8	7.3				3.1			
BG8.1×20.2×15.2×1.8	8.1	20.2	15.2	1.8	3.5	0.6	1.5	
BG8.6×20.2×15.2×1.8	8.6				3.8			
BG9.6×25.3×20.2×2.3	9.6				4.2			
BG10.2×25.3×20.2×2.3	10.2	25.3		2.3	4.6			
BG11.2×25.3×20.2×2.3	11.2				5.0			
BG12.0×30.3×20.2×2.8	12.0		20.2		5.4	0.8	2.0	
BG12.4×30.3×20.2×2.8	12.4				5.6			1.5
BG12.8×30.3×20.2×2.8	30.3	30.3		2.8	5.8			
BG13.7×30.3×20.2×2.8	13.7				6.2			
BG14.5×30.3×20.2×2.8	14.5				6.6			
BG15.3×35.4×25.2×3.3	15.3				7.0			
BG16.0×35.4×25.2×3.3	16.0	35.4		3.3	7.3			
BG16.8×35.4×25.2×3.3	16.8				7.7			
BG17.2×35.4×25.2×3.3	17.2		25.2		7.7	0.8	2.0	
BG17.6×40.4×25.2×3.8	17.6				8.0			
BG18.4×40.4×25.2×3.8	18.4	40.4			8.3			
BG19.2×40.4×25.2×3.8	19.2				8.7			
BG20.0×45.4×30.2×3.8	20.0			3.8	9.1			
BG20.8×45.4×30.2×3.8	20.8				9.5			
BG21.6×45.4×30.2×3.8	21.6	45.4			9.8			2.0
BG22.4×45.4×30.2×3.8	22.4		30.2		10.2	1.0	2.5	
BG23.2×50.4×30.2×4.3	23.2				10.6			
BG24.0×50.4×30.2×4.3	24.0	50.4		4.3	11.0			
BG24.8×50.4×30.2×4.3	24.8				11.4			
BG25.5×50.4×30.2×4.3	25.5				11.8			

8.3.10　地质勘探工具用硬质合金制品（GB/T 11102—2008）

① 外观　制品表面应进行喷砂处理，不允许有起皮、鼓泡、分层、裂纹、未压好等缺陷。

② 化学成分　由供需双方协商确定。

③ 物理力学性能、组织结构　由供需双方按 GB/T 5242 协商确定。

④ 分类　按制品形状分为 T10、T11、T12、T20、T21、T22、T30、T40、T50 九种。

⑤ 型号表示方法

T	□□	□□	□
制品代号	形状代号	主要尺寸/mm	其他尺寸(A、B、…)

⑥ 制品的型号、尺寸和用途

a. T10 制品　见表 8-31。

表 8-31　T10 制品的型号、尺寸　　mm

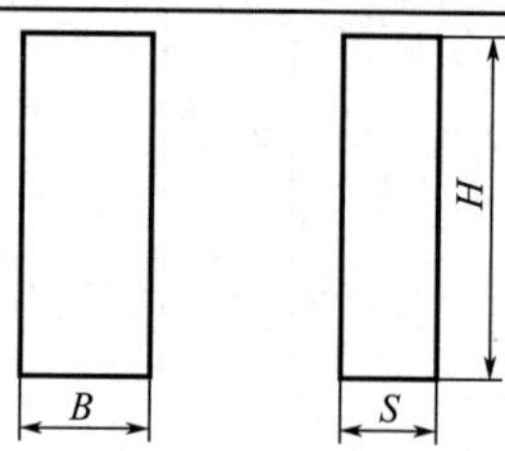

型号	公称尺寸			型号	公称尺寸		
	B	*H*	*S*		*B*	*H*	*S*
T1003	3	15	1.5	T1008	8	20	6
T1006	6	20	4				

推荐用途：用于油井钻进刮刀钻头及自磨式取岩心钻头。

b. T11 制品　见表 8-32。

表 8-32　T11 制品的型号、尺寸　　mm

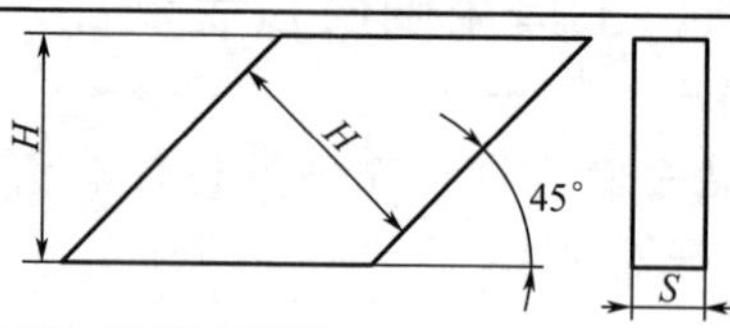

续表

型号	公称尺寸		型号	公称尺寸	
	H	*S*		*H*	*S*
T1108	8.5	3	T1112	12	4

推荐用途：用于钻进中软地层取岩心钻头。

c. T12 制品　见表 8-33。

表 8-33　T12 制品的型号、尺寸　mm

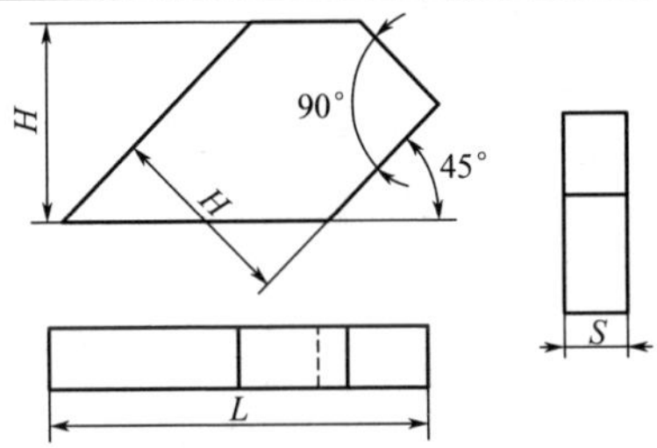

型号	公称尺寸			型号	公称尺寸		
	H	*L*	*S*		*H*	*L*	*S*
T1208	8.5	17.5	3	T1212	12	24	4

推荐用途：用于钻进中软地层取岩心钻头。

d. T20 制品　见表 8-34。

表 8-34　T20 制品的型号、尺寸　mm

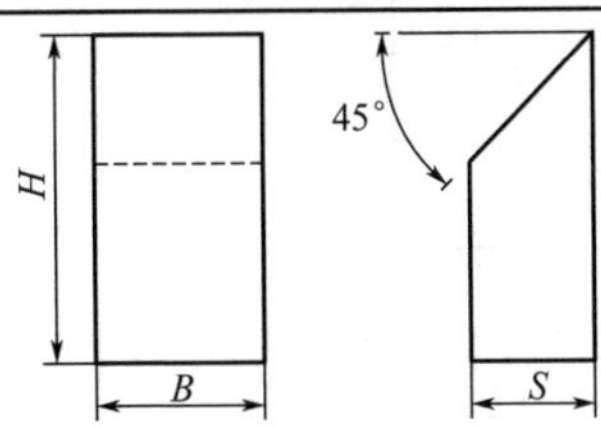

型号	公称尺寸			型号	公称尺寸		
	B	*H*	*S*		*B*	*H*	*S*
T2004	4	15	3.6	T2008	8	20	6
T2005	5	20	4	T2010	10	20	8
T2006	6	20	6				

推荐用途：用于钻进较硬地层取岩心钻头。

e. T21 制品 见表 8-35。

表 8-35 T21 制品的型号、尺寸 mm

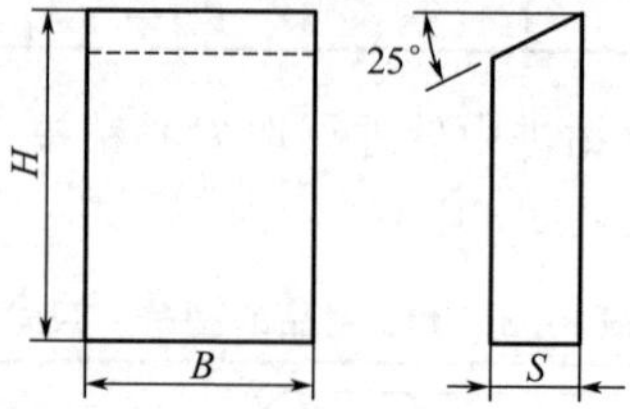

型号	公称尺寸			型号	公称尺寸		
	B	H	S		B	H	S
T2105	5	7	3	T2107A	7	20	7
T2105A	5	8	5	T2108	8.5	8	3
T2105B	5	10	5	T2110	10	14	4
T2105C	5	13	5	T2114	14	25	12
T2107	7.5	10	3				

推荐用途：用于钻进较硬地层取岩心钻头。

f. T22 制品 见表 8-36。

表 8-36 T22 制品的型号、尺寸 mm

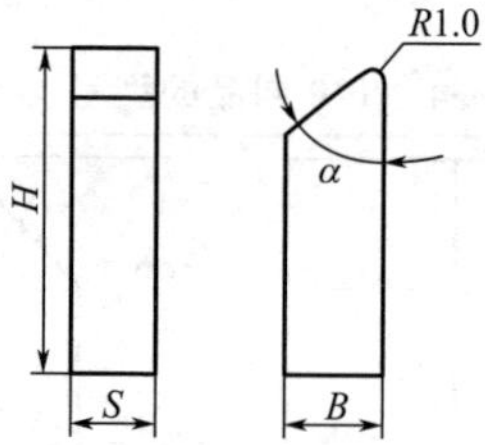

型号	公称尺寸			
	B	H	S	α
T2225	6	25	2.5	45°
T2227	6	27	2.5	60°
T2230	6	30	2.5	65°

推荐用途：用于钻进较硬地层取岩心钻头。

g. T30 制品　见表 8-37。

表 8-37　T30 制品的型号、尺寸　mm

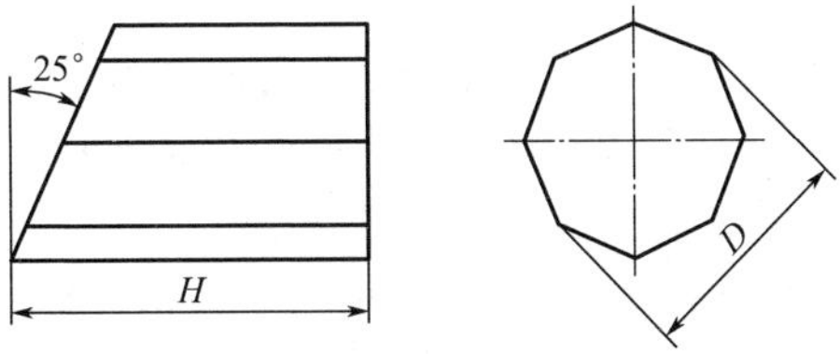

型号	公称尺寸		型号	公称尺寸	
	D	*H*		*D*	*H*
T3005	5	10	T3010	10	15
T3007	7	10	T3010A	10	16
T3007A	7	15	T3010B	10	20
T3007B	7	20			

推荐用途：用于钻进硬地层取岩心钻头。

h. T40 制品　见表 8-38。

表 8-38　T40 制品的型号、尺寸　mm

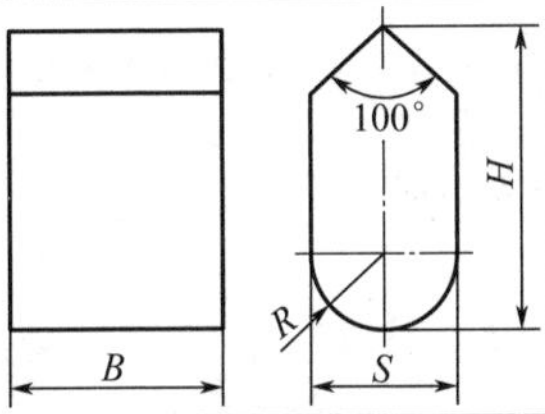

型号	公称尺寸			
	B	*H*	*S*	*R*
T4010	10			
T4012	12	16	8	4
T4014	14			

推荐用途：用于冲击回转钻进破碎岩层钻头。

i. T50 制品　见表 8-39。

表 8-39　T50 制品的型号、尺寸　mm

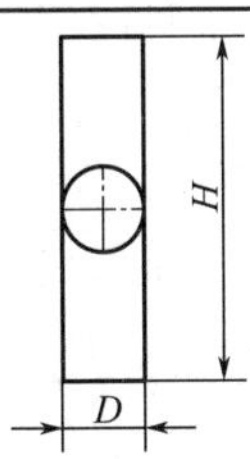

型号	公称尺寸	
	H	*D*
T5010	10	1.8
T5015	15	1.8
T5020	20	2.0

推荐用途：用于钻进中硬地层自磨式取岩心钻头。

8.3.11 煤炭采掘工具用硬质合金制品（GB/T 14445—2017）

用于煤炭采掘用煤电钻、牙轮钻、旋转钻等硬质合金制品。

① 外观　产品应进行喷砂、钝化等表面处理，制品表面不应有鼓泡、起皮、分层、裂纹、脏化等缺陷。

② 化学成分　由供需双方协商确定，由供方保证。

③ 物理性能、力学性能、组织结构　由供需双方按 GB/T 18376.2 协商确定。

④ 断面组织　应均匀一致，不准许有黑心、气孔、分层、裂纹、未压好、脱碳、严重渗碳、严重脏化等缺陷。

⑤ 分类　按齿部形状分为扁形齿和镐形齿两类。

制品形状分 M10、M11、M12、M13、M14、M19、M20、M21、M22、M23、M24、M25、M26、M27 等 14 种。

⑥ 型号　表示方法是：

M	□□	□□	□	□
煤炭采掘工具用硬质合金制品	制品形状 1×—扁形齿 2×—镐形齿	特征参数 扁形齿长度 镐形齿直径 /mm	R—右型 L—左型 （分左右时）	其他不同参数 A、B、C、…

⑦ 型式和尺寸

a. M10 制品　见表 8-40。

表 8-40　M10 的型式和尺寸　mm

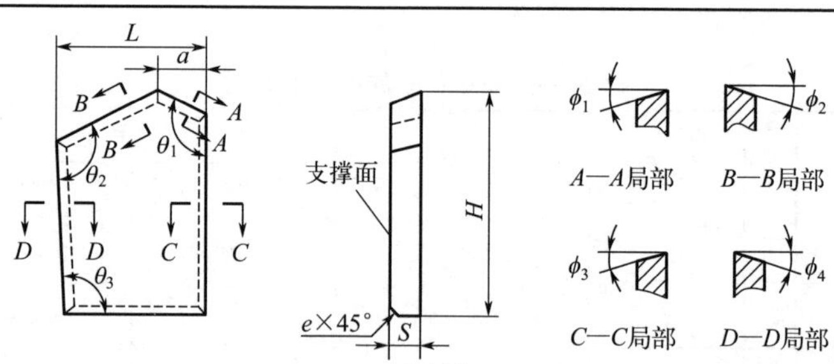

(a) 右型

续表

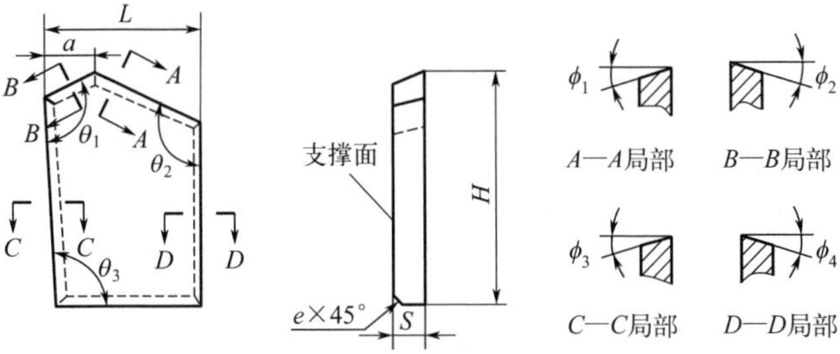

(b) 左型

型号	公称尺寸							参考尺寸					应用范围
	L	H	S	a	θ_1 /(°)	θ_2 /(°)	θ_3 /(°)	ϕ_1 /(°)	ϕ_2 /(°)	ϕ_3 /(°)	ϕ_4 /(°)	e	
M1011R	11.0	12.0	2.5	4.0	125	117	93	10	20	—	10	1.0	镶制旋转钻进煤层和软岩层钻头
M1011L	11.0	12.0	4.0	2.5	122	120	93	10	20	10	—	1.0	
M1012R	12.0	14.0	3.5	4.0	120	117	93	15	15	5	15	1.0	
M1013R	13.5	13.5	3.0	6.0	116	108	93	15	15	15	3	—	
M1014R	14.0	19.0	3.8	4.0	125	117	93	10	20	—	10	1.0	
M1014L	14.0	19.0	3.8	4.0	122	120	93	10	20	10	—	1.0	
M1015R	15.0	22.0	3.0	5.0	125	117	93	10	20	—	10	1.0	
M1015L	15.0	22.0	3.0	5.0	122	120	93	10	10	10	—	1.0	
M1016R	16.2	23.8	3.1	4.0	120	119	91	18	22	5	15	0.5	
M1016L	16.2	23.8	3.1	4.0	119	120	91	22	18	15	5	0.5	
M1018R	18.0	22.0	6.0	5.0	125	117	93	10	20	—	10	1.0	
M1018L	18.0	22.0	6.0	5.0	122	120	93	10	20	10	—	1.0	

b. M11 制品　见表 8-41。

表 8-41　M11 的型式和尺寸　mm

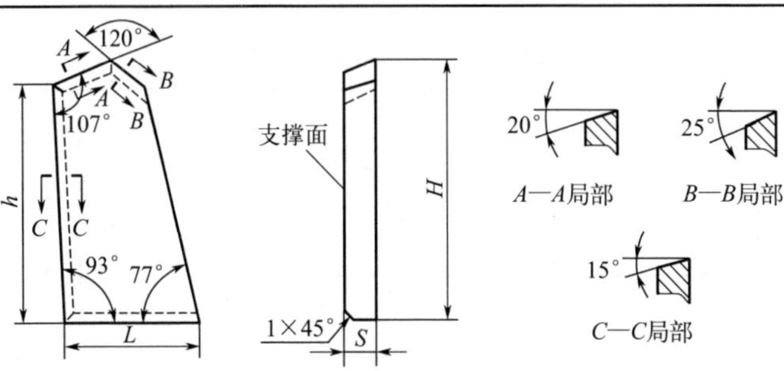

续表

型号	公称尺寸			参考尺寸	应用范围
	L	H	S	h	
M1112	12.0	18.0	3.0	15.8	镶制旋转钻进煤层和软岩层钻头
M1113	13.4	26.0	3.0	23.8	

c. M12 制品 见表 8-42。

表 8-42 M12 的型式和尺寸 mm

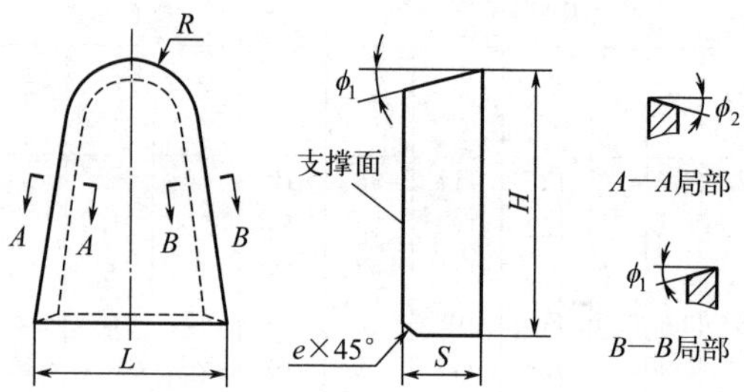

型号	公称尺寸				参考尺寸			应用范围
	L	H	S	R	ϕ_1/(°)	ϕ_2/(°)	e/mm	
M1215	15.5	22.0	7.0	5.0	15	15	1.5	镶制采掘机械截齿
M1216	16.0	27.0	8.0	6.0	15	15	1.0	
M1220	20.0	27.0	8.0	7.0	15	15	1.0	
M1222	22.0	22.0	7.5	9.0	10	10	1.5	
M1230	30.0	35.0	12.0	8.0	8	8	1.0	

d. M13 制品 见表 8-43。

表 8-43 M13 的型式和尺寸 mm

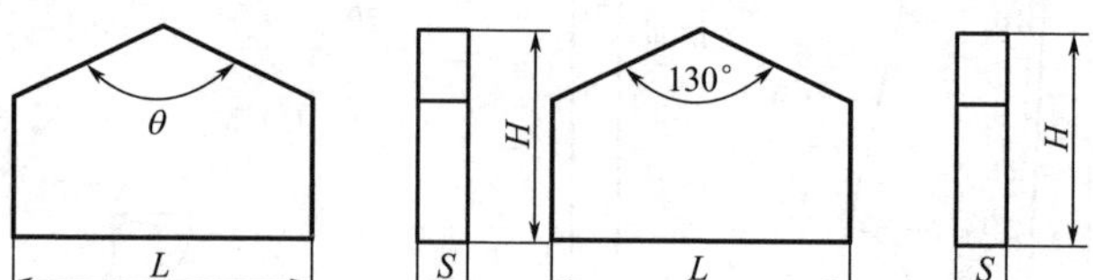

续表

型号	公称尺寸			参考尺寸	型号	公称尺寸			参考尺寸
	L	H	S	θ/(°)		L	H	S	θ/(°)
M1306	6.0	5.0	1.4	130	M1319	19.0	13.0	3.0	130
M1311	11.0	9.0	2.0		M1322	22.0	15.0	3.5	
M1313	13.0	10.0	2.5		M1326	26.0	18.0	4.5	
M1315	15.0	10.0	2.5		M1333	33.0	22.0	3.0	
M1317	17.0	13.0	3.0		M1345	45.0	27.0	9.0	

应用范围：镶制旋转钻头和采掘机械截齿。

e. M14 制品　见表 8-44。

表 8-44　M14 的型式和尺寸　mm

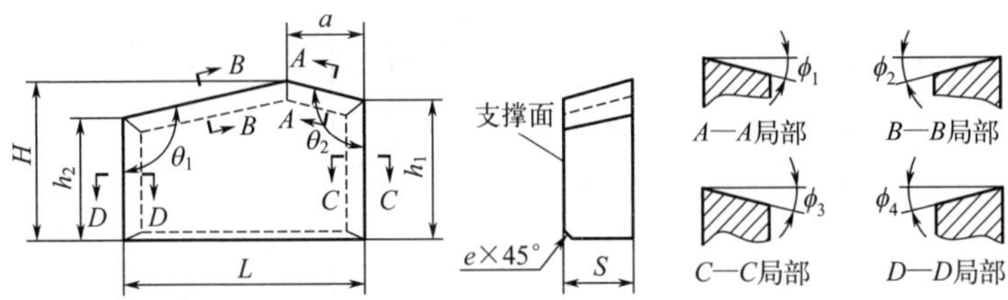

(a) 右型

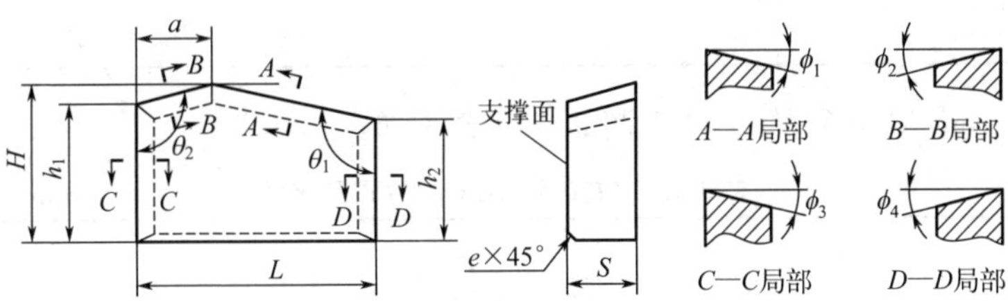

(b) 左型

型号	公称尺寸						参考尺寸							应用范围
	L	H	S	a	θ_1 /(°)	θ_2 /(°)	ϕ_1 /(°)	ϕ_2 /(°)	ϕ_3 /(°)	ϕ_4 /(°)	h_1	h_2	e	镶制旋转钻钻头和采掘机械截齿
M1427R	27.5	22.0	4.5	10.0	125	120	10	10	—	—	15.0	11.9	—	
M1427L	27.5	22.0	4.5	10.0	120	125	10	10	—	—	15.0	11.9	—	
M1428R	28.0	18.0	8.0	9.0	102	102	14	14	—	14	16.0	14.0	—	

续表

型号	公称尺寸						参考尺寸							应用范围
	L	H	S	a	θ_1/(°)	θ_2/(°)	ϕ_1/(°)	ϕ_2/(°)	ϕ_3/(°)	ϕ_4/(°)	h_1	h_2	e	镶制旋转钻钻头和采掘机械截齿
M1443L	43.0	21.0	8.0	18.0	105	110	8	8	—	—	16.0	12.0	1.0	
M1445	45.0	27.0	9.0	22.5	112	112	10	10	—	—	18.0	18.0	1.0	
M1445R	45.0	27.0	9.0	15.0	121	107	10	10	—	—	18.0	18.0	1.0	
M1445L	45.0	27.0	9.0	15.0	121	107	10	10	10	—	18.0	18.0	1.0	

f. M19 制品　见表 8-45。

表 8-45　M19 的型式和尺寸　mm

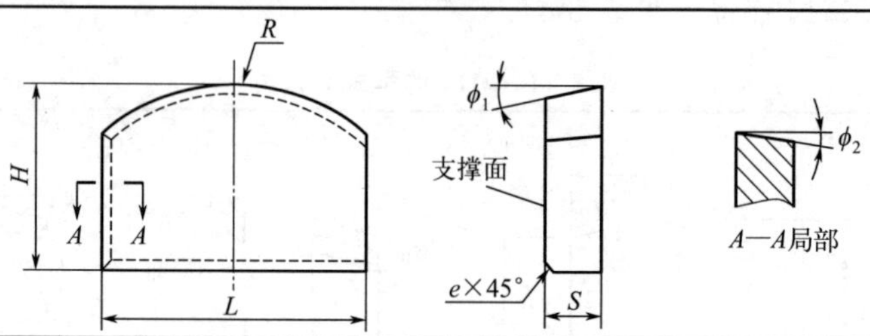

型号	公称尺寸				参考尺寸			应用范围
	L	H	S	R	ϕ_1/(°)	ϕ_2/(°)	e	镶制旋转钻钻头和采掘机械截齿
M1922	22.0	17.0	6.0	65.0	15	5	1.0	
M1928	28.0	19.0	6.0	22.0	10	10	1.0	

g. M20 制品和 M21 制品　见表 8-46。

表 8-46　M20 和 M21 的型式和尺寸　mm

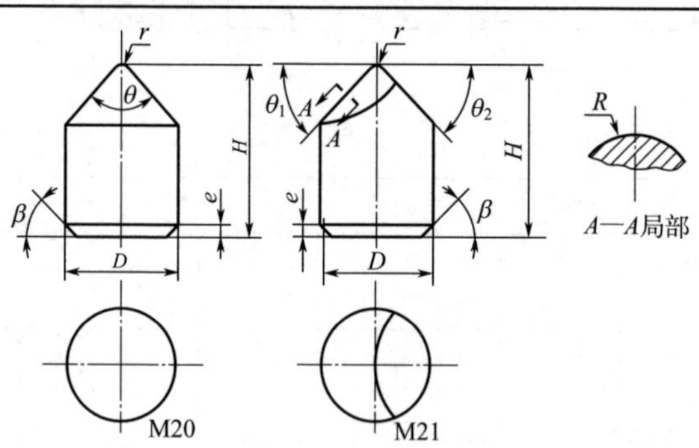

续表

名称	型号	公称尺寸			参考尺寸		
		D	H	$\theta/(°)$	r	e	$\beta/(°)$
M20	M2006	6.8	17.0	70	0.5	0.5	45
	M2009	9.0	16.0	90	1.0	1.0	45
	M2009A	9.0	18.0	84	1.0	3.0	45
	M2012	12.0	18.0	82	1.5	1.0	30
	M2012A	12.0	18.0	82	1.5	1.0	45
	M2012B	12.0	20.0	82	1.5	1.5	45
	M2018	18.0	32.0	82	2.5	2.0	45
	M2024	23.7	28.0	80	3.0	—	30

名称	型号	公称尺寸					参考尺寸		
		D	H	R	$\theta_1/(°)$	$\theta_2/(°)$	r	e	$\beta/(°)$
M21	M2110A	10.0	18.0	8.0	53	53	1.0	1.0	30
	M2110B	10.0	20.0	5.5	50	58	1.0	1.0	45
	M2112A	12.0	20.0	6.5	32	40	1.0	1.0	45
	M2112B	12.5	25.0	10.0	16	46	1.0	1.0	30
	M2115	15.0	22.0	11.0	45	45	1.0	2.5	30
	M2118	18.0	20.0	14.0	37	37	1.0	1.5	45

应用范围：镶制采掘机械截齿，下同。

h. M22 制品和 M23 制品　见表 8-47。

表 8-47　M22 和 M23 的型式和尺寸　mm

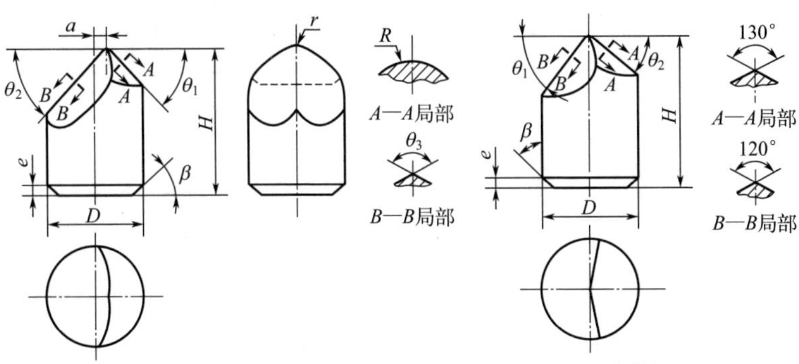

M22　　M23

续表

名称	型号	公称尺寸							参考尺寸		
		D	H	R	a	$\theta_1/(°)$	$\theta_2/(°)$	$\theta_3/(°)$	r	e	$\beta/(°)$
M22	M2210A	10.0	18.0	8.0	—	48	33	125	1.0	1.0	45
	M2210B	10.0	20.0	8.0	—	48	33	125			45
	M2212A	12.0	22.0	9.0	4.0	50	50	125			30
	M2212B	12.5	25.0	9.0	4.0	45	55	125			30
	M2214	14.0	22.0	10.0	—	55	49	125		2.0	45
	M2216	16.0	28.0	8.0	5.0	50	50	125			30
	M2218	18.0	21.5	11.0	—	52	52	125			30

名称	型号	公称尺寸				参考尺寸	
		D	H	$\theta_1/(°)$	$\theta_2/(°)$	$\beta/(°)$	e
M23	M2312A	12.0	22.0	56	48	45	2.0
	M2312B	12.5	25.0				
	M2314A	14.0	22.0				
	M2314B	14.0	25.0				

i. M24 制品和 M25 制品　见表 8-48。

表 8-48　M24 和 M25 的型式和尺寸　　mm

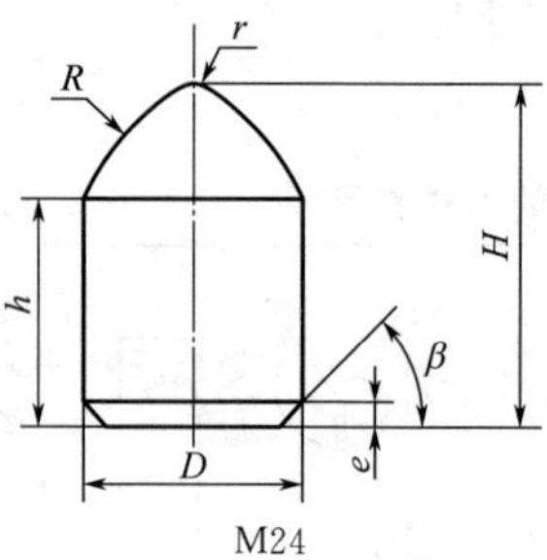

M24

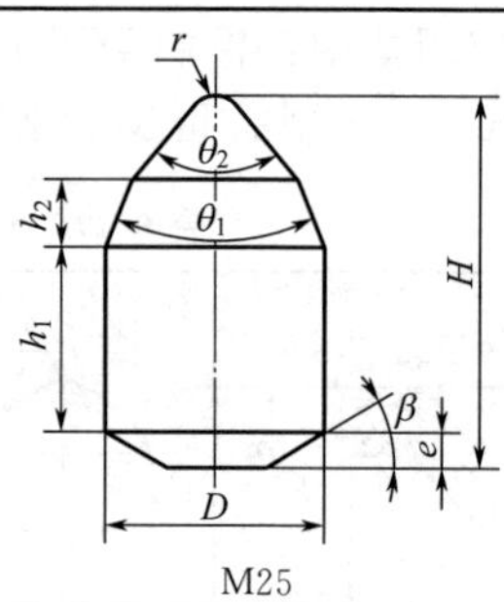

M25

名称	型号	公称尺寸				参考尺寸		
		D	H	R	h	r	e	$\beta/(°)$
M24	M2417	17.0	26.5	26.0	16.0	1.0	4.0	30
	M2417A	17.0	26.5	26.0	12.0	1.75	4.0	30
	M2417B	17.0	29.5	26.0	15.0	1.75	4.0	30
	M2419	18.6	29.0	43.0	18.0	2.0	3.0	30
	M2424	24.0	35.0	38.0	24.0	3.0	2.0	45
	M2426	26.5	35.0	40.0	17.0	4.0	4.0	30

续表

名称	型号	公称尺寸					参考尺寸			
		D	H	r	θ_1/(°)	θ_2/(°)	h_1	h_2	e	β/(°)
M25	M2510	10.0	18.0	1.0	43	80	8.8	5.0	1.2	75
	M2513	13.0	22.0	1.5	42	80	11.0	4.0	2.0	30
	M2516	16.0	28.0	2.0	75	90	17.0	3.6	3.0	30

j. M26 制品和 M27 制品　见表 8-49。

表 8-49　M26 和 M27 的型式和尺寸　mm

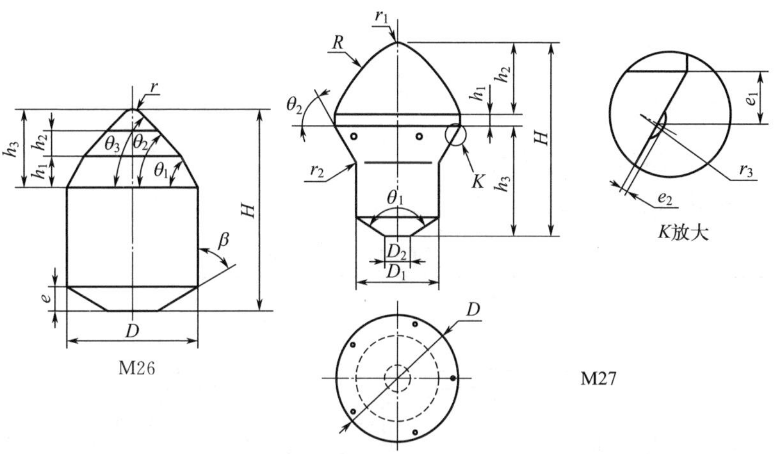

名称	型号	公称尺寸						参考尺寸				
		D	H	r	θ_1/(°)	θ_2/(°)	θ_3/(°)	e	h_1	h_2	h_3	β/(°)
M26	M2621	20.7	30.0	2.3	70	44	36	4.5	7.4	4.0	13.0	60
	M2618	18.0	28.5	1.6	58	50	49	2.0	3.4	3.3	10.6	45
	M2622	21.1	32.5	2.0	60	48	45	4.0	5.0	4.0	12.5	60

名称	型号	公称尺寸							参考尺寸							
		D	D_1	H	r_1	R	θ_1/(°)	θ_2/(°)	r_2	h_1	h_2	h_3	D_2	e_1	e_2	r_3
M27	M2717	17.5	11.8	23.5	2.1	30.0	90	60	5.0	2.3	—	10.4	9.8	0	0	0
	M2722	22.0	14.0	25.0	2.0	25.0	90	45	2.0	2.5	10.3	—	12.0	2.0	0.15	1.6
	M2725	25.0	16.8	38.0	2.0	25.0	120	60	2.0	2.5	14.0	21.5	5.0	2.0	0.15	1.8

8.3.12 凿岩工具用硬质合金制品（YS/T 296—2011）

① 化学成分 由供需双方协商确定。

② 物理性能、力学性能、组织结构 由供需双方按 GB/T 5242 协商确定。

③ 外观质量 制品表面应进行喷砂处理，不允许有起皮、鼓泡、分层、裂纹、未压好等缺陷。制品掉边、掉角深度不大于 0.5mm。

④ 制品形状 有 K0 型和 K1 型两种。

⑤ 型号表示方法

K□	□□	B
硬质合金制品型号	长度尺寸/mm	表示制品厚度、弧度不同

⑥ 制品的型式和尺寸

a. K0 制品 见表 8-50。

表 8-50 K0 的型式和尺寸 mm

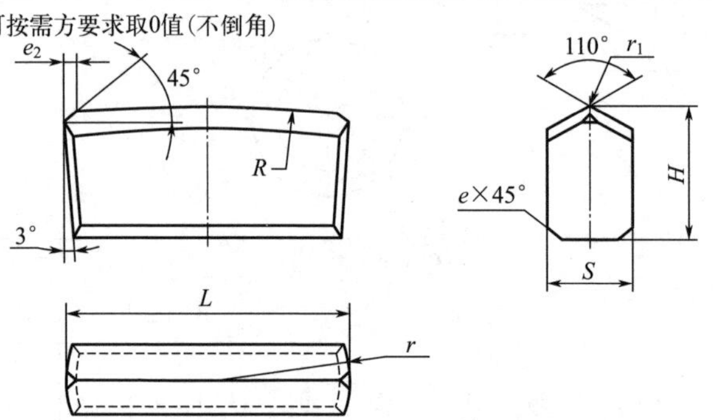

型号	尺寸 长度 L	尺寸 高度 H	尺寸 厚度 S	参考尺寸[①] 顶部弧半径 R	参考尺寸[①] 侧面半径 r	型号	尺寸 长度 L	尺寸 高度 H	尺寸 厚度 S	参考尺寸[①] 顶部弧半径 R	参考尺寸[①] 侧面半径 r
K032E	32	12	8	80	16	K034E	34	12	8	80	17
K032D		13				K034D		13			
K032B		15		180		K034B		15	10	180	
K032		18				K034		18			

续表

型号	尺寸 长度 L	尺寸 高度 H	尺寸 厚度 S	参考尺寸① 顶部弧半径 R	参考尺寸① 侧面半径 r
K036E	36	12.5	8	120	18
K036D		13.5	9.2	80	
K036A		15	8		
K036B		15	10	180	
K036		18	10		
K038H	38	12	10	180	19
K038E		13	9		
K038D		13.5	9.2	120	
K038A		15	8		
K038B		15	10	180	
K038		18	10		
K040H	40	12	10	180	20
K040D		13.5	9.2	120	
K040F		14	9	120	
K040A		15	8		
K040B		15	10	180	
K040		18			

型号	尺寸 长度 L	尺寸 高度 H	尺寸 厚度 S	参考尺寸① 顶部弧半径 R	参考尺寸① 侧面半径 r
K042E	42	12	7	150	21
K042H		12	10	180	
K042D		13.5	9.2	120	
K042B		15	10	180	
K042		18			
K043H	43	12	10	180	21.5
K043D		13.5	9.2	120	
K043A		15	8	120	
K043B		15	10	180	
K044B	44	15	10	120	22
K044		18		180	
K046B	46	15		160	23
K046		18		180	
K049B	49	15		160	24.5
K049		18		180	

① 刃部半径 $r_1 = 0.5 \sim 1.0$mm、底部斜边宽度 $e = 1.0$mm、倒角宽度 $= 1.0 \sim 1.5$mm。

注：适用范围：用于镶制一字形硬质合金钎头。

b. K1 制品　见表 8-51。

表 8-51　K1 的型式和尺寸　mm

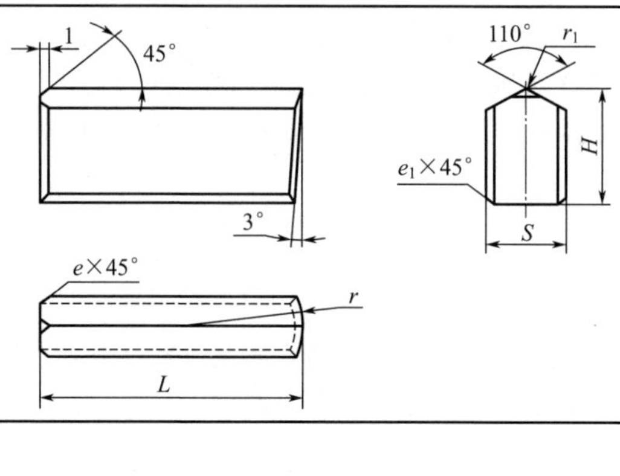

续表

型号	尺寸			参考尺寸①
	长度 L	高度 H	厚度 S	侧面半径 r
K106	6			
K107	7		6	
K108	8			
K109	9			
K110	10	12		20
K111	11			
K112	12		8	
K113	13			
K114	14			
K115	15			
K115H	15			
K116	16	14	8	20
K117	17			
K117H	17	16	10	20
K118	18	12	8	20
K119	19	14	8	22
K119H	19	16	10	22
K120	20	16	10	23
K121B	21	14	10	24
K121		16	10	
K122B	22	14	10	25
K122		16	10	
K124B	24	14	10	27
K124				
K126	26	16	10	29
K128	28			31
K130	30	12	8	32
K131	31	16	10	34
K133	33	12	8	36
K134	34	12	10	37
K135	35	13	10	35
K136	36	16	10	39
K140	40	24	13	51

① 刃部半径 $r_1=0.5\sim1.0$mm；侧面斜边宽度 $e=1.0$mm；底部斜边宽度 e_1：K106、K107、K108＝0.5mm，其余1.0mm。

注：适用范围：用于镶制十字形和X字形硬质合金钎头。

8.4 烧结金属材料

烧结金属材料用于制造轴承和结构零件。烧结的方法有常规烧结、金属注射成型烧结、激光烧结和微波烧结等。

8.4.1 材料代码和牌号（GB/T 19076—2022）

材料代码有通用代码、标识代码和专用代码。

① 通用代码　标准号GB/T 19076＋材料专用代码。仅用于采购等文件中。

② 标识代码　P(粉末冶金材料)＋材料专用代码。仅用于采购等文件中。

③ 专用代码　由三组字符组成：

第一组：包含1～3个表示基体金属及添加合金元素的大写字母。

F—纯铁粉或混入合金添加剂的铁粉；

FD—加入扩散合金化添加剂的铁粉末；

FL—预合金化钢粉；

FLA—加入合金化添加剂的预合金钢粉（混合型合金钢）；

FLD—加入扩散合金化添加剂的预合金钢粉（混合型合金钢）；

FX—渗铜钢；

C—加入合金添加剂的铜粉；

CL—预合金铜基粉末。

第二组：包含 2～6 个字母-数字字符。

用两位不带小数点的数字表示溶解碳（化合碳）的质量分数（铜基材料和不锈钢除外），例如 03 代表含碳量（质量分数）为 0.3%。

第三个代码用一个大写字母代表含量最高的合金元素（若有，C—铜，Cr—铬，G—石墨，M—钼，N—镍，P—磷，T—锡，Z—锌），随后是其质量分数，用一个或两个数字表示，例如：05 表示 0.5%，10 表示 10%，2 表示 2.0%。

最后一个字符用一个大写字母表示含量第二高的合金元素（若有），但不标明其含量。

第三组：表示最小屈服强度值（热处理材料用最小拉伸强度/MPa）；适用时其后使用 H 字符表示热处理材料，SH 字符表示烧结硬化材料。

材料专用代码以连字符“-”开始，各组专用代码也以连字符“-”分隔。

④ 牌号　见表 8-52。

表 8-52　烧结金属材料的牌号

<table>
<tr><th colspan="3">类别</th><th>牌号</th></tr>
<tr><td rowspan="6">轴承用烧结金属材料</td><td rowspan="2">有色金属材料</td><td>青铜</td><td>-C-T10-K110、-C-T10-K140、-C-T10-K180</td></tr>
<tr><td>青铜-石墨</td><td>-C-T10G-K90、-C-T10G-K120、-C-T10G-K120、-C-T10G-K170、-C-T10G-K160、-C-T10G-K160</td></tr>
<tr><td rowspan="4">铁基金属材料</td><td>铁</td><td>-F-00-K170、-F-00-K220</td></tr>
<tr><td>铁-铜</td><td>-F-00C2-K200、-F-00C2-K250、-F-03C22-K150、-F-03C22G-K150、-F-03C22-K200、-F-03C25-K120</td></tr>
<tr><td>铁-青铜</td><td>-F-03C36T-K90、-F-03C36T-K120、-F-03C45T-K70、-F-03C45T-K100</td></tr>
<tr><td>铁-碳-石墨材料</td><td>-F-03G3-K70、-F-03G3-K80</td></tr>
</table>

续表

类别			牌号
结构零件用铁基烧结金属材料	铁与碳钢	铁	-F-00-100、-F-00-120、-F-00-140
		碳　钢	-F-05-100、-F-05-140、-F-05-170、-F-08-170、-F-08-210、-F-08-240、-F-05-340H、-F05-410H、-F05-480H、-F-08-450H、-F-08-500H、-F-08-550H
	铜-钢与铜-碳钢	铜-钢	-F00C2-110、-F00C2-140、-F00C2-175
		铜-碳钢	-F-05C2-230、-F-05C2-270、-F-05C2-300、-F-08C2-270、-F-08C2-350、-F-08C2-390、-F-08C2-410；-F-05C2-410H、-F-05C2-500H、-F-05C2-620H、-F-08C2-360H、-F-08C2-500H、-F-08C2-620H、-F-08C2-670H
	磷钢	磷钢	-F-00P05-180、-F-00P05-210
		磷-碳钢	-F-05P05-270、-F-05P05-320
		铜-磷钢	-F-00C2P-260、-F-00C2P-300
		铜-磷-碳钢	-F-05C2P-320、-F-05C2P-380
	镍钢		-F-05N2-140、-F-05N2-180、-F-05N2-210、-F-05N2-240、-F-08N2-220、-F-08N2-260、-F-08N2-300、-F-05N4-180、-F-05N4-240、-F-05N4-310、-F-08N4-300、-F-08N4-330、-F-08N4-380、-F-05N2-550H、-F-05N2-800H、-F-05N2-1070H、-F-05N2-1240H、-F-08N2-600H、-F-08N2-900H、-F-08N2-1070H、-F-05N4-600H、-F-05N4-900H、-F-05N4-1240H
	扩散合金化镍-铜-钼钢		-FD-05N2C-360、-FD-05N2C-400、-FD-05N2C-440、-FD-08N2C-350、-FD-08N2C-390、-FD-08N2C-430、-FD-05N4C-400、-FD-05N4C-420、-FD-05N4C-450、-FD-058N4C-350、-FD-058N4C-390、-FD-058N4C-430、-FD-05N2C-700H、-FD-05N2C-950H、-FD-05N2C-1100H、-FD-05N4C-7250H、-FD-05N4C-930H、-FD-05N4C-1100H
结构零件用铁基预合金钢			-FL-05M1N-240、-FL-05M1N-290、-FL-05M1N-325、-FL-05M1-260、-FL-05M1-295、-FL-05M1-325、-FL-05N2M-250、-FL-05N2M-285、-FL-05N2M-320、-FL-07Cr2M-485、-FL-07Cr2M-535、-FL-07Cr2M-570、-FL-07Cr3M-570、-FL-07Cr3M-670、-FL-07Cr3M-775、-FL-05M1N-690H、-FL-05M1N-830H、-FL-05M1N-970H、-FL-05M1N-770H、-FL-05M1N-940H、-FL-05M1N-1120H、-FL-05N2M-720H、-FL-05N2M-860H、-FL-05N2M-970H、-FL-05Cr3M-830SH、-FL-05Cr3M-930SH、-FL-05Cr3M-1030SH

续表

<table>
<tr><th colspan="2">类别</th><th>牌号</th></tr>
<tr><td colspan="2">结构零件用铁基混合型合金钢</td><td>-FLA-05M1-N2-340、-FLA-05M1-N2-370、-FLA-05M1-N2-400、-FLA-05M1-N4-480、-FLA-05M1-N4-570、-FLA-05M1-N4-660、-FLD-08M2-N2-500、-FLD-08M2-N2-570、-FLD-08M2-N2-640、-FLD-05M2-N4C-360、-FLD-05M2-N4C-430、-FLD-05M2-N4C-500、-FLA-05M1-N2C-830H、-FLA-05M1-N2C-1060H、-FLA-05M1-N2C-1280H、-FLA-05M1-N4C-860H、-FLA-05M1-N4C-1050H、-FLA-05M1-N4C-1260H、-FLA-05M1N-N1-720H、-FLA-05M1N-N1-920H、-FLA-05M1N-N1-1110H、-FLA-05M1-N2-830H、-FLA-05M1-N2-1040H、-FLA-05M1-N2-1230H、-FLA-05M1-N4-830H、-FLA-05M1-N4-1070H、-FLA-05M1-N4-1260H、-FLA-05M1-N2C2-590SH、-FLA-05M1-N2C2-720SH、-FLA-05M1-N2C2-900SH、-FLA-08N2M-C2-480SH、-FLA-08N2M-C2-620SH、-FLA-08N2M-C2-760SH、-FLA-06N1M-C-690SH、-FLA-06N1M-C-970SH、-FLA-06N1M-C-1210SH、-FLA-08N1M-C2-590SH、-FLA-08N1M-C2-760SH、-FLA-08N1M-C2-1000SH、-FLA-07Cr2M-C2-660SH、-FLA-07Cr2M-C2-760SH、-FLA-07Cr2M-C2-830SH</td></tr>
<tr><td colspan="2">结构零件用铁基渗铜钢</td><td>-FX-08C10-340、-FX-08C20-410、-FX-08C10-760H、-FX-08C20-620H</td></tr>
<tr><td rowspan="3">结构零件用奥氏体、铁素体和马氏体不锈钢</td><td>奥氏体</td><td>-FL303-170N、-FL303-260N、-FL304-210N、-FL304-260N、-FL316-170N、-FL316-260N、-FL316-150N</td></tr>
<tr><td>铁素体</td><td>-FL410-140、-FL430-170、-FL434-170</td></tr>
<tr><td>马氏体</td><td>-FL410-620H</td></tr>
<tr><td rowspan="3">结构零件用有色金属材料：铜基合金</td><td>黄铜</td><td>-CL-Z20-75、-CL-Z20-80、-CL-Z30-100、-CL-Z30-110</td></tr>
<tr><td>青铜</td><td>-C-T10-90R</td></tr>
<tr><td>镍银</td><td>-CL-N18Z-120</td></tr>
</table>

注：1. 牌号后面带“H”的，表示热处理态，否则表示烧结态。

2. 各牌号的化学成分和力学性能参考值分别见 GB/T 19076—2022 表 1～表 18。

8.4.2　烧结金属过滤元件（GB/T 6887—2019）

用于气体和液体净化与分离的钛、镍及镍合金过滤元件。

① 分类　按元件形状分，有管状元件（O）和片状元件（B）两类；按烧结材料种类分，有钛和镍、镍合金两类。

② 牌号　烧结钛过滤元件有 TG001、TG003、TG006、TG010、TG020、TG035 和 TG060；烧结镍及镍合金过滤元件有 NG001、NG003、NG006、NG012、NG022 和 NG035。

牌号中的 T 代表材质钛，N 代表材质镍及镍合金；G 代表过滤，后三位代表过滤效率为 98%时阻挡的颗粒尺寸值（μm）。

③ 化学成分　烧结钛过滤元件应符合 YS/T 654 的规定；烧结镍及镍合金过滤元件化学成分应符合 GB/T 5235—2007 中牌号为 N6、NCu28-2.5-1.5 的规定。

④ 标记

a. 管状元件

TG(或 NG)□□□-	A□-	□□-	□□	H
过滤元件牌号	过滤元件型号	过滤元件外径/mm	过滤元件长度/mm	焊接管（无缝管无）

b. 片状元件

TG(或 NG)□□□-	B□-	□□-	□□
过滤元件牌号	过滤元件型号	过滤元件外径/mm	过滤元件厚度

⑤ 尺寸　见表 8-53～表 8-57。

表 8-53　A1 型过滤元件的尺寸　　mm

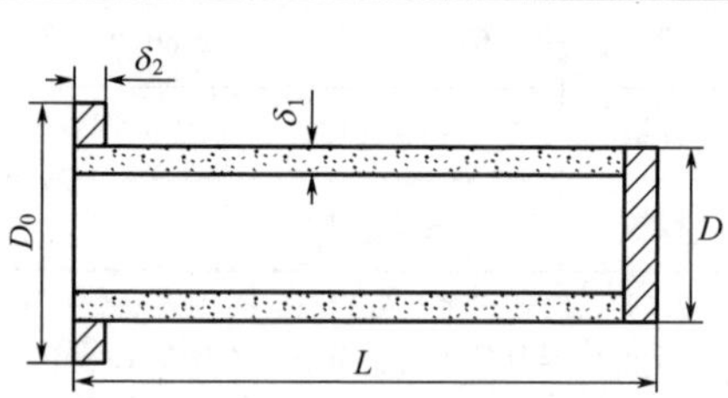

续表

直径 D	长度 L	壁厚 δ_1	法兰直径 D_0	法兰厚度 δ_2	直径 D	长度 L	壁厚 δ_1	法兰直径 D_0	法兰厚度 δ_2
20	200	2.5	30	3～4	50	400	2.5	62	4～6
30	200	2.5	40	3～4		500	1.0		
	300						1.5		
40	200	1.0	52	3～5			2.5		
		1.5			60	300	1.0	72	
		2.5					1.5		
	300	1.0					3.0		
		1.5				400	1.0		
		2.5					1.5		
	400	1.0					3.0		
		1.5				500	1.0		
		2.5					1.5		
50	300	1.0	62	4～6			3.0		
		1.5				600	3.0		
		2.5				700			
	400	1.5			90	800	5.0	110	5～12
		2.0			100	1000		120	

注：壁厚公称尺寸为 1.0mm、1.5mm 的管状过滤元件由轧制板材卷焊而成，下同。

表 8-54　A2 型过滤元件的尺寸　　mm

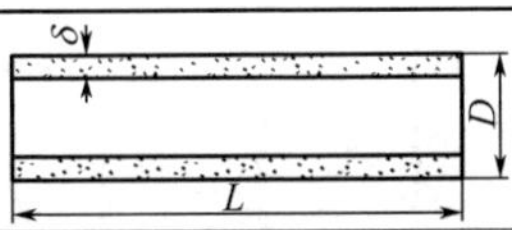

直径 D	长度 L	壁厚 δ	直径 D	长度 L	壁厚 δ	直径 D	长度 L	壁厚 δ
20	200	2.0	50	300	1.0	60	400	1.0
30	200	2.5			1.5			1.5
	300	2.5			2.5			3.0
40	200	1.0		400	1.5		500	1.0
		1.5			2.0			1.5
		2.5			2.5			3.0
	300	1.0		500	1.0		600	3.0
		1.5			1.5		700	
		2.5			2.5	90	800	5.0
	400	1.0	60	300	1.0	100	1000	
		1.5			1.5			
		2.5			3.0			

表 8-55　A3 型过滤元件的尺寸　　mm

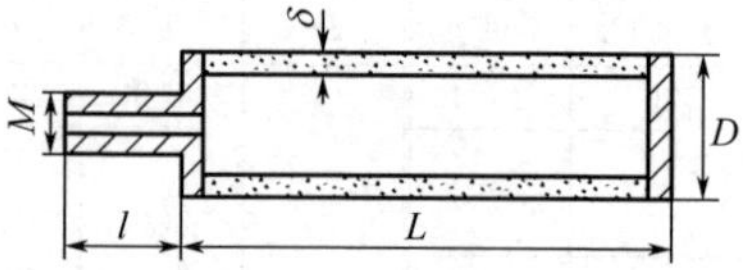

直径 D	长度 L	壁厚 δ	管接头	
			螺纹	长度 l
20	200	2.5	M12×1.0	28
30	200	2.5		
	300	2.5		
40	200	1.0		
		1.5		
		2.5		
	300	1.0		
		1.5		
		2.5		
	400	1.0		
		1.5		
		2.5		
50	300	1.0	M20×1.5	40
		1.5		
		2.5		
	400	1.5		
		2.0		
		2.5		

直径 D	长度 L	壁厚 δ	管接头	
			螺纹	长度 l
50	500	1.0	M20×1.5	40
		1.5		
		2.5		
60	300	1.0	M30×2.0	50
		1.5		
		3.0		
	400	1.0		
		1.5		
		3.0		
	500	1.0		
		1.5		
		3.0		
	600	3.0		
	700	3.0	M30×2.0	60
90	800	5.0	M36×2.0	100
100	1000			

表 8-56　A4 型过滤元件的尺寸　　mm

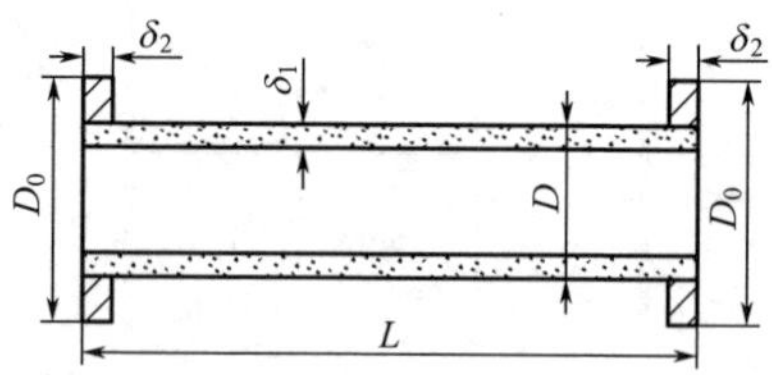

续表

直径 D	长度 L	壁厚 δ_1	法兰		直径 D	长度 L	壁厚 δ_1	法兰	
			直径 D_0	厚度 δ_2				直径 D_0	厚度 δ_2
20	200	2.5	30	3～4	60	300 400 500	2.5	72	4～6
30	200 300		40	3～4					
40	200 300 400		52	3～5		600 700 750	3.0	85	5～8
50	300 400 500		62	4～6	90 100	800 1000	3.0 5.0	110 130	5～12

表 8-57　B1 型过滤元件的尺寸　mm

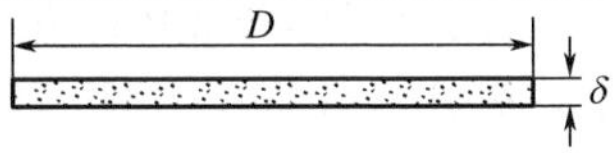

直径 D	厚度 δ	直径 D	厚度 δ
10 30 50 80	1.0、1.5、2.0、2.5、3.0	100 200	1.0、1.5、2.0、2.5、3.0 2.5、3.0、3.5、4.0、5.0
		300 400	3.0、3.5、4.0、5.0

注：壁厚公称尺寸为 1.0mm、1.5mm 的片状过滤元件由轧制板材机轧制而成。

⑥ 技术性能　见表 8-58、表 8-59。

表 8-58　烧结钛过滤元件的性能

牌号	液体中阻挡的颗粒尺寸值/μm		气泡试验孔径/μm ≤	透气度/[m^3/(h·kPa·m^2)] ≥	耐压破坏强度/MPa ≥
	过滤效率(98%)	过滤效率(99.9%)			
TG001	1	5	5	6	2.5
TG003	3	5	10	12	2.5
TC006	6	10	15	42	2.0
TG010	10	14	30	90	2.0
TG020	20	32	50	200	1.5
TG035	35	52	100	450	1.5
TG060	60	85	150	650	1.0

注：轧制成型的过滤元件，其耐压破坏强度不小于 0.3MPa。管状元件需进行耐外压试验。

表 8-59　烧结镍及镍合金过滤元件的性能

牌号	液体中阻挡的颗粒尺寸值/μm ≤		气泡试验孔径/μm ≤	透气度/[m^3/(h·kPa·m^2)] ≥	耐压破坏强度/MPa ≥
	过滤效率（98%）	过滤效率（99.9%）			
NG001	1	5	5	8	3.0
NG003	3	5	5	10	3.0
NG006	6	10	10	45	3.0
NG012	12	18	15	100	3.0
NG022	22	36	30	260	2.5
NG035	35	50	50	600	2.5

注：管状元件耐压破坏强度为外压试验值。

8.4.3　烧结不锈钢过滤元件（GB/T 6886—2017）

粉末冶金方法生产，用于气体和液体净化与分离。

① 分类　按元件形状分，有管状元件（O）和片状元件（B）两类。

② 材质　有1Cr18Ni9、1Cr18Ni9Ti、0Cr18Ni9、00Cr19Ni10、0Cr17Ni12Mo2、00Cr17Ni14Mo2六种。

③ 牌号　烧结不锈钢过滤元件分为SG001、SG005、SG007、SG010、SG015、SG022、SG030、SG045和SG065共9个牌号。牌号中的S代表材质为不锈钢，G代表过滤，后三位代表过滤效率为98%时阻挡的颗粒尺寸值（μm）。

④ 标记方法

a. 管状元件

SG□□□-	□□-	□□-	□□	H
过滤元件牌号	过滤元件型号	过滤元件外径/mm	过滤元件长度/mm	焊接管（无缝管无）

b. 片状元件

SG□□□-	□□-	□□
过滤元件牌号	过滤元件外径/mm	过滤元件厚度/mm

⑤ 尺寸　见表 8-60～表 8-64。

表 8-60　A1 型过滤元件的尺寸　mm

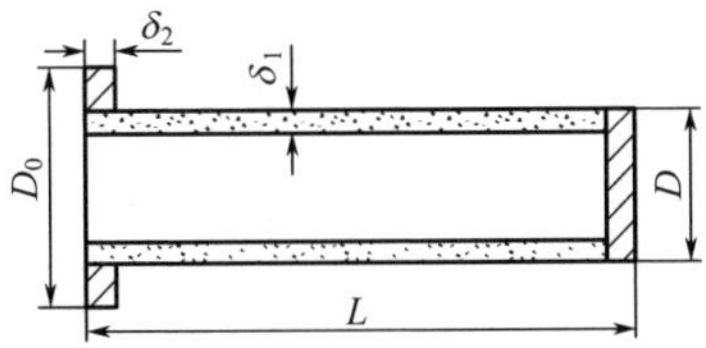

直径 D	长度 L	厚度 δ_1	法兰直径 D_0	法兰厚度 δ_2
20	200	2.0	30	3～4
30	300	2.0	40	
40	200	1.0	50	3～5
		1.5		
		2.5		
	300	1.0		
		1.5		
		2.5		
	400	1.0		
		1.5		
		2.5		
50	300	1.0	62	4～6
		1.5		
		2.5		
	400	1.5		
		2.0		
		2.5		
50	500	1.0	62	4～6
		1.5		
		2.5		
60	300	1.0	72	4～6
		1.5		
		3.0		
	400	1.0		
		1.5		
		3.0		
	500	1.0		
		1.5		
		2.5		
	600	2.5		
	700			
	750			
90	800	3.5	110	5～12
100	1000	4.0	120	

注：壁厚公称尺寸为 1.0mm、1.5mm 的管状过滤元件由轧制板材卷焊而成，下同。

表 8-61　A2 型过滤元件的尺寸　mm

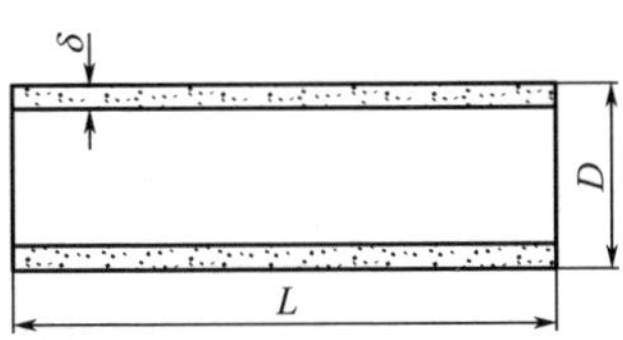

续表

直径 D	长度 L	壁厚 δ
20	200	2.0
30	200	2.0
	300	2.5
40	200	1.0
		1.5
		2.5
	300	1.0
		1.5
		2.5
	400	1.0
		1.5
		2.5

直径 D	长度 L	壁厚 δ
50	300	1.0
		1.5
		2.5
	400	1.0
		1.5
		2.5
	500	1.0
		1.5
		2.5
60	300	1.0
		1.5
		2.5

直径 D	长度 L	壁厚 δ
60	400	1.0
		1.5
		2.5
	500	1.0
		1.5
		2.5
	600	2.5
	700	2.5
90	800	3.5
100	1000	4.0

表 8-62 A3 型过滤元件的尺寸 mm

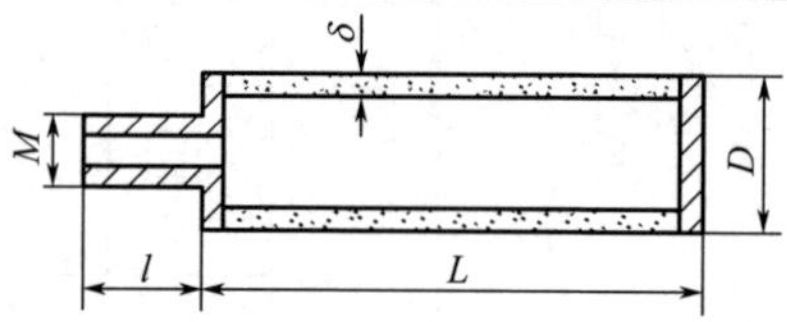

直径 D	长度 L	壁厚 δ	管接头	长度 l
20	200	2.0	M12×1.0	28
30	200			
	300			
40	200	1.0 1.5 2.0		
	300			
	400			
50	300		M20×1.5	
	400			
	500			
60	300	1.0 1.5 2.0	M30×2.0	40
	400			
	500			
	600			
	700			

直径 D	长度 L	壁厚 δ	管接头	长度 l
60	750	1.0 1.5 2.0	M36×2.0	100
	1000			
	1200			
	1500			
	2000			
70	500			40
	600			
	800			100
	1000			
90	600	3.5		40
	800		M48×2.0	140
	1000			
100	1000	4.0		180

表 8-63　A4 过滤元件的尺寸　mm

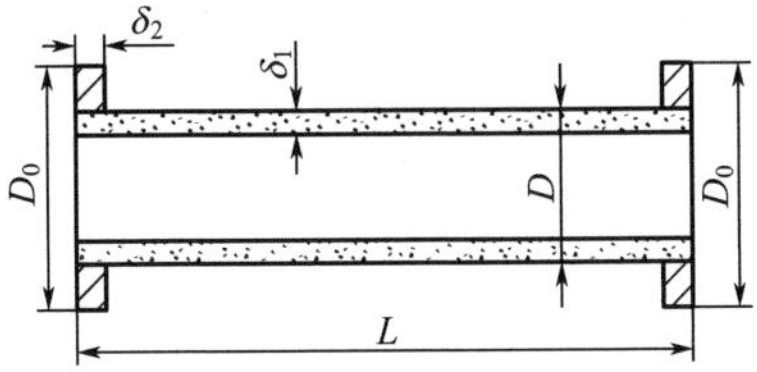

直径 D	长度 L	壁厚 δ_1	法兰直径 D_0	法兰厚度 δ_2
20	200	2.3	30	3～4
30	200		40	
	300			
40	200		52	3～5
	300			
	400			
50	300		62	4～6
	400			
	500			

直径 D	长度 L	壁厚 δ_1	法兰直径 D_0	法兰厚度 δ_2
60	300	2.5	72	4～6
	400			
	500			
	600			
	700			
	750			
90	800	3.5	110	5～12
100	1000	4.0	130	

表 8-64　片状过滤元件的尺寸　mm

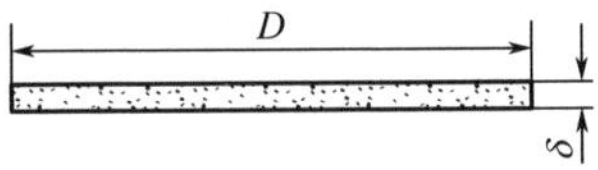

直径 D	厚度 δ	直径 D	厚度 δ
10	1.5、2.0、2.5、3.0	100	2.5、3.0、3.5、4.0、5.0
30		200	3.0、3.5、4.0、5.0
50		300	
80	2.5、3.0、3.5、4.0、5.0	400	

⑥ 技术性能　见表 8-65。

表 8-65　烧结不锈钢过滤元件的性能

牌号	液体中阻挡的颗粒尺寸值/μm≤		最大孔径/μm	透气度/[m^3/(h・kPa・m^2)]≥	耐压强度/MPa≥
	过滤效率(98%)	过滤效率(99.9%)			
SG001	1	5	5	8	3.0

续表

牌号	液体中阻挡的颗粒尺寸值/μm≤		最大孔径/μm	透气度/[m^3/(h·kPa·m^2)]≥	耐压强度/MPa≥
	过滤效率(98%)	过滤效率(99.9%)			
SG005	5	7	10	18	3.0
SG007	7	10	15	45	3.0
SG010	10	15	30	90	3.0
SG015	14	22	45	180	3.0
SG022	22	30	55	380	3.0
SG030	30	40	65	580	2.5
SG045	45	60	80	750	2.5
SG065	65	75	120	1200	2.5

注：管状元件耐压强度为外压试验值。

8.4.4　烧结金属摩擦材料（JB/T 3063—2011）

用于制造离合器和制动器。

① 分类　按基体组成分为铁基和铜基，按工作条件分为干式和湿式。

② 牌号

F	1	□	□□	□
粉末冶金材料	摩擦材料	材料分类 0—基体为铁基 1—基体为铜基	材料顺序号 (0～99)	应用场合 G—干式 S—湿式

③ 技术要求

a. 铁基干式摩擦材料　见表8-66、表8-67。

表8-66　铁基干式摩擦材料牌号和组成　　%

牌号	铁	铜	锡	铅	石墨	二氧化硅	三氧化二铝	二硫化钼	碳化硅	铸石	其他
F1001G	65～75	2～5	—	2～10	10～15	0.5～3	—	2～4	—	—	0～3
F1002G	73	10	—	8	6	—	3	—	—	—	—
F1003G	69	1.5	1	8	16	1	—	—	—	—	3.5
F1004G	65～70	—	3～5	2～4	13～17	—	—	3～5	3～4	3～5	—
F1005G	65～70	1～5	2～4	2～4	—	4～6	—	—	—	—	—

表 8-67　铁基干式摩擦材料性能和主要适用范围

牌号	平均动摩擦系数 μ_d	静摩擦系数 μ_s	磨损率 /(cm³/J)	密度 /(g/cm³)	表观硬度 (HB)	主要适用范围
F1001G	>0.25	>0.45	<5.0×10^{-7}	4.2～5.3	30～60	载重汽车和矿山重型车辆的制动带
F1002G	>0.25	>0.45	<5.0×10^{-7}	5.0～5.6	40～70	拖拉机、工程机械等离合器片和制动片
F1003G	>0.25	>0.45	<5.0×10^{-7}	4.8～5.5	35～55	挖掘机、起重机等离合器和制动器
F1004G	>0.25	>0.45	<5.0×10^{-7}	4.7～5.2	60～90	合金钢为对偶的飞机制动片
F1005G	>0.35	>0.45	<5.0×10^{-7}	5.0～5.5	40～60	重型起重机、缆索起重机等制动器

b. 铜基干式摩擦材料　见表 8-68、表 8-69。

表 8-68　铜基干式摩擦材料牌号和组成　%

牌号	铜	铁	锡	锌	铅	石墨	二氧化硅	硫酸钡	其他
F1106G	68	8	5	—	—	10	4	5	—
F1107G	64	8	7	—	8	8	5	—	—
F1108G	72	5	10	—	3	2	8	—	—
F1109G	63～67	9～10	7～9	—	3～5	7～9	2～5	—	3
F1110G	70～80	—	6～8	3.5～5	2～3	3～4	3～5	—	2

表 8-69　铜基干式摩擦材料性能和主要适用范围

牌号	平均动摩擦系数 μ_d	静摩擦系数 μ_s	磨损率 /(cm³/J)	密度 /(g/cm³)	表观硬度 (HB)	主要适用范围
F1106G	>0.15	>0.45	<3.0×10^{-7}	5.5～6.5	25～50	干式离合器及制动器
F1107G	>0.20	>0.45	<3.0×10^{-7}	5.5～6.2	20～50	拖拉机、冲床(压力机)及工程机械等离合器
F1108G	>0.20	>0.45	<3.0×10^{-7}	5.5～6.2	25～55	DLM_2 型、DLM_4 型等系列机床、动力头的干式电磁离合器和制动器
F1109G	>0.20	>0.45	<3.0×10^{-7}	5.6～6.5	20～50	DLMK 型系列机床、动力头的干式电磁离合器和制动器
F1110G	>0.25	>0.40	<3.0×10^{-7}	6.0～6.8	35～65	锻压机床、剪切机、工程机械离合器

c. 铜基湿式摩擦材料 见表8-70、表8-71。

表8-70 铜基湿式摩擦材料牌号和组成 %

牌号	铜	铁	锡	锌	铅	石墨	二氧化硅	其他
F1111S	69	6	8	—	8	6	3	—
F1112S	75	8	3	—	5	5	4	—
F1113S	73	8	8.5	—	4	4	2.5	—
F1114S	72～76	3～6	7～10	—	5～7	6～8	1～2	—
F1115S	67～71	7～9	7～9	—	9～11	5～7	—	—
F1116S	63～67	9～10	7～9	—	3～5	7～9	2～5	3
F1117S	70～75	4～7	3～5	—	2～5	5～8	2～3	—
F1118S	68～74	—	2～4	4.5～7.5	2～4	13.5～16.5	2～4	—

表8-71 铜基湿式摩擦材料性能和主要适用范围

<table>
<tr><th>牌号</th><th>平均动摩擦系数 μ_d</th><th>静摩擦系数 μ_s</th><th>磨损率 /(cm^3/J)</th><th>能量负荷许用值 C_m</th><th>密度 /(g/cm^3)</th><th>表观硬度 (HB)</th><th>主要适用范围</th></tr>
<tr><td>F1111S</td><td rowspan="3">0.04～0.05</td><td rowspan="8">0.12～0.17</td><td rowspan="4">$<2.0\times10^{-8}$</td><td rowspan="6">8500</td><td>5.8～6.4</td><td>20～50</td><td>船用齿轮箱离合器、拖拉机主离合器、载重汽车及工程机械等湿式离合器</td></tr>
<tr><td>F1112S</td><td>5.5～6.4</td><td>30～60</td><td>中等负荷(载重汽车、工程机械等)的液力变速箱离合器</td></tr>
<tr><td>F1113S</td><td>5.8～6.4</td><td>20～50</td><td>飞溅离合器</td></tr>
<tr><td>F1114S</td><td>0.03～0.05</td><td>≥6.7</td><td>≥40</td><td>转向离合器</td></tr>
<tr><td>F1115S</td><td rowspan="4">0.05～0.08</td><td rowspan="4">$<2.5\times10^{-8}$</td><td rowspan="2">5.0～6.2</td><td rowspan="2">20～50</td><td>喷撒工艺,用于调速离合器</td></tr>
<tr><td>F1116S</td><td>喷撒工艺,用于船用齿轮箱离合器、拖拉机主离合器、载重汽车及工程机械等湿式离合器</td></tr>
<tr><td>F1117S</td><td rowspan="2">32000</td><td>5.5～6.5</td><td>40～60</td><td>重负荷液力机械变速箱离合器</td></tr>
<tr><td>F1118S</td><td>4.7～5.1</td><td>14～20</td><td>工程机械高负荷传动件,如主离合器、动力换挡变速箱等</td></tr>
</table>

第3篇

非铁金属及其合金

非铁金属是指除黑色金属外的金属和合金，其中除铜为紫红色、金为黄色外，其他均为银白色。按其特征可分为五大类：

① 轻金属　密度 $0.53\sim4.5g/cm^3$，如铝、镁、钾、钠、钙、锶、钡等。

② 重金属　密度大于 $4.5g/cm^3$，如铜、镍、钴、铅、锌、锡、锑、铋、镉、汞等。

③ 贵金属　地壳丰度低，提纯困难，化学性质稳定，如金、银及铂族金属。

④ 半金属　性质介于金属和非金属之间，如硅、硒、碲、砷、硼等。

⑤ 稀有金属　包括稀有轻金属（如锂、铷、铯等）、稀有难熔金属（如钛、锆、钼、钨等）、稀有分散金属（如镓、铟、锗等）、稀土金属（如钪、钇、镧系金属）和放射性金属（如镭、钫、钋及锕系元素中的铀、钍等）。

第9章 铝及铝合金

9.1 概述

9.1.1 铝及铝合金的特性

铝及铝合金是非铁金属的一种，在现代工业上应用甚为广泛。

按铝含量纯度大致可分为纯铝及铝合金；按加工方法可分为变形铝合金和铸造铝合金等；按成品形状可分为板（带、箔）材、棒材、管材和线材等。

（1）纯铝

工业纯铝中允许含有微量杂质。铝含量最少为99.0%，且（Fe+Si）含量不大于1.0%，其他元素包括Cr、Cu、Mg、Mn、Ni、Zn，每种含量不大于0.10%。但如果铬和锰含量都不超过0.05%，则铜含量允许>0.10%～≤0.20%。它是一种具有银白色金属光泽的金属，其相对密度小、熔点低、沸点高、可强化、易加工、耐腐蚀、导电导热性好且无磁性。一般地说，随着主要杂质含量的增高，纯铝的导电性和耐蚀性均降低；强度升高，塑性降低。

（2）铝合金

① 变形铝合金　是通过冲压、弯曲、轧制和挤压等工艺，使其组织、形状发生变化，原材料的晶体结构得到重新排列生成的铝合金材料。有的不能通过热处理来提高力学性能（如高纯铝、工业纯铝以及防锈铝等，只能通过冷加工变形来实现强化）；而有的可以通过淬火和时效等热处理手段来提高力学性能（如硬铝、锻铝、超硬铝和特殊铝合金等）。

② 铸造铝合金　是将预先熔化的铝合金倒入特定模具中，待其冷却凝固后得到所需形状的工艺，适用于大规模生产和形状复杂的零件制造。强度比变形铝合金低，但是耐磨性好。铸造铝合金可分为铝硅合金、铝铜合金、铝镁合金、铝锌合金和铝稀土合金等。

铝合金的特点是：

a. 重量轻。密度为$2.8g/cm^3$左右，仅为钢铁的三分之一。

b. 耐蚀性好。在自然环境中，表面形成薄的氧化膜可阻止空气的进一步氧化。表面进行各种不同处理后，其耐蚀性更佳，可适合室外及较恶劣之环境中使用。

c. 成型性好。退火后可用于各种成型加工。

d. 易加工。可加工成棒、线、挤压型材。由于后者与钢铁比较可节省70%材料，且通常强度较高的铝合金之切削性较佳，故用量占有极大比例。

e. 强度范围大。添加合金或轧延、热处理后，可生成强度 2～60MPa 不同强度等级的产品，以适应各种不同强度要求。

f. 表面处理方法多。包括阳极处理、表面化学处理、涂覆及电镀等，尤其阳极处理可产生各种不同色泽、硬度之薄膜。

g. 导电性好。铝的电导率为铜的 60%，但重量只有铜的 1/3，相同重量之铝，其导电度为铜之两倍。

h. 无毒性。在食品用途方面极为广泛。

i. 无磁性。几乎不受磁场影响，适用于必须非磁性的各种电器机械。

j. 熔接性。纯铝及铝镁合金之熔接性佳，在结构体及船舶之应用方面占有重要地位。

k. 导热性极佳。在家庭五金、冷气机散热片、热交换器应用方面极为广泛。

l. 无低温脆性。铝在超低温状态下，无一般碳钢之低温脆性问题。

m. 再生性。价格虽较一般碳钢高，但易于回收重熔使用。

n. 反射性。铝表面能有效反射热、电波，多用于反射板、照明器具、平行天线等。纯度愈高，反射性愈佳。

9.1.2　产品状态名称、特性及代号

表 9-1　产品状态名称、特性及代号

名称		采用的汉字	代号	名称		采用的汉字	代号
产品状态代号	热加工	热	R	淬火(人工时效)		淬、时	CS
	退火(焖火)	焖(软)	M	硬		硬	Y
	淬火	淬	C	3/4 硬、1/2 硬、1/3 硬、1/4 硬		硬	Y_1、Y_2 Y_3、Y_4
	淬火后冷却(冷作硬化)	淬、硬	CY				
	淬火(自然时效)	淬、自	CZ	特硬		特	T
产品特性代号	优质表面	优	O	硬质合金	添加碳化钽	钽	A
	涂漆蒙皮板	漆	Q		添加碳化铌	铌	N
	加厚包铝者	加	J		细颗粒	细	X
	不包铝者	不	B		粗颗粒	粗	C
	硬质合金表面涂层	涂	U		超细颗粒	超	H

续表

<table>
<tr><th colspan="3">名称</th><th>采用的汉字</th><th>代号</th><th colspan="2">名称</th><th>采用的汉字</th><th>代号</th></tr>
<tr><td rowspan="6">产品状态特性代号组合举例</td><td rowspan="6">不包铝</td><td>热轧</td><td>不、热</td><td>BR</td><td rowspan="3">优质表面淬火</td><td>自然时效</td><td>淬、自、优</td><td>CZO</td></tr>
<tr><td>退火</td><td>不、焖</td><td>BM</td><td>自然时效冷作硬化</td><td>淬、自、硬、优</td><td>CZYO</td></tr>
<tr><td>淬火、冷作硬化</td><td>不、淬、硬</td><td>BCY</td><td>人工时效</td><td>淬、时、优</td><td>CSO</td></tr>
<tr><td>淬火、优质表面</td><td>不、淬、优</td><td>BCO</td><td colspan="2">优质表面(退火)</td><td>焖、优</td><td>MO</td></tr>
<tr><td rowspan="2">淬火、冷作硬化、优质表面</td><td rowspan="2">不、淬、硬、优</td><td rowspan="2">BCYO</td><td colspan="2">淬火后冷轧人工时效</td><td>淬、硬、时</td><td>CYS</td></tr>
<tr><td colspan="2">热加工、人工时效</td><td>热、时</td><td>RS</td></tr>
</table>

9.1.3　铝及铝合金产品牌号

① 工业纯铝的牌号　在顺序号数字前冠以“L”，依其杂质的含量表示，如L1、L2、L3等，数字越小，纯度越高。高纯铝用L0、L00表示，其后所附顺序数字愈大，纯度愈高，如L04的含铝量不小于99.996％。

② 特殊铝的牌号　在数字前冠以“LT”，硬钎焊铝的牌号在数字前冠以“LQ”。

③ 变形铝及铝合金牌号（GB/T 16474—2011）　变形铝及铝合金的牌号用四位字符：

□　□　□□

- □：铝及铝合金的组别（1～9）
- □：原始纯铝的改型情况 A—原始纯铝；B～Y(C、I、L、N、O、P、Q、Z除外)—原始纯铝或原始合金的改型
- □□：牌号的最后两位数字表示最低铝百分含量。当最低铝百分含量精确到0.01％时，牌号的最后两位数字就是最低铝百分含量中小数点后的两位

牌号的第一位数字表示铝及铝合金的组别。除改型合金外，铝合金组别按主要合金元素（6×××系按Mg_2Si）来确定。主要合金元素指极限含量算术平均值为最大的合金元素。当有一个以上的合金元素极限含量算术平均值同为最大时，应按Cu、Mn、Si、

Mg_2Si、Zn、其他元素的顺序来确定合金组别。牌号的第二位字母表示原始纯铝或铝合金的改型情况，最后两位数字用以标识同一组中不同的铝合金或表示铝的纯度。

变形铝合金在加热时能形成单相固溶体组织，其塑性较高，适于压力加工。

变形铝合金分成 9 组，各组对应的主要合金元素是：

1×××—铝（杂质含量不大于 1.00%）

2×××—铜

3×××—锰

4×××—硅

5×××—镁

6×××—镁和硅（Mg_2Si 相为强化相）

7×××—锌

8×××—其他元素

9×××—备用合金组

注：1. 在 1×××中，最后两位数字表示最低铝含量，与最低铝含量中小数点右边的两位数字相同，如 1060 表示最低铝含量为 99.60%的工业纯铝。第一位数字表示对杂质范围的修改；若是零，则表示该工业纯铝的杂质范围为生产中的正常范围，如果为 1～9 中的自然数，则表示生产中应对某一种或几种杂质或合金元素加以专门控制。例如，1350 工业纯铝是一种铝含量应≥99.50%的电工铝，其中有 3 种杂质应受到控制，即 V+Ti≤0.02%，B≤0.05%，Ca≤0.03%。

2. 在 2×××～8×××系列中，牌号最后两位数字无特殊意义，仅表示同一系列中的不同合金（仅有少数例外）。第二位数字表示对合金的修改，如为零，则表示原始合金，如为 1～9 中的任一整数，则表示对合金的修改次数。

3. 牌号第 2 位的字母表示原始纯铝的改型情况。如果第 2 位的字母为 A，则表示为原始纯铝；如果是 B～Y 的其他字母，则表示为原始纯铝的改型（其元素含量略有改变）。

铝及其合金产品牌号举例见表 9-2。

表 9-2　铝及其合金产品牌号

组别	金属或合金牌号举例		组别	金属或合金牌号举例	
	牌号	代号		牌号	代号
工业纯铝	四号工业纯铝	L4(1035)	超硬铝	四号超硬铝	LC4(7A04)
防锈铝	二号防锈铝	LF2(5A02)	特殊铝	六十六号特殊铝	LT66
硬铝	十二号硬铝	LY12(2A12)	硬钎焊铝	一号硬钎焊铝	LQ1
锻铝	二号锻铝	LD2(6A02)			

9.2　变形铝合金

铝与锰、镁、铜、硅、铁、镍、锌等合金元素组成的铝合金，具有较高的强度，能用于制作承受载荷的机械零件。

9.2.1　品种、状态和典型用途

变形铝合金的交货状态有 F—自由加工状态，O—退火状态，H—加工硬化状态，W—固溶热处理状态，T—不同于 F、O、H 状态的热处理状态。其中 H 状态又可细分为 H1×、H2×、H3×和 H4×。

T 状态又可细分为 T1、T2、T3、T4、T5、T6、T7、T8、T8、T10。见表 9-3～表 9-9。

表 9-3　1×××系铝合金的品种、状态和典型用途

牌号	主要品种	状态	典型用途
1050	板、带、箔材	O、H12、H14、H16、H18	导电体，食品、化学和酿造工业用挤压盘管，各种软管，船舶配件，小五金件
	管、棒、线材	O、H14、H18	
	挤压管材、粉材	H112	
1060	板、带材	O、H12、H14、H16、H18	要求耐蚀性与成型性均较高而对强度要求不高的零部件，如化工设备、船舶设备、铁道油罐车、导电体材料、仪器仪表材料、焊条等
	箔材	O、H19	
	厚板	O、H12、H14、H112	
	拉伸管	O、H12、H14、H18、H113	
	挤压管、型、棒、线材	O、H112	
	冷加工棒材	H14	
1100	板、带材	O、H12、H14、H16、H18	用于需要有良好的成型性和高的抗蚀性，但不要求有高强度的零部件，例如化工设备、食品工业装置与贮存容器、炊具、压力罐、薄板加工件、深拉或旋压凹形器皿、焊接零部件、热交换器、印刷版、铭牌、反光器具、卫生设备零件和管道、建筑装饰材料、小五金件等
	箔材	O、H19	
	厚板	O、H12、H14、H112	
	拉伸管	O、H12、H14、H16、H18、H113	
	挤压管、型、棒、线材	O、H112	
	冷加工棒材	O、H12、H14、F	
	冷加工线材	O、H12、H14、H16、H18、H112	
	锻件和锻坯	H112、F	
	散热片坯料	O、H14、H18、H19、H25、H111、H113、H211	
1145	箔材	O、H19	包装及绝热铝箔、热交换器
	散热片坯料	O、H14、H19、H25、H111 H113、H211	

续表

牌号	主要品种	状态	典型用途
1350	板、带材 厚板 挤压管、型、棒、线材	O、H12、H14、H16、H18 O、H12、H14、H112 H112	电线、导电绞线、汇流排、变压器带材
	冷加工圆棒	O、H12、H14、H16、H22 H24、H26	
	冷加工异形棒	H12、H111	
	冷加工线材	O、H12、H14、H16、H19、H22 H24、H26	
1A90	箔材	O、H19	电解电容器箔、光学反光沉积膜、化工用管道
	挤压管	H112	

表 9-4　2×××系铝合金的品种、状态和典型用途

牌号	主要品种	状态	典型用途
2011	拉伸管 冷加工棒材 冷加工线材	T3、T4511、T8 T3、T4、T451、T8 T3、T8	螺钉及要求有良好切削性能的机械加工产品
2014	板材 厚板 拉伸管	T3、T4、T6 O、T451、T651 O、T4、T6	应用于要求高强度与高硬度(包括高温)的场合，重型锻件、厚板和挤压材料，如用于飞机结构件，多级火箭第一级燃料槽与航天器零件，车轮、卡车构架与悬挂系统零件
	挤压管、棒、型、线材	O、T4、T4510、T4511、T6 T6510、T6511	
	冷加工棒材 冷加工线材 锻件	O、T4、T451、T6、T651 O、T4、T6 F、T4、T6、T652	
2017	板材 挤压型材 冷加工棒材 冷加工线材 铆钉线材 锻件	O、T4 O、T4、T4510、T4511 O、H13、T4、T451 O、H13、T4、T451 T4 F、T4	主要应用范围为铆钉、通用机械零件、飞机、船舶、交通、建筑结构件、运输工具结构件、螺旋桨与配件
2024	板材	O、T3、T361、T4、T72、 T81、T861	飞机结构件(蒙皮、骨架、肋梁、隔框等)、铆钉、导弹构件、卡车轮毂、螺旋桨元件及其他各种结构件
	厚板 拉伸管	O、T351、T361、T851、T861 O、T3	
	挤压管、型、棒、线材	O、T3、T3510、T3511、T81、 T8510、T8511	

续表

牌号	主要品种	状态	典型用途
2024	冷加工棒材 冷加工线材 铆钉线材	O、T13、T351、T4、T6、T851 O、H13、T36、T4、T6 T4	飞机结构件(蒙皮、骨架、肋梁、隔框等)、铆钉、导弹构件、卡车轮毂、螺旋桨元件及其他各种结构件
2036	汽车车身薄板	T4	汽车车身钣金件
2048	板材	T851	航空航天器结构件与兵器结构零件
2117	冷加工棒材和线材 铆钉线材	O、H13、H15、T4	用作工作温度不超过100℃的结构件铆钉
2124	厚板	O、T851	航空航天器结构件
2218	锻件	F、T61、T71、T72	飞机发动机和柴油发动机活塞,飞机发动机气缸头,喷气发动机叶轮和压缩机环
	箔材	F、T61、T72	
2219	板材 厚板 箔材	O、T31、T37、T62、T81、T87 O、T351、T37、T62、T851、T87 F、T6、T852	航天火箭焊接氧化剂槽与燃料槽,超音速飞机蒙皮与结构零件,工作温度为－270～300℃,焊接性好,断裂韧性高,T8状态有很高的抗应力腐蚀开裂能力
	挤压管、型、棒、线材	O、T31、T3510、T3511、T62、T81、T8510	
	冷加工棒材 锻件	T8511、T851 T6、T852	
2319	线材	O、H13	焊接2219合金的焊条和填充焊料
2618	厚板	T651	厚板用作飞机蒙皮,棒材、锻件用于制造活塞,航空发动机气缸、气缸盖、活塞等零件,以及要求在150～250℃工作的耐热部件
	挤压棒材	O、T6	
	锻件与锻坯	F、T61	
2A01	冷加工棒材和线材 铆钉线材	O、H13、H15、T4	用作工作温度不超过100℃的结构件铆钉
2A02	棒材	O、H13、T6	工作温度200～250℃的涡轮喷气发动机的轴向压气机叶片、叶轮和盘等
	锻件	T4、T6、T652	
2A04	铆钉线材	T4	用来制作工作温度为120～250℃结构件的铆钉

续表

牌号	主要品种	状态	典型用途
2A06	板材 挤压型材 铆钉线材	O、T3、T351、T4 O、T4 T4	工作温度 150～250℃的飞机结构件及工作温度125～250℃的航空器结构铆钉
2A10	铆钉线材	T4	强度比 2A01 合金的高，用于制造工作温度≤100℃的航空器结构铆钉
2A11	同 2017	同 2017	同 2017
2A10	铆钉线材	T4	用作工作温度不超过100℃的结构铆钉
2A12	同 2024	同 2024	同 2024
2A14	同 2014	同 2014	同 2014
2A16	同 2219	同 2219	同 2219
2A17	锻件	T6、T852	工作温度 225～250℃的航空器零件，很多用途被 2A15 合金所取代
2A50	锻件、棒材、板材	T6	形状复杂的中等强度零件
2A70	同 2618	同 2618	同 2618
2A80	挤压棒材	O、T6	航空器发动机零部件及其他工作温度高的零件，该合金锻件几乎完全被2A70 取代
	锻件与锻坯	F、T61	
2A90	挤压棒材	O、T6	航空器发动机零部件及其他工作温度高的零件，合金锻件逐渐被 2A70取代
	锻件与锻坯	F、T61	
2B50	锻件	T6	航空器发动机气压机轮、导风轮、风扇、叶轮等

表 9-5 3×××系铝合金的品种、状态和典型用途

<table>
<tr><th>牌号</th><th>主要品种</th><th>状态</th><th>典型用途</th></tr>
<tr><td rowspan="4">3003</td><td>板材
厚板</td><td>O、H12、H14、H16、H18
O、H12、H14、H112</td><td rowspan="4">用于加工需要有良好的成型性能、高的抗蚀性或可焊性好的零部件，或既要求有这些性能又需要有比1×××系合金强度高的工件，如运输液体产品的槽和罐、压力罐、储存装置、热交换器、化工设备、飞机油箱、油路导管、反光板、厨房设备、洗衣机缸体、铆钉、焊丝</td></tr>
<tr><td>拉伸管</td><td>O、H12、H14、H16、H18、H25、H113</td></tr>
<tr><td>挤压管、型、棒、线材
冷加工棒材
冷加工线材
锻件
箔材</td><td>O、H112
O、H112、F、H14
O、H14
H112、F
O、H19</td></tr>
<tr><td>散热片坯料</td><td>O、H14、H18、H19、H25、H111、H113、H211</td></tr>
<tr><td>3003
（包铝）</td><td>板材
厚板
拉伸管
挤压管</td><td>O、H12、H14、H16、H18
O、H12、H14、H112
O、H12、H18、H25、H113
O、H112</td><td>房屋隔断、顶盖、管路等</td></tr>
<tr><td rowspan="2">3004</td><td>板材
厚板
拉伸管</td><td>O、H32、H34、H36、H38
O、H32、H34、H112
O、H32、H36、H38</td><td rowspan="2">全铝易拉罐罐身，要求有比3003合金更高强度的零部件，化工产品生产与储存装置，薄板加工件，建筑挡板、电缆管道、下水管、各种灯具零部件等</td></tr>
<tr><td>挤压管</td><td>O</td></tr>
<tr><td rowspan="2">3004
（包铝）</td><td>板材</td><td>O、H131、H151、H241、H261、H341、H361、H32、H34、H36、H38</td><td rowspan="2">房屋隔断、挡板、下水管道、工业厂房屋顶盖</td></tr>
<tr><td>厚板</td><td>O、H12、H14、H16、H18、H25</td></tr>
<tr><td>3105</td><td>板材</td><td>O、H12、H14、H16、H18、H25</td><td>房屋隔断、挡板、活动房板，檐槽和落水管，薄板成型加工件，瓶盖和罩帽等</td></tr>
<tr><td>3A21</td><td>同3003</td><td>同3003</td><td>同3003</td></tr>
</table>

表 9-6 4×××系铝合金的品种、状态和典型用途

牌号	主要品种	状 态	典型用途
4004	板材	F	钎焊板、散热器钎焊板和箔的钎焊层

续表

牌号	主要品种	状态	典型用途
4032	锻件	F、T6	活塞及耐热零件
4043	线材和板材	O、F、H14、H16、H18	铝合金焊接填料，如焊带、焊条、焊丝
4A11	锻件	F、T6	活塞及耐热零件
4A13	板材	O、F、H14	板状和带状的应钎焊料，散热器钎焊板和箔的钎焊层
4A17	板材	O、F、H14	板状和带状的硬钎焊料，散热器钎焊板和箔的钎焊层

表 9-7　5×××系铝合金的品种、状态和典型用途

牌号	主要品种	状态	典型用途
5005	板材	O、H12、H16、H18、H32、H36、H38	与 3003 合金相似，具有中等强度与良好的抗蚀性，用作导体、炊具、仪表板、壳与建筑装饰件，阳极氧化膜比 3003 合金上的氧化膜更加明亮，并与 6063 合金的色调协调一致
	厚板	O、H12、H14、H32、H34、H12	
	冷加工棒材	O、H12、H14、H16、H22、H24、H26、H32	
	冷加工线材 铆钉线材	O、H19、H32 O、H32	
5050	板材 厚板 拉伸管 冷加工棒材 冷加工线材	O、H32、H34、H36、H38 O、H112 O、H32、H34、H36、H38 O、F O、H32、H34、H36、H38	薄板可作为制冷机与冰箱的内衬板，汽车气管、油管，建筑小五金、盘管及农业灌溉管
5052	板材 厚板 拉伸管 冷加工棒材 冷加工线材 铆钉线材 箔材	O、H32、H34、H36、H38 O、H32、H34、H112 O、H32、H34、H36、H38 O、F、H32 O、H32、H34、H36、H38 O、H32 O、H19	此合金有良好的成型加工性能、抗蚀性、可焊性、疲劳强度与中等的静态强度，用于制造飞机油箱、油管，以及交通车辆、船舶的钣金件、仪表、街灯支架与铆钉线材等

续表

牌号	主要品种	状态	典型用途
5056	冷加工棒材	O、F、H32	镁合金与电缆护套、铆接镁的铆钉、拉链、筛网等；包铝的线材广泛用于加工农业防虫罩，以及需要有高抗蚀性的其他场合
	冷加工线材	O、H111、H12、H14、H18、H32、H34、H36、H38、H192、H392	
	铆钉线材 箔材	O、H32 H19	
5083	板材 厚板	O、H116、H321 O、H112、H116、H321	用于需要有高抗蚀性、良好的可焊性和中等强度的场合，如船舶、汽车和飞机板焊接件；需要严格防火的压力容器、制冷装置、电视塔、钻探设备、交通运输设备、导弹零件、装甲等
	挤压管、型、棒、线材	O、H111、H112	
	锻件	H111、H112、F	
5086	板材	O、H112、H116、H32、H34、H36、H38	用于需要有高抗蚀性、良好的可焊性和中等强度的场合，如舰艇、汽车、飞机、低温设备、电视塔、钻井设备、运输设备、导弹零部件与甲板等
	厚板	O、H112、H116、H321	
	挤压管、型、棒、线材	O、H111、H112	
5154	板材 厚板 拉伸管	O、H32、H34、H36、H38 O、H32、H34、H112 O、H34、H38	焊接结构、储槽、压力容器、船舶结构与海上设施、运输槽罐
	挤压管、型、棒、线材	O、H112	
	冷加工棒材	O、H112、F	
	冷加工线材	O、H112、H32、H34、H36、H38	
5182	板材	O、H32、H34、H19	薄板用于加工易拉罐盖，汽车车身板、操纵盘、加强件、运输槽罐
5252	板材	H24、H25、H28	用于制造有较高强度的装饰件，如汽车、仪器等的装饰性零部件，阳极氧化后具有光亮透明的氧化膜
5254	板材	O、H32、H34、H36、H38	过氧化氢及其他化工产品容器
	厚板	O、H32、H34、H112	
5356	线材	O、H12、H14、H16、H18	焊接镁含量大于3%的铝-镁合金焊条及焊丝

续表

牌号	主要品种	状态	典型用途
5454	板材 厚板 拉伸管	O、H32、H34 O、H32、H34、H112 H32、H34	焊接结构、压力容器、船舶及海洋设施管道
	挤压管、型、棒、线材	O、H111、H112	
5456	板材 厚板 锻件	O、H32、H34 O、H32、H34、H112 H112、F	装甲板、高强度焊接结构、储槽、压力容器、船舶材料
5457	板材	O	经抛光与阳极氧化处理的汽车及其他设备的装饰件
5652	板材 厚板	O、H32、H34、H36、H48 O、H32、H34、H112	过氧化氢及其他化工产品储存容器
5657	板材	H241、H25、H26、H28	经抛光与阳极氧化处理的汽车及其他设备的装饰件，但在任何情况下必须确保材料具有细的晶粒组织
5A02	同5052	同5052	飞机油箱与导管，焊丝、铆钉，船舶结构件
5A03	同5254	同5254	中等强度焊接结构件，冷冲压零件，焊接容器，焊丝，可用来代替5A02合金
5A05	板材 挤压型材 锻件	O、H32、H34、H112 O、H111、H112 H112、F	焊接结构件，飞机蒙皮骨架
5A06	板材 厚板 挤压管、型、棒材	O、H32、H34 O、H32、H34、H112 O、H111、H112	焊接结构，冷模锻零件，焊接容器受力零件，飞机蒙皮骨架部件，铆钉
	线材	O、H111、H12、H14、H18、H32、H34、H36、H38	
	铆钉线材 锻件	O、H32 H112、F	
5A12	板材 厚板 挤压型、棒材	O、H32、H34 O、H32、H34、H112 O、H111、H112	焊接结构件，防弹甲板

表9-8 6×××系铝合金的品种、状态和典型用途

牌号	主要品种	状态	典型用途
6005	挤压管、型、棒、线材	T1、T5	挤压型材与管材，用于要求强度大于6063合金的结构件，如梯子、电视天线等
6009 6010	板材	T4、T6	汽车车身板
6061	板材 厚板 拉伸管 挤压管、型、棒、线材 导管 轧制或挤压结构型材 冷加工棒材	O、T4、T6 O、T451、T651 O、T4、T6、T4510、T4511 T51、T6、T6510、T6511 T6 T6 O、H13、T4、T541、T6、T651	要求有一定强度、可焊性与抗蚀性高的各种工业结构件，如制造卡车、塔式建筑、船舶、电车、铁道车辆、家具等用的管、棒、型材
	冷加工线材	O、H13、T4、T6、T89、T913、T94	
	铆钉线材 锻件	T6 F、T6、T652	
6063	拉伸管	O、T4、T6、T83、T831、T832	建筑型材，灌溉管材，供车辆、台架、家具、升降机、栏栅等用的挤压材料，以及飞机、船舶、轻工业部门、建筑物等用的不同颜色的装饰构件
	挤压管、型、棒、线材	O、T1、T4、T5、T52、T6	
	导管	T6	
6066	拉伸管	O、T4、T42、T6、T62	焊接结构用锻件及挤压材料
	挤压管、型、棒、线材	O、T4、T4510、T4511、T42、T6、T6510、T6511、T62	
	锻件	F、T6	
6070	挤压管、型、棒、线材	O、T4、T4511、T6、T6511、T62	重载焊接结构与汽车工业用的挤压材料与管材，桥梁、电缆塔、航海元件、机器零件导管等
	锻件	F、T6	
6101	挤压管、型、棒、线材	T6、T61、T63、T64、T65、H111	公共汽车用高强度棒材、高强度母线、导电体与散热装置等
	导管	T6、T61、T63、T64、T65、H111	
	轧制或挤压结构型材	T6、T61、T63、T64、T65、H111	

续表

牌号	主要品种	状态	典型用途
6151	锻件	F、T6、T652	用于模锻曲轴零件、机器零件和部件，供既要求有良好的可锻性能、高的强度，又要有良好抗蚀性之用
6201	冷加工线材	T81	高强度导电棒材与线材
6205	板材 挤压材料	T1、T5 T1、T5	厚板、踏板与高冲击的挤压件
6262	拉伸管 挤压管、型、棒、线材 冷加工棒材 冷加工线材	T2、T6、T62、T9 T6、T6510、T6511、T62 T6、T651、T62、T9 T6、T9	要求抗蚀性优于 2011 和 2017 合金的、有螺纹的高应力机械零件（切削性能好）
6351	挤压管、型、棒、线材	T1、T4、T5、T51、T54、T6	车辆的挤压结构件，水、石油等的输送管道，挤压型材
6463	挤压棒、型、线材	T1、T5、T6、T62	建筑与各种器械型材，以及经阳极氧化处理后有明亮表面的汽车装饰件
6A02	板材 厚板 管、棒、型材 锻件	O、T4、T6 O、T4、T451、T6、T651 O、T4、T4511、T6、T6511 F、T6	飞机发动机零件，形状复杂的锻件与模锻件，要求有高塑性和高抗蚀性的机械零件

表 9-9　7××× 系铝合金的品种、状态和典型用途

牌号	主要品种	状态	典型用途
7005	挤压管、棒、型、线材	T53	挤压材料用于制造要求高的强度、高韧性的焊接结构与钎焊结构，如交通运输车辆的桁架、杆件、容器；大型热交换器，以及焊接后不能进行固溶处理的部件
	板材和厚板	T6、T63、T6351	
7039	板材和厚板	T6、T651	冷冻容器、低温器械与储存箱，消防压力器材，军用器材、装甲板、导弹装置

续表

牌号	主要品种	状态	典型用途
7049	锻件	F、T6、T652、T73、T7352	用于制造静态强度与7079、T6合金的相同而又要求有高强度、耐腐蚀、不开裂的零件，如飞机与导弹零件的起落架齿轮箱、液压缸和挤压件，零件的疲劳性能大致与7075-T6合金的相等，而韧性稍高
	挤压型材	T73511、T76511	
	薄板和厚板	T73	
7050	厚板	T7451、T7651	飞机结构件用中厚板、挤压件、自由锻件与模锻件 制造这类零件对合金的要求是：抗剥落腐蚀、应力腐蚀开裂能力、断裂韧性与疲劳性能都高，如飞机机身框架，机翼蒙皮，舱壁，桁条，加强筋、肋，托架，起落架支承部件，座椅导轨，铆钉
	挤压棒、型、线材	T73510、T73511、T74510、T74511、T76510、T76511	
	冷加工棒材、线材	H13	
	铆钉线材	T73	
	锻件	F、T74、T7452	
	包铝薄板	T76	
7055	厚板	T651、T7751	大型飞机的蒙皮，长桁，水平尾翼，龙骨架，座轨，货运滑轨，抗压和抗拉强度比7150的高10%，断裂韧性、耐腐蚀性与7150的相似
	挤压件	T77511	
	锻件	T77	
7072	散热器片坯料	O、H14、H18、H19、H23、H24、H241、H25、H111、H113、H211	空调器铝箔与特薄带材；2219、3003、3004、5050、5052、5154、6061、7075、7475、7178合金板材与管材的包覆层
7075	板材	O、T6、T73、T76	用于制造飞机结构及其他要求强度高、抗蚀性能强的高应力结构件，如飞机上、下翼面壁板，桁条，隔框等，固溶处理后塑性好，热处理强化效果特别好，在150℃以下有高的强度，并且有特别好的低温强度，焊接性能差，有应力腐蚀开裂倾向，双级时效可提高抗SCC性能
	厚材	O、T651、T7351、T7651	
	拉伸管	O、T6、T173	
	挤压管、型、棒、线材	O、T6、T6510、T6511、T73、T73510、T73511、T76、T76510、T76511	
	轧制或冷加工棒材	O、H13、T6、T651、T73、T7351	
	冷加工线材	O、H13、T6、T73	
	铆钉线材	T6、T73	
	锻件	F、T6、T652、T73、T7352	

续表

牌号	主要品种	状态	典型用途
7150	厚板	T651、T7751	大型客机的机翼、机体结构件(板梁凸缘,主翼纵梁,机身加强件,龙骨架,座椅导轨等),强度高,抗剥落腐蚀良好,断裂韧性和抗疲劳性能好
	挤压件	T6511、T77511	
	锻件	T77	
7175	锻件	F、T74、T7452、 T7454、T66	用于锻造航空器用的高强度结构件,如飞机外翼梁,主起落架梁,前起落架动作筒,垂尾接头,火箭喷管结构件,T74 材料有良好的综合性能
	挤压件	T74、T6511	
7178	板材 厚材	O、T6、T76 O、T651、T7651	供制造航空航天器用的要求抗压屈服强度的零部件
	挤压管、型、 棒、线材	O、T6、T6510、T6511、 T76、T76510、T76511	
	冷加工棒材、线材 铆钉线材	O、H13 T6	
7475	板材 厚材	O、T61、T761 O、T651、T7351、T7651	机身用的蒙皮和其他要求高强度、高韧性的零部件,如飞机机身、机翼蒙皮、中央翼结构件、翼梁、桁架、舱壁、隔板、直升机舱板、起落架舱门
	轧制或冷 加工棒材	O	
7A04	板材 厚材 拉伸管	O、T6、T73、T76 O、T651、T7351、T7651 O、T6、T173	飞机蒙皮、螺钉以及受力构件,如大梁桁条、隔框、翼肋等
	挤压管、型材、 棒材、线材	O、T6、T6510、T6511、 T73、T73510、T73511、 T76、T76510、T76511	
	轧制或冷 加工棒材	O、H13、T6、T651、 T73、T7351	
	冷加工线材 铆钉线材 锻件	O、H13、T6、T73 T6、T73 F、T6、T652、T73、T7352	

9.2.2　铝合金的状态

铝合金的状态包括加工硬化状态和热处理状态。

H12—形变硬化—1/4 硬

H14—形变硬化—1/2 硬

H16—形变硬化—3/4 硬

H18—形变硬化—充分硬

H19—形变硬化—超硬

H××4—用于浮雕的或模具的薄板或带，由相对应的 H×× 回火制成

H××5—形变硬化—用于焊接管

H111—退火并在以后的操作，例如拉伸或整平的过程中进行轻度的加工硬化（比 H11 轻）

H112—从一个高温加工过程，或是从一个有限的冷却中受到轻度的加工硬化（未规定有力学性能极限）

H116—用于镁含量在 4%或以上的铝镁合金，对于这种合金规定了力学性能极限，以及抵抗脱皮腐蚀的性能

H22—形变硬化并部分退火—1/4 硬

H24—形变硬化并部分退火—1/2 硬

H26—形变硬化并部分退火—3/4 硬

H28—形变硬化并部分退火—4/4 硬（充分硬化）

H32—形变硬化并稳定化—1/4 硬

H34—形变硬化并稳定化—1/2 硬

H36—形变硬化并稳定化—3/4 硬

H38—形变硬化并稳定化—4/4 硬（充分硬化）

H42—形变硬化并刷涂料/漆—1/4 硬

H44—形变硬化并刷涂料/漆—1/2 硬

H46—形变硬化并刷涂料/漆—3/4 硬

H48—形变硬化并刷涂料/漆—4/4 硬（充分硬化）

9.2.3 铝合金热处理状态

表 9-10 铝合金热处理状态代号及意义

代号	名称	说明与应用
F	自由加工状态	适用于在成型过程中，对于加工硬化和热处理条件无特殊要求的产品，该状态产品的力学性能不作规定

续表

<table>
<tr><th>代号</th><th>名称</th><th colspan="3">说明与应用</th></tr>
<tr><td rowspan="11">O</td><td>退火状态</td><td colspan="3">适用于经完全退火获得最低强度的加工产品</td></tr>
<tr><td>O1</td><td colspan="3">其热处理采用大致上相同于固溶处理的温度和时间，并缓慢冷却至室温</td></tr>
<tr><td>O2</td><td colspan="3">经热-机械加工，以提高成型性，例如超塑性成型(SPF)</td></tr>
<tr><td>O3</td><td colspan="3">均质处理</td></tr>
<tr><td>O 状态的最小抗拉强度/MPa</td><td>H×8 状态与 O 状态的最小抗拉强度差值/MPa</td><td>O 状态的最小抗拉强度/MPa</td><td>H×8 状态与 O 状态的最小抗拉强度差值/MPa</td></tr>
<tr><td>＜40</td><td>105</td><td>165～200</td><td>90</td></tr>
<tr><td>45～60</td><td>115</td><td>205～240</td><td>95</td></tr>
<tr><td>65～80</td><td>120</td><td>245～280</td><td>100</td></tr>
<tr><td>85～100</td><td>55</td><td>285～320</td><td>110</td></tr>
<tr><td>105～120</td><td>65</td><td>＞325</td><td>120</td></tr>
<tr><td>125～160</td><td>85</td><td>—</td><td>—</td></tr>
<tr><td>H</td><td>加工硬化状态</td><td colspan="3">适用于通过加工硬化提高强度的产品，产品在加工硬化后可经过(也可不经过)使强度有所降低的附加热处理，H 代号后面必须跟两位或三位阿拉伯数字</td></tr>
<tr><td>W</td><td>固溶处理状态</td><td colspan="3">一种不稳定状态，仅适用于经固溶热处理后，室温下自然时效的合金，该状态代号仅表示产品处于自然时效阶段</td></tr>
<tr><td>T</td><td>热处理状态</td><td colspan="3">适用于热处理后，经过(或不经过)加工硬化达到稳定状态的产品</td></tr>
<tr><td colspan="2">T0</td><td colspan="3">固溶热处理后，经自然时效再通过冷加工状态，适用于经冷加工提高强度的产品</td></tr>
<tr><td colspan="2">T1</td><td colspan="3">由高温成型过程冷却，然后自然时效至基本稳定的状态，适用于由高温成型过程冷却后，不再进行冷加工(可矫直、矫平，但不影响力学性能极限)的产品</td></tr>
<tr><td colspan="2">T2</td><td colspan="3">由高温成型过程冷却，经冷加工后自然时效至基本稳定的状态；适用于由高温成型过程冷却后，进行冷加工或矫直、矫平以提高强度的产品</td></tr>
</table>

续表

代号	名称	说明与应用
T3 (固溶热处理后进行冷加工,再经自然时效至基本稳定的状态;适用于在固溶热处理后,进行冷加工或矫直、矫平以提高强度的产品)	T31	固溶化热处理,并通过一定控制量的拉伸(恒定状态,对于薄板:0.5%~3%,对于板:1.5%~3%,对于轧制的或冷精加工的棒或杆:1%~3%,对于手锻件或环锻件和轧制环:1%~5%),产品在拉伸后,不再作进一步的校直
	T3510	固溶化热处理,并通过一定控制量的拉伸(恒定状态,对于挤出的棒、杆、型材和管:1%~3%,对于拉管:0.5%~3%),并自然时效,产品在拉伸后不再做进一步的校直
	T3511	除了允许在拉伸后做小量的校直,以便符合标准的公差这一点外,其余方面均与3510相同
	T352	固溶化热处理,通过压缩产生一个1%~5%的恒定状态的变形,以消除应力,并自然时效
	T354	固溶化热处理,通过在精锻模内再冲压至冷态,自然时效
	T36	固溶化热处理,冷作约6%,并自然时效
	T37	固溶化热处理,冷作约7%,并自然时效
	T39	固溶化热处理并进行一定量的冷作,以得到所规定的力学性能,冷作可在自然时效以前或以后进行
T4		固溶热处理后自然时效至基本稳定的状态;适用于在固溶热处理后,不再进行冷加工(可进行矫直、矫平,但不影响力学性能极限)的产品
T42		固溶化热处理,并进行自然时效,用于试验材料,从退火或回火进行固溶化热处理直到显示热处理特性,或用于产品,由用户从任何状态进行热处理的变形产品
T45	T451	固溶化热处理,并通过一定控制量的拉伸(恒定状态,对于薄板:0.5%~3%。对于板:1.5%~3%。对于轧制的或冷精加工的棒或杆:1%~3%。对于手工锻件或轧制环:1%~5%)以消除应力,并自然时效,产品在拉伸后不再做进一步的校直
	T4510	固溶化热处理,并通过一定控制量的拉伸(恒定状态,对于挤出的棒、杆、型材和管:1%~3%,对于拉管:0.5%~3%),以消除应力,并自然时效,产品在拉伸后不再做进一步的校直
	T4511	除了允许在拉伸后做小量的校直,其余方面均与4510相同
	T452	固溶化热处理,通过压缩产生一个1%~5%的恒定状态的变形,以消除应力,并自然时效
	T454	固溶化热处理,通过在精锻模内再冲压至冷态,以消除应力,然后进行自然时效

续表

代号	名称	说明与应用
T5	T5	由高温成型过程冷却，然后人工时效的状态；适用于由高温成型过程冷却后，不经过冷加工（可进行矫直、矫平，但不影响力学性能极限），予以人工时效的产品
	T51	从一个高温成型过程冷却下来，并在时效不足的条件下进行人工时效以提高成型性
	T56	从一个高温成型过程冷却下来，然后进行人工时效—通过对过程的控制来得到比T5更高的力学性能水平（6系合金）
T6	T6	固溶热处理后人工时效的状态；适用于在固溶热处理后，不再进行冷加工（可进行矫直、矫平，但不影响力学性能极限）的产品
	T61	固溶化热处理，然后在时效不足的条件下进行人工时效以提高成型性
	T6151	固溶化热处理，并通过一定控制量的拉伸（恒定状态，对于薄板：0.5%～3%，对于板：1.5%～3%），以消除应力，然后在时效不足的条件下人工时效，以提高其成型性，产品在拉伸后不再做进一步的校直
	T62	固溶化热处理，然后人工时效，用于试验材料，从退火或回火进行固溶化热处理直到显示热处理特性，或用于产品，由用户从任何状态进行热处理的变形产品
	T64	固溶化热处理，然后在时效不足的条件下（在T6和T61之间）进行人工时效，以提高成型性
T65	T651	固溶化热处理，并通过一定控制量的拉伸（恒定状态，对于薄板：0.5%～3%。对于板：1.5%～3%。对于轧制的或冷精加工的棒或杆：1%～3%。对于手工锻件或轧制环：1%～5%）以消除应力，然后进行人工时效，产品在拉伸后不再做进一步的校直
	T6510	固溶化热处理，并通过一定控制量的拉伸（恒定状态，对于挤出的棒、杆、型材和管：1%～3%，对于拉管：0.5%～3%），以消除应力，并人工时效，产品在拉伸后不再做进一步的校直
	T6511	除了允许在拉伸后做小量的校直，其余方面均与6510相同
	T652	固溶化热处理，通过压缩产生一个1%～5%的恒定状态的变形，以消除应力，并人工时效
	T654	固溶化热处理，通过在精锻模内再冲压至冷态，以消除应力，然后进行人工时效

续表

<table>
<tr><th>代号</th><th>名称</th><th>说明与应用</th></tr>
<tr><td colspan="2">T66</td><td>固溶化热处理，然后进行人工时效—通过对过程的控制来得到比 T6 更高的力学性能水平(6 系合金)</td></tr>
<tr><td colspan="2">T7</td><td>固溶热处理后进行人工过度时效的状态；适用于固溶热处理后，为获取某些重要特征，在人工时效时，强度在时效曲线上越过了最高峰点的产品</td></tr>
<tr><td rowspan="6">T73
(适用于固溶热处理后，经时效以达到规定的力学性能和抗应力腐蚀性能指标的产品)</td><td>T732</td><td>固溶化热处理，然后人工过度时效，以便得到最好的抵抗应力腐蚀的性能，用于试验材料，从退火或回火进行固溶化热处理直到显示热处理特性，或用于产品，由用户从任何状态进行热处理的变形产品</td></tr>
<tr><td>T7351</td><td>固溶化热处理，并通过一定控制量的拉伸(恒定状态，对于薄板：0.5%～3%。对于板：1.5%～3%，对于轧制的或冷精加工的棒或杆：1%～3%。对于手工锻件或轧制环：1%～5%)以消除应力，然后进行人工过度时效，以便得到最好的抵抗应力腐蚀的性能，产品在拉伸后不再做进一步的校直</td></tr>
<tr><td>T73510</td><td>固溶化热处理，并通过一定控制量的拉伸(恒定状态，对于挤出的棒、杆、型材和管：1%～3%，对于拉管：0.5%～3%)，以消除应力，然后进行人工过度时效，以便得到最好的抵抗应力腐蚀的性能，产品在拉伸后不再做进一步的校直</td></tr>
<tr><td>T73511</td><td>除了允许在拉伸后做小量的校直，以便符合标准的公差这一点外，其余方面均与 73510 相同</td></tr>
<tr><td>T7352</td><td>固溶化热处理，通过压缩产生一个 1%～5%的恒定状态的变形，以消除应力，并进行人工过度时效，以便得到最好的抵抗应力腐蚀的性能</td></tr>
<tr><td>T7354</td><td>固溶化热处理，通过在精锻模内再冲压至冷态，以消除应力，然后进行人工过度时效，以便得到最好的抵抗应力腐蚀的性能</td></tr>
<tr><td rowspan="2">T74
(固溶化热处理，然后进行人工过度时效，在 T73 与 T76 之间)</td><td>T7451</td><td>固溶化热处理，并通过一定控制量的拉伸(恒定状态，对于薄板：0.5%～3%，对于板：1.5%～3%，对于轧制的或冷精加工的棒或杆：1%～3%，对于手工锻件或轧制环：1%～5%)以消除应力，然后进行人工过度时效(在 T73 与 T76 之间)，以便得到最好的抵抗应力腐蚀的性能，产品在拉伸后不再做进一步的校直</td></tr>
<tr><td>T74510</td><td>固溶化热处理，并通过一定控制量的拉伸(恒定状态，对于挤出的棒、杆、型材和管：1%～3%，对于拉管：0.5%～3%)，以消除应力，然后进行人工过度时效(在 T73 与 T76 之间)，以便得到最好的抵抗应力腐蚀的性能，产品在拉伸后不再做进一步的校直</td></tr>
</table>

续表

代号	名称	说明与应用
T74（固溶化热处理，然后进行人工过度时效，在T73与T76之间）	T74511	除了允许在拉伸后做小量的校直，以便符合标准的公差这一点外，其余方面均与74510相同
	T7452	固溶化热处理，通过压缩产生一个1%～5%的恒定状态的变形，以消除应力，并进行人工过度时效（在T73与T76之间）
	T7454	固溶化热处理，通过在精锻模内再冲压至冷态，以消除应力，然后进行人工过度时效（在T73与T76之间）
T76（固溶化热处理，然后进行人工过度时效，以得到抵抗脱皮腐蚀的性能）	T761	固溶化热处理，然后进行人工过度时效，以得到抵抗脱皮腐蚀的性能（用于7475薄板和带）
	T762	固溶化热处理，然后进行人工过度时效，以得到抵抗脱皮腐蚀的性能，用于试验材料，从退火或回火进行固溶化热处理直到显示热处理特性，或用于产品，由用户从任何状态进行热处理的变形产品
	T7651	固溶化热处理，并通过一定控制量的拉伸（恒定状态，对于薄板：0.5%～3%。对于板：1.5%～3%。对于轧制的或冷精加工的棒或杆：1%～3%。对于手工锻件或轧制环：1%～5%）以消除应力，然后进行人工过度时效，以便得到最好的抵抗脱皮腐蚀的性能，产品在拉伸后不再做进一步的校直
	T76510	固溶化热处理，并通过一定控制量的拉伸（恒定状态，对于挤出的棒、杆、型材和管：1%～3%。对于拉管：0.5%～3%），以消除应力，然后进行人工过度时效，以便得到最好的抵抗脱皮腐蚀的性能，产品在拉伸后不再做进一步的校直
	T76511	除了允许在拉伸后做小量的校直，以便符合标准的公差这一点外，其余方面均与76510相同
	T7652	固溶化热处理，通过压缩产生一个1%～5%的恒定状态的变形，以消除应力，并进行人工过度时效，以便得到最好的抵抗脱皮腐蚀的性能
	T7654	固溶化热处理，通过在精锻模内再冲压至冷态，以消除应力，然后进行人工过度时效，以便得到最好的抵抗脱皮腐蚀的性能
T79（固溶化热处理，然后进行人工过度时效，很有限的过度时效）	T79510	固溶化热处理，并通过一定控制量的拉伸（恒定状态，对于挤出的棒、杆、型材和管：1%～3%。对于拉管：0.5%～3%），以消除应力，然后进行人工过度时效（很有限的过度时效），产品在拉伸后不再做进一步的校直
	T79511	除了允许在拉伸后做小量的校直，以便符合标准的公差这一点外，其余方面均与79510相同

续表

代号	名称	说明与应用
T8（固溶热处理后经冷加工，然后进行人工时效的状态；适用于经冷加工或矫直、矫平以提高强度的产品）	T81	固溶热处理后经冷加工约1%，然后进行人工时效的状态
	T82	由用户进行固溶化热处理，进行最小恒定变形量是2%的控制拉伸，然后进行人工时效（8090合金）
	T832	固溶化热处理，冷作加工至一定的控制量，然后进行人工时效（用于6063拉制的管）
	T841	固溶化热处理，冷作加工，然后进行人工不足时效（合金2091和8090薄板、带）
	T84151	固溶化热处理，通过进行恒定变形量为1.5%～3%的控制拉伸，以消除应力，然后进行人工不足时效(2091和8090合金的板)
	T851	固溶化热处理，并通过一定控制量的拉伸（恒定状态，对于薄板：0.5%～3%。对于板：1.5%～3%。对于轧制的或冷精加工的棒或杆：1%～3%。对于手工锻件或轧制环：1%～5%）以消除应力，然后进行人工时效，产品在拉伸后不再做进一步的校直
	T8510	固溶化热处理，并通过一定控制量的拉伸（恒定状态，对于挤出的棒、杆、型材和管：1%～3%。对于拉管：0.5%～3%），以消除应力，然后进行人工时效，产品在拉伸后不再做进一步的校直
	T8511	除了允许在拉伸后做小量的校直，以便符合标准的公差这一点外，其余方面均与8510相同
	T852	固溶化热处理，通过压缩产生一个1%～5%的恒定状态的变形，以消除应力，并进行人工时效
	T854	固溶化热处理，通过在精锻模内再冲压至冷态，以消除应力，然后进行人工时效
	T86	固溶化热处理，进行约6%的冷作加工，然后进行人工时效
	T87	固溶化热处理，进行约7%的冷作加工，然后进行人工时效
	T89	固溶化热处理，进行一个适量的冷作加工，以便得到所规定的力学性能，然后进行人工时效
T9		固溶热处理后人工时效，然后进行冷加工的状态；适用于经冷加工提高强度的产品
T10		由高温成型过程冷却后，进行冷加工，然后人工时效的状态，适用于经冷加工或矫直、矫平以提高强度的产品

注：H×1—抗拉强度极限为O与H×2状态的中间值；H×2—抗拉强度极限为O与H×4状态的中间值；H×3—抗拉强度极限为H×2与H×4状态的中间值；H×4—抗拉强度极限为O与H×8状态的中间值；H×5—抗拉强度极限为H×4与H×6状态的中间值；H×6—抗拉强度极限为H×4与H×8状态的中间值；H×7—抗拉强度极限为H×6与H×8状态的中间值；H×8—硬状态；H×9—超硬状态、最小抗拉强度极限超过H×8状态至少10MPa。

9.2.4　变形铝合金的特性和用途

表 9-11　部分变形铝合金的特性和用途

类别	牌号	特性	应用举例
工业用高纯铝	1A99、1A97、1A93、1A90、1A85	纯度很高，质量分数通常在99.0%～99.9%之间，其中最高的纯度可以超过99.95%，含杂质也很少	主要用于科学研究、化学工业以及其他一些特殊用途，如生产各种电解电容器用箔材、抗酸容器等，产品有板、带、箔、管等
工业用纯铝	1060、1050A 1035、1200 8A06	塑性高、耐蚀、导电性和导热性好等特点，但强度低，不能通过热处理强化，切削性不好，可用接触焊、气焊等	用于制造不承受载荷但具有某种特性（如高塑性、高耐蚀、导电导热好）的结构元件，如铝箔垫片及电容器、电子管隔离网、电线、电缆的防护套、网线芯及飞机通风系统零件及装饰件
	1A30	特性与1060、8A06等类似，但其Fe、Si杂质含量控制严格，工艺及热处理条件特殊	主要用于航天工业和兵器工业纯铝膜片等的板材
	1100	强度较低，但延展性、成型性、焊接性和耐蚀性优良	适于制作各种深冲压制品
包覆铝	7A01 1A50	是硬铝合金和超硬铝合金的包铝板合金	分别用于超硬铝合金板材和硬铝合金板材包覆
防锈铝	5A02	为铝镁系防锈铝，强度、塑性、耐蚀性高，具有较高的抗疲劳强度，热处理不可强化，可用接触焊氢原子焊良好焊接，冷作硬化态下可切削加工，退火状态下切削性不良，但可抛光	油介质中工作的结构件及导管、中等截面的零件、装饰件、焊条，铆钉等
	5A03	铝镁系防锈铝，性能与5A02相似，但焊接性优于5A02，可气焊、氩弧焊、点焊、滚焊	液体介质中工作的中等负载零件、焊件、冷冲件
	5A05 5B05	铝镁系防锈铝，抗腐蚀性高，强度与5A03类似，不能热处理强化，退火状态塑性好，半冷作硬化状态可进行切削加工，可进行氢原子焊、点焊、气焊、氩弧焊	5A05多用于在液体环境中工作的焊接零件，如管道、容器等；5B05多用作连接铝合金、镁合金的铆钉（退火并进行阳极化处理）

续表

类别	牌号	特性	应用举例
防锈铝	5A06	强度较高，耐腐蚀性较好，退火及挤压状态下塑性良好，可切削性良好，可氩弧焊、气焊、点焊	焊接容器、受力零件，航空工业的产品的骨架及零件、飞机蒙皮
	5A12	镁含量高，强度较好，挤压状态塑性尚可	多用作航空工业及无线电工业用各种板材、棒材及型材
	5B06、5A13 5A33	镁含量高，且加入适量的 Ti、Be、Zr 等元素，故合金焊接性较好	多用于焊接结构件，制造各种焊条
	5A43	系铝镁锰合金，成本低，塑性好	多用于民用制品，如铝制餐具、用具
	3A21	铝锰系合金，应用最为广泛，强度不高，退火状态塑性高，冷作硬化状态塑性低，耐蚀性好，焊接性较好，不可热处理强化	用于要求高可塑性和良好焊接性、在液体或气体介质中工作的低载荷零件，如油箱、导管及各种异形容器，线材可制作铆钉
	5083 5056	铝镁系高镁合金，在不可热处理合金中具有强度良好，耐蚀性、切削性良好，阳极化处理外观美丽，且电焊性好等特点	广泛用于船舶、汽车、飞机、导弹等方面，民用多生产自行车、挡泥板，5056 也可制成管件作车架等结构件
硬铝	2A01	强度低，塑性高，耐蚀性低，点焊焊接性良好，切削性尚可，工艺性能良好，在制作铆钉时应先进行阳极氧化处理	广泛用作制造工作温度低于 100℃的中等强度铝合金结构的铆钉材料
	2A02	具有高强度及较高的热强性，热变形时塑性高，可热处理强化，耐腐蚀性尚可，有应力腐蚀破坏倾向，切削性较好，多在人工时效状态下使用	是一种主要承载结构材料及高温（200～300℃）工作条件下的涡轮喷气发动机轴向压缩机叶轮及其他较高温度下工作的受力结构件
	2A04	剪切强度和耐热性较高，在退火及刚淬火（4～6h 内）时塑性良好，淬火及冷作硬化后切削性尚好，耐蚀性不良，需进行阳极氧化，是一种主要铆钉合金	用于制造 125～250℃工作条件下的铝合金结构件铆钉

续表

类别	牌号	特性	应用举例
硬铝	2B11 2B12	剪切强度中等，退火及刚淬火状态下塑性尚好，可热处理强化，剪切强度较高	用作中等强度铆钉（在淬火后2h内使用），用作制造高强度铆钉（在淬火后20min内使用）
	2A10	剪切强度较高，焊接性一般，用气焊、氩弧焊有裂纹倾向，但点焊焊接性良好，耐蚀性与2A01、2A11相似。用作铆钉不受热处理后的时间限制，但需要阳极化处理并用重铬酸钾填充	用作工作温度低于100℃的、要求较高强度的铆钉，可替代2A01、2B12、2A11、2A12等合金制作较高强度铆钉
	2A11	一般称为标准硬铝，中等强度，点焊焊接性良好，以其作焊料进行气焊及氩弧焊时有裂纹倾向；可热处理强化，在淬火和自然时效状态下使用，抗蚀性不高，多采用包铝、阳极化和涂漆作表面防护，退火态切削性不好，淬火时尚好	用作各种要求中等强度的零件和构件、冲压的连接部件、空气螺旋桨叶片、局部镦粗的螺栓、铆钉等，用作铆钉应在淬火后2h内使用
	2A12	高强度硬铝，点焊焊接性良好，氩弧焊及气焊有裂纹倾向，退火状态切削性尚可，可作热处理强化，抗蚀性差，常用包铝、阳极氧化及涂漆提高耐蚀性	用来制造高负荷零件（但不包括冲压件和镦件），如工作温度在150℃以下的飞机骨架、隔框、翼梁、翼肋、蒙皮等
	2A06	高强度硬铝，点焊焊接性与2A12相似，氩弧焊较2A12好，耐腐蚀性也与2A12相同，加热至250℃以下其晶间腐蚀倾向较2A12小，可进行淬火和时效处理，其压力加工、切削性与2A12相同	可作为150～250℃工作条件下的结构板材，但对于淬火自然时效后冷作硬化的板材，不宜在高温长期加热条件下使用
	2A16	属耐热硬铝，在高温下有较高的蠕变强度，合金在热态下有较高的塑性，无挤压效应，切削性良好；可热处理强化，焊接性能良好，可进行点焊、滚焊和氩弧焊，但焊缝腐蚀稳定性较差，应采用阳极氧化处理防腐	用于在高温下（250～950℃）工作的零件，如压缩机叶片圆盘及需要焊接的容器
	2A17	成分与性能和2A16相近，但在常温和225V下的持久强度超过2A16；而在225～300V时则低于2A16，且2A17不可焊接	用作在20～300℃工作、要求有高强度的锻件和冲压件

续表

类别	牌号	特性	应用举例
锻铝	6A02	具有中等强度，退火和热态下可塑性高，淬火自然时效后塑性尚好，这种状态下的抗蚀性可与5A02、3A21相比；人工时效状态合金具有晶间腐蚀倾向，淬火后可切削性尚好，退火后不好，合金可点焊、氢原子焊、气焊	制造承受中等载荷、要求有高塑性和高耐蚀性的零件，以及形状复杂的锻件和模锻件，如发动机曲轴箱、直升机桨叶
	6B02	系Al-Mg-Si系合金，晶间腐蚀倾向比6A02小	多用于电子工业装箱板及各种壳体等
	6070	系Al-Mg-Si系合金，耐蚀性能良好	可用于制造大型焊接结构件、锻件、挤压件及高级跳水板等
	2A50	热态下塑性较高；易于锻造，冲压强度较高，在淬火及人工时效时与硬铝相近；工艺性能较好，但有挤压效应，故纵横向性能差别较大，抗蚀性较好，但有晶间腐蚀倾向，切削性良好，接触焊、滚焊良好，但电弧焊、气焊性能不佳	用于制造要求中等强度，且形状复杂的锻件和冲压件
	2B50	性能、成分与2A50相近；可互换通用，但热态下其可塑性优于2A50	用于制造形状复杂和中等强度的锻件和模锻件，如压缩机叶轮、发动机框架等
	2A70	热态下具有高的可塑性，无挤压效应，可热处理强化，成分与2A50相近，但组织较2A80要细，热强性及工艺性能比2A80稍好，属耐热锻铝，其耐蚀性、可切削性尚好，接触焊、滚焊性能良好，电弧焊及气焊性能不佳	用于制造高温环境下工作的锻件，如内燃机活塞及一些复杂件，如叶轮；板材可制造高温下的焊接冲压结构件
	2A80	热态下可塑性较低，可进行热处理强化，高温强度高，属耐热锻铝，无挤压效应，焊接性与LD7相同，耐蚀性、可切削性尚好，有应力腐蚀倾向	用途与2A70相近
	2A90	有较好的热强性，热态下可塑性尚好，可热处理强化，耐蚀性、焊接性和切削性与2A70相近	用途与2A70、2A80相近，且逐渐被2A70、2A80代替

续表

类别	牌号	特性	应用举例
锻铝	2A14	强度较高，热强性较好，热态下可塑性尚好；可切削性良好，接触焊、滚焊性能良好，电弧焊和气焊性能不佳，耐蚀性不高，人工时效状态时有晶间腐蚀倾向，可热处理强化，有挤压效应，因此纵横向性能有所差别	用于制造承受高负荷和形状简单的锻件和模锻件
	4A11	属 Al-Cu-Mg-Si 系合金，可锻、可铸、热强性好。热膨胀系数小，抗磨性能好	主要用于制造蒸汽机活塞及气缸材料
	6061 6063	属 Al-Mg-Si 系合金，具有中等的强度，其焊接性优良，耐蚀性及冷加工性好，是一种使用范围广、很有前途的合金	广泛应用于建筑门窗、台架等结构件及医疗办公、车辆、船舶、机械等方面
超硬铝	7A03	超硬铝铆钉合金，淬火人工时效状态可以铆接，可热处理强化，抗剪强度较高，耐蚀性和可切削性能尚好，铆钉铆接时，不受热处理后时间限制	用作承力结构铆钉、工作温度在125℃以下时，可作2A10铆钉合金代用品
	7A04	系高强度合金，在刚淬火及退火状态下塑性尚可，可热处理强化，通常在淬火人工时效状态下使用，这时得到的强度较一般硬铝高很多，但塑性较低，合金点焊焊接性良好，气焊不良，热处理后可切削性良好，但退火后的可切削性不佳	用于制造主要承力结构件，如飞机大梁、桁条、加强框、蒙皮、翼肋、接头、起落架零件等
	7A09	属高强度铝合金，在刚淬火及退火状态下的塑性稍低于同样状态的2A12、稍优于7A04，板材的静疲劳、缺口敏感应力、腐蚀性能优于7A04	用于制造飞机蒙皮等结构件和主要受力零件
	7A10	系 Al-Cu-Mg-Zr 系合金	主要生产板材、管材和锻件等，用于纺织工业及防弹材料
	7003	属 Al-Cu-Mn-Zn 系合金，综合力学性能较好，耐蚀性好	主要用来制作型材、生产自行车的车圈

续表

类别	牌号	特性	应用举例
特殊铝	4A01	属铝硅合金，力学性能不高，但抗蚀性很高，压力加工性良好，但机械强度差	多用于制作焊条、焊棒，用于焊接铝合金制品
	4A13 4A17	系 Al-Si 系合金	主要用于钎焊板、带材的包覆板，或直接生产板、带、箔和焊线等
	5A41	特殊的高镁合金，其抗冲击性强	多用于制作飞机座舱防弹板
	5A66	高纯铝镁合金，相当于5A02，其杂质含量要求严格控制	用于生产高级饰品，如笔套、标牌等

9.3 铝及铝合金板、带材

9.3.1 一般工业用铝板（带）材一般要求（GB/T 3880.1—2023）

用于除深冲、涂漆、阳极氧化及幕墙、PS版基等特殊用途和军工用途外的其他场合。

① 分类　按牌号分，有1×××、2×××、3×××、4×××、5×××、6×××、7×××和8×××；按尺寸偏差，分为高精度和普通级（某些尺寸项目不分级）。

② 化学成分　5L52牌号化学成分应符合GB/T 3880.1—2023表4的规定，其他牌号符合GB/T 3190的规定。

③ 板材尺寸和偏差　见表9-12、表9-13。

表9-12　板材的宽度、长度和带材的宽度、卷内径　mm

产品厚度	板材		带材	
	宽度	长度	宽度	卷内径
>0.20～0.50	500～1500	500～4000	≤3000	75、76.2、150、152.4、200、300、304.8、400、405、505、508、605、650、750
>0.50～0.80	500～2000	500～10000		
>0.80～1.20	500～2400	800～10000		
>1.20～3.00	500～2400	800～10000		
>3.00～8.00	500～2400	800～15000		
>8.00～15.00	500～2500	1000～15000	—	
>15.00～435.00	500～4000	1000～20000		

表 9-13　尺寸偏差等级

<table>
<tr><th rowspan="2">项目</th><th colspan="2">偏差等级</th><th rowspan="2" colspan="2">项目</th><th colspan="2">偏差等级</th></tr>
<tr><th>板材</th><th>带材</th><th>板材</th><th>带材</th></tr>
<tr><td>单点厚度偏差</td><td>高精、普通</td><td>高精、普通</td><td rowspan="2">侧边弯曲度</td><td>冷轧</td><td rowspan="2">不分级</td><td>不分级</td></tr>
<tr><td>厚度偏差</td><td>不分级</td><td>不分级</td><td>热轧</td><td>—</td></tr>
<tr><td>宽度偏差</td><td rowspan="3">高精、普通</td><td>高精、普通</td><td colspan="2">对角线</td><td>高精、普通</td><td></td></tr>
<tr><td>长度偏差</td><td>—</td><td colspan="2">中凸度</td><td>不分级</td><td>不分级</td></tr>
<tr><td>不平度</td><td>不分级</td><td colspan="2">粗糙度</td><td>不分级</td><td>不分级</td></tr>
<tr><td></td><td></td><td></td><td colspan="2">错层、塔形</td><td>—</td><td>不分级</td></tr>
</table>

④ 牌号、状态和厚度　见表 9-14～表 9-21。

表 9-14　1×××系的牌号、状态、厚度和开坯方式

<table>
<tr><th rowspan="2">牌号</th><th rowspan="2">状态</th><th colspan="2">厚度/mm</th><th colspan="3">开坯方式[①]</th></tr>
<tr><th>板材</th><th>带材</th><th>热轧</th><th>铸轧</th><th>连铸连轧</th></tr>
<tr><td rowspan="3">1035</td><td>O</td><td>>0.20～6.00</td><td>>0.20～6.00</td><td rowspan="18">√</td><td colspan="2" rowspan="3">—</td></tr>
<tr><td>H112</td><td>>6.00～30.00</td><td>>0.20～6.00</td></tr>
<tr><td>H18</td><td>>0.20～6.00</td><td>>0.20～6.00</td></tr>
<tr><td rowspan="9">1050</td><td>O</td><td>>0.20～6.00</td><td>>0.20～6.00</td><td>√</td><td>—</td></tr>
<tr><td>H111</td><td>>4.50～30.00</td><td>—</td><td colspan="2" rowspan="3">—</td></tr>
<tr><td>H112</td><td>>4.50～40.00</td><td>—</td></tr>
<tr><td>H12、H22、H24</td><td>0.50～6.00</td><td>0.50～6.00</td></tr>
<tr><td>H14</td><td>>0.20～8.00</td><td>>0.20～6.00</td><td rowspan="2">√</td><td rowspan="2">—</td></tr>
<tr><td>H16</td><td>>0.20～4.00</td><td>>0.20～4.00</td></tr>
<tr><td>H26</td><td>>0.20～4.00</td><td>>0.20～4.00</td><td colspan="2">—</td></tr>
<tr><td>H18</td><td>>0.20～6.00</td><td>>0.20～3.00</td><td>√</td><td>—</td></tr>
<tr><td>F</td><td>>4.50～10.00</td><td>>2.50～6.00</td><td colspan="2" rowspan="4">—</td></tr>
<tr><td rowspan="6">1050A</td><td>O</td><td>>0.50～80.00</td><td>>0.20～6.00</td></tr>
<tr><td>H111</td><td>>0.50～80.00</td><td>—</td></tr>
<tr><td>H112</td><td>>6.00～50.00</td><td>—</td></tr>
<tr><td>H12、H22、H14、H24</td><td>>0.20～4.00</td><td>>0.20～4.00</td><td rowspan="2">√</td><td rowspan="2">—</td></tr>
<tr><td>H16、H26</td><td>>0.20～4.00</td><td>>0.20～3.00</td></tr>
<tr><td>H18、H28</td><td>>0.20～3.00</td><td>>0.20～3.00</td><td colspan="2">—</td></tr>
</table>

续表

<table>
<tr><th rowspan="2">牌号</th><th rowspan="2">状态</th><th colspan="2">厚度/mm</th><th colspan="3">开坯方式[①]</th></tr>
<tr><th>板材</th><th>带材</th><th>热轧</th><th>铸轧</th><th>连铸连轧</th></tr>
<tr><td rowspan="10">1060</td><td>O</td><td>>0.20～65.00</td><td>>0.20～6.00</td><td rowspan="2">√</td><td colspan="2">√</td></tr>
<tr><td>H112</td><td>6.00～200.00</td><td>—</td><td colspan="2">—</td></tr>
<tr><td>H12、H22</td><td>>0.20～7.00</td><td>>0.20～4.00</td><td>—</td><td colspan="2">√</td></tr>
<tr><td>H32</td><td>>0.20～6.00</td><td>>0.20～6.00</td><td rowspan="6">√</td><td colspan="2">—</td></tr>
<tr><td>H14、H24</td><td>>0.20～30.00</td><td>>0.20～6.00</td><td rowspan="2">√</td><td rowspan="2">—</td></tr>
<tr><td>H16</td><td>>0.20～4.00</td><td>>0.20～4.00</td></tr>
<tr><td>H26</td><td>>0.20～4.00</td><td>>0.20～4.00</td><td colspan="2">—</td></tr>
<tr><td>H18</td><td>>0.20～6.00</td><td>>0.20～6.00</td><td colspan="2">√</td></tr>
<tr><td>H19</td><td>—</td><td>>0.20～2.00</td><td>√</td><td>—</td></tr>
<tr><td>F</td><td>>4.50～10.00</td><td>>2.50～8.00</td><td>—</td><td colspan="2">—</td></tr>
<tr><td rowspan="6">1070</td><td>O</td><td>>0.20～3.00</td><td>>0.20～3.00</td><td rowspan="12">√</td><td>√</td><td>—</td></tr>
<tr><td>H112</td><td>>4.50～100.00</td><td>—</td><td colspan="2" rowspan="3">—</td></tr>
<tr><td>H12、H22、
H14、H24</td><td>>0.20～7.00</td><td>>0.20～6.00</td></tr>
<tr><td>H16、H26</td><td>>0.20～7.00</td><td>>0.20～7.00</td></tr>
<tr><td>H18</td><td>>0.20～8.00</td><td>>0.20～3.00</td><td>√</td><td>—</td></tr>
<tr><td>F</td><td>>2.50～6.00</td><td>>2.50～6.00</td><td colspan="2" rowspan="6">—</td></tr>
<tr><td rowspan="4">1070A</td><td>O</td><td>>0.20～6.00</td><td>>0.20～3.00</td></tr>
<tr><td>H12、H22、
H14、H24</td><td>—</td><td>>0.20～3.00</td></tr>
<tr><td>H16、H26</td><td>>0.20～4.00</td><td>>0.20～4.00</td></tr>
<tr><td>H18</td><td>>0.20～7.00</td><td>—</td></tr>
<tr><td>1080A</td><td>H111</td><td>>0.20～35.00</td><td>—</td></tr>
<tr><td rowspan="4">1235</td><td>H14</td><td>>0.20～4.00</td><td>>0.20～4.00</td><td>√</td><td>—</td></tr>
<tr><td>H16</td><td>>0.20～4.00</td><td>>0.20～4.00</td><td>—</td><td>√</td><td>—</td></tr>
<tr><td>H18</td><td>>0.20～3.00</td><td>>0.20～3.00</td><td>—</td><td>—</td><td>—</td></tr>
<tr><td>H19</td><td>>0.20～3.00</td><td>>0.20～3.00</td><td rowspan="2">√</td><td colspan="2">—</td></tr>
<tr><td>1145</td><td>H12、H22、
H14、H24</td><td>>0.20～4.50</td><td>>0.20～4.50</td><td>√</td><td>—</td></tr>
<tr><td rowspan="2">1350</td><td>O</td><td>>0.2～6.00</td><td>>0.2～6.0</td><td rowspan="2">—</td><td rowspan="2">√</td><td rowspan="2">—</td></tr>
<tr><td>H112</td><td>>6.00～30.00</td><td>—</td></tr>
<tr><td rowspan="3">1100</td><td>O</td><td>>0.20～80.00</td><td>>0.20～6.00</td><td rowspan="3">√</td><td colspan="2" rowspan="3">—</td></tr>
<tr><td>H112</td><td>>6.00～80.00</td><td>—</td></tr>
<tr><td>H12、H22</td><td>>0.20～6.00</td><td>>0.20～6.00</td></tr>
</table>

① 有多种开坯方式时由供需双方协商确定选择表中的一种，并在订货单（或合同）中注明。下同。

注：“√”表示有此开坯方式，“—”表示无此开坯方式。下同。

表 9-15　2×××系的牌号、状态、厚度和开坯方式

牌号	状态	厚度/mm		开坯方式		
		板材	带材	热轧	铸轧	连铸连轧
2014	O	>0.40～25.00	—	√	—	
	T3	>0.40～6.00	—			
	T4	>0.40～12.00	—			
	T6	>0.40～60.00	—			
	T651	>6.00～160.00	—			
	F	>4.50～150.00	—			
包铝 2014	O	>0.40～10.00	—			
	T3	>0.40～6.00	—			
	T4	>0.40～6.00	—			
	T6	>0.40～10.00	—			
	F	>4.50～10.00	—			
2014A、包铝 2014A	O、T4、T6	>0.40～6.00	—			
	O、T4、T6	>0.40～6.00	—			
2017	O	>0.40～25.00	>0.50～6.00			
	T3	>0.40～3.00	—			
	T4	>0.40～30.00	—			
	T451	>25.00～130.00	—			
	T7451	>100.00～130.00	—			
	F	>4.50～150.00	—			
包铝 2017	O、T3、T4、F	>0.40～10.00	—			
2017A	O	>0.40～25.00	—			
	T4	>0.40～30.00	—			
	T451	>6.00～160.00	—			
	T7451	>30.00～80.00	—			
包铝 2017A	O、T4	>0.40～10.00	—			
2219	O	>0.50～140.00	—			
	T1	>12.00～200.00	—			
	T8	>6.00～25.00	—			
	T4	>6.00～50.00	—			
	T6	>1.50～200.00	—			
	T351	>6.00～10.00	—			
	T651	>6.00～150.00	—			
	T851	>12.00～160.00	—			
	T87	>4.50～20.00	—			
	C10SYU	>5.00～35.00	—			

续表

牌号	状态	厚度/mm		开坯方式		
		板材	带材	热轧	铸轧	连铸连轧
包铝 2219	O、T87	＞0.50～10.00	—			
2024	O	＞0.20～40.00	＞0.50～6.00			
	T1	＞4.5～200.00	＞0.50～6.00			
	T3	＞0.20～15.00	—			
	T351	＞1.20～150.00	—			
	T4	＞0.40～150.00	—			
	T451	＞15.00～170.00	—			
	T7451	＞6.00～60.00	—			
	T8	＞0.40～40.00	—			
	T851	＞6.00～120.00	—			
	F	＞4.50～400.00	—			
包铝 2024	O、T3	＞0.20～10.00	—			
	T4	＞0.40～10.00	—			
	F	＞4.50～10.00	—			
2B06、包铝 2B06	O、T4	＞0.50～8.00	—			
2A11	T1	＞2.00～80.00	—	√		—
	T4	＞0.20～10.00	—			
	H14	＞0.20～4.00	＞0.20～4.00			
	H16	＞0.20～4.00	＞0.20～4.00			
	H18	＞0.20～6.00	＞0.20～6.00			
包铝 2A11	O、T1、T3、T4	＞0.20～10.00	—			
2A12	O	＞0.50～30.00	—			
	H18	＞0.20～3.00	＞0.20～3.00			
	T1	＞4.50～300.00	—			
	T3	＞0.20～10.00	—			
	T4	＞0.20～400.00	—			
	T351、T451	＞6.00～100.00	—			
	F	＞1.50～165.00	—			
包铝 2A12	O、T1、T3、T4	＞0.20～10.00	—			
2D12	O	＞0.50～6.00	—			
	T4	＞0.50～10.00	—			
	T351	＞6.00～15.00	—			
包铝 2D12	O、T4	＞0.20～10.00	—			
2E12、包铝 2E12	T3、T4	＞0.80～6.00	—			

续表

<table>
<tr><th rowspan="2">牌号</th><th rowspan="2">状态</th><th colspan="2">厚度/mm</th><th colspan="3">开坯方式</th></tr>
<tr><th>板材</th><th>带材</th><th>热轧</th><th>铸轧</th><th>连铸连轧</th></tr>
<tr><td rowspan="6">2A14</td><td>O</td><td>0.50～30.00</td><td>—</td><td rowspan="6">√</td><td rowspan="13" colspan="2">—</td></tr>
<tr><td>T1</td><td>>6.00～300.00</td><td>—</td></tr>
<tr><td>T4</td><td>0.50～70.00</td><td>—</td></tr>
<tr><td>T6</td><td>0.50～200.00</td><td>—</td></tr>
<tr><td>T651</td><td>>6.00～140.00</td><td>—</td></tr>
<tr><td>F</td><td>>6.00～300.00</td><td>—</td></tr>
<tr><td rowspan="2">2A16</td><td>T1</td><td>>6.00～50.00</td><td>—</td><td rowspan="7">—</td></tr>
<tr><td>T6</td><td>>0.40～6.00</td><td>—</td></tr>
<tr><td>2B25</td><td>T351</td><td>>30.00～85.00</td><td>—</td></tr>
<tr><td rowspan="2">2A70</td><td>T1</td><td>>6.00～70.00</td><td>—</td></tr>
<tr><td>T651</td><td>>6.00～40.00</td><td>—</td></tr>
<tr><td rowspan="2">2D70</td><td>T4</td><td>>12.00～80.00</td><td>—</td></tr>
<tr><td>T351、T651</td><td>>12.00～80.00</td><td>—</td></tr>
</table>

表 9-16　3×××系的牌号、状态、厚度和开坯方式

<table>
<tr><th rowspan="2">牌号</th><th rowspan="2">状态</th><th colspan="2">厚度/mm</th><th colspan="3">开坯方式</th></tr>
<tr><th>板材</th><th>带材</th><th>热轧</th><th>铸轧</th><th>连铸连轧</th></tr>
<tr><td rowspan="2">3102</td><td>H18</td><td>—</td><td>>0.20～3.00</td><td rowspan="13">√</td><td rowspan="2">√</td><td rowspan="2">—</td></tr>
<tr><td>H19</td><td>—</td><td>>0.20～0.50</td></tr>
<tr><td rowspan="15">3003</td><td>O</td><td>>0.20～25</td><td>>0.20～6.00</td><td>—</td><td>√</td></tr>
<tr><td>H111</td><td>>3.00～12.5</td><td>—</td><td rowspan="4" colspan="2">—</td></tr>
<tr><td>H112</td><td>>6.00～30.00</td><td>—</td></tr>
<tr><td>H12</td><td>>0.20～1.50</td><td>>0.20～1.50</td></tr>
<tr><td>H22、H32、H34</td><td>>0.20～12.50</td><td>>0.20～6.00</td></tr>
<tr><td>H14</td><td>>0.20～6.35</td><td>>0.20～6.35</td><td colspan="2">√</td></tr>
<tr><td>H24</td><td>>0.20～12.50</td><td>>0.20～6.00</td><td>√</td><td>—</td></tr>
<tr><td>H16</td><td>>0.20～4.00</td><td>>0.20～4.00</td><td colspan="2">√</td></tr>
<tr><td>H26</td><td>>0.20～4.00</td><td>>0.20～4.00</td><td rowspan="2" colspan="2">—</td></tr>
<tr><td>H18</td><td>>0.20～3.00</td><td>>0.20～3.00</td></tr>
<tr><td>H19</td><td>>0.20～3.00</td><td>>0.20～3.00</td><td colspan="2">√</td></tr>
<tr><td>H29</td><td>—</td><td>>0.20～4.00</td><td rowspan="3">—</td><td rowspan="3">√</td><td rowspan="3">—</td></tr>
<tr><td>H34</td><td>>0.20～3.00</td><td>>0.20～3.00</td></tr>
<tr><td>H44、H46</td><td>—</td><td>>0.20～1.50</td></tr>
<tr><td>F</td><td>>4.50～10.00</td><td>>2.50～8.00</td><td>—</td><td colspan="2">—</td></tr>
</table>

续表

<table>
<tr><th rowspan="2">牌号</th><th rowspan="2">状态</th><th colspan="2">厚度/mm</th><th colspan="3">开坯方式</th></tr>
<tr><th>板材</th><th>带材</th><th>热轧</th><th>铸轧</th><th>连铸连轧</th></tr>
<tr><td rowspan="9">3004</td><td>O</td><td>>0.20～50.00</td><td>>0.20～6.00</td><td rowspan="5">√</td><td colspan="2" rowspan="4">—</td></tr>
<tr><td>H111</td><td>>0.20～50.00</td><td>—</td></tr>
<tr><td>H12、H22、H32、H14</td><td>>0.20～6.00</td><td>>0.20～6.00</td></tr>
<tr><td>H34、H26、H36、H18</td><td>>0.20～3.00</td><td>>0.20～1.50</td></tr>
<tr><td>H24</td><td>>0.20～3.00</td><td>>0.20～1.50</td><td rowspan="2">√</td><td rowspan="2">—</td></tr>
<tr><td>H44、H46</td><td>—</td><td>>0.20～1.50</td><td>—</td></tr>
<tr><td>H16</td><td>>0.20～4.00</td><td>>0.20～1.50</td><td>√</td><td colspan="2">—</td></tr>
<tr><td>H26</td><td>>0.20～4.00</td><td>>0.20～1.50</td><td rowspan="16">√</td><td>√</td><td>—</td></tr>
<tr><td>H28、H38、H19</td><td>>0.20～1.50</td><td>>0.20～1.50</td><td colspan="2" rowspan="10">—</td></tr>
<tr><td rowspan="5">3104</td><td>O</td><td>>0.20～3.00</td><td>>0.20～3.00</td></tr>
<tr><td>H111</td><td>>0.20～3.00</td><td>—</td></tr>
<tr><td>H32</td><td>>0.20～3.00</td><td>>0.20～3.00</td></tr>
<tr><td>H14,H24、H34、H16、H26、H36</td><td>>0.20～3.00</td><td>>0.20～3.00</td></tr>
<tr><td>H18、H38、H19</td><td>>0.20～0.50</td><td>>0.20～0.50</td></tr>
<tr><td rowspan="9">3005</td><td>O</td><td>>0.20～6.00</td><td>>0.20～6.00</td></tr>
<tr><td>H111</td><td>>0.20～6.00</td><td>—</td></tr>
<tr><td>H12</td><td>>0.20～6.00</td><td>>0.20～6.00</td></tr>
<tr><td>H22</td><td>—</td><td>>0.20～3.00</td></tr>
<tr><td>H14</td><td>>0.20～6.00</td><td>>0.20～1.50</td><td rowspan="4">√</td><td rowspan="4">—</td></tr>
<tr><td>H24</td><td>>0.20～3.00</td><td>>0.20～1.50</td></tr>
<tr><td>H16</td><td>>0.20～4.00</td><td>>0.20～0.50</td></tr>
<tr><td>H26</td><td>>0.20～3.00</td><td>>0.20～1.50</td></tr>
<tr><td>H28</td><td>>0.20～3.00</td><td>>0.20～3.00</td><td colspan="2">—</td></tr>
<tr><td rowspan="7">3105</td><td>O、H12、H22</td><td>>0.20～3.00</td><td>>0.20～3.00</td><td rowspan="2">√</td><td colspan="2">—</td></tr>
<tr><td>H14、H16、H18、H24、H26</td><td>>0.20～4.00</td><td>>0.20～4.00</td><td rowspan="6">√</td><td rowspan="6">—</td></tr>
<tr><td>H44、H46</td><td>—</td><td>>0.20～1.50</td><td rowspan="3">—</td></tr>
<tr><td>H25</td><td>—</td><td>>0.20～0.50</td></tr>
<tr><td>H17</td><td>—</td><td>>0.20～0.50</td></tr>
<tr><td>H28</td><td>>0.20～1.50</td><td>>0.20～1.50</td><td rowspan="2">√</td></tr>
<tr><td>H29</td><td>>0.20～1.50</td><td>>0.20～1.50</td></tr>
</table>

续表

<table>
<tr><th rowspan="2">牌号</th><th rowspan="2">状态</th><th colspan="2">厚度/mm</th><th colspan="3">开坯方式</th></tr>
<tr><th>板材</th><th>带材</th><th>热轧</th><th>铸轧</th><th>连铸连轧</th></tr>
<tr><td rowspan="3">3105A</td><td>H24</td><td>—</td><td>>0.20～1.00</td><td rowspan="3">—</td><td rowspan="3">√</td><td rowspan="3">—</td></tr>
<tr><td>H25</td><td>—</td><td>>0.20～0.50</td></tr>
<tr><td>H28</td><td>—</td><td>>0.20～0.50</td></tr>
<tr><td rowspan="6">3A21</td><td>O</td><td>>0.20～25.00</td><td>—</td><td rowspan="6">√</td><td rowspan="6" colspan="2">—</td></tr>
<tr><td>H112</td><td>>4.00～125.00</td><td>—</td></tr>
<tr><td>H12、H22</td><td>>1.00～12.00</td><td>—</td></tr>
<tr><td>H14、H24</td><td>>0.80～6.00</td><td>—</td></tr>
<tr><td>H18、H28</td><td>>0.20～6.00</td><td>—</td></tr>
<tr><td>F</td><td>>4.00～20.00</td><td>—</td></tr>
</table>

表 9-17　4×××系的牌号、状态、厚度和开坯方式

<table>
<tr><th rowspan="2">牌号</th><th rowspan="2">状态</th><th colspan="2">厚度/mm</th><th colspan="3">开坯方式</th></tr>
<tr><th>板材</th><th>带材</th><th>热轧</th><th>铸轧</th><th>连铸连轧</th></tr>
<tr><td rowspan="2">4007</td><td>O</td><td>>0.20～12.50</td><td>—</td><td rowspan="4">√</td><td rowspan="4" colspan="2">—</td></tr>
<tr><td>H12</td><td>—</td><td>>0.20～0.40</td></tr>
<tr><td>4343</td><td>F</td><td>>0.20～60.00</td><td>>0.20～3.00</td></tr>
<tr><td>4A11</td><td>O</td><td>>0.20～6.00</td><td>—</td></tr>
</table>

表 9-18　5×××系的牌号、状态、厚度和开坯方式

<table>
<tr><th rowspan="2">牌号</th><th rowspan="2">状态</th><th colspan="2">厚度/mm</th><th colspan="3">开坯方式</th></tr>
<tr><th>板材</th><th>带材</th><th>热轧</th><th>铸轧</th><th>连铸连轧</th></tr>
<tr><td rowspan="7">5005、5005A</td><td>O</td><td>>0.20～3.00</td><td>>0.20～3.00</td><td rowspan="11">√</td><td>√</td><td>—</td></tr>
<tr><td>H111</td><td>>0.20～50.00</td><td>—</td><td rowspan="10" colspan="2">—</td></tr>
<tr><td>H22</td><td>>0.20～3.00</td><td>>0.20～3.00</td></tr>
<tr><td>H32、H14、H24、H34</td><td>>0.20～6.00</td><td>>0.20～6.00</td></tr>
<tr><td>H16、H26、H36</td><td>>0.20～4.00</td><td>>0.20～1.50</td></tr>
<tr><td>H18、H28、H38、H19</td><td>>0.20～3.00</td><td>>0.20～3.00</td></tr>
<tr><td>F</td><td>>4.50～6.00</td><td>>2.50～6.00</td></tr>
<tr><td rowspan="3">5042</td><td>H34</td><td>>0.20～6.00</td><td>>0.20～0.50</td></tr>
<tr><td>H26</td><td>—</td><td>>0.20～3.00</td></tr>
<tr><td>H19</td><td>—</td><td>>0.20～3.00</td></tr>
<tr><td>5049</td><td>O、H111</td><td>>0.20～3.00</td><td>>0.20～1.50</td></tr>
</table>

续表

牌号	状态	厚度/mm		开坯方式		
		板材	带材	热轧	铸轧	连铸连轧
5050	H22、H32、H14、H24	>0.20～6.00	—	√	—	
	H34	—	>0.20～1.50			
	H26	>0.20～4.00	>0.20～1.50			
5251	O、H111	>0.20～50.00	>0.20～3.00			
	H112	>0.20～10.00	—			
	H22、H32	>0.20～6.00	>0.20～3.00			
	H26	>0.20～4.00	—			
5052	O	>0.20～50.00	>0.20～6.00		√	—
	H111	>1.50～20.00	—		—	
	H112	>6.00～400.00	—			
	H12、H22、H14、H24、H34、H16	>0.20～6.00	>0.20～6.00			
	H26、H36	>0.20～6.00	>0.20～8.00			
	H32	>0.20～6.00	>0.20～8.00	√	—	
	H34	>0.50～6.00	>0.20～2.50			
	H42	—	>0.20～1.50	—	√	—
	H44	—	>0.20～1.00			
	H18、H28、H38	>0.20～6.00	>0.20～3.00		—	
	H19、H39	—	>0.20～0.50			
	H321	>0.20～12.70	—			
	F	>6.00～410.00	>0.50～6.00			
5252	O	>0.20～3.00	—			
	H32	>0.20～6.00	—			
5154	O	>0.20～100.00	>0.20～3.00			
	H22、H24、H32	—	>0.20～0.50			
5454	O、H111	>0.20～80.00	—	√		
	H32	>0.20～16.00	—			
	H24、H34	>0.20～6.50	—			
	H112	6.00～120.00	—			
5754	O	>0.20～110.00	>0.20～1.50			
	H111	>0.20～110.00	>0.20～3.00			
	H112	3.00～55.00	—			
	H12、H32	>0.20～6.00	—			
	H22	>0.20～20.00	>0.20～3.00			

续表

牌号	状态	厚度/mm		开坯方式		
		板材	带材	热轧	铸轧	连铸连轧
5754	H14、H34	>0.20～6.00	>0.20～3.00	√	—	—
	H24	>0.20～6.00	>0.20～1.00	√	—	—
	H16、H26、H36	>0.20～6.00	—	√	—	—
	H34	—	>0.20～0.50	√	—	—
	H18、H28、H38	>0.20～3.00	—	√	—	—
	H42、H44、H46、H48	>0.20～6.00	>0.20～1.00	√	—	—
	F	3.00～6.00	3.00～6.00	√	—	—
5056	O	>0.50～3.00	—	√	—	—
	F	>0.50～3.00	—	√	—	—
5456	O	>0.20～16.00	—	√	—	—
	H34	>4.50～6.00	—	√	—	—
	H116	>4.50～50.00	—	√	—	—
	H321	>4.50～50.00	—	√	—	—
5059	O、H111、H112	>3.00～50.00	—	—	√	—
	H32	—	0.20～1.00	√	—	—
	H34	—	0.20～1.00	√	—	—
	H36	—	0.20～1.00	√	—	—
	H38	—	0.20～1.00	√	—	—
	H116、H321	>3.00～50.00	—	√	√	—
5182	O	>0.20～6.00	>0.20～3.00	√	—	—
	H111	>0.20～20.00	—	√	—	—
	H32、H34	>0.20～6.00	—	√	—	—
	H26、H36	>0.20～6.00	—	√	—	—
	H18	>0.20～3.00	—	√	—	—
	H19	>0.20～1.50	>0.20～1.50	√	—	—
	H48	—	>0.20～0.50	√	—	—
5083	O、H111	>0.20～200.00	>0.20～4.00	√	—	—
	H112	>3.00～160.00	—	√	—	—
	H12、H22、H32	>0.20～12.00	>0.20～3.00	√	—	—
	H14、H24、H34	>0.20～10.00	>0.20～4.00	√	—	—
	H16、H26、H36	>0.20～6.00	—	√	—	—
	H116	>1.50～80.00	—	√	—	—
	H321	>1.50～130.00	—	√	—	—
	F	>0.20～10.00	—	√	—	—

续表

牌号	状态	厚度/mm		开坯方式		
		板材	带材	热轧	铸轧	连铸连轧
5383	O、H111	＞0.20～150.00	—			
	H32、H24	＞0.20～6.00	—			
	H321	＞1.50～80.00	—			
	H116	＞1.50～80.00	—	√	—	—
5086	O、H111	＞0.20～150.00	—			
	H12、H32、H34	＞0.20～6.00	—			
	H36	＞0.20～4.00	—			
5086	H116	＞1.50～50.00	—			
	F	＞4.50～150.00	—			
5A01	H112	＞4.50～10.00	—			
5A02	O	＞0.50～10.00	—			
	H112	＞2.00～80.00	—			
	H14、H24、H34、H18	＞0.50～4.50	—			
	H32	＞0.50～3.00	—			
	F	＞4.50～150.00	—			
5A03	O、H14、H24、H34	＞0.50～4.50	＞0.50～4.50			
	H112	＞4.50～50.00	—			
	F	＞4.50～50.00	—			
5A05	O	＞0.50～25.00	＞0.50～4.50			
	H112	＞4.50～50.00	—	√	—	—
	F	＞4.50～130.00	—			
5A06	O	0.50～100.00	＞0.50～4.50			
	H112	＞3.00～265.00	—			
	H34	＞1.20～20.00	＞0.20～6.00			
	F	＞4.50～120.00	—			
5A12	O	＞0.50～3.00	—			
5A30	H112	＞30.00～200.00	—			
5E61	O	＞1.2～6.00	＞0.20～6.00			
5A66	H24	＞0.50～3.00	—			
5B05	O	—	0.20～3.00			
	H38	—	0.20～3.00			
5L52	H32	—	0.20～3.00			

表 9-19　6×××系的牌号、状态、厚度和开坯方式

牌号	状态	厚度/mm		开坯方式		
		板材	带材	热轧	铸轧	连铸连轧
6101	T6	>4.50～80.00	—			
	T61、T64、T6A	>1.00～10.00	0.20～6.00			
6005A	T6	>0.50～10.00	—			
6111	T4、T4P	—	0.40～3.00			
	T61	0.40～3.00	—			
6013	T6	>0.50～10.00	—			
6014	T4、T4P	—	0.40～3.00			
6016	H18	>0.50～3.00	—			
	T4、T4P、T6、T61	0.40～6.00	—			
6060	T6、T651	>4.50～70.00	—			
6061	O、T1	0.40～150.00	0.40～7.00			
	T4	0.40～10.00	—			
	T6	0.40～280.00	—	√	—	
	T351、T451、T651	5.00～290.00	—			
	F	>4.50～435.00	>2.50～8.00			
6063	O、T1	0.50～150.00	—			
	T4、T6	0.50～170.00	—			
	T651	6.00～60.00	—			
	F	0.50～150.00	—			
6082	O	0.40～25.00	—			
	T4	0.40～80.00	—			
	T6	0.40～200.00	—			
	T61	>0.50～10.00	—			
	T651	1.50～200.00	—			
	F	>4.50～25.00	—			
6A02	O、T4、T6	>0.50～10.00	—			
	H18	—	>0.20～1.00			
	T1	>4.50～90.00	—			
6A16	T4P	—	0.40～3.00			

表 9-20　7×××系的牌号、状态、厚度和开坯方式

牌号	状态	厚度/mm		开坯方式		
		板材	带材	热轧	铸轧	连铸连轧
7005	T6	>1.50～20.00	—	√	—	—
7020	O、T4	0.40～12.50	—			
	T6、T651	>0.40～60.00	—			
7021	T6、T6B、T651	>1.50～6.00	—			
7150	T1	>12.00～81.00	—			
7075	O	>0.40～30.00	—			
	H18	>0.20～3.00	>0.20～3.00			
	T1	>4.50～200.00	—			
	T6	>0.40～200.00	—			
	T351、T651、T7351、T7451	>1.50～203.00	—			
	T73	>1.50～100.00	—			
	T76	>1.50～12.50	—			
	F	>6.00～200.00	—			
包铝 7075	O、T6、T76、F	>0.40～10.00	—			
7475	O	>0.40～75.00	—			
	T6	>0.35～6.00	—			
	T7351	>5.00～200.00	—			
	T76、T761	>1.00～6.50	—			
包铝 7475	O、T761	>0.40～10.00	—			
7085	T7451、T7651	>60.00～200.00	—			
7A04、7A09	O、T6	>0.50～155.00	—			
	T1	>4.50～100.00	—			
	T651	>6.00～100.00	—			
	T9	>0.50～6.00	—			
	F	>4.50～150.00	—			
包铝 7A04、包铝 7A09	O、T6	>0.50～10.00	—			
	T9	>0.50～6.00	—			
7B04	O	>0.50～100.00	—			
	T1	>6.00～50.00	—			
	T4、T6	>1.00～100.00	—			
	T73、T74	>0.50～100.00	—			
包铝 7B04	O、T73、T74	>0.50～10.00	—			
	T6	>1.00～10.00	—			

续表

牌号	状态	厚度/mm		开坯方式		
		板材	带材	热轧	铸轧	连铸连轧
7D04	T7451	>40.00～100.00	—	√	—	
7A05	T6、T651	>1.50～100.00	—			
7A19	T1	>4.50～200.00	—			
7A52	T6	>1.50～100.00	—			
	T651	>1.50～60.00	—			

表 9-21　8×××系的牌号、状态、厚度和开坯方式

牌号	状态	厚度/mm		开坯方式		
		板材	带材	热轧	铸轧	连铸连轧
8006	H16	—	>0.20～0.50	—	√	—
8011	O	—	>0.20～0.50		√	
	H12	—	>0.20～5.00			
	H14、H16	>0.20～0.50	>0.20～3.00	√		
	H24	>0.20～0.50	>0.20～3.00	—		
	H18	>0.20～0.50	>0.20～3.50	—	√	
	H19	—	>0.20～0.50			
	H22	—	>0.20～3.50			
8011A	H14、H24	>0.20～6.00	>0.20～6.00			
	H16、H26	>0.20～4.00	>0.20～4.00			
	H18	>0.20～3.00	>0.20～3.00		√	
	F	>0.20～6.00	>0.20～3.00		—	
8111	H14	—	>0.20～0.50	—	√	—
8014	O	—	>0.20～0.60	√	—	
8021	H14	—	>0.20～0.50		√	—
	H18	—	>0.20～0.50		—	
8021B	H14、H18	—	>0.20～0.50		—	
8079	H14	>0.20～0.50	>0.20～0.50		√	—

9.3.2　一般工业用铝板（带）材力学性能（GB/T 3880.2—2024）

表 9-22　1×××系的力学性能

牌号	供应状态	试样状态	厚度/mm	室温拉伸试验结果				弯曲半径	
				抗拉强度 R_m/MPa	规定非比例延伸强度 $R_{p0.2}$/MPa	断后伸长率/% ≥			
						A_{50}	$A_{5.65}$	90°	180°
1100	H24	H24	>0.20～0.30	110～145	≥95	1	—	—	0
			>0.30～0.60			2	—	—	0
			>0.60～1.20			3	—	—	0
			>1.20～6.00			5	—	—	0
	H16、H26	H16、H26	>0.20～0.30	130～165	≥115	1	—	—	4*t*
			>0.30～0.60			2	—	—	4*t*
			>0.60～1.20			3	—	—	4*t*
			>1.20～6.00			4	—	—	4*t*
	H18	H18	>0.20～0.30	≥150	—	1	—	—	—
			>0.30～0.60			1	—	—	—
			>0.60～1.20			2	—	—	—
			>1.20～4.00			3	—	—	—
	H19	H19	>0.20～0.60	≥160	—	1	—	—	—
1200	H112	H112	>6.00～12.50	≥85	≥35	16	—	—	—
			>12.50～80.00	≥80	≥30	—	20	—	—
	H22	H22	>0.20～0.50	95～135	≥65	4	—	0	0.5*t*
			>0.50～1.50			6	—	0	0.5*t*
			>1.50～3.00			8	—	0.5*t*	0.5*t*
			>3.00～6.00			10	—	*t*	*t*
	H14	H14	>0.20～0.50	115～155	≥95	1	—	0	*t*
			>0.50～1.50			3	—	0.5*t*	*t*
			>1.50～3.00			4	—	*t*	*t*
			>3.00～6.00			5	—	1.5*t*	1.5*t*
	H24	H24	>0.20～0.50	115～155	≥90	3	—	0	*t*
			>0.50～1.50			4	—	0.5*t*	*t*
			>1.50～3.00			5	—	*t*	*t*
			>3.00～6.00			7	—	1.5*t*	—
	H16	H16	>0.20～0.50	120～170	≥110	1	—	0.5*t*	—
			>0.50～1.50	130～170	≥115	2	—	*t*	—
			>1.50～4.00			3	—	1.5*t*	—

续表

牌号	供应状态	试样状态	厚度/mm	室温拉伸试验结果				弯曲半径	
				抗拉强度 R_m /MPa	规定非比例延伸强度 $R_{p0.2}$ /MPa	断后伸长率/% ≥			
						A_{50}	$A_{5.65}$	90°	180°
1200	H26	H26	>0.20～0.50	130～170	≥105	2	—	0.5t	—
			>0.50～1.50			3	—	t	—
			>1.50～4.00			4	—	1.5t	—
	H18	H18	>0.20～0.50	≥150	≥130	1	—	t	—
			>0.50～1.50			2	—	2.0t	—
			>1.50～3.00			2	—	3.0t	—

表 9-23　2×××系的力学性能

牌号	供应状态	试样状态	厚度/mm	室温拉伸试验结果				弯曲半径	
				抗拉强度 R_m /MPa	规定非比例延伸强度 $R_{p0.2}$ /MPa	断后伸长率/% ≥			
						A_{50}	$A_{5.65}$	90°	180°
2014	O	O	>0.40～1.50	≤220	≤110	12	—	0	0.5t
			>1.50～3.00			13	—	t	t
			>3.00～6.00			16	—	1.5t	—
			>6.00～9.00			16	—	2.5t	—
			>9.00～12.50			16	—	4.0t	—
			>12.50～25.00			—	10	—	—
		T42	>0.40～6.00	≥395	≥230	14	—	—	—
			>6.00～12.50	≥400	≥235	14	—	—	—
			>12.50～25.00			—	12	—	—
	T3	T3	>0.40～1.50	≥405	≥245	14	—	—	—
			>1.50～6.00			14	—	—	—
	T4	T4	>0.40～1.50	≥405	≥240	14	—	3.0t	3.0t
			>1.50～6.00			14	—	5.0t	5.0t
			>6.00～12.00	≥400	≥250	14	—	8.0t	—
	T6	T6	>0.40～1.50	≥440	≥395	6	—	5.0t	—
			>1.50～6.00			7	—	7.0t	—
			>6.00～12.50	≥450	≥395	7	—	10.0t	—
			>12.50～40.00	≥460	≥400	—	6	—	—
			>40.00～60.00	≥450	≥390	—	5	—	—

续表

牌号	供应状态	试样状态	厚度/mm	室温拉伸试验结果				弯曲半径	
				抗拉强度 R_m/MPa	规定非比例延伸强度 $R_{p0.2}$/MPa	断后伸长率/% ≥			
						A_{50}	$A_{5.65}$	90°	180°
2014	T651	T651	>6.00～12.50	≥450	≥390	7	—	10.0t	—
			>12.50～40.00	≥460	≥400	—	6	—	—
			>40.00～60.00	≥460	≥390	—	5	—	—
			>60.00～80.00	≥435	≥380	—	4	—	—
			>80.00～100.00	≥420	≥360	—	4	—	—
			>100.00～125.00	≥410	≥350	—	4	—	—
			>125.00～160.00	≥390	≥340	—	2	—	—
包铝2014	O	O	>0.40～10.00	≤205	≤95	16	—	—	—
		T42	>0.40～0.63	≥370	≥215	14	—	—	—
			>0.63～1.60	≥380	≥220	14	—	—	—
			>1.60～10.00	≥395	≥235	15	—	—	—
	T3	T3	>0.40～0.63	≥370	≥230	14	—	—	—
			>0.63～1.60	≥380	≥235	14	—	—	—
			>1.60～6.00	≥395	≥240	15	—	—	—
	T4	T4	>0.40～0.63	≥370	≥215	14	—	—	—
			>0.63～1.60	≥380	≥220	14	—	—	—
			>1.60～6.00	≥395	≥235	15	—	—	—
	T6	T6	>0.40～0.63	≥425	≥370	7	—	—	—
			>0.63～1.60	≥435	≥380	7	—	—	—
			>1.60～2.50	≥440	≥395	8	—	—	—
			>2.50～6.30	≥440	≥395	8	—	—	—
2014A	O	O	>0.40～0.50	≤235	≤110	—	—	t	—
			>0.50～1.50			14	—	2.0t	—
			>1.50～3.00			16	—	2.0t	—
			>3.00～6.00			16	—	2.0t	—
	T4	T4	>0.40～0.50	≥400	≥225	—	—	3.0t	—
			>0.50～1.50			13	—	3.0t	—
			>1.50～6.00			14	—	5.0t	—
	T6	T6	>0.40～0.50	≥440	≥380	—	—	5.0t	—
			>0.50～1.50			6	—	5.0t	—
			>1.50～3.00			7	—	6.0t	—
			>3.00～6.00			8	—	6.0t	—

续表

牌号	供应状态	试样状态	厚度 /mm	室温拉伸试验结果 抗拉强度 R_m /MPa	规定非比例延伸强度 $R_{p0.2}$ /MPa	断后伸长率 /% ≥ A_{50}	$A_{5.65}$	弯曲半径 90°	180°
2017	T3	T3	>0.50～1.60	≥390	≥250	14	—	2.5t	—
	T4	T4	>0.50～1.60	≥390	≥245	14	—	2.5t	—
			>1.60～2.90			15	—	3t	—
			>2.90～6.00			15	—	3.5t	—
			>6.00～12.50	—					
			>12.50～30.00	≥390	≥250	—	12	—	—
	T451	T451	>25.00～40.00	≥390	≥250	—	12	—	—
			>40.00～60.00	≥385	≥245	—	12	—	—
			>60.00～80.00	≥370	≥240	—	7	—	—
2017A	O	O	>0.40～1.243	≤225	≤145	12	—	0	0.5t
			>1.50～3.00			14		t	t
			>3.00～6.00			13		1.5t	—
			>6.00～9.00					2.5t	—
			>9.00～12.50					4.0t	—
			>12.50～25.00			—	12	—	—
		T42	>0.40～3.00	≥390	≥235	14	—	—	—
			>3.00～12.50			15			
			>12.50～25.00			—			
	T4	T4	>0.40～1.50	≥390	≥245	14	—	3.0t	3.0t
			>1.50～6.00		≥245	15	—	5.0t	5.0t
			>6.00～12.50		≥260	13	—	8.0t	—
			>12.50～40.00		≥250	—	12	—	—
			>40.00～60.00	≥385	≥245	—	12	—	—
	T451	T451	>6.00～12.50	≥390	≥260	13	—	8.0t	—
			>12.50～40.00	≥390	≥250	—	12	—	—
			>40.00～60.00	≥385	≥245	—	12	—	—
			>60.00～80.00	≥370	≥240	—	7	—	—
			>80.00～120.00	≥360	≥240	—	6	—	—
			>120.00～150.00	≥350	≥240	—	4	—	—
			>150.00～160.00	≥330	≥220	—	2	—	—

续表

牌号	供应状态	试样状态	厚度/mm	室温拉伸试验结果				弯曲半径	
				抗拉强度 R_m /MPa	规定非比例延伸强度 $R_{p0.2}$ /MPa	断后伸长率/% ≥			
						A_{50}	$A_{5.65}$	90°	180°
2017A	O	O	>0.40～1.243	≤225	≤145	12	—	0	0.5t
			>1.50～3.00			14		t	t
			>3.00～6.00			13		1.5t	—
			>6.00～9.00					2.5t	—
			>9.00～12.50					4.0t	—
			>12.50～25.00			—	12	—	—
		T42	>0.40～3.00	≥390	≥235	14	—	—	—
			>3.00～12.50			15		—	—
			>12.50～25.00			—		—	—
	T4	T4	>0.40～1.50	≥390	≥245	14	—	3.0t	3.0t
			>1.50～6.00		≥245	15	—	5.0t	5.0t
			>6.00～12.50		≥260	13	—	8.0t	—
			>12.50～40.00		≥250	—	12	—	—
			>40.00～60.00	≥385	≥245	—	12	—	—
	T451	T451	>6.00～12.50	≥390	≥260	13	—	8.0t	—
			>12.50～40.00	≥390	≥250	—	12	—	—
			>40.00～60.00	≥385	≥245	—	12	—	—
			>60.00～80.00	≥370	≥240	—	7	—	—
			>80.00～120.00	≥360	≥240	—	6	—	—
			>120.00～150.00	≥350	≥240	—	4	—	—
			>150.00～160.00	≥330	≥220	—	2	—	—
2219	O	O	>0.50～12.50	≤220	≤110	12	—	—	—
			>12.50～50.00			—	10	—	—
			>50.00～140.00			—	10	—	—
		T62	>0.50～1.00	≥370	≥250	6	—	—	—
			>1.00～6.00			7	—	—	—
			>6.00～12.50			8	—	—	—
			>12.50～25.00			—	7	—	—
			>25.00～140.00			—	6	—	—
	T1	T62	>12.50～25.00	≥370	≥250	—	7	—	—
			>25.00～50.00			—	6	—	—
			>50.00～140.00			—	6	—	—

续表

牌号	供应状态	试样状态	厚度/mm	室温拉伸试验结果 抗拉强度 R_m/MPa	规定非比例延伸强度 $R_{p0.2}$/MPa	断后伸长率/% ≥ A_{50}	$A_{5.65}$	弯曲半径 90°	180°
2219	T351	T351	>6.00～10.00	≥315	≥195	10	—	—	—
	T6	T6	>1.50～2.50	≥380	≥285	7	—	—	—
			>2.50～12.50	≥425	≥315	7	—	—	—
			>12.50～25.00			—	7	—	—
			>25.00～200.00	≥370	≥250	—	6	—	—
	T651	T651	>6.00～12.50	≥425	≥315	7	—	—	—
			>12.50～25.00			—	7	—	—
			>25.00～150.00	≥370	≥250	—	6	—	—
	T81	T81	>6.00～12.50	≥425	≥315	6	—	—	—
			>12.50～25.00			—	6	—	—
	T87	T87	>2.50～6.30	≥440	≥350	6	—	—	—
			>6.30～12.50			7	—	—	—
			>12.50～20.00			—	6	—	—
	T851	T851	>12.00～25.00	≥425	≥315	—	7	—	—
			>25.00～50.00			—	6	—	—
			>50.00～80.00	≥425	≥310	—	5	—	—
			>80.00～100.00	≥415	≥305	—	4	—	—
			>100.00～130.00	≥405	≥295	—	4	—	—
			>130.00～160.00	≥395	≥290	—	3	—	—
	T89A51	T89A51	>5.00～12.50	≥440	≥350	6	—	—	—
			>12.50～35.00			—	6	—	—
包铝 2219	O	O	>0.50～10.00	≤220	≤110	12	—	—	—
	T87	T87	>1.00～2.50	≥395	≥315	6	—	—	—
			>2.50～6.30	≥415	≥330	6	—	—	—
			>6.30～10.00			7	—	—	—
2024	O	O	>0.20～1.50	≤220	≤140	12	—	0	0.5*t*
			>1.50～3.00			13	—	*t*	2.0*t*
			>3.00～6.00			13	—	1.5*t*	3.0*t*
			>6.00～12.50			13	—	2.5*t*	—
			>12.50～40.00			—	13	4.0*t*	—

续表

牌号	供应状态	试样状态	厚度/mm	室温拉伸试验结果				弯曲半径	
				抗拉强度 R_m/MPa	规定非比例延伸强度 $R_{p0.2}$/MPa	断后伸长率/% ≥			
						A_{50}	$A_{5.65}$	90°	180°
2024	O	T42	＞0.20～0.50	≥425	≥260	12	—	—	—
			＞0.50～6.00			15	—	—	—
			＞6.00～12.50			12	—	—	—
			＞12.50～25.00	≥420		—	7	—	—
			＞25.00～40.00	≥415		—	6	—	—
		T62	＞0.40～12.50	≥440	≥345	5	—	—	—
			＞12.50～25.00	≥435		—	4	—	—
	T1	T42	＞4.50～12.50	≥425	≥260	12	—	—	—
			＞12.50～25.00	≥420		—	7	—	—
			＞25.00～40.00	≥415		—	6	—	—
			＞40.00～50.00			—	5	—	—
			＞50.00～80.00	≥400		—	3	—	—
	T3	T3	＞0.20～1.50	≥435	≥290	12	—	4.0t	4.0t
			＞1.50～3.00			14	—	4.0t	4.0t
			＞3.00～6.00	≥440		14	—	5.0t	5.0t
			＞6.00～12.50			13	—	8.0t	—
			＞12.50～15.00	≥430		—	11	—	—
	T351	T351	＞1.20～1.50	≥435		12	—	4.0t	4.0t
			＞1.50～3.00			14	—	4.0t	4.0t
			＞3.00～6.00	≥440		14	—	5.0t	5.0t
			＞6.00～12.50			13	—	8.0t	—
			＞12.50～25.00	≥435		—	11	—	—
	T351	T351	＞25.00～40.00	≥430	≥290	—	11	—	—
			＞40.00～80.00	≥420		—	8	—	—
			＞80.00～100.00	≥400	≥285	—	7	—	—
			＞100.00～120.00	≥380	≥270	—	5	—	—
			＞120.00～150.00	≥360	≥250	—	5	—	—
	T4	T4	＞0.40～1.50	≥425	≥275	12	—	—	4.0t
			＞1.50～6.00			14	—	—	5.0t
	T8	T8	＞0.40～1.50	≥460	≥400	5	—	—	—
			＞1.50～6.00			6	—	—	—
			＞6.00～12.50			5	—	—	—

续表

牌号	供应状态	试样状态	厚度/mm	室温拉伸试验结果 抗拉强度 R_m/MPa	规定非比例延伸强度 $R_{p0.2}$/MPa	断后伸长率/% ≥ A_{50}	$A_{5.65}$	弯曲半径 90°	180°
2024	T8	T8	>12.50～25.00	≥455	≥400	—	4	—	—
			>25.00～40.00		≥395	—	4	—	—
	T851	T851	>6.00～12.50	≥460	≥400	5	—	—	—
			>12.50～25.00	≥455	≥400	—	4	—	—
			>25.00～40.00		≥395	—	4	—	—
包铝2024	O	O	>0.20～0.25	≤205	≤95	12	—	—	—
			>0.25～1.60			12	—	—	—
			>1.60～10.00	≤220		12	—	—	—
		T42	>0.20～0.25	≥380	≥235	10	—	—	—
			>0.25～0.50	≥395		12	—	—	—
			>0.50～1.60			15	—	—	—
			>1.60～6.30	≥415	≥250	15	—	—	—
			>6.30～10.00			12	—	—	—
	T3	T3	>0.20～0.25	≥400	≥270	10	—	—	—
			>0.25～0.50	≥405		12	—	—	—
			>0.50～1.60			15	—	—	—
			>1.60～3.20	≥420	≥275	15	—	—	—
			>3.20～6.00			15	—	—	—
	T4	T4	>0.40～0.50	≥400	≥245	12	—	—	—
			>0.50～1.60			15	—	—	—
			>1.60～3.20	≥420	≥260	15	—	—	—
2A11	T1	T42	>4.50～10.00	≥355	≥195	15	—	—	—
			>10.00～12.50	≥370	≥215	11	—	—	—
			>12.50～25.00			—	11	—	—
			>25.00～40.00	≥330	≥195	—	8	—	—
			>40.00～70.00	≥310		—	6	—	—
			>70.00～80.00	≥285		—	4	—	—
	T4	T4	>0.50～10.00	≥380	≥200	15	—	—	—
包铝2A11	O	O	>0.50～1.60	≤225	—	12	—	—	—
			>1.60～10.00	≤235	—	12	—	—	—
		T42	>0.50～1.60	≥350	≥185	15	—	—	—
			>1.60～10.00	≥355	≥195	15	—	—	—

续表

牌号	供应状态	试样状态	厚度/mm	室温拉伸试验结果 抗拉强度 R_m /MPa	室温拉伸试验结果 规定非比例延伸强度 $R_{p0.2}$ /MPa	断后伸长率/% ≥ A_{50}	断后伸长率/% ≥ $A_{5.65}$	弯曲半径 90°	弯曲半径 180°
包铝2A11	T1	T42	>1.60～10.00	≥355	≥195	15	—	—	—
	T3	T3	>0.50～1.60	≥375	≥215	15	—	—	—
			>1.60～3.00			17	—	—	—
			>3.00～10.00			15	—	—	—
	T4	T4	>0.50～1.60	≥360	≥185	15	—	—	—
			>1.60～10.00	≥370	≥195	15	—	—	—
2A12	O	O	>0.50～4.50	≤215	—	14	—	—	—
			>4.50～10.00	≤235	—	12	—	—	—
		T42	>0.50～3.00	≥390	≥245	15	—	—	—
			>3.00～10.00	≥410	≥265	12	—	—	—
	T1	T42	>4.50～10.00	≥410	≥265	12	—	—	—
			>10.00～12.50	≥420	≥275	7	—	—	—
			>12.50～25.00			—	7	—	—
			>25.00～40.00	≥390	≥255	—	5	—	—
			>40.00～70.00	≥370	≥245	—	4	—	—
			>70.00～80.00	≥345		—	3	—	—
	T3	T3	>0.50～1.50	≥425	≥275	12	—	—	—
			>1.50～3.00			12	—	—	—
			>3.00～10.00			12	—	—	—
	T351	T351	>6.00～12.50	≥440	≥290	12	—	—	—
			>12.50～25.00	≥435	—	—	7	—	—
			>25.00～40.00	≥425	—	—	6	—	—
			>40.00～50.00		—	—	5	—	—
			>50.00～80.00	≥415	—	—	3	—	—
			>80.00～100.00	≥395	≥285	—	3	—	—
	T4	T4	>0.50～10.00	≥425	≥270	12	—	—	—
包铝2A12	O	O	>0.50～1.60	≤215	—	14	—	—	—
			>1.60～10.00	≤235	—	12	—	—	—
		T42	>0.50～1.60	≥390	≥245	15	—	—	—
			>1.60～10.00	≥410	≥265	12	—	—	—
	T1	T42	>1.60～10.00	≥410	≥265	12	—	—	—
	T3	T3	>0.50～1.60	≥405	≥270	15	—	—	—
			>1.60～10.00	≥425	≥275	15	—	—	—

续表

牌号	供应状态	试样状态	厚度/mm	室温拉伸试验结果				弯曲半径	
				抗拉强度 R_m/MPa	规定非比例延伸强度 $R_{p0.2}$/MPa	断后伸长率/% ≥			
						A_{50}	$A_{5.65}$	90°	180°
包铝 2A12	T4	T4	>0.50～1.60	≥405	≥270	13	—	—	—
			>1.60～10.00			13	—	—	—
2A14	O	O	0.50～10.00	≤245	—	10	—	—	—
			>10.00～12.50	≤220	—	15	—	—	—
			>12.50～30.00		—	—	13	—	—
	T4	T4	0.50～3.00	≥390	≥240	7	—	—	—
	T6	T6	0.50～1.50	≥430	≥340	5	—	—	—
			>1.50～3.00			6	—	—	—
			>3.00～6.00			5	—	—	—
			>6.00～12.50			5	—	—	—
			>12.50～200.00			—	5	—	—
	T651	T651	>6.00～12.50	≥430	≥340	5	—	—	—
			>12.50～140.00			—	5	—	—

表 9-24 3×××系的力学性能

牌号	供应状态	试样状态	厚度/mm	室温拉伸试验结果				弯曲半径	
				抗拉强度 R_m/MPa	规定非比例延伸强度 $R_{p0.2}$/MPa	断后伸长率/% ≥			
						A_{50}	$A_{5.65}$	90°	180°
3102	H18	H18	>0.20～0.50	≥160	—	2	—	—	—
			>0.50～3.00	≥160	—	2	—	—	—
	H19	H19	>0.20～0.50	≥180	—	1	—	—	—
3003	O、H111	O、H111	>0.20～0.50	95～135	≥35	18	—	0	0
			>0.50～1.50			23	—	0	0
			>1.50～3.00			25	—	0	0
			>3.00～6.00			28	—	t	t
			>6.00～12.50			30	—	1.5t	—
			>12.50～25.00			—	23	—	—
	H112	H112	>6.00～12.50	≥115	≥70	15	—	—	—
			>12.50～30.00	≥105	≥40	—	18	—	—
	H12	H12	>0.20～0.50	120～160	≥90	3	—	0	1.5t
			>0.50～1.50			4	—	0.5t	1.5t

续表

牌号	供应状态	试样状态	厚度/mm	室温拉伸试验结果				弯曲半径	
				抗拉强度 R_m/MPa	规定非比例延伸强度 $R_{p0.2}$/MPa	断后伸长率/% ≥			
						A_{50}	$A_{5.65}$	90°	180°
3003	H22	H22	>0.20～0.50	120～160	≥80	6	—	0	t
			>0.50～1.50			8	—	0.5t	t
			>1.50～3.00			8	—	t	t
			>3.00～6.00			9	—	t	—
			>6.00～12.50			11	—	2.0t	—
	H14	H14	>0.20～0.50	145～195	≥125	2	—	0.5t	2.0t
			>0.50～1.50			3	—	t	2.0t
			>1.50～3.00			4	—	t	2.0t
			>3.00～6.00			4	—	2.0t	—
	H24	H24	>0.20～0.50	145～195	≥115	4	—	0.5t	1.5t
			>0.50～1.50			6	—	t	1.5t
			>1.50～3.00			7	—	t	1.5t
			>3.00～6.00			8	—	2.0t	—
			>6.00～12.50			8	—	2.5t	—
	H44	H44	>0.50～1.50	150～200	≥120	6	—	—	—
	H16、H26	H16、H26	>0.20～0.50	170～210	≥140	2	—	t	2.5t
			>0.50～1.50			3	—	1.5t	2.5t
			>1.50～4.00			3	—	2.0t	2.5t
	H46	H46	>0.20～1.50	160～210	≥130	4	—	—	—
	H18	H18	>0.20～0.50	≥190	≥170	2	—	1.5t	—
			>0.50～1.50			2	—	2.5t	—
			>1.50～3.00			2	—	3.0t	—
	H19	H19	>0.20～0.50	≥210	≥180	1	—	—	—
			>0.50～1.50			2	—	—	—
			>1.50～3.00			2	—	—	—
3004	O、H111	O、H111	>0.20～0.50	155～200	≥60	13	—	0	0
			>0.50～1.50			15	—	0	0
			>1.50～3.00			15	—	0	0.5t
			>3.00～6.00			16	—	t	t
			>6.00～12.50			16	—	2.0t	—
			>12.50～50.00			—	14	—	—
	H12	H12	>0.20～0.50	190～240	≥155	2	—	0	1.5t
			>0.50～1.50			3	—	0.5t	1.5t

续表

牌号	供应状态	试样状态	厚度/mm	室温拉伸试验结果				弯曲半径	
				抗拉强度 R_m /MPa	规定非比例延伸强度 $R_{p0.2}$/MPa	断后伸长率/% ≥		90°	180°
						A_{50}	$A_{5.65}$		
3004	H12	H12	>1.50～3.00	190～240	≥155	4	—	t	2.0t
			>3.00～6.00			5	—	1.5t	—
	H22、H32	H22、H32	>0.20～0.50	190～240	≥145	4	—	0	t
			>0.50～1.50			5	—	0.5t	t
			>1.50～3.00			6	—	t	1.5t
			>3.00～6.00			7	—	1.5t	—
	H14	H14	>0.20～0.50	220～265	≥180	1	—	0.5t	2.5t
			>0.50～1.50			2	—	t	2.5t
			>1.50～3.00			2	—	1.5t	2.5t
			>3.00～6.00			3	—	2.0t	—
	H24、H34	H24、H34	>0.20～0.50	220～265	≥170	3	—	0.5t	2.0t
			>0.50～1.50			4	—	t	2.0t
			>1.50～3.00			4	—	1.5t	2.0t
	H44	H44	>0.50～1.50	220～265	≥160	5	—	—	—
	H16	H16	>0.20～0.50	240～285	≥200	1	—	t	3.5t
			>0.50～1.50			1	—	1.5t	3.5t
			>1.50～4.00			2	—	2.5t	—
	H26、H36	H26、H36	>0.20～0.50	240～285	≥190	3	—	t	3.0t
			>0.50～1.50			3	—	1.5t	3.0t
			>1.50～4.00			3	—	2.5t	—
	H46	H46	>0.50～1.50	230～285	≥170	5	—	—	—
	H18	H18	>0.20～0.50	≥260	≥230	1	—	1.5t	—
			>0.50～1.50			1	—	2.5t	—
			>1.50～3.00			2	—	—	—
	H28、H38	H28、H38	>0.20～0.50	≥260	≥220	2	—	1.5t	—
			>0.50～1.50			3	—	2.5t	—
	H19	H19	>0.20～0.50	≥270	≥240	1	—	—	—
			>0.50～1.50			1	—	—	—
3104	O、H111	O、H111	>0.20～0.50	155～195	≥60	10	—	0	0
			>0.50～0.80			14	—	0	0
			>0.80～1.30			16	—	0.5t	0.5t
			>1.30～3.00			18	—	0.5t	0.5t

续表

<table>
<tr><th rowspan="3">牌号</th><th rowspan="3">供应状态</th><th rowspan="3">试样状态</th><th rowspan="3">厚度/mm</th><th colspan="4">室温拉伸试验结果</th><th colspan="2" rowspan="2">弯曲半径</th></tr>
<tr><th rowspan="2">抗拉强度 R_m /MPa</th><th rowspan="2">规定非比例延伸强度 $R_{p0.2}$/MPa</th><th colspan="2">断后伸长率/% ≥</th></tr>
<tr><th>A_{50}</th><th>$A_{5.65}$</th><th>90°</th><th>180°</th></tr>
<tr><td rowspan="23">3104</td><td rowspan="4">H32</td><td rowspan="4">H32</td><td>>0.20～0.50</td><td rowspan="4">195～245</td><td rowspan="4">≥145</td><td>3</td><td>—</td><td>—</td><td>—</td></tr>
<tr><td>>0.50～0.80</td><td>3</td><td>—</td><td>0.5t</td><td>0.5t</td></tr>
<tr><td>>0.80～1.30</td><td>4</td><td>—</td><td>t</td><td>t</td></tr>
<tr><td>>1.30～3.00</td><td>5</td><td>—</td><td>t</td><td>t</td></tr>
<tr><td rowspan="4">H14</td><td rowspan="4">H14</td><td>>0.20～0.50</td><td rowspan="4">225～265</td><td rowspan="4">≥175</td><td>2</td><td>—</td><td>t</td><td>t</td></tr>
<tr><td>>0.50～0.80</td><td>3</td><td>—</td><td>1.5t</td><td>1.5t</td></tr>
<tr><td>>0.80～1.30</td><td>3</td><td>—</td><td>1.5t</td><td>1.5t</td></tr>
<tr><td>>1.30～3.00</td><td>4</td><td>—</td><td>1.5t</td><td>1.5t</td></tr>
<tr><td rowspan="4">H24、H34</td><td rowspan="4">H24、H34</td><td>>0.20～0.50</td><td rowspan="4">225～265</td><td rowspan="4">≥165</td><td>3</td><td>—</td><td>t</td><td>t</td></tr>
<tr><td>>0.50～0.80</td><td>3</td><td>—</td><td>1.5t</td><td>1.5t</td></tr>
<tr><td>>0.80～1.30</td><td>3</td><td>—</td><td>1.5t</td><td>1.5t</td></tr>
<tr><td>>1.30～3.00</td><td>4</td><td>—</td><td>1.5t</td><td>1.5t</td></tr>
<tr><td rowspan="3">H16</td><td rowspan="3">H16</td><td>>0.20～0.50</td><td rowspan="3">245～285</td><td rowspan="3">≥195</td><td>1</td><td>—</td><td>2.0t</td><td>2.0t</td></tr>
<tr><td>>0.50～1.50</td><td>2</td><td>—</td><td>2.0t</td><td>2.0t</td></tr>
<tr><td>>1.50～3.00</td><td>2</td><td>—</td><td>2.5t</td><td>2.5t</td></tr>
<tr><td rowspan="3">H26、H36</td><td rowspan="3">H26、H36</td><td>>0.20～0.50</td><td rowspan="3">245～285</td><td rowspan="3">≥195</td><td>2</td><td>—</td><td>2.0t</td><td>2.0t</td></tr>
<tr><td>>0.50～1.50</td><td>2</td><td>—</td><td>2.5t</td><td>2.5t</td></tr>
<tr><td>>1.50～3.00</td><td>3</td><td>—</td><td>2.5t</td><td>2.5t</td></tr>
<tr><td>H18、H38</td><td>H18、H38</td><td>>0.20～0.50</td><td>≥265</td><td>≥215</td><td>1</td><td>—</td><td>—</td><td>—</td></tr>
<tr><td>H19</td><td>H19</td><td>>0.20～0.50</td><td>≥275</td><td>≥225</td><td>1</td><td>—</td><td>—</td><td>—</td></tr>
<tr><td rowspan="11">3005</td><td rowspan="4">O、H111</td><td rowspan="4">O、H111</td><td>>0.20～0.50</td><td rowspan="4">115～165</td><td rowspan="4">≥45</td><td>12</td><td>—</td><td>0</td><td>0</td></tr>
<tr><td>>0.50～1.50</td><td>14</td><td>—</td><td>0</td><td>0</td></tr>
<tr><td>>1.50～3.00</td><td>16</td><td>—</td><td>0.5t</td><td>t</td></tr>
<tr><td>>3.00～6.00</td><td>19</td><td>—</td><td>t</td><td>—</td></tr>
<tr><td rowspan="4">H12</td><td rowspan="4">H12</td><td>>0.20～0.50</td><td rowspan="4">145～195</td><td rowspan="4">≥125</td><td>3</td><td>—</td><td>0</td><td>1.5t</td></tr>
<tr><td>>0.50～1.50</td><td>4</td><td>—</td><td>0.5t</td><td>1.5t</td></tr>
<tr><td>>1.50～3.00</td><td>4</td><td>—</td><td>t</td><td>2.0t</td></tr>
<tr><td>>3.00～6.00</td><td>5</td><td>—</td><td>1.5t</td><td>—</td></tr>
<tr><td rowspan="3">H22</td><td rowspan="3">H22</td><td>>0.20～0.50</td><td rowspan="3">145～195</td><td rowspan="3">≥110</td><td>5</td><td>—</td><td>0</td><td>t</td></tr>
<tr><td>>0.50～1.50</td><td>5</td><td>—</td><td>0.5t</td><td>t</td></tr>
<tr><td>>1.50～3.00</td><td>6</td><td>—</td><td>t</td><td>1.5t</td></tr>
</table>

续表

牌号	供应状态	试样状态	厚度/mm	室温拉伸试验结果 抗拉强度 R_m/MPa	规定非比例延伸强度 $R_{p0.2}$/MPa	断后伸长率/% ≥ A_{50}	$A_{5.65}$	弯曲半径 90°	180°
3005	H14	H14	>0.20～0.50	170～215	≥150	1	—	0.5t	2.5t
			>0.50～1.50			2	—	t	2.5t
			>1.50～3.00			3	—	1.5t	—
			>3.00～6.00			3	—	2.0t	—
	H24	H24	>0.20～0.50	170～215	≥130	4	—	0.5t	1.5t
			>0.50～1.50			4	—	t	1.5t
			>1.50～3.00			4	—	1.5t	—
	H16	H16	>0.20～0.50	195～240	≥175	2	—	t	—
			>0.50～1.50			2	—	1.5t	—
			>1.50～4.00			2	—	2.5t	—
	H26	H26	>0.20～0.50	195～240	≥160	3	—	t	—
			>0.50～1.50			3	—	1.5t	—
			>1.50～3.00			3	—	2.5t	—
	H28	H28	>0.20～0.50	≥220	≥190	2	—	1.5t	—
			>0.50～1.50			2	—	2.5t	—
			>1.50～3.00			3	—	—	—
3105	O	O	>0.20～0.50	100～155	≥40	14	—	—	0
			>0.50～1.50			15	—	—	0
			>1.50～3.00			17	—	—	0.5t
	H12	H12	>0.20～0.50	130～180	≥105	3	—	—	1.5t
			>0.50～1.50			4	—	—	1.5t
			>1.50～3.00			4	—	—	1.5t
	H22	H22	>0.20～0.50	130～180	≥105	6	—	—	—
			>0.50～1.50			6	—	—	—
			>1.50～3.00			7	—	—	—
	H42	H42	>0.50～1.50	130～180	105	6	—	—	—
	H14	H14	>0.20～0.50	150～200	≥130	1	—	—	2.5t
			>0.50～1.50			3	—	—	2.5t
			>1.50～3.00			3	—	—	2.5t
	H24	H24	>0.20～0.50	150～200	≥120	4	—	—	2.5t
			>0.50～1.50			4	—	—	2.5t
			>1.50～3.00			5	—	—	2.5t

续表

牌号	供应状态	试样状态	厚度/mm	室温拉伸试验结果				弯曲半径	
				抗拉强度 R_m /MPa	规定非比例延伸强度 $R_{p0.2}$/MPa	断后伸长率/% ≥			
						A_{50}	$A_{5.65}$	90°	180°
3105	H44	H44	>0.50～1.50	150～200	≥140	6	—	—	—
	H16	H16	>0.20～0.50	175～225	≥160	1	—	—	—
			>0.50～1.50			2	—	—	—
			>1.50～4.00			2	—	—	—
3105	H26	H26	>0.20～0.50	175～225	≥150	3	—	—	—
			>0.50～1.50			4	—	—	—
			>1.50～3.00			5	—	—	—
	H46	H46	>0.20～0.50	170～220	≥150	6	—	—	—
	H18	H18	>0.20～3.00	≥195	≥180	1	—	—	—
	H28	H28	>0.20～1.50	≥195	≥170	2	—	—	—
	H29	H29	>0.20～1.50	≥205	≥180	2	—	—	—
3105A	H24	H24	>0.20～1.00	170～220	≥150	4	—	—	—
	H26	H26	>0.20～0.50	180～230	≥160	3	—	—	—
	H28	H28	>0.20～0.50	≥200	≥180	2	—	—	—
3A21	O	O	>0.20～0.80	100～150	—	19	—	—	—
			>0.80～4.50			23	—	—	—
			>4.50～12.50			25	—	—	—
			>12.50～25.00			—	25	—	—
	H112	H112	>4.50～12.50	≥110	—	18	—	—	—
			>12.50～25.00			—	22	—	—
			>25.00～125.00			—	22	—	—
	H22	H22	>1.00～1.50	130～180	—	7	—	0	1.5t
			>1.50～3.00		—	8	—	0.5t	1.5t
	H14、H24	H14、H24	>0.20～1.30	145～200	—	6	—	—	—
			>1.30～4.50			6	—	—	—
	H18	H18	>0.20～0.50	≥195	—	1	—	—	—
			>0.50～0.80			2	—	—	—
			>0.80～1.30			3	—	—	—
			>1.30～4.50			4	—	—	—
	H19	H19	>0.50～0.80	205	—	2	—	—	—

表 9-25 4×××系的力学性能

牌号	供应状态	试样状态	厚度/mm	室温拉伸试验结果				弯曲半径	
				抗拉强度 R_m/MPa	规定非比例延伸强度 $R_{p0.2}$/MPa	断后伸长率/% ≥			
						A_{50}	$A_{5.65}$	90°	180°
4007	O	O	>0.20～0.50	110～150	≥45	15	—	—	—
			>0.50～1.50			16	—	—	—
			>1.50～3.00			19	—	—	—
			>3.00～6.00			21	—	—	—
			>6.00～12.50			25	—	—	—
	H12	H12	>0.20～0.40	140～180	≥110	4	—	—	—

表 9-26 5×××系的力学性能

牌号	供应状态	试样状态	厚度/mm	室温拉伸试验结果				弯曲半径	
				抗拉强度 R_m/MPa	规定非比例延伸强度 $R_{p0.2}$/MPa	断后伸长率/% ≥			
						A_{50}	$A_{5.65}$	90°	180°
5005、5005A	O	O	>0.20～0.50	100～145	≥35	15	—	0	0
			>0.50～1.50			19	—	0	0
			>1.50～3.00			21	—	0	0.5t
	H111	H111	>0.20～0.50	100～145	≥35	15	—	0	0
			>0.50～1.50			19	—	0	0
			>1.50～3.00			20	—	0	0.5t
			>3.00～6.00			22	—	t	t
			>6.00～12.50			24	—	1.5t	—
	H111	H111	>12.50～50.00	100～145	≥35	—	20	—	—
	H12	H12	>3.00～6.00	125～165	≥95	5	—	—	—
	H22、H32	H22、H32	>0.20～0.50	125～165	≥80	4	—	0	t
			>0.50～1.50			7	—	0.5t	t
			>1.50～3.00			8	—	t	1.5t
			>3.00～6.00			10	—	t	—
	H14	H14	>0.20～0.50	145～185	≥120	2	—	0.5t	2.0t
			>0.50～1.50			2	—	t	2.0t
			>1.50～3.00			3	—	t	2.5t
			>3.00～6.00			4	—	2.0t	—

续表

牌号	供应状态	试样状态	厚度/mm	室温拉伸试验结果				弯曲半径	
				抗拉强度 R_m /MPa	规定非比例延伸强度 $R_{p0.2}$ /MPa	断后伸长率/% ≥			
						A_{50}	$A_{5.65}$	90°	180°
5005、5005A	H24、H34	H24、H34	>0.20～0.50	145～185	≥110	3	—	0.5t	1.5t
			>0.50～1.50			4	—	t	1.5t
			>1.50～3.00			5	—	t	2.0t
			>3.00～6.00			6	—	2.0t	—
	H16	H16	>0.20～0.50	165～205	≥145	1	—	t	—
			>0.50～1.50			2	—	1.5t	—
			>1.50～3.00			3	—	2.0t	—
			>3.00～4.00			3	—	2.5t	—
	H26、H36	H26、H36	>0.20～0.50	165～205	≥135	2	—	t	—
			>0.50～1.50			3	—	1.5t	—
			>1.50～3.00			4	—	2.0t	—
			>3.00～4.00			4	—	2.5t	—
	H18	H18	>0.20～0.50	≥185	≥165	1	—	1.5t	—
			>0.50～1.50			2	—	2.5t	—
			>1.50～3.00			2	—	3.0t	—
	H28、H38	H28、H38	>0.20～0.50	≥185	≥160	1	—	1.5t	—
			>0.50～1.50			2	—	2.5t	—
			>1.50～3.00			3	—	3.0t	—
	H19	H19	>0.20～0.50	≥205	≥185	1	—	—	—
			>0.50～1.50			2	—	—	—
			>1.50～3.00			2	—	—	—
5042	H26	H26	>0.20～0.50	260～320	≥210	4	—	—	—
	H19	H19	>0.20～0.35	≥350	≥320	2	—	—	—
			>0.35～0.50			4	—	—	—
5049	O、H111	O、H111	>0.20～0.50	190～240	≥80	12	—	0	0.5t
			>0.50～1.50			14	—	0.5t	0.5t
			>1.50～3.00			16	—	t	t
	H22、H32	H22、H32	>0.20～0.50	220～270	≥130	7	—	0.5t	1.5t
			>0.50～1.50			8	—	t	1.5t
			>1.50～3.00			10	—	1.5t	2.0t
			>3.00～6.00			11	—	1.5t	—

续表

牌号	供应状态	试样状态	厚度/mm	室温拉伸试验结果				弯曲半径	
				抗拉强度 R_m/MPa	规定非比例延伸强度 $R_{p0.2}$/MPa	断后伸长率/% ≥			
						A_{50}	$A_{5.65}$	90°	180°
5049	H14	H14	>0.20～0.50	240～280	≥190	3	—	—	—
			>0.50～1.50			3	—	—	—
			>1.50～3.00			4	—	—	—
			>3.00～6.00			4	—	—	—
	H24、H34	H24、H34	>0.20～0.50	240～280	≥160	6	—	t	2.5t
			>0.50～1.50			6	—	t	2.5t
			>1.50～3.00			7	—	2.0t	2.5t
			>3.00～6.00			8	—	2.5t	—
	H26	H26	>0.20～0.50	265～305	≥190	4	—	1.5t	—
			>0.50～1.50			4	—	2.0t	—
			>1.50～3.00			5	—	3.0t	—
			>3.00～4.00			6	—	3.5t	—
5050	H22、H32	H22、H32	>0.20～0.50	155～195	≥110	4	—	0	t
			>0.50～1.50			5	—	0.5t	t
			>1.50～3.00			7	—	t	1.5t
			>3.00～6.00			10	—	1.5t	—
	H14	H14	>0.20～0.50	175～215	≥150	2	—	0.5t	—
			>0.50～1.50			2	—	t	—
			>1.50～3.00			3	—	1.5t	—
			>3.00～6.00			4	—	2.0t	—
	H24	H24	>0.20～0.50	175～215	≥135	3	—	0.5t	1.5t
			>0.50～1.50			4	—	t	1.5t
			>1.50～3.00			5	—	1.5t	2.0t
			>3.00～6.00			8	—	2.0t	—
	H34	H34	>0.20～0.50	175～215	≥135	3	—	0.5t	1.5t
			>0.50～1.50			4	—	t	1.5t
	H26	H26	>0.20～0.50	195～235	≥160	4	—	t	—
			>0.50～1.50			4	—	1.5t	—
			>1.50～3.00			4	—	2.5t	—
			>3.00～4.00			6	—	3.0t	—

续表

牌号	供应状态	试样状态	厚度/mm	室温拉伸试验结果				弯曲半径	
				抗拉强度 R_m /MPa	规定非比例延伸强度 $R_{p0.2}$ /MPa	断后伸长率/% ≥			
						A_{50}	$A_{5.65}$	90°	180°
5251	O、H111	O、H111	>0.20～0.50	160～200	≥60	13	—	0	0
			>0.50～1.50			14	—	0	0
			>1.50～3.00			16	—	0.5t	0.5t
			>3.00～6.00			18	—	t	—
			>6.00～12.50			18	—	2.0t	—
			>12.50～50.00			—	18	—	—
	H22、H32	H22、H32	>0.20～0.50	190～230	≥120	4	—	0	1.5t
			>0.50～1.50			6	—	t	1.5t
			>1.50～3.00			8	—	t	1.5t
			>3.00～6.00			10	—	1.5t	—
	H26	H26	>0.20～0.50	230～270	≥170	3	—	t	3.0t
			>0.50～1.50			4	—	1.5t	3.0t
			>1.50～3.00			5	—	2.0t	3.0t
			>3.00～4.00			7	—	3.0t	—
5052	O、H111	O、H111	>0.20～0.50	170～215	≥65	12	—	0	0
			>0.50～1.50			14	—	0	0
			>1.50～3.00			16	—	0.5t	0.5t
			>3.00～6.00			18	—	t	—
			>6.00～12.50	165～215		19	—	2.0t	—
			>12.50～50.00			—	18	—	—
	H112	H112	>6.00～12.50	≥190	≥80	10	—	—	—
			>12.50～40.00	≥170	≥70	—	10	—	—
			>40.00～80.00			—	14	—	—
			>80.00～400.00			—	16	—	—
	H12	H12	>0.20～0.50	210～260	≥160	4	—	—	—
			>0.50～1.50			5	—	—	—
			>1.50～3.00			6	—	—	—
			>3.00～6.00			8	—	—	—
	H22、H32	H22、H32	>0.20～0.50	210～260	≥130	5	—	0.5t	1.5t
			>0.50～1.50			6	—	t	1.5t
			>1.50～3.00			7	—	1.5t	1.5t
			>3.00～6.00			10	—	1.5t	—

续表

牌号	供应状态	试样状态	厚度/mm	室温拉伸试验结果 抗拉强度 R_m/MPa	规定非比例延伸强度 $R_{p0.2}$/MPa	断后伸长率/% ≥ A_{50}	$A_{5.65}$	弯曲半径 90°	180°
5052	H42	H42	>0.50～1.50	210～260	≥130	7	—	—	—
	H14	H14	>0.20～0.50	230～280	≥180	3	—	—	—
			>0.50～1.50			3	—	—	—
			>1.50～3.00			4	—	—	—
			>3.00～6.00			4	—	—	—
	H24、H34	H24、H34	>0.20～0.50	230～280	≥150	4	—	0.5t	2.0t
			>0.50～1.50			5	—	1.5t	2.0t
			>1.50～3.00			6	—	2.0t	2.0t
			>3.00～6.00			7	—	2.5t	—
	H44	H44	>0.50～1.50	230～280	≥150	5	—	—	—
	H16	H16	>0.20～0.50	250～300	≥210	2	—	—	—
			>0.50～1.50			3	—	—	—
			>1.50～3.00			3	—	—	—
			>3.00～6.00			3	—	—	—
	H26、H36	H26、H36	>0.20～0.50	250～300	≥180	3	—	1.5t	—
			>0.50～1.50			4	—	2.0t	—
			>1.50～3.00			5	—	3.0t	—
			>3.00～6.00			6	—	3.5t	—
	H18	H18	>0.20～0.50	≥270	≥240	1	—	—	—
			>0.50～1.50			2	—	—	—
			>1.50～3.00			2	—	—	—
	H28、H38	H28、H38	>0.20～0.50	≥270	≥210	3	—	—	—
			>0.50～1.50			3	—	—	—
			>1.50～3.00			4	—	—	—
	H19	H19	>0.20～0.50	≥280	≥250	2	—	—	—
	H39	H39			≥220	3	—	—	—
5252	H32	H32	>0.20～0.50	180～240	≥140	6	—	—	—
			>0.50～1.50			8	—	—	—
			>1.50～3.00			10	—	—	—
	H38	H38	0.50～1.50	≥260	—	3	—	—	—
5154	O	O	>0.50～1.50	205～285	≥75	13	—	0.5t	0.5t
			>1.50～3.00			16	—	t	t

续表

牌号	供应状态	试样状态	厚度/mm	室温拉伸试验结果				弯曲半径	
				抗拉强度 R_m/MPa	规定非比例延伸强度 $R_{p0.2}$/MPa	断后伸长率/% ≥ A_{50}	断后伸长率/% ≥ $A_{5.65}$	90°	180°
5154	O	O	>3.00～6.00	205～285	≥75	16	—	—	1.5t
			>6.00～12.50			18	—	—	2.5t
			>12.50～100.00			—	16	—	—
	H24	H24	>0.20～0.50	270～320	≥200	4	—	2.5t	t
5454	O、H111	O、H111	>0.20～0.50	215～275	≥85	12	—	0.5t	0.5t
			>0.50～1.50			13	—	0.5t	0.5t
			>1.50～3.00			15	—	t	t
			>3.00～6.00			17	—	1.5t	—
			>6.00～12.50			18	—	2.5t	—
			>12.50～80.00			—	16	—	—
	H112	H112	6.00～12.50	≥220	≥125	8	—	—	—
			>12.50～40.00	≥215	≥90	—	9	—	—
			>40.00～120.00			—	13	—	—
	H32	H32	>0.20～0.50	250～305	≥180	5	—	0.5t	1.5t
			>0.50～1.50			6	—	t	1.5t
			>1.50～3.00			7	—	2.0t	2.0t
			>3.00～6.00			8	—	2.5t	—
			>6.00～12.50			10	—	4.0t	—
			>12.50～16.00			—	9	—	—
	H24	H24	>0.20～0.50	270～325	≥200	4	—	t	2.5t
			>0.50～1.50			5	—	2.0t	2.5t
			>1.50～3.00			6	—	2.5t	3.0t
			>3.00～6.50			7	—	3.0t	—
	H26、H36	H26、H36	>0.20～0.50	265～305	≥190	4	—	1.5t	—
			>0.50～1.50			4	—	2.0t	—
			>1.50～3.00			5	—	3.0t	—
			>3.00～6.00			6	—	3.5t	—
	H46	H46	>0.50～1.50	260～305	≥210	4	—	—	—
	H18	H18	>0.20～0.50	≥290	≥250	1	—	—	—
			>0.50～1.50			2	—	—	—
			>1.50～3.00			2	—	—	—

续表

牌号	供应状态	试样状态	厚度/mm	室温拉伸试验结果				弯曲半径	
				抗拉强度 R_m/MPa	规定非比例延伸强度 $R_{p0.2}$/MPa	断后伸长率/% ≥			
						A_{50}	$A_{5.65}$	90°	180°
5754	H28、H38	H28、H38	>0.20~0.50	≥290	≥230	3	—	—	—
			>0.50~1.50			3	—	—	—
			>1.50~3.00			4	—	—	—
	H48	H48	>0.50~1.50	≥270	≥220	4	—	—	—
5456	O	O	>1.20~6.00	290~365	130~205	16	—	2.5t	—
			>6.00~12.50	285~360	125~205	16	—	—	—
			>12.50~16.00			—	14	—	—
	H116	H116	>4.50~12.50	315~405	≥230	10	—	4t	—
			>12.50~30.00	315~385		—	10	—	—
			>30.00~40.00	305~385	≥215	—	10	—	—
			>40.00~50.00	285~370	≥200	—	10	—	—
	H321	H321	>4.50~12.50	330~405	≥235	12	—	—	—
			>12.50~40.00	305~385	≥215	—	10	—	—
			>40.00~50.00	285~370	≥200	—	10	—	—
5059	O、H111	O、H111	>3.00~6.00	330~380	≥160	24	—	—	1.5t
			>6.00~12.50			24	—	—	4.0t
			>12.50~50.00			—	24	—	—
	H112	H112	>3.00~6.00	330~380	≥160	20	—	—	2.0t
			>6.00~12.50			20	—	—	4.0t
			>12.50~50.00			—	20	—	—
	H116	H116	>3.00~6.00	370~440	≥270	10	—	—	3.0t
			>6.00~12.50			10	—	—	6.0t
			>12.50~20.00			—	10	—	—
			>20.00~50.00	360~440	≥260	—	10	—	—
	H321	H321	>3.00~6.00	370~440	≥270	10	—	—	3.0t
			>6.00~12.50			10	—	—	6.0t
			>12.50~20.00			—	10	—	—
			>20.00~50.00	360~440	≥260	—	10	—	—
5182	O、H111	O、H111	>0.20~0.50	255~315	≥110	14	—	—	t
			>0.50~1.50			15	—	—	t
			>1.50~3.00			16	—	—	t
			>3.00~6.00			16	—	—	t

续表

牌号	供应状态	试样状态	厚度/mm	室温拉伸试验结果				弯曲半径	
				抗拉强度 R_m/MPa	规定非比例延伸强度 $R_{p0.2}$/MPa	断后伸长率/% ≥			
						A_{50}	$A_{5.65}$	90°	180°
5182	H34	H34	>0.20～0.50	290～350	≥200	5	—	—	—
			>0.50～1.50			6	—	—	—
			>1.50～3.00			7	—	—	—
	H36	H36	>0.20～0.50	340～380	≥280	3	—	—	—
	H48	H48	>0.20～0.50	≥360	≥300	4	—	—	—
	H19	H19	>0.20～1.50	≥380	≥320	1	—	—	—
5083	O、H111	O、H111	>0.20～0.50	275～350	≥125	11	—	0.5t	t
			>0.50～1.50			12	—	t	t
			>1.50～3.00			13	—	t	1.5t
			>3.00～6.00			15	—	1.5t	—
			>6.00～12.50	270～345	≥115	16	—	2.5t	—
			>12.50～50.00			—	15	—	—
			>50.00～80.00			—	14	—	—
			>80.00～120.00	260～335	≥110	—	12	—	—
			>120.00～180.00	255～340	≥105	—	12	—	—
			>180.00～200.00	250～335	≥95	—	10	—	—
	H112	H112	>6.00～12.50	≥275	≥125	12	—	—	—
			>12.50～40.00			—	10	—	—
			>40.00～80.00	≥270	≥115	—	10	—	—
			>80.00～160.00	≥260	≥110	—	10	—	—
	H12	H12	>0.20～0.50	315～375	≥250	3	—	—	—
			>0.50～1.50			4	—	—	—
			>1.50～3.00			5	—	—	—
			>3.00～6.00			6	—	—	—
			>6.00～12.00			7	—	—	—
	H22、H32	H22、H32	>0.20～0.50	305～380	≥215	5	—	0.5t	2.0t
			>0.50～1.50			6	—	1.5t	2.0t
			>1.50～3.00			7	—	2.0t	3.0t
			>3.00～6.00			8	—	2.5t	—
			>6.00～12.00			10	—	3.5t	—
	H14	H14	>0.20～0.50	340～400	≥280	2	—	—	—
			>0.50～1.50			3	—	—	—

续表

牌号	供应状态	试样状态	厚度/mm	室温拉伸试验结果				弯曲半径	
				抗拉强度 R_m /MPa	规定非比例延伸强度 $R_{p0.2}$ /MPa	断后伸长率/% ≥			
						A_{50}	$A_{5.65}$	90°	180°
5083	H14	H14	>1.50～3.00	340～400	≥280	3	—	—	—
			>3.00～6.00			3	—	—	—
			>6.00～10.00			4	—	—	—
	H24、H34	H24、H34	>0.20～0.50	340～400	≥250	4	—	t	—
			>0.50～1.50			5	—	2.0t	—
			>1.50～3.00			6	—	2.5t	—
			>3.00～6.00			7	—	3.5t	—
			>6.00～10.00			8	—	4.5t	—
	H16	H16	>0.20～0.50	360～420	≥300	1	—	—	—
			>0.50～1.50			2	—	—	—
			>1.50～3.00			2	—	—	—
			>3.00～6.00			2	—	—	—
	H26、H36	H26、H36	>0.20～0.50	360～420	≥280	2	—	—	—
			>0.50～1.50			3	—	—	—
			>1.50～3.00			3	—	—	—
			>3.00～6.00			3	—	—	—
	H116	H116	>1.50～3.00	305～385	≥215	8	—	2.0t	—
			>3.00～6.00			10	—	2.5t	—
			>6.00～12.50			12	—	4.0t	6.0t
			>12.50～40.00			—	10	—	6.0t
			>40.00～80.00	285～385	≥200	—	10	—	—
	H321	H321	>1.50～3.00	305～385	≥215	8	—	2.0t	—
			>3.00～6.00			10	—	2.5t	—
			>6.00～12.50			12	—	4.0t	—
			>12.50～40.00			—	10	—	—
			>40.00～80.00	285～385	≥200	—	10	—	—
5383	H24	H24	>0.20～0.50	340～400	≥270	4	—	t	—
			>0.50～1.50			5	—	2.0t	—
			>1.50～3.00			6	—	2.5t	—
			>3.00～6.00			7	—	3.5t	—
	H116	H116	>1.50～3.00	≥305	≥220	8	—	2.0t	3.0t
			>3.00～6.00			10	—	2.5t	—

续表

<table>
<tr><th rowspan="3">牌号</th><th rowspan="3">供应状态</th><th rowspan="3">试样状态</th><th rowspan="3">厚度/mm</th><th colspan="4">室温拉伸试验结果</th><th colspan="2" rowspan="2">弯曲半径</th></tr>
<tr><th rowspan="2">抗拉强度 R_m /MPa</th><th rowspan="2">规定非比例延伸强度 $R_{p0.2}$ /MPa</th><th colspan="2">断后伸长率/% ≥</th></tr>
<tr><th>A_{50}</th><th>$A_{5.65}$</th><th>90°</th><th>180°</th></tr>
<tr><td rowspan="8">5383</td><td rowspan="3">H116</td><td rowspan="3">H116</td><td>>6.00～12.50</td><td rowspan="8">≥305</td><td rowspan="8">≥220</td><td>12</td><td>—</td><td>4.0t</td><td>—</td></tr>
<tr><td>>12.50～40.00</td><td>—</td><td>10</td><td>—</td><td>—</td></tr>
<tr><td>>40.00～80.00</td><td>—</td><td>10</td><td>—</td><td>—</td></tr>
<tr><td rowspan="5">H321</td><td rowspan="5">H321</td><td>>1.50～3.00</td><td>8</td><td>—</td><td>2.0t</td><td>3.0t</td></tr>
<tr><td>>3.00～6.00</td><td>10</td><td>—</td><td>2.5t</td><td>—</td></tr>
<tr><td>>6.00～12.50</td><td>12</td><td>—</td><td>4.0t</td><td>—</td></tr>
<tr><td>>12.50～40.00</td><td>—</td><td>10</td><td>—</td><td>—</td></tr>
<tr><td>>40.00～80.00</td><td>—</td><td>10</td><td>—</td><td>—</td></tr>
<tr><td rowspan="24">5086</td><td rowspan="6">O、H111</td><td rowspan="6">O、H111</td><td>>0.20～0.50</td><td rowspan="6">240～310</td><td rowspan="6">≥100</td><td>11</td><td>—</td><td>0.5t</td><td>t</td></tr>
<tr><td>>0.50～1.50</td><td>12</td><td>—</td><td>t</td><td>t</td></tr>
<tr><td>>1.50～3.00</td><td>13</td><td>—</td><td>t</td><td>t</td></tr>
<tr><td>>3.00～6.00</td><td>15</td><td>—</td><td>1.5t</td><td>1.5t</td></tr>
<tr><td>>6.00～12.50</td><td>17</td><td>—</td><td>2.5t</td><td>—</td></tr>
<tr><td>>12.50～150.00</td><td>—</td><td>16</td><td>—</td><td>—</td></tr>
<tr><td rowspan="4">H12</td><td rowspan="4">H12</td><td>>0.20～0.50</td><td rowspan="4">275～335</td><td rowspan="4">≥200</td><td>3</td><td>—</td><td>—</td><td>—</td></tr>
<tr><td>>0.50～1.50</td><td>4</td><td>—</td><td>—</td><td>—</td></tr>
<tr><td>>1.50～3.00</td><td>5</td><td>—</td><td>—</td><td>—</td></tr>
<tr><td>>3.00～6.00</td><td>6</td><td>—</td><td>—</td><td>—</td></tr>
<tr><td rowspan="4">H32</td><td rowspan="4">H32</td><td>>0.20～0.50</td><td rowspan="4">275～335</td><td rowspan="4">≥185</td><td>5</td><td>—</td><td>0.5t</td><td>2.0t</td></tr>
<tr><td>>0.50～1.50</td><td>6</td><td>—</td><td>1.5t</td><td>2.0t</td></tr>
<tr><td>>1.50～3.00</td><td>7</td><td>—</td><td>2.0t</td><td>2.0t</td></tr>
<tr><td>>3.00～6.00</td><td>8</td><td>—</td><td>2.5t</td><td>—</td></tr>
<tr><td rowspan="4">H34</td><td rowspan="4">H34</td><td>>0.20～0.50</td><td rowspan="4">300～360</td><td rowspan="4">≥220</td><td>4</td><td>—</td><td>t</td><td>2.5t</td></tr>
<tr><td>>0.50～1.50</td><td>5</td><td>—</td><td>2.0t</td><td>2.5t</td></tr>
<tr><td>>1.50～3.00</td><td>6</td><td>—</td><td>2.5t</td><td>2.5t</td></tr>
<tr><td>>3.00～6.00</td><td>7</td><td>—</td><td>3.5t</td><td>—</td></tr>
<tr><td rowspan="4">H36</td><td rowspan="4">H36</td><td>>0.20～0.50</td><td rowspan="4">325～385</td><td rowspan="4">≥250</td><td>2</td><td>—</td><td>—</td><td>—</td></tr>
<tr><td>>0.50～1.50</td><td>3</td><td>—</td><td>—</td><td>—</td></tr>
<tr><td>>1.50～3.00</td><td>3</td><td>—</td><td>—</td><td>—</td></tr>
<tr><td>>3.00～4.00</td><td>3</td><td>—</td><td>—</td><td>—</td></tr>
<tr><td rowspan="2">H116</td><td rowspan="2">H116</td><td>>1.50～3.00</td><td rowspan="2">≥275</td><td rowspan="2">≥195</td><td>8</td><td>—</td><td>2.0t</td><td>2.0t</td></tr>
<tr><td>>3.00～6.00</td><td>9</td><td>—</td><td>2.5t</td><td>—</td></tr>
</table>

续表

牌号	供应状态	试样状态	厚度/mm	室温拉伸试验结果 抗拉强度 R_m /MPa	规定非比例延伸强度 $R_{p0.2}$ /MPa	断后伸长率/% ≥ A_{50}	$A_{5.65}$	弯曲半径 90°	180°
5086	H116	H116	>6.00～12.50	≥275	≥195	10	—	3.5*t*	—
			>12.50～50.00			—	9	—	—
5A02	O	O	>0.50～1.00	165～225	—	17	—	—	—
			>1.00～10.00			19	—	—	—
	H112	H112	>4.50～12.50	≥175	—	10	—	—	—
			>12.50～25.00			—	12	—	—
			>25.00～80.00	≥155		—	13	—	—
	H14、H24、H34	H14、H24、H34	>0.50～1.00	235～285	—	4	—	—	—
			>1.00～4.50			6	—	—	—
	H18	H18	>0.50～1.00	≥265	—	3	—	—	—
			>1.00～4.50			4	—	—	—
5A03	O	O	>0.50～4.50	195～250	≥100	16	—	—	—
	H112	H112	>4.50～10.00	≥185	≥80	16	—	—	—
			>10.00～12.50	≥175	≥70	13	—	—	—
			>12.50～25.00			—	13	—	—
			>25.00～50.00	≥165	≥60	—	12	—	—
	H14、H24、H34	H14、H24、H34	>0.50～4.50	225～280	≥195	8	—	—	—
5A05	O	O	>0.50～4.50	275～340	≥125	16	—	—	—
	H112	H112	>4.50～10.00	≥275	≥125	16	—	—	—
			>10.00～12.50	≥265	≥115	14	—	—	—
			>12.50～25.00			—	14	—	—
			>25.00～50.00	≥255	≥105	—	13	—	—
5A06	O	O	0.50～4.50	315～375	≥155	16	—	2.0*t*	—
			>4.50～12.50			16	—	—	—
	H112	H112	>3.00～10.00	≥315	≥155	16	—	—	—
			>10.00～12.50	≥305	≥145	12	—	—	—
			>12.50～25.00			—	12	—	—
			>25.00～50.00	≥295	≥135	—	12	—	—
			>50.00～265.00	≥280	≥120	—	12	—	—

续表

牌号	供应状态	试样状态	厚度/mm	室温拉伸试验结果				弯曲半径	
				抗拉强度 R_m /MPa	规定非比例延伸强度 $R_{p0.2}$ /MPa	断后伸长率/% ≥		90°	180°
						A_{50}	$A_{5.65}$		
5A06	H34	H34	>3.00～6.00	375～425	≥265	8	—	—	—
			>6.00～12.50			8	—	—	—
5L52	H32	H32	>0.50～1.50	200～250	≥150	6	—	—	—

表 9-27　6×××系的力学性能

牌号	供应状态	试样状态	厚度/mm	室温拉伸试验结果				弯曲半径	
				抗拉强度 R_m /MPa	规定非比例延伸强度 $R_{p0.2}$ /MPa	断后伸长率/% ≥		90°	180°
						A_{50}	$A_{5.65}$		
6005A	T6	T6	>1.50～3.00	≥240	≥230	10	—	—	—
			>3.00～6.00			—			
			>6.00～10.00	≥240	≥230	10	—	—	—
6060	T6、T651	T6、T651	>4.50～12.50	≥250	≥210	7	—	—	—
			>12.50～40.00			—	7	—	—
			>40.00～70.00			—	7	—	—
6061	O	O	0.40～1.50	≤150	≤85	16	—	0.5*t*	*t*
			>1.50～3.00			16	—	*t*	*t*
			>3.00～6.00			19	—	*t*	—
			>6.00～12.50			19	—	2.0*t*	—
			>12.50～25.00			—	16	—	—
			>25.00～150.00			—	16	—	—
	T1	T62	>6.00～12.50	≥290	≥240	10	—	—	—
			>12.50～25.00			—	8	—	—
			>25.00～150.00			—	8	—	—
	T4	T4	0.40～1.50	≥205	≥110	12	—	*t*	1.5*t*
			>1.50～3.00			14	—	1.5*t*	2.0*t*
			>3.00～6.00			16	—	3.0*t*	—
			>6.00～12.50			18	—	4.0*t*	—
	T451	T451	5.00～6.00	≥205	≥110	16	—	3.0*t*	—
			>6.00～12.50			18	—	4.0*t*	—

续表

牌号	供应状态	试样状态	厚度/mm	室温拉伸试验结果				弯曲半径	
				抗拉强度 R_m/MPa	规定非比例延伸强度 $R_{p0.2}$/MPa	断后伸长率/% ≥			
						A_{50}	$A_{5.65}$	90°	180°
6061	T451	T451	>12.50～40.00	≥205	≥110	—	15	—	—
			>40.00～80.00			—	14	—	—
	T6	T6	0.40～1.50	≥290	≥240	6	—	2.5*t*	—
			>1.50～3.00			7	—	3.5*t*	12.0*t*
			>3.00～6.00			10	—	4.0*t*	—
			>6.00～12.50			10	—	5.0*t*	—
			>12.50～40.00			—	8	—	—
			>40.00～80.00			—	6	—	—
			>80.00～100.00			—	5	—	—
			>100.00～150.00			—	4	—	—
			>150.00～250.00	≥265	≥230	—	4	—	—
			>250.00～280.00	≥260	≥220	—	4	—	—
	T651	T651	5.00～12.50	≥290	≥240	10	—	5.0*t*	
			>12.50～40.00			—	8	—	—
			>40.00～80.00			—	6	—	—
			>80.00～100.00			—	5	—	—
			>100.00～150.00	≥275	≥240	—	5	—	—
			>150.00～250.00	≥265	≥230	—	4	—	—
			>250.00～290.00	≥260	≥220	—	4	—	—
6063	O	O	0.50～6.00	≤130	—	20	—	—	—
			>6.00～12.50			20	—	—	—
			>12.50～25.00			—	20	—	—
			>25.00～150.00			—	20	—	—
	T4	T4	0.50～6.00	≥150	—	10	—	—	—
			>6.00～12.50	≥130	—	15	—	—	—
			>12.50～25.00			—	15	—	—
			>25.00～50.00			—	15	—	—
			>50.00～170.00			—	15	—	—
	T6	T6	0.50～1.50	≥240	≥190	8	—	—	—
			>1.50～3.00			8	—	—	—
			>3.00～6.00			8	—	—	—

续表

牌号	供应状态	试样状态	厚度/mm	室温拉伸试验结果				弯曲半径	
				抗拉强度 R_m /MPa	规定非比例延伸强度 $R_{p0.2}$ /MPa	断后伸长率/% ≥			
						A_{50}	$A_{5.65}$	90°	180°
6063	T6	T6	＞6.00～12.50	≥230	≥180	8	—	—	—
			＞12.50～25.00			—	8	—	—
			＞25.00～50.00			—	8	—	—
			＞50.00～170.00			—	7	—	—
	T651	T651	6.00～12.50	≥230	≥180	8	—	—	—
			＞12.50～25.00			—	8	—	—
			＞25.00～60.00			—	8	—	—
6082	O	O	0.40～1.50	≤150	≤85	14	—	0.5t	0.5t
			＞1.50～3.00			16	—	t	t
			＞3.00～6.00			18	—	1.5t	—
			＞6.00～12.50			19	—	2.5t	—
			＞12.50～25.00	≤155	—	—	16	—	—
	T4	T4	0.40～1.50	≥205	≥110	12	—	1.5t	3.0t
			＞1.50～3.00			14	—	2.0t	3.0t
			＞3.00～6.00			14	—	3.0t	4.0t
			＞6.00～12.50			14	—	—	—
			＞12.50～40.00			—	13	—	—
			＞40.00～80.00			—	12	—	—
	T6	T6	0.40～1.50	≥310	≥260	6	—	2.5t	—
			＞1.50～3.00			7	—	3.5t	—
			＞3.00～6.00			9	—	4.5t	—
			＞6.00～12.50	≥300	≥255	9	—	6.0t	—
			＞12.50～60.00	≥295	≥240	—	8	—	—
			＞60.00～100.00			—	7	—	—
			＞100.00～150.00	≥275		—	6	—	—
			＞150.00～200.00	≥275	≥230	—	4	—	—
	T651	T651	＞1.50～3.00	≥310	≥260	7	—	3.5t	—
			＞3.00～6.00			8	—	4.5t	—
			＞6.00～12.50	≥300	≥255	8	—	6.0t	—
			＞12.50～60.00	≥295	≥240	—	8	—	—
			＞60.00～100.00			—	7	—	—

续表

牌号	供应状态	试样状态	厚度/mm	室温拉伸试验结果：抗拉强度 R_m/MPa	室温拉伸试验结果：规定非比例延伸强度 $R_{p0.2}$/MPa	断后伸长率/% ≥：A_{50}	断后伸长率/% ≥：$A_{5.65}$	弯曲半径：90°	弯曲半径：180°
6082	T651	T651	>100.00～150.00	≥275	≥240	—	6	—	—
			>150.00～175.00	≥275	≥230	—	4	—	—
			>175.00～200.00	≥260	≥220	—	2	—	—
6A02	O	O	>0.50～4.50	≤145	—	21	—	—	—
			>4.50～10.00			21	—	—	—
		T62	>0.50～4.50	≥295	—	11	—	—	—
			>4.50～10.00			8	—	—	—
	T1	T62	>4.50～12.50	≥295	—	8	—	—	—
			>12.50～25.00			—	7	—	—
			>25.00～50.00	≥285		—	6	—	—
			>50.00～90.00	≥275		—	6	—	—
		T42	>4.50～12.50	≥175	—	17	—	—	—
			>12.50～25.00			—	14	—	—
			>25.00～50.00	≥165		—	12	—	—
			>50.00～90.00			—	10	—	—
	T4	T4	>0.50～2.90	≥195	—	21	—	—	—
			>2.90～4.50			19	—	—	—
			>4.50～10.00	≥175		17	—	—	—
	T6	T6	>0.50～4.50	≥295		11	—	—	—
			>4.50～10.00			8	—	—	—

表 9-28　7×××系的力学性能

牌号	供应状态	试样状态	厚度/mm	室温拉伸试验结果：抗拉强度 R_m/MPa	室温拉伸试验结果：规定非比例延伸强度 $R_{p0.2}$/MPa	断后伸长率/% ≥：A_{50}	断后伸长率/% ≥：$A_{5.65}$	弯曲半径：90°	弯曲半径：180°
7005	T6	T6	>3.00～6.00	≥400	≥350	8	—	—	—
			>6.00～12.50	—					
			>12.50～25.00	≥400	≥350	—	8	—	—

续表

牌号	供应状态	试样状态	厚度/mm	室温拉伸试验结果				弯曲半径	
				抗拉强度 R_m /MPa	规定非比例延伸强度 $R_{p0.2}$ /MPa	断后伸长率/% ≥			
						A_{50}	$A_{5.65}$	90°	180°
7020	O	O	0.40～1.50	≤230	≤170	13	—	2.0*t*	—
			>1.50～3.00			13	—	2.5*t*	—
			>3.00～6.00			15	—	3.5*t*	—
			>6.00～12.50			12	—	5.0*t*	—
	T4	T4	>0.40～1.50	≥320	≥210	10	—	2.0*t*	—
			>1.50～3.00			12	—	2.5*t*	—
			>3.00～6.00			14	—	3.5*t*	—
			>6.00～12.50			14	—	5.0*t*	—
	T6	T6	>0.40～1.50	≥350	≥280	6	—	3.5*t*	—
			>1.50～3.00			8	—	4.5*t*	—
			>3.00～6.00			10	—	5.5*t*	—
			>6.00～12.50			10	—	8.0*t*	—
			>12.50～40.00			—	9	—	—
			>40.00～60.00	≥340	≥270	—	8	—	—
	T651	T651	>0.40～1.50	≥350	≥280	7	—	3.5*t*	—
			>1.50～3.00			8	—	4.5*t*	—
			>3.00～6.00			10	—	5.5*t*	—
			>6.00～12.50			10	—	8.0*t*	—
			>12.50～40.00			—	9	—	—
			>40.00～60.00	≥340	≥270	—	8	—	—
7021	T6	T6	1.50～3.00	≥400	≥350	7	—	—	—
			>3.00～6.00			8	—	—	—
7050	T7451	T7451	6.00～12.50	≥500	≥430	9	—	—	—
			>12.50～51.00			—	9	—	—
			>51.00～76.00	≥490	≥420	—	8	—	—
			>76.00～102.00	≥480	≥410	—	6	—	—
			>102.00～127.00	≥475	≥405	—	5	—	—
			>127.00～152.00	≥470	≥400	—	4	—	—
			>152.00～178.00	≥465	≥390	—	4	—	—
			>178.00～203.00	≥455	≥380	—	4	—	—
	T7651	T7651	6.00～12.50	≥510	≥440	8	—	—	—
			>12.50～51.00			—	8	—	—
			>51.00～76.00	≥500	≥430	—	7	—	—

续表

牌号	供应状态	试样状态	厚度/mm	室温拉伸试验结果 抗拉强度 R_m/MPa	规定非比例延伸强度 $R_{p0.2}$/MPa	断后伸长率/% ≥ A_{50}	$A_{5.65}$	弯曲半径 90°	180°
7075	O	O	>0.40～0.80	≤275	≤145	10	—	0.5t	t
			>0.80～1.50			11	—	t	2.0t
			>1.50～3.00			12	—	t	3.0t
			>3.00～6.00			13	—	2.5t	—
			>6.00～12.50			14	—	4.0t	—
			>12.50～15.00		—	—	15	—	—
			>15.00～75.00			—	9	—	—
		T62	>0.40～0.80	≥525	≥460	6	—	4.5t	—
			>0.80～1.50	≥540	≥460	6	—	5.5t	—
			>1.50～3.00	≥540	≥470	7	—	6.5t	—
			>3.00～6.00	≥545	≥475	8	—	8.0t	—
			>6.00～12.50	≥540	≥460	8	—	12.0t	—
			>12.50～25.00	≥540	≥470	—	6	—	—
			>25.00～50.00	≥530	≥460	—	5	—	—
			>50.00～60.00	≥525	≥440	—	4	—	—
			>60.00～75.00	≥495	≥420	—	4	—	—
	T1	T62	>6.00～12.50	≥540	≥460	8	—	—	—
			>12.50～25.00	≥540	≥470	—	6	—	—
			>25.00～50.00	≥530	≥460	—	5	—	—
	T6	T6	0.40～0.80	≥525	≥460	6	—	4.5t	—
			>0.80～1.50	≥540	≥460	6	—	5.5t	—
			>1.50～3.00	≥540	≥470	7	—	6.5t	—
			>3.00～6.00	≥545	≥475	8	—	8.0t	—
			>6.00～12.50	≥540	≥460	8	—	12.0t	—
			>12.50～25.00	≥540	≥470	—	6	—	—
			>25.00～50.00	≥530	≥460	—	5	—	—
			>50.00～60.00	≥525	≥440	—	4	—	—
			>60.00～80.00	≥495	≥420	—	4	—	—
			>80.00～90.00	≥490	≥390	—	4	—	—
			>90.00～100.00	≥460	≥360	—	3	—	—
			>100.00～120.00	≥410	≥300	—	2	—	—
			>120.00～150.00	≥360	≥260	—	2	—	—
			>150.00～200.00	≥360	≥240	—	2	—	—

续表

牌号	供应状态	试样状态	厚度/mm	室温拉伸试验结果 抗拉强度 R_m /MPa	规定非比例延伸强度 $R_{p0.2}$ /MPa	断后伸长率/% ≥ A_{50}	$A_{5.65}$	弯曲半径 90°	180°
7075	T651	T651	>1.50～3.00	≥545	≥475	7	—	6.5t	—
			>3.00～6.00	≥545	≥475	8	—	8.0t	—
			>6.00～12.50	≥540	≥470	8	—	12.0t	—
			>12.50～25.00	≥540	≥470	—	6	—	—
			>25.00～50.00	≥530	≥460	—	5	—	—
			>50.00～60.00	≥525	≥440	—	4	—	—
			>60.00～80.00	≥495	≥420	—	4	—	—
			>80.00～90.00	≥490	≥390	—	4	—	—
			>90.00～100.00	≥460	≥360	—	3	—	—
			>100.00～120.00	≥410	≥300	—	2	—	—
			>120.00～150.00	≥360	≥260	—	2	—	—
			>150.00～203.00	≥360	≥240	—	2	—	—
	T73	T73	>1.50～3.00	≥460	≥385	7	—	—	—
			>3.00～6.00			8	—	—	—
			>6.00～12.50	≥475	≥390	7	—	—	—
			>12.50～25.00			—	6	—	—
			>25.00～50.00			—	5	—	—
			>50.00～60.00	≥455	≥360	—	5	—	—
			>60.00～80.00	≥440	≥340	—	5	—	—
			>80.00～100.00	≥430	≥340	—	5	—	—
	T7351	T7351	>1.50～3.00	≥460	≥385	7	—	—	—
			>3.00～6.00			8	—	—	—
			>6.00～12.50	≥475	≥390	6	—	—	—
			>12.50～25.00			—	6	—	—
			>25.00～50.00			—	5	—	—
			>50.00～60.00	≥455	≥360	—	5	—	—
			>60.00～80.00	≥440	≥340	—	5	—	—
			>80.00～100.00	≥430	≥340	—	5	—	—
			>100.00～120.00	≥420	≥320	—	4	—	—
			>120.00～203.00	≥400	≥300	—	4	—	—
	T76	T76	>1.50～3.00	≥500	≥425	7	—	—	—
			>3.00～6.00			8	—	—	—
			>6.00～12.50	≥490	≥415	7	—	—	—

续表

牌号	供应状态	试样状态	厚度/mm	室温拉伸试验结果				弯曲半径	
				抗拉强度 R_m/MPa	规定非比例延伸强度 $R_{p0.2}$/MPa	断后伸长率/% ≥			
						A_{50}	$A_{5.65}$	90°	180°
包铝7075	O	O	>4.00～1.60	≤250	≤140	10	—	—	—
			>1.60～4.00	≤260		10	—	—	—
			>4.00～10.00	≤270	≤145	10	—	—	—
	T6	T6	>0.40～0.80	≥490	≥420	8	—	—	—
			>0.80～1.60	≥495	≥425	9	—	—	—
			>1.60～3.00	≥510	≥440	9	—	—	—
			>3.00～6.30			9	—	—	—
	T76	T76	>0.80～1.50	≥460	≥385	8	—	—	—
			>1.50～3.00	≥470	≥395	8	—	—	—
			>3.00～6.30	≥485	≥405	8	—	—	—
7475	O	O	>0.40～1.00	≤250	≤140	10	—	—	—
			>1.00～1.60			10	—	—	—
			>1.60～3.20	≤260	≤140	10	—	—	—
			>3.20～4.80			10	—	—	—
			>4.80～6.50	≤270	≤145	10	—	—	—
	T7351	T7351	>5.00～12.50	≥490	≥415	10	—	—	—
			>12.50～40.00			—	9	—	—
			>40.00～75.00			—	8	—	—
			>75.00～100.00	≥475	≥390	—	8	—	—
			>100.00～200.00	≥450	≥365	—	8	—	—
	T76、T761	T76、T761	>1.00～1.60	≥490	≥415	9	—	—	6.0t
			>1.60～2.30			9	—	—	7.0t
			>2.30～3.20			9	—	—	8.0t
			>3.20～4.80			9	—	—	9.0t
			>4.80～6.50			9	—	—	9.0t
包铝7475	O	O	>1.00～1.60	≤250	≤140	10	—	—	9.0t
			>1.60～3.20	≤260		10	—	—	9.0t
			>3.20～4.80			10	—	—	9.0t
			>4.80～6.50	≤270	≤145	10	—	—	9.0t
	T761	T761	>0.40～1.60	≥455	≥380	9	—	—	—
			>1.60～4.80	≥470	≥390	9	—	—	—
			>4.80～6.00	≥480	≥410	9	—	—	—

续表

牌号	供应状态	试样状态	厚度/mm	室温拉伸试验结果				弯曲半径	
				抗拉强度 R_m/MPa	规定非比例延伸强度 $R_{p0.2}$/MPa	断后伸长率/% ≥			
						A_{50}	$A_{5.65}$	90°	180°
7A04、7A09	T1	T62	>4.50~6.00	≥490	≥410	7	—	—	—
			>6.00~12.50			7	—	—	—
			>12.50~25.00			—	5	—	—
			>25.00~75.00			—	3	—	—
			>75.00~100.00			—	4	—	—
	T6	T6	>0.50~2.90	≥480	≥400	7	—	—	—
			>2.90~6.00	≥490	≥410	7	—	—	—
			>6.00~12.50	≥510	≥430	7	—	—	—
			>12.50~25.00	≥490	≥410	—	5	—	—
			>25.00~75.00			—	4	—	—
			>75.00~155.00			—	3	—	—
包铝7A04、包铝7A09	O	O	>0.50~10.00	≤245	—	11	—	—	—
	T6	T6	>0.50~1.60	≥480	≥400	7	—	—	—
			>1.60~10.00	≥490	≥410	7	—	—	—
7A52	T6	T6	>3.00~6.00	≥410	≥345	7	—	—	—
			>6.00~12.50			7	—	—	—
			>12.50~25.00			—	7	—	—
			>25.00~100.00			—	7	—	—

表 9-29 8××系的力学性能

牌号	供应状态	试样状态	厚度/mm	室温拉伸试验结果				弯曲半径	
				抗拉强度 R_m/MPa	规定非比例延伸强度 $R_{p0.2}$/MPa	断后伸长率/% ≥			
						A_{50}	$A_{5.65}$	90°	180°
8006	H16	H16	>0.20~0.50	160~220	—	2	—	—	—
8011	O	O	>0.20~0.50	80~130	—	19	—	—	—
	H22	H22	>0.20~0.50	105~145	≥90	6	—	—	—
	H14	H14	>0.20~0.50	125~165	—	2	—	—	—
	H24	H24	>0.20~0.50	125~165	—	4	—	—	—
			>0.50~1.50			5	—	—	—

续表

牌号	供应状态	试样状态	厚度/mm	室温拉伸试验结果				弯曲半径	
				抗拉强度 R_m/MPa	规定非比例延伸强度 $R_{p0.2}$/MPa	断后伸长率/% ≥			
						A_{50}	$A_{5.65}$	90°	180°
8011	H16	H16	>0.20～0.50	130～185	—	1	—	—	—
	H18	H18	>0.20～3.50	≥160	≥145	1	—	—	—
	H19	H19	>0.20～0.50	≥210	—	1	—	—	—
8011A	H14、H24	H14、H24	>0.20～0.50	120～170	≥110	3	—	—	—
	H18	H18	>0.20～0.50	≥160	≥145	1	—	—	—
			>0.50～3.00			2	—	—	—
8111	H14	H14	>0.20～0.50	130～190	—	2	—	—	—
8021	H14	H14	>0.20～0.50	130～190	≥100	2	—	—	—
	H18	H18	>0.20～0.50	≥160	≥145	1	—	—	—
8079	H12	H12	>0.20～0.50	115～165	—	2	—	—	—
	H14	H14	>0.20～0.50	125～175	—	2	—	—	—

试样状态与供应状态不一致时，需方复检性能时应使用相应热处理制度将样品热处理至试样状态再进行验证。

弯曲半径中的 t 表示板材的厚度，当 90°和 180°两栏均有数值时，应由供需双方协商确定折弯角度，并在订货单（或合同）中注明，未注明时按 90°执行。需方对折弯半径有特殊要求时，其室温拉伸力学性能由供需双方协商确定，并在订货单（或合同）中注明。

对于 2014、包铝 2014、2017A、2219、2024、包铝 2024、包铝 2A11、2A12、包铝 2A12 合金的 O 状态板、带材，需要 T42 状态或 T62 状态的性能值时，应在订货单（或合同）中注明。

对于 6A02、7075 合金的 O 状态板、带材，需要 T62 状态的性能值时，应在订货单（或合同）中注明。

对于 6A02 合金 T1 状态的板、带材，应由供需双方协商确定试样状态为 T42 状态或 T62 状态，并在订货单（或合同）中注明，未注明时按 T62 状态执行。

7020 的 T4 状态需要在室温下自然时效 3 个月后才能稳定达到

规定的力学性能，或将淬火后的试样在60～65℃的条件下持续60h也可以得到近似的力学性能，仲裁时以自然时效为准。

T761状态专用于7475、包铝7475薄板和带材，与T76状态的定义相同，是在固溶热处理后进行人工过时效以获得良好的抗剥落腐蚀性能的状态。

9.3.3 铝及铝合金深冲用板、带材（YS/T 688—2009）

用于制造深冲类容器等（不用于瓶盖及易拉罐）。

① 化学成分　3104、8011A牌号的化学成分应符合YS/T 688—2009表2的规定，其他牌号的化学成分应符合GB/T 3190的规定。

② 牌号、状态、规格　见表9-30。

表9-30　板、带材的牌号、状态、规格

牌号	状态	规格/mm					典型用途
		厚度	内径	长度	宽度	外径	
1070、1070A、1060、1050、1050A、1035、1100、1200	O、H12、H22、H32、H14、H24、H34、H16、H26、H18	>0.2～4.0	150 180 205 300 350 400 500 600	供需双方协商			容器、电容器壳、灯罩、锅用内胆、化妆品盖、雷管外壳
3003、3004、3005、3104、8A06、8011、8011A							容器、锅用内胆
5005、5A02、5A43、5052							容器、汽车及动车结构件
5A66	O、H24						灯罩
2A12	O						飞机结构件

③ 力学性能　见表9-31。

表9-31　板、带材的室温纵向拉伸性能

牌号	状态	厚度/mm	抗拉强度 R_m/MPa ≥	规定非比例延伸强度 $R_{p0.2}$/MPa ≥	断后伸长率 A_{50}/% ≥
1070 1070A 1060	O	>0.20～0.30 >0.30～0.50 >0.50～0.80	55～95	—	17 20 25

续表

牌号	状态	厚度/mm	抗拉强度 R_m/MPa ≥	规定非比例延伸强度 $R_{p0.2}$/MPa ≥	断后伸长率 A_{50}/% ≥
1070 1070A 1060	O	>0.80～1.30	55～95	15	30
		>1.30～2.00			35
	H12 H22	>0.20～0.30	70～130	—	4
		>0.30～0.50			6
		>0.50～0.80			8
		>0.80～1.30		55	10
		>1.30～2.00			12
	H14 H24	>0.20～0.30	85～140	—	1
		>0.30～0.50			2
		>0.50～0.80			3
		>0.80～1.30		65	4
		>1.30～2.00			5
	H16 H26	>0.20～0.30	95～150	75	1
		>0.30～0.50			1
		>0.50～0.80			2
		>0.80～1.30			3
		>1.30～2.00			4
1050	O	>0.20～0.30	60～100	—	17
		>0.30～0.50			20
		>0.50～0.80			25
		>0.80～1.30		20	30
		>1.30～2.00			35
1035	O	>0.20～0.50	60～105	—	25
		>2.00			30
1100 1200	O	>0.20～0.30	75～110	25	15
		>0.30～0.50			20
		>0.50～0.80			28
		>0.80～1.30			30
		>1.30～2.00			35
	H12 H22	>0.20～0.30	95～130	75	2
		>0.30～0.50			3
		>0.50～0.80			4
		>0.80～1.30			6
		>1.30～2.00			8

续表

牌号	状态	厚度/mm	抗拉强度 R_m/MPa ≥	规定非比例延伸强度 $R_{p0.2}$/MPa ≥	断后伸长率 A_{50}/% ≥
1100 1200	H14 H24	>0.20～0.30	110～150	95	1
		>0.30～0.50			2
		>0.50～0.80			3
		>0.80～1.30			4
		>1.30～2.00			5
	H16 H26	>0.20～0.50	130～165	115	1
		>0.50～0.80			2
		>0.80～1.30			3
		>1.30～2.00			4
2A12	O	>0.50～4.00	≤220	—	14
3003	O	>0.20～0.50	95～130	35	18
		>0.50～0.80			20
		>0.80～1.30			23
		>1.30～2.00			25
	H12 H22	>0.20～0.30	120～160	90	2
		>0.30～0.50			3
		>0.50～0.80	120～160	90	4
		>0.80～1.30			5
		>1.30～2.00			6
	H14 H24	>0.20～0.30	140～190	125	1
		>0.30～0.50			2
		>0.50～0.80			3
		>0.80～1.30			4
		>1.30～2.00			5
3005	O	>0.20～0.50	115～165	45	18
		>0.50～1.30			20
		>1.30～2.00			22
5005	O	>0.20～0.50	100～145	35	15
		>0.50～0.80			16
		>0.80～1.30			19
		>1.30～2.00			20
5A02	O	>0.20～0.50	165～225	65	15
		>0.50～0.80			17
		>0.80～1.30			18
		>1.30～2.00			19

续表

牌号	状态	厚度/mm	抗拉强度 R_m/MPa ≥	规定非比例延伸强度 $R_{p0.2}$/MPa ≥	断后伸长率 A_{50}/% ≥
5A02	H12 H22 H32	>0.20～0.50 >0.50～0.80 >0.80～1.30 >1.30～2.00	215～265	130	5 7 8 9
	H14 H24 H34	>0.20～0.50 >0.50～0.80 >0.80～1.30 >1.30～2.00	235～285	—	3 4 4 6
5052	O	>0.20～0.30 >0.30～0.50 >0.50～0.80 >0.80～1.30 >1.30～2.00	170～215	65	13 15 17 18 19
	H12 H22 H32	>0.20～0.50 >0.50～0.80 >0.80～1.30 >1.30～2.00	215～265	130	4 5 5 7
	H14 H24 H34	>0.20～0.50 >0.50～0.80 >0.80～1.30 >1.30～2.00	235～285	150	3 4 4 6
5A43	O H14 H18	>0.50～4.00	98 118 196	— — —	20 8 3
5A66	O H24	>0.20～4.00 >0.20～2.00	118 150～225	— —	18 12
8A06	O	>0.20～0.50 >2.00	59～108	—	25 30
8011 8011A	O	>0.20～0.30 >0.30～0.50 >0.50～0.80 >0.80～1.30 >1.30～2.00	80～110	30	15 20 25 30 35

续表

牌号	状态	厚度/mm	抗拉强度 R_m/MPa ≥	规定非比例延伸强度 $R_{p0.2}$/MPa ≥	断后伸长率 A_{50}/% ≥
8011 8011A	H12 H22	>0.20～0.30	95～130	—	2
		>0.30～0.50			3
		>0.50～0.80			4
		>0.80～1.30			6
		>1.30～2.00			8
	H14 H24	>0.20～0.30	120～160	100	1
		>0.30～0.50			2
		>0.50～0.80			3
		>0.80～1.30			4
		>1.30～2.00			5
	H16 H26	>0.20～0.50	140～180	—	1
		>0.50～0.80			2
		>0.80～1.30			3
		>1.30～2.00			4

9.3.4　铝合金箔材（GB/T 3198—2010）

用于卷烟、食品、啤酒、饮料、装饰、医药、电容器、电声元件、电暖、电缆等产品上。

① 化学成分　应符合GB/T 3190的规定。

② 分类　按表面的光亮程度，有单面光和双面光；按厚度或宽度尺寸精度，有高精度和普通级；按交货尺寸大小，有定尺寸和非定尺寸。

③ 牌号、状态和规格　见表9-32。

表9-32　铝箔的牌号、状态和规格

牌号	状态	尺寸规格/mm			
		厚度 T	宽度	管芯内径	卷外径
1035、1050、1060、1070、1100、1145、1200、1235	O	0.0040～0.2000	50.0～1890.0	75.0、76.2、150.0、152.4、300.0、305.0、400.0、406.0	150～1200
	H22	>0.0045～0.2000			
	H14、H24	0.0045～0.2000			
	H16、H26	0.0045～0.2000			
	H18	0.0045～0.2000			
	H19	>0.0060～0.2000			

续表

牌号	状态	尺寸规格/mm			
		厚度 T	宽度	管芯内径	卷外径
2A11、2024	O、H18	0.0300～0.2000	50.0～1890.0	75.0、76.2、150.0、152.4、300.0、305.0、400.0、406.0	100～1200
3003	O	0.0090～0.2000			100～1850
	H12、H22	0.0200～0.2000			
	H14、H24	0.0270～0.2000			
	H16、H26	0.1000～0.2000			
	H18	0.0100～0.2000			
	H19	0.0170～0.1500			
3004、3005、3104、3105	O、H19	0.0300～0.2000			
3102	H18	0.0800～0.2000			
4A13	O、H18	0.0300～0.2000			
5A02	O	0.0300～0.2000			
	H16、H26	0.1000～0.2000			
	H18	0.0200～0.2000			
5B02	H18	0.0300～0.0400			
5005	O	0.1300～0.1600			
5052	O	0.0300～0.2000			
	H14、H24	0.0500～0.2000			
	H16、H26	0.1000～0.2000			
	H18	0.0500～0.2000			
	H19	>0.1000～0.2000			
5082、5083	O、H18、H38	0.1000～0.2000			250～1200
8006	O	0.0060～0.2000			
	H22	0.0350～0.2000			
	H24	0.0350～0.2000			
	H26	0.0350～0.2000			
	H18	0.0180～0.2000			
8021、8021B	O	0.0050～0.0900			
8011、8011A、8079、8111	O	0.0050～0.2000			
	H22	0.0350～0.2000			
	H14、H24	0.0350～0.2000			
	H26	0.0350～0.2000			
	H18	0.0100～0.2000			
	H19	0.0200～0.2000			

④ 标记

铝箔	GB/T 3198-	××××□	□	□
产品名称	标准编号	牌号、状态	厚度/mm	宽度/mm

⑤ 拉伸性能 见表9-33。

表 9-33 铝箔的拉伸性能

牌号	状态	厚度 T /mm	室温拉伸试验结果		
			抗拉强度 R_m /MPa	断后伸长率/% ≥	
				A_{50}	A_{100}
1035、1050、1060、1070、1100、1145、1200、1235	O	0.0040～＜0.0060	45～95	—	—
		0.0060～0.0090	45～100	—	—
		＞0.0090～0.0250	45～105	—	1.5
		＞0.0250～0.0400	50～105	—	2.0
		＞0.0400～0.0900	55～105	—	2.0
		＞0.0900～0.1400	60～115	12	—
		＞0.1400～0.2000	60～115	15	—
	H22	＞0.0045～0.0250	—	—	—
		＞0.0250～0.0400	90～135	—	2
		＞0.0400～0.0900	90～135	—	3
		＞0.0900～0.1400	90～135	4	—
		＞0.1400～0.2000	90～135	6	—
	H14、H24	0.0045～0.0250	—	—	—
		＞0.0250～0.0400	110～160	—	2
		＞0.0400～0.0900	110～160	—	3
		＞0.0900～0.1400	110～160	4	—
		＞0.1400～0.2000	110～160	6	—
	H16、H26	0.0045～0.0250	—	—	—
		＞0.0250～0.0900	125～180	—	1
		＞0.0900～0.2000	125～180	2	—
	H18	＞0.0060～0.2000	≥140	—	—
	H19	＞0.0060～0.2000	≥150	—	—
2A11	O	0.0300～0.0490	≤195	1.5	—
		＞0.0490～0.2000	≤195	3.0	—
	H18	0.0300～0.0490	≥205	—	—
		＞0.0490～0.2000	≥215	—	—

续表

<table>
<tr><th rowspan="3">牌号</th><th rowspan="3">状态</th><th rowspan="3">厚度 T /mm</th><th colspan="3">室温拉伸试验结果</th></tr>
<tr><th rowspan="2">抗拉强度 R_m /MPa</th><th colspan="2">断后伸长率/% ≥</th></tr>
<tr><th>A_{50}</th><th>A_{100}</th></tr>
<tr><td rowspan="4">2024</td><td rowspan="2">O</td><td>0.0300～0.0490</td><td>≤195</td><td>1.5</td><td>—</td></tr>
<tr><td>>0.0490～0.2000</td><td>≤205</td><td>3.0</td><td>—</td></tr>
<tr><td rowspan="2">H18</td><td>0.0300～0.0490</td><td>≥225</td><td>—</td><td>—</td></tr>
<tr><td>>0.0490～0.2000</td><td>≥245</td><td>—</td><td>—</td></tr>
<tr><td rowspan="11">3003</td><td rowspan="2">O</td><td>0.0090～0.0120</td><td>80～135</td><td>—</td><td>—</td></tr>
<tr><td>>0.0180～0.2000</td><td>80～140</td><td>—</td><td>—</td></tr>
<tr><td>H12</td><td>0.1500～0.200</td><td>110～160</td><td>—</td><td>—</td></tr>
<tr><td rowspan="2">H22</td><td>0.0200～0.0500</td><td>110～160</td><td>—</td><td>3.0</td></tr>
<tr><td>>0.0500～0.2000</td><td>110～160</td><td>10.0</td><td>—</td></tr>
<tr><td>H14</td><td>0.0300～0.2000</td><td>140～190</td><td>—</td><td>—</td></tr>
<tr><td>H24</td><td>0.0270～0.2000</td><td>140～190</td><td>1.0</td><td>—</td></tr>
<tr><td>H16</td><td>0.1000～0.2000</td><td>≥170</td><td>—</td><td>—</td></tr>
<tr><td>H26</td><td>0.1000～0.2000</td><td>≥170</td><td>1.0</td><td>—</td></tr>
<tr><td>H18</td><td>0.0100～0.2000</td><td>≥190</td><td>1.0</td><td>—</td></tr>
<tr><td>H19</td><td>0.0170～0.1500</td><td>≥200</td><td>—</td><td>—</td></tr>
<tr><td>3004、3104</td><td rowspan="2">H19</td><td>0.1200～0.2000</td><td>≥280</td><td>—</td><td>—</td></tr>
<tr><td>3005、3105</td><td>0.1500～0.2000</td><td>≥230</td><td>—</td><td>—</td></tr>
<tr><td>3102</td><td>H18</td><td>0.0800～0.2000</td><td>≥200</td><td>—</td><td>—</td></tr>
<tr><td>3104</td><td>O</td><td>0.0300～0.1500</td><td>155～195</td><td>—</td><td>—</td></tr>
<tr><td rowspan="4">5A02</td><td rowspan="2">O</td><td>0.0300～0.0490</td><td>≤195</td><td>—</td><td>—</td></tr>
<tr><td>0.0500～0.2000</td><td>≤195</td><td>4.0</td><td>—</td></tr>
<tr><td>H16、H26</td><td>0.1000～0.2000</td><td>≥255</td><td>—</td><td>—</td></tr>
<tr><td>H18</td><td>0.0200～0.2000</td><td>≥265</td><td>—</td><td>—</td></tr>
<tr><td>5B02</td><td>H18</td><td>0.0300～0.0400</td><td>≥250</td><td>—</td><td>—</td></tr>
<tr><td>5005</td><td>O</td><td>0.1300～0.1600</td><td>100～140</td><td>—</td><td>—</td></tr>
<tr><td rowspan="5">5052</td><td>O</td><td>0.0300～0.2000</td><td>175～225</td><td>4</td><td>—</td></tr>
<tr><td>H14、H24</td><td>0.0500～0.2000</td><td>250～300</td><td>—</td><td>—</td></tr>
<tr><td>H16、H26</td><td>0.1000～0.2000</td><td>≥270</td><td>—</td><td>—</td></tr>
<tr><td>H18</td><td>0.0500～0.2000</td><td>≥275</td><td>—</td><td>—</td></tr>
<tr><td>H19</td><td>>0.1000～0.2000</td><td>≥285</td><td>1</td><td>—</td></tr>
<tr><td rowspan="4">8006</td><td rowspan="4">O</td><td>0.0060～0.0090</td><td>80～135</td><td>—</td><td>1</td></tr>
<tr><td>>0.0090～0.0250</td><td>85～140</td><td>—</td><td>2</td></tr>
<tr><td>>0.0250～0.040</td><td>85～140</td><td>—</td><td>3</td></tr>
<tr><td>>0.040～0.0900</td><td>90～140</td><td>—</td><td>4</td></tr>
</table>

续表

牌号	状态	厚度 T /mm	室温拉伸试验结果		
			抗拉强度 R_m /MPa	断后伸长率/% ≥	
				A_{50}	A_{100}
8006	O	>0.0900～0.1400	110～140	15	—
		>0.1400～0.200	110～140	20	—
8011、8011A、8079、8111	O	0.0050～0.0090	50～100	—	0.5
		>0.0090～0.0250	55～110	—	1
		>0.0250～0.0400	55～110	—	4
		>0.0400～0.0900	60～120	—	4
		>0.0900～0.1400	60～120	13	—
		>0.1400～0.2000	60～120	15	—
	H22	0.0350～0.0400	90～150	—	1.0
		>0.0400～0.0900	90～150	—	2.0
		>0.0900～0.1400	90～150	5	—
		>0.1400～0.2000	90～150	6	—
	H14	0.1500～0.2000	120～170	—	—
	H24	0.0350～0.0400	120～170	2	—
		>0.0400～0.090	120～170	3	—
		>0.0900～0.1400	120～170	4	—
		>0.1400～0.2000	120～170	5	—
8011、8011A、8079、8111	H26	0.0350～0.0090	140～190	1	—
		>0.0900～0.2000	140～190	2	—
	H18	0.0100～0.2000	≥160	—	—
	H19	0.0200～0.2000	≥170	—	—

9.3.5 铝及铝合金彩色涂层板、带材（YS/T 431—2009）

用于建筑（天花吊顶除外）、家用电器、交通运输等行业。

① 化学成分 应符合 GB/T 3190 的规定。

② 状态和规格 见表 9-34。

表 9-34　铝箔的牌号和规格　mm

牌号	合金类别[①]	涂层板、带状态	基材状态	基材厚度 t	板材规格		带材规格	
					宽度	长度	宽度	套筒内径
1050、1100、3003、3004、3005、3104、3105、5005、5050	A类	H42、H44、H46、H48	H12、H22、H14、H24、H16、H18	0.20≤t≤1.80	500～1600	500～4000	50～1600	200、300、350、405、505
5052	B类							

① A、B类合金的分类应符合 GB/T 3880.3 的规定。

③ 力学性能　见表 9-35。

表 9-35　基材的室温拉伸和弯曲性能

牌号	状态	厚度 t /mm	室温拉伸实验结果			弯曲性能	
			抗拉强度 R_m /MPa ≥	规定塑性延伸强度 $R_{p0.2}$/MPa ≥	断后伸长率 A_{50}/% ≥	弯曲半径 ≥ 180°	弯曲半径 ≥ 90°
1050	H12	>0.2～0.3	80～120	—	2	—	0
		>0.3～0.5		—	3	—	0
		>0.5～0.8		—	4	—	0
		>0.8～1.5		65	6	—	0.5t
		>1.5～1.8		65	8	—	0.5t
	H22	>0.2～0.3	80～120	—	2	—	0
		>0.3～0.5		—	3	—	0
		>0.5～0.8		—	4	—	0
		>0.8～1.5		65	6	—	0.5t
		>1.5～1.8		65	8	—	0.5t
	H14	>0.2～0.3	95～130	—	1	—	0.5t
		>0.3～0.5		—	2	—	0.5t
		>0.5～0.8		—	3	—	0.5t
		>0.8～1.5		75	4	—	t
		>1.5～1.8		75	5	—	t
	H24	>0.2～0.3	95～130	—	1	—	0.5t
		>0.3～0.5		—	2	—	0.5t
		>0.5～0.8		—	3	—	0.5t
		>0.8～1.5		75	4	—	t
		>1.5～1.8		75	5	—	t

续表

牌号	状态	厚度 t /mm	室温拉伸实验结果			弯曲性能	
			抗拉强度 R_m /MPa ≥	规定塑性延伸强度 $R_{p0.2}$/MPa ≥	断后伸长率 A_{50}/% ≥	弯曲半径 ≥	
						180°	90°
1050	H16	>0.2～0.5	120～150	—	1	—	2.0t
		>0.5～0.8		85	2	—	2.0t
		>0.8～1.5		85	3	—	2.0t
		>1.5～1.8		85	4	—	2.0t
	H26	>0.2～0.5	120～150	—	1	—	2.0t
		>0.5～0.8		85	2	—	2.0t
		>0.8～1.5		85	3	—	2.0t
		>1.5～1.8		85	4	—	2.0t
	H18	>0.2～0.5	130	—	1	—	—
		>0.5～0.8			2	—	—
		>0.8～1.5			3	—	—
		>1.5～1.8			4	—	—
1100	H12	>0.2～0.5	95～130	75	3	—	0
		>0.5～1.5			5	—	0
		>1.5～1.8			8	—	0
	H22	>0.2～0.5	95～130	75	3	—	0
		>0.5～1.5			5	—	0
		>1.5～1.8			8	—	0
	H14	>0.2～0.3	110～145	95	1	—	0
		>0.3～0.5			2	—	0
		>0.5～1.5			3	—	0
		>1.5～1.8			5	—	0
	H24	>0.2～0.3	110～145	95	1	—	0
		>0.3～0.5			2	—	0
		>0.5～1.5			3	—	0
		>1.5～1.8			5	—	0
	H16	>0.2～0.3	130～165	115	1	—	2.0t
		>0.3～0.5			2	—	2.0t
		>0.5～1.5			3	—	2.0t
		>1.5～1.8			4	—	2.0t
	H26	>0.2～0.3	130～165	115	1	—	2.0t
		>0.3～0.5			2	—	2.0t
		>0.5～1.5			3	—	2.0t
		>1.5～1.8			4	—	2.0t

续表

牌号	状态	厚度 t /mm	室温拉伸实验结果			弯曲性能	
			抗拉强度 R_m /MPa ≥	规定塑性延伸强度 $R_{p0.2}$/MPa ≥	断后伸长率 A_{50}/% ≥	弯曲半径 ≥	
						180°	90°
1100	H18	>0.2～0.5	150	—	1	—	—
		>0.5～1.5			2	—	—
		>1.5～1.8			4	—	—
3003	H12	>0.2～0.5	120～160	90	3	1.5t	0
		>0.5～1.5			4	1.5t	0.5t
		>1.5～1.8			5	1.5t	t
	H22	>0.2～0.5	120～160	80	6	t	0
		>0.5～1.5			7	t	0.5t
		>1.5～1.8			8	t	t
	H14	>0.2～0.5	145～185	125	2	2.0t	0.5t
		>0.5～1.5			2	2.0t	t
		>1.5～1.8			3	2.0t	t
	H24	>0.2～0.5	145～185	115	4	1.5t	0.5t
		>0.5～1.5			4	1.5t	t
		>1.5～1.8			5	1.5t	t
	H16	>0.2～0.5	170～210	150	1	2.5t	t
		>0.5～1.5			2	2.5t	1.5t
		>1.5～1.8			2	2.5t	2.0t
	H26	>0.2～0.5	170～210	140	2	2.0t	1.5t
		>0.5～1.5			3	2.0t	2.0t
		>1.5～1.8			3	2.0t	1.5t
	H18	>0.2～0.5	190	170	1	—	1.5t
		>0.5～1.5			2	—	2.5t
		>1.5～1.8			2	—	3.0t
3004	H12	>0.2～0.5	190～240	155	2	1.5t	0
		>0.5～1.5			3	1.5t	0.5t
		>1.5～1.8			4	2.0	t
	H22	>0.2～0.5	190～240	145	4	t	0
		>0.5～1.5			5	t	0.5t
		>1.5～1.8			6	1.5t	t
	H14	>0.2～0.5	220～265	180	1	2.5t	0.5t
		>0.5～1.5			2	2.5t	t
		>1.5～1.8			2	2.5t	1.5t

续表

牌号	状态	厚度 t /mm	室温拉伸实验结果			弯曲性能	
			抗拉强度 R_m /MPa ≥	规定塑性延伸强度 $R_{p0.2}$/MPa ≥	断后伸长率 A_{50}/% ≥	弯曲半径 ≥	
						180°	90°
3004	H24	>0.2～0.5	220～265	170	3	2.0t	0.5t
		>0.5～1.5			4	2.0t	t
		>1.5～1.8			4	2.0t	1.5t
	H16	>0.2～0.5	240～285	200	1	3.5t	t
		>0.5～1.5			1	3.5t	1.5t
		>1.5～1.8			2	—	2.5t
	H26	>0.2～0.5	240～285	190	3	3.0t	t
		>0.5～1.5			3	3.0t	1.5t
		>1.5～1.8			3	—	2.5t
	H18	>0.2～0.5	260	230	1	—	1.5t
		>0.5～1.5			1	—	2.5t
		>1.5～1.8			2	—	—
3005	H12	>0.2～0.5	145～195	125	3	1.5t	0
		>0.5～1.5			4	1.5t	0.5t
		>1.5～1.8			4	2.0t	t
	H22	>0.2～0.5	145～195	110	5	t	0
		>0.5～1.5			5	t	0.5t
		>1.5～1.8			6	1.5t	t
	H14	>0.2～0.5	170～215	150	1	2.5t	0.5t
		>0.5～1.5			2	2.5t	t
		>1.5～1.8			3	—	1.5t
	H24	>0.2～0.5	170～215	130	4	1.5t	0.5t
		>0.5～1.5			4	1.5t	t
		>1.5～1.8			4	—	1.5t
	H16	>0.2～0.5	190～240	175	1	—	t
		>0.5～1.5			2	—	1.5t
		>1.5～1.8			2	—	2.5t
	H26	>0.2～0.5	190～240	160	3	—	t
		>0.5～1.5			3	—	1.5t
		>1.5～1.8			3	—	2.5t
	H18	>0.2～0.5	220	200	1	—	1.5t
		>0.5～1.5			2	—	2.5t
		>1.5～1.8			2	—	—

续表

牌号	状态	厚度 t /mm	室温拉伸实验结果			弯曲性能	
			抗拉强度 R_m /MPa ≥	规定塑性延伸强度 $R_{p0.2}$/MPa ≥	断后伸长率 A_{50}/% ≥	弯曲半径 ≥	
						180°	90°
3104	H12	>0.2～0.5	190～240	155	2	—	0
		>0.5～1.5			3	—	0.5t
		>1.5～1.8			4	—	t
	H22	>0.2～0.5	190～240	145	4	—	0
		>0.5～1.5			5	—	0.5t
		>1.5～1.8			6	—	t
	H14	>0.2～0.5	220～265	180	1	—	0
		>0.5～1.5			2	—	0.5t
		>1.5～1.8			3	—	t
	H24	>0.2～0.5	220～265	170	3	—	0.5t
		>0.5～1.5			4	—	t
		>1.5～1.8			4	—	1.5t
	H16	>0.2～0.5	240～285	200	1	—	t
		>0.5～1.5			1	—	1.5t
		>1.5～1.8			2	—	2.5t
	H26	>0.2～0.5	240～285	190	3	—	t
		>0.5～1.5			3		1.5t
		>1.5～1.8			3	—	2.5t
	H18	>0.2～0.5	260	230	1	—	1.5t
		>0.5～1.5			1	—	2.5t
		>1.5～1.8			2	—	—
3105	H12	>0.2～0.5	130～180	105	3	1.5t	—
		>0.5～1.5			4	1.5t	—
		>1.5～1.8			4	1.5t	—
	H22	>0.2～0.5	130～180	105	6	—	—
		>0.5～1.5			6	—	—
		>1.5～1.8			7	—	—
	H14	>0.2～0.5	150～200	130	2	2.5t	—
		>0.5～1.5			2	2.5t	—
		>1.5～1.8			2	2.5t	—
	H24	>0.2～0.5	150～200	120	4	2.5t	—
		>0.5～1.5			4	2.5t	—
		>1.5～1.8			5	2.5t	—

续表

牌号	状态	厚度 t /mm	室温拉伸实验结果			弯曲性能	
			抗拉强度 R_m /MPa ≥	规定塑性延伸强度 $R_{p0.2}$ /MPa ≥	断后伸长率 A_{50} /% ≥	弯曲半径 ≥ 180°	弯曲半径 ≥ 90°
3105	H16	>0.2～0.5	175～225	160	1	—	—
		>0.5～1.5			2	—	—
		>1.5～1.8			2	—	—
	H26	>0.2～0.5	175～225	150	3	—	—
		>0.5～1.5			3	—	—
		>1.5～1.8			3	—	—
	H18	>0.2～0.5	195	180	1	—	—
		>0.5～1.5			1	—	—
		>1.5～1.8			1	—	—
5005	H12	>0.2～0.5	125～165	95	2	t	0
		>0.5～1.5			2	t	$0.5t$
		>1.5～1.8			4	$1.5t$	t
	H22	>0.2～0.5	125～165	80	4	t	0
		>0.5～1.5			5	t	$0.5t$
		>1.5～1.8			6	$1.5t$	t
	H14	>0.2～0.5	145～185	120	2	$2.0t$	$0.5t$
		>0.5～1.5			2	$2.0t$	t
		>1.5～1.8			3	$2.5t$	t
	H24	>0.2～0.5	145～185	110	3	$1.5t$	$0.5t$
		>0.5～1.5			4	$1.5t$	t
		>1.5～1.8			5	$2.0t$	t
	H16	>0.2～0.5	165～205	145	1	—	t
		>0.5～1.5			2	—	$1.5t$
		>1.5～1.8			3	—	$2.0t$
	H26	>0.2～0.5	165～205	135	2	—	t
		>0.5～1.5			3	—	$1.5t$
		>1.5～1.8			4	—	$2.0t$
	H18	>0.2～0.5	185	165	1	—	$1.5t$
		>0.5～1.5			2	—	$2.5t$
		>1.5～1.8			3	—	$3.0t$
5050	H12	>0.2～0.5	155～195	130	2	—	0
		>0.5～1.5			2	—	$0.5t$
		>1.5～1.8			4	—	t

续表

牌号	状态	厚度 t /mm	室温拉伸实验结果			弯曲性能	
			抗拉强度 R_m /MPa ≥	规定塑性延伸强度 $R_{p0.2}$/MPa ≥	断后伸长率 A_{50}/% ≥	弯曲半径 ≥	
						180°	90°
5050	H22	>0.2～0.5	155～195	110	4	t	0
		>0.5～1.5			5	t	0.5t
		>1.5～1.8			7	1.5t	t
	H14	>0.2～0.5	175～215	150	2	—	0.5t
		>0.5～1.5			2	—	t
		>1.5～1.8			3	—	1.5t
	H24	>0.2～0.5	175～215	135	3	1.5t	0.5t
		>0.5～1.5			4	1.5t	t
		>1.5～1.8			5	2.0t	1.5t
	H16	>0.2～0.5	195～235	170	1	—	t
		>0.5～1.5			2	—	1.5t
		>1.5～1.8			2	—	2.5t
	H26	>0.2～0.5	195～235	160	2	—	t
		>0.5～1.5			3	—	1.5t
		>1.5～1.8			4	—	2.5t
	H18	>0.2～0.5	220	190	1	—	1.5t
		>0.5～1.5			2	—	2.5t
		>1.5～1.8			2	—	—
5052	H12	>0.2～0.5	210～260	160	4	—	—
		>0.5～1.5			5	—	—
		>1.5～1.8			6	—	—
	H22	>0.2～0.5	210～260	130	5	1.5t	0.5t
		>0.5～1.5			6	1.5t	t
		>1.5～1.8			7	1.5t	1.5t
	H14	>0.2～0.5	230～280	180	3	—	—
		>0.5～1.5			3	—	—
		>1.5～1.8			4	—	—
	H24	>0.2～0.5	230～280	150	4	2.0t	0.5t
		>0.5～1.5			5	2.0t	1.5t
		>1.5～1.8			6	2.0t	2.0t
	H16	>0.2～0.5	250～300	210	2	—	—
		>0.5～1.5			3	—	—
		>1.5～1.8			3	—	—

续表

牌号	状态	厚度 t /mm	室温拉伸实验结果			弯曲性能	
			抗拉强度 R_m /MPa ≥	规定塑性延伸强度 $R_{p0.2}$/MPa ≥	断后伸长率 A_{50}/% ≥	弯曲半径 ≥ 180°	90°
5052	H26	>0.2～0.5	250～300	180	3	—	1.5t
		>0.5～1.5			4	—	2.0t
		>1.5～1.8			5	—	3.0t
	H18	>0.2～0.5	270	240	1	—	—
		>0.5～1.5			2	—	—
		>1.5～1.8			3	—	—

9.3.6　铝及铝合金压花板、带材（YS/T 490—2005）

用于制造冰箱、包装箱和装饰等。

① 化学成分　应符合 GB/T 3190 的规定。

② 状态和规格　见表 9-36。

表 9-36　铝及铝合金压花板、带材的牌号、状态和规格

牌号	供应状态	规格/mm				花纹图案	
		厚度	宽度	长度		1#	2#
1070A、1070、1060、1050、1050A、1145、1100、1200、3003	H14 H24	>0.20～1.50	500.0～1500.0	板材	1000～4000	单面压花图案	双面压花图案
5052	H22			带材	—		

③ 力学性能　基材的室温拉伸力学性能应符合 GB/T 3880 的要求。

9.3.7　铝及铝合金铸轧带材（YS/T 90—2008）

① 化学成分　3102、8006、8011A、8079 合金的化学成分应符合 YS/T90－2008 表 2 的规定，其他合金的化学成分应符合 GB/T 3190 的规定。

② 牌号和规格　见表 9-37。

表 9-37　铝及铝合金铸轧带材的牌号和规格

牌号	规格/mm		
	边部厚度	宽度	内径
1070、1060、1050、1145、1235、1100、3003、3004、3005、3102、3105、5005、5052、8006、8011、8011A、8079	5.0～10.0	500～2200	505、605

③ 力学性能　见表 9-38。

表 9-38　铸轧带的纵向力学性能（室温）

牌号	铸轧带边部厚度/mm	抗拉强度 R_m/MPa	断后伸长率 A_{50}/% ≥	牌号	铸轧带边部厚度/mm	抗拉强度 R_m/MPa	断后伸长率 A_{50}/% ≥
1070	5.0～10.0	60～115	30	3102	5.0～10.0	80～130	20
1060		60～115	25	3105		120～175	15
1050		65～120	25	5005		120～175	15
1145		70～120	25	5052		200～250	15
1235		70～125	25	8006		130～200	20
1100		90～150	25	8011A		90～150	20
3003		115～170	15	8011		105～160	20
3004		155～230	10	8079		100～155	15
3005		145～200	10				

9.3.8 铝及铝合金花纹板（GB/T 3618—2006）

广泛应用于造船、车辆、建筑、航空等行业防滑。

① 化学成分　应符合 GB/T 3190 的规定。

② 花纹图案和规格　见表 9-39。

表 9-39　铝及铝合金花纹板的规格

格型	图示（宽度 1.0～1.6m，长度 2.0～10.0m）	牌号	状态	底板厚度/mm	筋高/mm
1 号方格型	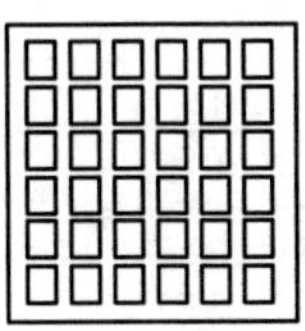	2A12	T4	1.0～3.0	1.0

续表

<table>
<tr><th>格型</th><th>图示(宽度 1.0～1.6m,长度 2.0～10.0m)</th><th>牌号</th><th>状态</th><th>底板厚度/mm</th><th>筋高/mm</th></tr>
<tr><td rowspan="2">2号
扁豆型</td><td rowspan="2"></td><td>2A11、5A02、5052</td><td>H234</td><td rowspan="2">2.0～4.0</td><td rowspan="2">1.0</td></tr>
<tr><td>3105、3003</td><td>H194</td></tr>
<tr><td rowspan="2">3号
五条型</td><td rowspan="2"></td><td>1×××、3003</td><td>H194</td><td rowspan="2">1.5～4.5</td><td rowspan="2">1.0</td></tr>
<tr><td>5A02、5052、3105
5A43、3003</td><td>O、H114</td></tr>
<tr><td rowspan="2">4号
三条型</td><td rowspan="2">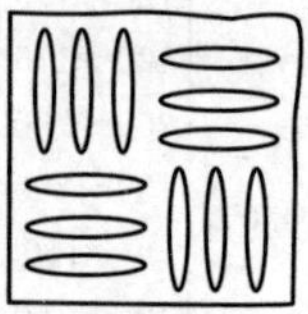</td><td>1×××、3003</td><td>H194</td><td rowspan="2">1.5～4.5</td><td rowspan="2">1.0</td></tr>
<tr><td>2A11、5A02</td><td>H234</td></tr>
<tr><td rowspan="2">5号
指针型</td><td rowspan="2"></td><td>1×××、3003</td><td>H194</td><td rowspan="2">1.5～4.5</td><td rowspan="2">1.0</td></tr>
<tr><td>5A02、5052
5A43</td><td>O、H114</td></tr>
<tr><td>6号
菱型</td><td></td><td>2A11</td><td>H234</td><td>3.0～8.0</td><td>0.9</td></tr>
<tr><td rowspan="2">7号
四条型</td><td rowspan="2">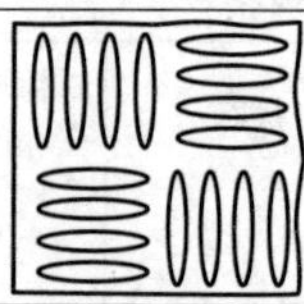</td><td>6061</td><td>O</td><td rowspan="2">2.0～4.0</td><td rowspan="2">1.0</td></tr>
<tr><td>5A02、5052</td><td>O、H234</td></tr>
<tr><td rowspan="3">8号
三条型</td><td rowspan="3"></td><td>1×××</td><td>H114、H234、H194</td><td rowspan="3">1.5～4.5</td><td rowspan="3">0.3</td></tr>
<tr><td>3003</td><td>H114、H194</td></tr>
<tr><td>5A02、5052</td><td>O、H114、H194</td></tr>
</table>

续表

格型	图示(宽度1.0～1.6m，长度2.0～10.0m)	牌号	状态	底板厚度/mm	筋高/mm
9号星月型		1×××	H114、H234 H194	1.0～4.0	0.7
		2A11	H194		
		2A12	T4	1.0～3.0	
		3003	H114、H234 H194	1.0～4.0	
		5A02、5052			

③ 力学性能　见表9-40。

表9-40　花纹板的室温拉伸性能

花纹代号	牌号	状态	抗拉强度 R_m /MPa ≥	规定非比例延伸强度 $R_{p0.2}$ /MPa ≥	断后伸长率 A_{50} /% ≥	弯曲系数 ≥
1#、9#	2A12	T4	405	255	10	—
2#、4#、6#、9#	2A11	H234、H194	215	—	3	—
4#、8#、9#	3003	H114、H234	120	—	4	4
		H194	140	—	3	8
3#、4#、5#、8#、9#	1×××	H114	80	—	4	2
		H194	100	—	3	6
3#、7#	5A02 5052	O	≤150	—	14	3
2#、3#		H114	180	—	3	3
2#、4#、7#、8#、9#		H194	195	—	3	8
3#	5A43	O	≤100	—	15	2
		H114	120	—	4	4
7#	6061	O	≤150	—	12	—

9.3.9　铝及铝合金波纹板（GB/T 4438—2006）

主要用于墙面装饰，也可用作屋面和围护结构材料。

① 化学成分　坯料（成型前的板材）的化学成分应符合GB/T 3190的规定。

② 状态和规格　见表9-41。

表 9-41　铝及铝合金波纹板规格　　mm

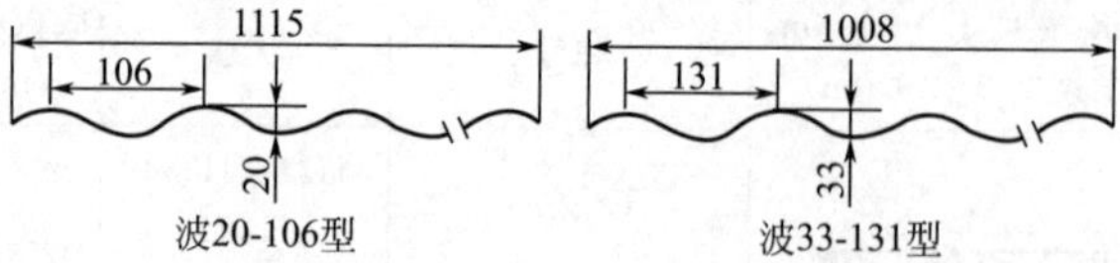

合金牌号	状态	波型代号	规格尺寸				
			厚度	长度	宽度	波高	波距
1050、1050A 1070A、1060、1100、1200、3003	H18	波 20-106	0.6～1.0	2000～10000	1115	20	106
		波 33-131			1008	33	131

③ 力学性能　坯料的室温拉伸力学性能应符合 GB/T 3880 的规定。

9.3.10　铝及铝合金压型板（GB/T 6891—2018）

用作工业及民用建筑、设备维护结构材料及汽车厢体。

① 化学成分　应符合 GB/T 3190 的规定；基材质量应符合 GB/T 3880.1 的规定。

② 牌号、状态和规格　见表 9-42。

表 9-42　铝及铝合金压型板的牌号、状态和规格

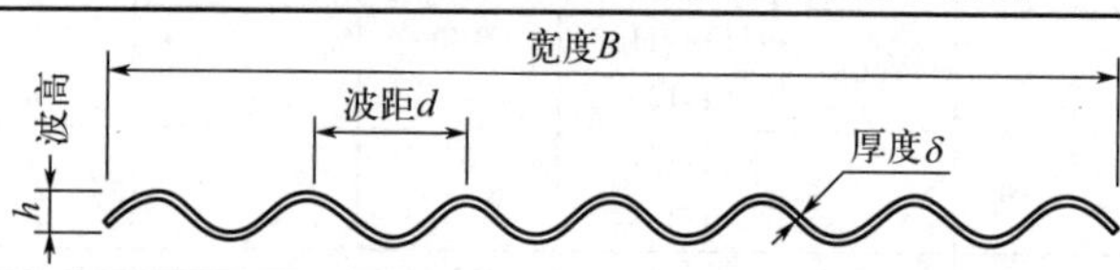

类别	牌号	状态	膜层代号①	尺寸规格/mm		
				厚度②	宽度	长度
无涂层产品	1050、1050A、1060、1070A、1100、1200、3003、3004、3005、3105、5005、5052	H14、H16、H18、H24、H26	—	0.5～3.0	250～1300	≥1200
涂层产品		H44、H46、H48	LRA15、LRF2-25、LRF3-34、LF2-25、LF3-34、LF4-55			

① 膜层代号中“LRA”代表聚酯漆辊涂膜层，“LRA”后的数字标示最小局部膜厚限定值；“LRF2”和“LRF3”分别代表 PVDF 氟碳漆辊涂的二涂膜层和三涂膜层，“-”后的数字标示最小局部膜厚限定值；LF2、LF3 和 LF4 分别代表 PVDF 氟碳漆喷涂的二涂膜层、三涂膜层和四涂膜层，“-”后的数字标示最小局部膜厚限定值。

② 涂层板的厚度不包括表面涂层的厚度。

③ 力学性能　坯料的室温拉伸力学性能应符合 GB/T 3880.2 的规定。

④ 典型板型　见图 9-1。

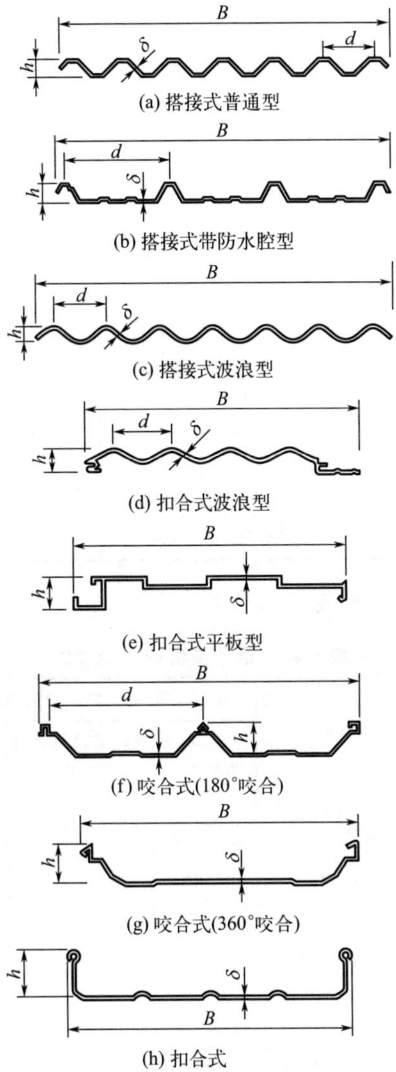

(a) 搭接式普通型
(b) 搭接式带防水腔型
(c) 搭接式波浪型
(d) 扣合式波浪型
(e) 扣合式平板型
(f) 咬合式(180°咬合)
(g) 咬合式(360°咬合)
(h) 扣合式

图 9-1　典型板型示意图

9.3.11　铝幕墙板（YS/T 429.1—2023）

① 化学成分　应符合 GB/T 3190 的规定。

② 牌号、状态和规格　见表 9-43。

表 9-43　铝幕墙板的牌号、状态和规格

<table>
<tr><th rowspan="3">牌号</th><th rowspan="3">状态</th><th colspan="6">尺寸规格/mm</th></tr>
<tr><th colspan="3">板材</th><th colspan="3">带材</th></tr>
<tr><th>厚度</th><th>宽度</th><th>长度</th><th>厚度</th><th>宽度</th><th>内径</th></tr>
<tr><td>1050、1050A、1060、1100</td><td>H14、H24</td><td>1.50～5.00</td><td rowspan="8">900～2700</td><td rowspan="8">500～8000</td><td rowspan="8">1.50～4.00</td><td rowspan="8">900～2700</td><td rowspan="8">ϕ405、ϕ505、ϕ605</td></tr>
<tr><td>3003、3A21</td><td>O、H14、H22、H24</td><td>1.50～12.00</td></tr>
<tr><td>3004</td><td>O</td><td>1.50～5.00</td></tr>
<tr><td>3005</td><td>H14、H24</td><td>1.50～5.00</td></tr>
<tr><td>5005</td><td>O、H14、H22、H24</td><td>1.50～4.00</td></tr>
<tr><td>5052</td><td>O、H22、H32</td><td>1.50～5.00</td></tr>
<tr><td>5754</td><td>H24</td><td>1.50～4.00</td></tr>
<tr><td>8A06、8011A</td><td>H14、H24</td><td>1.50～5.00</td></tr>
</table>

③ 力学性能　见表 9-44。

表 9-44　铝幕墙板的力学性能

<table>
<tr><th rowspan="2">牌号</th><th rowspan="2">状态</th><th rowspan="2">厚度/mm</th><th colspan="3">室温拉伸试验结果</th><th rowspan="2">弯曲半径[1]</th></tr>
<tr><th>抗拉强度 R_m /MPa</th><th>规定非比例延伸强度 $R_{p0.2}$ /MPa ≥</th><th>伸长率 A_{50}/% ≥</th></tr>
<tr><td rowspan="2">1050</td><td rowspan="2">H14、H24</td><td>1.50～<4.00</td><td>95～135</td><td rowspan="2">75</td><td>6</td><td>0</td></tr>
<tr><td>4.00～5.00</td><td>90～130</td><td>8</td><td>t</td></tr>
<tr><td rowspan="4">1050A</td><td rowspan="2">H14</td><td>1.50～<4.00</td><td>100～145</td><td rowspan="2">85</td><td>5</td><td>0</td></tr>
<tr><td>4.00～5.00</td><td>95～140</td><td>6</td><td>t</td></tr>
<tr><td rowspan="2">H24</td><td>1.50～<4.00</td><td>105～145</td><td rowspan="2">75</td><td>6</td><td>0</td></tr>
<tr><td>4.00～5.00</td><td>95～140</td><td>8</td><td>t</td></tr>
<tr><td rowspan="2">1060</td><td rowspan="2">H14、H24</td><td>1.50～<4.00</td><td>95～135</td><td rowspan="2">65</td><td>8</td><td>0</td></tr>
<tr><td>4.00～5.00</td><td>80～125</td><td>10</td><td>t</td></tr>
</table>

续表

牌号	状态	厚度/mm	室温拉伸试验结果 抗拉强度 R_m /MPa	室温拉伸试验结果 规定非比例延伸强度 $R_{p0.2}$ /MPa ≥	室温拉伸试验结果 伸长率 A_{50}/%≥	弯曲半径①
1100	H14、H24	1.50～<4.00	100～150	60	5	0
		4.00～5.00	100～140	95	6	t
3003、3A21	O	1.50～<4.00	95～135	35②	23	0
		4.00～5.00				t
	H14	1.50～<4.00	135～185	115	5	0
		4.00～5.00			8	t
	H24	1.50～<4.00	130～185		5	0
		4.00～5.00			8	t
		>5.00～6.00	110～195		9	6.0t
		>6.00～12.00	100～195		10	—
	H22	1.50～<4.00	120～160	80	9	0
		4.00～5.00	110～150	70	10	t
3004	O	1.50～<4.00	150～200	60	18	0
		4.00～5.00				t
3005	H14、H24	1.50～<3.00	170～215	120	3	0.5t
		3.00～5.00			4	2.0t
5005	O	1.50～<3.00	100～145	35	20	0
		3.00～4.00			22	t
	H14、H24	1.50～<4.00	145～185	110	5	0
		4.00～5.00			6	t
	H22	1.50～<4.00	120～165	80	6	0
		4.00～5.00			8	t
5052	O	1.50～<4.00	170～215	65	16	0
		4.00～5.00			18	t
	H22、H32	1.50～<4.00	205～260	120	7	0
		4.00～5.00	210～260		10	t
5754	H24	1.50～<3.00	240～280	160	7	0.5t
		3.00～4.00			8	2.0t
8011A	H14	1.50～2.00	≥125	110	3	—
		>2.00～4.00	125～165			
	H24	1.50～2.00	≥125	100	5	—
		>2.00～4.00	125～165			

续表

牌号	状态	厚度/mm	室温拉伸试验结果			弯曲半径①
			抗拉强度 R_m/MPa	规定非比例延伸强度 $R_{p0.2}$/MPa ≥	伸长率 A_{50}/% ≥	
8A06	H14、H24	1.50～3.00	≥100	—	6	0
		>3.00～4.00	100～145	—	8	t

① 弯曲半径中的 t 表示板材的厚度。

② 3003、3A21 牌号的 O 状态板、带材的规定非比例延伸强度不作出厂检验，由供方工艺保证。

9.3.12 铝幕墙板幕墙用有机聚合物喷涂铝单板（YS/T 429.2—2012）

① 分类　按表面涂层材料分，有喷涂氟碳漆（聚偏二氟乙烯）或粉末（热固性有机聚合物）。

② 牌号、供应状态、规格以及板基状态　见表 9-45。

表 9-45　牌号、供应状态、规格以及板基状态

牌号	板基状态	供应状态	厚度/mm	宽度/mm	长度/mm
1060、1050、1100、8A06、8011A	H14、H24	H44	1.50～4.00	914.0～2200.0	1500.0～5500.0
3003、5005	O、H14、H24	O、H44			
3004、5052	O	O			

③ 涂层种类　见表 9-46。

表 9-46　涂层种类

涂层种类		代号
氟碳漆涂层	二涂：底漆加面漆	PVDFL2
	三涂：底漆、面漆加清漆	PVDFL3
	四涂：底漆、阻挡漆、面漆加清漆	PVDFL4
粉末涂层	聚酯	SPP
	氟碳	PVDFP

④ 标记

铝单板	YS/T 429-	□□-	□×□	□-	□
产品名称	标准编号	产品牌号和供应状态	产品规格（板基厚度×铝单板代号）	涂层种类代号	颜色及代号

⑤ 力学性能　见表9-47、表9-48。

表 9-47　8011A 的铝单板用板基的力学性能

牌号	供应状态	厚度 /mm	抗拉强度 R_m /MPa ≥	规定非比例延伸强度 $R_{p0.2}$ /MPa ≥	断后伸长率 A_{50} /% ≥
8011A	H14	1.50～2.00	125	110	3
		>2.00～4.00	125～165		
	H24	1.50～2.00	125	100	5
		>2.00～4.00	125～165		

表 9-48　铝单板的力学性能

牌号	供应状态	厚度 /mm	抗拉强度 R_m /MPa ≥	规定非比例延伸强度 $R_{p0.2}$ /MPa ≥	断后伸长率 A_{50} /% ≥
1060	H44	1.50～2.00	85	65	8
		>2.00～4.00	85～120		10
1050	H44	1.50～2.00	95	75	6
		>2.00～4.00	95～125		8
1100	H44	1.50～2.00	110	95	5
		>2.00～4.00	110～145		6
8A06	H44	1.50～2.00	100	—	6
		>2.00～4.00	100～145		8
8011A	H44	1.50～2.00	115	95	3
		>2.00～4.00	115～150		4
3003	O	1.50～2.00	95～130	35	25
	H44	1.50～2.00	140	115	5
		>2.00～4.00	120～185		6
3004	O	1.50～4.00	150～200	60	18
5005	O	1.50～4.00	105～145	35	21
	H44	1.50～2.00	140	115	5
		>2.00～4.00	120～185		5
5052	O	1.50～4.00	170～215	65	19

9.3.13 建筑用泡沫铝板（JG/T 359—2012）

用于工业和民用建筑降噪、装饰或交通等其他用途。

① 分类 按材质分，有纯铝（C）和铝合金（H）；按孔隙状态分，有通孔（T）闭孔（B）；按板材形状分，有平面（P）和曲面（Q）。

② 标记

泡沫铝板	□	□	□	□-	□	JG/T359—2012
名称	材质	孔隙状态	板材形状	标称体积密度	规格尺寸	标准号

③ 化学成分 建筑用泡沫铝板所用铝的化学成分宜符合 GB/T 1196 的要求，铝合金的化学成分宜符合 GB/T 3190 的要求。

④ 性能 见表 9-49。

表 9-49 建筑用泡沫铝板的性能

项目	性能指标		项目	性能指标	
	通孔铝板	闭孔铝板		通孔铝板	闭孔铝板
体积密度偏差/%	±10	±15	抗弯强度/MPa	8.5～9.3	1.9～22.0
抗压强度/MPa	3.2～9.8	2.5～16.0	吸声系数	≥0.50	>0.45

注：抗压强度和抗弯强度的具体数值由供需双方确定。

9.3.14 电解电容器铝箔（GB/T 3615—2016）

用于电解电容器的中高压阳极、低压阳极及阴极。见表 9-50、表 9-51。

表 9-50 电解电容器铝箔的牌号、供应状态及规格

产品类别	牌号	状态	规格/mm		
			厚度	宽度	卷芯内径
中高压阳极箔	1A97、1A99	O①、H18	0.050～0.150	200.0～1000.0	75.0 76.2 150.0 152.4
低压阳极箔	1A85、1A90、1A93、1A95、1A97、1A99	O①、H18	0.050～0.150		

续表

产品类别	牌号	状态	规格/mm		
			厚度	宽度	卷芯内径
阴极箔	1A90、1070A、3003	O[①]、H18、H22	0.015～0.080	200.0～1000.0	75.0 76.2 150.0 152.4

① 采用保护性气体或惰性气体气氛退火。

表 9-51　室温拉伸力学性能

牌号	状态	厚度/mm	抗拉强度 R_m/MPa	断后伸长率 A_{100}/%
1A90	O	0.015～0.080	30～60	≥10
	H22		60～90	≥1
	H18		≥150	—
1070A	H18		≥150	—
3003	H18		≥185	—

9.3.15　空调器散热片用铝箔（YS/T 95.1—2015）

铝箔基材适用于表面无涂层的空调器散热片（有涂层的铝箔表面要加覆耐腐蚀层和亲水性涂层）。

① 厚度　0.080～0.2000mm。

② 化学成分　应符合 GB/T 3190 的规定。

③ 牌号、状态及规格　见表 9-52。

表 9-52　基材铝箔的牌号、状态及规格

牌号	状态	尺寸规格/mm			
		厚度	宽度	管芯内径	卷外径
1050	O、H18	0.080～0.200	≤1700.0	150.0、152.4、200.0、250.0、300.0、405.0、505.0、605.0	供需双方协商
1100、1200	O、H22、H24、H18				
3102	H24、H26				
7072	O、H22	0.08～0.200			
8011	O、H22、H24、H26、H18				

④ 拉伸性能和杯突性能　见表9-53。

表9-53　室温拉伸力学性能和杯突性能

牌号	状态	室温拉伸力学性能					杯突性能
		厚度/mm	抗拉强度 R_m/MPa	规定非比例延伸强度 $R_{p0.2}$/MPa	断后伸长率 A_{50}/%		杯突值IE/mm
1050	O	0.080～0.100	50～100	—	≥10		≥5.0
1050	O	>0.100～0.200	50～100	—	≥15		≥5.5
1050	H18	0.080～0.200	≥135	—	≥1		—
1100 1200	O	0.080～0.100	80～110	≥40	≥18		≥6.0
1100 1200	O	>0.100～0.200	80～110	≥40	≥20		≥6.5
1100 1200	H22	0.080～0.100	100～130	≥50	≥18		≥5.5
1100 1200	H22	>0.100～0.200	100～130	≥50	≥20		≥6.0
1100 1200	H24	0.080～0.100	120～145	≥60	≥15		≥5.0
1100 1200	H24	>0.100～0.200	120～145	≥60	≥18		≥5.5
1100 1200	H18	0.080～0.200	≥160	—	≥1		—
3102	H24	0.080～0.115	120～145	≥100	≥10		≥4.5
3102	H24	>0.115～0.20	120～145	≥100	≥12		≥5.0
3102	H26	0.080～0.115	120～150	≥100	≥8		≥4.0
3102	H26	>0.115～0.200	120～150	≥100	≥10		≥4.5
7072	O	0.050～0.100	70～100	≥35	≥10		≥5.0
7072	O	>0.100～0.200	70～100	≥35	≥12		≥5.5
7072	H22	0.080～0.100	90～120	≥50	≥8		≥4.5
7072	H22	>0.100～0.200	90～120	≥50	≥10		≥5.0
8011	O	0.080～0.100	80～110	≥50	≥20		≥6.0
8011	O	>0.100～0.200	80～110	≥50	≥20		≥6.5
8011	H22	0.080～0.115	100～130	≥60	≥18		≥5.5
8011	H22	>0.115～0.200	110～135	≥60	≥12		≥5.5
8011	H24	0.080～0.115	120～145	≥80	≥15		≥5.0
8011	H24	>0.115～0.200	120～145	≥80	≥20		≥6.0
8011	H26	0.080～0.115	130～160	≥100	≥6		≥4.0
8011	H26	>0.115～0.200	130～160	≥100	≥8		≥4.5
8011	H18	0.080～0.200	≥160	—	≥1		—

9.3.16 铝及铝合金板、带材的质量

表 9-54 铝及铝合金板、带材的理论质量

厚度/mm	铝板	铝带	厚度/mm	铝板	铝带	厚度/mm	铝板	厚度/mm	铝板
	质量/(kg/m^2)			质量/(kg/m^2)			质量/(kg/m^2)		质量/(kg/m^2)
0.20	—	0.542	1.1	—	2.981	5	14.25	35	99.75
0.25	—	0.678	1.2	3.420	3.252	6	17.10	40	114.0
0.30	0.855	0.813	1.3	—	3.523	7	19.95	50	142.5
0.35	—	0.948	1.4	—	3.794	8	22.80	60	171.0
0.40	1.140	1.084	1.5	4.275	4.065	9	25.65	70	199.5
0.45	—	1.220	1.8	5.130	4.878	10	28.50	80	228.0
0.50	1.425	1.355	2.0	5.700	5.420	12	34.20	90	256.5
0.55	—	1.490	2.3	6.555	6.233	14	39.90	100	285.0
0.60	1.710	1.626	2.4	—	6.504	15	42.75	110	313.5
0.65	—	1.762	2.5	7.125	6.775	16	45.60	120	342.0
0.70	1.995	1.897	2.8	7.980	7.588	18	51.30	130	370.5
0.75	—	2.032	3.0	8.550	8.130	20	57.00	140	399.0
0.80	2.280	2.168	3.5	9.975	9.485	22	62.70	150	427.5
0.90	2.565	2.439	4.0	11.40	10.84	25	71.25		
1.0	2.850	2.710	4.5	—	12.20	30	85.50		

注：1. 铝板的计算密度按 2.85g/cm^3，修正系数是：

3003 0.958　5083 0.937　7075 1.000　2A06 0.969　2A11 0.982
2A12 0.975　2A14 0.982　2A16 0.996　3A21 0.958　5A02 0.940
5A03 0.937　5A05 0.930　5A06 0.926　5A41 0.926　5A43 0.940
6A02 0.947　7A04 1.000　7A09 1.000　8A06 0.951　LQ1 0.960
LQ2 0.960　1×××（纯铝）　0.951

2. 铝带的计算密度按纯铝 2.71g/cm^3 计算，修正系数是：

3A21 1.007　5A02 0.989

9.4 铝及铝合金棒材

9.4.1 一般工业用铝及铝合金拉制棒（YS/T 624—2019）

按外形分，有圆棒、方棒和扁棒三种。见表 9-55、表 9-56。

表 9-55 拉制棒的状态和规格

<table>
<tr><th rowspan="4">牌号</th><th rowspan="4">状态</th><th colspan="4">规格/mm</th></tr>
<tr><th rowspan="3">圆棒
直径</th><th colspan="3">矩形棒</th></tr>
<tr><th rowspan="2">方棒
边长</th><th colspan="2">扁棒</th></tr>
<tr><th>厚度</th><th>宽度</th></tr>
<tr><td>1060、1100</td><td>O、F、H18</td><td rowspan="12">5.00～
100.00</td><td rowspan="12">5.00～
50.00</td><td rowspan="12">5.00～
40.00</td><td rowspan="12">5.00～
60.00</td></tr>
<tr><td>2A12</td><td>T4</td></tr>
<tr><td>2A40</td><td>T6</td></tr>
<tr><td>2014</td><td>F、O、T4、T6、T351、T651</td></tr>
<tr><td>2024</td><td>F、O、T351</td></tr>
<tr><td>3003、5052</td><td>F、O、H14、H18</td></tr>
<tr><td>5083</td><td>O</td></tr>
<tr><td>6060、6082</td><td>T6</td></tr>
<tr><td>6061</td><td>F、T4、T6</td></tr>
<tr><td>6063</td><td>T4、T6</td></tr>
<tr><td>7A09</td><td>T6</td></tr>
<tr><td>7075</td><td>F、O、T6、T651</td></tr>
</table>

表 9-56 室温纵向力学性能

<table>
<tr><th rowspan="2">牌号</th><th rowspan="2">状态</th><th rowspan="2">圆棒直径、
方棒或扁棒
厚度/mm</th><th rowspan="2">抗拉
强度 R_m
/MPa ≥</th><th rowspan="2">规定塑性
延伸强度 $R_{p0.2}$
/MPa≥</th><th colspan="2">断后伸长率/%≥</th></tr>
<tr><th>A</th><th>A_{50}</th></tr>
<tr><td rowspan="3">1060</td><td>O</td><td>≤100.00</td><td>55</td><td>15</td><td>22</td><td>25</td></tr>
<tr><td>H18</td><td>≤10.00</td><td>110</td><td>90</td><td>—</td><td>—</td></tr>
<tr><td>F</td><td>≤100.00</td><td>—</td><td>—</td><td>—</td><td>—</td></tr>
<tr><td rowspan="3">1100</td><td>O</td><td>≤30.00</td><td>75～105</td><td>20</td><td>22</td><td>25</td></tr>
<tr><td>H18</td><td>≤10.00</td><td>150</td><td>—</td><td>—</td><td>—</td></tr>
<tr><td>F</td><td>≤100.00</td><td>—</td><td>—</td><td>—</td><td>—</td></tr>
<tr><td rowspan="2">2A12</td><td rowspan="2">T4T</td><td>≤22.00</td><td>390</td><td>—</td><td>12</td><td>—</td></tr>
<tr><td>>22.00～
100.00</td><td>420</td><td>255</td><td>—</td><td>—</td></tr>
<tr><td rowspan="2">2A40</td><td rowspan="2">T8</td><td>≥8.0～12.50</td><td>431</td><td>—</td><td>15</td><td>—</td></tr>
<tr><td>>12.50～
16.00</td><td>431</td><td>265</td><td>—</td><td>16</td></tr>
</table>

续表

牌号	状态	圆棒直径、方棒或扁棒厚度/mm	抗拉强度 R_m /MPa ≥	规定塑性延伸强度 $R_{p0.2}$ /MPa≥	断后伸长率/%≥	
					A	A_{50}
2014	O	≤100.00	≤240	—	10	12
	T4、T351		380	220	12	16
	T6、T651		450	380	7	8
	F		—	—	—	—
2024	O	≤100.00	≤240	—	14	16
	T4	≤12.50	425	310	—	10
	T4、T351	>12.50～100.00	425	290	9	—
	T6	≤80.00	425	315	5	4
	F	≤100.00	—	—	—	—
3003	O	≤50.00	95～130	35	22	25
	H14	≤10.00	140	—	—	—
	H18	≤10.00	185	—	—	—
	F	≤100.00	—	—	—	—
5052	O	≤50.00	170～220	65	22	25
	H14	≤30.00	235	180	5	—
	H18	≤10.00	265	220	2	—
	F	≤100.00	—	—	—	—
5083	O	≤80.00	270～350	110	14	16
6060	T6	≤80.00	215	160	12	10
6061	T4	≤100.00	205	110	16	14
	T6		290	240	9	10
	F		—	—	—	—
6063	T4	≤80.00	150	75	15	13
	T6		220	190	10	8
6082	T6	≤80.00	310	255	10	9
7A09	T6	≤22.00	490	370	7	—
		>22.00～100.00	530	400	6	—
7075	O	≤100.00	≤275	—	9	10
	T6、T651		530	455	6	7
	F		—	—	—	—

9.4.2 铝及铝合金挤压棒材（GB/T 3191—2019）

① 种类　按棒材的形状分，有圆棒、正方棒和正六边形棒。

② 规格　圆棒直径为5～350mm；方棒、六角棒对边距离为5～200mm；长度为1～6m。见表9-57～表9-59。

表9-57　棒材的供应状态　　mm

Ⅰ类（Ⅰ类为1×××系、3×××系、4×××系、6×××系、8×××系合金及镁含量平均值小于4%的5×××系合金棒）	供应状态[①]
1035、1060、1050A	O、H112
1070A、1200、1350	H112
3A21、3003、3103	O、H112
3102	H112
4A11、4032	T1
5A02、5052、5005、5005A、5251、5154A、5454、5754	O、H112
5A03、5049	H112
6A02	T1、T6
6101A、6101B、6082	T6
6005、6005A、6110A	T5、T6
6351	T4、T6
6060、6463、6063A	T4、T5、T6
6061	T4、T4510、T4511、T6、T6510、T6511
6063	O、T4、T5、T6
8A06	O、H112
Ⅱ类（2×××系、7×××系合金及镁含量平均值大于或等于4%的5×××系合金棒）	**供应状态[①]**
2A02、2A06、2A50、2A70、2A80、2A90	T1、T6
2A11、2A12、2A13	T1、T4
2A14、2A16	T1、T6、T6511
2017A	T4、T4510、T4511
2017	T4
2014、2014A	O、T4、T4510、T4511、T6、T6510、T6511
2024	O、T3、T3510、T3511、T8、T8510、T8511
2219	O、T3、T3510、T1、T6

续表

Ⅱ类(2×××系、7×××系合金及镁含量平均值大于或等于 4%的 5×××系合金棒)	供应状态①
2618	T1、T6、T6511、T8、T8511
5019、5083、5086	O、H112
5A05、5A06、5A12	H112
7A04、7A09、7A15	T1、T6
7003	T5、T6
7005、7020、7021、7022	T6
7049A	T6、T6510、T6511
7075	O、T1、T6、T6510、T6511、T73、T73510、T73511

① 可热处理强化合金的挤压状态，按 GB/T 16475—2008 的规定由原 H112 状态修改为 T1 状态。

表 9-58　棒材的室温纵向拉伸力学性能

牌号	供应状态①②	试样状态	圆棒直径/mm	方棒或六角棒厚度/mm	室温拉伸试验结果				布氏硬度参考值②(HBW)
					抗拉强度 R_m	规定非比例延伸强度 $R_{p0.2}$	断后伸长率③		
							A	A_{50}	
					MPa		%		
1035	O	O	≤150.00	≤150.00	60～120	—	≥25	—	—
	H112	H112	≤150.00	≤150.00	≥60	—	≥25	—	—
1060	O	O	≤150.00	≤150.00	60～95	≥15	≥22	—	—
	H112	H112	≤150.00	≤150.00	≥60	≥15	≥22	—	—
1050A	O	O	≤150.00	≤150.00	60～95	≥20	≥25	≥23	20
	H112	H112	≤150.00	≤150.00	≥60	≥20	≥25	≥23	20
1070A	H112	H112	≤150.00	≤150.00	≥60	≥23	≥25	≥23	18
1200	H112	H112	≤150.00	≤150.00	≥75	≥25	≥20	≥18	23
1350	H112	H112	≤150.00	≤150.00	≥60	—	≥25	≥23	20
2A02	T1、T6	T62、T6	≤150.00	≤150.00	≥430	≥275	≥10	—	—
2A06	T1、T6	T62、T6	≤22.00	≤22.00	≥430	≥285	≥10	—	—
			>22.00～100.00	>22.00～100.00	≥440	≥295	≥9	—	—
			>100.00～150.00	>100.00～150.00	≥430	≥285	≥10	—	—

续表

牌号	供应状态①②	试样状态	圆棒直径/mm	方棒或六角棒厚度/mm	室温拉伸试验结果				布氏硬度参考值②(HBW)
					抗拉强度 R_m	规定非比例延伸强度 $R_{p0.2}$	断后伸长率③		
							A	A_{50}	
					MPa		%		
2A11	T1、T4	T42、T4	≤150.00	≤150.00	≥370	≥215	≥12	—	—
2A12	T1、T4	T42、T4	≤22.00	≤22.00	≥390	≥255	≥12	—	—
			>22.00~150.00	>22.00~150.00	≥420	≥275	≥10	—	—
	T1	T42	>150.00~250.00	>150.00~200.00	≥380	≥260	≥6	—	—
2A13	T1、T4	T42、T4	≤22.00	≤22.00	≥315	—	≥4	—	—
			>22.00~150.00	>22.00~150.00	≥345	—	≥4	—	—
2A14	T1、T6、T6511	T62、T6、T6511	≤22.00	≤22.00	≥440	—	≥10	—	—
			>22.00~150.00	>22.00~150.00	≥450	—	≥10	—	—
2A16	T1、T6、T6511	T62、T6、T6511	≤150.00	≤150.00	≥355	≥235	≥8	—	—
2A50	T1、T6	T62、T6	≤150.00	≤150.00	≥355	—	≥12	—	—
2A70、2A80、2A90	T1、T6	T62、T6	≤150.00	≤150.00	≥355	—	≥8	—	—
2014、2014A	O	O	≤200.00	≤200.00	≤205	≤135	≥12	≥10	45
	T4、T4510、T4511	T4、T4510、T4511	≤25.00	≤25.00	≥370	≥230	≥13	≥11	110
			>25.00~75.00	>25.00~75.00	≥410	≥270	≥12	—	110
			>75.00~150.00	>75.00~150.00	≥390	≥250	≥10	—	110
			>150.00~200.00	>150.00~200.00	≥350	≥230	≥8	—	110
	T6、T6510、6511	T6、T6510、T6511	≤25.00	≤25.00	≥415	≥370	≥6	≥5	140
			>25.00~75.00	>25.00~75.00	≥460	≥415	≥7	—	140

续表

牌号	供应状态①②	试样状态	圆棒直径/mm	方棒或六角棒厚度/mm	室温拉伸试验结果				布氏硬度参考值②(HBW)
					抗拉强度 R_m	规定非比例延伸强度 $R_{p0.2}$	断后伸长率③		
							A	A_{50}	
					MPa		%		
2014、2014A	T6、T6510、6511	T6、T6510、T6511	>75.00～150.00	>75.00～150.00	≥465	≥420	≥7	—	140
			>150.00～200.00	>150.00～200.00	≥430	≥350	≥6	—	140
			>200.00～250.00	—	≥420	≥320	≥5	—	140
2017	T4	T4	≤120.00	≤120.00	≥345	≥215	≥12	—	—
2017A	T4、T4510、T4511	T4、T4510、T4511	≤25.00	≤25.00	≥380	≥260	≥12	≥10	105
			>25.00～75.00	>25.00～75.00	≥400	≥270	≥10	—	105
			>75.00～150.00	>75.00～150.00	≥390	≥260	≥9	—	105
			>150.00～200.00	>150.00～200.00	≥370	≥240	≥8	—	105
			>200.00～250.00	—	≥360	≥220	≥7	—	105
2024	O	O	≤200.00	≤150.00	≤250	≤150	≥12	≥10	47
	T3、T3510、T3511	T3、T3510、T3511	≤50.00	≤50.00	≥450	≥310	≥8	≥6	120
			>50.00～100.00	>50.00～100.00	≥440	≥300	≥8	—	120
			>100.00～200.00	>100.00～200.00	≥420	≥280	≥8	—	120
			>200.00～250.00	—	≥400	≥270	≥8	—	120
	T8、T8510、T8511	T8、T8510、T8511	≤150.00	≤150.00	≥455	≥380	≥5	≥4	130
			>150.00～250.00	>150.00～200.00	≥425	≥360	≥5	—	130
2219	O	O	≤150.00	≤150.00	≤220	≤125	≥12	≥12	—
	T3、T3510	T3、T3510	≤12.50	≤12.50	≥290	≥180	≥12	≥12	—
			>12.50～80.00	>12.50～80.00	≥310	≥185	≥12	≥12	—

续表

牌号	供应状态①②	试样状态	圆棒直径/mm	方棒或六角棒厚度/mm	室温拉伸试验结果				布氏硬度参考值②(HBW)
					抗拉强度 R_m	规定非比例延伸强度 $R_{p0.2}$	断后伸长率③		
							A	A_{50}	
					MPa		%		
2219	T1、T6	T62、T6	≤150.00	≤150.00	≥370	≥250	≥6	≥6	—
2618	T1、T6、T6511	T62、T6、T6511	≤150.00	≤150.00	≥375	≥315	≥6	—	—
	T1	T62	>150.00~250.00	>150.00~250.00	≥365	≥305	≥5	—	—
	T8、T8511	T8、T8511	≤150.00	≤150.00	≥385	≥325	≥5	—	—
3A21	O	O	≤150.00	≤150.00	≤165	—	≥20	≥20	—
	H112	H112			≥90	—	≥20	—	—
3003	O	O	≤250.00	≤200.00	95~135	≥35	≥25	≥20	30
	H112	H112			≥95				
3102	H112	H112	≤250.00	≤200.00	≥80	≥30	≥25	≥23	23
3103	O	O	≤250.00	≤200.00	95~135	≥35	≥25	≥20	28
	H112	H112			≥95				
4A11、4032	T1	T62	≤100.00	≤100.00	≥350	≥290	≥6.0	—	—
			>100.00~200.00	>100.00~200.00	≥340	≥280	≥2.5	—	—
5A02	O	O	≤150.00	≤150.00	≤225	—	≥10	—	—
	H112	H112			≥170	≥70	—	—	—
5A03	H112、O	H112、O	≤150.00	≤150.00	≥175	≥80	≥13	≥13	—
5A05					≥265	≥120	≥15	≥15	—
5A06					≥315	≥155			
5A12					≥370	≥185			
5052	O	O	≤250.00	≤200.00	170~230	70	≥17	≥15	45
	H112	H112			≥170	≥70	≥15	≥13	47
5005、5005A	O	O	≤60.00	≤60.00	100~150	≥40	≥18	≥16	30
	H112	H112			≥100	≥40	≥18	—	—
5019	O	O	≤200.00	≤200.00	250~320	≥110	≥15	≥13	65
	H112	H112			≥250	≥110	≥14	≥12	—
5049	H112	H112	≤250.00	≤200.00	≥180	≥80	≥15	≥13	50

续表

牌号	供应状态①②	试样状态	圆棒直径/mm	方棒或六角棒厚度/mm	室温拉伸试验结果 抗拉强度 R_m	规定非比例延伸强度 $R_{p0.2}$	断后伸长率③ A	A_{50}	布氏硬度参考值②(HBW)
					MPa		%		
5251	O	O	≤250.00	≤200.00	160～220	≥60	≥17	≥15	45
	H112	H112			≥160	≥60	≥16	≥14	—
5154A	O	O	≤200.00	≤200.00	200～275	≥85	≥18	≥16	55
	H112	H112			≥200	≥85	≥16	≥14	—
5005、5005A	O	O	≤60.00	≤60.00	100～150	≥40	≥18	≥16	30
	H112	H112	≤200.00	≤100.00	≥100	≥40	≥18	≥16	30
5019	O	O	≤200.00	≤200.00	250～320	≥110	≥15	≥13	65
	H112	H112	≤200.00	≤200.00	≥250	≥110	≥14	≥12	65
5049	H112	H112	≤250.00	≤200.00	≥180	≥80	≥15	≥13	50
5251	O	O	≤250.00	≤200.00	160～220	≥60	≥17	≥15	45
	H112	H112	≤250.00	≤200.00	≥160	≥60	≥16	≥14	45
5154A	O	O	≤200.00	≤200.00	200～275	≥85	≥18	≥16	55
	H112	H112	≤200.00	≤200.00	≥200	≥85	≥16	≥14	55
5454	O	O	≤200.00	≤200.00	200～275	≥85	≥18	≥16	60
	H112	H112	≤200.00	≤200.00	≥200	≥85	≥16	≥14	60
5754	O	O	≤150.00	≤150.00	180～250	≥80	≥17	≥15	45
	H112	H112	≤150.00	≤150.00	≥180	≥80	≥14	≥12	47
			>150.00～250.00	>150.00～200.00	≥180	≥70	≥13	—	47
5083	O	O	≤200.00	≤200.00	270～350	≥110	≥12	≥10	70
	H112	H112	≤200.00	≤200.00	≥270	≥125	≥12	≥10	70
5086	O	O	≤200.00	≤200.00	240～320	≥95	≥18	≥15	65
	H112	H112	≤200.00	≤200.00	≥240	≥95	≥12	≥10	65
6A02	T1、T6	T62、T6	≤150.00	≤150.00	≥295	—	≥12	≥12	—
6005、6005A	T5	T5	≤25.00	≤25.00	≥260	≥215	≥8	—	—
	T6	T6	≤25.00	≤25.00	≥270	≥225	≥10	≥8	90
			>25.00～50.00	>25.00～50.00	≥270	≥225	≥8	—	90
			>50.00～100.00	>50.00～100.00	≥260	≥215	≥8	—	85

续表

牌号	供应状态[①②]	试样状态	圆棒直径/mm	方棒或六角棒厚度/mm	室温拉伸试验结果				布氏硬度参考值[②](HBW)
					抗拉强度 R_m	规定非比例延伸强度 $R_{p0.2}$	断后伸长率[③] A	A_{50}	
					MPa		%		
6101A	T6	T6	≤150.00	≤150.00	≥200	≥170	≥10	≥8	70
6101B	T6	T6	—	≤15.00	≥215	≥160	≥8	≥6	70
6110A	T5	T5	≤120.00	≤120.00	≥380	≥360	≥10	≥8	115
6110A	T6	T6	≤120.00	≤120.00	≥410	≥380	≥10	≥8	120
6351	T4	T4	≤150.00	≤150.00	≥205	≥110	≥14	≥12	67
6351	T6	T6	≤20.00	≤20.00	≥295	≥250	≥8	≥6	95
6351	T6	T6	>20.00～75.00	>20.00～75.00	≥300	≥255	≥8	—	95
6351	T6	T6	>75.00～150.00	>75.00～150.00	≥310	≥260	≥8	—	95
6351	T6	T6	>150.00～200.00	>150.00～200.00	≥280	≥240	≥6	—	95
6351	T6	T6	>200.00～250.00	—	≥270	≥200	≥6	—	95
6060	T4	T4	≤150.00	≤150.00	≥120	≥60	≥16	≥14	50
6060	T5	T5	≤150.00	≤150.00	≥160	≥120	≥8	≥6	60
6060	T6	T6	≤150.00	≤150.00	≥190	≥150	≥8	≥6	70
6061	T6、T6510、T6511	T6、T6510、T6511	≤150.00	≤150.00	≥260	≥240	≥8	≥6	95
6061	T4、T4510、T4511	T4、T4510、T4511	≤150.00	≤150.00	≥180	≥110	≥15	≥13	65
6063	O	O	≤150.00	≤150.00	≤130	—	≥18	≥16	25
6063	T4	T4	≤150.00	≤150.00	≥130	≥65	≥14	≥12	50
6063	T4	T4	>150.00～200.00	>150.00～200.00	≥120	≥65	≥12	—	50
6063	T5	T5	≤200.00	≤200.00	≥175	≥130	≥8	≥6	65
6063	T6	T6	≤150.00	≤150.00	≥215	≥170	≥10	≥8	75
6063	T6	T6	>150.00～200.00	>150.00～200.00	≥195	≥160	≥10	—	75

续表

牌号	供应状态①②	试样状态	圆棒直径/mm	方棒或六角棒厚度/mm	室温拉伸试验结果				布氏硬度参考值②(HBW)
					抗拉强度 R_m	规定非比例延伸强度 $R_{p0.2}$	断后伸长率③		
							A	A_{50}	
					MPa		%		
6063A	T4	T4	≤150.00	≤150.00	≥150	≥90	≥12	≥10	50
			>150.00～200.00	>150.00～200.00	≥140	≥90	≥10	—	50
	T5	T5	≤200.00	≤200.00	≥200	≥160	≥7	≥5	75
	T6	T6	≤150.00	≤150.00	≥230	≥190	≥7	≥5	80
			>150.00～200.00	>150.00～200.00	≥220	≥160	≥7	—	80
6463	T4	T4	≤150.00	≤150.00	≥125	≥75	≥14	≥12	46
	T5	T5	≤150.00	≤150.00	≥150	≥110	≥8	≥6	60
	T6	T6	≤150.00	≤150.00	≥195	≥160	≥10	≥8	74
6082	T6	T6	≤20.00	≤20.00	≥295	≥250	≥8	≥6	95
			>20.00～150.00	>20.00～150.00	≥310	≥260	≥8	—	95
			>150.00～200.00	>150.00～200.00	≥280	≥240	≥6	—	95
			>200.00～250.00	—	≥270	≥200	≥6	—	95
7A15	T1、T6	T62、T6	≤150.00	≤150.00	≥490	≥420	≥6	—	—
7A04、7A09	T1、T6	T62、T6	≤22.00	≤22.00	≥490	≥370	≥7	—	—
			>22.00～150.00	>22.00～150.00	≥530	≥400	≥6	—	—
7003	T5	T5	≤250.00	≤200.00	≥310	≥260	≥10	≥8	—
	T6	T6	≤50.00	≤50.00	≥350	≥290	≥10	≥8	110
			>50.00～150.00	>50.00～150.00	≥340	≥280	≥10	≥8	110
7005	T6	T6	≤50.00	≤50.00	≥350	≥290	≥10	≥8	110
			>50.00～150.00	>50.00～150.00	≥340	≥270	≥10	—	110
7020	T6	T6	≤50.00	≤50.00	≥350	≥290	≥10	≥8	110
			>50.00～150.00	>50.00～150.00	≥340	≥275	≥10	—	110

续表

牌号	供应状态①②	试样状态	圆棒直径/mm	方棒或六角棒厚度/mm	室温拉伸试验结果				布氏硬度参考值②(HBW)
					抗拉强度 R_m	规定非比例延伸强度 $R_{p0.2}$	断后伸长率③		
							A	A_{50}	
					MPa		%		
7021	T6	T6	≤40.00	≤40.00	≥410	≥350	≥10	≥8	120
7022	T6	T6	≤80.00	≤80.00	≥490	≥420	≥7	≥5	133
			>80.00~200.00	>80.00~200.00	≥470	≥400	≥7	—	133
7049A	T6、T6510、T6511	T6、T6510、T6511	≤100.00	≤100.00	≥610	≥530	≥5	≥4	170
			>100.00~125.00	>100.00~125.00	≥560	≥500	≥5	—	170
			>125.00~150.00	>125.00~150.00	≥520	≥430	≥5	—	170
			>150.00~180.00	>150.00~180.00	≥450	≥400	≥3	—	170
7075	O	O	≤200.00	≤200.00	≤275	≤165	≥10	≥8	60
	T1、T6、T6510、T6511	T62、T6、T6510、T6511	≤25.00	≤25.00	≥540	≥480	≥7	≥5	150
			>25.00~100.00	>25.00~100.00	≥560	≥500	≥7	—	150
			>100.00~150.00	>100.00~150.00	≥550	≥440	≥5	—	150
			>150.00~200.00	>150.00~200.00	≥440	≥400	≥5	—	150
	T73、T73510、T73511	T73、T73510、T73511	≤25.00	≤25.00	≥485	≥420	≥7	≥5	135
			>25.00~75.00	>25.00~75.00	≥475	≥405	≥7	—	135
			>75.00~100.00	>75.00~100.00	≥470	≥390	≥6	—	135
			>100.00~150.00	>100.00~150.00	≥440	≥360	≥6	—	135
8A06	O	O	≤150.00	≤150.00	60~120	—	≥25	—	—
	H112	H112	≤150.00	≤150.00	≥60	—	≥25	—	—

① 5A03、5A05、5A06、5A12合金O状态供货的棒材，当取H112状态的性能合格时，可按O状态力学性能合格的棒材交货。

② 表中硬度值仅供参考（不适用于T1状态），实测值可能与表中数据差别较大。

③ 2A11、2A12、2A13合金T1状态供货的棒材，取T4状态的试样检测力学性能，合格者交货。其他合金T1状态供货的棒材，取T6状态的试样检测力学性能，合格者交货。

表 9-59 棒材高强度状态时的抗拉强度

牌号	供应状态	试样状态	棒材直径、方棒或六角棒的厚度/mm	室温拉伸试验结果		
				抗拉强度 R_m MPa	规定非比例延伸强度 $R_{p0.2}$ MPa	断后伸长率 A/%
2A11	T1、T4	T42、T4	20.00～120.00	≥390	≥245	≥8
2A12	T1、T4	T42、T4	20.00～120.00	≥440	≥305	≥8
2A14	T1、T6	T62、T6	20.00～120.00	≥460	—	≥8
2A50	T1、T6	T62、T6	20.00～120.00	≥380	—	≥10
6A02	T1、T6	T62、T6	20.00～120.00	≥305	—	≥8
7A04、7A09	T1、T6	T62、T6	20.00～100.00	≥550	≥450	≥6
			>100.00～120.00	≥530	≥430	≥6

9.4.3 铝及铝合金棒的质量

表 9-60 铝及铝合金棒的理论质量 kg/m

规格（直径或对边距离）/mm	质量（密度为 2.8g/cm³）圆形棒	方形棒	六角棒	规格（直径或对边距离）/mm	质量（密度为 2.8g/cm³）圆形棒	方形棒	六角棒
5.0	0.0550	0.070	0.0606	15	0.4948	0.630	0.5456
5.5	0.0665	0.085	0.0734	16	0.5630	0.717	0.6208
6.0	0.0792	0.101	0.0873	17	0.6355	0.809	0.7008
6.5	0.0929	0.118	0.1025	18	0.7125	0.907	0.7857
7.0	0.1078	0.137	0.1188	19	0.7939	1.011	0.8754
7.5	0.1237	0.158	0.1364	20	0.8796	1.120	0.9700
8.0	0.1407	0.179	0.1552	21	0.9698	1.235	1.069
8.5	0.1589	0.202	0.1752	22	1.064	1.355	1.174
9.0	0.1781	0.227	0.1964	24	1.267	1.613	1.397
9.5	0.1985	0.253	0.2189	25	1.374	1.750	1.516
10.0	0.2199	0.280	0.2425	26	1.487	1.893	1.639
10.5	0.2425	0.309	0.2673	27	1.603	2.041	1.768
11.0	0.2661	0.339	0.2934	28	1.724	2.195	1.901
11.5	0.2908	0.370	0.3207	30	1.979	2.520	2.182
12	0.3167	0.403	0.3492	32	2.252	2.867	2.483
13	0.3717	0.473	0.4098	34	2.542	3.237	2.803
14	0.4310	0.549	0.4753	35	2.694	3.430	2.971

续表

规格（直径或对边距离）/mm	质量（密度为2.8g/cm³）			规格（直径或对边距离）/mm	质量（密度为2.8g/cm³）		
	圆形棒	方形棒	六角棒		圆形棒	方形棒	六角棒
36	2.850	3.629	3.143	80	14.07	17.92	15.52
38	3.176	4.043	3.502	85	15.89	20.23	17.52
40	3.519	4.480	3.880	90	17.81	22.68	19.64
41	3.697	4.707	4.076	95	19.85	25.27	21.89
42	3.879	4.939	4.278	100	21.99	28.00	24.25
45	4.453	5.670	4.911	105	24.25	30.87	26.73
46	4.653	5.925	5.131	110	26.61	33.88	29.34
48	5.067	6.451	5.587	115	29.08	37.03	32.07
50	5.498	7.000	6.062	120	31.67	40.32	34.92
51	5.720	7.283	6.307	125	34.36	43.75	37.89
52	5.946	7.571	6.557	130	37.17	47.32	40.98
55	6.652	8.470	7.335	135	40.08	51.03	44.19
58	7.398	9.419	8.158	140	43.10	54.88	47.53
59	7.655	—	—	145	46.24	58.87	50.98
60	7.917	10.08	8.730	150	49.48	63.00	54.56
62	8.453	—	—	160	56.30	71.68	62.08
63	8.728	—	—	170	63.55	80.92	70.08
65	9.291	11.83	10.25	180	71.25	90.72	78.57
70	10.78	13.72	11.88	190	79.39	101.1	87.54
75	12.37	15.75	13.64	200	87.96	112.0	97.00

圆形棒的理论质量

圆棒直径/mm	质量（密度为2.8g/cm³）	圆棒直径/mm	质量（密度为2.8g/cm³）	圆棒直径/mm	质量（密度为2.8g/cm³）	圆棒直径/mm	质量（密度为2.8g/cm³）
210	96.98	280	172.4	360	285.0	500	549.8
220	106.4	290	184.9	370	301.1	520	594.6
230	116.3	300	197.9	380	317.6	550	665.2
240	126.7	320	225.2	390	334.5	600	791.7
250	137.4	330	239.5	400	351.9	630	872.8
260	148.7	340	254.2	450	445.3		
270	160.3	350	269.4	480	506.7		

注：密度不为2.8g/cm³时的修正系数：1035、1050A、1060、1070A、1100、1200：0.968；5083：0.954；6061、6063：0.964；1A30：0.968；2A02：0.982；2A06：0.985；2A16：1.014；2A50、2B50：0.982；3A21：0.975；5A02：0.957；5A05：0.946；5A06：0.943；6A02：0.964；7A04、7A09：1.018；8A06：0.968。

9.5　铝及铝合金管材

9.5.1　铝及铝合金管材外形尺寸（GB/T 4436—2012）

① 分类　按加工温度分，有热挤压管、冷轧管和冷拉管。

热挤压管又分有缝圆管、无缝圆管、有缝矩形管、正方形管、正六边形管、正八边形管；冷轧管又分有缝圆管、无缝圆管；冷拉管又分有缝或无缝圆管、正方形管、矩形管、椭圆形管。

下面只介绍热挤压无缝圆管、冷拉、冷轧有缝圆管和无缝圆管、冷拉正方形管和矩形管的典型规格，其他管的规格由供需双方协商确定。

② 挤压无缝圆管典型规格　见表 9-61。

表 9-61　铝及铝合金挤压无缝圆管典型规格　mm

外径	壁厚																						
	5	6	7	7.5	8	9	10	12.5	15	17.5	20	22.5	25	27.5	30	32.5	35	37.5	40	42.5	45	47.5	50
25	√	—	—	—	—	—	—	—	—	—	—	—	—	—	—	—	—	—	—	—	—	—	—
28	√	√	—	—	—	—	—	—	—	—	—	—	—	—	—	—	—	—	—	—	—	—	—
30、32	√	√	√	√	√	—	—	—	—	—	—	—	—	—	—	—	—	—	—	—	—	—	—
34、36、38	√	√	√	√	√	√	√	—	—	—	—	—	—	—	—	—	—	—	—	—	—	—	—
40、42	√	√	√	√	√	√	√	√	—	—	—	—	—	—	—	—	—	—	—	—	—	—	—
45、48、50	√	√	√	√	√	√	√	√	√	—	—	—	—	—	—	—	—	—	—	—	—	—	—
52、55、58	√	√	√	√	√	√	√	√	√	—	—	—	—	—	—	—	—	—	—	—	—	—	—
60、62	√	√	√	√	√	√	√	√	√	√	—	—	—	—	—	—	—	—	—	—	—	—	—
65、70	√	√	√	√	√	√	√	√	√	√	√	—	—	—	—	—	—	—	—	—	—	—	—
75、80	√	√	√	√	√	√	√	√	√	√	√	√	—	—	—	—	—	—	—	—	—	—	—
85、90	√	√	√	√	√	√	√	√	√	√	√	√	√	—	—	—	—	—	—	—	—	—	—
95	√	√	√	√	√	√	√	√	√	√	√	√	√	√	—	—	—	—	—	—	—	—	—
100	√	√	√	√	√	√	√	√	√	√	√	√	√	√	√	—	—	—	—	—	—	—	—
105、110、115	√	√	√	√	√	√	√	√	√	√	√	√	√	√	√	√	—	—	—	—	—	—	—
120、125、130	—	—	—	√	√	√	√	√	√	√	√	√	√	√	√	√	—	—	—	—	—	—	—

续表

外径	壁厚																						
	5	6	7	7.5	8	9	10	12.5	15	17.5	20	22.5	25	27.5	30	32.5	35	37.5	40	42.5	45	47.5	50
135、140、145	—	—	—	—	—	—	√	√	√	√	√	√	√	√	√	√	—	—	—	—	—	—	—
150、155	—	—	—	—	—	—	√	√	√	√	√	√	√	√	√	√	√	—	—	—	—	—	—
160、165	—	—	—	—	—	—	√	√	√	√	√	√	√	√	√	√	√	√	√	—	—	—	—
170、175、180、185	—	—	—	—	—	—	√	√	√	√	√	√	√	√	√	√	√	√	√	—	—	—	—
190、195、200	—	—	—	—	—	—	√	√	√	√	√	√	√	√	√	√	√	√	√	—	—	—	—
205、210、215	—	—	—	—	—	—	—	—	√	√	√	√	√	√	√	√	√	√	√	√	√	√	√
220、225、230	—	—	—	—	—	—	—	—	√	√	√	√	√	√	√	√	√	√	√	√	√	√	√
235、240、245	—	—	—	—	—	—	—	—	√	√	√	√	√	√	√	√	√	√	√	√	√	√	√
250、260	—	—	—	—	—	—	—	—	√	√	√	√	√	√	√	√	√	√	√	√	√	√	√
270、280、290	√	√	√	√	√	√	√	√	√	√	√	√	√	√	√	√	√	√	√	√	√	√	√
300、310、320	√	√	√	√	√	√	√	√	√	√	√	√	√	√	√	√	√	√	√	√	√	√	√
330、340、350	√	√	√	√	√	√	√	√	√	√	√	√	√	√	√	√	√	√	√	√	√	√	√
360、370、380	√	√	√	√	√	√	√	√	√	√	√	√	√	√	√	√	√	√	√	√	√	√	√
390、400、450	√	√	√	√	√	√	√	√	√	√	√	√	√	√	√	√	√	√	√	√	√	√	√

注：“√”表示可供规格。为缩短表格宽度，尺寸数字后面省略“.00”。

③ 冷拉、冷轧圆管的截面典型规格　见表 9-62。

表 9-62　冷拉、冷轧有缝圆管和无缝圆管的截面典型规格　mm

外径[①]	壁厚										
	0.50	0.75	1.00	1.50	2.00	2.50	3.00	3.50	4.00	4.50	5.00
6.00	√	√	√	—	—	—	—	—	—	—	—
8.00	√	√	√	√	√	—	—	—	—	—	—
10.00	√	√	√	√	√	√	—	—	—	—	—

续表

外径①	壁厚										
	0.50	0.75	1.00	1.50	2.00	2.50	3.00	3.50	4.00	4.50	5.00
12、14、15	√	√	√	√	√	√	√	—	—	—	—
16、18	√	√	√	√	√	√	√	√	—	—	—
20.00	√	√	√	√	√	√	√	√	√	—	—
22、24、25	√	√	√	√	√	√	√	√	√	√	√
26～60②	—	√	√	√	√	√	√	√	√	√	√
65、70、75	—	—	—	√	√	√	√	√	√	√	√
80～95③	—	—	—	—	√	√	√	√	√	√	√
100～110③	—	—	—	—	—	√	√	√	√	√	√
115.00	—	—	—	—	—	—	√	√	√	√	√
120.00	—	—	—	—	—	—	—	√	√	√	√

① 为缩短表格宽度，部分外径数字后面省略“.00”。

② 26、28、30、32、34、35、36、38、40、42、45、48、50、52、55、58、60。

③ 间隔为 5mm。

④ 冷拉正方形管的截面典型规格　见表 9-63。

表 9-63　冷拉有缝正方形管和无缝正方形管的截面典型规格 mm

边长①	壁厚						
	1.00	1.50	2.00	2.50	3.00	4.00	5.00
10.00、12.00	√	√	—	—	—	—	—
14.00、16.00	√	√	√	—	—	—	—
18.00、20.00	√	√	√	√	—	—	—
22.00、25.00	—	√	√	√	√	—	—
28、32、36、40	—	√	√	√	√	√	—
42、45、50	—	√	√	√	√	√	√
55、60、65、70	—	—	√	√	√	√	√

① 为缩短表格宽度，部分边长数字后面省略“.00”。

⑤ 冷拉矩形管的截面典型规格　见表 9-64。

表 9-64　冷拉有缝和无缝矩形管的截面典型规格 mm

边长(宽×高)①	壁厚						
	1.00	1.50	2.00	2.50	3.00	4.00	5.00
14×10、16×12、18×10	√	√	√	—	—	—	—
14×16、20×12、22×14	√	√	√	√	—	—	—
25×15、28×16	√	√	√	√	√	—	—
28×22、32×18	√	√	√	√	√	√	—

续表

边长(宽×高)[1]	壁厚						
	1.00	1.50	2.00	2.50	3.00	4.00	5.00
32×25、36×20、36×28	√	√	√	√	√	√	√
40×25、40×30、45×30	—	√	√	√	√	√	√
50×30、55×40	—	√	√	√	√	√	√
60×40、70×50	—	—	√	√	√	√	√

① 为缩短表格宽度，边长数字后面省略“.00”。

9.5.2 铝及铝合金拉（轧)制管材（GB/T 6893—2022）

① 规格　符合 GB/T 4436—2012 的规定或供需双方商定。

② 牌号和状态　见表 9-65～表 9-67。

表 9-65　拉（轧）制圆管的牌号和状态

牌号		状态	牌号		状态
无缝管	1035、1050、1050A、1060、1070、1070A、1100、1200	O、H14	无缝管	5754	O
				6A02	O、T4、T6
				6061	O、T4、T6、T8
	2A11、2A12、2D12、2024	O、T4		6063	O、T4、T6
				6082	T4、T6
	2017A	O、T3		7A04	O
	2A14	O、T4、T6		7020、7A09、7075	T6
	3003、3A21	O、H12、H14、H24、H18		8A02	O、H14
	5A02、5052	O、H14	有缝管	1060、3206	O
	5A06、5B02	O		3003、3A21	O、H12、H14、H24、H18
	5A03	O、H34			
	5A05、5056、5083	O、H32		6061、6063	T4、T8

表 9-66　4 位数字牌号管材的力学性能

牌号	状态	壁厚/mm	室温纵向拉伸力学性能				
			抗拉强度 R_m /MPa	规定塑性伸长应力 $R_{p0.2}$ /MPa	断后伸长率/% ≥		
					全截面试样	其他试样	
					A_{50}	A_{50}	A
1035 1050A 1050	O	≤20.00	60～95	—	—	22.0	25.0
	H14	≤10.00	100～135	≥70		5.0	6.0

续表

牌号	状态	壁厚/mm	室温纵向拉伸力学性能				
			抗拉强度 R_m /MPa	规定塑性伸长应力 $R_{p0.2}$ /MPa	断后伸长率/% ≥		
					全截面试样	其他试样	
					A_{50}	A_{50}	A
1060 1070A 1070	O	≤20.00	60～95	—	—		
	H14	≤10.00	≥85	≥70	—		
1100 1200	O	≤20.00	70～105	—	—	16.0	20.0
	H14	≤10.00	110～145	80	—	4.0	5.0
2017A	O	≤20.00	≤240	≤125	—	10.0	12.0
	T3	≤20.00	400	250	—	8.0	10.0
2024	O	≤20.00	≤221	≤103	—	—	—
	T3	0.46～0.61	≥441	≥290	10.0	—	—
		>0.61～1.24			12.0	10.0	—
		>1.24～6.58			14.0	10.0	—
		>6.58～12.70			16.0	12.0	—
	T42[①]	0.46～0.61	≥441	≥276	10.0	—	—
		>0.61～1.24			12.0	10.0	—
		>1.24～6.58			14.0	10.0	—
		>6.58～12.70			16.0	12.0	—
3003、3103	O	≤20.00	95～130	≥35	—	20.0	25.0
	H12	≤15.00	115～150	≥75	—	12.0	14.0
	H14、H24	≤10.00	130～165	≥110	—	4.0	6.0
	H18	≤3.00	≥180	≥145	—	2.0	3.0
3026	O	≤20.00	85～120	≥30	30.0	—	—
5052	O	≤20.00	170～230	≥65	—	17.0	20.0
	H14	≤5.00	230～270	≥180	—	4.0	5.0
5056	O	≤20.00	≤315	≥100	16.0		
	H32	≤10.00	≥305	—	—		
5083	O	≤20.00	270～350	≥110	—	14.0	16.0
	H32	≤10.00	≥280	≥200	—	4.0	6.0
5754	O	≤20.00	180～250	≥80	—	14.0	16.0
6063	O	>0.25～12.70	≤131	—	—	—	—
	T4、T42[①]	>0.64～1.24	≥151	≥69	16.0	14.0	—
		>1.24～6.58			18.0	16.0	—
		>6.58～12.70			20.0	18.0	—

续表

牌号	状态	壁厚/mm	室温纵向拉伸力学性能				
			抗拉强度 R_m/MPa	规定塑性伸长应力 $R_{p0.2}$/MPa	断后伸长率/% ≥		
					全截面试样	其他试样	
					A_{50}	A_{50}	A
6063	T6、T62①	>0.64～1.24	≥227	≥193	12.0	8.0	—
		>1.24～6.58			14.0	10.0	—
		>6.58～12.70			16.0	12.0	—
6061	O	≤20.00	≤152	≤97	15.0	15.0	—
	T4、T42①	>0.64～1.24	≥207	≥110	16.0	14.0	—
		>1.24～6.58			18.0	16.0	—
		>6.58～12.70			20.0	18.0	—
	T42①	>0.64～1.24	≥207	≥97	16.0	14.0	—
		>1.24～6.58			18.0	16.0	—
		>6.58～12.70			20.0	18.0	—
	T6、T62①	>0.64～1.24	≥290	≥241	10.0	8.0	—
		>1.24～6.58			12.0	10.0	—
		>6.58～12.70			14.0	12.0	—
	T8	>0.91～8.89	≥310	≥276	8.0	—	—
6082	T4	≤20.00	≥205	≥110	—	12.0	14.0
	T6	≤5.00	≥310	≥255	—	7.0	8.0
		>5.00～20.00	≥310	≥240	—	9.0	10.0
7020	T6	≤20.00	≥350	≥280	—	8.0	10.0
7075	T6	0.63～6.30	≥530	≥455	8.0	7.0	—
		6.30～12.50			9.0	8.0	7.0

① T42、T62状态非产品供货状态。

表 9-67　4位字符牌号管材的力学性能

牌号	状态	尺寸规格/mm		室温拉伸力学性能				
				抗拉强度 R_m/MPa	规定非比例伸长应力 $R_{p0.2}$/MPa	断后伸长率 % ≥		
						全截面试样	其他试样	
		外径①	壁厚			A_{50}	A_{50}	A
2A11	O	—	≤20.00	≤245	—	10.0	10.0	10.0
	T4	≤22	≤1.50	≥375	≥195	13.0	—	—
			>1.50～2.00	≥375	≥195	14.0	—	—
			>2.00～5.00	≥375	≥195	14.0	—	—

续表

牌号	状态	尺寸规格 /mm		室温拉伸力学性能				
				抗拉强度 R_m /MPa	规定非比例伸长应力 $R_{p0.2}$ /MPa	断后伸长率 % ≥		
						全截面试样	其他试样	
		外径①	壁厚			A_{50}	A_{50}	A
2A11	T4	>22~50	≤1.50	≥390	≥225	—	12.0	12.0
			>1.50~5.00	≥390	≥225	—	13.0	13.0
		>50	—	≥390	≥225	—	11.0	11.0
2A12	O	—	≤20.00	≤245	—	10.0	10.0	10.0
	T4	≤22	≤2.00	≥410	≥225	13.0	—	—
			>2.00~5.00	≥410	≥225	14.0	—	—
		>22~50	—	≥420	≥275	—	12.0	12.0
		>50	—	≥420	≥275	—	10.0	10.0
2D12	O	—	≤20.00	≤240	—	—	—	10.0
	T4	≤22	1.00~2.00	≥420	≥265	13.0	—	—
			>2.00~5.00	≥420	≥265	14.0	—	—
		>22	—	≥420	≥285	—	—	12.0
			—	≥420	≥285	—	—	10.0
2A14	O	—	≤20.00	≤220	—	12.0	12.0	12.0
	T4	≤22	1.00~2.00	≥360	≥205	10.0	—	—
			>2.00~5.00	≥360	≥205	—	—	—
		>22	—	≥360	≥205	—	10.0	10.0
	T6	≤22	1.00~2.00	≥450	≥380	6.0	—	—
			>2.00~5.00	≥450	≥380	—	—	—
		>22	≤1.00	≥450	≥380	—	6.0	6.0
			>1.00~5.00	≥450	≥380	—	7.0	7.0
3A21	O	—	≤20.00	95~130	≥35	—	20.0	25.0
	H12	—	≤15.00	115~150	≥75	—	12.0	14.0
	H14、H24	—	≤10.00	130~165	≥110	—	4.0	6.0
	H18	—	≤3.00	≥180	≥145	—	2.0	3.0
5A02	O	—	≤20.00	≤225	—	—	—	—
	H14	≤55	≤2.50	≥225	—	—	—	—
			>2.50~20.00	≥195	—	—	—	—
		>55	≤20.00	≥195	—	—	—	—
5B02	O	—	≤20.00	155~225	—	—	—	15.0
5A03	O	—	≤20.00	≥175	≥80	15.0	15.0	15.0
	H34	—	≤5.00	≥215	≥125	8.0	8.0	8.0

续表

牌号	状态	尺寸规格 /mm		室温拉伸力学性能				
				抗拉强度 R_m /MPa	规定非比例伸长应力 $R_{p0.2}$ /MPa	断后伸长率 % ≥		
						全截面试样	其他试样	
		外径①	壁厚			A_{50}	A_{50}	A
5A05	O	—	≤20.00	≥215	≥90	15.0	15.0	15.0
	H32	—	≤10.00	≥245	≥145	8.0	8.0	8.0
5A06	O	—	≤20.00	≥315	≥145	15.0	15.0	15.0
6A02	O	—	≤20.00	≤155	—	14.0	14.0	14.0
	T4	—	≤20.00	≥205	—	14.0	14.0	14.0
	T6	—	≤20.00	≥305	—	8.0	8.0	8.0
7A04	O	—	≤20.00	≤265	—	8.0	8.0	8.0
7A09	T6	—	0.63～6.30	≥530	≥455	8.0	7.0	—
		—	>6.30～12.50	≥530	≥455	9.0	8.0	7.0
8A06	O	—	≤20.00	≤120	—	20.0	20.0	20.0
	H14	—	≤10.00	≥100	—	5.0	5.0	5.0

① 方管和矩形管的外径为其外接圆直径。

9.5.3　铝及铝合金热挤压无缝圆管（GB/T 4437.1—2015）

适用于一般工业用铝及铝合金热挤压无缝圆管。

① 牌号和供应状态　见表9-68。

表9-68　铝及铝合金热轧无缝圆管的牌号和供应状态

牌号	供应状态
1100、1200	O、H112、F
1035	O
1050A	O、H111、H112、F
1060、1070A	O、H112
2014	O、T1、T4、T4510、T4511、T6、T6510、T6511
2017、2A12	O、T1、T4
2024	O、T1、T3、T3510、T3511、T4、T81、T8510、T8511
2219	O、T1、T3、T3510、T3511、T81、T8510、T8511
2A11	O、T1
2A14、2A50	T6
3003、包铝3003	O、H112、F
3A21	H112
5051A、5083、5086	O、H111、H112、F

续表

牌号	供应状态
5052	O、H112、F
5154、5A06	O、H112
5454、5456	O、H111、H112
5A02、5A03、5A05	H112
6005、6105	T1、T5
6005A	T1、T5、T61①
6041	T5、T6511
6042	T5、T5511
6061	O、T1、T4、T4510、T4511、T51、T6、T6510、T6511、F
6351、6082	O、H111、T4、T6
6162	T5、T5510、T5511、T6、T6510、T6511
6262、6064	T6、T6511
6063	O、T1、T4、T5、T52、T6、T66②、F
6066	O、T1、T4、T4510、T4511、T6、T6510、T6511
6A02	O、T1、T4、T6
7050	T6510、T73511、T74511
7075	O、H111、T1、T6、T6510、T6511、T73、T73510、T73511
7178	O、T1、T6、T6510、T6511
7A04、7A09、7Al5	T1、T6
7805	O、T4、T6
8A06	H112

① 固溶热处理后进行人工时效，以提高变形性能的状态。

② 固溶热处理后人工时效，通过工艺控制使力学性能达到本部分要求的特殊状态。

② 力学性能 见表9-69。

表9-69 室温拉伸力学性能

牌号	供应状态	试样状态	壁厚/mm	室温拉伸试验结果			
				抗拉强度 R_m /MPa ≥	规定塑性延伸强度 $R_{p0.2}$ /MPa ≥	断后伸长率/% ≥	
						A_{50}	A
1100 1200	O	O	所有	75～105	20	25	22
	H112	H112		75	25	25	22
	F	—		—	—	—	—
1035	O	O	所有	60～100	—	25	23
1050A	O、H111	O、T111	所有	60～100	20	25	23
	H112	T112		60	20	25	23
	F	—		—	—	—	—

续表

牌号	供应状态	试样状态	壁厚/mm	室温拉伸试验结果 抗拉强度 R_m /MPa ≥	规定塑性延伸强度 $R_{p0.2}$ /MPa ≥	断后伸长率/% ≥ A_{50}	A
1060	O	O	所有	60～95	15	25	22
	H112	H112		60	—	25	22
1070A	O	O	所有	60～95	—	25	22
	H112	H112		60	20	25	22
2014	O	O	所有	≤205	≤125	12	10
	T4、T4510、T4511	T4、T4510、T4511		345	240	12	10
				345	240	12	10
	T1[1]	T42	所有	345	200	12	10
		T62	≤18.00	415	365	7	6
			>18	415	365	—	6
	T6、T6510、T6511	T6、T6510、T6511	≤12.50	415	365	7	6
			12.50～18.00	440	400	—	6
			>18.00	470	400	—	6
2017	O	O	所有	≤245	≤125	16	16
	T4	T4		345	215	12	12
	T1	T42		335	195	12	—
2024	O	O	全部	≤240	≤130	12	10
	T3、T3510	T3、T3510	≤6.30	395	290	10	—
			>6.30～18.00	415	305	10	9
	T3511	T3511	>18.00～35.00	450	315	—	9
			>35.00	470	330	—	7
	T4	T4	≤18.00	395	260	12	10
			>18.00	395	260	—	9
	T1	T42	≤18.00	395	260	12	10
			>18.00～35.00	395	260	—	9
			>35.00	395	260	—	7
	T81、T8510、T8511	T81、T8510、T8511	>1.20～6.30	440	385	4	—
			>6.30～35.00	455	400	5	4
			>35.00	455	400	—	4

续表

牌号	供应状态	试样状态	壁厚/mm	室温拉伸试验结果			
				抗拉强度 R_m /MPa ≥	规定塑性延伸强度 $R_{p0.2}$ /MPa ≥	断后伸长率/% ≥	
						A_{50}	A
2219	O	O	所有	≤220	≤125	12	10
	T31、T3510、T3511	T31、T3510、T3511	≤12.50	290	180	14	12
			>12.50～80.00	310	185	—	12
	T1	T62	≤25.00	370	250	6	5
			>25.00	370	250	—	5
	T81、T8510、T8511	T81、T8510、T8511	≤80.00	440	290	6	5
2A11	O	O	所有	≤245	—	—	10
	T1	T1		350	195	—	10
2A12	O	O	所有	≤245	—	—	10
	T1	T42		390	255	—	10
	T4	T4		390	255	—	10
2A14	T6	T6	所有	430	350	6	—
2A50	T6	T6		380	250	—	10
3003	O	O	所有	95～130	35	25	22
	H112	H112	≤1.60	95	35	—	—
			>1.60	95	35	25	22
	F	F	所有	—	—	—	—
包铝3003	O	O	所有	90～125	30	25	22
	H112	H112		90	30	25	22
	F	F		—	—	—	—
3A21	H112	H112	所有	≤165	—	—	—
5051A	O、H111	O、H111	所有	150～200	60	16	18
	H112	H112		150	60	14	16
	F	—		—	—	—	—
5052	O	O	所有	170～240	70	15	17
	H112	H112		170	70	13	15
	F	—		—	—	—	—

续表

牌号	供应状态	试样状态	壁厚/mm	室温拉伸试验结果			
				抗拉强度 R_m /MPa ≥	规定塑性延伸强度 $R_{p0.2}$ /MPa ≥	断后伸长率/% ≥	
						A_{50}	A
5083	O	O	所有	270～350	110	14	12
	H111	H111		275	165	12	10
	H112	H112		270	110	12	10
	F	—		—	—	—	—
5154	O	O	所有	205～285	75	—	—
	H112	H112		205	75	—	—
5454	O	O	所有	215～285	85	14	12
	H111	H111		230	130	12	10
	H112	T112		215	85	12	10
5456	O	O	所有	285～365	130	14	12
	H111	H111		290	180	12	10
	H112	H112		285	130	12	10
5086	O	O	所有	240～315	95	14	12
	H111	H111		250	145	12	10
	H112	H112		240	95	12	10
	F	—		—	—	—	—
5A02	H112	H112	所有	225	—	—	—
5A03	H112	H112		175	70	—	15
5A05	H112	H112		225	110	—	15
5A06	H112、O	H112、O		315	145	—	15
6005	T1	T1	≤12.50	170	105	16	14
	T5	T5	≤3.20	260	240	8	—
			3.20～25.00	260	240	10	9
6005A	T1	T1	≤6.30	170	100	15	—
	T5	T5	≤6.30	260	215	7	—
			6.30～25.00	260	215	9	8
	T61	T61	≤6.30	260	240	8	—
			6.30～25.00	260	240	10	9
6105	T1	T1	≤12.50	170	105	16	14
	T5	T5	≤12.50	260	240	8	7
6041	T5、T6511	T5、T6511	10.00～50.00	310	275	10	9
6042	T5、T5511	T5、T5511	10.00～12.50	260	240	10	—
			12.50～50.00	290	240	—	9

续表

牌号	供应状态	试样状态	壁厚/mm	室温拉伸试验结果 抗拉强度 R_m /MPa ≥	规定塑性延伸强度 $R_{p0.2}$ /MPa ≥	断后伸长率/% ≥ A_{50}	A
6061	O	O	所有	≤150	≤110	16	14
6061	T1[①]	T1	≤16.00	180	95	16	14
6061	T1[①]	T42	所有	180	85	16	14
6061	T1[①]	T62	≤6.30	260	240	8	—
6061	T1[①]	T62	>6.30	260	240	10	9
6061	T4、T4510、T4511	T4、T4510、T4511	所有	180	110	16	14
6061	T51	T51	≤16.00	240	205	8	7
6061	T6、T6510、T6511	T6、T6510、T6511	≤6.30	260	240	8	—
6061	T6、T6510、T6511	T6、T6510、T6511	>6.30	260	240	10	9
6061	F	—	所有	—	—	—	—
6351	O、HT1T1I	O、H111	≤25.00	≤160	≤110	12	14
6351	T4	T4	≤19.00	220	130	16	14
6351	T6	T6	≤3.20	290	255	8	—
6351	T6	T6	>3.20～25.00	290	255	10	9
6162	T5、T5510、T5511	T5、T5510、T5511	≤25.00	255	235	7	6
6162	T6、T6510、T6511	T6、T6510、T6511	≤6.30	260	240	8	—
6162	T6、T6510、T6511	T6、T6510、T6511	>6.30～12.50	260	240	10	9
6262	T6、T6511	T6、T6511	所有	260	240	10	9
6063	O	O	所有	≤130	—	18	16
6063	T1[①]	T1	≤12.50	115	60	12	10
6063	T1[①]	T1	>12.50～25.00	110	55	—	10
6063	T1[①]	T42	≤12.50	130	70	14	12
6063	T1[①]	T42	>12.50～25.00	125	60	—	12
6063	T4	T4	≤12.50	130	70	14	12
6063	T4	T4	>12.50～25.00	125	60	—	12
6063	T5	T5	≤25.00	175	130	6	5
6063	T52	T52	≤25.00	150～205	110～170	8	7
6063	T6	T6	所有	205	170	10	9
6063	T66	T66	≤25.00	245	200	8	10
6063	F	—	所有	—	—	—	—
6064	T6、T6511	T6、T6511	10.00～50.00	260	240	10	9

续表

牌号	供应状态	试样状态	壁厚/mm	室温拉伸试验结果			
				抗拉强度 R_m/MPa ≥	规定塑性延伸强度 $R_{p0.2}$/MPa ≥	断后伸长率/% ≥	
						A_{50}	A
6066	O	O	所有	≤200	≤125	16	14
	T4、T4510、T4511	T4、T4510、T4511	所有	275	170	14	12
	T1[①]	T42	所有	275	165	14	12
		T62		345	290	8	7
	T6、T6510、T6511	T6、T6510、T6511	所有	345	310	8	7
6082	O、H111	O、H111	≤25.00	≤160	≤110	12	14
	T4	T4	≤25.00	205	110	12	14
	T6	T6	≤5.00	290	250	6	8
			>5.00～25.00	310	260	8	10
6A02	O	O	所有	≤145	—	—	17
	T4	T4		205	—	—	14
	T1	T62		295	—	—	8
	T6	T6		295	—	—	8
7050	T76510	T76510	所有	545	475	7	—
	T73511	T73511		485	415	8	7
	T74511	T74511		505	435	7	—
7075	O、T111	O、T111	≤10.00	≤275	≤165	10	10
	T1	T62	≤6.30	540	485	7	—
			>6.30～12.50	560	505	7	6
			>12.50～70.00	560	495	—	6
	T6、T6510、	T6、T6510、	≤6.30	540	485	7	—
	T6511	T6511	>6.30～12.50	560	505	7	6
			>12.50～70.00	560	495	—	6
	T73、T73510、T73511	T73、T73510、T73511	1.60～6.30	470	400	5	7
			>6.30～35.00	485	420	6	8
			>35.00～70.00	475	405	—	8
7178	O	O	所有	≤275	≤165	10	9
	T6、T6510、T6511	T6、T6510、T6511	≤1.60	565	525	—	—
			>1.60～6.30	580	525	5	—
			>6.30～35.00	600	540	5	4
			>35.00～60.00	580	515	—	4
			>60.00～80.00	565	490	—	4

续表

牌号	供应状态	试样状态	壁厚 /mm	室温拉伸试验结果			
				抗拉强度 R_m /MPa ≥	规定塑性延伸强度 $R_{p0.2}$ /MPa ≥	断后伸长率/% ≥	
						A_{50}	A
7178	T1	T62	≤1.60	545	505	—	—
			>1.60～6.30	565	510	5	—
			>6.30～35.00	595	530	5	4
			>35.00～60.00	580	515	—	4
			>60.00～80.00	565	490	—	4
7A04	T1	T62	≤80	530	400	—	5
7A09	T6	T6	≤80	530	400	—	5
7805	O	O	≤12.00	245	145	12	—
	T4	T4	≤12.00	305	195	11	—
	T6	T6	≤6.00	325	235	10	—
			>6.00～12.00	335	225	10	—
7AT15	T1	T62	≤80	470	420	—	6
	T6	T6	≤80	470	420	—	6
8A06	H112	T112	所有	≤120	—	—	20

① 此处"T1"状态供货的管材，由供需双方商定提供其后试样状态的性能并在订货单（或合同）中注明，未注明时提供T1试样状态的性能。

9.5.4 铝及铝合金热挤压有缝圆管（GB/T 4437.2—2017）

① 分类 按生产方式分，有分流组合模生产或桥式组合模生产两种；按外形分，有圆管、矩形管及正多边形管三种。

② 牌号和状态 见表9-70。

表9-70 热挤压有缝管的牌号和供应状态

牌号	供应状态	牌号	供应状态
1050A、1060、1070A、1035、1100、1200	O、H112	6101B	T6、T7
		6005、6063A	T5、T6
2017、2A11、2A12、2024	O、T1、T4	6005A	T1、T5、T6
3003	O、H112	6060	T5、T6、T66
5A02、5A03、5A05	H112	6061	T4、T5、T6
5052、5A06、5083、5454、5086	O、H112	6063	T1、T4、T5、T6
6A02	O、T1、T4、T6	6082	T4、T6
6101、6105、6351	T6	7003	T6

③ 力学性能　见表9-71。

表9-71　热挤压有缝圆管的力学性能

牌号	供应状态	试样状态	壁厚/mm	室温拉伸试验结果			
				抗拉强度 R_m/MPa	规定非比例延伸强度 $R_{p0.2}$/MPa	断后伸长率/% ≥ A	断后伸长率/% ≥ A_{50}
1070A、1060	O	O	所有	60～95	≥15	22	20
	H112	H112	所有	≥60	≥15	22	20
1050A、1035	O	O	所有	60～95	≥20	25	23
	H112	H112	所有	≥60	≥20	25	23
1100	O	O	所有	75～105	≥20	22	20
	H112	H112	所有	≥75	≥20	22	20
1200	H112	H112	所有	≥75	≥25	20	18
2A11	O	O	所有	≤245	—	12	10
	T1、T4	T42、T4	≤10.00	≥335	≥190	—	10
			>10.00～20.00	≥335	≥200	10	8
			>20.00～50.00	≥365	≥210	10	—
2017	O	O	所有	≤245	≤125	16	16
	T1、T4	T42、T4	≤12.50	≥345	≥215	—	12
			>12.50～100.00	≥345	≥195	12	—
2A12	O	O	所有	≤245	—	12	10
	T1、T4	T42、T4	≤5.00	≥390	≥295	—	8
			>5.00～10.00	≥410	≥295	—	8
			>10.00～20.00	≥420	≥305	10	8
			>20.00～50.00	≥440	≥315	10	—
2024	O	O	所有	≤250	≤150	12	10
	T3、T3510、T3511	T3、T3510、T3511	≤15.00	≥395	≥290	8	6
			>15.00～50.00	≥420	≥290	8	—
3003	O	O	所有	95～135	≥35	25	20
	H112	H112	所有	≥95	≥35	25	20
5A02	H112	H112	所有	≤245	—	12	10
5052	H112	H112	所有	≥170	≥70	15	13
	O	O	所有	175～230	≥70	17	15
5A03	H112	H112	所有	≥180	≥80	12	10
5A05	H112	H112	所有	≥255	≥130	15	13
5A06	O、H112	O、H112	所有	≥315	≥160	15	13

续表

牌号	供应状态	试样状态	壁厚/mm	室温拉伸试验结果			
				抗拉强度 R_m /MPa	规定非比例延伸强度 $R_{p0.2}$/MPa	断后伸长率/% ≥	
						A	A_{50}
5083	O	O	所有	≥270	≥110	12	10
	H112	H112	所有	≥270	≥125	12	10
5454	O	O	≤25.00	200～275	≥85	18	16
	H112	H112	≤25.00	≥200	≥85	16	14
5086	O	O	所有	240～320	≥95	18	15
	H112	H112	所有	≥240	≥95	12	10
6A02	O	O	所有	≤145	—	17	—
	T4	T4	所有	≥205	—	14	—
	T1、T6	T62、T6	所有	≥295	≥230	10	8
6101	T6	T6	≥3.00～7.00	≥195	≥165	—	10
			>7.00～17.00	≥195	≥165	12	10
			>17.00～30.00	≥175	≥145	14	—
6101B	T6	T6	≤15.00	≥215	≥160	8	6
	T7	T7	≤15.00	≥170	≥120	12	10
6005A	T1	T1	≤6.30	≥170	≥100	—	15
6005A、6005	T5	T5	≤6.30	≥250	≥200	—	7
			>6.30～25.00	≥250	≥200	8	7
	T6	T6	≤5.00	≥270	≥225	—	6
			>5.00～10.00	≥260	≥215	—	6
6105	T6	T6	≤3.20	≥250	≥240	—	8
			>3.20～25.00	≥250	≥240	—	10
6351	T6	T6	≤5.00	≥290	≥250	8	6
			>5.00～25.00	≥300	≥255	10	8
6060	T5	T5	≤15.00	≥160	≥120	8	6
	T6	T6	≤15.00	≥190	≥150	8	6
	T66	T66	≤15.00	≥215	≥160	8	6
6061	T4	T4	≤25.00	≥180	≥110	15	13
	T5	T5	≤16.00	≥240	≥205	9	7
	T6	T6	≤5.00	≥260	≥240	8	6
			>5.00～25.00	≥260	≥240	10	8
6063	T1	T1	≤12.50	≥120	≥60	—	12
			>12.50～25.00	≥110	≥55	—	12

续表

牌号	供应状态	试样状态	壁厚/mm	室温拉伸试验结果			
				抗拉强度 R_m/MPa	规定非比例延伸强度 $R_{p0.2}$/MPa	断后伸长率/% ≥	
						A	A_{50}
6063	T4	T4	≤10.00	≥130	≥65	14	12
			>10.00～25.00	≥125	≥60	12	10
	T5	T5	≤25.00	≥175	≥130	8	6
	T6	T6	≤25.00	≥215	≥170	10	8
6063A	T5	T5	≤25.00	≥200	≥160	7	5
	T6	T6	≤25.00	≥230	≥190	7	5
6082	T4	T4	≤25.00	≥205	≥110	14	12
	T6	T6	≤5.00	≥290	≥250	—	6
			>5.00～25.00	≥310	≥260	10	8
7003	T6	T6	≤10.00	≥350	≥290	—	8
			>10.00～25.00	≥340	≥280	10	8

9.6　铝及铝合金线材

9.6.1　拉（轧）制圆线材（GB/T 3195—2023）

用于铆钉、导体、焊接及镀膜。

① 化学成分　4860 合金成分应符合 GB/T 3195—2023 表 3 的规定 . Al 99.999 成分应符合 YS/T 275 的规定，其他牌号应符合 GB/T 3190 的规定。

② 牌号、供应状态及直径　见表 9-72。

表 9-72　线材的类型、牌号、供应状态及直径

产品类别	牌号	供应状态	直径/mm
铆钉用线材	1035	H14、H18	1.6～10.0
	1100	O	
	2A01、2A04、2B11、2B12、2A10、2B16	H14	
	2017	H13	
	3A21、5A02	H14	
	5A05	O、H14、H18	
	5B05、5A06	H12	
	5056、5356	O、H32	3.0～10.0
	6061	O、H18	1.6～10.0

续表

产品类别	牌号	供应状态	直径/mm
铆钉用线材	7A03	H14	1.6～10.0
	7C04	H18	2.0～10.0
	7075、7050	H13	1.6～10.0
导体用线材	1350	H19	1.2～6.5
	1A50	O、H19	0.8～10.0
	8017、8030、8076、8130、8176、8177	O、H19	0.2～10.0
	8C05、8C12	O、H14、H18	0.3～2.5
焊接用线材	1035、1050A、1060、1070A、1100、1200	O、H14、H18	0.8～10.0
	2A16、2A20、2319、2S19、3A21、4A01、4043、4043A、4047、4047A、4145、4S03、5A02、5A03、5A05、5A06、5B05、5087、5A33、5183、5183A、5356、5356A、5554、5A56	O、H12、H14、H18	
	4A47、4A54	H14、H18	
	5E61、5B71	H14	
镀膜用线材	4B60、Al 99.999	H14、H18	2.0～8.0

③ 力学性能　见表 9-73～表 9-76。

表 9-73　铆钉用线材室温的力学性能

牌号	供应状态	试样状态	直径/mm	室温拉伸力学试验结果		
				抗拉强度 R_m/MPa	规定非比例延伸强度 $R_{p0.2}$/MPa	断后伸长率 A_{100}/%
1100	O	O	1.6～10.0	≤110	—	—
	H14	H14		110～145	—	—
2017	H13	H13	1.6～10.0	205～275	—	—
		T42		≥380	≥220	≥10
2B16	H14	H14	1.6～10.0	230～320	—	—
		T62		≥430	≥280	≥10
5056、5356	O	O	3.0～10.0	≤317	—	≥20
	H32	H32		303～358	—	—
6061	O	O	1.6～10.0	≤155	—	—
	H13	H13		150～210	—	—
	O、H13	T62		≥290	≥240	≥9
7C04	H13	T62	1.6～10.0	540～590	—	—
7050	H13	H13	1.6～10.0	235～305	—	—
		T73	1.6～6.0	≥485	—	—
			6.0～10.0	≥485	≥400	≥10

续表

牌号	供应状态	试样状态	直径/mm	室温拉伸力学试验结果		
				抗拉强度 R_m/MPa	规定非比例延伸强度 $R_{p0.2}$/MPa	断后伸长率 A_{100}/%
7075	H13	H13	1.6～10.0	≥530	≥455	≥6
		T62		≥540	—	—

表 9-74 导体用线材室温的力学性能

牌号	供应状态	试样状态	直径/mm	室温拉伸力学试验结果	
				抗拉强度 R_m/MPa	断后伸长率 A_{250}/%
1350	H19	H19	1.2～2.0	≥160	≥1.2
			＞2.0～2.5	≥175	≥1.5
			＞2.5～3.5	≥160	≥1.5
			＞3.5～5.3	≥160	≥1.8
			＞5.3～6.5	≥155	≥2.2
1A50	O	O	0.8～1.0	≥75	≥10.0
			＞1.0～2.0		≥12.0
			＞2.0～3.0		≥15.0
			＞3.0～5.0		≥18.0
	H19	H19	0.8～1.0	≥160	≥1.0
			＞1.0～1.5	≥155	≥1.2
			＞1.5～3.0		≥1.5
			＞3.0～4.0	≥135	
			＞4.0～5.0		≥2.0
8017、8030、8076	O	O	0.2～1.0	98～159	≥10
			＞1.0～3.0		≥12
			＞3.0～5.0		≥15
8130、8176、8177	H19	H19	0.2～1.0	≥185	≥1.0
			＞1.0～3.0		≥1.2
			＞3.0～5.0		≥1.5
8C05	O	O	0.3～2.5	170～190	≥3.0
	H14	H14		191～219	
	H18	H18		220～249	
8C12	O	O	0.3～2.5	250～259	
	H14	H14		260～269	
	H18	H18		270～289	

表 9-75　抗剪切强度和铆钉性能

牌号	供应状态	试样状态	直径/mm	抗剪切强度 τ/MPa	铆接性能	
					试样突出高度与直径之比	铆接试验时间
1035	H14	H14	3.0～10.0	≥60	1.5	—
2A01	H14	T42	1.6～4.5	≥185	1.5	淬火 96h 以后
			＞4.5～10.0		1.4	
2A04	H14	H14	1.6～5.5	—	1.5	—
			＞5.5～10.0		1.4	
		T42	1.6～5.0	≥275	1.3	淬火后 6h 以内
			＞5.0～6.0			淬火后 4h 以内
			＞6.0～10.0	≥265	1.2	淬火后 2h 以内
2A10	H14	T42	1.6～4.5	≥245	1.5	—
			＞4.5～8.0		1.4	
			＞8.0～10.0	≥235	1.3	
2017	O、H13	T42	1.6～4.5	≥225	1.5	—
			＞4.5～8.0		1.4	
			＞8.0～10.0		1.3	
2B11	H14	T42	1.6～4.5	≥235	1.5	淬火后 1h 以内
			＞4.5～10.0		1.4	
2B12	H14	T42	1.6～4.5	≥265	1.4	淬火后 20min 以内
			＞4.5～8.0		1.3	
			＞8.0～10.0		1.2	
2B16	H14	T62	1.6～4.5	≥270	1.4	—
			＞4.5～8.0		1.3	
			＞8.0～10.0		1.2	
3A21	H14	H14	1.6～10.0	≥80	1.5	—
5A02				≥115		
5A05	H18	H18	1.6～10.0	≥165	1.5	—
5B05	H12	H12		≥155		—
5A06	H12	H12		≥165		—
6061	H18	T62	1.6～10.0	≥170	—	—
7A03	H14	H14	1.6～8.0	—	1.4	—
			＞8.0～10.0		1.3	—
		T62	1.6～4.5	≥285	1.4	—
			＞4.5～8.0		1.3	—
			＞8.0～10.0		1.2	—

续表

牌号	供应状态	试样状态	直径/mm	抗剪切强度τ/MPa	铆接性能	
					试样突出高度与直径之比	铆接试验时间
7C04	H18	T62	2.0～10.0	≥325	1.3	—
7075	H13	T62	1.6～10.0	≥290	1.3	—
7050	H13	T73	1.6～4.5	285～317	1.5	—
			>4.5～8.0		1.4	—
			>8.0～10.0		1.3	—

表 9-76 导体用线材的抗弯性能

牌号	供应状态	直径/mm	弯曲次数
1A50	H19	1.5～4.0	≥7
		>4.0～5.0	≥6

④ 电性能 见表 9-77。

表 9-77 导体用线材的电阻率

牌号	供应状态	20℃时的电阻率 ρ /(Ω·mm²/m) ≤
1350	H19	0.028265
1A50	O、H19	0.028200
8017、8030、8076	O	0.028264
8130、8176、8177	H19	0.028976
8C05	O、H14、H18	0.028500
8C12		0.030500

⑤ 理论质量 见表 9-78。

9.6.2 电工用铝及铝合金母线（GB/T 5585.2—2018）

① 分类 按材料种类分，有铝母线（LM）和铝合金母线（LHM）两种；按状态分，有软态（R）和硬态（Y）两种。

表 9-78　铝合金线材的尺寸规格和理论质量

直径 /mm	理论质量 /(kg/m)	直径 /mm	理论质量 /(kg/m)	直径 /mm	理论质量 /(kg/m)	直径 /mm	理论质量 /(kg/m)
0.3	0.00198	3.5	0.2694	6.7	0.9872	9.9	2.1554
0.4	0.00352	3.6	0.2850	6.8	1.0169	10.0	2.1991
0.5	0.00550	3.7	0.3011	6.9	1.0470	10.5	2.4245
0.6	0.00792	3.8	0.3176	7.0	1.0776	11.0	2.6609
0.7	0.0108	3.9	0.3345	7.1	1.1086	11.5	2.9083
0.8	0.0141	4.0	0.3519	7.2	1.1400	12.0	3.1667
0.9	0.0178	4.1	0.3697	7.3	1.1719	12.5	3.4361
1.0	0.0220	4.2	0.3879	7.4	1.2042	13.0	3.7165
1.1	0.0266	4.3	0.4066	7.5	1.2370	13.5	4.0079
1.2	0.0317	4.4	0.4257	7.6	1.2702	14.0	4.3103
1.3	0.0372	4.5	0.4453	7.7	1.3039	14.5	4.6236
1.4	0.0431	4.6	0.4653	7.8	1.3379	15.0	4.9480
1.5	0.0495	4.7	0.4858	7.9	1.3725	15.5	5.2834
1.6	0.0563	4.8	0.5067	8.0	1.4074	16.0	5.6297
1.7	0.0636	4.9	0.5280	8.1	1.4428	16.5	5.9871
1.8	0.0713	5.0	0.5498	8.2	1.4787	17.0	6.3555
1.9	0.0794	5.1	0.5720	8.3	1.5150	17.5	6.7348
2.0	0.0880	5.2	0.5946	8.4	1.5517	18.0	7.1251
2.1	0.0970	5.3	0.6177	8.5	1.5889	18.5	7.5265
2.2	0.1064	5.4	0.6413	8.6	1.6265	19.0	7.9388
2.3	0.1163	5.5	0.6652	8.7	1.6645	19.5	8.3622
2.4	0.1267	5.6	0.6896	8.8	1.7030	20.0	8.7965
2.5	0.1374	5.7	0.7145	8.9	1.7419	20.5	9.2418
2.6	0.1487	5.8	0.7398	9.0	1.7813	21.0	9.6981
2.7	0.1603	5.9	0.7655	9.1	1.8211	21.5	10.1654
2.8	0.1724	6.0	0.7917	9.2	1.8613	22.0	10.6437
2.9	0.1849	6.1	0.8183	9.3	1.9020	22.5	11.1330
3.0	0.1979	6.2	0.8453	9.4	1.9431	23.0	11.6333
3.1	0.2113	6.3	0.8728	9.5	1.9847	23.5	12.1446
3.2	0.2252	6.4	0.9008	9.6	2.0267	24.0	12.6669
3.3	0.2395	6.5	0.9291	9.7	2.0792	24.5	13.2002
3.4	0.2542	6.6	0.9579	9.8	2.1120	25.0	13.7445

注：表中理论质量按密度 2.80g/cm^3 计算，其他密度的铝合金棒材理论质量，应乘以相应的换算系数。

② 产品表示方法

□	□	□	GB/T 5585.2—2018
材料种类代号	状态代号	规格	标准代号
LHM—铝合金母线	R—软态	标称尺寸	
LM—铝母线	Y—硬态	$a\times b$/mm	

③ 化学成分　铝母线的化学成分中铝含量应不小于99.50%，即相当于GB/T 1196中牌号为Al 99.50的铝锭化学成分。铝合金母线的化学成分，除主元素铝之外，可有其他适当含量的化学元素，包括硅、镁、铁等，但应保证铝合金母线的力学和电气性能符合本标准的规定。

④ 截面尺寸　$2.24\text{mm}\leqslant a\leqslant 31.50\text{mm}$，$16.00\text{mm}\leqslant b\leqslant 200.00\text{mm}$。

⑤ 母线规格　见表9-79、表9-80。

9.6.3 电工用铝扁线（GB/T 5584.3—2009）

用于制造电机、电器等设备绕组、安装配电设备等。

① 分类　按材料分，有铝扁线（L）和铝合金扁线（LH）两种；按状态分，有软态（R）和硬态（Y1/2、Y1、Y2）四种；按截面形状分，有圆角（代号省略）、圆边（B）和全圆边（Q）三种。

② 材料　符合电工用要求的铝锭和符合GB/T 3954要求的铝杆。

③ 尺寸范围　窄边为$0.80\text{mm}\leqslant a\leqslant 10.00\text{mm}$，宽边为$12.00\text{mm}\leqslant b\leqslant 20.00\text{mm}$。

④ 型号标记方法

□	B	□	□	□	GB/T 5584.3—2009
材料种类代号	扁线代号	截面形状代号	状态代号	规格	标准号
L—铝扁线		B—圆边	R—软态	$a\times b$	
LH—铝合金扁线		Q—全圆边	Y1/2—半硬		
		（圆角不标）	Y1—硬态		
			Y2—特硬		

⑤ 规格系列　见表9-81。

表 9-79　铝及铝合金母线的规格

mm

b \ a	2.24*	2.36	2.50*	2.65	2.80*	3.00	3.15*	3.35	3.55*	3.75	4.00*	4.25	4.50*	4.75	5.00*	5.30	5.60*
16.00*																	
17.00		—		—		—		—		—		—		—		—	
18.00*	○		○		○		○		○		○		○		○		○
19.00				—		—		—		—		—		—		—	
20.00*			○		○		○		○		○		○		○		○
21.20				—		—		—		—		—		—		—	
22.40*			○		○		○		○		○		○		○		○
23.60						—		—		—		—		—		—	
25.00*					○		○		○		○		○		○		○
26.50								—		—		—		—		—	
28.00*									○		○		○		○		○
30.00										—		—		—		—	
31.50*											○		○		○		○
33.50										—		—		—		—	
35.50*											○		○		○		○

续表

b \ a	2.24*	2.36	2.50*	2.65	2.80*	3.00	3.15*	3.35	3.55*	3.75	4.00*	4.25	4.50*	4.75	5.00*	5.30	5.60*
40.00*											○		○		○		○
45.00*											○		○		○		○
50.00*											○		○		○		○
56.00*											○	○	○	○	○	○	○
63.00*											○		○		○		○
71.00*											○		○		○		○
80.00*											○		○		○		○
90.00*											○		○		○		○
100.00*											○		○		○		○

例：

2.24＊ R20系列

2.36 R40系列

○ $a\times b$ 为 R20×R20 优先规格

□ $a\times b$ 为 R20×R40 或 R40×R20 的中间规格

— $a\times b$ 为 R40×R40 不推荐规格

b \ a	6.00	6.30*	6.70	7.10*	8.00*	9.00*	10.00*	11.20*	12.50*	14.00*	16.00*	18.00*	20.00*	22.40*	25.00*	28.00*	31.50*
16.00*					○	○	○	○	○	○	○						
17.00	—		—		—	—	—	—	—	—	—						
18.00*		○		○	○	○	○	○	○	○	○	○					
19.00	—		—		—	—	—	—	—	—	—	—					
20.00*		○		○	○	○	○	○	○	○	○	○	○				

续表

b＼a	6.00	6.30*	6.70	7.10*	8.00*	9.00*	10.00*	11.20*	12.50*	14.00*	16.00*	18.00*	20.00*	22.40*	25.00*	28.00*	31.50*
21.20	—		—		—	—	—	—	—	—	—	—	—				
22.40*		○		○			○	○	○	○	○	○	○	○			
23.60	—		—		—	—	—	—	—	—	—	—	—	—			
25.00*		○		○	○	○	○	○	○	○	○	○	○	○	○		
26.50	—		—		—	—	—	—	—	—	—	—	—	—	—		
28.00*		○		○	○	○	○	○	○	○	○	○	○	○	○	○	
30.00	—		—		—	—	—	—	—	—	—	—	—	—	—	—	
31.50*		○		○	○	○	○	○	○	○	○	○	○	○	○	○	○
33.50	—		—		—	—	—	—	—	—	—	—	—	—	—	—	—
35.50*		○		○	○	○	○	○	○	○	○	○	○	○	○	○	○
40.00*		○		○	○	○	○	○	○	○	○	○	○	○	○	○	○
45.00*		○		○	○	○	○	○	○	○	○	○	○	○	○	○	○
50.00*		○		○	○	○	○	○	○	○	○	○	○	○	○	○	○
56.00*		○		○	○	○	○	○	○	○	○	○	○	○	○	○	○
63.00*		○		○	○	○	○	○	○	○	○	○	○	○	○	○	○
71.00*		○		○	○	○	○	○	○	○	○	○	○	○	○	○	○

续表

b \ a	6.00	6.30*	6.70	7.10*	8.00*	9.00*	10.00*	11.20*	12.50*	14.00*	16.00*	18.00*	20.00*	22.40*	25.00*	28.00*	31.50*
80.00*		○		○	○	○	○	○	○	○	○	○	○	○	○	○	○
90.00*		○		○	○	○	○	○	○	○	○	○	○	○	○	○	○
100.00*		○		○	○	○	○	○	○	○	○	○	○	○	○	○	○
112.00*		○		○	○	○	○	○	○	○	○	○	○	○	○	○	○
125.00*		○		○	○	○	○	○	○	○	○	○	○	○	○	○	○
140.00*		○		○	○	○	○	○	○	○	○	○	○	○	○	○	○
160.00*		○		○	○	○	○	○	○	○	○	○	○	○	○	○	○
180.00*		○		○	○	○	○	○	○	○	○	○	○				
200.00*		○		○	○	○	○	○	○		○		○				

表 9-80 铝及铝合金母线的电阻率

状态	20℃直流电阻率/(Ω·mm²/m)	电导率/%IACS
R	≤0.028264	≥61.0
Y	≤0.0290	≥59.5

表 9-81 扁线规格系列

mm

宽边	窄边a																																								
b	0.8	0.85	0.9	0.95	1	1.06	1.12	1.18	1.25	1.32	1.4	1.5	1.6	1.7	1.8	1.9	2	2.12	2.24	2.36	2.5	2.65	2.8	3	3.15	3.35	3.55	3.75	4	4.25	4.5	4.75	5	5.3	5.6	6	6.3	6.7	8	9	10
2	○		○		○		○		○		○																														
2.12		—		—		—		—		—		—																													
2.24	○		○		○		○		○		○		○																												
2.36		—		—		—		—		—		—		—																											
2.5	○		○		○		○		○		○		○		○																										
2.65		—		—		—		—		—		—		—		—																									
2.8	○		○		○		○		○		○		○		○		○																								
3		—		—		—		—		—		—		—		—		—																							
3.15	○		○		○		○		○		○		○		○		○		○																						
3.35		—		—		—		—		—		—		—		—		—		—																					
3.55	○		○		○		○		○		○		○		○		○		○		○																				
3.75		—		—		—		—		—		—		—		—		—		—		—																			
4	○		○		○		○		○		○		○		○		○		○		○		○																		
4.25		—		—		—		—		—		—		—		—		—		—		—		—																	
4.5	○		○		○		○		○		○		○		○		○		○		○		○		○																
4.75		—		—		—		—		—		—		—		—		—		—		—		—		—															
5	○		○		○		○		○		○		○		○		○		○		○		○		○		○														
5.3		—		—		—		—		—		—		—		—		—		—		—		—		—		—													
5.6	○		○		○		○		○		○		○		○		○		○		○		○		○		○		○												
6		—		—		—		—		—		—		—		—		—		—		—		—		—		—		—											
6.3	○		○		○		○		○		○		○		○		○		○		○		○		○		○		○		○										
6.7		—		—		—		—		—		—		—		—		—		—		—		—		—		—		—		—									
7.1			○		○		○		○		○		○		○		○		○		○		○		○		○		○		○		○								
7.5				—		—		—		—		—		—		—		—		—		—		—		—		—		—		—		—							
8					○		○		○		○		○		○		○		○		○		○		○		○		○		○		○		○						
8.5						—		—		—		—		—		—		—		—		—		—		—		—		—		—		—		—					
9							○		○		○		○		○		○		○		○		○		○		○		○		○		○		○		○				
9.5								—		—		—		—		—		—		—		—		—		—		—		—		—		—		—		—			
10									○		○		○		○		○		○		○		○		○		○		○		○		○		○		○				
10.6										—		—		—		—		—		—		—		—		—		—		—		—		—		—		—			
11.2											○		○		○		○		○		○		○		○		○		○		○		○		○		○		○		
11.8												—		—		—		—		—		—		—		—		—		—		—		—		—		—			
12.5													○		○		○		○		○		○		○		○		○		○		○		○		○		○	○	
13.2														—		—		—		—		—		—		—		—		—		—		—		—		—			
14															○		○		○		○		○		○		○		○		○		○		○		○		○	○	○
15																—		—		—		—		—		—		—		—		—		—		—		—			
16																	○		○		○		○		○		○		○		○		○		○		○		○	○	○
17																		—		—		—		—		—		—		—		—		—		—		—			
18																			○		○		○		○		○		○		○		○		○		○		○	○	○
19																				—		—		—		—		—		—		—		—		—		—			
20																					○		○		○		○		○		○		○		○		○		○	○	○

宽窄尺寸比小于1.4的规格为不推荐规格

宽窄尺寸比大于8的规格为不推荐规格

1.00 R20系列

0.95 R40系列

○ $a \times b$为R20×R20优先规格

（空白） $a \times b$为R20×R40或R40×R20的中间规格

— $a \times b$为R40×R40不推荐规格

9.7 一般工业用铝及铝合金型材

9.7.1 一般工业用铝及铝合金挤压型材（GB/T 6892—2023）

① 分类 按表面类型分为经表面处理和未经表面处理两种；按膜层分为阳极氧化膜、阳极氧化复合膜、喷粉膜和喷漆膜；按化学成分的不同，分为Ⅰ、Ⅱ两类。见表9-82。

表9-82 型材按成分分类

类型	类型说明	典型牌号
Ⅰ类	1×××系、3×××系、6×××系及镁限量平均值小于4%的5×××系合金型材	1060、1350、3003、3103，3A21、5052、5A02、6101B、6005、6005A、6105、6106、6013、6351、6060、6061、6063、6063A、6463、6082、6A02、6A66
Ⅱ类	2×××系、7×××系及镁限量平均值不小于4%的5×××系合金型材	2014、2024、2A11、2A12、5083，5383、5A05、5A06、7003、7005、7020、7022、7075、7A04、7A21、7A41

② 化学成分 6A66、7A21和7A41牌号的化学成分应符合GB/T 6892—2023表5的规定，其他牌号的化学成分应符合GB/T 3190的规定。

③ 牌号、状态和规格 挤压型材的截面尺寸，应符合供需双方商定的图样要求。长度为1000～14000mm。见表9-83。

表9-83 挤压型材的牌号、状态

牌号	状态	牌号	状态	牌号	状态
1060	O、H112	5A05	O、H112	6463	T4、T5、T6
1350	H112	5A06	O、H112	6082	T4、T5、T6
2011	T6	6101B	T6	6A02	T6
2024	T3	6005	T4、T5、T6	6A66	T5、T6
2A11	T4	6005A	T5、T6	7003	T6
2A12	O、T4	6105	T5	7005	T5、T6
3003	H112	6106	T6	7020	T6
3103	H112	6013	T6	7022	T6、T6511
3A21	O、H112	6351	T6	7075	T6、T6510、T6511、T73、T73510、T73511
5052	O、H112	6060	T4、T5、T6、T66		
5083	H112	6061	T4、T5、T6	7A04	T6
5383	H112	6063	T4、T5、T6、T66	7A21	T5
5A02	H112	6063A	T5、T6	7A41	T6

④ 拉伸力学性能　见表 9-84。

表 9-84　型材的室温拉伸力学性能和布氏硬度

牌号	状态	壁厚/mm	室温拉伸试验结果				布氏硬度参考值(HBW)
			抗拉强度 R_m /MPa ≥	规定非比例延伸强度 $R_{p0.2}$ /MPa ≥	断后伸长率[①] /%≥		
					A	A_{50}	
1060	O	—	60～95	15	22	20	—
	H112	—	60	15	22	20	—
1350	H112	—	60	—	25	23	20
2014	T6	>25.00～75.00	460	415	7	—	140
2024	T3	≤15.00	395	290	8	6	120
		>15.00～50.00	420	290	8	—	120
2A11	T4	≤10.00	335	190	—	10	—
		>10.00～20.00	335	200	10	8	—
2A12	O	—	≤245	—	12	10	—
	T4	≤5.00	390	295	—	8	—
		>5.00～10.00	410	295	—	8	—
		>10.00～20.00	420	305	10	8	—
		>20.00～50.00	440	315	10	—	—
3003	H112	—	95	35	25	20	30
3103	H112	—	95	35	25	20	28
3A21	O、H112	—	≤185	—	16	14	—
5052	H112	—	170	70	15	13	47
	O	—	≤245	—	12	10	—
5083	H112	—	270	125	12	10	70
5383	H112	—	310	190	—	13	—
5A02	H112	—	≤245	—	12	10	—
5A05	O、H112	—	≤255	130	15	13	—
5A06	O、H112	—	≤315	160	15	13	—
6101B	T6	≤15.00	215	160	8	6	70
6005	T4	≤25.00	180	90	15	13	50
	T5	≤6.30	250	220	—	7	—

续表

牌号	状态	壁厚/mm		室温拉伸试验结果				布氏硬度参考值（HBW）
				抗拉强度 R_m /MPa ≥	规定非比例延伸强度 $R_{p0.2}$ /MPa ≥	断后伸长率[①] /%≥ A	断后伸长率[①] /%≥ A_{50}	
6005	T6	实心型材	>10.00～25.00	250	200	8	6	85
		空心型材	≤5.00	255	215	—	6	85
			>5.00～15.00	250	200	8	6	85
6005A	T5		≤6.30	250	200	—	7	—
	T6	实心型材	≤5.00	270	225	—	6	90
			>5.00～10.00	260	215	—	6	85
			>10.00～25.00	250	200	8	6	85
6005A	T6	空心型材	≤5.00	255	215	—	6	85
			>5.00～15.00	250	200	8	6	85
6105	T5		—	250	240	—	8	—
6106	T6		≤10.00	250	200	—	6	75
6013	T6		—	340	310	—	8	—
6351	T6		≤5.00	290	250	—	6	95
			>5.00～25.00	300	255	10	8	95
6060	T4		≤25.00	120	60	16	14	50
	T5		≤5.00	160	120	—	6	60
	T6		≤3.00	190	150	—	6	70
			>3.00～25.00	170	140	8	6	70
	T66		≤3.00	215	160	—	6	75
			>3.00～25.00	195	150	8	6	75
6061	T4		≤25.00	180	110	15	13	65
	T5		≤16.00	240	205	9	7	—
	T6		≤5.00	260	240	—	7	95
			>5.00～25.00	260	240	10	8	95
6063	T4		≤25.00	130	65	14	12	50
	T5		≤3.00	175	130	—	6	65
			>3.00～25.00	160	110	7	5	65
	T6		≤10.00	215	170	—	6	75
			>10.00～25.00	195	160	8	6	75
	T66		≤10.00	245	200	—	6	80

续表

牌号	状态	壁厚/mm	室温拉伸试验结果				布氏硬度参考值(HBW)
			抗拉强度 R_m /MPa ≥	规定非比例延伸强度 $R_{p0.2}$ /MPa ≥	断后伸长率①/% ≥		
					A	A_{50}	
6063A	T5	≤10.00	200	160	—	5	75
	T6	≤10.00	230	190	—	5	80
6463	T4	≤50.00	125	75	14	12	46
	T5	≤50.00	150	110	8	6	60
	T6	≤50.00	195	160	10	8	74
6082	T4	≤25.00	205	110	14	12	70
	T5	≤5.00	270	230	—	6	90
6082	T6	≤5.00	290	250	—	6	95
		>5.00～25.00	310	260	10	8	95
6A02	T6	—	295	230	10	8	—
6A66	T5	—	320	280	—	8	—
	T6	—	350	310	—	8	—
7003	T6	≤10.00	350	290	—	8	110
7005	T5	≤25.00	345	305	10	8	—
	T6	≤40.00	350	290	10	8	110
7020	T6	≤40.00	350	290	10	8	110
7022	T6、T6511	≤30.00	490	420	7	5	133
7075	T6、T6510、T6511	≤25.00	530	460	6	4	150
		>25.00～60.00	540	470	6	—	150
	T73、T73510、T73511	≤25.00	485	420	7	5	135
7A04	T6	≤10.00	500	430	—	4	—
		>10.00～20.00	530	440	6	4	—
		>20.00～50.00	560	460	6	—	—
7A21	T5	—	390	360	—	8	—
7A41	T6	—	460	420	—	8	—

① 不适用于壁厚不大于 1.6mm 的型材。

注：O 状态的抗拉强度和规定非比例延伸强度不适用。

9.7.2 汽车用铝及铝合金挤压型材（GB/T 33910—2017）

用于汽车和挂车。

① 牌号、供应状态及表面处理类别 见表9-85。

表9-85 牌号、供应状态及表面处理类别

牌号	供应状态[①]	表面处理类别
1100	O、H112	阳极氧化； 阳极氧化+电泳涂漆； 粉末喷涂； 液体喷涂
1200	H112	
2008、2010、2036	T6	
2017、2117	T4、T6	
2024	T6、T8、T8510、T8511	
3002、3003、3005	H112	
4B01、4B91	T6	
5005	F、H112、H111、O	
5252、5454、5457、5657	H112	
6005、6005A、6061、6463	T4、T5、T6	
6106、6009、6010、6011、6016、6151、6053、6A61、6S02	T6	
6060、6063	T4、T5、T6、T64、T66	
6008、6014	T4、T6	
6082	O、T4、T5、T6	
6A01	T5、T6	
7003、7005、7129、7A46	T5、T6	
7021	T6	
7B05	T4、T5、T6	

① 除T64、T66状态外，其他供应状态应符合GB/T 16475的规定。

② 化学成分 2008、2010、2036、4801、4891、5252、5457、5657、6008、6011、6022、6151、6053、6S02、6A61、7129、7A46合金牌号的化学成分应符合GB/T 33910—2017表3的规定，其他牌号型材的化学成分应符合GB/T 3190的规定，且所有牌号的成分均应控制Pb≤0.1%，Hg≤0.1%，Cd≤0.01%，Cr≤0.1%。

③ 型材的选用　见表 9-86。

表 9-86　型材的选用

使用特性	定义	典型零部件	典型牌号
用于普通结构件	用于组成车辆主体结构，起到保证车辆整体强度、刚度和整车功能的零部件	车身骨架、车厢板、车架横/纵梁、地板、发动机托架、控制臂等	2008、2010、2036、6005、6005A、6009、6010、6011、6016、6151、6060、6061、6063、6463、6082、6A01、6S02、6A61、7005、7021、7129、7B05
用于碰撞安全件	用于车辆碰撞过程中，通过自身的吸能变形，避免乘员及其他零部件受到进一步损伤的零部件	前后防撞梁、车门防撞梁、吸能盒等	6005、6005A、6008、6106、6014、6060、6061、6063、6082、6A01、7003、7A46
其他用途	用于上述用途外的其他零部件，如装饰件、附件、特殊功能件等	风窗框、门窗框、车门内饰板、行李架、行李梯、防擦条、座椅滑轨、座椅骨架、顶窗、滑门导轨、车门附件、ABS 阀体、冷凝管、热交换器零件等	1100、1200、2017、2117、2024、3002、3003、3005、4B01、4B91、5005、5252、5454、5457、5657、6005、6009、6010、6011、6016、6151、6053、6061、6063、6463、6082、7003

④ 室温拉伸力学性能　见表 9-87。

表 9-87　室温拉伸力学性能

牌号	供应状态[①]	试样状态	壁厚/mm	室温拉伸试验结果				布氏硬度参考值（HBW）
				抗拉强度 R_m /MPa	规定非比例延伸强度 $R_{p0.2}$ /MPa	断后伸长率[②③]/%		
						A	A_{50}	
1100	O	O	≤25.00	75～105	≥20	≥22	≥20	—
	H112	H112	≤25.00	≥75	≥20	≥22	≥20	—
1200	H112	H112	≤25.00	≥75	≥25	≥20	≥18	23
2008	T6	T6	≤12.50	附实测结果				—
2010			≤25.00					

续表

牌号	供应状态①	试样状态	壁厚/mm	室温拉伸试验结果				布氏硬度参考值(HBW)
				抗拉强度 R_m /MPa	规定非比例延伸强度 $R_{p0.2}$ /MPa	断后伸长率②③/%		
						A	A_{50}	
2017	T4	T4	≤12.50	≥345	≥215	—	≥12	—
2017	T4	T4	>12.50～100.00	≥345	≥195	≥12	—	—
2017	T6	T6	≤12.50	附实测结果				—
2117	T4	T4	≤12.50	附实测结果				—
2117	T6	T6	≤25.00	附实测结果				—
2024	T8 T8510 T8511	T8 T8510 T8511	≤25.00	≥455	≥380	≥5	≥4	130
2024	T6	T6	≤12.50	附实测结果				—
2036	T6	T6	≤25.00	附实测结果				—
3002	H112	H112	≤25.00	附实测结果				—
3003	H112	H112	≤25.00	≥95	≥35	≥25	≥20	30
3005	H112	H112	≤25.00	附实测结果				—
4B01	T6	T6	≤25.00	≥270	≥220	—	≥8	—
4B91	T6	T6	≤25.00	265～365	245～345	—	≥10	—
5005	F	—	—	—	—	—	—	—
5005	H112	H112	≤25.00	≥100	≥40	≥18	≥16	30
5005	O、H111④	O	≤25.00	100～150	≥40	≥20	≥18	30
5252	H112	H112	≤25.00	附实测结果				—
6005 6005A	T4	T4	≤25.00	≥180	≥90	≥15	≥13	50
6005 6005A	T5	T5	≤6.30	≥250	≥200	—	≥7	—
6005 6005A	T5	T5	>6.30～25.00	250	200	8	7	—
6005 6005A	T6	T6	实心型材 ≤5.00	≥270	≥225	—	≥6	90
6005 6005A	T6	T6	实心型材 >5.00～10.00	260	215	—	6	85
6005 6005A	T6	T6	实心型材 >10.00～25.00	250	200	8	6	85
6005 6005A	T6	T6	空心型材 ≤5.00	≥255	≥215	—	≥6	85
6005 6005A	T6	T6	空心型材 >5.00～15.00	≥250	≥200	≥8	≥6	85
6106	T6	T6	≤10.00	≥250	≥200	≥8	≥6	75

续表

牌号	供应状态①	试样状态	壁厚/mm		室温拉伸试验结果				布氏硬度参考值(HBW)
					抗拉强度 R_m /MPa	规定非比例延伸强度 $R_{p0.2}$ /MPa	断后伸长率②③/%		
							A	A_{50}	
6008	T4	T4	≤10.00		≥180	≥90	≥15	≥13	50
	T6	T6	实心型材	≤5.00	≥270	≥225	≥8	≥6	90
				>5.00～10.00	≥260	≥215	≥8	≥6	85
			空心型材	≤5.00	≥255	≥215	≥8	≥6	85
				>5.00～10.00	≥250	≥200	≥8	≥6	85
6009 6010 6011	T6	T6	≤25.00		附实测结果				—
6014	T4	T4	≤10.00		≥140	≥70	≥15	≥13	55
	T6	T6	≤5.00		≥250	≥200	≥10	≥8	80
			>5.00～10.00		≥225	≥180	≥8	≥6	80
6016 6151 6053	T6	T6	≤25.00		附实测结果				—
6060	T4	T4	≤25.00		≥120	≥60	≥16	≥14	50
	T5	T5	≤5.00		≥160	≥120	—	≥6	60
			>5.00～25.00		≥140	≥100	≥8	≥6	60
	T6	T6	≤3.00		≥190	≥150	—	≥6	70
			>3.00～25.00		≥170	≥140	≥8	≥6	70
	T64	T64	≤15.00		≥180	≥120	≥12	≥10	60
	T66	T66	≤3.00		≥215	≥160	—	≥6	75
			>3.00～25.00		≥195	≥150	≥8	≥6	75
6061	T4	T4	≤25.00		≥180	≥110	≥15	≥13	65
	T5	T5	≤16.00		≥240	≥205	≥9	≥7	—
	T6	T6	≤5.00		≥260	≥240	—	≥7	95
			>5.00～40.00		≥260	≥240	≥10	≥8	95
6063	T4	T4	≤25.00		≥130	≥65	≥14	≥12	50
	T5	T5	≤3.00		≥175	≥130	—	≥6	65
			>3.00～25.00		≥160	≥110	≥7	≥5	65
	T6	T6	≤10.00		≥215	≥170	—	≥6	75
			>10.00～25.00		≥195	≥160	≥8	≥6	75
	T64	T64	≤15.00		≥180	≥120	≥12	≥10	65

续表

牌号	供应状态[①]	试样状态	壁厚/mm	室温拉伸试验结果				布氏硬度参考值(HBW)
				抗拉强度 R_m /MPa	规定非比例延伸强度 $R_{p0.2}$ /MPa	断后伸长率[②③]/%		
						A	A_{50}	
6063	T66	T66	≤10.00	≥245	≥200	—	≥6	80
			>10.00～25.00	≥225	≥180	≥8	≥6	80
6463	T4	T4	≤25.00	≥125	≥75	≥14	≥12	46
	T5	T5	≤25.00	≥150	≥110	≥8	≥6	60
	T6	T6	≤25.00	≥195	≥160	≥10	≥8	74
6082	O	O	≤25.00	≤160	≤110	≥14	≥12	35
	T4	T4	≤25.00	≥205	≥110	≥14	≥12	70
	T5	T5	≤5.00	≥270	≥230	—	≥6	90
	T6	T6	≤5.00	≥290	≥250	—	≥6	95
			>5.00～25.00	≥310	≥260	≥10	≥8	95
6A01	T5	T5	≤6.00	≥245	≥205	—	≥8	—
			>6.00～12.00	≥225	≥175	—	≥8	—
	T6	T6	≤6.00	≥265	≥235	—	≥8	—
6A61	T6	T6	≤25.00	≥260	≥240	—	≥8	—
6S02	T6	T6	≤25.00	≥315	≥285	≥15	≥15	—
7003	T5	T5	≤25.00	≥310	≥260	≥10	≥8	—
	T6	T6	≤10.00	≥350	≥290	—	≥8	110
			>10.00～25.00	≥340	≥280	≥10	≥8	110
7005	T5	T5	≤25.00	≥345	≥305	≥10	≥8	—
	T6	T6	≤40.00	≥350	≥290	≥10	≥8	110
7021	T6	T6	≤20.00	≥410	≥350	≥10	≥8	120
7129	T5、T6	T5、T6	≤12.50	≥380	≥340	—	≥8	—
7A46	T5	T5	≤25.00	≥410	≥390	—	≥10	—
	T6	T6	≤25.00	≥420	≥390	—	≥10	—
7B05	T4	T4	≤25.00	≥315	≥195	—	≥11	—
	T5	T5	≤25.00	≥325	≥245	—	≥10	—
	T6	T6	≤25.00	≥335	≥275	—	≥10	—

① 当订货单（或合同）中以 T1 状态订货时，应取样做 T62 状态性能，并达到表中 T6 状态规定。若表中无 T6 状态性能时，则做 T42 状态性能，并达到表中 T4 状态的性能规定。

② 如无特殊要求或说明，A 适用于壁厚大于 12.50mm 的型材，A_{50} 适用于壁厚不大于 12.50mm 的型材。

③ 壁厚不大于 1.60mm 的型材不要求断后伸长率，如有要求时，可供需双方协商并在订货单（或合同）中注明。

④ H111 状态供货的型材试样能达到规定值时，可不取样做 O 状态的性能检测。

9.7.3 铝合金建筑型材（GB/T 5237.1—2017）

用于门、窗、幕墙、护栏等建筑物上。

① 分类 按其表面状态分，有基材和表面经处理型材两种；按表面处理方式分，有表面阳极氧化型材、电泳涂漆型材、喷粉型材和喷漆型材四种。本节仅讨论基材。

② 基材的牌号和状态 见表9-88。

表9-88 铝合金建筑基材的牌号和状态

牌号	状态
6060、6063	T5、T6、T66①
6005、6063A、6463、6463A	T5、T6
6061	T4、T6

① 固溶热处理后人工时效，通过工艺控制得到符合特殊状态要求的力学性能。

注：同一建筑制品材料选用时，应尽量采用同一牌号相同状态，以便使产品阳极氧化表面颜色一致。

③ 尺寸规格 横截面尺寸应符合供需双方签订的图样规定，长度由供需双方商定。

④ 力学性能 见表9-89。

表9-89 室温纵向拉伸试验结果和硬度

牌号	状态		壁厚/mm	室温纵向拉伸试验结果				硬度		
				抗拉强度 R_m/MPa	规定非比例延伸强度 $R_{p0.2}$/MPa	断后伸长率/%		试样厚度/mm	维氏硬度(HV)	韦氏硬度(HW)
						A	A_{50}			
				≥						
6005	T5		≤6.30	260	240	—	8	—	—	—
	T6	实心基材	≤5.00	270	225	—	6	—	—	—
			>5.00～10.00	260	215	—	6	—	—	—
			>10.00～25.00	250	200	8	6	—	—	—
		空心基材	≤5.00	255	215	—	6	—	—	—
			>5.00～15.00	250	200	8	6	—	—	—
6060	T5		≤5.00	160	120	—	6	—	—	—
			>5.00～25.00	140	100	8	6	—	—	—
	T6		≤3.00	190	150	—	6	—	—	—
			>3.00～25.00	170	140	8	6	—	—	—
	T66		≤3.00	215	160	—	6	—	—	—
			>3.00～25.00	195	150	8	6	—	—	—

续表

牌号	状态	壁厚/mm	室温纵向拉伸试验结果				硬度		
			抗拉强度 R_m/MPa	规定非比例延伸强度 $R_{p0.2}$/MPa	断后伸长率/%		试样厚度/mm	维氏硬度(HV)	韦氏硬度(HW)
					A	A_{50}			
			≥						
6061	T4	所有	180	110	16	16	—	—	—
	T6	所有	265	245	8	8	—	—	—
6063	T5	所有	160	110	8	8	0.8	58	8
	T6	所有	205	180			—	—	—
	T66	≤10.00	245	200	—	6	—	—	—
		>10.00～25.00	225	180	8	6	—	—	—
6063A	T5	≤10.00	200	160	—	5	0.8	65	10
		>10.00	190	150	5				
	T6	≤10.00	230	190	—	5	—	—	—
		>10.00	220	180	4	4	—	—	—
6463	T5	≤50.00	150	110	8	6	—	—	—
	T6	≤50.00	195	160	10	8	—	—	—
6463A	T5	≤12.00	150	110	—	6	—	—	—
	T6	≤3.00	205	170	—	6	—	—	—
		>3.00～12.00	205	170	—	8	—	—	—
6063A	T5	≤10.00	200	160	—	5	0.8	65	10
		>10.00	190	150	5				
	T6	≤10.00	230	190	—	5	—	—	—
		>10.00	220	180	4	4	—	—	—
6463	T5	≤50.00	150	110	8	6	—	—	—
	T6	≤50.00	195	160	10	8	—	—	—
6463A	T5	≤12.00	150	110	—	6	—	—	—
	T6	≤3.00	205	170	—	6	—	—	—
		>3.00～12.00	205	170	—	8	—	—	—

9.8　铝合金网和铝合金锻件

9.8.1　铝合金花格网（YS/T92—2021）

主要用于建筑、通风、装饰、隔离等，如高速公路护栏、体育场所围网、马路绿化带防护网等。

① 分类　按加工方法分，有拉伸网（横向、纵向拉伸网）和

冲制网。

② 类型、代号　见表 9-90。

表 9-90　花格网的类型、代号、合金牌号、供货状态、典型应用及常用孔形

产品类型		产品代号	牌号	状态	典型应用	常用孔形
拉伸网	横向拉伸网	HLW	6063	T2、T10	建筑装饰室外幕墙、室内装饰、吊顶、隔断及其他工艺装饰	中孔花、双花、异形花等
	纵向拉伸网	ZLW	1060、1100、3003、5052	H24		菱形、六边形等
冲孔网		CKW	1050、1060、1100、3003、5005、5052、5754	H24①	建筑物墙体、装潢吸顶、装饰件、室内隔音、穿越城市地段的高速公路、铁路、地铁等交通市政设施中的环保噪声治理屏障、消音、粮库通风、机械防护、工作平台、设备平台、楼梯踏板、壕沟盖板、桥梁走道等	长圆孔、方孔、菱形孔、圆孔、六角形孔、十字孔、三角形孔、梅花孔、鱼鳞孔、图案孔、五角星形孔、鳄鱼嘴型、凹凸型、不规则孔以及各种形状的组合孔

① H24 状态的冲孔网基材，经烘烤处理后，状态为 H44。

孔形应符合供需双方签订的图样规定，常见的如图 9-2 所示。

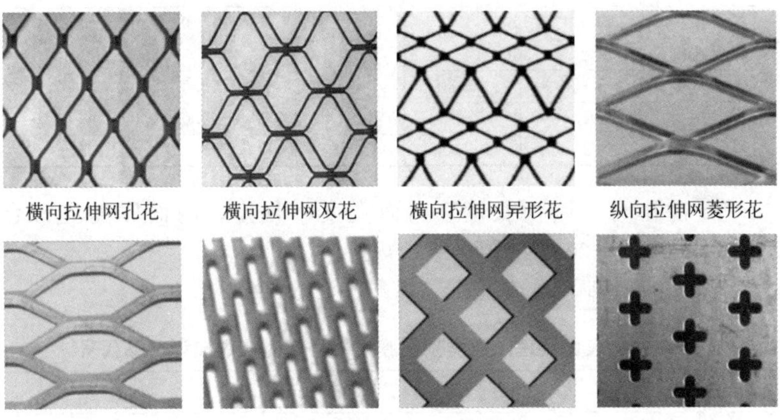

横向拉伸网孔花　横向拉伸网双花　横向拉伸网异形花　纵向拉伸网菱形花

纵向拉伸网六角形花　长圆孔冲孔网　方孔冲孔网　十字形冲孔网

图 9-2

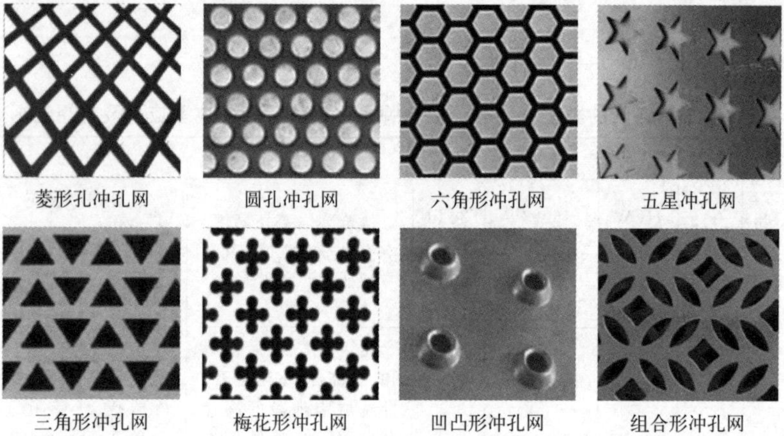

图 9-2　铝合金花格网典型示意图

③ 尺寸规格

a. 横向拉伸网　网面长度不大于 6500mm，网面宽度 190～2000mm，丝梗厚度不大于 30.00mm。

b. 纵向拉伸网　见表 9-91。

表 9-91　纵向拉伸网的尺寸规格　　mm

<table>
<tr><th>尺寸种类</th><th colspan="2">菱形网格</th><th>尺寸种类</th><th colspan="2">六角形网格</th></tr>
<tr><td>网面长度</td><td colspan="2">≤3000</td><td rowspan="4">短节距</td><td>15.0</td><td>11.0</td></tr>
<tr><td>网面宽度</td><td colspan="2">≤3000</td><td>—</td><td>20.0</td></tr>
<tr><td>丝梗宽度</td><td>5～30</td><td>2～30</td><td>32.0、40.0、45.0</td><td>38.0</td></tr>
<tr><td rowspan="2">丝梗厚度</td><td>>1.50</td><td>—</td><td>68.0、75.0、95.0</td><td>80.0</td></tr>
<tr><td>>2.00</td><td>>2.00</td><td>长节距</td><td>25～300</td><td>57～200</td></tr>
</table>

c. 冲孔网　网面长度、网面宽度不规定，网面厚度应符合 GB/T 3880.3—2012 中普通级的规定。

④ 表面处理　见表 9-92。

表 9-92　表面处理膜层类别、膜层代号及对应的典型产品代号

表面处理膜层类别	膜层代号	典型产品代号
阳极氧化膜	AA10、AA15、AA20、AA25	HLW、ZLW
阳极氧化复合膜	EA21、EB16、EC13	HLW、ZLW

续表

表面处理膜层类别		膜层代号	典型产品代号
有机聚合物膜	粉末涂膜 氟碳漆涂膜	GA40、GAO40、GF40、GV40、GU40、GO40、GAR40 LF2-25、LRF2-25、LF3-34、LRF3-34	HLW、ZLW、CKW

⑤ 标记

□	YS/T92-□	□-	□×□×□-	□
产品代号	标准号-材料牌号	供货状态	尺寸规格（丝梗厚度×长度×宽度）	膜层代号

9.8.2 一般工业用铝及铝合金锻件（YS/T 479—2005）

用于一般工业用铝及铝合金模锻件及自由锻件。

① 牌号和供应状态　见表9-93。

表9-93　牌号和供应状态

牌号	供应状态		牌号	供应状态	
	模锻件	自由锻件		模锻件	自由锻件
1100	H112	—	6066	T6	—
2014	T4、T6	T6、T652	6151	T6	—
2025	T6	—	5083	O、H111、H112	O、H111、H112
2219	T6	T6、T852	7049	T73	T73、T7352
3003	H112	—	7050	T74	T7452
4032	T6	—	7075	T6、T73、T7352	T6、T652、T73、T7352
6061	T6	T6、T652	7175	T74、T7452、T7454	T74、T7452

② 化学成分　2025、6066、6151、7049、7175合金的化学成分应符合YS/T 479—2005表2规定，其他牌号的产品化学成分应符合GB/T 3190的规定。

③ 力学性能　见表9-94、表9-95。

表 9-94　模锻件的室温力学性能

牌号	供应状态	厚度/mm	顺流线试样的拉伸性能 抗拉强度 R_m/MPa ≥	顺流线试样的拉伸性能 规定非比例延伸强度 $R_{p0.2}$/MPa ≥	顺流线试样的拉伸性能 断后伸长率/% ≥ 标距50mm	顺流线试样的拉伸性能 断后伸长率/% ≥ A_5	非流线试样的拉伸性能 抗拉强度 R_m/MPa ≥	非流线试样的拉伸性能 规定非比例延伸强度 $R_{p0.2}$/MPa ≥	非流线试样的拉伸性能 断后伸长率/% ≥ 标距50mm	非流线试样的拉伸性能 断后伸长率/% ≥ A_5	布氏硬度 ≥
			≥								
1100	H112	≤100	75	30	18	16	—	—	—	—	20
2014	T4	≤100	380	205	11	9	—	—	—	—	100
	T6	≤25	450	385	6	5	440	380	3	2	125
		>25～50	450	385	6	5	440	380	2	1	125
		>50～80	450	380	6	5	435	370	2	1	125
		>80～100	435	380	6	5	435	370	2	1	125
2025	T6	≤100	360	230	11	9	—	—	—	—	100
2219	T6	≤100	400	260	8	7	385	250	4	3	100
3003	H112	≤100	95	35	18	16	—	—	—	—	25
4032	T6	≤100	360	290	3	2	—	—	—	—	115
5083	0	≤80	270	110	16	14	270	110	12	10	—
	H111	≤100	290	150	14	12	270	140	12	10	—
	H112	≤100	275	125	16	14	270	110	14	12	—
6061	T6	≤100	260	240	7	6	260	240	5	4	80
6066		≤100	345	310	8	7	—	—	—	—	100
6151		≤100	305	255	10	9	305	255	6	5	90
7049	T73	≤25	495	425	7	6	490	420	3	2	135
		>25～50	495	425			485	415	3	2	
		>50～80	490	420			485	415	3	2	
		>80～100	490	420			485	415	2	1	
		>100～130	485	415			470	400	2	1	
7050	T74	≤50	495	425	7	6	470	385	5	4	135
		>50～100	490	420			460	380	4	3	
		>100～130	485	415			455	370	3	2	
		>130～150	485	405			455	370	3	3	

续表

牌号	供应状态	厚度/mm	顺流线试样的拉伸性能				非流线试样的拉伸性能				布氏硬度 ≥
			抗拉强度 R_m /MPa ≥	规定非比例延伸强度 $R_{p0.2}$ /MPa ≥	断后伸长率/% ≥ 标距50mm	断后伸长率/% ≥ A_5	抗拉强度 R_m /MPa ≥	规定非比例延伸强度 $R_{p0.2}$ /MPa ≥	断后伸长率/% ≥ 标距50mm	断后伸长率/% ≥ A_5	
			≥								
7075	T6	≤25	515	440	7	6	490	420	3	2	135
		>25～50	510	435			490	420	3	2	
		>50～80	510	435			485	415	3	2	
		>80～100	505	435			485	415	2	1	
	T73	≤80	455	385	7	6	425	365	3	2	125
		>80～100	440	380			420	360	2	1	
	T7352	≤80	455	385	7	6	425	350	3	2	125
		>80～100	440	365			420	340	2	1	
7175	T74	≤80	525	455	7	6	490	425	4	3	—
	T7452	≤80	505	435			470	380			
	T7454	≤80	515	450			485	420			

注：1. 布氏硬度值仅作参考，不作为验收依据。

2. 厚度超过表中规定的模锻件性能附实测结果交货。

表 9-95　自由锻件的室温力学性能（截面积不大于 165000mm²）

牌号	供应状态	厚度/mm	纵向			长横向			短横向(高向)		
			抗拉强度 R_m /MPa ≥	规定非比例延伸强度 $R_{p0.2}$ /MPa ≥	断后伸长率 A_s /% ≥	抗拉强度 R_m /MPa ≥	规定非比例延伸强度 $R_{p0.2}$ /MPa ≥	断后伸长率 A_s/% ≥	抗拉强度 R_m /MPa ≥	规定非比例延伸强度 $R_{p0.2}$ /MPa ≥	断后伸长率 A_s/% ≥
2014	T6	≤50	450	385	7	450	385	2	—	—	—
		>50～80	440	385	7	440	380	2	425	380	1
		>80～100	435	380	7	435	380	2	420	370	1
		>100～130	425	370	6	425	370	1	415	365	—
		>130～150	420	365	6	420	365	1	405	365	—

续表

牌号	供应状态	厚度/mm	纵向			长横向			短横向(高向)		
			抗拉强度 R_m/MPa ≥	规定非比例延伸强度 $R_{p0.2}$/MPa ≥	断后伸长率 A_s/% ≥	抗拉强度 R_m/MPa ≥	规定非比例延伸强度 $R_{p0.2}$/MPa ≥	断后伸长率 A_s/% ≥	抗拉强度 R_m/MPa ≥	规定非比例延伸强度 $R_{p0.2}$/MPa ≥	断后伸长率 A_s/% ≥
2014	T6	>150~180	415	360	5	415	360	1	400	360	—
		>180~200	405	350	5	405	350	1	395	350	—
	T652	≤50	450	385	7	450	385	2	—	—	—
		>50~80	440	385	7	440	380	2	425	360	1
		>80~100	435	380	7	435	380	2	420	350	1
		>100~130	425	370	6	425	370	1	415	345	—
		>130~150	420	365	6	420	365	1	405	345	—
		>150~180	415	360	5	415	360	1	400	340	—
		>180~200	405	350	5	405	350	1	395	330	—
2219	T6	≤100	400	275	5	380	255	3	365	240	1
	T852	≤100	425	345	5	425	340	3	415	315	2
5083	O	≤80	270	110	14	270	110	12	—	—	—
	H111	≤100	290	150	12	270	140	10	—	—	—
	H112	≤100	275	125	14	270	110	12	—	—	—
6061	T6、T652	≤100	260	240	9	260	240	7	255	230	4
		>100~200	255	235	7	255	235	5	240	220	3
7049	T73	>50~80	490	420	8	490	405	3	475	400	2
		>80~100	475	405	7	475	395	2	460	385	1
		>100~130	460	385	6	460	385	2	455	380	1

续表

牌号	供应状态	厚度/mm	纵向			长横向			短横向(高向)		
			抗拉强度 R_m/MPa ≥	规定非比例延伸强度 $R_{p0.2}$/MPa ≥	断后伸长率 A_s/% ≥	抗拉强度 R_m/MPa ≥	规定非比例延伸强度 $R_{p0.2}$/MPa ≥	断后伸长率 A_s/% ≥	抗拉强度 R_m/MPa ≥	规定非比例延伸强度 $R_{p0.2}$/MPa ≥	断后伸长率 A_s/% ≥
7049	T7352	>25~80	490	405	8	490	395	3	475	385	2
		>80~100	475	395	7	475	370	2	460	365	1
		>100~130	460	370	6	460	365	2	455	350	1
7050	T7452	≤50	495	435	8	490	420	4	—	—	—
		>50~80	495	425	8	485	415	4	460	380	3
		>80~100	490	420	8	485	405	4	460	380	3
		>100~130	485	415	8	475	400	3	455	370	2
		>130~150	475	405	8	470	385	4	455	365	2
		>150~180	470	400	8	460	370	3	450	350	2
		>180~200	460	395	8	455	360	3	440	345	2
7075	T6	≤50	510	435	8	505	420	3	—	—	—
		>50~80	505	420	8	490	405	3	475	400	2
		>80~100	490	415	—	485	400	2	470	395	1
		>100~130	475	400	6	470	385	2	455	385	1
		>130~150	470	385	5	455	380	2	450	380	1
	T652	≤50	510	435	8	505	420	3	—	—	—
		>50~80	505	420	8	490	405	3	475	395	1

续表

牌号	供应状态	厚度/mm	纵向			长横向			短横向(高向)		
			抗拉强度 R_m/MPa ≥	规定非比例延伸强度 $R_{p0.2}$/MPa ≥	断后伸长率 A_s/% ≥	抗拉强度 R_m/MPa ≥	规定非比例延伸强度 $R_{p0.2}$/MPa ≥	断后伸长率 A_s/% ≥	抗拉强度 R_m/MPa ≥	规定非比例延伸强度 $R_{p0.2}$/MPa ≥	断后伸长率 A_s/% ≥
7075	T652	>80~100	490	415	7	485	400	2	470	385	—
		>100~130	475	400	6	470	385	2	455	380	—
		>130~150	470	385	5	455	380	2	450	370	—
	T73	≤80	455	385	6	440	370	3	420	360	2
		>80~100	440	380	6	435	365	2	415	350	1
		>100~130	425	365	6	420	350	2	400	345	1
		>130~150	420	350	5	405	345	2	395	340	1
	T7352	≤80	455	370	6	440	360	3	420	345	2
		>80~100	440	365	6	435	345	2	415	330	1
		>100~130	425	350	6	420	330	2	400	315	1
		>130~150	420	340	5	405	315	2	395	305	1
7175	T74	≤80	505	435	8	490	415	4	475	415	3
		>80~100	490	420	8	485	400	4	470	395	3
		>100~130	470	395	7	460	385	4	455	380	3
		>130~150	450	370	7	440	360	4	435	360	3
	T7452	≤80	490	420	8	475	400	4	460	370	3
		>80~100	470	395	8	460	380	4	450	350	3
		>100~130	450	370	7	440	360	4	435	340	3
		>130~150	435	350	7	420	340	4	415	315	1

注：厚度超出表中规定范围的自由锻件，附力学性能实测数据报告交货。

9.9 铸造有色金属及其合金

铸造有色金属合金是用金属铸造工艺直接获得有色金属零件的材料，考虑到铸造过程中合金元素的损失，故其含量一般多于相应牌号的有色金属。

9.9.1 牌号的表示方法（GB/T 8063—2017）

① 分类 按主元素含量的多少，铸造有色金属分为铸造有色纯金属和铸造有色金属合金两大类；按铸造工艺的种类分为普通铸造和压力铸造两种。

② 牌号

a. 铸造有色纯金属 由“Z”和相应纯金属的元素符号，及表明产品纯度名义含量（或产品级别）的数字组成。

b. 铸造有色金属合金 由“Z”和基体金属的元素符号、主要合金元素符号以及表明合金元素名义含量的数字组成。

注：1. 当合金元素多于 2 个时，合金牌号中应列出足以表明合金主要特性的元素符号及其名义含量的数字。

2. 合金元素符号按其名义含量递减的次序排列。当名义含量相等时，则按元素符号字母顺序排列。但当需要表明决定合金类别的合金元素首先列出时，不论其含量多少，该元素符号均应紧置于基体元素符号之后。

3. 除基体元素的名义含量不标注外，其他合金元素的名义含量均标注于该元素符号之后，当合金元素含量规定为大于或等于 1%的某个范围时，取其平均含量整数值。必要时也可用带一位小数的数字标注。合金元素含量小于 1%时，一般不标注，只有对合金性能起重大影响的合金元素，允许用一位小数标注其平均含量。

4. 对具有相同主成分，需要控制超低间隙元素的合金，在牌号结尾加注（ELI）。

5. 对具有相同主成分，杂质限量有不同要求的合金，在牌号结尾加注“A、B、C、…”表示等级。

c. 表示示例

铸造纯铝

Z	Al	□
铸造代号	铝的元素符号	铝的名义含量

铸造纯钛

Z	Ti	□
铸造代号	钛的元素符号	纯钛产品级别

铸造纯锆

Z	Zr	□
铸造代号	锆的元素符号	纯锆产品级别

铸造铝合金

Z	Al	Si	□	Mg	A
铸造代号	基体铝的元素符号	硅的元素符号	硅的名义含量	镁的元素符号	表示等级

铸造镁合金

Z	Mg	Gd	□	Y	□	Zr
铸造代号	基体镁的元素符号	钆的元素符号	钆的名义含量	钇的元素符号	钇的名义含量	锆的元素符号

铸造铜合金（锡青铜）

Z	Cu	Sn	□
铸造代号	基体铜的元素符号	表征合金类别锡的元素符号	锡的名义含量

Zn	□	Pb	□	Ni	□
锌的元素符号	锌的名义含量	铅的元素符号	铅的名义含量	镍的元素符号	镍的名义含量

铸造钛合金

Z	Ti	Mo	□	Ni	□
铸造代号	基体钛的元素符号	钼的元素符号	钼的名义含量	镍的元素符号	镍的名义含量

Z	Ti	Al	□	Sn	□	(ELI)
铸造代号	基体钛的元素符号	铝的元素符号	铝的名义含量	锡的元素符号	锡的名义含量	超低间隙元素的英文缩写

铸造锆合金

Z	Zr	Nb	2.5
铸造代号	基体锆的元素符号	铌的元素符号	铌的名义含量

9.9.2 铸造铝合金（GB/T 1173—2013）

用于生产铸造铝合金铸件。

① 化学成分 应符合 GB/T 1173—2013 表 1 的规定。

② 代号表示方法

ZL	□	□□	(A)
铸造铝合金	合金系列 1—铝硅系列，2—铝铜系列 3—铝镁系列，4—铝锌系列	合金的顺序号	优质

9.9.3 工艺代号

① 铸造方法代号 S—砂型铸造，J—金属型铸造，R—熔模铸造，K—壳型铸造，B—变质处理。

② 变质处理代号 B。

③ 热处理状态代号 F—铸态，T1—人工时效，T2—退火，T4—固溶处理＋自然时效，T5—固溶处理＋不完全人工时效，T6—固溶处理＋完全人工时效，T7—固溶处理＋稳定化处理，T8—固溶处理＋软化处理。

9.9.4 热处理工艺规范

表 9-96 推荐的热处理工艺规范

合金牌号	合金代号	合金状态	固溶处理			时效处理		
			温度/℃	时间/h	冷却介质及温度/℃	温度/℃	时间/h	冷却介质
ZAl7MgA	ZL101A	T4	535±5	6～12	水 60～100	室温	≥24	—
		T5	535±5	6～12	水 60～100	室温	≥8	空气
						再 155±5	2～12	空气

续表

合金牌号	合金代号	合金状态	固溶处理			时效处理		
			温度/℃	时间/h	冷却介质及温度/℃	温度/℃	时间/h	冷却介质
ZAl7MgA	ZL101A	T6	535±5	6～12	水 60～100	室温	≥8	空气
						再 180±5	3～8	空气
ZAl7SiCu1MgA	ZL105A	T5	525±5	4～6	水 60～100	160±5	3～5	空气
		T7				225±5	3～5	空气
ZAlSi7Mg1A	ZL114A	T5	535±5	10～14	水 60～100	室温	≥8	空气
						再 160±5	4～8	空气
ZAlSi5Zn1Mg	ZL115	T4	540±5	10～12	水 60～100	150±5	3～5	空气
		T5						
ZAlSi8MgBe	ZL116	T4	535±5	10～14	水 60～100	室温	≥24	—
		T5				175±5	6	空气
ZAlSi7Cu2Mg	ZL118	T6	490±5	4～6	水 60～100	室温	≥8	空气
			再 510±5	6～8		160±5	7～9	空气
			再 520±5	8～10				
ZAlCu5MnA	ZL201A	T5	535±5	7～9	水 60～100	室温	≥24	—
			再 545±5			160±5	6～9	—
ZAlCu5MnCdA	ZL204A	T5	530±5	9	—	—	—	—
			再 540±5	9	水 20～60	175±5	3～5	—
ZAlCu5MnCdVA	ZL205A	T5	538±5	10～18	水 20～60	155±5	8～10	—
		T6				175±5	4～5	—
		T7				190±5	2～4	—
ZAlRE5Cu3Si2	ZL207	T1	—	—	—	200±5	5～10	—
ZAlMg8Zn1	ZL305	T4	435±5	8～10	水 80～100	室温	≥24	—
			再 490±5	6～8				

注：固溶处理时，装炉温度一般在300℃以下，升温（升至固溶温度）速度以100℃/h为宜。固溶处理中如需阶段保温，在两个阶段间不允许停留冷却，需直接升至第二阶段温度。

9.9.5 力学性能

表 9-97 铸造铝合金力学性能

合金种类	合金牌号	合金代号	铸造方法	合金状态	抗拉强度 R_m/MPa≥	断后伸长率 A/%≥	布氏硬度(HBW)≥
Al-Si合金	ZAlSi7Mg	ZL101	S、J、R、K	F	155	2	50
				T2	135	2	45
			JB	T4	185	4	50
			S、R、K		175		
			J、JB	T5	205	2	60
			S、R、K		195		
			SB、RB、KB		195		
			SB、RB、KB	T6	225	1	70
				T7	195	2	60
				T8	155	3	55
	ZAlSi7MgA	ZL101A	S、R、K	T4	195	5	60
			JB、J		225		
			S、R、K	T5	235	4	70
			SB、RB、KB		235		
			JB、J		265		
			SB、RB、KB	T6	275	2	80
			JB、J		295	3	80
	ZAlSi12	ZL102	SB、JB、RB、KB	F	145	4	50
			J		155	2	50
			SB、JB、RB、KB	T2	135	4	50
			J		145	3	50
	ZAlSi9Mg	ZL104	S、J、R、K	F	150	2	50
			J	T1	200	1.5	65
			SB、RB、KB	T6	230	2	70
			J、JB		240		
	ZAlSi5Cu1Mg	ZL105	S、J、R、K	T1	155	0.5	65
			S、R、K	T5	215	1	70
			J		235	0.5	70
			S、R、K	T6	225	0.5	70
			S、J、R、K	T7	175	1	65

续表

合金种类	合金牌号	合金代号	铸造方法	合金状态	抗拉强度 R_m/MPa≥	断后伸长率 A/%≥	布氏硬度(HBW)≥
Al-Si合金	ZAlSi5Cu1MgA	ZL105A	SB、R、K	T5	275	1	80
			J、JB		295	2	80
	ZAlSi8Cu1Mg	ZL106	SB	F	175	1	70
			JB	T1	195	1.5	70
			SB	T5	235	2	60
			JB		255	2	70
			SB	T6	245	1	80
			JB		265	2	70
			SB	T7	225	2	60
			J		245		
	ZAlSi7Cu4	ZL107	SB	F	165	2	65
				T6	245	2	90
			J	F	195	2	70
				T6	275	2.5	100
	ZAlSi2Cu2Mg1	ZL108	J	T1	195	—	85
				T6	255	—	90
	ZAlSi12Cu1Mg1Ni1	ZL109	J	T1	195	0.5	90
				T6	245	—	100
	ZAlSi5Cu6Mg	ZL110	S	F	125	—	80
			J		155		
			S	T1	145	—	80
			J		165	—	90
	ZAlSi9Cu2Mg	ZL111	J	F	205	1.5	80
			SB	T6	255	1.5	90
			J、JB		315	2	100
	ZAlSi7Mg1A	ZL114A	SB	T5	290	2	85
			J、JB		310	3	90
	ZAlSi5Zn1Mg	ZL115	S	T4	225	4	70
			J		275	6	80
			S	T5	275	3.5	90
			J		315	5	100
	ZAlSi8MgBe	ZL116	S	T4	255	4	70
			J		275	6	80
			S	T5	295	2	85
			J		335	4	90
	ZAlSi7Cu2Mg	ZL118	SB、RB	T6	290	1	90
			JB		305	2.5	105

续表

合金种类	合金牌号	合金代号	铸造方法	合金状态	抗拉强度 R_m/MPa≥	断后伸长率 A/%≥	布氏硬度（HBW）≥
Al-Cu合金	ZAlCu5Mn	ZL201	S、J、R、K	T4	295	8	70
				T5	335	4	90
			S	T7	315	2	80
	ZAlCu5MnA	ZL201A	S、J、R、K	T5	390	8	100
	ZAlCu10	ZL202	S、J	F	104	—	50
				T6	163	—	100
	ZAlCu4	ZL203	S、R、K	T4	195	6	60
			J		205		
			S、R、K	T5	215	3	70
			J		225		
	ZAlCu5MnCdA	ZL204A	S	T5	440	4	100
	ZAlCu5MnCdVA	ZL205A	S	T5	440	7	100
				T6	470	3	120
				T7	460	2	110
	ZAlRE5Cu3Si2	ZL207	S	T1	165	—	75
			J		175	—	75
Al-Mg合金	ZAlMg10	ZL301	S、J、R	T4	280	9	60
	ZAlMg5Si1	ZL303	S、J、R、K	F	145	1	55
	ZAlMg8Zn1	ZL305	S	T4	290	8	90
Al-Zn合金	ZAlZn11Si7	ZL401	S、R、K	T1	195	2	80
			J		245	1.5	90
	ZAlZn6Mg	ZL402	J	T1	235	4	70
			S		215	4	65

表 9-98　铸造铝合金的应用

合金代号	合金状态	应用场合	合金代号	合金状态	应用场合
ZL101	T1	要求切削加工性良好的零件	ZL101A	T4	要求高塑性的零件
	T2	尺寸稳定性和消除内应力的零件		T5	要求较高屈服强度及硬度零件
	T4	要求高塑性的零件		T6	要求高强度及高硬度的零件
	T5	屈服强度及硬度较高零件	ZL102	T2	小负荷和消除内应力的零件
	T6	高强度及高硬度零件	ZL103	T1	承受小负荷的零件
	T7	较高强度和尺寸稳定零件		T2	尺寸稳定性和消除内应力零件
	T8	高塑性和尺寸稳定的零件			

续表

合金代号	合金状态	应用场合
ZL103	T5	175℃以下工作的中等负荷大型零件
	T7	175～250℃高温下工作的零件
	T8	要求高塑性的零件
ZL104	T1	承受中等负荷的大型零件
	T6	承受高负荷的大型零件
ZL105	T1	承受中等负荷的零件
	T5	承受高负荷的零件
	T6	在≤220℃高温下工作的零件
	T7	在≤230℃高温下要求高塑性和尺寸稳定的零件
ZL105A	T5	承受高负荷的零件
ZL106	T1	承受低负荷但需要消除内应力的零件
	T5	承受高负荷的零件
	T7	要求尺寸稳定的零件
ZL107	T5	承受较高负荷的零件
ZL108	T1	承受较低负荷的零件
	T6	承受高温和高负荷的零件
	T7	在高温下工作要求尺寸稳定的零件
ZL109	T1	要求强度不高的零件
	T6	要求强度较高的零件
ZL111	T6	要求高强度的铸件
ZL114A	T5	要求较高屈服强度、高塑性的零件
ZL115	T4	要求高强度、高塑性的零件
	T5	要求较高屈服强度、高塑性的零件
ZL116	T4	要求高强度、高塑性的零件
ZL116	T5	要求较高强度、高塑性的零件
ZL201	T4	要求高塑性的零件
	T5	要求高屈服强度的零件
	T7	要求消除内应力的零件
ZL201A	T5	要求高屈服强度的零件
ZL202	T2	尺寸稳定性和消除内应力的零件
	T6	要求高强度、高硬度的零件
	T7	高温下工作的零件
ZL203	T4	要求较高硬度和较高塑性的零件
	T5	要求较高屈服强度及硬度的零件
ZL204A	T5	要求较高屈服强度及硬度的零件
ZL205A	T5	要求较高屈服强度及硬度的零件
	T6	要求高强度、高硬度的零件
	T7	在高温下工作要求尺寸稳定零件
ZL207	T1	要求高强度、消除内应力的零件
ZL301	T4	要求高强度、高耐蚀性的零件
ZL303	T1	强度要求不高但需要消除内应力的零件
ZL305	T4	要求高强度、高耐蚀性的零件
ZL401①	T2	要求消除内应力、提高尺寸稳定性的零件
ZL402	T1	要求较高强度的零件

① 一般自然时效后使用，时效时间在21天以上。

9.9.6 铸造铝合金的特性和应用

常压铸造铝合金的特性和用途举例见表9-99。

表9-99 常压铸造铝合金的特性和用途

组别	合金代号	铸造方法	主要特性	用途举例
铝硅合金	ZL101	砂型、金属型、壳型和熔模铸造	系铝硅镁系列三元合金，特性是：①铸造性能良好，其流动性高、无热裂倾向、线收缩小、气密性高，但稍有产生集中缩孔和气孔的倾向；②有相当高的耐蚀性（与ZL102相近）；③可经热处理强化，同时合金淬火后可自然时效，因而具有较高的强度和塑性；④易于焊接，可切削加工性中等；⑤耐热性不高；⑥铸件可经变质处理或不经变质处理	适于铸造形状复杂、承受中等负荷的零件，也可用于要求气密性高、耐蚀性和焊接性能良好的零件，但工作温度≤200℃，如水泵及传动装置壳体、抽水机壳体，水冷发动机气缸体、仪表外壳、汽化器等
	ZL101A		成分、性能和ZL101基本相同，但其杂质含量低，且加入少量Ti以细化晶粒，故其力学性能比ZL101有较大程度的提高	同上，主要用于铸造高强度铝合金铸件
	ZL102	砂型、金属型、壳型和熔模铸造	系典型的铝硅二元合金，是应用最早的一种普通硅铝合金，其特性是：①铸造性能和ZL101一样好，但在铸件的断面厚大处容易产生集中缩孔，吸气倾向也较大；②耐蚀性高，能经受得住潮湿大气、海水、二氧化碳、浓硝酸、氨、硫、过氧化氢的腐蚀；③不能热处理强化，力学性能不高，但随铸件壁厚增加，强度降低的程度小；④焊接性能良好，但可切削性差，耐热性不高；⑤需经变质处理	常在铸态或退火状态下使用，适于铸造形状复杂、承受较低载荷的薄壁铸件，以及要求耐腐蚀和气密性高、工作温度≤200℃的零件，如仪表壳体、机器罩、盖子、船舶零件等
	Z104	砂型、金属型、壳型和熔模铸造	系铝硅铜镁四元合金，特性是：①铸造性能良好，流动性高、无热裂倾向，气密性良好、线收缩小，但吸气倾向大，易于形成针孔；②可经热处理强化，室温力学性能良好，但高温性能较差（只能在≤200℃下使用）；③耐蚀性能好（类似于ZL102，但较ZL102低）；④可切削加工性和焊接性一般；⑤铸件需经变质处理	适于铸造形状复杂、薄壁、耐腐蚀和承受较高静载荷和冲击载荷的大型铸件，如水冷式发动机的曲轴箱、滑块和气缸盖、气缸体以及其他重要零件，但工作温度不宜超过200℃

续表

组别	合金代号	铸造方法	主要特性	用途举例
铝硅合金	ZL105	砂型、金属型、壳型和熔模铸造	系铝硅铜镁系列四元合金，特性是：①铸造性能良好，流动性高，收缩率较低、吸气倾向小，气密性良好，热裂倾向小；②熔炼工艺简单，不需采用变质处理和在压力下结晶等工艺措施；③可热处理强化，室温强度较高，但塑性、韧性较低；④高温力学性能良好；⑤焊接性和可切削加工性良好；⑥耐蚀性尚可	适于铸造形状复杂、承受较高静载荷的零件，以及要求焊接性能良好、气密性高或工作温度≤225℃的零件，如水冷发动机的气缸体、空冷发动机头和发动机曲轴箱等
	ZL105A		特性和 ZL105 合金基本相同，但其杂质 Fe 的含量较少，且加入少量 Ti 细化晶粒，属于优质合金，故其强度高于 ZL105 合金	同上，主要用于铸造高强度铝合金铸件
	ZL106	砂型、金属型铸造	系铝硅铜镁锰多元合金，特性是：①铸造性能良好，流动性大，气密性高、无热裂倾向、线收缩小，产生气孔的倾向也较小；②可经热处理强化，室温下的力学性能较高，高温性能也较好；③焊接和可切削加工性能良好；④耐腐蚀性能接近于 ZL101 合金	适于铸造形状复杂、承受高静载荷的零件；也可用于要求气密性高或工作温度在225℃以下的零件，如泵体、水冷发动机气缸头等
	ZL107	砂型、金属型铸造	系铝硅铜三元含金，铸造流动性和抗热裂倾向均较 ZL101、ZL102、ZL104 高，但比铝-铜、铝-镁合金要好得多；吸气倾向较 ZL101 及 ZL102 小；可热处理强化，在 20～200℃的范围内力学性能较 ZL104 高；可切削加工性良好，耐蚀性不高；砂型铸件要进行变质处理	用于铸造形状复杂、壁厚不均、承受较高负荷的零件，如机架、柴油发动机附件、汽化器零件、电气设备外壳等
	ZL108	金属型铸造	系铝硅铜镁锰多元合金，是目前常用的活塞铅合金；其特性是：①密度小，热胀系数低、热导率高，耐热性能好，但可切削加工性较差；②铸造性能良好，流动性高，无热裂倾向，气密性高，线收缩小，但易于形成集中缩孔，且有较大的吸气倾向；③经热处理强化，室温和高温力学性能都较高；④熔炼中需要进行变质处理，一般在金属模中铸造	主要用于铸造汽车、拖拉机的发动机活塞和其他在250℃以下高温中工作的零件，当要求热胀系数小、强度高、耐磨性高时，也可以采用这种合金

续表

组别	合金代号	铸造方法	主要特性	用途举例
铝硅合金	ZL109	金属型铸造	系加有部分镍的铝硅铜镁多元合金，和ZL108一样，也是一种常用的活塞铝合金，其性能和ZL108相似。加镍的目的在于提高其高温性，但实际上效果并不显著，故在这种合金中的含镍量有降低和取消的倾向	同ZL108合金
	ZL111	砂型、金属型铸造	系铝硅铜镁锰钛多元合金，其特性是：①铸造性能良好，流动性好、充型能力优良，一般无热裂倾向、线收缩小、气密性高，可经受高压气体和液体的作用；②在熔炼中需进行变质处理，可经热处理强化，铸态或热处理后可与高强度铸铝合金ZL201相媲美，且高温性能也较好；③可切削加工性和焊接性良好；④耐蚀性较差	适于铸造形状复杂、承受高负荷、气密性要求高的大型铸件，以及在高压气体或液体下长期工作的大型铸件，如转子发动机的缸体、缸盖、水泵叶轮和军事工业中的大型壳体等重要机件
	ZL114A	砂型、金属型铸造	这是成分、性能和ZL101A优质合金相近似的铝硅镁系铝合金，由于杂质含量少、含镁量较ZL101A高，且加入少量的铍以消除杂质Fe的有害作用，故在保持ZL101A优良的铸造性能和耐蚀性的同时，显著地提高了合金的强度	主要用于铸造形状复杂、高强度铝合金铸件，由于铍较稀贵，同时合金的热处理温度要求控制较严、热处理时间较长等原因，应用受到一定限制
	ZL115	砂型、金属型铸造	系加有少量锑的铝硅镁锌多元合金。在合金中添加少量的锑，目的是用其作为共晶硅的长效变质剂，以提高合金在热处理后的力学性能；成分中的锌也起到辅助强化作用。因而，这种合金的特性是：在具有铝硅镁系合金优良的铸造性能和耐蚀性能的同时，兼有高的强度和韧性，是铝-硅合金中高强度品种	主要用于铸造形状复杂、高强度铝合金铸件以及耐腐蚀的零件，这种合金在熔炼中不需再经变质处理

续表

组别	合金代号	铸造方法	主要特性	用途举例
铝硅合金	ZL116	砂型、金属型铸造	系铝硅镁铍多元合金，其特点是杂质中允许较多的Fe含量和含有少量的Be，以与Fe形成化合物，使粗大针状的含Fe相变成团状，同时有促进时效强化的作用，故加铍后显著提高了合金的力学性能，使其成为铝-硅合金中高强度品种之一。加铍还可提高耐蚀性，由于合金的含硅量较高，有利于获得致密的铸件	适用于制造承受高压力液体的油壳泵体等发动机附件，以及其他外形复杂、要求高强度、高耐蚀性的机件，因Be的价格甚贵，且有毒，所以这种合金在使用上受到一定限制
铝铜合金	ZL201	砂型、金属型、壳型和熔模铸造	系加有少量锰、钛元素的铝-铜合金，其特性是：①铸造性能不好，流动性差，形成热裂和缩孔的倾向大，线收缩大、气密性低，但吸气倾向小；②可热处理强化，使合金具有很高的强度和良好的塑性、韧性，同时耐热性高（在强度和耐热性两方面，ZL201是铸造铝合金中最好的合金）；③焊接性能和可切削加工性能良好；④耐腐蚀性能差	适于铸造工作温度为175～300℃或室温下承受高负荷、形状不太复杂的零件，也可用于低温下（－70℃）承受高负荷的零件，是用途较广的一种铝合金
	ZL201A		杂质含量控制较严，属于优质合金，力学性能高于ZL210合金	同上，主要用于要求高强度铝合金铸件的场所
	ZL202	砂型、金属型铸造	这是一种典型的铝-铜二元合金，特性是：①铸造性能不好，流动性、收缩和气密性等均一般，但较ZL203要好，热裂倾向大，吸气倾向小；②热处理强化效果差，合金强度低、塑性及韧性差，并随铸件壁厚的增加而明显降低；③熔炼工艺简单，不需要进行变质处理；④有优良的可切削加工性和焊接性，耐腐蚀性差，密度大；⑤耐热性较好	用于铸造小型、低载荷的零件，亦可用来铸造在较高工作温度（≤250℃）下工作的零件，如小型内燃发动机的活塞和气缸头等。由于密度大、强度低、脆性高，已为其他合金所取代，现在用得很少

续表

组别	合金代号	铸造方法	主要特性	用途举例
铝铜合金	ZL203	金属型、壳型和熔模铸造	是一种典型的铝-铜二元合金(含铜量比 ZL202 低),其特性是:①铸造性能差,流动性低、形成热裂和缩松倾向大、线收缩大、气密性一般,但吸气倾向小;②经淬火处理后,有较高的强度和好的塑性,铸件经淬火后有自然时效倾向;③熔炼工艺简单,不需要进行变质处理;④可切削加工性和焊接性良好;⑤耐蚀性差(特别是在人工时效状态下的铸件);⑥耐热性不高	适于铸造形状简单,承受中等静负荷或冲击载荷、工作温度不超过 200℃并要求可切削加工性能良好的小型零件,如曲轴箱、支架、飞轮盖等
	ZL204A	砂型铸造	这是加入少量 Cd、Ti 元素的铝-铜合金,通过添加少量 Cd 以加速合金的人工时效,加少量 Ti 以细化晶粒,并降低合金中有害杂质的含量,选择合适的热处理工艺而获得 R_m 达 437MPa 的高强度耐热铸铝合金。这种合金属于固溶体型合金,结晶间隔较宽,铸造工艺较差,一般用砂型铸造,不适于金属型铸造	这类高强度、耐热铸铝合金的力学性能达到了常用锻铝合金的力学性能水平,它们的优质铸件可以代替一般的铝合金锻件,在航空和航天工业中广泛用作受力构件
	21205A	砂型铸造	性能同上。这是在 ZL201 的基础上加入了 Cd、V、Zr 和 B 等微量元素,R_m 达 437MPa 以上的高强度耐热铸铝合金。微量 V、B、Zr 等元素能进一步提高合金的热强性,Cd 能改善合金的人工时效效果,显著提高合金的力学性能。合金的耐热性高于 ZL204A	同 ZL204A 合金
铝稀土金属合金	ZL207A	砂型及金属型铸造	系 Al-RE(富铈混合稀土金属)为基础的铸造铝合金。它除含有较高的 RE 以外,还含有 Cu、Si、Mn、Ni、Mg、Zr 等元素,其特性是:①耐热性好,可在高温下长期使用,工作温度可达 400℃;②铸造性能良好,结晶温度范围只有 30℃左右,充型能力良好,且形成针孔的倾向较小,铸件的气密性高,不易产生热裂和疏松;③缺点是室温力学性能较低,成分复杂	可用于铸造形状复杂、受力不大、在高温下长期工作的铸件

续表

组别	合金代号	铸造方法	主要特性	用途举例
铝镁合金	ZL301	砂型、金属型和熔模铸造	系典型的铝-镁二元合金，其特性是：①在海水、大气等介质中有很高的耐蚀性，在铸造铝合金中最佳；②铸造性能差，流动性和产生气孔、形成热裂的倾向一般，易于产生显微疏松，气密性低，收缩率低，吸气倾向大；③可热处理强化，铸件在淬火状态下使用，具有高的强度和良好的塑性、韧性，具有自然时效倾向，在长期使用过程中，塑性明显下降、变脆，并出现应力腐蚀倾向；④耐热性不高；⑤可切削加工性良好，可以达到很高的表面光洁度，表面经抛光后，能长期保持原来的光泽；⑥焊接性较差；⑦熔炼中容易氧化，且熔铸工艺较复杂、废品率高	适于铸造承受高静载荷和冲击载荷、暴露在大气或海水等腐蚀介质中、工作温度不超过200℃、形状简单的大、中、小型零件，如雷达底座、水上飞机和船舶配件（发动机机匣、起落架零件、船用舷窗等）以及其他装饰用零部件等
	ZL303	砂型、金属型、壳型和熔模铸造	这是添加1%左右Si和少量Mn的含Mg量为5%左右的铝-镁-硅系合金，其特性是：①耐蚀性能高（类似、接近ZL301合金）；②铸造性能尚可，流动性一般，有氧化、吸气、形成缩孔的倾向（但比ZL301好），收缩率大，气密性一般，形成热裂的倾向比ZL301小；③在铸态下具有一定的力学性能，但不能经热处理明显强化；④高温性能较ZL301高；⑤可切削性和抛光性与ZL301一样好，而焊接性则较ZL301有明显改善；⑥生产工艺简单，但熔炼中容易氧化和吸气	适于铸造与腐蚀介质接触和在较高温度（≤220℃）下工作、承受中等负荷的船舶、航空及内燃机车零件，如各种壳件、气冷发动机气缸头，以及其他装饰性零部件等
	ZL305	砂型铸造	这是加有少量Be、Ti元素的铝-镁-锌系合金，由于ZL301有自然时效倾向、力学性能稳定性差和有应力腐蚀倾向，故应用受到很大限制。通过降低其Mg含量，并加入Zn及少量Ti，提高了合金的自然时效稳定性和抗应力腐蚀能力。合金中加入微量Be，可防止在熔炼和铸造过程中的氧化现象。合金的其他性能均与ZL301相近	用途和ZL301基本相同，但工作温度不宜超过100℃，因为这种合金在人工时效温度超过150℃时，大量强化相析出，抗拉强度虽有提高，但塑性大幅下降，应力腐蚀现象也同时加剧

续表

组别	合金代号	铸造方法	主要特性	用途举例
铝锌合金	ZL401	砂型、金属型、壳型和熔模铸造	系铝锌硅镁四元合金，其特性是：①铸造性能良好，流动性好、产生缩孔和形成热裂的倾向小、线收缩小，但有较大的吸气倾向；②在熔炼中需进行变质处理；③它的主要优点在于铸态下具有自然时效能力，因而可获得高的强度，不必进行热处理；④耐热性低，耐蚀性一般，密度大；⑤焊接和可切削加工性能良好；⑥价格便宜	适于铸造大型、复杂和承受高的静载荷而又不便进行热处理的零件，但工作温度不得超过200℃，如汽车零件，医疗器械、仪器零件、日用品等。因密度大，在某些场合下限制了它的应用
	ZL402	砂型和金属型铸造	这是含有少量 Cr 和 Ti 的铝-锌-镁系合金，其特性是：①铸造性能尚好，流动性和气密性良好，缩松和热裂倾向都不大；②在铸态经时效后即可获得较高的力学性能，在－70℃的低温下仍能保持良好的力学性能，但高温性能低（工作温度≤150℃）；③有良好的耐蚀性和抗应力腐蚀性能，在这方面超过铝铜合金而接近于铝硅合金；④可切削加工性良好，焊接性一般；⑤铸件经人工时效后尺寸稳定；⑥密度较大	适于铸造承受高的静载荷和冲击载荷而又不便于进行热处理的零件，亦可用于要求与腐蚀介质接触和尺寸稳定性高的零件，如高速旋转的整铸叶轮、飞行起落架，空气压缩机活塞、精密仪表零件等，因密度大，也限制了它的应用

9.9.7　铸造铝合金锭（GB/T 8733—2016）

用于生产铝合金铸件。

① 牌号编号方法　合金牌号采用 3 位数字（或另加 1 位英文字母）＋小数点再加数字的形式表示：

□	□□	Z	·	□
合金组别	铝合金顺序号	类型标识代号	小数点	改型序号

② 牌号的系列和组别　见表 9-100。

表 9-100 铸造铝合金锭牌号的系列和组别

牌号系列	主要合金元素	牌号系列	主要合金元素
2××.×	铜	6××.×	备用组
3××.×	硅、铜/镁	7××.×	锌
4××.×	硅	8××.×	钛
5××.×	镁	9××.×	其他元素

③ 牌号（化学成分见 GB/T 8733—2016 表 2）

a. 以铜为主要合金元素的牌号有：201Z.1、201Z.2、201Z.3、201Z.4、201Z.5、210Z.1、211Z.1、295Z.1。

b. 以硅、铜或（和）镁为主要合金元素的牌号有：304Z.1、312Z.1、315Z.1、319Z.1、319Z.2、319Z.3、328Z.1、333Z.1、336Z.1、336Z.2、354Z.1、355Z.1、355Z.2、356Z.1、356Z.2、356Z.3、356Z.4、356Z.5、356Z.6、356Z.7、356Z.8、356Z.9、356A.1、356A.2、356C.2、360Z.1、360Z.2、360Z.3、360Z.4、360Z.5、360Z.6、360Y.6、360A.1、380A.1、380A.2、380Y.1、380Y.2、383Z.1、383Z.2、383Y.1、383Y.2、383Y.3、390Y.1、398Z.1。

c. 以硅为主要合金元素的牌号有：411Z.1、411Z.2、413Z.1、413Z.2、413Z.3、413Z.4、413Z.5、413Y.1、413Y.2、413A.1、413A.2、443Z.1、443Z.2。

d. 以镁为主要合金元素的牌号有：502Z.1、502Y.1、508Z.1、515Y.1、520Z.1。

e. 以锌为主要合金元素的牌号有：701Z.1、712Z.1。

f. 以其他元素为主要合金元素的牌号有：901Z.1、907Z.1。

9.9.8 汽车车轮用铸造铝合金（GB/T 23301—2009）

用于车轮金属型铸造。摩托车车轮用的铸造铝合金也可参照使用。

① 代号

ZL101A-□

ZL101A：优质铸造铝合金车轮第1系列，按 GB/T 1173 的规定

□：0—未变质；1—锶（Sr）变质（若有新的变质合金，以此类推）

② 合金状态代号　F—铸态；T6—固溶处理＋淬火＋人工时效。

③ 化学成分　见 GB/T 23301—2009 表 1。

④ 力学性能　见表 9-101。

表 9-101　车轮用铸造铝合金力学性能

合金牌号	合金代号	合金状态	力学性能 ≥			
			屈服强度 $R_{p0.2}$ /MPa	抗拉强度 R_m /MPa	伸长率 δ /%	布氏硬度 (5/250/30) HBW
单铸试棒						
AlSi7MgTi	ZL101A-0	F	80	150	2	50
AlSi7MgTiSr	ZL101A-1	F	80	150	2	50
AlSi7MgTiSr	ZL101A-1	T6	160	260	7	70
车轮上指定部位取样						
AlSi7MgTiSr	ZL101A-1	T6	140	220	7	70

注：1. F—铸态；T6—固溶处理＋淬火＋人工时效。

2. 采用金属型单铸试样，直径为 ϕ (12±0.5) mm，标距为直径的 5 倍。

9.9.9 汽车、摩托车发动机铸造铝活塞（QC/T 552—1999）

用于铸造汽车、摩托车发动机活塞。

① 强度　经过热处理的活塞，其常温抗拉强度：亚共晶铝硅合金不低于 166.6MPa；共晶铝硅合金不低于 215.6MPa；含硅量低于 19%的过共晶铝硅合金不低于 196MPa。

② 硬度　活塞硬度范围为 95～140HB。对环槽镶铸铁圈活塞及经稳定化热处理的活塞硬度范围为 90～130HB（每一机型活塞的硬度范围应≤30HB，同一只活塞的硬度差应≤15HB）。

③ 直径的热稳定性　≤4000r/min 的发动机活塞，≤0.03% d；其余，≤0.02%d，d 为活塞直径。

9.9.10 铸造铝阳极导杆（YS/T 560—2007）

用于铸造铝阳极导杆。

① 材料　GB/T 1196 中牌号为 Al99.60、Al99.70、

Al99.85、Al99.90。

② 规格 见表9-102。

表 9-102 铸造铝阳极导杆的规格及尺寸允许偏差 mm

厚度×宽度	允许偏差	长度	允许偏差
100×100	±3	1100～1380	+10
130×135	±3	2000～2500	0

9.9.11 凿岩机械与气动工具铸造铝合金铸件（JB/T 3905—2017）

① 分类 按承受载荷的类型，可将其分为三类。Ⅰ类铸件—承受大的动载荷、静载荷及交变载荷等工作条件或有特殊性能要求的关键件；Ⅱ类铸件—承受中等载荷、静载荷等工作条件的重要铸件；Ⅲ类铸件—一般用途的低载荷铸件。Ⅰ类铸件的检验项目特别严格，Ⅱ类铸件次之，Ⅲ类铸件一般。

② 化学成分 应符合JB/T3905—2017表1的规定。

③ 力学性能 见表9-103。

表 9-103 凿岩机械与气动工具铸造铝合金的力学性能

合金牌号	合金代号	铸造方法	热处理状态	力学性能 ≥		
				抗拉强度 R_m/MPa	伸长率/%	布氏硬度 5/250/30 HBW
ZAlSi7Mg	ZL101	JB、SB	F	155	2.0	50
		JB	T5	200	2.0	60
		SB	T6	225	1.0	70
ZAlSi12	ZL102	JB、SB	F	145	4.0	50
		JB	T2	135	4.0	50
		SB	T2	135	4.0	50
ZAlSi9Mg	ZL104	JB、SB	F	145	2.0	50
		SB	T6	225	2.0	70
		JB	T6	235	2.0	70

续表

合金牌号	合金代号	铸造方法	热处理状态	力学性能 ≥		
				抗拉强度 R_m/MPa	伸长率 /%	布氏硬度 5/250/30 HBW
ZAlSi7Cu4	ZL107	JB	F	195	2.0	70
		SB	F	165	2.0	65
		JB	T6	275	2.5	100
		SB	T6	245	2.0	90
ZAlSi12Cu2Mg1	ZL108	J	T1	195	—	85
		J	T6	255	—	90
ZAlZn11Si7	ZL401	S	T1	195	2.0	80
		J	T1	245	1.5	90

注：1. 合金铸造方法、变质处理代号：S—砂型铸造，J—金属型铸造，B—变质处理。

2. 合金状态代号：F—铸态，T1—人工时效，T2—退火，T4—固溶处理＋自然时效，T5—固溶处理＋不完全人工时效，T6—固溶处理＋完全人工时效，T7—固溶处理＋稳定化处理，T8—固溶处理＋软化处理。

9.9.12　压铸铝合金（GB/T 15115—2024）

① 分类　按材料的状态，分为铝合金液和铝合金锭两种。

② 牌号　以字母“YZ”（“Y”及“Z”分别为“压”和“铸”两字汉语拼音的首字母）开头，后跟铝及主要合金元素的化学符号和表示其名义质量分数的数字。

③ 代号

YL　□　□□

YL：“压”和“铝”的汉语拼音首字母

□：1—Al-Si 系列合金；2—Al-Cu 系列合金；3—Al-Mg 系列合金；4—Al-Zn 系列合金

□□：合金顺序号

④ 化学成分　应符合 GB/T 15115—2024 表 1 的规定。

⑤ 性能　见表 9-104、表 9-105。

表 9-104 压铸铝合金性能及其他性能比较

合金牌号	YZAl-Si10Mg	YZAl-Si12	YZAl-Si10	YZAl-Si9Cu4	YZAl-Si11Cu3	YZAl-Si17Cu5Mg	YZAl-Mg5Si1	YZAl-Si12Fe	YZAl-Si10MnMg	YZAl-Si7MnMg
合金代号	YL101	YL102	YL104	YL112	YL113	YL117	YL302	YL118	YL119	YL120
抗热裂性	优	优	优	良	优	较差	不好	良	优	优
致密性	良	优	良	良	良	较差	不好	良	良	良
充型能力	一般	优	一般	良	优	优	不好	优	优	一般
不粘型性	良	优	优	优	良	良	不好	优	优	优
耐蚀性	良	良	优	较差	一般	一般	优	良	一般	优
加工性	一般	较差	一般	一般	良	不好	优	较差	一般	一般
抛光性	一般	不好	一般	一般	一般	不好	优	不好	一般	一般
电镀性	良	一般	良	优	优	一般	不好	一般	良	良
阳极处理	一般	不好	一般	一般	一般	不好	优	不好	一般	一般
氧化保护层	一般	一般	一般	较差	较差	不好	优	一般	一般	一般
高温强度	优	一般	优	一般	良	一般	较差	一般	优	优

表 9-105　压力铸造铝合金的特性和应用

合金系	牌号	代号	合金特点	应用举例
Al-Si 系	YZAlSi12 YZAlSi12Fe	YL102 YL118	共晶铝硅合金。具有较好的抗热裂性能和很好的气密性，以及很好的流动性，不能热处理强化，抗拉强度低	用于承受低负荷、形状复杂的薄壁铸件，如各种仪表壳体、汽车机匣、牙科设备、活塞等
Al-Si-Mg 系	YZAlSi10Mg YZAlSi10 YZAlSi10MnMg YZAlSi7MnMg	YL101 YL104 YL119 YL120	亚共晶铝硅合金。有较好的抗腐蚀性能、较高的冲击韧性和屈服强度，但铸造性能稍差	汽车车轮罩、副车架、车身前/后纵梁、减震塔、摩托车曲轴箱、自行车车轮、船外机螺旋桨等
Al-Si-Cu 系	YZAlSi9Cu4	YL112	具有好的铸造性能和力学性能，很好的流动性、气密性和抗热裂性，较好的力学性能、切削加工性、抛光性和铸造性能	常用作齿轮箱、空冷气缸头、发报机机座、割草机罩子、气动刹车、汽车发动机零件，摩托车缓冲器、发动机零件及箱体，农机具用箱体、缸盖和缸体，3C 产品壳体，电动工具、缝纫机零件、渔具、煤气用具、电梯零件等，YL112 的典型用途为带轮、活塞和气缸头等
	YZAlSi11Cu3 YZAlSi17Cu5Mg	YL113 YL117	过共晶铝硅合金。具有特别好的流动性、中等的气密性和好的抗热裂性，特别是具有高的耐磨性和低的热膨胀系数	主要用于发动机机体、刹车块、带轮、泵和其他要求耐磨的零件
Al-Mg 系	YZAlMg5Si1	YL302	耐蚀性能强，冲击韧性高，伸长率差，铸造性能差	汽车变速器的油泵壳体，摩托车的衬垫和车架的连接器，农机具的连杆、船外机螺旋桨、钓鱼竿及其卷线筒等零件

第10章 镁及镁合金

镁是地球上储量最丰富的元素之一，陆地上、盐湖和海洋中都大量存在。由于镁的密度小，所以镁合金是一种非常理想的现代工业结构材料，其压铸件被广泛应用于航空航天、汽车制造、通信、电子、光学仪器及计算机制造领域等。

10.1 概述

按镁含量纯度大致可分为纯镁及镁合金；按加工方法可分为纯镁、变形镁合金和铸造铝合金等；按成品形状可分为板（带、箔）材、棒材、管材和线材等。

10.1.1 镁及镁合金的优点

① 质轻　镁的密度是 1.74g/cm^3，镁合金的密度为 1.74～1.85g/cm^3，仅为常用碳钢的 25%左右，比铝合金轻约 36%，比锌合金轻 73%。

② 比强度和比刚度高　常用镁合金的比强度为 138 左右，比刚度为 256 左右，比强度高于铝合金的 116，而比刚度则相当，远胜于碳钢和 ABS，加之镁合金的质轻，对同样强度的零部件，能做得比塑料更薄更轻；在强度相等时，替代铁的零部件能减重。

③ 导热性优良　镁合金的热导率虽略低于铝合金，但仍然远高于塑料，因此用于电子产品可有效导热。

④ 电磁屏蔽性好　在 200℃时，镁的磁导率为 1.000012H/m，与钛相当，在很强大的磁场中也不会被磁化，做电子产品的外壳具有很好的电磁屏蔽作用。

⑤ 抗震且阻尼性能好　镁合金的弹性模量小，而抗震系数大，因而冲击能量的吸收性能好；在相同载荷下，减振性是铝的 100 倍，是钛合金的 300～500 倍，故在驱动和传动部件上大量运用。

⑥ 抗冲击　镁合金抗变形力大，由冲撞而引起的凹陷小于其

他金属。

⑦ 优良的环保性能　镁合金压铸件废弃后，可以直接回收再利用，费用只有新料价格的 4%，具有良好的环保性。

⑧ 节能　熔炼镁合金的能耗低，机加工也节能，相同条件下的能耗不足铝合金的 70%。

⑨ 尺寸稳定性　镁合金件不需要退火和消除应力就有很好的尺寸稳定性，在负载下有较高的抗蠕变强度。

⑩ 耐蚀性　镁属碱土金属类，在水溶液中呈强碱性，稳定性好，有抗盐雾腐蚀性能。

⑪ 储氢材料　由于质轻，镁系合金有很大的储氢优势，镁合金的储氢材料主要是 MgNi 系合金（含氢 3.6%，H_2 的单位体积容量高达 $150kg/m^3$）。

10.1.2　镁及镁合金的用途

原镁主要用于镁合金生产、炼钢脱硫，此外在稀土合金、金属还原、腐蚀保护及其他领域也有应用。

镁合金的质量轻，切削性、耐蚀性、减震性、尺寸稳定和耐冲击性，远远优于其他材料，所以它在很多领域都有应用。

① 汽车工业　机动车辆每减重 10%可以节省燃料 5.5%，还可减少废气的排放量，故汽车工业中采用镁合金的零部件主要有汽车车身、发动机阀盖、变速箱壳、仪表板基座、方向盘、座椅框架和汽车轮毂等。

② 3C 产业　由于电脑（Computer）、通信（Communication）和消费性电子（Consumer Electronic）的家电产业，越来越要求产品轻、薄、小，美观且易回收、环保，镁合金正是这类产品的理想材料。在电脑上，镁合金主要做结构壳件，使其质轻、散热性好、抗震性好、电磁屏蔽能力强。

③ 航空航天领域　镁合金的比强度、比刚度、抗蠕变性能、耐热性能和耐腐蚀性好，加之有质轻的特点，在航空航天中的应用也异常广泛。镁合金锻件被用于制造飞机的螺旋桨、发动机部件、支架结构和齿轮箱等。

④ 冶金业　镁是铁水预处理过程中使用的主要脱硫剂之一，在炼钛、铍、铀等过程中，可用镁作还原剂；合金制备中作为脱氧

剂和净化剂使用。

⑤ 化工领域 最常见的牺牲阳极阴极保护法中，阳极镁用于轮船壳体的保护；在 Grignard 工艺中，镁用于制备有机化合物和金属有机复合物；在润滑油中作中和剂。

⑥ 兵器工业 现代兵器提倡武器的轻量化，在坦克装甲中，用镁合金制造坦克座椅骨架、变速箱箱体、发动机机滤底座等；在战术防空导弹中使用变形镁合金制造支座舱段、副翼蒙皮、壁板等部件；使用镁粉制造照明弹。

⑦ 核工业 镁的热中子吸收截面大约只有铝的1/4，可将镁合金作为核燃料的包壳材料，使用在 CO 气体冷却的反应堆中，在反应堆中可充当包覆材料。

⑧ 其他消费品 在自行车上用镁合金作骨架，使自行车更轻便，更舒适；镁合金制造的照相机壳、盖等不仅使照相机变轻，结构变小，易于携带，而且提高了刚度、精度和耐久度；镁合金制作的手机外壳不仅使手机更美观，更重要的是抗震、耐磨、屏蔽功能优异。

10.2 变形镁及镁合金

10.2.1 牌号和化学成分（GB/T 5153—2016）

① 牌号

a. 纯镁：Mg＋数字（Mg 的质量分数）。有 3 个牌号：Mg99.95、Mg99.50、Mg99.00。

b. 镁合金：英文字母＋数字＋英文字母。

前面的英文字母，表示最主要的合金组成元素代号（表 10-1）。

表 10-1 镁合金组成元素代号

元素代号	元素名称	元素代号	元素名称	元素代号	元素名称	元素代号	元素名称
A	铝(Al)	M	锰(Mn)	N	镍(Ni)	V	钆(Gd)
B	铋(Bi)	G	钙(Ca)	P	铅(Pb)	W	钇(Y)
C	铜(Cu)	H	钍(Th)	Q	银(Ag)	Y	锑(Sb)
D	镉(Cd)	J	锶(Sr)	R	铬(Cr)	Z	锌(Zn)
E	稀土(RE)	K	锆(Zr)	S	硅(Si)		
F	铁(Fe)	l	锂(Li)	T	锡(Sn)		

其后的数字，表示其最主要的合金组成元素的大致含量。

最后的英文字母，为标识代号，用以标识各具体组成元素相异或元素含量有微小差别的不同合金。

② 组别和牌号　有 7 个组 66 个牌号，见表 10-2。

表 10-2　变形镁及镁合金的组别和牌号

组别	牌号	组别	牌号	组别	牌号	组别	牌号	组别	牌号
MgAl	AZ30M	MgAl	AZ80A	MgZn	ZA73M	MgMn	M1A	MgY	WZ52M
	AZ31B		AZ80M		ZM21M		M1C		WE43B
	AZ31C		AZ80S		ZM21N		M2M		WE43C
	AZ31N		AZ91D		ZM51M		M2S		WE54A
	AZ31S		AM41M		ZE10A		ME20M		WE71M
	AZ31T		AM81M		ZE20M	MgRE	EZ22M		WE83M
	AZ33M		AE90M		ZE90M	MgGd	VE82M		WE91M
	AZ40M		AW90M		ZW62M		VW64M		WE93M
	AZ41M		AQ80M		ZW62N		VW75M	MgLi	LA43M
	AZ61A		Al33M		ZK40A		VW83M		LA86M
	AZ61M		AJ31M		ZK60A		VW84M		LA103M
	AZ61S		AT11M		ZK61M		VK41M		LA103Z
	AZ62M		AT51M		ZK61S				
	AZ63B		AT61M		ZC20M				

③ 化学成分　应符合 GB/T 5153—2016 表 2 的规定。

10.2.2　变形镁及镁合金圆铸锭（YS/T 627—2013）

横截面为圆形，作为挤压或锻造等其他变形用坯料。

① 化学成分　Mg99.80、ZK40A、WE43B、WE54A、M1A 铸锭的化学成分，应符合 YS/T 627—2013 表 2 规定，其他牌号应符合 GB/T 5153 的规定。

② 牌号、状态及规格　见表 10-3。

表 10-3　变形镁及镁合金圆铸锭的牌号、状态及规格

牌号	状态	规格/mm	
		公称直径	铸锭长度
Mg99.95、Mg99.80、Mg99.50、Mg99.00、M2M、AZ31B、AZ40M、AZ41M、AZ61A、AZ61M、AZ63B、AZ80A、AZ80M、ME20M、ZK61M、ZK61S、ZK40A、WE43B、WE54A、M1A	铸态或均匀化	<800	<6000

③ 标记方法

铸锭	YS/T 627-	□-	ϕ×××	□
产品名称	标准编号	牌号	铸锭的直径/mm	长度/mm

10.2.3　变形镁及镁合金扁铸锭（YS/T 695—2009）

横截面为方形，作为挤压或锻造等其他变形用坯料。

① 化学成分　应符合 GB/T 5153 的规定。

② 牌号、状态及规格　见表 10-4。

表 10-4　变形镁及镁合金扁铸锭的牌号、状态及规格

牌号	状态	规格/mm		
		厚度	宽度	长度
M2M、AZ31B、AZ40M、AZ41M、ME20M、ZK61M、AZ80A	铸态	100～700	200～800	500～6000

③ 标记方法

铸锭	□	□	YS/T 695—2009
产品名称	牌号	铸锭的厚度×宽度×长度/mm	标准编号

10.2.4　变形镁及镁合金的牌号和力学性能

表 10-5　变形镁及镁合金力学性能（参考）

合金代号	材料品种和状态	抗拉强度 R_m/MPa	屈服强度 $R_{p0.2}$/MPa	伸长率 A/%	断面收缩率 Z/%	弯曲疲劳强度/MPa		弹性模量 E/GPa	泊松比 μ
						光滑试样	带缺口试样		
M2M	挤压棒材	260	180	4.5	6	—	75	40	0.34
	退火板材[①]	210	120	8	—	—	75	—	—
	锻件及模锻件	245	150	6	—	—	—	—	—
	带材(R)	255	185	9	—	—	6	—	—
	管材(M)	235	150	7	—	—	—	—	—
	型材(R)	180	165	10	—	—	—	—	—
AZ61M	棒材(R)	290	200	16	23	115	95	43.4	0.34
	锻材(R)	280	180	10	13	105	—	43	—
	带材(M)	300	210	13	18	—	—	43	—

续表

合金代号	材料品种和状态	抗拉强度 R_m/MPa	屈服强度 $R_{p0.2}$/MPa	伸长率 A/%	断面收缩率 Z/%	弯曲疲劳强度/MPa		弹性模量 E/GPa	泊松比 μ
						光滑试样	带缺口试样		
AZ62M	棒材(R)	325	210	14.5	23	120	—	44.6	0.39
	锻材(R)	310	215	8	—	129	—	—	—
	(M)	330	220	6	—	110	—	—	—
	(C)	350	240	5	—	—	—	—	—
	带材(R)	330	225	12	—	120	—	45	—
	(M)	340	240	7	—	130	—	—	—
	(C)	350	260	7	—	—	—	—	—
AZ80M	棒材(C)	340	240	15	20	140	110	43	0.34
	锻材(C)	310	220	12	—	—	—	—	—
AZ40M	棒材(R)	270	180	15	—	—	—	43	—
	板材(M)	250	145	20	—	—	—	43	—
AZ41M	棒材(Y_1)	310～320	220～240	10～12	—	—	—	40	—
	锻材(M)	280～290	180～200	18～20	—	—	—	40	—
AZ61M	棒材(R)	290	200	16	—	—	—	43	—
	锻件(M)	280	180	10	—	—	—	43	—
ME20M	棒材(R)	200～260	150～170	7～10	—	—	—	41	—
	板材(M)	240～270	140～200	11～20	—	—	—	41	—
ZK61M	棒材(C)	335	280	9	—	—	—	43	—
		310	250	12	—	—	—	43	—

合金代号	材料品种和状态	抗剪强度 τ_b/MPa	剪切模量 G/MPa	扭转强度 τ_m/MPa	扭转屈服强度 τ'_m/MPa	扭转角 ϕ/(°)	抗压强度 R_{mc}/MPa	抗压屈服强度 $\sigma_{-0.2}$/MPa	冲击韧性 a_k/(J/cm^2)	布氏硬度(HBW)
M2M	挤压棒材	130	16	190	—	—	330	120	6	40
	退火板材①	—	—	—	—	—	—	—	5	45
	锻件及模锻件	—	—	—	—	—	—	—	—	45
	带材(R)	—	—	—	—	—	—	—	—	40
	管材(M)	—	—	—	—	—	—	—	—	40
	型材(R)	—	—	—	—	—	—	—	—	45

续表

合金代号	材料品种和状态	抗剪强度 τ_b /MPa	剪切模量 G /MPa	扭转强度 τ_m /MPa	扭转屈服强度 τ'_m /MPa	扭转角 ϕ /(°)	抗压强度 R_{mc} /MPa	抗压屈服强度 $\sigma_{-0.2}$ /MPa	冲击韧性 a_k/(J/cm²)	布氏硬度(HBW)
AZ61M	棒材(R)	140	16	190	70	309	420	150	7	64
	锻材(R)	140	—	—	—	—	—	—	7	55
	带材(M)	145	—	—	—	—	—	—	10	55
AZ62M	棒材(R)	150	16	240	105	305	465		9.2	76
	锻材(R)	—	—	—	—	—	—	—	—	70
	(M)	—	—	—	—	—	—	—	—	70
	(C)	—	—	—	—	—	—	—	—	80
	带材(R)	—	—	—	—	—	—	—	—	65
	(M)	—	—	—	—	—	—	—	—	80
	(C)	—	—	—	—	—	—	—	—	80
AZ80M	棒材(C)	180	16	210	65	370	470	140	—	64
	锻材(C)	—	—	212	—	—	—	—	—	—
AZ40M	棒材(R)	—	—	—	—	—	—	—	—	60
	板材(M)	—	—	—	—	—	—	—	—	50
AZ41M	棒材(Y_1)	—	—	—	—	—	—	—	—	42
	锻材(M)	—	—	—	—	—	—	—	—	42
AZ61M	棒材(R)	—	—	—	—	—	—	—	—	64
	锻件(M)	—	—	—	—	—	—	—	—	55
ME20M	棒材(R)	—	—	—	—	—	—	—	—	—
	板材(M)	—	—	—	—	—	—	—	—	55
ZK61M	棒材(C)	—	—	—	—	—	—	—	—	—
		—	—	—	—	—	—	—	—	—

① 退火温度 300℃。

10.2.5 变形镁及镁合金的热处理

表 10-6 变形镁及镁合金热处理工艺

合金代号	浇注温度/℃	均匀化退火			热加工	退火			淬火			时效		
		温度/℃	保温时间/h	冷却方式	温度/℃	温度/℃	保温时间/h	冷却方式	温度/℃	保温时间/h	冷却方式	温度/℃	保温时间/h	冷却方式
M2M	720～750	410～425	12	空冷	260～450	320～350	0.5	空冷	—	—	—	—	—	—
AZ40M	700～745	390～410	10	空冷	275～450	280～350	3～5	空冷	—	—	—	—	—	—
AZ41M	710～745	380～420	6～8	空冷	250～450	250～280	0.5	空冷	—	—	—	—	—	—
AZ61M	710～730	390～405	10	空冷	250～340	320～350	0.5～4	空冷	—	—	—	—	—	—
AZ62M	710～730	—	—	—	280～350	320～350	4～6	空冷	分级加热 ①335±5 ②380±5	2～3 4～10	— 热水	—	—	—
AZ80M	710～730	390～405	10	空冷	300～400	350～380	3～6	空冷	410～425 410～425 —	2～6 2～6 —	空冷或热水 空冷或热水 —	175～200 — 175～200	8～16 — 8～16	空冷 — 空冷
ME20M	720～750	410～425	12	空冷	280～450	250～350	1	空冷	—	—	—	—	—	—
ZK61M	690～750	360～390	10	空冷	340～420	—	—	—	— 505～515	— 24	空冷	170～180 160～170	10～24 24	空冷 空冷

10.2.6 变形镁及镁合金的特性及应用

表 10-7 变形镁及镁合金牌号、产品种类、特性及应用

<table>
<tr><th>牌号</th><th>产品种类</th><th>特性</th><th>应用举例</th></tr>
<tr><td>M2M</td><td rowspan="2">板材、棒材、型材、管材、带材、锻件及模锻件</td><td rowspan="2">属于镁-锰系镁合金，其主要特性是：
①强度较低，但有良好的耐蚀性；在镁合金中，其耐蚀性能最好，在中性介质中，无应力腐蚀破裂倾向
②室温塑性较低，高温塑性高，可进行轧制、挤压和锻造
③不能热处理强化
④焊接性能良好，易于用气焊、氩弧焊、点焊等方法焊接
⑤同纯镁一样，这种合金有良好的可加工性，与 M2M 合金比较，ME20 的强度较高，且有较好的高温性能</td><td>用于制造承受外力不大，但要求焊接性和耐蚀性好的零件，如汽油和滑油系统的附件等</td></tr>
<tr><td>ME20M</td><td>强度较 M2M 高，常用来代替它，其板材可制飞机蒙皮、壁板及内部零件，型材和管材可制造汽油和滑油系统的耐蚀零件，模锻件可制外形复杂的零件</td></tr>
<tr><td>AZ40M</td><td>板材、棒材、型材、锻件及模锻件</td><td rowspan="5">属于铁-铝-锌系镁合金，其主要特性是：
①强度高，可热处理强化
②铸造性能良好
③耐蚀性较差，MB2 和 MB3 合金的应力腐蚀破裂倾向较小，MB5、MB6、MB7 合金的应力腐蚀破裂倾向较大
④可加工性良好
⑤热塑性以 AZ40M、AZ41M 合金为佳，可加工成板材、棒材、锻件等各种镁材；AZ62M、AZ80M 合金热塑性较低，主要用做挤压件和锻材
⑥AZ40M、AZ41M 合金焊接性较好，可气焊和氩弧焊；AZ61M 合金的焊接性较差；AZ80M 合金焊接性尚好，但需进行消除应力退火</td><td>用于制造形状复杂的锻件、模锻件及中等载荷的机械零件</td></tr>
<tr><td>AZ41M</td><td>板材</td><td>用作飞机内部组件、壁板</td></tr>
<tr><td>AZ61M</td><td>板材、带材、锻件及模锻件</td><td rowspan="2">主要用于制造承受较大载荷的零件</td></tr>
<tr><td>AZ62M</td><td rowspan="2">棒材、型材及锻件</td></tr>
<tr><td>AZ80M</td><td>可代替 AZ62M 使用，用做承受高载荷的各种结构零件</td></tr>
</table>

续表

牌号	产品种类	特性	应用举例
ZK61M	棒材、型材、带材、锻件及模锻件	属于镁-锌-锆系镁合金，具有较高的强度和良好的塑性及耐蚀性，是目前应用最多的变形镁合金之一。无应力腐蚀破裂倾向，热处理工艺简单，可加工性良好，能制造形状复杂的大型锻件，但焊接性能不合格	用作室温下承受高载荷和高屈服强度的零件，如机翼长桁、翼肋等，零件的使用温度不能超过 150℃

10.3　镁及镁合金的加工产品

10.3.1　镁及镁合金板、带材（GB/T 5154—2010）

包括纯镁带材、镁合金热轧或冷轧板材。

① 分类　按材料类别分，有纯镁和镁合金；按产品类别分，有带材和板材；按成型方法分，有热轧和冷轧。

② 化学成分　应符合 GB/T 5153 的规定。

③ 牌号、状态和规格　见表 10-8。

表 10-8　镁及镁合金板、带的牌号、状态和规格

牌号	状态	规格/mm		
		厚度	宽度	长度
Mg99.00	H18	0.20	3.0～6.0	≥100
AZ40M	O	0.80～10.00	400～1200	1000～3500
	H112、F	>8.00～70.00	400～1200	1000～3500
AZ41M	H18、O	0.40～2.00	≤1000	≤2000
	O	>2.00～10.00	400～1200	1000～3500
	H112、F	>8.00～70.00	400～1200	1000～2000
AZ31B	H24	>0.40～2.00	≤600	≤2000
		>2.00～4.00	≤1000	≤2000
		>8.00～32.00	400～1200	1000～3500
		>32.00～70.00	400～1200	1000～2000
	H26	6.30～50.00	400～1200	1000～2000
	O	>0.40～1.00	≤600	≤2000
		>1.00～8.00	≤1000	≤2000
		>8.00～70.00	400～1200	1000～2000
	H112、F	>8.00～70.00	400～1200	1000～2000

续表

牌号	状态	规格/mm		
		厚度	宽度	长度
ME20M	H18、O	0.40～0.80	≤1000	≤2000
	H24、O	>0.80～10.00	400～1200	1000～3500
	H112、F	>8.00～32.00	400～1200	1000～3500
		>32.00～70.00	400～1200	1000～2000

④ 产品标记方法

□-　　　　□　　　　□　　　　YS/T 5154—2010

牌号　　状态　　板材厚度×宽度×长度/mm　　标准编号

（带材不标注长度）

⑤ 力学性能　见表10-9。

表10-9　板材室温的力学性能

牌号	状态	板材厚度/mm	抗拉强度 R_m/MPa	规定塑性延伸强度 $R_{p0.2}$/MPa	规定塑性压缩强度 $R'_{p0.2}$/MPa	断后伸长率/%	
						$A_{5.65}$	A_{80}
			≥				
M2M	O	0.80～3.00	190	110	—	—	6.0
		>3.00～5.00	180	100	—	—	5.0
		>5.00～10.00	170	90	—	—	5.0
	H112	8.00～12.50	200	90	—	—	4.0
		>12.50～20.00	190	100	—	4.0	—
		>20.00～70.00	180	110	—	4.0	—
AZ40M	O	0.80～3.00	240	130	—	—	12.0
		>3.00～10.00	230	120	—	—	12.0
	H112	8.00～12.50	230	140	—	—	10.0
		>12.50～20.00	230	140	—	8.0	—
		>20.00～70.00	230	140	70	8.0	—
AZ41M	H18	0.40～0.80	290		—	—	2.0
	O	0.40～3.00	250	150	—	—	12.0
		>3.00～5.00	240	140	—	—	12.0
		>5.00～10.00	240	140	—	—	10.0
	H112	8.00～12.50	240	140	—	—	10.0
		>12.50～20.00	250	150	—	6.0	—
		>20.00～70.00	250	140	80	10.0	—

续表

牌号	状态	板材厚度/mm	抗拉强度 R_m/MPa	规定塑性延伸强度 $R_{p0.2}$/MPa	规定塑性压缩强度 $R'_{p0.2}$/MPa	断后伸长率/% $A_{5.65}$	断后伸长率/% A_{80}
			≥				
AZ31B	O	0.40～3.00	225	150	—	—	12.0
		>3.00～12.50	225	140	—	—	12.0
		>12.50～70.00	225	140	—	10.0	—
	H24	0.40～8.00	270	200	—	—	6.0
		>8.00～12.50	255	165	—	—	8.0
		>12.50～20.00	250	150	—	8.0	—
		>20.00～70.00	235	125	—	8.0	—
	H26	6.30～10.00	270	186	—	—	6.0
		>10.00～12.50	265	180	—	—	6.0
		>12.50～25.00	255	160	—	6.0	—
		>25.00～50.00	240	150	—	5.0	—
	H112	8.00～12.50	230	140	—	—	10.0
		>12.50～20.00	230	140	—	8.0	—
		>20.00～32.00	230	140	70	8.0	—
		>32.00～70.00	230	130	60	8.0	—
ME20M	H18	0.40～0.80	260	—	—	—	2.0
	H24	>0.80～3.00	250	160	—	—	8.0
		>3.00～5.00	240	140	—	—	7.0
		>5.00～10.00	240	140	—	—	6.0
	O	0.40～3.00	230	120	—	—	12.0
		>3.00～10.00	220	110	—	—	10.0
	H112	8.00～12.50	220	110	—	—	10.0
		>12.50～20.00	210	110	—	10.0	—
		>20.00～32.00	210	110	70	7.0	—
		>32.00～70.00	200	90	50	6.0	—

10.3.2　镁及镁合金铸轧板材（YS/T 698—2009）

① 牌号、状态和规格　见表 10-10。

表 10-10　镁及镁合金铸轧板的牌号、状态和规格

牌号	供应状态	规格/mm		
		厚度	宽度	长度
Mg99.50、AZ31B、ME20M	O、F	3.00～8.00	≤1000	≤2000

② 牌号和化学成分　应符合 GB/T 5153 的规定。

③ 标记方法

□-　　　　□　　　　□　　　　GB/T 698—2009

牌号　　状态　　板材的厚度×宽度×长度/mm　　标准编号

④ 力学性能　当需方有要求时，其数值由供需双方协商确定。

10.3.3　钆镁合金（GB/T 26414—2010）

作汽车发动机及耐高温镁合金添加剂等。可用电解法、熔配法及还原法生产。

① 牌号　有 085085A、085085B、085075A、085075B、085030A、085030B、085025A、085025B、085020A 和 085020B 十种。其中"0850"是钆镁合金的代号，后面两位数字表示 RE 的含量（质量分数），A、B 表示同一牌号的不同品种。

② 化学成分　应符合 GB/T 26414—2010 表 1 的规定。

10.3.4　3C 产品用镁合金薄板（GB/T 24481—2009）

① 牌号、状态和规格　见表 10-11。

表 10-11　板材的牌号、状态和规格

牌号	供应状态	规格/mm		
		厚度	宽度	长度
AZ31B、AZ40M、ME20M	O、H22、H14	0.40～0.8	100～600	300～1200
AZ41M M2M	O、H24、H16 O、H24、H18	>0.8～2.0	100～700	300～1500

② 牌号和化学成分　应符合 GB/T 5153 的规定。

③ 标记方法

□-　　　　□　　　　□　　　　GB/T 24481—2009

牌号　　状态　　薄板的厚度×宽度×长度/mm　　标准编号

④ 力学性能　见表 10-12。

表 10-12　板材的力学性能

牌号	供应状态	板材厚度/mm	抗拉强度 R_m/MPa	规定塑性伸长应力 $R_{p0.2}$/MPa	伸长率 A_{50}/%
			≥		
AZ31B	O	0.40～0.8	225	130	12
		>0.8～2.0	225	130	12
	H22	0.40～0.8	245	190	6
		>0.8～2.0	240	180	6
	H14	0.40～0.8	260	—	6
		>0.8～2.0	260	—	2
A240M	O	0.40～0.8	240	150	12
		>0.8～2.0	255	140	12
	H22	0.40～0.8	255	190	6
		>0.8～2.0	255	180	6
	H14	0.40～0.8	270	—	2
		>0.8～2.0	270	—	2
AZ41M	O	0.40～0.8	240	150	12
		>0.8～2.0	235	140	12
	H24	0.40～0.8	275	200	6
		>0.8～2.0	270	190	6
	H16	0.40～0.8	290	—	2
		>0.8～2.0	290	—	2
ME20M	O	0.40～0.8	230	120	12
		>0.8～2.0	225	110	12
	H22	0.40～0.8	245	160	8
		>0.8～2.0	240	150	8
	H14	0.40～0.8	260	—	2
		>0.8～2.0	260	—	2
M2M	O	0.40～0.8	190	110	6
		>0.8～2.0	180	100	6
	H24	0.40～0.8	215	90	4
		>0.8～2.0	210	90	4
	H18	0.40～0.8	240	—	2
		>0.8～2.0	240	—	2

10.3.5　镁及镁合金挤压棒材（GB/T 5155—2013）

① 分类　按形状分，有圆棒、方棒和六角棒三种；按尺寸精度分，有 A、B、C 三级。

② 规格　直径（对方棒、六角棒为内切圆直径）为5～300mm。

③ 牌号和状态　见表10-13。

表10-13　镁及镁合金挤压棒材的牌号和状态

合金牌号	状态	合金牌号	状态
AZ31B、AZ40M、AZ41M、AZ61A、AZ61M、ME20M	H112	AZ80A	H112、T5
		ZK61M、ZK61S	T5

④ 标记方法

棒材	GB/T 5155—2013	□-	□	ϕ×长度
产品名称	标准编号	合金牌号	状态	规格/mm

注：非定尺棒有精度要求时加注“A、B、C”。

⑤ 力学性能　见表10-14。

表10-14　棒材的室温纵向力学性能

合金牌号	状态	棒材直径[①]/mm	抗拉强度 R_m/MPa	规定非比例延伸强度 $R_{p0.2}$/MPa	断后伸长率 A/%
			≥		
AZ31B	H112	≤130	220	140	7.0
AZ40M	H112	≤100	245	—	6.0
		>100～130	245	—	5.0
AZ41M	H112	≤130	250	—	5.0
AZ61A	H112	≤130	260	160	6.0
AZ61M	H112	≤130	265	—	8.0
AZ80A	H112	≤60	295	195	6.0
		>60～130	290	180	4.0
	T5	≤60	325	205	4.0
		>60～130	310	205	2.0
ME20M	H112	≤50	215	—	4.0
		>50～100	205	—	3.0
		>100～130	195	—	2.0
ZK61M	T5	≤100	315	245	6.0
		>100～130	305	235	6.0
ZK61S	T5	≤130	310	230	5.0

① 对方棒、六角棒为内切圆直径。

10.3.6　镁及镁合金热挤压矩形棒材（YS/T 588—2006）

本节内容不包括正方形棒材。

① 牌号和状态　见表 10-15。

表 10-15　镁及镁合金热挤压矩形棒的牌号和状态

合金牌号	状态	规格
AZ31B、AZ61A、M1A、ZK60A、ZK61A、AZ80A	H112 H112、T5	供需双方商定
ZK40A	T5	—

注：牌号表示方法符合 GB/T 5153 的规定，状态代号表示方法按 GB/T 16475 的规定。

② 化学成分　应符合 GB/T 5153 的规定。

③ 标记方法

镁矩形棒（产品名称）　□-（合金牌号）　□（状态）　高度×宽度×长度（规格[①]/mm）　YS/T 495—2005（标准编号）

① 非定尺规格时不标长度。

④ 力学性能　见表 10-16。

表 10-16　镁及镁合金热挤压矩形棒的力学性能

牌号	供应状态	公称厚度 /mm	横截面积 /mm^2	抗拉强度 R_m/MPa	规定非比例延伸强度 $R_{p0.2}$/MPa	断后伸长率 /%
AZ31B	H112	≤6.30	所有	240	145	7
AZ61A	H112	≤6.30	所有	260	145	8
AZ80A	H112	≤6.30	所有	295	195	9
AZ80A	T5	≤6.30	所有	325	205	4
M1A	H112	≤6.30	所有	205	—	2
ZK40A	T5	所有	≤3200	275	255	4
ZK60A	H112	所有	≤3200	295	215	5
ZK60A	T5	所有	≤3200	310	250	4

10.3.7　镁合金热挤压型材（GB/T 5156—2022）

① 牌号和状态　见表 10-17。

表 10-17 镁及镁合金热挤压型材的牌号和状态

牌号	状态
Mg9999、AZ31B、AZ40M、AZ41M、AZ61A、AZ61M、ME20M、M1C、M2S、ZE20M	H112
AZ80A	H112、T5
ZK60A、ZM51M、ZK61M、ZK61S、VW75M	T5

② 化学成分 Mg9999 的化学成分应符合 GB/T 3499 的规定，其他牌号的化学成分应符合 GB/T 5153 的规定。

③ 标记方法

型材	GB/T 5156—2022	□	□	型号×长度
|	|	|	|	|
产品名称	标准编号	合金牌号	状态	规格[①] /mm

① 非定尺规格时不标长度；交货长度应为 1000～6000mm。

④ 力学性能 见表 10-18。

表 10-18 热挤压型材的室温拉伸力学性能

合金牌号	供货状态	产品类型	抗拉强度 R_m/MPa	规定非比例延伸强度 $R_{p0.2}$/MPa ≥	断后伸长率 A/%≥
Mg9999	H112	型材	130	60	10.0
AZ31B	H112	实心型材	220	140	7.0
		空心型材	220	110	5.0
AZ40M	H112	型材	240	—	5.0
AZ41M	H112	型材	250	—	5.0
AZ61A	H112	实心型材	260	160	6.0
		空心型材	250	110	7.0
AZ61M	H112	型材	265	—	8.0
AZ80A	H112	型材	295	195	4.0
	T5	型材	310	215	4.0
ZE20M	H112	型材	210	120	19.0
ZK60A	T5	型材	310	235	12.0
ZK61M	T5	型材	310	245	7.0
ZK61S	T5	型材	310	230	5.0
ZM51M	T5	型材	310	260	10.0
M1C	H112	型材	215	140	13.0
M2S	H112	型材	210	155	10.0

续表

合金牌号	供货状态	产品类型	抗拉强度 R_m/MPa	规定非比例延伸强度 $R_{p0.2}$/MPa　≥	断后伸长率 A/%≥
ME20M	H112	型材	290	—	9.0
VW75M	T5	型材	430	320	3.0

注：截面积大于 140cm² 的型材力学性能附实测结果。

10.3.8　镁及镁合金热挤压管材（YS/T 495—2005）

用于组合模生产的镁合金热挤压有缝管材。

① 分类　按外形分，有圆管、正方形管、矩形管、六角形管和八角形管。

② 规格　直径（外径或内径）为≤12.50～200.00mm，圆管壁厚为≤1.20～100.00mm；正方形、矩形、六角形和八角形管的公称宽度或高度为>12.5～180.00mm，壁厚为≤1.20～50.00mm。

③ 牌号和状态　见表 10-19。

表 10-19　镁及镁合金挤压管材的牌号和状态

牌号	状态	牌号	状态
AZ31B	H112	M2S	H112
AZ61A	H112	ZK61S	H112、T5

④ 标记方法

镁××管（产品名称）　□-（合金牌号）　□（状态）　ϕ×壁厚×长度（规格①/mm）　YS/T 495—2005（标准编号）

① 非定尺规格时不标长度。

⑤ 力学性能　见表 10-20。

表 10-20　镁及镁合金挤压管材的力学性能

牌号	状态	管材壁厚/mm	抗拉强度 R_m/MPa	规定非比例延伸强度 $R_{p0.2}$/MPa	断后伸长率/%
			≥		
AZ31B	H112	0.70～6.30	220	140	8
		>6.30～20.00	220	140	4

续表

牌号	状态	管材壁厚/mm	抗拉强度 R_m/MPa	规定非比例延伸强度 $R_{p0.2}$/MPa	断后伸长率/%
			≥		
AZ61A	H112	0.70～20.00	250	110	7
M2S			195	—	2
ZK61S	H112	0.70～20.00	275	195	5
	T5	0.70～6.30	315	260	4
		2.50～30.00	305	230	4

注：壁厚<1.60mm的管材不要求规定非比例延伸强度。

10.3.9 镁合金热挤压无缝管（YS/T 697—2009）

① 牌号、状态 见表10-21。

表10-21 管材的牌号、状态

牌号	状态	牌号	状态	牌号	状态
AZ31B	F	AZ61A	F	ZK61S	F、T5

② 化学成分 应符合GB/T 5153的规定。

③ 标记方法

镁合金无缝圆管	□-	□	ϕ×壁厚×长度	YS/T 697—2009
产品名称	合金牌号	状态	规格[①]/mm	标准编号

① 非定尺规格时不标长度。

④ 力学性能 见表10-22。

表10-22 镁合金热挤压无缝管的力学性能

牌号	状态	抗拉强度 R_m/MPa ≥	规定非比例伸长应力 $R_{p0.2}$/MPa ≥	断后伸长率/% ≥
AZ31B	F	220	140	10
AZ61A		260	150	
ZK61S	F	275	195	4
	T5	315	260	

10.3.10　高强度镁合金棒材（GB/T 38715—2020）

① 牌号、状态　见表 10-23。

表 10-23　镁合金棒材的牌号、状态

合金牌号	状态	尺寸规格[①]/mm
VW75M、VW93M	T5	≤160
VW83M	T5	≤100
AQ80M	T6	≤160
WN54M	H112	
VW84M、VW94M、VW84N	H112、T5	
VW92	H112、T5、T6	≤50

① 圆形棒材规格为棒材直径，方棒和六角棒规格为棒材内切圆直径。

② 化学成分　牌号 VW93M、VW94M、VW84N、WN54M 和 VW92 的化学成分应符合 GB/T 38715—2020 表 2 的规定，其他牌号的化学成分应符合 GB/T 5153 的规定。

③ 标记方法

××棒	GB/T 38715-	□	□	直径×长度
产品名称	标准编号	合金牌号	状态	规格[①]/mm

① 非定尺规格时不标长度，A 级精度时后面加“A”。

④ 力学性能　见表 10-24。

表 10-24　镁合金棒材的室温力学性能

合金牌号	规格[①]/mm	状态	抗拉强度 R_m/MPa ≥	规定非比例延伸强度 $R_{p0.2}$/MPa ≥	断后伸长率 A/% ≥
AQ80M	≤80	T6	370	260	4.0
	>80～160		365	240	3.0
VW75M	≤80	T5	430	350	5.0
	>80～160		350	250	3.0
VW83M	≤100	T5	420	320	8.0
VW84M	≤65	H112	380	270	9.0
		T5	460	360	3.0
	>65～160	H112	360	230	9.0
		T5	440	350	3.0

续表

合金牌号	规格[①]/mm	状态	抗拉强度 R_m/MPa ≥	规定非比例延伸强度 $R_{p0.2}$/MPa ≥	断后伸长率 A/% ≥
VW93M	≤160	T5	350	280	5.0
VW94M	≤80	H112	360	280	10.0
		T5	400	310	8.0
	>80～160	H112	350	260	8.0
		T5	380	300	5.0
VW84N	≤80	H112	370	260	6.0
		T5	450	340	3.0
	>80～160	H112	350	240	6.0
		T5	440	320	3.0
WN54M	≤80	H112	370	280	10.0
	>80～160		350	260	6.0
VW92	≤50	H112	350	280	10.0
		T5	360	260	8.0
		T6	380	270	6.0

① 圆形棒材规格为棒材直径，方棒和六角棒规格为棒材内切圆直径。

10.3.11　高导热镁合金型材（GB/T 38714—2020）

高导热镁合金型材，是指热导率不小于110W/(m·K）的镁合金挤压型材。

① 牌号、状态　见表10-25。

表10-25　高导热镁合金型材的牌号、状态

合金牌号	状态
M1C、M2S、ME20M、ZE20M	H112
ZK60A、ZM51M	T5

② 化学成分　应符合GB/T 5153的规定。

③ 标记方法

型材	GB/T 38714-	□	□-	型号×长度
产品名称	标准编号	合金牌号	状态	规格[①]/mm

① 非定尺规格时不标长度。

④ 力学性能　见表10-26。

表 10-26　高导热镁合金型材的室温力学性能

牌号	状态	抗拉强度 R_m /MPa ≥	规定非比例延伸强度 $R_{p0.2}$/MPa ≥	断后伸长率 A /% ≥
M1C	H112	215	140	13.0
M2S	H112	210	155	10.0
ZE20M	H112	210	120	19.0
ME20M	H112	185	135	8.0
ZK60A	T5	310	235	12.0
ZM51M	T5	310	260	10.0

⑤ 热导率　见表 10-27。

表 10-27　高导热镁合金型材的热导率

牌号	状态	热导率 /[W/(m·K)] ≥	牌号	状态	热导率 /[W/(m·K)] ≥
M1C	H112	130	ME20M	H112	120
M2S	H112	125	ZK60A	T5	115
ZE20M	H112	125	ZM51M	T5	120

10.3.12　镁及镁合金的特性和用途

表 10-28　镁及镁合金的特性和用途

<table>
<tr><th>牌号</th><th>产品种类</th><th>特性</th><th>应用举例</th></tr>
<tr><td>M2M</td><td>板材、棒材、型材、管材、带材、锻件及模锻件</td><td rowspan="2">属于镁-锰系镁合金，其主要特性是：①强度较低，但有镁合金中最好的耐蚀性，在中性介质中，无应力腐蚀破裂倾向；②室温塑性较低，高温塑性高，可进行轧制、挤压和锻造；③不能热处理强化；④焊接性能良好，易于用气焊、氩弧焊、点焊等方法焊接；⑤同纯镁一样，镁-锰系合金有良好的可加工性，和 MB1 合金比较，MB8 合金的强度较高，且有较好的高温性能</td><td>用于制造承受外力不大，但要求焊接性和耐蚀性好的零件，如汽油和滑油系统的附件等</td></tr>
<tr><td>ME20M</td><td>板材、棒材、带材、型材、管材、锻件及模锻件</td><td>强度较 MB1 高，可用来代替 MB1 合金使用，其板材可制飞机蒙皮、壁板及内部零件，型材和管材可制造汽油和滑油系统的耐蚀零件，模锻件可制外形复杂的零件</td></tr>
</table>

续表

牌号	产品种类	特性	应用举例
AZ40M	板材、棒材、型材、锻件及模锻件	属于镁-铝-锌系镁合金，其主要特性是：①强度高，可热处理强化；②铸造性能良好；③耐蚀性较差，MB2 和 MB3 合金的应力腐蚀破裂倾向较小，MB5、MB6、MB7 合金的应力腐蚀破裂倾向较大；④可加工性良好；⑤热塑性以 MB2、MB3 合金为佳，可加工成板材、棒材、锻件等各种镁材，MB6、MB7 合金热塑性较低，主要用作挤压件和锻材；⑥MB2、MB3 合金焊接性较好，可气焊和氩弧焊，MB5 合金的焊接性低，MB7 合金焊接性尚好，但需进行消除应力退火	用于制造形状复杂的锻件、模锻件及中等载荷的机械零件
AZ41M	板材		用作飞机内部组件、壁板
AZ61M	板材、带材、锻件及模锻件		主要用于制造承受较大载荷的零件
AZ62M	棒材、型材及锻件		主要用于制造承受较大载荷的零件
AZ80M	棒材、锻件及模锻件		可代替 MB6 使用，用作承受高载荷的各种结构零件
ZK61M	棒材、型材、带材、锻件及模锻件	属于镁-锌-锆系镁合金，具有较高的强度和良好的塑性及耐蚀性，是目前应用最多的变形镁合金之一。无应力腐蚀破裂倾向，热处理工艺简单，可加工性良好，能制造形状复杂的大型锻件，但焊接性能不好	用作室温下承受高载荷和高屈服强度的零件，如机翼长桁、翼肋等，零件的使用温度不能超过 150℃

10.4 铸造镁合金及其铸件

10.4.1 铸造镁合金（GB/T 1177—2018）

① 牌号、代号和状态

a. 牌号：由镁及主要合金元素的化学符号组成（混合稀土用 RE 表示）。主要合金元素后面跟有表示其名义含量的数字（如果合金元素的名义含量不小于 1，则用整数表示；如果合金元素的名义含量小于 1，一般不标）。在合金牌号前面冠以字母“Z”（“铸”字汉语拼音的第一个字母）表示铸造合金。若合金元素多于两个，除必不可少者外，一般省略。

Z	Mg	Zn4	RE1	Zr
铸造代号	基体镁的化学元素符号	锌的化学元素符号和名义百分含量	混合稀土的化学元素符号和名义百分含量	锆的化学元素符号

b. 代号：由字母“Z”“M”（“铸”“镁”拼音首字母）及其后面的数字组成，其中数字表示合金的顺序号。但 ZM5A 中的字母“A”，表示高纯镁锭。

c. 状态代号：F—铸态，T1—人工时效，T2—退火，T4—固溶处理＋自然时效，T6—固溶处理＋完全人工时效。

② 化学成分　应符合 GB/T 1177—2018 表 1 的规定。

③ 力学性能　见表 10-29。

表 10-29　铸造镁合金室温的力学性能

合金牌号	合金代号	热处理状态	力学性能≥		
			抗拉强度 R_m/MPa	规定塑性延伸强度 $R_{p0.2}$/MPa	断后伸长率 A/%
ZMgZn5Zr	ZM1	T1	235	140	5.0
ZMgZn4RE1Zr	ZM2	T1	200	135	2.5
ZMgRE3ZnZr	ZM3	F	120	85	1.5
		T2	120	85	1.5
ZMgRE3Zn3Zr	ZM4	T1	140	95	2.0
ZMgAl8Zn ZMgAl8ZnA	ZM5 ZM5A	F	145	75	2.0
		T1	155	80	2.0
		T4	230	75	6.0
		T6	230	100	2.0
ZMgNd2ZnZr	ZM6	T6	230	135	3.0
ZMgZn8AgZr	ZM7	T4	265	110	6.0
		T6	275	150	4.0
ZMgAl10Zn	ZM10	F	145	85	1.0
		T4	230	85	4.0
		T6	230	130	1.0
ZMgNd2Zr	ZM11	T6	225	135	3.0

④ 特性和用途　见表 10-30。

表 10-30　铸造镁合金的特性和用途

牌号	主要特性	用途举例
ZM1	铸造流动性好，抗拉强度和屈服强度较高，力学性能壁厚效应较小，抗蚀性良好，但热裂倾向大，故不宜焊接	适于形状简单的受力零件，如飞机轮毂
ZM2	耐腐蚀性与高温力学性能良好，但常温时力学性能比 ZM1 低，铸造性能良好，缩松和热裂倾向小，可焊接	可用于 200℃以下工作而要求强度高的零件，如发动机各类机匣，整流舱、电机壳体等
ZM3	属耐热镁合金，在 200～250℃下高温持久和抗蠕变性能良好，有较好的抗蚀性和焊接性，铸造性能一般，对形状复杂零件有热裂倾向	航空工业中应用历史较久，可用于 250℃下工作且气密性要求高的零件，如压气机机匣、离心机匣、附件机匣，燃烧室罩等
ZM4	铸件致密性高，热裂倾向小，无显微疏松倾向，可焊性好，但室温强度低于其他各系合金	用于制造室温下要求气密或在 150～250℃下作发动机附件和仪表壳体、机匣等
ZM5	属于高强铸镁合金，强度高，塑性好，易于铸造，可焊接，也能抗蚀，但有显微缩松和壁厚效应倾向	广泛用于飞机上的翼肋、发动机附件上各种机匣等零件，导弹上作副油箱挂架、支臂、支座等
ZM6	具有良好的铸造性能，显微疏松和热裂倾向低，气密性好，在 250℃以下综合性能优于 ZM3、ZM4，铸件不同壁厚力学性能均匀	可用于飞机受力构件，发动机各种机匣与壳体，已在直升机上用作减速机匣、机翼翼肋等
ZM7	室温下拉伸强度、屈服极限和疲劳极限均很高，塑性好，铸造充型性良好，但有较大疏松倾向，不宜作耐压零件；此外，焊接性能也差	可用于飞机轮毂及形状简单的各种受力构件
ZM10	含铝量高，耐蚀性好，对显微疏松敏感，宜压铸	一般要求的铸件

10.4.2　压铸镁合金（GB/T 25748—2010）

① 牌号和代号

a. 牌号：由镁及主要合金元素的化学符号组成，主要合金元素后面跟有表示其名义质量分数的数字。在合金牌号前面冠以字母“YZ”。

YZ	Mg	□	□	(A/B)
“压”“铸”两字拼音的首字母	主要合金元素及其名义质量分数	次要合金元素及其名义质量分数	其次合金元素及其名义质量分数	标识号

b. 代号：

YM	□	□□
“压”“镁”两字拼音的首字母	合金代号 1—MgAlSi 系列，2—MgAlMn 系列，3—MgAlZn 系列	顺序号

② 化学成分　应符合 GB/T 25748—2010 表 1 的规定。

③ 品种　见表 10-31。

表 10-31　压铸镁合金的品种

代号	牌号	代号	牌号	代号	牌号
YM102	YZMgAl2Si	YM202	YZMgAl2Mn	YM303	YZMgAl9Zn1(A)
YM103	YZMgAl2Si(B)	YM203	YZMgAl5Mn	YM304	YZMgAl9Zn1(B)
YM104	YZMgAl4Si(A)	YM204	YZMgAl6Mn(A)	YM305	YZMgAl9Zn1(D)
YM105	YZMgAl4Si(B)	YM205	YZMgAl6Mn		
YM106	YZtVkAl4Si(S)	YM302	YZMgAl8Zn1		

10.4.3　铸造镁合金锭（GB/T 19078—2016）

用于生产镁合金铸件。

① 牌号　两个英文字母加两个数字再加一个英文字母。

□	□	□	□	□
名义质量分数最高的合金元素	名义质量分数次高的合金元素	名义质量分数最高的合金元素的质量分数大致值	名义质量分数次高的合金元素的质量分数大致值	标识代号

② 化学成分　应符合 GB/T 19078—2016 表 1 的规定。

③ 力学性能　见表 10-32～表 10-34。

表 10-32　砂型铸造镁合金铸件的典型力学性能

合金组别	牌号	状态代号	拉伸试验结果 抗拉强度 R_m/MPa ≥	屈服强度 $R_{p0.2}$/MPa ≥	伸长率 A /% ≥	布氏硬度 (A_5) (HB)
MgAl	AZ81A、AZ81S	F	160	90	2.0	50～65
		T4	240	90	8.0	50～65
	AZ91C、AZ91D、AZ91E、AZ91S	F	160	90	2.0	55～65
		T4	240	90	6.0	55～70
		T6	240	150	2.0	60～90
	AZ92A	F	170	95	2.0	—
		T4	250	95	6.0	—
		T5	170	115	1.0	—
		T6	250	150	2.0	—
	AZ33M	F	180	100	4.0	—
	AZ63A	F	180	80	4.0	45～55
		T4	235	80	7.0	50～60
		T5	180	85	2.0	50～60
		T6	235	110	3.0	65～80
	AM100A	T6	240	120	2.0	60～80
MgZn	ZE41A	T5	200	135	2.5	55～70
	ZK51A	T5	235	140	5.0	—
	ZK61A	T6	275	180	5.0	—
	ZQ81M	T4	265	130	6.0	—
		T6	275	190	4.0	—
	ZC63A	T6	195	125	2.0	55～65
MgRE	EZ30M	F	120	85	1.5	—
		T2	120	85	1.5	—
	EZ30Z	T6	240	140	4.0	65～80
	EZ33A	T5	140	95	2.5	50～60
	EV31A	T6	250	145	2.0	70～90
	EQ21A、EQ21S	T6	240	175	2.0	70～90
MgGd	VW103Z	T6	300	200	2.0	100～125
	VQ132Z	T6	350	240	1.0	110～140
MgY	WE43A、WE43B	T6	220	170	2.0	75～90
	WE54A	T6	250	170	2.0	80～90
	WV115Z	T6	280	220	1.0	100～125
MgZr	K1A	F	165	40	14.0	—

续表

合金组别	牌号	状态代号	拉伸试验结果			布氏硬度(A_5)(HB)
			抗拉强度 R_m/MPa ≥	屈服强度 $R_{p0.2}$/MPa ≥	伸长率 A /%≥	
MgAg	QE22A、QE22S	T6	240	175	2.0	70～90

注：F—铸态，适用于没有经过应变强化或热处理而直接通过铸造过程而获得的产品。

T2—铸造冷却后退火态，适用于由铸造冷却后进行消除内应力或稳定尺寸的产品。

T4—固溶热处理后自然时效状态，适用于经固溶热处理后不再进一步处理的产品。

T5—铸造冷却后人工时效状态，适用于由铸造冷却后进行人工时效以改善力学性能或稳定尺寸的产品。

T6—固溶热处理后人工时效状态，适用于经固溶热处理后进行人工时效的产品。

表 10-33　永久型铸造镁合金铸件的典型力学性能

合金组别	牌号	状态代号	拉伸试验结果			布氏硬度(A_5)(HB)
			抗拉强度 R_m/MPa ≥	屈服强度 $R_{p0.2}$/MPa ≥	伸长率 A /%≥	
MgAl	AZ81A、AZ81S	F	160	90	2.0	50～65
		T4	240	90	8.0	50～65
	AZ91C、AZ91D、AZ91E、AZ91S	F	160	90	2.0	55～70
		T4	240	90	6.0	55～70
		T6	240	150	2.0	60～90
	AZ92A	F	170	95	2.0	—
		T4	250	95	6.0	—
		T5	170	115	1.0	—
		T6	250	150	2.0	—
	AZ33M	F	180	100	4.0	—
	AM100A	F	140	70	2.0	50～60
		T4	235	70	6.0	50～60
		T6	240	105	2.0	60～80
MgZn	ZE41A	T5	200	135	2.5	55～70
	ZK51A	T5	235	140	5.0	—
	ZK61A	T6	275	180	5.0	—
	ZQ81M	T4	265	130	6.0	—
		T6	275	190	4.0	—
	ZC63A	T6	195	125	2.0	55～65

续表

合金组别	牌号	状态代号	拉伸试验结果			布氏硬度(A_5)(HB)
			抗拉强度 R_m/MPa ≥	屈服强度 $R_{p0.2}$/MPa ≥	伸长率 A /%≥	
MgRE	EZ30M	F	120	85	1.5	—
		T2	120	85	1.5	—
	EZ30Z	T6	240	140	4.0	65～80
	EZ33A	T5	140	95	2.5	50～60
	EV31A	T6	250	145	2.0	70～90
	EQ21A、EQ21S	T6	240	175	2.0	70～90
MgGd	VW103Z	T6	300	200	2.0	100～125
	VQ132Z	T6	350	240	1.0	110～140
MgY	WE43A、WE43B	T6	220	170	2.0	75～90
	WE54A	T6	250	170	2.0	80～90
	WV115Z	T6	280	220	1.0	100～125
MgZr	K1A	F	165	40	14.0	—
MgAg	QE22A、QE22S	T6	240	175	2.0	70～90

注：同表10-32注。

表10-34　高压压铸镁合金铸件的典型力学性能

合金组别	牌号	状态代号	拉伸试验结果			布氏硬度(A_5)(HB)
			抗拉强度 R_m/MPa ≥	屈服强度 $R_{p0.2}$/MPa ≥	伸长率 A /% ≥	
MgAl	AZ81S	F	200～250	140～160	1.0～7.0	60～85
	AZ91A、AZ91B、AZ91D、AZ91S	F	200～260	140～170	1.0～6.0	65～85
	AZ33M	F	200～280	130～180	5.0～20.0	—
	AM20S	F	150～220	80～100	8.0～18.0	40～55
	AM50A	F	180～230	110～130	5.0～15.0	50～65
	AM60A、AM60B	F	190～250	120～150	4.0～14.0	55～70
	AS21B、AS21S	F	170～230	110～130	4.0～14.0	50～70
	AS41A、AS41B、AS41S	F	200～250	120～150	3.0～12.0	55～80
	AE44S	F	220～260	130～160	6.0～15.0	60～80
	AE81M		265～275	150～163	8.0～10.5	—
	AJ52A		190～235	110～150	3.0～9.0	50～70
	AJ62A		200～260	120～160	3.0～10.0	55～80
MgZn	ZA81M	F	220～280	140～180	2.0～6.0	—

注：同表10-32注。

10.4.4　镁合金铸件（GB/T 13820—2018）

① 分类　按铸造方法，分为砂型或金属型铸造两种；按铸件工作条件和用途以及在使用过程中损坏所造成的危害程度，分为Ⅰ、Ⅱ、Ⅲ三类。Ⅰ类是承受重载荷，工作条件复杂，用于关键部位，铸件损坏将危及整机安全运行的重要铸件；Ⅱ类是承受中等载荷，用于重要部位，铸件损坏将影响部件的正常工作，造成事故的铸件；Ⅲ类是承受轻载荷或不承受载荷，用于一般部位的铸件（可不标注）。

② 化学成分　应符合 GB/T 1177—2018 的规定。

③ 铸件圆样表示方法　用分数形式：

合金牌号　铸造方法代号　热处理状态代号

□　□　□

□　GB/T 13820

铸件类别　标准号

例：

ZM6-S-T6

Ⅰ-GB/T 13820

④ 力学性能　Ⅰ类铸件本体或附铸试样的力学性能应符合 GB/T 13820—2018 表 2 的规定；Ⅱ类铸件由供需双方商定，Ⅲ类铸件可不检验力学性能。Ⅰ类、Ⅱ类铸件单铸试样的力学性能应符合 GB/T 1177—2018 的规定。见表 10-35。

表 10-35　Ⅰ类铸件本体或附铸试样的力学性能

合金牌号	合金代号	取样部位	铸造方法	取样部位厚度/mm	热处理状态	抗拉强度 R_m/MPa		规定塑性延伸强度 $R_{p0.2}$/MPa		断后伸长率/%	
						平均值	最小值	平均值	最小值	平均值	最小值
ZMgZn5Zr	ZM1	无规定	S、J	无规定	T1	205	175	120	100	2.5	—
ZMgZn4kE1Zr	ZM2		S		T1	165	145	100	—	1.5	—
ZMgRE3ZnZr	ZM3		S、J		T2	105	90	—	—	1.5	1.0
ZMgRE3Zn3Zr	ZM4		S		T1	120	100	90	80	2.0	1.0

续表

合金牌号	合金代号	取样部位	铸造方法	取样部位厚度/mm	热处理状态	抗拉强度 R_m/MPa		规定塑性延伸强度 $R_{p0.2}$/MPa		断后伸长率/%	
						平均值	最小值	平均值	最小值	平均值	最小值
ZMgAl8Zn ZMgAl8ZnA	ZM5 ZM5A	Ⅰ类铸件指定部位	S	≤20	T4	175	145	70	60	3.0	1.5
					T6	175	145	90	80	1.5	1.0
				>20	T4	160	125	70	60	2.0	1.0
					T6	160	125	90	80	1.0	—
			J	无规定	T4	180	145	70	60	3.5	2.0
					T6	180	145	90	80	2.0	1.0
		Ⅰ类铸件非指定部位；Ⅱ类铸件	S	≤20	T4	165	130	—	—	2.5	—
					T6	165	130	—	—	1.0	—
				>20	T4	150	120	—	—	1.5	—
					T6	150	120	—	—	1.0	—
			J	无规定	T4	170	135	—	—	2.5	1.5
					T6	170	135	—	—	1.0	—
ZMgNd2ZnZr	ZM6	无规定	S、J		T6	180	150	120	100	2.0	1.0
		Ⅰ类铸件指定部位	S		T4	220	190	110	—	4.0	3.0
					T6	235	205	135	—	2.5	1.5
ZMgZn8AgZr	ZM7	Ⅰ类铸件非指定部位；Ⅱ类铸件			T4	205	180	—	—	3.0	2.0
					T6	230	190	—	—	2.0	—
ZMgAl10Zn	ZM10	无规定	S、J		T4	180	150	70	60	2.0	—
					T6	180	150	110	90	0.5	—
ZMgNd2Zr	ZM11	无规定	S、J	无规定	T6	175	145	120	100	2.0	1.0

注：1. “S”表示砂型铸件，“J”表示金属型铸件；当铸件某一部分的两个主要散热面在砂芯中成型时，按砂型铸件的性能指标。

2. 平均值是指铸件上三根试样的平均值，最小值是指三根试样中允许有一根低于平均值（但不低于最小值）。

10.4.5 镁合金压铸件（GB/T 25747—2022）

① 化学成分　应符合GB/T 25747—2022表1的规定。

② 牌号和代号　见表10-36、表10-37。

表 10-36　镁合金压铸件材料的牌号和代号

合金牌号	代号	合金牌号	代号	合金牌号	代号
YZMgAl2Si	YM102	YZMgAl5Mn	YM203	YZMgAl9Zn1(D)	YM305
YZMgAl2Si(B)	YM103	YZMgAl6Mn(A)	YM204	YZMgAl4RE4	YM402
YZMgAl4Si(A)	YM104	YZMgAl6Mn	YM205	YZMgAl5Sr2	YM502
YZMgAl4Si(B)	YM105	YZMgAl8Zn1	YM302	YZMgAl6Sr2	YM503
YZMgAl4Si(S)	YM106	YZMgAl9Zn1(A)	YM303		
YZMgAl2Mn	YM202	YZMgAl9Zn1(B)	YM304		

表 10-37　压铸镁合金的力学性能

合金牌号	合金代号	拉伸性能　≥			布氏硬度(HBW)
		抗拉强度 R_m/MPa	屈服强度 $R_{p0.2}$/MPa	伸长率 A (L_0=50)/%	
YZMgAl2Si	YM102	230	120	12	55
YZMgAl2Si(B)	YM103	231	122	13	55
YZMgAl4Si(A)	YM104	210	140	6	55
YZMgAl4Si(B)	YM105	210	140	6	55
YZMgAl4Si(S)	YM106	210	140	6	55
YZMgAl2Mn	YM202	200	110	10	58
YZMgAl5Mn	YM203	200	110	10	58
YZMgAl6Mn(A)	YM204	220	130	8	62
YZMgAl6Mn	YM205	220	130	8	62
YZMgAl8Zn1	YM302	230	160	3	63
YZMgAl9Zn1(A)	YM303	230	160	3	63
YZMgAl9Zn1(B)	YM304	230	160	3	63
YZMgAl9Zn1(D)	YM305	230	160	3	63
YZMgAl4RE4	YM402	220	130	6	60
YZMgAl5Sr2	YM502	190	110	3	50
YZMgAl6Sr2	YM503	200	120	3	55

10.4.6　铸造镁合金的特点和用途

表 10-38　铸造镁合金的特点和用途

合金代号	主要特性	应用举例
ZM1	铸造流动性好，抗拉强度和屈服强度较高，力学性能壁厚效应较小，抗蚀性良好，但热裂倾向大，故不宜焊接	适于形状简单的受力零件，如飞机轮毂

续表

合金代号	主要特性	应用举例
ZM2	耐腐蚀性与高温力学性能良好，但常温时力学性能比ZM1低，铸造性能良好，缩松和热裂倾向小，可焊接	可用于200℃以下工作而要求强度高的零件，如发动机各类机匣、整流舱、电机壳体等
ZM3	属耐热镁合金，在200～250℃下高温持久和抗蠕变性能良好，有较好的抗蚀性和焊接性，铸造性能一般，对形状复杂零件有热裂倾向	航空工业中应用历史较久，可用于250℃下工作且气密性要求高的零件，如压气机机匣、离心机匣、附件机匣、燃烧室罩等
ZM4	铸件致密性高，热裂倾向小，无显微疏松倾向，可焊性好，但室温强度低于其他各系合金	适于制造室温下要求气密或在150～250℃下工作的发动机附件和仪表壳体、机匣等
ZM5	属于高强铸造镁合金，强度高、塑性好，易于铸造，可焊接，也能抗蚀，但有显微疏松和壁厚效应倾向	广泛用于飞机上的翼肋、发动机和附件上各种机匣等零件，导弹上作副油箱挂架、支臂、支座等
ZM6	具有良好的铸造性能、显微疏松和热裂倾向低，气密性好，在250℃以下综合性能优于ZM3、ZM4，铸件不同壁厚力学性能均匀	可用于飞机受力构件，发动机各种机匣与壳体，已在直升机上用于减速机匣、机翼翼肋等处
ZM7	室温下拉伸强度、屈服极限和疲劳极限均很高，塑性好，铸造充型性良好，但有较大疏松倾向，不宜作耐压零件，此外，焊接性能也差	可用于飞机轮毂及形状简单的各种受力构件
ZM10	铝量高，耐蚀性好，对显微疏松敏感，宜压铸	一般要求的铸件

10.5 镁合金锻件（GB/T 26637—2011）

① 化学成分 见表10-39。

表10-39 镁合金锻件的化学成分范围

元素	成分/%			
	合金 AZ31B	合金 AZ61A	合金 AZ80A	合金 ZK60A
Mg	余量	余量	余量	余量
Al	2.5～3.5	5.8～7.2	7.8～9.2	—
Mn	0.20～1.0	0.15～0.5	0.12～0.5	—

续表

元素	成分/%			
	合金 AZ31B	合金 AZ61A	合金 AZ80A	合金 ZK60A
Zn	0.6～1.4	0.40～1.5	0.20～0.8	4.8～6.2
Zr	—	—	—	≤0.45
Si	≤0.10	≤0.10	≤0.10	—
Cu	≤0.05	≤0.05	≤0.05	—
Ni	≤0.005	≤0.005	≤0.005	—
Fe	≤0.005	≤0.005	≤0.005	—
Ca	≤0.04	—	—	—
其他杂质	≤0.30	≤0.30	≤0.30	≤0.30

② 拉伸性能 见表 10-40。

表 10-40 锻件的拉伸性能

合金牌号	状态	R_m ≥		$R_{p0.2}$ ≥		伸长率/% ≥
		MPa	(kis)	MPa	(kis)	
AZ31B	F	234	(34.0)	131	(19.0)	6
AZ61A	F	262	(38.0)	152	(22.0)	6
AZ80A	F	290	(42.0)	179	(26.0)	5
AZ80A	T5	290	(42.0)	193	(28.0)	2
ZK60A 模锻件①	T5	290	(42.0)	179	(26.0)	7
ZK60A 模锻件①	T6	296	(43.0)	221	(32.0)	4

① 只适用于厚度不大于 76mm 的模锻件。自由锻件的抗拉强度要求可以降低，但需供需双方协商。

注：为保证与本标准的一致性，每一抗拉强度值和屈服强度值都应修正至 0.7MPa (0.1kis)，每一伸长率值都应修正至最接近 0.5%，且应按照 ASTM E29 中的圆整方法进行修正。

第11章 铜及铜合金

铜及铜合金具有优良的导电、导热、抗腐蚀和良好的成型性能，在电气、化工、机械、动力、交通等行业中得到广泛的应用。

按其化学成分和颜色的不同，可分为紫铜（工业纯铜）、黄铜、青铜、白铜和高铜；按其制造方法不同，可分为变形铜及其合金、铸造铜及其合金。

11.1 纯铜

11.1.1 高纯铜（GB/T 26017—2020）

用于溅射靶材及离子镀膜加工产品、电子工业各种连接线、电子封装用键合线、高品质音频线、高纯试剂、标样及高级合金等。一般铜含量在96.0%～<99.3%的范围内。

① 分类　按铜含量的不同，分为 HPCu-7N、HPCu-6N5、HPCu-6N、HPCu-5N 四个牌号。

② 化学成分　见表 11-1。

表 11-1　高纯铜的化学成分

牌号		HPCu-7N	HPCu-6N5	HPCu-6N	HPCu-5N
铜含量①(质量分数)/%≥		99.99999	99.99995	99.9999	99.999
杂质含量(质量分数)/10^{-4}% ≤	Ag	0.05	0.1	0.3	2
	Al	0.01	0.01	0.05	0.5
	As	0.01	0.02	0.05	0.2
	Au	0.005	0.01	0.02	0.1
	B	0.01	0.01	0.01	0.05
	Be	0.001	0.001	0.001	0.01
	Bi	0.005	0.01	0.02	0.1
	Ca	0.01	0.01	0.02	0.2
	Cd	0.01	0.01	0.05	0.1

续表

牌号		HPCu-7N	HPCu-6N5	HPCu-6N	HPCu-5N
杂质含量（质量分数）/10^{-4}% ≤	Cl	1	2	5	20
	Co	0.01	0.01	0.02	0.5
	Cr	0.01	0.01	0.02	0.3
	Fe	0.01	0.02	0.1	0.5
	Ga	0.005	0.01	0.01	0.05
	Ge	0.02	0.03	0.05	0.1
	Hg	0.01	0.01	0.02	0.1
	K	0.01	0.02	0.03	0.1
	Li	0.01	0.01	0.03	0.05
	Mg	0.01	0.01	0.05	0.5
	Mn	0.01	0.02	0.02	0.5
	Mo	0.01	0.01	0.01	0.02
	Ti	0.005	0.005	0.01	0.21
	U	0.001	0.001	0.001	0.01
	V	0.001	0.001	0.001	0.01
	Zn	0.01	0.09	0.05	0.1
	Zr	0.005	0.01	0.09	0.2
杂质含量总和（质量分数）/10^{-4}% ≤		0.1	0.5	1	10

① 高纯铜的铜含量为 100%减去表中所列但不限于表中所列杂质元素实测值总和的余量（不含 S、Cl）。

③ 尺寸　条状—长×宽（300±1)mm×(10±1)mm；厚度为(4±2)mm。块状—长×宽（50±1)mm×(50±1)mm；厚度为(4±2)mm（可根据需方要求剪裁）。

11.1.2 高纯铜铸锭（YS/T 919—2013）

用于制造半导体铜靶材所需的高纯铜铸锭，其他行业也可参照使用。

① 分类　按化学成分，可分为 6N5、6N、5N、4N5 四个牌号。一般铜含量大于 94%。

② 化学成分　见表 11-2、表 11-3。

表 11-2 高纯铜铸锭的化学成分

牌号		6N5	6N	SN	4N5
铜含量(质量分数)/% ≥		99.99995	99.9999	99.999	99.995
杂质含量 $/10^{-4}\%$ ≤	Ag	0.1	0.3	2	25
	Al	0.005	0.05	0.5	—
	As	0.01	0.02	0.1	5
	Bi	0.01	0.02	0.2	1
	C	0.01	0.02	0.5	—
	Cd	0.05	—	0.1	1
	Cl	0.05	—	—	—
	Co	0.02	—	0.3	—
	Cr	0.01	0.02	0.1	—
	F	0.05	—	—	1
	Fe	0.05	0.1	0.5	10
	K	0.01	0.02	—	—
	Mn	0.02	—	0.1	0.5
	Na	0.02	0.02	—	—
	Ni	0.05	0.1	0.5	10
	P	0.01	0.02	0.1	3
	Pb	0.01	0.02	0.05	5
	Sb	0.01	0.02	0.1	4
	Se	0.05	0.05	0.1	3
	Si	0.05	0.05	0.5	—
	Sn	0.01	0.05	0.1	2
	Te	0.02	0.05	0.1	2
	Th	0.0005	0.0005	—	—
	U	0.0005	0.0005	—	—
	Zn	0.02	0.05	0.1	1
杂质总含量 $/10^{-4}\%$ ≤		0.5	1	10	50

注：1. 高纯铜铸锭的铜含量为100%减去表中所列杂质实测总和的余量（不含C、N、O、S)。

2. 客户对某种特定杂质元素含量有特殊要求的，由供需双方协商确认。

表 11-3 高纯铜铸锭中碳、氮、氧、硫杂质元素含量

牌号		6N5	6N	SN	4N5
铜含量(质量分数)/% ≥		99.99995	99.9999	99.999	99.995
杂质含量 $/10^{-4}\%$ ≤	C	1	1	10	20
	N	1	1	5	10
	O	1	1	5	5
	S	0.05	0.05	1	15

11.1.3 工业纯铜

工业纯铜呈紫红色，所以又称紫铜。其纯度高于 99.70%，密度为 8.96g/cm^3，熔点为 1083℃，具有极好的导电性（仅次于银）、导热性和极好的延展性、耐蚀性，以及良好的低温性能，广泛用来制造电缆、散热器、冷凝器以及热交换器等。

① 牌号

a. 纯铜：用“T”加顺序号，或“T”＋第一主添加元素化学符号＋各添加元素含量（数字间以“－”隔开）表示。如 T2、TAg0.1、TAg0.1-0.01 等。

b. 无氧铜：用“TU”加顺序号表示，或“TU”＋添加元素的化学符号＋各添加元素含量表示；如 TU1、TAg0.2 等。

c. 磷脱氧铜：用“TUP”加顺序号表示，如 TP2 等。

d. 高铜合金：用“T”＋第一主添加元素化学符号＋各添加元素含量（数字间以“-”隔开）”表示。如 TCr1-0.15 等。

② 特性和用途　见表 11-4。

表 11-4　工业纯铜产品的特性和用途

类别	合金代号	特性	用途
纯铜	T1 T2	杂质较少，有良好的导热、导电性能，耐腐蚀，加工性能和焊接性能好。含有微量氧，不能在高于 370℃ 的还原性气氛中加工和利用（易引起“氢病”）	用于制造电线、电缆、导电螺钉、爆破用雷管和化工用蒸发器及各种管道等
	T3	杂质较多，含氧量比 T1、T2 高，导电性能比 T1、T2 低，更容易引起“氢病”	主要用作一般材料，如电气开关、垫片、油管、铆钉等
阴极铜	Cu-CATH-X	分为 A 级铜（Cu-CATH-1）、1 号（Cu-CATH-2）和 2 号标准铜（Cu-CATH-3）三种。质量电阻率：前者≤0.15176Ω·g/m^2，其余≤0.15328Ω·g/m^2	用电解法生产，通常供重熔用，质量极高，可以用来制作电气产品
无氧铜	TU1 TU2	无氧铜极少产生“氢病”，纯度高，导电、导热性能优良，塑性加工、焊接、耐蚀、耐寒性能良好	主要用于制造电真空器件

续表

类别	合金代号	特性	用途
铜排	TP1 TP2	极少产生"氢病",可在还原性气氛中加工使用。导电、导热、焊接、耐蚀性能良好。TP1 中残留磷量比 TP2 少,故其导电、导热性能比 TP2 好	多以管材供应,主要用于汽油、气体管道、排水管、冷凝器、蒸发器、热交换器等
银纯铜	TAg0.1	含少量银,显著提高了纯铜的再结晶温度和蠕变强度,但又不降低纯铜导电、导热、加工性能,同时提高了纯铜的耐磨性、电接触性和耐蚀性能	用于耐热、导电器件,如微电机整流子片、发电机转子用导体、电子管材料等

11.2 铜合金

由于紫铜的力学性能不高，故在机械装备、结构零件中都使用铜合金。它是在纯铜为基体中加入一种或几种其他元素所构成的合金，其导电、导热性好，对大气和水的抗蚀能力高；塑性好，容易成型；具有优良的减摩性和耐磨性（如青铜及部分黄铜）、高的弹性极限和疲劳极限（如铍青铜等）。铜还是抗磁性物质。

铜合金的分类方法有三种：

① 按合金系划分　可分为黄铜、青铜、白铜和高铜，各自有若干小的合金系。

a.（普通）黄铜是以锌为主要合金元素的铜合金，其颜色随含锌量的增加由黄红色变成淡黄色。在此基础上加入其他合金元素（如硅、铝、铅、锡、锰等）时称为特殊黄铜。普通黄铜的牌号用字母“H”加铜含量百分数表示；特殊黄铜用“H”加主添元素化学符号和铜含量及添加元素含量表示，余量为锌；铸造用黄铜在“H”前冠“Z”。

黄铜的导电性能比紫铜差，但强度、硬度和耐腐蚀性能均比紫铜高，可以热加工和冷加工，广泛用来制造各种结构零件，如散热器、冷凝器管道、船舶、汽车和拖拉机零件、齿轮、垫圈、弹簧、螺纹零件等。根据性能和用途不同，可分为压力加工黄铜和铸造黄铜两类。

b. 青铜呈青灰色，是铜锡合金（锡青铜）、铜铝合金（铝青铜）、铜硅合金（硅青铜）、铜铍合金（铍青铜）等的通称，常在其前冠以第一主要添加元素。青铜的牌号以字母“Q”为首，后面标注主要合金元素的化学元素符号和所加元素的平均含量百分数。

根据工艺性能、用途的不同，青铜也可分为压力加工和铸造两类，生产上最常用的青铜是铸造锡青铜和铸造铝青铜。

青铜具有很高的耐腐蚀性、良好的力学性能、铸造性能和耐磨性能，用于制造各种耐磨零件和与酸、碱、蒸汽等腐蚀介质接触的零件。

c. 白铜是铜镍合金，如含锰、锌、铁、铝等元素的铜镍合金，则分别称为锰白铜、锌白铜、铁白铜、铝白铜等。有工业用、结构用和电工用等多种。

工业中应用的白铜一般含 5%～30%的镍（Ni）。根据用途，白铜分为耐腐蚀结构用白铜和电工白铜两类。前者的力学性能和耐腐蚀性较好，用于制造精密机械、化工机械和船舶零件；后者具有特殊的导电性能，用于制造精密电工测量仪器、变阻器和热电偶等。

白铜的导热性接近于碳钢，因此比较容易焊接，并且不要求预热。但焊接时应严格控制铅、磷和硫的含量，以免产生热裂纹。

白铜的牌号用字母“B”为首，后面标注镍（Ni）含量百分数；特殊白铜用“B”加合金元素化学符号再加镍含量及合金元素含量来表示。如 BMn40-1.5 表示含 40%镍、1.5%的锰的锰白铜。

d. 高铜是以铜为基体金属，加入一种或几种微量元素以获得某些预定特性的合金。用于冷、热压力加工的高铜，铜含量一般在 96.0%～<99.3%的范围内；用于铸造的高铜，一般铜含量大于 94%。

② 按功能划分　可分为导电导热用、结构用、耐蚀用、耐磨用、易切削和弹性等铜合金。

③ 按材料成型方法划分　可分为铸造和变形铜合金（许多铜合金可兼用）。

11.2.1　加工铜的分类和代号（GB/T 5231—2022）

用于以压力加工方法生产的铜及铜合金加工产品。见表 11-5。

表 11-5　加工铜的分类和代号　%

分类	牌号	(Cu+Ag)≥	分类	牌号	(Cu+Ag)≥
无氧铜	TU00	99.99	磷脱氧铜	TP1	99.90
	TU0	99.97		TP2	99.9
	TU1	99.97		TP3	99.9
	TU2	99.95		TP4	99.90
	TU3	99.95	锡铜	TSn0.15-0.01	99.90
磷无氧铜	TUP0.002	99.99		TSn0.12	99.96
	TUP0.003	99.95		TSn0.15	99.90
	TUP0.008	99.95		TSn0.3	99.90
银无氧铜	TU00Ag0.06	99.99		TSn0.5	99.90
	TUAg0.03	99.95	碲铜	TTe0.3	99.9
	TUAg0.05	99.96		TTe0.5-0.008	99.8
	TUAg0.1	99.96		TTe0.5	99.90
	TUAg0.2	99.96		TTe0.5-0.02	99.85
	TUAg0.3	99.96	硫铜	TS0.4	99.90
	TUAg0.08	99.95	锆铜	TZr0.15	99.80
锆无氧铜	TUZr0.15	99.97		TZr0.1	99.80
纯铜	T1	99.95		TZr0.2	99.5
	T1.5	99.95		TZr0.4	99.5
	T2	99.90	镁铜	TMg0.15	99.9
	T3	99.70		TMg0.2	99.9
银铜	TAg0.05	99.90		TMg0.25	99.9
	TAg0.08	99.90	弥散铜	TUAl0.12	余量①
	TAg0.1-0.01	99.9		TUAl0.15	99.62
	TAg0.1	99.5		TUAl0.25	99.43
	TAg0.15	99.50		TUAl0.35	99.24
	TAg0.2	99.90		TUAl0.60	99.77

① 铜的质量分数可取所有已分析元素与100%之间的差值所得。

注：其他元素含量未注明。

11.2.2　加工黄铜的分类和代号（GB/T 5231—2022）

① 分类　普通黄铜和复杂黄铜。

② 名称　普通黄铜以“H”＋铜含量表示，如H65；复杂黄铜以“H”＋第二主添加元素化学符号＋铜含量＋除锌以外的各添加元素含量（数字间以“-”隔开）。如HPb59-1。见表11-6。

表 11-6　加工黄铜的分类和代号　%

分类	牌号	Cu	Cu+所列元素总和	分类	牌号	Cu	Cu+所列元素总和
普通黄铜	H96	95.0～97.0	99.8	铅黄铜	HPb62-2	60.0～63.0	99.5
	H95	94.0～96.0	99.8		HPb62-3	60.0～63.0	99.5
	H90	89.0～91.0	99.8		HPb62-3.4	60.0～63.0	99.5
	H85	84.0～86.0	99.8		HPb62-2-0.1	61.0～63.0	99.8
	H80	78.5～81.5	99.8		HPb61-2-1	59.0～62.0	99.6
	H70	68.5～71.5	99.7		HPb61-2-0.1	59.2～62.3	99.8
	H68	67.0～70.0	99.7		HPb61-1	58.0～62.0	99.6
	H66	64.0～68.5	99.7		HPb61-1.5	60.0～62.0	99.8
	H65	63.0～68.5	99.7		HPb61-3	59.0～63.0	99.7
	H63	62.0～65.0	99.7		HPb60-2	58.0～61.0	99.5
	H62.5	60.0～65.0	99.5		HPb60-3	58.0～61.0	99.6
	H62	60.5～63.5	99.7		HPb59-1	57.0～60.0	99.0
	H60	59.0～61.5	99.8		HPb59-2	57.0～60.0	99.5
	H59	57.0～60.0	99.8		HPb59-1.8	57.0～61.0	99.7
	H58	57.0～59.0	99.8		HPb59-2.8	57.0～61.0	99.7
硼砷铬黄铜	HCr90-0.3	90.0～91.0	99.5		HPb58-2	57.0～59.0	99.5
	HB90-0.1	89.0～91.0	99.5		HPb59-3	57.5～59.5	99.8
	HAs85-0.05	84.0～86.0	99.8		HPb58-3	57.0～59.0	99.5
	HAs70-0.05	68.5～71.5	99.7		HPb57-4	56.0～58.0	99.3
	HAs68-0.04	67.0～70.0	99.8		HPb57-3	56.0～58.0	99.3
	HAs65-0.04	63.0～68.5	99.7	锡黄铜	HSn90-1	88.0～91.0	99.8
	HAs63-0.04	62.0～65.0	99.7		HSn88-0.7	86.5～90.5	99.5
	HAs63-0.1	61.5～63.5	99.8		HSn88-1	86.0～89.0	99.7
	HAs62-0.04	60.5～63.5	99.7		HSn88-2	87.0～90.0	99.7
铅黄铜	HPb89-2	87.5～90.5	99.6		HSn75-1	73.0～76.0	99.6
	HPb66-0.5	65.0～68.0	99.6		HSn72-1	70.0～73.0	99.6
	HPb65-1.5	64.0～66.0	99.8		HSn71-1-0.06	70.0～73.0	99.6
	HPb63-3	62.0～65.0	99.3		HSn71-1	70.0～73.0	99.6
	HPb63-0.1	61.5～63.5	99.5		HSn70-1	69.0～71.0	99.8
	HPb63-1.5	62.0～64.0	99.8		HSn70-1-0.01	69.0～71.0	99.8
	HPb63-1.5-0.6	62.0～63.6	99.8		HSn70-1-0.01-0.04	69.0～71.0	99.8
	HPb63-1-0.6	62.0～63.6	99.8		HSn65-0.03	63.5～68.0	99.8
	HPb62-0.8	60.0～63.0	99.3		HSn62-1	61.0～63.0	99.7
	HPb62-1-0.6	61.0～62.5	99.8		HSn60-0.8	59.0～62.0	99.6

续表

分类	牌号	Cu	Cu+所列元素总和	分类	牌号	Cu	Cu+所列元素总和
锡黄铜	HSn60-1	59.0～61.0	99.4	铁黄铜	HFe59-1-1	57.0～60.0	99.7
	HSn60-0.4-0.2	58.0～61.0	99.8		HFe58-1-1	56.0～58.0	99.5
	HSn60-1-0.04	59.0～62.0	99.6	锑黄铜	HSb61-0.8-0.5	59.0～63.0	99.5
	HSn61-0.8-1.8	59.0～62.0	99.6		HSb60-0.9	58.0～62.0	99.7
铋黄铜	HBi58-1.5	57.0～59.0	99.7	硅黄铜	HSi80-3	79.0～81.0	99.2
	HBi60-2	59.0～62.0	99.5		HSi76-3-0.06	75.0～77.0	99.8
	HBi60-1.3	58.0～62.0	99.7		HSi75-3	73.0～77.0	99.4
	HBi60-1.0-0.05	58.0～63.0	99.5		HSi68-1.5	66.0～70.0	99.7
	HBi60-0.5-0.01	58.5～61.5	99.7		HSi68-1	66.0～68.0	99.8
	HBi60-0.8-0.01	58.5～61.5	99.7		HSi62-0.6	59.0～64.0	99.5
	HBi60-1.1-0.01	58.5～61.5	99.7		HSi61-0.6	59.0～63.0	99.7
	HBi62-1.4-1	60.0～63.0	99.5		HSi58-1.2	56.0～60.0	99.8
	HBi59-1	58.0～60.0	99.5	铝黄铜	HAl77-2	76.0～79.0	99.5
	HBi62-1	61.0～63.0	99.5		HAl67-2.5	66.0～68.0	99.6
锰黄铜	HMn64-8-5-1.5	63.0～66.0	99.0		HAl66-6-3-2	64.0～68.0	99.0
	HMn62-3-3-0.7	60.0～63.0	99.1		HAl64-5-4-2	63.0～66.0	99.5
	HMn61-2-1-0.5	60.0～62.0	99.8		HAl63-0.6-0.2	62.2～64.2	99.8
	HMn61-2-1-1	60.0～63.0	99.4		HAl61-4-3-1.5	59.0～62.0	99.7
	HMn61-3-1	60.0～63.0	99.5		HAl61-1-1	Zn35.0～38.0	99.7
	HMn60-3-1.7-1	58.0～63.0	99.5		HAl61-4-3-1	59.0～62.0	99.3
	HMn62-3-3-1	59.0～65.0	99.2		HAl60-1-1	58.0～61.0	99.7
	HMn62-13	59.0～65.0	99.8		HAl60-4-3-1	57.0～62.0	99.7
	HMn55-3-1	53.0～58.0	99.0		HAl60-5-2-2	57.0～62.0	99.8
	HMn59-2-1.5-0.5	58.0～59.0	99.7		HAl59-3-2	57.0～60.0	99.7
	HMn58-2	57.0～60.0	99.8		HAl58-1.2	56.0～60.0	99.8
	HMn58-3-1-1	57.0～60.0	99.5		HAl58-4-4-1	55.0～61.0	99.8
	HMn58-2-1-0.5	56.0～60.5	99.7	镁黄铜	HMg60-1	59.0～61.0	99.5
	HMn58-2-2-0.5	57.0～59.0	99.7				
	HMn58-3-2-0.8	57.0～60.0	99.8				
	HMn57-3-1	55.0～58.5	99.7	镍黄铜	HNi65-5	64.0～67.0	99.7
	HMn57-2-1.7-0.5	56.5～58.5	99.0		HNi56-3	54.0～58.0	99.6
	HMn57-2-2-1	56.5～58.5	99.0		HNi55-7-4-2	54.0～56.0	99.8

注：其他元素含量未注明。

11.2.3　加工青铜的分类和代号（GB/T 5231—2022）

① 分类　按第一主添加元素的不同，有锡青铜、铬青铜、锰青铜、铝青铜和硅青铜。

② 牌号　以“Q”＋第一主添加元素化学符号＋各添加元素含量（数字间以“-”隔开）表示。如 QAl5、QSn6.5-0.1 等。见表 11-7。

表 11-7　加工青铜的分类和代号　%

分类	牌号	次要元素含量百分数	Cu＋所列元素总和
锡青铜	QSn0.4	0.15～0.55	99.9
	QSn0.6	0.4～0.8	99.9
	QSn0.9	0.85～1.05	99.9
	QSn0.5-0.025	0.25～0.6	99.9
	QSn1-0.5-0.5	0.9～1.2	99.9
	QSn1.5-0.2	1.0～1.7	99.5
	QSn1.4	1.0～1.7	99.5
	QSn1.8	1.5～2.0	99.5
	QSn2-0.2	1.7～2.3	99.5
	QSn2-0.1-0.03	1.7～2.3	99.5
	QSn4-3	3.5～4.5	99.8
	QSn5-0.2	4.2～5.8	99.5
	QSn5-0.3	4.5～5.5	99.8
	QSn4-0.3	3.5～4.9	99.5
	QSn4-0.15-0.15-0.03	3.5～4.9	99.5
	QSn6-0.05	6.0～7.0	99.8
	QSn6.5-0.1	6.0～7.0	99.6
	QSn6.5-0.4	6.0～7.0	99.6
	QSn7-0.2	6.0～8.0	99.6
	QSn6-0.2	5.0～7.0	99.5
	QSn8-0.3	7.0～9.0	99.5
	QSn10-0.2	9.0～11.0	99.5
	QSn15-1-1	12～18	99.8
	QSn4-4-2.5	3.0～5.0	99.8
	QSn4.6-1-0.2	3.5～5.8	99.5
	QSn4-4-4	3.0～5.0	99.8

分类	牌号	次要元素含量百分数	Cu＋所列元素总和
铬青铜	QCr4.5-2.5-0.6	3.5～5.5	99.9
锰青铜	QMn1.5	0.5～2.0	99.7
	QMn2	1.20～1.80	99.5
	QMn5	1.5～2.5	99.1
	QMn11-3.5-1.5	10.8～12.5	99.2
铝青铜	QAl5	4.0～6.0	99.4
	QAl6	5.0～6.5	99.5
	QAl7	6.0～8.5	99.5
	QAl9-2	8.0～10.0	99.3
	QAl9-4	8.0～10.0	99.3
	QAl9-5-1-1	8.0～10.0	99.4
	QAl10-3-1.5	8.5～10.0	99.3
	QAl10-4-4	9.5～11.0	99.0
	QAl10-4-4-1	8.5～11.0	99.2
	QAl10-5-5	8.0～11.0	99.8
	QAl11-6-6	10.0～11.5	99.5
	QAl7-3-0.4	6.0～7.5	99.8
	QAl9-3	8.5～10.0	99.5
	QAl11-3	10.0～11.5	99.5
	QAl13-4	12.5～13.5	99.5
	QAl14-3	13.0～16.0	99.5
	QAl10-5-3	9.0～11.0	99.5
	QAl10-6-5	10.0～11.0	99.5
	QAl9-4-4	8.7～9.5	99.5
	QAl9-4-1-1	8.5～11.0	99.5
	QAl7-2	6.3～7.6	99.5
	QAl6.5-2	6.3～7.0	99.5

续表

分类	牌号	次要元素含量百分数	Cu＋所列元素总和	分类	牌号	次要元素含量百分数	Cu＋所列元素总和
硅青铜	QSi0.6-2	0.4～0.8	99.5	硅青铜	QSi3-1	2.7～3.5	98.9
	QSi0.6-2.1	0.4～0.8	99.7		QSi3.5-3-1.5	3.0～4.0	98.9
	QSi1-3	0.6～1.1	99.5				

注：其他元素含量未注明。

11.2.4　加工白铜的分类和代号（GB/T 5231—2022）

① 分类　按第一主添加元素的不同，有普通白铜、铁白铜、锰白铜、铝白铜、硅白铜、锌白铜、锡白铜、钴白铜。

② 名称　普通白铜以“B”＋镍含量表示，如B30。

复杂白铜：a. 以铜为余量时，以“B”＋第二主添加元素化学符号＋镍含量＋各添加元素含量（数字间以“-”隔开）表示，如BFe10-1-1。b. 锌为余量的锌白铜，以“B”＋Zn元素化学符号＋第一主添加元素（镍）含量＋第二主添加元素（锌）含量＋第三主添加元素含量（数字间以“-”隔开），如BZn15-21-1.8等。

表11-8　加工白铜的分类和代号　　%

分类	牌号	Ni＋Co含量百分数	Cu＋所列元素总和	分类	牌号	次要元素含量百分数	Cu＋所列元素总和
普通白铜	B0.6	0.57～0.63	99.9	铁白铜	BFe16-1-1-0.5	0.50～1.00	99.9
	B5	4.4～5.0	99.5		BFe30-0.7	0.40～1.0	99.5
	B19	18.0～20.0	99.2		BFe30-1-1	0.5～1.0	99.3
	B23	22.0～24.0	99.5		BFe30-2-2	1.7～2.3	99.5
	B25	24.0～26.0	99.2	锰白铜	BMn3-12	11.5～13.5	99.5
	B30	29.0～33.0	99.7		BMn40-1.5	1.0～2.0	99.1
分类	牌号	次要元素含量百分数	Cu＋所列元素总和		BMn43-0.5	0.10～1.0	99.4
铁白铜	BFe5-1.5-0.5	1.3～1.7	99.5	铝白铜	BAl6-1.5	1.2～1.8	99.6
	BFe7-0.4-0.4	0.1～0.7	99.3		BAl13-3	2.3～3.0	99.6
	BFe10-1-1	1.0～1.5	99.3	硅白铜	BSi3.2-0.7	0.25～1.2	99.5
	BFe10-1.4-1	1.0～1.8	99.5		BSi2-0.45	0.20～0.7	99.5
	BFe10-1.5-1	1.0～2.0	99.5		BSi2-0.8	0.50～1.2	99.5
	BFe10-1.6-1	1.5～1.8	99.6		BSi7-2-1	1.5～3.0	99.5

续表

分类	牌号	Cu 含量百分数	Cu+所列元素总和	分类	牌号	Cu 含量百分数	Cu+所列元素总和
锌白铜	BZn18-10	70.5～73.5	99.5	锌白铜	BZn25-18	56.0～59.0	99.8
	BZn8-26	63.0～66.0	99.5		BZn18-26	53.5～56.5	99.5
	BZn10-25	63.5～66.5	99.5		BZn40-20	38.0～42.0	99.8
	BZn15-20	62.5～65.0	99.1		BZn15-21-1.8	60.0～63.0	99.1
	BZn18-18	63.5～66.5	99.5		BZn12-24-1.1	59.0～66.5	99.5
	BZn18-17	62.0～66.0	99.1		BZn15-24-1.5	58.0～60.0	99.5
	BZn9-29	60.0～63.0	99.8		BZn10-41-2	45.5～48.5	99.5
	BZn12-24	63.0～66.0	99.5		BZn12-37-1.5	42.3～43.7	99.8
	BZn12-26	60.0～63.0	99.8		BZn12-38-2	42.5～44.0	99.8
	BZn12-29	57.0～60.0	99.5	锡白铜	BSn9-6	5.5～6.5	99.7
	BZn14-24	60.0～64.0	99.5		BSn15-8	7.5～8.5	99.7
	BZn18-20	60.0～63.0	99.8	钴白铜	BCo19-0.4	18.0～20.0①	99.9
	BZn22-16	60.0～63.0	99.8				

① Ni 含量百分数。

注：其他元素含量未注明。

11.2.5　加工高铜合金的分类和代号（GB/T 5231—2022）

高铜合金是其他铜合金中 Cu 含量较高的合金的总称，是一组主要提高力学性能和耐热性的合金，其铜含量在 96.0%～99.3%。

表 11-9　加工高铜合金的分类和代号

分类	牌号	分类	牌号	分类	牌号
镉铜	TCd1	铍铜	TBe2.8	铬铜	TCr0.5-0.1
铍铜	TBe1.9-0.2	镍铬铜	TNi2.4-0.6-0.5		TCr0.6
	TBe1.9-0.4	镍铜	TNi0.6-0.2		TCr0.7
	TBe0.3-0.5		TNi1.1-0.25		TCr0.8
	TBe0.3-0.7		TNi1.3-0.25		TCr1-0.15
	TBe0.3-1.2		TNi1-1-0.25		TCr1-0.18
	TBe0.3-1.5	铬铜	TCr0.3-0.2-0.05		TCr0.6-0.4-0.05
	TBe0.6-2.5		TCr0.5-0.15-0.1		TCr1
	TBe0.4-1.8		TCr0.3-0.3		TCr0.9
	TBe1.7		TCr0.3-0.15-0.03	镁铜	TMg0.35
	TBe1.9		TCr0.3-0.1-0.02-0.03		TMg0.4
	TBe1.9-0.1		TCr0.3-0.1-0.02		TMg0.45
	TBe2		TCr0.5		TMg0.5
	TBe2.4		TCr0.5-0.2-0.1		TMg0.6-0.2

续表

分类	牌号	分类	牌号	分类	牌号
镁铜	TMg0.8	锌铜	TSn2-0.2-0.06	铁铜	TFe0.75
	TMg0.3-0.2	铁铜	TFe1.0	锌铜	TZn0.9-0.5
铅铜	TPb1		TFe0.1	钛铜	TTi3.0
锌铜	TSn2-0.6-0.15		TFe2.5		TTi3.0-0.2
	TSn1.5-0.8-0.06		TFe5		

注：其他元素含量未注明。

11.3　铜及铜合金的热处理和力学性能

11.3.1　铜及铜合金的状态表示方法（GB/T 29094—2012）

铜及铜合金状态分三级表示：

① 一级状态　用一个大写的英文字母表示，代表产品的基本生产方式。

M—制造状态，适用于通过铸造或热加工的初级制造而得到的状态。

H—冷加工状态，适用于通过不同冷加工方法及控制变形而得到的状态。

O—退火状态，适用于通过退火来改变产品力学性能或晶粒度要求而得到的状态。

T—热处理状态，适用于固溶热处理或者固溶热处理后再冷加工或热处理而得到的状态。

W—焊接管状态，适用于由各种状态的带材焊接加工成管材而得到的状态。

② 二级状态　在一级状态后加一位阿拉伯数字或一个大写英文字母，代表产品功能或具体生产工艺。

③ 三级状态　在二级状态后加1～3位阿拉伯数字表示，代表产品的最终成型方式。

④ 二、三级状态表示方法

a. 制造状态（M）　见表11-10。

表 11-10　制造状态（M）的二、三级状态表示方法

二级状态代号	状态名称	三级状态代号	状态名称	二级状态代号	状态名称	三级状态代号	状态名称
M0	铸造态	M01	砂型铸造	M1	热锻	M10	热锻-空冷
		M02	离心铸造			M11	热锻-淬火
		M03	石膏型铸造	M2	热轧	M20	热轧
		M04	压力铸造				
		M05	金属型铸造			M25	热轧＋再轧
		M06	熔型铸造	M3	热挤压	M30	热挤压
		M07	连续铸造	M4	热穿孔	M40	热穿孔
		M08	低压铸造			M45	热穿孔＋再轧

注：1. 以制造状态供货的主要是铸件和热加工产品，一般不需要进一步的热处理。

2. M 后的第一个数字是随材料变形程度的加大而递增的。

b. 一般冷加工　见表 11-11、表 11-12。

表 11-11　以冷变形量满足标准要求为基础的冷加工二、三级状态表示方法

二级状态代号	状态名称	三级状态代号	状态名称	二级状态代号	状态名称	三级状态代号	状态名称
H0	硬、弹	H00	1/8 硬	H0	硬、弹	H08	弹性
		H01	1/4 硬			H10	高弹性
		H02	1/2 硬	H1	高弹	H12	特殊弹性
		H03	3/4 硬			H13	更高弹性
		H04	硬				
		H06	特硬			H14	超高弹性

注：该类状态适用于板、带、棒、线材等产品类型。

表 11-12　以适应特殊产品满足标准要求为基础的冷加工二、三级状态表示方法

二级状态代号	状态名称	三级状态代号	状态名称	二级状态代号	状态名称	三级状态代号	状态名称
H5	拉拔	H50	热挤压＋拉拔	H7	冷弯	H70	冷弯
		H52	热穿孔＋拉拔				
		H55	轻拉，轻冷加工	H8	硬态拉拔	H80	拉拔（硬）
		H58	常规拉拔			H85	拉拔电线（1/2 硬）
H6	冷成型	H60	冷锻			H86	拉拔电线（硬）
		H63	铆接	H9	异形冷加工	H90	翅片成型
		H64	旋压				
		H66	冲压				

注：1. 以上状态供货的产品，一般不需要进一步的热处理。

2. H 后的第一个数字是随材料变形程度的加大而递增的。

c. 冷加工后进行热处理　见表11-13。

表 11-13　冷加工后进行热处理的二、三级状态表示方法

二级状态代号	状态名称	三级状态代号	状态名称
HR	冷加工＋消除应力	HR01	1/4硬＋应力消除
		HR02	半硬＋应力消除
		HR04	硬＋应力消除
		HR06	特硬＋应力消除
		HR08	弹性＋应力消除
		HR10	高弹性＋应力消除
		HR19	特殊弹性＋应力消除
		HR50	拉拔＋应力消除
		HR90	翅片成型＋应力消除
HT	冷加工＋有序强化	HT04	硬＋有序强化
		HT08	弹性＋有序强化
HF	冷加工＋端部退火	HF80	硬态拉拔＋端部退火

d. 退火状态（O）　见表11-14、表11-15。

表 11-14　为满足公称平均晶粒尺寸的退火二、三级状态表示方法

二级状态代号	状态名称	三级状态代号	公称平均晶粒尺寸/mm	二级状态代号	状态名称	三级状态代号	公称平均晶粒尺寸/mm
OS	有晶粒尺寸要求的退火	OS005	0.005	OS	有晶粒尺寸要求的退火	OS050	0.050
		OS010	0.010			OS060	0.060
		OS015	0.015			OS065	0.065
		OS025	0.025			OS070	0.070
		OS030	0.030			OS100	0.100
		OS035	0.035			OS120	0.120
		OS045	0.045			OS150	0.150
		OS200	0.200				

表 11-15　为满足力学性能的退火二、三级状态表示方法

二级状态代号	状态名称	三级状态代号	状态名称
O1	铸造态＋热处理	O10	铸造＋退火(均匀化)
		O11	铸造＋沉淀热处理
O2	热锻轧＋热处理	O20	热锻＋退火
		O25	热轧＋退火
O3	热挤压＋热处理	O30	热挤压＋退火
		O31	热挤压＋沉淀热处理

续表

二级状态代号	状态名称	三级状态代号	状态名称
O4	热穿孔＋热处理	O40	热穿孔＋退火
O5	调质退火	O50	轻退火
O6	退火	O60	软化退火
		O61	退火
		O65	拉伸退火
		O68	深拉退火
O7	完全软化退火	O70	完全软化退火
O8	退火到特定性能	O80	退火到 1/8 硬
		O81	退火到 1/4 硬
		O82	退火到 1/2 硬

e. 热处理状态（T）　见表 11-16。

表 11-16　热处理状态（T）的二、三级状态表示方法

二级状态代号	状态名称	三级状态代号	状态名称
TQ	淬火硬化	TQ00	淬火硬化
		TQ30	淬火硬化＋退火
		TQ50	淬火硬化＋调质退火
		TQ55	淬火硬化＋调质退火＋冷拉＋应力消除
		TQ75	中间淬火
TB	固溶热处理	TB00	固溶热处理
TF	固溶热处理＋沉淀	TF00	固溶热处理＋沉淀热处理
	热处理	TF01	沉淀热处理—低硬化
		TF02	沉淀热处理—高硬化
TX	固溶热处理＋亚稳分解热处理	TX00	亚稳分解硬化
TD	固溶热处理＋冷加工	TD00	固溶热处理＋冷加工(1/8 硬)
		TD01	固溶热处理＋冷加工(1/4 硬)
		TD02	固溶热处理＋冷加工(1/2 硬)
		TD03	固溶热处理＋冷加工(3/4 硬)
		TD04	固溶热处理＋冷加工(硬)
		TD08	固溶热处理＋冷加工(弹性)
TH	固溶热处理＋冷加工＋沉淀热处理	TH01	固溶热处理＋冷加工(1/4 硬)＋沉淀热处理
		TH02	固溶热处理＋冷加工(1/2 硬)＋沉淀热处理
		TH03	固溶热处理＋冷加工(3/4 硬)＋沉淀热处理

续表

二级状态代号	状态名称	三级状态代号	状态名称
TH	固溶热处理＋冷加工＋沉淀热处理	TH04	固溶热处理＋冷加工(硬)＋沉淀热处理
		TH08	固溶热处理＋冷加工(弹性)＋沉淀热处理
TS	冷加工＋亚稳分解热处理	TS00	冷加工(1/8 硬)＋亚稳分解硬化
		TS01	冷加工(1/4 硬)＋亚稳分解硬化
		TS02	冷加工(1/2 硬)＋亚稳分解硬化
		TS03	冷加工(3/4 硬)＋亚稳分解硬化
		TS04	冷加工(硬)＋亚稳分解硬化
		TS06	冷加工(特硬)＋亚稳分解硬化
		TS08	冷加工(弹性)＋亚稳分解硬化
		TS10	冷加工(高弹性)＋亚稳分解硬化
		TS12	冷加工(特殊弹性)＋亚稳分解硬化
		TS13	冷加工(更高弹性)＋亚稳分解硬化
		TS14	冷加工(超高弹性)＋亚稳分解硬化
TL	沉淀热处理或亚稳分解热处理＋冷加工	TL00	沉淀热处理或亚稳分解热处理＋冷加工(1/8 硬)
		TL01	沉淀热处理或亚稳分解热处理＋冷加工(1/4 硬)
		TL02	沉淀热处理或亚稳分解热处理＋冷加工(1/2 硬)
		TL04	沉淀热处理或亚稳分解热处理＋冷加工(硬)
		TL08	沉淀热处理或亚稳分解热处理＋冷加工(弹性)
		TL10	沉淀热处理或亚稳分解热处理＋冷加工(高弹性)
TR	沉淀热处理或亚稳分解热处理＋冷加工＋应力消除	TR01	沉淀热处理或亚稳分解热处理＋冷加工(1/4 硬)＋应力消除
		TR02	沉淀热处理或亚稳分解热处理＋冷加工(1/2 硬)＋应力消除
		TR04	沉淀热处理或亚稳分解热处理＋冷加工(硬)＋应力消除
TM	加工余热淬火硬化	TM00	加工余热淬火＋冷加工(1/8 硬)
		TM01	加工余热淬火＋冷加工(1/4 硬)
		TM02	加工余热淬火＋冷加工(1/2 硬)
		TM03	加工余热淬火＋冷加工(3/4 硬)
		TM04	加工余热淬火＋冷加工(硬)
		TM06	加工余热淬火＋冷加工(特硬)
		TM08	加工余热淬火＋冷加工(弹性)

f. 焊接管状态（W）　见表 11-17。

表 11-17　焊接管状态（W）的具体状态表示方法

二级状态代号	状态名称	三级状态代号	状态名称
WM	焊接状态	WM50	由退火带材焊接
		WM00	由 1/8 硬带材焊接
		WM01	由 1/4 硬带材焊接
		WM02	由 1/2 硬带材焊接
		WM03	由 3/4 硬带材焊接
		WM04	由硬带材焊接
		WM06	由特硬带材焊接
		WM08	由弹性带材焊接
		WM10	由高弹性带材焊接
		WM15	由退火带材焊接＋消除应力
		WM20	由 1/8 硬带材焊接＋消除应力
		WM21	由 1/4 硬带材焊接＋消除应力
		WM22	由 1/2 硬带材焊接＋消除应力
		WM24	由 3/4 硬带材焊接＋消除应力
WO	焊接后退火状态	WO50	焊接＋轻退火
		WO60	焊接＋软退火
		WO61	焊接＋退火
WC	焊接后轻冷加工	WC55	焊接＋轻冷加工
WH	焊接后冷拉状态	WH00	焊接＋拉拔(1/8 硬)
		WH01	焊接＋拉拔(1/4 硬)
		WH02	焊接＋拉拔(1/2 硬)
		WH03	烨接＋拉拔(3/4 硬)
		WH04	烨接＋拉拔(硬)
		WH06	烨接＋拉拔(特硬)
		WH55	焊接＋冷轧或轻拉
		WH58	炸接＋冷轧或常规拉拔
		WH80	焊接＋冷轧或硬拉
WR	焊接管＋冷拉＋应力消除	WR00	由 1/8 硬带焊接＋拉拔＋应力消除
		WR01	由 1/4 硬带焊接＋拉拔＋应力消除
		WR02	由 1/2 硬带焊接＋拉拔＋应力消除
		WR03	由 3/4 硬带焊接＋拉拔＋应力消除
		WR04	由硬带焊接＋拉拔＋应力消除
		WR06	由特硬带焊接＋拉拔＋应力消除

11.3.2 铜及铜合金的低温力学性能

表 11-18 铜及铜合金的低温力学性能

牌号	试样状态	试验温度/℃	抗拉强度 R_m/MPa	规定塑性延伸强度 $R_{p0.2}$/MPa	断后伸长率 A/%	收缩率 δ /%	冲击韧性 a/(J/mm^2)
T2	600℃退火	+15	273	—	13.3	71.5	77.13
		−80	360		22.9	65.3	85.16
		−180	405		30.7	67.9	89.18
T3		+20	215	58	48	76	—
		−10	220	60	40	78	
		−40	232	63	47	77	
		−80	267	68	47	74	
		−120	284	73	45	70	
		−180	400	78	38	77	
T4		+20	225	87	30	70	175.4
		−183	245	186	31	—	—
		−196	372	—	41	72	207.8
		−253	392	—	48	74	211.7
T62	软	+20	397	137	51.3	75.5	—
		−78	421	154	53	74.6	
		−183	522	196	55.3	71	
H68	550℃退火 2h	+20	392	269	50.4	72	—
		−78	420	300	49.8	76.6	
		−183	523	397	50.8	70.7	
HPb59-1	500℃退火 2h	+20	361	141	50.2	62.5	—
		−78	374	168	49.8	64	
		−183	475	198	50.8	62	
HFe59-1-1	软	+20	431	170	34.2	42.3	118.6
		−78	476	199	33.2	42	118.6
		−183	561	245	36	40.3	103.9
		−196	575	252	34.7	38	101.9
	拉制	室温	605	557	12	36	—
		−40	649	560	14	38	
QAl9-4	锻制	室温	612	329	45	47	—
		−183	774	583	38	42	
QSn6.5-0.4	退火	+17	618	—	12	61	—
		−196	824		29	54	
		−253	931		29	51	

续表

牌号	试样状态	试验温度/℃	抗拉强度 R_m/MPa	规定塑性延伸强度 $R_{p0.2}$/MPa	断后伸长率 A/%	收缩率 δ/%	冲击韧性 a/(J/mm^2)
QAl5	退火	+17 −196 −253	412 568 637	—	61 84 83	74 76 72	—
QAl7	退火	+20 −10 −40 −80	529 529 539 567	182 184 185 186	26 33 35 31	29 30 36 30	—

11.3.3 铜及铜合金的热处理

表 11-19　铜及铜合金的热处理

合金牌号	热处理	作用	说明
除铍青铜外所有合金	退火	消除应力及冷作硬化，恢复组织，降低硬度，提高塑性，消除铸造应力，均匀组织和成分，改善加工性	可作为黄铜压力加工件的中间热处理工序，青铜件毛坯或中间热处理工序加热保温后空冷
H62、H68 HPb59-1 等	低温退火	消除内应力，提高黄铜件(特别是薄的冲压件)抗腐蚀破裂的能力	一般作为冷冲压件及机加工零件的成品热处理工序
锡黄铜 硅黄铜	致密化退火	消除铸件的显微疏松，提高铸件的致密性	
	淬火	提高塑性，获得过饱和固溶体	采用水冷
铍青铜	淬火时效(调质处理)	提高铍青铜零件的硬度、强度，弹性极限和屈服点	淬火温度为 790℃±10℃，需用氢气或分解氢气保护
QAl9-2、QAl9-4、QAl10-3-1.5、QAl10-4-4	淬火回火	提高青铜铸件和零件的硬度、强度和屈服点	
QSn6.5-0.1、QSn4-5、QSi3-1、QAl7、BZ15-20	回火	消除应力，恢复和提高弹性极限	一般作为弹性元件的成品热处理工序
HPb59-1	回火	稳定尺寸	可作为成品热处理工序

表 11-20 一些黄铜的退火温度

合金名称	牌号	去应力退火温度/℃	再结晶退火温度/℃
普通黄铜	H96	—	540～600
	H90	200	650～720
	H80	260	650～700
	H70	260～270	520～650
	H68	260～270	520～650
	H62	270～300	600～700
	H59	—	600～670
锡黄铜	HSn70-1	300～350	560～580
	HSn62-1	350～370	550～650
铝黄铜	HAl77-2	300～350	600～650
锰黄铜	HMn58-2	—	600～650
铁黄铜	HFe59-1-1	—	600～650
铅黄铜	HPb59-1	285	600～650
镍黄铜	HNi65-5	300～400	600～650

11.4 铜合金的特性和用途

11.4.1 常用加工黄铜的特性和用途

表 11-21 常用加工黄铜的特性和用途

组别	代号	主要特性	应用举例
普通黄铜	H96	强度比纯铜高(但在普通黄铜中,它是最低的),导热、导电性好,在大气和淡水中的耐蚀性高,且有良好的塑性,易于冷、热压力加工;易于焊接、锻造和镀锡,无应力腐蚀破裂倾向	在一般机械制造中用作导管、冷凝管、散热器管、散热片、汽车水箱带以及导电零件等
	H90	性能和H96相似,但强度稍高,可镀金属及涂敷珐琅	供水及排水管、奖章、艺术品、水箱带以及双金属片
	H85	具有较高的强度,塑性好,冷、热压力加工性能很好,焊接和耐蚀性能良好	冷凝和散热用管、虹吸管、蛇形管,制作冷却设备
	H80	性能和H85近似,但强度较高,塑性也较好,在大气、淡水及海水中有较高的耐蚀性	用于造纸网、薄壁管、皱纹管及房屋建筑用品

续表

组别	代号	主要特性	应用举例
普通黄铜	H70 H68	有极为良好的塑性(是黄铜中最佳者)和较高的强度,可加工性能好,易焊接;对一般腐蚀非常安定,但易产生腐蚀开裂。H68 是普通黄铜中应用最为广泛的品种	制作复杂的冷冲件和深冲件,如散热器外壳、导管、波纹管、弹壳、垫片、雷管等
	H65	性能介于 H68 和 H62 之间,价格比 H68 便宜,也有较高的强度和韧性,冷、热压力加工性能良好,有腐蚀破裂倾向	制作小五金、日用品、小弹簧、螺钉、铆钉和机器零件
	H63 H62	有良好的力学性能,热态下塑性良好,冷态塑性还可以,可加工性好,易钎焊和焊接,耐蚀,但易产生腐蚀破裂;价格便宜,应用广泛	制造各种深拉深和弯折的受力零件,如销钉、铆钉、垫圈、螺母、导管、气压表弹簧、筛网,散热器零件等
	H59	价格最便宜,强度、硬度高而塑性差,但在热态下压力加工性能很好,耐蚀性一般,其他性能和 H62 相近	制造一般机器零件、焊接件,热冲及热轧零件
镍黄铜	HNi65-5 HNi56-3	有高的耐蚀性和减摩性,良好的力学性能,在冷态和热态下压力加工性能极好,对脱锌和"季裂"(经冷变形后的金属内有拉伸应力存在又处于特定环境中所发生的断裂)比较稳定,导热导电性低,但因镍的价格较贵,故 HNi65-5 一般用得不多	制作压力表管、造纸网、船舶用冷凝管等,可作锡磷青铜和德银(一种铜镍合金,其外表具有美丽的银白色)的代用品
铁黄铜	HFe59-1	具有高的强度、韧性,减摩性能良好,在大气、海水中的耐蚀性高,但有腐蚀破裂倾向,热态下塑性良好	制造在摩擦和受海水腐蚀条件下的结构零件
	HFe58-1-1	强度、硬度高,可加工性好,但塑性下降,只能在热态下压力加工,耐蚀性尚好,有腐蚀破裂倾向	适于用热压和切削加工法制作的高耐蚀零件
铅黄铜	HPb59-1	可加工性好,有良好的力学性能,可冷、热压力加工,易钎焊和焊接,耐一般腐蚀,但有腐蚀破裂倾向,应用较广	适于以热冲压和切削加工制作的结构零件,如螺钉、垫圈、垫片、衬套、螺母等

续表

组别	代号	主要特性	应用举例
铅黄铜	HPb63-3	含铅高的铅黄铜，不能热态加工，可加工性极为优良，且具有高的减摩性能，其他性能和 HPb59-1 相似	主要用于要求可加工性极高的钟表结构零件及汽车拖拉机零件
	HPb63-0.1 HPb62-0.8	性能基本与 HPb63-3 相同，可加工性低	用于一般机器结构零件
	HPb61-1	可加工性好，强度较高	用于要求高、加工性能好、有较高强度的一般结构件
铝黄铜	HAl77-2	典型的铝黄铜，有高的强度和硬度，塑性良好，可在热态及冷态下进行压力加工，对海水及盐水有良好的耐蚀性，并耐冲击腐蚀，但有脱锌及腐蚀破裂倾向	船舶和海滨热电站中用作冷凝管以及其他耐蚀零件
	HAl67-2.5	冷态、热态下的压力加工性能良好，耐磨性好，耐海水腐蚀性尚可，对腐蚀破裂敏感，钎焊和镀锡性能不好	主要用作海船抗蚀零件
	HAl66-6-3-2	为耐磨合金，具有高的强度、硬度和耐磨性，耐蚀性较好，但有腐蚀破裂倾向，塑性较差	重负荷工作中的固定螺钉的螺母及蜗杆；可作铝青铜 QAl10-4-4 的代用品
	HAl60-1-1	强度高，在大气、淡水和海水中耐蚀性好，但对腐蚀破裂敏感，在热态下压力加工性好，冷态下可塑性低	要求耐蚀的结构零件，如齿轮、蜗轮、衬套和轴等
	HAl59-3-2	强度高，耐蚀性佳（黄铜中最好），腐蚀破裂倾向不大，冷态下塑性低，热态下压力加工性好	用作发动机和船舶业及其他在常温下工作的高强度耐蚀件

续表

组别	代号	主要特性	应用举例
锰黄铜	HMn58-2	在海水和过热蒸汽、氯化物中的耐蚀性高，但有腐蚀破裂倾向，力学性能良好，导热导电性低，易于在热态下进行压力加工，冷态下压力加工性尚可，应用较广	腐蚀条件下工作的重要零件和弱电工业用零件
	HMn57-3-1	强度、硬度高，塑性低，只能在热态下进行压力加工，在大气、海水、过热蒸汽中的耐蚀性比一般黄铜好，但有腐蚀破裂倾向	用作耐腐蚀结构零件
	HMn55-3-1	性能和 HMn57-3-1 接近	用作耐腐蚀结构零件
锡黄铜	HSn90-1	力学性能和工艺性能与 H90 普通黄铜极为近似，但耐蚀性和减摩性高，是目前唯一可使用的耐磨锡黄铜合金	用作汽车、拖拉机弹性套管及其他耐蚀减摩零件
	HSn70-1	典型的锡黄铜，在大气、蒸汽、油类和海水中的耐蚀性高，且有良好的力学性能，可加工性尚可，易焊接和钎焊，在冷、热状态下压力加工性好，有腐蚀破裂倾向	用作海轮的耐蚀零件(如冷凝气管)，与水、蒸汽、油类接触的导管，热工设备等
	HSn62-1	在海水中耐蚀性高，有良好的力学性能，因冷加工时有冷脆性，只适于热压加工，可加工性好，易焊接和钎焊，但有腐蚀破裂倾向	用作与海水或汽油接触的船舶零件和其他零件
	HSn60-1	性能与 HSn62-1 相似，主要产品为线材	船舶焊接结构用的焊条
加砷黄铜	HSn70A	典型的锡黄铜，在大气、蒸汽、油类、海水中的耐蚀性高。力学性能好，可切削性、冷、热加工性和焊接性好；有应力腐蚀开裂倾向。加微量 As 可防止脱锌腐蚀	用作海轮上的耐蚀零件，与海水、蒸汽、油类相接触的导管和零件
	H68A	H68 为典型的普通黄铜，为黄铜中塑性最佳者，应用最广。加微量 As 可防止脱锌腐蚀，进一步提高耐蚀性	用作复杂冷冲件、深冲件、波导管、波纹管、子弹壳等
硅黄铜	HSi80-3	力学性能良好，耐蚀性高，无腐蚀破裂倾向，耐磨性亦可，在冷态、热态下压力加工性好，易焊接和钎焊，可加工性好，导热导电性是黄铜中最低的	用作船舶零件、蒸汽管和水管配件

11.4.2 常用加工青铜的特性和用途

表 11-22 常用加工青铜的特性和用途

组别	代号	主要特性	应用举例
锡青铜	QSn4-3	为含锌的锡青铜，耐磨性和弹性高，抗磁性良好；热态或冷态压力加工性很好；硬态可加工性好，易焊接和钎焊，在大气、淡水和海水中耐蚀性好	用于制造弹簧（扁弹簧、圆弹簧）及其他弹性元件，化工设备中的耐蚀零件以及耐磨零件（如衬套、圆盘、轴承等）和抗磁零件、造纸工业用的刮刀
	QSn4-4-2.5 QSn4-4-4	为添加锌、铅合金元素的锡青铜，减摩性好，可加工性良好，易于焊接和钎焊，在大气、淡水中具有良好的耐蚀性，只能在冷态下进行压力加工；因含铅，热加工时易引起热脆	制造在摩擦条件下工作的轴承、卷边轴套、衬套、圆盘以及衬套的内垫等。QSn4-4-4 的热强性较好，使用温度可达 300℃
	QSn6.5-0.1	为磷锡青铜，强度、弹性、耐磨性和抗磁性高，在热态和冷态下压力加工性良好，对电火花有较高的抗燃性，可焊接和钎焊，可加工性好，在大气和淡水中耐蚀	制造弹簧和导电性好的弹簧接触片、精密仪器中的耐磨零件和抗磁零件，如齿轮、电刷盒、振动片、接触器
	QSn6.5-0.4	为磷锡青铜，性能用途和 QSn6.5-0.1 相似，因含磷量较高，其抗疲劳强度较高，弹性和耐磨性较好，但在热加工时有热脆性，故只能冷压力加工	除用于弹簧和耐磨零件外，主要用于造纸工业，制作耐磨铜网和常压下圆周速度＜3m/s 的零件
	QSn7-0.2	为磷锡青铜，强度高，弹性和耐磨性好，易焊接和钎焊，在大气、淡水和海水中耐蚀性好，可加工性良好，适于热压力加工	制造中等负荷、中等滑动速度下的摩擦零件，如抗磨垫圈、轴承、轴套、蜗轮等，还可用作弹簧、簧片等
铝青铜	QAl5	为不含其他元素的铝青铜，有较高的强度、弹性和耐磨性，在大气、淡水、海水和某些酸中耐蚀性高，可电焊、气焊，不易钎焊，在冷态或热态下压力加工性很好，不能淬火回火强化	制造弹簧和其他要求耐蚀的弹性元件、齿轮、摩擦轮，蜗轮传动机构等，可作为 QSn6.5-0.4、QSn4-3 和 QSn4-4-4 的代用品
	QAl7	性能用途与 QAl5 相似；因含铝量稍高，其强度较高	

续表

组别	代号	主要特性	应用举例
铝青铜	QAl9-2	为含锰的铝青铜，强度高，在大气、淡水和海水中抗蚀性很好，可以电焊和气焊，不易钎焊，在热态和冷态下压力加工性均好	用作高强度耐蚀零件以及在 250℃以下蒸汽介质中工作的管配件和海轮上的零件
	QAl9-4	为含铁的铝青铜，强度高，减摩性好，耐蚀性良好，热态下压力加工性良好，可电焊和气焊，但钎焊性不好，可作为高锡耐磨青铜的代用品	用作高负荷下工作的抗磨、耐蚀零件，如轴承、轴套、齿轮、蜗轮、阀座等，也用于制作双金属耐磨零件
	QAl9-5-1-1 QAl10-5-5	含有铁、镍元素的铝青铜，为高强度耐热青铜，高温（400℃）下力学性能稳定，减摩性良好，在大气、淡水和海水中耐蚀性好，热态下压力加工性良好、可热处理强化，可焊接，不易钎焊，可加工性尚好；因镍含量增加，硬度、强度、高温强度和耐蚀性提高	用作高强度的耐磨零件和 400～500℃工作的零件，如轴衬、轴套、齿轮、球形座、螺母、法兰盘、滑座，坦克用蜗杆等，以及其他各种重要的耐蚀耐磨零件
	QAl10-3-1.5	为含有铁、锰元素的铝青铜。强度和耐磨性高，经淬火、回火后可提高硬度，有较好的高温耐蚀性和抗氧化性，在大气、淡水和海水中抗蚀性很好，可加工性尚可，可焊接，不易钎焊，热态下压力加工性良好	制造高温条件下工作的耐磨零件和各种标准件，如齿轮、轴承、衬套，圆盘、导向摇臂、飞轮、固定螺母等，可代替高锡青铜制作重要机件
	QAl10-4-4	为含有铁、镍元素的高强度耐热铝青铜，高温（400℃）下力学性能稳定，有良好的减摩性，在大气、淡水和海水中的抗蚀性很好，热态压力加工性良好，可热处理强化，可焊接，不易钎焊，可加工性尚好	用作高强度耐磨零件和高温下（400℃）工作的零件，如轴衬、轴套、齿轮、球形座、螺母、法兰盘、滑座等，以及其他各种重要的耐蚀耐磨零件
	QAl11-6-6	成分和性能与 QAl10-4-4 相近	用作高强度耐磨零件和 500℃下工作的高温抗蚀耐磨零件

续表

组别	代号	主要特性	应用举例
铍青铜	QBe2	为含有少量镍的铍青铜，力学、物理和化学性能良好，经淬火调质后，具有高的强度、硬度、弹性、耐磨性、疲劳极限和耐热性；同时还具有高的导电性、导热性和耐寒性，无磁性，磁击时无火花，易于焊接和钎焊，在大气、淡水和海水中抗蚀性极好	制造各种精密仪表、仪器中的弹簧和弹性元件，各种耐磨零件以及在高速、高压和高温下工作的轴承、衬套，矿山和炼油厂用的防爆工具以及各种深冲零件
	QBe1.7 QBe1.9	为含有少量镍、钛的铍青铜，特性和 QBe2 相近，其优点是：弹性迟滞小、疲劳强度高，温度变化时弹性稳定，性能对时效温度变化的敏感性小，价格较低廉，而强度和硬度比 QBe2 降低甚少	制造各种重要用途的弹簧、精密仪表的弹性元件、敏感元件以及承受高变载荷的弹性元件，可代替 QBe2 牌号的铍青铜
	QBe1.9-0.1	为加入少量 Mg 的铍青铜。性能同 QBe1.9，但因加入微量 Mg，能细化晶粒，并提高强化相（γ_2 相）的弥散度和分布均匀性，从而大大提高合金的力学性能，提高合金时效后的弹性极限和力学性能的稳定性	制造各种重要用途的弹簧、精密仪表的弹性元件、敏感元件，以及承受高变载荷的弹性元件，可代替 QBe2 牌号的铍青铜
硅青铜	QSi3-1	为加锰的硅青铜，强度、弹性和耐磨性好，塑性好，低温下仍不变脆；与青铜、钢和其他合金的焊接性好，特别是钎焊性好；在大气、淡水和海水中的耐蚀性高；对苛性钠及氯化物的作用也非常稳定，冷、热压力加工性好，不能热处理强化，在退火和加工硬化状态下有高的屈服极限和弹性	用于制造在腐蚀介质中工作的各种零件，如弹簧和弹簧零件，以及蜗轮、蜗杆、齿轮、轴套、制动销和杆类耐磨零件；也用于制作焊接结构中的零件，可代替重要的锡青铜，甚至铍青铜
	QSi1-3	为含有锰、镍元素的硅青铜，具有高的强度，相当好的耐磨性，可热处理强化，淬火回火后强度和硬度大大提高，在大气、淡水和海水中有较高的耐蚀性，焊接性和可加工性良好	用于制造在 300℃ 以下，润滑不良、压力不大处的摩擦零件（如发动机排气和进气门的导向套）及在腐蚀介质中工作的结构零件
	QSi3.5-3-1.5	为含有锌、锰、铁等元素的硅青铜，性能同 QSi3-1，但耐热性较好，棒材、线材存放时自行开裂的倾向性较小	主要用作在高温工作的轴套材料

续表

组别	代号	主要特性	应用举例
锰青铜	QMn1.5 QMn2	与 QMn5 比较，含锰量较低，强度、硬度较低，但塑性较高，其他性能相似；QMn2 的力学性能稍高于 QMn1.5	用作电子仪表零件，也可作为蒸汽锅炉管配件和接头等
	QMn5	为含锰量较高的锰青铜。有较高的强度、硬度和良好的塑性，在热态及冷态下的压力加工性很好，耐蚀性好，热强性高（400℃下还能保持其力学性能）	用于制作蒸汽机零件和锅炉的各种管接头、蒸汽阀门等高温耐蚀零件
锆青铜	QZr0.2	电导率高，可在冷、热态下压力加工，时效后硬度、强度和耐热性高	作电阻焊接材料及高导电、高强度电极材料，如工作温度 350℃以下的电机整流子片、开关零件、导线、点焊电极等
	QZr0.4	强度及耐热性比 QZr0.2 更高，但电导率比 QZr0.2 稍低	
铬青铜	QCr0.5	在常温及较高温度下（400℃）具有较高的强度和硬度，导电性和导热性好，耐磨性和减摩性也很好，经时效硬化处理后，强度、硬度、导电性和导热性均显著提高；易于焊接和钎焊，在大气和淡水中具有良好的耐蚀性，高温抗氧化性好，在冷态和热态时压力加工性很好；但对缺口的敏感性较强，在缺口和尖角处造成应力集中，容易引起机械损伤	用于制作工作温度在 350℃以下的电焊机电极、电机整流子片，以及其他各种在高压下工作的、要求有高的强度、硬度、导电性和导热性的零件，还可以双金属片的形式用于刹车盘和圆盘
	QCr0.5-0.2-0.1	为加有少量镁、铝的铬青铜，与 QCr0.5 相比，不仅进一步提高了耐热性和耐蚀性，而且可改善缺口敏感性；其他性能和 QCr0.5 相似	用于制作点焊、滚焊机上的电极等
	QCr0.6-0.4-0.05	为加有少量锆、镁的铬青铜，与 QCr0.5 相比，进一步提高了合金强度、硬度和耐热性，同时还改善了导电性	同 QCr0.5
镉青铜	QCd1.0	具有高的导电性和导热性，良好的耐磨性和减摩性，抗蚀性好，压力加工性良好，镉青铜的时效硬化效果不显著，一般采用冷作硬化来提高强度	用于工作温度 250℃以下的电机整流子片、电车触线和电话用软线以及电焊机的电极和喷气技术中

续表

组别	代号	主要特性	应用举例
镁青铜	QMg0.5	这是含镁质量分数在0.7%～0.85%的铜合金。微量Mg降低铜的导电性较少，但对铜有脱氧作用，还能提高铜的高温抗氧化性。实际应用的铜-镁合金，其Mg含量质量百分数一般小于1%，否则压力加工性能急剧变坏。这类合金只能加工硬化，不能热处理强化	主要用作电缆线芯及其他导线材料

11.4.3 常用加工白铜的特性和用途

表11-23 常用加工白铜的特性和用途

组别	代号	主要特性	应用举例
普通白铜	B0.6	为电工铜镍合金，其特性是温差电动势小，最高工作温度为100℃	用于制造特殊温差电偶（铂-铂铑热电偶）的补偿导线
	B5	为结构白铜，它的强度和耐蚀性都比铜高，无腐蚀破裂倾向	用作船舶耐蚀零件
	B19	为结构铜镍合金，耐蚀性高，力学性能良好，在热态及冷态下压力加工性良好，在高温和低温下仍能保持高的强度和塑性；可加工性不好	用于在蒸汽、淡水和海水中工作的精密仪表零件、金属网和抗化学腐蚀的化工机械零件以及医疗器具、钱币
	B25	为结构铜镍合金，力学性能高，抗蚀性好，在热态及冷态下压力加工性良好，由于其含镍量较高，故其力学性能和耐蚀性均较B5、B19高	用于在蒸汽、海水中工作的抗蚀零件，以及在高温高压下工作的金属管和冷凝管等
铁白铜	BFe10-1-11	为含镍较少的结构铁白铜，和BFe30-1-1相比，其强度、硬度较低，但塑性较高，耐蚀性相似	主要用于船舶业代替BFe30-1-1制作冷凝器及其他抗蚀零件
	BFe30-1-1	为结构铜镍合金，有良好的力学性能，在海水、淡水和蒸汽中的耐蚀性高，但可加工性较差	在海船制造业中制作高温、高压和高速条件下工作的冷凝器和恒温器的管材

续表

组别	代号	主要特性	应用举例
锰白铜	BMn3-12	为电工铜镍合金，俗称锰铜，特点是有高的电阻率和低的电阻温度系数，电阻长期稳定性高，对铜的热电动势小	广泛用于制造工作温度在 100℃以下的电阻仪器以及精密电工测量仪器
	BMn40-1.5	为电工铜镍合金，通常称为康铜，具有几乎不随温度而改变的高电阻率和高的热电动势，耐热性和抗蚀性好，且有高的力学性能和变形能力	为制造热电偶（900℃以下）的良好材料，工作温度在 500℃以下的加热器（电炉的电阻丝）和变阻器
	BMn43-0.5	为电工铜镍合金，通常称为考铜，它的特点是在电工铜镍合金中，具有最大的温差电动势，并有高的电阻率和很低的电阻温度系数，耐热性和抗蚀性也比 BMn40-1.5 好，同时具有高的力学性能和变形能力	在高温测量中，广泛采用考铜作补偿导线和热电偶的负极以及工作温度不超过 600℃的电热仪器
锌白铜	BZn15-20	为结构铜镍合金，因其外表具有美丽的银白色，俗称德银，这种合金具有高的强度和耐蚀性，可塑性好，在热态及冷态下均能很好地压力加工，可加工性不好，焊接性差，弹性优于 QSn6.5-0	用于潮湿条件下和强腐蚀介质中工作的仪表零件，以及医疗器械、工业器皿、艺术品、电讯工业零件，蒸汽配件和水道配件，日用品以及弹簧管和簧片等
	BZn15-21-1.8 BZn15-24-1.5	为加有铅的锌白结构合金，性能和 BZn15-20 相似，但它的可加工性较好，只能在冷态下进行压力加工	用于制作手表精细零件
铝白铜	BAl13-3	为结构铜镍合金，可以热处理，其特性是除具有高的强度（是白铜中强度最高的）和耐蚀性外，还具有高的弹性和抗寒性，在低温（90K）下力学性能不但不降低，反而有些提高，这是其他铜合金所没有的	用于制作高强度耐蚀零件
	BAl6-1.5	为结构铜镍合金，可以热处理强化，有较高的强度和良好的弹性	制作重要用途的扁弹簧

11.5　铜及铜合金型材

11.5.1　铜及铜合金板材（GB/T 2040—2017）

适用于一般用途的加工铜及铜合金板材。

板材的外形尺寸及其允许偏差应符合 GB/T 17793 中相应的规定。见表 11-24～表 11-26。

表 11-24 铜及铜合金板的牌号、状态和规格

分类	牌号	代号	状态	规格/mm		
				厚度	宽度	长度
无氧铜 纯铜 磷脱氧铜	TU1、TU2	T10150、 T10180	热轧(M20)	4～80	≤3000	≤6000
	T2、T3、 TP1、TP2	T11050、 T11090、 C12000、 C12200	软化退火(O60)、 1/4硬(H01)、 1/2硬(H02)、 硬(H04)、特硬(H06)	0.2～12	≤3000	≤6000
铁铜	TFe0.1	C19210	软化退火(O60)、 1/4硬(H01)、 1/2硬(H02)、硬(H04)	0.2～5	≤610	≤2000
	TFe2.5	C19400	软化退火(O60)、 1/2硬(H02)、 硬(H04)、特硬(H06)	0.2～5	≤610	≤2000
镉铜	TCd1	C16200	硬(H04)	0.5～10	200～ 300	800～ 1500
铬铜	TCr0.5 TCr0.5-0.2-0.1	T18140 T18142	硬(H04)	0.5～15	≤1000 100～600	≤2000 ≥300
普通 黄铜	H95 H80	C21000 C24000	软化退火(O60)、 硬(H04)	0.2～10	≤3000	≤6000
	H90、H85	C22000 C23000	软化退火(O60)、 1/2硬(H02)、硬(H04)			
	H70、 H68	T26100 T26300	热轧(M20)	4～60	≤3000	≤6000
			软化退火(O60)、 1/4硬(H01)、 1/2硬(H02)、硬(H04)、 特硬(H06)、弹性(H08)	0.2～10		
	H66、H65	C26800 C27000	软化退火(O60)、 1/4硬(H01)、 1/2硬(H02)、硬(H04)、 特硬(H06)、弹性(H08)	0.2～10	≤3000	≤6000
	H63、H62	T27300、 T27600	热轧(M20)	4～60	—	—
			软化退火(O60)、 1/2硬(H02)、 硬(H04)、特硬(H06)	0.2～10		
	H59	T28200	热轧(M20)	4～60		
			软化退火(O60)、 硬(H04)	0.2～10		

续表

分类	牌号	代号	状态	规格/mm		
				厚度	宽度	长度
铅黄铜	HPb59-1	T38100	热轧(M20)	4～60	≤3000	≤6000
			软化退火(O60)、1/2 硬(H02)、硬(H04)	0.2～10		
	HPb60-2	C37700	硬(H04)、特硬(H06)	0.5～10		
锰黄铜	HMn58-2	T67400	软化退火(O60)、1/2 硬(H02)、硬(H04)	0.2～10		
锡黄铜	HSn62-1	T46300	热轧(M20)	4～60		
锡黄铜	HSn62-1	T46300	软化退火(O60)、1/2 硬(H02)、硬(H04)	0.2～10	≤3000	≤6000
	HSn88-1	C42200	1/2 硬(H02)	0.4～2	≤610	≤2000
锰黄铜	HMn55-3-1 HMn57-3-1	T67320 T67410	热轧(M20)	4～40	≤1000	≤2000
铝黄铜	HAl60-1-1 HAl67-2.5 HAl66-6-3-2	T69240 T68900 T69200				
镍黄铜	HNi655	T69900				
锡青铜	QSn6.5-0.1	T51510	热轧(M20)	9～50	≤610	≤2000
			软化退火(O60)、1/4 硬(H01)、1/2 硬(H02)、硬(H04)、特硬(H06)、弹性(H08)	0.2～12		
	QSn6.5-0.4、Sn4-3、Sn4-0.3 QSn7-0.2	T51520、T50800、C51100、T51530	软化退火(O60)、硬(H04)、特硬(H06)	0.2～12	≤600	≤2000
	QSn8～0.3	C52100	软化退火(O60)、1/4 硬(H01)、1/2 硬(H02)、硬(H04)、特硬(H06)	0.2～5	≤600	≤2000
	QSn4-4-2.5、QSn4-4-4	T53300、T53500	软化退火(O60)、1/2 硬(H02)、1/4 硬(H01),硬(H04)	0.8～5	200～600	800～2000
锰青铜	QMn1.5	T56100	软化退火(O60)	0.5～5	100～600	≤1500
	QMn5	T56300	软化退火(O60)、硬(H04)			

续表

分类	牌号	代号	状态	规格/mm		
				厚度	宽度	长度
铝青铜	QAl5 QAl7 QAl9-2 QAl9-4	T60700 C61000 T61700 T61720	软化退火(O60)、硬(H04) 1/2硬(H02)、硬(H04) 软化退火(O60)、硬(H04) 硬(H04)	0.4～12	≤1000	≤2000
硅青铜	QSi3-1	T64730	软化退火(O60)、硬(H04)、特硬(H06)	0.5～10	100～1000	≥500
普通白铜 铁白铜	B5、B19 BFe10-1-1 BFe30-1-1	T70380、 T71050、 T70690、 T71510	热轧(M20)	7～60	≤2000	<4000
			软化退火(O60)、硬(H04)	0.5～10	≤600	≤1500
锰白铜	BMn3-12	T71620	软化退火(O60)	0.5～10	100～600	800～1500
	BMn40-1.5	T71660	软化退火(O60)、硬(H04)			
铝白铜	BAl6-1.5	T72400	硬(H04)	0.5～12	≤600	≤1500
	BAl13-3	T72600	固溶热处理+冷加工(硬)+沉淀热处理(TH04)			
锌白铜	BZn15-20	T74600	软化退火(O60)、1/2硬(H02)、硬(H04)、特硬(H06)	0.5～10	≤600	≤1500
	BZn18-17	T75210	软化退火(O60)、1/2硬(H02)、硬(H04)	0.5～5	≤600	≤1500
	BZn18-26	C77000	1/2硬(H02)、硬(H04)	0.25～2.5	≤610	≤1500

表 11-25 板材的横向力学性能

牌号	状态	拉伸试验			硬度试验	
		厚度/mm	抗拉强度 R_m/MPa	断后伸长率 $A_{11.3}$/%	厚度/mm	维氏硬度(HV)
T2、T3、TP1 TP2、TU1、TU2	M20	4～14	≥195	≥30	—	—
	O60	0.3～10	≥205	≥30	≥0.3	<70
	H01		215～295	≥25		60～95
	H02		245～345	≥8		80～110
	H04		295～395	—		90～120
	H06		≥350	—		≥110

续表

牌号	状态	拉伸试验			硬度试验	
		厚度/mm	抗拉强度 R_m/MPa	断后伸长率 $A_{11.3}$/%	厚度/mm	维氏硬度(HV)
TFe0.1	O60 H01 H02 H04	0.3～5	255～345 275～375 295～430 335～470	≥30 ≥15 ≥4 ≥4	≥0.3	<100 90～120 100～130 110～150
TFe2.5	O60 H02 H04 H06	0.3～5	≥310 365～450 415～500 460～515	≥20 ≥5 ≥2 —	≥0.3	≤120 115～140 125～150 135～155
TCd1	H04	0.5～10	≥390	—	—	—
TQCr0.5 TCr0.5-0.2-0.1	H04	—	—	—	0.5～15	≥100
H95	O60 H04	0.3～10	≥215 ≥320	≥30 ≥3	—	—
H90	O60 H02 H04	0.3～10	≥245 330～440 ≥390	≥35 ≥5 ≥3	—	—
H85	O60 H02 H04	0.3～10	≥260 305～380 ≥350	≥35 ≥15 ≥3	≥0.3	≤85 80～115 ≥105
H80	O60 H04	0.3～10	≥265 ≥390	≥50 ≥3	—	—
H70、H68	M20	4～14	≥290	≥40	—	—
H70 H68 H66 H65	O60 H01 H02 H04 H06 H08	0.3～10	≥290 325～410 355～440 410～540 520～620 >570	≥40 ≥35 ≥25 ≥10 ≥3 —	≥0.3	≤90 85～115 100～130 120～160 150～190 ≥180
H63H62	M20	4～14	≥290	≥30	—	—
	O60 H02 H04 H06	0.3～10	≥290 350～470 410～630 ≥585	≥2.5	≥0.3	<95 90～130 125～165 ≥155

续表

牌号	状态	拉伸试验			硬度试验	
		厚度/mm	抗拉强度 R_m/MPa	断后伸长率 $A_{11.3}$/%	厚度/mm	维氏硬度(HV)
H59	M20	4～14	≥290	≥25	—	—
	O60	0.3～10	≥290	≥10	≥0.3	≥130
	H04		≥410	≥5		
HPb59-1	M20	4～14	≥370	≥18	—	—
	O60	0.3～10	≥340	≥25	—	—
	H02		390～490	≥12		
	H04		≥440	≥5		
HPb60-2	H04	—	—	—	0.5～2.5	165～190
					2.6～10	
	H06	—	—	—	0.5～1.0	≥180
HMn58-2	O60	0.3～10	≥680	≥30	—	—
	H02		440～610	≥25		
	H04		≥585	≥3		
HSn62-1	M20	4～14	≥340	≥20	—	—
	O60	0.3～10	≥295	≥35	—	—
	H02		350～400	≥15		
	H04		≥390	≥5		
HSn88-1	H02	0.4～2	370～450	≥14	0.4～2	110～150
HMn55-3-1	M20	4～15	≥490	≥15	—	—
HMn57-3-1	M20	4～8	≥440	≥10	—	—
HAl60-1-1	M20	4～15	≥440	≥15	—	—
HAl67-2.5	M20	4～15	≥390	≥15	—	—
HAl66-6-3-2	M20	4～8	≥685	≥3	—	—
HNi65-5	M20	4～15	≥290	≥35	—	—
QSn6.5-0.1	M20	9～14	≥290	≥38	—	—
	O60	0.2～12	≥315	≥40		≤120
	H01	0.2～12	390～510	≥35	—	110～155
	H02	0.2～12	490～610	≥8		150～190
	H04	0.2～3	590～690	≥5	≥0.2	180～230
		>3～12	540～690	≥5		180～230
	H06	0.2～5	1535～720	≥1		200～240
	H08	0.2～5	≥690			≥210
QSn6.5-0.4 QSn7-0.2	O60	0.2～12	≥295	≥40	—	—
	H04		540～690	≥8		
	H06		≥665	≥2		

续表

牌号	状态	拉伸试验			硬度试验	
		厚度/mm	抗拉强度 R_m/MPa	断后伸长率 $A_{11.3}$/%	厚度/mm	维氏硬度(HV)
QSn4-3 QSn4-0.3	O60 H04 H06	0.2～12	≥290 540～690 ≥635	≥40 ≥3 ≥2	—	—
QSn8-0.3	O60 H01 H02 H04 H06	0.2～5	≥345 390～510 490～610 590～705 ≥685	≥40 ≥35 ≥20 ≥5 —	≥0.2	≤120 100～160 150～205 180～235 ≥210
QSn4-4-2.5 QSn4-4-4	O60 H01 H02 H04	0.8～5	≥290 390～490 420～510 ≥635	≥35 ≥10 ≥9 ≥5	≥0.8	—
QMn1.5	O60	0.5～5	≥205	≥30		
QMn5	O60 H04	0.5～5	≥290 ≥440	≥30 ≥3	—	—
QAl5	O60 H04	0.4～12	≥275 ≥585	≥33 ≥2.5	—	—
QAl7	H02 H04	0.4～12	585～740 ≥635	≥10 ≥5	—	—
QAl92	O60 H04	0.4～12	≥440 ≥585	≥18 ≥5	—	—
QAl9～4	H04	0.4～12	≥585	—	—	—
QSi3～1	O60 H04 H06	0.5～10	≥340 585～735 ≥685	≥40 ≥3 ≥1	—	—
B5	M20	7～14	≥215	≥20	—	—
	O60 H04	0.5～10	≥215 ≥370	≥30 ≥10	—	—
B19	M20	7～14	≥295	≥20	—	—
	O60 H04	0.5～10	≥290 ≥390	≥25 ≥3	—	—

续表

牌号	状态	拉伸试验			硬度试验	
		厚度/mm	抗拉强度 R_m/MPa	断后伸长率 $A_{11.3}$/%	厚度/mm	维氏硬度(HV)
BFe10-1-1	M20	7～14	≥275	≥20	—	—
	O60 H04	0.5～10	≥275 ≥370	≥25 ≥3	—	—
BFe30-1-1	M20	7～14	≥345	≥15	—	—
	O60 H04	0.5～10	≥370 ≥530	≥20 ≥3	—	—
BMn3-12	O60	0.5～10	≥350	≥25	—	—
BMn40-1.5	O60 H04	0.5～10	390～590 ≥590	—	—	—
BAl6-1.5	H04	0.5～12	≥535	≥3	—	—
BAl13-3	TH04	0.5～12	≥635	≥5	—	—
BZn15-20	O60 H02 H04 H06	0.5～10	≥340 440～570 540～690 ≥640	≥1.5	—	—
BZn18～17	O60 H02 H04	0.5～5	≥375 440～570 ≥540	≥20 ≥5 ≥3	≥0.5	— 120～180 ≥150
BZn18～26	H02 H04	0.25～2.5	540～650 645～750	≥13 ≥5	0.5～2.5	145～195 190～240

注：1. 超出表中规定厚度范围的板材，其性能指标由供需双方协商。

2. 表中的“—”表示没有统计数据，如果需方要求该性能，其性能指标由供需双方协商。

3. 维氏硬度试验力由供需双方协商。

表11-26　板材的弯曲试验

牌号	状态	厚度/mm	弯曲角度	内侧半径/板厚/mm
T2、T3、TP1 TP2、TU1、TU2	O60	≤2.0	180°	0
		>2.0	180°	0.5
H95、H90、H85、H80、H70 H68、H66、H65、H62、H63	O60	1.0～10	180°	1
	H02		90°	1

续表

牌号	状态	厚度/mm	弯曲角度	内侧半径/板厚/mm
QSn65-0.4、QSn6.5-0.1、QSn4-3、QSn4-0.3、QSn8-0.3	H04	≥1.0	90°	1
	H06		90°	2
QSi3-1	H04	≥1.0	90°	1
	H06		90°	2
BMn40-1.5	O60	≥1.0	180°	1
	H04		90°	1

11.5.2 铜及铜合金带材（GB/T 2059—2017）

适用于一般用途的加工铜及铜合金带材。见表 11-27～表 11-29。

表 11-27　加工铜及铜合金带材的牌号、状态和规格

分类	牌号	代号	状态	厚度/mm	宽度/mm
无氧铜 纯铜 磷脱氧铜	TU1、TU2 T2、T3 TP1、TP2	T10150、T10180 T11050、T11090 C12000、C12200	软化退火(O60)、1/4 硬(H01)、1/2 硬(H02)、硬(H04)、特硬(H06)	>0.15～<0.50	≤610
				0.50～5.0	≤1200
镉铜	TCd1	C16200	硬(H04)	>0.15～1.2	≤300
普通黄铜	H95、H80、H59	C21000、C24000、T28200	软化退火(O60)、硬(H04)	>0.15～<0.50	≤610
				0.5～3.0	≤1200
	H85、H90	C23000、C22000	软化退火(O60)、1/2 硬(H02)、硬(H04)	>0.15～<0.50	≤610
				0.5～3.0	≤1200
	H70、H68 H66、H65	T26100、T26300 C26800、C27000	软化退火(O60)、1/4 硬(H01)、1/2 硬(H02)、硬(H04)、特硬(H06)、弹硬(H08)	>0.15～<0.50	≤610
				0.50～3.5	≤1200
	H63、H62	T27300、T27600	软化退火(O60)、1/2 硬(H02)、硬(H04)、特硬(H06)	>0.15～<0.50	≤610
				0.50～3.0	≤1200
锰黄铜	HMn58-2	T67400	软化退火(O60)、1/2 硬(H02)、硬(H04)	>0.15～0.20	≤300
铅黄铜	HPb59-1	T38100		>0.20～2.0	≤550
	HPb59-1	T38100	特硬(H06)	0.32～1.5	≤200

续表

分类	牌号	代号	状态	厚度/mm	宽度/mm
锡黄铜	HSn62-1	T46300	硬(H04)	>0.15～0.20	≤300
				>0.20～2.0	≤550
铝青铜	QAl5	T60700	软化退火(O60)、硬(H04)	>0.15～1.2	≤300
	QAl7	C61000	1/2 硬(H02)、硬(H04)		
	QAl9-2	T61700	软化退火(O60)、硬(H04)、特硬(H06)		
	QAl9-4	T61720	硬(H04)		
锡青铜	QSn6.5-0.1	T51510	软化退火(O60)、1/4 硬(H01)、1/2 硬(H02)、硬(H04)、特硬(H06)、弹硬(H08)	>0.15～2.0	≤610
	QSn7-0.2、Sn6.5-0.4、QSn4-3、QSn4-0.3	T51530 T51520 T50800 C51100	软化退火(O60)、硬(H04)、特硬(H06)	>0.15～2.0	≤610
	QSn8-0.3	C52100	软化退火(O60)、1/4 硬(H01)、1/2 硬(H02)、硬(H04)、特硬(H06)、弹硬(H08)	>0.15～2.6	≤610
	QSn4-4-25 QSn4-4-4	T53300 T53500	软化退火(O60)、1/4 硬(H01)、1/2 硬(H02)、硬(H04)	0.80～1.2	≤200
锰青铜	QMn1.5	T56100	软化退火(O60)	>0.15～1.2	≤300
	QMn5	T56300	软化退火(O60)、硬(H04)		
锌白铜	BZn15-20	T74600	软化退火(O60)、1/2 硬(H02)、硬(H04)、特硬(H06)	>0.15～1.2	≤610
	BZn18-18	C75200	软化退火(O60)、1/4 硬(HO1)、1/2 硬(H02)、硬(H04)	>0.15～1.0	≤610
	BZn18-17	T75210	软化退火(O60)、1/2 硬(H02)、硬(H04)	>0.15～1.2	≤610
	BZn18-26	C77000	1/4 硬(H01)、1/2 硬(H02)、硬(H04)	>0.15～2.0	≤610

表 11-28　带材室温的力学性能

牌号	状态	拉伸试验			硬度试验
		厚度 /mm	抗拉强度 R_m/MPa	断后伸长率 $A_{11.3}$/%	维氏硬度 (HV)
TU1、TU2 T2、T3 TP1、TP2	O60	>0.15	≥195	≥30	≤70
	H01		215～295	≥25	60～95
	H02		245～345	≥8	80～110
	H04		295～395	≥3	90～120
	H06		≥350	—	≥110
TCd1	H04	≥0.2	≥390	—	—
H95	O60	≥0.2	≥215	≥30	—
	H04		≥320	≥3	
H90	O60	≥0.2	≥245	≥35	—
	H02		330～440	≥5	
	H04		≥390	≥3	
H85	O60	≥0.2	≥260	≥40	≤85
	H01		305～380	≥15	80～115
	H04		≥350	—	≥105
H80	O60	≥0.2	≥265	≥50	—
	H04		≥390	≥3	
H70、H68 H66、H65	O60	≥0.2	≥290	≥40	≤90
	H01		325～410	≥35	85～115
	H02		355～460	≥25	100～130
	H04		410～540	≥13	120～160
	H06		520～620	≥4	150～190
	H08		≥570	—	≥180
H63、H62	O60	≥0.2	≥290	≥35	≤95
	H02		350～470	≥20	90～130
	H04		410～630	≥10	125～165
	H06		≥585	≥2.5	≥155
H59	O60	≥0.2	≥290	≥10	—
	H04		≥410	≥5	≥130
HPb59-1	O60	≥0.2	≥340	≥25	—
	H02		390～490	≥12	
HPb59-1	H04	≥0.2	≥440	≥5	—
	H06	≥0.32	≥590	≥3	
HMn58-2	O60	≥0.2	≥380	≥30	—
	H02		440～610	≥25	
	H04		≥585	≥3	

续表

牌号	状态	拉伸试验			硬度试验
		厚度/mm	抗拉强度 R_m/MPa	断后伸长率 $A_{11.3}$/%	维氏硬度（HV）
HSn62-1	H04	≥0.2	390	≥5	—
QAl5	O60	≥0.2	≥275	≥33	—
	H04		≥585	≥2.5	
QAl7	H02	≥0.2	585～740	≥10	—
	H04		≥635	≥5	
QAl9-2	O60	≥0.2	≥440	≥18	—
	H04		≥585	≥5	
	H06		≥880	—	
QAl9-4	H04	≥0.2	≥635	—	—
HSn62-1	H04	≥0.2	390	≥5	—
QAl5	O60	≥0.2	≥275	≥33	—
	H04		≥585	≥2.5	
QAl7	H02	≥0.2	585～740	≥10	—
	H04		≥635	≥5	
QAl9-2	O60	≥0.2	≥440	≥18	—
	H04		≥585	≥5	
	H06		≥880	—	
QAl9-4	H04	≥0.2	≥635	—	—
QSn4-3 QSn4-0.3	O60	>0.15	≥290	≥40	—
	H04		540～690	≥3	
	H06		≥635	≥2	
QSn6.5-0.1	O60	>0.15	≥315	≥40	≤120
	H01		390～510	≥35	110～155
	H02		490～610	≥10	150～190
	H04		590～690	≥8	180～230
	H06		635～720	≥5	200～240
	H08		≥690	—	≥210
QSn7-0.2	O60	>0.15	≥295	≥40	—
QSn65-0.4	H04		540～690	≥8	
	H06		≥665	≥2	
QSn8-0.3	O60	>0.15	≥345	≥45	≤120
	H01		390～510	≥40	100～160
	H02		490～610	≥30	150～205
	H04		590～705	≥12	180～235
	H06		685～785	≥5	210～250

续表

牌号	状态	拉伸试验			硬度试验
		厚度/mm	抗拉强度 R_m/MPa	断后伸长率 $A_{11.3}$/%	维氏硬度(HV)
QSn8-0.3	H08	>0.15	≥735	—	≥230
QSn4-4-2.5 QSn4-4-4	O60	≥0.8	≥290	≥35	—
	H01		390～490	≥10	—
	H02		420～510	≥9	—
	H04		≥490	≥5	—
QMn1.5	O60	≥0.2	≥205	≥30	—
QMn5	O60	≥0.2	≥290	≥30	—
	H04		≥440	≥3	
QSi3-1	O60	>0.15	≥370	≥45	—
	H04		635～785	≥5	
	H06		735	≥2	
B5	O60	≥0.2	≥215	≥32	—
	H04		≥370	≥10	
B19	O60	≥0.2	≥290	≥25	—
	H04		≥390	≥3	
BFe10-1-1	O60	≥0.2	≥275	≥25	—
	H04		≥370	≥3	
BFe30-1-1	O60	≥0.2	≥370	≥23	—
	H04		≥540	≥3	
BMn3-12	O60	≥0.2	≥350	≥25	—
BMn40-1.5	O60	≥0.2	390～590	—	—
	H04		≥635	—	—
BAl6-1.5	H04	≥0.2	≥600	≥5	—
BAl13-3	TH04	≥0.2	实测值		
BZn15-20	O60	>0.15	≥340	≥35	—
	H02		440～570	≥5	
	H04		540～690	≥1.5	
	H06		≥640	≥1	
BZn18-18	O60	≥0.2	≥385	≥35	≤105
	H01		400～500	≥20	100～145
	H02		460～580	≥11	130～180
	H04		≥545	≥3	≥165
BZn18-17	O60	≥0.2	≥375	≥20	—
	H02		440～570	≥5	120～180
	H04		≥540	≥3	≥150

续表

牌号	状态	拉伸试验			硬度试验
		厚度/mm	抗拉强度 R_m/MPa	断后伸长率 $A_{11.3}$/%	维氏硬度(HV)
BZn18-26	H01	≥0.2	≥475	≥25	≤165
	H02		540～650	≥11	140～195
	H04		≥645	≥4	≥190

注：1. 超出表中规定厚度范围的带材，其性能指标由供需双方协商。

2. 表中的“—”表示没有统计数据，如果需方要求该性能，其性能指标由供需双方协商。

3. 维氏硬度的试验力由供需双方协商。

表 11-29 带材的弯曲试验

牌号	状态	厚度/mm	弯曲角度	内侧半径/带厚/mm
T2、T3、TP1、TP2、TU1	O60	≤2	180°	0
TU2、H95、H90、H80、H70	H02			1
H68、H66、H65、H63、H62	H04			1.5
H59	O60	≤2	180°	1
	H04		90°	1.5
QSn8-0.3、QSn7-0.2、QSn6.5-0.4 QSn6.5-0.1、QSn4-3、QSn4-0.3	O60	≥1	180°	0.5
	H02			1.5
	H04			2
QSi3-1	H04	≥1	180°	1
	H06		90°	2
BMn40-1.5	O60	≥1	180°	1
	H04		90°	1
BZn15-20	H04、H06	>0.15	90°	2

11.5.3 铜及铜合金箔材（GB/T 5187—2008）

① 普通箔材 适用于电子、仪表等工业部门用铜及铜合金轧制箔材。见表11-30、表11-31。

表 11-30 箔材的牌号、状态和规格

牌号	状态	厚度×宽度/mm
T1、T2、T3、TU1、TU2	M、Y_4、Y_2、Y	(0.012～<0.025)×≤300
H62、H65、H68	M、Y_4、Y_2、Y、T、TY	

续表

牌号	状态	厚度×宽度/mm
QSn6.5-0.1、QSn7-0.2	Y、T	(0.012～<0.025)×≤300
QSi3-1	Y	
QSn8-0.3	T、TY	
BMn40-1.5	M、Y	(0.025～0.15)×≤600
BZn15-20	M、Y_2、Y	
BZn18-18、BZn18-26	Y_2、Y、T	

注：M—软，Y_4—1/4 硬，Y_3—1/3 硬，Y_2—半硬，Y—硬，T—特硬，TY—弹硬，CYS—人工时效。

表 11-31　箔材的室温力学性能

牌号	状态	抗拉强度 R_m/MPa	伸长率 $A_{11.3}$/%	维氏硬度(HV)
T1、T2、T3 TU1、TU2	M	≥205	≥30	≤70
	Y_4	215～275	≥25	60～90
	Y_2	245～345	≥8	80～110
	Y	≥295	—	≥90
H68、H65、H62	M	≥290	≥40	≤90
	Y_4	325～410	≥35	85～115
	Y_2	340～460	≥25	100～130
	Y	400～530	≥13	120～160
	T	450～600	—	150～190
	TY	≥500	—	≥180
QSn6.5-0.1 QSn7-0.2	Y	540～690	≥6	170～200
	T	≥650	—	≥190
QSn8-0.3	T	700～780	≥11	210～240
	TY	735～835	—	230～270
QSi3-1	Y	≥635	≥5	—
BZn15-20	M	≥340	≥35	—
	Y_2	440～570	≥5	
	Y	≥540	≥1.5	
BZn18-18 BZn18-26	Y_2	≥525	≥8	180～210
	Y	610～720	≥4	190～220
	T	≥700	—	210～240
BMn40-1.5	M	390～590	—	—
	Y	≥635		

注：1. 厚度不大于 0.05mm 的黄铜、白铜箔材的力学性能仅供参考。

2. 维氏硬度试验、拉伸试验任选其一，未作特别说明时，提供维氏硬度试验结果。

② 电解铜箔 见表 11-32。

表 11-32 电解铜箔的规格

规格/(g/mm²)	44.6	80.3	107.0	153.0	230.0	305.0
名义厚度/μm	5.0	9.0	12.0	18.0	25.0	35.0
规格/(g/mm²)	610.0	916.0	1221.0	1526.0	1831.0	—
名义厚度/μm	69.0	103.0	137.0	172.0	206.0	—

11.5.4 加工铜及铜合金板材（GB/T 17793—2010）

适用于一般用途的加工铜及铜合金板材。见表 11-33。

表 11-33 加工铜及铜合金板材的牌号和规格

牌号	状态	规格/mm		
		厚度	宽度	长度
T2、T3、TP1、TP2、TU1、TU2、H96、H90、H85、H80、H70、H68、H65、H63、H62、H59、HPb59-1、HPb60-2、HSn62-1、HMn58-2	热轧	4.0～60.0	≤3000	≤6000
	冷轧	0.20～12.00		
HMn55-3-1、5HAl66-6-3-2、HMn57-3-1、HAl67-2、HAl60-1-1、HNi65-5	热轧	4.0～40.0	≤1000	≤2000
QSn6.5-0.1、QSn6.5-0.4、QSn4-3、QSn4-0.3、QSn7-0.2、QSn8-0.3	热轧	9.0～50.0	≤600	≤2000
	冷轧	0.20～12.00		
QAl5、QAl7、QAl9-2、QAl9-4	冷轧	0.40～12.00	≤1000	≤2000
QCd1		0.50～10.00	200～300	800～1500
QCr0.5、QCr0.5-0.2-0.1		0.50～15.00	100～600	≥300
QMn1.5、QMn5		0.50～5.00	100～600	≤1500
QSi3-1		0.50～10.00	100～1000	≥500
QSn4-4-2.5、QSn4-4-4		0.80～5.00	200～600	800～2000
B5、B19、BFe10-1-1、BFe30-1-1、BZn15-20、BZn18-17	热轧	7.0～60.0	≤2000	≤4000
	冷轧	0.50～10.00	≤600	≤1500
BAl6-1.5、BAl13-3	冷轧	0.50～12.00	≤600	≤1500
BMn3-12、BMn40-1.5		0.50～10.00	100～600	800～1500

11.5.5 加工铜及铜合金带材（GB/T 17793—2010）

适用于一般用途的加工铜及铜合金带材。见表 11-34。

表 11-34 加工铜及铜合金带材牌号和规格

牌号	厚度/mm	宽度/mm
T2、T3、TU1、TU2、TP1、TP2、H96、H90、H85、H80、H70、H68、H65、H63、H62、H59	>0.15～<0.5	≤600
	0.5～3	≤1200
HPb59-1、HSn62-1、HMn58-2	>0.15～0.2	≤300
	>0.2～2	≤550
QAl5、QAl7、QAl9-2、QAl9-4	>0.15～1.2	≤300
QSn7-0.2、QSn6.5-0.4、QSn6.5-0.1、QSn4-3、QSn4-0.3	>0.15～2	≤610
QSn8-0.3	>0.15～2.6	≤610
QSn4-4-4、QSn4-4-2.5	0.8～1.2	≤200
QCd1、QMn1.5、QMn5、QSi3-1	>0.15～1.2	≤300
BZn18-17	>0.15～1.2	≤610
B5、B19、BZn15-20、BFe10-1-1、BFe30-1-1、BMn40-1.5、BMn3-12、BAl13-3、BAl6-1.5	>0.15～1.2	≤400

11.5.6 铜及铜合金板（带、箔）材的质量

表 11-35 铜及铜合金板（带、箔）材的理论质量

厚度/mm	质量/(kg/m²)		厚度/mm	质量/(kg/m²)		厚度/mm	质量/(kg/m²)	
	铜板	黄铜板		铜板	黄铜板		铜板	黄铜板
0.005	0.0445	0.0425	0.22	1.96	1.87	0.85	7.57	7.23
0.008	0.0712	0.0680	0.25	2.23	2.13	0.90	8.01	7.65
0.010	0.0890	0.0850	0.30	2.67	2.55	0.93	8.28	7.91
0.012	0.107	0.102	0.32	2.85	2.72	1.00	8.90	8.50
0.015	0.134	0.128	0.34	3.03	2.89	1.10	9.79	9.35
0.02	0.178	0.170	0.35	3.12	2.98	1.13	10.06	9.61
0.03	0.267	0.255	0.40	3.56	3.40	1.20	10.68	10.20
0.04	0.356	0.340	0.45	4.01	3.83	1.22	10.86	10.37
0.05	0.445	0.425	0.50	4.45	4.25	1.30	11.57	11.05
0.06	0.534	0.510	0.52	4.63	4.42	1.35	12.02	11.48
0.07	0.623	0.595	0.55	4.90	4.68	1.40	12.46	11.90
0.08	0.712	0.680	0.57	5.07	4.85	1.45	12.91	12.33
0.09	0.801	0.765	0.60	5.34	5.10	1.50	13.35	12.75
0.10	0.890	0.850	0.65	5.79	5.53	1.60	14.24	13.60
0.12	1.07	1.02	0.70	6.23	5.95	1.65	14.69	14.03
0.15	1.34	1.28	0.72	6.41	6.12	1.80	16.02	15.30
0.18	1.60	1.53	0.75	6.68	6.38	2.00	17.80	17.00
0.20	1.78	1.70	0.80	7.12	6.80	2.20	19.58	18.70

续表

厚度/mm	质量/(kg/m²)		厚度/mm	质量/(kg/m²)		厚度/mm	质量/(kg/m²)	
	铜板	黄铜板		铜板	黄铜板		铜板	黄铜板
2.25	20.03	19.13	13	115.7	110.5	34	302.6	289.0
2.50	22.25	21.25	14	124.6	119.0	35	311.5	297.5
2.75	24.48	23.38	15	133.5	127.5	36	320.4	306.0
2.8	24.92	23.80	16	142.4	136.0	38	338.2	323.0
3.0	26.70	25.50	17	151.3	144.5	40	356.0	340.0
3.5	31.15	29.75	18	160.2	153.0	42	373.8	357.0
4.0	35.60	34.00	19	169.1	161.5	44	391.6	374.0
4.5	40.05	38.25	20	178.0	170.0	45	400.5	382.5
5.0	44.50	42.50	21	186.9	178.5	46	409.4	391.0
5.5	48.95	46.75	22	195.8	187.0	48	427.2	408.0
6.0	53.40	51.00	23	204.7	195.5	50	445.0	425.0
6.5	57.85	55.25	24	213.6	204.0	52	462.8	442.0
7.0	62.30	59.50	25	222.5	212.5	54	480.6	459.0
7.5	66.75	63.75	26	231.4	221.0	55	489.5	467.5
8.0	71.20	68.00	27	240.3	229.5	56	498.4	476.0
9.0	80.10	76.50	28	249.2	238.0	58	516.2	493.0
10	89.00	85.00	29	258.1	246.5	60	534.0	510.0
11	97.90	93.50	30	267.0	255.0			
12	106.8	102.0	32	284.8	272.0			

注：本表按纯铜（紫铜）的密度 8.90g/cm³ 计算。其他材料要乘以相应的系数：

（1）H59：0.9882，H62、H65、H68：1.0000；H90：1.0353，H96：1.0412；

（2）HAl60-1-1：0.9882，HAl67-2.5、HAl66-6-3-2：HAl77-2：1.0118；HMn55-3-1、HMn57-3-1、HMn58-2：HNi65-5：1.0188；HPb59-1、HPb63-3：1.0000；HSi80-3：1.0118；HSn62-1：0.9941。

11.6 铜及铜合金棒材

11.6.1 铜及铜合金拉制棒材（GB/T 4423—2007）

适用于圆形、矩形、方形和六角形铜及铜合金拉制棒材。见表 11-36。

表 11-36　铜及铜合金拉制棒材的规格

牌号	状态	直径(或对边距离)/mm	
		圆、方、六边形	矩形
H96、T2、T3、TP2、TU1、TU2	Y、M	3～80	3～80
H90	Y	3～40	—
H80、H65	Y、M	3～40	—
H68	Y_2	3～80	—
	M	13～35	—
H62、HPb59-1	Y_2	3～80	3～80
H63、HPb63-0.1	Y_2	3～40	—
HPb63-3	Y、Y_2	3～30 3～60	3～80
HPb61-1	Y_2	3～20	—
HFe58-1-1、HFe59-1-1、HSn62-1、HMn58-2	Y	4～60	—
QSn6-5-0.1、QSn6.5-0.4、QSn4-3、QSn4-0.3、QSi3-1、QAl9-2、QAl9-4、QAl9-3-1.5、QZr0.2、QZr0.4	Y	4～40	—
QSn7-0.2	Y、T	4～40	—
QCu1	Y、M	4～60	—
QCr0.5	Y、M	4～40	—
BZn15-20	Y、M	4～40	—
BZn15-24-1.5	T、Y、M	3～18	—
BFe30-1-1	Y、M	16～50	—
BMn40-1.5	Y	7～40	—

注：优选直径为 5、5.5、6、6.5、7、7.5、8、8.5、9、9.5、10、11、12、13、14、15、16、17、18、19、20、21、22、23、24、25、26、27、28、29、30、32、34、35、36、38、40、42、44、45、46、48、50、52、54、55、56、58、60、65、70、75、80。

11.6.2　铜及铜合金挤制棒材（YS/T 649—2007）

适用于一般用途的圆形、矩形（方形）和六角形铜及铜合金挤制棒材。见表 11-37。

表 11-37　铜及铜合金挤制棒材的规格

牌号	状态	直径或对边边长/mm		
		圆棒	矩形棒	方、六角棒
T2、T3	挤制R	30～120	20～120	30～120
TU1、TU2、TP2		16～300	—	16～120
H80、H68、H59		16～120	—	16～120
H96、HFe58-1-1、HAl60-1-1		10～160	—	10～120
HSn62-1、HMn58-2、HFe59-1-1		10～220	—	10～120
H62、HPb59-1		10～220	5～50	10～120
HSn70-1、HAl77-2		10～160	—	10～120
HMn55-3-1、HMn57-3-1、HAl66-6-3-2、HAl67-2.5		16～160	—	16～120
QAl9-2		10～200	—	30～60
QAl9-4、QAl10-3-1.5、QAl10-4-4		10～200	—	—
QAl11-6-6、HSi80-3、HNi56-3		10～160	—	—
QSi1-3		20～100	—	—
QCd1		20～120	—	—
QSi3-1		20～160	—	—
QSi3.5-3-1.5、BFe10-1-1、BFe30-1-1、BAl13-3、BMn40-1.5		40～120	—	—
QSn4-0.3		60～180	—	—
QSn7-0.2、QSn4-3		40～180	—	40～120
QSn6.5-0.1、QSn6.4-0.4		40～180	—	30～120
QCr0.5		18～160	—	—
BZn15-20		25～120	—	—

注：供应长度：

直径或对边边长	10～50	50～75	75～120	>120
供应长度	1000～5000	500～5000	500～4000	300～4000

11.6.3　铜及铜合金铸棒（YS/T 759—2011）

适用于一般用途铜及铜合金水平连续铸造圆形棒材。见表 11-38、表 11-39。

表 11-38　铸棒的牌号、状态、规格

牌号	状态	直径/mm	长度/mm
ZT2 ZHMn59-22	铸造 (M0)	6～200	100～1000

续表

牌号	状态	直径/mm	长度/mm
ZHPb60-1.5-0.5 ZHSi75-3、ZHSi62-0.6、ZHBi62-2-1 ZQSn4-4-2.5、ZQSn4-4-4、ZQSn5-5-5 ZQSn6.5-0.1、ZQSn10-2	铸造 （M0）	6～200	100～1000
ZQB13-10(C89325)、ZQBi5-6(C89320) ZQPb15-8			

表 11-39　铸棒的力学性能

牌号	抗拉强度 R_m /MPa ≥	规定塑性延伸强度 $R_{p0.2}$/MPa ≥	断后伸长率 A /% ≥	布氏硬度（HBW） ≥
ZHMn59-22	220	—	8	58
ZHPb60-1.5-0.5	200	—	10	65
ZHSi75-3	450	—	15	105
ZHSi62-0.6	350	—	20	95
ZHBi62-2-1	330	—	15	85
ZQSn5-5-5	250	100	13	64
ZQSn6.5-0.1	200	120	35	75
ZQSn10-2	270	140	7	80
ZQB13-10(C89325)	207	83	15	50
ZQBi5-6(C89320)	241	124	15	50
ZQPb15-8	140	—	10	—
ZT2	供实测值			
ZQSn4-4-2.5	供实测值			
ZQSn4-4-4	供实测值			

11.6.4　易切削铜合金棒（GB/T 26306—2010）

表 11-40　棒材的牌号、状态、规格

牌号	状态	直径(或对边距)/mm	长度/mm
HPb57-4、HPb58-2、HPb58-3、HPb59-1、HPb59-2、HPb59-3、HPb60-2、HPb60-3、HPb62-3、HPb63-3	Y_2、Y	3～80	500～6000
HBi59-1、HBi60-1、HBi60-2、HMg60-1、HSi75-3、HSi80-3	Y_2	3～80	500～6000
HSb60-0.9、HSb61-0.8-0.5	Y_2、Y	4～80	500～6000

续表

牌号	状态	直径(或对边距)/mm	长度/mm
HBi60-0.5-0.01、HBi60-0.8-0.01、HBi60-1.1-0.01	Y_2	5～60	500～5000
QTe0.3、QTe0.5、QTe0.5-0.008、QSn4-4-4、QPb1	Y_2、Y	4～80	500～5000

注：1. 直径（或对边距）不大于10mm，长度不小于4000mm的棒材可成盘（卷）供货。

2. Y_2—半硬，Y—硬。

表 11-41　棒材室温纵向力学性能

牌号	状态	对边距(或直径)/mm	抗拉强度 R_m /MPa	伸长率 A /%
HPb57-4、HPb58-2、HPb58-3	Y_2	3～20	350	10
		>20～40	330	15
		>40～80	315	20
	Y	3～20	380	8
		>20～40	350	12
		>40～80	320	15
HPb59-1、HPb59-2、HPb60-2	Y_2	3～20	420	12
		>20～40	390	14
		>40～80	370	19
	Y	3～20	480	5
		>20～40	460	7
		>40～80	440	10
HPb59-3、HPb60-3、HPb62-3、HPb63-3	Y_2	3～20	390	12
		>20～40	360	15
		>40～80	330	20
	Y	3～20	490	6
		>20～40	450	9
		>40～80	410	12
HBi59-1、HBi60-2、HBi60-1.3、HMg60-1、HSi75-3	Y_2	3～20	350	10
		>20～40	330	12
		>40～80	320	15
HBi60-0.5-0.01、HBi60-0.8-0.01、HBi60-1.1-0.01	Y_2	5～20	400	20
		>20～40	390	22
		>40～60	380	25

续表

牌号	状态	对边距（或直径）/mm	抗拉强度 R_m /MPa	伸长率 A /%
HSb60-0.9、HSb61-0.8-0.5	Y_2	4～12	390	8
		>12～25	370	10
		>25～80	300	18
	Y	4～12	480	4
		>12～25	450	6
		>25～40	120	10
QSn4-4-4	Y_2	4～12	430	12
		>12～20	400	15
	Y	4～12	450	5
		>12～20	420	7
HSi80-3	Y_2	4～80	295	28
QTe0.3、QTe0.5、QTe0.5-0.008	Y_2	4～80	260	8
QPb1	Y	4～80	330	4

注：矩形棒按短边长分档。

11.6.5　铍青铜圆形棒（YS/T 334—2009）

表 11-42　铍青铜圆形棒的牌号、状态及规格

牌号	状态	规格/mm	
		直径	长度
QBe2 QBe1.9 QBe1.9-0.1 QBe1.7 QBe0.6-2.5(C17500)* QBe0.4-1.8(C17510)* QBe0.3-1.5* C17000 C17200 C17300	半硬态(Y_2) 硬态(Y) 硬时效态(TH04)	5～10 >10～20 >20～40	1000～3000 1000～4000 500～3000
	软态或固溶退火态(M) 软时效态(TF00)	5～120	500～5000
	热加工态(R)	20～30 >30～50 >50～120	500～5000 500～3000 500～2500

注：1. 有“*”者无半硬态（Y_2）。

2. TF00 是指固溶处理＋沉淀热处理，TH04 是指固溶处理＋冷加工＋沉淀热处理。

表 11-43　铍青铜圆形棒的力学性能（热处理前）

牌号	状态	直径/mm	抗拉强度 R_m/MPa	规定塑性延伸强度 $R_{p0.2}$/MPa	断后伸长率 A/%≥	硬度(HRB)
QBe2 QBe1.9 QBe1.9-0.1 QBe1.7 C17000 C17200 C17300	R	200～120	450～700	≥140	10	≥45
	M	5～120	400～600	≥140	30	45～85
	Y_2	5～40	550～700	≥450	10	≥78
	Y	5～10	660～900	≥520	5	≥88
		>10～25	620～860	≥520	5	
		>25	590～830	≥510	5	
QBe0.6-2.5 QBe0.4-1.8	M	5～120	≥240	—	20	20～50
	R	20～120				
QBe0.3-1.5	Y	5～40	≥440	—	5	60～80

表 11-44　铍青铜圆形棒的力学性能（时效热处理后）

牌号	状态	直径/mm	抗拉强度 R_m/MPa	规定塑性延伸强度 $R_{p0.2}$/MPa	断后伸长率 A/%≥	硬度(HRC)
QBe1.7 C17000	TF00	5～120	1000～1310	≥860	—	32～39
	TH04	5～10	1170～1450	≥990	—	35～41
		>10～25	1130～1410	≥960	—	35～41
		>25	1100～1380	≥930	—	33～40
QBe2 QBe1.9 QBe1.9-0.1 C17200 C17300	TF00	5～120	1100～1380	≥890	2	35～42
	TH04	5～10	1200～1550	≥1100	1	37～45
		>10～25	1150～1520	≥1050	1	36～44
		>25	1120～1480	≥1000	1	
QBe0.6-2.5 QBe0.4-1.8 QBe0.3-1.5	TF00	5～120	690～895	—	6	92～100HRB
	TH04	5～40	760～965	—	3	95～102HRB

11.6.6　再生铜及铜合金棒（GB/T 26311—2010）

适用于五金用的圆形、方形、六角形及其他异形再生铜及铜合金连铸、挤压、轧制、拉制棒材。见表 11-45、表 11-46。

表 11-45　棒材的牌号、状态和规格

合金牌号	产品状态	直径(或对边距)/mm	长度/mm
RT3	Y、M	7～80	500～5000

续表

合金牌号	产品状态	直径(或对边距)/mm	长度/mm
RHPb59-2、RHPb58-2、RHPb58-3、RHPb56-4、	Z、R、Y_2	7～80	500～5000
RHPb62-2-0.1	R、Y_2		

注：M—软，Y_2—半硬，Y—硬，R—挤制，Z—铸。

表 11-46　室温力学性能（需方要求时）

牌号	状态	抗拉强度 R_m /MPa≥	伸长率 A /% ≥	牌号	状态	抗拉强度 R_m /MPa≥	伸长率 A /% ≥
RT3	M	205	40	RHPb57-3	Z	250	—
	Y	315	—		R	—	—
RHPb59-2	Z	250	—		Y_2	320	5
	R	360	12	RHPb56-4	Z	250	—
	Y_2	360	10		R	—	—
RHPb58-2	Z	250	—		Y_2	320	5
	R	360	7	RHPb62-2-0.1	R	250	22
	Y_2	320	5		Y_2	300	20

11.6.7　铜及铜合金棒的质量

表 11-47　铜及铜合金棒的计算质量　kg/m

规格(直径或对边距离)/mm	纯铜棒（密度按 8.9g/cm³ 计算）			黄铜棒（密度按 8.5g/cm³ 计算）		
	圆棒	方棒	六角棒	圆棒	方棒	六角棒
3.0	0.0629	0.0801	0.0694	—	—	—
3.5	0.0856	0.1090	0.0944	—	—	—
4.0	0.112	0.142	0.123	—	—	—
4.5	0.142	0.180	0.156	—	—	—
5.0	0.175	0.223	0.193	0.167	0.213	0.184
5.5	0.211	0.269	0.233	0.202	0.257	0.223
6.0	0.252	0.320	0.277	0.240	0.306	0.265
6.5	0.295	0.376	0.326	0.282	0.359	0.311
7.0	0.343	0.436	0.378	0.327	0.417	0.361
7.5	0.393	0.501	0.434	0.376	0.478	0.414
8.0	0.447	0.570	0.493	0.427	0.544	0.471
8.5	0.505	0.643	0.557	0.482	0.614	0.532
9.0	0.566	0.721	0.624	0.541	0.689	0.596

续表

规格(直径或对边距离)/mm	纯铜棒（密度按 8.9g/cm³ 计算）			黄铜棒（密度按 8.5g/cm³ 计算）		
	圆棒	方棒	六角棒	圆棒	方棒	六角棒
9.5	0.631	0.803	0.696	0.602	0.767	0.664
10	0.699	0.890	0.771	0.668	0.850	0.736
11	0.846	1.077	0.933	0.808	1.029	0.891
12	1.01	1.28	1.11	0.96	1.22	1.06
13	1.18	1.50	1.30	1.13	1.44	1.24
14	1.37	1.74	1.51	1.31	1.67	1.44
15	1.57	2.00	1.73	1.50	1.91	1.66
16	1.79	2.28	1.97	1.71	2.18	1.88
17	2.02	2.57	2.23	1.93	2.46	2.13
18	2.26	2.88	2.50	2.16	2.75	2.39
19	2.52	3.21	2.78	2.41	3.07	2.66
20	2.80	3.56	3.08	2.67	3.40	2.94
21	3.08	3.92	3.40	2.94	3.75	3.25
22	3.38	4.31	3.73	3.23	4.11	3.56
23	3.70	4.71	4.08	3.53	4.50	3.89
24	4.03	5.13	4.44	3.85	4.90	4.24
25	4.37	5.56	4.82	4.17	5.31	4.60
26	4.73	6.02	5.21	4.51	5.75	4.98
27	5.10	6.49	5.62	4.87	6.20	5.37
28	5.48	6.98	6.04	5.23	6.66	5.77
29	5.88	7.48	6.48	5.61	7.15	6.19
30	6.29	8.01	6.94	6.01	7.65	6.63
32	7.16	9.11	7.89	6.84	8.70	7.54
34	8.08	10.29	8.91	7.72	9.83	8.51
35	8.56	10.90	9.44	8.18	10.41	9.02
36	9.06	11.53	9.99	8.65	11.02	9.54
38	10.09	12.85	11.13	9.64	12.27	10.63
40	11.18	14.24	12.33	10.68	13.60	11.78
42	12.33	15.70	13.60	11.78	14.99	12.99
44	13.53	17.23	14.92	12.92	16.46	14.25
45	14.15	18.02	15.61	13.52	17.21	14.91
46	14.79	18.83	16.31	14.13	17.99	15.58
48	16.11	20.51	17.76	15.38	19.58	16.96
50	17.48	22.25	19.27	16.69	21.25	18.40

续表

规格(直径或对边距离)/mm	纯铜棒(密度按 8.9g/cm³ 计算)			黄铜棒(密度按 8.5g/cm³ 计算)		
	圆棒	方棒	六角棒	圆棒	方棒	六角棒
52	18.90	24.07	20.84	18.05	22.98	19.91
54	20.38	25.95	22.48	19.47	24.79	21.47
55	21.14	26.92	23.32	20.19	25.71	22.27
56	21.92	27.91	24.17	20.94	26.66	23.09
58	23.51	29.94	25.93	22.46	28.59	24.76
60	25.16	32.04	27.75	24.03	30.60	26.50
65	29.53	37.60	32.57	28.21	35.91	31.10
70	34.25	43.61	37.77	32.71	41.65	36.07
75	39.32	50.06	43.36	37.55	47.81	41.41
80	44.74	56.96	49.33	42.73	54.40	47.11
85	50.50	64.30	55.69	48.23	61.41	53.19
90	56.62	72.09	62.43	54.07	68.85	59.63
95	63.09	80.32	69.56	60.25	76.71	66.44
100	69.90	89.00	77.08	66.76	85.00	73.61
105	77.07	98.12	84.98	73.60	93.71	81.16
110	84.58	107.7	93.27	80.78	102.8	89.07
115	92.44	117.7	101.94	88.29	112.4	97.35
120	100.7	128.2	110.99	96.13	122.4	106.0
130	—	—	—	112.8	143.6	124.4
140	—	—	—	130.8	166.6	144.3
150	—	—	—	150.2	191.2	165.6
160	—	—	—	170.9	217.6	188.4

注：其他铜及铜合金棒的计算修正系数：

青铜和白铜：BFe30-1-1：1.000；BMn40-1.5：1.000，BZn15-20、BZn15-24-1.5：0.966，QAl9-2：0.853，QAl9-4、QAl10-3-1、QAl10-4-4、QAl11-6-6：0.843，QBe1.7、QBe1.9、QBe2：0.933，QCd1：0.989，QCr0.5：1.00，QSi1-3：0.966，QSi3-1：0.844，QSi3.5-3-1.5：0.989，QSn4-0.3：1.000，QSn4-3、QSn6.5-0.1、QSn6.5-0.4、QSn7-0.2：0.989；

其他黄铜（密度 ≠ 8.5g/cm³）：H96：1.041，H80：1.012，H68、H65、H63、H62：1.000，H59：0.988，HAl77-2：1.012，HAl67-2.5、HAl66-6-3：1.000，HFe58-1-1、HFe59-1-1：1.000，HMn55-3-1、HMn57-3-1：1.000，HNi65-5：1.000，HPb63-3、HPb63-0.1、HPb59-1：1.000，HSi80-3：1.012，HSn70-1：1.005，HSn62-1：1.000。

11.7 铜及铜合金管材

11.7.1 铜及铜合金挤制管（YS/T 662—2007）

适用于铜及铜合金挤制无缝圆形、矩形管材。见表11-48～表11-50。

表11-48　挤制管的牌号、状态、规格

牌号	状态	规格/mm		
		外径	壁厚	长度
TU1、TU2、T2、T3、TP1、TP2	挤制（R）	30～300	5～65	300～6000
H96、H62、HPb59-1、HFe59-1-1		20～300	1.5～42.5	
H80、H65、H68、HSn62-1、HSi80-3、HMn58-2、HMn57-3-1		60～220	7.5～30	
QAl9-2、QAl9-4、QAl10-3-1.5、QAl10-4-4		20～250	3～50	500～6000
QSi3.5-3-1.5		80～200	10～30	
QCr0.5		100～220	17.5～37.5	500～3000
BFe10-1-1		70～250	10～25	300～3000
BFe30-1-1		80～120	10～25	

表11-49　挤制圆形无缝管的规格　　mm

公称外径	公称壁厚													
	1.5	2.0	2.5	3.0	3.5	4.0	4.5	5.0	6.0	7.5	9.0	10.0	12.5	15.0
20,21,22	√	√	√	√		√								
23,24,25,26	√	√	√	√	√	√								
27,28,29			√	√	√	√	√	√	√					
30,32			√	√	√	√	√	√	√					
34,35,36			√	√	√	√	√	√	√					
38,40,42,44			√	√	√	√	√	√	√	√	√	√		
45,46,48			√	√	√	√	√	√	√	√	√	√		
50,52,54,55			√	√	√	√	√	√	√	√	√	√	√	√
56,58,60						√	√	√	√	√	√	√	√	√
62,64,65,68,70						√	√	√	√	√	√	√	√	√
72,74,75,78,80						√	√	√	√	√	√	√	√	√
85,90										√		√	√	√
95,100										√		√	√	√

续表

公称外径	公称壁厚													
	1.5	2.0	2.5	3.0	3.5	4.0	4.5	5.0	6.0	7.5	9.0	10.0	12.5	15.0
105,110												√	√	√
115,120												√	√	√
125,130												√	√	√
135,140												√	√	√
145,150												√	√	√
155,160												√	√	√
165,170												√	√	√
175,180												√	√	√
185,190,195,200												√	√	√
210,220												√	√	√
230,240,250												√	√	√
260,280												√	√	√

公称外径	公称壁厚												
	17.5	20.0	22.5	25.0	27.5	30.0	32.5	35.0	37.5	40.0	42.5	45.0	50.0
50,52,54,55	√												
56,58,60	√												
62,64,65,68,70	√	√											
72,74,75,78,80	√	√	√	√									
85,90	√	√	√	√	√	√							
95,100	√	√	√	√	√	√							
105,110	√	√	√	√	√	√							
115,120	√	√	√	√	√	√	√	√	√				
125,130	√	√	√	√	√	√	√	√					
135,140	√	√	√	√	√	√	√	√	√				
145,150	√	√	√	√	√	√	√	√					
155,160	√	√	√	√	√	√	√	√	√	√	√		
165,170	√	√	√	√	√	√	√	√	√	√	√		
175,180	√	√	√	√	√	√	√	√	√	√	√		
185,190,195,200	√	√	√	√	√	√	√	√	√	√	√	√	
210,220	√	√	√	√	√	√	√	√	√	√	√	√	
230,240,250		√		√	√	√	√	√	√	√	√	√	√
260,280		√		√	√	√							
290,300		√		√		√							

注："√"表示推荐规格，需要其他规格产品可由供需双方协商。

表 11-50 管材的纵向室温力学性能

牌号	壁厚/mm ≤	抗拉强度 R_m/MPa≥	断后伸长率 A/% ≥	布氏硬度(HBW)
T2、T3、TU1、TU2、TP1、TP2	65	185	42	
H96	42.5	185	42	
H80	30	275	40	
H68	30	295	45	
H65、H62	42.5	295	43	
HPb59-1	42.5	390	24	
HFe59-1-1	42.5	430	31	
HSn62-1	30	320	25	
HSi80-3	30	295	28	
HMn58-2	30	395	29	
HMn57-3-1	30	490	16	
QAl9-2	50	470	16	
QAl9-4	50	450	17	
QAl10-3-1.5	16	590	14	110～200
	16	540	15	135～200
QAl10-4-1	60	635	6	170～230
QSi3.5-3-1.5	30	360	35	
QCr0.5	37.5	220	35	
BFe10-1-1	25	280	28	
BFe30-1-1	25	345	25	

11.7.2 铜及铜合金拉制管（GB/T 1527—2006）

适用于铜及铜合金拉制无缝圆形、矩形管材。见表 11-51～表 11-53。

表 11-51 拉制管材的牌号、状态和规格

牌号	状态	规格/mm			
		圆形		矩形	
		外径	壁厚	对边距	壁厚
T2、T3、TU1、TU2、TP1、TP2	M、M_2、Y、T Y_2	3～360 3～100	0.5～15	3～100	1～10
H96、H90 H85、H85A、H80	M、M_2、Y_2、Y	3～200	0.2～10		0.2～7
H70、H70A、H68、H68A、H59、HSn70-1、HSn62-1、HPb59-1	M、M_2、Y_2、Y	3～100	0.2～10		

续表

牌号	状态	规格/mm			
		圆形		矩形	
		外径	壁厚	对边距	壁厚
H62、H63、H65、H65A、HPb66-0.5	M、M_2、Y_2、Y	3～200	0.2～10	3～100	0.2～7
HPb63-0.1	Y_2	18～31	6.5～13	—	—
	Y_3	8～31	3.0～13		
BZn15-20	M、Y_2、Y	4～40	0.5～8	—	—
BFe10-1-1	M、Y_2、Y	8～160			
BFe30-1-1	M、Y_2	8～80			

注：1. 外径≤100mm 的圆形直管，供应长度为 1000～7000mm，其他规格的圆形直管供应长度为 500～6000mm。

2. 矩形直管的供应长度为 1000～5000mm。

3. 外径≤30mm、壁厚＜3mm 的圆形管材和圆周长≤100mm 或圆周长与壁厚之比≤15 的矩形管材，可供应长度≥6000mm 的盘管。

表 11-52　拉制圆形无缝管的规格　　mm

公称外径	公称壁厚												
	0.2	0.3	0.4	0.5	0.6	0.75	1.0	1.25	1.5	2.0	2.5	3.0	3.5
3,4	√	√	√	√	√	√	√	√					
5,6,7	√	√	√	√	√	√	√	√	√				
8～15(间隔 1)	√	√	√	√	√	√	√	√	√	√	√	√	
16～20(间隔 1)		√	√	√	√	√	√	√	√	√	√	√	√
21～30(间隔 1)			√	√	√	√	√	√	√	√	√	√	√
31～40(间隔 1)			√	√	√	√	√	√	√	√	√	√	√
42,44,45,46,48,49,50						√	√	√	√	√	√	√	√
52,54,55,56,58,60						√	√	√	√	√	√	√	√
62,64,65,66,68,70							√	√	√	√	√	√	√
72,74,75,76,78,80										√	√	√	√
82,84,85,86,88,90,92,94,96,100										√	√	√	√
105～150(间隔 5)										√	√	√	√
155～200(间隔 5)												√	√
210～250(间隔 10)												√	√
公称外径	公称壁厚												
	4.0	4.5	5.0	6.0	7.0	8.0	9.0	10.0	11.0	12.0	13.0	14.0	15.0
16～20(间隔 1)	√	√											

续表

公称外径	公称壁厚												
	4.0	4.5	5.0	6.0	7.0	8.0	9.0	10.0	11.0	12.0	13.0	14.0	15.0
21～30(间隔1)	√	√	√										
31～40(间隔1)	√	√	√										
42,44,45,46,48,49,50	√	√	√	√									
52,54,55,56,58,60	√	√	√	√	√	√							
62,64,65,66,68,70	√	√	√	√	√	√	√	√	√				
72,74,75,76,78,80	√	√	√	√	√	√	√	√	√	√	√		
82,84,85,86,88,90,92,94,96,100	√	√	√	√	√	√	√	√	√	√	√	√	√
105～150(间隔5)	√	√	√	√	√	√	√	√	√	√	√	√	√
155～200(间隔5)	√	√	√	√	√	√	√	√	√	√	√	√	√
210～250(间隔10)	√	√	√	√	√	√	√	√	√	√	√	√	√
260～360(间隔10)	√	√	√										

表11-53　纯铜圆形管材的纵向室温力学性能

牌号	状态	壁厚/mm	拉伸试验		硬度试验	
			抗拉强度 R_m/MPa ≥	伸长率 A/%≥	维氏硬度(HV)	布氏硬度(HB)
T2、T3、TU1、TU2、TP1、TP2	软(M)	所有	200	40	40～65	35～60
	轻软(M_2)	所有	220	40	45～75	40～70
	半硬(Y_2)	所有	250	20	70～100	65～95
	硬(Y)	≤6	290		95～120	90～115
		>6～10	265		75～110	70～105
		>10～15	250		70～100	65～95
	特硬(T)	所有	360		≥110	≥150

注：1. 矩（方）形管材的室温力学性能由供需双方协商确定，需方有要求并在合同中注明时，可选择维氏硬度或布氏硬度试验。当选择硬度试验时，拉伸试验结果仅供参考。

2. 特硬（T）状态的抗拉强度仅适用于壁厚<3mm的管材；壁厚>3mm的管材，其性能由供需双方协商确定。

3. 维氏硬度试验负荷由供需双方协商确定，软（M）状态的维氏硬度试验仅适用于壁厚≥1mm的管材。

4. 布氏硬度试验仅适用于壁厚≥3mm的管材。

11.7.3　铜及铜合金毛细管（GB/T 1531—2009）

铜及铜合金毛细管分高级、较高级和普通级。高级适用于家用电冰箱、电冰柜、高精度仪表等工业部门的铜毛细管；较高级适用于较高精度仪器、仪表和电子工业用铜及铜合金毛细管；普通级适用于一般精度仪器、仪表和电子工业用铜及铜合金毛细管。见表 11-54。

表 11-54　铜及铜合金毛细管的规格

牌号	供应状态	规格/mm		
		外径×内径	长度	
			盘管	直管
T2、TP1、TP2、H85、H80、H70、H68、H65、H63、H62	硬(Y)、半硬(Y_2)、软(M)	(φ0.5～6.1)×(φ0.3～4.45)	≥3000	50～6000
H96、H90、QSn4-0.3、QSn6.5-1	硬(Y)、软(M)			

11.7.4　焊割用铜及铜合金无缝管（GB/T 27672—2011）

表 11-55　无缝管的牌号、状态和规格　　mm

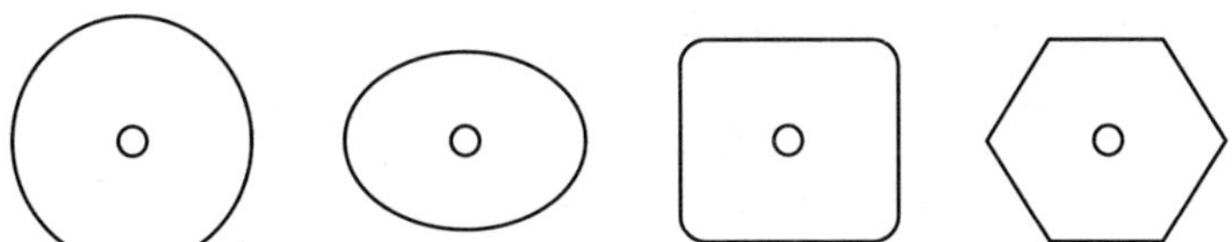

圆形　　椭圆形　　方形　　六边形

牌号	状态	管材规格			
		外轮廓形状	外径(或对边距)	内径	长度
TP2 T2	硬 (H04)	圆形	φ2.4～12	φ0.50～3.50	400～4000
		椭圆形	6～12(长轴)	φ0.60～3.50	
QCr1-0.15 (C18150) QCr1 QZr0.2 QZr0.4 QZr0.15 (C15000)	固溶＋冷加工＋沉淀硬化(TH04)		4～9(短轴)		
		六边形	4～12 (对边距离)		
		方形			

表 11-56 无缝管的室温力学性能和电性能

牌号	状态	抗拉强度 R_m/MPa ≥	断后伸长率 A/% ≥	洛氏硬度 (HRB) ≥	电导率/% IACS ≥
TP2	硬（H04）	315	—	—	—
T2		315	—	—	—
QCr1-0.15	固溶＋冷加工＋沉淀硬化（TH04）	560	9	80	75
QCr1		560	9	78	75
QZr0.2 QZr0.4 QZr0.15		415	—	65	80

11.7.5 热交换器用铜合金无缝管（GB/T 8890—2015）

适用于火力发电、舰艇船舶、海上石油、机械、化工等部门制造热交换器及冷凝器。见表 11-57、表 11-58。

表 11-57 管材的牌号、状态和规格

牌号	代号	供应状态	种类	规格/mm		
				外径	壁厚	长度
BFe10-1-1 BFe10-1.4-1	T70590 C70600	软化退火(O60) 硬(H80)	盘管	3～20	0.3～1.5	—
BFe10-1-1	T70590	软化退火(O60)	直管	4～160	0.5～4.5	＜6000
		退火至1/2硬(O82)、硬(H80)		6～76	0.5～4.5	＜18000
BFe30-0.7 BFe30-1-1	C71500 T71510	软化退火(O60) 退火至1/2硬(O82)	直管	6～76	0.5～4.5	＜18000
HAl77-2 HSn72-1 HSn70-1 HSn70-1-0.01 HSn70-1-0.01-0.04 HAs68-0.04 HAs70-0.05 HAs85-0.05	C68700 C44300 T45000 T45010 T45020 T26330 C26130 T23030	软化退火(O60) 退火至1/2硬(O82)	直管	6～76	0.5～4.5	＜18000

表 11-58 管材的室温力学性能

牌号	状态	抗拉强度 R_m/MPa ≥	断后伸长率 A/% ≥
BFe30-1-1、BFe30-0.7	O60	370	30
	O82	490	10

续表

牌号	状态	抗拉强度 R_m/MPa ≥	断后伸长率 A/% ≥
BFe10-1-1、BFe10-1.4-1	O60	290	30
	O82	345	10
	H80	480	—
HAl77-2	O60	345	50
	O82	370	45
HSn72-1、HSn70-1、HSn70-1-0.01、HSn70-1-0.01-0.04	O60	295	42
	O82	320	38
HAs68-0.04 HAs70-0.05	O60	295	42
	O82	320	38
HAs85-0.05	O60	245	28
	O82	295	22

11.8 铜及铜合金线材

11.8.1 铜及铜合金线材（GB/T 21652—2017）

适用于各工业部门，有圆形、正方形、正六角形等截面。见表 11-59、表 11-60。

表 11-59　铜及铜合金线材的牌号、状态和规格

分类	牌号	状态	直径(对边距)/mm
无氧铜	TU0、TU1 TU2	软(O60)、硬(H04)	0.05～8.0
纯铜	T2、T3	软(O60)、1/2 硬(H02)、硬(H04)	0.05～8.0
镉铜	TCd1	软(O60)、硬(H04)	0.1～6.0
镁铜	TMg0.2 TMg0.5	硬(H04)	1.5～3.0 1.5～7.0
普通黄铜	H95、H90 H85、H80	软(O60)、1/2 硬(H02)、硬(H04)	0.05～12.0
	H70	软(O60)、1/8 硬(H00)、1/4 硬(H01)、1/2 硬	0.05～8.5
	H68 H66	(H02)、3/4 硬(H03)、硬(H04)、特硬(H06)	特硬规格 0.1～6.0 软态规格 0.05～18.0
	H65	软(O60)、1/8 硬(H00)、1/4 硬(H01)、1/2 硬	0.05～13
	H63、H62	(H02)、3/4 硬(H03)、硬(H04)、特硬(H06)	特硬规格 0.05～4.0

续表

分类	牌号	状态	直径(对边距)/mm
铅黄铜	HPb63-3	软(O60)、1/2硬(H02)、硬(H04)	0.5～6.0
	HPb62-0.8	1/2硬(H02)、硬(H04)	0.5～6.0
	HPb61-1	1/2硬(H02)、硬(H04)	0.5～8.5
	HPb59-1	软(O60)、1/2硬(H02)、硬(H04)	0.5～6.0
	HPb59-3	1/2硬(H02)、硬(H04)	1.0～10.0
硼黄铜	HB90-0.1	硬(H04)	1.0～12.0
锡黄铜	HSn62-1 HSnb0-1	软(O60)、硬(H04)	0.5～6.0
锰黄铜	HMn62-13	软(O60)、1/4硬(H01)、1/2硬(H02)、3/4硬(H03)、硬(H04)	0.5～6.0
锡青铜	QSn4-3	软(O60)、1/4硬(H01)、1/2硬(H02)、3/4硬(H03)	0.1～8.5
		硬(H04)	0.1～6.0
	QSn5-0.2 QSn4-0.3 QSn6.5-0.1 QSn6.5-0.4 QSn7-0.2 QSn8-0.3	软(O60)、1/4硬(H01)、1/2硬(H02)、3/4硬(H03)、硬(H04)	0.1～8.5
	QSn15-1-1	软(O60)、1/4硬(H01)、1/2硬(H02)、3/4硬(H03)、硬(H04)	0.5～6.0
	QSn4-4-4	1/2硬(H02)、硬(H04)	0.1～8.5
铬青铜	QCr4.5-2.5-0.6	软(O60)、固溶热处理＋沉淀热处理(TF00) 固溶热处理＋冷加工(硬)＋沉淀热处理(TH04)	0.5～6.0
铝青铜	QAl7	1/2硬(H02)、硬(H04)	1.0～6.0
	QAl9-2	硬(H04)	0.6～6.0
硅青铜	QSi3-1	1/2硬(H02)、3/4硬(H03)、硬(H04)	0.1～8.5
		软(O60)、1/4硬(H01)	0.1～18.0
普通白铜	B19	软(O60)、硬(H04)	0.1～6.0
铁白铜	BFe10-1-1 BFe30-1-1	软(O60)、硬(H04)	0.1～6.0
锰白铜	BMn3-12 BMn40-1.5	软(O60)、硬(H04)	0.05～6.0

续表

分类	牌号	状态	直径(对边距)/mm
锌白铜	BZn9-29	软(O60)、1/8 硬(H00)、 1/4 硬(H01)、1/2 硬	0.1～8.0
	BZn12-24 BZn12-26	(H02)、3/4 硬(H03)、 硬(H04)、特硬(H06)	特硬规格 0.5～4.0
	BZn15-20	软(O60)、1/8 硬(H00)、 1/4 硬(H01)、1/2 硬	0.1～8.0 特硬规格 0.5～4.0 软态规格 0.1～18.0
	BZn18-20	(H02)、3/4 硬(H03)、 硬(H04)、特硬(H06)	
	BZn22-16 BZn25-18	软(O60)、1/8 硬(H00)、1/4 硬(H01)、 1/2 硬(H02)、3/4 硬(H03)、硬(H04)、 特硬(H06)	0.1～8.0 特硬规格 0.1～4.0
	BZn40-20	软(O60)、1/4 硬(H01)、1/2 硬(H02)、 3/4 硬(H03)、硬(H04)	1.0～6.0
	BZn12-37-1.5	1/2 硬(H02)、硬(H04)	0.5～9.0

表 11-60 线材抗拉强度和断后伸长率

牌号	状态	直径(或对边距)/mm	抗拉强度 R_m /MPa	断后伸长率/%	
				A_{100}	A
TU0	O60	0.05～8.0	195～255	≥25	—
TU1 TU2	H04	0.05～4.0	≥345	—	—
		>4.0～8.0	≥310	≥10	—
T2 T3	O60	0.05～0.3	≥195	≥15	—
		>0.3～1.0	≥195	≥20	—
		>1.0～2.5	≥205	≥25	—
		>2.5～8.0	≥205	≥30	—
	H02	0.05～8.0	255～365	—	—
	H04	0.05～2.5	≥380	—	—
		>2.5～8.0	≥365	—	—
TCd1	O60	0.1～6.0	≥275	≥20	—
	H04	0.1～0.5	590～880	—	—
		>0.5～4.0	490～735	—	—
		>4.0～6.0	470～685	—	—
TMg0.2	H04	1.5～3.0	≥530	—	—
TMg0.5	H04	1.5～3.0	≥620	—	—
		>3.0～7.0	≥530	—	—
H95	O60	0.05～12.0	≥220	≥20	—
	H02	0.05～12.0	≥340	—	—

续表

牌号	状态	直径(或对边距)/mm	抗拉强度 R_m /MPa	断后伸长率/%	
				A_{100}	A
H95	H04	0.05～12.0	≥420	—	—
H90	O60	0.05～12.0	≥240	≥20	—
	H02	0.05～12.0	≥385	—	—
	H04	0.05～12.0	≥485	—	—
H85	O60	0.05～12.0	≥280	≥20	—
	H02	0.05～12.0	≥455	—	—
	H04	0.05～12.0	≥570	—	—
H80	O60	0.05～12.0	≥320	≥20	—
	H02	0.05～12.0	≥540	—	—
	H04	0.05～12.0	≥690	—	—
H70 H68 H66	O60	0.05～0.25	≥375	≥18	—
		>0.25～1.0	≥355	≥25	—
		>1.0～2.0	≥335	≥30	—
		>2.0～4.0	≥315	≥35	—
		>4.0～6.0	≥295	≥40	—
		>6.0～13.0	≥275	≥45	—
		>13.0～18.0	≥275	—	≥50
	H00	0.05～0.25	≥385	≥18	—
		>0.25～1.0	≥365	≥20	—
		>1.0～2.0	≥350	≥24	—
		>2.0～4.0	≥340	≥28	—
		>4.0～6.0	≥330	≥33	—
		>6.0～8.5	≥320	≥35	—
	H01	0.05～0.25	≥400	≥10	—
		>0.25～1.0	≥380	≥15	—
		>1.0～2.0	≥370	≥20	—
		>2.0～4.0	≥350	≥25	—
		>4.0～6.0	≥340	≥30	—
		>6.0～8.5	≥330	≥32	—
	H02	0.05～0.25	≥410	—	—
		>0.25～1.0	≥390	≥5	—
		>1.0～2.0	≥375	≥10	—
		>2.0～4.0	≥355	≥12	—
		>4.0～6.0	≥345	≥14	—
		>6.0～8.5	≥340	≥16	—

续表

牌号	状态	直径(或对边距)/mm	抗拉强度 R_m /MPa	断后伸长率/%	
				A_{100}	A
H70 H68 H66	H03	0.05～0.25	540～735	—	—
		>0.25～1.0	490～685	—	—
		>1.0～2.0	440～635	—	—
		>2.0～4.0	390～590	—	
		>4.0～6.0	345～540	—	—
		>6.0～8.5	340～520	—	—
	H04	0.05～0.25	735～930	—	—
		>0.25～1.0	685～885	—	—
		>1.0～2.0	635～835	—	—
		>2.0～4.0	590～785	—	—
		>4.0～6.0	540～735	—	—
		>6.0～8.5	490～685	—	—
	H06	0.1～0.25	≥800	—	—
		>0.25～1.0	≥780	—	—
		>1.0～2.0	≥750	—	—
		>2.0～4.0	≥720	—	—
		>4.0～6.0	≥690	—	—
H65	O60	0.05～0.25	≥335	≥18	—
		>0.25～1.0	≥325	≥24	—
		>1.0～2.0	≥315	≥28	—
		>2.0～4.0	≥305	≥32	—
		>4.0～6.0	≥295	≥35	—
		>6.0～13.0	≥285	≥40	—
	H00	0.05～0.25	≥350	≥10	—
		>0.25～1.0	≥340	≥15	—
		>1.0～2.0	≥330	≥20	—
		>2.0～4.0	≥320	≥25	—
		>4.0～6.0	≥310	≥28	—
		>6.0～13.0	≥300	≥32	—
	H01	0.05～0.25	≥370	≥6	—
		>0.25～1.0	≥360	≥10	—
		>1.0～2.0	≥350	≥12	—
		>2.0～4.0	≥340	≥18	—
		>4.0～6.0	≥330	≥22	—
		>6.0～13.0	≥320	≥28	—

续表

牌号	状态	直径(或对边距)/mm	抗拉强度 R_m /MPa	断后伸长率/%	
				A_{100}	A
H65	H02	0.05～0.25	≥410	—	—
		>0.25～1.0	≥400	≥4	—
		>1.0～2.0	≥390	≥7	—
		>2.0～4.0	≥380	≥10	—
		>4.0～6.0	≥375	≥13	—
		>6.0～13.0	≥360	≥15	—
	H03	0.05～0.25	540～735	—	—
		>0.25～1.0	490～685	—	—
		>1.0～2.0	440～635	—	—
		>2.0～4.0	390～590	—	—
		>4.0～6.0	375～570	—	—
		>6.0～13.0	370～550	—	—
	H04	0.05～0.25	685～885	—	—
		>0.25～1.0	635～835	—	—
		>1.0～2.0	590～785	—	—
		>2.0～4.0	540～735	—	—
		>4.0～6.0	490～685	—	—
		>6.0～13.0	440～635	—	—
	H06	0.05～0.25	≥830	—	—
		>0.25～1.0	≥810	—	—
		>1.0～2.0	≥800	—	—
		>2.0～4.0	≥780	—	—
H63 H62	O60	0.05～0.25	≥345	≥18	—
		>0.25～1.0	≥335	≥22	—
		>1.0～2.0	≥325	≥26	—
		>2.0～4.0	≥315	≥30	—
		>4.0～6.0	≥315	≥34	—
		>6.0～13.0	≥305	≥36	—
	H00	0.05～0.25	≥360	≥8	—
		>0.25～1.0	≥350	≥12	—
		>1.0～2.0	≥340	≥18	—
		>2.0～4.0	≥330	≥22	—
		>4.0～6.0	≥320	≥26	—
		>6.0～13.0	≥310	≥30	—
	H01	0.05～0.25	≥380	≥5	—
		>0.25～1.0	≥370	≥8	—

续表

牌号	状态	直径(或对边距)/mm	抗拉强度 R_m/MPa	断后伸长率/%	
				A_{100}	A
H63 H62	H01	>1.0~2.0	≥360	≥10	—
		>2.0~4.0	≥350	≥15	—
		>4.0~6.0	≥340	≥20	—
		>6.0~13.0	≥330	≥25	—
	H02	0.05~0.25	≥430	—	—
		>0.25~1.0	≥410	≥4	—
		>1.0~2.0	≥390	≥7	—
		>2.0~4.0	≥375	≥10	—
		>4.0~6.0	≥355	≥12	—
		>6.0~13.0	≥350	≥14	—
	H03	0.05~0.25	590~785	—	—
		>0.25~1.0	540~735	—	—
		>1.0~2.0	490~685	—	—
		>2.0~4.0	440~635	—	—
		>4.0~6.0	390~590	—	—
		>6.0~13.0	360~560	—	—
	H04	0.05~0.25	785~980	—	—
		>0.25~1.0	685~885	—	—
		>1.0~2.0	635~835	—	—
		>2.0~4.0	590~785	—	—
		>4.0~6.0	540~735	—	—
		>6.0~13.0	490~685	—	—
	H06	0.05~0.25	≥850	—	—
		>0.25~1.0	≥830	—	—
		>1.0~2.0	≥800	—	—
		>2.0~4.0	≥770	—	—
HB90-0.1	H04	1.0~12.0	≥500	—	—
HPb63-3	O60	0.5~2.0	≥305	≥32	—
		>2.0~4.0	≥295	≥35	—
		>4.0~6.0	≥285	≥35	—
	H02	0.5~2.0	390~610	≥3	—
		>2.0~4.0	390~600	≥4	—
		>4.0~6.0	390~590	≥4	—
	H04	0.5~6.0	570~735	—	—
HPb62-0.8	H02	0.5~6.0	410~540	≥12	—
	H04	0.5~6.0	450~560	—	—

续表

牌号	状态	直径(或对边距)/mm	抗拉强度 R_m /MPa	断后伸长率/%	
				A_{100}	A
HPb59-1	O60	0.5～2.0	≥345	≥25	—
		>2.0～4.0	≥335	≥28	—
		>4.0～6.0	≥325	≥30	—
	H02	0.5～2.0	390～590	—	—
		>2.0～4.0	390～590	—	—
		>4.0～6.0	375～570	—	—
	H04	0.5～2.0	490～735	—	—
		>2.0～4.0	490～685	—	—
		>4.0～6.0	440～635	—	—
HPb61-1	H02	0.5～2.0	≥390	≥8	—
		>2.0～4.0	≥380	≥10	—
		>4.0～6.0	≥375	≥15	—
		>6.0～8.5	≥365	≥15	—
	H04	0.5～2.0	≥520	—	—
		>2.0～4.0	≥490	—	—
		>4.0～6.0	≥465	—	—
		>6.0～8.5	≥440	—	—
HPb59-3	H02	1.0～2.0	≥385	—	—
		>2.0～4.0	≥380	—	—
		>4.0～6.0	≥370	—	—
		>6.0～10.0	≥360	—	—
	H04	1.0～2.0	≥480	—	—
		>2.0～4.0	≥460	—	—
		>4.0～6.0	≥435	—	—
		>6.0～10.0	≥430	—	—
HSn60-1 HSn62-1	O60	0.5～2.0	≥315	≥15	—
		>2.0～4.0	≥305	≥20	—
		>4.0～6.0	≥295	≥25	—
	H04	0.5～2.0	590～835	—	—
		>2.0～4.0	540～785	—	—
		>4.0～6.0	490～735	—	—
HMn62-13	O60	0.5～6.0	400～550	≥25	—
	H01	0.5～6.0	450～600	≥18	—
	H02	0.5～6.0	500～650	≥12	—
	H03	0.5～6.0	550～700	—	—
	H04	0.5～6.0	≥650	—	—

续表

牌号	状态	直径(或对边距)/mm	抗拉强度 R_m /MPa	断后伸长率/%	
				A_{100}	A
QSn4-3	O60	0.1～1.0	≥350	≥35	—
		>1.0～8.5		≥45	—
	H01	0.1～1.0	460～580	≥5	—
		>1.0～2.0	420～540	≥10	—
		>2.0～4.0	400～520	≥20	—
		>4.0～6.0	380～480	≥25	—
		>6.0～8.5	360～450	≥25	—
	H02	0.1～1.0	500～700	—	—
		>1.0～2.0	480～680	—	—
		>2.0～4.0	450～650	—	—
		>4.0～6.0	430～630	—	—
		>6.0～8.5	410～610	—	—
	H03	0.1～1.0	620～820	—	—
		>1.0～2.0	600～800	—	—
		>2.0～4.0	560～760	—	—
		>4.0～6.0	540～740	—	—
		>6.0～8.5	520～720	—	—
	H04	0.1～1.0	880～1130	—	—
		>1.0～2.0	860～1060	—	—
		>2.0～4.0	830～1030	—	—
		>4.0～6.0	780～980	—	—
QSn5-0.2 QSn4-0.3 QSn6.5-0.1 QSn6.5-0.4 QSn7-0.2 QSn8-0.3	O60	0.1～1.0	≥350	≥35	—
		>1.0～8.5	≥350	≥45	—
	H01	0.1～1.0	480～680	—	—
		>1.0～2.0	450～650	≥10	—
		>2.0～4.0	420～620	≥15	—
		>4.0～6.0	400～600	≥20	—
		>6.0～8.5	380～580	≥22	—
	H02	0.1～1.0	540～740	—	—
		>1.0～2.0	520～720	—	—
		>2.0～4.0	500～700	≥4	—
		>4.0～6.0	480～680	≥8	—
		>6.0～8.5	460～660	≥10	—
	H03	0.1～1.0	750～950	—	—
		>1.0～2.0	730～920	—	—
		>2.0～4.0	710～900	—	—

续表

牌号	状态	直径(或对边距)/mm	抗拉强度 R_m/MPa	断后伸长率/%	
				A_{100}	A
QSn5-0.2 QSn4-0.3 QSn6.5-0.1 QSn6.5-0.4 QSn7-0.2 QSn8-0.3	H03	>4.0～6.0	690～880	—	—
		>6.0～8.5	640～860	—	—
	H04	0.1～1.0	880～1130	—	—
		>1.0～2.0	860～1060	—	—
		>2.0～4.0	830～1030	—	—
		>4.0～6.0	780～980	—	—
		>6.0～8.5	690～950	—	—
QSn8-0.3	O60	0.1～8.5	365～470	≥30	—
	H01	0.1～8.5	510～625	≥8	—
	H02	0.1～8.5	655～795	—	—
	H03	0.1～8.5	780～930	—	—
	H04	0.1～8.5	860～1035	—	—
QSi3-1	O60	>8.5～13.0	≥350	≥45	—
		>13.0～18.0		—	≥50
	H01	>8.5～13.0	380～580	≥22	—
		>13.0～18.0		—	≥26
QSn15-1-1	O60	0.5～1.0	≥365	≥28	—
		>1.0～2.0	≥360	≥32	—
		>2.0～4.0	≥350	≥35	—
		>4.0～6.0	≥345	≥36	—
	H01	0.5～1.0	630～780	≥25	—
		>1.0～2.0	600～750	≥30	—
		>2.0～4.0	580～730	≥32	—
		>4.0～6.0	550～700	≥35	—
	H02	0.5～1.0	770～910	≥3	—
		>1.0～2.0	740～880	≥6	—
		>2.0～4.0	720～850	≥8	—
		>4.0～6.0	680～810	≥10	—
	H03	0.5～1.0	800～930	≥1	—
		>1.0～2.0	780～910	≥2	—
		>2.0～4.0	750～880	≥2	—
		>4.0～6.0	720～850	≥3	—
	H04	0.5～1.0	850～1080	—	—
		>1.0～2.0	840～980	—	—
		>2.0～4.0	830～960	—	—
		>4.0～6.0	820～950	—	—

续表

牌号	状态	直径(或对边距)/mm	抗拉强度 R_m/MPa	断后伸长率/% A_{100}	断后伸长率/% A
QSn4-4-4	H02	0.1～6.0	≥360	≥8	—
		>6.0～8.5		≥12	—
	H04	0.1～6.0	≥420	—	—
		>6.0～8.5		≥10	—
QCr4.5-2.5-0.6	O60	0.5～6.0	400～600	≥25	—
	TH04、TF00	0.5～6.0	550～850	—	—
QAl7	H02	1.0～6.0	≥550	≥8	—
	H04	1.0～6.0	≥600	≥4	—
QAl9-2	H04	0.6～1.0	≥580	—	—
		>1.0～2.0		≥1	—
		>2.0～5.0		≥2	—
		>5.0～6.0	≥530	≥3	—
B19	O60	0.1～0.5	≥295	≥20	—
		>0.5～6.0		≥25	—
	H04	0.1～0.5	590～880	—	—
		>0.5～6.0	490～785	—	—
BFe10-1-1	O60	0.1～1.0	≥450	≥15	—
		>1.0～6.0	≥400	≥18	—
	H04	0.1～1.0	≥780	—	—
		>1.0～6.0	≥650	—	—
BFe30-1-1	O60	0.1～0.5	≥345	≥20	—
		>0.5～6.0		≥25	—
	H04	0.1～0.5	685～980	—	—
		>0.5～6.0	590～880	—	—
BMn3-12	O60	0.05～1.0	≥440	≥12	—
		>1.0～6.0	≥390	≥20	—
	H04	0.05～1.0	≥785	—	—
		>1.0～6.0	≥685	—	—
BMn40-1.5	O60	0.05～0.20	≥390	≥15	—
		>0.20～0.50		≥20	—
		>0.50～6.0		≥25	—
	H04	0.05～0.20	685～980	—	—
		>0.20～0.50	685～880	—	—
		>0.50～6.0	635～835	—	—

续表

牌号	状态	直径(或对边距)/mm	抗拉强度 R_m /MPa	断后伸长率/%	
				A_{100}	A
BZn9-29 BZn12-24 BZn12-26	O60	0.1～0.2	≥320	≥15	—
		>0.2～0.5		≥20	—
		>0.5～2.0		≥25	—
		>2.0～8.0		≥30	—
	H00	0.1～0.2	400～570	≥12	—
		>0.2～0.5	380～550	≥16	—
		>0.5～2.0	360～540	≥22	—
		>2.0～8.0	340～520	≥25	—
	H01	0.1～0.2	420～620	≥6	—
		>0.2～0.5	400～600	≥8	—
		>0.5～2.0	380～590	≥12	—
		>2.0～8.0	360～570	≥18	—
	H02	0.1～0.2	480～680	—	—
		>0.2～0.5	460～640	≥6	—
		>0.5～2.0	440～630	≥9	—
		>2.0～8.0	420～600	≥12	—
	H03	0.1～0.2	550～800	—	—
		>0.2～0.5	530～750	—	—
		>0.5～2.0	510～730	—	—
		>2.0～8.0	490～630	—	—
BZn9-29 BZn12-24 BZn12-26	H04	0.1～0.2	680～880	—	—
		>0.2～0.5	630～820	—	—
		>0.5～2.0	600～800	—	—
		>2.0～8.0	580～700	—	—
	H06	0.5～4.0	≥720	—	—
BZn15-20 BZn18-20	O60	0.1～0.2	≥345	≥15	—
		>0.2～0.5		≥20	—
		>0.5～2.0		≥25	—
		>2.0～8.0		≥30	—
		>8.0～13.0		≥35	—
		>13.0～18.0		—	≥40
	H00	0.1～0.2	450～600	≥12	—
		>0.2～0.5	435～570	≥15	—
		>0.5～2.0	420～550	≥20	—
		>2.0～8.0	410～520	≥24	—
	H01	0.1～0.2	470～660	≥10	—

续表

牌号	状态	直径(或对边距)/mm	抗拉强度 R_m /MPa	断后伸长率/% A_{100}	断后伸长率/% A
BZn15-20 BZn18-20	H01	>0.2～0.5	460～620	≥12	—
BZn15-20 BZn18-20	H01	>0.5～2.0	440～600	≥14	—
BZn15-20 BZn18-20	H01	>2.0～8.0	420～570	≥16	—
BZn15-20 BZn18-20	H02	0.1～0.2	510～780	—	—
BZn15-20 BZn18-20	H02	>0.2～0.5	490～735	—	—
BZn15-20 BZn18-20	H02	>0.5～2.0	440～685	—	—
BZn15-20 BZn18-20	H02	>2.0～8.0	440～635	—	—
BZn15-20 BZn18-20	H03	0.1～0.2	620～860	—	—
BZn15-20 BZn18-20	H03	>0.2～0.5	610～810	—	—
BZn15-20 BZn18-20	H03	>0.5～2.0	595～760	—	—
BZn15-20 BZn18-20	H03	>2.0～8.0	580～700	—	—
BZn15-20 BZn18-20	H04	0.1～0.2	735～980	—	—
BZn15-20 BZn18-20	H04	>0.2～0.5	735～930	—	—
BZn15-20 BZn18-20	H04	>0.5～2.0	635～880	—	—
BZn15-20 BZn18-20	H04	>2.0～8.0	540～785	—	—
BZn15-20 BZn18-20	H06	0.5～1.0	≥750	—	—
BZn15-20 BZn18-20	H06	>1.0～2.0	≥740	—	—
BZn15-20 BZn18-20	H06	>2.0～4.0	≥730	—	—
BZn22-16 BZn25-18	O60	0.1～0.2	≥440	≥12	—
BZn22-16 BZn25-18	O60	>0.2～0.5	≥440	≥16	—
BZn22-16 BZn25-18	O60	>0.5～2.0	≥440	≥23	—
BZn22-16 BZn25-18	O60	>2.0～8.0	≥440	≥28	—
BZn22-16 BZn25-18	H00	0.1～0.2	500～680	≥10	—
BZn22-16 BZn25-18	H00	>0.2～0.5	490～650	≥12	—
BZn22-16 BZn25-18	H00	>0.5～2.0	470～630	≥15	—
BZn22-16 BZn25-18	H00	>2.0～8.0	460～600	≥18	—
BZn22-16 BZn25-18	H01	0.1～0.2	540～720	—	—
BZn22-16 BZn25-18	H01	>0.2～0.5	520～690	≥6	—
BZn22-16 BZn25-18	H01	>0.5～2.0	500～670	≥8	—
BZn22-16 BZn25-18	H01	>2.0～8.0	480～650	≥10	—
BZn22-16 BZn25-18	H02	0.1～0.2	640～830	—	—
BZn22-16 BZn25-18	H02	>0.2～0.5	620～800	—	—
BZn22-16 BZn25-18	H02	>0.5～2.0	600～780	—	—
BZn22-16 BZn25-18	H02	>2.0～8.0	580～760	—	—
BZn22-16 BZn25-18	H03	0.1～0.2	660～880	—	—
BZn22-16 BZn25-18	H03	>0.2～0.5	640～850	—	—

续表

牌号	状态	直径(或对边距)/mm	抗拉强度 R_m /MPa	断后伸长率/%	
				A_{100}	A
BZn22-16 BZn25-18	H03	>0.5~2.0	620~830	—	—
		>2.0~8.0	600~810	—	—
	H04	0.1~0.2	750~990	—	—
		>0.2~0.5	740~950	—	—
		>0.5~2.0	650~900	—	—
		>2.0~8.0	630~860	—	—
	H06	0.1~1.0	≥820	—	—
		>1.0~2.0	≥810	—	—
		>2.0~4.0	≥800	—	—
BZn40-20	O60	1.0~6.0	500~650	≥20	—
	H01	1.0~6.0	550~700	≥8	—
	H02	1.0~6.0	600~850	—	—
	H03	1.0~6.0	750~900	—	—
	H04	1.0~6.0	800~1000	—	—
BZn12-37-1.5	H02	0.5~9.0	600~700	—	—
	H04	0.5~9.0	650~750	—	—

注：表中的“—”表示没有统计数据，需方要求时由供需双方协商。

11.8.2 铜及铜合金扁线(GB/T 3114—2023)

① 分类 按材料的种类分，有纯铜、黄铜、青铜和白铜四种；按供货方式分，有散卷和密排卷两种；按截面形状分，有方角、圆角、圆边和全圆边四种。

② 化学成分 应符合 GB/T 5231 的规定。

③ 牌号、状态和规格 见表 11-61。

表 11-61 铜及铜合金扁线的牌号、状态和规格

方角 圆角 圆边 全圆边

牌号	状态	规格/mm	牌号	状态	规格/mm
T2 TU1 TP2	① 硬(H04)	厚度 t:0.5~6.0 宽度 w:0.5~15.0	QSn6.5-0.1 QSn6.5-0.4 QSn7-0.2 QSn5-0.2 QSn8-0.3	软化退火(O60) 1/2硬(H02) 硬(H04)	厚度 t:0.5~6.0 宽度 w:0.5~12.0
TTe0.3 TTe0.5	1/2硬(H02) 硬(H04)	厚度 t:0.5~6.0 宽度 w:0.5~10.0			

续表

牌号	状态	规格/mm	牌号	状态	规格/mm
H58	1/2 硬 (H02)②	厚度 t:0.5～6.0 宽度 w:0.5～15.0	QSn4-3 QSi3-1	硬(H04)	厚度 t:0.5～6.0 宽度 w:0.5～12.0
H62、H65 H66、H68 H80、H85 H90	硬化退火 (O60) 1/2 硬(H02) 硬(H04)		HZn12-24 HZn15-20 HZn18-18 HZn18-20 HZn22-16 HZn25-18	软化退火 (O60) 硬(H04)	厚度 t:0.5～6.0 宽度 w:0.5～15.0
H70	①1/2 硬 (H02)	厚度 t:0.5～6.0 宽度 w:0.5～15.0			
HPb59-3 HPb62-3	1/2 硬(H02)		HZn12-24-1.1 HZn12-37-1.5	1/2 硬(H02) 硬(H04)	厚度 t:0.5～6.0 宽度 w:0.5～30.0

① 软化退火（O60）。

② 半硬＋应力消除（HR02）。

注：扁线的宽度与厚度之比应为：1＜w/t≤7，其他规格的铜线由供需双方商定。

④ 标记

扁线	GB/T 3114-	□	□	厚×宽	密/散
产品名称	标准编号	牌号	状态	规格	供货方式

⑤ 力学性能　见表 11-62、表 11-63。

表 11-62　铜及铜合金扁线的室温力学性能

牌号	状态	抗拉强度 R_m/MPa	伸长率 A_{100}/%
T2、TU1、TP2	O60	175	25
	H04	325	实测值
TTe0.3、TTe0.5	H02	260	8
	H04	300	4
H58	H02	500	5
	HR02	150	10
H62	O60	295	25
	H02	345	10
	H04	460	实测值
H65、H66、H68	O60	245	28
	H02	340	10
	H04	440	实测值

牌号	状态	抗拉强度 R_m/MPa	伸长率 A_{100}/%
H70	O60	275	32
	H02	310	15
H80、H85、H90	O60	240	28
	H02	330	6
	H04	485	实测值
HPb59-3	H02	380	15
HPb62-3	H02	420	8
QSn6.5-0.1、QSn6.5-0.4、QSn7-0.2、QSn5-0.2、QSn8-0.3	O60	370	30
	H02	390	10
	H04	540	实测值
QSn4-3、QSi3-1	H04	735	实测值
BZn12-24、Zn15-20、	O60	345	25
	H02	550	实测值

续表

牌号	状态	抗拉强度 R_m/MPa	伸长率 A_{100}/%	牌号	状态	抗拉强度 R_m/MPa	伸长率 A_{100}/%
HZn18-18、 Zn18-20、 BZn22-16、 Zn25-18	O60 H02	345 550	25 实测值	BZn12-24-1 HZn12-37-1.5	H02 H01	600 650	2 实测值

表 11-63　铜及铜合金扁线的卷（轴）重

扁线宽度(w)/mm	每卷(轴)重/kg			扁线宽度(w)/mm	每卷(轴)重/kg		
	大卷	中卷	小卷		大卷	中卷	小卷
0.5～1.0			10	>5.0～8.0	200	100	50
>1.0～3.0			22	>8.0	200	100	
>3.0～5.0	200	75	25				

11.8.3　铍青铜线（YS/T 571—2009）

用于制造精密弹簧、仪表元件及其他弹性元件。

① 化学成分　QBe2 和 QBe1.9 的化学成分应符合 GB/T 5231 的规定，C17200 和 C17300 的化学成分应符合 YS/T 571—2009 表 2 的规定。

② 牌号、状态和规格　见表 11-64。

表 11-64　铍青铜线的牌号、状态和规格

牌号	状态	直径/mm
QBe2 QBe1.9 C17200 C17300	软态或固溶退火态(M)、 1/4 硬态(Y_4)、半硬态(Y_2)、3/4 硬态(Y_1)	0.5～6.00
	硬态(Y)	0.03～6.00
	软时效态(TF00)	0.5～6.00
	1/4 硬时效态(TH01)、1/2 硬时效态(TH02) 3/4 硬时效态(TH03)、硬时效态(TH04)	0.1～6.00

注：3/4 硬（Y_1）状态和 3/4 硬时效（TH03）状态的产品，一般只供应直径小于或等于 ϕ2.0mm 的线材。

③ 标记

线	□	□	厚×宽	GB/T 3114—2009
|	|	|	|	|
产品名称	牌号	状态	规格	标准编号

④ 力学性能　见表 11-65。

表 11-65　铍青铜线的力学性能

时效前		时效后		时效热处理工艺(空冷)	
状态	抗拉强度 R_m/MPa	状态	抗拉强度 R_m/MPa	温度 /℃	时间 /min
M	400～580	TF00	1050～1380		180
Y_4	570～795	TH01	1150～1450		120
Y_2	710～930	TH02	1200～1480	315±5	90
Y_1	840～1070	TH03	1250～1585		60
Y	915～1140	TH04	1300～1585		60

⑤ 线材单卷质量　见表 11-66。

表 11-66　产品的单卷质量

直径/mm	卷重/kg≥	直径/mm	卷重/kg≥
0.03～0.05	0.050	>0.40～0.60	0.600
>0.05～0.10	0.100	>0.60～0.80	0.800
>0.10～0.20	0.200	>0.80～2.0	1.000
>0.20～0.30	0.300	>2.0～4.0	2.000
>0.30～0.40	0.500	>4.0～6.0	5.000

11.8.4　电工圆铜线（GB/T 3953—2024）

用于电线电缆、电机及其他电气电子器件。

① 型号表示方法

T	□	1	GB/T 3953—2024
材料代号	状态代号	性能代号	标准编号
“铜”字拼音首字母	R—软，Y—硬	1 类软（硬）圆铜线	

② 化学成分　应符合 GB/T 3952 的规定。

③ 型号、名称和直径　见表 11-67。

表 11-67　圆铜线的型号、名称和直径

型号	名称	标称直径 d/mm
TR	软圆铜线	$0.0160<d<14.00$
TR1	1 类软圆铜线	$0.0160<d<5.00$

续表

型号	名称	标称直径 d/mm
TY	硬圆铜线	$0.0160 < d < 14.00$
TY1	1类硬圆铜线	$1.50 < d < 5.00$

④ 抗拉强度与伸长率 见表11-68。

表 11-68 圆铜线的抗拉强度与伸长率

<table>
<tr><th rowspan="2">标称直径 d /mm</th><th>TR</th><th>TR1</th><th colspan="2">TY</th><th colspan="2">TY1</th></tr>
<tr><th>伸长率 $L=250$mm /%</th><th>伸长率 $L=250$mm /%</th><th>抗拉强度 /MPa</th><th>伸长率 $L=250$mm /%</th><th>抗拉强度 /MPa</th><th>伸长率 $L=250$mm /%</th></tr>
<tr><td>$0.0160 < d \leqslant 0.0225$</td><td colspan="2">6</td><td rowspan="6">120</td><td rowspan="7">0.6</td><td colspan="2" rowspan="14">—</td></tr>
<tr><td>$0.0225 < d \leqslant 0.0400$</td><td colspan="2">8</td></tr>
<tr><td>$0.0400 < d \leqslant 0.0360$</td><td colspan="2">10</td></tr>
<tr><td>$0.0360 < d \leqslant 0.0900$</td><td colspan="2">12</td></tr>
<tr><td>$0.0900 < d \leqslant 0.160$</td><td colspan="2">15</td></tr>
<tr><td>$0.160 < d \leqslant 0.200$</td><td colspan="2" rowspan="2">18</td></tr>
<tr><td>$0.200 < d \leqslant 0.280$</td><td rowspan="3">415</td></tr>
<tr><td>$0.280 < d \leqslant 0.360$</td><td colspan="2">20</td><td>0.3</td></tr>
<tr><td>$0.360 < d \leqslant 0.630$</td><td colspan="2" rowspan="11">25</td><td rowspan="3">0.4</td></tr>
<tr><td>$0.630 < d \leqslant 0.800$</td><td rowspan="3">410</td></tr>
<tr><td>$0.800 < d \leqslant 0.900$</td></tr>
<tr><td>$0.900 < d \leqslant 1.12$</td><td rowspan="2">0.5</td></tr>
<tr><td>$1.12 < d \leqslant 1.25$</td><td rowspan="2">405</td></tr>
<tr><td>$1.25 < d \leqslant 1.40$</td><td rowspan="2">0.6</td></tr>
<tr><td>$1.40 < d \leqslant 1.60$</td><td rowspan="2">400</td><td>445</td><td>0.6</td></tr>
<tr><td>$1.60 < d \leqslant 2.00$</td><td>0.7</td><td rowspan="2">440</td><td>0.7</td></tr>
<tr><td>$2.00 < d \leqslant 2.24$</td><td rowspan="2">395</td><td rowspan="2">0.8</td><td rowspan="2">0.8</td></tr>
<tr><td>$2.24 < d \leqslant 2.50$</td><td>435</td></tr>
<tr><td>$2.50 < d \leqslant 2.80$</td><td>390</td><td>0.9</td><td>430</td><td>0.9</td></tr>
<tr><td>$2.80 < d \leqslant 3.15$</td><td colspan="2" rowspan="5">30</td><td>385</td><td>1.0</td><td>425</td><td>1.0</td></tr>
<tr><td>$3.15 < d \leqslant 3.55$</td><td>380</td><td>1.1</td><td>420</td><td>1.1</td></tr>
<tr><td>$3.55 < d \leqslant 4.00$</td><td>375</td><td>1.2</td><td>415</td><td>1.2</td></tr>
<tr><td>$4.00 < d \leqslant 4.50$</td><td>370</td><td>1.3</td><td>410</td><td>1.3</td></tr>
<tr><td>$4.50 < d \leqslant 5.00$</td><td>365</td><td>1.4</td><td>405</td><td>1.4</td></tr>
<tr><td>$5.00 < d \leqslant 5.60$</td><td rowspan="3">30</td><td rowspan="3">—</td><td>360</td><td>1.6</td><td colspan="2" rowspan="3">—</td></tr>
<tr><td>$5.60 < d \leqslant 6.30$</td><td>355</td><td>1.8</td></tr>
<tr><td>$6.30 < d \leqslant 7.00$</td><td>345</td><td>1.9</td></tr>
</table>

续表

标称直径 d /mm	TR	TR1	TY		TY1	
	伸长率 $L=250$mm /%	伸长率 $L=250$mm /%	抗拉强度 /MPa	伸长率 $L=250$mm /%	抗拉强度 /MPa	伸长率 $L=250$mm /%
$7.00<d\leqslant 8.00$	30	—	335	2.2	—	
$8.00<d\leqslant 9.00$	35		325	2.4		
$9.00<d\leqslant 10.00$			315	2.6		
$10.00<d\leqslant 11.20$			285	3.2		
$11.20<d\leqslant 14.00$			270	3.6		

注：1. L 为原始标距长度。

2. 标距为 280mm 及以下时，最小伸长率为断时伸长率，其余为断后伸长率。

3. “—”表示对应规格的圆铜线超出该型号的规格范围。

11.8.5　镀银（银镍复合镀）铜及铜合金圆线（YS/T 867—2013）

用于电线电缆、电子、电气、装饰等相关产品，以防止铜暴露在空气中而被氧化形成铜绿，导致电阻增加。

① 分类　按镀层种类，有镀银圆铜线、镀镍银圆铜线和镀镍银锡青铜圆线等。

② 牌号、状态和规格　见表 11-69。

表 11-69　镀银铜及铜合金圆线的牌号、状态和规格

牌号	镀层种类	状态	基材直径/mm	镀银厚度 /μm	镀镍厚度 /μm
TU1-Ag	银	软态（O60） 硬态（H80）	0.02～3.24	0.3～20	—
QSn1.5-0.1-Ag					
TAg0.1-Ag					
QMg0.8-Ag					
TU1-NiAg	银/镍			0.3～20	0.1～10
QSn1.5-0.1-NiAg					
TAg0.1-NiAg					
QMg0.8-NiAg					

③ 化学成分　铜线基材的化学成分应符合 GB/T 5231 中的相应规定；银的化学成分应符合 GB/T 4135 中牌号为 IC-Ag99.99 的相应规定；镍的化学成分应符合 GB/T 6516 中牌号为 Ni9999 的相

应规定。

④ 产品标记

镀××铜圆线　YS/T 867-　□-　□-　□

产品名称　标准编号　基材牌号　状态 O60或H80　规格直径 ϕ (mm)/镀层厚度 (μm)

⑤ 力学性能　见表11-70。

表11-70　铜线材的力学性能

公称直径/mm	硬态(H80)		软态(O60)	
	抗拉强度 R_m /MPa ≥	伸长率 A_{100} /% ≥	抗拉强度 R_m /MPa ≥	伸长率 A_{100} /% ≥
0.02～0.03	390	—	—	5
>0.03～0.05	390	—	—	10
>0.05～0.10	390	—	—	15
>0.10～0.25	390	—	196	20
>0.25～0.60	390	—	196	25
>0.60～1.50	390	0.5	196	25
>1.50～3.26	390	0.6	196	30

注：牌号为QSn1.5-0.1-Ag、TAg0.1-Ag、QMg0.8-Ag、QSn1.5-0.1-NiAg、TAg0.1-NiAg、QMg0.8-NiAg铜线室温力学性能由供需双方协商确定。

11.8.6　铜及铜合金线材的质量

表11-71　铜及铜合金线材的理论质量

直径/mm	铜及铜合金密度/(g/cm³)							
	8.2	8.3	8.4	8.5	8.6	8.7	8.8	8.9
	圆线理论质量/(kg/km)							
0.020	0.00258	0.00261	0.00264	0.00267	0.00270	0.00273	0.00276	0.00280
0.030	0.00580	0.00587	0.00594	0.00601	0.00608	0.00615	0.00622	0.00629
0.035	0.00789	0.00799	0.00808	0.00818	0.00827	0.00837	0.00847	0.00856
0.040	0.01030	0.01043	0.01056	0.01068	0.01081	0.01093	0.01106	0.01118
0.045	0.01304	0.01320	0.01336	0.01352	0.01368	0.01384	0.01400	0.01415
0.05	0.01610	0.01630	0.01649	0.01669	0.01689	0.01708	0.01728	0.01748
0.06	0.02319	0.02347	0.02375	0.02403	0.02432	0.02460	0.02488	0.02516
0.07	0.03156	0.03194	0.03233	0.03271	0.03310	0.03348	0.03387	0.03425

续表

直径/mm	铜及铜合金密度/(g/cm³)							
	8.2	8.3	8.4	8.5	8.6	8.7	8.8	8.9
	圆线理论质量/(kg/km)							
0.08	0.04122	0.04172	0.04222	0.04273	0.04323	0.04373	0.04423	0.04474
0.09	0.05217	0.05280	0.05344	0.05407	0.05471	0.05535	0.05598	0.05662
0.10	0.06440	0.06519	0.06597	0.06676	0.06754	0.06833	0.06912	0.06990
0.11	0.07793	0.07888	0.07983	0.08078	0.08173	0.08268	0.08363	0.08458
0.12	0.09274	0.09387	0.09500	0.09613	0.09726	0.09839	0.09953	0.1007
0.13	0.1088	0.1102	0.1115	0.1128	0.1142	0.1155	0.1168	0.1181
0.14	0.1262	0.1278	0.1293	0.1308	0.1324	0.1339	0.1355	0.1370
0.15	0.1449	0.1467	0.1484	0.1502	0.1520	0.1537	0.1555	0.1573
0.16	0.1649	0.1669	0.1689	0.1709	0.1729	0.1749	0.1769	0.1789
0.17	0.1861	0.1884	0.1907	0.1929	0.1952	0.1975	0.1997	0.2020
0.18	0.2087	0.2112	0.2138	0.2163	0.2188	0.2214	0.2239	0.2265
0.19	0.2325	0.2353	0.2382	0.2410	0.2438	0.2467	0.2495	0.2523
0.20	0.2576	0.2608	0.2639	0.2670	0.2702	0.2733	0.2765	0.2796
0.21	0.2840	0.2875	0.2909	0.2944	0.2979	0.3013	0.3048	0.3083
0.22	0.3117	0.3155	0.3193	0.3231	0.3269	0.3307	0.3345	0.3383
0.23	0.3407	0.3448	0.3490	0.3532	0.3573	0.3615	0.3656	0.3698
0.24	0.3710	0.3755	0.3800	0.3845	0.3891	0.3936	0.3981	0.4026
0.25	0.4025	0.4074	0.4123	0.4172	0.4222	0.4271	0.4320	0.4369
0.26	0.4354	0.4407	0.4460	0.4513	0.4566	0.4619	0.4672	0.4725
0.27	0.4695	0.4752	0.4809	0.4867	0.4924	0.4981	0.5038	0.5096
0.28	0.5049	0.5111	0.5172	0.5234	0.5295	0.5357	0.5419	0.5480
0.29	0.5416	0.5482	0.5548	0.5614	0.5680	0.5747	0.5813	0.5879
0.30	0.5796	0.5867	0.5938	0.6008	0.6079	0.6150	0.6220	0.6291
0.32	0.6595	0.6675	0.6756	0.6836	0.6917	0.6997	0.7077	0.7158
0.34	0.7445	0.7536	0.7627	0.7717	0.7808	0.7899	0.7990	0.8081
0.35	0.7889	0.7986	0.8082	0.8178	0.8274	0.8370	0.8467	0.8563
0.36	0.8347	0.8448	0.8550	0.8652	0.8754	0.8856	0.8957	0.9059
0.38	0.9300	0.9413	0.9527	0.9640	0.9753	0.9867	0.9980	1.009
0.40	1.030	1.043	1.056	1.068	1.081	1.093	1.106	1.118
0.42	1.136	1.150	1.164	1.178	1.191	1.205	1.219	1.233
0.45	1.304	1.320	1.336	1.352	1.368	1.384	1.400	1.415
0.48	1.484	1.502	1.520	1.538	1.556	1.574	1.592	1.611
0.50	1.610	1.630	1.649	1.669	1.689	1.708	1.728	1.748
0.53	1.809	1.831	1.853	1.875	1.897	1.919	1.941	1.964
0.55	1.948	1.972	1.996	2.019	2.043	2.067	2.091	2.114
0.56	2.020	2.044	2.069	2.094	2.118	2.143	2.167	2.192

续表

直径/mm	铜及铜合金密度/(g/cm³)							
	8.2	8.3	8.4	8.5	8.6	8.7	8.8	8.9
	圆线理论质量/(kg/km)							
0.60	2.319	2.347	2.375	2.403	2.432	2.460	2.488	2.516
0.63	2.556	2.587	2.618	2.650	2.681	2.712	2.743	2.774
0.65	2.721	2.754	2.787	2.821	2.854	2.887	2.920	2.953
0.67	2.891	2.926	2.962	2.997	3.032	3.067	3.103	3.138
0.70	3.156	3.194	3.233	3.271	3.310	3.348	3.387	3.425
0.75	3.623	3.667	3.711	3.755	3.799	3.844	3.888	3.932
0.80	4.122	4.172	4.222	4.273	4.323	4.373	4.423	4.474
0.85	4.653	4.710	4.767	4.823	4.880	4.937	4.994	5.050
0.90	5.217	5.280	5.344	5.407	5.471	5.535	5.598	5.662
0.95	5.812	5.883	5.954	6.025	6.096	6.167	6.238	6.309
1.00	6.440	6.519	6.597	6.676	6.754	6.833	6.912	6.990
1.05	7.100	7.187	7.274	7.360	7.447	7.533	7.620	7.707
1.10	7.793	7.888	7.983	8.078	8.173	8.268	8.363	8.458
1.15	8.517	8.621	8.725	8.829	8.933	9.037	9.140	9.244
1.2	9.274	9.387	9.500	9.613	9.726	9.839	9.953	10.07
1.3	10.88	11.02	11.15	11.28	11.42	11.55	11.68	11.81
1.4	12.62	12.78	12.93	13.08	13.24	13.39	13.55	13.70
1.5	14.49	14.67	14.84	15.02	15.20	15.37	15.55	15.73
1.6	16.49	16.69	16.89	17.09	17.29	17.49	17.69	17.89
1.7	18.61	18.84	19.07	19.29	19.52	19.75	19.97	20.20
1.8	20.87	21.12	21.38	21.63	21.88	22.14	22.39	22.65
1.9	23.25	23.53	23.82	24.10	24.38	24.67	24.95	25.23
2.0	25.76	26.08	26.39	26.70	27.02	27.33	27.65	27.96
2.1	28.40	28.75	29.09	29.44	29.79	30.13	30.48	30.83
2.2	31.17	31.55	31.93	32.31	32.69	33.07	33.45	33.83
2.3	34.07	34.48	34.90	35.32	35.73	36.15	36.56	36.98
2.4	37.10	37.55	38.00	38.45	38.91	39.36	39.81	40.26
2.5	40.25	40.74	41.23	41.72	42.22	42.71	43.20	43.69
2.6	43.54	44.07	44.60	45.13	45.66	46.19	46.72	47.25
2.7	46.95	47.52	48.09	48.67	49.24	49.81	50.38	50.96
2.8	50.49	51.11	51.72	52.34	52.95	53.57	54.19	54.80
2.9	54.16	54.82	55.48	56.14	56.80	57.47	58.13	58.79
3.0	57.96	58.67	59.38	60.08	60.79	61.50	62.20	62.91
3.2	65.95	66.75	67.56	68.36	69.17	69.97	70.77	71.58
3.4	74.45	75.36	76.27	77.17	78.08	78.99	79.90	80.81
3.5	78.89	79.86	80.82	81.78	82.74	83.70	84.67	85.63

续表

直径/mm	铜及铜合金密度/(g/cm³)							
	8.2	8.3	8.4	8.5	8.6	8.7	8.8	8.9
	圆线理论质量/(kg/km)							
3.8	93.00	94.13	95.27	96.40	97.53	98.67	99.80	100.9
4.0	103.0	104.3	105.6	106.8	108.1	109.3	110.6	111.8
4.2	113.6	115.0	116.4	117.8	119.1	120.5	121.9	123.3
4.5	130.4	132.0	133.6	135.2	136.8	138.4	140.0	141.5
4.8	148.4	150.2	152.0	153.8	155.6	157.4	159.2	161.1
5.0	161.0	163.0	164.9	166.9	168.9	170.8	172.8	174.8
5.3	180.9	183.1	185.3	187.5	189.7	191.9	194.1	196.4
5.5	194.8	197.2	199.6	201.9	204.3	206.7	209.1	211.4
5.6	202.0	204.4	206.9	209.4	211.8	214.3	216.7	219.2
6.0	231.9	234.7	237.5	240.3	243.2	246.0	248.8	251.6

11.8.7　电工用铜及铜合金母线（GB/T 5585.1—2018）

① 分类　可按材料种类、截面形状和状态分成多种。见表 11-72。

表 11-72　铜和铜合金母线的分类和代号

代号分类	代号	名称	代号分类	代号	名称
材料种类代号	TM	铜母线	截面形状代号	B	圆边
	TH11M	一类铜银合金母线		Q	全圆边
	TH12M	二类铜银合金母线	状态代号	R	软态
截面形状代号	—	圆角(不标)		Y	硬态

注：对于不同类别的合金，用字母“H”后面的第 1 位数字表示，“1”表示铜银合金，相同类别而含量不同的合金，用字母“H”后面的第 2 位数字表示。

② 截面尺寸　2.24mm ≤ a ≤ 50.00mm，16.00mm ≤ b ≤400.00。

③ 化学成分　应符合 GB/T 5585.1—2018 表 2 的规定。

④ 产品标记

□	□	□	□	GB/T 5585.1—2018
材料种类代号	截面形状代号	状态代号	规格 厚度×宽度/mm	标准编号

⑤ 规格　见表 11-73。

表 11-73 铜和铜合金母线的规格

mm

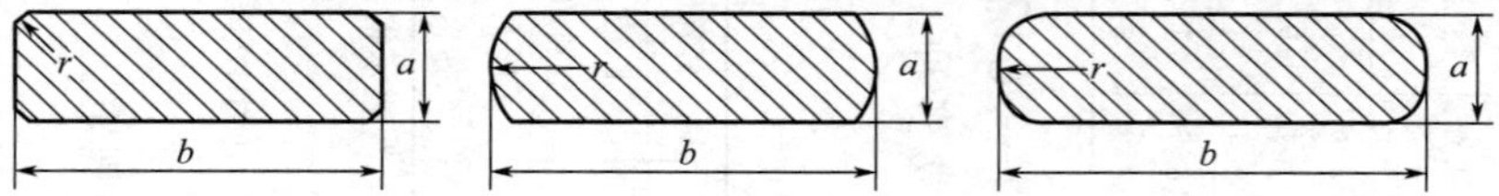

圆角　　　　圆边　　　　全圆边

b \ a	2.24	2.36	2.50	2.65	2.80	3.00	3.15	3.35	3.55	3.75	4.00	4.25	4.50	4.75	5.00	5.30	5.60	6.00	6.30	6.70
16.00																				
17.00		—		—		—		—		—		—		—		—		—		—
18.00	○		○		○		○		○		○		○		○		○		○	
19.00				—		—		—		—		—		—		—		—		—
20.00			○		○		○		○		○		○		○		○		○	
21.20				—		—		—		—		—		—		—		—		—
22.40			○		○		○		○		○		○		○		○		○	
23.00						—		—		—		—		—		—		—		—
25.00					○		○		○		○		○		○		○		○	
26.50								—		—		—		—		—		—		—
28.00									○		○		○		○		○		○	
30.00										—		—		—		—		—		—
31.50											○		○		○		○		○	
33.50										—		—		—		—		—		—
35.50											○		○		○		○		○	
40.00											○		○		○		○		○	
45.00											○		○		○		○		○	

续表

b \ a	2.24	2.36	2.50	2.65	2.80	3.00	3.15	3.35	3.55	3.75	4.00	4.25	4.50	4.75	5.00	5.30	5.60	6.00	6.30	6.70
50.00											○		○		○		○		○	
56.00											○		○		○		○		○	
63.00											○		○		○		○		○	
71.00											○		○		○		○		○	
80.00											○		○		○		○		○	
90.00											○		○		○		○		○	
100.00											○		○		○		○		○	
112.00																			○	
125.00																			○	
140.00																			○	
160.00																			○	
180.00																			○	
200.00																			○	
250.00																			○	
315.00																				
400.00																				

[2.24] R20 系列

[2.36] R40 系列

[○] $a \times b$ 为 R20×R20，优先规格

[　] $a \times b$ 为 R20×R40 或 R40×R20 的中间规格

[—] $a \times b$ 为 R40×R40，不推荐规格

b \ a	7.10	8.00	9.00	10.00	11.2	12.5	14.00	16.00	18.00	20.00	22.4	25.00	28.00	31.5	35.5	40.00	45.00	50.00
16.00		○	○	○	○	○	○	○										
17.00		—	—	—	—	—	—	—										
18.00	○	○	○	○	○	○	○	○	○									
19.00		—	—	—	—	—	—	—	—									
20.00	○	○	○	○	○	○	○	○	○	○								

续表

b \ a	7.10	8.00	9.00	10.00	11.2	12.5	14.00	16.00	18.00	20.00	22.4	25.00	28.00	31.5	35.5	40.00	45.00	50.00
21.20		—	—	—	—	—	—	—	—	—								
22.40	○			○	○	○	○	○	○	○	○							
23.00		—	—	—	—	—	—	—	—	—	—							
25.00	○	○	○	○	○	○	○	○	○	○	○	○						
26.50		—	—	—	—	—	—	—	—	—	—	—						
28.00	○	○	○	○	○	○	○	○	○	○	○	○	○					
30.00		—	—	—	—	—	—	—	—	—	—	—	—					
31.50	○	○	○	○	○	○	○	○	○	○	○	○	○	○				
33.50		—	—	—	—	—	—	—	—	—	—	—	—	—				
35.50	○	○	○	○	○	○	○	○	○	○	○	○	○	○	○			
40.00	○	○	○	○	○	○	○	○	○	○	○	○	○	○	○	○	○	
45.00	○	○	○	○	○	○	○	○	○	○	○	○	○	○	○	○	○	○
50.00	○	○	○	○	○	○	○	○	○	○	○	○	○	○	○	○	○	○
56.00	○	○	○	○	○	○	○	○	○	○	○	○	○	○	○	○	○	○
63.00	○	○	○	○	○	○	○	○	○	○	○	○	○	○	○	○	○	○
71.00	○	○	○	○	○	○	○	○	○	○	○	○	○	○	○	○	○	○
80.00	○	○	○	○	○	○	○	○	○	○	○	○	○	○	○	○	○	○
90.00	○	○	○	○	○	○	○	○	○	○	○	○	○	○	○	○	○	○
100.00	○	○	○	○	○	○	○	○	○	○	○	○	○	○	○	○	○	○
112.00	○	○	○	○	○	○	○	○	○	○	○	○	○	○	○	○	○	○
125.00	○	○	○	○	○	○	○	○	○	○	○	○	○	○	○	○	○	○
140.00	○	○	○	○	○	○	○	○	○	○	○	○	○	○	○	○	○	○
160.00	○	○	○	○	○	○	○	○	○	○	○	○	○	○	○	○	○	○
180.00	○	○	○	○	○	○	○	○	○	○								
200.00	○	○	○	○	○	○		○		○								
250.00				○		○												
315.00										○								
400.00																		

⑥ 抗拉强度、伸长率及硬度　见表 11-74。

表 11-74　铜和铜合金母线的抗拉强度、伸长率和硬度

状态	抗拉强度/MPa	伸长率/%	布氏硬度(HB)
R	≥206	≥35	—
Y	—	—	≥65

11.8.8　电工用铜及铜合金扁线（GB/T 5584.2—2020）

① 分类　按产品类别分有 TB、TH11B 和 TH12B 三种，按状态分有 R、Y1 和 Y2 三种。

② 化学成分　应符合 GB/T 5584.2—2020 表 1 的规定。

③ 性能要求　见表 11-75～表 11-77。

表 11-75　软态、硬态和特硬态铜扁线的性能要求

窄边/mm	状态								
	R			Y_1			Y_2		
	抗拉强度最大值/MPa	伸长率最小值/%	20℃时直流电阻率最大值/(Ω·mm²/m)	抗拉强度/MPa	伸长率最小值/%	20℃时直流电阻率最大值/(Ω·mm²/m)	抗拉强度最小值/MPa	伸长率最小值/%	20℃时直流电阻率最大值/(Ω·mm²/m)
0.80≤a≤2.00	275	30.0	0.017241	275～373	1.5	0.017770	373	0.4	0.017770
2.00<a≤4.00	255	34.0		255～333	2.0		333	0.7	
4.00<a≤10.00	245	36.0		245～304	3.0		304	1.7	

表 11-76　半硬态铜扁线的性能要求

状态	规定塑性延伸强度 $R_{p0.2}$/MPa	伸长率最小值/%	20℃时直流电阻率最大值/(Ω·mm²/m)
$Y_{1/2}$	$100<R_{p0.2}\leq180$	20	0.017241
	$180<R_{p0.2}\leq220$	15	0.017391
	$220<R_{p0.2}\leq260$	15	0.017544

表 11-77　铜合金扁线的性能要求

材料及产品种类	状态	抗拉强度最小值/MPa	伸长率最小值/%	20℃时直流电阻率最大值/(Ω·mm²/m)
TH11B	Y_1	250	15	0.017593
TH12B				0.017774

④ 交货质量　见表11-78。

表 11-78　铜合金扁线的成圈交货质量

标称截面 S/mm²	交货质量/kg			标称截面 S/mm²	交货质量/kg		
	标称质量	最小质量			标称质量	最小质量	
		质量	占比			质量	占比
S≤5	50～120	10	≤交货总质量的10%	10<S≤20	50～120	20	≤交货总质量的10%
5<S<10		15		S>20		40	

注：根据需要成根交货时，每根铜和铜合金扁线长度宜为4～6m；短段宜不小于2m，且短段占比应不超过交货总质量的10%。

11.8.9　电工用铜带（GB/T 5584.4—2020）

① 分类　按产品类别分有TDR、TDY1、TDY2和TP1DR四种。

② 尺寸范围　窄边尺寸 0.30mm≤a≤3.55mm，宽边尺寸 9.00mm≤b≤100.00mm。

③ 化学成分　应符合GB/T 5584.4—2020表1的规定。

④ 抗拉强度、伸长率和硬度　见表11-79。

表 11-79　电工用铜带的抗拉强度、伸长率和维氏硬度

窄边 a/mm	材料								
	TDR		TPIDR		TDY1			TDY2	
	伸长率最小值/%	维氏硬度(HV)	伸长率最小值/%	维氏硬度(HV)	抗拉强度最小值/MPa	伸长率最小值/%	维氏硬度(HV)	抗拉强度最小值/MPa	维氏硬度(HV)
0.30≤a≤0.80	35	45～65	30	50～65	250	10	80～110	309	90～120
0.80<a≤1.32						10		309	
1.32<a≤3.55						15		289	

11.8.10　电工软铜绞线（GB/T 12970.2—2009）

① 型号和规格　见表 11-80。

表 11-80　电工软铜绞线的型号和规格

型号	名称	标称截面积/mm^2
TJR1	1 型软铜绞线	0.10～1000
TJR2	2 型软铜绞线	2.5～63
TJR3	3 型软铜绞线	0.025～500
TJRX1	1 型镀锡软铜绞线	0.1～2.5
TJRX2	2 型镀锡软铜绞线	2.5～63
TJRX3	3 型镀锡软铜绞线	0.025～500

② 绞线性能　见表 11-81～表 11-83。

表 11-81　TJR1 型及 TJRX1 型软铜绞线性能

标称截面积/mm^2	计算截面积/mm^2	结构		计算外径/mm	20℃直流电阻最大值/(Ω/km)		计算质量/(kg/km)
		单线总数	股数×根数/单线标称直径/mm		TJR1	TJRX1	
0.10	0.102	9	9/0.12	0.44	176	179	0.94
(0.12)	0.124	7	7/0.15	0.45	145	147	1.15
0.16	0.159	9	9/0.15	0.56	113	115	1.47
(0.20)	0.194	11	11/0.15	0.60	92.9	94.4	1.80
0.25	0.247	14	14/0.15	0.68	72.9	74.1	2.29
(0.30)	0.300	17	17/0.15	0.74	60.3	61.3	2.80
0.40	0.408	13	13/0.20	0.86	44.2	44.9	3.79
0.50	0.503	16	16/0.20	0.96	36.0	36.6	4.70
0.63	0.628	20	20/0.20	1.03	28.8	29.3	5.86
(0.75)	0.754	24	24/0.20	1.14	24.0	24.4	7.04
1.00	1.01	32	32/0.20	1.30	17.9	18.2	9.43
1.60	1.57	32	32/0.25	1.63	11.5	11.7	14.7
(2.00)	1.96	40	40/0.25	1.82	9.24	9.39	18.3
2.5	2.41	49	7×7/0.25	2.25	7.58	7.92	22.7
4.0	3.94	49	7×7/0.32	2.88	4.64	—	37.1
6.3	6.16	49	7×7/0.40	3.60	2.97	—	58.0
10	10.01	49	7×7/0.51	4.59	1.83	—	94.3
16	15.84	84	7×12/0.49	6.17	1.16	—	150
25	25.08	133	19×7/049	7.35	0.736	—	239

续表

标称截面积/mm²	计算截面积/mm²	结构		计算外径/mm	20℃直流电阻最大值/(Ω/km)		计算质量/(kg/km)
		单线总数	股数×根数/单线标称直径/mm		TJR1	TJRX1	
(35)	35.14	133	19×7/0.58	8.70	0.525	—	334
40	40.15	133	19×7/0.62	9.30	0.459	—	382
(50)	48.30	133	19×7/0.68	10.20	0.382	—	459
63	62.72	189	27×7/0.65	12.00	0.294	—	597
(70)	68.64	189	27×7/0.68	12.53	0.269	—	653
80	78.20	259	37×7/0.62	13.02	0.236	—	744
(95)	94.06	259	37×7/0.68	14.28	0.196	—	895
100	99.68	259	37×7/0.70	14.70	0.185	—	948
(120)	117.67	324	27×12/0.68	17.39	0.157	—	1119
125	124.69	324	27×12/0.70	17.90	0.148	—	1186
160	162.86	324	27×12/0.80	20.20	0.113	—	1549
(185)	183.85	324	27×12/0.85	21.74	0.100	—	1749
200	196.15	444	27×12/0.75	21.80	0.0940	—	1866
250	251.95	444	27×12/0.85	21.72	0.0732	—	2397
315	310.58	703	37×19/0.75	26.25	0.0594	—	2954
400	398.92	703	37×19/0.85	29.75	0.0462	—	3795
500	498.30	703	37×19/0.95	33.25	0.0370	—	4740
630	627.1	1159	61×19/0.83	37.35	0.0294	—	5965
800	804.3	1159	61×19/0.94	42.30	0.0229	—	7651
1000	1003.6	1159	61×19/1.05	47.25	0.0184	—	9547

注：软铜绞线外层的绞向应为右向，除非供需双方另有协议，相邻层的绞向应相反。

表 11-82 TJR2 型及 TJRX2 型软铜绞线性能

标称截面积/mm²	计算截面积/mm²	结构		计算外径/mm	20℃直流电阻最大值/(Ω/km)		计算质量/(kg/km)
		单线总数	股数×根数/单线标称直径/mm		TJR2	TJRX2	
2.5	2.47	140	7×20/0.15	2.37	7.40	7.73	23.3
4.0	3.96	126	7×18/0.20	3.00	4.62	4.82	37.3
6.3	6.16	196	7×28/0.20	3.72	2.97	3.10	58.0
10	9.90	315	7×45/0.20	4.62	1.85	1.93	93.3
16	15.83	504	12×42/0.20	6.18	1.16	1.23	150
25	25.07	798	19×42/0.20	7.45	0.736	0.781	238

续表

标称截面积/mm²	计算截面积/mm²	结构		计算外径/mm	20℃直流电阻最大值/(Ω/km)		计算质量/(kg/km)
		单线总数	股数×根数/单线标称直径/mm		TJR2	TJRX2	
(35)	35.41	1127	7×7×23/0.20	10.57	0.521	0.545	337
40	40.02	1274	7×7×26/0.20	10.62	0.461	0.482	381
(50)	49.26	1568	7×7×32/0.20	11.70	0.375	0.392	469
63	63.11	2009	7×7×41/0.20	13.32	0.292	0.305	600

注：软铜绞线外层的绞向应为右向，除非供需双方另有协议，相邻层的绞向应相反。

表 11-83　TJR3 型及 TJRX3 型软铜绞线性能

标称截面积/mm²	计算截面积/mm²	结构		计算外径/mm	20℃直流电阻最大值/(Ω/km)		计算质量/(kg/km)
		单线总数	股数×根数/单线标称直径/mm		TJR3	TJRX3	
0.025	0.0255	13	13/0.05	0.22	707	759	0.24
0.04	0.0385	10	10/0.07	0.27	466	500	0.36
0.063	0.0616	16	16/0.07	0.34	294	316	0.58
0.10	0.100	26	26/0.07	0.42	181	194	0.93
0.16	0.158	41	41/0.07	0.52	115	123	1.47
0.25	0.250	65	65/0.07	0.65	72.4	77.7	2.33
(0.30)	0.296	77	7×1110.07	0.84	61.7	64.5	2.79
0.40	0.404	105	7×15/0.07	0.97	45.2	48.5	3.81
(0.50)	0.512	133	7×19/0.07	1.05	35.7	38.3	4.82
0.63	0.620	161	7×23/0.07	1.18	29.5	31.7	5.84
(0.75)	0.754	196	7×28/0.07	1.28	24.2	26.0	7.11
1.00	0.997	259	7×37.0.07	1.47	18.3	19.6	9.40
1.60	1.57	408	12×34/0.07	1.97	11.7	12.6	14.8
2.5	2.49	646	19×34/0.01	2.35	7.41	7.96	23.7
4.0	4.03	513	19×27/0.10	3.08	4.58	4.79	38.3
6.3	6.27	798	19×42/0.10	3.73	2.94	3.07	59.6
10	10.00	1273	19×67/0.10	4.73	1.85	1.93	95.1
16	15.83	2016	12×7×24/0.10	7.18	1.16	1.21	150
25	25.07	3192	19×7×24/0.10	8.55	0.736	0.769	238
(35)	34.47	4389	19×7×33/0.10	9.90	0.535	0.559	328
40	39.96	2261	19×7×17/0.15	11.03	0.462	0.483	380
(50)	49.36	2793	19×7×21/0.15	12.15	0.374	0.391	470
63	63.46	3591	19×7×27/0.15	13.50	0.291	0.304	604

续表

标称截面积/mm^2	计算截面积/mm^2	结构		计算外径/mm	20℃直流电阻最大值/(Ω/km)		计算质量/(kg/km)
		单线总数	股数×根数/单线标称直径/mm		TJR3	TJRX3	
(70)	70.51	3990	19×7×30/0.15	14.18	0.262	0.274	671
80	79.91	4522	19×7×34/0.15	15.08	0.231	0.241	760
(95)	94.01	5320	19×7×40/0.15	16.43	0.196	0.205	894
100	100.73	5700	19×12×25/0.15	18.27	0.183	0.191	958
(120)	120.87	6840	19×12×30/0.15	20.24	0.153	0.160	1150
125	127.59	7220	19×19×20/0.15	20.29	0.145	0.152	1214
160	159.42	9025	19×19×25/0.15	21.75	0.116	0.121	1517
(185)	185.00	10469	19×19×29/0.15	23.25	0.0997	0.104	1760
200	196.15	11100	37×12×25/0.15	25.58	0.0940	0.0982	1866
250	251.08	14208	37×12×32/0.15	28.67	0.0735	0.0768	2388
315	310.58	17575	37×19×25/0.15	30.45	0.0594	0.0521	2954
400	397.54	22496	37×19×32/0.15	34.13	0.0464	0.0485	3782
500	496.92	28120	37×19×40/0.15	38.06	0.0371	0.0388	4727

注：软铜绞线外层的绞向应为右向，除非供需双方另有协议，相邻层的绞向应相反。

③ 伸长率

a. 绞后单线的平均伸长率应大于GB/T 3953—2009、GB/T 4910—2009所规定的绞前单线的伸长率减去5%，且至少应大于5%。

b. 绞后任一单线的最小伸长率应大于GB/T 3953—2009、GB/T 4910—2009所规定的绞前单线的伸长率减去15%，且至少应大于5%。

11.9 铸造铜合金

① 分类　按化学成分的不同，分成纯铜、青铜（锡青铜、铅青铜、铝青铜）、黄铜（铝黄铜、锰黄铜、铅黄铜、硅黄铜）和白铜（镍白铜）四类。

② 特性

a. 优异的物理化学性能。纯铜导电性、导热性极佳，许多铜合金的导电、导热性也很好，铜及铜合金对大气和水的抗腐蚀能力也很高，铜是抗磁性物质。

b. 有良好的加工性能。铜及某些铜合金塑性很好，容易冷、热成型；铸造铜合金有很好的铸造性能。

c. 有某些特殊的力学性能。例如优良的减摩性和耐磨性（如青铜及部分黄铜），高的弹性极限及疲劳极限（铍青铜等）。

d. 色泽美观。

11.9.1　铸造铜合金代号

① 牌号　铸造铜及铜合金牌号表示方法是，在加工铜及铜合金牌号最前端冠以“Z”。即由“Z”和基体金属的化学元素符号 Cu（名义百分含量不标注）、主要合金化学元素符号（其中混合稀土元素符号统一用 RE 表示）以及表明合金化元素名义百分含量的数字组成。当合金化元素多于两个时，合金牌号中应列出足以表明合金主要特性的元素符号及其名义百分含量的数字。

合金化元素符号的排列次序，按其名义百分含量的大小。当其值相等时，则按元素符号字母顺序排列。当需要表明决定合金类别的合金化元素首先列出时，不论其含量多少，该元素符号均应紧置于基体元素符号之后。

合金化元素含量小于 1%时，一般不标注；优质合金在牌号后面标注大写字母“A”；对具有相同主成分、需要控制低间隙元素的合金，在牌号后的圆括弧内标注 EL1。

GB/T 1176—2013 中规定的牌号有 36 个。

② 铜合金铸造方法代号　S—砂型铸造，J—金属型铸造，La—连续铸造，Li—离心铸造，R—熔模铸造。

11.9.2　铸造铜合金的力学性能（GB/T 1176—2013）

表 11-84　铸造铜合金的室温力学性能

类别	合金牌号（合金名称）	铸造方法	室温力学性能 ≥			
			抗拉强度 R_m/MPa	屈服强度 $R_{p0.2}$/MPa	伸长率 A/%	布氏硬度（HBW）
纯铜	ZCu99(99 纯铜)	S	150	40	40	40
青铜	ZCuSn3Zn8Pb6Ni1	S	175	—	8	60
	(3-8-6-1 锡青铜)	J	215	—	10	70
	ZCuSn3Zn11Pb4	S、R	175	—	8	60
	(3-11-4 锡青铜)	J	215	—	10	60

续表

类别	合金牌号（合金名称）	铸造方法	室温力学性能 ≥			
			抗拉强度 R_m/MPa	屈服强度 $R_{p0.2}$/MPa	伸长率 A/%	布氏硬度（HBW）
青铜	ZCuSn5Pb5Zn5（5-5-5 锡青铜）	S、J、R	200	90	13	(60)
		Li、La	250	100	13	(65)
	ZCuSn10P1（10-1 锡青铜）	S、R	220	130	3	(80)
		J	310	170	2	(90)
		Li	330	170	4	(90)
		La	360	170	6	(90)
	ZCuSn10Pb5（10-5 锡青铜）	S	195	—	10	70
		J	245	—	10	70
	ZCuSn10Zn2（10-2 锡青铜）	S	240	120	12	(70)
		J	245	140	6	(80)
		Li、La	270	140	7	(80)
	ZCuPb9Sn5（9-5 铅青铜）	La	230	110	11	60
	ZCuPb10Sn10（10-10 铅青铜）	S	180	80	7	(65)
		J	220	140	5	(70)
		Li、La	220	110	6	(70)
	ZCuPb15Sn8（15-8 铅青铜）	S	170	80	5	(60)
		J	200	100	6	(65)
		Li、La	220	100	8	(65)
	ZCuPb17Sn4Zn4（17-4-4 铅青铜）	S	150	—	5	55
		J	175	—	7	60
	ZCuPb20Sn5（20-5 铅青铜）	S	150	60	5	(45)
		J	150	70	6	(55)
		La	180	80	7	(55)
	ZCuPb30（30 铅青铜）	J	—	—	—	25
	ZCuAl8Mn13Fe3（8-13-3 铝青铜）	S	600	270	15	160
		J	650	280	10	170
	ZCuAl8Mn13Fe3Ni2（8-13-3-2 铝青铜）	S	645	280	20	160
		J	670	310	18	170
	ZCuAl8Mn14Fe3Ni9（8-14-3-2 铝青铜）	S	735	280	15	170
	ZCuAl9Mn2（9-2 铝青铜）	S、R	390	150	20	85
		J	440	160	20	95

续表

类别	合金牌号（合金名称）	铸造方法	室温力学性能 ≥ 抗拉强度 R_m/MPa	屈服强度 $R_{p0.2}$/MPa	伸长率 A/%	布氏硬度（HBW）
青铜	ZCuAl8Be1Co1（8-1-1 铝青铜）	S	647	280	15	160
	ZCuAl9Fe4Ni4Mn2（9-4-4-2 铝青铜）	S	630	250	16	160
	ZCuAl10Fe4Ni4（10-4-4 铝青铜）	S	539	200	3	155
		J	588	235	5	166
	ZCuAl10Fe3（10-3 铝青铜）	S	490	180	13	(100)
		J	540	200	15	(110)
		Li、La	540	200	15	(110)
	ZCuAl10Fe3Mn2（10-3-2 铝青铜）	S、R	490	—	15	110
		J	540	—	20	120
黄铜	ZCuZn38（38 黄铜）	S	295	95	30	60
		J	295	95	30	70
	ZCuZn21Al5Fe2Mn2（21-5-2-2 铝黄铜）	S	608	275	15	160
	ZCuZn25Al6Fe3Mn3（25-6-3-3 铝黄铜）	S	725	380	10	(160)
		J	740	400	7	(170)
		Li、La	740	400	7	(170)
	ZCuZn26Al4Fe3Mn3（26-4-3-3 铝黄铜）	S	600	300	18	(120)
		J	600	300	18	(130)
		Li、La	600	300	18	(130)
	ZCuZn31Al2（31-2 铝黄铜）	S、R	295	—	12	80
		J	390	—	15	90
	ZCuZn35Al2Mn2Fe1（35-2-2-1 铝黄铜）	S	450	170	20	(100)
		J	475	200	18	(110)
		Li、La	475	200	18	(110)
	ZCuZn38Mn2Pb2（38-2-2 锰黄铜）	S	245	—	10	70
		J	345	—	18	80
	ZCuZn40Mn2（40-2 锰黄铜）	S、R	345	—	20	80
		J	390	—	25	90
	ZCuZn40Mn3Fe1（40-3-1 锰黄铜）	S、R	410	—	18	100
		J	490	—	15	110
	ZCuZn33Pb2（33-2 铅黄铜）	S	180	70	12	(50)

续表

类别	合金牌号（合金名称）	铸造方法	室温力学性能 ≥			
			抗拉强度 R_m/MPa	屈服强度 $R_{p0.2}$/MPa	伸长率 A/%	布氏硬度（HBW）
黄铜	ZCuZn40Pb2（40-2 铅黄铜）	S、R、	220	95	15	(80)
		J	280	120	20	(90)
	ZCuZn16Si4（16-4 硅黄铜）	S、R、	315	180	15	90
		J	390	—	20	100
白铜	ZCuNi10Fe1Mn1（10-1-1 镍白铜）	S、J、Li、La	310	170	20	100
	ZCuNi30Fe1Mn1（30-1-1 镍白铜）		415	220	20	140

注：硬度一列（）内数据为参考值。

11.9.3　铸造铜及铜合金的特性和用途（GB/T 1176—2013）

表 11-85　铸造铜及铜合金的特性和用途

类别	合金牌号	主要特性	用途举例
纯铜	ZCu99（99 纯铜）	很高的导电、传热和延伸性能，在大气、淡水和流动性不大的海水中具有良好的耐蚀性；凝固温度范围窄，流动性好，适用于砂型、金属型、连续铸造，适用于氩弧焊接	在黑色金属冶炼中用作高炉风、渣口中小套，冷却板、壁；电炉炼钢用氧枪喷头、电极夹持器、熔沟；在非铁金属冶炼中用作闪速炉冷却用件；大型电机用屏蔽罩、导电连接件等
青铜	ZCuSn3Zn8Pb6Ni1（3-8-6-1 锡青铜）	耐磨性能好，易加工，铸造性能好，气密性能较好，耐腐蚀，可在流动海水下工作	各种液体燃料以及海水、淡水和蒸汽（≤225℃）中工作的零件，压力≤2.5MPa的阀门和管配件
	ZCuSn3Zn11Pb4（3-11-4 锡青铜）	铸造性能好，易加工，耐腐蚀	海水、淡水、蒸汽中，压力≤2.5MPa 的管配件
	ZCuSn5Pb5Zn5（5-5-5 锡青铜）	耐磨性和耐蚀性好，易加工，铸造性能和气密性较好	在较高负荷、中等滑动速度下工作的耐磨、耐腐蚀零件，如轴瓦、衬套、缸套、活塞离合器、泵件压盖以及蜗轮等

续表

类别	合金牌号	主要特性	用途举例
青铜	ZCuSn10P1 (10-1 锡青铜)	硬度高，耐磨性较好，不易产生咬死现象，有较好的铸造性能和切削性能，在大气和淡水中有良好的耐蚀性	可用于高负荷(≤20MPa)和高滑动速度(8m/s)下工作的耐磨零件，如连杆、衬套、轴瓦、齿轮、蜗轮等
	ZCuSn10Pb5 (10-5 锡青铜)	耐腐蚀，特别是对稀硫酸、盐酸和脂肪酸具有耐腐蚀作用	结构材料，耐蚀、耐酸的配件以及破碎机衬套、轴瓦
	ZCuSn10Zn2 (10-2 锡青铜)	耐蚀性、耐磨性和切削加工性能好，铸造性能好，铸件致密性较高，气密性较好	在中等及较高负荷和小滑动速度下工作的重要管配件，以及阀、旋塞、泵体、齿轮、叶轮和蜗轮等
	ZCuPb9Sn5 (9-5 铅青铜)	润滑性、耐磨性能良好，易切削，可焊性、软硬钎焊性均良好	轴承和轴套，汽车用衬管轴承
	ZCuPb10Sn10 (10-10 铅青铜)	润滑性能、耐磨性能和耐蚀性能好，适合用作双金属铸造材料	表面压力高、有侧压的滑动轴承，如轧辊、车辆用轴承、负荷峰值 60MPa 的受冲击零件，最高峰值达 100MPa 的内燃机双金属轴瓦，及活塞销套、摩擦片等
	ZCuPb15Sn8 (15-8 铅青铜)	在缺乏润滑剂和用水质润滑剂条件下，滑动性和自润滑性能好，易切削，铸造性能差，对稀硫酸耐蚀性能好	表面压力高、有侧压的轴承，可用来制造冷轧机的铜冷却管，耐冲击负荷达 50MPa 的零件，内燃机的双金属轴瓦，主要用于最大负荷达 70MPa 的活塞销套，耐酸配件
	ZCuPb17Sn4Zn4 (17-4-4 铅青铜)	耐磨性和自润滑性能好，易切削、铸造性能差	一般耐磨件，高滑动速度的轴承等
	ZCuPb20Sn5 (20-5 铅青铜)	有较高滑动性能，在缺乏润滑介质和以水为介质时有特别好的自润滑性能，适用于双金属铸造材料，耐硫酸腐蚀，易切削，铸造性能差	高滑动速度的轴承，以及破碎机、水泵、冷轧机轴承，负荷达 40MPa 的零件，抗腐蚀零件，双金属轴承，负荷达 70MPa 的活塞销套

续表

类别	合金牌号	主要特性	用途举例
青铜	ZCuPb30 (30 铅青铜)	有良好的自润滑性,易切削,铸造性能差,易产生比重偏析	要求高滑动速度的双金属轴承、减摩零件等
	ZCuAl8Mn13Fe3 (8-13-3 铝青铜)	具有很高的强度和硬度,良好的耐磨和铸造性能,合金致密性能高,耐蚀性好,作为耐磨件工作温度不大于 400℃,可以焊接,不易钎焊	适用于制造重型机械用轴套,以及要求强度高、耐磨、耐压零件,如衬套、法兰、阀体、泵体等
	ZCuAl8Mn13Fe3Ni2 (8-13-3-2 铝青铜)	有很高的力学性能,在大气、淡水和海水中均有良好的耐蚀性,腐蚀疲劳强度高,铸造性能好,合金组织致密,气密性好,可以焊接,不易钎焊	要求强度高、耐腐蚀的重要铸件,如船舶螺旋桨、高压阀体、泵体,以及耐压、耐磨零件,如蜗轮、齿轮、法兰、衬套等
	ZCuAl8Mn14Fe3Ni2 (8-14-3-2 铝青铜)	有很高的力学性能,在大气、淡水和海水中具有良好的耐蚀性,腐蚀疲劳强度高,铸造性能好,合金组织致密,气密性好,可以焊接,不易钎焊	要求强度高、耐腐蚀性好的重要铸件,是制造各类船舶螺旋桨的主要材料之一
	ZCuAl9Mn2 (9-2 铝青铜)	有高的力学性能,在大气、淡水和海水中耐蚀性好,铸造性能好,组织致密,气密性高,耐磨性好,可以焊接,不易钎焊	耐蚀、耐磨零件、形状简单的大型铸件,如衬套、齿轮、蜗轮,以及在 250℃ 以下工作的管配件和要求气密性高的铸件,如增压器内气封
	ZCuAl8Be1Co1 (8-1-1 铝青铜)	有很高的力学性能,在大气、淡水和海水中具有良好的耐蚀性,腐蚀疲劳强度高,耐空泡腐蚀性能优异,铸造性能好,合金组织致密,可以焊接	要求强度高,耐腐蚀、耐空蚀的重要铸件,主要用于制造小型快艇螺旋桨
	ZCuAl9Fe4Ni4Mn2 (9-4-4-2 铝青铜)	有很高的力学性能,在大气、淡水和海水中耐蚀性好,铸造性能好,在 400℃以下具有耐热性,可以热处理,焊接性能好,不易钎焊,铸造性能尚好	要求强度高、耐蚀性好的重要铸件,是制造船舶螺旋桨的主要材料之一,也可用作耐磨和 400℃以下工作的零件,如轴承、齿轮、蜗轮、螺母、法兰、阀体、导向套筒

续表

类别	合金牌号	主要特性	用途举例
青铜	ZCuAl10Fe4Ni4（10-4-4 铝青铜）	有很高的力学性能，良好的耐蚀性，高的腐蚀疲劳强度，可以热处理强化，在400℃以下有高的耐热性	高温耐蚀零件，如齿轮、球形座、法兰、阀导管及航空发动机的阀座，抗蚀零件，如轴瓦、蜗杆、酸洗吊钩及酸洗筐、搅拌器等
	ZCuAl10Fe3（10-3 铝青铜）	具有高的力学性能，耐磨性和耐蚀性能好，可焊接，不易钎焊，大型铸件 700℃空冷可防止变脆	要求强度高、耐磨、耐蚀的重型铸件，如轴套、螺母、蜗轮以及 250℃以下工作的管配件
	ZCuAl10Fe3Mn2（10-3-2 铝青铜）	具有高的力学性能和耐磨性，可热处理，高温下耐蚀性和抗氧化性能好，在大气、淡水和海水中耐蚀性好，可焊接，不易钎焊，大型铸件 700℃空冷可防止变脆	要求强度高、耐磨、耐蚀的零件，如齿轮、轴承、衬套、管嘴，以及耐热管配件等
黄铜	ZCuZn38（38 黄铜）	具有优良的铸造性能和较高的力学性能，切削加工性能好，可以焊接，耐蚀性较好，有应力腐蚀开裂倾向	一般结构件和耐蚀零件，如法兰、阀座、支架、手柄和螺母等
	ZCuZn21Al5Fe2Mn2（21-5-2-2 铝黄铜）	有很高的力学性能，铸造性能良好，耐蚀性较好，有应力腐蚀开裂倾向	适用高强、耐磨零件，小型船舶及军舰螺旋桨
	ZCuZn25Al6Fe3Mn3（25-6-3-3 铝黄铜）	有很高的力学性能，铸造性能良好，耐蚀性较好，有应力腐蚀开裂倾向，可以焊接	适用高强、耐磨零件，如桥梁支撑板、螺母、螺杆、耐磨板、滑块和蜗轮等
	ZCuZn26Al4Fe3Mn3（26-4-3-3 铝黄铜）	有很高的力学性能，铸造性能良好，在空气、淡水和海水中耐蚀性较好，可以焊接	要求强度高、耐蚀零件
	ZCuZn31Al2（31-2 铝黄铜）	铸造性能良好，在空气、淡水、海水中耐蚀性较好，易切削，可以焊接	适用于压力铸造，如电机、仪表等压力铸件，以及造船和机械制造业的耐蚀零件
	ZCuZn35Al2Mn2Fe1（35-2-2-1 铝黄铜）	具有高的力学性能和良好的铸造性能，在大气、淡水、海水中有较好的耐蚀性，切削性能好，可以焊接	管路配件和要求不高的耐磨件

续表

类别	合金牌号	主要特性	用途举例
黄铜	ZCuZn38Mn2Pb2（38-2-2 锰黄铜）	有较高的力学性能和耐蚀性，耐磨性较好，切削性能良好	一般用途的结构件，船舶、仪表等使用的外形简单的铸件，如套筒、衬套、轴瓦、滑块等
	ZCuZn40Mn2（40-2 锰黄铜）	有较高的力学性能和耐蚀性，铸造性能好，受热时组织稳定	在空气、淡水、海水、蒸汽（小于300℃）和各种液体燃料中工作的零件和阀体、阀杆、泵、管接头，以及需要浇注巴氏合金和镀锡零件等
	ZCuZn40Mn3Fe1（40-3-1 锰黄铜）	有高的力学性能，良好的铸造性能和切削加工性能，在空气、淡水、海水中耐蚀性能好，有应力腐蚀开裂倾向	耐海水腐蚀的零件、300℃以下工作的管配件，制造船舶螺旋桨等大型铸件
	ZCuZn33Pb2（33-2 铅黄铜）	结构材料，给水温度为90℃时抗氧化性能好，电导率为10～14MS/m	煤气和给水设备的壳体，机器制造业、电子技术、精密仪器和光学仪器的部分构件和配件
	ZCuZn40Pb2（40-2 铅黄铜）	有好的铸造性能和耐磨性，切削加工和耐蚀性较好，在海水中有应力倾向	一般用途的耐磨、耐蚀零件，如轴套、齿轮等
	ZCuZn16Si4（16-4 硅黄铜）	具有较高的力学性能和良好的耐蚀性，铸造性能好；流动性高，铸件组织致密，气密性好	接触海水工作的管配件以及水泵、叶轮、旋塞和在空气、淡水、油、燃料，以及工作压力1.5MPa、250℃以下蒸汽中工作的铸件
白铜	ZCuNi10Fe1Mn1（10-l-1 镍白铜）	具有高的力学性能和良好的耐海水腐蚀性能，铸造性能好，可以焊接	耐海水腐蚀的结构件和压力设备，海水泵、阀和配件
	ZCuNi30Fe1Mn1（30-1-1 镍白铜）	具有高的力学性能和良好的耐海水腐蚀性能，铸造性能好，铸件致密，可以焊接	用于需要抗海水腐蚀的阀、泵体、凸轮和弯管等

11.9.4 压铸铜合金及铜合金压铸件（GB/T 15116—2023）

① 牌号 由前缀“YZ”和后跟铜及主要合金元素的化学符号

组成，主要合金元素后面跟有表示其名义质量分数的数字（该元素平均质量分数的修约化整值）：

YZ	Cu	Zn	□	Al	□
压铸代号	铜元素符号	锌元素符号	锌元素含量	铝元素符号	铝元素含量

② 化学成分　应符合 GB/T 15116—2023 表 1 的规定。

③ 牌号和力学性能　见表 11-86。

表 11-86　压铸铜合金的力学性能

合金牌号	力学性能　≥		
	抗拉强度 R_m /MPa	伸长率 A /%	布氏硬度 (HBW 5/250/30)
YZCuZn40Pb	320	6	85
YZCuZn16Si4	355	25	85
YZCuZn30Al3	410	15	110
YZCuZn35Al2Mn2Fe	485	3	130

④ 特性和应用　见表 11-87。

表 11-87　压铸铜合金的特性和应用（参考）

牌号	主要特性	应用举例
YZCuZn40Pb	铅黄铜，塑性好，耐磨性高，切削性能、耐蚀性优良，强度不高	一般用途的耐磨、耐蚀零件，如轴套、齿轮等
YZCuZn16Si4	硅黄铜，强度高，塑性、耐蚀性好，铸造性能优良，耐磨性、切削加工性一般	适于制造一般腐蚀介质中工作的管配件、阀体、阀盖，以及各种形状复杂的铸件
YZCuZn30Al3	铝黄铜，强度、耐磨性高，铸造性能好，大气中耐蚀性好，其他介质中一般，切削加工性一般	适于制造在空气中工作的各种耐蚀件
YZCuZn35Al2Mn2Fe	力学性能好，铸造性好，在大气、海水、淡水中有较好的耐蚀性	适于制造管路配件和一般要求的耐磨零件

11.10　铜及铜合金锻件（GB/T 20078—2023）

① 分类　有铜、低合金化铜合金、铜-铝、铜-镍、铜-镍-锌、

铜-锌、铜-锌-铅、复杂铜-锌八种。

② 化学成分 应分别符合 GB/T 20078—2023 表 1～表 8 的规定。

③ 产品标记方法

锻件	GB/T 20078—2023-	□-	□
名称	标准编号	材料牌号	锻件的最低硬度（HBW）

④ 硬度 见表 11-88。

表 11-88 铜及铜合金锻件的最低布氏硬度

组别	材料牌号	布氏硬度（HBW）
Ⅰ组	CuZn40 CuZn42	≥70
	CuZn38As	≥60
	CuZn36Pb2As	≥60
	CuZn38Pb1 CuZn38Pb2 CuZn39Pb2 CuZn39Pb2Sn CuZn39Pb3 CuZn40Pb1Al CuZn40Pb2	≥70
	CuZn35Pb1.5AlAs CuZn33Pb1.5AlAs	≥60
	CuZn32Pb2AsFeSi	≥70
Ⅰ组	CuZn37Mn3Al2PbSi	≥130
	CuZn39Sn1	≥70
	CuZn40Mn1Pb1AlFeSn	≥100
	CuZn40Mn1Pb1FeSn	≥80
	CuZn21Si3P	≥122
	CuZn33Pb1AlSiAs	≥60
Ⅱ组	Cu-ETP Cu-OF Cu-HCP	≥40
	CuAl8Fe3	≥90
	CuAl10Fe3Mn2	≥120
	CuAl10Ni5Fe4	≥170
	CuAl11Fe6Ni6	≥180
	CuZn37	≥70

⑤ 拉伸性能 见表 11-89～表 11-91。

表 11-89 材料组Ⅰ中锻件的拉伸性能（仅供参考）

材料牌号	抗拉强度 R_m /MPa	0.2%残余屈服强度 $R_{p0.2}$ /MPa	伸长率 A /%
CuZn40	≥300	≥100	≥20
CuZn42	≥350	≥140	≥15
CuZn38As	≥280	≥120	≥20
CuZn36Pb2As	≥280	≥120	≥20

续表

材料牌号	抗拉强度 R_m /MPa	0.2%残余屈服强度 $R_{p0.2}$ /MPa	伸长率 A /%
CuZn38Pb1、CuZn38Pb2 CuZn39Pb2、CuZn39Pb2Sn CuZn39Pb3、CuZn40Pb1Al CuZn40Pb2	≥350	≥140	≥15
CuZn35Pb1.5AlAs CuZn33Pb1.5AlAs	≥280	≥120	≥20
CuZn23Al6Mn4Fe3Pb	≥700	≥500	≥5
CuZn32Pb2AsFeSi	≥350	≥160	≥15
CuZn35Ni3Mn2AlPb	≥440	≥180	≥10
CuZn36Sn1Pb	≥350	≥160	≥15
CuZn37Mn3Al2AlPbSi	≥550	≥200	≥8
CuZn39Sn1、CuZn40Mn1Pb1	≥350	≥160	≥15
CuZn40Mn1Pb1AlFeSn CuZn40Mn1Pb1FeSn	≥440	≥180	≥10
CuZn21Si3P	≥500	≥250	≥15
CuZn33Pb1AlSiAs	≥280	≥120	≥20

表 11-90　材料组Ⅱ中锻件的拉伸性能（仅供参考）

材料牌号	抗拉强度 R_m /MPa	0.2%残余屈服强度 $R_{p0.2}$ /MPa	伸长率 A /%
Cu-ETP、Cu-OF Cu-HCP、Cu-DHP	≥200	≥50	≥30
CuAl8Fe3	≥460	≥180	≥30
CuAl10Fe1	≥420	≥180	≥20
CuAl10Fe3Mn2	≥500	≥250	≥12
CuAl10Ni5Fe4	≥650	≥350	≥12
CuAl11Fe6Ni6	≥750	≥450	≥5
CuZn37	≥300	≥100	≥20

表 11-91　材料组Ⅲ中锻件的拉伸性能（仅供参考）

材料牌号	抗拉强度 R_m /MPa	0.2%残余屈服强度 $R_{p0.2}$ /MPa	伸长率 A /%
CuBe2	≥450 ≥1100	≥200 ≥950	≥20 ≥5

续表

材料牌号	抗拉强度 R_m /MPa	0.2%残余屈服强度 $R_{p0.2}$ /MPa	伸长率 A /%
CuCo1Ni1Be	≥300	≥200	≥20
CuCo2Be	≥650	≥550	≥8
CuCr1Zr	≥250	≥150	≥20
	≥370	≥300	≥15
CuNi1Si	≥300	≥200	≥20
	≥440	≥300	≥15
CuNi2Si	≥320	≥200	≥20
	≥500	≥380	≥10
CuZr	≥200	≥80	≥30
	≥220	≥80	≥30
CuNi10Fe1Mn	≥280	≥100	≥20
CuNi30Mn1Fe	≥310	≥100	≥20
CuNi7Zn39Pb3Mn2	≥460	≥250	≥12

⑥ 电性能 见表11-92。

表 11-92 20℃的电性能

材料牌号	传导率		材料牌号	传导率	
	MS/m	%IACS①		MS/m	%IACS①
Cu-ETP、Cu-OF	≥58.0	≥100.0	CuCr1Zr	≥43.0②	≥74.1②
Cu-HCP	≥57.0	≥98.0	CuNi2Si	≥17.0②	≥29.3②
CuCo1Ni1Be、CuCo2Be	≥25.0②	≥43.1②			

① IACS为退火铜国际标准。%IACS值按照退火高传导铜的标准值的百分比计算，由国际电工技术委员会制定（20℃时电传导率为58MS/m的铜对应的电导率定义为100%）。

② 锻造并经沉淀硬化处理状态。

第12章 其他非铁金属及其合金

12.1 钛及钛合金

钛的密度为4.5g/m^3，比钢轻43%，但其强度却比铁高1倍，比纯铝几乎高5倍，即具有低密度高强度。另外，由于钛的耐蚀性与不锈钢相当，所以在石化、农药、染料、造纸、航空、宇宙开发、海洋工程等方面都有广泛的应用，在工业中占有极重要的地位。

12.1.1 钛及钛合金牌号（GB/T 3620—2016）

① 分类　按化学成分和金属组织的不同，分为工业纯钛、α型和近α型钛及钛合金，β型和近β型钛合金，α-β型钛合金三类。

② 牌号　采用字母和数字表示。

a. 第一位用大写字母T表示钛及钛合金。

b. 第二位表示合金的类型：A—工业纯钛（13种）、α型和近α型（42种），B—β型及近β型（16种），C—α-β型（29种）合金。

c. 阿拉伯数字按注册的先后自然顺序递增。

d. 相同牌号的超低间隙合金在数字后加大写字母“ELI”（中间无间隔）。

③ 化学成分　应分别符合GB/T3620.1—2016表1～表3的规定。

12.1.2 钛及钛合金的特性和应用

表12-1　钛及钛合金的特性和应用

牌号	特性	应用举例
TA1 TA2	工业纯钛的杂质含量较化学纯钛要多，因此其强度、硬度也稍高，其力学性能及化学性能与不锈钢相近，比起钛合金，纯钛	主要用于工作温度在350℃以下，受力不大，但要求高塑性的冲压件和耐蚀结构零件，如飞机骨架、蒙皮、船用阀门、管道，海水淡化装置等，化工上的泵、冷却器、搅

续表

<table>
<tr><th>牌号</th><th>特性</th><th>应用举例</th></tr>
<tr><td>TA3
TA4</td><td>强度低、塑性好，且可焊接、可切削加工、耐蚀性较好；在抗氧化性方面优于奥氏体不锈钢，但耐热性较差，TA1、TA2、TA3、TA4依次杂质含量增高，机械强度、硬度依次增强，但塑性、韧性则依次下降</td><td>拌器，蒸馏塔、叶轮等及压缩机气阀、柴油发动机活塞等。由于TA1、TA2有良好的低温韧性及低温强度，可作－253℃以下低温结构材料</td></tr>
<tr><td>TA5
TA6</td><td rowspan="4">α型钛合金，不能热处理强化，主要依靠固溶强化提高力学性能，室温下其强度低于β型和α＋β型钛合金，但在500～600℃，其高温强度是三类钛合金中最好的，α型钛合金组织稳定、抗氧化性及焊接性好，耐蚀性及切削加工性尚好，塑性低，压力加工性较差</td><td>用作400℃以下腐蚀性介质中工作的零件及焊接件，如飞机蒙皮、骨架零件、压气机叶片等</td></tr>
<tr><td>TA7</td><td>用作500℃以下长期工作的结构件及模锻件，也是一种优良的超低温材料</td></tr>
<tr><td>TA8</td><td>用作500℃以下长期工作零件，可用于制造压气机盘及叶片，由于组织稳定性较差，使用受到一定限制</td></tr>
<tr><td>TA28</td><td>可用作中等强度范围的结构材料</td></tr>
<tr><td>TB2</td><td>β型钛合金，可以热处理强化，合金强度高，焊接性、压力加工性良好，但性能不稳定，且熔炼工艺复杂</td><td>主要用作350℃以下工作的零件，如压气机叶片、轮盘及飞机构件等</td></tr>
<tr><td>TC1
TC2</td><td rowspan="5">α＋β型钛合金，综合力学性能较好，除TC1、TC2、TC7不能热处理强化外，其他都可热处理强化，可切削加工、压力加工性良好，高温强度高，在150～500℃以下有较好的耐热性，综合力学性能良好</td><td>用作400℃以下工作的冲压件、焊接件及模锻件，也可用作低温材料</td></tr>
<tr><td>TC3
TC4</td><td>用作400℃以下长期工作的零件、结构锻件，各种容器、泵、低温部件、坦克履带、舰船耐压壳体，TC4在α＋β型钛合金中产量最高，应用最广</td></tr>
<tr><td>TC6</td><td>用作450℃以下使用的飞机发动机结构材料</td></tr>
<tr><td>TC9</td><td>用作500℃以下长期使用的零件，如飞机发动机叶片等</td></tr>
<tr><td>TC10</td><td>用作450℃以下长期工作零件，如飞机结构件，起落架支架、导弹发动机外壳、武器结构件等</td></tr>
</table>

12.1.3　钛及钛合金板（GB/T 3621—2022）

钛及钛合金板采用轧制工艺生产。

① 牌号、状态和规格　见表 12-2。

表 12-2　钛及钛合金板的牌号、状态和规格

牌号	状态	规格/mm		
		厚度	宽度	长度
TA0、TA1、TA2、TA3、TA1GELI、TA1G、TA2G、TA3G、TA4G、TA5、TA6、TA7、TA8、TA8-1、TA9、TA9-1、TA10、TA11、TA13、TA15、TA17、TA18、TA22、TA23、TA24、TA32、TC1、TC2、TC3、TC4、TC4ELI、TC20	退火态（M）	0.3～5.0	400～1800	1000～4000
		＞5.0～100.0	400～3000	1000～6000
TB2、TB5、TB6、TB8	固溶态（ST）	0.5～5.0	400～1800	1000～4000
		＞5.0～100.0	400～3000	1000～6000

② 尺寸　表 12-2 中规定了钛及钛合金板的规格，其中间尺寸舍取的原则是：

a. 板材公称厚度不大于 5.0mm 时，以 0.1mm 进级；大于 5.0mm 时，以 0.5mm 进级。

b. 板材的公称宽度为 10mm 的整数倍。

c. 板材的公称长度为 50mm 的整数倍。

③ 化学成分　应符合 GB/T3620.1—2016 表 1 的规定。

④ 产品标记

板	□	□	□	GB/T 3621—2023
｜	｜	｜	｜	｜
产品名称	牌号	状态	规格	标准编号

⑤ 力学性能　见表 12-3～表 12-5。

表 12-3　钛合金板的室温力学性能

牌号	状态	厚度/mm	抗拉强度 R_m/MPa	规定塑性延伸强度 $R_{p0.2}$/MPa	断后伸长率 A/%
TA0	M	0.3～2.0	280～420	≥170	≥45
		＞2.0～10.0	280～420	≥170	≥30
		＞10.0～30.0	280～420	≥170	≥25

续表

牌号	状态	厚度/mm	抗拉强度 R_m /MPa	规定塑性延伸强度 $R_{p0.2}$ /MPa	断后伸长率 A /%
TA1	M	0.3～2.0	370～530	≥250	≥40
		>2.0～10.0	370～530	≥250	≥30
		>10.0～30.0	370～530	≥250	≥25
TA2	M	0.3～1.0	440～620	≥320	≥35
		>1.0～2.0	440～620	≥320	≥30
		>2.0～10.0	440～620	≥320	≥25
		>10.0～30.0	440～620	≥320	≥18
TA3	M	0.3～1.0	540～720	≥410	≥30
		>1.0～2.0	540～720	≥410	≥25
		>2.0～10.0	540～720	≥410	≥20
		>10.0～30.0	540～720	≥410	≥16
TA1GELI	M	0.3～50.0	≥200	≥140	≥30
TA1G			≥240	140～310	≥30
TA2G			≥400	275～450	≥25
TA3G			≥500	380～550	≥20
TA4G			≥580	485～655	≥20
TA5	M	0.5～1.0	≥685	≥585	≥20
		>1.0～2.0	≥685	≥585	≥15
		>2.0～10.0	≥685	≥585	≥12
TA6	M	0.8～1.5	685～850	≥605	≥20
		>1.5～2.0	685～850	≥605	≥15
		>2.0～25.0	685～850	≥605	≥12
TA7	M	0.8～1.5	765～930	≥685	≥20
		>1.5～2.0	765～930	≥685	≥15
		>2.0～10.0	765～930	≥685	≥12
		>10.0～30.0	730～900	≥660	≥9
TA8	M	0.3～25.0	≥400	275～450	≥20
TA8-1			≥240	140～310	≥24
TA9			≥400	275～450	≥20
TA9-1			≥240	140～310	≥24
TA10(A类)			≥485	≥345	≥18
TA10(B类)			≥345	≥275	≥25
TA11	M	5.0～12.0	≥895	≥825	≥10
TA13		0.5～2.0	540～770	460～570	≥18

续表

牌号	状态	厚度/mm	抗拉强度 R_m/MPa	规定塑性延伸强度 $R_{p0.2}$/MPa	断后伸长率 A/%
TA15	M	0.8～1.8	930～1130	≥855	≥12
		>1.8～4.0			≥10
		>4.0～10.0			≥8
		>10.0～70.0			≥6
TA17	M	0.5～1.0	685～835	—	≥25
		>1.0～2.0	685～835	—	≥15
		>2.0～4.0	685～835	—	≥12
		>4.0～10.0	685～835	—	≥10
TA18	M	0.5～2.0	590～735	—	≥25
		>2.0～4.0	590～735	—	≥20
		>4.0～10.0	590～735	—	≥15
TA22	M	4.0～30.0	≥635	≥490	≥18
TA23		1.0～10.0	≥700	≥590	≥18
TA24		8.0～90.0	≥700	≥550	≥13
TA32		0.8～4.0	≥900	≥800	≥8
TB2	ST	1.0～3.5	≤980	—	≥20
	STA	1.0～3.5	≥1320	—	≥8
TB5	ST	0.8～3.2	705～945	690～870	≥12
TB6		1.0～5.0	≥1000	—	≥6
TB8	ST	0.3～0.6	825～1000	795～965	≥6
		>0.6～2.5	825～1000	795～965	≥8
TC1	M	0.3～2.0	590～735	≥460	≥25
		>2.0～10.0	590～735	≥460	≥20
		>10.0～25.0	590～735	≥460	≥15
TC2	M	0.5～1.0	685～920	≥620	≥25
		>1.0～2.0	685～920	≥620	≥15
		>2.0～25.0	685～920	≥620	≥12
TC3	M	0.5～2.0	880～1080	≥820	≥12
		>2.0～10.0	880～1080	≥820	≥10
TC4	M	0.5～4.0	925～1150	≥870	≥12
		>4.0～5.0	925～1150	≥870	≥10
		>5.0～10.0	895～1100	≥825	≥10
		>10.0～100.0	895～1100	≥825	≥9
TC4ELI	M	0.5～<25.5	≥895	≥830	≥10
		25.5～100.0	≥860	≥795	≥10
TC20	M	0.5～25.0	≥900	≥800	≥10

表 12-4　钛合金板的高温力学性能

牌号	厚度/mm	试验温度/℃	抗拉强度 R_m/MPa	持久性能	
				初始应力 σ_0/MPa	蠕变断裂时间 t_a/h
TA6	0.8～25.0	350	≥420	390	≥100
		500	≥340	195	≥100
TA7	0.8～30.0	350	≥490	440	≥100
		500	≥440	195	≥100
TA11	5.0～12.0	425	≥620	—	—
TA15	0.8～<30.0	500	≥635	470	≥50
		500	≥635	440	≥100
	30.0～70.0	500	≥570	470	≥50
		500	≥570	440	≥100
TA17	0.5～10.0	350	≥420	390	≥100
		400	≥390	360	≥100
TA18	0.5～10.0	350	≥340	320	≥100
		400	≥310	280	≥100
TA32	0.8～4.0	550	≥600	350	≥100
TC1	0.3～25.0	350	≥340	320	≥100
		400	≥310	295	≥100
TC2	0.5～25.0	350	≥420	390	≥100
		400	≥390	360	≥100
TC3	0.5～10.0	400	≥590	540	≥100
		500	≥440	195	≥100
TC4	0.5～30.0	400	≥590	540	≥100
		500	≥440	195	≥100

注：合同中未有要求时不考核高温性能。

表 12-5　钛合金板的弯曲性能

牌号	厚度/mm	弯曲压头直径/mm	弯曲角/(°)	牌号	厚度/mm	弯曲压头直径/mm	弯曲角/(°)
TA0	0.3～5.0	3T	≥140	TA1GELI	0.3～2.0	3T	≥105
					>2.0～5.0	4T	
TA1	0.3～2.0	3T	≥140	TA1G	0.3～2.0	3T	≥105
	>2.0～5.0		≥130		>2.0～5.0	4T	
TA2	0.3～2.0	3T	≥100	TA2G	0.3～2.0	4T	≥105
	>2.0～5.0		≥90		>2.0～5.0	5T	
TA3	0.3～2.0	3T	≥90	TA3G	0.3～2.0	4T	≥105
	>2.0～5.0		≥80		>2.0～5.0	5T	

续表

牌号	厚度/mm	弯曲压头直径/mm	弯曲角/(°)	牌号	厚度/mm	弯曲压头直径/mm	弯曲角/(°)
TA4G	0.3～2.0	5T	≥105	TA18	>2.0～10.0	3T	≥60
	>2.0～5.0	6T		TA22	4.0～16.0	3T	≥60
TA5	0.5～40.0	5T	≥100	TA23	1.0～10.0	5T	180
TA6	0.8～1.5	3T	≥50	TA24	8.0～48.0	5T	≥100
	>1.5～5.0		≥40		>48.0～90.0		≥70
TA7	0.8～2.0	3T	≥50	TA32	0.8～4.0	3T	≥25
	>2.0～5.0		≥40	TB2	1.0～3.5		≥120
TA8	0.3～<1.8	4T	≥105	TB5	0.8～<1.8	4T	≥105
	1.8～5.0	5T			1.8～3.2	5T	
TA8-1	0.3～<1.8	3T	≥105	TB8	0.8～<1.8	3T	≥105
	1.8～5.0	4T			1.8～2.5	3.5T	
TA9	0.3～<1.8	4T	≥105	TC1	0.5～1.0	3T	≥100
	1.8～5.0	5T			>1.0～2.0		≥70
TA9-1	0.3～<1.8	3T	≥105		>2.0～5.0		≥60
	1.8～5.0	4T		TC2	0.5～1.0	3T	≥80
TA10	0.3～<1.8	4T	≥105		>1.0～2.0		≥60
	1.8～5.0	5T			>2.0～5.0		≥50
TA13	0.5～2.0	2T	180	TC3	0.5～2.0	3T	≥35
TA15	0.8～6.0	3T	≥30		>2.0～5.0		≥30
TA17	0.5～1.0	3T	≥80	TC4	0.5～1.8	9T	≥105
	>1.0～2.0	3T	≥60		>1.8～5.0	10T	
	>2.0～5.0	3T	≥50	TC4ELI	0.5～1.8	9T	≥105
	>5.0～25.0	6T	≥120		>1.8～5.0	10T	
TA18	0.5～1.0	3T	≥100	TC20	0.5～<1.8	9T	≥105
	>1.0～2.0		≥70		1.8～5.0	10T	

注：T 为弯曲试样的厚度。板材应进行弯曲试验，弯曲部位应无裂纹。

12.1.4 钛及钛合金棒材（GB/T 2965—2023）

① 分类　按生产工艺分，有锻造、轧制两种；按截面形状分，有圆形和矩形两种；按供货状态分，有热加工态（R）、冷加工态（Y）和退火态（M）三种。

② 牌号、状态和规格　见表 12-6。

③ 化学成分　应符合 GB/T 3620.1—2016 表 1 的规定。

④ 外形尺寸　应符合 GB/T 39799 的规定。

表 12-6 钛及钛合金棒的牌号、状态和规格

<table>
<tr><th>牌号</th><th>状态①</th><th>直径或截面厚度/mm</th><th>长度/mm</th></tr>
<tr><td rowspan="2">TA1、TA2、TA3、TA1G、TA2G、TA3G、TA4G、TA5、TA6、TA7、TA9、TA10、TA13、TA15、TA18、TA19、TB2、TB6、TC1、TC2、TC3、TC4、TC4ELI、TC6、TC9、TC10、TC11、TC12、TC17、TC18、TC21、TC25</td><td>热加工态(R)、冷加工态(Y)</td><td rowspan="2">7～100</td><td>300～6000</td></tr>
<tr><td>退火态(M)</td><td>300～5000</td></tr>
</table>

① TA19 和 TC9 钛合金棒材的供应状态为热加工态（R）和冷加工态（Y）；TC6 钛合金棒材的退火态（M）为普通退火态。

⑤ 产品标记

棒	□	□	□	GB/T 2965—2023
产品名称	牌号	状态	规格	标准编号

⑥ 力学性能　见表 12-7～表 12-9。

表 12-7 钛及钛合金棒的室温力学性能

牌号	抗拉强度 R_m/MPa ≥	规定塑性延伸强度 $R_{p0.2}$/MPa ≥	断后伸长率 A/% ≥	断面收缩率 Z/% ≥	牌号	抗拉强度 R_m/MPa ≥	规定塑性延伸强度 $R_{p0.2}$/MPa ≥	断后伸长率 A/% ≥	断面收缩率 Z/% ≥
TA1	370	250	20	30	TB2①	1370	1100	7	10
TA2	440	320	18	30	TB6	1105	1035	8	15
TA3	540	410	15	25	TC1	585	460	15	30
TA1G	240	140	24	30	TC2	685	560	12	30
TA2G	400	275	20	30	TC3	800	700	10	25
TA3G	500	380	18	30	TC4	895	825	10	25
TA4G	580	485	15	25	TC4ELI	830	760	10	15
TA5	685	585	13	25	TC6	980	840	10	25
TA6	685	585	10	27	TC9	1060	910	9	25
TA7	785	680	10	25	TC10	1030	900	12	25
TA9	370	250	20	25	TC11	1030	900	10	30
TA10	485	345	18	25	TC12	1150	1000	10	25
TA13	540	400	16	35	TC17	1120	1030	7	16
TA15	885	825	8	20	TC18	1080～1280	1010	9	25

续表

牌号	抗拉强度 R_m /MPa ≥	规定塑性延伸强度 $R_{p0.2}$/MPa ≥	断后伸长率 A/%	断面收缩率 Z/% ≥	牌号	抗拉强度 R_m /MPa ≥	规定塑性延伸强度 $R_{p0.2}$/MPa ≥	断后伸长率 A/%	断面收缩率 Z/% ≥
TA18	620	518	12	25	TC21	1100	1000	8	15
TA19	895	825	10	25	TC25	980	—	10	20
TB2②	≤980	820	18	40					

① 时效性能。

② 固溶性能。

表 12-8　钛及钛合金棒材的高温力学性能

牌号	高温力学性能 ≥				牌号	高温力学性能 ≥			
	试验温度 /℃	抗拉强度 R_m/MPa	持久强度 /MPa	试验时间 t/h		试验温度 /℃	抗拉强度 R_m/MPa	持久强度 /MPa	试验时间 t/h
TA6	350	420	390	100	TC6	400	685	685	50
TA7	350	490	440	100	TC9	500	785	590	100
TA15	500	570	470	50	TC10	400	835	785	100
TA18	350	340	320	100	TC11	500	685	640	35
	400	310	280	35	TC12	500	700	590	100
TC1	350	345	325	100	TC17	400	885	685	100
TC2	350	420	390	100	TC25	500	735	637	50
TC4	400	600	560	100					

表 12-9　钛及钛合金棒材或试样坯的热处理制度（参考）

牌号	加热温度、保温时间和冷却方式	牌号	加热温度、保温时间和冷却方式
TA1、TA2、TA3、TA4	600～700℃，1～3h	TC3、TC4①	700～800℃，1～3h
TA5	700～850℃，1～3h	TC6	普通退火：800～850℃，保温 1～2h；等温退火：870℃±10℃，1～3h，炉冷至 650℃，2h，空冷
TA6、TA7	750～850℃，1～3h	TC9	950～1000℃，1～3h，空冷＋530℃±10℃，6h，空冷
TA9、TA10	600～700℃，1～3h	TC10	700～800℃，1～3h
TA13	780～800℃，0.5～2h	TC11	950℃±10℃，1～3h，空冷＋530℃±10℃，6h，空冷
TA15	700～850℃，1～4h	TC12	700～850℃，1～3h

续表

牌号	加热温度、保温时间和冷却方式	牌号	加热温度、保温时间和冷却方式
TA19	955～985℃,1～2h;575～605℃,8h	TB2	淬火:800～850℃,30min,空冷或水冷 时效:450～500℃,8h,空冷
TC1、TC2	700～850℃,1～3h		

① 含 TC4ELI。

注：未注明冷却方式处均为空冷。

12.1.5　钛及钛合金带、箔材（GB/T 3622—2023）

① 分类　按尺寸精度分，有普通精度和高精度两种；按供货状态分，有冷加工态（Y）、热加工态（R）和退火态（M）三种。

② 牌号、状态和规格　见表 12-10。

表 12-10　钛及钛合金带、箔材的牌号、状态和规格

牌号	产品分类	状态	规格/mm		
			厚度	宽度	长度
TA0、TA1、TA2、TA1G、TA2G、TA3G、TA4G、TA8、TA8-1、TA9、TA9-1、TA10	箔材	冷加工态(Y) 退火态(M)	0.01～<0.10	30～300	≥500
	带材	冷加工态(Y) 退火态(M)	0.10～<0.30 0.30～3.00	50～300 50～1300	≥500 ≥5000
		热加工态(R) 退火态(M)	>3.00～5.00	≤1500	≥5000

注：供货形式包括切边和不切边，未注明时以切边供货。

③ 化学成分　应符合 GB/T3620.1—2016 表 1 的规定。

④ 产品标记

带/箔	□	□	□	GB/T 3622—2023
产品名称	牌号	状态	厚×宽/mm	标准编号

⑤ 力学性能　见表 12-11、表 12-12。

表 12-11　钛及钛合金带、箔材的室温力学性能

牌号	状态	厚度/mm	抗拉强度 R_m/MPa	规定塑性延伸强度 $R_{p0.2}$/MPa	断后伸长率 A_{50}/%	
					Ⅰ级	Ⅱ级
TA0 TA1 TA2	M	0.10～2.00 0.10～2.00 0.10～2.00	280～420 370～530 440～620	≥170 ≥250 ≥320	≥40 ≥35 ≥30	— — —
TA1G	M	0.10～<0.50 0.50～<2.00 2.00～5.00	≥240	140～310	≥24	≥40 ≥35 —
TA2G	M	0.10～<0.50 0.50～<2.00 2.00～5.00	≥345	275～450	≥20	≥30 ≥25 —
TA3G TA4G	M	0.10～5.00	≥450 ≥550	380～550 485～655	≥18 ≥15	— —
TA8	M	0.10～<0.50 0.50～<2.00 2.00～5.00	≥345	275～450	≥20	≥30 ≥25 —
TA8-1	M	0.10～<0.50 0.50～<2.00 2.00～5.00	≥240	140～310	≥24	≥40 ≥35 —
TA9	M	0.10～<0.50 0.50～<2.00 2.00～5.00	≥345	275～450	≥20	≥30 ≥25 —
TA9-1	M	0.10～<0.50 0.50～<2.00 2.00～5.00	≥240	140～310	≥24	≥40 ≥35 —
TA10(A类) TA10(B类)	M	0.10～5.00	≥485 ≥345	≥345 ≥275	≥18 ≥25	— —

注：TA10 带材的室温拉伸性能分为 A 类和 B 类，A 类适用于一般工业，B 类适用于复合板用的复材。

表 12-12　钛及钛合金带、箔材的弯曲性能

牌号	厚度/mm	弯曲压头直径/mm	弯曲角/(°)	牌号	厚度/mm	弯曲压头直径/mm	弯曲角/(°)
TA0、TA1 TA2	0.10～2.00	3*T*	≥150 ≥140	TA8	0.10～<2.00 2.00～5.00	4*T* 5*T*	≥105
TA1G	0.10～<2.00 2.00～5.00	3*T*	≥105	TA8-1	0.10～<2.00 2.00～5.00	3*T* 4*T*	≥105

续表

牌号	厚度/mm	弯曲压头直径/mm	弯曲角/(°)	牌号	厚度/mm	弯曲压头直径/mm	弯曲角/(°)
TA2G	0.10～<2.00	4T	≥105	TA9	0.10～<2.00	4T	≥105
	2.00～5.00	5T			2.00～5.00	5T	
TA 3G	0.10～<2.00	4T	≥105	TA9-1	0.10～<2.00	3T	≥105
	2.00～5.00	5T			2.00～5.00	4T	
TA4G	0.10～<2.00	5T	≥105	TA10	0.10～<2.00	4T	≥105
	2.00～5.00	6T			2.00～5.00	5T	

注：T 为弯曲试样厚度。

12.1.6　钛及钛合金无缝管（GB/T 3624—2023）

① 分类　按生产工艺分，有冷轧和冷拔两种。

② 牌号、状态和规格　见表 12-13。

表 12-13　钛及钛合金无缝管的牌号、状态和规格　　mm

牌号	状态	外径	壁厚																长度
			0.2	0.3	0.5	0.6	0.8	1.0	1.25	1.5	2.0	2.5	3.0	3.5	1.0	4.5	5.0	5.5	
TA0 TA1 TA2 TA1G TA2G TA3G TA8 TA8-1 TA9 TA9-1 TA10 TA18	退火态(M)	3～5	√	√	√	√													500～4000
		>5～10	—	√	√	√	√	√	√										
		>10～15	—	—	√	√	√	√	√	√	√								
		>15～20	—	—	—	√	√	√	√	√	√	√	√						壁厚<2.0时，500～9000
		>20～30				√	√	√	√	√	√	√	√						
		>30～40						√	√	√	√	√	√	√	—	—	—	—	
		>40～50							√	√	√	√	√	√	—	—	—	—	壁厚>2.0～5.5时，500～6000
		>50～60								√	√	√	√	√	√	√	√	—	
		>60～80								√	√	√	√	√	√	√	√	√	
		>80～110										√	√	√	√	√	√	√	

注：“√”表示可供规格。

③ 化学成分　应符合 GB/T 3620.1—2016 表 1 的规定。

④ 产品标记

管	□	□	□	GB/T 3624—2023
产品名称	牌号	状态	外径×壁厚×长度/mm	标准编号

⑤ 力学性能　见表 12-14。

表 12-14　钛及钛合金无缝管退火状态的力学性能

牌号	抗拉强度 R_m/MPa	规定塑性延伸强度 $R_{p0.2}$/MPa	断后伸长率 A_{50}/%≥	牌号	抗拉强度 R_m/MPa	规定塑性延伸强度 $R_{p0.2}$/MPa	断后伸长率 A_{50}/%≥
TA0	280～420	≥170	24	TA8	≥400	275～450	20
TA1	370～530	≥250	20	TA8-1	≥240	140～310	24
TA2	440～620	≥320	18	TA9	≥400	275～450	20
TA1G	≥240	140～310	24	TA9-1	≥240	140～310	24
TA2G	≥400	275～450	20	TA10	≥460	≥300	18
TA3G	≥500	380～550	18	TA18	≥620	≥483	15

12.1.7　钛及钛合金挤压管（GB/T 26058—2010）

① 分类　按材料成分，可分为纯钛管（TA）和钛合金管（TC）。

② 化学成分　应符合 GB/T3620.1 中相关牌号的规定。

③ 牌号和规格　见表 12-15、表 12-16。

表 12-15　TA 类材料热挤压状态管材的牌号和规格

牌号	规定外径和壁厚时的允许最大长度/m															
	外径/mm	壁厚/mm														
		4	5	6	7	8	9	10	12	15	18	20	22	25	28	30
TA1 TA2 TA3 TA4 TA6 TA8-1 TA9 TA9-1 TA10 TA18	25、26	3.0	2.5	—	—	—	—	—	—	—	—	—	—	—	—	—
	28	2.5	2.5	2.5	—	—	—	—	—	—	—	—	—	—	—	—
	30	3.0	2.5	2.0	2.0	—	—	—	—	—	—	—	—	—	—	—
	32	3.0	2.5	2.0	1.5	1.5	—	—	—	—	—	—	—	—	—	—
	34	2.5	2.0	1.5	1.2	1.0	—	—	—	—	—	—	—	—	—	—
	35	2.5	2.0	1.5	1.2	1.0	—	—	—	—	—	—	—	—	—	—
	38	2.0	2.0	1.5	1.2	1.0	—	—	—	—	—	—	—	—	—	—
	40	2.0	2.0	1.5	1.5	1.2	—	—	—	—	—	—	—	—	—	—
	42	2.0	1.8	1.5	1.2	1.2	—	—	—	—	—	—	—	—	—	—
	45	1.5	1.5	1.2	1.2	1.0	—	—	—	—	—	—	—	—	—	—
	48	1.5	1.5	1.2	1.2	1.0	—	—	—	—	—	—	—	—	—	—
	50	—	1.5	1.2	1.2	1.0	—	—	—	—	—	—	—	—	—	—
	53	—	1.5	1.2	1.2	1.0	—	—	—	—	—	—	—	—	—	—
	55	—	1.5	1.2	1.2	1.0	—	—	—	—	—	—	—	—	—	—
	60	—	—	—	—	11	10	—	—	—	—	—	—	—	—	—

续表

牌号	规定外径和壁厚时的允许最大长度/m															
	外径/mm	壁厚/mm														
		4	5	6	7	8	9	10	12	15	18	20	22	25	28	30
TA1 TA2 TA3 TA4 TA6 TA8-1 TA9 TA9-1 TA10 TA18	63	—	—	—	—	10	9	—	—	—	—	—	—	—	—	—
	65	—	—	—	—	9	8	—	—	—	—	—	—	—	—	—
	70	—	—	10.0	9.0	8.0	7.0	6.5	6.0	—	—	—	—	—	—	—
	75	—	—	10.0	9.0	8.0	7.0	6.5	6.0	—	—	—	—	—	—	—
	80	—	—	8.0	7.0	6.5	6.0	5.5	5.0	4.5	—	—	—	—	—	—
	85	—	—	8.0	7.0	6.5	6.0	5.5	5.0	4.5	—	—	—	—	—	—
	90	—	—	8.0	7.0	6.0	5.5	5.0	4.5	4.5	4.0	—	—	—	—	—
	95	—	—	7.0	6.0	5.5	5.0	4.5	5.5	5.0	4.5	4.0	—	—	—	—
	100	—	—	6.0	5.5	5.0	4.5	5.5	5.0	4.5	4.0	3.5	3.0	2.5	—	—
	105	—	—	—	5.0	4.5	4.0	5.0	4.5	4.0	3.5	3.0	2.5	2.0	—	—
	110	—	—	—	5.0	4.5	4.0	5.0	4.5	4.0	3.5	3.0	2.5	2.0	—	—
	115	—	—	—	5.0	4.5	4.0	5.0	4.5	4.0	3.5	3.0	2.5	2.0	—	—
	120	—	—	—	6.0	5.5	5.0	4.5	4.0	3.5	3.0	2.5	2.0	1.5	1.5	1.2
	130	—	—	—	5.5	5.0	4.5	4.0	3.5	3.0	2.5	2.0	1.5	1.5	1.2	1.0
	140	—	—	—	5.0	4.5	4.0	3.5	3.0	2.5	2.0	1.5	3.5	3.0	2.5	2.0
	150	—	—	—	—	—	—	—	3.5	3.5	3.5	3.0	2.5	2.5	2.0	1.5
	160	—	—	—	—	—	—	—	3.5	3.5	3.5	3.0	2.5	2.0	1.5	1.5
	170	—	—	—	—	—	—	—	3.5	3.0	2.5	2.5	2.0	1.8	1.5	1.2
	180	—	—	—	—	—	—	—	3.5	3.0	2.5	2.5	2.0	1.8	1.5	1.2
	190	—	—	—	—	—	—	—	3.0	2.5	2.5	2.0	1.8	1.5	1.2	1.0
	200	—	—	—	—	—	—	—	—	2.5	2.0	2.0	1.8	1.5	1.2	1.0
	210	—	—	—	—	—	—	—	—	—	—	2.0	1.8	1.5	1.2	1.0

注：管材的最小长度为500mm。

表 12-16　TC类材料热挤压状态管材的牌号和规格

牌号	供应状态	规定外径和壁厚时的允许最大长度/m								
		外径/mm	壁厚/mm							
			12	15	18	20	22	25	28	30
TC1 TC4	挤制(R)	90	—	4.5	4.5	4.0	—	—	—	—
		95	—	5.0	4.58	4.0	—	—	—	—
		100	—	4.5	4.0	3.5	3.0	2.5	—	—
		105	—	4.0	3.5	3.0	2.5	2.0	—	—
		110	4.5	4.0	3.5	3.0	2.5	2.0	—	—
		115	—	—	—	3.0	2.5	2.0	1.5	1.2
		120	—	—	—	2.5	2.0	1.5	1.5	1.2

续表

牌号	供应状态	规定外径和壁厚时的允许最大长度/m								
		外径/mm	壁厚/mm							
			12	15	18	20	22	25	28	30
TC1 TC4	挤制(R)	130	—	3.0	2.5	2.0	1.5	1.5	1.2	1.0
		140	3.0	2.5	2.0	1.5	3.5	3.0	2.5	2.0
		150	3.5	3.5	3.5	3.0	2.5	2.5	2.0	1.5
		160	3.5	3.5	3.5	3.0	2.5	2.0	1.5	1.5
		170	—	—	—	—	—	—	1.5	1.2
		180	—	—	—	2.5	2.0	1.8	1.5	1.2
		190	—	2.5	2.5	2.0	1.8	1.5	1.2	1.0
		200	—	2.5	2.0	2.0	1.8	1.5	1.2	1.0
		210	—	—	—	—	—	—	—	1.0

注：1. 管材的最小长度为 500mm。
2. 其他牌号的力学性能报实测值或由供需双方协商确定。

④ 产品标记

管	□	□	□	□	GB/T 26058—2010
产品名称	牌号	生产方式	状态	外径×壁厚×长度/mm	标准编号

⑤ 力学性能　见表 12-17。

表 12-17　热挤压状态管材室温的力学性能

合金牌号	室温力学性能		合金牌号	室温力学性能	
	抗拉强度 R_m/MPa	断后伸长率 A/%		抗拉强度 R_m/MPa	断后伸长率 A/%
TA1	≥240	≥24	TA9	≥400	≥20
TA2	≥400	≥20	TA10	≥485	≥18
TA3	≥450	≥18			

注：其他牌号的力学性能报实测值或由供需双方协商确定。

12.1.8　工业液体用钛及钛合金管（YS/T 576—2021）

① 分类　按生产方法分，有冷轧（拔）、焊接和轧制-焊接三种。

② 化学成分　应符合 GB/T 3620.1 中相关牌号的规定。

③ 牌号、状态和规格　见表12-18～表12-20。

表12-18　冷轧（拔）生产的钛及钛合金管牌号、状态和规格

mm

牌号	状态	外径	壁厚															
			0.5	0.6	0.8	1.0	1.25	1.5	2.0	2.5	3.0	3.5	4.0	4.5	5.0	5.5	6.0	7.0
TA1G TA2G TA3G TA9 TA10	退火态（M）	＞10～15	√	√	√	√	√	√	√	—	—	—	—	—	—	—	—	—
		＞15～20	—	√	√	√	√	√	√	√	—	—	—	—	—	—	—	—
		＞20～30	—	√	√	√	√	√	√	√	√	—	—	—	—	—	—	—
		＞30～35	—	—	—	√	√	√	√	√	√	√	√	—	—	—	—	—
		＞35～40	—	—	—	√	√	√	√	√	√	√	√	√	√	—	—	—
		＞40～50	—	—	—	—	√	√	√	√	√	√	√	√	√	√	√	—
		＞50～60	—	—	—	—	—	√	√	√	√	√	√	√	√	√	√	—
		＞60～80	—	—	—	—	—	√	√	√	√	√	√	√	√	√	√	√
		＞80～110	—	—	—	—	—	—	√	√	√	√	√	√	√	√	√	√

注：“√”表示可供规格，下同。

表12-19　焊接法生产的钛及钛合金管牌号、状态和规格　mm

牌号	状态	外径	壁厚												
			0.3	0.4	0.5	0.6	0.8	1.0	1.25	1.5	2.0	2.5	3.0	3.5	4.0
TA1G TA2G TA3G TA9 TA10	退火态（M）	6～10	√	√	√	√	—	—	—	—	—	—	—	—	—
		＞10～20	√	√	√	√	√	√	√	√	√	—	—	—	—
		＞20～40	√	√	√	√	√	√	√	√	√	—	—	—	—
		＞40～60	—	—	√	√	√	√	√	√	√	√	√	√	—
		＞60～80	—	—	√	√	√	√	√	√	√	√	√	√	√
		＞80～114	—	—	—	√	√	√	√	√	√	√	√	√	√

表12-20　轧制-焊接法生产的钛及钛合金管牌号、状态和规格

mm

牌号	状态	外径	壁厚						
			0.5	0.6	0.8	1.0	1.25	1.5	2.0
TA1G、TA2G、TA3G TA9、TA10	退火态（M）	＞15～20	√	√	√	√	√	√	—
		＞20～30	√	√	√	√	√	√	√

④ 尺寸

a. 外径：6～114mm。

b. 长度：见表12-21、表12-22。

表 12-21　无缝管和焊接-轧制管的长度　mm

种类	无缝管			焊接-轧制管	
	外径≤15	外径>15		壁厚	
		壁厚≤2.0	壁厚>2.0~7.0	0.5~0.8	>0.8~2.0
长度	500~4000	500~9000	500~6000	500~8000	500~5000

表 12-22　焊接管的长度　mm

种类	焊接管		
	壁厚 0.3~1.25	壁厚>1.25~2.0	壁厚>2.0~4.0
长度	500~15000	500~6000	500~4000

⑤ 产品标记

管	□	□	□	□	YS/T 576—2021
产品名称	牌号	生产方法	状态	外径×壁厚×长度/mm	标准编号

⑥ 力学性能　见表 12-23。

表 12-23　钛及钛合金管室温力学性能

牌号	状态	室温力学性能		
		抗拉强度 R_m/MPa	规定塑性延伸强度 $R_{p0.2}$/MPa	断后伸长率 A 或 A_{50}/%
TA1G	退火态(M)	≥240	140~310	≥24
TA2G		≥400	275~450	≥20
TA3G		≥450	380~550	≥18
TA9		370~530	≥250	≥18
TA10		≥440	≥300	≥18

12.1.9　钛及钛合金丝（GB/T 3623—2022）

用于制作结构件、电极材料和焊接材料等。

① 分类　按用途分，有结构件丝（主要用作结构件的丝材）和焊丝（主要用作电极材料和焊接材料的丝材）两种。

② 化学成分　应符合 GB/T 3620.1 中相关牌号的规定。

③ 牌号、状态和规格　见表 12-24。

表 12-24 钛及钛合金丝的牌号、状态和规格

牌号	状态	直径/mm
TA0、TA1、TA2、TA3、TA1GELI、TA1G、TA2GELI、TA2G、TA3GELI、TA3G、TA4GELI、TA4G、TA7、TA8、TA8-1、TA9、TA9-1、TA10、TA18、TA22、TA23、TA24、TA28、TA31、TA36、TC1、TC2、TC3	热加工态(R) 冷加工态(Y) 退火态(M)	0.1～7.0
TA1G-1、TC4、TC4ELI		0.8～7.0

④ 产品标记

丝	□	□	ϕ××	GB/T 3623—2022
产品名称	牌号	状态	直径/mm	标准编号

⑤ 力学性能　见表 12-25。

表 12-25 钛及钛合金丝材的室温力学性能

牌号	直径/mm	抗拉强度 R_m/MPa	规定塑性延伸强度 $R_{p0.2}$/MPa	断后伸长率 A%	牌号	直径/mm	抗拉强度 R_m/MPa	规定塑性延伸强度 $R_{p0.2}$/MPa	断后伸长率 A%
TA0	0.1～7.0	≥280	≥170	≥20	TA8	0.1～7.0	≥345	≥275	≥20
TA1		≥370	≥250	≥18	TA8-1		≥240	≥138	≥20
TA2		≥440	≥320	≥15	TA9		≥345	≥275	≥18
TA3		≥540	≥410	≥15	TA9-1		≥240	≥138	≥20
TA1G		≥240	≥140	≥20	TA10		≥483	≥345	≥18
TA1G-1	0.8～7.0	295～470	≥180	≥30	TA18		≥620	≥483	≥15
TA2G	0.1～7.0	≥400	≥275	≥20	TC4ELI	0.8～7.0	≥860	≥760	≥10
TA3G		≥500	≥380	≥18	TC4	0.8～<2.0	≥925	≥860	≥8
TA4G		≥580	≥485	≥15		2.0～7.0	≥895	≥828	≥10

注：1. 其他牌号结构件丝的室温拉伸性能可按实测值。

2. 规定非比例延伸强度仅适用于直径大于 3.0mm 的结构件丝。

3. 直径小于 3.0mm 的结构件丝断后伸长率，不满足要求时可按实测值。

12.1.10　钛及钛合金网板（GB/T 26059—2010）

由钛及钛合金板材冲压成型。

① 牌号、状态和规格　见表 12-26。

表 12-26　钛及钛合金网板的牌号、状态和规格　mm

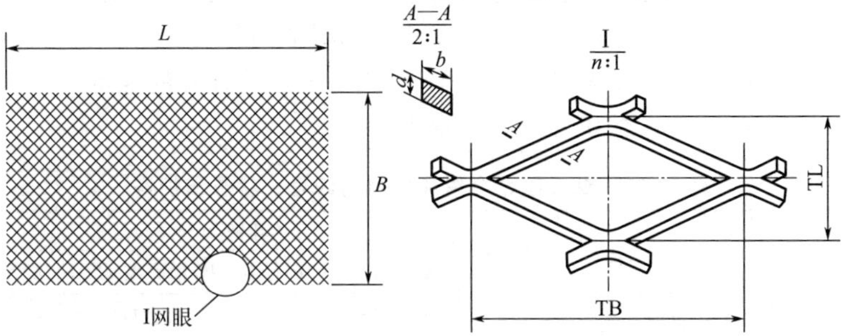

(a) 网板示意图

(b) 网眼示意图

牌号	供应状态	板厚 d	网面规格		网眼规格		
			网面宽 B	网面长 L	长节距 TB	短节距 TL	丝梗宽 b
TA1 TA2 TA3 TA8 TA8-1 TA9 TA9-1 TA10 TC1	冷冲状态（Y） 退火状态（M） 冷平退火状态（ZM）	0.5～1.5	400～1200	≤2000	4	3.5	0.5
					6.1	3.7	0.8
					8	4.5	1.5
					10	4.5	1.5
					10	5	1.5
					10.3	6	1.5
					12.5	4.5、5.0、5.5、6.0、6.5	1.7
					12.5	5.6	1.8
					13	5.5	1.5
					13	5.8	1.9
					20	7	1.7
					40	14	1.7

② 网板化学成分　应符合 GB/T 3620.1 中相关牌号的规定。

③ 产品标记

网板	□	□	规格	GB/T 26059—2010
产品名称	牌号	状态	板厚×网面宽×网面长—网眼 TB×TL×b/mm	标准编号

12.1.11 钛及钛合金饼和环材（GB/T 16598—2013）

① 分类 按生产工艺分，有轧制和锻造两种。

② 化学成分 应符合 GB/T 3620.1 中相关牌号的规定。

③ 牌号、状态和规格 见表 12-27。

表 12-27 钛及钛合金饼和环材的牌号、状态和规格

牌号	供应状态①	产品形式	规格/mm			
			外径 D	内径 d	截面高度 H	环材壁厚
TA1、TA2、TA3、TA4、TA5、TA7、TA9、TA10、TA13、TA15、TC1、TC2、TC4、TC11	热加工态（R） 退火态（M）	饼材	150～500	—	$H<D$	—
			>500～1000	—	50～300	—
		环材	200～500	100～400	25～300	25～150
			>500～900	300～850	110～500	25～250
			>900～1500	400～1450	110～700	25～400

① TC11 钛合金产品的供应状态一般为热加工态（R），其退火态（M）仅限壁厚或高度不大于 100mm 的产品。

④ 力学性能 见表 12-28。

表 12-28 钛及钛合金丝材的室温力学性能

牌号	室温力学性能 ≥				牌号	室温力学性能 ≥			
	抗拉强度 R_m /MPa	规定塑性延伸强度 $R_{p0.2}$ /MPa	断后伸长率/%	断面收缩率/%		抗拉强度 R_m/MPa	规定塑性延伸强度 $R_{p0.2}$ /MPa	断后伸长率/%	断面收缩率/%
TA1	240	140	24	30	TA10	485	345	18	25
TA2	400	275	20	30	TA13	540	400	16	35
TA3	500	380	18	30	TA15	885	825	8	20
TA4	580	485	15	25	TC1	585	460	15	30
TA5	685	585	15	40	TC2	685	560	12	30
TA7	785	680	10	25	TC4	895	825	10	25
TA9	370	250	20	25	TC11	1030	900	10	30

注：产品试样经热处理。

⑤ 热处理　见表 12-29。

表 12-29　推荐热处理制度

牌号	加热温度/℃	保温时间/h	牌号	加热温度/℃	保温时间/h
TA1	600～700		TA10	600～700	1～4
TA2	600～700		TA13	780～800	0.5～4
TA3	600～700		TA15	700～850	
TA4	600～700	1～4	TC1	700～850	1～4
TA5	700～850		TC2	700～850	
TA7	750～850		TC4	700～800	
TA8	600～700		TC11	①	

① 加热 950℃±10℃，保温 1～3h，空冷，再加热 530℃±10℃，加热 6h，空冷。

注：1. 冷却方式为空冷。

2. TC11 钛合金的首次退火温度，允许在 β 转变温度以下 30～50℃内进行调整。

12.1.12　铸造钛及钛合金（GB/T 15073—2014、GB/T 6614—2014）

① 分类　按铸造形式分，有机加石墨型、捣实型、金属型和熔模精铸型。

② 代号　由 ZT 加 A、B 或 C（A、B 和 C 分别表示 α 型、β 型和 α+β 型合金）及顺序号组成，顺序号参照同类型变形钛及钛合金的表示方法。

③ 化学成分　应符合 GB/T 15073—2014 表 1 的规定。

④ 力学性能　见表 12-30。

表 12-30　铸造钛及钛合金的室温力学性能

代号	牌号	抗拉强度 R_m/MPa ≥	屈服强度 $R_{p0.2}$/MPa ≥	伸长率 A/% ≥	硬度(HBW) ≥
ZTA1	ZTi1	345	275	20	210
ZTA2	ZTi2	440	370	13	235
ZTA3	ZTi3	540	470	12	245
ZTA5	ZTiAl4	590	490	10	270
ZTA7	ZTiAl5Sn2.5	795	725	8	335
ZTA9	ZTiPd0.2	450	380	12	235
ZTA10	ZTiMo0.3Ni0.8	483	345	8	235
ZTA15	ZTiAl6Zr2Mo1V1	885	785	5	—
ZTA17	ZTiAl4V2	740	660	5	—

续表

代号	牌号	抗拉强度 R_m/MPa ≥	屈服强度 $R_{p0.2}$/MPa ≥	伸长率 A/% ≥	硬度(HBW) ≥
ZTB32	ZTiMo32	795	—	2	260
ZTC4	ZTiAl6V4	835(895)	765(825)	5(6)	365
ZTC21	ZTiAl6Sn4.5Nb2Mo1.5	980	850	5	350

注：括号内的性能指标为氧含量控制较高时测得。

⑤ 热处理　见表12-31。

表12-31　钛及钛合金铸件的消除应力退火

合金代号	温度/℃	保温时间/min	冷却方式	合金代号	温度/℃	保温时间/min	冷却方式
ZTA1、ZTA2、ZTA3	500～600	30～60	炉冷或空冷	ZTA15	550～750	30～240	炉冷或空冷
ZTA5	550～650	30～90		ZTA17	550～650	30～240	
ZTA7	550～650	30～120		ZTC4	550～650	30～240	
ZTA9、ZTA10	500～600	30～120					

12.2 镍及镍合金

镍是镍和钴质量分数最少占99.0%的金属材料，且Co的极限值不超过1.5%，Fe的极限值不超过0.5%，O的极限值不超过0.4%，每种其他元素的极限值不超过0.3%（均为质量分数）。

镍合金是以镍为主要元素的金属材料，至少有一种其他元素的质量分数大于上述Co、Fe和O的极限值；并且除镍和钴外，其他元素的总质量分数超过1%。

12.2.1 镍及镍合金的牌号

镍及镍合金的牌号表示方法是用“N”加第一个主添加元素符号及除基镍元素外的成分数字组表示：

□	□	□	□	□	□
N—纯镍或镍合金 NY—阳极镍	主添加元素	纯镍用序号 主添加元素用%表示	添加元素，用%表示含量	有多个添加元素时同前中间加“-”	状态同铝合金

12.2.2　加工镍及镍合金（GB/T 5235—2021）

加工镍及镍合金是用于以压力加工方法生产产品及其所用的铸锭和坯料。

① 牌号　见表 12-32。

表 12-32　加工镍及镍合金的分类和牌号

类别	牌号	类别	牌号	类别	牌号
纯镍	N2	镍铜系	NCu40-2-1	镍铬钼系	NCr16-16
	N4		NCu28-1-1		NMo16-15-6-4
	N5		NCu28-2.5-1.5		NCr30-10-2
	N6		NCu30		NCr22-9-3.5
	N7		NCu30-LC	镍钴铬系	NCo20-15-5-4
	N8		NCu30-HS		NCr20-20-5-2
	N9		NCu30-3-0.5		NCr20-13-4-3
	DN		NCu35-1.5-1.5		NCr20-18-2.5
阳极镍	NY1	镍钼系	NMo28		NCr22-12-9
	NY2		NMo30-5	镍铬铁系	NCr15-8
	NY3	镍钨系	NW4-0.15		NCr15-8-LC
镍锰系	NMn3		NW4-0.2-0.2		NCr15-7-2.5
	NMn4-1		NW4-0.1		NCr21-18-9
	NMn5		NW4-0.07		NCr23-15-1.5
	NMn1.5-1.5-0.5	镍铬系	NCr10		NFe36-12-6-3
镍镁系	NMg0.1		NCr20		NCr19-19-5
镍硅系	NSi0.19		NCr20-2-1.5		NFe30-21-3
	NSi3		NCr20-0.5		NCr29-9

② 化学成分　应符合 GB/T 5235—2021 表 1 的规定。

12.2.3　镍及镍合金的特性及用途

表 12-33　镍及镍合金的特性及用途

组别	代号	特性	用途
纯镍	N2 N4 N6 N8	熔点高（1455℃），无毒；力学性能和冷热加工性能好；耐蚀性能优良，在大气、淡水、海水中化学性能稳定，但不耐氧化性酸	用作机械及化工设备耐蚀结构件、电子管和无线电设备零件、医疗器械及食品工业餐器皿等
	DV	为电真空用镍，除具备纯镍的一般特性外，还有高的电真空性能	用作电子管阴极芯和其他零件

续表

组别	代号	特性	用途
阳极镍	NY1 NY2 NY3	为电解镍，质纯，有去钝化作用	在电镀镍中作阳极。NY1适用于pH值小、不易钝化的场合；NY2适用于pH值范围大、电镀形状复杂的场合；NY3适用于一般的电镀场合
镍锰合金	NMn3 NMn5	室温和高温强度较高，耐热性和耐蚀性好；加工性能优良；在温度较高的含硫气氛中的耐蚀性高于纯镍，热稳定性和电阻率也高于纯镍	用作内燃机火花塞电极、电阻灯泡灯丝、电子管的栅极等
镍铜合金	NCu40-2-1	无磁性，耐蚀性高	适用于抗磁性材料
	NCu28-2.5-1.5	在一般情况下，耐蚀性比NCu40-2-1更好，尤其是非常耐氢氟酸；其强度和加工工艺性、耐高温性能好；在750℃以下的大气中稳定	适用于制作高强度、高耐腐蚀零件，以及高压充油电缆、供油槽、加热设备和医疗器械等
电子用镍合金	NMg0.1 NSi0.19	电真空性能和耐蚀性好（但用作电子管氧化物阴极芯材料时，氧化层与芯金属接触面上易产生一层电阻的化合物，降低发射能力，缩短电子管寿命）	主要用于生产中短寿命无线电真空管氧化物阴极芯
	NW4-0.15 NW4-0.1 NW4-0.07	高温强度和耐震强度好；电子发射性能优良，用它制作的电子管氧化物阴极芯，接触面氧化层稳定性高	主要用于做高寿命、高性能的无线电真空管氧化物阴极芯等
热电合金	NSi3	抗蚀性能高；在600～1250℃时有足够大的热电势和热电势率	用作热电偶负极材料
	NCr10	在0～1200℃时有足够大的热电势和热电势率，测温灵敏、准确且范围宽；电阻温度系数小，电阻率高；互换性好，辐射效应小，电势稳定；抗氧化，耐腐蚀	用作热电偶正极和高电阻仪器材料

12.2.4　镍及镍合金板（GB/T 2054—2023）

用于仪表、电子通信、各种压力容器、耐蚀装置以及其他场合。

① 分类　按外形分为矩形板和圆板两种，按加工方法分为热轧板和冷轧板两种。

② 牌号、状态及规格　见表 12-34。

表 12-34　镍及镍合金板的牌号、状态及规格

牌号	状态	规格/mm	
		矩形产品（厚度×宽度×长度）	圆形产品（厚度×直径）
N4、N5、N6、N7、DN、NW4-0.07、NW4-0.1、NW4-0.15、NMg0.1、NSi0.19	软态(M)、热加工态(R)、冷加工态(Y)	热轧：(3.0～100.0)×(50～3000)×(500～6000) 冷轧：(0.1～4.0)×(50～1500)×(500～5000)	热轧：(3.0～100.0)×ϕ(50～3000) 冷轧：(0.5～4.0)×ϕ(50～1500)
NCu28-2.5-1.5、NS1101	软态(M)、热加工态(R)		
NCu30、NCr15-8	软态(M)、热加工态(R)、半硬态(Y_2)		
NS1102、NFe30-21-3	软态(M)		
NMo16-15-6-4、NCr22-9-3.5	固溶退火态(ST)		

注：冷加工态（Y）及半硬态（Y_2）仅适用于冷轧方式生产的产品。

③ 化学成分　NS1101、NS1102 的化学成分应符合 GB/T 15007 的规定，其余牌号的化学成分应符合 GB/T 5235 的规定。

④ 尺寸　见表 12-35。

表 12-35　镍及镍合金板的尺寸　mm

名称	厚度	宽度/直径	长度
热轧板	3.0～100.0	50～3000	≤3000～6000
冷轧板	0.1～4.0	50～1500	—
圆板	0.5～100.0	ϕ50～3000	—

⑤ 产品标记方法

热/冷轧板	GB/T 2054-	□	□-	□
产品名称	标准编号	牌号	供应状态	规格[①]厚度×宽度×长度/mm

① 对应圆板为“直径 ϕ×厚度”。

⑥ 力学性能　见表12-36。

表12-36　镍及镍合金板的力学性能

牌号	状态	厚度/mm	室温拉伸性能			硬度②	
			抗拉强度 R_m/MPa	规定塑性延伸强度① $R_{p0.2}$/MPa	断后伸长率 A_{50}/%	HV	HRB
N4、N5、NW4-0.07、NW4-0.1、NW4-0.15	M	0.1～1.5	≥345	≥80	≥35	—	—
		>1.5～15.0	≥345	≥80	≥40	—	—
	R	3.0～15.0	≥345	≥80	≥30	—	—
	Y	0.1～2.5	≥490	实测	≥2	—	—
N6	M	0.1～15.0	≥345	≥100	≥40	—	—
	R	3.0～15.0	≥380	≥135	≥30	—	—
	Y	0.1～1.5	≥540	实测	≥2	—	—
		>1.5～4.0	≥620	≥480	≥2	188～215	90～95
N7、DN、NMg0.1、NSi0.19	M	0.1～1.5	≥380	≥100	≥35	—	—
		>1.5～15.0	≥380	≥100	≥40	—	—
	R	3.0～15.0	≥380	≥135	≥30	—	—
	Y	0.1～1.5	≥540	实测	≥2	—	—
		>1.5～4.0	≥620	≥480	≥2	188～215	90～95
	Y_2	>1.5～4.0	≥490	≥290	≥20	147～170	79～85
NCu28-2.5-1.5	M	0.1～15.0	≥440	≥160	≥35	—	—
	R	3.0～15.0	≥440	实测	≥25	—	—
	Y_2	0.1～4.0	≥570	实测	≥6.5	157～188	82～90
NCu30	M	0.1～15.0	≥485	≥195	≥35	—	—
	R	3.0～15.0	≥515	≥260	≥25	—	—
	Y_2	0.1～4.0	≥550	≥300	≥25	157～188	82～90
NS1101	R	3.0～15.0	≥550	≥240	≥25	—	—
	M	0.1～15.0	≥520	≥205	≥30	—	—
NS1102	M	0.1～15.0	≥450	≥170	≥30	—	—
NCr15-8	M	0.1～15.0	≥550	≥240	≥30	—	—
	Y	<6.4	≥860	≥620	≥2	—	—
	Y_2	<6.4	实测	实测	实测	—	93～98
NFe30-21-3	M	0.1～15.0	≥586	≥241	≥30	—	—
NMo16-15-6-4	ST	0.1～15.0	≥690	≥283	≥40	—	≤100
NCr22-9-3.5	ST	0.1～15.0	≥690	≥276	≥30	—	≤100

① 厚度不大于0.5mm产品的规定塑性延伸强度不作考核。

② 产品硬度值测试时，应根据规格和力学性能特性仅选取HV或HRB中任一项进行测试。

注："—"表示不考核指标。

12.2.5　承压设备用镍及镍合金板（NB/T 47046—2015）

① 规格　厚度 1.0～100.0mm，宽度 300～3000mm。

② 化学成分　纯镍及镍铜合金板材应符合 NB/T 47046—2015 表 2 的规定，耐蚀镍合金板材应符合表 3 的规定。

③ 牌号和力学性能　见表 12-37。

表 12-37　承压设备用镍及镍合金板的牌号和力学性能

牌号	状态	抗拉强度 R_m /MPa	屈服强度 $R_{p0.2}$ /MPa	断后伸长率 A/%	牌号	状态	抗拉强度 R_m /MPa	屈服强度 $R_{p0.2}$ /MPa	断后伸长率 A/%
N5	退火	345	80	40	NS3201	固溶	690	310	40
N7		380	100	40	NS3202		760	350	40
NCu30		485	195	35	NS3203		760	350	40
NS1101	固溶	520	205	30	NS3204		760	350	40
NS1102		450	170	30	NS3304		690	280	40
NS1104		450	170	30	NS3305		690	275	40
NS1402		586	241	30	NS3306		690	275	30
NS1403		551	241	30	NS3309		690	310	45
NS3102		550	240	30	NS3311		690	310	45
NS3103		550	205	30	NS3405		690	310	45
NS3105		586	240	30					

12.2.6　镍及镍合金棒材（GB/T 4435—2010）

用于电子、化工等领域。

① 分类　按加工成型方法分，有挤压、热轧和锻造三种；按尺寸精度分，有普通级和高精级两种。

② 规格

a. 直径：冷加工棒为 ϕ3～18mm，热加工棒为 ϕ6～254mm。

b. 长度：直径为 3～30mm 时，长度为 1000～6000mm；直径为 30～254mm 时，长度为 300～6000mm。

③ 牌号、状态和规格　见表 12-38。

表 12-38 棒材的牌号、状态和规格

牌号	状态	直径/mm	长度
N4、NCu28-2.5-1.5、N5、NCu30-3-0.5、N6、NCu40-2-1、N7、NMn5、NCu30、N8、NCu35-1.5-1.5	Y(硬) Y_2(半硬) M(软)	3～65	直径为3～30mm时，供应的长度为1～6m；直径为＞30～254mm时，供应的长度为0.3～6m
	R(热加工)	6～254	

④ 化学成分 应符合GB/T 5235的规定。

⑤ 产品标记方法

棒	□	□-	□	□	GB/T 4435—2010
产品名称	牌号	供应状态	尺寸精度（普通不标）	规格 直径 ϕ×长度/mm	标准编号

⑥ 力学性能 见表12-39。

表 12-39 棒材的力学性能

牌号	状态	直径/mm	抗拉强度 R_p/MPa	伸长率 A/%
N4、N5、N6、N7、N8	Y	3～20	590	5
		>20～30	540	6
		>30～65	510	9
	M	3～30	380	34
		>30～65	345	34
	R	32～60	345	25
		>60～254	345	20
NCu28-2.5-1.5	Y	3～15	665	4
		>15～30	635	6
		>30～65	590	8
	Y_2	3～20	590	10
		>20～30	540	12
	M	3～30	440	20
		>30～65	440	20
	R	6～254	390	25
NCu30-3-0.5	Y	3～20	1000	15
		>20～40	965	17
		>40～65	930	20
	R	6～254	实测	实测
	M	3～65	895	20
NCu40-2-1	Y	3～20	635	4
		>20～40	590	5
	M	3～40	390	25
	R	6～254	实测	实测
NMn5	M	3～65	345	40
	R	32～254	345	40
NCu30	R	76～152	550	30
		>152～254	515	30
	M	3～65	480	35
	Y	3～15	700	8
	Y_2	3～15	580	10
		>15～30	600	20
		>30～65	580	20
NCu35-1.5-1.5	R	6～254	实测	实测

12.2.7　镍及镍合金带、箔材（GB/T 2072—2020）

用于仪表、电讯及电子工业部门。

① 牌号、状态及规格　见表 12-40。

表 12-40　镍及镍合金带、箔的牌号、状态及规格　mm

牌号	品种	状态	规格		
			厚度	宽度	长度
N2、N4、N5、N6、N7、N8	箔材	硬态(Y)	0.01～0.02	20～200	—
		硬态(Y)、软态(M)	>0.02～0.25	20～300	—
N4、N5、N6、N7、NMg0.1、DN、NSi0.19、NCu40-2-1、NCu28-2.5-1.5、NW4-0.15、NW4-0.1、NW4-0.07、NCu30	带材	硬态(Y)	>0.25～0.30	20～300	≥3000
		半硬态(Y_2)	>0.30～0.80	20～1100	≥5000
		软态(M)	>0.80～5.00	20～1350	≥5000

② 化学成分　应符合 GB/T 5235 的规定。

③ 产品标记方法

镍带/箔	GB/T 2072-	□	□-	□
产品名称	标准编号	牌号	供应状态	规格 厚度×宽度/mm

④ 力学性能　见表 12-41、表 12-42。

表 12-41　镍及镍合金带、箔的力学性能

牌号	厚度/mm	状态	抗拉强度 R_m/MPa	规定塑性延伸强度 $R_{p0.2}$/MPa	断后伸长率/%	
					$A_{11.3}$	A_{50}
N4、NW4-0.15 NW4-0.1、NW4-0.07	0.25～5.00	M	≥345	实测	≥30	—
		Y	≥490		≥2	—
N5	0.25～5.00	M	≥350	≥85①	—	≥40
N7	0.25～1.20	M	≥380	≥105①	—	≥30
	>1.20～2.70				—	≥35
	>2.70～5.00				—	≥40
	0.25～5.00	Y	≥620	≥480①	—	≥2

续表

牌号	厚度/mm	状态	抗拉强度 R_m/MPa	规定塑性延伸强度 $R_{p0.2}$/MPa	断后伸长率/%	
					$A_{11.3}$	A_{50}
N6、DN、NMg0.1、NSi0.19	0.25～5.00	M	≥392	实测	≥30	—
		Y	≥539		≥2	—
NCu28-2.5-1.5	0.25～5.00	M	≥441	实测	≥25	—
		Y_2	≥568		≥6.5	—
		Y	≥680		≥2	—
NCu30	0.25～5.00	M	485～585	≥195①	—	≥35
		Y_2	≥550	≥300①	≥25	—
		Y	≥680	≥620①	—	≥2
NCu40-2-1	0.25～5.00	M、Y_2、Y	实测	实测	实测	—

① 规定塑性延伸强度不适用于厚度小于0.5mm的产品。

表12-42 箔材的维氏硬度

牌号	厚度/mm	状态	维氏硬度(HV)
N2、N4、N5、N6、N7、N8	0.01～0.25	M	≤120
		Y	≥150

注：带材如有维氏硬度要求时，供需双方协商确定。

12.2.8 镍及镍合金管（GB/T 2882—2023）

用于化工、仪表、电讯、电子、电力等制造耐蚀或其他重要零部件。

① 牌号、状态及规格 见表12-43。

表12-43 镍及镍合金管的牌号、状态及规格 mm

牌号	状态	规格		
		外径	壁厚	长度
N2、N4、DN	软态(M)、硬态(Y)	0.35～18	0.05～5.00	100～15000
N5、N7、N8	软态(M)、消除应力状态(Y_0)	5.00～115	1.00～8.00	
N6	软态(M)、半硬态(Y_2)、硬态(Y)、消除应力状态(Y_0)	0.35～115	0.05～8.00	
NCr15-8	软态(M)	12～80	1.00～3.00	
NCu30	软态(M)、消除应力状态(Y_0)	10～115	1.00～8.00	
NCu28-2.5-1.5	软态(M)、硬态(Y)	0.35～110	0.05～5.00	
	半硬态(Y_2)	0.35～18	0.05～0.90	

续表

牌号	状态	规格		
		外径	壁厚	长度
NCu40-2-1	软态(M)、硬态(Y) 半硬态(Y_2)	0.35～110 0.35～18	0.05～6.00 0.05～0.90	100～15000
NSi0.19、NMg0.1	软态(M)、硬态(Y)、半硬态(Y_2)	0.35～18	0.05～0.90	

② 化学成分　应符合 GB/T 5235 的规定。

③ 公称尺寸　见表 12-44。

表 12-44　镍及镍合金管的公称尺寸　　mm

公称外径	公称壁厚											长度
	0.05～0.06	>0.05～0.09	>0.09～0.12	>0.12～0.15	>0.15～0.20	>0.20～0.25	>0.25～0.30	>0.30～0.40	>0.40～0.50	>0.50～0.60	>0.60～0.70	
0.35～0.40	√											
>0.40～0.50	√	√										
>0.50～0.60	√	√	√									
>0.60～0.70	√	√	√	√								
>0.70～0.80	√	√	√	√	√							
>0.80～0.90	√	√	√	√	√	√	√					≤3000
>0.90～1.50	√	√	√	√	√	√	√	√				
>1.50～1.75	√	√	√	√	√	√	√	√	√			
>1.75～2.00		√	√	√	√	√	√	√	√			
>2.00～2.25		√	√	√	√	√	√	√	√	√		
>2.25～2.50		√	√	√	√	√	√	√	√	√	√	

续表

公称外径	公称壁厚											长度
	0.05～0.06	>0.05～0.09	>0.09～0.12	>0.12～0.15	>0.15～0.20	>0.20～0.25	>0.25～0.30	>0.30～0.40	>0.40～0.50	>0.50～0.60	>0.60～0.70	
>2.50～3.50		√	√	√	√	√	√	√	√	√	√	
>3.50～4.20			√	√	√	√	√	√	√	√	√	≤3000
>4.20～6.00				√	√	√	√	√	√	√	√	
>6.00～8.50				√	√	√	√	√	√	√	√	
>8.5～10						√	√	√	√	√	√	
>10～12							√	√	√	√	√	≤15000
>12～14								√	√	√	√	
>14～15								√	√	√	√	
>15～18									√	√	√	

公称外径	公称壁厚										长度
	>0.70～0.90	>0.90～1.00	>1.00～1.25	>1.25～1.80	>1.80～3.00	>3.00～4.00	>4.00～5.00	>5.00～6.00	>6.00～7.00	>7.00～8.00	
>2.50～3.50	√										
>3.50～4.20	√										≤3000
>4.20～6.00	√										
>6.00～8.50	√	√	√								≤15000
>8.5～10	√	√	√	√							

续表

公称外径	公称壁厚										长度
	>0.70～0.90	>0.90～1.00	>1.00～1.25	>1.25～1.80	>1.80～3.00	>3.00～4.00	>4.00～5.00	>5.00～6.00	>6.00～7.00	>7.00～8.00	
>10～12	√	√	√	√	√						
>12～14	√	√	√	√	√						
>14～15	√	√	√	√	√	√					
>15～18	√	√	√	√	√	√					
>18～20	√	√	√	√	√	√					
>20～30			√	√	√	√					≤15000
>30～35				√	√	√	√				
>35～40				√	√	√	√	√			
>40～60						√	√	√	√		
>60～90						√	√	√	√	√	
>90～115						√	√	√	√	√	

注："√"表示推荐采用规格，其余为不推荐采用规格。

④ 力学性能　见表 12-45。

表 12-45　镍及镍合金管室温的力学性能

牌号	壁厚/mm	状态	抗拉强度 R_m/MPa	规定塑性延伸强度 $R_{p0.2}$/MPa	断后伸长率[①]/%	
					A	A_{50}
N2、N4、DN	所有规格	M	≥390	(≥105)	≥35	—
		Y	≥540	(≥210)	(≥8)	—
N5	所有规格	M	≥345	≥80	—	≥35
		Y_0	≥415	≥205	—	≥15

续表

牌号	壁厚/mm	状态	抗拉强度 R_m/MPa	规定塑性延伸强度 $R_{p0.2}$/MPa	断后伸长率①/%	
					A	A_{50}
N6	<0.90	M	≥390	(≥105)	—	≥35
		Y	≥540	(≥210)	(≥8)	—
	≥0.90	M	≥370	(≥85)	≥35	—
		Y_2	≥450	(≥170)	—	≥12
		Y	≥520	(≥200)	≥6	—
		Y_0	≥460	(≥270)	(≥10)	—
N7、N8	所有规格	M	≥380	≥105	—	≥35
		Y_0	≥450	≥275	—	≥15
NCu30	所有规格	M	≥480	≥195	—	≥35
		Y_0	≥585	≥380	—	≥15
NCu28-2.5-1.5②、NSi0.19、NCu40-2-1、NMg0.1	所有规格	M	≥440	(≥140)	—	≥20
		Y_2	≥540	(≥300)	≥6	—
		Y	≥585	(≥320)	≥3	—
NCr15-8	所有规格	M	≥550	≥240	—	≥30

① 外径小于18mm、壁厚小于0.90mm的硬态（Y）产品的断后伸长率值仅供参考。

② 特殊用途NCu28-2.5-1.5硬态（Y）产品，其抗拉强度不小于645MPa，断后伸长率不小于2%。

注：“（）”中规定塑性延伸强度和断后伸长率指标仅供参考，不作为考核值；“—”表示不考核指标。

12.2.9 承压设备用镍及镍合金无缝管（NB/T 47047—2015）

①分类 按生产方法可分为热轧（挤）或冷拔（轧）两种。

② 化学成分 纯镍及镍铜合金板材应符合NB/T 47047—2015表3的规定，耐蚀镍合金板材应符合表4的规定。

③ 规格 长度一般为3～7m。见表12-46。

表12-46 承压设备用镍及镍合金无缝管规格 mm

外径	壁厚													
	1.5	2.0	2.5	3.0	3.5	4.0	4.5	5.0	5.5	6.0	6.5	7.0	7.5	8.0
10	√	√												
14	√	√	√											
19	√	√	√	√										

续表

外径	壁厚													
	1.5	2.0	2.5	3.0	3.5	4.0	4.5	5.0	5.5	6.0	6.5	7.0	7.5	8.0
25	√	√	√	√	√									
32	√	√	√	√	√	√								
38	√	√	√	√	√	√								
45		√	√	√	√	√	√	√						
51		√	√	√	√	√	√	√	√	√				
57		√	√	√	√	√	√	√	√	√	√			
63			√	√	√	√	√	√	√	√	√			
70				√	√	√	√	√	√	√	√	√		
76				√	√	√	√	√	√	√	√	√		
78				√	√	√	√	√	√	√	√	√		
83					√	√	√	√	√	√	√	√	√	
89					√	√	√	√	√	√	√	√	√	
102						√	√	√	√	√	√	√	√	√
108						√	√	√	√	√	√	√	√	√
114								√	√	√	√	√	√	√
133								√	√	√	√	√	√	√
168								√	√	√	√	√	√	√
219								√	√	√	√	√	√	√

注：表中符号“√”表示有产品。

④ 力学性能　见表 12-47。

表 12-47　承压设备用镍及镍合金无缝管力学性能

牌号	状态	抗拉强度 R_m/MPa	屈服强度 $R_{p0.2}$/MPa	断后伸长率 A/%	牌号	状态	抗拉强度 R_m/MPa	屈服强度 $R_{p0.2}$/MPa	断后伸长率 A/%
N5	退火	345	80	35	NS3105	固溶	586	240	30
N7		380	105	35	NS3202		760	350	40
NCu30		480	195	35	NS3203		760	350	40
NS1101	固溶	520	205	30	NS3204		760	350	40
NS1102		450	170	30	NS3304		690	283	40
NS1104		450	170	30	NS3306		690	275	30
NS1402		586	241	30	NS3308		690	310	45
NS1403		550	240	30	NS3309		690	310	45
NS3102		550	240	30	NS3311		690	310	45
NS3103		550	205	30	NS3405		690	310	45

12.2.10 镍及镍合金焊丝（GB/T 15620—2008）

用于制作熔化极气体保护电弧焊、钨极气体保护电弧焊、气焊及等离子弧焊等焊接用镍及镍合金实芯焊丝和填充丝。

① 分类 按化学成分不同，分为镍焊丝、镍铜焊丝、镍铬焊丝、镍铬铁焊丝、镍钼焊丝、镍铬钼焊丝、镍铬钴焊丝、镍铬钨焊丝八种。

② 化学成分 应符合 GB/T 15620—2008 表 1 的规定。

③ 焊丝直径 见表 12-48。

表 12-48 镍及镍合金焊丝直径

包装形式		焊丝直径/mm
直条、焊丝卷		1.6、1.8、2.0、2.4、2.5、2.8、3.0、3.2、4.0、4.8、5.0、6.0、6.4
焊丝盘直径/mm	100、200	0.8、0.9、1.0、1.2、1.4、1.6
	270、300	0.5、0.8、0.9、1.0、1.2、1.4、1.6、2.0、2.4、2.5、2.8、3.0、3.2

④ 型号表示方法

SNi　　　　□□□□　　　　(NiMo19WCr)

镍焊丝　　　焊丝型号　　　化学成分代号

12.2.11 镍及镍合金铸件（GB/T 36518—2018）

用于在腐蚀和高温环境下工作的机械零部件。

① 化学成分 应符合 GB/T 36518—2018 表 2 的规定。

② 热处理 见表 12-49。

表 12-49 镍及镍合金铸件的热处理

合金标识		热处理制度
代号	牌号	
ZN2200	ZNi995	铸态
ZN2100	ZNi99	铸态
ZN4020	ZNiCu30Si	铸态
ZN4135	ZNiCu30	铸态
ZN4025	ZNiCu30Si4	铸态
ZN4030	ZNiCu30Si3	铸态

续表

合金标识		热处理制度
代号	牌号	
ZN4130	ZNiCu30Nb2Si2	铸态
ZN6055	ZNiCr12Mo3Bi4Sn4	铸态
ZN0012 ZN0007 ZN6985	ZNiMo31 ZNiMo30Fe5 ZNiCu22Fe20Mo7Cu2	最低加热到 1095℃，加热铸件到该温度后，保温足够的时间，然后水淬或用其他方法迅速冷却
ZN6059	ZNiCr23Mo16	最低加热到 1150℃，加热铸件到该温度后，保温足够的时间，然后水淬或用其他方法迅速冷却
ZN6625 ZN6455 ZN0002 ZN0107	ZNiCr22Mo9Nb4 ZNiCr16Mo16 ZNiMo17Cr15Fe6W4 ZNiCr18Mo18	最低加热到 1175℃，加热铸件到该温度后，保温足够的时间，然后水淬或用其他方法迅速冷却
ZN6022	ZNiCr21Mo14Fe4W3	最低加热到 1205℃，加热铸件到该温度后，保温足够的时间，然后水淬或用其他方法迅速冷却
ZN6040	ZNiCr15Fe	1 级—铸态 2 级—最低加热到 1040℃，加热铸件到该温度后，保温足够的时间，然后水淬或用其他方法迅速冷却
ZN8826	ZNiFe30Cr20Mo3CuNb	加热到 930～980℃，加热铸件到该温度后，保温足够的时间，允许空冷
ZN2000	ZNiSi9Cu3	加热到 970～1000℃，加热铸件到该温度后，保温足够的时间，允许空冷

③ 力学性能　见表 12-50。

表 12-50　镍及镍合金铸件的力学性能

合金标识		抗拉强度 R_m/MPa	规定塑性延伸强度 $R_{p0.2}$/MPa ≥	断后伸长率 A/% ≥
代号	牌号			
ZN2200	ZNi995	—	—	—
ZN2100	ZNi99	345～545	125	10
ZN4020	ZNiCu30Si	450～650	205	25
ZN4135	ZNiCu30	≥450	170	25
ZN4025	ZNiCu30Si4[①]	—	—	—
ZN4030	ZNiCu30Si3	690～890	415	10
ZN4130	ZNiCu30Nb2Si2	≥450	225	25
ZN6055	ZNiCr12Mo3Bi4Sn4	—	—	—

续表

合金标识		抗拉强度	规定塑性延伸	断后伸长率
代号	牌号	R_m/MPa	强度 $R_{p0.2}$/MPa ≥	A/% ≥
ZN0012	ZNiMo31	505～725	275	6
ZN0007	ZNiMo30Fe5	525～725	275	20
ZN6985	ZNiCu22Fe20Mo7Cu2	550～750	220	30
ZN6059	ZNiCr23Mo16	≥495	270	40
ZN6625	ZNiCr22Mo9Nb4	485～685	275	25
ZN6455	ZNiCr16Mo16	495～695	275	20
ZN0002	ZNiMo17Cr15Fe6W4	495～695	275	4
ZN6022	ZNiCr21Mo14Fe4W3	≥550	280	30
ZN0107	ZNiCr18Mo18	495～695	275	25
ZN6040	ZNiCr15Fe	485～685	195	30
ZN8826	ZNiFe30Cr20Mo3CuNb	450～650	170	25
ZN2000	ZNiSi9Cu3②	—	—	—

① 时效硬化状态下最低为300HBW。

② 最小300HBW。

12.2.12 镍及镍合金锻件（GB/T 26030—2010）

用于航空、电子仪表及其他行业。

① 化学成分　应符合GB/T 26030—2010表2的规定（未列出的其他牌号，应符合GB/T 5235的规定）。

② 牌号、状态及规格　见表12-51。

表12-51　镍及镍合金锻件牌号、状态及规格

合金牌号	状态	外形尺寸/mm
Ni99.0	热加工(R)	所有
	退火(M)	所有
Ni99.0-LC	热加工(R)	所有
	退火(M)	所有
NiCo20Cr15Mo5Al4Ti	固溶、稳定化和时效(CS)	所有
NiCo20Cr20Mo5Ti2Al	固溶和时效(CS)	所有
NiCr20Co13Mo4Ti3Al	固溶和时效(CS)	所有
NiCr20Co18Ti3	固溶和时效(CS)	所有
NiCr15Fe7Ti2Al	固溶和时效(CS)	≤65～100
NiCr15Fe8	热加工(R)	所有
	退火(M)	所有
NiCr15Fe8-LC	退火(M)	所有

续表

合金牌号	状态	外形尺寸/mm
NiCr19Fe19Nb5Mo3	固溶和时效(CS)	≤100
NiCr21Fe18Mo9	退火(M)	所有
NiCr23Fe15Al	退火(M)	所有
NiCr16Mo16Ti	固溶(C)	所有
NiCr22Mo9Nb	退火(M)	≤100～250
	固溶(C)	所有
NiCr20Ti	退火(M)	所有
NiCr20Ti2Al	固溶和时效(CS)	所有
NiCu30	热加工和消除应力(R)	>100～300
	退火(M)	所有
NiCu30-LC	退火(M)	所有
NiCu30Al3Ti	热加工和时效(RS)	所有
	固溶和时效(CS)	≤25～300
NiFe30CrMo3	退火(M)	所有
NiFe36Cr12Mo6Ti3	固溶、稳定化和时效(CS)	所有
NiMo16Cr15Fe6W4	退火(M)	所有
NiMo28	固溶(C)	>7～90
NiMo30Fe5	固溶(C)	>7～90
FeNi32Cr21AlTi	热加工(R)	所有
	退火(M)	所有
FeNi32Cr21AlTi-LC	退火(M)	所有
FeNi32Cr21AlTi-HT	退火(M)	所有
FeNi32Cr21Ti	退火(M)	所有
FeNi35Cr20Cu4Mo2	退火(M)	所有
NW4-0.07	热加工(R)、退火(M)	所有
N6、NSi0.19、NMg0.1、NCu28-2.5-1.5、NCu40-2-1、DN、NW4-0.15、NW4-0.1、NW4-0.07	热加工(R)、退火(M)	所有
NY1、NY2、NY3	热加工(R)、退火(M)	所有

③ 产品标记方法

锻件	□	□	规格	GB/T 26030—2010
产品名称	牌号	状态	厚度×宽度×长度/mm	标准编号

④ 力学性能 见表12-52～表12-54。

表 12-52 镍及镍合金锻件力学性能

合金牌号	状态	外形尺寸/mm	抗拉强度 R_m/MPa ≥	规定非比例延伸强度 $R_{p0.2}$/MPa ≥	伸长率A/% ≥
Ni99.0	热加工(R)	所有	410	105	35
	退火(M)	所有	380		
Ni99.0-LC	热加工(R) 退火(M)	所有	340	65	35
NiCo20Cr15Mo5Al4Ti	固溶、稳定化和时效(CS)	所有	—	—	—
NiCr20Co13Mo4Ti3Al	固溶和时效(CS)	所有	1100	755	15
NiCr20Co18Ti3	固溶和时效(CS)	所有	—	—	—
NiCr15Fe7Ti2Al	固溶和时效(CS)	≤65	1170	790	18
		>65～100	1170	790	15
NiCr15Fe8	热加工(R)	所有	590	240	27
	退火(M)	所有	550	240	30
NiCr15Fe8-LC	退火(M)	所有	550	180	30
NiCr19Fe19Nb5Mo3	固溶和时效(CS)	≤100	1280	1030	12
NiCr21Fe18Mo9	退火(M)	所有	660	240	30
NiCr23Fe15Al	退火(M)	所有	550	205	30
NiCr16Mo16Ti	固溶(C)	所有	690	275	35
NiCr22Mo9Nb	退火(M)	≤100	830	415	30
		>100～250	760	345	25
	固溶(C)	所有	690	275	30
NiCr20Ti	退火(M)	所有	640	230	30
NiCr20Ti2Al	固溶和时效(CS)	所有	—	—	—
NiCu30	热加工和消除应力(R)	>100～300	550	275	27
		>300	520	275	27
	退火(M)	所有	480	170	35
NiCu30-LC	退火(M)	所有	430	160	35
NiCu30Al3Ti	热加工和时效(RS)	≤100	970	690	15
		>100	830	550	15
	固溶和时效(CS)	≤25	900	620	20
		>25～100	900	585	20
		>100～300	830	500	15
NiFe30CrMo3	退火(M)	所有	590	240	30
NiMo16Cr15Fe6W4	退火(M)	所有	690	280	35

续表

合金牌号	状态	外形尺寸/mm	抗拉强度 R_m/MPa ≥	规定非比例延伸强度 $R_{p0.2}$/MPa ≥	伸长率 A/% ≥
NiMo28	固溶(C)	>7～90	760	350	35
NiMo30Fe5	固溶(C)	>7～40	790	315	30
		>40～90	690	315	27
FeNi32Cr21AlTi	热加工(R)	所有	550	240	25
	退火(M)		520	205	30
FeNi32Cr21AlTi-LC	退火(M)	所有	450	170	30
FeNi32Cr21AlTi-HT			450	170	30
FeNi32Cr21Ti			450	170	30
FeNi35Cr20Cu4Mo2			550	240	27
NW4-0.07	热加工(R)、退火(M)	所有	用户要求时,报实测		
N6、NSi0.19、NMg0.1、NCu28-2.5-1.5、NCu40-2-1、DN、NW4-0.1、NW4-0.15、NW4-0.07	热加工(R)、退火(M)	所有	用户要求时,报实测		
NY1、NY2、NY3	热加工(R)、退火(M)	所有	用户要求时,报实测		

表 12-53 镍及镍合金锻件高温力学性能

合金牌号	状态	外形尺寸/mm	抗拉强度 R_m/MPa ≥	规定非比例延伸强度 $R_{p0.2}$ MPa ≥	伸长率 A/% ≥	拉伸试验温度/℃
NiCo20Cr20Mo5Ti2Al	固溶和时效(CS)	所有	540	400	12	780
NiFe36Cr12Mo6Ti3	固溶、稳定化和时效(CS)	所有	960	690	8	575

表 12-54 镍及镍合金锻件蠕变和应力断裂试验要求

合金牌号	外形尺寸/mm	温度/℃	最小应力/MPa	最少断裂时间/h	断裂时伸长率/%	持久时间/h	塑性变形总量/%
NiCo20Cr15Mo5Al4Ti	所有	815	≥380	30	—	—	—
NiCo20Cr20Mo5Ti2Al	所有	780	≥120	—	—	≥50	≤0.10
NiCr20Co13Mo4Ti3Al	所有	730	≥550	23	≤5	—	—

续表

合金牌号	外形尺寸/mm	温度/℃	最小应力/MPa	最少断裂时间/h	断裂时伸长率/%	持久时间/h	塑性变形总量/%
NiCr20Co18Ti3	所有	870	≥140	30	—	—	—
NiCr19Fe19Nb5Mo3	≤100	650	≥690	23	≤5	—	—
NiCr20Ti2Al	所有	750	≥340	30	—	—	—
NiFe36Cr12Mo6Ti3	所有	575	≥590	—	—	≥100	≤0.10

⑤ 热处理制度　见表12-55。

表12-55　镍及镍合金锻件可热处理强化合金的热处理制度

合金牌号	固溶(温度±15℃)	时效
NiCo20Cr15Mo5Al4Ti	(1150±10)℃,4h,空冷	1050℃,16h,空冷～+850℃,16h,空冷
NiCo20Cr20Mo5Ti2Al	1150℃,空冷或快冷	800℃,8h,空冷
NiCr20Co13Mo4Ti3Al	995～1040℃,4h,油或水冷	845℃,4h,空冷～+760℃,16h,空冷或炉冷
NiCr20Co18Ti3	1050～1100℃,8h,空冷或快冷	700℃,16h,空冷
NiCr15Fe7Ti2Al	980～1100℃,空冷或快冷	730℃,8h,以55℃/h冷却速率冷却至620℃,在620℃保温8h,空冷。另一种方法是,以任意冷却速率冷却至620℃,在620℃保温,保温时间为整个沉淀处理时间18h
NiCr19Fe19Nb5Mo3	940～1060℃,16h,空冷或快冷	720℃,8h,以55℃/h冷却速率冷却至620℃,在620℃保温8h,空冷。另一种方法是,以任意冷却速率冷却至620℃,在620℃保温,保温时间为整个沉淀处理时间18h
NiCr20Ti2Al	1050～1100℃,8h,空冷或快冷	700℃,16h,空冷
NiCu30Al3Ti	最低980℃,水冷	590～610℃,8～16h,在8℃/h和15℃/h冷却速率之间,炉冷至480℃,空冷。另一种方法是,炉冷至535℃,在535℃保温6h,炉冷至480℃,保温8h,空冷

续表

合金牌号	固溶(温度±15℃)	时效
NiFe36Cr12Mo6Ti3	1090℃,空冷	770℃，2～4h，+700～720℃,24h,空冷

12.3 铅及铅锑合金

12.3.1 铅及铅锑合金板（GB/T 1470—2014）

用于放射性防护和工业领域。

① 分类 按厚度的尺寸精度分，有普通级和较高精级两种。

② 牌号和规格 见表 12-56。

表 12-56 铅及铅锑合金板的牌号和规格

牌号	规格/mm			制造方法
	厚度	宽度	长度	
Pb1、Pb2	0.3～120.0	≤2500	≥1000	轧制
PbSb0.5、PbSb1、PbSb2、PbSb4、PbSb6、PbSb8、PbSb1-0.1-0.05、PbSb2-0.1-0.05、PbSb3-0.1-0.05、PbSb4-0.1-0.05、PbSb5-0.1-0.05、PbSb6-0.1-0.05、PbSb7-0.1-0.05、PbSb8-0.1-0.05、PbSb4-0.2-0.5、PbSb6-0.2-0.5、PbSb8-0.2-0.5	1.0～120.0			

③ 化学成分 应符合 GB/T 1470—2014 表 2 的规定。

④ 硬度 见表 12-57。

表 12-57 铅及铅锑合金板的硬度

牌号	维氏硬度(HV) ≥	牌号	维氏硬度(HV) ≥
PbSb2	6.6	PbSb6	8.1
PbSb4	7.2	PbSb8	9.5

注：其他牌号的铅锑合金板材硬度由供需双方协商确定。

⑤ 产品标记方法

板	GB/T 1470-	PbSb□-	（较高）	规格
产品名称	标准号	牌号	普通级精度不标	厚度×宽度×长度/mm

⑥ 理论质量 见表 12-58。

表 12-58 板材部分牌号的理论质量

厚度/mm	理论质量/(kg/m²)						厚度/mm	理论质量/(kg/m²)					
	Pb1,Pb2	PbSb0.5	PbSb2	PbSb4	PbSb6	PbSb8		Pb1,Pb2	PbSb0.5	PbSb2	PbSb4	PbSb6	PbSb8
0.5	5.67	5.66	5.63	5.58	5.53	5.48	20.0	226.8	226.4	225.0	223.0	221.2	219.4
1.0	11.34	11.32	11.25	11.15	11.06	10.97	25.0	283.5	283.0	281.2	278.8	276.5	274.2
2.0	22.68	22.64	22.50	22.30	22.12	21.94	30.0	340.2	339.6	337.5	334.5	331.8	329.1
3.0	34.02	33.96	33.75	33.45	33.18	32.91	40.0	453.6	452.8	450.0	446.0	442.4	438.8
4.0	45.36	45.28	45.00	44.60	44.24	43.88	50.0	567.0	566.0	562.5	557.5	553.0	548.5
5.0	56.70	56.60	56.25	55.75	55.30	54.85	60.0	680.4	679.2	675.0	669.0	663.0	658.2
6.0	68.04	67.90	67.50	66.90	66.36	65.82	70.0	793.8	792.4	787.5	780.5	774.2	767.9
7.0	79.38	79.24	78.75	78.05	77.42	76.79	80.0	907.2	905.6	900.0	892.0	884.8	877.6
8.0	90.72	90.56	90.00	89.20	88.48	87.76	90.0	1021	1019	1012	1004	995.4	987.3
9.0	102.1	101.9	101.2	100.4	99.54	98.73	100.0	1134	1132	1125	1115	1106	1097
10.0	113.4	113.2	112.5	111.5	110.6	109.7	110.0	1247	1245	1237	1226	1217	1207
15.0	170.1	169.8	168.8	167.2	165.9	164.6							

12.3.2 铅及铅锑合金管（GB/T 1472—2014）

用于化工、制药及其他工业领域用作耐蚀材料。

① 加工方式 轧制。按内径尺寸精度分为普通级和高精级。

② 牌号和规格 见表 12-59。

表 12-59 铅及铅锑合金管的牌号和规格

牌号	规格/mm		
	内径	壁厚	长度
Pb1、Pb2	5～230	2～12	直管:≤4000 盘状管:≥2500
PbSb0.5、PbSb2、PbSb4、PbSb6、PbSb8	10～200	3～14	

③ 化学成分 纯铅牌号的化学成分应符合 GB/T 1472—2014 表 2 的规定，铅锑合金牌号的化学成分应符合表 3 的规定。

④ 常用规格 见表 12-60、表 12-61。

表 12-60 纯铅管的常用规格 mm

公称内径	公称壁厚									
	2	3	4	5	6	7	8	9	10	12
5、6、8、10、13、16、20	√	√	√	√	√	√	√	√	√	√

续表

公称内径	公称壁厚									
	2	3	4	5	6	7	8	9	10	12
25、30、35、38、40、45、50		√	√	√	√	√	√	√	√	√
55、60、65、70、75、80、90、100			√	√	√	√	√	√	√	√
110				√	√	√	√	√	√	√
125、150					√	√	√	√	√	√
180、200、230							√	√	√	√

注："√"表示有此规格，下同。

表 12-61 铅锑合金管的常用规格 mm

公称内径	公称壁厚									
	3	4	5	6	7	8	9	10	12	14
10、15、17、20、25、30、35、40、45、50	√	√	√	√	√	√	√	√	√	√
55、60、65、70		√	√	√	√	√	√	√	√	√
75、80、90、100			√	√	√	√	√	√	√	√
110				√	√	√	√	√	√	√
125、150					√	√	√	√	√	√
180、200							√	√	√	√

⑤ 产品标记方法

直/盘状管	GB/T 1472-	□	□-	高	规格
产品名称	标准编号	牌号	供应状态	（普通精度不标）	内径 ϕ×壁厚×长度/mm

⑥ 理论质量 见表 12-62。

表 12-62 常用规格纯铅管理论质量

内径/mm	管壁厚度/mm										内径/mm	管壁厚度/mm									
	2	3	4	5	6	7	8	9	10	12		2	3	4	5	6	7	8	9	10	12
	理论质量/(kg/m)											理论质量/(kg/m)									
5	0.5	0.9	1.3	1.8	2.3	3.0	3.7	4.7	5.3	7.3	25		3.0	4.1	5.4	6.6	8.0	9.4	10.9	12.5	15.8
6	0.6	1.0	1.4	1.9	2.6	3.2	4.1	4.8	5.7	7.7	30		3.5	4.9	6.2	7.7	9.2	10.8	12.5	14.2	17.9
8	0.7	1.2	1.7	2.3	3.0	3.7	4.5	5.4	6.4	8.5	35		4.1	5.6	7.1	8.8	10.5	12.3	14.1	16.0	20.1
10	0.8	1.4	2.0	2.7	3.4	4.2	5.1	6.3	7.1	9.4	38		4.4	6.0	7.6	9.4	11.2	13.1	15.1	17.1	21.4
13	1.1	1.7	2.4	3.2	4.1	5.0	6.0	7.0	8.2	10.7	40		4.6	6.3	8.0	9.8	11.7	13.7	15.7	17.8	22.2
16	1.3	2.0	2.8	3.7	4.7	5.7	6.8	8.0	9.3	12.0	45		5.1	7.0	8.9	10.9	13.0	15.1	17.3	19.6	24.3
20	1.6	2.5	3.4	4.4	5.5	6.7	8.0	9.3	10.7	13.7	50		5.7	7.7	9.8	12.0	14.2	16.5	18.9	21.4	26.5

续表

内径/mm	管壁厚度/mm								内径/mm	管壁厚度/mm							
	4	5	6	7	8	9	10	12		4	5	6	7	8	9	10	12
	理论质量/(kg/m)									理论质量/(kg/m)							
55	8.4	10.7	13.1	15.5	18.0	20.5	23.1	28.6	100	14.8	18.7	22.6	26.7	30.8	35.0	39.2	47.9
60	9.1	11.6	14.1	16.7	19.4	22.1	24.9	30.8	110		20.5	24.8	29.2	33.6	38.2	42.7	52.1
65	9.8	12.4	15.2	18.8	20.8	24.6	26.9	32.9	125			28.0	32.9	37.9	42.9	48.1	58.6
70	10.5	13.3	16.2	19.1	22.2	25.3	28.5	35.0	150			33.3	39.1	45.0	50.9	57.1	69.3
75	11.3	14.2	17.3	20.4	23.6	27.1	30.3	37.2	180					53.6	60.5	67.7	82.2
80	12.0	15.1	18.3	21.7	26.0	28.5	32.0	39.3	200					59.3	67.5	74.8	90.7
90	13.4	16.9	20.5	24.2	27.9	31.8	35.6	43.6	230					67.8	76.5	85.5	103.5

注：铅锑合金管与纯铅管的理论质量换算系数：

牌号	密度/（g/cm^3）	换算系数	牌号	密度/（g/cm^3）	换算系数
Pbl. Pb2	11.34	1.0000	PbSb4	11.15	0.9850
PbSb0.5	11.32	0.9982	PbSb6	11.06	0.9753
PbSb2	11.25	0.9921	PbSb8	10.97	0.9674

12.3.3　铅及铅锑合金棒和线材（YS/T 636—2007）

铅及铅锑合金线材是指直径大于 0.5～6.0mm 者，棒材是指直径大于 6.0～180mm 者。

① 牌号、状态和规格　见表 12-63。

表 12-63　棒、线材的牌号、状态和规格

牌号	状态	品种	规格/mm	
			直径	长度
Pbl、Pb2 PbSb0.5、PbSb2 PbSb4、PhSb6	挤制 (R)	盘线[①]	0.5～6.0	—
		盘棒	＞6.0～＜20	≥2500
		直棒	20～180	≥1000

① 一卷（轴）线的质量应不少于 0.5kg。

② 化学成分　应符合 YS/T 636—2007 表 2 的规定。

③ 产品标记方法

线/棒	□	□	规格	YS/T 636—2007
|	|	|	|	|
产品名称	牌号	状态	直径 ϕ/mm	标准编号

④ 理论质量　见表 12-64。

表 12-64　纯铅棒、线的理论质量

直径/mm	理论质量/(kg/m)	直径/mm	理论质量/(kg/m)	直径/mm	理论质量/(kg/m)	直径/mm	理论质量/(kg/m)
0.5	0.002	6	0.320	40	14.240	95	80.322
0.6	0.003	8	0.570	45	18.020	100	89.000
0.8	0.006	10	0.890	50	22.250	110	107.690
1.0	0.009	12	1.282	55	26.920	120	128.160
1.2	0.013	15	2.003	60	32.040	130	150.410
1.5	0.020	18	2.884	65	37.600	140	174.440
2.0	0.036	20	3.560	70	43.610	150	200.250
2.5	0.056	22	4.308	75	50.060	160	227.840
3.0	0.080	25	5.570	80	56.960	170	257.210
4.0	0.142	30	8.010	85	64.300	180	288.360
5.0	0.223	35	10.900	90	72.090		

注：铅锑合金棒、线的密度和理论质量的修正系数：

牌号	密度/(g/cm³)	换算系数	牌号	密度/(g/cm³)	换算系数
Pbl、Pb2	11.34	1.0000	PbSb4	11.15	0.9850
PbSb0.5	11.32	0.9982	PbSb6	11.06	0.9753
PbSb2	11.25	0.9921			

12.3.4　锡、铅及其合金箔和锌箔（YS/T 523—2011）

用于制造电气、仪表、医疗器械等工业领域零件。供应状态为轧制（R）。

① 分类　按厚度尺寸分，有普通精度和较高精度两种。

② 牌号、状态和规格　见表 12-65。

表 12-65　箔材的牌号、状态和规格　mm

牌号	厚度	宽度	长度
Sn1、Sn2、Sn3、SnSb1.5、SnSb2.5、SnPb12-1.5、SnPb13.5-2.5	0.010～0.100	≤350	≥5000
Pb2、Pb3、Pb4、Pb5、PbSb3-1、PbSb6-5、PbSb3.5、PbSn2-2、PbSn4.5-2.5、PbSn45、PbSn6.5			
Zn2、Zn3			

③ 化学成分　应符合 YS/T 523—2011 表 3 的规定。

④ 产品标记

箔	□	高	规格	YS/T 523—2011
产品名称	牌号	(普通精度不标)	厚度×宽度/mm	标准编号

12.4 锌及锌合金

12.4.1 电镀用阳极板（GB/T 2056—2005）

① 分类　按电镀阳极板的材料分，有铜阳极板、锌阳极板、镉阳极板、镍阳极板和锡阳极板五种。

② 牌号、状态和规格　见表12-66。

表12-66　产品牌号、状态和规格　　mm

牌号	状态	规格		
		厚度	宽度	长度
T2、T3	热轧(R)	6.0～20.0	100～1000	300～2000
	冷轧(Y)	2.0～15.0		
Zn1(Zn99.99) Zn2(Zn99.95)	热轧(R)	6.0～20.0	10～500	
Sn2、Sn3、Cd2、Cd3	冷轧(Y)	0.5～15.0		
NY1	热轧(R)	6～20		
NY2	热轧后淬火(C)	6～20		
NY3	软态(M)	4～20		

③ 化学成分

a. 铜阳极板的化学成分应符合GB/T 5231的规定。

b. 锌阳极板的化学成分应符合GB/T 470的规定。

c. 镍阳极板的化学成分应符合GB/T 5235的规定。

d. 锡阳极板的化学成分应符合GB/T 2056—2005表2的规定。

e. 镉阳极板的化学成分应符合GB/T 2056—2005表3的规定。

④ 产品标记方法

板	□	□	规格	GB/T 2056—2005
产品名称	牌号	供应状态	厚度×宽度×长度/mm	标准编号

12.4.2　照相制版用微晶锌板（YS/T 225—2010）

用于无粉腐蚀用照相制版。

① 牌号、型号、规格　见表 12-67。

表 12-67　微晶锌板的牌号、型号、规格　mm

牌号	型号	非工作面状况	工作面状况	厚度	宽度	长度
X_{12}	W_1	无保护涂层	非磨光	0.80～5.0	381～510	550～1200
	W_2		磨光			
	W_3		抛光			
	Y_1	有保护涂层	非磨光			
	Y_2		磨光			
	Y_3		抛光			

② 化学成分　应符合 YS/T 225—2010 表 2 的规定。

③ 产品标记方法

微晶锌板	□	□	规格	YS/T 225—2010
产品名称	牌号	型号	厚度×宽度×长度/mm	标准编号

④ 锌板硬度　应大于 50HBW。

12.4.3　电池用锌板和锌带（YS/T 565—2010）

用于制造锌-锰干电池负极焊接锌筒。

① 牌号、型号和规格　见表 12-68。

表 12-68　锌板和锌带的牌号、型号和规格　mm

牌号	形状	型号	厚度	宽度	长度
DX	板材	B25	0.25	100～510	750～1200
		B30	0.28、0.30、0.35		
		B50	0.40、0.45、0.50、0.60		
	带材	D25	0.25	91～186	$(1\sim3)\times10^5$
		D30	0.28、0.30、0.35		
		D50	0.40、0.45、0.50、0.60		

② 化学成分　应符合 YS/T 565—2010 表 2 的规定。

③ 产品标记方法

电池锌板/带 □ □ 规格 YS/T 565—2010

产品名称 牌号 型号 厚度×宽度×长度/mm 标准编号

④ 维氏硬度 40.0HV0.5/30～60.0HV0.5/30。

12.4.4 锌及锌合金锌棒及型材（YS/T 1113—2016）

用于电工、电气和金属机械加工行业，有热挤压态（M30）、拉制态（H04）、退火态（O60）和淬火人工时效态（TF00）四种。

① 分类 按截面形状分，有圆形、正方形、正六角形、矩形及锁形、D 形六种（图 12-1）；按尺寸精度分，有普通精度和高精度两种。

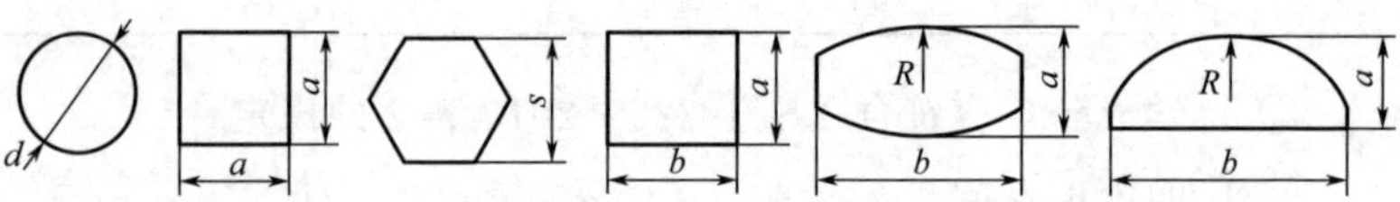

(a) 圆形 (b) 正方形 (c) 正六角形 (d) 矩形 (e) 锁形 (f) D形

图 12-1 锌及锌合金锌棒及型材截面形状

② 牌号、状态及规格 见表 12-69。

表 12-69 锌棒及型材的牌号、状态及规格

牌号	状态	规格/mm	
		公称尺寸 a、b、d、s 和 R	长度
Zn99.95、ZnAl2.5Cu1.5Mg、ZnAl4CuMg、ZnAl4Cu1Mg、ZnAl10Cu2Mg、ZnCu1Ti、ZnCu3.5Ti、ZnCu4.5MnBiTi、ZnCu7Mn	硬态(Y)、退火态(M)	3.0～65.0	500～3000
ZnAl10Cu、ZnCu1.2、ZnCu1.5	硬态(Y)		
ZnAl22、ZnAl22Cu	硬态(Y)、退火态(M)	3.0～25.0	
ZnAl22CuMg	硬态(Y)、淬火+人工时效(CS)		
ZnAl22、ZnAl22Cu、ZnAl22CuMg	挤制(R)	>25.0～65.0	

③ 化学成分 应符合 YS/T 1113—2016 表 3 的规定。

④ 产品标记方法

×形棒/型材　YS/T 1113-　□　□-　高　□

×形棒/型材	YS/T 1113-	□	□-	高	□
产品名称	标准编号	牌号	供应状态	高精度（普通精度不标）	规格[①]/mm

① 圆形棒为外径×长度，矩形棒为厚度×宽度×长度，正方形和正六边形棒为对边距×长度，锁形型材为圆弧 R×长轴×短轴×长度，D 形型材为圆弧 R×宽度×高度×长度。

⑤ 力学性能　见表 12-70。

表 12-70　棒、型材纵向拉伸性能

牌号	状态	公称尺寸 a、d 和 s /mm	抗拉强度 R_m /MPa≥	断后伸长率/%≥	
				A	A_{100}
Zn99.95	Y	3.0～15.0	120	—	8
		>15.0～65.0	120	10	—
	M	3.0～15.0	70	—	35
		>15.0～65.0	70	40	—
ZnAl2.5Cu1.5Mg	Y	3.0～15.0	250	—	8
		>15.0～65.0	280	10	—
	M	3.0～15.0	220	—	10
		>15.0～65.0	250	12	—
ZnAl4CuMg ZnAl4Cu1Mg	Y	3.0～15.0	250	—	8
		>15.0～65.0	280	10	—
	M	3.0～15.0	220	—	10
		>15.0～65.0	250	12	—
ZnAl10Cu	Y	3.0～15.0	280	—	6
		>15.0～65.0	280	8	—
ZnAl10Cu2Mg	Y	3.0～15.0	280	—	4
		>15.0～65.0	330	5	—
	M	3.0～15.0	250	—	6
		>15.0～65.0	280	8	—
ZnAl22[①]	R	>25.0～65.0	215	10	—
	Y	3.0～15.0	135	—	35
		>15.0～25.0	135	40	—
	M	3.0～15.0	195	—	12
		>15.0～25.0	195	14	—

续表

牌号	状态	公称尺寸 a、d 和 s /mm	抗拉强度 R_m /MPa≥	断后伸长率/%≥	
				A	A_{100}
ZnAl22Cu①	R	>25.0～65.0	275	10	—
	Y	3.0～15.0	245	—	18
		>15.0～25.0	245	20	—
	M	3.0～15.0	295	—	12
		>15.0～25.0	295	15	—
ZnAl22CuMg①	R	>25.0～65.0	310	5	—
	Y	3.0～15.0	295	—	8
		>15.0～25.0	295	10	—
	CS	3.0～15.0	390	—	—
		>15.0～25.0	390	2	1
ZnCu1Ti	Y	3.0～15.0	160	—	12
		>15.0～65.0	200	15	—
	M	3.0～15.0	120	—	18
		>15.0～65.0	160	20	—
ZnCu1.2	Y	3.0～15.0	160	—	16
		>15.0～65.0	160	18	—
ZnCu1.5	Y	3.0～15.0	160	—	18
		>15.0～65.0	160	20	—
ZnCu3.5Ti	Y	3.0～15.0	180	—	12
		>15.0～65.0	220	15	—
	M	3.0～15.0	150	—	18
		>15.0～65.0	180	20	—
ZnCu4.5MnBiTi	Y	3.0～15.0	280	—	4
		>15.0～65.0	250	5	—
	M	3.0～15.0	250	—	8
		>15.0～65.0	230	10	—
ZnCu7Mn	Y	3.0～15.0	330	—	4
		>15.0～65.0	300	5	—
	M	3.0～15.0	280	—	8
		>15.0～65.0	250	10	—

① ZnAl22、ZnAl22Cu、ZnAl22CuMg 是超塑性锌合金，超塑热处理制度：在350℃±15℃加热1h，迅速淬水（最好冰盐水），然后在200℃±15℃时效10～30min。

12.4.5 锌及锌合金线材（YS/T 1351—2020）

① 分类 按截面形状分，有圆形、正方形、矩形及正六边形

四种；按尺寸精度分，有普通精度和高精度两种。

② 牌号、状态及规格　见表 12-71。

表 12-71　锌及锌合金线材的牌号、状态及规格

牌号	状态	规格	
		截面形状	直径(或对边距)/mm
Zn99.94	硬态(Y)	圆形	2.5～16.0
ZnAl4Cu0.3Mg		正六角形、正方形	5.0～16.0
ZnAl10Cu2Mg		圆形、正六角形、正方形	5.0～16.0
ZnAl2.5Cu1.5		矩形	(1.0～3.0)×(4.0～9.0)

③ 化学成分　应符合 YS/T 1351—2020 表 2 的规定。

④ 产品标记方法

×形线	YS/T 1351-	□	□-	高	□
产品名称	标准编号	牌号	供应状态	高精度（普通精度不标）	规格[①] /mm

① 圆形棒为外径×长度，矩形棒为厚度×宽度×长度，正方形和正六边形棒为对边距×长度。

⑤ 力学性能　见表 12-72。

表 12-72　锌及锌合金线材拉伸性能

牌号	状态	直径(或对边距)/mm	抗拉强度 R_m /MPa ≥	断后伸长率 A /% ≥
Zn99.94	Y	2.5～16.0	100	10
ZnAl4Cu0.3Mg	Y	2.5～16.0	230	10
ZnAl10Cu2Mg	Y	5.0～6.0	260	5
		>6.0～16.0	280	10
ZnAl2.5Cu1.5	Y	(1.0～3.0)×(4.0～9.0)	270	10

⑥ 卷（轴）质量　见表 12-73。

表 12-73　线材卷（轴）质量

直径(或对边距)/mm	每卷(轴)质量/kg		直径(或对边距)/mm	每卷(轴)质量/kg	
	标准卷	较轻卷		标准卷	较轻卷
2.5～4.0	30±5	20±5	>4.0～6.0	35±5	25±5

续表

直径(或对边距)/mm	每卷(轴)质量/kg		直径(或对边距)/mm	每卷(轴)质量/kg	
	标准卷	较轻卷		标准卷	较轻卷
>6.0～13.0	70±10	50±10	(1.0～3.0)×(4.0～9.0)	30±5	25±5
>13.0～16.0	150±10	100±10			

12.4.6 铸造锌合金（GB/T 1175—2018）

铸造锌合金是含锌不小于60%，其他含有铝、铜或镁等组元的合金。

① 合金代号表示方法　合金代号由字母Z、A（分别是锌、铝的化学元素符号的首字母）及其后的阿拉伯数字组成。ZA后面的第一位或第一、二位数字，代表铝的平均百分含量的修约化整数值；铜的平均百分含量修约化整数值放在代号末尾；在铝含量与铜含量数字之间用“-”隔开。

示例1：牌号ZZnAl4Cu1Mg的合金代号为ZA4-1。

示例2：牌号ZZnAl27Cu2Mg的合金代号为ZA27-2（当合金中铜的平均百分含量修约化整数值只有一种2%时，可简写成ZA27)，其他合金代号依此类推（如ZA6-1简写成ZA6，ZA8-1简写成ZA8，ZA9-2简写成ZA9)。

② 工艺代号　合金材料的工艺代号：S—砂型铸造；J—金属型铸造；F—铸态；T3—均匀化处理；JF—金属型铸造铸态；SF—砂型铸造铸态；ST3—砂型铸造T3热处理状态。

③ 化学成分　应符合GB/T 1175—2018表1的规定。

④ 力学性能和用途　见表12-74。

表12-74　铸造锌合金力学性能和用途

合金牌号	合金代号	铸造方法及状态	抗拉强度 R_m /MPa ≥	伸长率 A /% ≥	布氏硬度(HBS) ≥	用途
ZZnAl 4Cu1Mg	ZA4-1	JF	175	0.5	80	用于复杂形状的铸件、压铸小尺寸的高强度、耐蚀性好的零件
ZZnAl 4Cu3Mg	ZA4-3	SF	220	0.5	90	用于压铸各种零件
		JF	240	1	100	

续表

合金牌号	合金代号	铸造方法及状态	抗拉强度 R_m /MPa ≥	伸长率 A /% ≥	布氏硬度(HBS) ≥	用途
ZZnAl6Cu1	ZA6-1	SF JF	180 220	1 1.5	80 80	用于硬模铸造及压铸各种零件
ZZnAl8Cu1Mg	ZA8-1	SF JF	250 225	1 1	80 85	用于管接头、阀、电器开关和变压器铸件，滑轮和轮带、小五金
ZZnAl9Cu2Mg	ZA9-2	SF JF	275 315	0.7 1.5	90 105	制造复杂形状零件及滑动轴承，可代替锡青铜及低锡巴氏合金
ZZnAl11Cu1Mg	ZA11-1	SF JF	280 310	1 1	90 90	用于硬模铸造，与ZA4-1相近
ZZnAl11Cu5Mg	ZA11-5	SF JF	275 295	0.5 1.0	80 100	用于滑动轴承制作，与ZA9-2相近
ZZnAl27Cu2Mg	ZA27-2	SF ST3 JF	400 310 420	3 8 1	110 90 110	工作温度达150℃，用于制造高强度厚壁零件，耐磨件、轴套、气压和液压配件，车辆等设备零件

12.4.7　压铸锌合金（GB/T 13818—2024）

① 合金牌号　压铸锌合金牌号是由锌及主要合金元素的化学符号组成。主要合金元素后面跟有表示其名义百分含量的数字（名义百分含量为该元素的平均百分含量的修约化整值）。

在合金牌号前面以字母“Y”“Z”（“压”、“铸”两字汉语拼音的首字母）表示用于压力铸造。末位字母用以区别主要合金元素名义质量分数相同而其他元素含量略有差别的不同合金。

② 合金代号

YX	□□	□	□
“压锌”两字汉语拼音的首字母	铝元素的名义质量分数	铜元素的名义质量分数	A、B、C……表示其他元素含量略有差别的不同合金

③ 化学成分　压铸锌合金应符合 GB/T 13818—2009 表 1 的规定。

12.4.8 锌合金压铸件（GB/T 13821—2023）

① 分类 按使用功能分为1类（具有结构和功能性要求的零部件）和2类（无特殊要求的零部件）。按表面质量分为1级（Y1）、2级（Y2）和3级（Y3）。Y1用于电镀、抛光、研磨后的表面，相对运动的配合面，危险应力区表面等关键区域，Y2用于要求密封的表面、装配接触面等重要区域，Y3用于保护性的涂覆表面及紧密接触面，油漆打腻表面和其他表面等一般区域。

② 化学成分 应符合GB/T 13821—2023表3的规定。

③ 力学性能 见表12-75。

表12-75 锌合金压铸件的力学性能

合金牌号	合金代号	拉伸性能 ≥			布氏硬度(HBW) ≥
		抗拉强度 R_m/MPa	屈服强度 $R_{p0.2}$/MPa	断后伸长率 A/%	
YZZnAl4A	YX040A	283	221	10	82
YZZnAl4B	YX040B	283	221	13	80
YZZnAl4Cu1	YX041	328	228	7	91
YZZn1Al4Cu3	YX043	359	283	7	100
YZZnAl8Cu1	YX081	374	290	6	103
YZZnAl11Cu1	YX111	404	320	4	100
YZZnAl27Cu2	YX272	425	376	1	119
YZZnAl3Cu5	YX035	310	240	4	105

12.5 轴承合金

12.5.1 铸造轴承合金（GB/T 1174—2022）

用于铸造锡基、铅基、铜基和铝基双金属滑动轴承及铜基、锌基、铝基合金整体滑动轴承。这五大类合金中，以锡基和铅基轴承合金为常用。

① 牌号和代号

a. 铸造轴承合金牌号表示方法按GB/T 8063的规定执行。

b. 合金铸造方法代号：S—砂型铸造，J—金属型铸造，Li—离心铸造。

c. 合金热处理状态代号：T5—固溶处理加不完全人工时效。

② 化学成分 锡基、铅基、铜基、锌基和铝基轴承合金的化

学成分，应分别符合 GB/T 1174—2022 的表 1～表 5 的规定。

③ 力学性能　见表 12-76～表 12-79。

表 12-76　铸造锡基、铅基合金的力学性能

锡基合金牌号	铸造方法	力学性能 ≥			铅基合金牌号	铸造方法	力学性能 ≥		
		抗拉强度 R_m/MPa	伸长率 A/%	布氏硬度(HBW)			抗拉强度 R_m/MPa	伸长率 A/%	布氏硬度(HBW)
ZSnSb12Pb10Cu4	J	—	—	29	ZPbSb16Sn16Cu2	J	—	—	30
ZSnSb12Cu6Cd1	J	—	—	34	ZPbSb15Sn5Cu3Cd2	J	—	—	32
ZSnSb11Cu6	J	—	—	27	ZPbSb15Snl0	J	—	—	24
ZSnSb8Cu4	J	—	—	24	ZPbSb15Sn5	J	—	—	20
ZSnSb4Cu4	J	—	—	20	ZPbSb10Sn6	J	—	—	18
ZSnSb9Cu7	J	—	—	25	ZPhSb16Sn1As1	J	—	—	24
ZSnSb8Cu8	J	—	—	28					

表 12-77　铸造铜基合金的力学性能

合金牌号	铸造方法	力学性能 ≥			
		抗拉强度 R_m/MPa	屈服强度 $R_{p0.2}$/MPa	伸长率 A/%	布氏硬度(HBW)
ZCuSn5Pb5Zn5	S、J	200	90	13	60*
	Li	250	100	13	65*
ZCuSn10P1	S	200	130	3	80*
	J	310	170	2	90*
	Li	330	170	4	90*
ZCuPb10Sn10	S	180	80	7	65
	J	220	140	5	70
	Li	220	110	6	70
ZCuPb9Sn5	S	160	60	7	55
	J、Li	200	80	5	60
ZCuPb15Sn8	S	170	80	5	60*
	J	200	100	6	65*
	Li	220	100	8	65*
ZCuPb20Sn5	S	150	60	5	45
	J	150	70	6	55
ZCuSn10Pb5	S	195	—	10	70
	J	245	—	10	70

续表

合金牌号	铸造方法	力学性能 ≥			
		抗拉强度 R_m/MPa	屈服强度 $R_{p0.2}$/MPa	伸长率 A/%	布氏硬度(HBW)
ZCuPb17Sn4Zn4	S	150	—	5	55
	J	175	—	7	60
ZCuPb30	J	—	—	—	25
ZCuAl10Fe3	S	490	180	13	100
	J、Li	540	200	15	110
ZCuAl9Fe4Ni4Mn2	S	630	250	16	160
	J、Li	670	—	16	170
ZCuSn10Bi3Ni	J	310	—	7	95
ZCuSn6Bi5Ni	J	295	—	25	70

注：带“*”号的为参考数值。

表 12-78　铸造锌基合金的力学性能

合金牌号	铸造方法	力学性能 ≥		
		抗拉强度 R_m/MPa	伸长率 A/%	布氏硬度(HBW)
ZZnAl9Cu2Mg	S	275	0.7	90
	J	315	1.5	105
ZZnAl11Cu1Mg	S	280	1	90
	J	310	1	90
ZZnAl11Cu5Mg	S	275	0.5	80
	J	295	1	100
ZZnAl27Cu2Mg	S	400	3	110
	J	420	1	110

表 12-79　铸造铝基合金的力学性能

合金牌号	铸造方法	热处理状态	力学性能 ≥			
			抗拉强度 R_m/MPa	屈服强度 $R_{p0.2}$/MPa	伸长率 A/%	布氏硬度(HBW)
ZAlSn6Cu1Ni1	S	T5	110	45	10	35
	J		130	50	15	40
ZAlSn6Cu1.5Ti	J	T5	130	50	30	30
ZAlSn20Cu1			110	40	28	30
ZAlZn4.5SiCuMg			160	80	20	48
ZAlZn5SiCuMg			180	100	19	50
ZAlSi12Cu1Mg1Ni1			200	190	0.3	90

④ 代号及用途　见表 12-80。

表 12-80　常用铸造轴承合金代号及用途

组别	代号	铸造方法	HBS≥	用途举例
锡基轴承合金	ZSnSb4Cu4	J	20	具有耐蚀、耐热、耐磨性能，适于制造重载高速汽车发动机和涡轮内燃机等高速轴承及轴衬
	ZSnSb8Cu4	J	24	韧性与 ZSnSbCu4 相同，适用于制造一般大型机器轴承及轴衬，重载、高速汽车发动机薄壁双金属轴承
	ZSnSb12Pb10Cu4	J	29	一般机械的主要轴承，但不适于高温工作
	ZSnSb11Cu6	J	28	承受高速度、大压力和受冲击载荷的轴承，如汽轮机、涡轮机、内燃机、透平压缩机等轴承和轴瓦
铅基轴承合金	ZPbSb16Sn16Cu2	J	30	用于压力×速度低于 60[MPa×(m/s)]条件下工作的轴承，也可浇注各种机器轴承的上半部
	ZPbSb15Sn5Cu3Cd2	J	32	用于浇注船舶机械和小于 250kW 的电动机轴承
	ZPbSb10Sn6	J	18	高速低载的汽车发动机、制冷机轴承，以及耐蚀、耐磨用轴承
铜基轴承合金	ZCuSn10P1	S	785	用于高速承载的耐磨件，如连杆、轴瓦、衬套、齿轮等
		J	885	用于压钢机、蒸汽机等重载荷机器的轴承
	ZCuPh20Sn5	S	45	高速轴承及破碎机、水泵、冷轧机轴承等
		J	55	

12.5.2　轴承合金的特性和应用

表 12-81　锡基和铅基轴承合金的特性和应用

组别	牌号	主要特征	用途举例
锡基轴承合金	ZSnSb12Pb10Cu4	为含锡量最低的锡基轴承合金，其特点是，性软而韧、耐压，硬度较高，因含铅，浇注性能较其他锡基轴承合金差，热强性也较低，但价格比其他锡基轴承合金较低	用于浇铸一般中速中等载荷发动机的主轴承，但不适用于高温部分

续表

组别	牌号	主要特征	用途举例
锡基轴承合金	ZSnSb11Cu6	应用较广，其组成成分的特点是：锡含量较低，铜、锑含量较高。其性能特点是：有一定的韧性，硬度适中(27HB)、抗压强度较高，可塑性好，故减摩性和抗磨性均较好，其冲击韧性虽比ZSnSb8Cu4、ZSnSb4Cu4锡基轴承合金差，但比铅基轴承合金高。此外导热性和耐蚀性优良、流动性能好；膨胀系数比其他巴氏合金都小。缺点是：疲劳强度较低，故不能用于浇铸层很薄和承受较大振动载荷的轴承。此外，工作温度不能高于110℃，使用寿命较短	用于浇铸重载、高速、工作温度低于110℃的重要轴承，如：2000r/min(735.5W)以上的高速蒸汽机、500r/min(735.5W)的涡轮压缩机和涡轮泵、1200r/min(735.5W)以上的快速行程柴油机、750kW以上的电动机、500kW以上发电机，高转速的机床主轴的轴承和轴瓦
	ZSnSb8Cu4	除韧性比ZSnSb11Cu6较好，强度及硬度比ZSnSb11Cu6较低之外，其他性能与ZSnSb11Cu6近似，但因含锡量高，价格较ZSnSb11Cu6更贵	用于浇铸工作温度在100℃以下的一般负荷压力大的大型机器轴承及轴衬、高速高载荷汽车发动机薄壁双金属轴承
	ZSnSb4Cu4	这种合金韧度是巴氏合金中最高的，强度及硬度比ZSnSb11Cu6略低，其他性能与ZSnSb11Cu6近似，但价格也最贵	用于要求韧性较大和浇铸层厚度较薄的重载高速轴承，如内燃机、涡轮机、特别是航空和汽车发动机的高速轴承及轴衬
铅基轴承合金	ZPbSb16Sn16Cu2	这种合金和ZSnSb11Cu6相比，它的摩擦因数较大，硬度相同，抗压强度较高，在耐磨性和使用寿命方面也不低，尤其是价格便宜得多；但其缺点是冲击韧性低，在室温下比较脆。当轴承经受冲击负荷作用时，易形成裂缝和剥落。当轴承经受静负荷的作用时，工作情况比较好	用于工作温度<120℃，无显著冲击载荷、重载高速的轴承，如汽车拖拉机的曲柄轴承和1200r/min(735.5W)以内的蒸汽或水力涡轮机、750kW以内的电动机、500kW以内的发电机、500r/min(735.5W)以内的压缩机以及轧钢机等轴承

续表

组别	牌号	主要特征	用途举例
铅基轴承合金	ZPbSb15Sn5Cu3Cd2	它是 ZPbSb16Sn16Cu2 很好的代用材料，其含锡量比 ZPbSb16Sn16Cu2 约低 2/3，但因加有 Cd（镉）和 As（砷），它们之间的性能却无多大差别	用以代替 ZPbSb16-Sn16Cu2 浇铸汽车拖拉机发动机的轴承，以及船舶机械、100～250kW 电动机；抽水机、球磨机和金属切削机床齿轮箱轴承
	ZPbSb15Sn10	冲击韧性比 ZPbSb16 Sn16Cu2 高，摩擦因数虽然较大，但因其具有良好的磨合性和可塑性，所以仍然得到广泛的应用，合金经热处理（退火）后，塑性、韧性、强度和减摩性能均大大提高，而硬度则有所下降，故一般在浇注后，均要进行热处理	用于浇铸承受中等压力、中速和冲击负荷机械的轴承，如汽车、拖拉机发动机的曲轴轴承和连杆轴承。此外，也适用于高温轴承
	ZPbSb15Sn5	和锡基轴承合金 ZSnSb11Cu6 相比，耐压强度相同，塑性和热导率较差，在高温高压和中等冲击负荷的情况下，使用性能比锡基轴承合金差；但在温度不超过 80～100℃和冲击载荷较低的条件下，这种合金完全可以适用，其使用寿命并不低于锡基轴承合金 ZSnSb11Cu6	可用于低速、轻压力条件下工作的机械轴承，一般多用于浇铸矿山水泵轴承，也可用于汽轮机、中等功率电动机、拖拉机发动机、空压机等轴承和轴衬
	ZPbSb10Sn6	是锡基轴承合金 ZSnSb4Cu4 理想的代用材料，主要特点是：①强度与弹性模量的比值 R_m/E 较大，抗疲劳剥落的能力较强；②由于铅的弹性模量较小，硬度较低，故具有较好的顺应性和嵌藏性；③铅有自然润滑性能，并有较好的油膜吸附能力，故有较好的抗咬合性能；④铅和钢的摩擦因数较小，硬度低，对轴颈的磨损小；⑤软硬适中，韧性好，装配时容易刮削加工，使用中容易磨合；⑥原材料成本低廉，制造工艺简单，浇铸质量容易保证；缺点是耐蚀性和合金本身的耐磨性不如锡基轴承合金	可代替 ZSnSb4Cu4 用于浇铸工作层厚度不大于 0.5mm、工作温度不超过 120℃的条件下，承受中等负荷或高速低负荷的机械轴承，如：汽车汽油发动机、高速转子发动机、空压机、制冷机、高压油泵等主机轴承，也可用于金属切削机床、通风机、真空泵、离心泵、燃气泵；水力透平机和一般农机上的轴承

注：铝基轴承合金 ZAlSn6Cu1Ni1 适用于高速重载荷轴承。铜基轴承合金的应用可参考加工铜合金相应牌号和铸造铜合金相应牌号。

12.5.3 粉末冶金轴承（FZ/T 92050—1995）

用于纺织机械中一般用途的铁基及铜基金属粉末制造的多孔性粉末冶金轴承，也适用于其他机械中一般用途的该类轴承。

① 分类 按合金成分分为铁基和铜基两大类，各又分若干小类。见表 12-82。

表 12-82 粉末冶金轴承牌号

分类	基类号	合金分类	分类号	牌号标记	含油密度/(g/cm³)
铁基合金	1	铁	1	FZ11060	＞5.7～6.2
				FZ11065	＞6.2～6.6
		铁-石墨	2	FZ12058	＞5.6～6.0
				FZ12062	＞6.0～6.4
				FZ12158	＞5.6～6.0
				FZ12162	＞6.0～6.4
		铁-碳-铜	3	FZ13058	＞5.6～6.0
				FZ13062	＞6.0～6.4
				FZ13158	＞5.6～6.0
				FZ13162	＞6.0～6.4
				FZ13258	＞5.6～6.0
				FZ13262	＞6.0～6.4
				FZ13358	＞5.6～6.0
				FZ13362	＞6.0～6.4
				FZ13458	＞5.6～6.0
				FZ13462	＞6.0～6.4
				FZ13558	＞5.6～6.0
				FZ13562	＞6.0～6.4
				FZ13658	＞5.6～6.0
				FZ13662	＞6.0～6.4
		铁-铜	4	FZ14058	＞5.6～6.0
				FZ14062	＞6.0～6.4
				FZ14158	＞5.6～6.0
				FZ14160	＞5.8～6.2
				FZ14162	＞6.0～6.4
铁基合金	1	铁-铜	4	FZ14258	＞S.6～6.0
				FZ14260	＞5.8～6.2
				FZ14962	＞6.0～6.4
铜基合金	2	铜-锡-锌-铅	1	FZ21070	＞6.6～7.2
				FZ21075	＞7.2～7.8
		铜-锡	2	FZ79062	＞6.0～6.4
				FZ22066	＞6.4～6.8
				FZ29070	＞6.8～7.2
				FZ22074	＞7.2～7.6
				FZ22162	＞6.0～6.4
				FZ22166	＞6.4～6.8
				FZ22170	＞6.8～7.2
				FZ22174	＞7.2～7.6
				FZ22260	＞5.8～6.2
				FZ22264	＞7.2～7.6
		铜-锡-铅	3	FZ23065	＞6.3～6.9
		铜-锡-铁-碳	4	FZ24058	＞5.6～6.0
				FZ24062	＞6.0～6.4
				FZ24158	＞5.6～6.0
				FZ24162	＞6.0～6.4
				FZ24258	＞5.6～6.o
				FZ24262	＞6.0～6.4
				FZ24966	＞6.4～6.8

② 化学成分 应符合 GB/T 2688—2012 的规定。

③ 牌号表示方法

FZ	□	□	□	□□
粉末冶金轴承	基类号	分类号	子类号	含油密度

④ 规格　见表 12-83。

表 12-83　粉末冶金轴承的规格　mm

基本尺寸	4	5	6	8	10	12	14	16	18	20	22	25	28	30	32	35	38	40	45	50	55	60
4	√	√	√																			
6	√	√	√																			
8	√	√	√	√																		
10	√	√	√	√	√	√																
12			√	√	√	√	√															
15				√	√	√	√	√														
18					√	√	√	√	√													
20					√	√	√	√	√	√	√											
22						√	√	√	√	√	√	√										
25							√	√	√	√	√	√	√	√								
28							√	√	√	√	√	√	√	√								
30								√	√	√	√	√	√	√	√	√						
32									√	√	√	√	√	√	√	√	√	√				
35										√	√	√	√	√	√	√	√	√	√	√		
40												√	√	√	√	√	√	√	√	√	√	√
45													√	√	√	√	√	√	√	√	√	√
50															√	√	√	√	√	√	√	√
55																	√	√	√	√	√	√
60																			√	√	√	√
65																					√	√
70																						√

⑤ 力学性能　见表 12-84。

表 12-84 粉末冶金轴承材料的物理-力学性能

牌号标记	物理-力学性能		牌号标记	物理-力学性能		牌号标记	物理-力学性能	
	含油率/%	径向压溃强度/MPa		含油率/%	径向压溃强度/MPa		含油率/%	径向压溃强度/MPa
FZ11060	≥18	≥200	FZ13558	≥22	≥300	FZ22070	≥12	>260
FZ11065	≥12	≥250	FZ13562	≥17	≥320	FZ22074	≥9	>280
FZ12058	≥18	≥170	FZ13658	≥22	≥300	FZ22162	≥22	>120
FZ12062	≥12	≥240	FZ13662	≥17	≥320	FZ22166	≥17	>160
FZ12158	≥18	≥310	FZ14058	≥22	≥140	FZ22170	≥9	>210
FZ12162	≥12	≥380	FZ14062	≥17	≥230	FZ22174	≥7	>230
FZ13058	≥21	≥100	FZ14158	≥22	≥140	FZ22260	≥11	>70
FZ13062	≥17	≥160	FZ14160	≥19	≥210	FZ22264	—	>100
FZ13158	≥21	≥140	FZ14162	≥17	≥280	FZ23065	≥18	>150
FZ13162	≥17	≥190	FZ14258	≥22	≥170	FZ24058	≥22	110～250
FZ13258	≥21	≥140	FZ14260	≥19	≥210	FZ24062	≥17	150～340
FZ13262	≥17	≥220	FZ14262	≥17	≥280	FZ24158	≥22	100～240
FZ13358	≥22	≥140	FZ21070	≥18	≥150	FZ24162	≥17	150～340
FZ13362	≥17	≥240	FZ21075	≥12	≥200	FZ24258	≥24	150
FZ13458	≥22	≥170	FZ22062	≥24	>130	FZ24262	≥19	215
FZ13462	≥17	≥280	FZ22066	≥19	>180	FZ24266	≥13	270

12.5.4 烧结金属含油轴承材料和种类、特性及用途

表 12-85 烧结金属含油轴承材料和种类、特性及用途

种类	特性和用途
Cu基	铜基材料以烧结锡青铜应用最广泛，最常用的合金系有Cu-Sn、Cu-Sn-C、Cu-Sn-Pb-C、Cu-Sn-Pb-Zn-C等。它具有良好的耐蚀性能，较高的强度，能承受一定的冲击和振动负荷。适用于要求耐蚀场合及低负荷-高速工况条件下，制造和轴承一体化的零件，如在办公机械、农具、计算机、机床及分马力电动机中应用，并且效果好。对于重负荷、振动、间歇转动及高温条件的工况，应选用添加石墨、MoS_2及Pb等固体润滑剂的青铜烧结轴承材料
Fe与Fe-C基	Fe基含油轴承材料强度高，可承受高负荷，其硬度高于Cu基材料，对轴的磨合性较差，耐蚀性不好。但其价格较低。密度为5.5～6.0g/cm^{3}的纯Fe轴承材料可用作中等负荷轴承。与铁化合的C材料制成的轴承，其强度比纯Fe材料高，径向压溃强度较高，耐磨件较好，抗压强度较高。化合C含量大于0.3%的Fe-C轴承材料，进行热处理可以进一步提高轴承力学性能

续表

种类	特性和用途
Fe-Cu 基	Fe-Cu 基材料由于将 Cu 混合于 Fe 中，改进了力学性能，提高了强度和硬度，一般 Cu 的加入量为 2%、10%和 20%，加入 20%Cu 的 Fe-Cu 合金比许多青铜的强度和硬度均高，并且有好的振动负荷能力。Fe-Cu 基材料更适于需要结构要求和轴承特性的应用场合
Fe-Cu-C 基	C 的添加量为 0.3%～0.9%时，可明显强化 Fe-Cu 合金轴承材料。添加 C 还可用热处理进一步改进力学性能。Fe-Cu-C 材料具有优良的耐磨性及高的抗压强度，适于要求较高的工况场合，如运输机械用轴承、齿轮传动电动机轴承以及垫圈和隔片等
Fe-青铜基	Fe-青铜轴承材料耐磨性近于 Fe 基材料，较 Cu 基轴承材料优越，在高 pv 值条件下使用，耐磨性优于青铜基轴，提高了轴承的寿命。Fe-青铜材料一般含有 0.5%～1.3%的石墨，自润滑性能好。适合在轻-中等负荷和中等-高速条件下应用。如分马力电动机和机械中的轴承，以及汽车、家电、音响机器、事务机器轴承等。可作为青铜轴承材料的经济替代品
Cu-Sn	摩擦系数小，用于便携式录音机等
Cu-Sn-P-C	适用于低速高载荷，在摇动条件下仍可使用；可用于替代电动机中的滚动轴承
Cu-Fe-Sn-Zn-C	耐蚀性能优良，耐磨性能好，在低 pv 值下，性能与青铜材质相同。可替代青铜轴承，价格便宜。广泛应用于家电、音响机器中
Fe-Cu-Sn-C	耐磨性能近于铁基材料，在高 pv 值下，耐磨性能比青铜轴承好，广泛应用于汽车、音响机器中。若适当提高铁的成分，可用于高转速的含油轴承
Fe-石墨基	将石墨与 Fe 粉相混合，烧结到低的化合 C 含量，从而使大部分石墨可作润滑剂。为改进自润滑性能，还可将轴承浸以润滑油。这种 Fe-石墨轴承具有优异的阻尼特性，且运转平稳。如日本烧结金属含油轴承 SBF3118、SBF4118 的 C 均为化合 C，且含量都较低，是性能优良的含油轴承材料 石墨含量在 4%～5%(质量分数)的 Fe-石墨材料，称为烧结金属石墨材料，其性能及应用见表 12-86

表 12-86　烧结金属石墨材料的成分与应用范围

石墨含量(质量分数)/%	添加剂(质量分数)/%	应用范围	特点
铁基			石墨含量高于 10%～15%（体积分数）或高于 4%～5%
2～20	达 15Cu	非润滑条件下工作	
10～30	—	在沉重摩擦条件下，非润滑时工作(在水、气体、水汽	
6～25	—		

续表

<table>
<tr><th>石墨含量
(质量分数)/%</th><th>添加剂
(质量分数)/%</th><th>应用范围</th><th>特点</th></tr>
<tr><td>6～8</td><td>—</td><td rowspan="4">中于温度－200～600℃下；在达900℃的温度作用下与达45m/s的速度下)</td><td rowspan="17">(体积分数)的烧结金属材料一般称为金属石墨材料，可以作为各种金属石墨轴承材料之用。金属石墨轴承有许多特点：工件温度范围大(－200～＋700℃)；可在粉尘、污染严重的气氛中；海水、水及其他液体中；强腐蚀条件下及真空条件下使用；干摩擦或润滑条件下承受高负荷的工作；不会损伤偶合面，不会</td></tr>
<tr><td>17～30</td><td>—</td></tr>
<tr><td>4～14</td><td>—</td></tr>
<tr><td>4～17</td><td>—</td></tr>
<tr><td>10～15</td><td>(1.5～3.5)Bi、As、Sb</td><td>在 p＝0.2～1MPa 和 v＝4.35～35.8m/s 下，于50～370℃范围内工作</td></tr>
<tr><td>达10</td><td>(0.2～10)Ni或Mn、Cr、Mo、P、Si、V、Ta、W、Nb</td><td>—</td></tr>
<tr><td>达10</td><td>(2～40)一种或几种Ti、Ta、Zr、W、Nb、Cr、Mo、Si、B或V的碳化物</td><td>—</td></tr>
<tr><td><8</td><td>5TiH_2</td><td>非润滑条件下工作</td></tr>
<tr><td>4～25</td><td>18Ni</td><td>于高负荷、较高粉尘及非润滑下摩擦时的沉重工作条件下</td></tr>
<tr><td>3～7或
5～15</td><td>(0～20)Pb、
(0～25)Cu、(1～15)Ni</td><td>滑块</td></tr>
<tr><td colspan="3">铜基</td></tr>
<tr><td>4～20</td><td>Pb、Al、P、Sn、Zn</td><td>滑动、密封、轴承</td></tr>
<tr><td>15～16</td><td>(10～20)Pb、
(0～25)Cu、(1～15)Ni</td><td>非润滑条件下工作</td></tr>
<tr><td colspan="3">铜与铜合金基(Cu-Al、Cu-Sn、Cu-Sn-Al、Cu-Sn-P、Cu-Sn-Zn、Cu-Sn-Pb)</td></tr>
<tr><td>12～20</td><td>(4～15)Ti、Mn、Co、Ni、Fe</td><td>非润滑条件下工作</td></tr>
<tr><td colspan="3">青铜基或黄铜基</td></tr>
<tr><td>4～25</td><td>—</td><td>在温度－200～350℃下，于水蒸气、水、气体中工作的轴承</td></tr>
<tr><td colspan="3">铬-钴合金基</td></tr>
<tr><td>40%～60%
(体积分数)</td><td>—</td><td>在热水中工作</td></tr>
</table>

续表

<table>
<tr><th>石墨含量
(质量分数)/%</th><th>添加剂
(质量分数)/%</th><th>应用范围</th><th>特点</th></tr>
<tr><td colspan="3">铝基</td><td rowspan="7">烧轴；可制成特殊形状；由于是电和热的良导体，故运转时，轴承中不会积蓄热能，不会产生静电现象</td></tr>
<tr><td>30
4～17
16～10</td><td>—
—
(2.5～5)Mg</td><td>这是一种热导率与耐磨性高的材料，用于制造触头和电机电刷</td></tr>
<tr><td colspan="3">银基</td></tr>
<tr><td>10</td><td>—</td><td>同铝基</td></tr>
<tr><td colspan="3">镍-铁合金基</td></tr>
<tr><td>10</td><td>2.0Mn、2.5ZnS</td><td>用于高滑动速度下，于自润滑下工作，在水中工作</td></tr>
</table>

第 4 篇

特种材料

第13章 高温合金

高温合金又称耐热合金，它的熔点越高，可使用的温度上限也就越高。一般将能在 700℃以上高温下工作的金属称为高温合金。

13.1 高温合金和金属间化合物高温材料（GB/T 14992—2005）

① 分类　高温合金有变形高温合金、铸造高温合金（等轴晶铸造高温合金、定向凝固柱晶高温合金和单晶高温合金）、焊接用高温合金丝、粉末冶金高温合金、弥散强化高温合金和金属间化合物高温材料六种。后者按其基本组成元素，又可分为镍铝系金属间化合物和钛铝系金属间化合物两种。

② 牌号

a. 组成

□	□	□	□
前缀：表示基本特性类别的汉语拼音字母符号（2或3位符号）	表示材料的分类号数字	表示同一材料类别内不同牌号编号（2位或3位数字）	后缀：表示某种特定工艺或特定化学成分等的英文字母符号

b. 前缀　见表 13-1。

表 13-1　高温合金钢牌号前缀

类别	前缀	说明
变形高温合金	GH	“高”和“合”字汉语拼音的首字母
等轴晶铸造高温合金	K	等轴晶铸造高温合金
定向凝固柱晶高温合金	DZ	“定”和“柱”字汉语拼音首字母
单晶高温合金	DD	“定”和“单”字汉语拼音首字母
焊接用高温合金丝	HGH	“H”为“焊”字汉语拼音首字母
粉末冶金高温合金	FGH	“F”为“粉”字汉语拼音首字母
弥散强化高温合金	MGH	“M”为“弥”字汉语拼音首字母
金属间化合物高温材料	JG	“金”和“高”字汉语拼音首字母

c. 各类合金的牌号　见表 13-2～表 13-5。

表 13-2　变形高温合金钢的牌号

名称	牌号
铁或铁镍（镍小于 50%）为主要元素	GH 2135，GH 2150，GH 2302，GH 2696，GH 2706，GH 2747，GH 2761，GH 2901，GH 2903，GH 2907，GH 2909，GH 2984，GH 2135，GH 2150，GH 2302，GH 2696，GH 2706，GH 2747，GH 2761，GH 2901，GH 2903，GH 2907，GH 2909，GH 2984
镍为主要元素	GH 3007，GH 3030，GH 3039，GH 3044，GH 3128，GH 3170，GH 3536，GH 3600，GH 3625，GH 3652，GH 4033，GH 4037，GH 4049，GH 4080A，GH 4090，GH 4093，GH 4098，GH 4099，GH 4105，GH 4133，GH 4133B，GH 4141，GH 4145，GH 4163，GH 4169，GH 4199，GH 4202，GH 4220，GH 4413，GH 4500，GH 4586，GH 4648，GH 4698，GH 4708，GH 4710，GH 4738，GH 4742
钴为主要元素	GH 5188，GH 5605，GH 5941，GH 6159，GH 6783

表 13-3　铸造高温合金的牌号

名称	牌号
等轴晶铸造高温合金	K 211，K 213，K 214，K 401，K 402，K 403，K 405，K 406，K 406C，K 407，K 408，K 409，K 412，K 417，K 417G，K 4171，K 418，K 418B，K 419，K 419H，K 423，K 423A，K 424，K 430，K 438，K 438G，K 441，K 461，K 477，K 480，K 491，K 4002，K 4130，K 4163，K 4169，K 4202，K 4242，K 4536，K 4537，K 4648，K 4708，K 605，K 610，K 612，K 640，K 640M，K 6188，K 825

续表

名称	牌号
定向凝固柱晶高温合金	DZ 404, DZ 405, DZ 417G, DZ 422, DZ 422B, DZ 438G, DZ 4002, DZ 4125, DZ 41251, DZ 640M
单晶高温合金	DD 402, DD 103, DD 104, DD 406, DD 408, DD 402, DD 403, DD 404, DD 406, DD 408, DD 402, DD 403, DD 404, DD 406

表 13-4 焊接用高温合金丝的牌号

名称	牌号
焊接用高温合金丝	HGH 1035, HGH 1040, HGH 1068, HGH 1131, HGH 1139, HGH 1140, HGH 2036, HGH 2038, HGH 2042, HGH 2132, HGH 2135, HGH2150, HGH 3030, HGH 3039, HGH 3041, HGH 3044, HGH 3113, HGH3128, HGH3367, HGH 3533, HGH 3536, HGH 3600, HGH 4033, HGH 4145, HGH 4169, HGH 4356, HGH 4642, HGH 4648

表 13-5 其他高温合金的牌号

名称	牌号
粉末冶金高温合金	FGH 4095, FGH 4096, FGH 4097
弥散强化高温合金	MGH 2756, MGH 2757, MGH 4754, MGH 4755, MGH 4758
金属间化合物高温材料	JG 1101, JG 1102, JG 1201, JG 1202, JG 1203, JG 1204, JG 1301, JG 1302(TAC-1B), JG 4006, JG 4006A, JG 4246, JG 4246A

13.2 转动部件用高温合金热轧棒材（GB/T 14993—2008）

用于制造各种设备的高温转动部件。

① 规格　一般直径为 8～55mm。通常交货长度：直径≤45mm 的棒材长度为 1500～6000mm；直径＞45mm 的棒材长度为 1000～6000mm。

② 牌号　见表 13-6，其化学成分应符合 GB/T 14993—2008 表 3 的规定。

③ 交货状态　热轧＋磨光（或车光）。

④ 热处理制度和力学性能　见表 13-6。

表 13-6　转动部件用高温合金的力学性能

合金牌号	试样热处理制度	组别	拉伸性能						高温持久性能			室温硬度(HBW)
			试验温度/℃	抗拉强度 R_m/MPa≥	规定非比例延伸强度 $R_{p0.2}$/MPa≥	断后伸长率 A/%≥	断后收缩率 Z/%≥	冲击功 A/J≥	试验温度 t/℃	应力 σ/MPa	时间/h≥	
GH2130	(1180℃±10℃,保温 2h,空冷)+(1050℃±10℃,保温 4h,空冷)+(800℃±10℃,保温 16h,空冷)	Ⅰ	800	665	—	3	8	—	850	195	40	269~341
		Ⅱ							800	245	100	
GH2150A	(1000~1130℃,保温 2~3h,油冷)+(780~830℃,保温 5h,空冷)+(650~730℃,保温 16h,空冷)	—	20	1130	685	12	14.0	27	600	785	60	293~363
GH4033	(1080℃±10℃,保温 8h,空冷)+(700℃±10℃,保温 16h,空冷)	Ⅰ	700	685	—	15	20.0	—	700	430	60	255~321
		Ⅱ								410	80	
GH4037	(1180℃±10℃,保温 2h,空冷)+(1050℃±10℃,保温 4h,缓冷)+(800℃±10℃,保温 16h,空冷)	Ⅰ	800	665	—	5.0	8.0	—	850	196	50	269~341
		Ⅱ							800	245	100	
GH4049	(1200℃±10℃,保温 2h,空冷)+(1050℃±10℃,保温 4h,空冷)+(850℃±10℃,保温 8h,空冷)	Ⅰ	900	570	—	7.0	11.0	—	900	245	40	302~363
		Ⅱ								215	80	
GH4133	(1080℃±10℃,保温 8h,空冷)+(750℃±10℃,保温 16h,空冷)	Ⅰ	20	1050	735	16	18.0	31	750	392	50	262~352
		Ⅱ	750	750	实测	12	15.0	—		345		

13.3 高温合金冷拉棒材（GB/T 14994—2008）

用于制造工业用紧固件等零件。

① 尺寸 圆形棒材公称直径为8～40mm；方形棒材公称边长为8～30mm；六角形棒材内切圆公称直径为8～36mm。

棒材长度一般应大于2000mm。

② 牌号 见表13-7，其化学成分应符合GB/T 14994—2008表2的要求。

③ 交货状态

a. GH1040、GH2036、GH2132、GH3030、GH4033和GH4169合金棒材为固溶处理、固溶处理＋酸洗、固溶处理＋磨光或冷拉。

b. GH4080A、GH4090合金棒材为冷拉＋磨光或固溶除氧化皮。棒材在最终一次中间退火后的冷拉变形量应为8%～12%。

c. GH2696棒材以下列组别之一交货

Ⅰ组棒材经1100℃，0.5～2h，油冷或水冷固溶处理后碱酸洗，再经冷拉，推荐变形量15%～25%；

Ⅱ组棒材经1100℃，0.5～2h，油冷或水冷固溶处理后碱酸洗，再经冷拉，推荐变形量35%～45%。

Ⅲ组一般冷拉。

Ⅳ组冷拉＋固溶。

④ 力学性能 合金试样按表13-7推荐的制度热处理后，力学性能应符合表13-8、表13-9的规定。

表13-7 高温合金冷拉棒材的热处理制度

牌号	组别	固溶处理	时效处理
GH1040	—	1200℃,1h,空冷	700℃,16h,空冷
GH2036	—	1140～1145℃,1h20min,流动水冷却	670℃,12～14h,升温至770～800℃,10～12h,空冷
GH2132	—	980～1000℃,1～2h,油冷	700～720℃,16h,空冷
GH2696	Ⅰ	—	750℃,16h,炉冷至650℃,16h,空冷
	Ⅱ	—	750℃,16h,炉冷至650℃,16h,空冷

续表

牌号	组别	固溶处理	时效处理
GH2696	Ⅲ	1100℃,1～2h,油冷	780℃,16h,空冷
	Ⅳ	1100～1120℃,3～5h,油冷	840～850℃,3～5h,空冷,700～730℃,16～25h,空冷
GH3030	—	980～1000℃,水冷或空冷	—
GH4033	—	1080℃,8h,空冷	700℃,16h,空冷
GH4080A	—	1080℃,15～45min,空冷或水冷	700℃,16h,空冷或 750℃,4h,空冷
GH4090	—	1080℃,1～8h,空冷或水冷	750℃,4h,空冷
GH4169	—	950～980℃,1h 空冷	720℃,8h;50℃/h±10℃/h 炉冷到 620℃,8h,空冷

表 13-8　高温合金冷拉棒材的力学性能

牌号	瞬时拉伸性能　≥					室温冲击功 A_{KU2} /J	布氏硬度(HBW)	高温持久性能			
	试验温度/℃	抗拉强度 R_m /MPa	规定非比例延伸强度 $R_{p0.2}$ /MPa	断后伸长率 A /%	断面收缩率 Z/%			试验温度/℃	试验应力 σ/MPa	时间/h ≥	断后伸长率 A/% ≥
GH1040	800	295	—	—	—	—	—	—	—	—	—
GH2036	室温	835	590	15	20	27	311～276	650	375 (345)	35 (100)	—
GH2132	室温	900	590	15	20	—	341～247	650	450 (390)	23 (100)	5(3)
GH2696(室温)	Ⅰ	1250	1050	10	35	—	302～229	600	570	实测	—
	Ⅱ	1300	1100	10	30	—	229～143			实测	—
	Ⅲ	980	685	10	12	24	341～285			50	—
	Ⅳ	930	635	10	12	24	341～285			50	—
GH3030	室温	685	—	30	—	—	—	—	—	—	—
GH4033	700	685	—	15	20	—	—	700	430 (410)	60 (80)	—
GH4080A	室温	1000	620	20	—	—	≥285	750	340	30	—
GH4090	650	820	590	8	—	—	—	870	140	30	—
GH4169	室温	1270	1030	12	15	—	≥345	650	690	23	4
	650	1000	860	12	15	—	—				

表 13-9　交货状态下的冷拉棒材硬度

交货状态	合金牌号	硬度(HBW)≤	合金牌号	硬度(HBW)≤
固溶处理	GH 2Q36	302	GH 4080A	325
	GH 2132	201	GH 4090	320
冷拉态	GH 4080A	365	GH 4090	351

13.4 高温合金热轧板（GB/T 14995—2010）

用于制造高温承力部件。

① 分类　按轧制精度分为较高精度和普通精度。

② 尺寸　厚度为4.00～14.00mm，宽度为600～1000mm，长度为1000～2000mm。

③ 牌号　见表13-10，其化学成分应符合GB/T 14995—2010表3要求。

④ 交货状态　固溶处理、酸洗、平整、切边。

⑤ 推荐热处理制度　见表13-10。

表 13-10　高温合金热轧板成品推荐热处理制度

牌号	成品板材热处理制度	牌号	成品板材热处理制度
GH 1035	1100～1140℃,空冷	GH 3030	980～1020℃,空冷
GH 1131	1130～1170℃,空冷	GH 3039	1050～1090℃,空冷
GH 1140	1050～1090℃,空冷	GH 3044	1120～1160℃,空冷
GH 2018	1100～1150℃,空冷	GH 3128	1140～1180℃,空冷
GH 2132	980～l000℃,空冷	GH 4099	1080～1140℃,空冷
GH 2302	1100～1130℃,空冷		

⑥ 热轧板力学性能　见表13-11。

表 13-11　高温合金热轧板力学性能

牌号	检验试样状态	试验温度/℃	抗拉强度 R_m/MPa	断后伸长率 A_s/%	断面收缩率 Z/%
GH 1035	交货状态	室温	≥590	≥35.0	实测
		700	≥345	≥35.0	实测
GH 1131	交货状态	室温	≥735	≥34.0	实测
		900	≥180	≥40.0	实测
		1000	≥110	≥43.0	实测

续表

牌号	检验试样状态	试验温度/℃	抗拉强度 R_m/MPa	断后伸长率 A_s/%	断面收缩率 Z/%
GH 1140	交货状态	室温	≥635	≥40.0	≥45.0
		800	≥245	≥40.0	≥50.0
GH 2018	交货状态+时效（800℃±10℃，保温 16h，空冷）	室温	≥930	≥15.0	实测
		800	≥430	≥15.0	实测
GH 2132	交货状态+时效（700～720℃，保温 12～16h，空冷）	室温	≥880	≥20.0	实测
		650	≥735	≥15.0	实测
		550	≥785	≥16.0	实测
GH 2302	交货状态	室温	≥685	≥30.0	实测
	交货状态+时效（800℃±10℃，保温 16h，空冷）	800	≥540	≥6.0	实测
GH 3030	交货状态	室温	≥685	≥30.0	实测
		700	≥295	≥30.0	实测
GH 3039	交货状态	室温	≥735	≥40.0	≥45.0
		800	≥245	≥40.0	≥50.0
GH 3044	交货状态	室温	≥735	≥40.0	实测
		900	≥185	≥30.0	实测
GH 3128	交货状态	室温	≥735	≥40.0	实测
	交货状态+固溶（1200℃±10℃，空冷）	950	≥175	≥40.0	实测
GH 4099	交货状态+时效（900℃±10℃，保温 5h，空冷）	900	≥295	≥23.0	—

13.5 高温合金冷轧板（GB/T 14996—2010）

用于制造高温承力部件。

① 尺寸　见表 13-12。

表 13-12　高温合金冷轧板的尺寸　mm

厚度	宽度	长度	厚度	宽度	长度
0.5～<0.8	600～1000	1200～2100	1.8～<3.0	600～1000	1200～2100
0.8～<1.8	600～1050	1200～2100	3.0～4.0	600～1000	900～1600

② 牌号　见表 13-13，其化学成分应符合 GB/T 14996—2010 表 4 要求。

③ 交货状态　固溶处理、碱酸洗、平整、矫直、切边。

④ 热处理 见表13-13。

表13-13 高温合金热轧板成品推荐热处理制度

牌号	成品板材热处理制度	牌号	成品板材热处理制度
GH 1016	1140～1180℃,空冷	GH 3044	1120～1160℃,空冷
GH 1035	1100～1140℃,空冷	GH 3128	1140～1180℃,空冷
GH 1131	1130～1170℃,空冷	GH 3536	1130～1170℃,快冷或水冷
GH 1140	1050～1090℃,空冷	GH 4033	970～990℃,空冷
GH 2018	1110～1150℃,空冷	GH 4099	1080～1140℃(最高不超过1160℃),空冷或快冷
GH 2302	1100～1130℃,空冷		
GH 3030	980～1020℃,空冷	GH 4145	1070～1090℃,空冷
GH 3039	1050～1090℃,空冷		

⑤ 热轧板力学性能 见表13-14、表13-15。

表13-14 高温合金热轧板力学性能

合金牌号	检验试样状态	试验温度/℃	拉伸性能		
			抗拉强度 R_m /MPa	规定塑性延伸强度 $R_{p0.2}$ /MPa	断后伸长率 A_s /%
GH 1035	交货状态	室温	≥590	—	≥35.0
		700	≥345	—	
GH 1131	交货状态	室温	≥735	—	≥34.0
		900	≥180	—	≥40.0
		1000	≥110	—	≥43.0
GH 1140	交货状态	室温	≥635	—	≥40.0
		800	≥225	—	
GH 2018	交货状态＋时效(800℃±10℃,保温16h,空冷)	室温	≥930	—	≥15.0
		800	≥430	—	
GH 2132	交货状态＋时效(700～720℃,保温12～16h,空冷)	室温	≥880	—	≥20.0
		650	≥735	—	≥15.0
		550	≥785	—	≥16.0
GH 2302	交货状态	室温	≥685	—	≥30.0
	交货状态＋时效(800℃±10℃,保温16h,空冷)	800	≥540	—	≥6.0
GH 3030	交货状态	室温	≥685	—	≥30.0
		700	≥295	—	
GH 3039	交货状态	室温	≥735	—	≥40.0
		800	≥245	—	

续表

<table>
<tr><td rowspan="2">合金牌号</td><td rowspan="2" colspan="2">检验试样状态</td><td rowspan="2">试验温度/℃</td><td colspan="3">拉伸性能</td></tr>
<tr><td>抗拉强度 R_m /MPa</td><td>规定塑性延伸强度 $R_{p0.2}$ /MPa</td><td>断后伸长率 A_s /%</td></tr>
<tr><td rowspan="2">GH 3044</td><td rowspan="2" colspan="2">交货状态</td><td>室温</td><td>≥735</td><td>—</td><td>≥40.0</td></tr>
<tr><td>900</td><td>≥196</td><td>—</td><td>≥30.0</td></tr>
<tr><td rowspan="2">GH 3128</td><td colspan="2">交货状态</td><td>室温</td><td>≥735</td><td>—</td><td rowspan="2">≥40.0</td></tr>
<tr><td colspan="2">交货状态＋固溶(1200℃±10℃,空冷)</td><td>950</td><td>≥175</td><td>—</td></tr>
<tr><td rowspan="2">GH 4033</td><td rowspan="2" colspan="2">交货状态＋时效(750℃±10℃,保温 4h,空冷)</td><td>室温</td><td>≥885</td><td>—</td><td rowspan="2">≥13.0</td></tr>
<tr><td>700</td><td>≥685</td><td>—</td></tr>
<tr><td rowspan="2">GH 4099</td><td colspan="2">交货状态</td><td>室温</td><td>≥1130</td><td>—</td><td>≥35.0</td></tr>
<tr><td colspan="2">交货状态＋时效(500℃±10℃,保温 5h,空冷)</td><td>900</td><td>≥295</td><td>—</td><td>≥23.0</td></tr>
<tr><td rowspan="2">GH 4145</td><td>t≤0.60mm
t>0.60mm</td><td>交货状态</td><td rowspan="2">室温</td><td>≥930</td><td>≥515</td><td>≥30.0</td></tr>
<tr><td>t=0.5～4.0mm</td><td>交货状态＋时效(730℃±10℃,保温 8h,空冷,炉冷至620℃±10℃,保温>10h,空冷)</td><td>≥1170</td><td>≥795</td><td>≥18.0</td></tr>
</table>

表 13-15　高温合金热轧板高温持久性能

<table>
<tr><td>牌号</td><td>试样状态及热处理制度</td><td>组别</td><td>板材厚度/mm</td><td>试验温度/℃</td><td>试验应力/MPa</td><td>试验时间/h</td><td>断后伸长率 A_s/%</td></tr>
<tr><td rowspan="2">GH 2132</td><td rowspan="2">交货状态＋时效(710℃±10℃,保温 12～16h,空冷)</td><td rowspan="2">—</td><td rowspan="2">所有</td><td>550</td><td>588</td><td>≥100</td><td>实测</td></tr>
<tr><td>650</td><td>392</td><td>≥100</td><td>实测</td></tr>
<tr><td>GH 2302</td><td>交货状态＋时效(800℃±10℃,保温 16h,空冷)</td><td>—</td><td>所有</td><td>800</td><td>215</td><td>≥100</td><td>实测</td></tr>
<tr><td rowspan="2">GH 3128</td><td rowspan="2">交货状态＋固溶(1200℃±10℃,空冷)</td><td>Ⅰ</td><td>>1.2
≤1.2</td><td>950</td><td>54</td><td>≥23
≥20</td><td>实测</td></tr>
<tr><td>Ⅱ</td><td>≤1.0
1.0～<1.5
≥1.5</td><td>950</td><td>39</td><td>≥100
≥80
≥70</td><td>实测</td></tr>
<tr><td>GH 4099</td><td>交货状态</td><td></td><td>0.8～4.0</td><td>900</td><td>98</td><td>≥30</td><td>≥10</td></tr>
</table>

13.6 一般用途高温合金管（GB/T 15062—2008）

用于在高温下承力不大输送液体的场合。

① 规格 见表13-16。

表 13-16 一般用途高温合金管的规格 mm

公称外径	公称壁厚											
	0.5	0.75	1.0	1.5	2.0	2.5	3.0	3.5	4.0	4.5	5.0	5.5
4	√	√	√									
5~7	√	√	√	√								
8		√	√	√	√							
9			√	√	√							
10~15			√	√	√	√						
16~20			√	√	√	√	√					
21~30				√	√	√	√	√				
31~40					√	√	√	√	√	√	√	
41~57					√	√	√	√	√	√	√	√

通常长度：壁厚0.5~1.0mm者，500~6000mm，壁厚大于1.0mm者，500~5000mm。

② 牌号 见表13-17，化学成分应符合GB/T 15062—2008表3的规定。

③ 交货状态 经固溶处理+酸洗或冷拔、冷轧。

④ 力学性能 见表13-17~表13-19。

表 13-17 GH1140、GH3030、GH3039、GH3044、GH3536 合金管材的力学性能

牌号	交货状态推荐热处理制度	室温拉伸性能		
		抗拉强度 R_m/MPa	规定非比例延伸强度 $R_{p0.2}$/MPa	断后伸长率 A/%
GH1140	1050~1080℃,水冷	≥590	—	≥35
GH3030	980~1020℃,水冷	≥590	—	≥35
GH3039	1050~1080℃,水冷	≥635	—	≥35
GH3044	1120~1210℃,空冷	≥685	—	≥30
GH3536	1130~1170℃,≤30min保温,快冷	≥690	≥310	≥25

表 13-18　GH4163 合金管材经时效处理后的力学性能

牌号	交货状态+时效热处理	管材壁厚/mm	高温拉伸性能			
			温度/℃	抗拉强度 R_m/MPa	规定非比例延伸强度 $R_{p0.2}$/MPa	断后伸长率 A/%
GH4163	交货状态+时效：800℃±10℃，8h，空冷	<0.5	780	≥540	—	—
		≥0.5		≥540	≥400	≥9

表 13-19　GH4163 管坯试样经热处理后的蠕变性能

热处理制度	试验温度/℃	蠕变性能	
		σ/MPa	50h 内总塑性变形量/%
固溶：1150℃±10℃，保温 1.5～2.5h 空冷+时效：800℃±10℃，8h，空冷	780	120	≤0.10

注：硬度应不大于 230HV。

13.7　高温合金精密无缝管（YB/T 6123—2023）

用于要求尺寸精密且在高温高压条件下输送液体。

① 规格　公称外径 3.0～51.0mm、壁厚 0.2～5.0mm；通常长度为 1000～6000mm。

② 牌号　见表 13-20，其化学成分应符合 YB/T 6123—2023 表 3 要求。

③ 交货状态　经热处理。根据需方要求，也可以冷轧（拔）状态交货。

④ 热处理制度和力学性能　见表 13-20。

表 13-20　推荐的热处理制度和力学性能

牌号	推荐热处理制度	公称外径/mm	公称壁厚/mm	室温拉伸性能			高温拉伸性能			
				抗拉强度 R_m/MPa	规定塑性延伸强度 $R_{p0.2}$/MPa	断后伸长率 A/%	温度 T/℃	抗拉强度 R_m/MPa	规定塑性延伸强度 $R_{p0.2}$/MPa	断后伸长率 A/%
GH1015	1140～1170℃空冷或快冷	—	—	≥665	—	≥35	900	≥175	—	≥40

续表

牌号	推荐热处理制度	公称外径/mm	公称壁厚/mm	室温拉伸性能			高温拉伸性能			
				抗拉强度 R_m/MPa	规定塑性延伸强度 $R_{p0.2}$/MPa	断后伸长率 A/%	温度 T/℃	抗拉强度 R_m/MPa	规定塑性延伸强度 $R_{p0.2}$/MPa	断后伸长率 A/%
GH1035	1100～1140℃快冷	—	—	≥590	—	≥35	700	≥345	—	≥35
GH1131	1130～1170℃空冷或快冷	—	—	≥735	—	≥34	900	≥176	—	≥40
GH1140	1050～1080℃空冷或水冷	≤30	≤3.0	≥635	—	≥40	800	≥225	—	≥40
GH1140	1050～1080℃空冷或水冷	>30	>3.0	≥590	—	≥30	800	≥225	—	≥40
GH2035A	固溶:1080℃,快冷;时效:680℃,16h,空冷	—	—	≥590	≥345	≥28	—	—	—	—
GH2132	970～1000℃,空冷;时效:710～750℃,≥16h,空冷	—	—	≥896	≥586	≥15	—	—	—	—
GH2302	固溶:1100～1130℃,空冷;时效:800℃,≥16h,空冷	—	—	≥685	—	≥30	—	—	—	—
GH3030	980～1020℃水冷	≤30	≤3.0	≥635	—	≥35	700	≥295	—	≥30
GH3030	980～1020℃水冷	>30	>3.0	≥590	—	≥30	700	≥295	—	≥30
GH3039	1050～1080℃空冷或水冷	≤30	≤3.0	≥685	—	≥40	800	≥245	—	≥40
GH3039	1050～1080℃空冷或水冷	>30	>3.0	≥635	—	≥30	800	≥245	—	≥40
GH3044	1120～1210℃空冷	—	—	≥685	—	≥30	—	—	—	—
GH3128	1140～1180℃空冷	≤10	≥0.5	≥735	≥330	≥40	950	≥175	≥110	≥40
GH3536	1130～1170℃,≤30min 保温,快冷	—	—	≥690	≥310	≥25	—	—	—	—

续表

牌号	推荐热处理制度	公称外径/mm	公称壁厚/mm	室温拉伸性能			高温拉伸性能			
				抗拉强度 R_m/MPa	规定塑性延伸强度 $R_{p0.2}$/MPa	断后伸长率 A/%	温度 T/℃	抗拉强度 R_m/MPa	规定塑性延伸强度 $R_{p0.2}$/MPa	断后伸长率 A/%
GH3600	980～1010℃，快冷	—	—	≥552	≥241	≥30	—	—	—	—
	真空，960～980℃	—	—	≥550	≥240	≥30	900	≥65	≥40	≥45
GH3625	960～1030℃快冷	—	—	≥825	≥415	≥35	—	—	—	—
	1090～1150℃快冷	—	—	≥690	≥276	≥30	—	—	—	—
GH4080A	固溶：1100～1150℃，保温 1～10min，适当介质中冷却 时效：750℃±10℃，保温 4h，空冷	—	≤1.0	≥1030	≥640	≥15	—	—	—	—
		—	>1.0	≥1030	≥640	≥20	—	—	—	—
GH4105	固溶：1100～1150℃，快冷；时效：700℃，16h，随炉冷	—	—	≥1000	≥620	≥15	—	—	—	—
GH4169	固溶：955～1020℃，保温 30～60min，快冷	—	—	≤1070	≤655	≥30	—	—	—	—
	时效：720℃±10℃保温 8h，以 50℃/h 速度炉冷至(620±10)℃，保温 8h，空冷	—	—	≥1200	≥1000	≥12	600	≥1000	≥900	≥12

注：冷轧（拔）高温合金无缝管的力学性能由供需双方协商。

13.8 高温合金的特性与应用

表 13-21 部分高温合金的特性与应用

<table>
<tr><th>牌号</th><th>性能特点</th><th>用途举例</th></tr>
<tr><td>GH 1050</td><td rowspan="4">这类合金含铬、镍量相对较高，含弥散强化相形成元素（V、Al、Ti）量相对较少。通过固溶处理可达到强化的目的。在零件需要多次冷加工时，为消除加工硬化、恢复塑性，也要进行固溶处理。零件焊接后通常进行退火处理以消除内应力。由于铬、镍含量较高，故它们抗氧化温度一般可达900℃以上；但因含弥散强化相形成元素较少，合金中化合物数量较少，故室温强度、高温强度都较低。这类合金固溶处理后的组织为奥氏体，故塑性和焊接性好</td><td>900℃以下的涡轮发动机的燃烧室、加力燃烧室等零件</td></tr>
<tr><td>GH 1035</td><td>750～800℃的涡轮发动机的燃烧室和加力燃烧室</td></tr>
<tr><td>GH 1131</td><td>900℃以下的涡轮发动机的燃烧室、加力燃烧室和其他高温部件</td></tr>
<tr><td>GH 1140</td><td>800～900℃的涡轮发动机的燃烧室、加力燃烧室等零件</td></tr>
<tr><td>GH 2132</td><td rowspan="2">这类合金铬、镍含量相对较低，故抗氧化的温度仅约800℃，但是含弥散强化相形成元素（V、Al、Ti）较高，在固溶体基体上可形成化合物强化相，所以常用热处理形式为固溶处理＋时效，使合金固溶强化和析出细小强化相，从而提高室温和高温强度</td><td>650～700℃的涡轮盘、环形件、冲压焊接件和紧固零件材料</td></tr>
<tr><td>GH 2302</td><td>800～850℃的燃气涡轮叶片和700～750℃的燃气轮机叶片等材料</td></tr>
<tr><td>GH3030</td><td rowspan="6">其特性、用途与相应的固溶强化型铁基合金、时效和硬化型铁基合金基本相同。不同之处在于基体的差别。铁基高温合金的基体金属是铁（含铁量约50%），含铬量在10%～23%、含镍量在7%～40%；而镍基高温合金的基体金属是镍，镍含量大于50%。由于镍含量的提高，故镍基高温合金比铁基高温合金的热强性高，最高工作温度已达到1050℃左右，但其可切削加工性亦随之变差。由于含镍量高，应逐步采用铁基高温合金来代替</td><td>800℃以下涡轮发动机的燃烧室、加力燃烧室等零件，可用GH1140代替</td></tr>
<tr><td>GH3039</td><td>800～850℃的火焰筒及加力燃烧室等零件</td></tr>
<tr><td>GH3044</td><td>850～900℃的航空发动机燃烧室及加力燃烧室等零件</td></tr>
<tr><td>GH3128</td><td>800～950℃的涡轮发动机的燃烧室、加力燃烧室等零件</td></tr>
<tr><td>GH4037</td><td>800～850℃的涡轮叶片材料</td></tr>
<tr><td>GH4169</td><td>350～750℃的抗氧化热强材料</td></tr>
</table>

第14章 耐蚀合金

耐蚀合金是在腐蚀性介质中具有抵抗介质侵蚀能力的金属材料，它通常具备热力学稳定性高、易于钝化和表面能生成难溶与保护性良好的腐蚀膜这三个条件之一。

14.1 耐蚀合金（GB/T 15007—2017）

① 分类

a. 根据合金的基本成型方式，可分为变形耐蚀合金和铸造耐蚀合金。

b. 根据合金的基本组成元素，可分为：

铁镍基合金：镍含量30%～50%，镍含量与铁含量之和不小于60%的合金；

镍基合金：镍含量不小于50%的合金；

纯镍：镍（可加钴）的最小含量99.0%的金属；

镍铜合金：镍含量不小于50%，镍含量与铜含量之和不小于90%的合金。

② 变形耐蚀合金　标记："NS"（分别为"耐""蚀"汉语拼音的首字母）作为前缀，后接四位阿拉伯数字。

NS后面4位数字的含义见表14-1。

表 14-1　耐蚀合金标记中 4 位数字的含义

第1位数字(表示分类)	第2位数字(表示不同合金系列)
NS1×××表示主要为固溶强化的铁镍基合金	NS×1××表示镍-铬系
NS2×××表示主要为时效硬化的铁镍基合金	NS×2××表示镍-钼系
NS3×××表示主要为固溶强化的镍基合金	NS×3××表示镍-铬-钼系
NS4×××表示主要为时效硬化的镍基合金	NS×4××表示镍-铬-钼-铜系
NS5×××表示纯镍	NS×5××表示镍-铬-钼-氮系

续表

第1位数字(表示分类)	第2位数字(表示不同合金系列)
NS6×××表示镍铜合金	NS×6××表示镍-铬-钼-铜-氮系

注：1. 第3位和第4位数字表示不同合金牌号顺序号。不足2位的合金编号用数字“0”补齐，“0”放在第2位表示分类号的数字与合金编号之间。

2. 纯镍和镍铜合金，符号“NS”后第2位、第3位和第4位数字，表示不同合金牌号顺序号。如果与国际上惯用牌号表示方法有对应关系，应优先采用国际上惯用牌号表示方法的编号的后三位。

牌号有 NS 1101，NS 1102，NS 1103，NS 1104，NS 1105，NS 1106，NS l301，NS 1401，NS 1402，NS 1403，NS 1404，NS 1405，NS1501，NS 1502，NS 1601，NS 1602，NS 2401，NS 3101，NS 3102，NS 3103，NS 3104，NS3105，NS 3201，NS 3202，NS 3203，NS 3204，NS 3301，NS 3302，NS 3303，NS 3304，NS 3305，NS 3306，NS 3307，NS 3308，NS 3309，NS 3310，NS 3311，NS 3312，NS 3313，NS 3401，NS 3402，NS 3403，NS 3404，NS 3405，NS 4101，NS 4102，NS 4103，NS 4301，NS 5200l，NS 5201，NS 6400，NS 6500 共 52 个。

③ 焊接耐蚀合金

a. 标记：在前缀符号“NS”前加“H”（“焊”字汉语拼音的首字母），再后接4位阿拉伯数字。各数字表示意义与变形耐蚀合金相同，并沿用变形耐蚀合金牌号的编号。

b. 牌号有 HNS 1402，HNS 1403，HNS 3101，HNS 3103，HNS 3106，HNS 3152，HNS 3154，HNS 3201，HNS 3202，HNS 3304，HNS 3306，HNS 3312，HNS 5206，HNS 6406 共 14 个。

④ 铸造耐蚀合金

a. 标记：在前缀符号“NS”前加“Z”（“铸”字汉语拼音首字母），再后接4位阿拉伯数字。各数字表示意义与变形耐蚀合金相同（相同数字的变形耐蚀合金与铸造耐蚀合金没有对应关系）。

b. 牌号有 ZNS 1301，ZNS 3101，ZNS 3201，ZNS 3202，ZNS 3301，ZNS 3302，ZNS 3303，ZNS 3304，ZNS 3305，ZNS 4301 共 10 个。

⑤ 耐蚀合金复合板（管）　按“基层＋复合层”命名，如NS1402 和碳钢 Q345 的复合钢板，牌号命名应为：Q345＋NS1402。

14.2　耐蚀合金热轧厚板（GB/T 38688—2020）

① 公称尺寸　厚度为 3.0～200mm，宽度不大于 3000mm，长度不大于 15000mm。

② 分类　镍基、铁镍基、纯镍和镍铜基耐蚀合金热轧厚板 4 种。

③ 牌号　NS 1101，NS 1102，NS 1103，NS 1104，NS 1105，NS 1301，NS 1401，NS 1402，NS 1403，NS 1404，NS 1502，NS 3101，NS 3102，NS 3103，NS 3104，NS 3105，NS 3201，NS 3202，NS 3203，NS 3301，NS 3303，NS 3304，NS 3305，NS 3306，NS 3308，NS 3309，NS 3311，NS 3312，NS 3313，NS 3314，NS 3402，NS 3403，NS 3404，NS 3405，NS 4102，NS 4301，NS 5200，NS 5201，NS 6400，NS 6500。

④ 化学成分　应符合 GB/T 38688—2020 表 5 的规定。

⑤ 交货状态　固溶（或退火）加酸洗（或表面抛光）。

⑥ 力学性能　见表 14-2～表 14-4。

表 14-2　交货状态板材的室温拉伸性能、硬度及平均晶粒度

合金牌号	公称厚度/mm	交货状态	热处理温度/℃	拉伸性能			洛氏硬度(HRB)
				抗拉强度 R_m /MPa≥	规定塑性延伸强度 $R_{p0.2}$ /MPa≥	断后伸长率 A/%≥	
NS 1101	—	固溶	—	520	205	30	—
NS 1102	—		≥1120	450	170	30	—
NS 1103	—		—	520	205	30	—
NS 1104	—		≥1150	450	170	30	—
NS 1105	—		≥1040	485	205	30	70～90
NS 1106	—		≥1150	460	185	30	65～88
NS 1301	—		—	590	240	30	—
NS 1401	—		—	540	215	35	—
NS 1402	—		—	585	240	30	—
NS 1403	—		—	550	240	30	≤95
NS 1404	—		—	500	215	40	70～90

续表

合金牌号	公称厚度/mm	交货状态	热处理温度/℃	拉伸性能			洛氏硬度(HRB)
				抗拉强度 R_m /MPa≥	规定塑性延伸强度 $R_{p0.2}$ /MPa≥	断后伸长率 A/%≥	
NS 1502	—	固溶	≥1180	620	275	30	—
NS 3101	—		—	570	245	40	—
NS 3102	—		—	550	240	30	—
NS 3103	—		—	550	205	30	—
NS 3104	—		—	520	195	35	—
NS 3105	—		—	585	240	30	—
NS 3201	<5.0	固溶	—	795	345	45	≤100
	≥5.0		—	690	310	40	≤100
NS 3202	—	固溶	—	760	350	40	≤100
NS 3312	—		—	655	240	35	—
NS 3313	—		1225±20	760	310	40	—
NS 3314	—		—	690	280	40	—
NS 3402	<20		—	620	240	35	≤100
	≥20		—	585	205	30	≤100
NS 3403	<20	固溶	—	620	240	45	≤100
	≥20		—	585	205	35	≤100
NS 3404	—	固溶	—	585	240	30	—
NS 3405	—	固溶	—	690	310	45	≤100
NS 5200	—	退火	—	380	100	40	—
NS 5201	—	退火	—	345	80	40	—
NS 6400	—	退火	—	480	195	35	—

注：硬度不作为交货条件。

表 14-3　时效强化型板材的拉伸性能

合金牌号	公称厚度/mm	试样状态	固溶处理制度①	试样时效处理制度①②	抗拉强度 R_m/MPa≥	规定非比例延伸强度 $R_{p0.2}$/MPa≥	断后伸长率 A/%≥
NS 4102	≤25	固溶+时效	980～1100℃，空冷或快冷	制度1：730℃保温8h，以55℃/h速度冷却到620℃，保温8h空冷 制度2：730℃保温8h，以任意速度冷却到620℃，保温。总有效时间不少于18h，空冷	1100	720	18

续表

合金牌号	公称厚度/mm	试样状态	固溶处理制度[①]	试样时效处理制度[①②]	抗拉强度 R_m/MPa≥	规定非比例延伸强度 $R_{p0.2}$/MPa ≥	断后伸长率 A/% ≥
NS 4301	≤25	固溶＋时效	940～1060℃，空冷或快冷	制度 1：720℃保温 8h，以 55℃/h 速度冷却到 620℃，保温 8h，空冷 制度 2：同 NS4102 制度 2	1240	1035	12
	>25～50				1240	1035	10
NS 6500	—	固溶＋时效	≥870℃，快冷	制度 1：590～610℃保温 8～16h，以 8～15℃/h 速度炉冷到 480℃，然后空冷 制度 2：590～610℃保温 8～16h，炉冷到 540℃，保温 6h；炉冷到 480℃，保温 8h，空冷	900	620	15
		热轧＋时效	—		970	690	15

① 选定的热处理温度应控制在±15℃之内。

② 板材应以固溶状态或热轧态交货，交货状态的试样经时效处理。两种制度由供方选其一。

表 14-4　板材高温持久性能

牌号	试验温度 T/℃	试验应力 σ/MPa	蠕变断裂时间 t/h	蠕变断后伸长率 A/%
NS 4301	650	690	≥23	≥4

⑦ 热处理温度　见表 14-5。

表 14-5　耐蚀合金牌号的热处理温度

牌号	推荐热处理温度/℃	牌号	推荐热处理温度/℃
NS 1301	1160～1210	NS 3104	1080～1130
NS 1401	1000～1050	NS 3301	1050～1100
NS 3101	1050～1100	NS 3303	1160～1210
NS 3103	1100～1160		

14.3　耐蚀合金冷轧薄板及带材（GB/T 38689—2020）

用于制作要求耐蚀场合下使用的薄片零件或组件。

① 尺寸　公称厚度为 0.1～5.0mm，公称宽度不小于

1500mm；最长可达12000mm。

② 种类 镍基、铁镍基、纯镍和镍铜基。

③ 化学成分 应符合GB/T 38689—2020表9的要求。

④ 交货状态 固溶（或退火）＋酸洗。也可采用保护气氛固溶（或退火）光亮状态；部分品种可冷作硬化状态交货。

⑤ 牌号和力学性能 见表14-6～表14-9。

表14-6 固溶（或退火）状态薄板和带材的室温拉伸性能和硬度

合金牌号	交货状态	热处理温度/℃	拉伸性能			硬度
			抗拉强度 R_m/MPa≥	规定塑性延伸强度 $R_{p0.2}$/MPa≥	断后伸长率 A/%≥	
NS 1101	固溶	—	520	205	30	—
NS 1102	固溶	≥1120	450	170	30	—
NS 1103	固溶	—	520	205	30	—
NS 1104	固溶	≥1150	450	170	30	—
NS 1105	固溶	≥1040	485	205	30	70～90HRB
NS 1106	固溶	≥1150	460	185	30	65～88HRB
NS 1301	固溶	—	590	240	30	—
NS 1401	固溶	—	540	215	35	—
NS 1402	固溶	—	585	240	30	—
NS 1403	固溶	—	550	240	30	<217HBW或<95HRB
NS 1404	固溶	—	500	215	40	70～90HRB
NS 1502	固溶	≥1180	620	275	30	—
NS 3101	固溶	—	570	245	40	—
NS 3102	固溶	—	550	240	30	—
NS 3103	固溶	—	550	205	30	—
NS 3104	固溶	—	520	195	35	—
NS 3105	固溶	—	585	240	30	—
NS 3201	固溶	—	795	345	45	≤100HRB
NS 3202	固溶	—	760	350	40	≤100HRB
NS 3203	固溶	—	760	350	40	≤100HRB
NS 3301	固溶	—	540	195	35	—
NS 3303	固溶	—	690	315	30	—
NS 3304	固溶	—	690	285	40	≤100HRB
NS 3305	固溶	—	690	275	40	≤100HRB
NS 3306	固溶	≥1095	690	275	30	—
	退火	≥870	760	380	30	—
NS 3308	固溶	—	690	310	45	≤100HRB

续表

合金牌号	交货状态	热处理温度/℃	拉伸性能			硬度
			抗拉强度 R_m /MPa≥	规定塑性延伸强度 $R_{p0.2}$ /MPa≥	断后伸长率 A/%≥	
NS 3309	固溶	—	690	310	45	≤100HRB
NS 3311	固溶	—	690	310	45	≤100HRB
NS 3312	固溶	—	665	240	35	—
NS 3313	固溶	1225±20	760	310	40	—
NS 3402	固溶	—	620	240	40	≤100HRB
NS 3403	固溶	—	620	240	45	≤100HRB
NS 3404	固溶	—	585	240	30	—
NS 3405	固溶	—	690	310	45	≤100HRB
NS 5200	退火	—	380	100	40	—
NS 5201	退火	—	345	80	40	—
NS 6400	退火	—	485～585	195	35	—

表 14-7　冷作硬化状态交货的薄板和带材室温拉伸性能和硬度

合金牌号	交货状态	拉伸性能			硬度
		抗拉强度 R_m /MPa≥	规定塑性延伸强度 $R_{p0.2}$ /MPa≥	断后伸长率 A/%≥	
NS 3102	H1/4	—	—	—	88～94HRB
	H1/2	—	—	—	94～98HRB
	H3/4	—	—	—	97HRB～25HRC
	H	860	620	2	—
NS 3105	H1/4	—	—	—	—
	H1/2	—	—	—	94～98HRB
	H3/4	—	—	—	97HRB～25HRC
	H	860	620	2	—
NS 5200	H1/4	—	—	—	70～80HRB
	H1/2	—	—	—	79～86HRB
	H3/4	—	—	—	85～91HRB
	H	620	480	2	—
NS 6400	H1/4	—	—	—	73～83HRB
	H1/2	—	—	—	82～90HRB
	H3/4	—	—	—	89～94HRB
	H	690	620	2	—

注：H 代表硬化程度。

表 14-8 时效强化型薄板及带材的室温拉伸性能

合金牌号	公称厚度/mm	试样状态	固溶处理制度	试样时效处理制度	抗拉强度 R_m/MPa≥	规定非比例延伸强度 $R_{p0.2}$/MPa≥	断后伸长率 A/%≥
NS 4102	≤0.4	固溶+时效	980～1100℃，空冷或快冷	制度1:730℃保温8h，以55℃/h速度冷却到620℃，保温8h空冷 制度2:730℃保温8h，以任意速度冷却到620℃保温。总有效时间不少于18h，空冷	1100	720	18
	>0.4				1170	790	18
NS 4301	—	固溶+时效	940～1060℃，空冷或快冷	制度1:720℃保温8h，以55℃/h速度冷却到620℃，保温8h，空冷 制度2:同NS4102制度2	1240	1035	12
NS 6500	—	固溶+时效	≥870℃，快冷	制度1:590～610℃保温8～16h，以8～15℃/h速度炉冷到480℃，然后空冷 制度2:590～610℃保温8～16h，炉冷到540℃，保温6h；炉冷到480℃，保温8h，空冷	900	620	15

表 14-9 NS4301的高温持久性能

牌号	公称厚度/mm	试验温度/℃	试验应力/MPa	蠕变断裂时间 t_u/h	蠕变断后伸长率 A_u/%
NS 4301	≤0.4	650	655	≥23	—
	0.4～0.6		655		≥4
	0.6～5.0		690		≥4

⑥ 热处理温度 见表14-10。

表 14-10 部分耐蚀合金牌号推荐热处理温度

牌号	推荐热处理温度/℃	牌号	推荐热处理温度/℃
NS 1301	1160～1210	NS3104	1080～1130

续表

牌号	推荐热处理温度/℃	牌号	推荐热处理温度/℃
NS 1401	1000～1050	NS 3301	1050～1100
NS 3101	1050～1100	NS 3303	1160～1210
NS 3103	1100～1160		

14.4 耐蚀合金热轧薄板及带材（GB/T 38690—2020）

用于制作要求耐蚀场合下使用的薄片零件或组件。

① 尺寸　公称厚度为 2.5～8.0mm，公称宽度不小于 1500mm。

② 种类　镍基、铁镍基、纯镍和镍铜基。

③ 化学成分　应符合 GB/T 38690—2020 表 5 的要求。

④ 交货状态　固溶（或退火）＋酸洗。

⑤ 牌号和力学性能　见表 14-11～表 14-13。

表 14-11　交货状态的薄板及带材的室温拉伸性能和硬度

合金牌号	公称厚度/mm	交货状态	热处理温度/℃	拉伸性能			洛氏硬度(HRB)
				抗拉强度 R_m/MPa ≥	规定塑性延伸强度 $R_{p0.2}$/MPa≥	断后伸长率 A/%≥	
NS 1101	—	固溶	—	520	205	30	—
NS 1102	—	固溶	≥1120	450	170	30	—
NS 1103	—	固溶	—	520	205	30	—
NS 1104	—	固溶	≥1150	450	170	30	—
NS 1105	—	固溶	≥1040	485	205	30	70～90
NS 1106	—	固溶	≥1150	460	185	30	65～88
NS 1301	—	固溶	—	590	240	30	—
NS 1401	—	固溶	—	540	215	35	—
NS 1402	—	固溶	—	585	240	30	—
NS 1403	—	固溶	—	550	240	30	≤95
NS 1404	—	固溶	—	500	215	40	70～90
NS 1502	—	固溶	≥1180	620	275	30	—

续表

合金牌号	公称厚度/mm	交货状态	热处理温度/℃	拉伸性能			洛氏硬度(HRB)
				抗拉强度 R_m/MPa≥	规定塑性延伸强度 $R_{p0.2}$/MPa≥	断后伸长率 A/%≥	
NS 3101	—	固溶	—	570	245	40	—
NS 3102	—	固溶	—	550	240	30	—
NS 3103	—	固溶	—	550	205	30	—
NS 3104	—	固溶	—	520	195	35	—
NS 3105	—	固溶	—	585	240	30	—
NS 3201	≤5.0	固溶	—	795	345	45	≤100
	>5.0～8.0	固溶	—	690	310	40	≤100
NS 3202	—	固溶	—	760	350	40	≤100
NS 3203	—	固溶	—	760	350	40	≤100
NS 3301	—	固溶	—	540	195	35	—
NS 3303	—	固溶	—	690	315	30	—
NS 3304	—	固溶	—	690	285	40	≤100
NS 3305	—	固溶	—	690	275	40	≤100
NS 3306	—	固溶	≥1095	690	275	30	—
	—	退火	≥870	760	380	30	—
NS 3308	—	固溶	—	690	310	45	≤100
NS 3309	—	固溶	—	690	310	45	≤100
NS 3311	—	固溶	—	690	310	45	≤100
NS 3312	—	固溶	—	665	240	35	—
NS 3313	—	固溶	1225±20	760	310	40	—
NS 3409	≤5.0	固溶	—	620	240	40	≤100
	>5.0～8.0	固溶	—	620	240	35	≤100
NS 3403	—	固溶	—	620	240	45	≤100
NS 3404	—	固溶	—	585	240	30	—
NS 3405	—	固溶	—	690	310	45	≤100
NS 5200	—	退火	—	380	100	40	—
NS 5201	—	退火	—	345	80	40	—
NS 6400	—	退火	—	480	195	35	—

表 14-12　时效强化型合金薄板及带材的室温拉伸性能

合金牌号	试样状态	固溶处理制度	试样时效处理制度	抗拉强度 R_m/MPa≥	规定非比例延伸强度 $R_{p0.2}$/MPa≥	断后伸长率 A/%≥
NS 4102	固溶+时效	980～1100℃，空冷或快冷	制度 1：730℃保温 8h，以 55℃/h 速度冷却到 620℃，保温 8h，空冷 制度 2：730℃保温 8h，以任意速度冷却到 620℃保温。总有效时间不少于 18h，空冷	1100	720	18
NS 4301	固溶+时效	940～1060℃，空冷或快冷	制度 1：720℃保温 8h，以 55℃/h 速度冷却到 620℃，保温 8h，空冷 制度 2：同 NS4102 制度 2	1240	1035	12
NS 6500	固溶+时效	≥870℃，快冷	制度 1：590～610℃保温 8～16h，以 8～15℃/h 速度炉冷到 480℃，然后空冷 制度 2：590～610℃保温 8～16h，炉冷到 540℃，保温 6h；炉冷到 480℃，保温 8h，空冷	900	620	15
	热轧+时效	—		970	690	15

表 14-13　NS4301 的高温持久性能

牌号	试验温度/℃	试验应力/MPa	蠕变断裂时间 t_u/h	蠕变断后伸长率 A_u/%
NS 4301	650	690	≥23	≥4

⑥ 热处理温度　同表 14-10。

14.5 耐蚀合金锻材（GB/T 37620—2019）

用于制作在有腐蚀环境下工作的零部件坯料。

① 分类

a. 按交货的表面状态分为三类：

热锻棒材：原始表面（或经酸洗、喷砂处理）。

磨光棒材：表面经磨削加工处理，表面有金属光泽。

机加工棒材：表面经车铣削加工处理，表面有金属光泽。

b. 按基本形状分为四类：

轴类锻件：圆（方）形截面的直轴、阶梯轴和带法兰的轴类。

饼类锻件：轴向高度小于外径，最后工序经过镦粗。

环类锻件：轴向高度小于外径，经扩孔后呈环形。

筒类锻件：轴向高度大于外径，经拔长呈筒形。

② 尺寸　公称直径（或边长、厚度）为40～600mm。

③ 牌号和化学成分　见表14-14。

表14-14　耐蚀合金锻材牌号

品种	合金牌号
锻制棒材	NS 1101、NS 1102、NS 1103、NS 1104、NS 1105、NS 1106、NS 1301、NS 1401、NS 1402、NS 1403、NS 1502、NS 3101、NS 3102、NS 3103、NS 3104、NS 3105、NS 3201、NS 3202、NS 3301、NS 3302、NS 3303、NS 3304、NS 3305、NS 3306、NS 3401、NS 4101
锻件	NS 1101、NS 1102、NS 1301、NS 1402、NS 1403、NS 1601、NS 1602、NS 3102、NS 3203、NS 3204、NS 3304、NS 3305、NS 3306、NS 3308、NS 3309、NS 3311、NS 3405

其化学成分应符合GB/T 37620—2019表4的规定。

④ 交货状态　锻制或固溶。

⑤ 力学性能　见表14-15～表14-17。

表14-15　锻制棒材力学性能

合金牌号	推荐热处理温度/℃	抗拉强度 R_m/MPa ≥	规定塑性延伸强度 $R_{p0.2}$/MPa ≥	断后伸长率 A/% ≥
NS 1101	1000～1060	520	205	30
NS 1102	1100～1170	450	170	30
NS 1103	1000～1050	515	205	30
NS 1104	1150～1200	450	170	30
NS 1105	1040～1100	483	207	30
NS 1106	1150～1200	462	186	30
NS 1301	1150～1200	590	240	30
NS 1401	1000～1050	540	215	35
NS 1402	1000～1050	590	240	30

续表

合金牌号	推荐热处理温度/℃	抗拉强度 R_m/MPa ≥	规定塑性延伸强度 $R_{p0.2}$/MPa ≥	断后伸长率 A/% ≥
NS 1403	1000～1050	540	315	35
NS 1502	1180～1230	620	275	30
NS 3101	1050～1100	570	245	40
NS 3102	1000～1050	550	240	30
NS 3103	1100～1150	550	195	30
NS 3104	1080～1120	520	195	35
NS 3105	1000～1050	550	240	30
NS 3201	1140～1190	690	310	40
NS 3202	1040～1090	760	350	40
NS 3301	1050～1100	540	195	35
NS 3302	1160～1210	735	295	30
NS 3303	1160～1210	690	315	30
NS 3304	1150～1200	690	285	40
NS 3305	1050～1100	690	275	40
NS 3306	1100～1150	690	275	30
NS 3401	1050～1100	590	195	40

注：表中的性能指标适用于公称直径不大于 80mm 的锻制棒材。公称直径大于 80mm 的锻制棒材，允许改锻成直径或边长 80mm 样坯后取样检验，其力学性能检验结果应符合本表的规定。

表 14-16　NS4101 锻制棒材的力学性能

合金牌号	推荐热处理温度/℃	抗拉强度 R_m/MPa ≥	规定塑性延伸强度 $R_{p0.2}$/MPa ≥	断后伸长率 A/% ≥	冲击吸收能量 KU_2/J	硬度(HRC)
NS 4101	1080～1100℃,水冷, 750～780℃,8h,空冷, 520～550℃,8h,空冷	910	690	20	80	＞32

表 14-17　锻件的力学性能

合金牌号	最大截面直径或厚度/mm	热处理状态	抗拉强度 R_m/MPa ≥	规定塑性延伸强度 $R_{p0.2}$/MPa ≥	断后伸长率 A/% ≥
NS 1101	200	固溶	520	205	30

续表

合金牌号	最大截面直径或厚度/mm	热处理状态	抗拉强度 R_m/MPa ≥	规定塑性延伸强度 $R_{p0.2}$/MPa ≥	断后伸长率 A/% ≥
NS 1102	200	固溶	450	170	30
NS 1301	200	固溶	590	240	30
NS 1402	200	固溶	580	240	30
NS 1403	200	固溶	550	240	30
NS 1601	200	固溶	650	275	35
NS 1602	200	固溶	750	380	35
NS 3102	200	固溶	550	240	30
NS 3203	200	固溶	760	350	35
NS 3204	200	固溶	760	350	35
NS 3304	200	固溶	690	280	35
NS 3305	200	固溶	650	240	40
NS 3306	200	固溶	760	345	25
NS 3308	200	固溶	690	310	40
NS 3309	200	固溶	690	310	40
NS 3311	200	固溶	690	310	40
NS 3405	200	固溶	690	310	40

14.6 耐蚀合金棒（GB/T 15008—2020）

用于制作在腐蚀性介质中使用的公称直径不大于 150mm 的铁镍基、镍基、镍铜基零部件坯料。

① 分类

a. 按基本组成元素分：有铁镍基合金（镍含量 30%～50%，镍含量与铁含量之和不小于 60%）、镍基合金（镍含量不小于 50%）和镍铜合金（镍含量不小于 50%，镍含量与铜含量之和不小于 90%）三种。

b. 按使用加工方法分：有压力加工用钢（UP）和切削加工用钢（UC）两种。

② 牌号和化学成分　牌号见表 14-18；其化学成分应符合 GB/T 15008—2020 表 3 的要求。

③ 交货状态　热轧或固溶，或热轧/固溶后剥皮、车光、

磨光。

④ 力学性能　见表 14-18～表 14-20。

表 14-18　耐蚀合金棒的力学性能

合金牌号	热处理温度/℃	规定塑性延伸强度 $R_{p0.2}$/MPa	抗拉强度 R_m/MPa	断后伸长率 A/%	合金牌号	热处理温度/℃	规定塑性延伸强度 $R_{p0.2}$/MPa	抗拉强度 R_m/MPa	断后伸长率 A/%
NS 1101	1000～1060	205	515	30	NS 3104	1080～1190	195	520	35
NS 1102	1100～1170	170	450	30	NS 3105	1000～1050	240	550	30
NS 1103	1000～1050	205	515	30	NS 3201	1140～1190	310	690	40
NS 1104	1190～1170	170	450	30	NS 3202	1040～1090	350	760	40
NS 1105	1040～1090	207	483	30	NS 3301	1050～1100	195	540	35
NS 1301	1150～1200	240	590	30	NS 3302	1160～1210	295	735	30
NS 1401	1000～1050	215	540	35	NS 3303	1160～1210	315	690	30
NS 1402	1000～1050	240	590	30	NS 3304	1150～1200	285	690	40
NS 1403	1000～1050	215	540	35	NS 3305	1050～1100	275	690	40
NS 2401	1010～1065	517	241	35	NS 3306	1100～1150	275	690	30
NS 3101	1050～1100	245	570	40	NS 3308	1100～1150	310	690	45
NS 3102	1000～1050	240	550	30	NS 3401	1050～1100	195	590	40
NS 3103	1100～1150	195	550	30	NS 6400	800～982	170	480	35

表 14-19　时效力学性能

合金牌号	推荐热处理制度		规定塑性延伸强度 $R_{p0.2}$/MPa	抗拉强度 R_m/MPa	断后伸长率 A/%	冲击吸收能量 A_{kU}/J	硬度(HRC)
	固溶[①]	时效[①]	≥				
NS 4101	1080～1100℃，快冷	750～780℃保温 8h，空冷，620～650℃保温 8h，空冷	690	910	20	80[②]	32
NS 4301	940～1060℃，空冷或快冷	720℃保温 8h，任意冷却速度冷却至 620℃，总时效时间不少于 18h，空冷	1035	1240	12	—	—

续表

合金牌号	推荐热处理制度		规定塑性延伸强度 $R_{p0.2}$ /MPa	抗拉强度 R_m /MPa	断后伸长率 A/%	冲击吸收能量 A_{kU}/J	硬度(HRC)
	固溶①	时效①	≥				
NS 6500	1080～1150℃，快冷	制度1:590～610℃保温8～16h,以10～15℃/h的速度炉冷至480℃，空冷	585③	895	20	—	—
	热轧	制度2:590～610℃保温8～16h，炉冷至540℃,保温6h,炉冷至480℃,保温8h,空冷	690	965	20④	—	—

① 选定的热处理温度应控制在±15℃之内。
② 公称直径小于16mm的棒材可不进行冲击试验。
③ 公称直径小于25.4mm，规定塑性延伸强度 $R_{p0.2}$ 不小于620MPa。
④ 公称直径大于108mm，断后伸长率不小于17%。

表 14-20 高温持久性能

牌号	试验温度 T/℃	试验应力 σ/MPa	蠕变断裂时间 t_u/h	蠕变断后伸长率 A_{u50mm}/%
NS 4301	650	690	≥23	≥4

14.7 油气工程用高强度耐蚀合金棒（GB/T 36026—2018）

用于制造油气工程中要求高强度且耐蚀的较长零件。

① 尺寸 公称直径为15～400mm，长度通常为1000～6000mm。

② 分类 按成型方法，可分为锻制、热轧和冷拉（或冷拔）三种。

③ 牌号 NS 4301和NS 2401。

④ 化学成分 应符合GB/T 36026—2018表2规定。

⑤ 交货状态 棒材总锻造或轧制比应不小于4∶1。锻制或热轧棒材应经固溶加时效热处理（表面一般剥皮或磨光）；冷拉（拔）棒材以固溶+时效或直接时效（表面一般磨光）交货。

⑥ 牌号和力学性能 见表14-21。

表 14-21　高强度耐蚀合金棒的牌号和力学性能

合金牌号	组别	公称直径/mm	热处理制度	瞬时拉伸性能				硬度(HRC)	夏比冲击吸收能量 KV_2/J		侧向膨胀值/mm
				抗拉强度 R_m/MPa	规定塑性延伸强度 $R_{p0.2}$/MPa	断后伸长率 A(4d)/%	断面收缩率 Z/%		纵向	横向	
NS 4301	A	15～400	固溶(1020～1050℃保温1～3h,水冷或空冷)+时效(720～800℃保温6～8h,空冷)	≥1034	≥827	≥20	≥25	30～40	—	≥47	—
	B	15～<76	固溶(1020～1050℃保温1～3h,水冷或空冷)+时效(770～800℃保温6～8h,空冷)	≥1034	827～1000	≥20	≥35	32～40	≥68	—	≥0.38
		76～250		≥1034	827～1000	≥20	≥35	32～40	—	≥47	≥0.38
		>250～400		≥1034	827～1000	≥20	≥25	32～40	—	≥41	≥0.38
	C	15～<76	固溶(1020～1050℃保温1～3h,水冷或空冷)+时效(760～800℃保温6～8h,空冷)	≥1138	965～1034	≥20	≥35	34～40	≥68	—	≥0.38
		76～250		≥1138	965～1034	≥20	≥35	34～40	—	≥47	≥0.38
		>250～400		≥1103	965～1034	≥20	≥25	34～40	—	≥41	≥0.38
	D	15～400	固溶(960～1050℃保温1～3h,水冷或空冷)+时效(720～760℃保温8h,以每小时55℃±5℃炉冷至620～650℃保温8h,空冷)	≥1240	≥1034	≥12	≥15	36～42	—	—	—
	E	15～400	固溶(1020～1050℃保温1～3h,水冷或空冷)+时效(720～760℃保温8h,以每小时55℃±5℃炉冷至620～650℃保温8h,空冷)	≥1240	≥1034	≥15	≥20	≥36	—	≥41	—

续表

合金牌号	组别	公称直径/mm	热处理制度	瞬时拉伸性能				硬度(HRC)	夏比冲击吸收能量 KV_2/J		侧向膨胀值/mm
				抗拉强度 R_m/MPa	规定塑性延伸强度 $R_{p0.2}$/MPa	断后伸长率 $A(4d)$/%	断面收缩率 Z/%		纵向	横向	
NS 4301	F	15～400	固溶(960～1020℃保温1～3h,水冷或空冷)+时效(720～760℃保温8h,以每小时55℃±5℃炉冷至620～650℃保温8h,空冷)	≥1275	≥1137	≥12	≥15	36～42	—	—	—
NS 4301	G	15～400	时效(720～760℃保温8h,以每小时55℃±5℃炉冷至620～650℃保温8h,空冷)	≤1647	≥1412	≥12	—	43～48	—	—	—
NS 2401	A	15～<76	固溶(980～1020℃保温0.5～3h,水冷或空冷)+时效(720～760℃保温6～9h,炉冷至610～660℃保温,总时效时间不少于12h,空冷)	≥965	758～965	≥18	≥25	26～38	≥68	—	≥0.38
		76～250		≥965	758～965	≥18	≥20	26～38	—	≥47	≥0.38
		>250～400		≥965	758～965	≥18	≥20	26～38	—	≥43	≥0.38
NS 2401	B	15～400	固溶(980～1040℃保温0.5～3h,水冷或空冷)+时效(720～760℃保温6～9h,炉冷至610～660℃保温,总时效时间不少于12h,空冷)	≥965	≥827	≥18	≥20	26～38	≥61	≥41	—

14.8 热交换器用耐蚀合金无缝管（GB/T 30059—2013）

用于制作在腐蚀性介质中使用的热交换器无缝管。

① 尺寸 外径为 6～219mm，壁厚为 0.5～10mm，通常长度为 2000～12000mm。

② 牌号和化学成分 牌号见表 14-22；其化学成分应符合 GB/T 30059—2013 表 3 要求。

③ 交货状态 经固溶处理并酸洗。

④ 力学性能 见表 14-22。

表 14-22 固溶处理状态交货合金管的纵向力学性能

牌号	推荐固溶热处理制度/℃	力学性能		
		抗拉强度 R_m/MPa ≥	规定塑性延伸强度 $R_{p0.2}$/MPa ≥	断后伸长率 A/% ≥
NS 1101	1000～1060,急冷	517	207	30
NS 1102	1100～1170,急冷	448	172	30
NS 1103	980～1050,急冷	515	205	30
NS 1401	1000～1050,急冷	540	215	35
NS 1402	960～1070,急冷	586	241	30
NS 3102	1000～1050,急冷	552	241	30
NS 3105	1000～1100,急冷	586	241	30
NS 3306	960～1030,急冷	690	276	30

14.9 耐蚀合金焊管（GB/T 37605—2019）

用于制作要求耐蚀且能焊接的管件。

① 牌号 NS 1101、NS 1102、NS 1104、NS 1402、NS 1403、NS 3102、NS 3304、NS 3306、NS 6400。

② 化学成分 应符合 GB/T 37605—2019 表 1 的规定。

③ 交货状态 经热处理＋酸洗。

④ 热处理和力学性能 见表 14-23。

表 14-23 推荐的热处理制度和力学性能

<table>
<tr><th rowspan="3">牌号</th><th rowspan="3">推荐热处理制度/℃</th><th colspan="3">室温力学性能</th></tr>
<tr><th>抗拉强度 R_m/MPa</th><th>规定塑性延伸强度 $R_{p0.2}$/MPa</th><th>断后伸长率 A/%</th></tr>
<tr><th colspan="3">≥</th></tr>
<tr><td>NS 1101</td><td>≥1040,急冷</td><td>520</td><td>205</td><td>30</td></tr>
<tr><td>NS 1102</td><td>≥1120,急冷</td><td>450</td><td>170</td><td>30</td></tr>
<tr><td>NS 1104</td><td>≥1150,急冷</td><td>450</td><td>170</td><td>30</td></tr>
<tr><td>NS 1402</td><td>930～980,急冷</td><td>586</td><td>240</td><td>30</td></tr>
<tr><td>NS 1403</td><td>930～1010,急冷</td><td>551</td><td>241</td><td>30</td></tr>
<tr><td>NS 3102</td><td>980～1010,急冷</td><td>550</td><td>240</td><td>30</td></tr>
<tr><td>NS 3304</td><td>≥1120,急冷</td><td>690</td><td>283</td><td>40</td></tr>
<tr><td rowspan="2">NS 3306</td><td>固溶处理:≥1090,急冷</td><td>690</td><td>276</td><td>30</td></tr>
<tr><td>退火处理:≥870,急冷</td><td>827</td><td>414</td><td>30</td></tr>
<tr><td rowspan="3">NS 6400</td><td>退火处理:D≤127mm,900～930,急冷</td><td>480</td><td>195</td><td>35</td></tr>
<tr><td>退火处理:D>127mm,900～930,急冷</td><td>480</td><td>170</td><td>35</td></tr>
<tr><td>消应力处理:540～565,急冷</td><td>585</td><td>380</td><td>15</td></tr>
</table>

14.10 耐蚀合金无缝管（GB/T 37614—2019）

① 尺寸 公称外径为 6～10mm，公称壁厚不小于 0.5mm。

通常长度：公称壁厚为 0.5～0.8mm 时为 500～8000mm；公称壁厚大于 0.8mm 为 1000～12000mm。

② 化学成分 应符合 GB/T 37614—2019 表 3 规定。

③ 分类 按主要合金成分，可分为镍基、纯镍、铁镍基和镍铜耐蚀合金。

④ 生产方法 冷轧（拔）或热挤压（轧、扩）。

⑤ 交货状态 经热处理加酸洗（经整体抛光、磨光者不用酸洗）或保护气氛热处理。

⑥ 牌号和力学性能 见表 14-24、表 14-25。

表 14-24　经热挤压（轧、扩）的合金管室温力学性能

合金牌号	外径 D/mm	抗拉强度 R_m/MPa ≥	规定塑性延伸强度 $R_{p0.2}$/MPa ≥	断后伸长率 A/% ≥
NS 1101	—	450	170	30
NS 3102	≤127	550	205	35
	>127	515	170	35
NS 3105	≤127	586	205	35
	>127	515	170	35
NS 3304	—	690	283	40

表 14-25　经热处理或保护气氛热处理的合金管室温力学性能

合金牌号	交货状态	外径 D/mm	抗拉强度 R_m/MPa≥	规定塑性延伸强度 $R_{p0.2}$/MPa≥	断后伸长率 A/%≥
NS 1101	冷轧(拔)退火	—	520	205	30
	热挤压(轧、扩)退火	—	450	170	30
NS 1102	退火①	—	450	170	30
NS 1103	退火	—	515	205	30
NS 1104	退火②	—	450	170	30
NS 1401	退火	—	540	215	35
NS 1402	冷轧(拔)退火	—	585	240	30
	热挤压(轧、扩)退火	—	520	170	30
NS 1403	稳定化退火③	—	550	240	30
NS 1404	固溶	—	500	215	40
NS 3101	固溶	—	570	245	40
NS 3102	冷轧(拔)退火	≤127	550	240	30
		>127	550	205	35
	热挤压(轧、扩)退火	≤127	550	205	35
		>127	515	170	35
NS 3103	退火	—	550	205	30
NS 3301	退火	—	540	195	35
NS 3304	固溶	—	690	280	40
NS 3306	冷轧(拔)退火④	—	825	415	30
	冷轧(拔)固溶⑤	—	690	275	30
NS 3403	固溶	—	620	240	40
NS 5200	消应力退火	—	450	275	15
	退火	—	380	105	40

续表

合金牌号	交货状态	外径 D/mm	抗拉强度 R_m/MPa≥	规定塑性延伸强度 $R_{p0.2}$/MPa≥	断后伸长率 A/%≥
NS 5201	消应力退火	—	415	205	15
	退火	—	345	80	40
NS 6400	消应力退火	—	585	380	15
	冷轧(拔)退火	≤127	480	195	35
		>127	480	170	35

① 热处理温度最低应为1121℃。

② 热处理温度最低应为1149℃。

③ 推荐的退火温度982～1010℃。

④ 退火温度最低应为871℃。

⑤ 固溶处理温度最低应为1093℃，固溶后可进行稳定化处理，稳定化退火的最低温度应为982℃。

14.11　工业炉用耐蚀合金无缝管（GB/T 38681—2020）

用于石油炼化、化工等行业工业炉。

① 尺寸　公称外径不大于406mm，公称壁厚不大于60mm；通常长度为3000～12000mm。

② 分类　按产品制造方式分为热挤压合金管（W-H）和冷轧（拔）合金管（W-C）两类；按尺寸精度分为普通级精度（PA）和高级精度（PC）。

③ 化学成分　应符合GB/T 38681—2020表3规定。

④ 交货状态　经热处理并酸洗（凡经整体磨、镗或经保护气氛热处理者可不酸洗）。

⑤ 牌号和力学性能　见表14-26。

表14-26　工业炉用耐蚀合金无缝管的力学性能

合金牌号	推荐热处理制度	抗拉强度 R_m/MPa ≥	规定塑性延伸强度 $R_{p0.2}$/MPa≥	断后伸长率 A/%≥
NS 1101	≥1040℃，快冷	520	205	30
NS 1102	1120～1180℃，快冷	450	170	30

续表

合金牌号	推荐热处理制度	抗拉强度 R_m/MPa ≥	规定塑性延伸强度 $R_{p0.2}$/MPa≥	断后伸长率 A/%≥
NS 1104	1150～1180℃,快冷	450	170	30
NS 1402	870～1080℃,快冷	585	240	30
NS 3306①	退火处理:870～1093℃,快冷	830	415	30
	固溶处理:1093～1150℃,快冷	690	275	35

① 两种制度由供方选其一。

14.12　耐蚀合金大口径无缝管（YB/T 6122—2023）

① 尺寸　公称外径范围为 219～610mm，通常长度为 1000～10000mm。

② 牌号和化学成分　牌号见表 14-27，其化学成分应符合 YB/T 6122—2023 表 2 规定。

③ 交货状态　热处理加酸洗（或磨光、抛光）（保护气氛光亮热处理时不用酸洗）。

表 14-27　耐蚀合金大口径无缝管的交货状态

合金牌号	退火	固溶	消除应力	合金牌号	退火	固溶	消除应力
NS 1101	—	√	—	NS 3103	—	√	—
NS 1102	—	√	—	NS 3105	—	√	—
NS 1104	—	√	—	NS 3304	—	√	—
NS 1402	—	√	—	NS 3306	√	√	—
NS 1403	—	√	—	NS 3405	—	√	—
NS 1502	—	√	—	NS 5201	√	—	√
NS 3102	—	√	—	NS 6400	√	—	√

④ 力学性能　见表 14-28。

表 14-28　耐蚀合金大口径无缝管的力学性能

合金牌号	推荐热处理温度/℃	抗拉强度 R_m /MPa≥	规定塑性延伸强度 $R_{p0.2}$/MPa≥	断后伸长率 A/%≥
NS 1101	1000～1060	520	205	30
NS 1102	1120～1180	450	170	30
NS 1104	1140～1200	450	170	30

续表

合金牌号	推荐热处理温度/℃	抗拉强度 R_m /MPa≥	规定塑性延伸强度 $R_{p0.2}$/MPa≥	断后伸长率 A/%≥
NS 1402	960～1000	586	241	30
NS 1403	980～1100	550	240	30
NS 1502	1170～1250	621	276	30
NS 3102	980～1050	550	205	35
NS 3103	1100～1150	550	205	30
NS 3105	1000～1050	586	205	35
NS 3304	1130～1200	690	283	40
NS 3306	退火:870～1000	827	414	30
	固溶:1090～1150	690	276	30
NS 3405	1100～1180	690	310	45
NS 5201	退火:700～780	345	70	40
	消除应力:<500	415	205	15
NS 6400	退火:800～850	480	170	35
	消除应力:<600	585	380	15

14.13 耐蚀合金盘条和丝（GB/T 37607—2019）

① 尺寸 耐蚀合金盘条为公称直径 4.5～18.0mm，耐蚀合金冷拉（拔）丝为 0.10～16.0mm。

② 牌号和化学成分 牌号见表 14-29，其化学成分应符合 GB/T 37607—2019 表 5 规定。

③ 交货状态 盘条为热轧或固溶（表面可以热轧、酸洗或剥皮）；冷拉（拔）丝为冷拉、固溶或固溶＋时效状态交货。

④ 力学性能 见表 14-29。

表 14-29 热处理制度和力学性能

合金牌号	公称直径/mm	热处理制度	抗拉强度 R_m /MPa	规定塑性延伸强度 $R_{p0.2}$ /MPa	断后伸长率 A_{50} /%
NS 1101	—	固溶：970～1050℃保温 0.1～0.5h,空冷	≥515	≥205	≥30
NS 1102	—	固溶：1000～1050℃保温 0.1～0.5h,空冷	≥450	≥170	≥30

续表

合金牌号	公称直径/mm	热处理制度	抗拉强度 R_m/MPa	规定塑性延伸强度 $R_{p0.2}$/MPa	断后伸长率 A_{50}/%
NS 1402	—	固溶：930～980℃保温 0.1～0.5h，空冷	≥586	≥241	≥30
NS 1403	—	固溶：927～1010℃保温 0.1～0.5h，空冷	≥551	≥241	≥30
NS 2401	—	固溶：1010～1064℃保温 0.5～1h，空冷或水冷 时效：(740±8)℃保温 6～9h，随炉冷却至(621±10)℃保温 18h，空冷或水冷	≥965	≥724	≥18
NS 3102	≤1.45	冷拉	≥1276	—	—
	>1.45～2.90		≥1207	—	—
	>2.90～5.82		≥1172	—	—
	>5.82～8.36		≥1138	—	—
	>8.36～9.53		≥1103	—	—
	>9.53～12.7		≥1069	—	—
	>12.7～14.3		≥965	—	—
NS 3103	—	固溶：980～1100℃保温 0.1～0.5h，空冷	825～1415	690～1345	3～20
NS 3201	—	固溶：1120～1180℃保温 0.1～0.5h，空冷	≥795	≥315	≥35
NS 3304	—	固溶：1150～1175℃保温 0.1～0.5h，空冷	≥690	≥283	≥40
NS 3306	—	固溶：不低于 1094℃保温 0.1～0.5h，空冷	≥690	≥276	≥30
NS 3312	—	固溶：1060～1170℃保温 0.1～0.5h，空冷	≥660	≥240	≥35
NS 4102	—	固溶：(982±14)℃保温 0.5h，空冷或水冷 时效：(732±14)℃保温 8h，随炉冷却至(621±14)℃保温 18h，空冷	≥1170	≥790	≥18
NS 4301	—	固溶：924～1010℃保温 0.5h，空冷或水冷 时效：(718±10)℃保温 8h，随炉冷却至(621±10)℃保温 18h，空冷或水冷	≥1275	≥1034	≥12

续表

<table>
<tr><th>合金牌号</th><th>公称直径/mm</th><th>热处理制度</th><th>抗拉强度 R_m /MPa</th><th>规定塑性延伸强度 $R_{p0.2}$ /MPa</th><th>断后伸长率 A_{50} /%</th></tr>
<tr><td rowspan="2">NS 5200</td><td rowspan="2">—</td><td>固溶:870～1040℃保温 5～10min,空冷</td><td>380～580</td><td>105～345</td><td>40～50</td></tr>
<tr><td>冷拉</td><td>860～1000</td><td>725～930</td><td>2～15</td></tr>
<tr><td>NS 5201</td><td>—</td><td>固溶:870～1040℃保温 5～10min,空冷</td><td>345～415</td><td>70～170</td><td>40～60</td></tr>
<tr><td rowspan="8">NS 6400</td><td>—</td><td>固溶:871～982℃保温 2～10min,空冷</td><td>483～586</td><td>—</td><td>—</td></tr>
<tr><td>≤0.71</td><td rowspan="7">冷拉</td><td>≥1138</td><td>—</td><td>—</td></tr>
<tr><td>>0.71～1.45</td><td>≥1103</td><td>—</td><td>—</td></tr>
<tr><td>>1.45～2.90</td><td>≥1034</td><td>—</td><td>—</td></tr>
<tr><td>>2.90～7.92</td><td>≥965</td><td>—</td><td>—</td></tr>
<tr><td>>7.92～9.53</td><td>≥931</td><td>—</td><td>—</td></tr>
<tr><td>>9.53～12.7</td><td>≥896</td><td>—</td><td>—</td></tr>
<tr><td>>12.7～14.3</td><td>≥827</td><td>—</td><td>—</td></tr>
<tr><td rowspan="11">NS 6500</td><td>≤2.9</td><td rowspan="4">冷拉+时效:(595±8)℃保温 8～16h,以 10～15℃/h 的速率随炉冷却至 480℃后空冷</td><td>≥1240</td><td>—</td><td>—</td></tr>
<tr><td>>2.9～9.52</td><td>≥1170</td><td>—</td><td>—</td></tr>
<tr><td>>9.52～14.3</td><td>≥1105</td><td>—</td><td>—</td></tr>
<tr><td>≤16</td><td>≥1070</td><td>—</td><td>—</td></tr>
<tr><td>≤1.45</td><td rowspan="7">冷拉</td><td>≥1140</td><td>—</td><td>—</td></tr>
<tr><td>>1.45～2.90</td><td>≥1070</td><td>—</td><td>—</td></tr>
<tr><td>>2.90～5.82</td><td>≥1035</td><td>—</td><td>—</td></tr>
<tr><td>>5.82～7.92</td><td>≥1000</td><td>—</td><td>—</td></tr>
<tr><td>>7.92～9.52</td><td>≥930</td><td>—</td><td>—</td></tr>
<tr><td>>9.52～11.10</td><td>≥860</td><td>—</td><td>—</td></tr>
<tr><td>>11.10～14.3</td><td>≥825</td><td>—</td><td>—</td></tr>
</table>

14.14 耐蚀合金钢的特性与应用

变形耐蚀合金和焊接用变形耐蚀合金的特性与应用见表 14-30 和表 14-31。

表 14-30　变形耐蚀合金的主要特性和用途

牌号	主要特性	用途举例
NS 1101	抗氧化性介质腐蚀，高温抗渗碳性良好	用于化工、石化和食品处理、核工程用作热交换器及蒸汽发生器管、合成纤维的加热管以及电加热元件护套
NS 1102	抗氧化性介质腐蚀，抗高温渗碳，热强度高	用于合成纤维工程中的加热管、炉管及耐热构件等，多晶硅冷氢化反应器、加热器、换热器
NS 1103	耐高温高压水及苛性介质应力腐蚀	用于核电站的蒸汽发生器管
NS 1104	抗氧化性介质腐蚀，抗高温渗碳，热强度高	用于热交换器、加热管、炉管及耐热构件
NS 1105		用于加热管、炉管及耐热构件等
NS 1106		用于炉管及耐热构件等
NS 1301	在含卤素离子氧化-还原复合介质中耐点腐蚀	用于湿法冶金、制盐、造纸及合成纤维工业的含氯离子环境
NS 1401	耐氧化-还原介质腐蚀及氯化物介质的应力腐蚀	用于硫酸及含有多种金属离子和卤族离子的硫酸装置
NS 1402	耐氧化物应力腐蚀及氧化-还原性复合介质腐蚀	用于热交换器及冷凝器、含多种离子的硫酸环境；油气集输管道用复合管内衬；高压空冷器
NS 1403	耐氧化-还原性复合介质腐蚀	用于硫酸环境及含有卤族离子及金属离子的硫酸溶液中应用，如湿法冶金及硫酸工业
NS 1404	抗氯化物、磷酸、硫酸腐蚀	用于烟气脱硫系统、造纸工业、磷酸生产、有机酸和酯合成；油气田用油井管
NS 1405	耐强氧化性酸、氯化物、氢氟酸腐蚀	用于硫酸设备、硝酸-氢氟酸酸洗设备、热交换器
NS 2401	与 NS 1402 合金耐腐蚀性能相当，但通过时效强化可以获得更好的强度，具有较好的抗 H_2S 应力腐蚀能力	用于油气田井下及地面工器具及海工装备泵、阀和高强度管道系统
NS 3101	抗强氧化性及含氟离子高温硝酸腐蚀，无磁	用于高温硝酸环境及强腐蚀条件下的无磁构件

续表

牌号	主要特性	用途举例
NS 3102	耐高温氧化物介质腐蚀，耐应力腐蚀和碱腐蚀	用于热处理及化学加工工业装置、核电和汽车工程
NS 3103	抗强氧化性介质腐蚀，高温强度高	用于强腐蚀性核工程废物烧结处理炉、热处理炉、辐射管、煤化工高温部件
NS 3104	耐强氧化性介质及高温硝酸、氢氟酸混合介质腐蚀	用于核工业中靶件及元件的溶解器
NS 3105	抗氯化物及高温高压水应力腐蚀，耐强氧化性介质及 HNO_3-HF 混合腐蚀	用于核电站热交换器、蒸发器管、隔板、核工程化工后处理耐蚀构件
NS 3201	耐强还原性介质腐蚀	用于热浓盐酸及氯化氢气体装置及部件
NS 3202	耐强还原性介质腐蚀，改善抗晶间腐蚀性	用于盐酸及中等浓度硫酸环境(特别是高温下)的装置
NS 3203 NS 3204	耐强还原性介质腐蚀	用于盐酸及中等浓度硫酸环境(特别是高温下)的装置
NS 3301	耐高温氟化氢、氯化氢气体及氟气腐蚀异形焊接	用于化工、核能及有色冶金中高温氟化氢炉管及容器
NS 3302	耐含氯离子的氧化-还原介质腐蚀，耐点腐蚀	用于湿氯、亚硫酸、次氯酸、硫酸、盐酸及氯化物溶液装置
NS 3303	耐卤族及其化合物腐蚀	用于强腐蚀性氧化-还原复合介质及高温海水中应用装置
NS 3304	耐氧化性氯化物水溶液及湿氯、次氯酸盐腐蚀	用于强腐蚀性氧化-还原复合介质及高温海水中的焊接构件、核电主泵电机屏蔽套、烟气脱硫装备
NS 3305	耐含氯离子的氧化-还原复合腐蚀，组织热稳定性好	用于湿氯、次氯酸、硫酸、盐酸、混合酸、氯化物装置，焊后直接应用
NS 3306	耐氧化-还原复合介质、耐海水腐蚀，缝隙腐蚀且热强度高，耐高温氧化	用于航空航天工程，燃气轮机，化学加工，石油和天然气开采，污染控制，海洋和核工程
NS 3307	焊接材料，焊接覆盖面大，耐苛刻环境腐蚀	用于多种高铬钼镍基合金的焊接及与不锈钢焊接
NS 3308	耐含氯离子的氧化性溶液腐蚀	用于醋酸、磷酸制造、核燃料回收、热交换器，堆焊阀门

续表

牌号	主要特性	用途举例
NS 3309	在酸性氯化物环境中具有最佳的抗局部腐蚀性和良好的耐氧化性、还原性和混合性	用于污染控制、废物处理和工业应用领域的腐蚀性环境
NS 3310	耐酸性气体腐蚀，抗硫化物应力腐蚀	用于含有二氧化碳、氯离子和高硫化氢的酸性气体环境中的管件
NS 3311	耐硝酸、磷酸、硫酸和盐酸腐蚀，抗氯离子应力腐蚀	用于含氯化物的有机化工、造纸工业、脱硫装置
NS 3312	优秀的抗高温氧化性，优良的高温持久蠕变性	航空、海陆基地燃气涡轮发动机燃烧室和其他制造组件，也用于热处理和核工程
NS 3313	优秀的抗高温氧化，优良的高温持久蠕变性	用于航空、海陆基地燃气涡轮发动机燃烧室和其他制造组件
NS 3401	耐含氟、氯离子的酸性介质的冲刷冷凝腐蚀	用于化工及湿法冶金冷凝器和炉管、容器
NS 3402	耐所有的浓度和温度的盐酸，耐氯化氢、硫酸、醋酸、磷酸，应力腐蚀开裂	用于含有硫酸和磷酸的化工设备
NS 3403	优异的耐盐酸和其他强还原物质，较高的热稳定性和耐应力腐蚀开裂性能	用于含有硫酸和磷酸的化工设备
NS 3404	耐强氧化性的复杂介质和磷酸腐蚀	用于磷酸、硫酸、硝酸及核燃料制造、后处理等设备中
NS 3405	耐氧化性、还原性的硫酸、盐酸、氢氟酸的腐蚀	用于化工设备中的反应器、热交换器、阀门、泵等
NS 4101	抗强氧化性介质腐蚀，可沉淀硬化，耐腐蚀冲击	用于硝酸等氧化性酸中工作的球阀及承载构件
NS 4102	优良的高温拉伸、长期持久、蠕变性能	用于燃气轮机工程，模具，紧固件，弹簧和汽车零部件
NS 4103	优良的高温拉伸、长期持久、蠕变性能	用于内燃机排气阀
NS 4301	高温下具有高强度和高耐腐蚀性	用于航空航天，燃气轮机，石油和天然气的提取，核工程
NS 5200	良好的力学性能和耐腐蚀性能	用于烧碱和合成纤维及食品处理
NS 5201		
NS 6400	具有高强度及优良的耐海水介质、稀氢氟酸和硫酸的腐蚀性能	用于海洋工程，盐生产，给水加热器管、化工和油气加工

续表

牌号	主要特性	用途举例
NS 6500	具有更高强度及优良的耐海水介质、稀氢氟酸和硫酸的腐蚀性能	用于泵轴，油井工具，刮刀，弹簧，紧固件和船舶螺旋桨轴

表 14-31 焊接用变形耐蚀合金的常用焊接方法、主要特性和用途

<table>
<tr><th>牌号</th><th>常用焊接方法</th><th>主要特性</th><th>用途</th></tr>
<tr><td>HNS 1402</td><td>适用于钨极气体保护焊、金属极气体保护焊</td><td>焊缝金属具有高强度，在较宽的温度范围内具有抗局部腐蚀性，如点蚀和缝隙腐蚀</td><td>可用于焊接 NS 1402 镍基合金、奥氏体不锈钢，也可用于钢的表面堆焊和复合金属的焊接</td></tr>
<tr><td>HNS 3103</td><td>适用于钨极气体保护焊、金属极气体保护焊和埋弧焊</td><td>焊缝金属可在温度 1150℃或较低温度下暴露及在硫化氢或二氧化硫等环境下应用</td><td>适用于 NS 3103 镍基合金和钢的表面堆焊</td></tr>
<tr><td>HNS 3106</td><td>适用于钨极气体保护焊、金属极气体保护焊、埋弧焊、电渣焊和等离子弧焊</td><td>焊缝金属具有耐高温氧化、持久、蠕变性能</td><td>可用于焊接 NS 3102、NS 3103、NS 3105、NS 1101、NS 1102、NS 1104、NS 1105、NS 1106 等合金，也可用于钢的表面堆焊，异种钢的焊接</td></tr>
<tr><td>HNS 3152</td><td>适用于钨极气体保护焊、金属极气体保护焊和埋弧焊</td><td>焊缝金属可以在应用中使用耐氧化性酸</td><td rowspan="2">适用于核电用 NS 3105 合金， M4107-M4108-M4109、16MND5-18MND5、 M1111 等合金的焊接。具有更大的抗应力腐蚀环境开裂性，也可用在大多数的低合金钢和不锈钢表面覆层</td></tr>
<tr><td>HNS 3154</td><td>适用于钨极气体保护焊、金属极气体保护焊、埋弧焊和电渣焊</td><td>焊缝金属耐酸腐蚀性好。这种成分的焊缝特别能抵抗塑性开裂（DDC）和氧化物夹杂</td></tr>
<tr><td>HNS 3304</td><td>适用于钨极气体保护焊、金属极气体保护焊和埋弧焊</td><td>焊缝金属在许多腐蚀介质中具有优异的耐腐蚀性，特别是耐点蚀和缝隙腐蚀</td><td>可用于 NS 3304 合金和镍-铬-钼合金，堆焊钢、异种钢焊接的应用包括焊接 C-276 合金与其他镍合金、不锈钢和低合金钢</td></tr>
</table>

续表

牌号	常用焊接方法	主要特性	用途
HNS 3306	适用于钨极气体保护焊、金属极气体保护焊、埋弧焊、电渣焊和等离子弧焊等	焊缝金属具有高强度，在较宽的温度范围内，具有抗局部腐蚀性，如点蚀和缝隙腐蚀	可用于焊接 NS 3306、NS 1402、NS 1403 等合金及奥氏体不锈钢，也可用于钢的表面堆焊和复合金属的焊接
HNS 3312	适用于钨极气体保护焊、金属极气体保护焊和埋弧焊	焊缝金属具有优异的强度和抗氧化性	可用于焊接 NS 3312 和类似的镍-铬-钼合金，也用于钢的表面堆焊或异种钢焊接
HNS 5206	适用于钨极气体保护焊、金属极气体保护焊和埋弧焊	焊缝具有良好的耐腐蚀性，特别是在碱性溶液中	可用于焊接 NS 5200 和 NS 5201 合金，也可用于钢材表面堆焊
HNS 6406	适用于钨极气体保护焊、金属极气体保护焊和埋弧焊	焊缝金属具有良好的强度和抗腐蚀性，适用于海水、盐和还原酸等环境	可用于焊接 NS 6400 和 NS 6550 合金，也可用于钢的表面堆焊

第15章 精密合金

15.1 精密合金的分类和牌号（GB/T 15018—1994）

① 分类　按其主要物理性能分为软磁合金（代号为1）、变形永磁合金（代号为2）、弹性合金（代号为3）、膨胀合金（代号为4）、热双金属（代号为5）和精密电阻合金（代号为6）六类。

② 牌号表示方法

a. 在“J”（“精”字汉语拼音的首字母）的前面加前述类别代号。

b. 字母“J”后面加上一、二位数字，表示不同合金牌号（热双金属例外），序号从01开始，可编到99。合金牌号的序号，原则上应以主元素（除铁外）百分含量中值表示。

c. 若同一合金成分，由于生产工艺不同，性能亦不同的合金，或同一合金成分（包括基本相同者），用途不同、性能要求也不同的合金，在必须予以区别时，则应于序号之后标以汉语拼音字母（表示合金主特性或用途的汉语拼音的第一个字母）相区别。

d. 但对热双金属，字母“J”后的第一、二位数字则表示比弯曲公称值的整数（单位为$10^{-6}℃^{-1}$），第三位及其后数字表示电阻率公称值；数字后面以字母A、B分别表示被动层相同而主动层不同的两种热双金属牌号。

③ 化学成分　软磁合金、变形永磁合金、弹性合金、膨胀合金、热双金属和精密电阻合金的化学成分，分别见GB/T 15018—1994表1（35种）、表2（23种）、表3（11种）、表4（21种）、表5（30种）和表6（6种）。

15.2 软磁合金（GB/T 14986—2018）

软磁合金是在弱磁场中具有高的磁导率及低的矫顽力的一类合金。这类合金广泛应用于无线电电子工业、精密仪器仪表、遥控及自动控制系统中，综合起来主要用于能量转换和信息处理两大方面。

① 分类　按合金主元素分为铁镍合金、铁钴合金、铁铬合金、铁铝合金四类；按尺寸精度分为 A 组和 B 组。

② 尺寸范围

a. 冷轧带材：公称厚度＞0.003～3.5mm，公称宽度 100～450mm，公称长度 1000～5000mm。

b. 冷轧板材：公称厚度 0.50～2.00mm，公称宽度 600～1000mm，公称长度 1000～2000mm。

c. 冷轧丝材：直径 0.05～10.00mm。

d. 冷拔（轧）无缝管材：外径 0.30～60.0mm，通常长度为 500～600mm。

15.3 铁镍合金（GB/T 14986.2—2018）

① 分类

a. 按主要特性分为：较高磁导率较高饱和磁感应强度铁镍合金、高磁导率铁镍合金、矩磁铁镍合金、磁温度补偿铁镍合金、恒磁导率铁镍合金和高硬度高电阻铁镍合金六类。

b. 按含镍量分为：E1（含镍 72％～83％的铁镍合金）、E2（含镍 54％～68％的铁镍合金）、E3（含镍 45％～51％的铁镍合金）和 E4（含镍 30％～40％的铁镍合金）四类。

c. 按磁特性分，有较高磁导率较高饱和磁感应强度的铁镍合金 1J46、1J50、1J54 和高磁导率铁镍合金 1J76、1J77、1J79、1J80、1J85、1J86 的冷轧带材、冷拉丝材、冷拔（轧）管材、热轧（锻）棒材和扁材，高磁导率铁镍合金 1J79、1J85 的冷轧板材；铁镍矩磁合金 1J34、1J51、1J52、1J65、1J67、1J83、1J403 的冷轧带材；磁温度补偿铁镍合金 1J30、1J31、1J32、1J33、1J38 的冷轧带材；恒导磁铁镍合金 1J66 的冷轧带材；以及高硬度高电阻铁镍合金 1J87、1J88 的冷轧带材。不包括耐蚀铁镍合金材和磁头用铁镍合金材。

② 规格

a. 高硬度高电阻铁镍合金冷轧带材：公称厚度 0.04～1.00mm，公称宽度 8～300mm。

b. 其他冷轧带材：公称厚度＞0.003～3.00mm，公称宽度10～300mm，公称长度5000～10000mm。

c. 冷拉丝材：公称直径最大可达10mm。

d. 冷拔（轧）管材：由供需双方协商确定。

e. 热轧扁材：公称厚度3.0～30.0mm，公称宽度20～800mm，公称长度不小于1000mm。

f. 热锻扁材：公称边长或直径为9～150mm。

③ 牌号和化学成分　应符合GB/T 14986.2—2018表6的规定。

④ 交货状态　不经热处理。见表15-1。

表15-1　材料的交货状态

合金类别	合金牌号	交货状态					
		冷轧带材	冷轧板材	冷拉丝材	冷拔(轧)管材	热轧(锻)扁材	热轧(锻)棒材
较高磁导率较高饱和磁感应强度铁镍合金	1J46	√	—	√	√	√	√
	1J50	√	—	√	√	√	√
	1J54	√	—	√	√	√	√
高磁导率铁镍合金	1J76	√	—	√	√	√	√
	1J77	√	—	√	√	√	√
	1J79	√	√	√	√	√	√
	1J80	√	—	√	√	√	√
	1J85	√	√	√	√	√	√
	1J86	√	—	√	√	√	√

合金类别	合金牌号	冷轧带材	合金类别	合金牌号	冷轧带材
高硬度高电阻铁镍合金	1J87	√	矩磁铁镍合金	1J34	√
	1J88	√		1J51	√
磁温度补偿铁镍合金	1J30	√		1J52	√
	1J31	√		1J65	√
	1J32	√		1J67	√
	1J33	√		1J83	√
	1J38	√		1J403	√
恒磁导率铁镍合金	1J66	√			

⑤ 磁性能　分别见GB/T 14986.2—2018表8～表15。

15.4　铁钴合金（GB/T 14986.3—2018）

① 分类　按化学成分分，有 1J21、1J22、1J27 三种；按含钴量分，有 F1、F2、F3 三种；按产品品种分，有冷轧带材、冷拉丝材、热轧扁材和热轧（锻）棒材四种。

② 化学成分　应符合 GB/T 14986.3—2018 表 3 的规定。

③ 规格

a. 冷轧带材为公称厚度 0.1～0.5mm，公称宽度≤250mm，公称长度≥1000mm。

b. 冷轧丝材为直径 0.1～6.00mm。

c. 热轧扁材的尺寸应符合 GB/T 14986.1—2018 的规定。

d. 热轧（锻）棒材的尺寸应符合 GB/T 14980.1—2018 的规定。

④ 交货状态　见表 15-2。

表 15-2　铁钴合金的交货状态

合金牌号	产品类别			
	冷轧带材	冷拉丝材	热轧扁材	热轧(锻)棒材
1J21	√	—	—	—
1J22	√	√	√	√
1J27	√	√	√	√

⑤ 磁性能　分别见 GB/T 14986.3—2018 表 5、表 6。

15.5　铁铬合金（GB/T 14986.4—2018）

① 分类　按化学成分分，有 1J111、1J116 和 1J117 三种；按品种分，有冷轧带材、冷轧板材、冷拉丝材、热轧带材、热轧盘条和热轧（锻）棒材六种。

② 化学成分　应符合 GB/T 14986.4—2018 表 1 的规定。

③ 规格　应符合 GB/T 14986.1—2018 的规定。

④ 交货状态　不经热处理。见表 15-3。

表 15-3　材料的产品交货状态

合金牌号	产品类别					
	冷轧带材	冷轧板材	冷拉丝材	热轧扁材	热轧(锻)棒材	热轧盘条
1J111	√	√	√	√	√	√

续表

合金牌号	产品类别					
	冷轧带材	冷轧板材	冷拉丝材	热轧扁材	热轧(锻)棒材	热轧盘条
1J116	√	—	√	—	√	—
1J117	√	—	√	—	√	—

⑤ 磁性能　见 GB/T 14986.4—2018 表 3。

15.6 铁铝合金（GB/T 14986.5—2018）

① 分类　按合金主要特性分，有较高饱和磁感应强度铁铝合金 1J6，较高饱和磁感应强度、较高磁导率、低剩余磁感应强度铁铝合金 1J12，较高饱和磁致伸缩系数铁铝合金 1J13 和较高磁导率、高电阻率铁铝合金 1J16；按产品分，有冷轧带材、温轧带材、热轧（锻）棒材和车光或磨光棒材几种。

② 化学成分　应符合 GB/T 14986.5—2018 表 1 的规定。

③ 规格　应符合 GB/T 14986.1—2018 的规定。

④ 交货状态　不经热处理。见表 15-4。

表 15-4　材料的产品交货状态

合金牌号	产品类别		
	冷轧带材	温轧带材	热轧(锻)棒材
1J6	√	—	√
1J12	—	√	√
1J13	—	√	—
1J16	—	√	—

⑤ 磁性能　分别见 GB/T 14986.5—2018 表 3 和表 4。

15.7 永磁合金

永磁合金是一种具有很大磁能积的材料。也就是要求磁滞回线面积大，矫顽力和剩余磁感应强度高，去磁曲线凸起系数大。同时组织稳定，磁性能不随时间变化，剩余磁感应强度不随外磁场、温度、机械振动、辐照等而下降。

永磁合金包括铁钴钒永磁合金、变形铁铬钴永磁合金、钐钴 1∶5 型永磁合金粉和铝镍钴永磁（硬磁）合金四种。

(1) 铁钴钒永磁合金（GB/T 14989—2015）

用于制作小截面永久磁铁及录音材料。

① 分类 冷拉丝材和冷轧带材。

② 牌号 2J31、2J32、2J33；化学成分应符合 GB/T 14989—2015 表 3 的规定。

③ 规格 冷拉丝材的直径为≥0.05～3.00mm；冷轧带材的厚度为≥0.20～1.00mm，宽度 50～120mm，长度≥300mm。

④ 交货状态：不经热处理。

⑤ 磁性能：应符合 GB/T 14989—2015 表 4 的规定。

（2）变形铁铬钴永磁合金（YB/T 5261—2016）

其磁性能与铝镍钴永磁相当，可平面多极充磁，可进行机械加工，特别适宜制作各种形状复杂、厚度较薄、尺寸较小、组织均匀致密永磁元件，如用于电话机、转速仪、微电机、微型继电器、扬声器等。

① 分类 按牌号分，有 2J83、2J84、2J85 三个；按产品分，有热轧（锻）棒材、热轧扁材、冷拉丝材和冷轧带材。

② 化学成分 应符合 YB/T 5261—2016 表 5 的规定。

③ 磁性能 应符合 YB/T 5261—2016 表 6 的规定。

④ 规格

a. 锻制棒材：直径为 22～55mm。

b. 热轧棒材：直径有 8mm、10mm（长度 500mm），12mm、14mm、16mm、18mm（长度 400mm），20mm、22mm、24mm（长度 300mm）。

c. 热轧扁材：厚度为 3～7mm，宽度为 60～300mm。

d. 冷拉丝材：直径为 0.2～7.5mm。

e. 冷轧带材：厚度为 0.2～4.0mm，宽度为 50～300mm。

⑤ 交货状态 热轧（锻）棒材和扁材以热轧（锻）状态交货，冷拉丝材以冷拉状态交货，冷轧带材以冷轧状态交货。

⑥ 典型应用 见表 15-5。

表 15-5 变形铁铬钴永磁合金的典型应用实例

产品种类	牌号	典型应用实例
冷轧带材	2J85	汽车里程表冲压磁钢，汽车电流表磁钢，感应式汽车仪表磁钢，电子计算机矩阵元件磁钢，助听器话筒磁钢，经纬仪管状磁罗针，森林罗盘仪磁针，继电器用磁钢

续表

产品种类	牌号	典型应用实例
热轧棒材	2J84	磁化节油器用磁钢，石油勘测仪器用磁钢，自动化仪表用磁钢
	2J85	内磁式扬声器用磁钢，航海磁罗径指向磁钢，磁化节油器用磁钢，铁路信号仪器用磁钢，直线电机用磁钢、工业自动洗衣机水位开关，乳制品流量计用磁钢
热轧扁材	2J84	离心器瓦片磁钢，伺服阀磁钢，汽车雨刷器电机磁钢，各种传感器
	2J85	直流电机定子磁钢，磁性天平吸引器磁钢，各种电度表用磁钢
锻制棒材	2J83	军事工程项目用磁钢，低速永磁电机转子磁钢
	2J84	蒸汽流量计组合磁钢，磁力选矿机用磁钢
	2J85	油田井下定位器磁钢，自动化仪表用磁钢，低速永磁电机转子磁钢
冷拉丝材	2J85	航海磁罗径校正磁钢，磁翻转显示系统用磁钢，恒温控制仪器用磁钢，磁力搅拌器磁钢，微型步进电机转子磁钢，组合旋具磁钢，磁滞电机

(3) 钐钴1∶5型永磁合金粉（XB/T 502—2007）

用于粉末冶金烧结磁体和黏结磁体。

① 外观　银灰色粉末。产品应洁净，无肉眼可见的夹杂物。

② 牌号　有066000A、066000B、066001A、066001B、066002A、066002B六种。

③ 化学成分、平均粒度　应符合XB/T 502—2007表1的规定。

(4) 铝镍钴永磁（硬磁）合金（JB/T 8146—2014）

用于铸造和粉末烧结铝镍钴永磁合金。

① 分类　按其生产方式的不同，分为铸造铝镍钴永磁合金和烧结铝镍钴永磁合金两种。

② 牌号　表示方法如下

AlNiCo　□□　□□

- AlNiCo：铸造永磁合金（前面加“S”时表示烧结永磁合金）
- 第一组□□：最大磁能积标称值 $(BH)_{max}$/（kJ/m^3）
- 第二组□□：磁极化强度矫顽力 H_{cJ}/（kA/m）

铸造铝镍钴永磁合金共有AlNiCo9/5、AlNiCo10/4、AlNi-

Co12/4、AlNiCo16/5、AlNiCo17/9、AlNiCo34/5、AlNiCo37/5、AlNiCo40/5、AlNiCo44/5、AlNiCo52/6、AlNiCo28/6、AlNiCo32/10、AlNiCo38/11、AlNiCo60/11、AlNiCo72/12、AlNiCo36/15 等 16 个牌号；烧结铝镍钴永磁合金共有 SAlNiCo9/5、SAlNiCo12/4、SAlNiCo34/5、SAlNiCo26/6、SAlNiCo31/11、SAlNiCo33/15 等 6 个牌号。

③ 化学成分　应符合 JB/T 8146—2014 表 4 的规定。

④ 磁性能　应符合 JB/T 8146—2014 表 1 的规定。

(5) 稀土钴永磁材料（GB/T 4180—2012）

① 分类：按结构特性分为 RCo_5 系列和 R_2Co_{17} 系列。

② 牌号

XG	1	□	□	□/□	/□
稀土钴	RCo_5 （R_2Co_{17}）省略	S—烧结 N—黏结	T—各向同性 F—各向异性	$(BH)_{max}$ 标称值 /H_{cJ} 最小值	磁矩的可逆 温度系数典型值 （$10^{-4}K^{-1}$）

③ 主要磁性能和温度特性　RCo_5 系列、R_2Co_{17} 和黏结稀土材料，应分别符合 GB/T 4180—2012 表 1、表 2 和表 3 的规定。

(6) 烧结钕铁硼永磁材料（GB/T 13560—2017）

① 分类　按品种分，有 N、M、H、SH、UH、EH 和 TH 七种。

② 牌号表示方法

S	NdFeB	□□□/	□□
粉末冶金烧结 工艺制作的 烧结材料	钕铁硼	$(BH)_{max}$ 标称值	H_{cJ} 最小值的 1/10

③ 在室温 20℃下的主要磁性能　应符合 GB/T 13560—2017 表 1 的规定。

15.8 弹性合金（GB/T 15006—2009）

弹性合金除了具有良好的弹性性能外，还具有无磁性、微塑性变抗力高、硬度高、电阻率低、弹性模量温度系数低和能耗小等性能。用于制作精密仪器仪表中弹性元件、储能元件和频率元件等。

(1) 分类

按弹性特征一般分为两类：高弹性合金和恒弹性合金；按产品分为冷轧带材、冷拉丝材、冷拉棒材、冷拉磨光棒材和热轧（锻）材；按厚度精度分为普通精度和较高精度。

(2) 规格

① 冷轧带材 公称厚度 0.05～3.50mm，公称宽度 50～250mm，公称厚度不大于 1.50mm 的冷轧带材一般成卷交货（经供需双方协商也可以直条、定尺或倍尺交货）；公称厚度大于 1.50mm 的带材一般以直条交货。冷轧带材长度一般应大于 10 倍的宽度。

② 冷拉丝材 公称直径 0.10～6.00mm。

③ 冷拉棒材和冷拉磨光棒材 公称直径 3.0～30.0mm，交货长度通常为 1000～3000mm。

④ 热轧（锻）圆材 公称直径 6.0～100.0mm；热轧扁材公称厚度 4.0～13.0mm，长度不小于 300mm。

⑤ 交货状态 公称直径为 6.0～12.0mm 的热轧圆材一般成盘交货，其他尺寸、其他形状的热轧（锻）材以直条交货。

15.9 膨胀合金（GB/T 14985—2007）

一般的金属和合金受热时膨胀，膨胀量随温度的升高呈线性增加；但有些合金的热膨胀曲线在某一温度出现拐点，在拐点以下的热膨胀系数比拐点以上的正常热膨胀系数低得多，这种现象称为反常热膨胀特性。膨胀合金正是具有这种特性的一种精密合金，广泛用于电子工业、精密量具、精密仪表和低温工程等领域。

膨胀合金主要有 Fe-Ni 系、Fe-Ni-Co 系和 Fe-Ni-Cr 系合金等。高铬钢和 Co-Fe-Cr 系合金也用作膨胀合金，但用量不大。膨胀合金除具有特定的热膨胀系数外，根据不同用途还要求有良好的封接性、可焊性、耐蚀性、可加工性和易切削性，并且在使用温度范围内不允许有引起膨胀特性明显变化的相变。

(1) 分类

膨胀合金分低膨胀合金（因瓦合金）、定膨胀合金（封接合金）和高膨胀合金。低膨胀合金在拐点以下的平均膨胀系数低于 $3\times10^{-6}℃^{-1}$；定膨胀合金在拐点以下的平均膨胀系数约为 $(4\sim10)\times10^{-6}℃^{-1}$；高膨胀合金一般在室温～100℃温度范围内具有很高的膨胀系数，其平均膨胀系数高于 $15\times10^{-6}℃^{-1}$。

(2) 规格

① 冷拉（拔）丝材　公称直径为 0.10～7.00mm。

② 冷轧（拔）管材　公称直径为 0.3～60mm；通常长度为 500～600mm。

③ 冷轧带材　公称厚度为 0.15～2.50mm；宽度为 10～400mm。

④ 冷拉和磨光棒材　公称直径为 1.0～40.0mm。

⑤ 热锻材　公称直径为 20.0～200.0mm。

⑥ 热轧棒材　公称直径（或边长）为 6.0～100.0mm。

⑦ 热轧扁材　公称厚度为 3.0～22.0mm；宽度为 20～400mm。

15.10　热双金属（GB/T 4461—2020）

热双金属是指由两个（或多个）具有不同热膨胀系数的金属或合金组元层牢固地结合在一起的复合材料。其中一组元层具有低的热膨胀系数（被动层，常采用 Fe-Ni 因瓦合金）；另一组元层具有高的热膨胀系数（主动层，常采用黄铜、Fe-Ni-Cr、Fe-Ni-Mn 和 Mn-Ni-Cu 合金等）。

最常用的一种热双金属，主动层为 24Ni-2Cr-Fe，被动层为 36Ni-Fe，属中敏感、中电阻、中温型的，允许使用温度为 －70～＋450℃，线性温度范围是 －20～＋180℃。

(1) 牌号

5J	□□	□□（□）
热双金属精密合金	温曲率标称值的整数 $/10^{-6}℃^{-1}$	电阻率标称值的整数 $/\mu\Omega\cdot cm$

(2) 规格

① 公称厚度为 0.10～3.00mm，宽度可根据需要选取，长度

不小于500mm。

② 弯曲半径：厚度0.2～<0.4mm者，纵向不小于200mm；横向不小于150mm。厚度≥0.4mm者，纵向不小于250mm，横向不小于200mm。

(3) 牌号、组元层及特性　见表15-6。

表15-6　热双金属的牌号、组元层及特性

牌号	组元层合金牌号			主要特性
	主动层	中间层	被动层	
5J39110	Mn72Ni10Cu18 (Mn75Ni15Cu10)	—	Ni36	高敏感、高电阻、中低温用
5J28140	Mn72Ni10Cu18 (Mn75Ni15Cu10)		Ni36	中敏感、高电阻、中低温用
5J28120	Mn72Ni10Cu18 (Mn75Ni15Cu10)		Ni45Cr6	
5J2780	N122Cr3		Ni36	
5J2580	N119Mn7		Ni34	
5J2880	N120Mn6		Ni36	
5J2613 5J2616	Cu62Zn38			中敏感、低电阻、高导热
5J1817	Ni			中敏感、低电阻、中低温用
5J2270 5J2370 5J1970	Ni22Cr3 Ni20Mn6 Ni19Cr11		Ni42	中敏感、中电阻、较高温用
5J1356	Ni22Cr3		Ni50	低敏感、中电阻、高温用
5J2606 5J2506	Ni20Mn6 Ni22Cr3	Cu	Ni36	中敏感、电阻系列、中低温用
5J2709 5J2609 5J2711 5J2611 5J2815 5J2817 5J2617	Ni20Mn6 Ni22Cr3 Ni20Mn6 Ni22Cr3 Ni20Mn6 Ni20Mn6 Ni22Cr3	Cu	Ni36	中敏感、电阻系列、中低温用
5J2520 5J2320	Ni20Mn6 Ni22Cr3	Ni(Cu)		
5J2625 5J2425	Ni20Mn6 Ni22Cr3	Ni		

续表

牌号	组元层合金牌号			主要特性
	主动层	中间层	被动层	
5J2630	Ni20Mn6	Ni	Ni36	中敏感、电阻系列、中低温用
5J2530	Ni22Cr3			
5J2733	Ni20Mn6			
5J2533	Ni22Cr3			
5J2735	Ni20Mn6			
5J2535	Ni22Cr3			
5J2740	Ni20Mn6			
5J2640	Ni22Cr3			
5J2845	Ni20Mn6			
5J2645	Ni22Cr3			
5J2850	Ni20Mn6			
5J2650	Ni22Cr3			
5J2855	Ni20Mn6			
5J2655	Ni22Cr3			
5J2209	Ni20Mn6	Cu	Ni42	高敏感、电阻系列、较高温用
5J3405	Mn72Ni10Cu18		Ni36	高敏感、电阻系列、中低温用
5J3708				
5J3810				
5J3812				
5J3815				
5J3820				
5J3840				
5J2075	Ni16Cr11	—	Ni20Co26Cr8	中敏感、耐蚀、高强度
5J2085	Mn15Ni10Cr	—	Ni36Nb	

15.11　精密电阻合金

精密电阻合金，是在工作温度、环境状态、时间发生变化的条件下，仍能保持其电阻值不变（或变化很小），且对铜热电势绝对值较小的电阻合金，它们基本都是镍基合金。

其中，6J20 合金具有较高的电阻率、较低的电阻温度系数，适用于制作各种测量仪器、仪表等电阻元件；6J22 合金具有低的电阻温度系数和小的对铜热电动势，适用于制作各种测量仪器、仪表中的精密电阻元件。主要性能参数有每米电阻值、平均电阻温度系数、同轴每米电阻变化、对铜平均热电动势、漆膜性能等。

常用精密电阻合金包括锰铜、康铜精密电阻合金和镍铬基精密电阻合金。

(1) 锰铜、康铜精密电阻合金（GB/T 6145—2010）

用于制造各种标准电阻器、分流器、精密或普通的电阻元件。

① 分类　按材料分，有锰铜、康铜两种；按产品分，有线材、片材及带材三种。锰钢合金线、片按电阻温度系数的大小分为1级、2级和3级。

② 化学成分　应符合 GB/T 6145—2010 表2的规定。

③ 电阻率和电阻温度系数　应分别符合 GB/T 6145—2010 表3和表4的规定。

④ 线材直径、片材的尺寸和带材的厚度、宽度　应分别符合 GB/T 6145—2010 表5～表7的规定。

⑤ 产品名称、合金牌号及产品代号　见表15-7。

表 15-7　精密电阻合金产品名称、合金牌号及代号

产品名称		合金牌号	产品代号	产品名称		合金牌号	产品代号
锰钢合金	线	6J12	6J12X	F2 锰铜合金	线	6J13	6J13X
	片		6J12P		片		6J13P
F1 锰铜合金	线	6J8	6J8X	康铜合金	线	6J40	6J40X
					片		6J40P
	片		6J8P		带		6J40D

(2) 镍铬基精密电阻合金丝（YB/T 5260—2013）

用于制作各种仪器、仪表等精密电阻元件及其他特殊用途元件。

① 分类　按牌号分有6J22、6J23和6J24；按表面状态分有光丝和漆包丝。

② 化学成分　应符合 YB/T 5260—2013 表2的规定。

③ 交货状态　热处理状态。

④ 力学性能　见表15-8。

表 15-8 合金丝的力学性能

公称直径 /mm	断后伸长率 (L_0=100mn)/% ≥	破断拉力 /N ≥	公称直径 /mm	断后伸长率 (L_0=100mn)/% ≥	破断拉力 /N ≥
0.010～0.012	4	0.059	0.040～0.050	10	0.981
0.014～0.016	5	0.098	0.055～0.063	10	1.765
0.018～0.020	5	0.157	0.070～0.080	10	2.746
0.022～0.025	7	0.245	0.090～0.100	10	4.903
0.028～0.030	7	0.441	0.110～0.400	18	6.374
0.032～0.035	7	0.637			

⑤ 物理性能　应符合 YB/T 5260—2013 表 5 和表 6 的规定。

⑥ 合金丝的规格和卷重　见表 15-9。

表 15-9 合金丝的规格和卷重

公称直径 /mm	每轴丝质量 /g ≥	公称直径 /mm	每轴丝质量 /g ≥	公称直径 /mm	每轴丝质量 /g ≥	公称直径 /mm	每轴丝质量 /g ≥
0.010	0.2	(0.030)	25	0.080	80	0.220	500
0.011	0.3	0.032	25	0.090	80	0.250	500
0.012	0.5	0.035	30	0.100	80	0.280	500
0.014	1.0	0.040	30	0.110	120	(0.300)	500
0.016	2.0	0.045	50	0.120	120	0.320	500
0.018	5.0	0.050	50	0.140	120	0.350	500
0.020	6.0	0.055	50	(0.150)	250	0.400	500
0.022	8.0	(0.060)	50	0.160	250		
0.025	12	0.063	50	0.180	250		
0.028	20	0.070	80	0.200	250		

15.12 精密合金的特性和用途

表 15-10 精密合金的特性和用途

合金牌号	主要特性	主要用途
1J46、1J50、1J54	具有较高的饱和磁感应强度和磁导率	在中等磁场中工作的各种变压器、继电器、电磁离合器铁芯

续表

合金牌号	主要特性	主要用途
1J76、1J77、1J79、1J80、1J85、1J86	具有高的初始磁导率	在弱磁场中工作的各种变压器、互感器、磁放大器、扼流圈铁芯以及磁屏蔽
1J34、1J51、1J52、1J65、1J67、1J83、1J40	具有矩形磁滞回线和较高饱和磁感应强度	在中等磁场中工作的磁放大器,阻流圈、整流圈,以及计算机装置元件等
1J06	具有较高的饱和磁感应强度、低的剩余磁感应强度及一定的抗大气腐蚀能力	电磁阀、电磁离合器中的铁芯及电感元件
1J12	较高的饱和磁感应强度和磁导率	在中等磁场中工作的微电机、变压器、磁放大器和继电器铁芯。可代替1J46合金使用
1J13	较高的饱和磁致伸缩系数和饱和磁感应强度	磁致伸缩换能器元件
1J16	较高磁导率和高电阻率	变压器、继电器铁芯,磁屏蔽以及分频器的高频元件
1J30、1J31、1J32、1J33、1J38	在环境温度范围内,磁感应强度随温度变化而急剧变化	电磁回路和永磁回路中的磁分路补偿元件
1J36、1J17、1J18	较高饱和磁感应强度,较低的剩余磁感应强度,在水汽、盐雾或肼类介质中耐腐蚀	在受介质、温度、压力影响条件下工作的各种控制系统中的电磁阀
1J66	在较宽的磁场、温度和频率范围内,磁导率变化很小	恒电感元件
1J22	高饱和磁感应强度、高居里点和高磁致伸缩系数	电磁铁极头,磁控管中的端焊管,电话耳机振动膜,力矩马达转子,磁致伸缩换能器铁芯
1J87、1J88、1J89、1J90、1J91	高初始磁导率、高硬度、高电阻率,而且磁性对应力不敏感,耐磨性好	各种磁带机磁头、芯片,以及录音机、高频器件的铁芯
2J04	在低工作磁场下具有极优异的磁滞特性	在低磁场中工作的磁滞电机转子
2107、2J09、2J10、2J11、2J12	在中、高工作磁场下具有优良的磁滞特性	在中、高磁场中工作的磁滞电机转子

续表

合金牌号	主要特性	主要用途
2J51、2J52	在软低工作磁场下具有良好的磁滞特性	在较低磁场中工作的磁滞电机转子
2J53	在中等工作磁场下具有良好的磁滞特性	在中等磁场中工作的磁滞电机转子
2J31、2J32、2J33	具有较高饱和磁感应强度，而且磁性能稳定	形状复杂的小截面永磁元件
2J21、2J23、2J25、2J27	在中、高工作磁场下具有良好的磁滞特性	整体磁滞电机转子
2J63、2164、2J65、2167	磁能积较低，但易于加工	在磁性能要求不高的场合，作磁针及其他永磁元件
2J83、2J84、2J85	磁能积相当于铸造铝镍钴 5，加工性能好	形状复杂、尺寸小的永磁元件
3J01	时效后可获得高弹性和强度，而且耐腐蚀，磁性弱	仪表工业中各种膜片、膜盒，波纹管、弹簧等弹性元件
3J03	较高的弹性和强度，在－60～＋100℃范围内具有低的弹性模量温度系数	
3J53P、3J58	在－40～＋80℃范围内具有低的频率温度系数	机械滤波器中的振子、频率谐振器中的音叉及谐振继电器中的簧片等元件
3J63	在－40～80℃范围内具有正的频率温度系数	机械滤波器中的换能振子以及复合振子等元件
3J53Y	防磁性能高于 3J53，频率温度系数更稳定	手表、钟表游丝
3J40	无磁、抗震、耐磨	仪器、仪表的轴尖
3J22	无磁，耐腐蚀	仪表轴尖
3J21	无磁，耐腐蚀，高弹性、高强度和良好的耐疲劳性能	400℃以下工作的各种仪表弹簧及其他弹性元件
3J60	具有较大的磁致伸缩系数和低的机械品质因数，纵振传播速度变化小	机械滤波器中的换能丝和偶合丝
3J09	无磁，高弹性，高强度，高硬度	钟表、定时器发条及仪表的弹性元件

续表

合金牌号	主要特性	主要用途
1J32、4J36	在20～100℃范围内具有低的线胀系数	要求尺寸稳定的各种仪器、仪表零件，热双金属被动层，谐振腔
4J38	在20～100℃范围内具有低的线胀系数，而且易切削加工	要求尺寸稳定的各种仪器、仪表零件，谐振腔
4J40	在－20～＋300℃范围内具有较低的线胀系数，系高温低膨胀型合金	在真空工业中制作各种速调管，微波管的谐振腔等
4J06、4J47、4J49	在一定温度范围内只有与软玻璃相近的线胀系数	在电真空工业中与相应的软玻璃进行匹配封接
4J42、4J45、4J50	在一定温度范围内具有一定的线胀系数	在电真空工业中与软玻璃或相应陶瓷进行匹配封接
4J29	在一定温度范围内具有与硬玻璃相近的线胀系数	在真空工业中与硬玻璃进行匹配封接
4J44	在20～500℃范围内具有一定的线胀系数	在电真空工业中与相应的硬玻璃进行匹配封接
4J28	在一定温度范围内具有和软玻璃相近的线胀系数，耐腐蚀	在电真空工业中与相应的软玻璃进行匹配封接
4J43	在20～400℃范围内具有一定的线胀系数	杜美丝芯
4J33、4J34	在－60～＋600℃范围内具有与95％ Al_2O_3 陶瓷相近的线胀系数	与95％ Al_2O_3 陶瓷进行匹配封接
4J58	在20～50℃范围内具有一定的线胀系数，尺寸稳定性较高	要求尺寸稳定的精密线纹尺等
4J78、4J80、4J82	在室温至600℃范围内具有中等线胀系数。无磁，耐蚀，同时具有较高强度和韧性	用作陀螺仪和其他电真空器件中的无磁非匹配磁封材料
5J20110	具有高热敏感性及高电阻率	
5J14140	具有高电阻率及中热敏感性	
5J15120	具有高电阻率及中热敏感性	用作陀螺仪和其他电真空器件中的无磁非匹配磁封材料
5J1378 5J1480	具有中热敏感性和较高电阻率	中温测量及自动控制设备中的热敏感元件

续表

合金牌号	主要特性	主要用途
5J1478	在 0℃以下具有较高热敏感性和较高电阻率	低温测量及自动控制设备中热敏感元件
5J1578	具有较高热敏感性和较高电阻率	中温测量及自动控制设备中热敏感元件
5J1017	具有低热敏感性和低电阻率	
5J1416	具有中热敏感性及低电阻率，高导热	
5J1070	具有低热敏感性，线性温度范围宽	较高温测量及自动控制设备中的热敏感元件
5J0756	具有低热敏感性，线性温度范围宽	高温测量及自动控制设备中的热敏感元件
5J1306A、5J1306B、5J1411A①	均具有中热敏感性，而电阻率各不相同	热继电器、断路器、电机过载饱和器等热敏元件
5J1075	具有低热敏感性，耐腐蚀	热继电器、断路器、电机过载饱和器等热敏感元件
6J10	具有低的电阻率、较低的电阻温度系数	各种测量仪器、仪表等电阻元件
6J15、6J20	具有较高的电阻率、较低的电阻温度系数	
6J22、6J23、6J24	系镍铬改良型合金。具有低的电阻温度系数和小的对铜热电动势	各种测量仪器、仪表等精密电阻元件

① 此外还有 5J1411B、5J1417A、5J1417B、5J1220A、5J1220B、5J1325A、5J1325B、5J1430A、5J1430B、5J1435A、5J1435B、5J1440A、SJ1440B、5J1455A、5J1455B。

第16章 复合材料

复合材料是由金属材料、非金属材料（陶瓷材料、高分子材料等）两种或两种以上的材料，经过复合工艺而成的多相材料，它们在性能上互相取长补短，协同作用，使其综合性能优于原组成材料，从而能更好地满足各种不同的需求。

复合材料由连续相的基体和被基体包容的相增强体组成。基体材料可以是金属（如铝、镁、铜、钛及其合金），也可以是非金属（如合成树脂、石墨、橡胶、陶瓷、碳等），增强材料主要有玻璃纤维、碳纤维、硼纤维、芳纶纤维、石棉纤维、碳化硅纤维、晶须、金属丝和硬质细粒等。

16.1 板材和带材

16.1.1 铜-钢复合钢板（GB 13238—1991）

用于化工、石油等行业制造耐腐蚀的压力容器和真空设备。

① 分类　按复合方式分，有爆炸复合和轧制复合两种。

② 规格　总厚度为8～30mm，复层厚度为2～6mm，长度和宽度均≥1000mm（按50mm的倍数进级）。

③ 牌号及化学成分　见表16-1。

表16-1　材料牌号及化学成分

复层材料		基层材料			
牌号	化学成分规定	牌号	化学成分规定	牌号	化学成分规定
Tu1	GB 5231	Q235	GB 700	16Mn	GB 1591
T2	GB 5231	20g、16Mng	GB 713	20	GB 699
B30	GB 5234	20R、16MnR	GB 6654		

④ 交货状态　热轧。

16.1.2 镍-钢复合钢板（YB/T 108—1997）

用于石油、化工、制药、制盐等行业制造耐腐蚀的压力容器、原子反应堆、贮藏槽及其他用途。

① 成型方法　爆炸。

② 分类　按复合方式分，有爆炸复合（B）和爆炸轧制复合（BR）两种。

③ 规格　总厚度为 6～20mm。长度和宽度按 50mm 的倍数进级，定尺板尺寸由供需双方协议。

④ 材料

a. 复材：典型牌号为 N6、N8（GB/T 5235）。

b. 基材：典型牌号为 Q235A、Q235B（GB/T 700），20g、16Mng（GB/T 713），20R、16MnR（GB/T 6654），Q345（GB/T 1591），20（GB/T 699）。

⑤ 化学成分　复材应符合 GB/T 3620.1 的规定，基材应符合相应标准的规定。

⑥ 力学性能　见表 16-2。

表 16-2　复合钢板的力学性能

拉伸试验		剪切试验	弯曲试验($\alpha=180°$)		结合度试验($\alpha=180°$)
抗拉强度/MPa	伸长率 A/%	抗剪强度 τ_b/MPa	外弯曲	内弯曲	分离率 C/%
$\geqslant R_m$	大于基材和复材标准值中较低的值	≥196	弯曲部位的外侧不得有裂纹		三个结合度试样中的二个试样 C 值不大于 50

注：R_m 的计算公式按该标准 5.2.1 节。

16.1.3　钛-钢复合钢板（GB/T 8547—2019）

用于耐蚀压力容器、贮槽等的钛-钢爆炸复合板、爆炸-轧制复合板或轧制复合板。

① 分类及代号　见表 16-3。

表 16-3　复合钢板的分类及代号

生产方式	分类	代号	推荐用途
爆炸复合板	0 类	B0	0 类：高结合强度的复合板，如过渡接头、法兰等 1 类：复材作为设计强度部分复合板，如管板 2 类：复材不作为设计强度部分复合板，如防腐衬里
	1 类	B1	
	2 类	B2	
爆炸-轧制复合板	1 类	BR1	
	2 类	BR2	
轧制复合板	1 类	R1	
	2 类	R2	

② 材料

a. 复材：GB/T 3621 钛及钛合金板材中的 TA1G、TA2G、TA3G、TA9、TA10。

b. 基材：符合 GB/T 700、GB/T 711、GB/T 712、GB/T 713、GB/T 3274、GB/T 3531、NB/T 47008、NB/T 47009 的材料。

③ 化学成分 应符合 GB/T 3620.1 的规定。

④ 供货状态 复合板可以爆炸（B）、爆炸-轧制（BR）或轧制（R）状态交货。

当爆炸复合板以消除应力状态供货时，推荐热处理制度为：540～650℃，保温时间不小于 1h，加热和冷却速度为 50～200℃/h。

⑤ 标记方法

TA□/□□□	B（R/M）□	□/□×□□×□□	GB/T 8547—2019
复材牌号/基材牌号	生产方法代号	复材厚度/基材厚度×宽度×长度	标准号

⑥ 力学性能

a. 断后伸长率 A 不小于复材或基材标准中规定的较低断后伸长率。

b. 剪切强度 τ：0 类复合板≥196MPa，1 类、2 类复合板≥140MPa。

c. 弯曲性能 见表 16-4。

表 16-4 复合钢板的弯曲性能

弯曲类别	弯曲角 α/(°)	弯曲直径 D/mm
内弯曲	180	按基材标准的规定执行，不够 2 倍时按 2 倍执行
外弯曲	105	复合板厚度的 3 倍

注：基材为锻制品或复合板作为管板使用时，不进行弯曲试验。

16.1.4 钛-不锈钢复合钢板（GB/T 8546—2017）

用于在腐蚀环境中，承受一定压力、温度的压力容器、过渡接头及其他设备零部件等。

① 分类及代号 见表 16-5。

表 16-5　复合钢板的分类及代号

类别	代号			推荐用途
	爆炸(B)	爆炸-退火(BM)	爆炸-轧制(BR)	
0 类	B0	BM0	BR0	过渡接头、法兰等
1 类	B1	BM1	BR1	管板等
2 类	B2	BM2	BR2	筒体板等

② 材料　总厚度不小于 4mm。

a. 复材：GB/T 3621 钛及钛合金板材中的 TA1G、TA2G、TA9、TA10。

b. 基材：GB/T 24511 中的 S30408、S30403、S31603，JB 4238 中的 12Cr18Ni9、06Cr19Ni10、20Cr25Ni20，NB/T 47101 中的 S31608。

③ 化学成分　复材应符合 GB/T 3620.1 的规定，基材应符合相应标准的规定。

④ 供货状态　复合板可以爆炸（B）、爆炸-退火（BM）或爆炸-轧制（BR）状态交货，也可以经校平、剪切（或切割）、去除复材表面氧化皮后交货，由供需双方商定并在合同中注明。

⑤ 标记方法

TA□/□□□　B（R/M）□　□/□×□□×□□　GB/T 8546—2017

复材牌号/基材牌号 —— TA□/□□□

生产方法代号 —— B（R/M）□

复材厚度/基材厚度×宽度×长度 —— □/□×□□×□□

标准号 —— GB/T 8546—2017

⑥ 力学性能　见表 16-6、表 16-7。

表 16-6　复合钢板的力学性能

拉伸性能		剪切性能		分离实验	
拉伸强度 R_m/MPa	伸长率 A/%	剪切强度 τ/MPa		分离强度 σ_f/MPa	
$>R_{mj}$①	≥基材或复材标准中较低一方的规定值	0 类	其他	0 类	其他
		≥196	≥140	≥274	—

① 复合板的抗拉强度理论下限标准值 R_{mj} 按 4.4.2 计算。

注：1. 复材厚度≤1.5mm 时做拉剪性能试验。

2. 复合板作成管使用或基材为锻制品时，可不做拉伸性能试验。

表 16-7 复合钢板的弯曲性能

弯曲类别	弯曲直径 D/mm	弯曲角度 α	试验结果
内弯曲性能	复合板厚度的2倍	180°	在试样弯曲部分的外表面不得有裂纹
外弯曲性能	复合板厚度的3倍	按复材标准规定	在试样弯曲部分的外表面不得有裂纹，复合界面不得有分层

注：当复合板总厚度大于25mm，复材厚度大于3mm时，内弯试样从复材一面减薄到25mm。当复层厚度不小于3mm时，进行外弯实验，外弯试样从基、复材两面按比例减薄到25mm。弯曲试样的侧边可倒成圆角，圆角直径应不大于2mm。

16.1.5 不锈钢复合钢板和钢带（GB/T 8165—2008）

这是一种以不锈钢做复层、碳素钢和低合金钢做基层的复合钢板（带）。可制造石油、化工、轻工、海水淡化、核工业的各类压力容器、贮罐等结构件，轻工机械、食品、炊具、建筑、装饰、焊管、铁路客车、医药卫生、环境保护等行业的设备。

① 分类 按制造方法和用途，复合钢板（带）的分类级别及代号见表16-8。

表 16-8 复合钢板（带）的分类级别及代号

级别	代号			用途
	爆炸法	轧制法	爆炸轧制法	
Ⅰ级	BⅠ	RⅠ	BRⅠ	适用于不允许有未结合区存在的、加工时要求严格的结构件
Ⅱ级	BⅡ	RⅡ	BRⅡ	适用于可允许有少量未结合区存在的结构件
Ⅲ级	BⅢ	RⅢ	BRⅢ	适用于复层材料只作为抗腐蚀层来使用的一般结构件

② 尺寸（表16-9）

a. 复合中厚板总公称厚度不小于6.0mm。轧制复合带及其剪切钢板总公称厚度为0.8～6.0mm。

b. 复合中厚板公称宽度1450～4000mm，轧制复合带及其剪切钢板公称宽度为900～1200mm。

c. 复合中厚板公称长度为4000～10000mm。轧制复合带可成卷交货，其剪切钢板公称长度为2000mm或其他定尺。成卷交货的钢带内径应在合同中注明。

d. 单面复合中厚板的复层公称厚度 1.0～8mm（通常为 2～4mm）。

e. 单面复合中厚板的基层最小厚度为 5mm。

f. 单面或双面复合板（带）用于焊接时，复层最小厚度为 0.3mm，用于非焊接时复层最小厚度为 0.06mm。

表 16-9　轧制复合板（带）的规格及表示法　mm

轧制复合板(带)总公称厚度	复层厚度≥			表示法	
	对称型	非对称型		对称型	非对称型
	AB 面	A 面	B 面		
0.8	0.09	0.09	0.06	总厚度 (复面×2+基面) 例:3.0(0.25×2+2.50)	总厚度 (A 面复层+B 面复层+基层) 例: 1.5(0.20+0.13+1.17)
1.0	0.12	0.12	0.06		
1.2	0.14	0.14	0.06		
1.5	0.16	0.16	0.08		
2.0	0.18	0.18	0.10		
2.5	0.22	0.22	0.12		
3.0	0.25	0.25	0.15		
3.5～6.0	0.30	0.30	0.15		

注：A 面为复合板中较厚的复合面。

③ 材料　见表 16-10。

表 16-10　复合板的复层材料和基层材料

复层材料		基层材料	
标准号	GB/T3280、GB/T4237	标准号	GB/T 3274、GB 713、GB 3531、GB/T 710
典型钢号	06Cr13 06Cr13Al 022Cr17Ti 06Cr19Ni10 06Cr18Ni11Ti 06Cr17Ni12Mo2 022Cr17Ni12Mo2 022Cr25Ni7Mo4N 022Cr22Ni5Mo3N 022Cr19Ni5Mo3Si2N 06Cr25Ni20 06Cr23Ni13	典型钢号	Q235A、B、C Q345A、B、C Q245R Q345R 15CrMoR 09MnNiDR 08Al

④ 力学性能　见表 16-11、表 16-12。

表 16-11 复合中厚板的力学性能

级别	界面抗剪强度 τ/MPa	上屈服强度① R_{eH}/MPa	抗拉强度 R_m/MPa	断后伸长率 A/%	冲击吸收能量 KV_2/J
Ⅰ级 Ⅱ级	≥210	不小于基层对应厚度钢板标准值	不小于基层对应厚度钢板标准下限值，且不大于上限值35MPa	不小于基层对应厚度钢板标准值	应符合基层对应厚度钢板的规定
Ⅲ级	≥200				

① 屈服现象不明显时，按 $R_{p0.2}$。

表 16-12 轧制复合带及其剪切钢板的力学性能

基层钢号	上屈服强度① R_{eH}/MPa	抗拉强度 R_m/MPa	断后伸长率 A/%	
			复层为奥氏体不锈钢	复层为铁素体不锈钢
08Al	≤350	345～490	≥28	≥18

① 屈服现象不明显时，按 $R_{p0.2}$。

注：本表基层选用深冲钢；当复层为 06Cr13 钢时，其力学性能按复层为铁素体不锈钢的规定。

16.1.6 金属及金属复合材料吊顶板（JC/T 1059—2007）

用于建筑装饰和装修。

① 分类

a. 按表面处理工艺分，有辊涂（GT）、喷涂（粉末喷涂 FPT、液体喷涂 YPT）、覆膜（FM）、阳极氧化、着色（YH）。

b. 按材料分，有金属吊顶板（铝合金基材、钢板基材、不锈钢基材、铜板基材等）（JS）；金属复合材料吊顶板（蜂窝板、瓦楞板等）（JF）。

c. 按形状分，有条板形（T）、块板形（K）、格栅形（G）和异形（Y）。

d. 按功能分，有有吸声孔（YK）和无吸声孔（WK）。

② 标记方法

□	□	□	□	□	□	□	□
产品名称	表面处理工艺	材料	形状	功能	尺寸	基材厚度	本标准号

③ 厚度 铝及铝合金吊顶板≥0.35mm；铝蜂窝吊顶板：铝面

板≥0.50mm，整板≥8.00mm；钢吊顶板≥0.30mm。

④ 涂层厚度 见表 16-13。

表 16-13 涂层厚度

<table>
<tr><th colspan="4">项目</th><th>技术要求/μm</th></tr>
<tr><td rowspan="8">平均涂层厚度</td><td rowspan="2">辊涂</td><td colspan="2">氟碳</td><td>二涂≥25;三涂≥32</td></tr>
<tr><td colspan="2">聚酯、丙烯酸</td><td>≥16</td></tr>
<tr><td rowspan="4">喷涂</td><td>粉末喷涂</td><td>聚酯</td><td>60～120</td></tr>
<tr><td rowspan="3">液体喷涂</td><td>聚酯、丙烯酸</td><td>≥25</td></tr>
<tr><td rowspan="2">氟碳</td><td>二涂≥30,(最小局部厚度≥25)</td></tr>
<tr><td>三涂≥40,(最小局部厚度≥35)</td></tr>
<tr><td colspan="3">覆膜</td><td>150～180</td></tr>
<tr><td colspan="3">阳极氧化、着色</td><td>≥10</td></tr>
</table>

⑤ 物理化学性能 见表 16-14。

表 16-14 物理化学性能

<table>
<tr><th colspan="3">项目</th><th>技术要求</th></tr>
<tr><td rowspan="3">光泽度偏差</td><td colspan="2">低光<30</td><td>±4</td></tr>
<tr><td colspan="2">30≤中光<70</td><td>±5</td></tr>
<tr><td colspan="2">高光≥70</td><td>±6</td></tr>
<tr><td rowspan="2">附着力①</td><td colspan="2">铝及铝合金基材</td><td>0 级</td></tr>
<tr><td colspan="2">钢基材</td><td><5T</td></tr>
<tr><td colspan="3">油膜硬度①</td><td>≥HB</td></tr>
<tr><td rowspan="2">耐冲击性①
/N·m</td><td colspan="2">铝及铝合金基材</td><td>≥4</td></tr>
<tr><td colspan="2">钢基材</td><td>≥6</td></tr>
<tr><td colspan="3">耐酸性①</td><td>无变化</td></tr>
<tr><td rowspan="2">耐碱性
/s</td><td colspan="2">阳极氧化、着色</td><td>≥50</td></tr>
<tr><td colspan="2">其他涂料</td><td>无变化</td></tr>
<tr><td colspan="3">耐油性</td><td>无变化</td></tr>
<tr><td colspan="3">封孔质量②/(mg/dm²)</td><td>失重≤30</td></tr>
<tr><td rowspan="6">涂层耐久性③</td><td rowspan="2">耐盐雾性④</td><td>阳极氧化、着色
(铜加速乙酸盐雾试验)</td><td>≥9 级</td></tr>
<tr><td>其他涂层(中性盐雾试验)</td><td>不次于 1 级</td></tr>
<tr><td colspan="2">耐浸热性</td><td>不次于 1 级</td></tr>
<tr><td rowspan="3">耐人工气候老化性④</td><td>色差</td><td>不大于 3</td></tr>
<tr><td>粉化</td><td>不次于 0 级</td></tr>
<tr><td>其他老化性能</td><td>不次于 0 级</td></tr>
</table>

续表

项目	技术要求
耐沸水性[5]	无变化
平面拉伸黏结强度[5]/MPa	≥0.6
风荷载试验/mm	连接处无脱落，样品无破坏 最大塑性变形量＜2

① 此项不适用于阳极强氧化、着色吊顶板。

② 此项仅适用于阳极强氧化、着色吊顶板。

③ 如有额外要求，由双方协商规定试验时间。

④ 此项仅适用于室外、半室外用及其他有耐久性要求的吊顶板。

⑤ 此项仅适用于金属复合材料吊顶板。

16.1.7　金属及金属复合材料吊顶板（GB/T 23444—2009）

用于建筑装饰和装修。

① 分类

a. 按表面处理工艺分，有辊涂（GTI）、喷涂（包括粉末喷涂 FPT 和液体喷涂 YPT）、覆膜（FM）和阳极氧化（YH）。

b. 按材料分，有金属吊顶板（铝及铝合金基材、钢板基材、不锈钢基材、铜基材等）（JS）和金属复合材料吊顶板（例如蜂窝板）（JF）。

c. 按形状分，有条板（T）、块板（K）、格栅（G）和异形板（Y）。

d. 按功能分，有有吸声孔（YK）和无吸声孔（WK）。

② 分级　按照吊顶板的尺寸精度分为优等品和合格品。

③ 标记方法

□	□	□	□	□-	□-	□	GB/T 23444—2009
产品名称	表面处理工艺	材料	形状	功能	尺寸	基材厚度	标准编号

④ 基材

a. 化学成分：铝材应符合 GB/T 3190 要求，钢材应符合 GB/T 12754 要求。其他材料应符合相应的国家标准。

b. 力学性能：铝材应符合 GB/T 3880.2 要求，钢材应符合

GB/T 12754 要求。其他材料应符合相应的国家标准。

⑤ 膜厚　见表 16-15。

表 16-15　吊顶板的膜厚要求

表面种类			膜厚要求/μm	
辊涂		氟碳	二涂	平均膜厚≥25，最小局部膜厚≥23
			三涂	平均膜厚≥32，最小局部膜厚≥30
		聚酯、丙烯酸	平均膜厚≥16，最小局部膜厚≥14	
喷涂	液体	氟碳	二涂	平均膜厚≥30，最小局部膜厚≥25
			三涂	平均膜厚≥40，最小局部膜厚≥34
			四涂	平均膜厚≥65，最小局部膜厚≥55
		聚酯、丙烯酸	平均膜厚≥25，最小局部膜厚≥20	
	粉末	聚酯	最小局部膜厚≥40	
覆膜			150～180	
阳极氧化		AA5①	平均膜厚≥5，最小局部膜厚≥4	
		AA10	平均膜厚≥10，最小局部膜厚≥8	
		AA15	平均膜厚≥15，最小局部膜厚≥12	
		AA20	平均膜厚≥20，最小局部膜厚≥16	
		AA25	平均膜厚≥25，最小局部膜厚≥20	

① AA 为阳极氧化膜厚度级别的代号。

⑥ 性能　见表 16-16。

表 16-16　吊顶板的性能要求

项目		要求
光泽度偏差	光泽度<30	±4
	30≤光泽度<70	±5
	光泽度≥70	±6
附着力①	铝及铝合金基材	0 级
	钢基材	≤5T
漆膜硬度①		≥HB
耐冲击性①/N·m	铝及铝合金基材	≥4
	钢基材	≥6
耐酸性①		无变化
耐碱性①		无变化
耐油性		无变化
封孔质量②/(mg/dm²)		失重≤30

续表

<table>
<tr><th colspan="3">项目</th><th>要求</th></tr>
<tr><td rowspan="7">涂层耐久性③</td><td rowspan="2">耐盐雾性④</td><td>阳极氧化(钢加速乙酸盐雾试验)</td><td>≥9级</td></tr>
<tr><td>其他涂层(中性盐雾试验)</td><td>不次于1级</td></tr>
<tr><td colspan="2">耐湿热性</td><td>不次于1级</td></tr>
<tr><td rowspan="4">耐人工气候加速老化性④</td><td>色差</td><td>ΔE≤3.0</td></tr>
<tr><td>光泽保持率</td><td>≥70%</td></tr>
<tr><td>粉化</td><td>不次于0级</td></tr>
<tr><td>其他老化性能</td><td>不次于0级</td></tr>
<tr><td colspan="3">耐沸水性⑤</td><td>无变化</td></tr>
<tr><td colspan="3">平面拉伸黏结强度⑥/MPa</td><td>≥0.6</td></tr>
</table>

① 此项不适用于阳极氧化吊顶板。
② 此项仅适用于阳极氧化吊顶板。
③ 如果有额外要求，由双方协商规定试验时间。
④ 此项仅适用于室外、半室外用及其他有耐久性要求的吊顶板。
⑤ 此项仅适用于金属复合材料和覆膜吊顶板。
⑥ 此项仅适用于金属复合材料吊顶板。

16.2 管材

16.2.1 结构用不锈钢复合管（GB/T 18704—2008）

用于市政设施、车船制造、道桥护栏、交通护栏、铁路护栏、站台护栏、铁路接触网、建筑装饰、钢结构网架、医疗器械、家具和一般机械结构部件。

① 分类　按截面形状分，有圆管（R）、方管（S）和矩形管（Q）三种。

② 交货状态　有表面未抛光状态（SNB）、表面抛光状态（SB）、表面磨光状态（SP）和表面喷砂状态（SS）四种。

通常交货长度为1000～8000mm。

③ 标记方法

□□□/	□□-	□.	□	□×□×□×□	GB/T 8547—2019
覆材钢牌号	基材钢牌号	截面代号（圆形不标）	表面状态（抛光不标）	截面特征尺寸×壁厚×长度	标准号

④ 化学成分及力学性能

a. 覆材采用牌号为 06Cr19Ni10、12Cr18Ni9、12Cr18Mn9-Ni5N、12Cr17MnNi5N 的不锈钢，其化学成分和力学性能应分别符合 GB/T 8547—2019 附录 C 和附录 D 的规定。

b. 基材采用牌号为 Q195、Q215、Q235 的碳素结构钢，其化学成分应符合 GB/T 700 的规定，外径不小于 25.4mm 的圆形复合管，其碳素结构钢基材的力学性能应符合 GB/T13793 中相应牌号钢管低硬状态的规定；外径小于 25.4mm 的圆形复合管，其碳素结构钢基材的力学性能应符合 GB 912 或 GB/T 11253 中相应牌号钢板或钢带的规定。

⑤ 规格　见表 16-17、表 16-18。

表 16-17　复合圆管的规格（公称尺寸）　mm

外径	总壁厚[①]																				
	0.8	1.0	1.2	1.4	1.5	1.6	1.8	2.0	2.2	2.5	3.0	3.5	4.0	4.5	5.0	6.0	7.0	8.0	9.0	10	11	12
13.2	√	√	√	√	√	√	√	√														
15.9	√	√	√	√	√	√	√	√														
19.1	√	√	√	√	√	√	√	√														
22.2	√	√	√	√	√	√	√	√														
25.4	√	√	√	√	√	√	√	√	√	√												
31.8	√	√	√	√	√	√	√	√	√	√												
38.1			√	√	√	√	√	√	√	√												
42.4			√	√	√	√	√	√	√	√												
48.3			√	√	√	√	√	√	√	√												
50.8			√	√	√	√	√	√	√	√												
57.0		√	√	√	√	√	√	√	√	√												
63.5			√	√	√	√	√	√	√	√	√											
76.3			√	√	√	√	√	√	√	√	√											
80.0				√	√	√	√	√	√	√	√	√										
87.0									√	√	√	√										
89.0										√	√	√	√									
102											√	√	√									
108												√	√	√								
112											√	√	√									
114											√	√	√	√								
127												√	√	√								
133												√	√	√								
140												√	√	√	√							

续表

外径	总壁厚[①]																					
	0.8	1.0	1.2	1.4	1.5	1.6	1.8	2.0	2.2	2.5	3.0	3.5	4.0	4.5	5.0	6.0	7.0	8.0	9.0	10	11	12
159													√	√	√							
165													√	√	√							
180														√	√	√						
217														√	√	√	√	√	√	√		
219														√	√	√	√	√	√	√	√	√
273																√	√	√	√	√	√	√
299																√	√	√	√	√	√	√
325																	√	√	√	√	√	√

① 复合管的总壁厚也可根据用户需要，选基材为 0.4～8.0mm、覆材为 0.4～0.8mm 复合的管材。

注：表中“√”表示有产品。

表 16-18　复合方管和矩形管的规格（公称尺寸）　　mm

形状	边长	总壁厚																	
		0.8	1.0	1.2	1.4	1.5	1.6	1.8	2.0	2.2	2.5	3.0	3.5	4.0	4.5	5.0	6.0	7.0	8.0
方管	15×15	√	√	√	√	√	√	√	√										
	20×20	√	√	√	√	√	√	√	√										
	25×25	√	√	√	√	√	√	√	√	√	√								
	30×30		√	√	√	√	√	√	√	√	√								
	40×40		√	√	√	√	√	√	√	√	√								
	50×50			√	√	√	√	√	√	√	√	√							
	60×60				√	√	√	√	√	√	√	√	√						
	70×70											√	√	√					
	80×80											√	√	√					
	85×85											√	√	√					
	90×90											√	√	√					
	100×100											√	√	√					
	110×110											√	√	√					
	125×125												√	√	√	√			
	130×130												√	√	√	√			
	140×140													√	√	√	√		
	170×170															√	√	√	√
矩形管	20×10	√	√	√	√	√	√	√	√										
	25×15	√	√	√	√	√	√	√	√										
	40×20		√	√	√	√	√	√	√	√	√								
	50×30		√	√	√	√	√	√	√	√	√								

续表

形状	边长	总壁厚																	
		0.8	1.0	1.2	1.4	1.5	1.6	1.8	2.0	2.2	2.5	3.0	3.5	4.0	4.5	5.0	6.0	7.0	8.0
矩形管	70×30			√	√	√	√	√	√	√	√								
	80×40			√	√	√	√	√	√	√	√	√							
	90×30			√	√	√	√	√	√	√	√	√							

形状	边长	总壁厚						形状	边长	总壁厚							
		3.0	3.5	4.0	4.5	5.0	6.0			3.0	3.5	4.0	4.5	5.0	6.0	7.0	8.0
矩形管	100×40	√	√	√				矩形管	170×50		√	√	√	√			
	110×50	√	√	√					170×80			√	√	√			
	120×40	√	√	√					180×70			√	√	√			
	120×60		√	√	√				180×80			√	√	√			
	130×50		√	√	√				180×100			√	√	√	√		
	130×70		√	√	√				190×60			√	√	√			
	140×80		√	√	√				190×70			√	√	√			
	150×50		√	√	√				190×90			√	√	√	√		
	150×70		√	√	√	√			200×60			√	√	√			
	160×40		√	√	√				200×80			√	√	√	√		
	160×60		√	√	√	√			200×140				√	√	√	√	√
	160×90			√	√	√											

注：同表 16-17。

16.2.2　石油天然气工业用复合材料增强管线钢管（GB/T 35185—2017）

用于天然气长输管道。

① 材料

a. 钢管　根据设计要求，选择合适壁厚及强度的钢管。

b. 纤维增强复合材料　复合材料中的纤维应满足以下要求：增强层的纤维材料类型可以是玻璃纤维、芳纶纤维或碳纤维；纤维材料应符合相应的国家标准或行业标准的规定，并有质量证书；可通过纤维表面处理提高纤维与树脂基体之间的黏结力；纤维的强度应能满足树脂浸润所需的最低强度；树脂体系应能适应预期的服役环境，树脂种类包括环氧树脂、不饱和聚酯等，管材制造商应提供树脂制造商推荐的固化剂和促进剂。

② 典型规格尺寸、设计压力　见表 16-19、表 16-20。

表 16-19　复合材料增强管线钢管的典型规格尺寸、设计压力

内层钢管钢级	内层钢管外径 D/mm	内层钢管壁厚 t_s/mm	复合材料层壁厚 t_c/mm	复合材料增强管线钢管设计压力/MPa	设计压力等同同尺寸钢管钢级水平
X65	1016	18.4	4.7	14.5	X80
			10.7	18.0	X100
	1219	18.4	4.7	12.0	X80
			10.6	15.0	X100
		22.0	5.6	14.5	X80
			13.2	18.0	X100
	1422	21.1	5.4	12.0	X80
			12.4	15.0	X100
X70	1016	18.4	9.1	18.0	X100
	1219	18.4	9.1	15.0	X100
		22.0	11.0	18.0	X100
	1422	21.4	10.6	15.0	X100
X80	1016	18.4	6.0	18.0	X100
			12.2	21.5	X120
	1219	18.4	6.0	15.0	X100
			12.2	18.0	X120
		22.0	7.2	18.0	X100
			14.6	21.5	X120
	1422	21.4	7.0	15.0	X100
			14.2	18.0	X120

表 16-20　典型复合材料增强管线钢管的规格尺寸、设计压力

内层钢管外径 D/mm	内层钢管钢级	设计压力/MPa	内层钢管壁厚/mm	复合材料层厚/mm	内层钢管外径 D/mm	内层钢管钢级	设计压力/MPa	内层钢管壁厚/mm	复合材料层厚/mm
1422	X70	13.3	27.0	04	1219	X80	17.6	27.0	0
			22.0	5.8				22.0	6.7
			20.6	7.5				20.6	8.5
	X80	15.1	27.0	0	1016	X70	18.5	27.0	0
			22.0	6.7				22.0	5.8
			20.6	8.5				20.6	7.5
1219	X70	15.4	27.0	0		X80	21.1	27.0	0
			22.0	5.8				22.0	6.7
			20.6	7.5				20.6	8.5

注：复合材料层厚为0时即为管线钢管。

③ 性能要求　短期静水压强度，管体或管端不应有渗漏、滴漏或明显的变形。

水压爆破强度不应小于 2.0 倍的设计压力。

④ 推荐的最高使用温度　环氧树脂为 110℃，不饱和聚酯为 70℃。

16.2.3 铝管搭接焊式铝塑复合压力管（GB/T 18997.1—2020）

用于冷热水输配系统中耐热聚乙烯、交联聚乙烯和无规共聚聚丙烯管道，也适用于工作温度不高于 40℃ 的冷水、燃气、压缩空气和特种流体输配系统管道。

① 分类　按复合组分的材料不同，分为 PAP（聚乙烯/铝合金/聚乙烯搭焊铝塑管）、XPAP（交联聚乙烯/铝合金/交联聚乙烯搭焊铝塑管）、RPAP（耐热聚乙烯/铝合金/耐热聚乙烯搭焊铝塑管）和 PPAP（无规共聚聚丙烯/铝合金/无规共聚聚丙烯搭焊铝塑管）四类。

② 结构　见图 16-1。

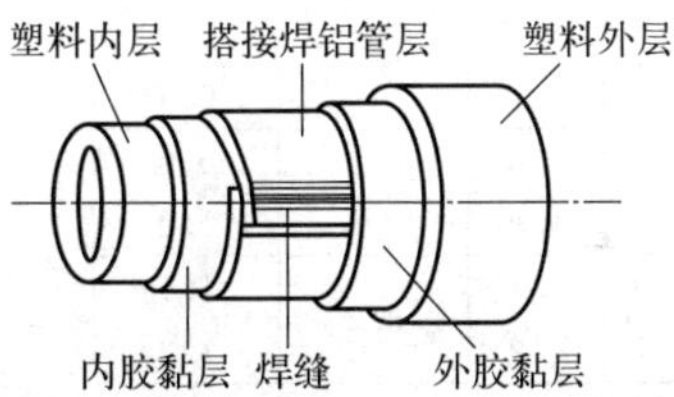

图 16-1　铝管搭接焊式铝塑复合压力管结构

③ 使用条件　见表 16-21。

表 16-21　复合压力管的使用条件

使用条件级别	设计温度 T_D/℃	在 T_D 下的时间 t/年	最高设计温度 T_{max}/℃	在 T_{max} 下的时间 t/年	故障温度 T_{mal}/℃	在 T_{mal} 下的时间 t/h	典型应用范围
1	60	49	80	1	95	100	供应 60℃热水
2	70						供应 70℃热水
4	20 40 60	2.5 20 25	70	2.5	100	100	地板采暖和低温散热器采暖

续表

使用条件级别	设计温度 T_D/℃	在 T_D 下的时间 t/年	最高设计温度 T_{max}/℃	在 T_{max} 下的时间 t/年	故障温度 T_{mal}/℃	在 T_{mal} 下的时间 t/h	典型应用范围
5	20 60 80	14 25 10	90	1	100	100	高温散热器采暖

注：各使用条件级别的管道系统应同时满足在 20℃、1MPa 条件下输送冷水 50 年使用寿命的要求。

④ 管道颜色　冷水用铝塑管：蓝色或白色；冷热水用铝塑管：橙色；燃气用铝塑管：黄色；压缩空气用铝塑管：灰色；特种流体用铝塑管：紫色。

⑤ 管道尺寸　见表 16-22、表 16-23。

表 16-22　PAP、XPAP、RPAP 搭焊铝塑管尺寸要求　　mm

公称外径 d_0	平均外径 d_{em} min	平均外径 d_{em} max	参考内径 d_c	总壁厚 e_m	铝层最小搭接宽度	内层塑料最小壁厚 e_i	外层塑料最小壁厚 e_w	铝管层最小壁厚 e_n 热水用	铝管层最小壁厚 e_n 非热水用
12	12.0	12.3	8.3	1.6	2.8	0.7	0.4	0.20	0.18
14	14.0	14.3	10.1	1.6		0.8		0.20	
16	16.0	16.3	12.1	1.7		0.9		0.21	
18	18.0	18.3	13.9	1.8	3.0	0.9		0.24	
20	20.0	20.3	15.7	1.9		1.0		0.26	0.23
25	25.0	25.3	19.9	2.3	3.2	1.1		0.33	
32	32.0	32.3	25.7	2.9		1.2		0.37	0.28
40	40.0	40.3	31.6	3.9	4.5	1.7		0.40	0.33
50	50.0	50.3	40.5	4.4	4.5	1.7		0.50	0.47
63	63.0	63.4	50.5	5.8	5.5	2.1		0.60	0.57
75	75.0	75.6	59.3	7.3	6.0	2.8		0.70	0.67

注：燃气和压缩空气属于非热水。

表 16-23　PPAP 搭焊铝塑管的尺寸要求　　mm

公称外径 d_n	平均外径 d_{em} min	平均外径 d_{em} max	参考内径 d_c S3.2	参考内径 d_c S2.5	管系列总壁厚 S3.2	管系列总壁厚 S2.5	内层塑料最小壁厚 e_i	外层塑料最小壁厚 e_w	铝管层最小壁厚 e_a
20	20.0	20.3	14.2	12.9	2.8	3.4	1.0	1.0	0.23
25	25.0	25.3	17.7	16.2	3.5	4.2	1.2	1.2	0.23
32	32.0	32.3	22.8	20.7	4.4	5.4	1.5	1.5	0.28

续表

公称外径 d_n	平均外径 d_{em}		参考内径 d_c		管系列总壁厚		内层塑料最小壁厚 e_i	外层塑料最小壁厚 e_w	铝管层最小壁厚 e_a
	min	max	S3.2	S2.5	S3.2	S2.5			
40	40.0	40.4	28.5	26.0	5.5	6.7	1.9	1.9	0.33
50	50.0	50.5	35.7	32.7	6.9	8.3	2.3	2.3	0.47
63	63.0	63.6	45.1	41.1	8.6	10.5	3.0	3.0	0.57
75	75.0	75.7	53.6	49.0	10.3	12.5	3.5	3.5	0.67

⑥ 材料

a. 聚乙烯：应选用 PE80 或 PE100，给水用聚乙烯材料性能应符合 GB/T 13663.1 的要求，燃气用聚乙烯材料性能应符合 GB/T 15558.1—2015 的要求。

b. 耐热聚乙烯 PE-RT：应符合 GB/T 28799.1 的要求。

c. 交联聚乙烯 PE-X：应符合 GB/T 18992.1 的要求，用于燃气的还应符合 GB/T 15558.1—2015 中表 3 的耐气体组分要求。

d. 无规共聚聚丙烯 PP-R：应符合 GB/T 18742.1 的要求。

e. 铝材：按 GB/T 228.1 测试的断裂伸长率应不小于 20%，抗拉强度应不小于 115MPa。

f. 热熔黏合剂：PAP、XPAP 和 RPAP 搭焊铝塑管热熔黏合剂为乙烯共聚物，PPAP 搭焊铝塑管热熔黏合剂为丙烯共聚物，其基本性能应符合 GB/T 18997.1—2020 表 5 要求。

⑦ 供货状态　PAP、XPAP、RPAP 搭焊铝塑管可以盘卷式或直管式供货，卷管长度宜为 100m 或 200m，直管长度宜为 4m 或 6m；PPAP 搭焊铝塑管宜为直管式供货，直管长度宜为 4m 或 6m。管材长度不应有负偏差。

⑧ 标注方法

a. PAP、XPAP、RPAP 搭焊铝塑管

□□□·	□-	□-	A-	□·	GB/T 18997.1—2020
铝塑管代号 PAP 管 XPAP 管 RPAP 管	公称 外径 /mm	H—高密度 聚乙烯 M—低密度 聚乙烯	搭接 焊式	L—冷水 R—冷热水 Q—燃气 Y—压缩空气 T—特种液体	标准代号

b. PPAP 搭焊铝塑管

PPAP·	□-	□□-	A-	□·	GB/T 18997.1—2020
铝塑管代号	管系列 S 值	外径×壁厚	搭接焊式	用途代号 R—冷热水	标准代号

16.2.4 铝管对接焊式铝塑复合压力管（GB/T 18997.2—2020）

用途同搭接焊式铝塑复合压力管。

① 分类

a. 按材料分，有一型铝塑管（内外层均为聚乙烯塑料）、二型铝塑管（内外层均为交联聚乙烯塑料）、三型铝塑管（内外层均为耐热聚乙烯材料）和四型铝塑管（内外层均为无规共聚聚丙烯材料）。

b. 按复合组分的材料分，有 PAP1（聚乙烯/铝合金/聚乙烯对焊铝塑管，即一型铝塑管）、XPAP2（交联聚乙烯/铝合金/交联聚乙烯对焊铝塑管，即二型铝塑管）、RPAP3（耐热聚乙烯/铝合金/耐热聚乙烯对焊铝塑管，即三型铝塑管）和 PPAP4（无规共聚聚丙烯/铝合金/无规共聚聚丙烯对焊铝塑管，即四型铝塑管）四类。

② 结构 见图 16-2。

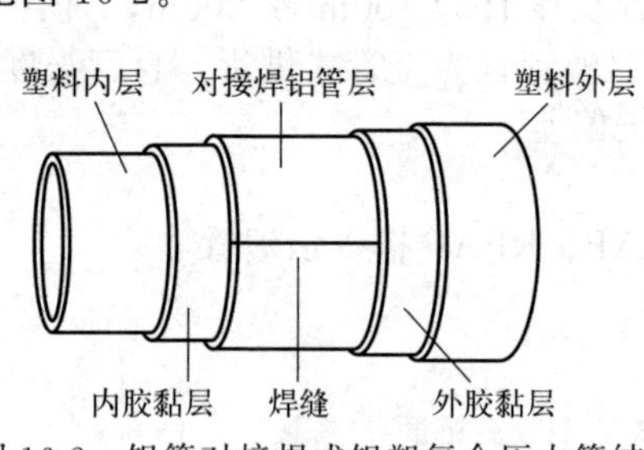

图 16-2 铝管对接焊式铝塑复合压力管结构

③ 使用条件 见表 16-24～表 16-26。

表 16-24　复合压力管的使用条件

使用条件级别	设计温度 T_D/℃	在 T_D 下的时间 t/年	最高设计温度 T_{max}/℃	在 T_{max} 下的时间 t/年	故障温度 T_{mal}/℃	在 T_{mal} 下的时间 t/h	典型应用范围
1	60	49	80	1	95	100	供应 60℃热水
2	70						供应 70℃热水
4	20 40 60	2.5 20 25	70	2.5	100	100	地板下供热和低温暖气
5	20 60 80	14 25 10	90	1	100	100	高温散热器采暖

注：各使用条件级别的管道系统应同时满足在 20℃、1MPa 条件下输送冷水 50 年使用寿命的要求。

表 16-25　冷热水用 XPAP2、RPAP3 对焊铝塑管的使用条件

使用条件级别	用途代号	对焊铝塑管代号	对焊铝塑管规格/mm	设计压力 p_D/MPa
级别 1	R	XPAP2 RPAP3	$d_n16 \sim d_n50$	1.60
级别 2		XPAP2	$d_n16 \sim d_n25$ $d_n32 \sim d_n50$	1.60 1.25
		RPAP3	$d_n16 \sim d_n50$	1.25
级别 4		XPAP2 RPAP3	$d_n16 \sim d_n50$	1.60
级别 5		XPAP2 RPAP3	$d_n16 \sim d_n50$	1.25

表 16-26　其他用途 PAP1、XPAP2 对焊铝塑管的分类及使用条件

流体类别		用途代号	对焊铝塑管代号	设计温度 T_D/℃	设计压力 p_D/MPa
燃气	天然气、人工煤气液化石油气	Q	PAP1、XPAP2	≤40	0.40
压缩空气		Y			0.50
特种流体		T			0.50

注：输送燃气、压缩空气和特种流体时最高设计温度 T_D 不超过 60℃（在最高设计温度 T_{max} 下累计使用时间不超过 1 年）。

④ 材料　铝材按 GB/T 228.1 测试的断裂伸长率不应小于

22%，抗拉强度不应小于80MPa。其他原料按GB/T 18997.1—2020中6.1～6.4、6.6、6.7的要求。

⑤ 管道颜色 冷水用铝塑管：蓝色或白色；冷热水用铝塑管：橙色；燃气用铝塑管：黄色；压缩空气用铝塑管：灰色；特种流体用铝塑管：紫色。

⑥ 管道尺寸 见表16-27、表16-28。

表16-27 PAP1、XPAP2、RPAP3对焊铝塑管结构尺寸要求

mm

公称外径 d_0	平均外径 d_{em}		参考内径 d_c	总壁厚 e_m	内层塑料公称壁厚 e_i	外层塑料最小壁厚 e_w	铝管层公称壁厚 e_n
	min	max					
16	16.0	16.3	10.9	2.3	1.4	0.3	0.28
20	20.0	20.3	14.5	2.5	1.5		0.36
25	25.0	25.3	18.5	3.0	1.7		0.44
32	32.0	32.3	25.5	3.0	1.6		0.60
40	40.0	40.4	32.4	3.5	1.9	0.4	0.75
50	50.0	50.5	41.4	4.0	2.0		1.00

表16-28 PPAP4对焊铝塑管的尺寸要求 mm

公称外径 d_n	平均外径 d_{em}		参考内径 d_c		管系列总壁厚		内层塑料最小壁厚 e_i	外层塑料最小壁厚 e_w	铝管层最小壁厚 e_a
	min	max	S3.2	S2.5	S3.2	S2.5			
20	20.0	20.3	14.2	12.9	2.8	3.4	1.0	1.0	0.23
25	25.0	25.3	17.7	16.2	3.5	4.2	1.2	1.2	0.23
32	32.0	32.3	22.8	20.7	4.4	5.4	1.5	1.5	0.28
40	40.0	40.4	28.5	26.0	5.5	6.7	1.9	1.9	0.33
50	50.0	50.5	35.7	32.7	6.9	8.3	2.3	2.3	0.47

⑦ 供货状态 PAP1、XPAP2、RPAP3对焊铝塑管可以盘卷式或直管式供货，卷管长度宜为100m或200m，PPAP4对焊铝塑管宜为直管式供货，直管长度宜为4m或6m。

⑧ 标注方法

a. PAP1、XPAP2、RPAP3对接铝塑管：

GB/T 18997.2

□□□	1/2/3·	□-	□-	D-	□·	—2020
铝塑管代号 PAP1 XPAP2 RPAP3	铝塑管类型 一型 二型 三型	公称 外径 /mm	H—高密度 聚乙烯 M—低密度 聚乙烯	对接 焊式	L—冷水 R—冷热水 Q—燃气 Y—压缩空气 T—特种液体	标准代号

b. PPAP4 对焊铝塑管：

GB/T 18997.2

PPAP	4·	□-	□□-	D-	□·	—2020
铝塑管 代号	四型 铝塑管	管系列 *S* 值	公称外径 ×壁厚	对接 焊式	用途代号 R—冷热水	标准代号

16.3 含金属层的食品包装用材料

16.3.1 塑-铝箔耐蒸煮复合膜、袋（GB/T 41168—2021）

用于食品包装，可耐蒸煮，厚度小于 0.3mm。

（1）分类

① 按结构不同可分为 A（三层）类和 B（四层及四层以上）类。

② 按使用温度不同可分为水煮级（80℃≤T≤100℃）、半高温蒸煮级（100℃＜T＜121℃）和高温蒸煮级（121℃≤T≤135℃）。

（2）性能

① 剥离力　见表 16-29。

表 16-29　剥离力

项目	要求/(N/15mm)	
	煮前	煮后
表层(含 A 类和 B 类)	≥1.5	≥1.0
中间层(仅 B 类)	≥2.0	≥1.5
内层(含 A 类和 B 类)	≥2.5	≥2.0

② 热合强度 见表16-30。

表16-30 热合强度

产品类别	要求/(N/15mm)			
	A类		B类	
	煮前	煮后	煮前	煮后
水煮级	≥25	≥20	≥30	≥25
半高温蒸煮级	≥25	≥20	≥30	≥25
高温蒸煮级	≥30	≥25	≥40	≥35

③ 拉断力、断裂标称应变、直角撕裂力、抗摆锤冲击能 见表16-31。

表16-31 拉断力、断裂标称应变、直角撕裂力、抗摆锤冲击能

项目		要求	
		A类	B类
拉断力/(N/15mm)	纵向/横向	≥40	≥50
断裂标称应变/%	纵向/横向	≥35	≥40
直角撕裂力/N		≥8	≥12
抗摆锤冲击能/J		≥0.6	≥1.0

④ 水蒸气透过量、氧气透过量 见表16-32。

表16-32 水蒸气透过量、氧气透过量

项目	要求	项目	要求
水蒸气透过量/[g/(m^2·24h)]	≤0.5	氧气透过量/[cm^3/(m^2·24h·0.1MPa)]	≤0.5

⑤ 袋的耐压性 见表16-33。

表16-33 袋的耐压性

袋与内装物总质量G/g	负荷/N		袋与内装物总质量G/g	负荷/N		要求
	A类	B类		A类	B类	
$G<100$	250	300	$401\leqslant G\leqslant 2000$	700	750	无渗漏
$100\leqslant G<401$	500	550	$G>2000$	900	950	不破裂

⑥ 袋的跌落性　见表 16-34。

表 16-34　袋的跌落性

袋与内装物总质量 G/g	负荷/N		袋与内装物总质量 G/g	负荷/N		要求
	A 类	B 类		A 类	B 类	
$G<100$	1000	1300	$401\leqslant G\leqslant 2000$	700	900	无渗漏
$100\leqslant G<401$	900	1000	$G>2000$	600	800	不破裂

16.3.2　纸-铝塑复合膜、袋（GB/T 41169—2021）

用于固体食品包装，厚度小于 0.3mm。不适用于灭菌操作。

分类见表 16-35。

表 16-35　纸-铝塑复合膜、袋分类

类别	材料结构示例①	典型用途
Ⅰ:以塑料为食品直接接触材料的多层复合膜、袋	BOPET/纸/AL/PE、BOPP/纸/AL/PE、纸/AL/PE、BOPET/AL/纸/PE、BOPP/AL/纸/PE、纸/PE/AL/PE、纸/PET/AL/PE、AL/纸/PE、纸/PE/AL/CPP	茶叶、巧克力、咖啡
Ⅱ:以铝箔或纸为食品直接接触材料的多层复合膜	BOPET/纸/AL、BOPP/纸/AL、BOPET/AL/纸、BOPP/AL/纸、纸/PE/AL	口香糖
Ⅲ:表面涂覆热熔胶的多层复合膜	AL/PE/纸/HSL、HSL/纸/AL/PE、HSL/BOPET/AL/纸/PE、纸/AL/HSL、HSL/BOPP/AL/纸/PE	糖果

① AL—铝箔；BOPET—双向拉伸聚酯薄膜；BOPP—双向拉伸聚丙烯薄膜；CPP—流延聚丙烯薄膜；EAA—乙烯-丙烯酸共聚物；EEA—乙烯-丙烯酸乙酯共聚物；EMA—乙烯-丙烯酸甲酯共聚物；EVA—乙烯-乙酸乙烯共聚物；HSL—热熔胶；IONOMER—离子型共聚物；MLLDPE—茂金属线性低密度聚乙烯；PE—聚乙烯；PE-HD—高密度聚乙烯；PE-LD—低密度聚乙烯；PE-LLD—线性低密度聚乙烯；PE-MD—中密度聚乙烯。

① 剥离力和黏结度　见表 16-36。

表 16-36　剥离力和黏结度

项目		技术要求
剥离力	挤出复合/(N/15mm)	≥0.6
	其他方式复合/(N/15mm)	≥1.2

续表

项目	技术要求
黏结度/%	≥70

注：塑/纸、AL/纸检测黏结度，不检测剥离力。

② 热合强度 见表16-37。

表16-37 热合强度

项目		技术要求		
		Ⅰ	Ⅱ	Ⅲ
热合强度/(N/15mm)	搭接	—	—	≥2
	对接(HSL-HSL)	—	—	≥2
	对接(塑-塑)	≥8或纸撕裂	—	≥8或纸撕裂

③ 拉断力、直角撕裂力、摩擦系数和挺度 见表16-38。

表16-38 拉断力、直角撕裂力、摩擦系数和挺度

项目		技术要求
拉断力	纵向/(N/15mm)	≥30
	横向/(N/15mm)	≥25
直角撕裂力 摩擦系数 挺度		供需双方商定

④ 水蒸气透过量、氧气透过量 见表16-39。

表16-39 水蒸气透过量、氧气透过量

项目	要求	项目	要求
水蒸气透过量/[g/(m^2·24h)]	≤0.5	氧气透过量/[cm^3/(m^2·24h·0.1MPa)]	≤0.5

⑤ 袋的耐压性 见表16-40。

表16-40 袋的耐压性

袋与内装物总质量 G/g	负荷/N	袋与内装物总质量 G/g	负荷/N	要求
$G<100$	250	$401\leqslant G\leqslant 2000$	700	无渗漏，不破裂
$100\leqslant G<401$	500	$G>2000$	900	

⑥ 袋的跌落性 见表16-41。

表 16-41　袋的跌落性

袋与内装物总质量 G/g	跌落高度/mm	袋与内装物总质量 G/g	跌落高度/mm	要求
$G<100$	1000	$401\leqslant G\leqslant 2000$	700	无渗漏，不破裂
$100\leqslant G<401$	900	$G>2000$	600	

16.3.3 塑-铝箔复合膜、袋（GB/T 281189—2011）

厚度小于 0.25mm，使用温度在 70℃以下。

① 分类　见表 16-42。

a. 按复合方法分：有干法复合、无溶剂复合、湿法复合、挤出复合和共挤出复合五种。

b. 按结构分：有Ⅰ、Ⅱ、Ⅲ、Ⅳ四类。

表 16-42　复合膜、袋按结构分类

种类	材料结构①
Ⅰ	PET/AL/PE、PET/AL/BOPA/PE、PET/AL/PET/PE、PET/AL/CPP、PET/AL/BOPA/CPP、PET/AL
Ⅱ	BOPA/AL/PE、BOPA/AL/CPP、BOPA/PET/AL/CPP、BOPA/AL
Ⅲ	BOPP/AL/PE、BOPP/AL/CPP、BOPP/AL
Ⅳ	PT/AL/PE、PT/AL/CPP、PT/AL/BOPA/PE、PT/AL/PET/PE、PT/AL PO/AL/PE、PO/AL/CPP、PO/AL/BOPA/PE、PO/AL/PET/PE、PO/AL

① 1. AL—铝箔；BOPA（NY）—双向拉伸聚酰胺薄膜；BOPET（PET）—双向拉伸聚酯薄膜；BOPP—双向拉伸聚丙烯薄膜；CPP—流延聚丙烯薄膜；EAA—乙烯-丙烯酸塑料；EEAK—乙烯-丙烯酸乙酯塑料；EMA—乙烯-甲基丙烯酸塑料；EVAC—乙烯-乙酸乙烯酯塑料；IONOMER—离子型共聚物；PE—聚乙烯（包含 PE-LD、PE-LLD、PE-MLLD、PE-HD、改性 PE 等）；PE-HD—高密度聚乙烯；PE-LD—低密度聚乙烯；PE-LLD—线性低密度聚乙烯；PE-MD—中密度聚乙烯；PE-MLLD—茂金属线性低密度聚乙烯；PO—聚烯烃；PT—玻璃纸。

2. Ⅳ类中 PO 为涂层或未拉伸的薄膜。

② 物理性能　见表 16-43。

表 16-43　复合膜、袋的物理性能

项目		要求			
		Ⅰ	Ⅱ	Ⅲ	Ⅳ
拉伸强度/MPa	纵向	≥30	≥35	≥30	≥30
	横向	≥20	≥25	≥20	≥20
内层剥离力/(N/15mm)		≥2.0			

续表

项目	要求			
	Ⅰ	Ⅱ	Ⅲ	Ⅳ
热合强度/(N/15mm)	≥10	≥10	≥10	≥5
氧气透过量/[cm^3/(m^2·24h·0.1MPa)]	≤0.8			
水蒸气透过量/[g/(m^2·24h)]	≤0.5			
摩擦系数	由供需双方确定			

③ 袋的耐压性 见表16-44。

表16-44 袋的耐压性

袋与内容物的总质量/g	负荷/N		要求
	三边封袋	其他袋	
<30	100	80	无渗漏,不破袋
30～100(不含100)	200	120	
100～400	400	200	
>400	600	300	

④ 袋的跌落性 见表16-45。

表16-45 袋的跌落性

袋与内容物总质量/g	跌落高度/mm	要求
<100	800	不破裂
100～400	500	
>400	300	

16.3.4 液体食品无菌包装用纸基复合材料

以原纸为基体，与塑料、铝箔或其他阻透材料等经复合而成，以卷筒形式或以单个产品形式供应的供无菌灌装液体食品用的材料。

① 分类 按供应状态分，有卷筒形式和单个产品形式两类；按阻隔材料分，有铝箔和其他阻隔材料两类。

② 物理力学性能 见表16-46。

表 16-46　复合材料的物理力学性能

<table>
<tr><th>项目</th><th colspan="2">要求</th></tr>
<tr><td rowspan="3">拉断力/(N/15mm)</td><td>容器容量≤250mL</td><td>纵向≥200，横向≥100</td></tr>
<tr><td>250mL<容器容量≤500mL</td><td>纵向≥220，横向≥120</td></tr>
<tr><td>容器容量>500mL</td><td>纵向≥240，横向≥140</td></tr>
<tr><td>封合强度/(N/15mm)</td><td colspan="2">搭接≥60，对接≥15</td></tr>
<tr><td>内层塑料膜剥离强度/(N/15mm)</td><td colspan="2">≥2.0</td></tr>
<tr><td rowspan="2">透氧率/[cm^3/(m^2·24h·0.1MPa)]</td><td colspan="2">铝箔≤1.0</td></tr>
<tr><td colspan="2">其他阻隔材料≤15.0</td></tr>
<tr><td rowspan="3">挺度/mN·m</td><td>容器容量≤250mL</td><td>纵向≥7.0</td></tr>
<tr><td>250mL<容器容量≤500mL</td><td>纵向≥10.0，横向≥6.0</td></tr>
<tr><td>容器容量>500mL</td><td>纵向≥18.0，横向≥8.0</td></tr>
</table>

16.3.5　液体食品无菌包装用复合袋

由塑料与塑料或塑料与铝箔、金属蒸镀膜等材料制成的，并配有灌装口等密封件，经过灭菌供液体食品无菌包装用。

① 结构　由外膜、内膜（如选用）及装配灌装口等密封件组成。外膜中的金属蒸镀膜包括真空镀铝薄膜、乙烯-乙烯醇共聚物薄膜（EVOH 薄膜）和金属或无机氧化物蒸镀薄膜等材料。

② 分类

a. 按应用方式可分为：盒中袋（通常小于 30L）、桶装袋（通常为 200～240L）和箱装袋（通常为 1000L 以上）三种。

b. 按外膜结构分为：镀铝聚酯袋、铝箔袋、聚酰胺袋和聚乙烯袋等，外膜材料结构为聚乙烯/聚酯镀铝膜/聚乙烯（PE/VM-PET/PE)、聚乙烯/铝/聚乙烯/双向拉伸尼龙薄膜/聚乙烯（PE/AL/PE/BOPA/PE)、聚乙烯/双向拉伸尼龙薄膜/聚乙烯（PE/BOPA/PE）和聚乙烯（PE）共挤膜等。

③ 物理力学性能　见表 16-47。

表 16-47　复合袋的物理力学性能

<table>
<tr><th colspan="2" rowspan="2">项目</th><th colspan="4">要求</th></tr>
<tr><th>镀铝聚酯袋</th><th>铝箔袋</th><th>聚酰胺袋</th><th>聚乙烯袋</th></tr>
<tr><td rowspan="3">外膜</td><td>氧气透过率/[cm^3/(m^2·24h)]</td><td>≤1.0</td><td>≤0.5</td><td>≤100</td><td>—</td></tr>
<tr><td>水蒸气透过率/[g/(m^2·24h)]</td><td>≤0.5</td><td>≤0.5</td><td>≤10</td><td>≤15</td></tr>
<tr><td>透光率/%</td><td>≤0.2</td><td>≤0.2</td><td>—</td><td>—</td></tr>
</table>

续表

项目		要求			
		镀铝聚酯袋	铝箔袋	聚酰胺袋	聚乙烯袋
外膜	拉伸强度(纵向/横向)/MPa	≥30	≥30	≥30	≥20
	断裂标称应变(纵向/横向)/%	≥45	≥45	≥45	≥45
	剥离力/(N/15mm)	≥3.0	≥3.0	≥3.0	—
袋体热合强度/(N/15mm)		≥40	≥40	≥40	≥15
袋口和袋体热合强度/(N/15mm)		≥40	≥40	≥40	≥30

④ 耐压性 见表16-48。

表16-48 复合袋的耐压性

容积 V/L	保持压力(2min)/kPa		
	镀铝聚酯袋/铝箔袋/聚酰胺袋	聚乙烯袋	要求
≤25	18	10	无渗漏、无破裂
>25～200	10	10	
>200	5	5	

⑤ 跌落性能 见表16-49。

表16-49 复合袋的跌落性能

容积/L	跌落高度/m	容积/L	跌落高度/m	要求
≤5	0.8	>25～30	0.5	无渗漏
>5～25	0.6	>30	不试验	无破裂

16.4 其他

16.4.1 铜、铜合金/银、银合金复合带材（GB/T 26330—2010）

适用于制作微电机、继电器、保护器、电接插件和精密开关等电子元器件用的银、银合金/铜、铜合金二层复合材料，及金合金/银合金/铜合金三层复合或多层复合等复合带材。产品分为特硬(T)、硬态（Y)、半硬态（Y_2)、1/4硬态（Y_4)、软态（M）五种状态。见表16-50。

复合带材的标记方法例：

GB/T 26330—AgNi10/QSn6.5-0.1—Y_2—高精度—0.08×(3.0+3.0) -0.80×27

GB/T 26330-	AgNi10	QSn6.5-0.1	Y_2	高精度
标准号	复层牌号	基层牌号	供货状态	允差等级

0.08	3.0	3.0+3.0	0.80	27
复层厚度	复层宽度	复层数为 2	带厚	带宽

表 16-50　带材品种的组成形式

复层	基层					
	纯铜、无氧铜系	白铜系	MX 系	锡青铜系	黄铜系	其他
Ag	√	√	—	√	√	√
AgCu	√	—	—	√	√	√
Au/Ag	√	—	—	—	—	—
AuCuNi	√	—	—	—	—	—
AuCuNiRE	√	—	—	—	—	—
AgCuZnNi	√	—	—	—	—	—
AgCuZnNiRE	√	—	—	—	—	—
AgCuPdNi	√	—	—	—	—	—
AgCuPdNiRE	√	—	—	—	—	—
AgCuPdZnNiRE	√	—	—	—	—	—
AuAg/AgCuNi	√	—	—	—	—	—
AuAg/AgCuNiRE	√	—	—	—	—	—
AuAg/AgCuZnNi	√	—	—	—	—	—
AuAg/AgCuZnNiRE	√	—	—	—	—	—
AuAg/AgCuPdNiRE	√	—	—	—	—	—
AuAgCu/AgCuPdNiRE	√	—	—	—	—	—
AuAgCuRE/AgCuPdNiRE	√	—	—	—	—	—
AuAgCuPdRE/AgCuPdNiRE	√	—	—	—	—	—
AgPd	—	√	√	√	—	—
Pd、Ag、Cu、Pt、Au、Zn 合金	—	—	√	—	—	—
Au、Ag、Ni、Cu、Pt 合金	—	—	√	—	—	—
$AgSnO_2$	√	—	—	√	—	—
AgCe	√	√	—	√	√	—
AgNi	√	√	—	√	√	√
AgSnLaCe	—	√	—	—	—	—

注：1. 表中带“√”为可供品种，其他品种可协商解决。

2. RE 为稀土元素的总称。

3. MX 为 Cu、Ni、Sn 合金。

16.4.2　钢筋混凝土用碳素钢-纤维增强复合材料复合钢筋（GB/T 39041—2020）

用于钢筋混凝土施工。

① 分类　按屈服强度特征值分，有300、400、500三级；按表面形状分，有光圆复合钢筋（P）、带肋复合钢筋（R）两种。

② 基材化学成分及碳当量　应符合GB/T 1499.1和GB/T 1499.2的相关规定。复层厚度：0.07～1.0mm。

③ 牌号

a. 热轧光圆-纤维增强复合材料复合钢筋：

HPB	300	FC
热轧光圆复合钢筋	屈服强度特征值	复合纤维增强材料

b. 热轧带肋-纤维增强复合材料复合钢筋：

H□B	□□□	□□□
HPB—热轧光圆复合钢筋 HRB—热轧带肋复合钢筋	屈服强度特征值 300—HPB用 400、500—HRB用	FC—复合纤维增强材料 FCE—抗震复合纤维增强材料

注：复合材料类别首字母写在FC之前，根据需方要求也可以选用其他复层牌号，其质量应符合相应标准。

④ 标记方法

C	□	□	□
复层纤维种类 C—CFRP（碳纤维复合材料） G—GFRP（玻璃纤维复合材料） A—AFRP（芳纶纤维复合材料） B—BFRP（玄武岩纤维复合材料）	表面形状 P—光圆 R—带肋	强度级别 3—300 4—400 5—500	公称直径 /mm

⑤ 力学性能　见表16-51。

表 16-51　复合钢筋的力学性能

牌号	下屈服强度 R_{eL}/MPa	抗拉强度 R_m/MPa	断后伸长率 A/%	最大力下总伸长率 A_{gt}/%	R^o_m/R_{eL}	R^o_{eL}/R_{eL}
	≥					≤
HPB300FC	300	420	25	10.0	—	—
HRB400FC	400	540	16	7.5	—	—
HRB400FCE			—	9.0	1.25	1.30
HRB500FC	500	630	15	7.5	—	—
HRB500FCE			—	9.0	1.25	1.30

注：1. R^o_m 为复合钢筋实测抗拉强度值；R^o_{eL} 为复合钢筋实测屈服强度值。

2. 直径 28～40mm 各牌号复合钢筋的断后伸长率 A 可降低 1%；直径大于 40mm 各牌号复合钢筋的断后伸长率 A 可降低 2%。

16.4.3　结构用纤维增强复合材料拉挤型材（GB/T 31539—2015）

这种型材简称为 FPR，用于建筑、桥梁、电力、化工等行业用于承力结构。

① 分类

a. 按截面形状，分为直边形（包括工字形、槽形、矩形管、角形、宽翼缘工字形和方棒）、圆形（包括圆管和圆棒）和异形三种。

它们的代号分别是：I—工字形；W—宽翼缘工字形；C—槽形；L—角形；B—矩形管；Bs—方棒；O—圆管；Os—圆棒；Y—异形。

b. 按力学性能要求，分为 M30、M23 和 M17 三个等级。

c. 按耐久性能检验项目，分为耐水（S）、耐碱（J）、耐紫外线（Z）、耐冻融循环（D）和组合型（以上符号的组合）。

② 标记方法

a. 直边形型材：

□-	□×	□×	□×
直边型材	高度 h /mm	宽度 b /mm	腹板厚度 t_w/mm（方棒不标）

□- □ □ GB/T 31539—2015

翼缘厚度 t_f/mm（方棒不标） 力学性能等级代号 耐久性能（未检验时不标） 标准号

b. 圆形型材：

□- □ □- □ □ GB/T 31539—2015

圆形型材 外径 d/mm 壁厚 t/mm（圆棒不标） 力学性能等级代号 耐久性能（未检验时不标） 标准号

c. 异形型材：

□- □- □ □ GB/T 31539—2015

异形型材 截面特征参数/mm 力学性能等级代号 耐久性能（未检验时不标） 标准号

③ 原材料

a. 增强材料应采用无碱玻璃纤维及其制品，并应符合相关标准的规定。

b. 基体树脂应采用环氧树脂、乙烯基酯树脂、不饱和聚酯树脂、酚醛树脂或聚氨酯树脂等，亦应符合相关标准的规定。

④ 力学性能 见表16-52。

表16-52 结构用纤维增强复合材料拉挤型材力学性能

项目	要求 ≥		
	M30级	M23级	M17级
纵向拉伸强度/MPa	400	2300	200
横向拉伸强度/MPa	245	55	45
纵向拉伸弹性模量/GPa	230	23	217
横向拉伸弹性模量/GPa	7	7	5
纵向压缩强度/MPa	2300	2250	200
横向压缩强度/MPa	70	70	70
纵向压缩弹性模量/GPa	25	20	15

续表

项目	要求　≥		
	M30 级	M23 级	M17 级
横向压缩弹性模量/GPa	27	27	25
纵向弯曲强度/MPa	400	300	200
横向弯曲强度/MPa	280	100	270
层间剪切强度/MPa	28	225	220
纵向螺栓挤压强度/MPa	180	150	100
横向螺栓挤压强度/MPa	120	100	70
螺钉拔出承载力/kN	$kt/3$	$kt/3$	$kt/3$

注：1. 表中各种弹性模量使用平均值，强度与承载力为具有 95%保证率的标准值(平均值－1.645×标准差)。

2. 螺钉拔出承载力中，t 为试件厚度，mm；k 为系数，k=1kN/mm。

16.4.4 SiC 颗粒增强铝基复合材料锻材（GB/T 35096—2018）

SiC 颗粒增强铝基复合材料采用熔铸复合方法制备，增强体为 SiC 颗粒，基体为 2A14、7A04、6A61 等铝合金，增强体体积分数低于 40%。用于航天航空、汽车等领域。

① 标记方法

××%SiC/	□-	□
SiC 颗粒的体积分数	铝基体材料	热处理状态

② 锻材性能　见表 16-53。

表 16-53　铝基复合材料锻材性能

牌号	拉伸性能					
	抗拉强度 R_m/MPa	规定非比例延伸强度 $R_{p0.2}$/MPa	弹性模量 E/GPa	断后伸长率/%	布氏硬度(HBW 10/1500)	线胀系数(室温至 300℃) $/10^{-6}℃^{-1}$
	≥				≥	≤
10%SiC/2A14-T6	400	350	85	2	150	20
10%SiC/2A14-T7	360	300	85	2	120	20
15%SiC/2A14-T6	400	350	90	—	150	18

续表

牌号	拉伸性能				布氏硬度（HBW 10/1500）	线胀系数（室温至300℃）/10^{-6}℃$^{-1}$
	抗拉强度 R_m/MPa	规定非比例延伸强度 $R_{p0.2}$/MPa	弹性模量 E/GPa	断后伸长率/%		
	≥				≥	≤
15%SiC/2A14-T7	360	320	90	—	120	18
20%SiC/2A14-T6	400	350	98	—	150	17
20%SiC/2A14-T7	360	320	98	—	120	17
25%SiC/2A14-T6	400	350	105	—	150	15
25%SiC/2A14-T7	360	320	105	—	120	15
10%SiC/7A04-T6	500	450	85	1	150	20
10%SiC/7A04-T7	450	400	85	1	120	20
15%SiC/7A04-T6	500	450	90	—	150	18
15%SiC/7A04-T7	450	400	90	—	120	18
20%SiC/7A04-T6	500	450	98	—	150	17
20%SiC/7A04-T7	450	400	98	—	120	17
25%SiC/7A04-T6	500	450	105	—	150	15
25%SiC/7A04-T7	450	400	105	—	120	15
15%SiC/6A61-T6	350	300	90	2	130	18
15%SiC/6A61-T7	330	280	90	2	115	18
20%SiC/6A61-T6	400	350	98	—	130	17
20%SiC/6A61-T7	350	300	98	—	115	17

16.4.5　复合材料芯架空导线（GB/T 32502—2016）

用于架空电力线路。

① 分类　按品种分，有软铝型线绞线、复合材料芯耐热铝合金绞线和复合材料芯耐热铝合金型线绞线三种。

② 产品标记

□　/F　□

型　号　　复合芯　　复合芯强度等级（1，2）

JLRX1、2—软铝型线绞线

JNRLH1—NRLH1 耐热铝合金绞线

JNRLH1X1—NRLH1 耐热铝合金型线绞线

□-	□/	□-	□	GB/T 32502—2016
复合芯温度级别（A、B）①	铝合金导体标称截面积	复合芯标称截面积	导线标称②直径×10	标准号

① 对于 JNRLH1/F1A、JNRLH1/F2A 复合材料芯耐热铝合金绞线和 JNRLH1X1/F1A、NRLH1X1/F2A 复合材料芯，耐热铝合金型线绞线的最高长期允许运行温度为 120℃。对于 JNRLH1/F1B、JNRLH1/F2B 复合材料芯耐热铝合金绞线和 JNRLH1X1/F1B、JNRLH1X1/F2B 复合材料芯耐热铝合金型线绞线的最高长期允许运行温度为 150℃。

② 对于 NRLH1 耐热铝合金绞线，此项为铝合金根数/芯棒根数。

③ 材料　复合芯导线应由铝（或铝合金）线和纤维增强树脂基复合材料芯棒同心绞制而成，绞合前的所有软铝型线应符合 GB/T 29325—2012 的规定，NRLH1 耐热铝合金线应符合 GB/T 30551—2014 的规定；纤维增强树脂基复合材料芯棒应符合 GB/T 29324—2012 的规定。

④ 推荐的复合芯导线的尺寸及性能　见 GB/T 32502—2016 表 D. 1～表 D. 3。

16. 4. 6　结构用纤维增强复合材料拉索（GB/T 35156—2017）

由纤维增强复合材料索体、配套锚具和外包保护层组成，用于桥梁、建筑等结构中承受拉力。

① 结构　拉索由索体和锚具配套组成。

a. 索体分平行棒索（BC）、平行板索（PC）、绞线索（SC）和拉杆索（TC）（图 16-3）。

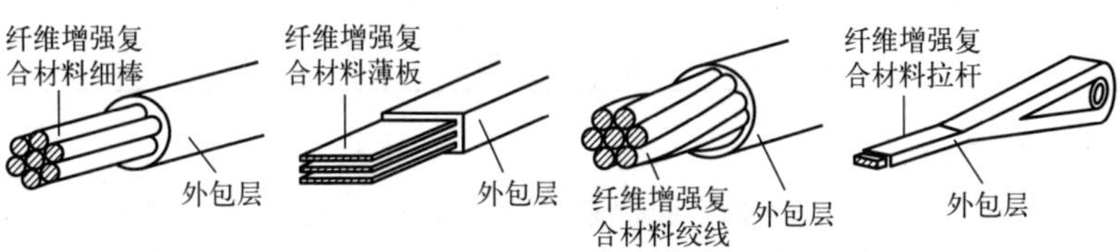

(a) 平行棒索　(b) 平行板索　(c) 绞线索　(d) 拉杆索

图 16-3　索体形式

b. 锚具在索体两端，有耳板式（EM）和支承式（ZM）两种（图 16-4）。

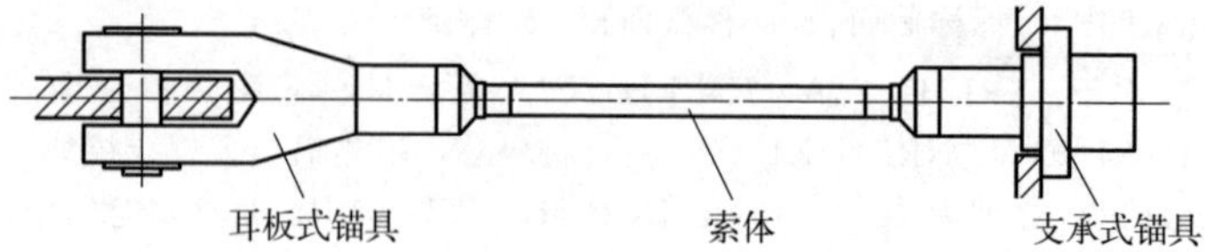

图 16-4 锚具形式

② 标记方法

□-	□-	□-	□/	□-	□/	□	GB/T 35156—2017
纤维类型	索体形式	公称破断力/kN	有效截面积/mm^2	拉索长度/mm	一端锚具形式	另一端锚具形式	标准号

③ 材料性能 见表 16-54。

表 16-54 索体复合材料的性能

物理性能	力学性能			
	项目	索体用复合材料	材料	要求
①树脂不可溶分含量≥90%	纵向拉伸弹性模量/GPa	细棒、薄板、拉杆	CF	≥120
			BF、GF	≥50
		绞线	CF	≥90
②吸水率≤0.5%	纵向拉伸强度标准值/MPa	细棒、薄板、拉杆	CF	≥2100
			BF	≥800
③玻璃化转变温度≥100℃			GF	≥600
		绞线	CF	≥1500
	横向拉伸强度/MPa	薄板	CF	≥90

④ 拉索性能

a. 锚具回缩：拉索应进行超张拉，其荷载应取 1.25 倍设计索力，且不低于公称破断力的 40%，超张拉时的锚具回缩应小于 5mm，且不大于锚具长度的 2%，超张拉后锚具无损坏，其残余变形率不大于 0.2%。

b. 静载性能：拉索的静载极限荷载应不小于索体公称破断力

的 95%，且最大力下拉索的伸长率应不大于 1.5%，加载过程中锚具无损坏。

c. 动载性能：有动载要求的拉索，应满足循环次数为 200 万次的疲劳性能试验。在有抗震要求的结构中使用，拉索应满足循环次数为 50 万次的周期荷载试验。疲劳性能试验或周期荷载试验后，索体及锚具均不应发生破断。

第17章 纳米材料

17.1 纳米产品的定义、分类与命名（GB/T 39855—2021）

① 定义　纳米材料是任一外部维度、内部或表面结构处于1～100nm尺寸范围的材料。

② 分类　按制备方式，可以将其分为由纳米材料组成或构成的纳米产品、添加纳米材料的纳米产品和使用纳米技术处理的纳米产品三类。

③ 命名方法

a. 由纳米材料组成或构成的纳米产品：

纳米	□□
材质	基本名称（特性或专业用途）

b. 添加纳米材料的纳米产品：

□	□	□
主体名称	所添加纳米材料的名称（必选）	功能（选用）

c. 使用纳米技术处理的纳米产品：

□	□	□
主体名称	纳米技术处理的方式（必选）	功能（可选）

17.2 纳米材料

17.2.1 铁基非晶软磁合金带材（GB/T 19345.1—2017）

用于制作配电变压器、中频变压器、电抗器、滤波电感等铁芯。

① 牌号表示方法

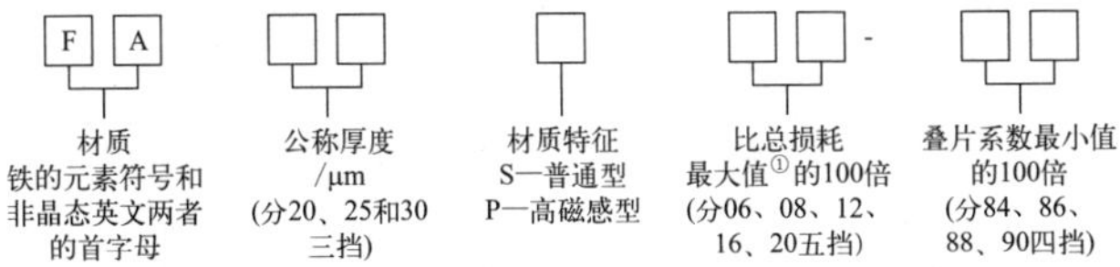

① 测量条件为 50Hz/1.30T。

② 供货状态　一般为表面无涂层、非剪切的半工艺状态（制备态）带卷（尺寸及重量由供需双方协商确定）。带卷可以是由一层带材卷绕而成的单层卷，也可以是由多层带材同时卷绕而成的复合卷。

③ 物理性能

a. 供方在提供带材磁性能数据的同时，应说明试样形状与尺寸、试样的热处理制度、测试方法、测试设备和测试条件。

b. 带材的最终热处理一般由需方在加工成铁芯后进行。因此，需方在使用带材制造铁芯时，在参考供方提供的磁性能数据和推荐热处理制度的基础上，可根据自身的工艺装备状况，通过试验确定最佳热处理制度，以获得所希望的最佳磁性能。

c. 带材的磁性能见表 17-1～表 17-3。

表 17-1　铁基非晶软磁合金带材的几何特性和直流磁性能

<table>
<tr><th>类别</th><th>牌号①</th><th>公称厚度
/mm</th><th>叠片系数
≥</th><th>磁通密度 B_{80}②
/T≥</th><th>磁通密度 B_{800}②
/T≥</th><th>矫顽力 H_c
/(A/m)≤</th></tr>
<tr><td rowspan="5">S</td><td>FA××S06-∗∗</td><td rowspan="9">0.020
0.025
0.030</td><td rowspan="9">0.84
0.86
0.88
0.90</td><td rowspan="5">1.35</td><td rowspan="5">1.50</td><td rowspan="9">2.5</td></tr>
<tr><td>FA××S08-∗∗</td></tr>
<tr><td>FA××S12-∗∗</td></tr>
<tr><td>FA××S16-∗∗</td></tr>
<tr><td>FA××S20-∗∗</td></tr>
<tr><td rowspan="4">P</td><td>FA××P06-∗∗</td><td rowspan="4">1.50</td><td rowspan="4">1.60</td></tr>
<tr><td>FA××P08-∗∗</td></tr>
<tr><td>FA××P12-∗∗</td></tr>
<tr><td>FA××P16-∗∗</td></tr>
</table>

① 牌号中的“××”表示带材公称厚度（0.020mm、0.025mm 和 0.030mm 中的任意一个）的 1000 倍；“∗∗”表示带材叠片系数最小值（0.84、0.86、0.88 和 0.90 中的任意一个）的 100 倍。

② 磁通密度 B 的下标表示测试时对试样施加磁场的强度值（A/m）。

表 17-2　铁基非晶软磁合金带材在频率 50Hz 和 60Hz 下交流磁性能

类别	牌号①	在50Hz(60Hz)下交流磁性能					
		$\hat{J}$=1.30T		$\hat{J}$=1.35T		$\hat{J}$=1.40T	
		比总损耗 P_a /(W/kg)	比视在功率 S_a /(V·A/kg)	比总损耗 P_a /(W/kg)	比视在功率 S_a /(V·A/kg)	比总损耗 P_a /(W/kg)	比视在功率 S_a /(V·A/kg)
		≤					
S型	FA20S06-**	0.06(0.08)	0.09(0.12)	0.07(0.09)	0.10(0.15)	0.09(0.11)	0.12(0.18)
	FA20S08-**	0.08(0.11)	0.12(0.17)	0.10(0.12)	0.15(0.20)	0.12(0.14)	0.18(0.24)
	FA20S12-**	0.12(0.15)	0.17(0.22)	0.14(0.17)	0.20(0.26)	0.16(0.20)	0.24(0.30)
	FA25S06-**	0.06(0.08)	0.09(0.12)	0.07(0.09)	0.10(0.15)	0.09(0.11)	0.12(0.18)
	FA25S08-**	0.08(0.11)	0.12(0.17)	0.10(0.12)	0.15(0.20)	0.12(0.14)	0.18(0.24)
	FA25S12-**	0.12(0.15)	0.17(0.22)	0.14(0.17)	0.20(0.26)	0.16(0.20)	0.24(0.30)
	FA30S12-**	0.12(0.15)	0.17(0.22)	0.14(0.17)	0.20(0.26)	0.16(0.20)	0.24(0.30)
	FA30S16-**	0.16(0.20)	0.22(0.28)	0.18(0.23)	0.26(0.32)	0.21(0.26)	0.30(0.36)
	FA30S20-**	0.20(0.25)	0.28(0.35)	0.23(0.30)	0.32(0.40)	0.27(0.35)	0.36(0.45)
P型	FA25P06-**	0.06(0.08)	0.09(0.12)	0.07(0.09)	0.10(0.15)	0.09(0.11)	0.12(0.18)
	FA25P08-**	0.08(0.11)	0.12(0.17)	0.10(0.12)	0.15(0.20)	0.12(0.14)	0.18(0.24)
	FA25P12-**	0.12(0.15)	0.17(0.22)	0.14(0.17)	0.20(0.26)	0.16(0.20)	0.24(0.30)
	FA25P16-**	0.12(0.15)	0.17(0.22)	0.14(0.17)	0.20(0.26)	0.16(0.20)	0.24(0.30)
	FA30P08-**	0.08(0.11)	0.12(0.17)	0.10(0.12)	0.15(0.20)	0.12(0.14)	0.18(0.24)
	FA30P12-**	0.12(0.15)	0.17(0.22)	0.14(0.17)	0.20(0.26)	0.16(0.20)	0.24(0.30)
	FA30P16-**	0.16(0.20)	0.22(0.28)	0.18(0.23)	0.26(0.32)	0.21(0.26)	0.30(0.36)

① ** 表示带材叠片系数最小值（0.84、0.86、0.88 和 0.90 中的任意一个）的 100 倍。

注：$\hat{J}$ 为测量时材料的磁极化强度的峰值。

表 17-3　铁基非晶软磁合金带材在中高频下交流磁性能

类别	牌号①	比总损耗/(W/kg)　≤			
		$P_{a1.0/400}$	$P_{a1.0/1k}$	$P_{a0.5/10k}$	$P_{a0.5/20k}$
S型	FA20S06-**	1.5	5	70	125
	FA20S08-**	2	10	90	175
	FA20S12-**	3	15	120	225
	FA25S06-**	2	10	75	175
	FA25S08-**	2.5	13	95	225

①“**”表示带材叠片系数最小值（0.84、0.86、0.88 和 0.90 中的任意一个）的 100 倍。

注：比总损耗 P_a 后面的下标分别表示测试时的磁通密度峰值/频率。

17.2.2　铁基纳米晶软磁合金带材（GB/T 19345.2—2017）

用于制造中高频变压器、共模电感、磁放大器、尖峰抑制器、电流互感器、滤波电感及传感器等所用铁芯，以及磁屏蔽和导磁所用片材。

① 牌号表示方法

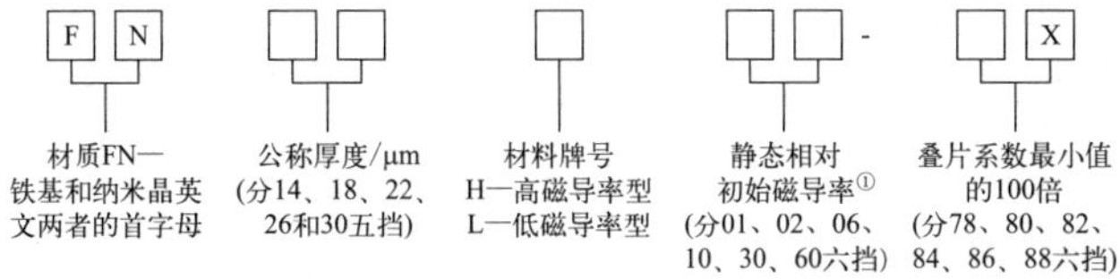

① 01—1000～2000，02—2000～5000，06—5000～10000，10—10000～30000，30—30000～60000，60—>60000。

② 供货状态　一般为表面无涂层、非剪切的半工艺状态（制备态）带卷（尺寸及重量由供需双方协商确定）。

③ 物理性能

a. 供方在提供带材磁性能数据的同时，应说明试样形状与尺寸、试样的热处理制度、测试方法、测试设备和测试条件。

b. 带材的最终热处理一般由需方在加工成铁芯后进行。因此，需方在使用带材制造铁芯时，在参考供方提供的磁性能数据和推荐热处理制度的基础上，可根据自身的工艺装备状况，通过试验确定最佳热处理制度，以获得所希望的最佳磁性能。

c. 带材的磁性能见表 17-4～表 17-7。

表 17-4　铁基纳米晶软磁合金带材的几何特性和直流磁性能

类别	牌号①	静态相对初始磁导率 $\mu_{0.08}$②	公称厚度/mm	叠片系数≥	磁通密度 B_{800}②/T≥	矫顽力 H_c/(A/m)≤
H	FN××H30-**	30000～60000	0.014 0.018 0.022 0.026 0.030	0.78 0.80 0.82 0.84 0.86 0.88	1.10	1.20
	FN××H60-**	>60000				
L	FN××1.01-**	1000～2000				2.50
	FN××1.02-**	2000～5000				
	FN××1.05-**	5000～10000				
	FN××1.10-**	10000～30000				

① 牌号中的“××”表示带材公称厚度（0.014mm、0.018mm、0.022mm、0.026mm 和 0.030mm 中的任意一个）的 1000 倍；“**”表示带材叠片系数最小值（0.78、0.80、0.82、0.84、0.86 和 0.88 中的任意一个）的 100 倍。

② 相对初始磁导率 μ 和磁通密度 B 的下标表示测试时对试样施加磁场的强度值（A/m）。

表 17-5 高频变压器用铁基纳米晶软磁合金带材的牌号、规格和交流磁性能

类别	牌号①	公称厚度/mm	叠片系数≥	比总损耗 $P_{s0.5/20k}$② /(W/kg)≤	相对幅值磁导率 μ_{20k}③	相对幅值磁导率 μ_{50k}③
H	FN18H60-**	0.018	0.78 0.80 0.82 0.84 0.86 0.88	15	>35000	>30000
	FN18H30-**				30000～40000	25000～35000
	FN22H60-**	0.022		20	>35000	>30000
	FN22H30-**				30000～40000	25000～35000
	FN26H60-**	0.026		30	>35000	>30000
	FN26H30-**				30000～40000	25000～35000
	FN30H60-**	0.030		40	>35000	>30000
	FN30H30-**				30000～40000	25000～35000

① 牌号中的“**”表示带材叠片系数最小值（0.78、0.80、0.82、0.84、0.86 和 0.88 中的任意一个）的 100 倍。

② $P_{s0.5/20k}$ 表示在磁通密度峰值 $B=0.5$T、频率 $f=20$kHz 条件下的总损耗。

③ 相对幅值磁导率 μ 的下标表示测试频率。

表 17-6 共模电感用铁基纳米晶软磁合金带材的牌号、规格和交流磁性能

类别	牌号①	公称厚度/mm	叠片系数≥	比总损耗 $P_{s0.3/100k}$② /(W/kg)≤	相对幅值磁导率 μ_{10k}③	相对幅值磁导率 μ_{100k}③
H	FN14H60-**	0.014	0.78 0.80 0.82 0.84 0.86 0.88	70	≥55000	≥25000
	FN18H60-**	0.018		80	≥55000	≥22000
	FN22H60-**	0.022		95	≥60000	≥20000
	FN26H60-**	0.026		120	≥60000	≥18000
L	FN××L10-**	0.014 0.018 0.022		120	12000～30000	10000～18000
	FN××L05-**				5200～9500	5000～9000
	FN××L02-**				1900～4600	1800～4500
	FN××L01-**				1000～1800	1000～1800

① 牌号中的“××”表示带材公称厚度（0.014mm、0.018mm 和 0.022mm 中的任意一个）的 1000 倍；“**”表示带材叠片系数最小值（0.78、0.80、0.82、0.84、0.86 和 0.88 中的任意一个）的 100 倍。

② 比总损耗 P_s 后面的下标分别表示测试时的磁通密度峰值和频率。

③ 相对幅值磁导率 μ 的下标表示测试频率。

表 17-7 电流互感器用铁基纳米晶软磁合金带材的牌号、规格和磁性能

类别	牌号①	公称厚度/mm	叠片系数≥	相对幅值磁导率 μ_{50}②	剩余磁通密度 B/T≤
H	FN××H60-**	0.018,0.022	0.78,0.80,	80000～180000	—

续表

类别	牌号[①]	公称厚度 /mm	叠片系数 ≥	相对幅值磁导率 μ_{50}[②]	剩余磁通密度 B/T≤
L	FN××L01-**	0.026,0.030	0.82,0.84,0.86,0.88	1000～2000	0.05

① 牌号中的“××”表示带材公称厚度（0.018mm、0.022mm、0.026mm 和 0.030mm 中的任意一个）的 1000 倍；“**”表示带材叠片系数最小值（0.78、0.80、0.82、0.84、0.86 和 0.88 中的任意一个）的 100 倍。

② 相对幅值磁导率 μ 的下标表示测试频率。

17.2.3　纳米晶硬质合金棒材（GB/T 38977—2020）

① 规格　硬质合金中碳化钨（WC）平均晶尺寸不大于 200nm。

② 化学成分　应符合 GB/T 38977—2020 表 1 规定。

③ 型号表示方法

a. 硬质合金棒材毛坯制品：

B	ϕ□□	□□□	(Z)
棒材毛坯制品	直径（D）/mm，可保留小数点后 1 位	长度值（L）/mm，可保留小数点后 1 位	附加信息码，需要时采用

b. 硬质合金棒材精加工制品：

ϕ□□	□□□	(Z)
直径（D）/mm，可保留小数点后 4 位	长度值（L）/mm，可保留小数点后 2 位	附加信息码，需要时采用

④ 力学性能　见表 17-8。

表 17-8　纳米晶硬质合金棒材的力学性能

平均晶粒度 d/nm	硬度(HV_3)	横向断裂强度/MPa
$100<d\leqslant200$	≥2000	≥4500
$d\leqslant100$	≥2100	≥5000

17.2.4　多壁碳纳米管（GB/T 24491—2009）

由三层及以上石墨片卷曲成同轴嵌套的中空的准一维纳米

碳管。

① 基本特征　多壁碳纳米管为黑色粉末或颗粒，透射电子显微镜放大10万倍以上时呈纤维状，长度与直径的比值大于20，沿纤维的轴向为一中空管。

② 分类

a. 按平均外径分为1类（平均外径≤20nm）、2类（平均外径＞20～50nm）和3类（平均外径＞50～150nm）。

b. 每类中又按碳纳米含量（质量分数）分四个等级：Ⅰ级（含量大于98%）、Ⅱ级（含量大于95%）、Ⅲ级（含量大于85%）和Ⅳ级（含量大于70%）。

③ 技术要求　见表17-9。

表17-9　多壁碳纳米管的技术要求

项目①	多壁碳纳米管的平均外径											
	1类				2类				3类			
	<20nm				20～50nm				50～150nm			
	Ⅰ	Ⅱ	Ⅲ	Ⅳ	Ⅰ	Ⅱ	Ⅲ	Ⅳ	Ⅰ	Ⅱ	Ⅲ	Ⅳ
多壁碳纳米管含量(质量分数)/%　＞	98.0	95.0	85.0	70.0	98.0	95.0	85.0	70.0	98.0	95.0	85.0	70.0
比表面积②/(m^2/g)	＞200.0				60.0～200.0				20.0～60.0			
挥发分含量(质量分数)/%　＜	1.0	2.0	5.0	5.0	1.0	2.0	5.0	5.0	1.0	2.0	5.0	5.0
碳相杂质含量(质量分数)/%　＜	2.0	5.0	10.0	20.0	2.0	5.0	10.0	20.0	2.0	5.0	10.0	20.0
灰分含量(质量分数)/%　＜	1.0	3.0	10.0	15.0	1.0	3.0	10.0	15.0	1.0	3.0	10.0	15.0
挥发分、碳相杂质、灰分三者含量(质量分数)之和/%　＜	2.0	5.0	15.0	30.0	2.0	5.0	15.0	30.0	2.0	5.0	15.0	30.0

① 挥发分、碳相杂质、灰分和多壁碳纳米管的含量四者之和应小于100%。

② 当平均外径测量结果出现争议时，按比表面积大小对多壁碳纳米管进行归类。

17.2.5　微纳米标准样板（几何量）（GB/T 39516—2020）

微纳米标准样板的线间隔为0.05～10μm、台阶高度为0.01～

100μm、薄膜厚度为 2～1000nm，线宽为 25～1000nm，可用于微纳米测量。

性能参数要求见表 17-10～表 17-13。

表 17-10　微纳米线间隔标准样板的性能参数要求

线间隔/μm	线间隔偏差/μm ±	线边缘粗糙度/nm	均匀性/μm	线间隔/μm	线间隔偏差/μm ±	线边缘粗糙度/nm	均匀性/μm
0.05	5%线间隔	5	5%线间隔	1	1%线间隔	10	1%线间隔
0.1	3%线间隔		3%线间隔	2	1%线间隔	20	1%线间隔
0.2	2%线间隔		2%线间隔	5	1%线间隔	50	1%线间隔
0.5	1%线间隔		1%线间隔	10	1%线间隔	100	1%线间隔

表 17-11　微纳米台阶高度标准样板的性能参数要求

台阶高度/μm	台阶高度偏差/μm ±	均匀性/μm	台阶高度/μm	台阶高度偏差/μm ±	均匀性/μm
0.01	10%台阶高度	5%台阶高度	2	5%台阶高度	1%台阶高度
0.02	5%台阶高度	2.5%台阶高度	5	5%台阶高度	1%台阶高度
0.05	4%台阶高度	2%台阶高度	10	5%台阶高度	1%台阶高度
0.1	3%台阶高度	2%台阶高度	20	5%台阶高度	1%台阶高度
0.2	2%台阶高度	2%台阶高度	50	5%台阶高度	1%台阶高度
0.5	1%台阶高度	1%台阶高度	100	5%台阶高度	1%台阶高度
1	1%台阶高度	1%台阶高度			

表 17-12　纳米膜厚度标准样板的性能参数要求

薄膜厚度/nm	薄膜厚度偏差/nm ±	均匀性/nm ±	薄膜厚度/nm	薄膜厚度偏差/nm ±	均匀性/nm ±
2	15%薄膜厚度	10%薄膜厚度	100	2%薄膜厚度	1%薄膜厚度
5	10%薄膜厚度	8%薄膜厚度	200	2%薄膜厚度	1%薄膜厚度
10	10%薄膜厚度	5%薄膜厚度	500	2%薄膜厚度	1%薄膜厚度
20	5%薄膜厚度	2.5%薄膜厚度	1000	1%薄膜厚度	0.5%薄膜厚度
50	4%薄膜厚度	2%薄膜厚度			

表 17-13　纳米线宽度标准样板的性能参数要求

线宽/nm	线宽度偏差/nm ±	均匀性/nm	线宽/nm	线宽度偏差/nm ±	均匀性/nm
25	5%线宽	5%线宽	200	1%线宽	1%线宽
50	4%线宽	4%线宽	500	1%线宽	1%线宽
100	2%线宽	2%线宽	1000	1%线宽	1%线宽

17.2.6　纳米镍粉（GB/T 19588—2004）

纳米镍粉应呈黑色，无其他颜色混杂，应无明显结块。

① 牌号　有 FNiN-20、FNiN-50 和 FNiN-80 三个。

② 牌号的表示方法　F 表示产品交货时为粉末状态，Ni 表示产品的化学成分主要为镍，N 表示产品的中位径在 100nm 以下，20 表示牌号产品的中位径小于 30nm。

③ 化学成分和物理性能　见表 17-14。

表 17-14　纳米镍粉的化学成分和物理性能

牌号	化学成分/%			物理性能		
	O ＜	杂质 ＜	Ni	中位径范围 /nm	比表面积 $/(m^2/g)$	松装密度 $/(g/cm^3)$
FNiN-20	9	0.4	余量	＜30	＞20	0.04～0.5
FNiN-50	5	0.45	余量	≥30～60	＞15	0.05～0.7
FNiN-80	4	0.5	余量	≥60～100	＞8	0.06～0.8

注：牌号中的杂质包括 B、Al、Si、Cr、Mn、Fe、Co、Cu、Mo、W、P、C 和 S 等元素，需方有要求时，供方可以提供。

17.2.7　纳米铁粉（GB/T 30448—2013）

羰基法生产的纳米铁粉应呈黑色，无其他颜色混杂，应无明显结块。

① 牌号表示方法

NF-　　　　Fe-　　　　□□

纳米粉体　　化学名称或主要化学成分　　中值粒径上限/nm

② 化学成分和物理性能　见表 17-15。

表 17-15　纳米铁粉的化学成分和物理性能

牌号	化学成分/%				物理性能	
	O① ≤	C ≤	杂质② ≤	Fe	中值粒径范围 D_{50}/nm	比表面积 $/(m^2/g)$
NF-Fe-50	15	1.0	0.50	余量	＜50	＞20
NF-Fe-100	9	0.8	0.55	余量	≥50～100	＞13
NF-Fe-150	6	0.5	0.60	余量	≥100～150	＞8

① 该氧含量值为经钝化处理后的氧含量要求。未经钝化的或用溶剂保存的铁粉中的氧含量应远低于该值要求，具体要求可由供需双方协商确定。

② 牌号中的杂质一般是指 Ni、Co、B、P 等元素，有特殊要求时，杂质还包括 Pb、Cd、As、Hg、Cr 等一系列元素。这些元素的测量方法由供需双方协商确定。

17.2.8　纳米二氧化锡（GB/T 30449—2013）

① 分类　按晶型分有四方型（T）、六方型（H）和正交型（O）三类。按不同的晶型，其产品代号分别表示为 NF-SnO_2（T）、NF-SnO_2（H）和 NF-SnO_2（O），其中 NF 为纳米粉体的首字母。

② 属性　分纳米属性和理化属性，见表 17-16、表 17-17。

表 17-16　纳米二氧化锡的纳米属性

项目	技术要求	项目	技术要求
平均粒径/nm	≤100	粒度分布 D_{50}/nm	≤500
平均晶粒尺寸/nm	≤100	形貌	应标明
比表面积/(m^2/g)	≥15		

表 17-17　纳米二氧化锡的理化属性

项目	技术要求	项目	技术要求
二氧化锡纯度(干基)/%	≥99.9	铜(Cu)的质量分数/%	≤0.1
铅(Pb)的质量分数/%	≤0.1	锑(Sb)的质量分数/%	≤0.1
砷(As)的质量分数/%	≤0.1	晶型	应标明
镉(Cd)的质量分数/%	≤0.1	白度	应标明
铁(Fe)的质量分数/%	≤0.1	堆密度/(g/cm^3)	应标明

17.2.9　纳米二氧化钛（GB/T 19591—2023）

未改性的纳米二氧化钛主要用于功能化纤、高档塑料、油漆、油墨、涂料、电子陶瓷、催化剂及其载体等制造领域。

① 分类

a. 按制备方法分，有液相法产品（L）和气相法产品（G）两类。

b. 按晶体结构组成分，有单一晶型和混合晶型两型。其中单一晶型用锐钛型（A）、金红石型（R）标识，混和晶型用 Mix 标识。

② 代号　用材料名称、晶型和制备工艺进行标识。例如液相法锐钛矿单一晶型纳米二氧化钛的代号为：Nano-TiO_2-A-L。

③ 技术要求　见表 17-18。

表 17-18 纳米二氧化钛的技术要求

项目		指标	
		L	G
二氧化钛(TiO_2,以干基计)w/%		≥90	≥95
105℃挥发物 w/%		≤2.0	
氮吸附BET比表面积①/(m^2/g)		标称值×(1±15%)	
白度 Wh		≥90	
pH值	100g/L悬浮液	6.0～9.0	—
	40g/L悬浮液	—	3.4～4.5
X射线衍射(XRD)线宽化法平均晶粒/nm		≤100	
电镜平均粒径/nm		≤100	
团聚指数		≤100	
振实密度/(g/cm^3)		协商	
砷(As)/(mg/kg)		≤5	
铅(Pb)/(mg/kg)		≤10	
汞(Hg)/(mg/kg)		≤1	
三氧化二铁(Fe_2O_3)的质量分数/%		协商	≤0.02

① 对于氮吸附BET比表面积小于20m^2/g的产品，其指标由供需双方协商确认。

注：外观为白色粉末。

17.2.10 纳米二氧化铈（GB/T 38061—2019）

① 外观　奶白色或淡黄色粉末，无目视可见夹杂物。

② 性能　见表17-19。

表 17-19 纳米二氧化铈的性能指标

项目	指标	项目	指标
稀土总量(REO)的质量分数/%	≥99.00	灼减(质量分数)/%	≤1.00
稀土杂质的质量分数/%	≤0.10	二氧化铈(CeO_2/REO)的质量分数/%	≥99.90
非稀土杂质(Fe_2O_3)的质量分数/%	≤0.006	电镜平均粒径/nm	≤100
非稀土杂质(SiO_2)的质量分数/%	≤0.01	XRD线宽化法平均晶粒度 d/nm	≤50
非稀土杂质(CaO)的质量分数/%	≤0.035	比表面积(BET)/(m^2/g)	≥50
非稀土杂质(Cl)的质量分数/%	≤0.035	团聚指数 T	≤200

17.2.11 纳米氧化铝（GB/T 26824—2020）

① 外观　白色粉末，无目视可见夹杂物。

② 分类

a. 按制备方法分，有液相法纳米氧化铝产品（L）和气相法纳米氧化铝产品（G）两类。

b. 按晶体结构组成分，有单一晶型和混合晶型两型。其中单一晶型直接标识，混和晶型用 Mix 标识。

③ 代号　用材料名称、晶型和制备工艺进行标识。例如液相法制备的 α 单一晶型纳米氧化铝代号为：Nano Al_2O_3-α（L）。

④ 技术要求　见表 17-20、表 17-21。

表 17-20　液相法制备的纳米氧化铝的技术要求

项目	要求
氧化铝(Al_2O_3)主含量(以 300℃干基计)/%	≥98.0
晶体结构	报告(单一晶型的型号或混合晶型的各晶型型号)
平均粒径①/nm	≤100(提供粒径分布图)
微观形貌②	报告(提供颗粒微观形貌图)
氮吸附 BET 比表面积③/(m^2/g)	标称值×(1±15%)
悬浮液 pH 值	≥5.0
灼烧减量(1000℃,2h,基于 300℃干基)/%	≤2.0
二氧化硅(SiO_2)含量(以 300℃干基计)/(mg/kg)	≤300
三氧化二铁(Fe_2O_3)含量(以 300℃干基计)/(mg/kg)	≤100
氧化钠(Na_2O)含量(以 300℃干基计)/(mg/kg)	≤200
氧化钙(CaO)含量(以 300℃干基计)/(mg/kg)	≤20
氧化镁(MgO)含量(以 300℃干基计)/(mg/kg)	≤20

① 平均粒径仅适用于球形或类球形纳米氧化铝，通过透射电子显微镜（TEM）测定。

② 微观形貌通过透射电子显微镜（TEM）给出。

③ 对于氮吸附 BET 比表面积小于 20m^2/g 的产品，其指标由供需双方协商确认。

表 17-21　气相法制备的纳米氧化铝的技术要求

项目	要求
氧化铝(Al_2O_3)主含量(以 300℃干基计)/%	≥98.0
晶体结构	报告(单一晶型的型号或混合晶型的各晶型型号)
平均粒径①/nm	≤80(提供粒径分布图)
微观形貌②	报告(提供颗粒微观形貌图)
氮吸附 BET 比表面积③/(m^2/g)	标称值×(1±15%)
悬浮液 pH 值	≥3.9
灼烧减量(1000℃,2h,基于 300℃干基)/%	≤2.0
二氧化硅(SiO_2)含量(以 300℃干基计)/(mg/kg)	≤300

续表

项目	要求
三氧化二铁(Fe_2O_3)含量(以300℃干基计)/(mg/kg)	≤1000
氧化钠(Na_2O)含量(以300℃干基计)/(mg/kg)	≤200
氧化钙(CaO)含量(以300℃干基计)/(mg/kg)	≤300
氧化镁(MgO)含量(以300℃干基计)/(mg/kg)	≤200

① 平均粒径仅适用于球形或类球形纳米氧化铝，通过透射电子显微镜（TEM）测定。

② 微观形貌通过透射电子显微镜（TEM）给出。

③ 对于氮吸附BET比表面积小于20m^2/g的产品，其指标由供需双方协商确认。

17.2.12 纳米氧化锌（GB/T 19589—2004）

主要用于橡胶、涂料、电子陶瓷、化妆品、化纤、食品及日用品等。

① 外观 白色或微黄色粉末。

② 分类 按用途分为：1类（主要用于医药、化妆品、电子材料）；2类（主要用于橡胶、涂料、陶瓷、化纤、催化剂）和3类（主要用于橡胶）。

③ 技术要求 见表17-22。

表17-22 纳米氧化锌的技术要求

项目	指标			项目	指标		
	1类	2类	3类		1类	2类	3类
氧化锌(ZnO)/% ≥	99.0	97.0	95.0	铜(Cu)/% ≤	0.0005	0.0005	0.003
电镜平均粒径/nm ≤	100	100	100	镉(Cd)/% ≤	0.0015	0.005	—
XRD线宽化法平均晶粒/nm ≤	100	100	100	汞(Hg)/% ≤	0.0001	—	—
				砷(As)/% ≤	0.0003	—	—
比表面积/(m^2/g) ≥	15	15	35	105℃挥发物/% ≤	0.5	0.5	0.7
团聚指数 ≤	100	100	100	水溶物/% ≤	0.10	0.10	0.7
铅(Pb)/% ≤	0.001	0.001	0.03	盐酸不溶物/% ≤	0.02	0.02	0.05
锰(Mn)/% ≤	0.001	0.001	0.005	灼烧失重/% ≤	—	2	4

17.2.13 纳米氢氧化镁（HG/T 3821—2006）

用化学合成法制得，未经改性，主要用于塑料、橡胶、树脂、薄膜及涂料领域，作为添加型高效抑烟阻燃剂。

① 外观 白色粉末。

② 分类　按照粒径大小分，有Ⅰ型［激光粒径（D90）为 1.0μm］和Ⅱ型［激光粒径（D90）为 3.0μm］两种。

③ 技术要求　见表 17-23。

表 17-23　纳米氢氧化镁的技术要求

项目	指标		项目	指标	
	Ⅰ型	Ⅱ型		Ⅰ型	Ⅱ型
氢氧化镁[$Mg(OH)_2$]的质量分数/%　≥	98.0	98.0	重金属(以 Pb 计)的质量分数/%　≤	0.001	0.001
激光粒径(D90)/μm　≤	1.0	3.0	铁(Fe)的质量分数/%　≤	0.03	0.03
电镜平均粒径/nm　≤	100	100	氯化物(以 Cl 计)的质量分数/%　≤	0.4	0.4
团聚指数　≤	10	30	灼烧失重的质量分数/%　≥	30	30
比表面积/(m^2/g)	50～100	30～80	堆积密度/(g/cm^3)	0.1～0.5	0.1～0.5
白度　≥	90	90	pH 值(20g/L 悬浊液)	8.0～9.5	8.0～9.5
水分/%　≤	0.3	0.3			

17.2.14　纳米钛酸钡（GB/T 36595—2018）

主要应用于多层陶瓷电容器（MLCC）介质、电子导电浆料添加剂、高介电常数有机复合材料的填料等。

① 外观　白色或淡黄色粉末。

② 分类

a. 按制备工艺分，有固相合成法（S）、水热合成法（H）、草酸盐沉淀法（T）和其他（O）。

b. 按中值粒径分，有 001（$r\leqslant$15nm）、002（15nm$<r\leqslant$25nm）、003（25nm$<r\leqslant$35nm）、004（35nm$<r\leqslant$45nm）、005（45nm$<r\leqslant$55nm）、006（55nm$<r\leqslant$65nm）、007（65nm$<r\leqslant$75nm）、008（75nm$<r\leqslant$85nm）、009（85nm$<r\leqslant$95nm）和 010（95nm$<r\leqslant$105nm）。

③ 代号表示方法

□	BT-	□□□
制备工艺代号	钛酸钡	中值粒径代号

④ 理化指标　见表17-24。

表17-24　典型代号纳米钛酸钡的理化指标

项目	XBT-010	XBT-006	XBT-005	XBT-004
中值粒径/nm	95<x≤105	55<x≤65	45<x≤55	35<x≤45
比表面积/(m^2/g)	10.50±1.50	16.50±1.50	22.50±1.50	30.00±2.00
钛酸钡含量(质量分数)/%	≥98.50	≥98.00		
灼烧减量(质量分数)/%	≤1.50	≤2.00		
钡和钛摩尔比	1.0000±0.0050			
氧化锶(SrO)含量(质量分数)/%	≤0.0200			
氧化钠(Na_2O)含量(质量分数)/%	≤0.0015			
氧化钾(K_2O)含量(质量分数)/%	≤0.0015			
氧化铁(Fe_2O_3)含量(质量分数)/%	≤0.0010			
氧化镁(MgO)含量(质量分数)/%	≤0.0030			
氧化钙(CaO)含量(质量分数)/%	≤0.0040			
颗粒形貌	球形或近球形(应提供SEM图片)			
粒度分布	报值			
水分(质量分数)/%	协议			
晶型	协议			
轴率(c/a)	协议			

17.2.15　纳米碳酸钙(GB/T 19590—2023)

主要用于橡胶、塑料、密封胶、胶黏剂、胶印油墨和涂料等。

① 外观　白色粉末。在电子显微镜成像中呈立方体、类立方体、菱面体、近球体、棒状、针状或链状。

② 推荐指标　见表17-25～表17-29。

表17-25　橡胶用纳米碳酸钙的推荐指标

项目	指标		
	Ⅰ型	Ⅱ型	Ⅲ型
平均粒径(TEM/SEM)/nm	≤20	40～60	70～100
比表面积(静态BET)/(m^2/g)	≥75	25～35	16～20
主含量($CaCO_3$)(干基)w/%	≥85	≥90	≥90
镁(Mg)w/%	≤0.5	≤0.5	≤0.5
水分/%	≤2.0	≤0.5	≤0.5
白度	≥85	≥90	≥90
pH	8.0～10.0	8.0～10.0	8.0～10.0
吸油值/(g/100g)	≤50	≤40	≤30

表 17-26 塑料用纳米碳酸钙的推荐指标

项目	指标			
	Ⅰ型	Ⅱ型	Ⅲ型	Ⅳ型(特殊晶型)
平均粒径(TEM/SEM)/nm	≤50	50～70	70～100	100～200
比表面积(静态 BET)/(m^2/g)	≥30	20～30	16～20	10～15
主含量($CaCO_3$)(干基)的质量分数/%	≥90	≥90	≥90	≥90
镁(Mg)的质量分数/%	≤0.5	≤0.5	≤0.5	≤0.5
水分/%	≤0.5	≤0.5	≤0.5	≤0.5
白度	≥95	≥95	≥94	≥94
pH	8.0～9.5	8.0～9.5	8.0～10.0	8.0～10.0
吸油值/(g/100g)	≤30	≤30	≤30	≤30

表 17-27 密封胶、胶黏剂用纳米碳酸钙的推荐指标

项目	指标			
	Ⅰ型	Ⅱ型	Ⅲ型	Ⅳ型(菱面体)
平均粒径(TEM/SEM)/nm	≤20	40～70	70～100	100～200
比表面积(静态 BET)/(m^2/g)	≥75	20～35	16～20	10～15
主含量($CaCO_3$)(干基)的质量分数/%	≥85	≥90	≥90	≥90
镁(Mg)的质量分数/%	≤0.5	≤0.5	≤0.5	≤0.5
水分的质量分数%	≤1.0	≤0.5	≤0.5	≤0.5
白度①	≥90	≥93(90)	≥93(90)	≥93(90)
pH	7.0～10.0	7.0～10.0	7.0～10.0	7.0～10.0
基料稠度②/cm	—	10～11.5	10.5～12.0	8.0～10.0
表面活性剂类型	报告类型	报告类型	报告类型	报告类型

① 黑色或调色产品白度达到括号内数值视为合格。

② 稠度以室温甲基硅橡胶（型号 RTV107-2）与粉体（以硬脂酸改性）按供需双方约定比例混合高速分散后检测。仅适用于硅酮胶。

表 17-28 胶印油墨用纳米碳酸钙的推荐指标

项目	指标		
	Ⅰ型	Ⅱ型	滤饼
平均粒径(TEM/SEM)/nm	≤30	60～90	20～90
比表面积(静态 BET)/(m^2/g)	≥50	18～30	≥18
碳酸钙($CaCO_3$)(干基)的质量分数/%	≥85	≥90	40～60①
镁(Mg)的质量分数/%	≤0.5	≤0.5	≤0.5
水分的质量分数/%	≤2.0	≤1.0	40～60
pH	8.0～9.0	8.5～9.5	—

续表

项目	指标		
	Ⅰ型	Ⅱ型	滤饼
流动度/mm	30～40	28～36	—
细度/μm	≤20	≤20	≤20

① 滤饼碳酸钙以湿基计。

表 17-29 涂料用纳米碳酸钙的推荐指标

项目	Ⅰ型	Ⅱ型	项目	Ⅰ型	Ⅱ型
平均粒径(TEM/SEM)/nm	60～90	80～100	pH	8～10	8～10
比表面积(静态 BET)/(m^2/g)	20～30	18～25	吸油值/(g/100g)	25～40	20～35
碳酸钙($CaCO_3$)(干基)的质量分数/%	≥90	≥90	白度	≥93	≥93
镁(Mg)的质量分数/%	≤0.5	≤0.5	屈服值/Pa·s	150～250	90～150
水分的质量分数/%	≤0.5	≤0.5			

17.2.16 纳米硫化镉（GB/T 30450—2013）

① 外观 黄色粉末。

② 分类

a. 按硫化镉的晶型，可分为六方晶型［nm-CdS（H）］和立方晶型［nm-CdS（C）］。

b. 按存放介质的不同，分为粉体材料和量子点溶液两大类。

③ 技术要求 见表 17-30。

表 17-30 纳米硫化镉的技术要求

粉体材料				量子点溶液	
项目	技术要求	项目	技术要求	项目	技术要求
硫化镉(CdS)的纯度/%	≥90	平均粒径/nm	≤100	硫化镉(CdS)的浓度/(mol/L)	应标明
铁(Fe)的质量分数/%	≤1	晶型	①	平均粒径/nm	②
铜(Cu)的质量分数/%	≤1	平均晶粒尺寸/nm	≤100	粒度分布 D_{50}	≤100nm
镍(Ni)的质量分数/%	≤1	比表面积/(m^2/g)	≥15	荧光量子产率/%	应标明
锰(Mn)的质量分数/%	≤1	粒度分布 D_{50}/nm	≤500	分散介质	应标明
铅(Pb)的质量分数/%	≤1	形貌	应标明		

① nm-CdS（H）、nm-CdS（C）。

② 应给出带边吸收峰并由此计算粒子尺寸。

17.2.17　纳米磷酸铁锂（GB/T 33822—2017）

用作锂离子电池正极材料。

① 外观　一般为灰黑色粉末，颜色均一，无结块。

② 化学成分　见表 17-31。

表 17-31　纳米磷酸铁锂的化学成分

化学成分		含量/%	化学成分		含量/%
主含量	Fe	34.0±2.0	其他	杂质含量	＜0.2
	P	19.5±1.5		C	≤6.0
	Li	4.3±0.3		水分	≤0.1

注：因需要掺杂的元素，如 Mg、Mn 等不能视为杂质。

③ 物理性能　见表 17-32。

表 17-32　纳米磷酸铁锂的物理性能

项目		物理性能
电镜平均粒径		供方应提供产品的电镜平均粒径分布图并附带电镜图，平均粒径应小于 100nm
二次团聚颗粒粒度分布		供方应提供产品二次团聚颗粒粒径分布图，其中 D_{max} 应小于 40μm
产品晶体结构		应为橄榄石型，空间群为 P_{nma}，XRD 谱图典型特征应符合 JCPDS(40-1499)
密度		松装密度：应不小于 0.2g/cm³；振实密度：应不小于 0.5g/cm³
比表面积		应不大于 30m²/g
体积电阻率		应不大于 40Ω·cm
pH 值		应在 7.0～11.0 范围内
金属离子溶出率		应不大于 50mg/kg
模拟电池电化学性能	首次放电比容量	模拟电池 0.1C 首次放电比容量应不小于 160mA·h/g
	库仑效率	模拟电池 0.1C 库仑效率应不小于 94%
	倍率性能	模拟电池 1C 放电比容量应不低于 0.1C 放电比容量的 90%
	循环性能	模拟电池充放电循环 100 次，第 100 次的放电比容量应不低于首次放电比容量的 95%
	高温放电性能	在 55℃±2℃温度下，模拟电池按标准规定搁置 2h 后，进行 0.2C 放电，放电比容量应不低于 23℃±2℃温度下首次放电比容量的 100%

续表

项目		物理性能
模拟电池电化学性能	高温循环性能	在55℃±2℃温度下，模拟电池按标准规定，以0.2C进行充放电循环100次，第100次的放电比容量应不低于55℃±2℃温度下首次循环放电比容量的95%
	低温放电性能	在-10℃±2℃温度下，模拟电池按标准规定搁置4h后，进行0.2C放电，放电比容量应不低于23℃±2℃温度下首次放电比容量的80%

17.2.18 纳米银胶体溶液（GB/T 39630—2020）

用于抗菌。

① 外观 液态，无明显沉淀。

② 理化指标 见表17-33。

表17-33 纳米银胶体溶液的理化指标

项目	要求	项目	要求
pH值	报实测值	杂质：	
总银含量标称与实测值偏差	≤10%	铅（以Pb计）	<10mg/L
总银含量中单质银的比例	50%	砷（以As计）	<2mg/L
纳米银平均粒径	1～100nm	汞（以Hg计）	<1mg/L
粒度分布	报实测值或按协议	镉（以Cd计）	<5mg/L

③ 抗菌要求 见表17-34。

表17-34 纳米银胶体溶液的抗菌要求

项目		要求	稳定性
按标称浓度稀释至10mg/L，作用30min的抗菌率	对大肠杆菌（Escherichia coli，ATCC 25922或AS 1.90）/%	≥90	≥6个月；且对两种菌的抗菌率依然≥90%
	对金黄色葡萄球菌（Staphylococcus aureus，ATCC6538或AS 1.89）/%	≥90	

④ 毒理要求 见表17-35。

表17-35 纳米银胶体溶液的毒理要求

项目	要求	项目	要求
急性经口毒性LD50/(mg/kg)	>5000	多次完整皮肤刺激性	无或轻刺激性

17.2.19　超硬磨料纳米金刚石（JB/T 11765—2014）

超硬磨料纳米金刚石一般用爆轰法合成。

① 外观　应无可见结块及其他杂质（通常为灰黑色，但也可以根据制备工艺的不同而有所变化，例如，Cooler Master 的散热膏中的纳米金刚石有六种颜色：蓝色、红色、绿色、黄色、黑色、白色）。

② 代号　ND。

③ 表观粒度（稳定存在的纳米结构单元及其团粒的粒径/nm）10、20、30、50、80、100。

④ 标记　由纳米金刚石代号＋表观粒度标记组成，如 ND10。

⑤ 表观粒度组成　见表 17-36。

表 17-36　超硬磨料纳米金刚石的表观粒度组成

产品标记	表观粒度组成			产品标记	表观粒度组成		
	D50	D10	D95		D50	D10	D95
ND10	≤15	—	≤35	ND50	>35～65	≥25	≤150
ND20	>15～25	≥8	≤60	ND80	>65～95	≥40	≤220
ND30	>25～35	≥14	≤80	ND100	>95～105	≥60	≤250

注：不可燃物质含量不大于 2%，水分质量含量不大于 3%。

附　　录

附录1　常用机械零件钢铁材料的选用

分类	要求	零件实例	推荐材料
机床齿轮	低速低载荷，耐磨性要求为主，强度要求不高	普通机床变速器齿轮、挂轮架齿轮、溜板箱齿轮	45、50、55(调质、感应淬火)
	中速、高速及中载荷，要求较高的耐磨性和较高的强度	车床变速器齿轮、钻床变速器齿轮、磨床砂轮变速器齿轮、高速机床进给箱变速器齿轮	40Cr、42CrMo、42SiMn(感应淬火) 38CrMoAl、25Cr2MoV(渗氮)
	高速，中、重载荷，承受冲击载荷，高强度，耐磨性能好，具有良好的韧性	大型机床变速器齿轮、龙门铣电动机齿轮，立车齿轮	20Cr、20CrMo、20CrMnTi、12CrNi3、20SiMnVB(渗碳)
	截面尺寸大的齿轮、高的淬透性		35CrMo、50Mn2、60Mn2(调质)

续表

分类	要求	零件实例	推荐材料
汽车、拖拉机齿轮		汽车变速器和差速器齿轮	20CrMo、20CrMnTi(渗碳)、40Cr(碳氮共渗)
		汽车驱动桥主动及从动圆柱、圆锥齿轮、差速器行星和半轴齿轮	20CrMo、20CrMnTi、20CrMnMo、20SiMnVB(渗碳)
		汽车启动电动机齿轮	20Cr、20CrMo、20CrMnTi(渗碳)
		汽车曲轴正时齿轮	40、45、40Cr(调质)
		汽车发动机凸轮轴齿轮	HT180、HT200
		汽车里程表齿轮	20(碳氮共渗)
		拖拉机传动齿轮、动力传动装置中的圆柱齿轮及轴齿轮	20Cr、20CrMo、20CrMnTi、20CrMnMo、20SiMnVB(渗碳)
		拖拉机曲轴正时齿轮、凸轮轴齿轮，液压泵驱动齿轮	45(调质) HT200
		汽车、拖拉机液压泵齿轮	40、45 (调质)
各种低速重载及高速齿轮	耐磨、承载能力较强	起重、运输、冶金、采矿、化工等设备的普通减速器小齿轮	20CrMo、20CrMnTi、20CrMnMo(渗碳)
	运行速度高、周期长，安全可靠性高	①	12CrNi2、12CrNi3、12Cr2Ni4、20CrNi3(渗碳)
	传递功率大、齿轮表面载荷高，耐冲击；齿轮尺寸大，要求淬透性高	②	20CrNi2Mo、20Cr2Ni4、18Cr2Ni4W、20Cr2Mn2Mo(渗碳)

续表

分类	要求	零件实例	推荐材料
各种设备中常用渗氮齿轮	表面耐磨	一般齿轮	20Cr、20CrMnTi、40Cr
	表面耐磨、芯部韧性高	在冲击载荷下工作的齿轮	18CrNiWA、18Cr2Ni4WA、30CrNi3、30CrMo
	表面耐磨、芯部强度高	在冲击载荷下工作的齿轮	30CrMnSi、35CrMoV、25Cr2MoV、42CrMo
	表面耐磨、芯部强度高、韧性高	在重载荷及冲击下工作的齿轮	30CrNiMoA、40CrNiMoA、30CrNi2Mo
	表面硬度高、变形小	精密耐磨齿轮	38CrMoAlA、30CrMoA
各种设备的低速重载大齿轮	一般载荷不大、截面尺寸也不大，要求不太高	起重机械、运输机械、建筑机械、水泥机械、冶金机械、矿山机械、工程机械、石油机械等设备中的低速重载大齿轮	40Mn、50Mn2、40Cr、34SiMn、42SiMn
	截面尺寸较大，承受较大载荷，要求比较高		35CrMo、42CrMo、40CrMnMo、35CrMn、35CrNiMo、45CrNiMoV（调质）
	截面尺寸很大，承受载荷大，并要求有足够韧性的重要齿轮		35CrNiMo、40CrNi2Mo、30CrNi3、34CrNi3Mo、37SiMn2MoV（调质＋表面淬火）
链轮	$z \leqslant 25$，受冲击载荷	农业、采矿、冶金、起重、运输、石油、化工、纺织等行业的机械动力传动中的各种链轮	15、20（渗碳＋淬火＋回火）
	$z<25$，承受动载荷且传递功率较大		15Cr、20Cr、12CrNi3（渗碳＋淬火＋回火）
	$z>25$，正常工作条件		35（正火）
	中速、传递中等功率		Q235（焊后退火）
	重要的、要求强度较高、轮齿耐磨的链轮		40Cr、35SiMn、35CrMo、35CrMnSi（淬火＋回火）
	$z \leqslant 40$，无强烈冲击振动，有磨损		45、50、ZG310-570（淬火＋回火）
	$z>50$，外形复杂，精度要求不高，从动		HT150、HT200、HT250、HT300、HT350（淬火＋回火）

续表

分类	要求		零件实例	推荐材料
带轮	带轮线速度 v(m/s)	<20	农业、采矿、选矿、冶金、建材、石油、化工等工业中各种传动中的带轮	HT150(自然时效或人工时效)
		<25～30		HT200、HT250(时效)
		>35		35、40、ZG200-400、ZG230-450、ZG270-500、ZG310-570(时效)
滑动螺旋传动螺杆	轻载荷、精度要求不高		金属切削机床进给机构和分度机构传导螺杆 摩擦压力机传力螺杆 千斤顶传力螺杆	Q235、45、50、Y40、Y40Mn、YF45MnV(正火、调质)
	中载荷、精度要求不高			4QCr、45、Y40Mn(碳氮共渗、油淬)
	高精度、轻载或中载			T10A、T12A、45、40Cr、65Mn、40WMn(调质或球化退火)
	高精度、重载螺杆			20CrMnTi、18CiMnAlA、T12A、9Mn2V、CrWMn、38CrMoAl、35CrMo(渗碳、淬火)
	高温、高精度螺杆			0Cr17Ni4Cu4Nb(固溶、时效)
滑动螺旋传动螺母	高精度传导螺旋的螺母		机床进给和分度机构传导螺母 摩擦压力机传力螺母 千斤顶传力螺母	ZCuSn10Pb1、ZCuSn5Pb5Zn5
	低速重载传力螺旋的螺母			ZCuAl10Fe3、ZCuZn25Al6Fe3Mn3
	重载调整螺旋的螺母			35、球墨铸铁
	低速轻载螺旋的螺母			耐磨铸铁
	大尺寸螺母	外套		20、45、40Cr、灰铸铁
		内部(浇注)		青铜、巴氏合金
滚动螺旋传动螺杆	低精度轻载		各种数控机床、加工中心、PMS柔性制造系统、各种仪器仪表(如万能材料拉伸试验机、液压脉冲马达、扫描电镜等)、汽车转向器、船舰转向器、起重机提升装置、客运索道、冶金设备、化工机械、轻工、印刷、医疗机械等的滚珠螺杆和螺母	60(冷轧)
	高精度重载			GCr15、GCr15SiMn、CrWMn、9Mn2V、50CrMo(表面淬火或整体淬火)
	小尺寸规格			20CrMnTi(渗碳淬火)
	高温下工作且要求耐腐蚀性能良好			1Cr15Co14Mo5V、0Cr17Ni4Cu4Nb(固溶+时效)
滚动螺旋传动螺母	各种精度要求和不同的载荷均可适应			GCr15、CrWMn(整体淬火)

续表

<table>
<tr><th>分类</th><th>要求</th><th>零件实例</th><th colspan="2">推荐材料</th></tr>
<tr><td rowspan="5">传动链条</td><td rowspan="5">工作环境不完全封闭，承受滑动磨损和磨料磨损，链板要求较高的拉伸强度，销轴要求表面耐磨但心部具有较好的韧性</td><td>链板</td><td colspan="2">20CrMnSi、40Mn、20Mn（淬火＋低温回火）45（调质）</td></tr>
<tr><td>销轴</td><td colspan="2">Q215B、20CrMo、20CrMnMo、20CrMnTiC（碳氮共渗＋淬火＋回火）</td></tr>
<tr><td>滚子</td><td colspan="2">Q215BF、08、10、15（碳氮共渗＋淬火＋回火）</td></tr>
<tr><td>套筒</td><td colspan="2">08F，Q215BF（碳氮共渗＋淬火＋回火）</td></tr>
<tr><td>簧卡</td><td colspan="2">45（淬火＋中温回火）</td></tr>
<tr><td rowspan="2">履带</td><td rowspan="2">工作条件差，要求承受压力和冲击载荷，应具有较高的抗表面磨料磨损、抗弯和抗断裂的韧性</td><td>小型拖拉机履带</td><td colspan="2">ZG31Mn2Si（淬火＋低温回火）</td></tr>
<tr><td>大、中型拖拉机履带，坦克履带，推土机履带，起重机履带</td><td colspan="2">40SiMn2（调质＋表面淬火）
ZGMn13（水韧处理）</td></tr>
<tr><td rowspan="5">机床导轨（滑动导轨滚动导轨、静压导轨）</td><td rowspan="5">机床导轨要求具有优良的耐磨性能，摩擦因数和动摩擦因数小，尺寸精度稳定性优良，具有足够的承载能力和工作寿命</td><td rowspan="5">CA6140床身导轨、C3163六角车床床身导轨、M6025-C磨床镶钢导轨、SI-220数控车床床身镶钢导轨、JCS-013C加工中心导轨</td><td>牌号</td><td>配合副材料</td></tr>
<tr><td>HT150、HT200、HT250、HT300、HT350（表面淬火）</td><td>HT200、HT250</td></tr>
<tr><td>QT500-7、QT600-3、QT700-2（表面淬火）</td><td>HT200、HT250</td></tr>
<tr><td>RuT340（表面淬火）</td><td>HT200、HT250</td></tr>
<tr><td>MTPCuTi15、MTP15、MTPCuTi20、MTP20、MTPCuTi25、MTP25、MTPCuTi30、MTP30、MTVTi30、MTCrMoCu25、MTCrMoCu30、MTCrMoCu35、MTCrCu25、MTCrCu30、MTCrCu35（高温时效）</td><td>与主导轨相同的耐磨铸铁ZCuSn10Pb1、ZZnAl-10-5</td></tr>
</table>

续表

分类	要求	零件实例	推荐材料	
			牌号	配合副材料
机床导轨（滑动导轨滚动导轨、静压导轨）	机床导轨要求具有优良的耐磨性能，摩擦因数和动摩擦因数小，尺寸精度稳定性优良，具有足够的承载能力和工作寿命	CA6140 床身导轨、C3163 六角车床床身导轨、M6025-C 磨床镶钢导轨、SI-220 数控车床床身镶钢导轨、JCS-013C 加工中心导轨	GCr15、GCr15SiMn、T7、T8、9Mn2V、CrWMn、9SiCr（淬火或表面淬火）	HT200、HT250、HT300、GCr15（滚动体）
			45、40Cr、42CrMo、55、50CrV（淬火或表面淬火）	HT200、HT250、HT300
			20Cr、20CrMnTi、20CrMnMo、15CrMn（渗碳）	HT200、HT250、HT300、GCr15（滚动体）
			38CrMoAlA（渗氮）	HT200、HT250、HT300
机床主轴	在滑动轴承内运转；高速，重载；很高的交变、冲击载荷	MEG1432 磨床砂轮主轴、T4240A 镗床主轴、T68 镗杆	38CrMoAlA（调质后渗氮）	
	在滑动轴承内运转；高速，中载；冲击载荷不大，但有较高的交变应力	Y236 刨齿机主轴、Y58 插齿机主轴、外圆磨床头架主轴、内圆磨床主轴	20Cr、20Mn2B、20MnVB（渗碳淬火）	
	在滑动轴承内运转；高速，重载；冲击载荷高，交变应力高	Y163 齿轮磨床、CG1107 车床、SG8030 车床	20CMnTi、12CrNi3（渗碳淬火）	
	在滚动轴承内运转；低速、轻或中载；稍有冲击载荷	一般简易机床主轴	45（水淬，回火）	
	在滚动轴承内运转；转速稍高，轻或中载，冲击、交变载荷不大	龙门铣床、盘式铣床、小型立式车床的主轴	45（正火或调质后局部淬火）	

续表

分类	要求	零件实例	推荐材料
机床主轴	在滚动轴承或滑动轴承内运转；低速、轻或中载，有一定的冲击、交变载荷	CW61100、CB3463、CA6140、C61200等重型车床的主轴	45（正火或调质后轴颈部分表面淬火）
	在滚动轴承或滑动轴承内运转；低速、轻或中载	重型机床主轴	50Mn2（正火）
	在滚动轴承内运转；中速稍高载荷；冲击、交变载荷小	滚齿机、铣齿机、组合机床的主轴	40Cr、40MnB、40MnVB（整体淬火或调质后局部淬火）
	在滑动轴承内运转；中或重载荷，转速稍高，较高的冲击、交变载荷小	铣床、C616车床、M7475B磨床砂轮主轴	40Cr、40MnB、40MnVB（调质后轴颈部分表面淬火）
	在滑动轴承内运转；中载或重载；轴颈部分耐磨性要求高；冲击载荷较小，但有较高的突变应力	M145磨床主轴	65Mn（调质后轴颈和方头处局部淬火）
	在滑动轴承内运转；中载或重载；轴颈部分耐磨性要求高；冲击载荷较小，但有较高的交变应力	MQ1420、MB1432磨床砂轮主轴	GCr15、9Mn2V（调质后轴颈和方头处局部淬火）
轴、杠杆	承受载荷不大的光杆和轴	车床交换齿轮箱中的杠杆	35（水淬）
	装有滑动轴承，承受低载荷，速度＜1m/s的轴和不重要的花键轴	铣床变速箱的花键轴，T618操纵机构中的轴及前主轴箱内的花键轴	45（820～840℃空冷）
	表面要求耐磨，速度＜2m/s，在滑动轴承内旋转的小轴、芯轴	铣床主轴箱中的小轴	45（820～840℃水淬、350～400℃回火）

续表

分类	要求	零件实例	推荐材料
轴、杠杆	表面耐磨的花键轴、芯轴	立式钻床变速箱中的花键轴	45（860～900℃高频水淬、160～200℃回火）
	承受大弯曲载荷，速度＞3m/s，摩擦条件下工作的轴	钻床进刀箱中的水平轴	20Cr（910～940℃渗碳、790～820℃油淬、160～200℃回火）
	中载、速度不高，滚动轴承内运转的要求强度较高的小轴及中载的花键轴	Y225 驱动箱中的轴	40Cr（840～860℃油淬、600～630℃回火）
	磨损条件下，要求硬度高，速度＜3m/s，在滑动轴承内运转的小轴及芯轴	车床变速箱中的离合器轴，铣床变速箱中的花键轴	40Cr（830～850℃油淬、280～320℃回火）
	低速，低载荷或中载荷下工作的大轴	重型机床大轴	50Mn2（810～840℃油淬、550～600℃回火）
	一般工作要求的普通轴类		优质碳素结构钢，如 35、40、45、50
	载荷较小且不重要的一般轴类		普通碳素结构钢，如 Q235、Q255
	载荷大，直径尺寸受限制的轴类		合金结构钢，如 35SiMn、35MnB
	结构复杂的轴类		铬钢，如 40Cr、35CrMo
	大截面且重要的轴类		铬镍钢，如 40CrNi
	高温条件或耐腐蚀要求的轴类		耐热钢或不锈钢，如 1Cr13、2Cr13、1Cr18Ni9Ti
	外形复杂的轴类		球墨铸铁
机架	机架应具有足够的刚度、强度和稳定性，精密机器还应考虑热变形对机架精度的影响，机架通常形状复杂，一般采用铸造工艺生产	机床底座、立柱、工作台、滑板、水泵壳体、鼓风机底座、汽轮机机架，气压机机身、锻压机机身	HT100、HT150、HT200、HT250
		汽车驱动桥壳体、离合器壳体，拖拉机驱动桥壳体、离合器壳体	QT400-18、QT400-15

续表

分类	要求	零件实例	推荐材料
机架	机架应具有足够的刚度、强度和稳定性，精密机器还应考虑热变形对机架精度的影响，机架通常形状复杂，一般采用铸造工艺生产	曲柄压力机机身	QT450-10、QT500-7
		冷冻机缸体和缸套、空压机缸体和缸套	QT700-2、QT800-2、QT900-2
		轧钢机机架、模锻锤砧座、外壳、机座	ZG200-400、ZG230-450
		③	ZG270-500、ZG310-570
		汽车车身用钢板和钢带、汽车大梁用热轧钢板	08F、08、10、15、20、25、15Al、Q195、Q215、Q235、Q255、Q275（以上为板、带材）；16MnREL、09MnREL、06TiL、08TiL、10TiL、09SiVL、16MnL、碳素铸钢、低合金铸钢等
灰铸铁制阀门主要零件	公称压力 $p_N \leqslant$ 1.0MPa、温度范围为－10～200℃的介质（水、蒸汽、煤气、油类等）的阀门	阀体、阀盖、支架	HT200、HT250、HT300、HT350
		阀杆、轴	1Cr13、2Cr13、3Cr13
		摇杆	20、25、35
		弹簧	50CrVA、60Si2Mn、60Si2MnA
		浮子	1Cr18Ni9、1Cr18Ni9Ti、0Cr18-Ni9Ti、1Cr17Ni3Mo2Ti
		过滤网	1Cr18Ni9、1Cr18Ni9Ti
		手轮	KTH330-08、KTH350-10、QT400-15、QT450-10
可锻铸铁制阀门主要零件	公称压力 $p_N \leqslant$ 2.5MPa、温度范围为－30～300℃的介质（水、蒸汽、空气、油类等）的阀门	阀体、阀盖、启闭件	KTH300-06、KTH330-08、KTH350-10
		阀杆、轴	1Cr13、2Cr13、3Cr13
		摇杆	20、25、35
		气缸	1Cr13、2Cr13
		活塞	2Cr13、3Cr13
		膜片	1Cr18Ni9、1Cr18Ni9Ti
		弹簧	50CrVA、60Si2Mn、60Si2MnA
		浮子	1Cr18Ni9、1Cr18Ni9Ti、0Cr18Ni9Ti、1Cr17Ni13Mo2Ti
		过滤网	1Cr18Ni9、1Cr18Ni9Ti
		手轮	KTH330-08、KTH350-10、QT400-15、QT400-10

续表

分类	要求	零件实例	推荐材料
球墨铸铁制阀门主要零件	公称压力 $p_N \leqslant$ 4.0MPa、温度范围为－30～350℃的介质（水、蒸汽、空气、油类等）的阀门	阀体、阀盖、启闭件、支架（其他零件的选材可参照可锻铸铁阀门的相关零件）	QT400-15、QT450-10、QT500-7
碳素钢制阀门主要零件	公称压力 $p_N \leqslant$ 32MPa、温度为－30～450℃的介质（水、蒸汽、空气、氢气、氨、氮及石油产品等）的阀门	阀体、阀盖、阀座、摇杆、支架、法兰、启闭件、压紧螺母	20、25、30、35、16Mn
		阀杆、气缸、活塞	1Cr13、2Cr13、3Cr13
		销轴	35、45
		膜片、过滤网	1Cr18Ni9、1Cr18Ni9Ti
		弹簧	50CrVA、30W4Cr2A、60Si2Mn、60Si2MnA、1Cr18Ni9、1Cr18Ni9Ti
		浮子	1Cr18Ni9、1Cr18Ni9Ti、0Cr18Ni9Ti、1Cr17Ni13Mo2Ti
		手轮	KTH330-08、KTH350-10、QT400-15、QT450-10、Q275
高温钢制阀门主要零件	公称压力 $p_N \leqslant$ 16MPa、温度 $\leqslant$ 550℃的蒸汽、石油产品的高温钢制阀门	阀体、阀盖、摇杆	ZGCr5Mo、ZG20CrMoV、ZG15Cr1Mo1V、1Cr5Mo、12CrMoV、12Cr1MoVA
		启闭件、阀座	ZG1Cr18Ni9Ti、1Cr18Ni9Ti
		销轴	1Cr13、2Cr13
		阀杆	4Cr9Si2、4Cr10Si2Mo、25Cr2MoV、25Cr2Mo1V
		弹簧	30W4Cr2VA
		浮子	1Cr18Ni9、1Cr18Ni9Ti、0Cr18Ni9Ti、1Cr17Ni13Mo2Ti
		过滤网	1Cr18Ni9、1Cr18Ni9Ti
		双头螺柱	25Cr2MoV、25Cr2Mo1V
		螺母	30CrMo、35CrMo
		手轮	KTH330-08、KTH350-10、QT400-15、QT450-10、Q275

续表

<table>
<tr><th>分类</th><th>要求</th><th colspan="2">零件实例</th><th>推荐材料</th></tr>
<tr><td rowspan="6">低温钢制阀门主要零件</td><td rowspan="6">公称压力 $p_N \leqslant$ 6.4MPa、温度不低于−196℃的乙烯、丙烯、液态天然气及液氨等介质的低温用阀门</td><td colspan="2">阀体、阀盖、阀座、启闭件、摇杆</td><td>ZG0Cr18Ni9、ZG1Cr18Ni9、ZG0Cr18Ni9Ti、1Cr18Ni9、0Cr18Ni9Ti、1Cr18Ni9Ti</td></tr>
<tr><td colspan="2">阀杆</td><td>1Cr17Ni2、1Cr18Ni9、1Cr18Ni9Ti</td></tr>
<tr><td colspan="2">销轴</td><td>1Cr13、2Cr13、3Cr13</td></tr>
<tr><td colspan="2">双头螺柱</td><td>1Cr17Ni2、1Cr18Ni9、1Cr18Ni9Ti</td></tr>
<tr><td colspan="2">螺母</td><td>0Cr13、1Cr13、2Cr13、1Cr18Ni9Ti</td></tr>
<tr><td colspan="2">手轮</td><td>KTH330-08、KTH350-10、QT400-15、QT450-10、Q275A</td></tr>
<tr><td rowspan="8">不锈耐酸钢制阀门主要零件</td><td rowspan="8">公称压力 $p_N \leqslant$ 6.4MPa、温度不高于 200℃ 的硝酸、醋酸等介质的不锈耐酸用阀门</td><td rowspan="2">阀体、阀盖、阀座、摇杆、销轴、启闭件</td><td>耐硝酸</td><td>ZG0Cr18Ni9Ti、ZG1Cr18-Ni9Ti、ZG00Cr18Ni10、0Cr18-Ni9Ti、1Cr18Ni9Ti、1Cr17Ni2、00Cr18Ni10、1Cr18Ni11Si4AlTi</td></tr>
<tr><td>耐醋酸和尿素</td><td>ZG0Cr18Ni12Mo2Ti、ZG1Cr18Ni12Mo2Ti、0Cr18Ni-12Mo2Ti、1Cr18Ni12Mo2Ti、0Cr18Ni12Mo3Ti、1Cr18Ni-12Mo3Ti、0Cr17Mn13Mo2N、0Cr18Mn10Ni5Mo3N</td></tr>
<tr><td colspan="2" rowspan="3">阀杆</td><td>1Cr18Ni12Mo2Ti、1Cr18Ni9Ti</td></tr>
<tr><td>1Cr18Ni12Mo3Ti</td></tr>
<tr><td>0Cr17Mn13Mo2N</td></tr>
<tr><td colspan="2">双头螺栓</td><td>1Cr17Ni2、1Cr18Ni9</td></tr>
<tr><td colspan="2">螺母</td><td>0Cr13、1Cr13、2Cr13、1Cr18Ni9</td></tr>
<tr><td colspan="2">垫片（手轮材料和低温阀门手轮材料）</td><td>0Cr18Ni9Ti、1Cr18Ni9Ti、0Cr17Ni13Mo3Ti、1Cr17Ni13Mo2Ti</td></tr>
</table>

① 冶金、化工、电站设备及铁路机车、宇航、船舶等的汽轮发动机、工业汽轮机、燃气轮机、高速鼓风机及透平压缩机等的齿轮。

② 大型轧钢机减速器齿轮、人字齿轮、机座齿轮、大型带式输送机传动轴齿轮、大型锥齿轮、大型挖掘机传动器主动齿轮、井下采煤机传动器齿轮、坦克等齿轮。

③ 轧钢设备机架，如轧钢机机架、连轧机轨座、辊道架、动轧机立辊机架、板坯轧机机体；锻压设备机架，如水压机横梁和中间底座、曲柄压力机机身、锤锻立柱、热模锻底座；矿山设备及其他大型设备机架，如破碎机机架。

附录2 常用机械零件有色金属材料的选用

分类	要求	零件实例	推荐材料
齿轮及蜗轮	强度高、耐蚀性好	耐蚀齿轮、蜗轮	HAl60-1-2
	强度高、耐磨性好、耐蚀性好	大型蜗轮	HAl66-6-3-2
	有很高的力学性能，铸造性能良好，耐蚀性较好，有应力腐蚀开裂倾向，可以焊接	蜗轮	ZCuZn25Al6Fe3Mn3
	有好的铸造性能和耐磨性，可加工性好，耐蚀性较好，在海水中有应力腐蚀倾向	齿轮	ZCuZn40Pb2
	有较高的力学性能和耐蚀性，耐磨性较好，可加工性较好	蜗轮	ZCuZn38Mn2Pb2
	强度高、耐磨性好，可加工性好	精密仪器齿轮	QSn6.5-0.1
	强度高，耐磨性好	蜗轮	QSn7-0.2
	耐磨性和耐蚀性好，减摩性好，能承受冲击载荷，易加工，铸造性能和气密性较好	较高负荷，中等滑动速度下工作的蜗轮	ZCuSn5Pb5Zn5
	硬度高，耐磨性极好，有较好的铸造性能和可加工性，在大气和淡水中有良好的耐蚀性	高负荷、耐冲击和高滑动速度(8m/s)下的齿轮、蜗轮	ZCuSn10Pb1
	耐蚀性、耐磨性和可加工性好，铸造性能好，铸件气密性较好	中等及较多负荷和小滑动速度的齿轮、蜗轮	ZCuSn10Zn2
	较高的强度和耐磨性、耐蚀性	耐蚀齿轮、蜗轮	QA15
	强度高，较高的耐磨性及耐蚀性	高强、耐蚀的齿轮、蜗轮	QA17

续表

分类	要求	零件实例	推荐材料
齿轮及蜗轮	高强度,高减摩性和耐蚀性	高负荷齿轮、蜗轮	QAl9-4
	高的强度和耐磨性,可热处理强化,高温抗氧化性、耐蚀性好	高温下使用的齿轮	QAl10-3-1.5
	高温(400℃)力学性能稳定,减摩性好	高温下使用的齿轮	QAl10-4-4
	高的力学性能,在大气、淡水和海水中耐蚀性好,耐磨性好,铸造性能好,组织紧密,可以焊接,不易钎焊	耐蚀、耐磨齿轮、蜗轮	ZCuAl9Mn2
	高的力学性能、耐磨性和耐蚀性好,可以焊接,不易钎焊,大型铸件自700℃空冷可以防止变脆	高负荷大型齿轮、蜗轮	ZCuAl10Fe3
	高的力学性能和耐磨性,可热处理,高温下耐蚀性和抗氧化性好,在大气、淡水和海水中耐蚀性好,可焊接,不易钎焊,大型铸件自700℃空冷可以防止变脆	高温、高负荷、耐蚀齿轮、蜗轮	ZCuAl10Fe3Mn2
	很高的力学性能,耐蚀性好,应力腐蚀疲劳强度高,铸造性能好,合金组织致密,气密性好,可以焊接,不易钎焊	高强、耐腐蚀重要齿轮、蜗轮	ZCuAl18Mn13Fe3Ni2
	很高的力学性能,耐蚀性好,应力腐蚀疲劳强度高,耐磨性良好,在400℃以下具有耐热性,可热处理,焊接性能好,不易钎焊,铸造性能尚好	要求高强度、耐蚀性好及400℃以下工作的重要齿轮、蜗轮	ZCuAl9Fe4Ni4Mn2
机架	要求重量比较轻的机架,且要求有足够的强度,通常铸造铝合金和压铸铝合金是机架采用有色金属材料的主要品种	抽水机壳体,船用柴油机机体	ZAlSi7Mg ZAlSi7MgA
		仪表壳体、机器盖	ZAlSi12
		中小型高速柴油机的机体	ZAlSi9Mg

续表

分类	要求	零件实例	推荐材料
机架	要求重量比较轻的机架，且要求有足够的强度，通常铸造铝合金和压铸铝合金是机架采用有色金属材料的主要品种	高速柴油机机体、油泵泵体	ZAlSi5Cu1Mg、ZAlSi5Cu1MgA
		发动机气缸头、泵体	ZAlSi8Cu1Mg
		曲轴箱、飞轮盖、支架	ZAlCu4
带轮	高速、小功率、大批量的带轮可采用压铸铝合金、压铸镁合金和压铸铜合金	各种小功率且高速(线速度大于35m/s)的带轮	YZAlSi2、YZAlSi10Mg、YZAlSi2Cu2、YZAlSi9Cu4、YZAlSi11Cu3、YZAlSi7Cu5Mg、YZAlMg5Si、YZMgAl9Zn、YZCuZn40Pb、YZCuZn16Si4
弹簧	对弹簧有耐蚀、耐磨及防磁性能要求，可采用铜合金材料制作	各种机械及仪器仪表中的有耐蚀耐磨、防磁工况要求的弹簧	QSi3-1、QSn4-3、QSn6.5-0.1、QSn6.5-0.4、QSn7-0.2、QBe2、QBe1.9、QBe1.7、BZn15-20、BAl6-1.5
活塞	耐磨性能好、抗疲劳、抗冲击性能好，能够在高温条件下工作。活塞重量轻，可降低能量消耗，宜选用铸造铝合金	汽车、拖拉机、内燃机车等气缸用活塞	ZAlSi12CuZMgl、ZAlSi5Cu6Mg、ZAlSi12Cu1Mg1Ni1、ZAlZn6Mg
阀门主要零件	公称压力小于4MPa、温度范围为－30～350℃的水、蒸汽、空气及油类介质的铸铁制的各种阀门用阀杆及轴	灰铸铁制阀门、可锻铸铁制阀门、球墨铸铁制阀门的阀杆及轴	QAl9-2、QAl9-4、HMn58-2
		阀杆螺母	ZCuAl9Mn2、ZCuAl9、Fe4Ni4Mn2、ZCuZn38Mn2Pb2、ZCuZn25Al6Fe3Mn3
	公称压力小于或等于2.5MPa的水、海水、氧气、空气、油类等介质，以及温度为－40～250℃的蒸汽的铜合金制阀门	阀体、阀盖、启闭件	ZCuSn3Zn11Pb4、ZCuSn5Pb5、ZCuSn10Zn2、ZCuZn16Si4、ZCuAl9Mn2、CuAl9Fe4Ni4Mn2、ZCuZn31Al2、H62HPb59-1、QAl9-2、QAl9-4
		阀杆	QAl9-2、QAl9-4

续表

<table>
<tr><th>分类</th><th>要求</th><th>零件实例</th><th colspan="4">推荐材料</th></tr>
<tr><td rowspan="6">滑动轴承</td><td rowspan="6">要求具有足够的强度、塑性、耐磨性和减摩性，并且应具有一定的耐蚀性能</td><td rowspan="6">各种滑动轴承的轴瓦和轴衬；中等载荷发动机的主轴承、高转速的机床主轴的轴瓦和轴衬、内燃机和涡轮机的高速重载轴承、汽车和拖拉机发动机的曲轴轴承及连杆轴承、矿山泵轴承、空压机和通风机轴承等</td><td>锡基铸造轴承合金</td><td>ZSnSb12Pb10Cu4
ZSnSb12Cu6Cd1
ZSnSb11Cu6
ZSnSb8Cu4
ZSnSb4Cu4</td><td>铍青铜</td><td>QBe2
QBe1. 9
QBe1. 9-0. 1</td></tr>
<tr><td>铅基铸造轴承合金</td><td>ZPbSb16Sn16Cu2
ZPbSb15Sn5Cu3Cd2
ZPbSb15Sn10
ZPbSb15Sn5
ZPbSb10Sn6</td><td>黄铜</td><td>HSi80-3
HMn58-2
HMn57-3-1
HMn55-3-1</td></tr>
<tr><td>铜基铸造轴承合金</td><td>ZCuSn5Pb5Zn5
ZCuSn10Pb1
ZCuPb10Sn10
ZCuPb15Sn8
ZCuPb20Sn5
ZCuPb30
ZCuAl10Fe3</td><td rowspan="4">铸造铜合金</td><td rowspan="4">ZCuSn5Pb5Zn5
ZCuSn10Pb1
ZCuSn10Pb5
ZCuPb10Sn10
ZCuPb15Sn8
ZCuPb17Sn4Zn4
ZCuPb20Sn5
ZCuPb30
ZCuAl8Mn13Fe3
ZCuAl9
Fe4Ni4Mn2
ZCuAl10Fe3
ZCuAl10Fe3 Mn2
ZCuZn38Mn2Pb2
ZCuZn40Mn2
ZCuZn25Al6Fe3Mn3
ZCuZn16Si4</td></tr>
<tr><td>铝基</td><td>ZAlSn6Cu1Ni1</td></tr>
<tr><td>锡青铜</td><td>QSn4-3、QSn4-4-2. 5、QSn4-4-4、QSn7-0. 2、QSn6. 5-0. 4</td></tr>
<tr><td>铝青铜</td><td>QAl5、QAl9-4、QAl10-3-1. 5、QAl10-4-4、QAl11-6-5、QAl9-5-11-1l、QAl10-5-5</td></tr>
</table>

附录3 常用机械零件塑料品种的选用

分类	工况要求	零件实例	材料性能	可选材料
一般结构零件	不承受或只承受很小的载荷，工作环境温度不高	壳体、盖板、外罩、支架、手柄、手轮、导管、管接头、方向盘、一般紧固件等	只要求较低的强度和耐热性能，但因用量较大，还要求成型工艺性好，成本低廉	低压聚乙烯、聚苯乙烯、改性聚苯乙烯、聚丙烯、聚氯乙烯、尼龙、ABS等。稍大壳体零件，要求有较好的刚性时可选用聚碳酸酯
透明结构零件		仪表壳、灯罩、风窗玻璃、液面计、油标、设备标牌等	要求透光性好，并要求一定的耐热性、耐候性和耐磨性	有机玻璃、聚苯乙烯、聚碳酸酯、聚砜、透明芳香尼龙、ABS的改性品种MBS
普通传动零件	承受交变应力及冲击载荷，表面受磨损，工作条件较为苛刻	齿轮、齿条、凸轮、蜗轮、蜗杆、滚子、联轴器等	要求有较高的强度、刚度、韧性、耐磨性、耐疲劳性、耐热性和尺寸稳定性	尼龙、MC尼龙、聚甲醛、F-4填充的聚甲醛、聚碳酸酯、氯化聚醚、夹布酚醛、增强聚丙烯、增强热塑性聚酯
	在中等或较低载荷、中等温度（80℃以下）和少无润滑条件下工作		有较高的疲劳强度与耐振性，但吸湿性大	尼龙6、尼龙66
	同上条件，可在湿度波动较大的情况下工作		强度与耐热性略差，但吸湿性较小，尺寸稳定性较好	尼龙610、尼龙1010、尼龙9

续表

分类	工况要求	零件实例	材料性能	可选材料
普通传动零件	适宜于铸造大型齿轮及蜗轮等	齿轮、齿条、凸轮、蜗轮、蜗杆、滚子、联轴器等	强度、刚性均较前两种高，耐磨性亦较好	铸型尼龙（MC尼龙）
	在高载荷、高温下使用，传动效率好，速度较高时应用油润滑		强度、刚度、耐热性均优于未增强者，尺寸稳定性亦显著提高	玻璃纤维增强尼龙
	在中等及轻载荷，中等温度（100℃以下），无润滑或少润滑条件下工作		耐疲劳，刚性高于尼龙，吸湿性很小，耐磨性亦佳，但成型收缩率特大	聚甲醛
	大量生产，一次加工，当速度高时，应用油润滑		成型收缩率特小，因此精度高，但耐疲劳强度较差，并有应力开裂的倾向	聚碳酸酯
	在较高载荷、温度下使用的精密齿轮，速度较高时用油润滑		强度、刚性、耐热性，可与增强尼龙媲美，尺寸稳定性超过增强尼龙，但耐磨性较差	玻璃纤维增强聚碳酸酯
	适用于在高温水或蒸汽中工作的精密齿轮		较上述不增强者均优，成型精度亦高，耐蒸汽，但有应力开裂倾向	聚苯硫醚（PPO）
	在260℃以下长期工作的齿轮		强度、耐热性最高，成本也最高	聚酰亚胺

续表

分类	工况要求	零件实例	材料性能	可选材料
摩擦零件	受力不大，但运动速度较高，有的是在无油或少油润滑条件下运转	轴承、轴套、滑动导轨、活塞环，机械动密封圈，填料函等	对强度要求不高，但要求有良好的自润滑性、较低的摩擦因数、一定的耐油性和较高的热变形温度	低压聚乙烯、尼龙、MC尼龙、氯化聚醚、聚四氟乙烯及填充聚四氟乙烯、F-4填充的聚甲醛 对于工作条件苛刻的轴承可采用塑料-金属三层复合材料
耐腐蚀零件	在常温或高温下，长期受酸、碱或其他腐蚀性介质的侵蚀	化工容器、管道、泵、阀、塔器、搅拌器、反应釜、换热器、冷凝器、分离和排气净化设备	主要要求有抵抗各种强酸、强碱、强氧化剂和有机溶剂等化学介质腐蚀的能力，保证正常操作、安全生产	可供选用的品种有：硬聚氯乙烯、聚乙烯、聚丙烯、氟塑料、氯化聚醚、聚苯硫醚、酚醛玻璃钢、环氧玻璃钢、呋喃玻璃钢、聚酯玻璃钢等
		全塑结构件	耐蚀性好，抗热变形性能优良，力学性能较高	聚丙烯、硬聚氯乙烯及其填充增强塑料、填充聚四氟乙烯、氯化聚醚、聚苯硫醚
		衬里结构件	耐蚀性好，负荷由基材承受	环氧树脂及其玻璃钢，工作温度不高可用聚氯乙烯、聚乙烯、聚丙烯、氯化聚醚，温度高时用氟塑料
		加强复合结构件	力学性能和耐蚀性均要求高	玻璃钢加强的硬聚氯乙烯或聚丙烯
		涂层结构件	涂层薄，只作防大气腐蚀之用	环氧、氯化聚醚、聚乙烯、聚三氟氯乙烯、聚苯硫醚

续表

<table>
<tr><th>分类</th><th>工况要求</th><th colspan="3">零件实例</th><th>材料性能</th><th>可选材料</th></tr>
<tr><td>高强度、高模量结构件</td><td>负荷大，运转速度高，有的承受强大的离心力和热应力，有的受介质腐蚀</td><td colspan="3">燃气轮机压气机叶片、高速风扇叶片、泵叶轮、船用螺旋桨、发电机护环、压力容器、高速离心转筒、船艇壳体、汽车车身等</td><td>要求高强度、高的弹性模量(刚度)、耐冲击、耐疲劳、耐腐蚀以及较高的热变形温度</td><td>玻璃纤维增强的热塑性塑料(其中以尼龙的增强效果最好，其次为聚碳酸酯、线型聚酯、聚苯乙烯等)，环氧玻璃钢、聚酯玻璃钢、碳纤维增强的环氧塑料等</td></tr>
<tr><td rowspan="4">电气绝缘零件</td><td rowspan="4">在工频交流或直流电压为1kV及以下的低压电场中工作</td><td rowspan="4">低压电机电气绝缘件及电缆电线绝缘层</td><td rowspan="4">耐热等级</td><td>Y级(≤90℃)</td><td rowspan="4">这类电气绝缘层的破坏主要是热老化，故选材时首先是按绝缘材料的耐热级别来选择。其次才考虑环境适应性，如耐潮、耐湿热、耐油、耐溶剂及耐户外气候性；有时还要考虑强度、刚性、耐弧性和耐燃性</td><td>聚氯乙烯、聚丙烯、聚苯乙烯、聚甲醛、尼龙、有机玻璃以及加入有机填料的酚醛、氨基塑料等</td></tr>
<tr><td>A级(≤105℃)</td><td>聚氯乙烯、聚丙烯、尼龙及以木粉、石粉或高岭土、棉纤维填充的酚醛、脲醛压塑料</td></tr>
<tr><td>E级(≤120℃)</td><td>聚碳酸酯、聚苯醚、氯化聚醚及以有机填料(纸、布)填充改性的酚醛层压塑料制品</td></tr>
<tr><td>B级(≤130℃)</td><td>加入无机填料(石棉、玻璃纤维)的酚醛、环氧、聚酯、三聚氰胺层压塑料制品和模压塑料</td></tr>
</table>

续表

<table>
<tr><th>分类</th><th>工况要求</th><th colspan="3">零件实例</th><th>材料性能</th><th>可选材料</th></tr>
<tr><td rowspan="5">电气绝缘零件</td><td rowspan="3">在工频交流或直流电压为1kV及以下的低压电场中工作</td><td rowspan="3">低压电机电气绝缘件及电缆电线绝缘层</td><td rowspan="3">耐热等级</td><td>F级（≤155℃）</td><td rowspan="3">这类电气绝缘层的破坏主要是热老化。故选材时首先是按绝缘材料的耐热级别来选择。其次才考虑环境适应性，如耐潮、耐湿热、耐油、耐溶剂及耐户外气候性；有时还要考虑强度、刚性、耐弧性和耐燃性</td><td>聚砜、芳香尼龙、F-46以及加入无机填料（石棉、玻璃纤维）的环氧、有机硅、DAP层压或模压塑料</td></tr>
<tr><td>H级（≤180℃）</td><td>F-4、聚苯硫醚、聚芳矾以及加入无机填料（石棉、玻璃纤维）的有机硅、二苯醚、DAIP压塑料</td></tr>
<tr><td>C级（180℃以上）</td><td>F-4、聚酰亚胺、聚芳砜、聚苯硫醚、聚苯并咪唑</td></tr>
<tr><td rowspan="2">在中压或高压（6kV以上）的电场条件下工作</td><td colspan="2" rowspan="2">高压电气绝缘件</td><td>高压电缆绝缘层</td><td rowspan="2">除应具备低压电工材料的某些性能外，还要求耐电压强度高、介电常数与损耗角正切小、抗电晕及优良的耐候性</td><td>交联聚乙烯。在较低电压下可用聚碳酸酯、聚烯烃及F-4等</td></tr>
<tr><td>高压电机、电器绝缘件</td><td>通常采用双酚A型环氧、脂环族环氧和线型酚醛型环氧等塑料品种，但需进行合适的防电晕处理</td></tr>
</table>

续表

分类	工况要求	零件实例	材料性能	可选材料
电气绝缘零件	在高频率电场条件下工作	高频设备(如高频干燥、热处理、焊接等)及普通无线电电子设备上的绝缘件	在高频设备中,电磁感应、涡流、容抗和介电损耗等问题比较突出,一般应选用介电常数小而稳定及损耗角正切值小的材料	常用的有:聚烯烃、F-4和F-46塑料以及某些纯碳氢的热固性塑料,也可选用聚酰亚胺、有机硅、聚苯醚、聚苯乙烯和聚丙烯。在高频高压工况下,则宜选用交联聚乙烯
		电容器介质材料	应具有适当高的介电常数和高的耐压强度、尽可能小的损耗角正切值,质地要均匀密实,介电性能不应有大的温度和频率依赖性	聚酯薄膜、聚苯乙烯薄膜、聚丙烯薄膜、聚四氟乙烯薄膜、聚酰亚胺薄膜以及酯交换法生产的聚碳酸酯塑料

附录4 常用钢回火后硬度和回火温度的关系

钢号	淬火工艺		淬火硬度（HRC）	回火后硬度（HRC）与对应的回火温度/℃②						
	温度/℃	冷却介质①		30～35	35～40	40～45	45～50	50～55	55～60	＞60
40Cr	840	油	＞50	510	470	420	340	200	＞160	
30CrMnSi	890	油	＞45	530	500	430	340	180		
50CrV	860	油	＞50	560	500	450	380	280	180	
42CrMo	840	油	＞50	580	500	400	300		180	
40CrNiMo	860	油	＞50	580	540	480	420	320		
GCr15	840	油	＞60	580	530	480	420	380	270	＜180
9Mn2V	800	油	＞60			500	400	320	250	＜180
9SiCr	850	油	＞60	620	580	520	450	380	300	200
CrWMn	850	油	＞60	600	540	480	420	350	280	170
Cr12MoV	950～1040	油硝盐	＞58	740	670	620	570	530	380	＜180
5CrMnMo	840	油	＞50	580	520	470	380	250	＜200	
5CrNiMo	850	油	＞50	640	550	450	380	280	＜200	
5CrW2Si	860～890	油	＞55	570	480	420	360	＜300		
3Cr2W8V	1050～1100	水	＞55		700	630	540	＜200		
2Cr13	980～1050	油空冷	＞55	560	520	450	＜400			
3Cr13	980～1050	油空冷	＞55	600	570	540	＜500			
4Cr13	980～1050	油空冷	＞55	610	580	550	500	＜400		
9Cr18	1040～1070	油	＞55				580	530	220	＜150
4Cr9Si2	950～1070	油	＞55		670	600	540	480	420	＜300

① 冷却介质水是指5％～10％NaCl水溶液。

② 回火温度根据硬度要求的中值偏上而定。

附录5 常用钢产生回火脆性的温度范围

℃

钢号	低温回火脆性	高温回火脆性	钢号	低温回火脆性	高温回火脆性
30Mn2	250～350	500～550	38CrMoAlA	300～450	无脆性
20MnV	300～360		4Cr9Si2		450～600
25Mn2V	250～350	510～610	50CrVA	200～300	
35SiMn		500～650	4CrW2Si	250～350	
20Mn2B	250～350		5CrW2Si	300～400	
45Mn2B		450～550	6CrW2Si	300～450	
15MnVB	250～350		4SiCrV		＞600
40MnVB	200～350	500～600	3Cr2W8V		550～650
40Cr	300～370	450～650	9SiCr	210～250	
38CrSi	250～350	450～550	CrWMn	250～300	
35CrMo	250～400	无明显脆性	9Mn2V	190～230	
20CrMnMo	250～350		GCr15	200～240	
30CrMnTi		400～450	1Cr13	520～560	
30CrMnSi	250～380	460～650	2Cr13	450～560	600～750
20CrNi3A	250～350	450～550	3Cr13	350～550	600～750
37CrNi3	300～400	480～550	1Cr17Ni2	400～580	
12Cr2Ni4A	250～350		Cr12MoV	325～375	
40CrNiMo	300～400	一般无脆性	Cr6WV	250～350	

注：1. 尽可能避免在形成低温回火脆性温度范围内回火，或采用等温淬火、快速回火等方法减弱其脆性倾向。

2. 尽可能避免在形成高温回火脆性温度范围内回火。如不可避免，一方面要减少回火脆性温度下停留的时间，另一方面在回火后必须快速冷却。

3. 大型工件回火后的快速冷却效果不大，或因工件形状复杂不允许回火后快速冷却时，可以选用含钼的合金钢制造。

4. 选用细晶粒钢或冶金质量好的高纯净钢，或经细化晶粒的预备热处理，可减少偏聚在原奥氏体晶界的杂质，从而降低钢的回火脆性。

附录6 涂料的类别代号、性能特点及应用

类别(代号)	主要成膜物质	性能特点	应用举例
油脂漆类(Y)	天然动植物油、鱼油、合成油、松浆油	耐大气性,涂刷性、渗透性好,价廉;干燥较慢,膜软。力学性能差,水膨胀性大,不耐碱,不能打磨抛光	用于质量要求不高的建筑工程或其他制品的涂饰
天然树脂漆类(T)	松香及其衍生物,虫胶,动物胶,乳酪素,大漆及其衍生物	涂膜干燥较油脂漆快,坚硬耐磨,光泽好,短油度的涂膜坚硬好打光。长油度的漆膜柔韧,耐大气性较好;力学性能差,短油度的耐大气性差,长油度的不能打磨抛光,天然大漆毒性较大	短油度的适宜作室内物件的涂层,长油度的适宜室外使用
酚醛漆类(F)	酚醛树脂,改性酚醛树脂,二甲苯树脂	涂膜坚硬,耐水性良好,耐化学腐蚀性良好,有一定的绝缘强度,附着力好;涂膜较脆,颜色易变深,易粉化,不能制白漆或浅色漆	广泛应用于木器、建筑、船舶、机械、电气及防化学腐蚀等方面
沥青漆类(L)	天然沥青,煤焦沥青,石油沥青,硬脂酸沥青	耐潮、耐水性良好,价廉,耐化学腐蚀性较好,有一定的绝缘强度,黑度好;对日光不稳定,不能制白漆或浅色漆,有渗透性,干燥性不好	广泛用于缝纫机、自行车及五金零件,还可用作浸渍、覆盖及制造绝缘制品
醇酸漆类(C)	甘油醇酸树脂,季戊四醇醇酸树脂,改性醇酸树脂	光泽较亮,耐气候性优良,施工性好,可刷、烘、喷,附着力较好,涂膜较软,耐水耐碱性差,干燥较慢,不能打磨	适用于大型机床、农业机械、工程机械、门窗、室内木结构的涂装

续表

类别(代号)	主要成膜物质	性能特点	应用举例
氨基漆类(A)	脲醛树脂,三聚氰胺甲醛树脂,聚酰亚胺树脂	涂膜坚硬、丰满,光泽亮,可以打磨抛光,色浅,不易泛黄,附着力较好,有一定的耐热性,耐水性、耐气候性较好;须高温烘烤才能固化,若烘烤过度,漆膜变脆	广泛用于五金零件、仪器仪表、电动机、电器设备的涂装
硝基漆类(Q)	硝酸纤维素酯	干燥迅速,涂膜耐油、坚韧,可以打磨抛光;易燃,清漆不耐紫外线,不能在60℃以上使用,固体分低	适合金属、木材、皮革、织物等的涂饰
纤维素漆类(M)	乙基纤维,苄基纤维,羟甲基纤维,乙酸纤维,乙酸丁酸纤维,其他纤维酯及醚类	耐大气性和保色性好,可打磨抛光,个别品种耐热、耐碱,绝缘性也较好;附着力和耐潮性较差;价格高	用于金属、木材、皮革、纺织品、塑料、混凝土等的涂覆
过氯乙烯漆类(G)	过氧乙烯树脂	耐候性和耐化学腐蚀性优良,耐水、耐油,阻燃性及三防性能好;附着力较差;打磨抛光性差,不能在70℃以上使用,固体分低	用于化工、建筑、机械设备的防护,木材、水泥表面的涂饰
烯树脂漆类(X)	聚二乙烯乙炔树脂,氯乙烯共聚树脂,聚醋酸乙烯及其共聚物,聚乙烯醇缩醛树脂,含氟树脂	有一定的柔韧性,色淡,耐化学腐蚀性较好,耐水性好;耐溶剂性差,固体分低,高温时碳化,清漆不耐紫外线	用于织物防水、化工设备防腐,玻璃、纸张、电缆、船底防锈、防污、防延烧用的涂层
丙烯酸漆类(B)	丙烯酸酯树脂,丙烯酸共聚物及其改性树脂	色浅,保光性良好;耐候性优良,耐热性较好。有一定的耐化学腐蚀性,耐溶剂性差,固体分低	用于汽车、医疗器械、仪表、表盘、轻工产品、高级木器、湿热带地区的机械设备等的涂饰
聚酯漆类(Z)	饱和聚酯树脂,不饱和聚酯树脂	固体分高,能耐一定的温度,耐磨,能抛光;绝缘性较好;施工较复杂,干燥性不易掌握,对金属附着力差	用于木器、防化学腐蚀设备以及金属、砖石、水泥、电气绝缘件的涂装

续表

类别(代号)	主要成膜物质	性能特点	应用举例
环氧漆类(H)	环氧树脂、改性环氧树脂	涂膜坚韧,耐碱、耐溶剂,绝缘性良好,附着力强;保光性差,色泽较深,外观较差。室外暴晒易粉化	适于作底漆和内用防腐蚀涂料
聚氨酯漆类(S)	聚氨基甲酸酯	耐潮、耐水、耐热、耐溶剂性好,耐化学和石油腐蚀,耐磨性好,附着力强,绝缘性良好;涂膜易粉化泛黄,对酸碱盐、水等敏感,施工要求高,有一定毒性	广泛用于石油、化工设备、海洋船舶、机电设备等作为金属防腐蚀漆。也适用于木器、水泥、皮革、塑料、橡胶、织物等非金属材料的涂装
元素有机漆类(W)	有机硅,有机钛,有机铝	耐候性极好,耐高温,耐水性、耐潮性好,绝缘性能良好;耐汽油性差,涂膜坚硬较脆,需要烘烤干燥,附着力较差	主要用于涂装耐高温机械设备
橡胶漆类(J)	天然橡胶及其衍生物,合成橡胶及其衍生物	耐磨,耐化学腐蚀性良好,耐水性好;易变色,个别品种施工复杂,清漆不耐紫外线,耐溶剂性差	主要用于涂装化工设备、橡胶制品、水泥、砖石、船壳及水线部位、道路标志,耐大气暴晒机械设备

参 考 文 献

[1] 才鸿年．金属材料手册．北京：化学工业出版社，2011.

[2] 温秉权．金属材料手册．第2版．北京：电子工业出版社，2013.

[3] 刘胜新．新编钢铁材料手册．北京：机械工业出版社，2010.

[4] 孙玉福．新编非铁金属材料手册．北京：机械工业出版社，2010.

[5] 李成栋．常用金属型材速查速算手册．北京：化学工业出版社，2013.

[6] 宋小龙．新编中外金属材料手册．第2版．北京：化学工业出版社，2012.

[7] 张丝雨．最新金属材料牌号、性能、用途及中外牌号对照速用速查实用手册．北京：中国科技文化出版社，2005.

[8] 陈永．新编五金手册．北京：机械工业出版社，2010.

[9] 安继儒．实用金属材料速查速算手册．北京：化学工业出版社，2009.

[10] 李维钺，李军．中外金属材料速查手册．北京：机械工业出版社，2009.

[11] 孙玉福，孟迪．金属型材速查速算手册．北京：机械工业出版社，2011.

[12] 孙玉福．钢铁材料速查手册．北京：机械工业出版社，2009.

[13] 戴起勋．金属材料学．北京：化学工业出版社，2005.

[14] 孙玉福，孟迪．金属材料速查速算手册．北京：机械工业出版社，2011.

[15] 赵忠，丁仁亮，周而康．金属材料及热处理．第3版．北京：机械工业出版社，2000.

[16] 秦大同，谢里阳．常用机械工程材料．北京：化学工业出版社，2013.